Dieses Buch widme
ich meiner Frau Ulrike

Hans A. Baensch

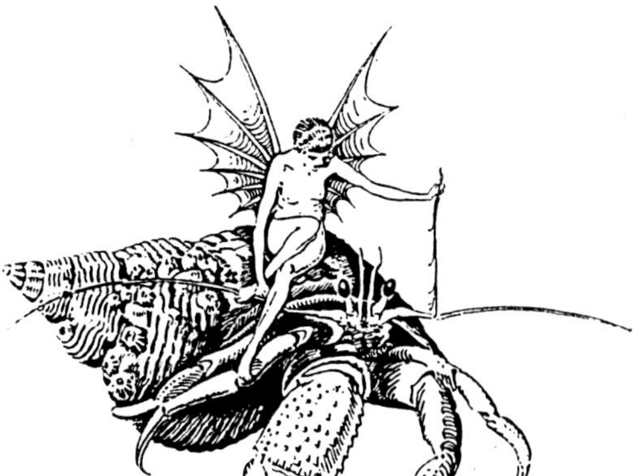

Fotos:
Schutzumschlag:
Acanthurus leucosternon und
Amphiprion ocellaris
mit den Anemonen *Heteractis magnificia* (oben)
und *Heteractis crispa* (H.A.Baensch)
Rückseite:
o.l. *Actinia equina* (H.Debelius)
o.r. *Nemateleotris decora* (H. Voigtmann)
u.l. *Zanclus canescens* (E. Robinson)

1. Auflage 1992

CIP-Titelaufnahme der Deutschen Bibliothek

MEERWASSER ATLAS/ Hans A.Baensch; Helmut Debelius.- Melle:
Mergus Verlag für Natur- und Heimtierkunde Baensch.
NE: Debelius, Helmut [Mitverf.]; Moosleitner, Horst [Mitverf.];
Patzner, Robert A. [Mitverf.]; Schlüter, Manfred [Mitverf.];
Tomey, Wilhelm A. [Mitverf.]; Baensch, Hans A. [Herausg.];
Bd. 1 - 1.Auflage 1992
ISBN 3-88244-020-1

Redaktion: Dr. Robert Patzner, Salzburg
Satz: Ulrike Baensch, Melle
Lithos: büscher-repro, Bielefeld
Druck: MERGUS PRESS, Hongkong
Printed in Hongkong

Hans A. Baensch Helmut Debelius

MEERWASSER ATLAS

Die gemeinsame Pflege von Wirbellosen Tieren und tropischen Meeresfischen im Aquarium

unter Mitarbeit von:

Dr. Horst Moosleitner
Dr. Robert A. Patzner
Dr. Manfred Schlüter
Wilhelm A. Tomey

MERGUS

Verlag für Natur- und Heimtierkunde
Hans A. Baensch - Melle - Germany

Vorwort

Seit mehr als 40 Jahren beschäftige ich mich mit Aquarienfischen und anderen Wassertieren und seit 20 Jahren mit dem Meerwasseraquarium. Das richtige Interesse am Leben aus dem Meer wurde jedoch erst geweckt, als ich schnorcheln und tauchen lernte in den Riffen um die Insel Mauritius im Indischen Ozean; das war 1970. Aus den Studien der Jahre danach entstand mein erstes Büchlein "Kleine Seewasserpraxis", erschienen im TETRA-Verlag; es wurde weltweit in mehreren Sprachen in einer Gesamtauflage von über hunderttausend Exemplaren verbreitet und galt nach dem Erscheinen 1975 für den beginnenden Meerwasseraquarianer als Standardlektüre.

Heute, 15 Jahre später, hat sich die Meerwasseraquaristik ganz entscheidend geändert .Der Wandel im Verständnis der Aquarianer für das Mit- und Nebeneinander von Wirbellosen Tieren und Meeresfischen wurde auch für mich offensichtlich. Früher war ich ein reiner Verfechter von Meerwasserbecken nur mit Fischen, verstehe aber auch die Aquarianer, die ausschließlich Wirbellose Tiere halten. Ein ganz besonderer Reiz bei der Pflege mariner Tiere ist es jedoch, sowohl Wirbellose als auch Fische zusammen zu halten, wobei stets eine große Beschränkung in der Anzahl der Fische und Artenauswahl erforderlich ist.

Zu dieser Erkenntnis verhalfen mir besonders die Publikationen von Helmut Debelius und Dr. Robert Patzner. Ihre Bücher "Fische als Partner Niederer Tiere" und "Partnerschaft im Meer" haben auch im Ausland weite Verbreitung gefunden und diesen Trend der Meeresaquaristik gefestigt. Beide Autoren konnte ich für dieses Buch gewinnen. Helmut Debelius hat die einzelnen Arten des MEERWASSER ATLAS zusammengestellt und nach neuestem wissenschaftlichen Stand taxonomisch geordnet. Darüberhinaus bemühte er sich um sinnvolle Populärnamen. Dank seines Unterwasserarchivs IKAN illustrierte er mit seinen Fotos und der befreundeter UW-Fotografen auch kaum bekannte Arten dieses Buches in einer Qualität, wie man sie bislang in vergleichbaren internationalen Werken nicht kannte.

Mit emsigem Fleiß wurden dann mit Hilfe von Dr. Robert Patzner und Dr. Horst Moosleitner die Fakten für die Pflege der Tiere zusammengetragen, um dem Leser geplante Partnerschaften von Wirbellosen und Fischen zu erleichtern. Die Ausführlichkeit der zu jeder Art gegebenen Informationen ist beispielgebend. Obwohl sich der MEERWASSER ATLAS in erster Linie an den Aquarianer wendet, finden meeresbiologisch interessierte Taucher und auch Wissenschaftler in diesem Band nützliche Anregungen insbesondere systematischer Art.

Es war unmöglich, in einem Band all die Tiere zu zeigen, die bisher im Meerwasseraqarium gepflegt wurden und werden. Wir haben Wert darauf gelegt, bestimmte Fischfamilien wie die der Doktor- und Lippfische so komplett wie möglich aufzuführen, weil von diesen bislang eine Zusammenstellung fehlte. So wird man dabei auch Arten finden, die nicht in ein Aquarium gehören und bei denen auch deutlich darauf hingewiesen wird. Der Systematiker wird sich aber darüber freuen.

Die überwiegende Mehrheit der abgebildeten Fische läßt sich aber mit Wirbellosen Tieren vergesellschaften. Deutlich sei darauf hingewiesen, daß im geplanten 2. Band des MEERWASSER ATLAS weitere Wirbellose Tiere neben den hier vorgestellten Krebs- und Blumentieren berücksichtigt werden. In einem einzigen Buch waren sie bei bestem Willen nicht unterzubringen! Riffbarsche haben wir in diesem Buch nicht aufgenommen, da diese Familie in dem im gleichen Verlag erschienenen Buch RIFFBARSCHE DER WELT von Dr. Gerald Allen gerade komplett mit allen 330 Arten beschrieben wurde.

Im Pflanzenkapitel hat sich W.A.Tomey aus den Niederlanden intensiv mit den verschiedensten *Caulerpa* auseinandergesetzt. Da diese höheren Meeresalgen für das Meerwasseraquarium als biologische Hilfe und grüne Dekoration nahezu unentbehrlich sind, ist das Kapitel über Meeresalgen recht umfangreich ausgefallen.
In einem umfassenden technischen und chemischen Teil haben wir uns bemüht, diesen Part der Meeresaquaristik auf den neuesten Stand darzustellen und auch einige zukunftsweisende Entwicklungen dem Leser für neue Experimente schmackhaft zu machen.
Ein zweiter Band Meerwasser Atlas ist bereits in Vorbereitung. Um den vielfältigen Wünschen der Aquarianer und Taucher gerecht zu werden, bitten wir um ihre Mitarbeit. Fotos und dazu passende Texte sind willkommen und werden honoriert. Wir freuen uns auf Ihre Zuschriften.

Melle im Frühjahr 1992
Hans A. Baensch als Herausgeber

Inhaltsverzeichnis

Inhaltsverzeichnis

Aquarien-Nachzucht (*Amphiprion ocellaris*)

Danksagung

Den vielen Fotografen, die an diesem Band mitgewirkt haben, gebührt unser besonderer Dank; ohne sie wäre dieser prachtvoll ausgestattete MEERWASSER ATLAS nicht möglich gewesen. Und auch den Zoologen und Biologen, die bei der Bestimmung vieler Fotos und der Klassifizierung bei den Wirbellosen Tieren und Fischen geholfen haben, danken wir sehr herzlich:

Gerald Allen
Andreas Allspach
Daphne Fautin
Antony Gill
Manfred Grasshoff
Koos den Hartog
Douglass Hoese
Friedhelm Krupp
Rudie Kuiter
Helen Larson
Raymond Manning
Horst Moosleitner
Robert Patzner
Richard Pyle
Hajo Schmidt
Michael Türkay
David Woodland
Horst Zetzsche

Wir danken auch Herrn Manfred Schlüter für seine große Mithilfe beim technischen und chemischen Teil dieses Buches.
Einige Hersteller für aquaristische Erzeugnisse, die hier ungenannt bleiben möchten, haben uns mit Produktbeschreibungen, Fotos und Zeichnungen sehr geholfen; wir danken auch ihnen.
Die meisten Produktfotos sind bewußt schwarz/weiß dargestellt, weil sie in einer englischen Ausgabe dieses Buches möglicherweise ganz anders aussehen müssen und in schwarz/weiß viel leichter und kostengünstiger ausgetauscht werden können. Die Produktfotos sollen auch nur als Beispiele gelten!
Als Autoren und Verlag möchten wir neutral bleiben. Trotzdem war es erforderlich, an mancher Stelle das eine oder andere Produkt herauszustellen, da dieses nach unserer Erfahrung besser funktionierte oder leichter zu handhaben war als ein anderes.
Produkte, die in diesem Buch nicht erwähnt sind, können genauso gut sein wie solche, die wir dargestellt haben. Es war jedoch unmöglich, alle sich auf dem Markt befindlichen aquaristischen Erzeugnisse einer eingehenden Prüfung zu unterziehen; das ist ja auch nicht die Aufgabe eines solchen Buches, wie es Ihnen hier vorliegt.

Chrysiptera cyanea ?, WAIKIKI - Aquarium, Hawaii

Einleitung

Niedere Tiere werden in diesem Buch als Wirbellose bezeichnet, obwohl der Begriff Niedere Tiere sich allgemein durchgesetzt hat. Warum sollen diese Tiere "niedrig" sein? Weil sie in der Entwicklungsstufe tiefer liegen - also älter sind? Wenn man z.B. die Krebse betrachtet, da gibt es ganz schön "schlaue" und gelehrige Kerlchen, die das Futterrohr sehr schnell als Nahrungsspender anerkennen. Wissen Sie, warum Hasen zum Niederwild gehören? Nicht weil sie niedriger (also kleiner) als etwa ein Reh sind, sondern weil die "niedrigen" Leute sie schon früher jagen durften. Den Adligen, also "höher" gestellten Leuten war das Hochwild, Reh und Hirsch, vorbehalten. Das hat mich schon immer geärgert. Je nach Belieben können Sie dennoch den in diesem Band verwendeten Begriff Wirbellose durch "Niedere Tiere" ersetzen. In der aquaristischen Literatur wurde bisher meist von "Niederen Tieren" gesprochen. Der Begriff "Wirbellose" ist ein ebenso wissenschaftlich nicht näher definierter Sammelbegriff für alle Nicht-Wirbeltiere.

Der Begriff "Wirbellose" ist der Oberbegriff für die Stämme: Nesseltiere, Gliedertiere, Weichtiere (Schnecken, Muscheln), Stachelhäuter (Seeigel, Seesterne), Würmer, Schwämme etc. Innerhalb des Stammes der Nesseltiere finden wir dann die Klasse Blumentiere(Anthozoa) und in dem Stamm Gliedertiere die Klasse der Krebstiere, die in diesem Buch (teilweise) behandelt werden.

Systematisch gesehen ist der Begriff Wirbellose korrekter und umfassender. Ein Aquarium mit Niederen Tieren kann (nach GRZIMEK) nur Hohltiere, Krebstiere und Würmer enthalten. Wenn ich einen Seestern pflege oder eine Schnecke, dann sind das keine Niederen Tiere sondern Stachelhäuter und Weichtiere, alle zusammen aber sind Wirbellose Tiere.
Es ist halt alles eine Frage der Auslegung.

Wenn ich schon bei Begriffen bin, so "fressen" in diesem Buch die Tiere und sie "essen" nicht. Ich meine, zum Essen gehören irgendwelche Eßwerkzeuge wie Stäbchen, Messer und Gabel oder Löffel. Der Löffelstör ißt also - denn er hat einen Löffel.
Bei den Futtermitteln haben wir den Begriff Kunstfutter, wie in vielen Büchern verwendet, durch die genaueren Bezeichnungen Flockenfutter, Tablettenfutter etc. ersetzt. Denn Kunstfutter sind diese Futtermittel wahrlich nicht. Darin ist kein Gramm Chemie, wie etwa bei Kunststoff enthalten. Alles ist aus Naturprodukten hergestellt. Es ist zwar eine Kunst, gutes Naturfutter trocken herzustellen, aber das ist ja nicht in den alten Aquarienbüchern mit Kunstfutter gemeint. Dann wäre Brot auch ein Kunstnahrungsmittel.
So, jetzt habe ich Sie und mich selbst genug "auf den Arm" genommen.

Ein Süßwasser-Aquarianer, der umstellt auf Meerwasser oder sich ein Meerwasserbecken zusätzlich aufstellt, kann seine wertvollen Erfahrungen in der Fischpflege größtenteils auf Meerwasserfische übertragen. Einem Anfänger der Aquaristik sei daher empfohlen, in jedem Fall mit Süßwasserfischen anzufangen, ehe er sich an Meerwasser heranwagt.

> Die Meerwasseraquaristik ist eine Herausforderung an unser aquaristisches Können. Wir sollten diese nur annehmen, wenn die Grundkenntnisse eines Aquarianers "sitzen"!

Ein gescheiterter Meeresaquarianer ist vielfach verloren für die Aquaristik. Er mag nicht mehr. Geduld, mit diesem Buch machen Sie einen (neuen) Anfang.
Wir hoffen, daß wir mit der Vorstellung der heute machbaren Meeresaquaristik dem Aquarianer so viel Rat geben können, damit er Tiere über längere Zeit hinweg pflegen und vielleicht sogar vermehren kann. Dieses war und ist unser besonderes Anliegen; denn nur mit einer intensiv betriebenen Nachzucht bestimmter Meerestiere werden wir auf Dauer die Meeresaquaristik fördern und erhalten können.

Laichende Röhrenwürmer (*Spirobranchus giganteus*) im Aquarium. Links ♂, rechts ♀

Vorschau auf Band 2

Weichkorallen und Orgelkorallen - sie sollen im 2. Band vorgestellt werden

Riffbarsche (*Dascyllus reticulatus*) und Falterfische (*Chaetodon auriga*) - gehören ebenfalls in den nächsten Band.

Tier- und Beckenauswahl

Die Auswahl der technischen Einrichtungen

Hierzu verweisen wir auf die folgenden Kapitel Technik und Chemie.

Jeder Hersteller wird auf sein System schwören. Und sie können auch alle funktionieren. Den wichtigsten Regeln für den Meerwasseraquarianer muß jedes System folgen und kein System kann Pflegefehler ausschalten. Das einzige System bei dem ich Zweifel habe, ist DUPLA und zwar nur deshalb, weil kein Abschäumer vorhanden ist. Aber den können Sie ja noch zusätzlich installieren!
Das System, welches Sie auswählen, sollte den besten und leistungsfähigsten Abschäumer haben, den es auf dem Markt gibt. Ergänzend hierzu muß ich noch sagen, daß die Beckengröße und die Tierzusammenstellung entscheidend ist für die Auswahl des Systems. Wenn Sie Fische und Wirbellose zusammen pflegen wollen, müssen Sie auch das leistungsfähigste, was es an Pumpen, Filtern und Abschäumern gibt, auswählen und installieren.
Wenn Sie anders herum vorgehen und sich erst das Becken mit Schrank und Komplettanlage aussuchen und aufstellen, so muß Ihre Tierzusammenstellung den Möglichkeiten solch einer Anlage angepaßt werden.
Wenn "Ihr" Filtersystem nur 1mg N (Stickstoff) pro Tag aus dem zugegebenen Futtermitteln verarbeiten kann, dann dürfen nicht soviel Fische im Becken sein, die 10mg N/Tag produzieren; dann haben Sie nämlich nach 100 Tagen 10mg N pro Liter Wasser im Becken und alle Tiere sind tot (berechnet auf ein 100 l Becken). Bei einem 500 l Becken sind das aber auch schon 2mg N/l Wasser.
Ein Gramm Futter = (ein Teelöffel voll Flockenfutter) erzeugt bei einem angenommenen Proteingehalt von 50% (Protein enthält 16%N):

500 mg Protein	=	80 mg N	(Stickstoff)
	=	100 mg NH_4	(Ammonium)
	=	250 mg NO_2^-	(Nitrit)
	=	336 mg NO_3^-	(Nitrat)

Ein Gramm Flockenfutter ergibt also auf 100 l Wasser 2,5 mg Nitrit. Mit einem Teelöffel voll Flockenfutter können Sie ein Becken von 100 l Inhalt also schon in einem Tag verderben. Mit dieser "Zahlenspielerei" kann man leicht ausrechnen, daß ständige Futtergaben das Wasser stark belasten. Nur Wasserwechsel und/oder eine ausreichend groß bemessene biologische Filteranlage kann dieser Belastung entgegenwirken. Ich glaube, so klar hat Ihnen das noch niemand gesagt!? Futter für Fische ist Gift für die Wirbellosen Tiere, insbesondere Anemonen und Korallen.

Also nochmals: Wenn Sie sich eine bestimmte Fisch- und Wirbellosen-Zusammenstellung wünschen, so muß Ihre Anlage den Bedürfnissen von der Größe her von vornherein angepaßt sein. Da kein Hersteller angibt, angeben kann, wieviel mg/N pro Tag von den Filter(n) abgebaut werden können, bleibt mir hier nur, einige Beispiele aus der Praxis aufzuführen.
Die einzusetzende Menge an Tieren hängt nicht nur von der Qualität der Anlage ab, sondern in erster Linie auch von Ihrer Geduld, die Anlage "einzufahren", von der verwendeten Salzqualität und von der Qualität des verwendeten Leitungswassers! Deshalb habe ich diese Punkte auch an den Anfang des Buches gestellt.
Die Biomasse, das Gewicht an Lebenden Tieren und deren Futteraufnahme ist entscheidend für die Auswahl der Anlage und deren Größe. Unterschiedlich ist die Futteraufnahme von Wirbellosen und Fischen.
Wirbellose, insbesondere Blumentiere benötigen viel weniger Futter als etwa Krebstiere. Und Fische brauchen, um zu wachsen, bis zu ihrem halben Körpergewicht pro Woche an Nahrung.
Daraus ergibt sich ganz einfach:
Wirbellose und Fische sollte man als Anfänger getrennt pflegen. Will man später beiden Gruppen zusammenhalten, so muß Ihre Anlage auf die Bedürfnisse der Wirbellosen abgestimmt sein, d.h. die Wasserqualität muß trotz der höheren Nahrungsaufnahme der Fische stets konstant auf höchstem Niveau erhalten bleiben. Ihre Filteranlage muß so groß bemessen sein, daß die Stoffwechselprodukte der Fische weitgehend abgebaut werden können.
Fische "betteln" ständig nach Futter und man ist geneigt, sie öfter und häufiger zu füttern als die Anlage an Stoffwechselprodukten der Tiere abzubauen vermag. Futter (überschüssiger Stickstoff) kann Gift für die Wasserqualität und damit für die Wirbellosen sein.
Aber nicht nur Stickstoff, den wir heute mit gut eingefahrenen Biofiltern abbauen können, ist der Grund für so manchen Mißerfolg. Auch Phosphor kann die Ursache sein. Diesen bringen wir ebenfalls mit dem Futter ins Becken. Heraus bringen wir den Phosphorgehalt aber nur über gutes Grünalgenwachstum, Wasserwechsel oder Filterung über Calciumkarbonat (Dolomitbruch, Rowalith, PREIS Alpha Marin etc.). Ihre Anlage sollte auf jeden Fall die für die Tiere erforderliche Futtermenge berücksichtigen.
Die Fischbesetzung im Wirbellosen-Becken erfolgt ausschließlich mit kleinbleibenden Fischen (unter 8 cm Länge), die nicht viel Biomasse auf die Waage bringen. Ausnahme ist eventuell ein Doktorfisch von etwa 10 cm bis 15 cm Länge auf 500 Liter Wasser.

Wirbellosen-Becken

Wirbellosen-Aquarium

Die Biomasse an Wirbellosen ist schwer abzuwägen/-abzuwiegen. Diese Tiere bestehen oft zu mehr als 90% aus Wasser. Zudem brauchen viele nur sehr wenig Nahrung, da sie mit Hilfe des Lichtes und der in ihrem Gewebe enthaltenen Zooxanthellen (Algen) sich fast allein ernähren können. Viele Anemonen benötigen jedoch, um wachsen zu können auch Proteinnahrung (Eiweiß). Solcherart gefütterte Anemonen benötigen einen größeren Filter und auch ein größeres Aquarium als z.B. Scheiben- und Krustenanemonen.

Besetzung: Auf 100 l Wasser:
max. 5 Kolonietiere (kl.Blümchenkorallen, kl. Lederkorallen) Krustenanemonen-Kolonien
oder
max.15 Scheibenanemonen von je 3-5 cm Durchmesser
oder
5 kleine Putzergarnelen oder 1 Paar Scherengarnelen (*Stenopus hispidus*) wie Kaisergarnelen, Tanzgarnelen oder Streifengarnelen.

Wirbellosen-Becken mit blauen Scheibenanemonen *Discosoma* sp. (*coeruleus*).

Raubfische mit großem Nahrungsbedarf und daher hohem Stoffwechsel mit seinen Ausscheidungsprodukten sind gänzlich aus den Blumentier-Becken fernzuhalten, wobei man Seesterne, Seeigel oder größere Krebse unter Umständen mit Fischen zusammenhalten kann.

Ein prachtvolles Wirbellosen-Aquarium mit Scheibenanemonen und *Anthelia* sp.

Wirbellose Tiere mit Algen

Fisch-Aquarien

Fische können vielfach mehr Schadstoffe ertragen als Wirbellose. Deshalb ist ein reines Fischbecken auch leichter zu pflegen als ein solches mit Wirbellosen.

Besetzung: Auf 100 l Wasser:
1 Doktorfisch von 10 cm Länge
oder
1 Zwergbarsch 8 cm + 2 Schwertgrundeln je 6 cm
oder
2 kleine Schleimfische
oder
1 bis 2 Grundeln je 5 cm, 1 Lippfisch (*Coris*) 10 cm, 1 Putzerfisch 6 cm.

Von schlanken Fischen kann man 20 bis 30 cm Gesamtlänge auf 100 Liter Wasser rechnen. Bei hochrückigen oder massigen Fischen nur 10 cm auf 100 Liter.

Seepferdchen benötigen ein Arten-Becken. Andere Fische sind zu große Nahrungskonkurrenten.

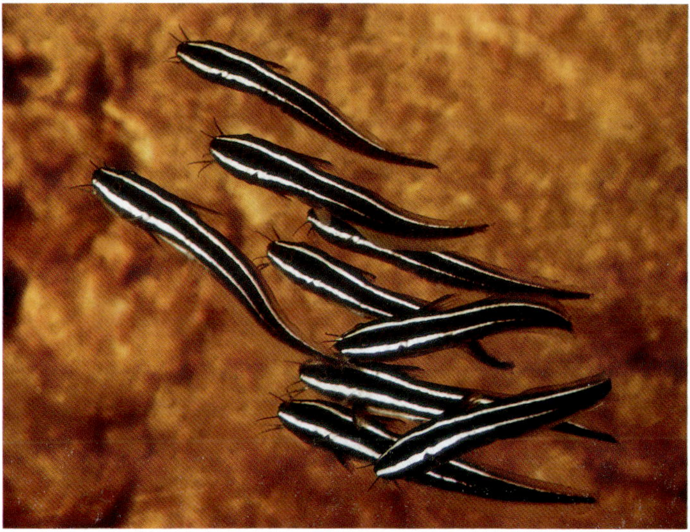

Plotosus anguillaris

Fischaquarium mit der Muräne *Rhinomuraena amboinensis*

Mixed Aquarien

Besetzung: Auf 100 l Wasser:
1 Anemone mit einem Pärchen Anemonenfische ist schon reichlich, denn die Fische wachsen ja noch! Und die Anemone auch. Also besser gleich ein 150 bis 200 l Becken nehmen, wenn man mit Wirbellosen beginnt. Eine Anemone, die Sie mit 20 cm Durchmesser kaufen, kann bei richtiger Pflege durchaus innerhalb 2 Jahren einen Durchmesser von 30 bis 40 cm bekommen!
Und aus dem *Amphiprion* Weibchen von zunächst 5 cm Länge wird eines von 10 bis 12 cm (*Premnas, A. frenatus, A. ephippium, A. melanopus.* Bei *A.ocellaris* und *A.percula* ist das Verhältnis günstiger, da kann man ruhig zu der Anemone und den beiden Ringelfischen noch 2 bis 3 andere kleine Fische oder 2 bis 3 Garnelen setzen.

Mixed Aquarium

Mixed Aquarium mit einem Doktorfisch, mehreren *Amphiprion*, Anemonen und Seeigeln (600 Liter).

Selbstgebauter Aquariumschrank mit vielen Wirbellosen und Caulerpas.

Wie so oft: Fernseher und Aquarium dicht nebeneinander. Wer hat das bessere Programm ?

Mixed Aquarium : 800 Liter; Ein Fuchsgesicht 15 cm, ein *Zebrasoma flavescens* 12 cm, ein *Zebrasoma veliferum* 10 cm, 12 *Chromis viridis* je 8 cm, 2 *Amphiprion ocellaris* je 6 cm, ein *Chaetodon auriga* 10 cm. Ein Paar *Stenopus hispidus*; Scheiben- und Krustenanemonen, Seeigel, eine *Heteractis crispa* und *Caulerpa taxifolia*. Das Miniriff ist aus PREIS-rocks und lebenden Steinen aufgebaut. Bodenfilter mit Planomat-Pumpen.

Mixed Aquarium. Diese Großanlage steht hufeisenförmig mit abgeschrägten Ecken in einem holländischen Privathaus. Da kann man nur träumen.

Bio-Meerwasseraquarium

Das einfache Bio-Meerwasserbecken

High-Tech ist Mode und bei stark besetzten Aquarien Notwendigkeit. Für den schmalen Geldbeutel und für den, der sich ganz auf wenige Tiere beschränken kann, der braucht trotzdem nicht auf ein Meerwasserbecken zu verzichten. Ein Meterbecken oder besser größer steht einem Süßwasseraquarianer sicher zur Verfügung oder er kann es zum Preis um DM 100,— erwerben. Vom Selbstkleben möchten wir abraten. Viel sparen kann man dabei kaum.
Zum Becken kommt ein weiteres, kleineres Aquarium (etwa halber Wasserinhalt). Dieses Becken wird z.B. mit vorhandenen HQL-Lampen, Leuchtstoffröhren oder was man sonst übrig hat, beleuchtet. In diesem Zweitbecken kultivieren wir Algen. Und zwar Grünalgen jeglicher Form. Ganz ausgezeichnet haben sich "Perlonalgen" der Gattung *Cladophora* bewährt. Diese Alge ist hart, im warsten Sinne des Wortes. Sie ist hart im Nehmen und faßt sich wie Perlonfaser-gespinnst an (hart) und sieht auch so aus. Diese Alge hat einen großen Vorteil, sie braucht wenig Licht (starkes Licht schadet ihr) und wächst einheitlich grün sowohl an der beleuchteten Wasseroberfläche als auch am Boden - wo kaum Licht hingelangt - . Auch Caulerpas z.B. *C. taxifolia, C. racemosa* etc. sind geeignet, stellen aber höhere Anforderungen an die Lichtintensität und Wasserqualität.
Also, wir halten ein Algenbecken, indem sich nach Einbringen eines "lebenden Steines" auch bald allerlei nützliche Kleinlebewesen einstellen.
Im Hauptbecken arbeiten wir mit Dolomitbruch als Bodengrund und -steinen zur Dekoration. Auf einen Heizer können wir nicht verzichten. Als Lichtquelle dienen Leuchtstofflampen Lichtfarbe 11 und eine Blaulichtröhre. Als Filterung, und das ist der Hauptpunkt der Einsparung, dienen ein bis zwei Großpatronen des Brillant Gartenteichfilters, mit einer Luft-Membranpumpe betrieben. Es gibt diese als "Züchterpatronen" in etwas anderer Bauweise (Bohrung) als die Gartenteichpatronen im Handel (evtl. auf Bestellung). Die Filterpatronen kann man von Zeit zu Zeit (alle vier Wochen) reinigen (ausdrücken) und mit dem Inhalt eine ganze Reihe Wirbelloser (Krustenanemonen etc.) füttern.
Auch die Filtersysteme von MAXIMAL (luftbetrieben) gehören in diese Kategorie. Auf Abschäumer können wir verzichten.
Die Besetzung eines solchen Beckens erfolgt erst wenn die Grünalgen im Biofilter gut wachsen, die Filterpatronen im Hauptfilter voller Leben (sprich Nitrifikationsbakterien) sind und Schmieralgenwachstum im Hauptbecken verschwunden ist. Selbstverständlich müssen wir das Hauptbecken und das Algenbecken in einem Kreislauf miteinander verbinden.

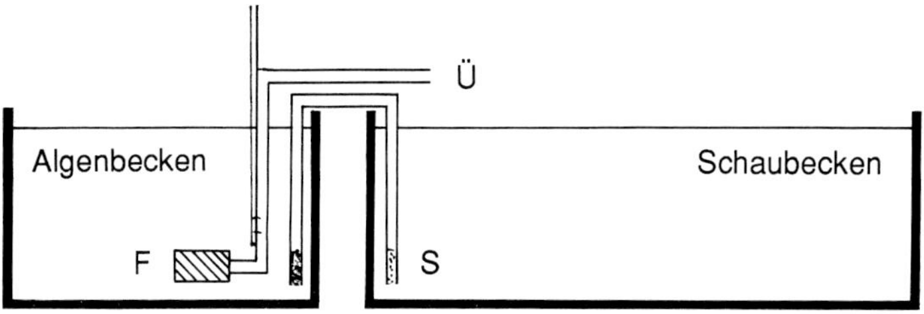

F = Brillant-Großfilter mit "Züchterpatrone" Ü = Überlaufrohr S = Siebrohr

Ein Überlaufrohr sorgt für den Wasser-Rücktransport. Die Pumpfunktion übernimmt die luftbetriebenen Mammutpumpe des Brillant-Super, bestückt mit einer "Züchterschaumstoffpatrone".
Übrigens sind auf diese Weise auch Zuchtbecken für Meerestiere einschließlich Anemonenfische zu betreiben.

Wie eingangs erwähnt, in der Beschränkung liegt bei diesem System der Schlüssel zum Erfolg.
Wirbellose Tiere wie Anemonen, Schnecken, Quallen, Seesterne etc. können sich in solchen Becken hervorragend vermehren. Die Filterpumpen der High-Tech-Sparte zerschlagen nicht ihre Larven. Die luftbetriebenen Schaumstoffilter arbeiten schonender !
Ein Becken mit Caulerpas, Krusten- und Scheibenanemonen und nach einem halben Jahr vielleicht noch ein Pärchen *Amphiprion ocellaris* oder zwei bis drei farbenprächtigen Grundeln oder einigen kleinen Garnelen können unter Umständen mehr Freude machen als ein vollbesetztes High-Tech-Becken mit hohen Kosten und trotzdem nicht gesichertem Erfolg. Wenn Sie mit einem solchen "Einsteiger-Meerwasserbecken" zwei bis drei Jahre Ihre Erfahrung und Erlebnisse gesammelt haben und danach höher hinaus wollen und budgetmäßig es sich leisten können - dann werden Sie mit leistungsstarker Filtertechnik, Abschäumung etc. sicher manchmal dankbar an die luftbetriebenen Filter "alter Bauweise" zurückdenken. Die Erfahrungen aber, mit einfachen Mitteln Meerwasseraquaristik zu betreiben, wird Ihnen keiner mehr nehmen können !

Technische Anlagen und Systeme

Technische Anlagen und Systeme		Hersteller												
		ab	Apel	Aqua Medic	Deltec	Dupla	Eheim	Maximal	Preis	Sander	Tetra	Tunze	Weltweit	Wiegand
Wasser	Automatische Wassernachfüllung	X	X	-	X	X	-	-	-		-	X	-	-
	Oberflächen-Absaug	X	X	-	X	X	X	-	-	X	-	X	-	-
	Abschäumer	X	X	X	X	(-)	-	X	X	8	-	8=	-	-
	Umkehrosmose	-	X	ROWA	-	-	-	-	-	-	-	-	-	X
Filtertechnik	Bodenfilterung	X	-	-	-	-	X	-	8	-	-	-	-	-
	Schnellfilter	-	X	X	X	X	X	-	X	-	-	X	X	-
	Rieselfilter	X	X	X	X	8	-	X	(-)	X	-	X	-	-
	Nitratfilter	-	X	X	8	(-)	(x)	(x)	(x)	-	(x)	8	(x)	-
	Kreiselpumpen	X	X	-	X	X	X	(-)	X	X	-	X	X	-
	Luftbetriebene Filter	-	-	-	-	-	-	8	-	-	8	-	-	-
Chemie und Technik	Automatische Kompakt - Steueranlagen	X	X	-	-	X	-	-	-	X	-	X	-	-
	CO_2 - Steuerung über pH	X	X	-	X	X	-	-	X	X	X	X	-	-
	Ozon über Redox	X	X	-	X	X	-	-	X	X	X	X	-	-
	Reinigung der Ozon-Luft-Zufuhr	-	X	-	-	-	-	-	-	X	-	-	-	-
	Filter für Ca-Zugabe (Kalkreaktor)	X	-	-	-	-	X	-	-	-	-	X	X	-
	Ozonisator	X	X	-	X	-	-	-	X	8	-	X	-	-
	UV	X	-	-	-	-	-	-	-	-	-	-	-	8

x = vorhanden
8 = Hauptmerkmal im System
(x) = vorhanden (mit Einschränkung zu verwenden)
\- = nicht vorhanden
(-) = bewußt nicht vorhanden (Systembedingt)

Was sein muß

Technik:

Glasbecken (silikonverklebt)
Heizer mit Regler
Thermometer
Filter
Beleuchtung HQI (150W/80 cm Beckenlänge) oder ausreichend Leuchtstofflampen (1 Röhre pro 10 cm Beckenbreite)

Einrichtung:

Bodengrund 5 bis 8 cm; für Meeresanemonen mind. 10 cm; Versteckmöglichkeit für Fische/Krebse etc. aus Blähtongestein und "lebenden Steinen" (PREIS® Marin Rocks), Dolomitgestein, AQUA MEDIC® Kalkalgenrocks

Pflege:

Aräometer
Nitrittest
pH-Indikator
KH-Test

Bodenfilter (System PREIS®) mit Kalkrotalgenbruch als Bodengrund

Einrichtung

Was sein sollte

Technik:

Rieselfilter und/oder Bodengrundfilter
Abschäumer
Quarantänebecken mit Regelheizer und Schnellfilter (EHEIM®, FLUVAL® o. a.)
Blauchlicht (auch nachts)
Schaltuhr(en)
Umkehrosmoseanlage sofern das Leitungswasser nicht nitratarm (unter 10mg/l) ist
pH-Steuergerät zur automatischen CO_2-Zugabe
CO_2-Flasche mit Druck- und Feinventil

Einrichtung:

Versteckmöglichkeit auch im Quarantänebecken (Blumentopf)

Pflege:

Nitrattest (MERCK®, TETRA® o.a.)
pH-Wert Meßgerät
Phosphattest
CU-Test (sofern Wirbellose leiden)

Was sein kann

Technik:

Becken für Algenzucht
Wasserumwälzpumpe und regelbarer Heizer
Becken "für *Brachionus* - Zucht" mit Beleuchtung.
Durchlüftung (Membranpumpe)

Druckabschäumer
UV-Wasserklärer bei Algenblüte und Krankheiten

Vollentsalzeranlage
3-Kammer-Filter (FLUVAL) für Kohle, Watte, Dolomit, und CO_2-Zufuhr + Schaltuhr, um nachts CO_2-Zugabe auszuschließen
Ozonisator
Redox-Meßgerät

Einrichtung:

Dekorückwand

Pflege:

elektrisches Leitfähigkeitsmeßgerät
Wassernachfüllautomatik

Was man sonst noch braucht

Luftmembranpumpe
Schläuche für Wasserwechsel
Luftschlauch (möglichst Silikon!)
T-Stücke und Luftregulierventile
Rohrbürsten zum Reinigen der Schläuche
EHEIM Pflanzenzange
H_2O_2 (Sauerstoffperoxid) zum Desinfizieren
Artemia und Kulturgerät
mindesstens zwei 10 l Eimer
Wasservorratsbehälter zum Ansetzen des Meerwassers
Belüftungsanlage dafür
Ausströmerstein(e)
Pinzette,
Lupe 3fach, Lupe 10fach

Plastikrohr 50 bis 60 cm Länge, 15 mm Ø zum Ansaugen von Futterbrocken und gezieltem Füttern mit z.B. TetraTips.

2 Fangnetze

Becherglas oder durchsichtiger Kunststoffbehälter

1 - 2 l Plastikmeßbecher (Küche) zum Verdünnen von Medikamenten oder Flüssignahrung

Scheibenreiniger mit rostfreien Klingen oder starke Magnetreiniger.

Wasseranschluß, möglichst kalt und warm (keine Kupferrohre)
Ausguß (Wasserabfluß im Boden bei Neubau!)
Strom, mehrere Steckdosen neben oder hinter dem Beckenschrank); möglichst oberhalb des Wasserspiegels.

Als Reserve:

1 Schnellfilter
1 Heizer
1 Membranpumpe
Futterautomat für Urlaub
Schaltuhr(en)
Werkzeuge
Heilmittel
Futtermittel
Meersalz im Vorrat
Teflonband zum Abdichten von Rohrverbindungen.

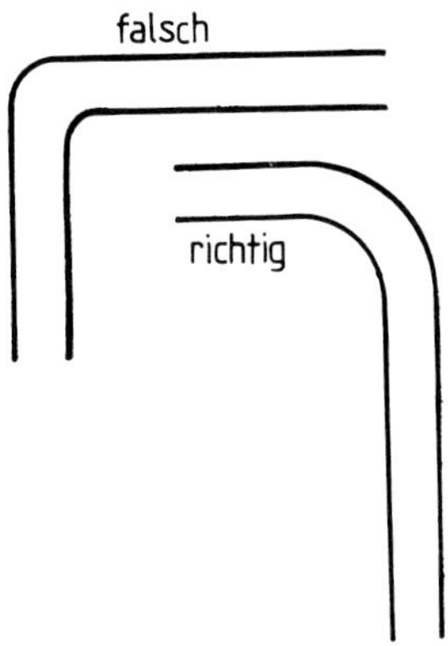

Rohre sollten immer in einem möglichst großen Radius abgewinkelt werden. Sonst kommt es bei den Pumpen zu großen Druck- und Fördermengenverlusten.

Auswahl des Beckens

Bei der Auswahl des Aquariumtyps bleiben eigentlich nur drei Typen:

1. Silikonverklebtes Ganzglasbecken, dessen Kanten evtl. mit Kunststoffleisten geschützt sind.
Hiervon gibt es zwei Ausführungen. Bei der einfachen sind die Scheiben stumpf miteinander verklebt.
Bei der meiner Ansicht nach besseren, weil haltbareren Ausführung, sind die Scheiben “über Eck” verklebt. Die dickere Silikonfuge garantiert so einen gewissen Kantenschutz.
Die Farbe des Silikons kann grau, klar oder braun sein. Sehr gut sieht auch schwarz aus.

a) 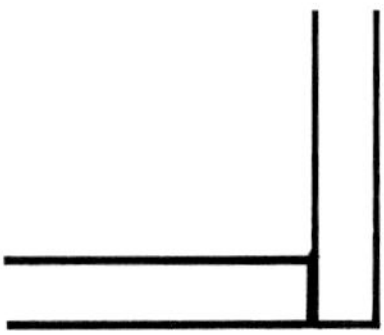

b) besser 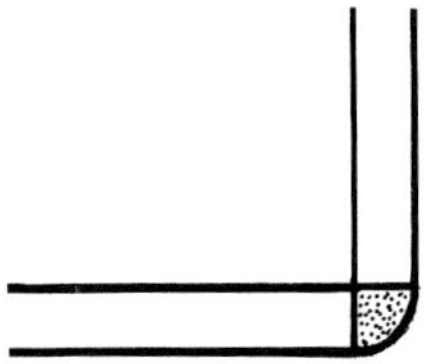

Bei freistehenden Aquarien, die mit HQI-Lampen von der Decke beleuchtet werden, sieht man die Oberkante des Beckens bis zum Wasserspiegel. Dieser Raum ist leicht verkalkt oder mit einer Salzkruste von innen versehen. Das sieht unschön aus. Die Kante von 5 bis 8 cm Breite wird gern mit Spiegelglasscheiben-Streifen oder anderem undurchsichtigem Material beklebt.

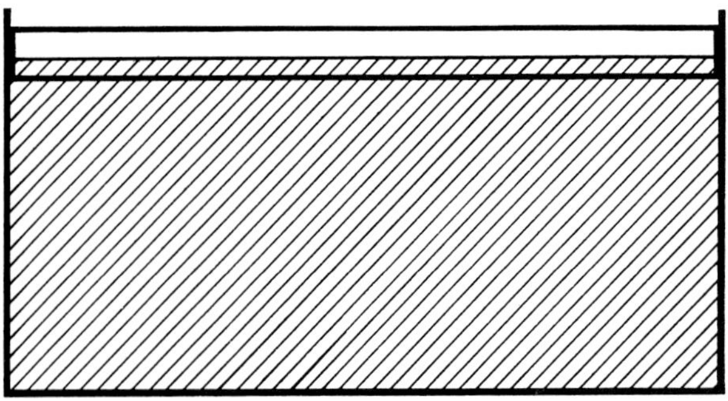

2. Acrylglas (Plexiglas) Becken.
Dieser Kunststoff ist heute so weit entwickelt, daß er unbedenklich auch für Meerwasserbecken eingesetzt werden kann. Acrylglasbecken sind lichtdurchlässiger, haben heute eine weitgehend kratzfeste, sehr glatte Oberfläche und sind leicht im Gewicht. Auf der glatten Oberfläche können sich kaum noch Algen festsetzen.

3. Die meisten Meerwasserbecken werden heute als Komplett-Anlage mit Unterschrank und Lampenabdeckung gekauft. Das hat viele Vorteile, da die Filterung/Heizungskabel und Lampen (meist Leuchtstoffröhren), Wasserregulierung, CO_2-Flasche und Anschlüsse gleich verlegt und verkabelt sind. Abgesehen von den Kosten ist solche eine Komplett-Anlage ideal.
Sie haben die Auswahl zwischen ab, DELTEC (System Minireef), DUPLA, JUWEL, SANDER, TUNZE und vielen anderen Anlagen, die Ihr Fachhändler zusammenstellt. Ich kann und möchte nicht auf die einzelnen Systeme eingehen.
Persönlich bevorzuge ich eine selbst zusammengestellte Anlage mit Bodengrundfilter, 2 Schnellfilterpumpen und zusätzlich einem Außen-Rieselfilter neben dem Becken. Das ergab sich einfach aus der Tatsache, daß ich mein Zweimeter-Becken von Süß- auf Meerwasser umstellte.

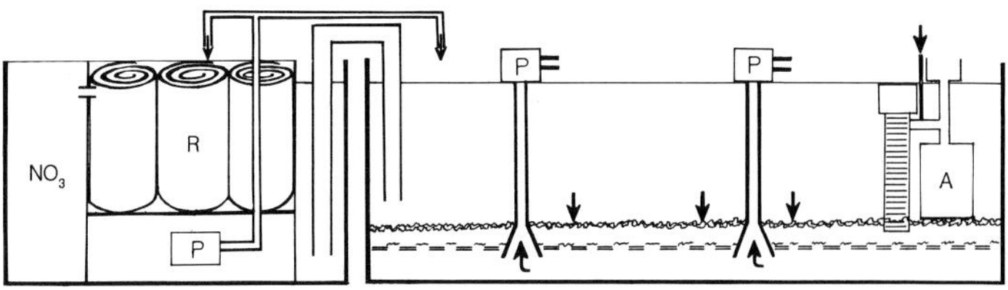

A = Abschäumer
NO_3 = Nitratfilter
P = Pumpen
R = Rieselfilter

Bodengrund

Schichtstärke (Bodengrund)
Die Systeme der verschiedenen Firmen reichen von "unten ohne" (DUPLA) über 3 bis 5 cm (die meisten anderen Firmen) bis zu 5 bis 8 cm Schicht über dem Bodengrundfilter (PREIS) und gar 10 cm für die speziellen Bedürfnisse von Zylinderrosen und größeren Anemonen. Diese benötigen solch eine Schicht, um ihren Fuß artgerecht im Boden zu verankern.

Körnung
Feiner Sand oder gar Sand vom Meeresstrand ist in den meisten Fällen ungeeignet. Die feinen Sande sind lediglich für spezielle "Wattenmeerbecken", Haltung von Wattwürmern etc. geeignet. Der Nachteil von feinem Sand ist die Enststehung von anaeroben (sauerstoffarmen) Zonen. Es entwickeln sich schnell Fäulnisherde und es bleibt nichts anderes, als das Becken komplett auszuräumen.
Eine Körnung von 5 bis 8 mm Dolomit oder Blähtonbruch ist am geeignetsten. Nicht die runden Kügelchen aus dem Blumenladen verwenden! Über die grobe Schicht kommt eine 1 bis 3 cm dicke feinere Schicht Dolomitbruch in der Körnung 2 bis 4 mm.

Art des Materials

geeignet	ungeeignet
Marmorbruch	Quarzkies (bindet Eisen)
Dolomitbruch	
(reines Calciumkarbonat!)	Basaltsplit (bindet Eisen)
Blähtonbruch	
(kalkfrei!)	feiner Seesand
Alfa Marin, Rowalith	Sand, Kies
Granit, Kieselsteine	
Muschelgrus	Korallengrus (Naturschutz)
Kalkalgenbruch	

Die nachfolgenden Zeilen schreibe ich für Aquarianer, die nicht in Deutschland leben und Korallengrus als Bodengrund verwenden. Nach Deutschland darf dieser nur noch mit Cites-Bescheinigung importiert werden, da die Korallensandkörnchen "Teile von geschützten Tieren" sind.
Bedingt geeignet sind Muschelgrus, Korallengrus. Schlecht gereinigter Korallengrus, dem noch Eiweißreste toter Tiere anhaften, ist bisher die häufigste Ursache von Nitritvergiftung und toten Tieren in der "Einfahrphase" eines Anfängerbeckens. **Wenn es schon Korallenbruch als Bodengrund sein soll, muß dieser einer eingehenden Prüfung unterzogen werden.** Überzeugen Sie sich selbst! Wenn Sie schon so viele Telefonanrufe von Meeresaquarianern gehabt hätten wie ich, so würden Sie die vorgenannten Zeilen noch dreimal unterstreichen (H.B).

Also, der Korallengrus wird erst dann gekauft, wenn eine Probe nach einer Woche noch keinen Nitritgehalt im Wasser ausweist. Nehmen Sie ein paar Handvoll und werfen diese Menge in einen Eimer mit Meerwasser. Nach 8 Tagen messen Sie den Nitritgehalt dieses Wassers. Dieser muß null sein. Dann ist der Muschel-/Korallengrus in Ordnung.
Besteht auch nur die geringste Spur von NO_2, so ist von der Verwendung abzuraten. Wer sich trotzdem den Korallengrus in den Kopf gesetzt hat, reinigt das Material mit Natronlauge (Entsorgung?). Diese Lauge zersetzt das im Bodengrund enthaltene Eiweiß völlig. 5%ige Lauge (Vorsicht ätzend!) wird über den Korallengrus geschüttet und über 2 bis 3 Wochen lang mehrfach vermengt. Danach muß für eine Woche täglich mit Frischwasser gespült werden. Danach für eine Woche mit Frischwasser stehen lassen und dann sowohl pH-Wert und wiederum Nitrit messen. Der pH-Wert soll um 7 bis 7,5 (wie das Leitungswasser) sein. Sofern der pH-Wert höher als 8,5 ist, enthält das Material/Wasser noch Natronlauge. Der NO_2-Wert muß null sein, sonst ist noch Eiweißmaterial enthalten.

Natronlauge (40%ig) wird mit 7 Teilen Wasser gemischt, um die 5%ige Lauge zu erhalten.

Reinigung ist auch mit H_2O_2 (Wasserstoffperoxid) möglich. Danach ebenfalls gut spülen. Diese Methode ist umweltverträglicher, weil lediglich Sauerstoff und Wasser sowie Ammonium (aus dem Eiweiß) übrigbleibt.

Belebter Bodengrund aus Blähtonbruch, darüber schichtet man 2 bis 3 cm Dolomitbruch

Dekoration

Beckenhintergrund / Dekoration

Die hintere Aquarienrückwand wird lediglich zu Dekorationszwecken häufig mit "schmückenden" Dekoren versehen. Nützlich für die Tiere ist das nicht. Die Gestaltung der Rückwand richtet sich allein nach dem Geschmack des Aquarianers. Die einfachste Möglichkeit ist ein blauer Karton von außen auf die Scheibe geklebt. Wer es hübscher haben will, fertigt sich die Innen-Rückwand selbst an oder bestellt diese genau nach Maß beim Fachhandel.
Ich habe solche Rückwände mit aufgeklebten Dolomitbruchstücken bei der Firma AQUA-MEDIC gesehen. Dort werden solche für Hummeraquarien in Restaurants gefertigt. Wirklich erstaunlich optisch wirkungsvoll - solange die Rückwand sauber und nicht von Algen überzogen ist. Aber selbst dann sieht es noch besser aus als eine ungeputzte Rückscheibe.
Man kann sich auch Austernschalen auf die Rückwand kleben (die Schalen gut reinigen, siehe Bodengrund). Von Schieferplatten als Rückwand rate ich ab, sofern sie nicht direkt mit der Rückwand verklebt (Silikon) werden.

Die Dekorrückwand soll am besten aus einer Acrylglasscheibe bestehen, auf die man das Dekorationsmaterial klebt oder aus (bedruckten) Karton von außen.
Sofern die "Dekoscheibe" im Becken installiert wird, muß sie fest mit der Rückwand verankert werden, sonst verklemmen sich kleine Fische, Würmer und Schnecken, Schwämme und andere Tiere allzu leicht dahinter - es entsteht ein uneinsehbarer Fäulnisherd. Zwischen Rückscheibe und Dekoscheibe soll möglichst kein Wasser sein! Am besten mit Silikon einkleben.
Die meisten Aquarianer verzichten ganz auf die Rückwand-Dekoration, sie schichten vielmehr Lebende Steine und/oder Dolomitbrocken so auf, daß der Gesteinswall bis nahe an die Wasseroberfläche reicht. Mit den drei unterschiedlich (mit Eisen) eingefärbten PREIS-rocks ist das recht einfach und, von den Kosten her erträglich. Die Dekoration für ein 500 l Becken wiegt etwa 100 kg und kostet ca. DM 400.—. Korallenskelette, die man heute nicht mehr verwendet (verwenden sollte), kosten ein Vielfaches. Und Dolomitgestein wiegt etwa 2 bis 3 mal soviel. Da kann schon einmal eine Bodenscheibe wegen Überlastung springen! Bitten stellen Sie ihr Becken auf eine 1 cm starke Styroporplatte (evtl. Baumarkt - falls ihr Zoofachhändler sie nicht vorrätig hat).
Eine mustergültig aufgebaute Dekoration sehen Sie auf dem Foto Seite 279.

Dolomitgestein

AQUA MEDIC Kalkalgen Rocks

PREIS Rocks

Kieselsteine

"Lebende Steine" mit Kalkrotalgen; die Garnelen sind *Lysmata amboinensis*

So soll es nicht sein: Korallenskelette (auf einem Basar, Bahamas)

INSTANT OCEAN brachte 1990/1991 eine Kollektion in Farbe und Form natürlich aussehender Korallen und Schwämme heraus. Die Stücke sind leicht, pH-neutral und nicht toxisch. Sie werden von Hand auf den Philippinen gefertigt. Ein wirklich lobenswerter Schritt auf dem Wege zu aktivem Naturschutz! Den Fischen und Wirbellosen Tieren ist es egal, welches Substrat Sie ihnen als Dekoration bieten. Eine Kombination mit Naturdolomit z.B. AQUA MEDIC Kalkalgen-Rocks oderPREIS rocks mit lebenden Steinen dürfte für den Meeresaquarianer genügend Auswahlmöglichkeit bieten, um den eigenen Geschmack zu verwirklichen.

Abbildungen rechte Seite (INSTANT OCEAN):

A Tischkoralle *Acropora hyacinthus*
B Vasenkoralle *Pachysens speciosa*
C Feuerkoralle *Millepora* sp.
D Roter Fingerschwamm *Haliclona rubens*
E Orange Röhrenschwamm *Aplysina longissima*
F Fingerkoralle *Pocillopora eydouxi*
G Feuer-Riffkoralle *Millepora* sp.
H Blumenkoralle *Caulastrea tumida*
I Tassenkoralle *Tubinaria* sp.
K wie G
L,M Elchhornkoralle *Acropora palmata*

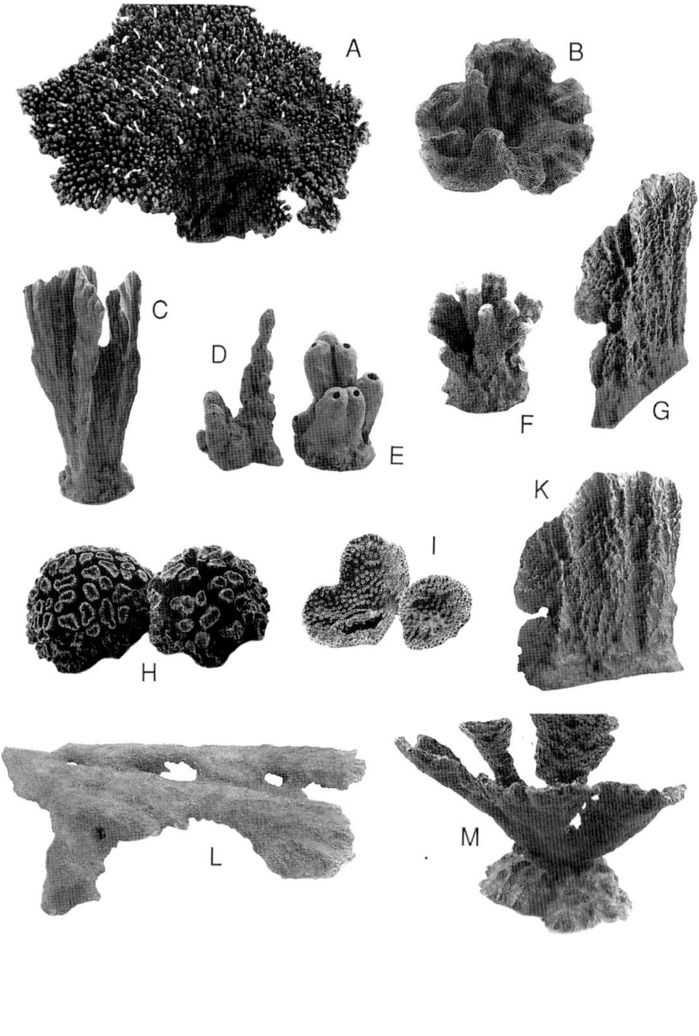
A
B
C
D
E
F
G
H
I
K
L
M

Meerwasser, Salz

Das Meerwasser - chemische, physikalische und biologische Grundlagen

Meerwasser enthält etwa 34 g gelöste Salze pro Liter. Dieser hohe Salzgehalt verändert seine physikalischen und chemischen Eigenschaften. Es hat einen niedrigeren Gefrierpunkt und einen höheren Siedepunkt als Süßwasser; außerdem ist es schwerer. Dieser Gewichtsunterschied (Dichte) kann zur Messung der Salzkonzentration benutzt werden. Durch die Salze wird es auch sehr korrosiv. Diese Tatsache hat große Bedeutung für die gesamte Aquarientechnik. So gehören Gegenstände aus Metall nicht in ein Meerwasseraquarium. Selbst Edelstahl ist nicht auf Dauer beständig (Rahmenbecken). Lediglich Titan kann - z.B. in Kühlaggregaten und neuerdings Heizern - eingesetzt werden. Besonders kritisch sind Kupferleitungen oder andere kupferhaltige Materialien, z.B. Messing oder Bronze.
Aus ihnen lösen sich giftige Cu^{++}-Ionen, die auf wirbellose Tiere bereits in geringer Konzentration tödlich wirken. Die Wasserleitung oder Warmwasserbehälter mit seinem Zu- und Ableitungen aus Kupfer sind eine sichere Quelle für Mißerfolge bei der Pflege von Meerestieren (besonders Wirbellosen). Moderne Aquarien und die dazugehörende Technik bestehen nur aus Glas und Kunststoff. Diese Materialien sind bezüglich der Korrosion absolut unbedenklich. Einige Kunststoffe (PVC= Polyvinylchlorid) sind jedoch wegen der in ihnen enthaltenen Weichmacher ebenfalls als kritisch einzustufen. Da nahezu keinem Aquarianer natürliches Meerwasser von genügender Reinheit zur Verfügung steht, muß ein künstliches "synthetisches" Meerwasser aus seinen Komponenten angesetzt werden.
Um ein geeignetes Meerwaser herauszustellen sind zwei Voraussetzungen zu erfüllen: Gutes Meersalz und einwandfreies Wasser.

Meersalz
Das Meer enthält nicht nur Kochsalz (Natriumchlorid). Vielmehr sind eine Unzahl von verschiedenen Salzen darin gelöst; viele davon nur in verschwindend kleinen Mengen. Mit empfindlichen Analysegeräten können beinahe alle auf der Erde vorkommenden Elemente im Meerwasser nachgewiesen werden.
Meerwasser ist eine komplizierte chemische Verbindung. Wird Meersalz durch Eindampfen von natürlichem Meerwasser gewonnen, gehen beim Wiederauflösen nicht mehr alle Bestandteile in Lösung. Das Wasser ist als Aquarienwasser nur bedingt geeignet. Die im zoologischen Fachhandel erhältlichen Salzmischungen, z.B. ab, HW, Instant Ozean, PREIS, Tropic Marin werden aus reinen Salzen angesetzt und enthalten alle für die Entwicklung von Tieren und Pflanzen notwendigen Salze in leicht löslicher Form. Gutes Meersalz erkennt man zuerst an seiner völligen Löslichkeit. Es dürfen keine (gelblichen) Rückstände nach ca. 5 bis 8 Stunden verbleiben. Trotzdem sind Unterschiede in Qualität und Preis zu finden. Verwenden Sie nur solche Meersalze, die Ihr Fachhändler selbst auch in seinen gut stehenden Schauaquarien einsetzt.

Zusammensetzung von Meerwasser

Hauptelemente		(mg/l)
Natrium	Na	10 770
Chlor	CL	18 880
Magnesium	Mg	1 290
Sulfat	SO	2 712
Brom	Br4	67,3
Fluor	F	1,3
Bor	B	4,5
Calcium	Ca	412,1
Kalium	K	399
Strontium	Sr	7,9
Silicium	Si	2

Kohlenstoff (als Carbonat, Hydrogencarbonat und CO_2)
28 C

Stickstoff (als NH_4^+, NO_2^-, N_2, NO_3^-)
N 15

Spurenelemente		(mg/l)
Helium	He	0,0068
Lithium	Li	180
Beryllium	Be	0,0056
Neon	Ne	0,12
Aluminium	Al	2
Phosphor	P	60
Argon	Ar	4,3
Scandium	Sc	0,0006
Titan	Ti	1
Vandium	V	2,5
Chrom	Cr	0,3
Mangan	Mn	0,2
Eisen	Fe	2
Cobalt	Co	0,05
Nickel	Ni	1,7
Kupfer	Cu	0,5
Zink	Zn	4,9
Gallium	Ga	0,03
Germanium	Ge	0,05
Arsen	As	3,7
Selen	Se	0,2
Krypton	Kr	0,2
Rubidium	Rb	120
Yttrium	Y	0,0013
Zirkonium	Zr	0,03
Niob	Nb	0,01
Molybdän	Mo	10
Silber	Ag	0,04
Cadmium	Cd	0,1
Indium	In	0,0001
Zinn	Sn	0,01
Antimon	Sb	0,24
Jod	J	60
Xenon	Xe	0,05
Cäsium	Cs	0,4
Barium	Ba	2
Lanthan	La	0,003
Cer	Ce	0,001
Praseodym	Pr	0,0006
Neodym	Nd	0,003
Samarium	Sm	0,00005
Europium	Eu	0,00001
Gadolinium	Gd	0,0007
Terbium	Tb	0,0001
Dysprosium	Dy	0,0009
Holmium	Ho	0,0002
Erbium	Er	0,0008
Thulium	Th	0,0002
Ytterbium	Yb	0,0008
Lutetium	Lu	0,0002
Hafnium	Hf	0,007
Tantal	Ta	0,003
Wolfram	W	0,1
Rhenium	Re	0,004
Gold	Au	0,004
Quecksilber	Hg	0,02
Thallium	Tl	0,01
Blei	Pb	0,03
Wismut	Bi	0,02
Radon	Rn	0,000000000006
Radium	Ra	0,00000007
Thorium	Th	0,01
Protactinium	Pa	0,00000005
Uran	U	3,2

außerdem in noch kleineren Mengen

Technetium	Tc
Ruthenium	Ru
Rhodium	Rh
Palladium	Pd
Osmium	Os
Iridium	Ir
Platin	Pt
Astat	At
Francium	Fr
Actinium	Ac

Leitungswasser. In der älteren Literatur über Meerwasseraquarien wird dem Leitungswasser kaum besondere Bedeutung beigemessen. Wenn die Salzmischung stimme, sei das aufgemischte Wasser in Ordnung. Ich habe selbst noch in der "Kleinen Seewasserpraxis", (1974) geschrieben: "Leitungswasser und Seesalz = Meerwasser, (Zitat Hans Baensch). Das ist heute nicht mehr aufrecht zu erhalten. Das liegt vielerorts aber auch an der verschlechterten Grundwasserqualität. Höhere Nitratbelastung, Pestizide (z.B. Atrazin), Phosphat, Kieselsäure usw. haben unser Leitungswasser in den letzten 15 Jahren erheblich verschlechtert. Das zwingt viele Aquarianer dazu, das Leitungswasser aufzubereiten, bevor sie es zum Ansetzen des Aquarienwassers benutzen können. Wegen der Aktualität dieses Themas soll darauf im folgenden ausführlich eingegangen werden. Unbelastetes Leitungswasser ist dann am besten für das Meeresaquarium geeignet, wenn es eine möglichst hohe Karbonathärte (KH) aufweist.

Aufbereitung von Leitungswasser

Bis vor kurzem wurden dazu ausschließlich Ionenaustauscher verwendet. In diesen Geräten werden die unerwünschten Salze an der Oberfläche von Kunstharzkugeln absorbiert und so aus dem Wasser entfernt. Leider haben diese Geräte viele Nachteile, so daß sie heute von anderen Geräten verdrängt werden. Zum Einen müssen sie regelmäßig mit Chemikalien (Salzsäure und Natronlauge) regeneriert werden; zum anderen lassen sie Pestizide und ungeladene Substanzen frei passieren. Außerdem verkeimen sie bei längeren Stillstandzeiten und belasten das Aquarienwasser so mit unerwünschten Bakterien.

Neutraler Anionenaustauscher

Sie halten nur das Nitrat (NO_3) zurück und geben dafür Cl=Chlorid ab. Kochsalz ist im Meerwasser ohnehin zu etwa 80% enthalten. 50 mg NO_3/l im Trinkwasser z.B. Köln "verbraucht" für ein 500 l Becken 14000 mg Cl. Das sind 14g oder 3 Teelöffel Salz. Das stört das Salzgleichgewicht im Meeresaquarium unerheblich. Das Austauscherharz gibt es im Zoofachhandel, z.B. PREIS Presal (nur gegen NO_3). Wegen schädlicher Nebenwirkungen sind die neutralen Anionenaustauscher im Trinkwasserbereich in Deutschland verboten. Vor einer Verwendung im Aquarium ist daher ebenfalls zu warnen.

Eine echte Alternative zu diesen Ionenaustauschern bieten Umkehrosmoseanlagen, die neuerdings im Aquaristikhandel angeboten werden (z.B. ROWA). Die Umkehrosmosetechnik ist bereits seit längerer Zeit bekannt, es wurden jedoch lange nur sehr große Anlagen, insbesondere zur Meerwasserentsalzung, gebaut. Durch Fortschritte bei der Entwicklung der Membranen wurde es möglich, Kleingeräte zu bauen, die mit normalem Wasserleitungsdruck betrieben werden können.

Die Umkehrosmose ist ein Verfahren, bei dem nicht nur Salze aus dem Wasser entfernt werden (Vollentsalzung) sondern auch ungeladene Substanzen, z.B. Pestizide sowie Bakterien, Viren und Pilzsporen.
Das Kernstück einer Umkehrosmoseanlage ist die halbdurchlässige Membran. Diese Membran hat so kleine Poren, daß nur Wasser passieren kann. Die Inhaltstoffe werden zurückgehalten. Dabei wird das Wasser mit Druck durch diese Membran gepreßt. Bei Kleinanlagen genügen 3 bis 5 bar (Wasserleitungsdruck), Großanlagen werden mit 10 bis 15 bar betrieben.
Der Druck muß größer sein als der osmotische Druck des Wassers - daher der Name -. Der osmotische Druck einer Lösung ist abhängig von ihrem Salzgehalt. Je höher der Salzgehalt ist, desto höher ist auch der osmotische Druck, der bei der Umkehrosmose überwunden werden muß. Aus diesem Grunde werden Meerwasserentsalzungsanlagen auch mit Drücken von 60 bis 70 bar betrieben.
Die Umkehrosmosemembranen bestehen aus Kunststoff, z.B. Polyamid/Polysulfon. Um eine große Oberfläche auf kleinem Raum zu erreichen, wird die Membran zu einer Spirale aufgewickelt, es entsteht ein Modul.

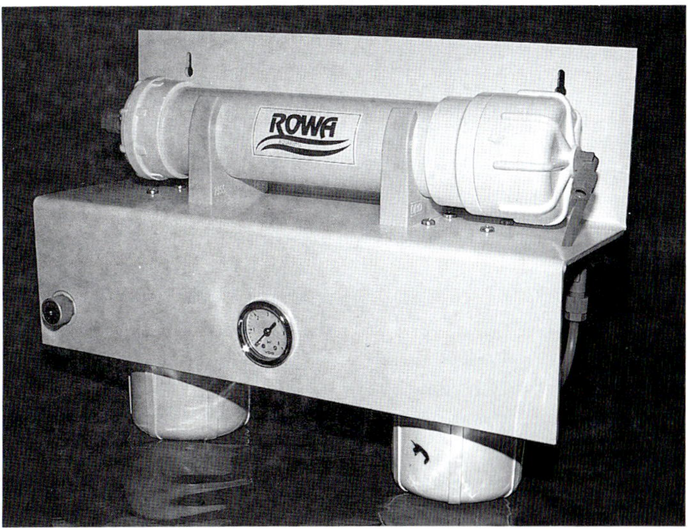

Moderne Umkehrosmoseanlage System ROWA

Aufbereitung

Dieses Modul hat einen Zulauf für das Leitungswasser und zwei Abläufe, einen für das gewonnene Reinwasser (Permeat) und einen für das Konzentrat. Im Konzentrat befinden sich alle Stoffe, die die Membran nicht passiert haben. Bei den Kleinanlagen beträgt das Verhältnis von Permeat zu Konzentrat 1 : 4. Aus 5 l Leitungswasser wird 1 l Reinwasser gewonnen, der Rest ist Abfall. Dies ist der Nachteil einer solchen Anlage.
Dieses ungünstige Verhältnis muß eingehalten werden, weil es bei noch stärkerer Aufkonzentration auf der Membran zu Kalkausfällungen kommen kann, die die Membran blockieren.Großanlagen mit vorgeschalteter Entkalkung (Enthärtung) können einen Wirkungsgrad bis zu 9o% erreichen, so daß nur noch 10% Abwasser entsteht.
Weitere Gefahren für die Membrane sind Chlor und Trübstoffe. Chlor schädigt die Membran bei Konzentrationen über 0.1 ppm (parts per million = mg/l). Dieser Wert wird von den Wasserwerken zwar nur noch selten überschritten, dann jedoch kann es fatale Folgen haben. Aus diesem Grund ist unbedingt ein Aktivkohlefilter vorzuschalten, der Chlor aus dem Wasser entfernt. Auch ein Feinstfilter mit 5 µm Porenweite ist notwendig, da viele Leitungswässer, insbesondere nach Reinigungsarbeiten Trübstoffe enthalten können.
Bei guten Anlagen sind diese Filter meist eingebaut. In der Werbung werden auch Umkehrosmoseanlagen angeboten, die aus Kostengründen ohne Kohlefilter ausgestattet sind. Sie sollten auf den Kohlefilter nicht verzichten, sofern ihr Leitungswasser Chlor enthält. Ist auch noch ein Spülventil vorhanden, so hat die Membran eine Lebensdauer von 3 bis 7 Jahren. Danach muß sie ausgetauscht werden. Da die Membran recht teuer ist (etwa halber Neupreis der Gesamtanlage also ca. DM 300,— bis 400,—) muß sie sorgsam gewartet werden. Dazu gehört das Reinhalten (durch Kohle und Vorfilter) und insbesondere das Feucht - besser Naßhalten - der Membrane. Ist sie erst einmal durch Nachlässigkeit ausgetrocknet, so wird sie brüchig, dann durchlässig und damit unwirksam. Mit einer defekten Membran erreichen Sie nichts - sie funktioniert nur noch als grobes Sieb.
Die Funktionssicherheit und -fähigkeit sollte 1/4jährlich geprüft werden. Dazu vergleicht man das Ausgangswasser (Leitungswasser) mit dem Austrittswasser nach Passieren des Umkehr-Osmosegerätes. Das Austrittswassser darf höchstens 30 bis 70 µs/cm betragen. Die Gesamthärte darf nicht höher als 1-2°dGH sein, die dKH muß null sein. Liegen die Werte höher, so ist die Membran defekt oder falsch installiert! Leicht ist das mit z.B. Tetratest KH nachzumessen, wenn Ihr Leitungswasser Karbonathärte aufweist.
Auch Kohlefilterung mit monatlich erneuerter Kohle im Vorfilter halten wir für äußerst wichtig bei der Aufbereitung des Leitungswassers. Das kann nicht oft genug wiederholt werden.

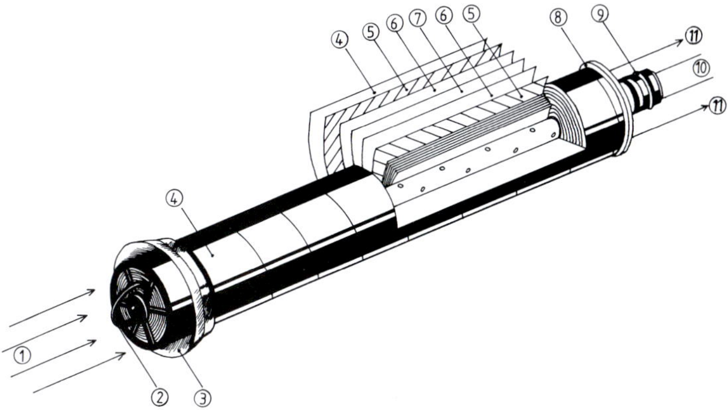

Schnitt durch das Modul einer Umkehrosmose-Anlage

1 Brauchwasser
2 Abdichtungen
3 Polyäthylen-Abdichtung
4 Vinyl Ummantelung
5 Brauchwasserkanal
6 Membranen
7 Reinwasserkanal
8 Zentrierring
9 O-Ring
10 Permeat (entsalztes Wasser)
11 Konzentral (Abwasser)

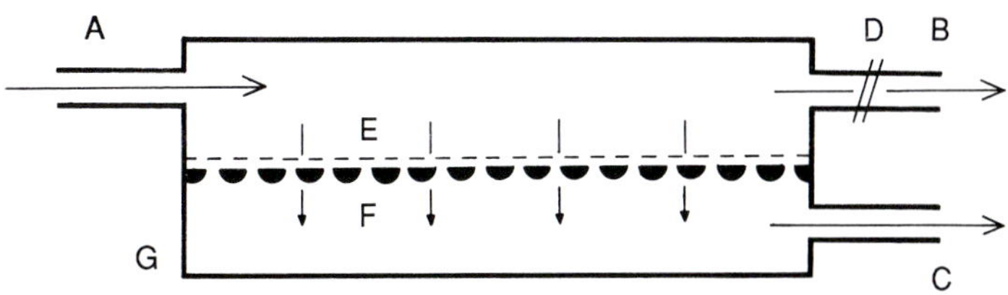

A = Leitungswasser-Zulauf (3-9 bar)
B = Konzentrat (Ablauf)
C = Permeat (Reinwasser)
D = Rückhalteventil
E = halbdurchlässige Membran
F = Stützgerüst
G = druckfestes Gehäuse

Es gibt unterschiedliche Membranen von verschiedenen Geräteherstellern. Sie bestehen aus verschiedenen Kunststoffen:

A: Celluloseacetat (alte Form) B: Polyamid /Polysulfon (neue Form), auch TFC Membranen genannt (Thin film composite).
Membranen aus dem Material B sind länger haltbar und daher vorzuziehen. Sofern eine Angabe des Herstellers über die Beschaffenheit der Membran fehlt, so müssen wir solche Geräte ablehnen. Manche Geräte (Form A) müssen im Dauerbetrieb eingesetzt werden, weil das Celluloseacetat unter Sauerstoffmangel, nach Abschalten des Wassers, von Bakterien zersetzt wird. Das ist für den Normalaquarianer, der nur etwa einmal im Monat Wasser wechselt, unpraktisch. Sofern das Wasser nicht aufgefangen und bevorratet werden kann, wird es in den Abfluß laufen gelassen. Membranen aus dem Material A sind dagegen nicht chlorempfindlich.
Das Osmose-Abwasser läßt sich verringern, indem man dem Umkehrosmose-Gerät einen neutralen Austauscher vorschaltet. Das ist ein Kationenaustauscher ("Enthärtungsfilter").
Dieser tauscht das Calcium im Leitungswasser gegen Natrium aus. Die verwendeten Kunstharze lassen sich mit Kochsalz regenerieren und sind lange nicht so gefährlich wie Vollentsalzer. Solche gekoppelten Anlagen arbeiten mit einem wesentlich günstigeren Ergebnis. Das Reinwasser und Spül-Abwasser verhält sich 1:1.
Zuvor sagten wir, daß ein Umkehr-Osmosegerät nicht im Dauerbetrieb gefahren werden muß. Geräte, die das müssen, sind abzulehnen - außer für Trinkwasser- und Laborwasserbedarf.
Ein Umkehrosmose-Gerät für die Aquaristik muß eine nur einmalige Nutzung für 1 bis 2 Tage pro Monat - also für einen Wasserwechsel - aushalten können. Wir wechseln monatlich bis zu 1/4 Wasser ein weiteres 1/4 muß wegen Verdunstung nachgefüllt werden.
Wir sollten es uns als umweltbewußte Naturliebhaber gar nicht leisten, das wertvolle Trinkwasser zu verschwenden! Wir verbrauchen in Deutschland täglich über eine Million m^3 Wasser allein für die Toilettenspülung! Das sind im Jahr fast 2 Edertalsperren (in Nordhessen) voll. Diese Talsperre faßt 202 Millionen m^3 Wasser.
Deshalb bauen wir in unseren Toilettespülkasten ein Gerät ein, um bei den "kleinen Geschäften" bis zu 70% Wasser einzusparen. Da fällt das Umkehrosmose-Abwasser kaum noch ins Gewicht.
Die Regenerierung von Vollentsalzern oder Mischbettentsalzungsanlagen dürfte wesentlich umweltbelastender sein, sofern man dieses nicht Spezialbetrieben überläßt - was übrigens vorgeschrieben ist. Laborgeräte-Anlagen verlangen eine Reinheit die unter 1 µS/cm liegt. Solche Anlagen kosten nicht weniger als DM 2.500,—.

Ionenaustauscher (siehe auch Seite 54)

Ionenaustauscher werden zur Vorbereitung des Leitungswassers vor dem Einsatz im Aquarium als auch zur direkten Behandlung des Aquarienwassers eingesetzt.
Ionenaustauscher bestehen aus kleinen Kunstharzkugeln. An dieses Kunstharzgerüst sind entweder saure Gruppen (Kationenaustauscher) oder basische Gruppen (Anionenaustauscher) in großer Zahl gebunden. An diesen Bindungsstellen werden im Wasser gelöste Ionen festgehalten. Im Gegenzug werden die am Harz gebundenen Ionen abgegeben - Ionenaustausch!
Ist ein großer Teil der am Harz gebundenen Gruppen ausgetauscht, ist es erschöpft und muß regeneriert werden. Hierzu wird das ursprünglich am Harz gebundene Ion (z.B. OH^-) in hohem Überschuß zugegeben (z.B. als Natronlauge, NaOH). Durch diesen Überschuß werden die zuvor aus dem Wasser aufgenommenen Ionen wieder herausgelöst (Nitrat,Sulfat,Phosphat,etc.) und das Harz wieder in seinen ursprünglichen Zustand versetzt.

Wie funktioniert ein Ionenaustauscher?

Der Kern des Ionenaustauschers besteht aus kleinen Kügelchen aus Kunstharz. An ihrer Oberfläche haben sie freie Bindungsstellen. Je nach Art des Kunstharzes unterscheidet man Kationentauscher und Anionentauscher. Erstere binden positiv geladene Ionen, die letzteren negativ geladene Anionen. Ihre Funktionsweise soll am Beispiel des Kationenaustauschers Lewatit S 10061 erläutert werden.
Lewatit S 10061 wird zunächst mit Salzsäure aktiviert. Dabei werden die freien Bindungsstellen mit Wasserstoffionen (H^+) besetzt.
Jetzt ist es einsatzbereit.
Bringt man das Harz mit Wasser in Kontakt, das positiv geladene Ionen enthält, werden sie an den Bindungsstellen festgehalten. Die zuvor gebundenen H^+-Ionen gehen dafür in Lösung. Dies ist möglich, weil H^+-Ionen eine geringere Affinität zum Harz haben als die übrigen Kationen. Die Bindung an das Harz ist nur locker und reversibel (umkehrbar). Nur solange noch genügend Bindungsstellen mit H^+-Ionen besetzt sind, werden andere Ionen festgehalten. Sind schließlich die meisten H^+-Ionen von den Bindungsstellen verdrängt worden, muß das Harz regeneriert werden.
Dies geschieht mit Salzsäure (HCl). Salzsäure enthält große Mengen freier H^+-Ionen. Durch diesen hohen Überschuß werden die festgehaltenen Ionen durch die Wasserstoffionen von den Bindungsstellen verdrängt. Das Harz ist wieder einsatzbereit.
Das aufbereitete Wasser enthält als Kationen nur noch H^+-Ionen, die im Wasser gelösten Anionen bleiben jedoch erhalten. Die Verbindun-

gen die so entstehen sind starke Säuren, z.B. HCl(Salzsäure), HNO_3(Salpetersäure), H_2SO_4(Schwefelsäure). Lewatit S 10061 wird daher auch als stark saurer Kationentauscher bezeichnet.
Die noch im Wasser enthaltenen Anionen können mit dem stark basischen Anionentauscher MP 62 zurückgehalten werden. MP 62 wird jedoch nicht mit Salzsäure, sondern mit Natronlauge aktiviert. Die Anionen (z.B. Cl^-, NO_3^-, SO_4^{2-}) werden dabei gegen OH^- -Ionen ausgetauscht. Diese reagieren mit den vorhandenen H^+-Ionen zum H_2O = Wasser. Das so behandelte Wasser enthält jetzt so gut wie keine Ionen mehr; es ist vollentsalzt.

Regenerierung mit Salzsäure (HCl)

Ionenaustauscher Lewatit S 10061

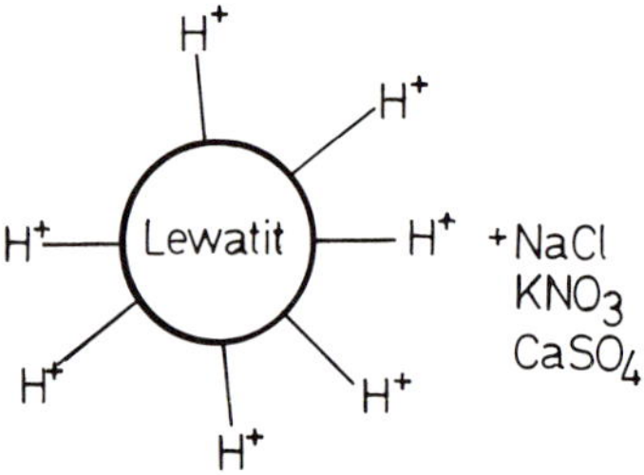

aktiviert

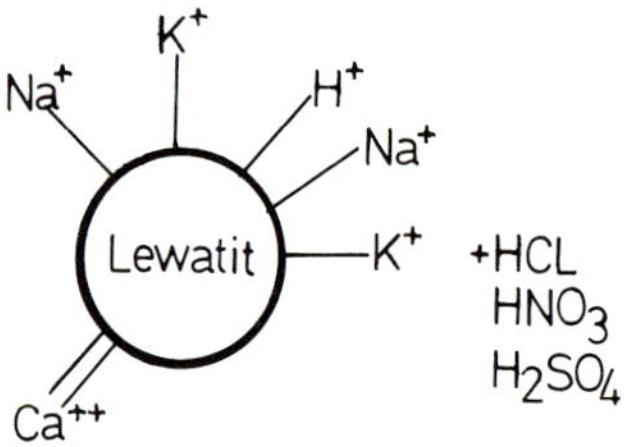

beladen

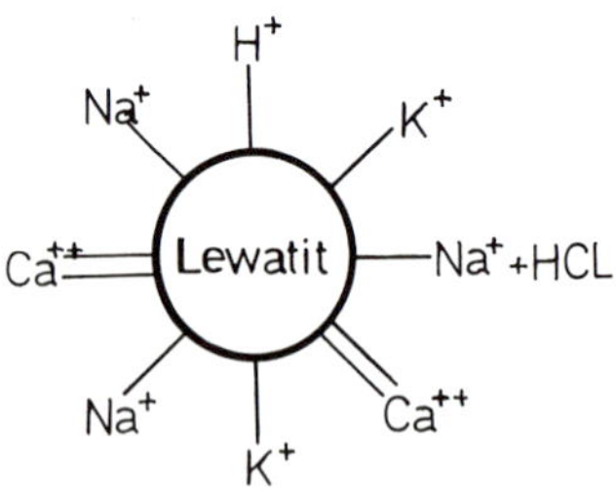

erschöpft

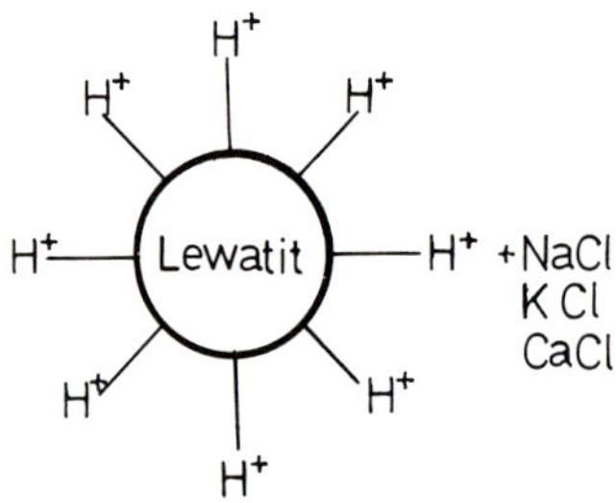

regeneriert

Wasseraufbereitung, externe Anwendung

Für die Leitungswasseraufbereitung mit Ionenaustauschern kommt in der Meeresaquaristik nur die Vollentsalzung in Betracht, wenn wir Nitrat, Phosphat, "Kieselsäure", Calzium etc. gleichzeitig entfernen wollen. Das Wasser wird dabei über einen Kationenaustauscher und einen Anionenaustauscher geleitet. Moderne Geräte vereinen beide in einer Säule (Mischbett). Als Kationenaustauscher wird das Harz Lewatit S 10061 verwendet. Wenn es erschöpft ist, muß es mit Salzsäure regeneriert werden. Als Anionenaustauscher findet Lewatit MP 62 Verwendung. Dieses Harz wird mit Natronlauge regeneriert. Das Harz für den Vollentsalzer kommt ebenfalls von Bayer und heißt M 600. Durch dieses Verfahren wird ein praktisch "destilliertes", vollentsalztes Wasser erzeugt. Dieses Wasser kann zum Ansetzen von Meerwasser und zum Verdunstungsausgleich genutzt werden. Die von Zeit zu Zeit notwendige Regeneration sollte wegen der verwendeten Salzsäure und Natronlauge nicht vom Aquarianer zu Hause durchgeführt werden, weil die Chemikalien nicht vernünftig entsorgt werden können (Umweltverschmutzung). Wegen dieser Notwendigkeit und der Nichtentfernung ungeladener Substanzen (Pestizide!) sind Ionenaustauscher zur Vollentsalzung im aquaristischen Bereich den Umkehrosmoseanlagen deutlich unterlegen.

Zusammenfassung:
Für die Leitungswasseraufbereitung benötigen wir

Nur zur Nitrat (NO_3)-Entfernung

Einen Anionenaustauscher, der mit Kochsalz regeniert werden kann. Er tauscht Nitrat gegen Clorid aus. Als Ionenaustauscherharz empfiehlt sich z.B. PREIS Presal. Diese Methode ist nur für Meeresaquarianer geeignet, nicht für menschliches Trinkwasser, da für uns zuviel Clorid auch nicht gesund ist.

Zur kompletten Vollentsalzung und Schadstoffentfernung

Eine Umkehrosmose-Anlage mit einer Membran aus Polyamid/Polysulfon (TFC) mit einem vorgeschalteten Kohlefilter (die Kohle wird mindestens 1/4jährlich erneuert).

Zur Einsparung von Abwasser

wird der Umkehrosmoseanlage ein "Enthärtungsfilter" vorgeschaltet. Das ist ein Kationenaustauscher der Calzium gegen Natrium austauscht z.B. BAYER MP 600. Das Harz kann mit Kochsalz regeneriert werden (so wie in der Geschirrspülmaschine).

Es fehlt jetzt allerdings eine Druckpumpe, die das enthärtete Wasser mit 3-4bar Druck durch die Umkehrosmose-Anlage schickt. Um es ganz klar zu sagen, solch eine Anlage lohnt sich nur für den Berufszüchter bzw. die Fischimporteure.

Vollentsalzer-Anlagen (Mischbett Ionenaustauscher) verwenden wir nur dann, wenn die Regenerierung durch Fachbetriebe erfolgt. Diese verwenden dafür Salzsäure und Natronlauge, die in einem bestimmten Verhältnis zueinander gebracht, wieder neutralisiert (unschädlich) gemacht werden. Aus Salzsäure und Natronlauge wird - vereinfacht ausgedrückt - wieder Kochsalz.

Zubereitung von Meerwasser

Zum Ansetzen von 100 l Meerwasser benötigt man etwa 3.4 kg synthetisches Meersalz. Bei der Ersteinrichtung kann man Salz und Wasser im Aquarium anmischen - später benötigt man einen gesonderten Behälter (Aquarium oder Kunststoffbehälter). Bevor das Wasser im Aquarium eingesetzt wird, muß es mindestens 1 Tag, besser jedoch mehrere Tage oder gar 2 bis 3 Wochen belüftet werden. Am besten ist es, den Behälter zum Ansetzen des Meerwassers nach jedem Wasserwechsel gleich wieder zu füllen. Auf diese Weise steht jederzeit einsatzfähiges Meerwasser zur Verfügung.
Eine Beleuchtung (Besonnung) des frisch angesetzten Meerwassers ist für den schnelleren Reifeprozess von Vorteil. Die Mikrobakterienfauna zum Altern des Wassers entwickelt sich bei Licht wesentlich schneller als bei Dunkelheit. Also einen Platz auf dem Balkon oder der Terrasse für den Meerwasser-Vorratsbehälter freihalten. Im Dunkelraum (Keller, Besenkammer) verwendet man 1 bis 3 Leuchtstoffröhren, die nach den Maßen des Behälters ausgewählt werden. Bastelfreunde sind hier gefordert. Ihr Zoofachhändler stellt Ihnen sicher eine Anlage nach Ihren Wünschen zusammen. Wasserbehälter sind im Baumarkt, Gartencenter (Regentonne o.ä.), im Laborfachhandel als Behälter (mit Literskala) zu bekommen. Für größere Becken bietet sich ein 1000 l Öltank an, der natürlich, wenn er schon einmal mit Öl gefüllt war, peinlich gereinigt werden muß. Ein Tropfen Öl kann 1000 l Wasser verunreinigen.

für 25 l	Wasser =	650 ml Salz
für 50 l	Wasser =	1300 ml Salz
für 100 l	Wasser =	2600 ml Salz
		= 3,4 kg

Küchenmeßbecher = 1 l Salz = 1250 g

Wasser lebt (mit dem richtigen Salz)

Frisch angesetztes Meerwasser ist schädlich für empfindliche Wirbellose und Fische. Für den Wasserwechsel von mindestens 10% pro Monat muß man mit den bekannten Meersalzen das zubereitete Wasser 1 bis 2 Wochen belüften und beheizen (ca. 20°C). Beleuchtung kann, muß aber nicht erfolgen.

Bei Neueinrichtung sollte das Wasser 6 bis 8 Wochen, bei manchen Salzen bis zu 3 Monaten im Becken gefiltert und temperiert werden, bevor man Tiere einsetzt. Erst müssen sich Nitrobacter und Nitrosomonas - Bakterien vermehrt haben, um bei Anfall von Stickstoff durch Nahrungszugabe und Fischkot/Urin, damit fertig zu werden. Frisch angesetzte Meeressalze sind oft so agressiv, daß sich eine gesunde Bakterienfauna erst nach Monaten einstellt, nämlich wenn die Agressivität der chemischen Stoffe gemildert wurde (durch Altern des Wassers!). Meistens werden "lebende Steine" und "harte" Anfängertiere viel zu früh eingesetzt.

Meine Erfahrungen, zuletzt mit PREIS Meersalz, brachten überraschende Ergebnisse. Frisch angesetztes PREIS-Meersalz konnte ich bereits 24 Stunden nach dem Ansatz für einen halben Wasserwechsel benutzen! Auch bei Frischeinrichtung eines neuen Beckens läuft die Nitrifikationsphase bereits innerhalb von 18 bis 20 Tagen voll - bei einigen anderen Salzen erst nach Monaten. Dieses Beispiel soll nur andeuten, daß so mancher Mißerfolg nicht im Leitungswasser oder einem fehlenden teuren Filter (Nitratfilter) liegen mag, sondern möglicherweise auch an dem von Ihnen verwendeten Salz.

Sowie Wasser nicht gleich Wasser ist, so ist auch Salz nicht gleich Salz. Mit dem o.a. Salz kann man garantiert einen gefahrlosen Wasserwechsel vornehmen. Anemonen schleimen danach nicht ab - sie bleiben offen - oder gehen auf, wenn sie zuvor geschlossen waren. Sie graben sich innerhalb von Stunden ein und wandern nicht mehr herum. Die Fische tummeln sich darin wie im Meer. Sie müssen das einfach einmal gesehen haben. Dieses Meersalz bedeutet eine risikolose Zeiteinsparung bei der Meerwasserzubereitung und sicher einen Riesenfortschritt für die Meeresaquaristik.

Manche Aquarianer wundern sich, daß Nitrit und/oder SiO_2 (Siliziumoxid) auch nach einer Umkehrosmose-Behandlung des Leitungswassers im Becken nachzuweisen ist. Das in Deutschland am meisten verwendete Salz enthält diese Stoffe! SCHMIDT, Lünen, einer der ältesten Pioniere im Meerwasserbereich der Aquaristik testete verschiedene Salze und fand PREIS Meersalz als eines der chemisch reinsten und geeignetsten Salze für die Meeresaquaristik. Das Meeresaquarium Bochum verwendet HW Meersalz. Ein klares Konzept für die Meersalzmarke kann hier nicht gegeben werden. Selbst TETRA experimentiert seit Jahren mit gutem Erfolg - selbst probiert - an einer umwälzenden Meersalzmischung. Jede Meersalzmischung, selbst des gleichen Herstellers, ist etwas anders. Deshalb verwenden Sie am besten die Marke des Ihnen vertrauten Fachhändlers. Mit gut geführten Becken kann er am besten beweisen, welcher Marke er vertraut.

Salzkonzentration

Zur Bestimmung der Salzkonzentration von Meerwasser wird die Dichte oder die Leitfähigkeit des Wassers gemessen.

Dichte

Da salziges Wasser schwerer ist als Süßwasser, erhöht sich seine Dichte. Die Dichte kann mit einem Aräometer gemessen werden. Dieses Meßgerät schwimmt im Wasser und taucht je nach Salzkonzentration mehr oder weniger weit auf. An einer Skala kann am Wasserspiegel die Dichte abgelesen werden. Die Dichte ist auch von der Temperatur abhängig (s.Tabelle). Bei 25°C sollte die Dichte im Meerwasseraquarium zwischen 1.022 (normal) und 1.025 (Rotes Meer) liegen.
Die Genauigkeit eines guten Aräometers reicht für aquaristische Belange meist aus. Daher hat sich bei den Aquarianern die Dichte als gebräuchlichste Meßgröße der Salzkonzentration weitgehend eingebürgert. Wesentlich genauer kann der Salzgehalt von Meerwasser mit einem elektrischen Leitwertmeßgerät bestimmt werden. Ein Aräometer sollte immer griffbereit sein, auch wenn ein elektrisches Leitwertmeßgerät angeschafft wurde. Wählen Sie das größte (z.B. von Tropic Marin) aus. Kleine, schlanke Aräometer sind häufig zu ungenau.

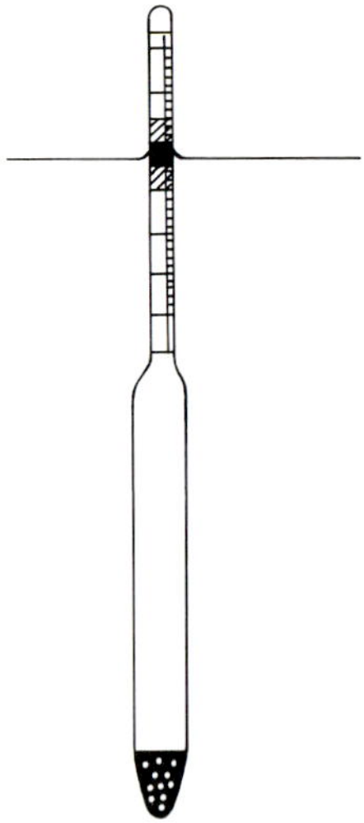

Aräometer

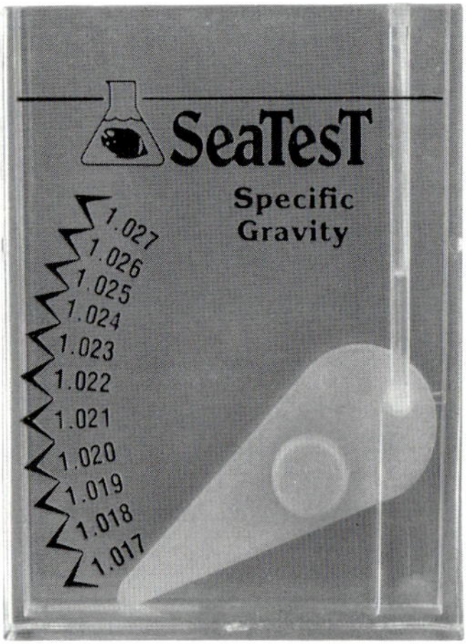

Dichtemesser (INSTANT OCEAN)

Salzgehalt von Meerwasser in Promille und gemessen als Leitfähigkeit und Dichte. (bei 25°C)

Salzgehalt %	Leitfähigkeit (mS/cm)	Dichte	
17,2	24	1.011 **	
20,4	30	1.0148	
21,58	32	1.0157	
23,14	34	1.0169	
24,71	36	1.0181	
26,29	38	1.0193	
27,88	40	1.0205	
29,48	42	1.0218	
30,29	43	1.0224*	Günstiger Bereich für das Meerwasseraquarium
31,1	44	1.0230*	
31,91	45	1.0236*	
32,73	46	1.0242*	
33,45	47	1.0248*	Rotes Meer
34,27	48	1.0254*	
35,1	49	1.0261	
35,93	50	1.0267	
36,76	51	1.0273	
37,59	52	1.0279	
39,27	54	1.0292	
40,95	56	1.0305	
42,65	58	1.0318	

* Bereich für ein tropisches Meerwasseraquarium. Oberer Bereich gilt für Tiere aus dem Roten Meer.
** Halbierte Salzkonzentration zur Krankheitsbehandlung, etwa bei der Anemonenfischkrankheit .

Leitwertmessung
Leitwertmeßgeräte für den aquaristischen Gebrauch werden z.B. von den Firmen SANDER und TUNZE angeboten. Im Laborbedarf gibt es Geräte von WTW, die trotz ihres hohen Preises (um DM 800,—) wegen der Genauigkeit für Großanlagen angeraten sind. Bei dieser Messung wird sich die Eigenschaft von Wasser zu Nutze gemacht, den elektrischen Strom zu leiten, - was auch der Aquarianer bei defekten elektrischen Geräten am Aquarium zu spüren bekommen kann. Je salziger Wasser ist, desto besser leitet es den elektrischen Strom. Die Leitfähigkeit wird in der Einheit Siemens an-

1.1.1.Saugfilter (Topffilter)
Prototyp dieser Gruppe ist der motorgetriebene EHEIM Saugfilter. Dieser Filter hat in der Aquaristik wohl die größte Verbreitung aller Filtertypen. Für viele Aquarianer ist er der Aquarienfilter schlechthin. Der große Nachteil dieser Systeme ist die schlechte Sauerstoffversorgung der Bakterien. Sie müssen den gesamten Sauerstoff, den sie für ihren Stoffwechsel brauchen, dem Wasser entziehen. Hier sind jedoch nur maximal 7 mg/l Sauerstoff gelöst. Das Wasser, das aus einem Saugfilter ins Aquarium zurückströmt, ist deshalb an Sauerstoff verarmt. Bei starker Belastung des Aquariums kann die Sauerstoffversorgung der Bakterien zur Leistungsbegrenzung des Filters werden.
In mäßig besetzten und gut bepflanzten Süßwasseraquarien reicht diese preiswerte Filterung meist völlig aus. Für Meerwassertiere mit ihrem hohen Sauerstoffbedarf sind sie jedoch ungeeignet. Dieser Filtertyp - auch Topffilter genannt - ist jedoch als Durchlauffilter für Aktivkohle und/oder Austauscherharze z.B. zur Nitratentfernung gut geeignet. Besonders der FLUVAL mit seinem 3-Kammer System erlaubt es, sowohl Kohle als auch Dolomitbruch gleichzeitig einzusetzen.

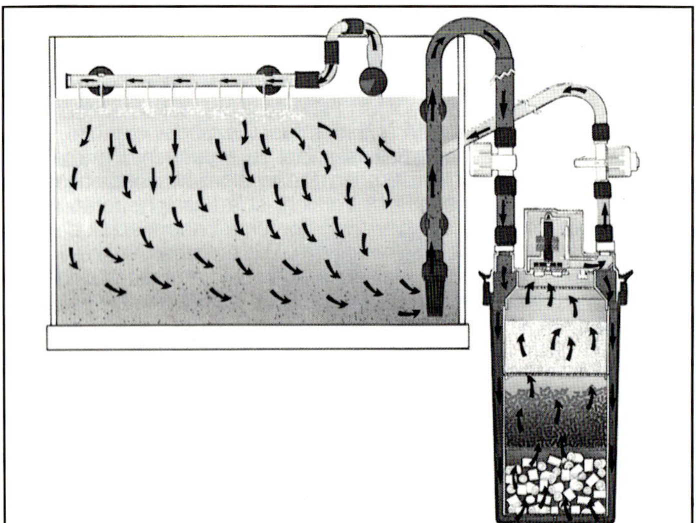

FLUVAL-Filter mit seinem Dreikammer-System

Rieselfilter (links) und Kraftabschäumer (SANDER) für eine Großanlage in einem Zoofachgeschäft.

1.1.2. Bodenfilter

Der Bodenfilter ist dem Saugfilter vom Prinzip her ähnlich. Hier wird der gesamte Aquarienboden als Filter genutzt. Das Aquarium bekommt einen doppelten Boden aus perforiertem Kunststoff.Darüber werden 5 bis 10 cm Bodengrund gefüllt. Mit Hilfe einer Pumpe oder eines Lufthebers wird ein Wasserstrom erzeugt, so daß der Boden ständig durchströmt wird. Dieses Filtersystem ist wegen der großen Aufwuchsfläche für Bakterien sehr effektiv. Nach einiger Zeit kann sich jedoch der Bodengrund langsam zusetzen, so daß eine Totalreinigung des Beckens erforderlich wird. Für die Sauerstoffversorgung gilt das beim Saugfilter genannte. Wegen dieser Nachteile haben sich die Bodenfilter bei uns nicht durchgesetzt. In den USA haben sie in den dort meist gepflegten reinen Fischbecken jedoch eine große Verbreitung erlangt.

Bodenfilter mit starken Strömungspumpen z.B. AQUA CLEAR, PREIS, SACCEM, TUNZE funktionieren als submerser biologischer Filter. Wenn man die Schaubecken bei PREIS betrachtet, die teilweise seit acht Jahren mit gleichem Tierbesatz stehen (*Xenia*), dann muß man dem Bodenfilter bessere Qualitäten zuerkennen, als ihm hierzulande zugebilligt werden. Eigene Erfahrungen seit über drei Jahren (H.B.) bestätigen dies.

Der Bodenfilter verbraucht Sauerstoff. Den brauchen aber auch die Tiere. Deshalb zum Bodenfilter immer starke Strömungspumpe(n) mit Injektor für Sauerstoff aus der Luft installieren. Zusätzlich reichert der Abschäumer das Wasser (im Gegenstromprinzip) mit Sauerstoff an. Besonders dann, wenn dieser mit zusätzlich etwas Ozon betrieben wird. Die Installation eines Bodenfilters kostet im Verhältnis zur Gesamtanlage vielleicht 5%. Sie werden den Bodenfilter aber nicht bereuen. Ein gutes Bodenklima und ausreichend große Masse und Oberfläche für den Bakterienbestand, für Kleinlebewesen (Würmer) etc. machen die Kosten mehr als wett! Mit dieser Bio-Filtermasse kann kein anderes Filtersystem in den Punkten Volumen und Oberfläche konkurrieren. Da müßten Sie schon ein gleich großes Becken mit Filtermaterial o.ä. unter oder neben Ihr Schaubecken stellen, um den gleichen Biofiltereffekt zu erreichen.

Sehr sensibel reagiert dieses Filtersystem allerdings auf Medikamentenbehandlung. Ein Quarantänebecken ist für späteren Fischzukauf Bedingung.

Mit dem Bodenfilter erreichen wir eine starke Nitrifikation. NH_4/NH_3 wird in NO_2 umgewandelt. In "eingefahrenen" (Filtermaterial)Zonen kommt es im weiteren Verlauf dann auch zur Umwandlung von Nitrit zu Nitrat. Bei stark verschmutztem Bodengrund entstehen anaerobe Zonen, in denen sogar das Nitrat abgebaut wird. Es darf im Bodengrund jedoch nicht zu fauligen Zonen kommen weil dann Schwefelwasserstoff entsteht (der Bodengrund wird schwarz).

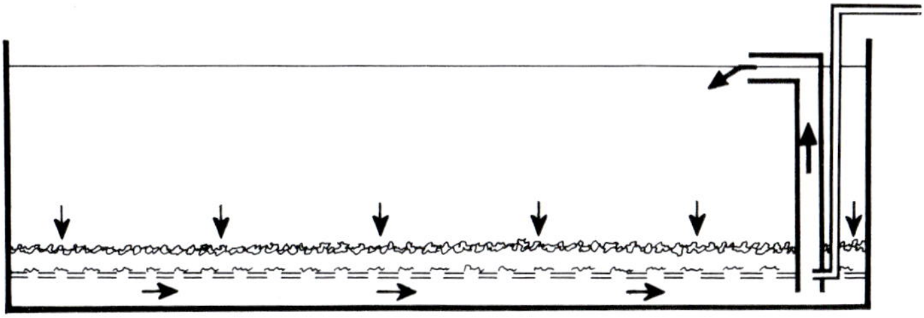

Traditioneller Bodenfilter

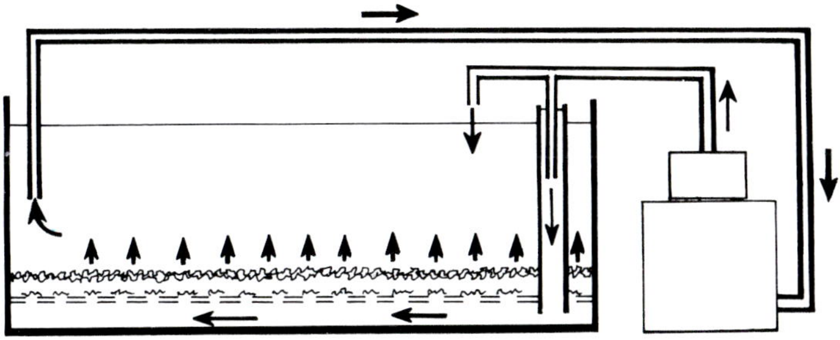

Bodenfilter mit umgekehrtem Strömungsprinzip

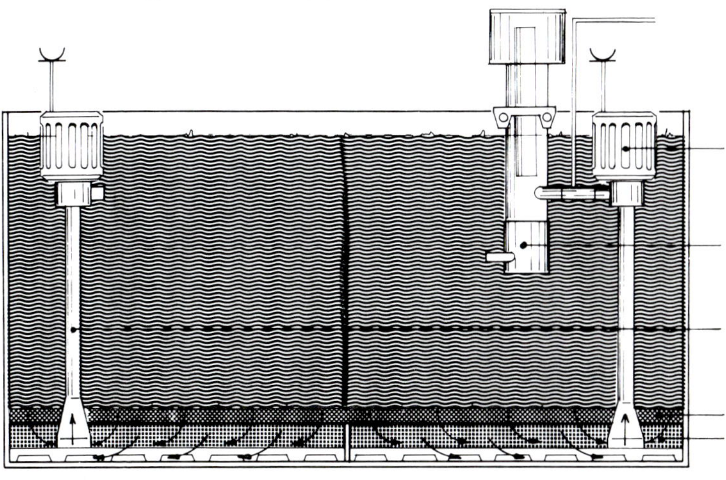

PREIS Bodenfiltersystem mit zwei Planomat Tauchkreiselpumpen und Abschäumer

1.1.3. Flächenfilter

Seit einigen Jahren werden die sogenannten Flächenfilter als die Filtersysteme für Meerwasseraquarien angepriesen. Flächenfilter sind submerse Filter, die aus einer Reihe hintereinandergeschalteter Kunststoffgitter bestehen, die mit einem Watte- oder Schaumstoff-Flies bespannt sind. Durch den großen Strömungsquerschnitt wird die Fließgeschwindigkeit des Wassers stark herabgesetzt. In diesen beruhigten Zonen können sich Schwebstoffe leicht absetzen. Flächenfilter funktionieren als Absetzkammern für Mulm. Die langsame Strömungsgeschwindigkeit und die Sauerstoffzehrung der angesammelten Schwebstoffe führen zu einer deutlichen Herabsenkung des Redoxpotentials. Da die Filteroberfläche wegen der geringen Zahl an Platten ebenfalls gering ist, kann dieser Filtertyp als alleiniger biologischer Filter für ein Meerwasseraquarium nicht empfohlen werden. Einige wenige (2 bis 3) hintereinandergeschaltete Platten können jedoch gut als mechanischer Filter eingesetzt und müssen regelmäßig ausgewaschen werden. Die langsame und gleichmäßige Strömung begünstigt auch das Wachstum von Seescheiden und Schwämmen. Ich (Dr.Schlüter) habe bereits Flächenfilter gesehen, die über und über mit diesen Tieren bewachsen waren. Dies ist eine hervorragende biologische Feinfilterung, die auch die letzten Schwebstoffe entfernt. Im Baukastenprinzip bietet die Firma MAXIMAL Schaumstoffpatronen mit Kunststoffgitter-Ummantelung an. Vorzugsweise werden die Patronen außerhalb des Aquariums in einem separaten Filterkasten untergebracht. Das System bietet leichte Reinigungsmöglichkeit, große Filteroberfläche und -volumen. Da die Patronen jedoch untergetaucht werden müssen, ist dieses System nichts anderes als ein submerser Flächenfilter.

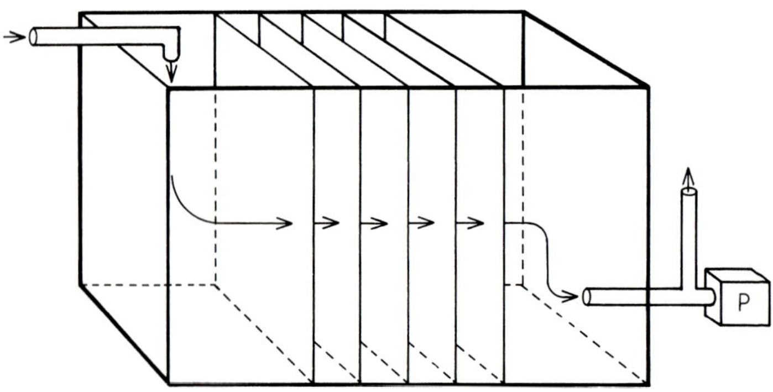

Flächenfilter; 5 Filterflächen aus dünnem Wattefließ

Oberflächenfilterung

Die Installation einer Oberflächenabsaugung - z.B. Überlauf in den Rieselfilter - verhindert die Entwicklung einer Kahmhaut und verbessert den Sauerstoffeintrag.

Einige Filtersysteme saugen das Aquariumwasser an der Wasseroberfläche ab. Insbesondere solche Systeme, die unter- oder außerhalb des Aquariums angebracht sind, verwenden dieses Prinzip. Die Algen- und Bakterienbildung an der Wasseroberfläche (Kahmhaut) wird dadurch verhindert. Bei zu stark absinkendem Wasserstand kommt es jedoch zu Störungen sofern nicht regelmäßig Wasser aufgefüllt wird. Bei Bohrungen im Becken und genügend großer Klarwasserkammer (DELTEC, DUPLA) ist dies kaum der Fall. Das geschieht am besten durch automatischen Wassernachlauf. Ein Schwimmerschalter steuert das Nachfüllen des verdunsteten Wassers. Tote Strömungsecken auf der Wasseroberfläche sollten in jedem Fall vermieden werden.
Für welches Filtersystem Sie sich auch entscheiden, die Wasseroberfläche muß bei der Filterung erfaßt werden.
Es genügt jedoch vollkommen, wenn die Wasseroberfläche durch den Pumpenauslauf in ständiger kreisender Bewegung ist.

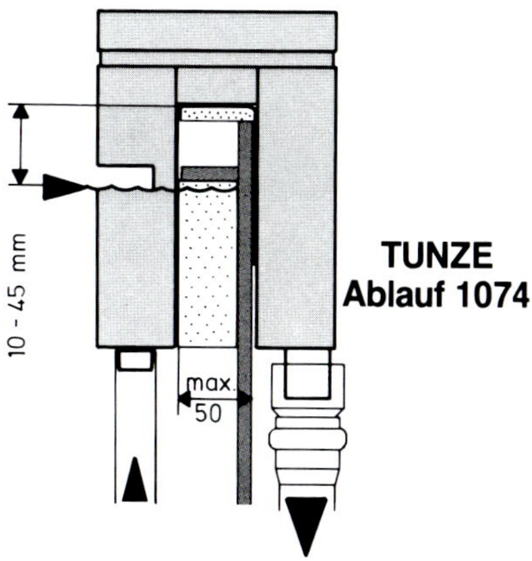

1.2. Emerse aerobe Filter

1.2.1. Tropfkörperfilter (Rieselfilter)

Tropfkörper sind biologische Filter, bei denen das Filtermaterial nicht untergetaucht wird. Das Wasser rieselt am Filtermaterial herunter, daher werden diese Filter auch als Rieselfilter bezeichnet. Im Tropfkörper gibt es zwei Phasen: Wasser und Luft. Auf diese Weise wird die Sauerstoffversorgung der Bakterien, die sich auf dem Filtermaterial ansiedeln, sichergestellt. Das Wasser wird mit Sauerstoff angereichert und gelangt sauerstoffreich ins Aquarium zurück. Dies ist der Hauptvorteil dieses Systems gegenüber den submersen Filtern. Durch die gute Sauerstoffversorgung ist die Leistungsfähigkeit eines Tropfkörpers viel größer als die eines submersen Filters. In der Abwassertechnologie, wo große Leistung gefragt ist, wird niemand submerse Filter einsetzen. Auch in der Aquarientechnik haben sich die Tropfkörper sehr bewährt und finden immer weitere Verbreitung. Es sind eine Reihe verschiedener Systeme im Handel, die alle hervorragende Leistungen bringen. Es kommen dabei verschiedene Filtermaterialien als Substrate für die Bakterien zum Einsatz, die im folgenden Kapitel gegenübergestellt werden sollen.

Rieselfilteranlage Aquarium Bochum, bestückt mit Korallensand

Riesel-Innenfilter
Es gibt aber auch die Möglichkeit, den Tropfkörper ins Aquarium einzuhängen.
Dabei ist es wichtig, den Wasserstand im Filter so abzusenken, daß das Filtermaterial "trocken" fällt. Dies kann über eine aufwendige Electronic (Firma "ab") oder eine einfache betriebssichere Mechanik (AQUA MEDIC) erreicht werden. In jedem Fall liegt unten im Filter eine Pumpe, die das Wasser ins Becken zurückpumpt. Der Vorteil dieses Systems liegt in erster Linie im Portemonnaie. Jedes Standardaquarium kann auf diese Weise mit einem Tropfkörperfilter ausgestattet werden, ohne daß aufwendige Veränderungen vorgenommen werden müssen. Bei richtiger Auslegung arbeiten diese Anlagen durchaus mit guten Ergebnissen.
Auch in Komplett-Anlagen sind manchmal die Rieselfilter gleich unsichtbar neben oder hinter dem Aquarium angebracht. Das ist eine durchaus vernünftige Lösung, wenn man von dem etwas höheren Platzbedarf absieht.

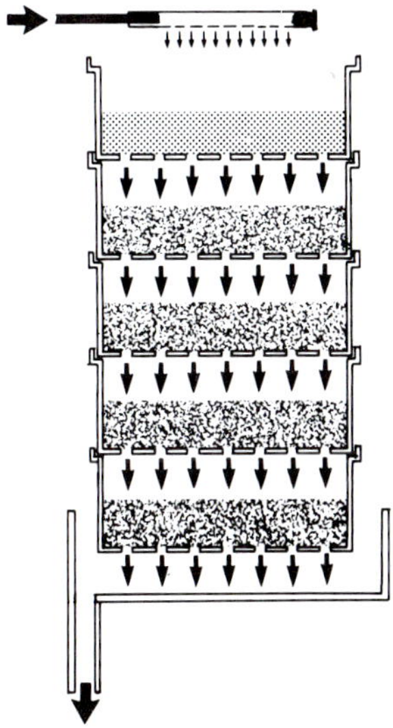

Weitere Filtertypen:

1.3. Druckfilter
Druckfilter (z.B. System SANDER) nehmen eine Zwitterstellung zwischen submersen Filtern und Tropfkörpern ein. Es sind submerse geschlossene Filter, durch die mit Druck ein Wasser/Luft-Gemisch gepumpt wird. Diese Filter sind sehr leistungsfähig, wegen der aufwendigen Technik leider aber auch sehr teuer. Sie bieten jedoch prinzipiell keine Vorteile gegenüber den konventionellen Rieselfiltern.

2.Denitrifikationsfilter / Nitratfilter (s. auch S. 128 und 186)

Der Betrieb solcher Filter ist eine heikle Sache. Einige auf dem Markt befindliche Systeme sind sogar völlig untauglich. So wird bei einem Verfahren ein PVC-Granulat verwendet, daß einen extrem hohen Anteil an Weichmachern (Phtalsäureestern) enthält (Nitrex). Dieser Weichermacher entweicht langsam und dient den Bakterien als Kohlenstoffquelle. Tatsächlich ist ein hiermit gefüllter sauerstoffarmer Filter in der Lage, das Aquarium nitratfrei zu halten. Leider ist der Weichmacher nicht unproblematisch. In amerikanischen Studien über diesen Stoff wurde nachgewiesen, daß er sich in der Nahrungskette ähnlich wie DDT verhält und sich im Körpergewebe von Fischen um den Faktor 4000 gegenüber dem Wasser anreichert. Auf die Nitratentfernung mit diesem Verfahren sollte deshalb im Interesse unserer Fische verzichtet werden.
Gut bewährt hat sich der Nitratfilter von Minireef (Holland und USA) - nach ähnlichem Prinzip arbeitet Weidl (DELTEC), Delmenhorst.
Hier wird der organische Kohlenstoff, den die Bakterien zur Denitrifikation benötigen in Form einer alkoholhaltigen Nährlösung über einen Diffusionsbeutel in den Zulauf des Filters gegeben. Das System ist wartungsfreundlich und recht sicher. Durch den langsamen Durchfluß kommt es im Filter jedoch zu starkem Bakterienwachstum und nach einiger Zeit kann es zur Desulfurikation führen. - Der Filter riecht unangenehm nach Schwefelwasserstoff. Dieses Problem wird bei einem sich in der Entwicklung befindlichen Denitrifikationsfilter von AQUA MEDIC vermieden. Bei diesem System wird intern im Filter das Wasser umgewälzt. Auf diese Weise wird die Entstehung zu niedriger Redoxpotentiale mit Desulfurikation ausgeschaltet. Auch die hier vorgesehene Abschäumung des behandelten Wassers hat sich sehr bewährt. Überschüssige anaerobe Bakterien und Alkohol werden entfernt und das Wasser wird wieder mit Sauerstoff angereichert.
Ich (H.B.) habe solch ein System seit einiger Zeit in Betrieb und bin sicher, das es seine ihm gebührende Verbreitung finden wird, sobald es serienreif ist.
Der Wasserdurchfluß durch Denitrifikationsfilter ist sehr gering. Da das Wasser den Filter jedoch nitratfrei verläßt, reicht es völlig aus, wenn der gesamte Wasserinhalt des Aquariums alle 1 bis 2 Wochen umgewälzt wird. Der Nitratgehalt im Becken wird so auf die Konzentration abgesenkt, die der Menge entspricht, die in 1 bis 2 Wochen neu produziert wird. Diese Menge ist in normal besetzten und gefütterten Becken unschädlich. In einem Nitratfilter muß das Redoxpotential im Minus stehen. Um das zu messen, benötigen wir ein Redoxmeßgerät, z.B. TUNZE, das auch Redox-Minuswerte anzeigt. Das Gerät von DUPLA zeigt Minuswerte bis -200. Das Gerät von PREIS zeigt Minuswerte zwar an, die Minuszahlen sind jedoch nicht mit einem Minuszeichen (./. oder -) versehen. Sofern man das PREIS-Gerät einsetzt, muß man

von positiven Redoxwerten über 0 (null) die Anzeige rückwärts verfolgen - also einige Minuten am Gerät verweilen. Überspringt die Zahlenscala die Nullmarke geht es wieder - gemessen im Nitratfilter - aufwärts mit der Zahlenreihe - jedoch diesmal im Minusbereich. SANDER zeigt Minuswerte ebenfalls an.
Im Nitratfilter soll ein Redoxwert von minus 100 bis max. 250 sein. Höhere Minuswerte, ab etwa minus 300 haben die Entwicklung von Schwefelwasserstoff-Bakterien zur Folge; es riecht nach faulen Eiern. Die Dosierung des Wasserzulaufs und die Umwälzung des Kreislaufs innerhalb des Nitratfilters sind das Geheimnis für den erfolgreichen Abbau von Nitrat zu Stickstoffgas, welches dem Filter entweichen soll. Die Wasserzuführung darf nur so gering sein, wie die Bakterien in der Lage sind, an Nitrat (NO_3) zu veratmen. Diese Dosierung bleibt dem Fingerspitzengefühl vorbehalten und ist damit Glücksache.
Ich behaupte (H.B.), daß Nitrat längst nicht so schädlich ist, wie vielfach dargestellt. Becken mit Wirbellosen, die tadellos "stehen", können Nitratgehalte von 50 bis 100 mg/l aufweisen und keiner sieht das den Tieren an.
Es ist nicht nur Nitrat, was uns Sorgen machen sollte, es sind andere, bis heute noch nicht meßbare Stoffe, die unseren Tieren zu schaffen machen. An erster Stelle steht dabei das verwendete Salz und die Art und Dauer, wie man es altern läßt! Ich bin trotz Nitratfilter weiterhin für regelmäßigen Wasserwechsel. Die Schadstoffe (Gelbstoffe, Phenole etc.) müssen aus dem Becken heraus! Das gilt insbesondere für Becken mit Wirbellosen und Fischen. Ebenso müssen die Phosphate heraus! In einem Nitratfilter werden im anaeroben Bereich Spurenelemente, die vorher ausgefällt waren, wieder in Lösung gebracht. Das ist ein wesentlicher Vorteil des anaeroben Filters. Nur die Senkung des NO_3-Gehaltes ist jedoch meßbar.
Die Dosierung von Alkohol als Kohlenstoffquelle der Bakterien im Nitratfilter wird im Kapitel Pflege, siehe Seite 187, dargestellt.
TUNZE bietet ein Komplett-System für biologischen Nitratabbau an. Leider liegen nur keine Messungen vor, die etwas aussagen über den Redoxwert innerhalb dieser Anlage. Nach persönlicher Rücksprache mit TUNZE sind es andere Bakterienstämme, die NO_3 in N_2 wandeln - und zwar im positiven Redoxbereich. Chemisch gesehen, ist das unwahrscheinlich! Es ist jedoch möglich, daß das TUNZE-System aus folgenden Gründen so gut funktioniert:
1. Die Beckenbesetzung ist optimal - viele Wirbellose - wenig Fische. Algenwuschs, Lebende Steine.
2. Langjähriges Fingerspitzengefühl für Meerwassertiere
3. Optimale Technik für Wassernachfüllung, Strömung, Sauerstoff etc.
Die Lebenden Steine sind ein wesentlicher Faktor beim NO_3 Abbau. Innerhalb der Steine "wohnen" die Denitrifikationsbakterien. Schlagen sie einmal einen solchen Stein entzwei: Innen kann er schwarz sein und

riecht auch nicht gut. Das Becken steht aber optimal! Das lebende Miniriff hilft sich selbst - ein übriges tun die Algen, indem sie Nitrat verbrauchen. Wer mir nachweist, daß eine Denitrifikation von NO_3 in N_2 in einem Nitratfilter mit positivem Redoxpotential stattfindet, sollte für den Nobelpreis vorgeschlagen werden!
Es ist doch wahrscheinlich so:
Die Nitrobacter und Nitrosomonas-Bakterien gehören alle dem gleichen Stamm an. Sie sind anpassungsfähig und entwickeln sich in allen Stickstoffbereichen vom NH_3 bis hin zum NO_3^-. Bei guter Wasserqualität und damit ist speziell nicht der Redoxwert sondern die chemische Verträglichkeit gegenüber nicht aggressivem Wasser gemeint, entwickeln sich aus einem Bakterienstamm verschiedene Formen, die sich dem Redoxwert anpassen. Aus einem Nitratfilter werden Unmengen anaerober Bakterien herausgespült. Diese siedeln sich in geeigneten Zonen im Aquarium (Bodengrund, Steinaufbauten) an und führen dort ihre Arbeit, Nitrit/Nitrat abzubauen, fort. Nur so ist es zu erklären, daß ein relativ kleiner Nitratfilter ein großes Becken im Nitratgleichgewicht hält. Nur so ist es auch zu erklären, daß alle Systeme der verschiedenen Firmen bei entsprechendem Fingerspitzengefühl des Aquarianers funktionieren. Auf der einen Seite brauchen wir den aeroben Filter, um NO_2 abzubauen - auf der anderen Seite brauchen wir aber auch den anaeroben Filter - Bodengrundbereich - um andere Stoffe, die vorher oxidiert wurden, wieder zu reduzieren.

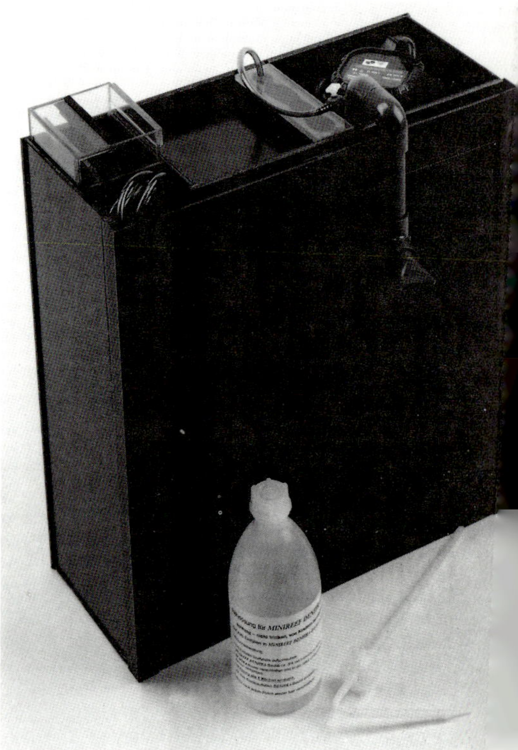

Nitratfilter System DELTEC

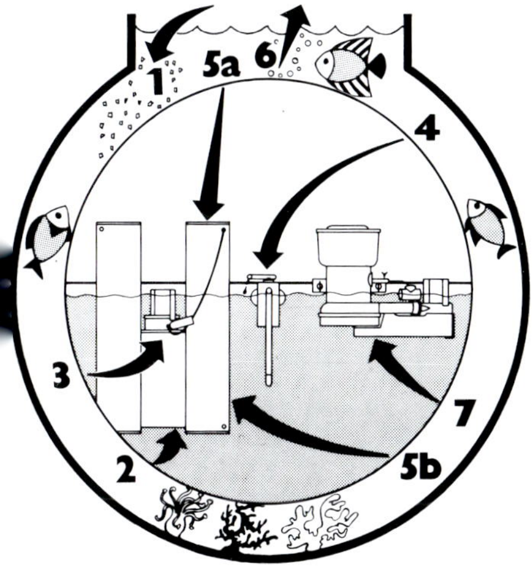

Wirkungsweise der Wasseraufbereitung (SystemTUNZE)

1 Futter
2 Schnellwechselfilter
3 Turbelle® - Strömung
4 Osmomat übernimmt osmotische Mikrobenstabilisierung, Düngung + Oberflächenabsaugung
5a Bio-Reaktor-Oxidationsstufe [NH4 -> NO2 -> NO3]
5b Bio-Reaktor-Reduktionsstufe [NO3 -> N2]
6 Stickstoff N2 entweicht gasförmig
7 Rotations-Abschäumer entfernt Ballaststoffe

"Algenfilter"

Wachsende Algen nehmen viele Nährstoffe aus dem Wasser auf. Nitrat, Phosphat, Mineralien - wichtige Spurenelemente aber auch Schwermetalle - werden von Algen aufgenommen und z.T. gespeichert. Um nennenswerte Mengen dieser Nährstoffe zu entfernen, kann ein Algenfilter neben dem Aquarium mit feinem Dolomitgranulat als Bodengrund installiert werden. Dieses Becken wird mit Sprossen von *Caulerpa* bepflanzt. Diese Alge wächst rasch und problemlos. Bevor das im Tropfkörper gefilterte Wasser ins Aquarium zurückgepumpt wird, leitet man es durch das Algenbecken. Der Filter muß recht stark beleuchtet werden, um ausreichenden Algenwuchs zu erzielen. Da die Algen beim Absterben die aufgenommenen Nährstoffe wieder abgeben, müssen sie regelmäßig ausgedünnt werden. Diese Art der Wasseraufbereitung ist zwar sehr effektiv, wegen des großen Platzbedarfs wird sie jedoch nur von wenigen Aquarianern angewandt. Deshalb war es gut, im Aquarium selbst eine große Anzahl von *Caulerpa*-Arten zu halten. Im Wirbellosen-Becken ist das leicht. Im Fischbecken schwer. Wiederum gilt der Grundsatz: Bei Haltung von Wirbellosen Tieren nur **wenig** Fische einsetzen.

Rieselfilter

Konstruktion von Tropfkörperfiltern

Bei der technischen Verwirklichung von Tropfkörperfiltern am Aquarium gibt es prinzipiell zwei Möglichkeiten: Außen- und Innenfilter.

Riesel-Außenfilter

Da sich bei den meisten Aquarianern die Auffassung durchgesetzt hat, daß Aquarientechnik im sichtbaren Bereich des Beckens nichts verloren hat, werden die Tropfkörperfilter meist als Außenfilter unter oder neben dem Becken angebracht.
Bei dieser Technik ist es notwendig, daß in das Aquarium ein Überlaufrohr eingebaut wird. Für Fachbetriebe sind die dafür benötigten Glasbohrungen, selbst bei nachträglichem Einbau, kein Problem. TUNZE brachte ein nach amerikanischem Muster gebauten Überlauf, bei dem Bohrungen am Aquarium selbst nicht mehr erforderlich sind! (Siehe Seite 69).

Das Wasser fließt vom Überlauf durch den unter dem Aquarium befindlichen Tropfkörperfilter in die Klarwasserkammer. Hier können noch mechanische Filter, Heizer, Kühler und Abschäumer untergebracht werden. Mit einer starken Kreiselpumpe wird das Wasser ins Becken zurückgepumpt.Da bei Pumpenausfall der Wasserstand im Aquarium um 2 bis 3 cm absinkt, ist darauf zu achten, daß die Klarwasserkammer so dimensioniert ist, daß sie dieses Wasser aufnehmen kann. Sonst gibt es eine Überschwemmung. Das passiert nicht bei Rieselfiltern, die neben dem Becken aufgestellt sind.
Der Einbau eines Überlaufes ins Aquarium hat noch weitere Vorteile. Der Wasserstand im Becken bleibt konstant, das verdunstete Wasser fehlt nur in der Klarwasserkammer. Um Schwankungen des Salzgehaltes so gering wie möglich zu halten, ist es vorteilhaft, das Verdunstungswasser automatisch zu ergänzen. Mit einem Schwimmerschalter in der Klarwasserkammer kann Süßwasser nach Bedarf zudosiert werden - aus einem Vorratstank, direkt aus der Wasserleitung - oder besser, aufbereitet - durch Umkehrosmose-Anlage bzw.Austauschergeräte, sofern eine schlechte Leitungswasserqualität einem dies vorschreibt.

Aquarienschrank (Komplettanlage) System DELTEC. Der Rieselfilter mit Sprüharm, Nachfüllautomatik etc. befinden sich unter dem Aquarium. Der Nitrat "filter" ist innerhalb des Beckens installiert. Dies ist eine mittlerweile bewährte, erfolgreiche Konstruktion.

1.2.2. Synthetisches Filtermaterial (Kunststoffe)

Biobälle

Das am meisten verbreitete Füllmaterial für Tropfkörper im aquaristischen Bereich sind die "Biobälle" (System DUPLA). Dies sind igelartige Kunststoffbälle. Das Wasser tropft an ihnen herunter, so daß sich ein dünner Biofilm - als Bakterienrasen - bilden kann. Die Oberfläche der Biobälle ist dabei relativ klein - es werden deshalb größere Filtervolumen benötigt. Die Vermischung von Luft und Wasser ist in diesem Filter sehr gut; es wird eine optimale Sauerstoffanreicherung erreicht. Der Biofilm haftet nicht fest auf dem Material. Dies ist jedoch nicht unbedingt ein Nachteil. Alter, zu dick gewordener Bakterienrasen platzt ab und wird von dem Tropfkörper abgewaschen. Es können dann neue hochaktive Bakterien nachwachsen. Ein solcher Tropfkörperfilter sollte daher mit einem mechanischen Nachfilter (Watte oder Schaumstoff) versehen werden. Wird eine Umwälzpumpe mit genügend hoher Leistung verwendet - Beckeninhalt mindestens 2 mal pro Stunde umwälzen - funktionieren solche Aquarien mit Fischen und Wirbellosen eine ganze Zeit lang hervorragend.

Außer den Bioballen gibt es noch andere Filtermedien mit ähnlichen Eigenschaften, z.B. lockenwickleràhnliche Strukturen.

Wegen der relativ geringen Oberfläche sind die Biobälle wohl längst von anderen Materialien überholt, wenn dieses Buch erscheint. DUPLA hat selbst die Biobälle durch neu konstruierte "Bio-Kaskaden-Bälle" abgelöst. Eigene Erfahrungen damit liegen bisher nicht vor.

Kunststoffmatten und -fliese, Patronen

Während die Biobälle auf gute Wasserdurchlüftung - bei relativ geringer Oberfläche - ausgelegt sind, setzen die Hersteller der Filter mit Kunststoffmatten auf große Oberflächen. Bei diesem System (MINIREEF,AQUA MEDIC,DELTEC) werden grobe Kunststoffmatten und ein feines Watteflies oder ein dünner Schwamm als Spirale aufgewickelt. Die grobe Matte hält die Fliesmatten auf Abstand und verhindert ein Verstopfen des Filters. Das Wasser tropft an den Fliesmatten herab. Auf deren sehr großer Oberfläche bildet sich rasch ein Biofilm. Wegen der großen spezifischen Oberfläche, können enorme Abbauleistungen erreicht werden. Sie werden daher häufig (System AQUA MEDIC) zur Hälterung von Hummern in Feinschmekkerrestaurants eingesetzt; 20 l Filtermaterial reichen dabei aus, um die Ausscheidungen von 25 kg Hummern in einem 200 l Aquarium abzubauen! In Zierfischaquarien haben diese Filter daher eine große Leistungsreserve. Die Sauerstoffanreicherung des Wassers ist bei diesem System allerdings nicht so intensiv wie beim Bioball. Die zusätzliche Verwendung eines Abschäumers ist für alle Systeme empfehlenswert.

Zum ersten Mal werden in einem Aquarienbuch nitrifizierende Bakterien abgebildet. Rüdiger Riehl fotografierte diese "segensreichen" kleinen "Tierchen" mit dem Elektronen-Rastermikroskop bei 8500facher Vergrößerung. Für den Laien ist das nicht nachvollziehbar aber interessant schien es uns, Ihnen diese Mikrowelt im Filtermaterial einmal zu zeigen.

1.2.3. Raschigringe (Schott=Glas), (Eheim=Ton), geschäumte Keramik

Raschigringe sind kurze Röhrchen, die meist aus Ton (Eheim) hergestellt werden. Dabei wird ein Kompromiß zwischen guter Sauerstoffanreicherung und recht großer Oberfläche erreicht.
Seit einiger Zeit ist ein Material auf dem Markt, mit ganz außergewöhnlichen Strukturen: Raschigringe aus Sinterglas (Siporax). Dieses offenporige Glasmaterial hat von allen in Frage kommenden Materialien mit Abstand die größte Oberfläche. Die Porenstrukturen sind ideal zur Ansiedung von Bakterien. Durch die Ringstruktur wird gleichzeitig eine gute Sauerstoffanreicherung erzielt.
Leider steht der hohe Preis in keinem Verhältnis zum Effekt.Das ist schade, weil dieses Material das effektivste ist, das für den Einsatz in Tropfkörpern zur Zeit zur Verfügung steht. Aber diese Ringe setzen sich nach ein paar Monaten zu, sie funktionieren dann nicht besser als Tonröhrchen.

1.2.3.1. Geschäumte Keramikkörper (BZ) mit den verschiedensten Querschnitten

sind dem Schaumstoffmaterial von der Oberfläche her überlegen, und haben den zusätzlichen Vorteil, daß sie nicht wie etwa Schaumstoffflokken zusammengedrückt werden können. Dieses Material bringt nach den Glassinterringen die größte Oberfläche mit, ist pH-neutral (kalkfrei) und läßt sich auch wieder nach einigen Monaten problemlos reinigen. Nachteil sind hohe Anschaffungskosten und die Handhabung. Ideal wäre es, die Tropfkörper (BZ = beste Zirkulation) mit Einschubkästen für jeden Rieselfiltertyp zu ummanteln und daraus leicht auswechselbare Großpatronen anzufertigen.

Kalkalgen und Muschelgrus sind ein ideales Filtermaterial

Keramikkörper

Bioporon

Alpha Marin

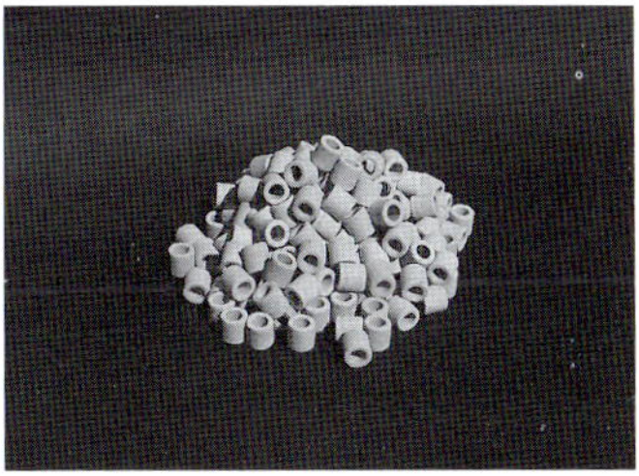

Tonringe

Aktivkohlepellets

Rowalith, Dolomitbruch

Schottringe (Glas)

BZ Körper (Keramik)

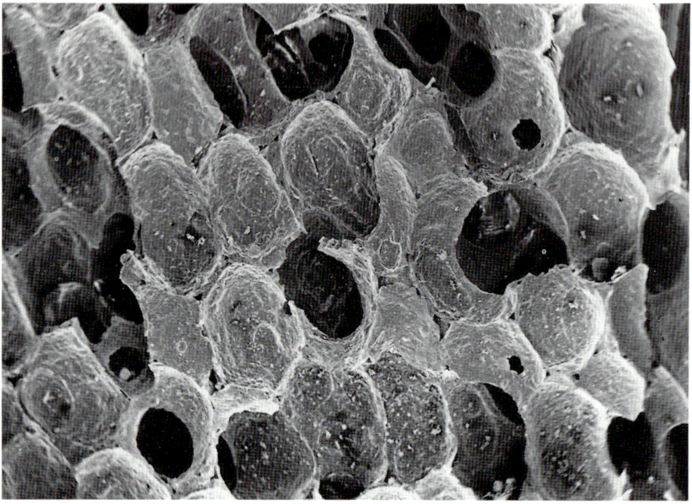

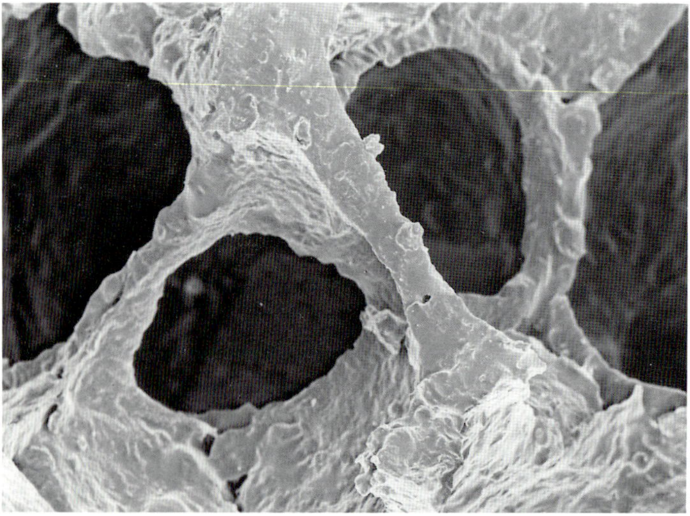

Keramikkörper haben eine hohe Durchflußrate und Standzeit. Sie sind auswaschbar. Nach Kohle und Siporax-Ringen besitzen sie die größte Filteroberfläche. Für submerse und Rieselfilter gut geeignet. Oben 40fach vergrößert; unten 215fach vergrößert.

Kohlepellets (PREIS) in 3000facher Vergrößerung. Das Filtermaterial mit der größten Oberfläche und Schadstoffadsorbtion - jedoch mit der kleinsten Standzeit. Kohle ist nur für Spezialzwecke (Entgiftung), Gelbstoffentfernung geeigent.

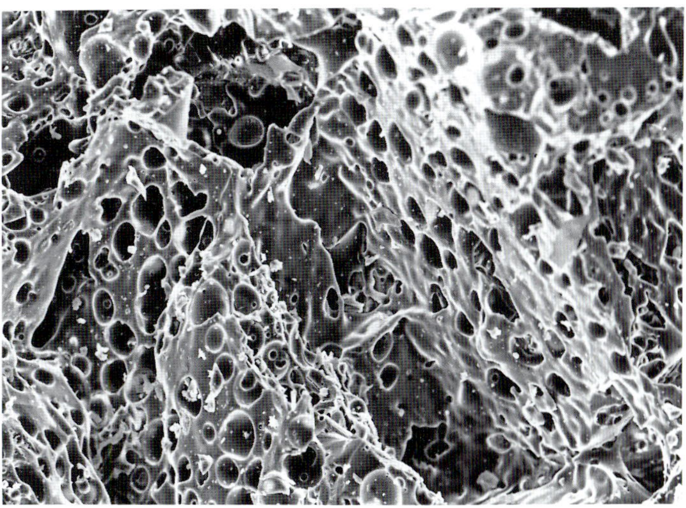

Siporaxring bei 2800facher Vergrößerung

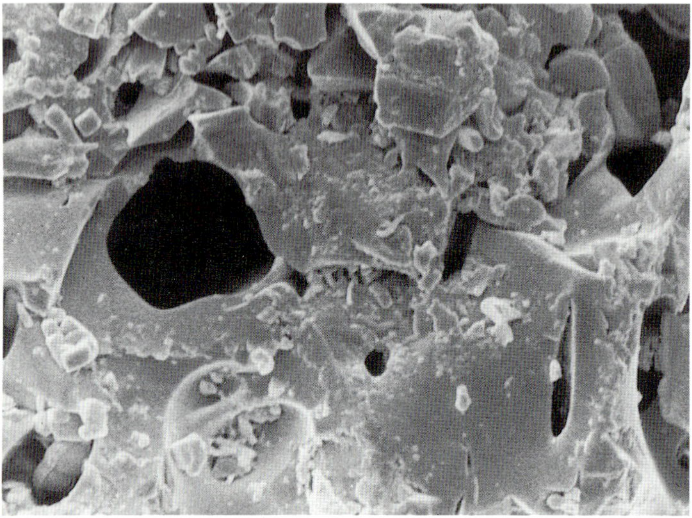

Bioporon 1 : 750

Alpha Marin 1 : 2060

Oberfläche der verschiedenen Filtermaterialien

1.	Kunststoffigel	Ø 40 mm	300 m /m	
2.	Beste Kunststoffeinzelteile	bis max.	400 m /m	
3.	Kunststoffgestricke	bis max.	1000 m /m	
4.	Filterwatte festgepreßt	bis max.	3000 m /m	
5.	Tonröhren Keramik	Ø 5x5 mm	1000 m /m	
6.	Beste Porzellanteile	Ø ca. 4 mm	2000 m /m	
7.	Beste leichte Keramik = brüchig und löst sich teilweise auf. Standzeit bis zur völligen Zusetzung mit Sedimenten	ca.2 Jahre	2500 m /m	
8.	Kies Körnung 5 mm		700 m /m	
9.	Muschelgrus	max.	350 m m	
10.	Schottringe (Siporax) Standzeit bis zur		300.000 m^2/m^3	
	völligen Zusetzung ca. 6 Monate	dann	350 m /m	kein Auswaschen möglich
11.	Bimsgranulat Standzeit bis zur völligen Zusetzung ca. 6 Monate	dann	600 m /m	kein Auswaschen möglich
12.	Aktivkohle	ca.	500000 m /m	kein Auswaschen möglich
13.	Poröses, geschäumtes Tonmaterial (BZ)			
	bei vollen Körpern (porös)	ca.	200000 m /m	Auswaschen möglich
	bei Körpern mit zusätzlicher Denitrifikationszone	ab ca.	120000 m /m	bis ca. 180000 m /m

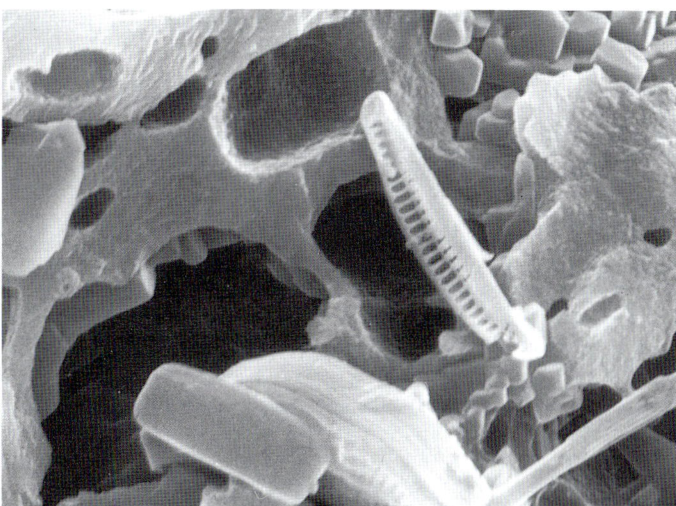

Blähtonbruch 1 : 2150; Kieselalge

1.2.4. Natürliches Filtermaterial

Korallengrus

Korallengrus wurde als Filtermaterial häufig in submersen Filtern oder Bodenfiltern eingesetzt. Dieses Material stammt zwar aus den natürlichen Lebensräumen der Aquarienbewohner, ist jedoch so gereinigt, daß keine lebenden Bakterien mehr darauf zu finden sind. Da es bei pH-Werten über 8 auch keine Pufferwirkung zeigt, ist es den synthetischen Materialien unterlegen. Das Verhältnis von Oberfläche zu Volumen ist ungünstig.

Korallengruß als Filtermaterial oder Bodengrund ist schon sehr häufig die Ursache von Mißerfolgen gewesen. Immer wieder (auch heute noch) wird ungereinigtes Material verwendet und verpestet dann das ganze Aquariumwasser.

Vor der Verwendung von Korallengruß ist unbedingt die Nitritprobe zu machen: Das Material mit Meerwasser bedecken (eine Tasse voll Material mit 1/4 Eimer Wasser) eine Woche stehen lassen und dann Nitrit messen.

Sofern sich nur die Spur von Nitrit zeigt, ist das Material ungeeignet oder muß zunächst mit Natronlauge, danach Wasserspülung, behandelt werden.

Korallengruß steht heute unter Naturschutz! Das ist vernünftig, denn er wächst ja nicht nach (jedenfalls nicht genügend, um ihn "abzubauen").

Als Ersatz läßt sich Muschel-/Marmorbruch einsetzen. Bei Muschelgrus ist ebenfalls die Nitritprobe durchzuführen.

Dolomit

Dolomit ist ein hochreines Calciumcarbonat - Gestein, das in mehreren Körnungen auf dem Markt ist (z.B. Alpha Marin, ROWAlith). Prinzipiell hat es die gleichen Eigenschaften wie Korallengrus - aus diesem Grund ist es auch als Bodengrund einsetzbar. Die Oberfläche ist jedoch nicht glatt wie bei Korallengrus, sondern rauh. An diesen frisch gebrochenen Flächen kann Phosphat als Calciumphosphat ($Ca_3(PO_4)_2$) gebunden werden.

Durch diesen Effekt wird das Wachstum von Fadenalgen erheblich eingeschränkt. Es ist jedoch erforderlich, in regelmäßigen Abständen einen Teil des Materials gegen frisches auszuwechseln, wenn die phosphatbindende Kapazität erschöpft ist.

Auch auf die Karbonathärte hat Dolomitgranulat einen stabilisierenden Einfluß. Bei der Nitrifikation entstehen neben Nitrat große Mengen an H+-Ionen. Diese Säurebildner können direkt am Filtermaterial den pH-Wert soweit absenken, daß Calcium aus dem Dolomit herausgelöst wird.

Von der Oberfläche her ist Dolomitgranulat den synthetischen Filtermaterialien weit unterlegen, so daß diesen in stark besetzten Fischbekken der Vorzug zu geben ist. Eine Kombination von Dolomitbruch im Kohlensäure-Reaktor oder Bodengrund und einem Rieselfilter mit entweder Bio-Kaskaden, Filterfliesen oder geschäumten Keramik-Filterkörpern ist unsere ideale Vorstellung einer Filterung des Meerwasserbeckens.

Bims

Bimskies ist ein kalkfreies Material vulkanischen Ursprungs. Es enthält innere Hohlräume und ist sehr porös. Es besitzt also eine große äußere Oberfläche, die zur Ansiedlung von Bakterien sehr gut geeignet ist. Das Material ist allerdings geschlossenporig, die inneren Hohlräume stehen den Bakterien nicht ohne weiteres zur Verfügung. Die spezifische Oberfläche ist daher weitaus geringer als beim Sinterglas (Raschigringe [Schott]) und geschäumten Keramikkörpern.
Die inneren Hohlräume des Bimskieses füllen sich mit Wasser und nach einiger Zeit siedeln sich auch Mikroorganismen dort an. Der Wasseraustausch ist allerdings minimal, so daß es zu Sauerstoffmangel kommt. Unter bestimmten Bedingungen setzen dann Denitrifikationsprozesse ein. Diese sind jedoch nicht kontrollierbar und daher gefährlich. Es kann zur Freisetzung großer Nitritmengen kommen. Häufig kann sogar die Desulfurikation stattfinden . Dabei entsteht giftiger Schwefelwasserstoff. Desulfurikationsreaktionen sind leicht zu erkennen: Wenn nach einiger Zeit im Inneren des Bimskieses schwarze Zonen auftreten, ist dies ein sicheres Zeichen für Desulfurikation (Ausfällung von Metallsulfiden).
Ein so betriebenes Aquarium kann lange Zeit - sogar mit Nitratabbau - erfolgreich laufen. Die unkontrollierten anaeroben Zonen im Tropf körper können aber auch zur Zeitbombe werden.

Fazit des Filtermaterialvergleichs:

Alle im Handel angebotenen Materialien sind für den Betrieb von Tropfkörperfiltern geeignet. Jedes hat seine Stärken und Schwächen. Die Tendenz geht eindeutig in Richtung der synthetischen Materialien. In eigenen Versuchen hat sich die Kombination von synthetischen und natürlichen Material bewährt: Als Dauerfiltermaterial (ca. 70% des Tropfkörpervolumens) wird synthetisches Material verwendet - in schwach belasteten Becken Bioballe, in stärker belasteten Aquarien Schaumstoffmatten und -fliese. Die restlichen 30% des Filtervolumens werden mit Dolomitgestein ausgefüllt, das wegen seiner phosphatbindenden Eigenschaften alle drei bis sechs Monate ausgewechselt wird.

Wasserbewegung

Strömung ist für alle festsitzenden Tiere lebensnotwendig. Das frische Wasser bringt zum Einen Sauerstoff und Nahrung in Form von Plankton, zum Anderen werden Abfallstoffe weggespült. Im Riff sitzen viele Wirbellose, insbesondere die Filtrierer, an extrem der Strömung ausgesetzten Plätzen. Im Aquarium müssen wir für diese Tiere eine ausreichende Strömung schaffen.
Das Wasser soll in einem Riffaquarium 4 bis 6 mal pro Stunde umgewälzt werden. Dabei ist es, besonders in größeren Aquarien sinnvoll, mehrere Pumpen in gegenläufiger Richtung zu installieren. Günstig ist auch eine Intervallschaltung - alle 6 Stunden wird die Pumpe und damit die Fließrichtung des Wassers gewechselt. Neben der Vermeidung von Totzonen wird ein natürlicher Gezeitenrhythmus simuliert.
Durch die Anordnung der Pumpen im Aquarium entstehen Zonen starker und schwacher Strömung. Dies bietet dem Aquarianer die Möglichkeit, die Tiere entsprechend ihren Bedürfnissen unterzubringen.
Bei der Erzeugung der Strömung ist es nicht notwendig, daß das Wasser auch 4 bis 6 mal pro Stunde über den biologischen Filter geleitet wird. Als Richtwert kann hier eine einmalige Umwälzung pro Stunde gelten. Es sollten daher neben der Förderpumpe vom oder zum Filter noch 1 bis 2 reine Strömungspumpen installiert werden.
Bei Installation eines Bodenfilters (System PREIS) erübrigt sich das. Da sind die Umwälzpumpen (Planomat 2000 und 4000 gleich am Bodenfilter angeschlossen). Sonst verwendet man gern TUNZE Turbellen, EHEIM, Aqua clear (WELTWEIT), etc.

Weltweit, AQUA CLEAR

Pumpen

Das Herz jeder Filteranlage ist die Pumpe. Von ihrer Zuverlässigkeit hängt alles Leben im Aquarium ab.
Auf dem Markt werden eine Reihe grundverschiedener Pumpentypen angeboten, die allesamt für den Einsatz in Meeresaquarien tauglich sind. Die vor einigen Jahren noch eingesetzten umgebauten Heizungspumpen aus Edelstahl sind glücklicherweise durch haltbarere Kunststoffpumpen ersetzt worden. Trotzdem sollte man immer wieder wenigstens eine Pumpe in Reserve halten - es sein denn, Sie haben ohnehin schon 2 bis 3 Pumpen installiert. Bei Ausfall einer darf das kein Unglücksfall werden.

1. Kreiselpumpen mit Magnetkupplung

Diese Pumpen sind die in der Aquaristik seit vielen Jahren bewährten Förderpumpen, die z.B. an Saugfiltern (EHEIM) eingesetzt werden. Stärkere Ausführungen (EHEIM, DUPLA, DELTEC) sind auch für den Betrieb von Tropfkörperfiltern geeignet, da sie eine genügend große Förderhöhe leisten. Vom Material her sind diese Pumpen unbedenklich, da der Motorteil vom Pumpenteil völlig getrennt ist. Die Kraftübertragung erfolgt über einen Permanentmagneten. Der Nachteil dieser Art der Kraftübertragung ist der recht schlechte Wirkungsgrad. Die Pumpen haben eine höhere Leistungsaufnahme (Stromverbrauch) als Pumpen mit direkter Kraftübertragung. Die direkt angetriebenen Pumpen haben jedoch ein durchgehende Achse aus Stahl, die korrodieren kann. Außerdem muß sie abgedichtet werden. Da jede Dichtung mit der Zeit undicht wird, sind magnetgekoppelte Pumpen in jedem Falle vorzuziehen.
Diese Pumpen sind in der Regel luftgekühlt. Es gibt aber auch ölgekühlte Versionen (z.B. EHEIM), die auch unter Wasser eingesetzt werden können.

EHEIM-Pumpe

2.Tauchkreiselpumpen
Tauchkreiselpumpen wie die Turbellen von TUNZE werden direkt über der Wasseroberfläche angebracht und ragen mit dem Pumpengehäuse ins Wasser. Alle neuen Modelle haben einen schutzvergossenen Motor. Wer noch die alten, offenen Pumpen in seinem Becken einsetzt, sollte dringend überlegen, das alte Schätzchen durch ein neues Modell zu ersetzen. Das Unfallrisiko ist zu groß. Tauchkreiselpumpen haben gegenüber den magnetgekoppelten Kreiselpumpen den Vorteil ,daß sie eine höhere Pumprate bei niedrigerem Stromverbrauch besitzen. Allerdings ist ihre Förderhöhe gering. Diese Pumpen bieten sich jedoch als Umwälz- und Strömungspumpen an. Innenfilter können mit ihnen betrieben werden; für Tropfkörperfilter sind sie ungeeignet. Auch diese Pumpen sind luftgekühlt.

3. Untergetauchte wassergeschmierte Pumpen
Bei diesen Pumpen ist der Motorteil völlig in Kunststoff eingegossen. Das einzige bewegliche Teil, der Anker, dieser läuft in einem dünnen Wasserfilm. Diese Pumpen müssen daher unter Wasser eingesetzt werden. Leistungsmäßig sind sie mit den Tauchkreiselpumpen vergleichbar, kommen jedoch mit einer noch geringeren Stromaufnahme aus. Da sie auch im Preis günstiger liegen (z.B. AQUA CLEAR, EHEIM, FISCHER, PREIS, SACCEM, TUNZE,) haben sie den Tauchkreiselpumpen mittlerweile den Rang als Strömungspumpe abgelaufen.
Einen Nachteil haben sie aber dennoch gegenüber den Tauchkreiselpumpen. Durch den Unterwasserbetrieb wird die gesamte Abwärme der Pumpe ans Wasser gegeben, während die Tauchkreiselpumpen luftgekühlt sind. Bei Aquarien, die mit HQI-Strahlern ausgerüstet sind, können bei Verwendung von untergetauchten Pumpen im Sommer Temperaturprobleme auftreten. Die Aufheizung durch das Licht und die Pumpen können sogar die Verwendung eines Kühlaggregates erforderlich machen.

Turbelle

PREIS Planomat

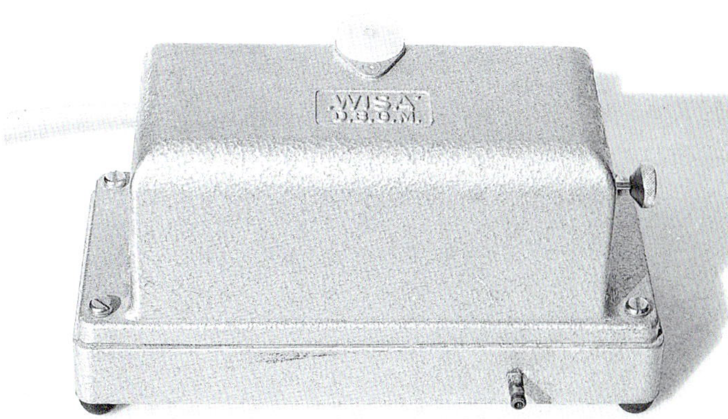

Wisa 300, Membranluftpumpe; das unermüdliche Arbeitspferd

Chemisch - Physikalische Wasseraufbereitung

1. Abschäumung (Flotation)

Theorie. Die Eiweißabschäumung ist keine Technik, die für die Meeresaquaristik neu entwickelt wurde. In der Abwassertechnik ist sie als Flotation ein geläufiges Verfahren. Tatsächlich beschreibt dieser Ausdruck die Vorgänge in einem "Eiweißabschäumer" treffender. Er sollte daher besser als Flotationsreaktor bezeichnet werden. Bei der Abschäumung machen wir uns ein Phänomen zunutze, daß aus aus dem Alltag bekannt ist: Die Anlagerung organischer Moleküle an Luft/Wasser (- Grenzschichten). Wenn wir auf eine Wasseroberfläche einen Tropen Öl oder Benzin geben, breitet er sich aus. Er bildet einen Film, der nur ein Molekül "dick" ist. Die Ursache für die Bildung dieses monomolekularen Filmes ist folgende: Die meisten organischen Substanzen sind komplizierte Strukturen. Ein großer Teil des Moleküls ist wasserabstoßend (hydrophob). Einige angelagerte Gruppen, z.B.Säuregruppen, sind jedoch wasserlöslich (hydrophil). Vereinfacht ausgedrückt heißt das: Das Molekül besteht aus einem wasserlöslichem "Kopf" und einem wasserabweisenden "Schwanz". Wie in der Abbildung zu sehen, lagern sich die Moleküle in der Luft-Wasser Grenzfläche der Luftblase so an, daß der "Kopf" ins Wasser ragt, der "Schwanz" dagegen in die Luft, bzw. in das Innere der Luftblase.Auf diese Weise entsteht der stabile Schaum, in dem die organischen Substanzen aus dem Wasser angereichert und schließlich entfernt werden.An diesen monomolekularem Film lagern sich auch zahlreiche anorganische Stoffe an. Salze, Schwermetalle und Spurenstoffe werden im Schaum angereichert und so aus dem Wasser entfernt.

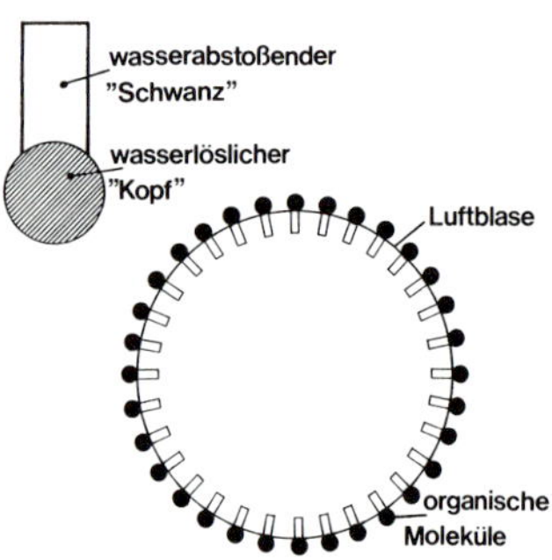

Schema der Eiweißabschäumung:
Luftblase (a) mit angelagerten Eiweißmolekülen (b) und Schmutzpartikeln.

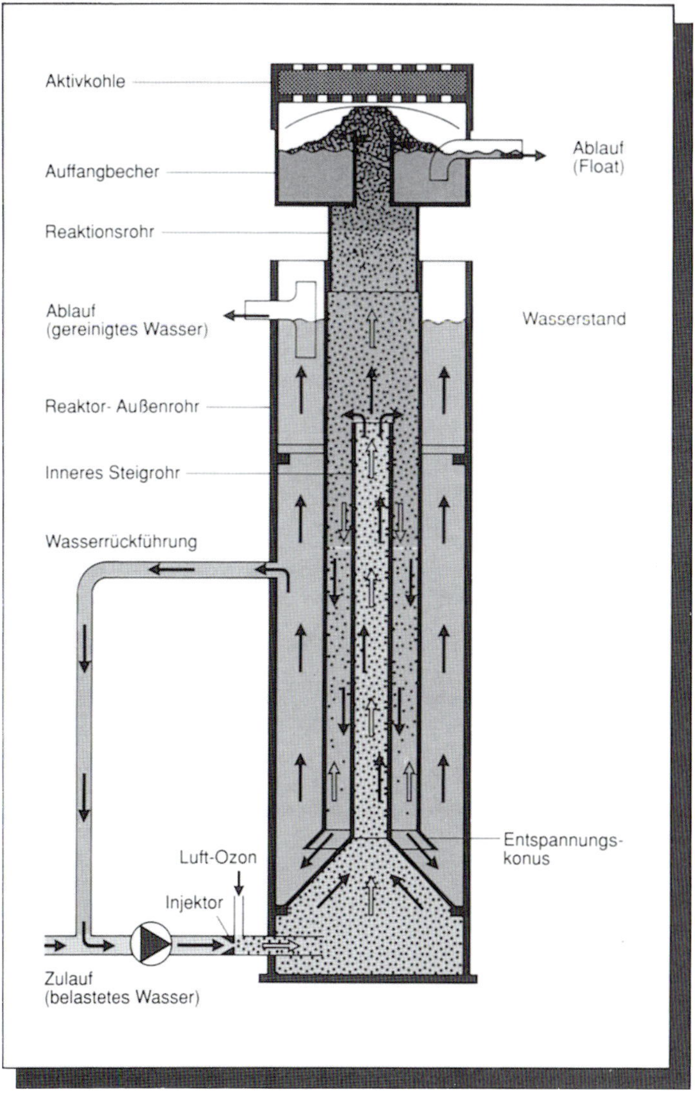

AQUA MEDIC Flotationsreaktor

Praxis. Um effektiv zu arbeiten, benötigen wir im Abschäumer eine Kontaktsäule, in der Luft und Wasser miteinander reagieren können. Eine große Luft-Wasser Grenzfläche wird erzeugt, indem kleinste Luftblasen in die Säule geblasen werden und das Wasser - möglichst im Gegenstrom - daran vorbeigeführt wird. Oben zerplatzen die Luftblasen und es entsteht ein Schaum, der hochgedrückt und in einem Behälter gesammelt wird. Auf diese Weise werden neben den gelösten Stoffen auch feste Partikel (Bakterien, Plankton) aus dem Wasser entfernt. Die Effektivität der Abschäumung hängt von der Blasengröße und der Kontaktzeit ab. Je kleiner die Blasen sind, desto effektiver wird abgeschäumt. Im Süßwasser verhindert die zu große Oberflächenspannung die Bildung kleiner Blasen. Sie vereinigen sich sofort zu größeren. Aus diesem Grunde ist die Flotation im Süßwasser ohne Chemikalienzugabe nicht ohne weiteres möglich.

Technik. Es gibt verschiedene Möglichkeiten, Abschäumer zu konstruieren - von einfachsten Kleingeräten bis hin zu sehr aufwendigen Hochleistungsgeräten. Die Firma SANDER, Pionier der Abschäumtechnik, hat für jeden Anwendungsfall die passenden Geräte im Programm. Die Kleinabschäumer werden mit einem Ausströmerstein versehen und ins Aquarium hineingehängt. Große Außenabschäumer, die mehrere m^3 Wasser pro Stunde behandeln können, sind mit einem eigenen Pumpensystem ausgestattet. Die Luft wird an einer Venturi-Düse (Injektor) angesaugt und als kleinste Bläschen in das Kontaktrohr geblasen. Dieser Abschäumer ist der leistungsfähigste, der z.Zt. auf dem Markt ist. Aquarien über 1 m^3 Inhalt sollten mit einem solchen Gerät ausgestattet werden.
Ein dritter Abschäumertyp, bei dem die Luft im Kreiselgehäuse einer Pumpe in feinste Bläschen zerschlagen wird (BIOTRONIC), liegt in der Leistung zwischen den einfachen Abschäumern mit Lindenholz-Ausströmern und den Injektorabschäumern. Für Aquarien von 500 bis 1000 l sind sie die idealen Geräte. TUNZE hat ebenfalls einen sehr leistungsfähigen Abschäumer im Programm.

TUNZE-Abschäumer

Nutzen der Flotation- In der aquaristischen Literatur wird der Nutzen der Abschäumer unterschiedlich beurteilt. Es gibt sogar extreme "Abschäumgegner" (DUPLA - zur Zeit noch) und auf der anderen Seite "-fanatiker". SANDER z.B. installiert bei Großanlagen ab 1000 l ein über meterhohes Abschäumersystem mit dem auch Großanlagen in den Meerwasserabteilungen der größeren Zoofachgeschäfte "betrieben" werden. Objektiv betrachtet, kann am Nutzen eines Flotationsreaktors kaum gezweifelt werden. Wer die schwarze Brühe einmal gesehen hat, die ein solches Gerät aus dem Becken entfernt, wird uns zustimmen. Der biologische Filter wird durch eine gut dimensionierte Flotation entlastet. Stickstoffhaltige Abfallstoffe, die sonst zu Nitrat oxidiert würden, werden bereits als Eiweiß entfernt. Die Entfernung von Schwermetallen und Spurenelementen ist ebenfalls kein Nachteil, weil so das Wachstum von Algen in Grenzen gehalten wird. Außerdem wird das Wasser belüftet und das Redoxpotential erhöht.
Unseres Erachtens ist der Abschäumer das wichtigste technische Teil in der Meeresaquaristik. (Licht und Filterung brauchen beide, die Süßwasser- und die Meeresaquarianer).
Die "Pflege" des Abschäumers wird im Kapitel Aquarienpflege Seite 184, ausführlich behandelt.

Ozon

Die Verwendung von Abschäumern leitet über zur Ozonierung des Aquarienwassers, da beide Verfahren häufig kombiniert werden.

Theorie. Ozon ist eine besonders reaktive Verbindung des Sauerstoffs. Es ist im Wasser nicht stabil und zerfällt schnell wieder in Sauerstoff:

$2\,O_3$	————————>	$3\,O_2$
Ozon	-------------->	Sauerstoffgas

Organische Stoffe, aber auch einige anorganische Verbindungen werden bei Anwesenheit von Ozon zumindest teilweise oxidiert. Dabei wird vom Ozon ein Sauerstoffatom als sogenanntes Sauerstoffradikal abgespalten, das sofort mit reduzierten Stoffen reagieren kann.

Oxidation von Nitrit:

$O_3 + NO_2$	-------->	$O_2 + NO_3$
Ozon + Nitrit	-------->	Sauerstoff + Nitrat

Komplizierte organische Verbindungen, z.B. Gelbstoffe, werden von Ozon in Bruchstücke gespalten, die entweder flotiert werden oder biologisch abgebaut werden können. Auf diese Weise wird das Wasser kristallklar. Die starke oxidierende Wirkung des Ozon hat auch Auswirkungen auf das Redoxpotential. Es wird erhöht.
Ozoneinsatz im Aquarium birgt jedoch auch Gefahren. Eine Überdosierung kann alles Leben im Becken abtöten. Auch in einigen Schwimmbädern wird Ozon zur Desinfektion des Wassers benutzt. Ein Ozongerät am Aquarium darf auf keinen Fall überdimensioniert sein, oder muß zumindest regelbar sein.
Mit Hilfe eines Redoxpotentialmeß- und -regelgerätes kann ein Ozonisator auch gesteuert werden. Nach Erreichen der eingestellten Redoxspannung, z.B. 300 mV wird der Ozonisator abgeschaltet. Aus Sicherheitsgründen sollte der Ozonisator auch bei automatischer Steuerung so gewählt werden, daß er auch bei Dauerbetrieb das Aquarium nicht überozonisiert. Die Angaben des Herstellers (SANDER) erscheinen mir dabei zu hoch. Das nächstkleinere Gerät ist meist völlig ausreichend.
Eiweißabschäumung mit Ozonisierung ist für Aquarien mit starkem Fischbesatz empfehlenswert. Aquarien ausschließlich mit Wirbellosen kommen auch ohne Ozonisator aus, sofern nicht überfüttert wird.

Dosierung: 5 bis max. 10mg/l je 100 l Wasserinhalt pro Stunde. Ab 20 bis 25 mg/100 l wird Eiweiß vom Ozon denaturiert und läßt sich nicht mehr abschäumen. **Es darf im Raum nicht nach Ozon riechen, dann wird es gesundheitsschädlich - auch für Menschen.**

Wichtig:
Ozonauslauf über Kohle filtern!
Redoxspannungsschaltgerät benutzen.

Dem Ozonisator ist ein Luftreiniger (Wasserentfeuchter) vorzuschalten. Solch ein Gerät ist allerdings teuer (ca. DM 2.800,-). Bei nur 65% Luftfeuchtigkeit erzeugt ein Ozonisator der normal 100 mg/Ozon/l bringt, nur noch die Hälfte. Die Luftfeuchtigkeit kann auch mit Silicagel-Patronen (z.B. SANDER) entfernt werden. Die Regenerierung des Materials alle paar Tage unterbleibt jedoch aus Bequemlichkeitsgründen. Deshalb wird der Ozonisator lieber eine Nummer zu groß gekauft, um den Leistungsabfall durch Feuchtigkeit auszugleichen. Dieser Weg ist jedoch fatal. Ein Ozonisator, der mit feuchter Raumluft betrieben wird, erzeugt nicht nur Ozon sondern aus Luftstickstoff und Wasserdampf auch giftige Stickstoffverbindungen, die dann unkontrolliert und nicht meßbar ins Abschäumer-Kontaktrohr gelangen. Lieber kein Ozonisator als ein falsch betriebener! Der (gute) Abschäumer funktioniert auch ohne Ozon.

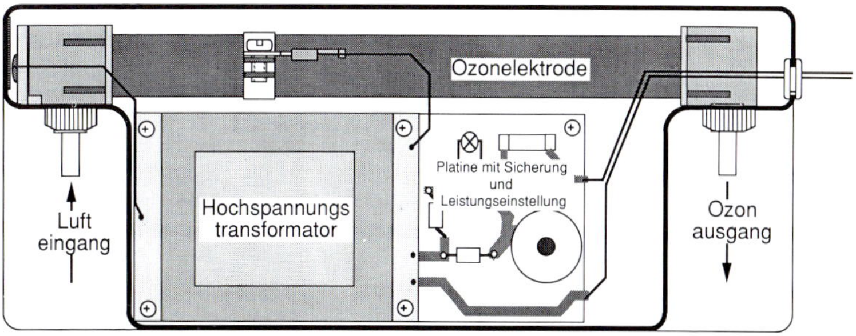

Ozonisator (System SANDER)

Kohle

Aktivkohle

Die Filterung über Aktivkohle ist eine weitere Möglichkeit Gelbstoffe und andere organische Verbindungen aus dem Wasser zu entfernen. Die Substanzen werden dabei in den Hohlräumen der Kohle absorbiert, d.h. eingelagert. Nach einiger Zeit ist die Kapazität der Kohle erschöpft, sie muß ausgetauscht werden. Man kann das nicht sehen!! Beläßt man die Kohle im Dauerbetrieb, funktioniert sie nach 3 bis 4 Wochen nur noch als biologischer Filter. Ein gezielter Kurzeinsatz (7 bis 10 Tage) ist daher vorzuziehen. Faustregel: Kohlefilter alle 14 Tage bis 3 Wochen wechseln. Das heißt also 7 Tage mit Kohle, dann 14 Tage ohne Kohle, dann wieder 7 Tage mit Kohle usw.

Auf dem Markt sind verschiedene Qualitäten von Kohle. Pelletierte Kohle, aus Staub hergestellt, hat eine weitaus größere Oberfläche und Wirkung als gebrochene Kohle. Der höhere Preis ist also gerechtfertigt. Einige Firmen bieten Kohle an, die mit Ionenaustauscherharzen vermischt ist - zur Nitratentfernung. Dieses Verfahren funktioniert im Meerwasser nicht und ist auch für Süßwasserbecken wegen der ungünstigen Nebenreaktionen abzulehnen.

Herstellung und Aktivierung der Kohle

Zur Herstellung von Aktivkohle wird Kohle - meist Buchenholzkohle - unter Sauerstoffabschluß auf etwa 600°C erhitzt (rotglühend). Auf diese Weise werden die brennbaren Kohlenwasserstoffe vergast und entfernt. Der zweite Schritt ist die Aktivierung. Dazu wird die Kohle, diesmal unter Sauerstoffzufuhr, auf 900°C erhitzt. Dabei entstehen die Porenstrukturen, an welche die gelösten organischen Verbindungen gebunden werden können. Nicht alle angebotenen Filterkohlen sind auch "aktiviert", z.B. nicht die Kohle, die wir für die Grillparty benutzen. Der genaue Vorgang der Bindung organischer Substanzen an Aktivkohle ist noch unklar. Wahrscheinlich laufen verschiedene Prozesse nebeneinander ab: Mechanische Filtration wie Sedimentation, Diffusion, chemische Absorption, aber auch biologische Prozesse spielen eine Rolle. An die Kohle angeheftete Bakterien bauen die aufkonzentrierten organischen Substanzen ab oder um. Denken Sie an Kohletabletten im medizinischen Bereich für Menschen. Auch da ist Kohle seit Jahrzehnten ein regelrechtes "Heilmittel". Es entfernt Gase und Giftstoffe aus dem Verdauungstrakt.

Diatomfilter

Der Diatomfilter ist ein mechanischer Filter zur Beseitigung von Wassertrübungen. Er wird gefüllt mit Kieselgur (Diatomeenerde). Kieselgur besteht aus den Schalen (dem "Skelett") mariner Diatomeen (Kieselalgen). Diese Algen haben einen Durchmesser von 10 bis 50 µm (0,01 bis 0,05 mm). Die Kieselgurerde wird als dünner Filterkuchen auf eine Glasfasermatte aufgebracht. Ein solcher Filter kann nur kurzzeitig verwendet werden; er ist meist nach wenigen Tagen verstopft und kann meist nicht mehr gereinigt werden. Wasserblüten, das sind Massenentwicklungen von Bakterien oder Mikroalgen aber auch die Schwärmer von Parasiten wie *Oodinium* und *Cryptocarion*, können in einem Diatomfilter abgefangen werden. Er ist aber nur als "Erste Hilfe" - Maßnahme in den genannten Situationen gedacht. Besser ist es, die Ursachen der Algen- und Bakterienentwicklung zu vermeiden bzw. zu beseitigen. Beides entsteht durch Überdüngung des Wassers, hervorgerufen durch Überbesatz mit Tieren und zu starke Fütterung. Technisch ist ein Diatomfilter ein Saugfilter; er ist lediglich mit einer druckstärkeren Pumpe ausgestattet.

Ultraviolette Strahlung / Entkeimungslampen

Ultraviolettes Licht eignet sich zur Desinfektion des Wassers bei Krankheiten oder zur Beseitigung von Wassertrübungen, die durch Bakterien oder Algenentwicklungen hervorgerufen werden. Meist werden Leuchtstofflampen eingesetzt, die speziell UV-Licht abgeben (hw). Diese Quecksilberdampf-Niederdrucklampen produzieren UV-Strahlung von 185 und 254 nm Wellenlänge. Da UV-Strahlen von normalem Glas nahezu vollständig absorbiert werden, müssen die UV-Lampen aus Quarzglas gefertigt werden. Es gibt zwei Typen von Glas, die sich durch die absorbierten Wellenlängen unterscheiden:

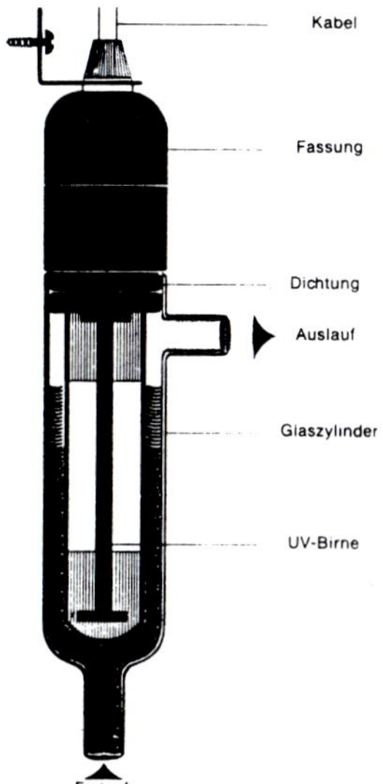

Schema einer UV-Lampe

UV-Lampe

Der erste Typ, Osram HNS 5 - 20nm, für Glühlampensockel, läßt auch kürzeste Wellenlängen (184nm) passieren. Strahlung unter 200 nm Wellenlänge setzt aus Sauerstoff Ozon frei.

$$3\,O_2 \longrightarrow 2\,O_3$$

Sauerstoff ----————> Ozon

Da Ozon in diesem Zusammenhang unerwünscht ist, werden in der Aquaristik meist Lampen des zweiten Typs eingesetzt (Osram HNS 15,30 und 55 ofr). Das Glas dieser Lampen absorbiert Strahlung mit Wellenlängen unter 220nm. Eine Ozonfreisetzung erfolgt daher nicht. Die verbleibende Strahlung (254 nm) ist zur Abtötung von Algen, Bakterien, Protozoen und anderen Einzellern geeignet. Durch die Strahlung wird die DNS-Synthese gestört. In der DNS ist die gesamte Erbinformation der Organismen gespeichert. Durch Störung der DNS-Synthese sterben die Organismen bei der Zellteilung ab.

Mit Hilfe von UV-Lampen läßt sich im Aquarium die Ausbreitung von Krankheiten eindämmen. Aus diesem Grunde verwenden einige Importeure und Großhändler in ihren Anlagen UV-Strahler. Tote Ecken, die von der Wasserumwälzung nicht erfaßt werden, verhindern dies jedoch in eingerichteten Aquarien.

Die einzelligen Parasiten haben alle in ihrem Entwicklungszyclus ein freischwimmendes Stadium - die Schwärmer. Diese können durch die UV-Strahlen abgetötet werden - ohne jeden Medikamenteneinsatz. Voraussetzung dafür ist, daß die Parasit die UV-Lampe lange genug passieren. Da ultraviolettes Licht nur wenige cm tief in Wasser eindringt, muß das Wasser in sehr geringem Abstand an der UV-Lampe vorbeiströmen. Die Lampe wird daher in ein Glasrohr eingebaut, so daß zwischen Lampe und Rohr ein Raum von etwa 2 cm verbleibt.

Durch diesen Zwischenraum strömt das Wasser, das vom Filter ins Aquarium zurückgepumpt wird. Ist die Leistung der Lampe genügend hoch gewählt - eine 30 Watt UV-Lampe kann etwa 5 m^3 Wasser pro Stunde desinfizieren - reicht es aus, wenn die Lampe zur Prophylaxe 4 bis 5 Stunden am Tag in Betrieb ist. Die Lampen besitzen eine Lebensdauer von ca. 5000 Stunden. Danach wird nur noch eine geringe Menge UV-Licht ausgestrahlt und die Lampe sollte ausgewechselt werden. Bei einem Betrieb von 4,5 Stunden pro Tag beträgt die Lebensdauer einer Lampe etwa 3 Jahre.

UV-Strahlung kann nicht überdosiert werden - es gelangen keine schädlichen Abbaustoffe ins Wasser.

Eine andere Möglichkeit der Wasserentkeimung ist die bereits angesprochene Ozonierung. Dabei ist jedoch der Einsatz sehr starker Ozonisatoren notwendig. Auch kann das Wasser nicht direkt ins Aquarium eingeleitet werden. Wasser, das mit Ozon desinfiziert wurde, hat ein Redoxpotential von etwa 700 mV und ist lebensfeindlich. Die keimtötende Wirkung einer "normalen" Ozonierung im Flotationsreaktor ist minimal und ersetzt keine UV-Lampe.
Die UV-Lampe sollte so angebracht werden, daß sie keine Lebewesen im Aquarium mit der Strahlung schädigen kann, also außerhalb des Beckens.

Anwendung von Ionenaustauschern im Aquarium.

Hin und wieder werden Austauscherharze für die Aufbereitung von Meerwasser angeboten. Dabei kommt das Austauerharz Lewatit MP 62 (Bayer) zum Einsatz. Es bindet Nitrit und Nitrat sowie andere Anionen. Durch die Freisetzung von Hydroxylionen (OH^-) wird ein Absinken des pH-Wertes verhindert. Wie bei der Vollentsalzung wird MP 62 bei internem Einsatz mit Natronlauge regeneriert. Da jedoch nicht nur Nitrat und Nitrit sondern auch andere Ionen gebunden werden, wird die Ionenzusammensetzung des Meerwassers unkontrolliert verändert. Deshalb muß vom internen Einsatz von Ionenaustauschern in Aquarien abgeraten werden. Für die Aufbereitung des Leitungswassers sind diese jedoch geeignet.

Co_2 Düngung / Kalkreaktor (s. auch Seite 188)

In der Süßwasseraquaristik hat sich die Kohlensäuredüngung zur Verbesserung des Pflanzenwuchses voll durchgesetzt - die positiven Effekte sind unübersehbar.

Auch Meeresaquarien können erfolgreich mit Kohlensäure gedüngt werden. Durch die CO_2-Zugabe wird der pH-Wert auf 8.0 bis 8.2 abgesenkt. Natürlich ist es dann erforderlich, ein genaues pH-Meß- und Regelgerät zu verwenden, da sonst pH-Schwankungen auftreten können. Durch die CO_2 - Zugabe wird das Wachstum von Grünalgen (*Caulerpa*) und Zooxanthellen stimuliert. Das Wachstum der Zooxanthellen wirkt sich positiv auf das Wachstum der Blumentiere aus. Einige Krustenanemonen und Weichkorallen beginnen bei CO_2 - Düngung regelrecht zu wuchern. Durch die Zugabe von CO_2 wird auch die Karbonathärte beeinflußt. Die freie Kohlensäure löst aus dem Dekorationsgestein und Filter- und Bodengrundmaterial Hydrogencarbonat heraus:

$$Ca\,CO_3 \quad + \quad H_2CO_3 \longrightarrow Ca\,(HCO_3)_2$$

Calciumcarbonat + Kohlensäure --------> Calciumhydrogencarbonat

Eine Möglichkeit will ich nicht unerwähnt lassen, da sie sowohl gut funktioniert, preisgünstig ist, als auch zwei bis drei Filterfunktionen kombiniert:

Ein Fluvalfilter (WELTWEIT) mit seinem 3-Kammersystem wird wie folgt bestückt:

1. Kammer unten:
   Grobfiltermaterial (Watte, Tonringe, Keramik-Filterkörper, Schottringe.
2. Kammer Mitte:
   Aktivkohlegranulat.
3. Kammer oben:
   Dolomitbruch (Rowalith, Alpha Marin)

An den Filteransaug legt man die CO_2-Zufuhr so an, daß man die austretenden Blasen zählen kann (pro Sek. ca. 1 Blase).

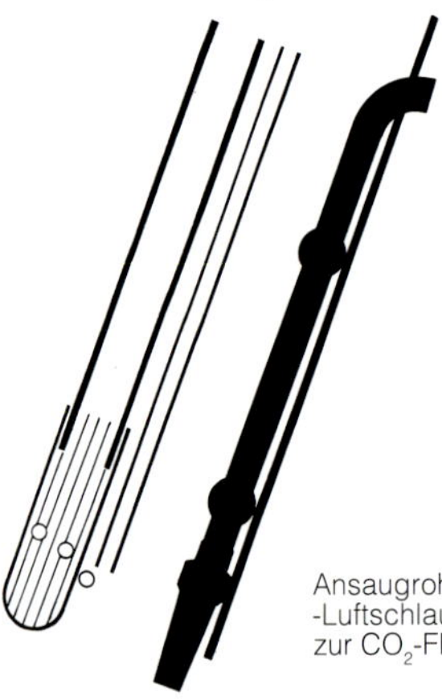

Ansaugrohr mit -Luftschlauch zur CO_2-Flasche

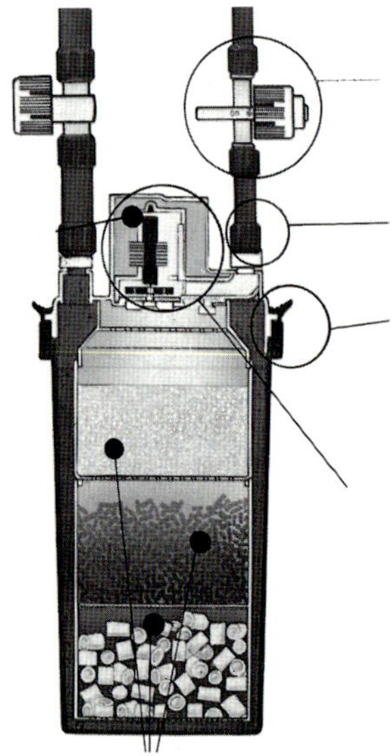

Den Kohlefilter brauchen wir ohnehin. Den Kalkreaktor haben wir dann in ein und demselben Gerät.
Wasserströmung und Oberflächenbewegung haben wir noch zusätzlich. Wenigstens alle 4 Wochen wird die Kohle für eine Woche erneuert und geprüft, ob der KH-Wert noch über 7 bis 8 liegt. Ist dieser Wert tiefer, so wird der Dolomitbruch im Filter ausgetauscht. Ein CO_2 Steuergerät und CO_2-Flasche braucht man natürlich auch für dieses System.

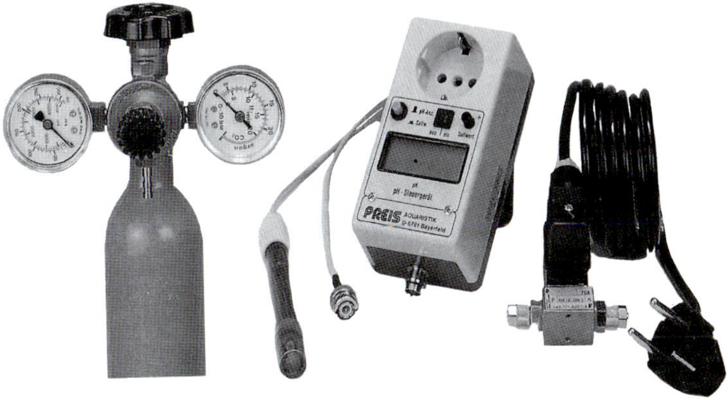

CO_2 - Flasche, pH - Meß- und Steuergerät und CO_2 Regelventil

Gutes, kontrolliertes *Caulerpa* - Wachstum erhält man durch Licht und CO_2 - Zufuhr! (hier *Caulerpa taxifolia*).

Den Wirbellosen steht somit immer genügend gelöster Kalk zum Aufbau ihres Skelettes zur Verfügung.
Ein sehr eleganter Weg, die Karbonathärte des Aquarienwassers auf beinahe jeden gewünschten Wert einzustellen, ist die Verwendung eines Kalkreaktors. Er besteht aus einer Diffusionskammer, die mit Muschelgrus, oder Dolomitgranulat gefüllt ist. Durch CO_2-Zugabe wird eine CO_2 - Atmosphäre erzeugt, in der das Aquarienwasser herunterrieselt. In dieser CO_2 - Atmosphäre wird eine enorme Menge Hydrogencarbonat gelöst. Es ist deshalb erforderlich, die Säurekapazität des Aquariumwassers öfters zu kontrollieren, damit sie nicht über 5 bis 7 mmol/l (15-20° KH) ansteigt. Die Steuerung des Kalkreaktors kann auch über eine pH-Regelanlage erfolgen. Mit einer solchen Anlage sind endlich alle Probleme von absinkenden pH-Werten und zu niedriger Karbonathärte gelöst. Das dafür passende Gerät bietet Dupla als CO_2-Gerät an. Wir funktionieren es einfach um:
Anstelle der vorgesehenen Füllung mit Kunststoffmaterial oder Raschigringen verwenden wir Calciumcarbonat in grober Körnung (ca. 5 mm oder noch gröber). Fertig ist der Kalkreaktor zum Anheben des pH-Wertes und der Erhöhung der Carbonathärte.

Die CO_2-Zufuhr sollte sehr genau bemessen sein, lieber zu gering als zu hoch - sonst erreichen wir das Gegenteil unseres Vorhabens. Mit der Zufuhr der Kohlensäure würde der pH-Wert absinken. Eine elektronische Regelung ist in jedem Fall über ein pH-Steuergerät zu empfehlen!

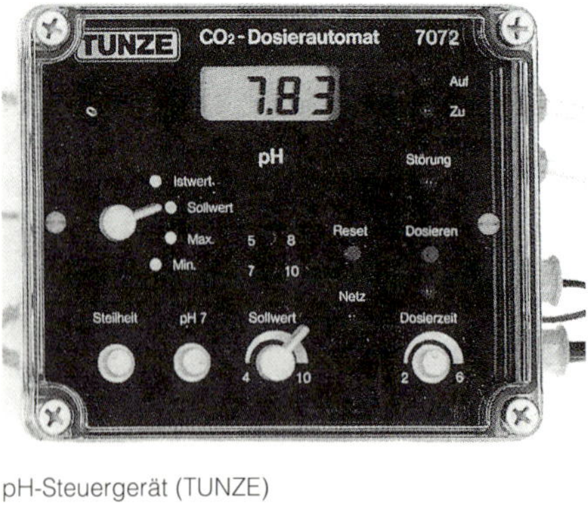

pH-Steuergerät (TUNZE)

TUNZE bietet unter dem Namen CO_2-Härtereaktor ein System zur Karbonathärteerhöhung an. Nachstehende Zeichnung zeigt dieses System. Der Möglichkeiten, den KH-Wert zu erhöhen gibt es noch viele (siehe z.B. auf Seite 102).

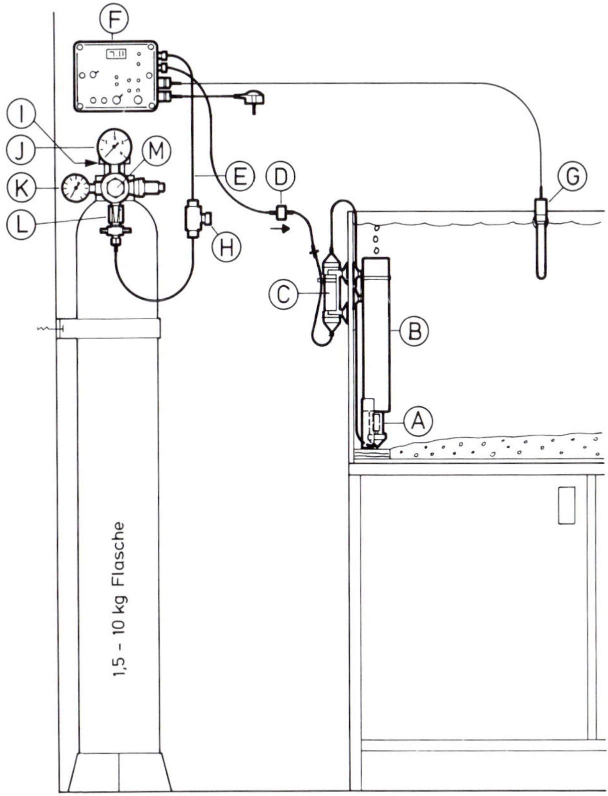

A	CO2-Anschluß	G	pH-Elektrode 7072.10
B	Härte Reaktor 1572	H	Feinregulierventil 7073
C	Blasenzähler 1572.20	I	Flaschenventil
D	Rückschlagventil 7070.01	J,K,L	Druckminderer 7077
E	Schlauch 4 x 1 mm 7072.30	M	Druckeinstellschraube
F	CO2-Dosierautomat 7072		

Temperierung

Die Wassertemperatur in Aquarien mit tropischen Meerestieren sollte zwischen 25°C und 28°C liegen. Eine gelegentliche Absenkung auf 22°C schadet nicht, wogegen Temperaturen über 30°C auch kurzfristig von vielen Tieren nicht verkraftet werden. Der Sauerstoffgehalt nimmt bei zu hohen Temperaturen rapide ab. Man merkt das an der höheren Atemfrequenz der Fische. Wirbellose schließen sich. Manche, Bewegliche, wie Seesterne, einige Manteltiere (Seegurken), Krebstiere streben zur Wasseroberfläche. Sessile Blumentiere können das nicht und ersticken.

Heizung

Die Beheizung des Wassers kann mit aus der Süßwasseraquaristik bekannten Regelheizern erfolgen. Wegen der Gefahr des Glasbruches und der guten Leitfähigkeit des Meerwassers für den elektrischen Strom ist die Verwendung der konventionellen 220 V Heizungen nicht ohne Risiko. Besser und sicherer sind in jedem Falle Niederspannungsheizer, die z.B. von DUPLA (24V) angeboten werden. Durch die erforderlichen Transformatoren erhöht sicher allerdings der Preis für die Heizungsanlage beträchtlich.
Achten Sie besonders darauf, daß die verwendeten Heizer "TÜV" geprüft sind. Dann sind auch Glasheizer weitgehend ungefährlich, besonders wenn sie einen Überhitzungsschutz eingebaut haben (JÄGER).

Geprüfte Elektrogeräte tragen das GS-Zeichen für geprüfte Sicherheit und/oder das VDE (Verband Deutscher Elektrohersteller) -Zeichen.

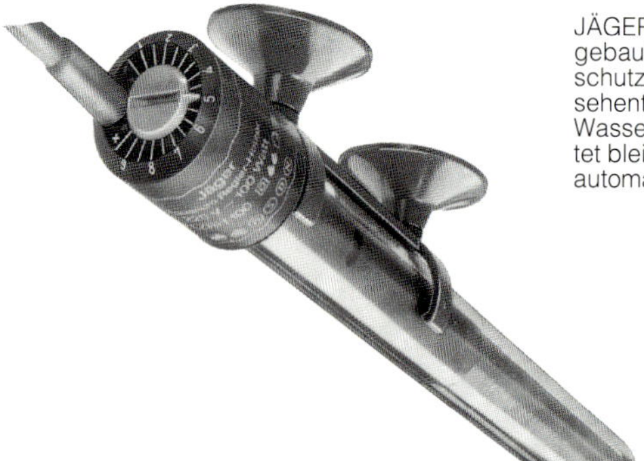

JÄGER Thermostat mit eingebautem Überhitzungsschutz. Wenn das Gerät versehentlich über Wasser beim Wasserwechsel eingeschaltet bleibt, schaltet das Gerät automatisch ab!

Beckeninhalt und Heizerstärke		
Becken-inhalt	beheiztes Zimmer Regelheizer-stärke	unbeheiztes Zimmer **zusätzlicher** Heizer
50 l	25 Watt	25 Watt
75 l	40-50 Watt	25 Watt
100 l	50 Watt	50 Watt
150 l	75 Watt	75 Watt
200 l	100 Watt	100 Watt
300 l	150 Watt	150 Watt
500 l	250 Watt	250 Watt

Kühlung

Durch die Verwendung starker Pumpen mit Wasserkühlung und HQI-Beleuchtung wird in vielen Aquarien im Sommer eine Kühlung des Wassers erforderlich. Für Mittelmeer- oder Nordseebecken ist sie eine unbedingte Voraussetzung. In Mittelmeeraquarien soll die Wassertemperatur im Jahresmittel bei 18°C liegen (14 bis 20°C).
Die Kühlung des Meerwassers ist wesentlich problematischer als die Heizung. Bei nur gelegentlicher Überhitzungsgefahr in tropischen Becken an sehr heißen Tagen kann man sich behelfen und Eiswürfel in Plastikbeuteln füllen und ins Aquarium hängen.
Mehr Sicherheit bietet in jedem Fall die Verwendung von Kühlaggregaten. Es sollten jedoch ausschließlich Geräte aus dem Zoologischen Fachhandel verwendet werden. Durchflußkühler aus der Getränkeindustrie sind ungeeignet, da die Wärmetauscher hier aus Edelstahl bestehen, der zwar Coca Cola widersteht, nicht jedoch der korrosiven Wirkung von Wasser aus Meeresaquarien. Nach 2 bis 3 Jahren besteht Leckgefahr!
Geeignet zur Kühlung von Meeresaquarien sind einzig Kühler mit Wärmetauschern aus Titan (DUPLA, leider nicht mehr lieferbar) und solche mit kunststoffummantelten Austauschern (AQUA MEDIC). Mit diesen Geräten können auch kalte Meeresaquarien problemlos betrieben werden. AQUA MEDIC liefert auch Aggregate für große Aquarien - bis 4000 l serienmäßig.

Durchlaufkühler (System AQUA MEDIC)

Durchlaufkühler besitzen ein vollhermetisches Kälteaggregat mit wartungsfreier Kapillareinspritzung. Die Wassertemperatur wird über einen eingebauten Thermostaten gesteuert. Der Wärmetauscher, das Herz der Anlage, besteht aus kunststoffummantelten Kupferrohr. Auf diese Weise kommt das Meerwasser ausschließlich mit Kunststoff in Berührung - es können keine Korrosions- oder Vergiftungsprobleme auftreten.

Außen Rieselfilter in Systemeinheit mit Kühlaggregat (AQUA MEDIC), Förderpumpe EHEIM.

Beleuchtung

Zunächst etwas zu den Begriffen:
Eine Leuchte ist das gesamte Gerät also Reflektor/Trafo und Lampe. Eine Lampe ist einzig das leuchtende Teil davon; also etwa die Leuchtstoffröhre(lampe) oder die Glühbirne(lampe).
In einem Meeresaquarium muß die Beleuchtung mehrere Funktionen erfüllen: Zum einen muß sie die gesamte Unterwasserlandschaft in einem "guten Licht" erscheinen lassen. Sie hat entscheidenden Einfluß auf die optische Wirkung des Beckens. Zum zweiten benötigen alle Pflanzen, inclusive der Zooxanthellen in den Blumentieren, Licht als Energiequelle. Die Beleuchtung muß von der Intensität und der spektralen Zusammensetzung diesen Bedürfnissen entsprechen - sonst werden die Pflanzen "fehlernährt".
Für die Beleuchtung werden drei Typen von Lampen benutzt: Leuchtstofflampen, Quecksilberdampf-Hochdrucklampen (HQL) und Metalldampfhochdrucklampen (HQI). Andere Lampen, wie Glühlampen oder Halogenlampen kommen wegen der ungünstigen spektralen Zusammensetzung nicht in Frage.

Die Beleuchtungsstärke wird in Lux oder Lumen gemessen. Dafür benutzt man einen Luxmeter (z.b. TUNZE). In der Pflanzenbiologie benutzt man jedoch heute eine andere Bezugsgröße. Sie wird in mW/m^2 (Milliwatt pro Quadratmeter) ausgedrückt. Dieser Wert bezeichnet die photosyntetisch auswertbare Energie (Beleuchtungsintensität) für Pflanzen. Die erforderliche Beleuchtungsintensität für *Caulerpa* beträgt z.B. 12.000 mW/m^2.

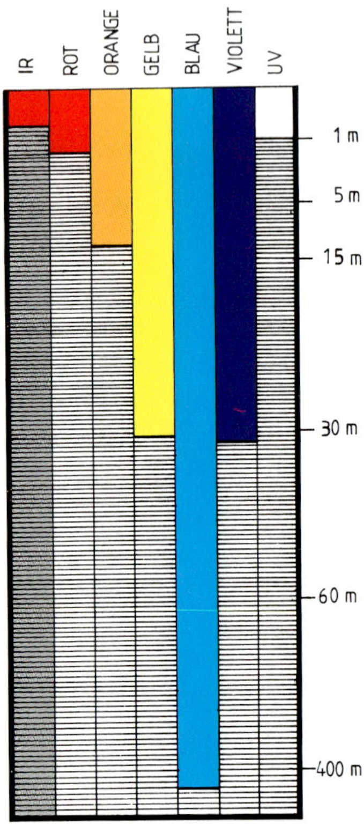

Die Farben des Sonnenspektrums dringen unterschiedlich tief in das Wasser ein. Wie man leicht erkennen kann, ist blaues Licht für tiefer lebende Tiere (und Pflanzen) lebensnotwendig. Nur dieses Licht steht diesen in der Natur zur Verfügung.

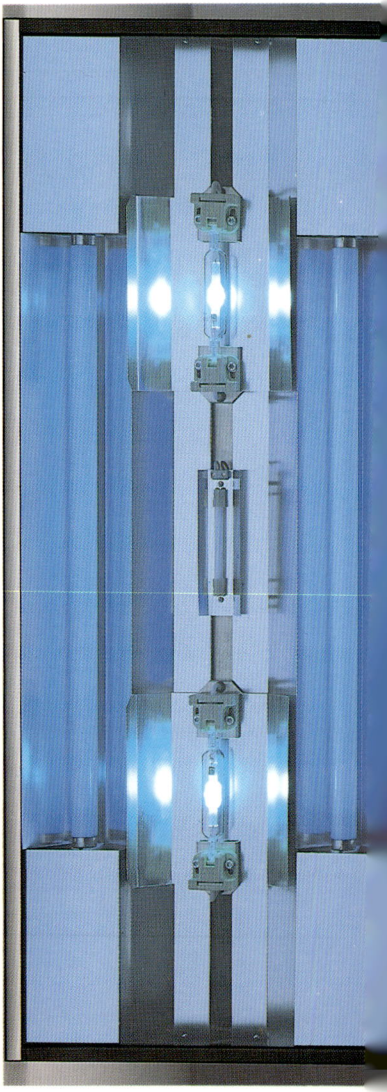

Abdeckleuchte (ab) mit HQI-Brennern und blauen Leuchtstoffröhren

Tabelle Lux/Belichtungszeiten (nach Lunasix F)					
Lux	LW/EV Leitwert	Blende 100 ASA	Zeit sec.	Eignung der Lichtmenge	
11	1	1,4	1	Dunkellichtzone	
22	2	2,0	1	Schmieralgen, für nachtaktive	
44	3	2,8	1	Tiere,	
88	4	2,8	1/2		
175	5	2,8	1/4	Kieselalgen	Mittellichtzone
350	6	2,8	1/8		
700	7	2,8	1/15	"Drahtalgen"	
1400	8	2,8	1/30		
2800	9	2,8	1/60	Blasenalgen	
5500	10	2,8	1/125	Mittellichtzone*	
11000	11	4,0	1/125	Zooxanthellen, Caulerpa	
22000	12	5,6	1/125	Tageslicht bedeckter Himmel	
44000	13	8,0	1/125		
88000	14	11,0	1/125	Tageslicht mittags bei Sonne	
175000	15	16,0	1/125		

* normale Lichtmenge an der Wasseroberfläche gemessen.

Leuchtstofflampen

Lange Zeit waren die Leuchtstofflampen bei der Beleuchtung von Aquarien ohne Konkurrenz. Für die Beleuchtung von flachen Meeresbecken von bis zu 40 oder 50 cm Wassertiefe stellen sie auch heute noch eine ökonomische Alternative zu den Hochdrucklampen dar. Um zu starkes Algenwachstum zu vermeiden und um ein natürliches Aussehen zu erreichen, sollten Lampen mit tageslichtähnlichem Spektrum benutzt werden. Gut geeignet ist die Lichtfarbe 11 (Osram Lumilux, Tageslicht).
Um eine genügende Helligkeit zu erzielen, sollten für ein Becken mit einer Breite von 50 cm mindestens 3 besser 4 bis 5 Lampen verwendet werden. Besonders natürliche Effekte können erzielt werden, wenn zusätzlich ein Blaustrahler (z.B. Thorn blue, Phillips 'TL'D blue) verwendet wird. Blaues Licht wird von Wasser nicht so schnell absorbiert, wie andere Wellenlängen. Daher erscheint im Meer schon in geringer Tiefe alles blau-grau.

Abdeckleuchten

Diese sind zusammen mit der Schrankkombination meist in ihrer Komplettanlage enthalten und entheben Sie der Qual der Wahl. Oftmals enthalten die Abdeckungen aber nur zwei Leuchtstoffröhren und sind eher für Süßwasseraquarien geeignet. Achten Sie darauf, daß ihre ausgewählte Abdeckleuchte für Meerwasseraquarien (für Wirbellose - falls Sie solche pflegen wollen) konzipiert ist. DELTEC bietet die Leuchtstoffröhren im Baukastensystem an. Je nach Beckenbreite installiert man alle 10 cm eine Leuchtstoffröhre. Da diese wesentlich dünner geworden sind als früher, bereitet das kein Problem mehr. Vorteilhaft ist es, wenn die Abeckung innen mit einer reflektierenden Folie (Alu) ausgestattet ist. Die Lichtausbeute kann dann bis zu 50% höher sein.
Die Anzahl der Lampen hängt von der Breite und Länge des Beckens ab. Von den Leuchtstofflampen sollten pro 10 cm Breite 1 Lampe gerechnet werden - über die gesamte Beckenlänge. Von der HQI-Strahlern können etwa 75 bis 100 cm Beckenlänge von einem Strahler ausgeleuchtet werden. Während Leuchtstofflampen so dicht wie möglich über dem Becken - eventuell direkt auf der Deckscheibe (DELTEC) - angeordnet werden sollten, sollen HQI-Lampen 40 bis 50 cm über dem Wasserspiegel angebracht werden. HQI-Strahler sollen immer mit der eingebauten Scheibe betrieben werden. Zum einen wird der Brenner so vor Wasserspritzern geschützt, zum anderen wird ein Teil der UV-A und UV-B Strahlung, die diese Lampen aussenden, absorbiert. Der verbleibende Anteil dieser UV-Strahlen dringt zwar nur wenige cm tief ins Wasser ein, hat hier jedoch eine durchaus erwünschte desinfizierende Wirkung (siehe UV-Lampen). Der Anteil an UV-A könnte auch positive Wirkungen auf die Tiere aus den oberen Wasserschichten haben.

Farbspektren der Lampentypen (OSRAM)

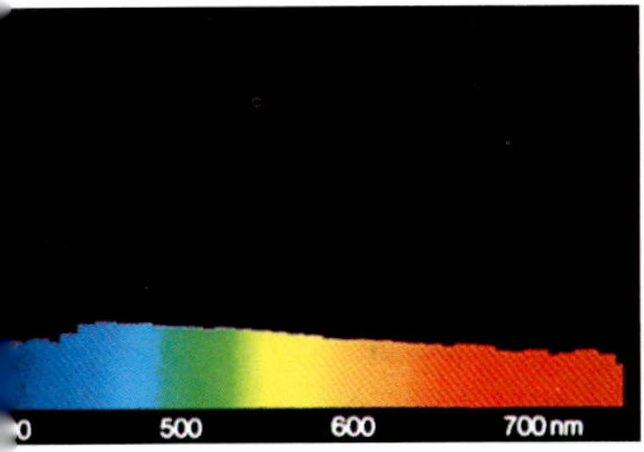

Tageslicht (D 65)

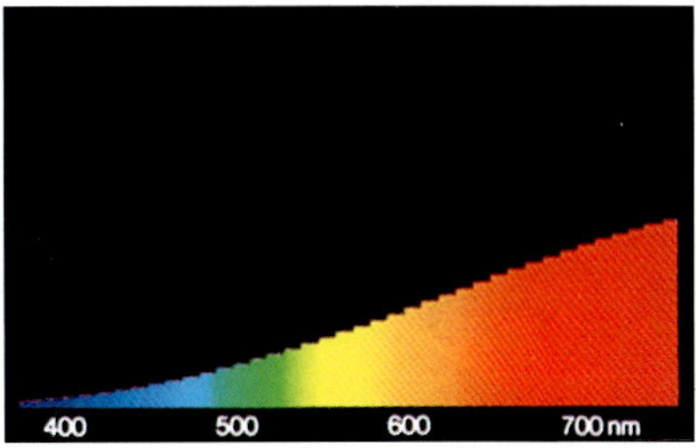

Glühlampenlicht

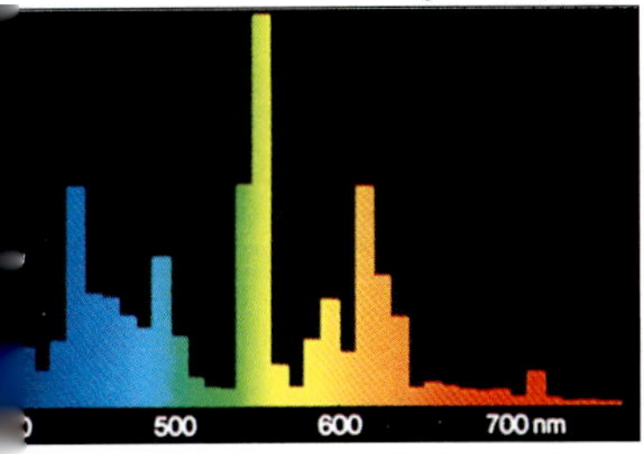

Lichtfarbe 11 LUMILUX Tageslicht

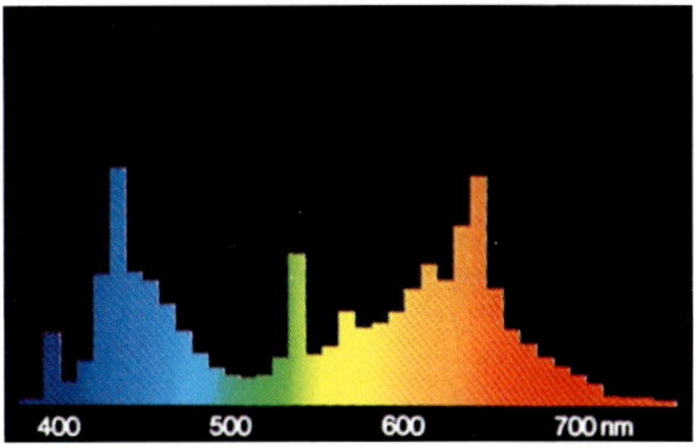

Lichtfarbe 77 FLUORA

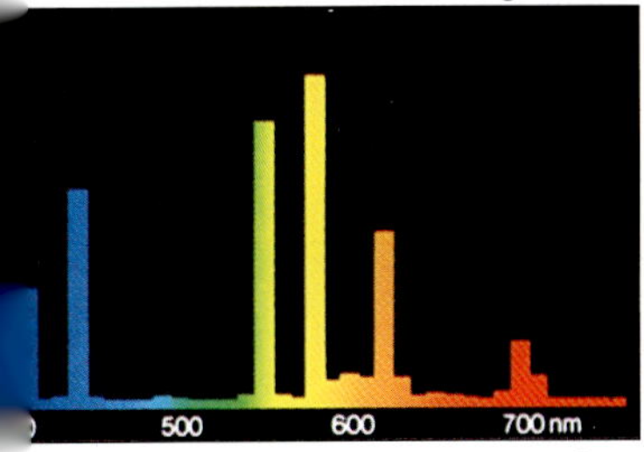

HQL

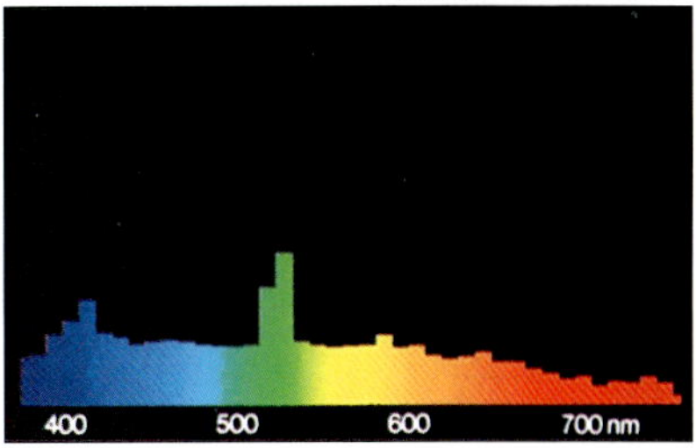

HQI . . ./D (POWERSTAR)

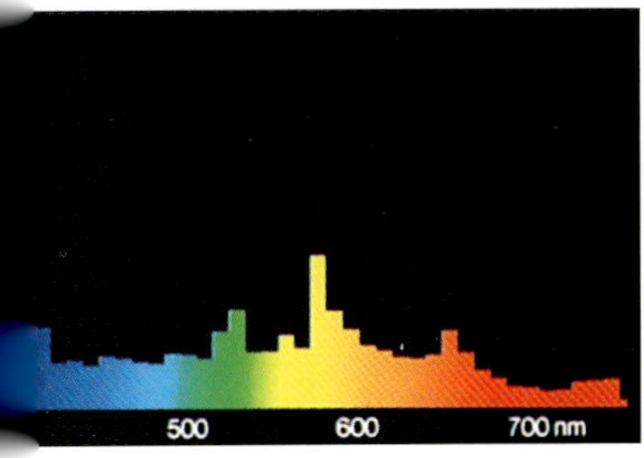

HQI . . ./NDL (neutralweiß de Luxe)

Aus diser Gegenüberstellung geht hervor, daß die spektrale Strahlungsverteilung der HQI-D-Lampen dem Tageslicht am nächsten kommen. Bei den Leuchtstoffröhren ist die Lichtfarbe 11 Lumilux mit ihrem hohen Blau- und Grünanteil und geringem Rotanteil für Meeresbecken mit Wirbellosen, die heute (1991) am geeignetsten erscheinende Leuchtstoffröhre.

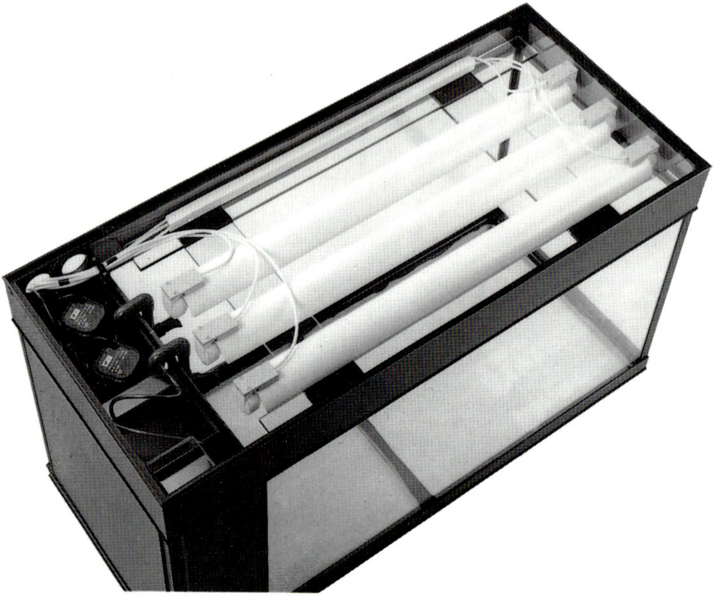

Leuchstofflampen-Abdeckung (System DELTEC)

Beleuchtung von Meeresaquarien

Wassertiefe (Höhe)	Lumilux 11 + Blaustrahler	HQI-NDL 70 Watt + Blaustrahler	150 Watt + Blaustrahler	HQI-D 250 Watt	400 Watt
bis 40 cm	4+1	2+1			
bis 50 cm	5+1	2+1	1+1		
bis 60 cm			2+1	1	
bis 70 cm				1	
bis 80 cm					1

Die Angaben gelten für jeweils 80 bis 100 cm Beckenlänge und ca. 50 cm Breite. Die Leuchtstoffröhren sollen die gesamte Beckenlänge erfassen! Die Baulänge der Leuchtstoffröhren bestimmt damit auch die Beckenlänge wesentlich.

Für das Errechnen der benötigen Anzahl Leuchtstoffröhren (Gesamtwattzahl) benutzen wir folgende Formel (nach PHILLIPS):

$$W = \frac{H \times S}{A \times B \times C}$$

W = Watt
H = Beleuchtungsstärke z.B. 12.000 für gutes *Caulerpa* - Wachstum (siehe nachstehende - vorläufige - Vorschläge Seite 79)
S = Oberfläche des Aquariums (m^2)
A = Wachstumsrendite mW/W (aus der Tafel 1 Leuchtstoffröhrentypen zu entnehmen)
B = Lichtschluckfaktor der Abdeckleuchte
Der Lichtverlust in der Aquarium-Abdeckung liegt zwischen 30 und 65%! Je nach Tönung und Art des Materials verlieren wir von der eingesetzten Lichtenergie z.B. in einer dunklen Holzabdeckung ca. 65%, dagegen in einer verspiegelten sauberen Abdeckung max. 30%. Hinzu kommt Lichtverlust bei Verwendung von Deckscheiben. Es gehört ein wenig Fingerspitzengefühl dazu, den richtigen Faktor hier einzusetzen.
Beispiele: a) Leuchtstofflampen ohne Abdeckung Verlust 65%, da 65% des Lichtes nach oben und seitlich abgestrahlt werden. Faktor = 0,35
Idealfall b) Abdeckleuchte innen verspiegelt Verlust 30% Faktor = 0,70
c) Abdeckleuchte innen metallisch silbern (ALU) Verlust 40% Faktor = 0,60
d) Abdeckung innen weiß oder helles Holz Verlust 50% Faktor = 0,50

Der Faktor wird als Differenz zwischen (Verlust % und 100): 100 ermittelt.
Bei den handelsüblichen Abdeckleuchten können Sie durchaus mit dem Faktor 0,50 rechnen, bei schwarzen Kunststoffabdeckungen müssen Sie mit dem Faktor 0,40 rechnen.
C = Wasserhöhe und Verschmutzungsfaktor

Beleuchtung, Leuchtstofflampen

Tafel 1: (Wachstumsrendite)

Hersteller	Typ(us)	Wachstumsrendite (A)	Farbindikation
Philips	TL-D 92	240	Warmweiss
Philips	TL-D 93	230	Warmweiss
Philips	TL-D 94	220	Warmweiss
Philips	TL-D 95	220	Kühlweiss
Osram	31	195	Lumilux Warmweiss
Osram	21	195	Lumilux Weiss
Philips	TL-D 84	195	Kühlweiss
Philips	TL-D 83	195	Warmweiss
Sylvania	CWX 184	195	Trifosfor Kühlweiss de Luxe
Sylvania	WWX 183	195	Trifosfor Warmweiss de Luxe
Osram	41	180	Lumilux Interna
Philips	TL-D 82	180	Warmweiss
Philips	TL-D 86	170	Kühlweiss
Osram	20	160	Weiss
Philips	TL-D 33	160	Weiss
Sylvania	CW	160	Kühlweiss
Osram	10/11	140	Tageslicht
Philips	TL-D 54	140	Kühlweiss
Sylvania	D	140	Tageslicht
Duro test	True-lite powertwist	135	---
Philips	TL 34	135	Kühlweiss
Sylvania	CWX	135	Kühlweiss de Luxe
Duro test	True-lite	130	---
Philips	TL 27	130	Warmweiss
Philips	TL 32	130	Warmweiss
Sylvania	IF	130	Homelight
Sylvania	WWX	130	Warmweiss de Luxe
Osram	19	120	Tageslicht de Luxe
Philips	TL 47	120	Kühlweiss
Philips	TL 57	120	Kühlweiss
Osram	77 (Fluora)	110	Blau-Rot
Penn Plax	Aquari-Lux	100	---
Sylvania	GroLux	100	Blau-Rot

TAFEL 2: (Verschmutzungsfaktor)

Wasserhöhe cm	Sauberes Wasser %	Mässig sauberes Wasser %	Verschmutztes Wasser %
0	100	100	100
10	95	90	82
20	90	82	67
30	86	74	55
40	82	67	45
50	78	61	37
60	74	55	30
70	70	50	25
80	67	45	20
90	64	41	17
100	61	37	14

Beispiel
Ein Aquarium hat folgende Ausmaße:

130 x 50 x 50 cm. Jetzt wollen wir dazu Phillips-Röhren der "90" Serie benutzen.
Wachstumsrendite: Dazu können wir am besten ausgehen von der Zahl 220 (Lampe TL-D95; siehe Tafel 1).
Abdeckung Faktor: Der Verlust in der Abdeckung liegt zwischen 45% und 65%. Gehen wir aus von einem Verlust von 55% wird diese Zahl in unserer Berechnung 0,45.
Wasserhöhe- und Verschmutzungsfaktor: Dafür steht die Zahl 78 wenn wir ausgehen von sauberem Wasser. Das wird dann in unserer Berechnung 0,78 (siehe Tafel Verschmutzungsfaktor).

Aus der Formel ergibt sich dann

$$\frac{12000 \times (130 \times 50)}{220 \times 0{,}45 \times 0{,}78} = \frac{7.800}{77{,}22} = 101 \text{ W}$$

Es genügt, 3 Röhren von 36 Watt anzubringen.

Trotzdem würden wir 4 Röhren empfehlen, denn besser ist zuviel Licht als zuwenig. Auch berücksichtigen wir, daß die Lampen in ihrer Lichtintensität mit der Zeit nachlassen.

Beispiel 2

Becken L 100 x H 45 x B 50

A = Wir benutzen die OSRAM Röhren Lumilux 11 (Wachstumsrendite 140)
H = Wir wollen Tiere der Mittellichtzone pflegen (Bedarf 8000 mW/ m^2)

$$\frac{W = H \times S}{A \times B \times C} = \frac{8000 \times \frac{(100 \times 50)}{1000}}{} = 4000$$

S = Oberfläche = 100 x 50 = 5000 cm^2 = 0,5 m^2
C = Wassertiefe 35 cm; sauberes Wasser nach Tabelle 2 ist der Faktor 0,84.
B = Lichtschluckfaktor 0,40 (schwarze Abdeckung)

$$\frac{4000}{140 \times 0{,}84 \times 0{,}40} = \frac{4000}{47.04} = 85.03 \text{ (Watt)}$$

Die Lumilux 11 gibt es in 36 Watt. Wir benötigen 2,36 Röhren - also 3 Stück.

Wem diese Berechnungen zu kompliziert erscheinen, handhabt die stark vereinfachte Tabelle auf Seite 114.
Dem Liebhaber aber, der es genau wissen möchte, geben vorstehende Tabellen einen recht guten Anhaltspunkt, wie die benötigte Wattzahl für Leuchtstoffröhren unter Berücksichtigung aller Aquarienaspekte, selbst ermittelt werden kann. Dabei fällt auf, daß die Auswahl der Lampentypen wegen ihrer deutlich unterschiedenen Lichtintensität (hier Wachstumsrendite) sehr wesentlich für die Anzahl der Lampen berücksichtigt werden muß.

Mit dem beleuchtungstechnisch neuen Begriff mW/W kann heute kaum schon jemand etwas anfangen. Wir betreten also Neuland, zumal die Angaben der Wachstumsrendite für die verschiedenen HQI-Brenner bisher fehlen. Für Angaben darüber wäre ich sehr dankbar (H.B.)

Tafel 3:Tabelle Lichtbedarf in mW/m für
(eine Umrechnungsformel in Lux gibt es leider nicht ?)

Lichthungrige *Caulerpa* -Arten	12.000
Valonia sp. (Blasenalgen)	6.000-10.000
Weniger lichtbedürftige *Caulerpa*-Arten	3.000-11.000

Blumentiere mit Zooxanthellen

Sonnenlichtzone	10.000 - 15.000
Mittellichtzone	3.000 - 8.000
Dämmerlichtzone	1.000 - 3.000

Kalkrotalgen	3.000 - 8.000
Blattförmige Rotalgen	8.000 - 10.000
Braunalgen (Tang)	6.000 - 20.000
"Drahtalgen"	700 - 1.500
Grüne Fadenalgen	6.000 - 12.000
Blaualgen	3.000 - 6.000
Braune Schmieralgen	1.000 - 10.000

Grünes Holländisches *Caulerpa* - Becken mit Wirbellosen.

HQL-Lampen

In den letzten Jahren haben die HQL-Strahler in der Süßwasseraquaristik mehr und mehr Verbreitung gefunden. Versuche in Meeresaquarien verliefen meist negativ. Der hohe Gelb-und Rotanteil dieser Lampen (siehe Spektrum, Seite 113) gibt Meeresbecken ein unnatürliches Aussehen. Zum anderen fördern sie den Algenwuchs. Diese Lampen sollten daher dem Süßwasseraquarium vorbehalten bleiben. Auch hier finden sich in zunehmendem Maß Gegner. Alte, "verbrauchte" HQL-Birnen wirken sich ausgesprochen schädlich auf empfindliche Pflanzen aus.
Mit HQL-Lampen kann man in unbelastetem Wasser jedoch jede Menge grüne Fadenalgen züchten, um diese als Nahrung für z.B. Doktorfische zu verwerten.

HQI-Lampen Quecksilberdampf-Hochdrucklampen (Halogen - Metalldampflampen)

Neben den Leuchtstofflampen für Becken bis 130 cm Länge sind sie die Nr. 1 für das Meerwasserbecken von heute.
Seit etlichen Jahren werden HQI-Strahler in der Meeresaquaristik eingesetzt. Tatsächlich können eine Reihe von wirbellosen Tieren erst seit Einsatz dieser Lampen über längere Zeit am Leben gehalten und vermehrt werden. HQI-Lampen entsprechen von allen auf dem Markt befindlichen Lampen von der Intensität und von der spektralen Zusammensetzung am besten dem natürlichen Sonnenlicht. Für Aquarien über 50 cm Wassertiefe sind sie eine unbedingte Voraussetzung.
Auch HQI-Lampen werden in verschiedenen Lichtfarben produziert. Für unsere Zwecke ist die Tageslichtfarbe HQI/D optimal geeignet. Leider wird sie nur in den Leistungsstufen ab 250 Watt produziert (Osram HQI - TS 250W/D). Neben den hohen Anschaffungskosten fallen auch die hohen Stromkosten ins Gewicht. Aquarien über 60 cm Höhe sollten dennoch mit diesen Lampen beleuchtet werden, über 80 cm Höhe sollte gar die 400 Watt Lampe eingesetzt werden (Industriestrahler).
In geringeren Leistungsstufen (70 und 150 Watt) wird leider nur die Lichtfarbe Neutralweiss de Luxe (Osram HQI - TS 70/150W/ NDL) produziert. Die Lampe 70 W oder 150 W HQI/D hat DUPLA neuerdings im Programm.
Im blauen und roten Bereich des Spektrums unterscheidet sich die NDL Lampe kaum von der HQI/ D. Sie besitzt jedoch einen höheren Gelbanteil, der "verwöhnte" Aquarianer stört. Von der Verwendung blaugetönter Gläser oder gar spezieller Folien zur Farbkorrektur, die einige Produzenten anbieten, ist abzuraten, weil die Lichtintensität ins-

gesamt geschwächt wird. Biologisch stört der Gelbanteil nicht. Optisch kann er durch die zusätzliche Verwendung eines Blaustrahlers kompensiert werden.
Mit dieser Kombination lassen sich dann auch Becken bis zu 60 cm Höhe optimal ausleuchten.

HQI-Strahler gibt es in verschiedenen Ausführungen

Wandleuchten
Diese Scheinwerfer haben rechteckige Reflektoren. Wegen der stabförmigen Lampenform und den meist rechteckigen Becken werden Aquarien mit diesem Typ optimal ausgeleuchtet.

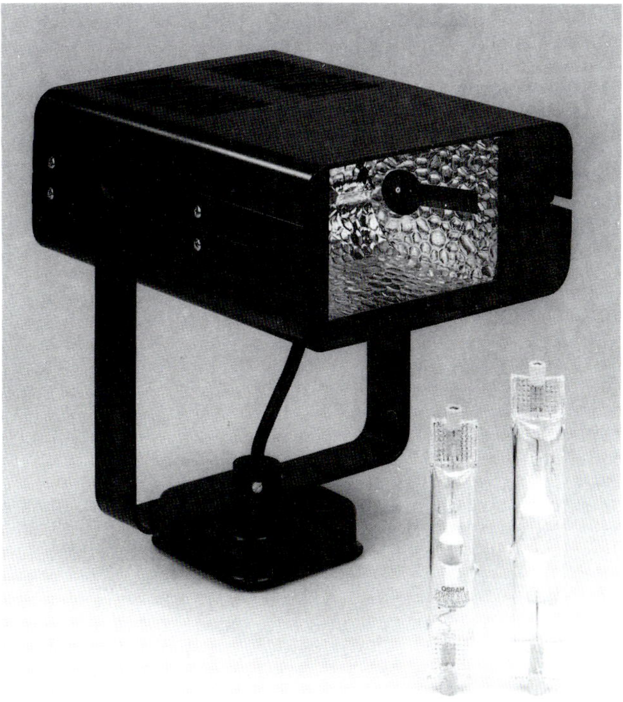

HQI Wand- oder Deckenleuchte (PREIS)

Hängeleuchten
Auch hier gibt es neuerdings Leuchten mit rechteckigen Reflektoren. Meist werden jedoch Leuchten mit runden Reflektoren angeboten - ähnlich wie HQL-Leuchten. Diese Leuchten sehen optisch sehr gut aus, leuchten das Becken jedoch nicht ganz so gut aus. Lampentype ist HQI R 250 W (Schraubfassung).
Im Prinzip sind beide Typen geeignet. Hier entscheidet in erster Linie der Geschmack des Aquarianers und eventuell der Preis. Sparen Sie nicht am Licht!
Es gibt auch große Pendelleuchten mit eingebauten HQI-Strahlern und einer Kombination mit Blaulichtröhren (EUROLIGHT, ab).

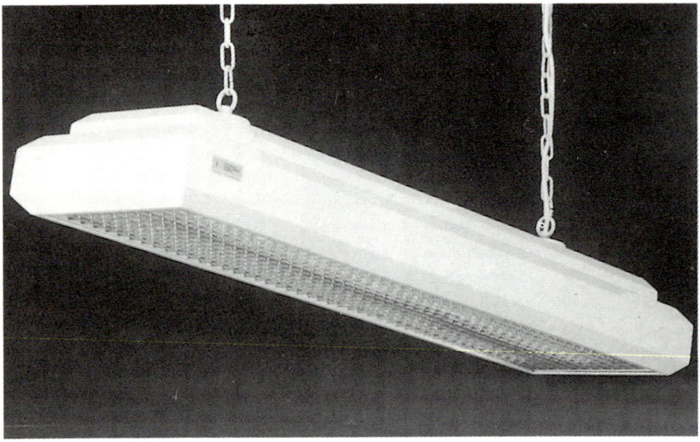

Bei ungeschützten HQI-Lampen ist ein Hantieren mit ungeschützten Händen und Unterarmen zu vermeiden. "Sonnenbrand" kann unangenehmes "Hautjucken" bis zu leichten Verbrennungen hervorrufen. Das Glas unterhalb des Leuchtenbrenners verhindert das weitgehend. Auch das Augenlicht ist eventuell zu schützen. 250W HQI-Leuchten sind nichts für empfindliche Augen.
Neuerdings gibt es auch HQI Abdeckleuchten. Sie befolgen jedoch nicht die Regel, daß man HQI-Leuchten mindestens 50 cm über dem Wasserspiegel aufhängen sollte. Die Erfahrung mit solchen Leuchten muß in den nächsten Jahren noch zeigen, ob die Entfernung vom HQI-Strahler bis zur Wasseroberfläche tatsächlich 50 cm betragen muß. Ich glaube es nicht, wenn man Wirbellose nicht gerade unter der Wasseroberfläche plaziert. 20 cm bis 25 cm dürften ausreichen. Beispiele dafür sind die Aquarien bei Cornelia PREIS. Dort werden HQI-Birnen seit Jahren direkt über der Wasseroberfläche angebracht - mit gutem Erfolg!

Solche Wirbellosen-Aquarien lassen sich erst mit HQI-Licht pflegen

Elektrische Sicherheit / Korrosion

HQI-Scheinwerfer werden meist zu Dekorationszwecken eingesetzt - z.B. in Schaufenstern. Viele dieser Leuchten sind daher nicht spritzwassergeschützt. Die Verwendung direkt über einem Meerwasseraquarium erfordert auch eine Korrosionsbeständigkeit. Von der Firma SILL sind Wandleuchten auf dem Markt, die spritzwassergeschützt und meerwasserfest lackiert sind. Das Vorschaltgerät ist bei diesen Lampen separat untergebracht. So kann man die Wärmeabstrahlung vermindern. Wen das nüchterne Aussehen stört, kann auf die formschöneren Hängeleuchten von DUPLA zurückgreifen, die ebenfalls spritzwassergeschützt sind. Leuchten sollten ebenfalls das GS oder VDE-Zeichen tragen.
Achten Sie bitte darauf, daß alle Steckdosen über dem Wasserspiegel angebracht sind - oder doch so, daß unmöglich Wasser an den Zuleitungen der elektrischen Geräte in die Steckdose laufen kann!

Blaustrahler (als Dauerlicht)

Diese Blaustrahler kann man auch nachts brennen lassen. Der Stromverbrauch ist gering und die Lebensdauer der Röhre bleibt erhalten, denn das Aus- und Einschalten der Lampe verkürzt die Lebensdauer in etwa dem gleichen Maß wie der Dauerbetrieb. Dabei hat man den Vorteil der Einsparung einer Schaltuhr und (sehr wichtig) die Beobachtungsmöglichkeit der Tiere während der Nacht. Die Fische schlafen in dem fahlen Dämmerlicht unbeschadet, finden aber bei Störungen schnell wieder zu ihrem Schlafplatz zurück.
Die Röhren haben eine Länge von 60 cm (18 Watt) und 120 cm (36 Watt). Die Installation darf nur mit Feuchtraumfassungen vorgenommen werden.
Als Leuchtstoffröhre empfiehlt sich z.B. PHILLIPS TLD 36W BLUE (1,20 m Länge) für Becken von 1,30 bis 2,50 m Länge oder die kürzere Ausführung für kleinere Becken. Als kleinster Blaustrahler kann die OSRAM Lampe DS 11/78 (11 Watt) oder DS 7/78 (7 Watt) eingesetzt werden (Nachtnotlicht). Das kleine Problem ist es, eine spritzwassergeschützte Leuchte mit Vorschaltgerät dafür zu finden. Diese gibt es fertig montiert von DUPLA als Pendelleuchte.
Das Blaulicht mit seiner Wellenlänge von ca. 400 bis 450 nm ist außerdem ein wichtiger Faktor für das Wachstum von Wirbellosen in größeren Tiefen (Dämmerlichtzone).

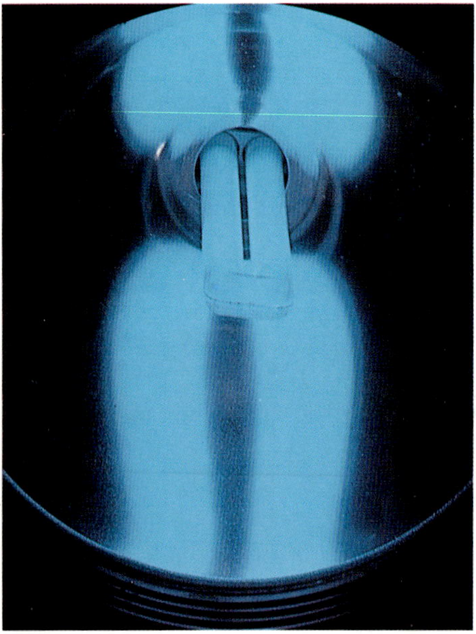
DUPLA-Pendelleuchte mit Blaustrahler

Beleuchtungsdauer

In den Tropen beträt die Tageslänge das ganze Jahr über etwa 12 Stunden (am Äquator). Bei Beleuchtung des Aquariums mit Leuchtstofflampen sollte diese Dauer mindestens eingehalten werden. Bei Verwendung von HQI-Strahlern soll die Beleuchtungsdauer jedoch auf 8 bis 10 Stunden reduziert werden. Bedingt durch die Reflektion der Wasseroberfläche steht das volle Sonnenlicht nur etwa von 9.00 Uhr bis 15.00 Uhr in tropischen Breiten zur Verfügung. Für 2 bis 4 Stunden kann dann ein Blaustrahler oder zusätzlich oder anstelle der HQI-Lampe eine andere Leuchtstofflampe eingeschaltet bleiben, um den Tieren eine Dämmerungsphase vor und nach der Hauptbeleuchtung zu simulieren. Wie bereits erwähnt, kann der Blaustrahler auch ständig in Betrieb bleiben. Siehe auch Seite 275ff.

Hängeleuchten System DUPLA

Stickstoff

Keine Angst vor Chemie. Wenn die Formeln sie schocken, überlesen Sie diese einfach.

Die wichtigsten chemischen Reaktionen im Meerwasseraquarium

1. Der Stickstoff
1.1. Nitrifikation (Ammonium- und Nitritabbau)

Der Stickstoff ist der "Abfallstoff" im Aquarium, der uns am meisten Sorgen bereitet. Er ist aber auch ein Bestandteil von Eiweiß und anderen lebenswichtigen Verbindungen, die unsere Fische und Wirbellosen zum Leben benötigen. Als Endprodukt des Eiweißstoffwechsels des Wassertiere entsteht **Ammonium** (NH_4^+). Bei höheren pH Werten - im Meerwasseraquarium haben wir immerhin bis pH 8.4 - reagiert ein Teil des NH_4^+ zum giftigen **Ammoniak** (NH_3). Ammoniak ist bereits in sehr niedrigen Konzentrationen für alle Wassertiere giftig.

$NH_4^+ + OH^-$ -----> $NH_3 + H_2O$
Ammonium + Hydroxidionen -------> Ammoniak + Wasser

Es gibt nun Bakterien, die Ammonium in harmlosere Verbindungen umwandeln und aus dieser Umwandlung die Energie zum Leben beziehen. Dieser Vorgang heißt **Nitrifikation.**
Bei der Nitrifikation wird Ammonium in zwei aufeinanderfolgenden Stufen von zwei Bakterienarten zum Nitrat umgewandelt:
Zunächst setzt das Bakterium **Nitrosomonas** Ammonium zu **Nitrit** um.

$2NH_4^+ + 3\,O_2$ ———> $2NO_2^- + 2H_2O + 4\,H^+$
2 Ammonium + 3 Sauerstoff --------> 2 Nitrit + 2 Wasser +4 Wasserstoff (Hydrogenium)

Für diese Reaktion wird viel Sauerstoff benötigt. Mit der Umwandlung des Ammoniums zu Nitrit ist uns im Aquarium jedoch noch nicht viel geholfen. Nitrit ist beinahe ebenso giftig wie Ammoniak. Dieses Nitrit wird nun in einer zweiten Reaktion vom Bakterium **Nitrobacter** in **Nitrat** umgewandelt.

$2\,NO_2^- + O_2$ ---------> $2\,NO_3^-$
2 Nitrit + Sauerstoff -------> 2 Nitrat

Auch für diese Reaktion wird Sauerstoff benötigt.
Durch diese beiden Reaktionen wird Ammonium zum Nitrat oxidiert. Mit der Nitratbildung sind in den meisten Aquarien die Abbauprozes-

se des Stickstoffs beendet. Nitrat ist längst nicht so giftig wie Ammonium und Nitrat und stört im Aquarium nur, weil es die Algen - auch die Zooxanthellen in den Wirbellosen - überdüngt. Aus diesem Grunde sollte in Aquarien mit Blumentieren die Nitratkonzentration nicht über 2o bis max. 50 mg/l ansteigen. Auch Werte bis zu 100 mg/l sind kurzfristig möglich. Über 50 mg/l sollte jedoch ein Teilwasserwechsel erfolgen. In reinen Fischbecken sind höhere Konzentrationen erlaubt, solange es nicht zur Bildung von roten oder blauen Schmieralgen kommt. In sauberen Meeren ist Nitrat Mangelware, die Pflanzen und Tiere wetteifern darum, um Eiweiß daraus zu synthetisieren. Im sauberen Meerwasser selbst beträgt die Konzentration immer deutlich weniger als 1 mg/l.
Im Leitungswasser ist der Gehalt jedoch bereits 5 bis 50 mg/l, in manchen Grundwässern sogar noch deutlich höher.
Ab etwa 30mg/l Nitrat im Leitungswasser ist dieses zur Zubereitung von Babynahrung bereits bedenklich. Es kommt zu Durchfall.

Messungen

NH_3/NH_4
Ammonium und Ammoniak treten immer gemeinsam auf. Das Verhältnis von beiden wird durch den pH-Wert bestimmt (s.Tabelle Seite 136).
Die auf dem Markt angebotenen Testsets messen alle die Summe von Ammonium und Ammoniak. Der Grenzwert für diese Summe ist vom pH-Wert abhängig - bei niedrigen pH-Werten wird mehr NH_4/NH_3 ertragen als bei hohen. Ammoniak/Ammonium werden eigentlich nur gemessen, wenn Tiere sterben oder sichtbar Unbehagen zeigen - jedoch ist es dann meist schon zu spät.
NH_4/NH_3 muß kleiner als 0.05 mg/l besser 0.01 sein; sonst haben wir hochgiftigen Stickstoff im Aquarium. Irgendwo liegt ein toter Fisch herum! Manche Silikone zum Verkleben von Scheiben enthalten Ammoniak; dieses Silikon ist unbedingt zu vermeiden, denn es könnte die Ursache für Fischvergiftungen sein. Die für den Fachhandel geklebten Becken sind mit Silikon auf Essigsäurebasis gefertigt. Lassen Sie Ihr Becken nicht von einem unwissenden Glaser zusammenfügen. Auf der Silikonkartusche muß der Hinweis stehen: Für Aquarien geeignet. Schnuppern Sie selbst am frischen (feuchten) Silikon. Es darf nicht ätzend nach Ammoniak riechen.

NO_2 Nitrit
Die erhältlichen Tests sind für Süßwasser gut brauchbar. Für Meerwasser ist der Meßbereich nach unten nicht genau genug, z.B. fängt die Meßmöglichkeit beim Tetratest NO_2 erst bei 0,1 mg/l an. Empfindliche Wirbellose vertragen jedoch max. 0,05 mg NO_2/Liter. Der Merck-Test geht bis auf diesen Wert herunter.

1.2.Denitrifikation/ **Nitratabbau** (s. auch S. 72 und 186)

Zur Begrenzung des Nitratpegels im Aquarium gibt es verschiedene Möglichkeiten. Die erste ist der regelmäßige Wasserwechsel. Dieser ist jedoch nur sinnvoll, wenn das Leitungswasser wenig Nitrat enthält oder eine Umkehrosmoseanlage benutzt wird. Man kann jedoch das Nitrat auch im Aquarium abbauen. Hierzu können wir uns wiederum die Stoffwechseltätigkeit von Bakterien zu Nutze machen.
Dieser Vorgang heißt **Denitrifikation.**
Bei der Denitrifikation wird Nitrat von Bakterien zu Stickstoffgas reduziert. Aus dieser Reaktion beziehen die Bakterien keine Energie wie bei der Nitrifikation. Vielmehr entziehen sie dem Nitrat den Sauerstoff und benutzen ihn zum Atmen. Daher spricht man auch von Nitratatmung. Diese Bakterien können jedoch auch mit gelöstem Sauerstoff leben. Erst wenn dieser im Wasser knapp wird "schalten" sie ihren Stoffwechsel um und betreiben Nitratatmung. Denitrifikanten benötigen im Aquarium also eine sauerstoffarme oder - freie Zone. Dies sind Bedingungen, die so völlig anders sind als die Lebenserfordernisse unserer Pfleglinge. Aus diesem Grunde gibt es auch nur wenige wirklich funktionierende Nitratfilter.
Außer Sauerstoffmangel benötigen die Denitrifikationsbakterien ausreichend organischen Kohlenstoff als "Futter". Nur wenn der Stoffwechsel auf Volldampf läuft, wird auch Nitrat veratmet. Da im Aquarienwasser nur sehr wenig organischer Kohlenstoff gelöst ist, muß er zudosiert werden. Als Kohlenstoffquelle sind Ethanol (Alkohol [Weingeist]) aber auch viele andere einfache Kohlenstoffverbindungen geeignet. Die Dosierung ist jedoch ein kritischer Faktor. Mehr dazu im Kapitel Technik. Weingeist gibt es in der Apotheke (90%). Diese Konzentration ist zu hoch! 30%iger Weingeist ist günstiger. Man verdünnt 1:2 mit destiliertem Wasser.

1 Teil 90% Weingeist + 2 Teile destiliertes Wasser = 30%

Die Zudosierung ist nicht einfach. Für einen Nitratfilter von 20 bis 30 Liter Wasserinhalt (bei einem 500 l Becken) rechnet man pro 2 Stunden 1 Tropfen 30%iges Ethanol. Eine Dosierungsmöglichkeit wird AQUA MEDIC anbieten, sobald der Nitratfilter dort serienreif ist. Der derzeit wirkungsvollste Nitratfilter ist der von DELTEC (s.Seite72).

$2\,NO_3^- \;+\; \text{Ethanol} \;\longrightarrow\; N_2 \;+\; 2\,OH^- \;+\; CO_2$

2 Nitrat + Alkohol ---> Stickstoffgas + 2 Hydroxid + Kohlendioxid

Die Denitrifikation kann im Aquarium auch spontan und unkontrolliert ablaufen, dann ist sie jedoch gefährlich. Die Bakterien reduzieren das Nitrat nicht in einem Schritt zu Stickstoffgas. Es gibt eine Reihe von Zwischenprodukten. Das wichtigste davon haben wir auch als Zwischenprodukt der Nitrifikation kennengelernt: Nitrit.
Diese giftige Verbindung kann überall im Aquarium entstehen, wo hohe Nitratkonzentrationen verhanden sind und viel organischer Abfall (Mulm, tote Pflanzen oder Tiere) sich gleichzeitig angesammelt haben. Auch ein Ausfall der Strömungspumpe oder des Filters kann zu sauerstoffarmen Zonen mit Nitritbildung führen. Schließlich sind alle sogenannten Nitratfilter gefährlich, bei denen nicht genügend organischer Kohlenstoff zugeführt wird. Auch hier kann die Denitrifikation bei Nitrit stoppen - aus Energiemangel.

Außer Nitrit gibt es noch weitere Zwischenverbindungen bei der Denitrifikation, die jedoch nicht von aquaristischer Bedeutung sind:

NO_3^- —> NO_2^- —> NO —> N_2O —> N_2

Nitrat --> Nitrit --> Stickoxid --> Distickoxid --> Stickstoffgas

Eine weitere Möglichkeit Nitrat aus dem Aquariumwasser zu entfernen, ist ein starker Algenwuchs (*Caulerpa*). Wachsende Algen nehmen viel Nitrat auf. Die Algen müssen jedoch regelmäßig aus dem Aquarium oder dem Algenfilter (s.Technik) entfernt werden. Zersetzen sich die Algen im Aquarium, gelangt der als Nitrat aufgenommene Stickstoff wieder ins Wasser - sogar als Ammonium!

Der Stickstoffkreislauf, wie er im natürlichen Gewässer stattfindet, funktioniert im Aquarium nur als "Einbahnstraße". Der Minibiotop ist auf die ständige Zufuhr von organischen Stickstoffverbindungen (Futter) angewiesen. Als Endprodukt entsteht im schlechten Fall Nitrat, ansonsten Stickstoffgas oder Algenbiomasse. Hier kann auch ein teilweiser Kreislauf zustandekommen, wenn die Algen von Fischen gefressen werden. Mengenmäßig spielt er jedoch keine große Rolle.

Umsetzungen des Stickstoff im Aquarium

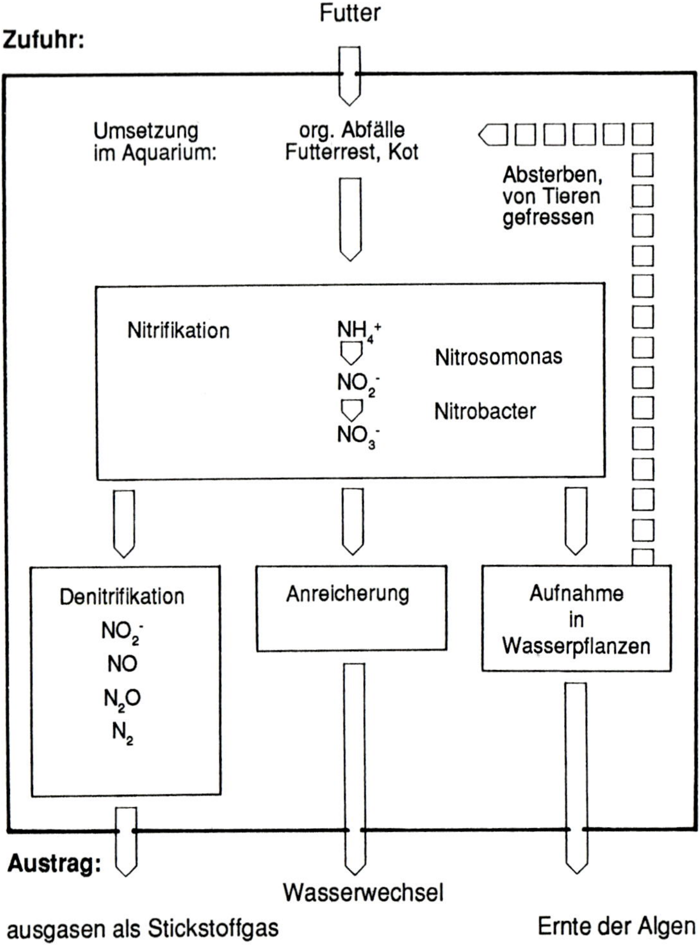

Dieses Schema zeigt den idealen Abbau des Stickstoffs im Aquarium. Nicht optimal ist der sogenannte Stickstoffkreislauf, in dem es zu immer höheren Anreicherungen von Nitrat (NO_3) kommt. Die vorgestellte "Einbahnstraße" ist vom Stickstoffkreislauf in der Natur noch weit entfernt. Nur sparsame Beckenbesetzung und Fütterung sowie Wasserwechsel helfen uns, mit dem Nitrat fertig zu werden.

NO_3 Nitrat

Gemessen wird mit MERCK-Stäbchen*, die auch von EHEIM und TUNZE erhältlich sind. Der Pulvertest von MERCK ist recht ordentlich aber teuer. TETRA hat eigene Teststäbchen aus anderer Quelle. Der erst im Herbst 1990 auf den Markt gekommene TetraTest NO_3 arbeitet schnell und zuverlässig. Leider ist er im oberen Bereich ab 50 mg/l (und das haben viele Aquarienwässer) nicht mehr ablesbar. Fische können jedoch Nitratmengen von 100 bis 300, im Süßwasser sogar bis 700 mg/l Nitrat vertragen. Da Mengen über 100 mg (roter Indikatorbereich) in jedem Fall zu vermeiden/beheben sind, ist auch dieser Test (TETRA) als gut zu bezeichnen.
Durch Verdünnung kann man auch höhere Konzentrationen messen. Wir messen z.B. nicht eine 5 ml Wasserprobe sondern 10 ml. Den Wert für die entsprechende Indikationsfarbe verdoppeln wir dann einfach. Dabei müssen jedoch die zusätzlichen 5 ml nitratfreies Meerwasser sein!

* Diese müssen "frisch" sein, sonst erhält man ungenaue Ergebnisse. Eine geöffnete Packung hält nur ein paar Wochen. Daher gut verschließen und trocken lagern.

TETRA-Test NO_3

2. Phosphat (s. auch S. 186)

Phosphat ist eine chemische Verbindung, die alle Lebewesen zum Leben benötigen - zumindest in kleinen Mengen. Im natürlichen Meerwasser liegt es in einer Konzentration von 0,03 mg/l vor.

In die Aquarien gelangt das Phosphat, ähnlich wie der Stickstoff, in erster Linie über das Futter. Die Tiere scheiden einen Großteil davon wieder aus, der sich dann im Wasser anreichert. Phosphat ist an sich nicht giftig, führt jedoch zu einer Überdüngung des Wassers. Dies hat wiederum negative Auswirkungen auf das Gedeihen der Blumentiere.Phosphat kann über eine biologische Filterung nicht in nennenswerten Mengen aus dem Wasser entfernt werden. Es kann jedoch chemisch an Calcium gebunden werden. Calciumphosphat ist eine Verbindung, die sich in sauerstoffhaltigem Wasser so gut wie nicht auflöst. Erst bei Sauerstoffmangel geht Calciumphosphat wieder in Lösung.

$3\ Ca^{2+} + 2\ PO_4^{3-} \longrightarrow Ca_3(PO_4)_2$

Calcium + Phosphat ------> Calciumphosphat

Die Bindung von Phosphat mit Calcium kann man sich zu Nutze machen, wenn man das Wasser über Calciumcarbonat ($CaCO_3$) leitet - z.B. im Rieselfilter. An der Oberfläche des $CaCO_3$ bildet sich eine dünne Schicht Calciumphosphat. Nach einiger Zeit ist das Phosphatbindungsvermögen des $CaCO_3$ erschöpft und es muß erneuert werden. Auch durch starkes Algenwachstum läßt sich der Phosphatgehalt in Grenzen halten.
Durch Eisendüngung kann man ebenfalls den Phosphatgehalt senken.

$Fe^{3+} + PO_4^{3-} \longrightarrow FePO_4$ (unlöslich)

Eisen + Phosphat —> Eisenphosphat

Der Phosphatgehalt kann chemisch gemessen werden durch die verschiedenen Testsets: DUPLA, MERCK,TETRA usw. Er sollte nicht höher als 0,3 mg/l liegen - besser darunter. In Wohnblocks wird manchmal der Kalkgehalt des Leitungswasser durch sogenannte Impfbienen gebunden und damit einer Verkalkung der Leitungsrohre entgegenwirkt. Dabei wird dem Wasser Polyphosphat zugesetzt. Solcherart mit Phosphat angereichertes Wasser muß vor der Verwendung als Meerwasser aufbereitet werden: Umkehr-Osmose.

3. Silizium (Si), Siliziumoxid (SiO_2), Kieselsäure (H_2SiO_3)

Si wird zum "kleinen" Problem, wenn sich braune Kieselalgen in Aquarien einstellen. Diese benötigen zum Aufbau ihres Skelettes Si-

Oxid (SiO_2). Die Skelette werden heute als Kieselgur im Tagebau gewonnen und zu Heil- und Filterzwecken eingesetzt. Die meisten Leitungswässer enthalten zu hohe Mengen Kieselsäure. Si-Testsets sind von DUPLA und MERCK verfügbar. Ein guter Fachhändler wird Ihr Aquarienwasser/Leitungswasser ebenfalls auf Si untersuchen. So wichtig ist die Kieselsäure nun auch wieder nicht, wie manche meinen. Die Kieselsäure, besser das Siliziumoxid ist nach ein paar Tagen im Aquarium verbraucht. Gut, es entstehen ein paar Kieselalgen - aber die verschwinden auch wieder - wenn nicht durch unaufbereitetes Leitungswasser immer wieder neu "Kieselsäure" zugeführt wird.

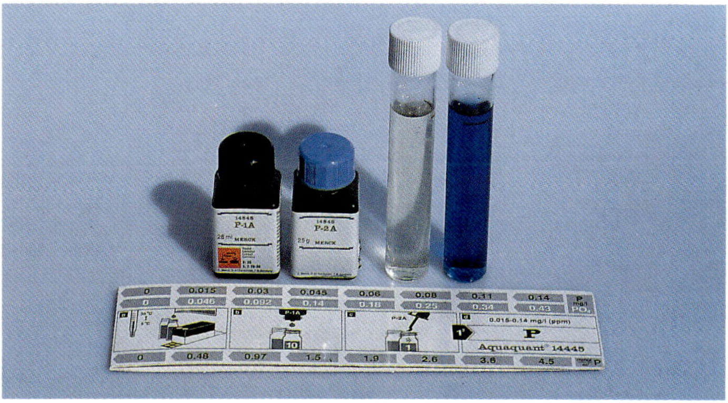

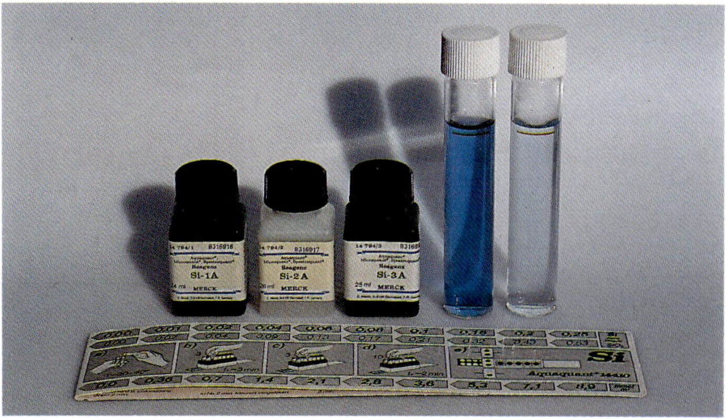

MERCK Phosphor-Test (oben); SI-Test (unten)

Hohe Si-Konzentration im Leitungswasser können leicht mit Umkehrosmose- oder Vollentsalzungsanlagen bei der Aufbereitung des Meerwassers entfernt werden.

4. Kupfer (Cu)

Kupfermessung ist dann angebracht, wenn Sie nicht wissen, ob Ihre Wasserleitungsrohre oder der Warmwassererhitzer (Boiler) freies Cu abgeben und damit den Bestand der Wirbellosen oder Nitrobakter gefährden können. Abhilfe schafft meist ein längeres Laufenlassen für 5-10 Minuten oder wiederum die Vorbehandlung mit Ionenaustauscher oder Umkehrosmose. Ein einfach zu handhabender Cu-Test ist der von DUPLA.
Der Cu-Gehalt des Ausgangswassers darf nicht höher sein als 0,1 mg/l. Nach Medikamentenbehandlung mit Cu ist ebenfalls eine Messung angezeigt. Siehe Kapitel Krankheiten Seite 200.

5. Spurenelemente

Neben den Hauptbestandteilen: Kohlenstoff, Sauerstoff, Wasserstoff, Stickstoff,Schwefel und Phosphor benötigen alle Lebewesen noch eine Vielzahl mineralischer Stoffe in kleinen und kleinsten Mengen: Eisen, Magnesium, aber auch so giftige Schwermetalle wie Cobalt, Mangan, Zink und Kupfer. Es ist halt alles eine Frage der Dosierung.
In Aquarien mit Wirbellosen und Fischen gelangen alle für die Tiere benötigten Spurenelemente mit dem Futter und beim Wasserwechsel in ausreichender Menge ins Aquarium. Lediglich bei der Pflege von Steinkorallen sollte regelmäßig ein Strontiumpräparat ins Wasser gegeben werden, da diese Tiere Strontium mit dem Calciumcarbonat in das Skelett einbauen. Strontium fällt bereits nach 36 Stunden im Meerwasser aus und ist dann nicht mehr frei verfügbar. Eine tägliche Zugabe von 5 bis 10 ml Formel PREIS Korall auf 100l Wasser behebt diesen Mangel (Siehe auch Pflegeteil Seite 179).

Formel PREIS Korall®

6. Das Puffersystem im Meerwasser

In diesem Kapitel werden die Wechselwirkungen zwischen **pH-Wert**, **Säurekapazität** (Karbonathärte), den Härtebildnern (**Calcium**) und der **Kohlensäure** behandelt.

6.1. pH-Wert

Der pH-Wert ist eine wichtige Größe der Wasserchemie. Er wird aus der Konzentration der Hydroniumionen berechnet:
Wasser hat die chemische Formel H_2O. Ein Teil der Wassermoleküle dissoziiert (zerfällt) jedoch:

$$2\ H_2O \longrightarrow OH^- + H_3O^+$$

Wasser ---> Hydroxid + Hxdroniumionen

Dabei entstehen Hydroxydionen (OH^-) und Hydroniumionen (H_3O^+).

Liegen beide in gleicher Konzentration vor, so reagiert das Wasser neutral. Überwiegen die OH^- Ionen, reagiert es alkalisch; überwiegen die H_3O^+ -Ionen ist es sauer. Der pH-Wert ist die Meßgröße für diese Verteilung. Er kann Werte zwischen 0 und 14 annehmen.

pH Wert 1 2 3 4 5 6 7 8 9 10 11 12 13 14
sauer ----------- I --------- alkalisch
neutral

Die meisten Süßgewässer haben leicht saure pH-Werte (6 bis 7). Es gibt aber auch Ausnahmen wie den Tanganjikasee mit einem pH-Wert von über 9. Im Meer liegt der pH-Wert recht konstant zwischen 8,1 und 8,4.
Es ist dabei wichtig zu wissen, daß diese Reihe in 10er Potenzen ausgedrückt wird. Die Konzentration an H_3O^+-Ionen ist bei Absenkung um 1 pH-Einheit eine Potenz (also 10x) höher!

pH-Wert

pH-Bereiche

pH-Wert	0	1	2	3	4	5	6	7	8	9	10	11	12	13	14
Schwefelsäure	x														
Salzsäure		x	x												
Zitronensäure				x											
Torfwasser					x										
Schwarzwasser					x	x	x								
Süßwasserfische					x	x	x	x	x	x					
Süßwasserpflanzen						x	x	x	x	x					
neutral								x							
Meerwasserfische								7,5-8,4							
Meerwasserpflanzen								7,5-8,4							
Malawi/Tanganjika								7,5-9,2							
Rotalgen								7,5 - 9,6							
Blaualgen							6,8 - 10								
Chlorella-Algen (Einzeller)							7 - 9,5								
Brachionus								7,5-8,5							
Kalkwasser														x	
Natronlauge															x

Die nachstehende Tabelle zeigt die Einwirkung von pH-Wert und Temperatur auf den %-Anteil NH_3 zur Summe von Ammonium/ Ammoniak.

Temp. °C	22	23	24	25	26	27	28
pH	% freier Ammoniak (NH_3)						
7,8	2,8	3,0	3,2	3,4	3,6	3,8	4,0
7,9	3,5	3,75	4,0	4,25	4,5	4,75	5,0
8,0	4,35	4,7	5,0	5,3	5,6	5,9	6,2
8,1	5,4	5,8	6,2	6,55	6,9	7,35	7,8
8,2	6,7	7,2	7,7	8,1	8,5	8,9	9,3
8,3	8,3	8,95	9,5	10,0	10,5	11,0	11,5
8,4	10,2	11,0	11,6	12,2	12,9	13,5	14

%-Werte auf- und abgerundet

Je höher der pH-Wert, desto höher der NH_3-Anteil. Bei 25°C und pH 7,8 ist der NH_3-Anteil z.B. 3,4%. Bei pH 8,3 ist er schon 10%.Das ist dreimal soviel! Also dreimal so giftig! Daraus folgert man leicht, pH-Wert und Temperatur möglichst niedrig anzusetzen. Bedingt ist das auch richtig. Es ergeben sich dann aber andere Nachteile für die Tiere im Meerwasser.

Im Süßwasser dagegen hat man wegen der relativen Ungefährlichkeit des Ammoniak/Ammonium (pH-Wert liegt bei 7,0 bis 7,5) nicht soviel Schwierigkeiten. Hier liegt der Hauptgrund, warum Süßwasserfische einfacher zu pflegen sind als Meerwassertiere.

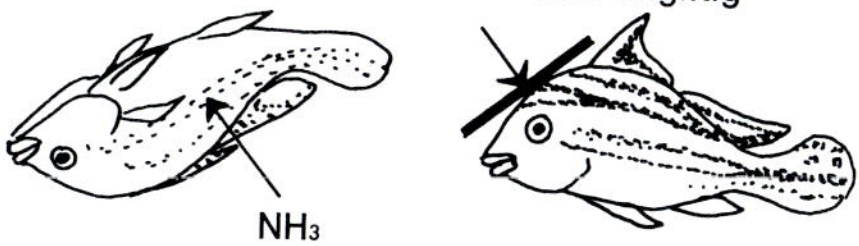

Die im Handel erhältlichen Testsets sind allesamt brauchbar. Von MERCK® gibt es jedoch meerwassertaugliche und nicht für Meerwasser brauchbare. Man muß sich also vor dem Kauf entscheiden, für genau welchen Zweck man den Test gebrauchen will.
Sofern NH_4 vorhanden ist, so ist Vorsicht geboten, denn mit einem Ansteigen des pH-Wertes wandelt es sich in giftiges Ammoniak! Der ideale ph-Wert im Meerwasseraquarium liegt (für uns) bei pH 8,0 bis 8,2. Innerhalb dieses Bereiches kann freies CO_2 noch Calcium aus Dolomit etc.lösen.

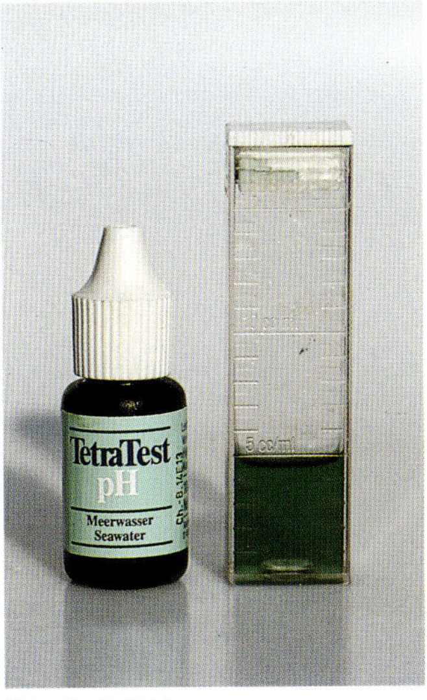

Tetra Test pH-Meerwasser

pH 7 = 1
pH 8 = 10
pH 9 = 100
pH 10 = 1000

pH 9 ist 10mal so alkalisch wie pH 8 (Es sind 10mal so viel Hydroxidionen vorhanden)

---

pH 7 = 1
pH 6 = 10
pH 5 = 100
pH 4 =1000

pH 6 ist 10mal so sauer wie pH 7! (Es sind 10mal soviel Hydroniumionen vorhanden)

pH = der negative Logorithmus der Hydriniumionen in mol/l

Verstanden? Nein - macht nichts. Sie brauchen nur den richtigen pH-Wert, die Toleranzgrenzen und die Meßmethoden kennen - und das kann wohl jeder Aquarianer (lernen).

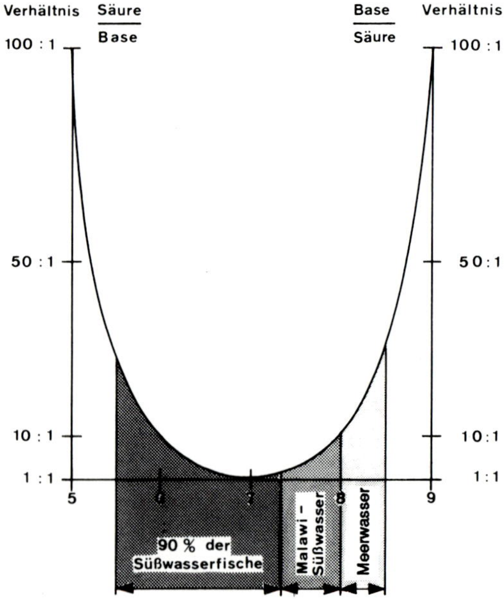

Graphische Darstellung der Abhängigkeit des pH-Werts von dem Verhältnis Säure zu Base bzw. Base zu Säure. Bei pH 7 ist das Säure-Base-Verhältnis 1 : 1 (Neutralpunkt).

6.2. Karbonathärte (Säurekapazität)

Durch Zugabe von Säuren oder Laugen kann der pH-Wert nach oben oder unten verschoben werden. Es gibt jedoch auch Substanzen, die solche pH-Schwankungen abpuffern. Im Meerwasser erlangt das Puffersystem aus den Verbindungen der **Kohlensäure** eine herausragende Bedeutung.

$$CO_2 \quad + H_2O \rightleftarrows H_2CO_3^- \rightleftarrows HCO_3^- \quad + H^+ \rightleftarrows CO_3^{2-} + 2H^+$$

Kohlendioxid + Wasser --> Kohlensäure --> Hydrogencarbonat + Wasserstoffion --> Carbonat + 2 Wasserstoffionen

Diese Reaktionen können, wie die Pfeile andeuten, in beide Richtungen laufen.

Ähnlich wie die Gleichgewichtseinstellung zwischen NH_3^- und NH_4^+ (s.voriges Kapitel), hängt auch das Gleichgewicht des Karbonatpuffersystems vom pH-Wert ab. Bei pH 8,2 liegt fast nur Hydrogenkarbonat vor (s.Abb. nächste Seite).
Gibt man nun eine geringe Menge einer Säure hinzu, reagiert ein Teil des Hydrogenkarbonates zu Kohlensäure und Kohlendioxid; der pH-Wert des Wassers bleibt jedoch konstant. Wird degegen eine Lauge zugegeben, reagiert HCO_3^- zu $(CO_2^-)_3$. Wiederum ändert sich der pH-Wert nicht. Das Wasser wird "gepuffert". Dieses Puffervermögen wird als Säurekapazität gemessen. In Aquarianerkreisen ist weiterhin die Einheit KH (Karbonathärte) gebräuchlich.

Sie kann durch Multiplikation der Säurekapazität mit dem Faktor 2,8 annähernd bestimmt werden. Die Säurekapazität wird in mmol/l (Millimol pro Liter) gemessen. Dies ist die Menge einer Säure, die zu einer bestimmten Menge Wasser gegeben werden muß, um den pH-Wert auf 4,3 zu senken.
Im Meer beträgt die Säurekapazität etwa 2,5 bis 3,2 mmol/l (7 bis 9°KH). In der Praxis "fahren" wir das Meerwasserbecken besser mit einer KH von 8 bis 14! Je höher, desto besser? Je höher, desto bessere Pufferung haben wir. Ein höherer Wert als 14 ist aber nicht anzustreben.
Dieser Wert muß auch im Aquarium eingehalten werden. Wird durch Säurezugabe (z.B. Atmung der Fische - CO_2-Abgabe) das Puffersystem des Wassers aufgezehrt, kann es zu einem Säuresturz kommen. Der pH-Wert sinkt dann plötzlich ab.

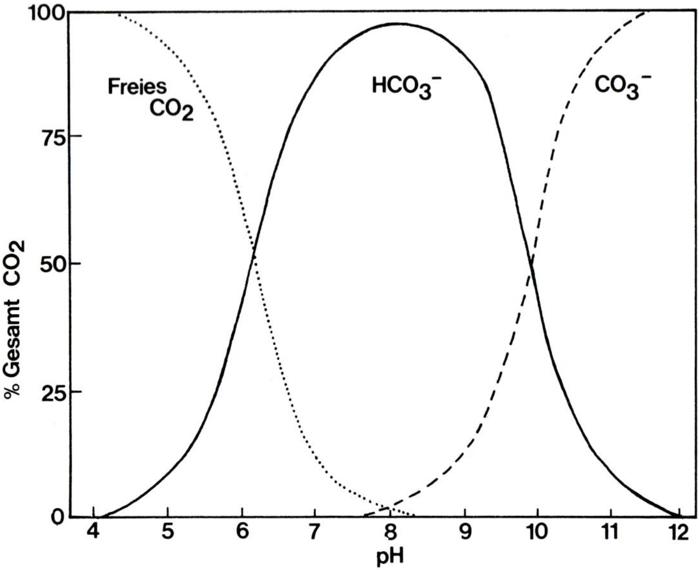

Wo bleibt die Karbonathärte?
Natürliches Meerwasser hat eine Karbonathärte von 7 bis 9. Die meisten synthetischen Salzmischungen haben Beimengungen, die selbst beim Ansetzen mit vollentsalztem Wasser (Umkehrosmose) zu ähnlichen Werten führen. Im Meer werden durch das riesige Wasservolumen Verbrauch und Produktion der Karbonathärte so gepuffert, daß sich ein Gleichgewicht einstellt und der Wert annähernd konstant bleibt.
Anders im Aquarium. Im begrenzten Wasservolumen spielen die biochemischen Prozesse eine viel größere Rolle. So gibt es mehrere "Fallen" für die Karbonathärte. Zum Einen lagern viele Organismen Kalk in Form von Calciumkarbonat in ihrem Körper ab. Steinkorallen, Muscheln aber auch Weichkorallen und Kalkrotalgen verbrauchen große Mengen von Calciumkarbonat und vermindern so den Kalk-Kohlensäure-Puffer und damit die Karbonathärte. Zum Anderen werden im Aquarium große Mengen Säure produziert. Bei der Nitrifikation entstehen pro NH^+_4 -Ion, das zu Nitrat verarbeitet wird, 4 H^+-Ionen (s.auch Kap.Nitrifikation). Das Nitrat fällt daher z.B. als Salpetersäure an (HNO_3). Diese H^+-Ionen zerstören das Karbonatpuffersystem:

HCO_3^-	$+ H^+$	—> $H_2CO_3^-$	—> $H_2O + CO_2$
Hydrogenkarbonat	+ Wasserstoffion	—> Kohlensäure	--> Wasser+ Kohlendioxid

Das CO_2 entweicht aus dem Becken oder wird von Pflanzen aufgenommen - die Karbonathärte sinkt.
Aus diesem Grund muß ein Meerwasseraquarium mit hohem Fischbesatz (=erhöhter Nitratgehalt) oder mit vielen Kalkzehrern regelmäßig aufgekalkt werden (s. Kalkreaktor, Kalkwasser). Besser ist regelmäßiger Wasserwechsel!

6.3.Calcium

In Meerwasseraquarien sind auch die Härtebildner von Bedeutung, die mit den verschiedenen Formen der Kohlensäure reagieren. Insbesondere das Calcium kann leicht zur Mangelware werden, wenn Steinkorallen oder andere Tiere und Algen im Becken leben, die ein Kalkskelett aufbauen. Das Skelett besteht zum größten Teil aus Calciumkarbonat ($CaCO_3$). Diese Verbindung ist im Wasser bei pH 8,2 nur schlecht löslich. Deshalb empfehlen wir auch pH 8,0 bis 8,2 als Idealwert im Meerwasserbecken. DUPLA® empfiehlt sogar nur pH 7,5! Das vertragen die Tiere aber selten länger als ein paar Monate. Obwohl der Bodengrund, sofern dieser aus Calciumkarbonat Dolomitbruch besteht, und das Dekorationsmaterial (Lebende Steine) große Mengen an $CaCO_3$ enthalten, kann es knapp werden. Durch Zugabe von CO_2 ins Aquarium oder einen Kalkreaktor (s.Technik) kann aus $CaCO_3$ genügend leicht lösliches $CaHCO_3$ gebildet werden. Siehe nächste Seite.

$CaCO_3$	$+CO_2$	$+ H_2O$	—> $Ca(HCO_3)_2$
Calciumkarbonat	+ Kohlendioxid	+ Wasser —>	Calciumhydrogenkarbonat

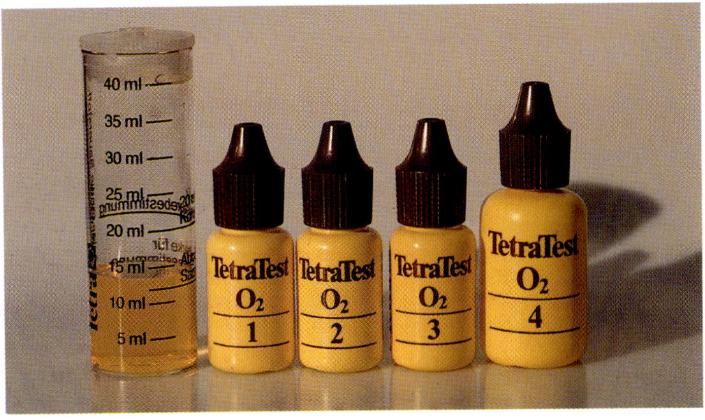

In kritischen Situationen mißt man auch den O_2-Gehalt des Wassers.

6.4. Kalkwasser

Eine weitere Möglichkeit Calcium im Wasser zu lösen, besteht in der Zugabe von Calciumhydroxid. Dieses bildet in Wasser eine weiße Kalkmilch, die nach Absetzen der Kristalle ins Aquarium gegeben werden kann.
Bei der Zugabe laufen folgende Reaktionen ab:

a) CO_2 - Überschuß

$$Ca(OH)_2 + 2\,CO_2 \longrightarrow Ca(HCO_3)_2$$

Calciumhydroxid + Kohlendioxid ——> Calciumhydrogenkarbonat

Diese Reaktion verbraucht Kohlensäure, der pH-Wert steigt daher an. Bei CO_2-Mangel bzw. hohem pH-Wert fällt jedoch ein Teil des Calciums wieder aus (vergl.Abb. Seite 140).

b) CO_2 - Mangel

$$Ca(OH)_2 + CO_2 \longrightarrow CaCO_3 + H_2O$$

Calciumhydroxid + Kohlendioxid ——> Calciumkarbonat + Wasser

Dabei entsteht Calciumkarbonat ($CaCO_3$). Dieses kittet den Bodengrund zu einer betonartigen Masse zusammen, da es, wie bereits erwähnt, kaum löslich ist. Bei dieser Ausfällung können auch andere Stoffe, z.B. Strontium, Spurenelemente oder Phosphat in die Kristalle eingelagert und so dem Wasser entzogen werden. Eine Erhöhung der KH oder GH wird dann nicht erreicht!
Bei der Zugabe von Kalkwasser ist daher darauf zu achten, daß der pH-Wert nicht auf Werte über 8,2 ansteigt. Vielfach wird auch versucht, durch Zugabe eines Puffers aus Natriumhydrogenkarbonat ($NaHCO_3$) und Natriumkarbonat (Na_2CO_3) die Karbonathärte zu erhöhen. Bei Anwesenheit von Tieren oder Algen, die Kalk benötigen, ist dieses Verfahren jedoch ungeeignet, da kein Calcium ins Wasser gelangt.
Wir erhöhen mit diesen Chemikalien z. B. DUPLA KH-Bildner zwar die Karbonathärte des Wassers, nicht aber den so dringend erforderlichen Calciumanteil.
Die Karbonathärte ist zum Beispiel mit Formel PREIS Korall bei wöchentlicher Zugabe von 50 ml auf 100 l Wasser leicht auf dem KH-Wert von über 8 zu halten. Das Präparat enthält neben vielen löslichen Spurenelementen (Strontium) reichlich gut lösliches Calciumhydrogen-Karbonat. Eine Zugabe von Kalkwasser erübrigt sich dann.

Das Für und Wider von Kalkwasser

Zur Herstellung von Kalkwasser wird gebrannter Kalk (Calciumhydroxid) $Ca(OH)_2$, Laborqualität "Reinst", in Süßwasser suspendiert, in einer Konzentration von etwa 10 g/l. Dabei entsteht eine weiße Kalkmilch. Nach Absetzen der festen Bestandteile kann der leicht milchige Überstand, das Kalkwasser, ins Aquarium gegeben werden. Zur besseren Verteilung läßt man das Kalkwasser am besten in der Nähe der Strömungspumpe ins Aquarium. Auch bei diesem Verfahren muß der pH-Wert des Aquarienwassers kontrolliert werden. Kalkwasser hat eine pH-Wert von etwa 13! Durch die Zugabe ins Aquarium darf der pH-Wert jedoch nicht über pH 8.2 ansteigen. Es ist daher sinnvoll, öfters kleinere Mengen Kalkwasser ins Aquarium zu geben, um die pH-Schwankungen gering zu halten. Ich würde dem Aquarium einen Eimer Wasser entnehmen und diese Menge mit etwa 1 Tasse Kalkwasser vermischen. Dieses verdünnte Kalkwasser lassen Sie dann mit einem Luftschlauch ins Becken oder den Außerfilter laufen. Auf diese Weise erfolgt die Zugabe von Kalkwasser optimal langsam und versetzt den Tieren keinen pH-Schock.

Da bei diesem Prozess auch Phosphat als Calciumphosphat mit ausfällt, ist dieser Vorgang sogar erwünscht. Es ist ein Abbild des natürlichen Prozesses der Kalksteinentstehung im Meer. Peter WILKENS, der bekannte Autor von Büchern über Wirbellose Tiere, empfiehlt diese Methode.

Dennoch funktioniert sie nicht lange. In Kalkwasser-behandelten Becken verkrustet der Bodengrund - ebenso das Filtermaterial.

Lange mit Kalkwasser behandelte Becken weisen nur noch eine KH von unter 5 auf! Die Methode funktioniert nur unter gleichzeitiger Zugabe von entsprechenden Mengen CO_2. Siehe Formeln Calcium auf vorstehender Seite.

Für: Die Sache funktioniert, wenn man es richtig macht.

Wider: Die Sache ist schädlich, wenn man es falsch macht.

7. Das Redoxpotential

Bei chemischen Reaktionen werden Elektronen von einer Substanz auf eine andere übertragen. Die "elektronenabgebende" Substanz wird dabei reduziert, die "elektronenaufnehmende" oxidiert. In einem komplizierten Stoffgemisch wie Meerwasser laufen viele solcher Redox-Reaktionen ab. Ein relatives Maß für die Oxidations- bzw. Reduktionsfähigkeit eines Systems ist das Redoxpotential, auch Redoxspannung genannt. Sie wird als elektrische Spannung in Volt bzw. Millivolt gemessen. Dabei wird als Nullwert die Spannung der Wasserstoffelektrode definiert. Das gemessene Redoxpotential gibt den Unterschied zu dieser Spannung an.

Das Redoxpotential kann mit einer mit Platin oder Gold beschichteten Elektrode gemessen werden. Der Meßverstärker ist weitgehend identisch mit dem pH-Meßverstärker, da auch hier eine Spannung gemessen wird. Viele pH-Meßgeräte haben daher auch einen Meßbereich für das Redoxpotential (z.B. BISCHOF pH21, DUPLA). Es muß lediglich die pH-Elektrode gegen eine Redoxelektrode ausgetauscht werden. Das Redoxmeßgerät kann auch gleichzeitig mit einem Steuergerät gekoppelt sein (eine Geräteeinheit) z.B. PREIS, SANDER, SELZLE, TUNZE). Achten Sie darauf, sich ein Gerät anzuschaffen, daß auch im Minusbereich messen kann, um etwa einen Nitratfilter zu betreiben und zu kontrollieren. Auch das Messen der Redoxspannung im Aquarienbodengrund ist oft sehr interessant, um etwaige Fehlerquellen aufzuspüren! Beim Messen im Bodengrund ist die Elektrode durch einen wirksamen Schutz (z.B. Filteransaugkörbchen o.ä.) gut zu schützen!
Im Meerwasser spielt natürlicherweise der Sauerstoff als starkes Oxidationsmittel die Hauptrolle bei der Zusammensetzung des Redoxpotentials: Bei hohem Sauerstoffgehalt liegt ein hohes Redoxpotential vor, bei niedrigem O_2-Gehalt ein niedriges oder gar ein negatives.
In einem gut betriebenen Meerwasseraquarium beträgt das Redoxpotential +200 bis +300 mV.
Höhere Redoxpotentiale lassen sich durch den Einsatz von Ozon erzielen (s.Technik). Ozon (O_3) ist ein noch stärkeres Oxidationsmittel als Sauerstoff. Auch Wasserstoffperoxid (H_2O_2); auch Wasserstoffsuperoxid genannt, kann zur Erhöhung des Redoxpotentials benutzt werden. Es gibt bezüglich der Anwendung in Meerwasseraquarien aber widersprüchliche Ergebnisse. Selbst bei vorsichtiger Zugabe (Oxidator von Söchting) kann es zu Verbrennungen an Blumentieren kommen. Es gibt aber auch Aquarien, wo H_2O_2 - sogar in recht hoher Dosierung - erfolgreich eingesetzt wird. Offensichtlich schädigt in erster Linie die zu schnelle Erhöhung des Redoxpotentials die Blumen-

tiere. In jedem Fall ist die Anwendung riskant, so daß nicht zum H_2O_2-Einsatz in Korallenriffbecken geraten werden kann.

Über den Sinn hoher Redoxpotentiale (bis über 45o mV) wird unter Meerwasseraquarianern heftig diskutiert. Wir vermögen den Sinn von derart erhöhten Redoxspannungen nicht einzusehen. Das vielgelobte Ausbleiben von Schmier- und Fadenalgen läßt sich auch durch nährstoffarmes Leitungswasser (z.B. Aufbereitung über Umkehrosmose) und maßvolle Fütterung gefahrloser erreichen.

7.1. Redoxpotential und pH-Wert

Redoxpotential und pH Wert sind voneinander abhängig. Auch der pH Wert wird ja vom Meßgerät in mV gemessen. Wasser mit gleicher "Oxidationskraft" besitzt bei niedrigen pH Werten ein höheres Redoxpotential als bei höheren pH Werten. Die nachfolgende Tabelle stellt diese Abhängigkeit dar:

Redoxpotential in Abhängigkeit von Belastung und pH-Wert

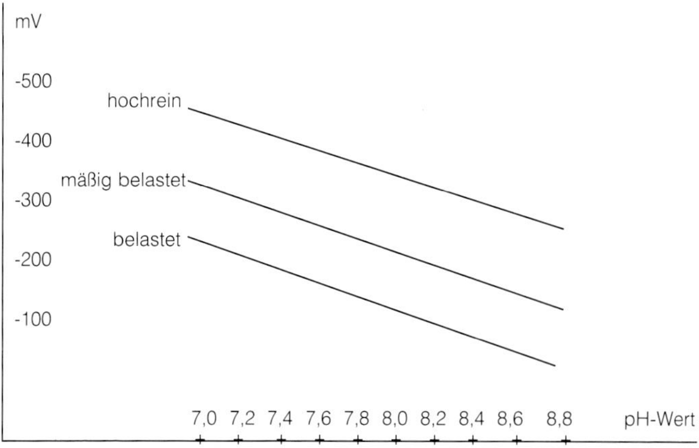

pH Wert:	Redoxpotential:
7,0	370
7,6	334
7,7	329
7,8	323
7,9	317
8,0	311
8,1	305
8,2	300 Normalwert bei mäßig belastetem Wasser
8,3	294
8,4	288
8,5	282

Ein gemessenes Redoxpotential von 282 mV bei pH 8,5 entspricht - bei gleicher Oxidationskraft des Wassers - einem Redoxpotential von 370 mV bei pH 7,0.

In der Aquaristik wird stets das Redoxpotential angeführt und nicht der pH-korrigierte rH-Wert. Dieser findet besonders bei Bodenkundlern und Limnologen Anwendung.

Nach der Formel aus BAUMEISTER, 1990 und anderen biochemischen Büchern kann man aus dem Redoxpotential und dem pH-Wert leicht den rH-Wert errechnen. Leichter geht es mit obenstehender Tabelle und der Grafik auf der Vorseite.

7.2. Redoxpotential und Denitrifikation

In Filtern zum Abbau von Nitrat herrschen - wie bereits im Kapitel über Denitrifikation beschrieben - anaerobe Verhältnisse. Nur dann veratmen die Bakterien den im Nitrat enthaltenen Sauerstoff. Das Redoxpotential sinkt unter diesen Bedingungen auf negative Werte ab. Ein Nitratfilter mit vollständiger Denitrifikation erreicht ein Redoxpotential um -200 mV. Sinkt es noch weiter ab, unter -300 mV, ist dies ein Zeichen dafür, daß alles Nitrat aufgebraucht ist und die Bakterien beginnen Sulfat zu veratmen:

organischer Kohlenstoff + SO_4^{2-} —> CO_2 + H_2O + H_2S

Dabei wird Sulfat (SO_4^{2-}) zu Schwefelwasserstoff (H_2S) reduziert. Diese Verbindung stinkt unangenehm nach faulen Eiern und ist außerdem giftig. Derart niedrige Redoxspannungen müssen daher vermieden werden.

8. Gelbstoffe

Außer den anorganischen Ausscheidungen der Tiere, die wir bereits ausführlich abgehandelt haben (Ammonium, Phosphat) werden natürlich auch organische Abfälle produziert. Die festen Bestandteile (Kot, Pflanzen- und Futterreste) werden mechanisch entfernt - als Mulm. Bei optimaler Durchströmung des Aquariums gelangen sie in den Filter, wo sie im mechanischen Vorfilter (Watte, Schwamm) zurückgehalten werden.
Diese Stoffe werden auch von Bakterien umgesetzt. Dabei entstehen Reststoffe, die biologisch nicht oder nur sehr langsam zersetzt werden können.
Diese Substanzen sind zum Teil kräftig gelb gefärbt. Die Gelbstoffe sind nicht mit den Huminsäuren des Süßwassers identisch. Huminsäuren fallen bei Kontakt mit Meerwasser aus. Die Gelbstoffe in Meerwasseraquarien bestehen in erster Linie aus Phenolverbindungen und Kohlenhydraten aus den Ausscheidungen von Algen sowie stickstoffhaltigen tierischen Exkreten. Während die von den Tieren und Pflanzen ausgeschiedenen Stoffe giftig sein können, sind die Gelbstoffe selbst harmlos. Die Gelbfärbung des Wassers gibt dem Aquarium jedoch ein unnatürliches Aussehen. Die Gelbstoffe lassen sich leicht aus dem Wasser entfernen (Ozon, Aktivkohle). Mit diesen Aufbereitungsmethoden werden auch andere, nicht gefärbte, organische Verbindungen entfernt, die sich zum Teil hemmend auf das Wachstum von Pflanzen und Tieren auswirken.
Die Gelbstoffe messen wir optimal mit Hilfe eines weißen Tellers, der teilweise ins Becken getaucht wird. Das eingetauchte Tellerteil soll so weiß sein , wie das aus dem Wasser herausragende.

9. Analytik (Messungen)

Der pH-Wert, die Karbonathärte (die Säurekapazität), Ammonium-Nitrit-, Nitrat- und Phosphatkonzentrationen haben einen entscheidenden Einfluß auf die Wasserqualität.
Wie werden sie bestimmt?
Zur Bestimmung der Wasserqualität werden in der Aquaristik drei verschiedene Meßverfahren angewandt: Colorimetrische Messungen, Titrationen und die elektronische Messung mit Elektroden.

Colorimetrische Messungen.

Bei dieser Methode werden der Wasserprobe bestimmte Mengen an Chemikalien zugegeben. Es kommt hierdurch zu einer Farbbildung. Die Intensität der Farbe ist ein Maß für die Konzentration des gesuchten Stoffes.
Auf diese Weise können der pH-Wert, die Konzentrationen an Nitrit, Nitrat, Ammonium und Phosphat aber auch etlicher weiterer Verbindungen wie z.B.Eisen und Kieselsäure bestimmt werden. Die dazu notwendigen Chemikalien gibt es als "Testset" fix und fertig angesetzt im Zoologischen Fachhandel (DUPLA, MERCK, TETRA) und viele andere.
Von MERCK gibt es zur Bestimmung einiger Stoffe auch Teststäbchen (z.B. für Nitrit und Nitrat). Diese sind bereits mit allen benötigten Chemikalien getränkt und müssen nur noch kurz ins Wasser getaucht werden. Auf den Farbquadraten kommt es zur Reaktion, nach einigen Minuten kann der Wert abgelesen werden. Die Teststäbchen sind zwar nicht so genau wie die Tropfentests, sie liefern aber schnell erste Anhaltswerte.
Um der gebildeten Farbe eine Konzentration des gesuchten Stoffes zuordnen zu können, muß die Färbung in der Testküvette mit vom Hersteller mitgelieferten Farbkarten verglichen werden. Jede Farbnuance bedeutet eine bestimmte Konzentration.
Wer es genau machen will, kann die Intensität der Farbe auch mit einem Fotometer bestimmen. Diese Geräte sind im Laborhandel erhältlich (z.B. Merck). Im Fotometer wird die Schwächung eines Lichtstrahls, die durch die Färbung der Wasserprobe hervorgerufen wird, gemessen und digital angezeigt. Für den aquaristischen Bedarf sind die Farbkarten jedoch ausreichend. TETRA hat mit seinem Colorimeter pH-Wert und Nitrit-Scheiben mit farbigen Plastikeinsätzen eine hübsche und genauere Alternative zu den gedruckten Farbkarten.
Es würde in diesem Rahmen zu weit führen, die chemischen Reaktionen aufzuzählen, die zur Farbbildung führen; auf den Bedienungsanleitungen der Testsets sind sie manchmal aufgeführt. Als Beispiel sei der Nitrittest von Merck zitiert (Aquamerck Nitrit, Nr. 14658): "Grundlage der Bestimmung ist die modifizierte Griess-Reaktion. In Gegen-

wart eines sauren Puffers bildet sich aus dem Nitrit der zu prüfenden Lösung, die einen pH-Wert von 1 bis 14 haben kann, salpetrige Säure, die ein aromatisches Amin diazotiert. Das entstehende Diazoniumsalz kuppelt mit N-(-Naphtyl(-1)ethylendiamin) und bildet einen rotvioletten Azofarbstoff."

Alles klar? Ich glaube, wir sollten uns auf das "Gewußt wie messen" konzentrieren und nicht auf das "Gewußt wie es funktioniert".

TETRA Ammoniak/Ammonium-Test

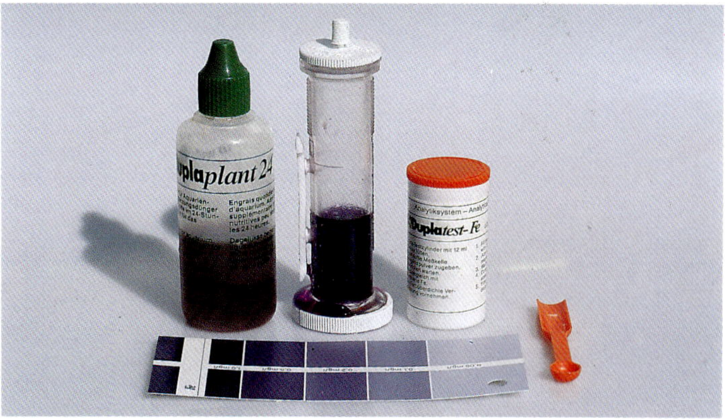

DUPLA Eisen-Test

Titrationen.
Der zweite Typ von Tests sind die Titrationen. Dabei werden zur Testlösung eine oder mehrere Chemikalien zugegeben, eine davon tropfenweise. Diese Lösung wird aus einem speziellen Tropffläschchen zudosiert. Die pipettenähnliche Tropfkanüle daran ist so konstruiert, daß alle Tropfen das gleiche Volumen haben. Die Tropfen werden solange zudosiert, bis es zu einem Farbumschlag kommt. Die Zahl der Tropfen dabei ist das Maß für die Konzentration der gesuchten Verbindung. So werden beispielsweise die Gesamt- und Karbonathärte (Säurekapazität) bestimmt. Im Meerwasseraquarium messen wir die Karbonathärte mit den handelsüblichen Tests wie DUPLA, MERCK, TETRA etc.
Auch für die Titrationen gibt es im Laborhandel Geräte um größere Genauigkeiten zu erreichen - bis hin zu vollautomatischen elektronischen Titrationsmeßplätzen. Für den Aquarianer sind die Tropffläschchen die Methode der Wahl.
Auch die O_2-Messung gehört in diese Kategorie. Foto siehe Seite 141.

TETRA KH-Test

Elektronische Messungen
Wesentlich eleganter als die beiden bereits genannten Meßverfahren ist die Messung mit elektronischen Meßgeräten. Diese sind mit einem Meßfühler, der Elektrode, ausgestattet, welche ins Wasser getaucht wird. Hier wird ein Widerstand (Temperatur- und Leifähigkeitsmessung), eine elektrische Spannung (Redox- und pH-Messung) oder eine Stromstärke (Sauerstoffmessung) bestimmt. Ein Meßverstärker wandelt die Signale so um, daß sie auf einer Analog- oder Digitalanzeige sichtbar gemacht werden können. Außer den genannten gibt es noch eine Reihe anderer Elektroden zur direkten Messung u.a. von Nitrat oder Ammonium, diese sind jedoch sehr aufwendig und nicht so genau wie Handmessungen. Es würde auch hier zu weit führen, die Grundlagen dieser Meßverfahren aufzuführen. Interessierte seien an die Informationsschriften der Gerätehersteller verwiesen (z.B. WTW, SELZLE).
Die elektronischen Meßgeräte werden in verschiedenen Ausführungen angeboten. Batteriebetriebene Handmeßgeräte eignen sich zur gelegentlichen Messung - auch in vielen Aquarien. Fest installierte Meßgeräte können zur ständigen Messung in einem Aquarium eingesetzt werden. Die Meßwerte können mit einem Schreiber aufgezeichnet werden. Einige Geräte kann man sogar an einen Personal Computer anschließen.

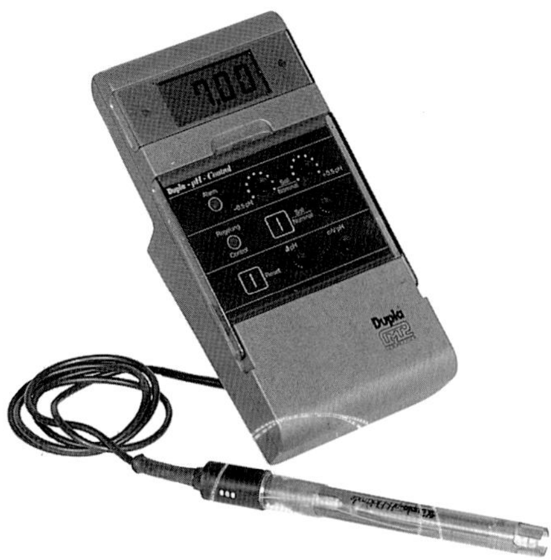

DUPLA pH-Meter

Dichte, Leitfähigkeit.
Eine Erhöhung der Dichte z.B. durch Wasserverdunstung ließe sich über ein Leitfähigkeitsmeßgerät erfassen und der Zulauf von Süßwasser steuern. Ein Schwimmerschalter, der das Absinken des Wasserspiegels "erfaßt", übernimmt die gleiche Aufgabe, jedoch preiswerter, ist jedoch nicht so sicher, da er auch dann weiter Süßwasser dosiert wenn der Salzgehalt zu niedrig ist (z.B. wenn Salzwasser ausläuft). Hier hat die Firma "AB" ein "intelligentes" jedoch sehr aufwendiges Steuergerät entwickelt. - Fehlt Wasser (Schwimmerschalter), entscheidet die Elektronik, ob Süß- oder Salzwasser nachgefüllt werden soll. Siehe auch nächste Seite.

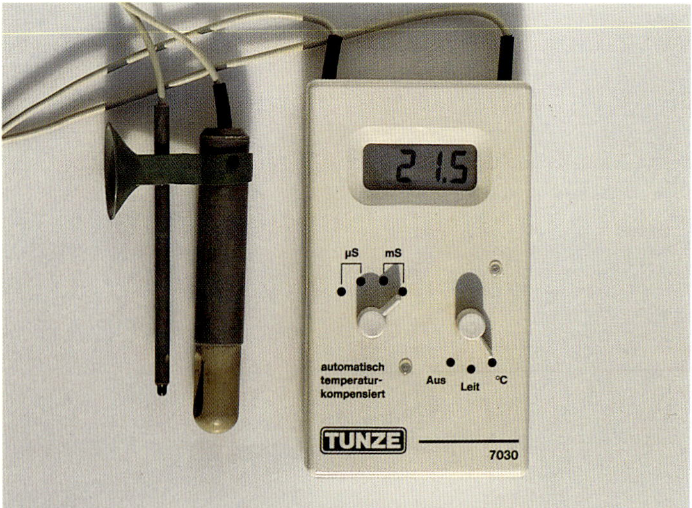

Leitwert-Meßgerät (TUNZE), mit Temperatur-Anzeige

Steuerungen
Sind die Geräte mit Grenzwertkontakten ausgestattet, können sie als Steuergeräte eingesetzt werden. Bei Über- oder Unterschreiten eines eingestellten Grenzwertes wird Alarm gegeben oder eine Korrektur veranlaßt.
Der einfachste Regler ist der Temperaturregler. Er schaltet eine Heizung oder ein Kühlaggregat ein, wenn die Solltemperatur über- bzw. unterschritten wird.
Sehr bewährt hat sich auch die Regelung des pH-Wertes mit Kohlensäure. Durch die Photosynthese entziehen die Pflanzen dem Wasser tagsüber CO_2. Dies führt zu einem Anstieg des pH-Wertes. Durch CO_2-Zugabe über eine pH Steuerung können CO_2-Gehalt des Wassers und der pH-Wert konstantgehalten werden.
Mit Hilfe einer Redox-Steuerung und eines Ozonisators kann die Redoxspannung im Aquarium kontrolliert und konstantgehalten werden.

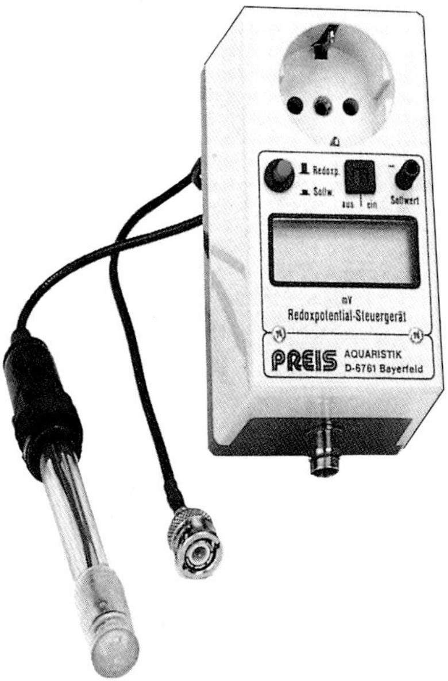

Redox-Steuergerät für Ozon (PREIS)

Schaltzentralen
Dem Geldausgeben sind keine Grenzen gesetzt. Für technische Steuerungen, die sich dann chemisch auswirken, kann man über DM 5.000,-- ausgeben. Solch eine Steuerzentrale macht natürlich Freude, so wie ein Stereo/Video/CD/Phono-Turm.
Der Sinn solcher Anlagen liegt hauptsächlich in der Kompaktheit und Übersichtlichkeit. Es hängen nicht überall mehr Kabel und Schläuche herum. Solch eine Anlage muß von Fachleuten installiert werden.
Mit Geld kann man sich keine Aquarianerpraxis kaufen. Unser Vorschlag: fangen Sie erst einmal klein an. Die Anlagen lassen sich Stück für Stück auch als "Bausteine" erwerben.
Fotos siehe nächste Seite.

DUPLA Steuerungen für pH, Redox, Temperatur etc.

ab-Steuerzentrale, Komplettaquarium

Lederkoralle, Anemonen, Clownfische und das Fuchsgesicht

Nachdem das Becken mit Bodengrund, Rückwanddekoration und Steinaufbauten versehen ist, wobei die Technik so gut wie möglich hinter den Steinen versteckt wird, fehlen nur noch das Wasser und die Tiere.
Über das Wasser und dessen Zu- und Aufbereitung wurde gleich am Anfang dieses Buches gesprochen. Das aufbereitete Wasser wird ins Becken gefüllt und die gesamte technische Einrichtung jetzt an das Stromnetz angeschlossen. Wasser wird solange nachgefüllt, bis auch die Außenfilteranlage (Pumpensumpf) vollständig in den nun arbeitenden Filterkreislauf einbezogen sind. Prüfen Sie alle Wasserzu- und Ableitungen, ob nichts leckt! Das wäre fatal.
Bei Neueinrichtung eines Beckens können Sie das Meersalz **jetzt** im Becken auflösen. Auf 100 l Wasser ca. 3,4 kg Meersalz. Steht keine geeignete Waage zur Verfügung, nehmen Sie ein Litermaß aus der Küche (siehe Angaben auf Seite 58). Die Auflösung des Salzes dauert bei temperiertem Wasser (24°C) ca. 4 bis 8 Stunden. Das Wasser muß gut belüftet bzw. gefiltert werden. Nach 24 Stunden ist das Becken klar und kahl - und sieht wie eine Mondlandschaft aus. Jetzt können Sie an der Dekoration noch so viel herumbauen wie Sie wollen. Nur sollten Sie zwischen den Steinaufbauten genug Freiräume für "Lebende Steine" usw. lassen. Richten Sie die Steinaufbauten so ein, daß Krebse, Fische etc. genügend Höhlen vorfinden.
Das vordere Drittel Bodengrund soll frei bleiben für etwaige Anemonen, die ihre Fußscheibe gern in den Boden eingraben.
Die weitere Vorgehensweise der **Beckenbesetzung** hängt von der verwendeten Salzqualität (der Marke) ab. Bei PREIS Meersalz können Sie schon nach 24 bis 48 Stunden mit der Besetzung von "Lebenden Steinen" beginnen. Zusammen mit "Lebenden Steinen" würde ich Bakterienkulturen, die den Stickstoff-Biokreislauf in Gang setzen, dem Filtermaterial beigeben. PREIS bietet Bioporon® Filtermaterial an, welches mit Bakterien durchsetzt ist; AB hat Bakterienkulturen in Ampullen. Ehe dieses Buch bei Ihnen ist, wird es von anderen Firmen Bakterienstämme zum "Impfen" des Filtermaterials geben. Es scheinen da gute neue Forschungsergebnisse vorzuliegen. Eine gute und sichere Methode ist es auch, sich ein paar Handvoll oder besser einen Liter Filtermaterial und/oder Bodengrund von einem befreundeten Meeresaquarianer zu beschaffen und dieses Material im eigenen Filter einzusetzen.
Nach ein paar Tagen bilden sich die ersten Algen. Sollen Sie ruhig. Ich würde sogar **lebende** Austern (eine auf 100 l Wasser) ins frische Meerwasser setzen (dann jedoch nur bis max. 20°C heizen!). Austern sind sehr zäh und sind eine gute Kontrolle - zudem "schleppen" sie allerlei nützliche Bakterien, Algensporen, Meeressalat aber auch Aiptasien, kleine Napfschnecken, Kleinkrebse usw. ins Becken.
Nach zwei Wochen etwa wird der Nitritgehalt gemessen. Dieser muß

Austern mit Algen sind wertvoll für die Einlaufphase

unter 0,2 mg/l sein. Liegt er höher, die Austern entfernen und in einem separaten Becken (ungeheizt) zur Algenkultur setzen oder die Austern einfrieren. Essen würde ich sie nicht mehr, es sei denn, der Nitritgehalt ist OK (unter 0,1 mg/l). Wenn eine Auster abstirbt, muß sie natürlich sofort entfernt werden; sonst verdirbt der ganze Wasseransatz.
Die Denitrifikationsbakterien werden von Anfang an im Nitratfilter (sofern vorhanden) mit Alkohol gefüttert (Systeme DELTEC, AQUA MEDIC). Wenn nach zwei Wochen kein Nitrit im Becken ist, kann mit dem Besatz von "lebenden Steinen" aus dem Zoofachgeschäft begonnen werden. Die "lebenden Steine" müssen wirklich Leben enthalten und dürfen nicht faulig riechen. Wir plazieren sie nahtlos in die vorhandene Dekoration ein. Jetzt beginnt die Probezeit für die Filteranlage. 14 Tage mit "lebenden Steinen" sollten noch abgewartet werden, ehe man gefahrlos Wirbellose einsetzen kann. Voraussetzung ist wiederum, daß kein Nitrit im Wasser nachzuweisen ist. Wenn das der Fall ist, so müssen etwa faulige Steine entfernt werden. An Algen sollten jetzt nur noch grüne Fadenalgen und *Caulerpa* wachsen. Diese entziehen dem Wasser Phosphate und Nitrat, sodaß braune Schmieralgen, grünblaue und rote Blaualgen nicht mehr wachsen. Nach der Nitrifikationsphase (2 bis 4 Wochen) - bei manchen Salzen auch Monaten - liegt Nitrit nicht mehr vor und der Nitratabbau sollte beginnen. Ohne Nitratfilter müssen wir je nach Nitratgehalt 10% wöchentlich oder 25% monatlich Wasser wechseln.

Jetzt können Wirbellose und/oder Fische eingesetzt werden. Die Anzahl muß der Beckengröße und dem Leistungsverhältnis der/des Filter(s) angepaßt sein (s.Seite 16ff).
Am besten fangen Sie nur mit solchen Tieren an, die in den Pflegebeschreibungen mit SG: 1-2 (Schwierigkeitsgrad für Anfgänger) an (s.Seite 213).
Sollten Sie Tiere pflegen, die nicht in diesem Buch behandelt werden (Seesterne, Seeigel, Lederkorallen, Weichkorallen etc.) so müssen Sie sich genauestens bei Ihrem Fachhändler informieren, ob diese Tiere zu der Gesellschaft in Ihrem Aquarium passen.
Von den Seesternen sind besonders die Schlangensterne als gute Restevertilger für Beginner geeignet. Von Seeigeln (reine Pflanzenfresser) würde ich zu Anfang die Finger lassen. Die meisten Arten sind recht empfindlich und vertragen Medikamentenzugabe gar nicht. Wenn Seeigel die Stacheln abwerfen, stimmt irgendetwas nicht mit Wasser oder Futter. Lederkorallen sind mit einigen Arten recht gut haltbar und auch für Anfänger geeignet. Sie brauchen meist viel Licht und Plankton als Nahrung, (Flüssigfutter und *Brachionus*) - *Artemia* reicht nicht. Also zunächst lieber darauf verzichten.
Genauso ist es mit Weichkorallen - nach ein paar Monaten kümmern auch diese.
Seegurken, von denen die prächtig gefärbte *Paracucumaria tricolor* als besonders anfängerfreundlich gilt, kommt mit *Artemia* und/oder Flüssigfutter 1 bis 2 Jahre aus - dann fängt auch sie an zu kümmern. Bei Seegurken ist besonders darauf zu achten, daß die Tentakel von Fischen nicht angeknabbert werden. Seegurken wandern und sind so eine stete Gefahr für den Filteransog. Dieser muß so geschützt werden, daß eine Seegurke ihn nicht verstopfen kann. Bei Absterben einer Seegurke kann die ganze Fischgesellschaft vergiftet werden. Die sterbende Seegurke scheidet ein starkes Fischgift (Holothurin) aus. Filterkohle holt dieses Gift schnell wieder aus dem Wasser und muß in diesem besonderen Unglücksfall stets sofort erneuert bzw. gewechselt werden! Das Filteransaugkörbchen eines Außenfilters wurde bei mir einmal von einer Seegurke erklettert, das Körbchen fiel ab und die Seegurke wurde vom Filtersog erfaßt und stückchenweise eingesaugt: Glück im Unglück, die Seegurke hatte sich den Kohlefilter ausgesucht. Es passierte somit nichts. Den Kohlefilter hatte ich tags zuvor erneuert. So etwas geht nicht immer gut. Mein Fehler war: Das Filteransaugkörbchen saß nicht fest genug.
Das Gleiche gilt für Kugelfische z.B. *Canthigaster valentini*, der im Tode ebenfalls ein Gift abgibt, das Tetrodontoxin. Solche, bei Unfällen giftigen Tiere, haben in **Anfänger**becken nichts verloren.
Ebenso sollte man sich vor nesselnden Anemonen und Steinkorallen hüten. Empfindliche Haut am Unterarm kann z.B. von einigen Steinko-

rallen so "vernesselt" werden, daß ärztliche Behandlung erforderlich ist. Beim Hantieren im Becken also Vorsicht! Das sicherste ist es, die Nesseltiere mit einem Holzstäbchen oder dem Plastikfutterrohr zu veranlassen, sich einzuziehen. Beim Umsetzen von solchen Tieren ziehe ich (H.B.) heute immer Gummihandschuhe an (Küchenbedarf).

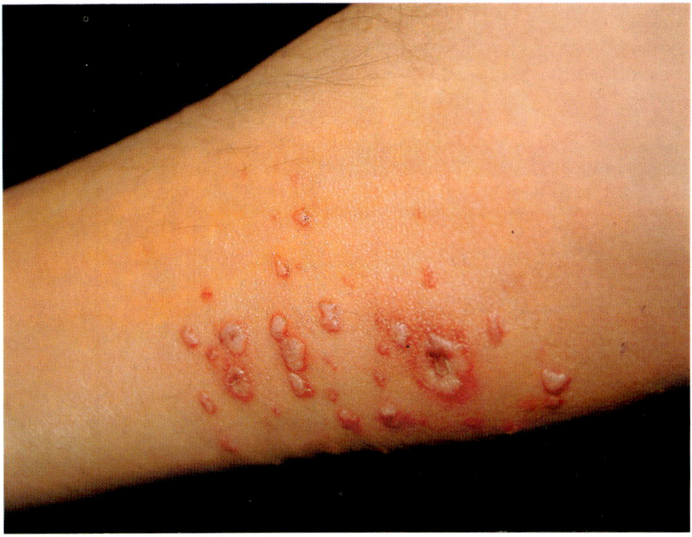

Von einer Blasenkoralle vernesselter Unterarm. Die Wunden wurden mit Braunovidon® behandelt (Arzt!). Die Narben sind nach zwei Jahren noch zu sehen.

Eingewöhnung von Fischen

Transportanpassung für Liebhaber ohne Quarantänebecken und nur für Kurztransporte (bis 5 Stunden Auto-,Bahnfahrt)
Wer kein Quarantänebecken zur Verfügung hat, kann wegen etwa schon vorhandener Tiere im Becken den pH-Wert nicht auf 6,5 absenken. Es gilt also einen Kompromiß zu finden. Für diese Fälle - und diese sind ja für den Liebhaber weitaus häufiger - habe ich nach folgender (abgewandelter) Methode bisher bei der Eingewöhnung noch nie Verluste gehabt:
Sofort nach Fischankunft oder besser noch vorher bereiten Sie das Aufnahmebecken mit CO_2 auf einen pH-Wert von 7,8 vor. Ein elektrisches Meßgerät soll Ihnen den pH-Wert des Beckens ständig vor Augen führen. Drosseln Sie die CO_2-Zugabe, sobald der gewünschte pH-Wert von 7,6 bis 7,8 erreicht ist.

Messen Sie sofort nach Ankunft der Fische den pH-Wert in jedem einzelnen Beutel. Jeder einzelne Beutel wird nun schnell an den pH-Wert von 7,6 bis 7,8 durch Zugabe von "eingefahrenem" Meerwasser angeglichen. Dazu wird jeder einzelne Beutel (das Wasser natürlich) gut belüftet. Das CO_2 wird dadurch ausgetrieben. Die Zugabe von altem Frischwasser erfolgt innerhalb von 20 bis 30 Minuten, also immer nur schluckweise oder über einen mit Schlauchklemme (Lufthahn) gedrosselten Luftschlauch. Ein Teilwasserwechsel im Beutel ist von Vorteil, um einen Teil NO_2 (Nitrit) und eventuell Ammonium (NH_4) zu entfernen und durch Frischwasser zu ersetzen. Der pH-Wert im Beutelwasser steigt also langsam von 6,0?;6,5 bis auf 7,6 bis 7,8 an. Sobald dieser Wert mit dem Wasser des Aufnahmeaquariums in etwa (+/- 0,1 bis 0,2 pH-Stufen schaden nicht) übereinstimmt, können die Tiere vorsichtig ins Aufnahmebecken umgesetzt werden. Dabei wird das Transportwasser verworfen und nicht ins Aufnahmebecken geschüttet, um dieses nicht gleich unnötig mit Nitrit etc. zu belasten.

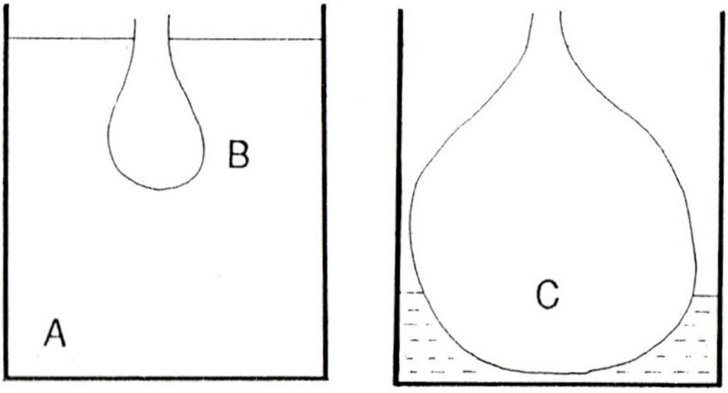

Osmosevorgang (sehr vereinfacht)
A = Wasserbehälter mit Süßwasser B = Schweinsblase (Körper) mit Süßwasser
C = Blase mit Salzwasser gefüllt, nimmt Wasser aus dem Behälter auf, um sich zu verdünnen.

Transportanpassung (mit Quarantänebecken)
Im engen Transportbehälter (Plastikbeutel) verbrauchen die Tiere Sauerstoff und atmen Kohlendioxid aus. Dadurch sinkt der pH-Wert auf langen Transportwegen oft auf Werte bis zu pH 6,5 ab. Wenn die Tiere noch leben, ist behutsame, aber sofortige Hilfe geboten.
Tiere sofort in ihr neues Becken mit pH-Wert um 8,0 bis 8.4 zu setzen wäre tödlich!
Die Tiere haben Stickstoffgase in ihrem Blut gespeichert. Bei dem niedrigen pH-Wert von 6,5 bis 6,8 liegt der größte Teil des Ammonium/ Ammoniak im Blut als ungiftiges Ammonium vor.
Würde man die Fische und auch Wirbellose jetzt in Wasser von pH 8,0 oder sogar 8,4 setzen, wandelt der neue pH-Wert das Ammonium sofort in Ammoniak und die Tiere verenden an einer Ammoniak-Vergiftung!

> Der niedrige pH-Wert im Transportwasser ist sozusagen eine Lebensversicherung für die Tiere und diese Police dürfen Sie nicht fristlos kündigen.

1.) Sofort nach der Ankunft der Tiere in Ihrer Quarantänestation werden drei Werte in jedem Transportbeutel gemessen:
a) pH-Wert; (möglichst elektrisch); b) Nitrit oder NH_4/NH_3 c) Temperatur
2.) Das Beckenwasser wird mittels CO_2 auf den pH-Wert eingestellt, den auch das Transportwasser hat. Erst dann werden die Tiere umgesetzt ohne Verwendung des Transportwassers. Temperaturunterschiede von bis zu 5°C werden von den meisten Tieren eher vertragen als Sauerstoffmangel, vergiftetes Transportwasser oder zu niedriger pH-Wert. Trotzdem sollte eine Temperaturangleichung nicht zu sprunghaft sein.
3. Sofern Fische sichtbar krank sind, geschieht die gleiche Prozedur, jedoch sollte das Aufnahmebecken sofort mit entsprechenden Heilmitteln behandelt werden.
4. Fische mit PREIS-Coli gegen Darmwürmer (Prophylaxe) behandeln.
5. Anemonenfische mit PREIS-Brook behandeln; zusätzlich sollte die Dichte auf 1,011 (ca.30 mS) gesenkt werden. Das geschieht am einfachsten durch Absenken des Wasserstandes auf 1/2 der normalen Wassermenge und Auffüllen mit temperiertem (25°C) "Osmosewasser", vollentsalztem Wasser oder je nach Qualität auch mit Leitungswasser. Die Fische sind auf langen Strecken durch Aufnahme des Transportwassers (Salz, Urin) stark belastet. Das Umsetzen in Wasser mit halbierter Salzkonzentration bewirkt einen Osmoseaustausch. Der Körper kann sich im neuen Wasser mit verdünntem Salzgehalt wieder selbst entsalzen; er nimmt salzarmes Wasser auf!

6. Nach 24 Stunden erhöht man die Dichte mit **altem** oder 24 Stunden belüfteter PREIS-Meerwasser-Aufbereitung langsam wieder auf 1.022, den Idealwert für tropische Meeresfische (außer Rotes Meer).

Zur Eingewöhnung von Fischen könnte man sicher noch ein paar Seiten mehr schreiben aber dann müßte man dieses Buch von vorne beginnen. Lediglich zur Fütterung nach einige Anmerkungen:
Die "Neuen" haben - wenn sie gesund sind - gewiß Hunger. Sie wissen auch sicher, was ihnen am besten schmeckt. Füttern Sie zu Anfang sparsam, besonders im Quarantänebecken. Eine Nitrifikation findet hier wegen der Heilmittel ohnehin nicht statt.

Wenn die Fische nicht fressen
Nahrungsverweigerer sind oftmals Todeskandidaten. Wie kriegen wir sie ans Futter? Wenn keine sichtbaren Erkrankungen vorliegen, handelt es sich höchstwahrscheinlich um Darmwürmer und/oder Verstopfung. Behandlung mit PREIS Coli. Die Fische müssen dann abkoten. Weißer, schmieriger Schleim entweicht aus dem Darm.
Da Meerwasserfische trinken, kann man sie für eine gewisse Zeit mit Fruchtzucker über das Aquarienwasser ernähren. 1 gestrichener Teelöffel Fruchtzucker (Apotheke) - nicht Traubenzucker! - auf 100 l Beckenwasser. Fruchtzucker geht vom Darm sofort ins Blut und braucht nicht über den Umweg Leber verarbeitet werden.
Solche eine Traubenzucker- oder besser Fruchtzuckerernährung sollte nur im Quarantänebecken vorgenommen werden. Dabei sollte ein Wasserwechsel alle 2 bis 3 Tage erfolgen. Nach einer Woche sollte der Fisch sich erholt haben; sonst muß Medikamentenbehandlung wiederholt werden.
Eine Dichteabsenkung auf 30 mS (1.016) ist nach etwa einer Woche abzubrechen. Wirbellose, insbesondere Krebstiere vertragen diese Absenkung nicht!
Wenn die Fische nicht ans Futter wollen, habe ich gute Erfahrung mit dem Osmoseschock gemacht. Man kann bei vielen Fischarten sogar so weit gehen, sie ins reine Süßwasser (pH-Wert und Temperatur beachten!) für 20 Minuten zu setzen. Sie koten dann sofort ab. (Kot auf Würmer untersuchen!). Eine 10-fach Lupe reicht dafür aus. Nach dem Umsetzen fraß ein *Zanclus* sofort nach der Süßwasserkur Algen; und das solange bis sein Bäuchlein wieder gerundet war. Ich hatte noch lange Freude an ihm. Nicht alle Fische vertragen diesen Süßwasserschock. Sobald der Fisch im Behandlungsgefäß sehr schnell "jappst" oder sich auf die Seite legt, aufbereitetes Meerwasser hinzugeben oder ihn ins Quarantänebecken zurücksetzen.
Argusfische lösen durch ihre Freßgier oftmals die Aufnahme von Nahrung auch bei anderen Fischarten aus. Auch andere "futterfeste" Fische sind dazu geeignet - denn wer will schon einen Argusfisch im Meerwasserbecken? Beim Fischkauf darauf achten, daß die von Ihnen erworbenen Tiere ans Futter gehen. Schauen Sie bei der Fütterung zu!

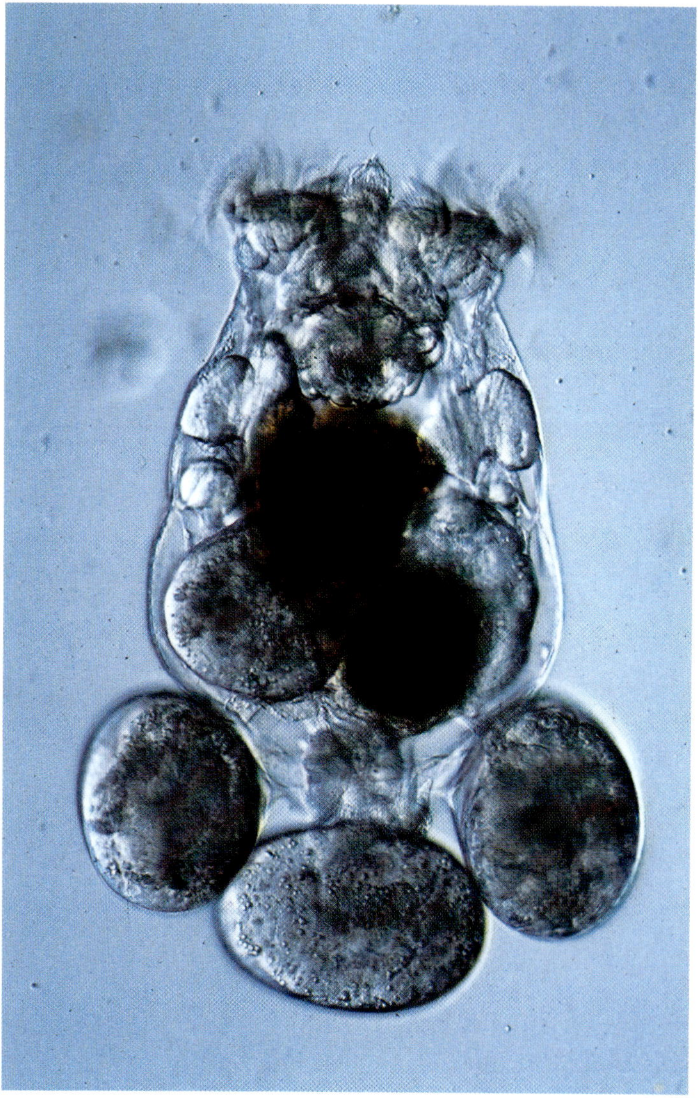

Brachionus plicatilis, ! mit Eiern

Fütterungstechnik

Bei der Fütterung stellen Sie für eine Viertelstunde die Filter ab. Das Wiedereinschalten übernimmt eine Schaltuhr.
Zu Anfang messen Sie täglich Nitrit, zumindest dann, wenn Tiere Unbehagen zeigen. Bei Wirbellosen bemerkt man Unbehagen oft erst nach Wochen. Blumentiere schließen sich oder werden immer kleiner. Das ist ein Zeichen entweder für schlechte Wasserqualität, für fehlerhafte Ernährung oder für falsche Lichtverhältnisse. Bitte informieren Sie sich bei den Einzelbeschreibungen der Tiere. Wenn Sie Tiere pflegen, die nicht in diesem Band enthalten sind, so müssen Sie sich über **jede** Tierart bei Ihrem Fachhändler Rat holen.

Fütterungstechnik
Flüssigfutter sowie Mineralstoffzugaben erfolgen nicht direkt ins Becken sondern werden zunächst in einem Plastikbecher (Küchenmeßbecher) mit Aquarienwasser vermischt und dann langsam ins Becken geschüttet.
Krustenanemonen, Blasenkorallen, "Blümchenkorallen" bekommen vielfach nicht genügend ab, wenn das Flüssigfutter direkt ins Becken geschüttet wird.
Die Futter-Nährlösung - oder Aufschwemmung - wird mittels Futterrohr Ø 10 bis 12 mm (innen) direkt über der Tierkolonie entleert. Auch mit einem Gummiball (Klistierspritze aus dem Sanitätsgeschäft) lassen sich solche aufgeschwemmten Futterstoffe gut an die Kolonietiere heranbringen.
Einzelne Tiere (Krebse, sessile Tiere) füttert man mit dem Futterrohr oder der EHEIM Pflanzenzange.
Futtertabletten lassen sich so leicht an den Futter"Kunden" heranbringen, ohne daß der Krebs seine Höhle weit verlassen muß.
Muschelfleisch ergreift man mit der Pflanzenzange und befördert es direkt in die Mundscheibe der Anemone.

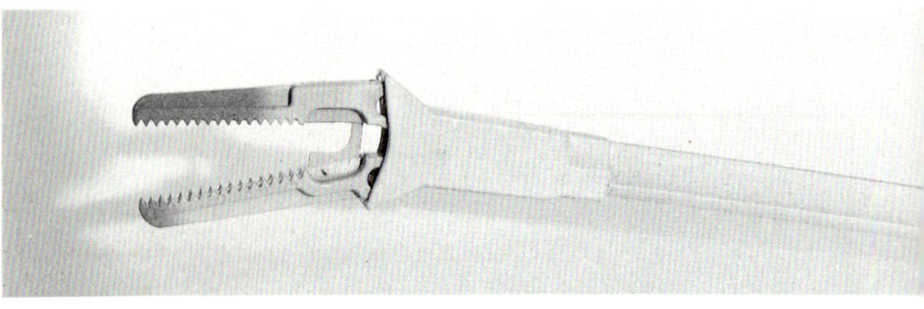

EHEIM Pflanzenzange, gut zum Füttern von Anemonen und Krebsen.

Futtermittel

Mit den heute handelsüblichen Flockenfuttersorten, Futtertabletten, gefriergetrockneten Futtertieren, gefrorenen Naturnährtieren, Frischfisch- und Muschelfleisch etc. lassen sich die meisten Fische und Wirbellose jahrelang gesund ernähren. Hinzu kommt natürliches Lebendfutter wie *Artemia* (Salinenkrebse), die man sich selbst ständig und zu jeder Jahreszeit aus Dauereiern züchten kann. Mancher Fachhändler hat lebende ausgewachsene Artemien (Brine Shrimps) im Angebot, ebenso lebendes *Mysis* von der Nordsee. Lebende Muscheln bekommen sie meist nur in den kälteren Monaten, in denen diese auch von Menschen verspeist werden.

Über Fischfutter könnte ich sicher ein ganzes Buch für sich schreiben, aber da die Ernährung der Tiere bei der richtigen Futterwahl heute nicht mehr das Problem der Meeresaquaristik ist - sondern das Wasser - will ich hier nur kurz auf die einzelnen Futterarten eingehen. Die Auswahl des Speisezettels steht im Wesentlichen bei den einzelnen Artbeschreibungen für die Tiere.

Bei der Auswahl Ihres Futtermittelangebotes sollten Sie sich auf die wichtigsten Sorten konzentrieren und jeweils nur so viel einkaufen, wie in etwa drei Monaten verbraucht wird. Das ist erstaunlich wenig. Sparsamkeit bei der Fütterung erspart Ihnen Verluste, besonders wenn Sie nur einige kleine Fische in einem "Riffaquarium" mit Wirbellosen pflegen.

Die Wirbellosen leben von Licht und CO_2 (Kohlendioxid), welches im Wasser zu H_2CO_3 (Kohlensäure) wird. Damit sind natürlich nur die "Blumentiere" gemeint, die Zooxanthellen (Algen) enthalten. Meist fressen sie auch noch mikroskopisch kleine Bakterien, Glockentierchen, Ciliaten (Einzeller) und allerlei für das bloße Auge unsichtbares Plankton.

Dieses Plankton im Becken ernähren wir mit Flüssignahrung. Auf 100 l Wasser pro Woche 2 mal 1 Tropfen z.B. PREIS-Microplan (das sind aktive Hefezellen, vitaminisiert und mit einigen Spurenelementen angereichert). Dazu einmal pro Woche Vitamin A + E-Tropfen (aus der Apotheke oder vom Zoofachhandel) auf eines der Frostfuttermittel geben oder ins Muschelfleisch spritzen. 1 Tropfen pro Muschel genügt!

Die Wirbellosen (Anemonen) brauchen außerdem je nach Art auch festes Futter wie *Artemia* und *Brachionus*. Weil dieses die Hauptnährtiere (lebend) für die planktonfressenden Wirbellosen und Fische sind, beginne ich das Kapitel Ernährung damit.

Artemia salina
Die Krebseier werden in den Salzseen bei Utah (USA) im Herbst eines jeden Jahres vom Strand "aufgelesen" (tonnenweise), gereinigt, getrocknet, vom Salz und Sand befreit und dann vacuum-verpackt. Die Verpackung im Unterdruck bei kühler Lagerung läßt die Eier noch nach 10 Jahren! schlüpfen. Sicher auch noch länger aber die Natur kennt ja auch keinen Unterdruck und ständige Trockenheit. Solche Eier von Krebschen nennt man Dauereier. Wir kennen Sie auch von unseren heimischen *Cyclops* und Wasserflöhen.
Ca. 1/4 Million Eier wiegen 1 g! Ich war dabei, als mein Vater diese im Labor auszählen ließ. Zurück zum Dauerei.
Nach der winterlichen Frostperiode kommen heftige Regenfälle in Utah (Staat Nevada - USA) und die Dauereier von *Artemia* werden von heftigen Frühjahrsregenfällen in den Salzsee zurückgespült, sofern sie nicht "geerntet" worden sind. Seit über 40 Jahren greift der Mensch in die Natur ein und erntet durch Naturentnahme diese *Artemia*-Eier. Es werden deshalb nicht weniger Tiere im Saltlake! Das Ökosystem am Seeufer ist intakt und steht unter Naturschutz. Die Entnahme der Eier schadet nichts, weil man nicht alle Eier entnimmt - und auch gar nicht kann. Es bleiben immer genügend Eier im Sand zurück, um die Fortpflanzung der Art *Artemia salina* zu sichern. Dies sei ein wichtiger Hinweis für die Naturschützer, daß bei vernünftiger Entnahme aus der Natur diese sich durch die hohe Vermehrungsrate selbst regelt. Im Fall *Artemia* heißt dies im Klartext: Werden die Eier nicht entnommen, so schlüpfen im nächsten Jahr zuviel Tiere und gehen an Nahrungs- und Sauerstoffmangel (im Sommer kann es in Utah sehr heiß werden) zugrunde.
Wir kennen jetzt den Schlüpftermin von *Artemia* und wissen, daß diese bei viel Regen in den See gespült werden. Das Salzwasser des Sees von 4% bis 5% verdünnt sich erheblich auf etwa 1%. Dieses Wissen machen wir uns für das Ansetzen einer "*Artemia* Kultur" zunutze. 1 Teelöffel Salz auf 1/2 Liter Wasser ist genau die richtige Salzkonzentration, um aus Dauereiern die gewünschten Kleinkrebse als Lebendfutter für alle Zierfische der Welt zu gewinnen. *Artemia* Eier sollten Sie als Meeresaquarianer immer im Hause haben.
Artemia salina gibt es in zwei Qualitäten:
a) von Utah/Nevada - die Nauplien dieser Sorte sind beim Schlüpfen größer als die von
b) San Franzisko. Dort werden die Eier in Salzgewinnungsanlagen dieser Meeresbucht als nützliches Beiprodukt mit "geerntet". Für Jungfische mit geringer Größe sind nur Nauplien dieser Eier zur Aufzucht während der ersten paar Tage, nachdem überhaupt *Artemia* "bewältigt" werden kann, geeignet.

Die Kultur
Als Ansatzgefäß dient mir immer eine (zwei!) Weinflaschen. Die Methode ist so alt, wie die Einfuhr von *Artemia* nach Deutschland (ca. 1950). Es gibt keine bessere, wohl aber viele andere evtl. gleichwertige. Mit einer Luft-Membranpumpe (es braucht ja dafür nicht gleich eine WISA zu sein) kann man 2 Flaschen *Artemia*-Kultur belüften. Jeden Tag kann man dann aus der einen oder anderen Flasche *Artemia*-Nauplien entnehmen.
Obwohl das Kulturwasser nitrathaltig wird, sind die Nauplien selbst ohne NO_2, sonst würden diese als Futter unsere Jungfische und Wirbellose töten. Offenbar sind die Artemien in der Lage, das nitrithaltige Wasser aus dem eigenen Körper fernzuhalten.

Dosierung:
1 Teelöffel gehäuft (5 g) reines Kochsalz (Speisesalz ohne Jodzusätze) oder besser das gleiche Meersalz, welches Sie zur Meerwasseraufbereitung benutzen (z.B. PREIS) in eine Weinflasche (möglichst Weißglas!) mit 1/2 Liter Wasser (Leitungswasser kühl oder lauwarm [10 bis 20°C]) mischen und dann eine winzige Prise *Artemia*-Eier hinzugeben.
Die winzige Prise definiere ich so:
Sie soll nicht größer sein als eine Erbse.

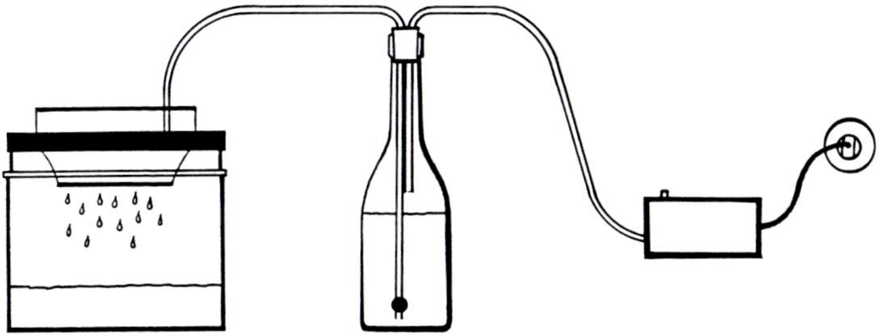

Für die *Artemia*-Kultur benötigt man mindestens eine Flasche, ein Kulturgerät, Luftschlauch, eine kleine Membranpumpe und ein *Artemia*-Sieb.

Temperatur:
Dann die Kultur bei 20 bis 26°C weiter fortführen. Ein geheizter Raum genügt.
Werden mehr *Artemia*-Eier hinzugegeben, so verderben (sterben) die Nauplien schnell; nehmen Sie weniger Eier, hungern möglicherweise Ihre Tiere. Die benötigte Menge von *Artemia*-Eiern richtet sich natürlich ganz nach Ihrem Futterbedarf. Jedenfalls auf 1/2 Liter Wasser nicht mehr als eine "Erbse" *Artemia*.

Entnahme:
Artemia-Nauplien sollen nach dem Schlupf innerhalb 24 Stunden verfüttert werden! Begründung: Nach dem Schlupf haben sie mit ihrem Dottersack (vergleiche Hühnerei) den meisten Nährwert. Nach 24 Stunden ist der Dottersack aufgebraucht und es steht nur noch die "leere" Chitinhülle zur Verfütterung zur Verfügung. Will man das *Artemia* jetzt weiter großziehen, muß man es ernähren. Mit Algen oder Mikroplan (PREIS) geht das in speziellen Behältern (Aquarien mit Durchlüftung und Belichtung) recht gut.
Die Entnahme der *Artemia*-Nauplien bereitet vielen Anfängern immer noch Schwierigkeiten. Ich will es auch für die "Pflegeperson", die Ihr Aquarium im Urlaub betreut, erklären:
Die Eischalen (dunkelbraun) müssen von den orange-gefärbten Kleinkrebschen (Nauplien) getrennt werden. Die Schalen sind unverdaulich für Fische und für Jungfische sogar gefährlich. Ältere Fische spucken die harten Eihüllen (Eierschalen) wieder aus. Zur Entnahme der Krebschen stellt man die Luftzufuhr ab, innerhalb 3 bis 5 Minuten steigen die Eischalen an die Oberfläche des Wasserspiegels innerhalb der Flasche (des Gefäßes) und die Krebschen sammeln sich am Boden. Von dort werden sie genau nach 5 Minuten mit einem Luftschlauch abgesaugt und über ein *Artemia*-Sieb (Maschenweite 140 µm (0,14 mm) aufgefangen. Das mit abgesaugte Wasser wegschütten und durch Beckenwasser ersetzen, sofern die Flasche nicht gänzlich entleert wurde. Sobald die eine Flasche entleert wurde, setzen sie die Kultur neu an. Auf diese Weise haben Sie <u>jeden Tag</u> lebendes *Artemia* zur Verfügung.

Das Thema *Artemia* ist für mich noch nicht zu Ende.
Haben Sie schon einmal den Nitritgehalt des Wassers einer *Artemia*-Kulturflasche gemessen? Nach zwei Tagen ist er ROT, gemessen mit NO_2-Test von TETRA bedeutet die Indikatorfarbe Rot über 10 mg/l Nitrit - also tödlich für Fische - das *Artemia* aber lebt. Bei pH 8,5 habe ich kein NH_4 / NH_3 (Ammonium/Ammoniak) messen können, wohl aber diesen hohen Nitritgehalt. Man sollte also das Salzwasser aus der Artemia-Kulturflasche niemals bei der Fütterung mit ins Becken geben!

Interessant ist der geringe NH_3/NH_4-Gehalt in einer Kulturflasche. Offenbar sind Nitrifikationsbakterien vorhanden, die die Ausscheidungen von den Nauplien sofort in NO_2 umwandeln. Diese Bakterien können eigentlich nur den Artemiaschalen selbst anhaften.
Nitrobacter also an oder in *Artemia*-Eiern? Denkbar wäre das. Für die Nitrifikationsphase eines neu eingerichteten Beckens könnte man sich das zunutze machen. Folgender Versuch lohnt sich: Sie nehmen anstelle von Kochsalz 1/3 Meerwasser aus Ihrem Aquarium und füllen mit Leitungswasser auf. 2/3 der Weinflasche ist dann ca. 1/2 Liter Wasser von ca. 1% Salzkonzentration. Auf +/- 20% kommt es beim Ansatz von *Artemia* nicht so genau an. Bei gutem Meerwasser werden sich mit den *Artemia*-Eiern gleich Schwebealgen entwickeln, die dem *Artemia* als Nahrung dienen können. Bei Kochsalz-Ansatz entwickeln sich ganz andere Algen - aber erst nach mehreren Tagen oder Wochen. Voraussetzung ist natürlich Licht und Wärme.
Ich habe meine *Artemia*-Flaschen auf der Spange eines Aquariums im prallen Licht! Im Dunkeln schlüpfen die *Artemia* auch aber mangels Algennahrung sterben sie schnell ab.
Im Salzsee in Utah sind diese Algen vorhanden. Die *Artemia*-Eier tragen die Algensporen trotz Reinigung noch an sich!

Das Aufziehen von *Artemia* ähnelt dem von *Brachionus*. Wer es betreiben will, um seinen Fischen größere Lebendnahrung vorzusetzen, sollte den nächsten Abschnitt studieren. Ich will aber gleich sagen, daß das Aufziehen von *Artemia* recht mühevoll und sowohl platz- als auch zeitraubend ist. Einfacher ist es, die tiefgefrorenen Brine Shrimps zu verfüttern. Trotzdem, ein echter Meereswasser-Aquarianer hat auch einmal Artemien zu voller Länge von ca. 12 mm herangezogen. Eine leichte Vorübung zum Heranziehen von Meerwasserfischen!
Die männlichen Krebse haben recht große Scheren, die weiblichen tragen einen Eisack. Es findet eine geschlechtliche Befruchtung statt.

Artemia salina ?, 8fach vergrößert

Brachionus
Von den ca. 50 *Brachionus* Arten (Rädertierchen) lebt nur **eine** Art im Meerwasser. Und diese Art ernährt Aber-Trilliarden von Meerestieren. Unvorstellbar. Siehe Foto Seite 163.
Diese Tiere können wir selbst für unsere Meerestiere in kleinem Rahmen züchten. Das Berliner Aquarium (Dr.LANGE) braucht dafür einen eigenen Raum und einen Mitarbeiter, der nur *Brachionus* und Algen züchtet. Auf diese Weise wurden bereits 14 Meerwasser-Fischarten in Deutschland gezogen.
Folgende Methode läßt sich auch im Kleinen anwenden:
Die Alge *Chlorella* oder andere werden in eine Meerwasserkonzentration von ca. 6% !, Dichte 1,030 und darüber kultiviert. Das hat den Vorteil, den *Brachionus* die Lebensmöglichkeit zu nehmen. Gelangen nämlich *Brachionus* in eine Algenkultur von normaler Salzkonzentration, so vermehren sie sich schnell und zehren die Algenkultur (als Nahrungsquelle) schnell auf.
Die jungen *Brachionus* halten wir in einer Salzkonzentration von 3,5% (Dichte 1,024) und füttern diese Population mit den Algen aus der Algenkultur. Die Algenkultur wird belichtet. Dazu verwende ich meine alten HQL-Leuchten von vor 10 Jahren. Aber auch jede andere Lichtquelle, selbst Glühlampen, reichen aus für die Algenkultur. Am geeignetsten sind jedoch 2 bis 3 Leuchtstoffröhren (Tageslicht) und evtl. eine "Grolux".

Die Beleuchtungsdauer für die Algenkultur soll mindestens 14 Stunden betragen, besser jedoch "durchgehend" also 24 Stunden sein. Die KH sollte etwa 10° dKH, der pH-Wert ca. 8,0 bis 8,2 sein.

Brachionus-Stämme kann man von den verschiedenen *Amphiprion* Züchtern bekommen z.B. MENZEL, Nürnberg, PREIS, Bayerfeld.
Weitere Adressen nennt Ihnen sicherlich Ihr Meerwasserfachhändler.
Bevor Sie züchten wollen, müssen Sie die Kultur von *Brachionus* beherrschen. Es ist einfach nur Geduld und Routine. Wenn man *Artemia* züchten kann, so gelingt es auch mit *Brachionus*. Zeit und Geduld und etwas Fingerspitzengefühl braucht es natürlich allemal.
Mit *Brachionus*-Zuchten bekommen Sie einfach alles fertig - sogar einen Zuverdienst - indem Sie überschüssiges Futter über Ihren Fachhändler, andere Aquarianer, die keine Zeit haben, verkaufen.
Brachionus plicatilis wächst am besten bei einer Dichte von 1,020 bis 1,024. Je höher die Dichte, desto kleiner bleiben die Tiere.
Für die Fütterung im Gesellschaftsbecken braucht man *Brachionus* nur als "Luxusfutter"!? Einige Manteltiere wie Seegurken etc. brauchen dieses winzige Futter. Allein bei *Artemia*-Fütterung kümmern Seegurken und verhungern schließlich nach 1 1/2 bis 2 Jahren. Aber das gehört in den nächsten Band.

Bei der Zucht von z.B. *Amphiprion* ist *Brachionus* für die Fischlarven von entscheidender Bedeutung für das Überleben während der ersten 10 Tage! *Artemia* ist noch zu groß. Frisch geborene *Brachionus* sind 1/10 so klein. Also nur frisch geschlüpfte *Brachionus* sind zur Ernährung von Fischlarven geeignet. In der Natur steht dieses Zooplankton den Fischen in fast unbeschränkter Menge zur Verfügung. Wer einmal getaucht oder geschnorchelt hat, weiß das. Ab 10.00 Uhr vormittags bis 16.00 Uhr geht nichts bei der UW-Fotografie. In Korallenriff-Gebieten wimmelt das Wasser von Plankton. Die Fotos werden trübe! Noch einmal: Je höher die Dichte, desto kleiner bleiben die *Brachionus*. Das kann man sich für die Jungfischaufzucht zunutze machen. Das Wichtigste bei der *Brachionus*-Kultur und Verfütterung an Jungfisch-Larven während der ersten 10 bis 15 Tage ist das Aussieben der *Brachionus*-. Je kleiner desto besser. Die Siebgewebe erhält man von den verschiedensten Herstellern. Aber niemand gibt so gern seine Bezugsquellen preis. Der Grund ist einfach: Die Fabriken wollen Quadratmeter verkaufen und Sie benötigen Quadratzentimeter. Auch ein Kaffeefilter kann zum Absieben der *Brachionus* genommen werden. Damit kann jedoch nur das Wasser von dem Futter getrennt, nicht jedoch das Futter nach Größe sortiert werden. Fragen Sie ruhig bei MENZEL oder PREIS an. Wenn es um Aufzucht von Meerestieren geht, helfen diese Ihnen weiter. Die Maschenweite des Siebes sollte dem Ø des Auges eines Jungfisches (Faust-regel) entsprechen (Ø des Auges eines frischgeschlüpften *Chromis viridis* = 0,08 mm). Also muß das Futter kleiner sein. Maschenweite des Siebes für *Brachionus* also 0,05 bis 0,08 mm. Für *Amphiprion* dagegen ist der Augendurchmesser 0,09 bis 0,12 mm also eng unter *Artemia*, dessen beste Maschenweite für das Aussieben 0,14 mm ist. Sowohl die *Brachionus* als auch die Algenkultur sollte durchlüftet werden. Einfacher Ausströmer oder Luftschlauch zur Wasserbewegung genügt.Das Zuchtwasser in der *Brachionus*-Kultur ist meist stark ammoniakhaltig und daher wöchentlich wenigstens teilweise zu wechseln.

Manche Arten nehmen auch mit dem Einzeller *Euplotes* (ein Ciliat) vorlieb. *Euplotes* ist jedoch nicht so gut zur Aufzucht geeignet. Er lebt wie *Brachionus* noch in stark belastetem Wasser. Möglicherweise speichert *Euplotes* Schadstoffe oder es hat nicht einen so guten Nährwert wie *Brachionus* - jedenfalls gelingt damit die Aufzucht von jungen *Amphiprion* nur sporadisch und mit weniger guten Ergebnissen.

Die *Brachionus*-Kultur wird mit PREIS Mikroplan® und/oder *Chlorella* Algen morgens und abends (sparsam) gefüttert. Zwei Tropfen Microplan® reichen pro Fütterung für ein 100 l Becken aus.

Als Ansatzwasser für die *Chlorella*-Kultur wird nur reines Meerwasser aus einem frischen Ansatz (1 bis 2 Tage gut belüften und heizen) verwendet. Nimmt man Beckenwasser, so ist die Gefahr groß, den Ansatz durch winzige Medusen und/oder Kleinkrebschen oder auch *Brachionus* einzuschleppen. Damit ist es mit der Kultivierung von den Algen und später den *Brachionus* bald aus. Die eingeschleppten Schädlinge leben im "Schlaraffenland".

Zuchtanlage für *Brachionus*. Obere Reihe Algenzucht. Zweite Reihe *Brachionus*. Unten links ein Eiweißabschäumer.

Flockenfutter

Verwenden Sie nur die bekanntesten und besten Marken. Auch heute noch fehlen in verschiedenen Sorten wichtige Vitamine (besonders A + E). Für größere Fische verwenden Sie Großflocken und für kleinere die normale Flockengröße.
H Algenfressende Fische benötigen Flockenfutter auf mehr pflanzlicher Basis (z.B. TetraPhyll) mit niedrigem Proteingehalt.
K Planktonfresser und Fischfresser benötigen dagegen Sorten mit höherem Proteingehalt.
O Für Allesfresser kann man beiden Sorten mischen.
Flockenfutter sollte 3 x täglich gefüttert werden aber nur so sparsam, daß es in 2 bis 3 Minuten aufgefressen wird. Für mehr Fütterungen hat ein berufstätiger Aquarianer kaum Zeit. Mit diesen geringen Futtergaben werden die Fische aber nicht satt. Planktonfresser - und das sind die meisten kleineren Meeresfische - suchen in der Natur den ganzen Tag nach Futter. Ein Futterautomat kann Ihnen helfen. Es gibt preiswerte Geräte, in die Sie die für jede Fütterung abgemessene Portionen dosieren können. Aber auch ein Futterautomat sollte nicht zur Überfütterung führen.
Einmal am Tag (ein Fastentag pro Woche schadet nicht) sollten ihre Fische ausgiebig gesättigt werden. Das geschieht entweder mit *Artemia*, Frostfutter oder Muschel-/Fischfleisch.
Wirbellose erhalten je nach Nahrungsanspruch Muschelfleischbrokken (Anemonen) und Krebstiere z.B. TetraTips.
Nachtaktive Tiere, wie viele Garnelen erhalten nach Abschalten der Hauptbeleuchtung 1/4, 1/2 oder eine ganze FD*-Tablette möglichst gezielt mit dem Futterrohr "vor die Nase" gesetzt.

Pflanzenkost (H)

Alle Tiere, die im Futterplan ein H (Herbivore) zeigen, brauchen für ihre gesunde Ernährung pflanzliche Nahrung. Das sind für Wirbellose einzellige Algen (*Chlorella*), die man sich leicht selbst vermehren kann. Siehe Aufzucht von *Brachionus/Artemia* Seite 166ff.
Fische nehmen meist gern Großflocken z.B. TetraPhyll o.ä. Manche Fische gehen jedoch nicht an die Flocken, zumindest nicht in der Eingewöhnungszeit. Sie bevorzugen es, ihr Futter von einer festen Unterlage abzuspicken oder abzuweiden. Für empfindliche Doktorfische etc. hält man Algensteine mit Meeressalat (?) in einem separaten, beleuchteten und auf ca. 20°C temperierten Becken.
Woher Meeressalat nehmen? Wenn Sie nicht an der Küste wohnen und sich solchen an Fluß-/Bachmündungen sammeln können oder von einem Urlaub mitbringen, so kaufen Sie sich in einem Fischgeschäft

* FD= freeze dried = gefriergetrocknet

(NORDSEE) eine oder ein halbes Dutzend lebende Austern. Die Austern können sie essen oder verfüttern, die Schalen gut von Eiweißresten mit einem scharfen Messer reinigen und in das Algenaufzuchtbecken legen. Innerhalb kurzer Zeit entwickeln sich diverse Kleintiere aus Sporen und Samen und meistens auch Meeressalat und andere Algen. Wenn Sie zuviel davon haben, werden diese eingefroren.
Auch die Austern kann man einfrieren und hat so für einige Zeit ein hoch eiweißreiches Futter für z.B. Anemonen. Anstelle von Austern kann man auch lebende Miesmuscheln nehmen. Klappt es mit dem Meeressalat nicht, so kann man auch ungespritzten nitratarmen Kopfsalat (überbrühen!) an Pflanzenfresser verfüttern. Dringend warne ich vor gekauftem Salat. Dieser ist vielfach mit Nitrat (bis zu 3000 mg/kg) hoffnungslos überlastet. Spritzmittel tun ein übriges, um die empfindliche Leber der Fische zu vergiften. Die Frau eines Zoofach/Gartencenters beobachtete in Holland, wie tausende von Schildkröten durch überschüssigen Salat an einem Tag vergiftet wurden. Die Tiere, die bei diesem Import krank waren und in Quarantäne kamen, erhielten diesen Salat nicht. Allein sie überlebten.
Die menschliche Leber kann viel leichter mit Kopfsalat fertig werden als die von Reptilien und Fischen. Wenn Sie überschüssige grüne Algen im Aquarium haben, frieren Sie diese für Notzeiten ein; auch *Caulerpa* etc.

Schneckenhaus mit Futterbrei bestrichen und dann im Backofen getrocknet. Auf dem Futter sitzen Copepoden (Kleinkrebse), die willkommene Nahrung für Kleinfische sind.

Grünalge, Meeressalat (*Monostroma* sp.?/ *Ulvaria oxysperma* ?); wertvolle Pflanzenkost für algenfressende Fische.

Futtersteine, Muscheln

Eine andere Methode, sich Pflanzenkost zu zubereiten ist wie folgt: Sie mischen sich einen Brei aus TetraPhyll, evtl. noch Vitamintropen, A,E und D zusetzen, Spinat (möglichst Eigenanbau), Vogelmiere, Löwenzahn! etc. Dieser Brei wird in Muschelschalenhälften gefüllt, jeweils etwa 1/4 Teelöffel und im Backofen bei ca. 150°C "gebacken". Für andere Fische - nicht Pflanzenfresser - mischen Sie diesem Brei Fischfleisch, Muschelfleisch, Rinderherz, gefriergetrocknete Futterstoffe etc. bei.

Frostfutter

Mysis, Artemia salina, Brine Shrimp = ausgewachsene Artemien, Rote Mückenlarven, *Cyclops*, Muschelfleisch, Tintenfisch, *Sepia, Calanus finmarchicus. Calanus* ist die Hauptnahrung der Heringe im Meer. Es ist sehr fettreich und sollte daher nur ganz sparsam, besser gar nicht, verfüttert werden.

Die Liste der Frostfuttersorten ist lang. Für die meisten Meerwassertiere kommt man mit der einen oder anderen Sorte gut aus. Kombinationsmöglichkeiten ersehen Sie aus dem Futterplan **FU** bei den einzelnen Artbeschreibungen.

Die Kühlkette bei Frostfutter darf nicht unterbrochen d.h. das Futter darf nirgendwo aufgetaut und dann wieder eingefroren werden. Legen Sie sich nie einen größeren Vorrat als ca. für ein halbes, besser ein Vierteljahr an. Tiefgekühlt bei mindestens minus 25°C aufbewahren.

FD-Tabletten werden auch von großen Fischen gern genommen.

Miesmuscheln stehen frisch oder gefroren ganzjährig zur Verfügung.

Sand- oder Glasgarnelen, normalerweise für Speisezwecke sind ein begehrtes Futter.

Gefriergetrocknetes Futter

Viele Sorten Frostfutter gibt es auch als gefriergetrocknete Stoffe. Es wird dem Futtermittel im Vakuum die Feuchtigkeit entzogen. Das trockene Futter ist dadurch problemlos für längere Zeit haltbar. Kühl und trocken lagern!

FD-Futtertabletten

Die bekanntesten sind TetraTips, die sich mit der glatten Seite auch an die Aquarienscheibe heften lassen und fort für einige Zeit als Nahrungsvorrat dienen.
Auch einige Anemonen nehmen ganze Tabletten als Nahrung auf. TetraTips kann man auch gut über einem Artemia-Sieb zerreiben, der abgesiebte Staub dient allerlei Planktonfressern und Filtrierern (Muscheln, Schwämmen etc.) als gute Nahrungsquelle.

Flüssigfutter

Das Problem liegt in der Haltbarkeit, sobald die Packung/Tube erst einmal angebrochen ist. Deshalb alle Sorten im Kühlschrank aufbewahren. Die meisten sind dann für einige Wochen haltbar.
Aufgeschwemmte Hefe (Bäckerhefe) wurde früher viel als Ersatznahrung genommen. Aktivierte Bierhefezellen, mit Vitaminen und Spurenelementen angereichert, sind viel besser geeignet (z.B. PREIS Microplan®). Dieses Flüssigfutter ernährt Filtrierer, planktonische Kleinlebewesen im Aquarium und im Filter-/Bodengrundmaterial, *Artemia salina* und z.B. auch *Brachionus*.

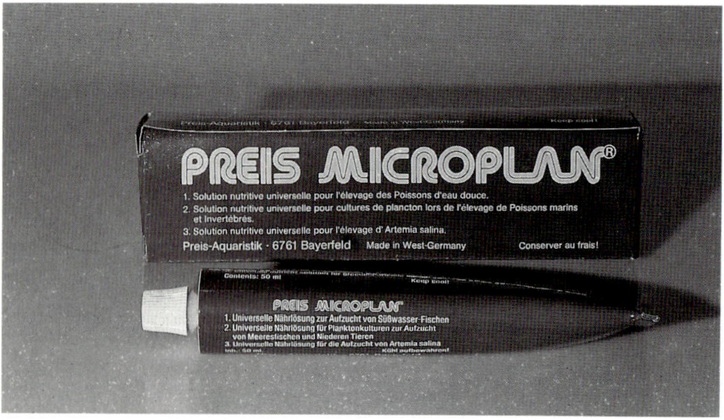

Zugabe von Mineralstoffen, Spurenelementen und Vitaminen.
Siehe auch Kapitel Chemie Seite 134.

Die meisten Stoffe werden mit dem Futter zugeführt. Was häufig fehlt, ist Eisen, Jod und für Skelettkorallen Strontium.
Mehrere Firmen bieten da die kompliziertesten Präparate an. Achten Sie bitte darauf, daß die Vitamine A, B-Komplex, C und E über das Futter zugeführt werden. Für den englischsprachigen Raum hat TETRA das Präparat MarinVital mit verschiedenen Jod- und B-Vitaminzusätzen herausgebracht. In Deutschland ist es bisher leider nicht erhältlich. DUPLA hat die komplette Eisenversorgung mit dem dazugehörigen TestSet im Griff. PREIS bringt mit Organplaner See(wasser) und Formel PREIS Korall zwei Präparate, die sich hervorragend bewährt haben.
Auch hier schwört jeder Hersteller auf sein Programm - wie bei der Filtertechnik. Lassen Sie sich durch die Becken Ihres Fachhändlers überzeugen. Ich kann hier nicht alle Präparate aufzählen, möchte jedoch vor überreichlicher Zugabe warnen. Wie bei Überfütterung kann man es auch mit diesen Präparaten zu gut meinen.
Nichtsdestoweniger, Eisen, Strontium und Jod müssen zugeführt werden, da sie im Wasser ausfallen und damit für die Tiere nicht mehr verwertbar sind.

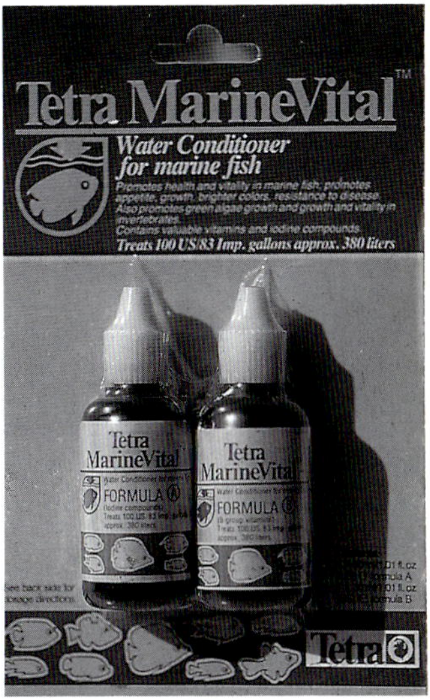

Die Vitamine A und E sind apothekenpflichtig. Sie können nur über das Futter zugeführt werden, da sie fettlöslich sind. Ein- bis zweimal pro Woche geben wir je nach Futtermenge 1 bis 5 Tropfen auf Muschelfleisch, Gefrierfutter o.ä. Bei Fischen, die Flockenfutter fressen ist das nicht nötig, wenn es sich um gute Qualitäten handelt. Algen, (Caulerpadüngung) ist dann erforderlich, wenn trotz guter Wasserqualität und genug Licht sichdas Algenwachstum verlangsamt - was natürlich vielfach auch erwünscht ist. Aber ohne gutes Grünalgen-wachstum halte ich ein Aquarium einfach nicht für gesund. Die Höheren Algen (siehe Kapitel Algen, Seite 214) benötigen neben dem automatisch anfallenden Nitrat und Phosphat auch noch Spurenstoffe wie Eisen, Mangan etc. und natürlich CO_2! Die Zugabe sollte 1 bis 2mal pro Woche erfolgen; z.B. DUPLA Fe, PREIS Organplaner See.

Fischfang (im Aquarium)

Fische in einem eingerichteten Aquarium zwischen Felsaufbauten herauszufangen ist etwas, wovor man regelrecht "Angst" hat. All die schönen "lebenden Steine" mit Korallenanemonen, Scheiben- und Krustenanemonen, Weich- und Lederkorallen aus dem Becken zu heben und dazu die gesamte Dekoration, bereitet fast Kopfschmerzen. Und das alles wegen ein paar kranker Fische?! Natürlich hätten Sie es leichter bei der Pflege eines reinen Wirbellosen-Beckens. Aber Sie wollten die Fische ja (ich auch!). Also müssen Sie die Konsequenz ziehen, die Bequemlichkeit über Bord werfen, die Ärmel hochkrempeln, den Filius [falls vorhanden und alt genug (übrigens macht meine Tochter das auch!)] aktivieren und die Steine etc. heraushieven, in eine Plastikwanne mit Wasser (aus dem Becken) setzen und den Fisch fangen. Wirbellose werden **immer**, mit Wasser bedeckt, in einen neuen Behälter gesetzt. Besonders Seeigel! Wenn Seeigel mit der Mundseite noch oben aus dem Wasser genommen werden, verschlucken sie Luft und können eingehen. Aber auch ein empfindliches Blumentier verträgt den Transport durch die Luft nicht. Das Wasser "trägt" das wassergefüllte Tier. An der Luft hängt es schlaff, durch seinen eigenen Wassergehalt schwer, herab und könnte sich verletzen.
So, Steinaufbauten und Tiere sind aus dem Becken soweit entfernt, daß man den/die Fische wieder sehen kann, wenn das Wasser nicht zu trübe geworden ist.
Man kann den Fisch jetzt mit zwei Netzen jagen bis dieser erschöpft ist oder man "führt" ihn ganz ruhig mit dem einen Netz und lenkt ihn mit dem anderen in ein Becherglas (1 bis 2 l) oder Vollglasbecken. Letztere Möglichkeit ist natürlich vorzuziehen. Bevor diese ein- bis zweistündige Prozedur beginnt, rufe ich noch einmal in Erinnerung:
Die beiden wichtigsten (häufigsten) Meerwasser-Fischkrankheiten *Oodinium* und *Cryptocarion* kann man, zumindest im Anfangsstadium, auch ohne das Becken auszuräumen, heilen.
Die einfachste Methode ist dabei, die Dichte zu senken:
Wasser zur Hälfte ablassen, wieder auffüllen mit Osmosewasser (Dichte danach ca. 1.016 bis 1.018). Einige wenige Ichthyopunkte verschwinden bald - wenn das Wasser sonst in Ordnung ist. Verdunstetes Wasser wird dann wieder **mit Meerwasser** aufgefüllt und damit die Dichte wieder auf 1.024 angeglichen.
Wenn der Fischfang aber wirklich akut ist (Beißereien) oder andere ernsthafte Fälle, dann **müssen** Sie in den sauren Apfel beißen und die Dekoration entfernen, um den Fuchs (Verzeihung Fisch) zu fangen.

Zu dem Trick mit dem Becherglas gibt es noch ein paar andere:
1. Becherglas
2. Eine Ecke des Beckens mit einer Scheibe abtrennen und den Fisch damit vor der Flucht in die Verstecke hindern.
3. Nachts mit der Taschenlampe (2 Personen sind nötig) aufläuern.
4. Wasser ablassen bis auf 5 cm Wassertiefe (Vorratsbehälter für das Altwasser ?).
5. Bei der Fütterung, wenn der Fisch an die Oberfläche kommt, blitzschnell mit einem großen Netz darunter fassen. Das klappt evtl. nur beim 1. Mal. Danach verschwindet dieser Fisch für Stunden in den Beckenaufbauten.
6. Betäubungsmittel - ich rate ab. Eventuell wacht keiner der Fische wieder auf.

Tip 1 mit dem Becherglas ist der auf **alle** Fälle entscheidende. Mit einem Netz gefangene Fische verletzen sich sehr leicht die empfindliche Schleimhaut und bekommen dann Sekundär-Pilzinfektionen. Im Becherglas gefangene Tiere können sich kaum verletzen. Sie werden (wie die Wirbellosen) von Wasser in Wasser gesetzt. So sollte es sein.

Hemitaurichthys zoster wird fachgerecht mit einem Netz ins Becherglas getrieben.

Wartung und Pflege

Wir möchten jedoch an dieser Stelle alle Aquarianer warnen, sich voll und ganz auf die Regelgeräte zu verlassen. pH-Meßgeräte sind nur genau, wenn die Geräte regelmäßig, d.h. wöchentlich nach Angaben des Herstellers geeicht werden. Die Elektroden sind auf Verschmutzungen zu kontrollieren und mit speziellen Reinigern (Fachhandel) zu reinigen. Eine pH-Elektrode hat eine Lebensdauer von etwa 18 Monaten. Danach sollte sie ausgewechselt werden. Auch bei Verwendung anderer Regler sollten Sicherheiten eingebaut sein, um eine Katastrophe bei Ausfall des Regelers zu vermeiden.
-Trotz Regler, die Heizung nicht überdimensionieren.
-Trotz Regler und Magnetventil das CO_2 Feinregulierventil nur wenig öffnen. Zur Sicherheit gegen den Ausfall des Magnetventils für die CO_2 - Zugabe kann man eine Schaltuhr hinter das pH-Steuergerät installieren. Die Schaltuhr sollte CO_2 etwa ab 10.00 Uhr wenn der pH-Wert meist ansteigt, eingeschaltet und ab Lichtausschalten (ca. 20.00 Uhr) wieder abschalten. Dann kann es nachts nicht zu einer zu hohen CO_2-Zufuhr kommen und damit ein schädliches Abfallen des pH-Wertes unter 7.5.
-Trotz Redoxregler den Ozonisator nicht zu groß wählen.
Elektrische Meßgeräte werden für den aquaristischen Bereich mittlerweile von zahlreichen Herstellern angeboten (z.B. BISCHOF, DUPLA, PREIS, SANDER, SELZLE, TUNZE). Im Laborbereich seien die Firmen WTW, SCHOTT und BIOENGINEERING genannt.

Pflege von pH-Elektroden

pH-Elektroden müssen regelmäßig gewartet und geeicht werden. Zur Eichung werden vom Hersteller der Geräte Pufferlösungen mitgeliefert, die einen festen pH-Wert haben, z.B. pH 4, pH 7 oder pH 9. Zur Eichung werden immer 2 Lösungen benötigt - in jedem Fall pH 7 sowie, je nach Anwendungsfall eine mit niedrigerem oder eine mit höherem pH-Wert (Meerwasser). Zunächst wird die Elektrode mit destilliertem (vollentsalztem) Wasser gespült. Jetzt kann sie in die Lösung mit pH 7 eingetaucht werden. Wenn die Elektrode einen konstanten Wert anzeigt, kann am Kalibrierknopf für Assymetrie (Ass), pH oder pH 7 der Wert 7,0 eingestellt werden. Jetzt wird die Elektrode wieder gespült und in die Lösung pH 9 (bei manchen Herstellern auch 10 oder 12) eingetaucht. Mit dem Knopf für Steilheit (mV/pH) wird jetzt pH 9,0 eingestellt. Nach nochmaliger Spülung und Kontrolle in pH 7 ist die Elektrode einsatzbereit. Genaue Messungen liefert sie jedoch nur im Bereich zwischen den Eichpunkten. Aus diesem Grunde sollte für Meerwassermessungen die Elektrode immer bei pH 7 und 9 (oder 10) geeicht werden. Für Messungen im sauren Süßwasser sollten dagegen die Eichlösungen 7 und 4 benutzt werden. Insbesondere bei älte-

ren Elektroden sind sonst Abweichungen möglich. Aus diesem Grund sollte auch dann für Meerwassermessungen ein Puffer mit pH 9 oder 10 benutzt werden, wenn in der Bedienungsanleitung für das Gerät pH 4 an-gegeben wird oder sogar der Einstellknopf für die Steilheit statt mit mV/pH mit pH 4 gekennzeichnet ist.
Solch eine Angabe ist nur für den Süßwassermeßbereich zutreffend. Tauschen Sie also die Angabe pH 4 folgerrichtig entsprechenden den Pufferkapseln gegen pH 9, 10 oder sogar 12 aus!
Die pH-Elektroden dürfen nicht austrocknen. Bei Dauermessungen ist dies kein Problem, da die Elektroden stets ins Aquarienwasser eintauchen. Bei einfachen Meßgeräten werden sie oft in ein Wasserglas gestellt, das dann austrocknet....
Wer seine Elektrode optimal pflegen will, lagert sie in 3 molarer Kaliumchloridlösung. Diese wird im Aquarienhandel leider nur selten angeboten, ist im Laborhandel jedoch erhältlich. Man kann sich auch Kaliumchlorid lose besorgen, bzw. abwiegen lassen. Eine 3 molare KCl Lösung enthält 225 g Kaliumchlorid pro Liter (in destilliertem Wasser lösen).
Ein wirkungsvoller Elektrodenschutz ist ein mit 3 ml KCl gefüllter Plastikbehälter (alte Pufferflasche) in dessen Deckel ein passendes Loch gebohrt wurde. So kann die Lebensdauer von pH-Elektroden verlängert werden. Dennoch, nach einiger Zeit (1 bis 1 1/2 Jahre) lassen sie sich nicht mehr eichen und müssen ausgetauscht werden. Den pH-Elektroden in Dauermeßgeräten drohen dagegen andere Gefahren. Kugel- und Drückerfische können sie mit ihren Zähnen regelrecht knacken. Es ist daher günstig, die Elektroden an einer geschützten Stelle zu befestigen. Ideal ist die Klarwasserkammer des Filters. Im Becken kann sie durch einen Schutzkorb, wie z.B. das Gitteransaugrohr eines Saugfilters, wirkungsvoll vor den Tieren geschützt werden.

Die Pflegearbeiten

Täglich

Fütterungen - evtl. ein Hungertag pro Woche - außer bei Jungfischen. Kontrolle der Wasserwerte.
Bei den täglichen Fütterungen werden mit einem Blick auch Temperatur, pH-Wert, Redoxwert kontrolliert sofern Sie über leicht ablesbare Kontroll/Steuergeräte verfügen.
Täglich werden alle Tiere angesehen und die Fischgesellschaft nachgezählt. Ein kranker oder gestorbener Fisch in einem toten Winkel kann zum Verderben für die anderen werden. Ein größerer toter Fisch/ Anemone vergiftet innerhalb von ein paar Tagen das ganze Wasser. Beim Füttern haben Sie die beste Gelegenheit, die Tiere zu beobachten. Geht einer nicht wie üblich ans Futter, bedarf dieser besonderer Aufmerksamkeit. Ich würde für ein bis zwei Tage die gesamte Fütterung einstellen und zunächst nur auf den Futterverweigerer achten. Kommt dieser nach zwei Tagen nicht ans Futter, so ist er krank und muß herausgefangen werden.

Wöchentlich

Wöchentlich kontrolliert man die CO_2-Steueranlage, KH-Wert.
Anemonen mit Frischfisch oder Muschelfleisch füttern. Scheiben putzen (nur Frontscheibe). Bei "Durchsichtbecken" natürlich auch die Rückscheibe. Die Seitenscheiben sollen ruhig veralgt bleiben. Dort finden manche Fische immer wieder etwas zusätzliche Nahrung. Verdunstetes Wasser nachfüllen - sofern dies nicht eine Automatik besorgt. Dann ist der Wasservorrat für diese Automatik nachzufüllen. Abschäumertopf entleeren und reinigen. Das Abschäumer-Kontaktrohr muß stets sauber und fettfrei sein - sonst ist die Funktion nicht gesichert. Die Reinigung erfolgt mit einer Rohrbürste bei verstärkter Luf t- und Wasserzufuhr. Dabei werden die Schmutzpartikel an der Innenseite des Rohres herausgeschwemmt. Deckscheiben und Außenscheiben reinigen.

Zwei- bis vierwöchentlich

Filter, Zuleitungen (Schläuche) reinigen, Filterkohle, Dolomitbruch erneuern, Caulerpa auslichten - falls erforderlich -. Bodengrund mit den Fingern "durchharken" und Mulm absaugen. Wasserwechsel von mind. 10%. Neues Wasser zubereiten. Alkohol für den Nitratfilter nachfüllen (30%igen Weingeist). Reinigen der pH/Redox- Elektroden mit Pepsin und leichtem Spülmittel, hinterher gut mit Wasser abspülen.

> Die Wartung und Pflege der Elektroden für die Meß- und Steuergeräte wird auf Seite 182 f ausführlich erklärt.

Halbjährlich

Lampen prüfen. Sind die Lampen mit einem Kaufdatum versehen? Ich würde jede einzelne Lampe (Birne, Leuchtstoffröhre) mit dem Datum der Inbetriebnahme versehen (Tagebuch!). Leuchtstoffröhren sollten jährlich - spätestens nach 18 Monaten erneuert werden! Die Beleuchtungsstärke kann man mit einem Luxmeter (z.B. TUNZE) nachprüfen, wenn man die Vergleichswerte bei der Inbetriebnahme gemessen hat. Elektroden von pH-Meß- und Steuergeräten eichenund nach 18 Monaten erneuern - wenn sich diese nicht mehr eichen lassen. Das Gleiche gilt für mV (Redox) Elektroden. Eichlösungen sollten halbjährlich neu angesetzt und mit Datum versehen werden. Ein Jahr alte Pufferlösungen weisen bereits Abweichungen von 0,3pH auf! Im Frühsommer einen Heizer abstellen, wenn man sonst zwei verwendet hat; im Herbst wieder zuschalten.

Das Aquarium im Urlaub

Ein gut eingefahrenes Meerwasserbecken kann für eine Woche ohne weiteres sich selbst überlassen bleiben, wenn Sie vor der Abreise noch einmal alles durchprüfen.

Bei Abwesenheit von längerer Dauer sollten Sie einer Pflegeperson die Fütterungen erklären und die Futterportionen **für jeden Tag** einzeln bereitstellen und mit Datum kennzeichnen. Erklären Sie auch, wie man *Artemia* ansetzt und von den Eischalen trennt (siehe Seite 168). Mindestens 4 Wochen vor Ihrem Urlaub dürfen keine neuen Tiere mehr eingesetzt werden, damit keine Krankheiten eingeschleppt werden, die Sie nicht selbst noch kurieren könnten. Fertigen Sie Kopien von den täglichen und wöchentlichen Prüflisten auf Seite 190 und Seite 191 an und gehen Sie diese Punkt für Punkt mit der Pflegeperson durch. Sehr gut wäre, wenn Sie zusätzlich die Telefon-Nr. von einem oder zwei Meerwasseraquarianern und/oder Zoofachhändlern hinterlassen, damit im Notfall eine erfahrene Person mal nach dem Rechten sehen kann. Man darf von der "Schwiegermutter" nicht erwarten, daß sie sich mit pH-Werten, Redoxmessungen, CO_2-Begasung und einem etwa ausgefallenen Steuergerät anfreundet. Auf jeden Fall sollte ein Ersatzfilter vorhanden sein, die CO_2-Flasche vor Ihrer Reise aufgefüllt werden und die Frage einer evtl. Überhitzung des Beckens im Sommer durch Lampen, einfallendes Sonnenlicht ins Zimmer etc. geklärt werden. Wenn es im Sommer draußen 30°C ist, darf das Aquarienzimmer davon nicht berührt werden. Jalousien oder entsprechende Vorhänge sollten die Hitze aussperren können. Eventuell müssen Sie noch vor dem Urlaub eine Kühlanlage installieren (siehe Seite 107), wenn der Raum in dem das Aquarium steht, erfahrungsgemäß im Sommer sehr heiß wird.

Fertig angesetztes Meerwasser muß für einen Wasserwechsel bereit stehen.Das Quarantänebecken sollte fertig mit Wasser, Heiz- und Filteranlage vorbereitet sein - zumindest dann, wenn Sie im Urlaub ans Meer fahren - wer weiß, vielleicht bringen Sie etwas mit?

Phosphat im Aquarium (siehe auch Chemie Seite 132)

Phosphat (durch Futterzugabe) ist eigentlich das größte Problem im "Mixed-Becken". Fische vertragen es in einer Konzentration bis über 1,5 mg/l.
Normal ist 0,1 bis max. 0,2 mg/l. Wirbellose mit Zooxanthellen vertragen zu hohen Phosphatgehalt nicht. "Ihre" Algen können infolge Überdüngung nicht mehr wachsen. Die wirbellosen Krusten- und Scheibenanemonen kümmern. Nicht dagegen die größeren Anemonen, die man mit Fisch-, Muschel- und Krebsfleisch ernährt.
Stoichactus (Teppichanemone) z.B. gedeiht noch prächtig bei einem Phosphatgehalt von 1,5 mg/l.
Den Phosphatgehalt können wir im Aquarium auf dreierlei Weise abbauen:
1. Durch Algen in großen Mengen; eventuell in einem separaten Algenbecken.
2. Dekoration und Bodengrund soll aus Calciumkarbonat (Dolomitgestein) bestehen. Dieses bindet Phosphor zu Calziumphosphat. Ein Teil des Materials muß alle paar Monate ausgetauscht werden. Mit Alpha Marin oder Rowalith können wir auch einen Kreiselpumpen-Außenfilter beschicken und dieses Material alle vier Wochen austauschen.
3. Die Zugabe von zwei- und dreiwertigem Eisen bindet Phosphat ebenfalls. Eisenpräparate wie Duplaplant 24 oder ein preiswerter Eisen-Topfschwamm (für die Küche) wird in den Nitratfilter gelegt und dort langsam aufgebraucht. Das Problem Phosphat kann man also auch mit einem Topfschwamm lösen. Verwenden Sie aber keinen Kupfer-Topfschwamm - dann haben Sie zwar kein *Oodinium* mehr im Becken aber auch keine Tiere - zumindest keine Wirbellosen.

Der Nitratfilter arbeitet nicht (s. auch S. 72 und 128)

Der Nitratfilter funktioniert nur mit einer entsprechenden Energiequelle. Das DELTEC-System verwendet dafür Methylalkohol in Kunststoffbeuteln: Der Alkohol diffundiert langsam durch die Folie. Es gibt jedoch auch Fälle, bei dem das System versagt und der Nitratfilter produziert auf einmal Nitrit.
Folgendes passiert:
Die Denitrifikation im anaeroben Nitratfilter stockt wegen Nahrungsmangel. Aus Nitrat wird durch Reduktion das (giftige) Nitrit, was man am Auslauf aus dem Nitratfilter messen kann. Abhilfe schafft nur ein sofortiges Drosseln des Filterkreislaufs und Zugabe von Kohlenstoff (Alkohol). Die Polybeutel sind zwar noch nicht leer aber sie geben auch nicht mehr genügend "Futter" für die Bakterien ab. Eine andere Mög-

lichkeit, den Kohlenstoff zuzugeben, ist eine winzige "Dosierpumpe", so wie sie SÖCHTING verwendet.
Ein Katalysatorsteinchen (Magnesiumoxid), in Wasserstoffperoxid gibt Sauerstoff ab. Diese winzige Gasmenge dosiert etwa einen Tropfen Alkohol pro Stunde - genau die richtige Menge Alkohol für den Nitratfilter.

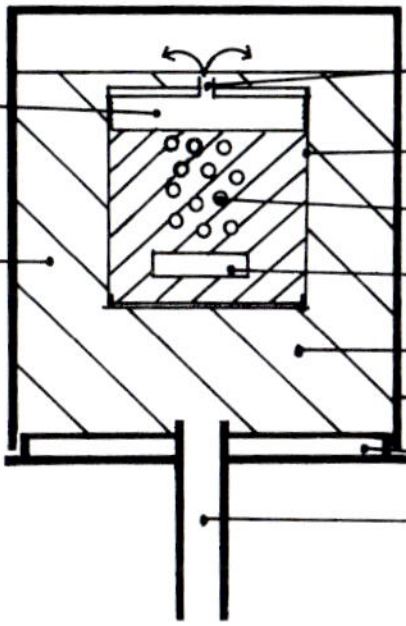

Die anaeroben Verhältnisse im Nitratfilter müßten ständig mit einem Redoxmeßgerät überwacht werden. Wie bereits vorher angeführt, soll der Redoxbereich hier bei -200 bis -300 mV liegen.
Eine elegante Lösung ist die vorstehend dargestellte "Dosierpumpe" Marke Eigenbau. Das H_2O_2 bekommen Sie im Zoofachhandel oder in der Apotheke. Üblicherweise wird es in einer Konzentration von 30% geliefert. Wir verdünnen es:
1 Teil H_2O_2 30% mit 5 Teilen destiliertem Wasser.
Als Alkohol nehmen wir entweder den Methylalkohol von DELTEC. Der ist aber giftig - also von Kindern unbedingt fern halten. Würde er getrunken - macht das blind ! Ungefährlicher ist Weingeist 30% oder wir nehmen einfach einen 32%igen Weizenkorn.
Neben der Alkohol-Dosierung ist das unstabile Milieu im Nitratfilter ein immer wieder auftretendes Problem. Dieses ist lösbar mit einer kleinen Umwälzpumpe im Nitratfilter. Das Wasser vom Boden wird nach oben gefördert und sorgt so dafür, daß im Filter selbst überall die gleichen Sauerstoff - oder Nicht-Sauerstoff-Verhältnisse - herrschen. Auf diese Weise passiert bei Nahrungsmangel der Bakterienkultur eigentlich nichts gravierendes. Lediglich der Redoxwert im Filter steigt auf den Wert, wie er im Aquarium besteht, an. Die Bakterien stellen zwar ihre nitratabbauende Funktion ein, sterben aber nicht ab ! Der Filter erzeugt aber auch kein NO_2.
Diesen Nitratfilter mit Umwälzpumpe gibt es derzeit leider noch nicht auf dem Markt. AQUAMEDIC kann ihn aber auf Bestellung über den Fachhandel, speziell auf Ihre Wünsche zugeschnitten, liefern.

Kohlendioxid-Zufuhr (s. auch Seite 101)
In meinem Becken gebe ich CO_2 ab etwa 10.00 Uhr zu. Die Aquarienbeleuchtung brennt dann schon zwei Stunden. Der pH-Wert ist nachts auf 8,2 bis 8,0 gesunken. Um 10.00 Uhr steht er schon bei pH 8,3. Jetzt schaltet das Regelmeßgerät auf CO_2-Zufuhr. Die Menge wird mit dem Feinregulierventil auf eine Luftblase pro Sekunde (zählen-wie bei Gewitter 21, 22 usw.) eingestellt. Diese Menge reicht über den Tag aus, um den pH-Wert nicht über 8,3 bis 8,4 ansteigen zu lassen. Fällt der Wert unter 8,2, so schaltet das Regelgerät die CO_2-Zufuhr ab. Das Ansteigen des pH-Wertes erfolgt durch die Veratmung des CO_2 durch Mikroorganismen (Algen). Fallender CO_2-Gehalt im Wasser geht dann sofort mit dem Ansteigen des pH-Wertes einher.
Nachts stelle ich die CO_2-Flasche ganz ab. Sollte das Reglerventil einmal ausfallen, so senkt sich der pH-Wert nachts nicht unter 8,0 - wenn genügend Pufferung (KH) im Wasser vorhanden ist. Sollte durch fehlerhafte Handhabung der pH-Wert einmal unter 7,5 ja sogar 7,0 gefallen sein, muß das Wasser im Aquarium sofort stark belüftet werden, damit das Kohlendioxid wieder ausgetrieben wird. Schnell haben sich dann auch die Fische wieder erholt.
Bei zu niedrigem pH-Wert (infolge unkontrollierter CO_2-Zugabe) werden die Fische innerhalb von wenigen Stunden von *Cryptocarion* - ähnlichen Pünktchen übersät. Bei Anhebung des pH-Wertes verschwinden die weißen Pünktchen wieder.

Pseudogramma pyroferus mit Befall von weißen Pünktchen nach zu starker CO_2 - Zugabe.

Überlauf

Der Überlauf saugt Luftblasen an und senkt den Wasserspiegel im Außenfilter durch verminderte Durchflußgeschwindigkeit. Er ist daher eine ständige Störquelle und gehört auf die tägliche/wöchentliche Prüfliste. Das Entlüften muß man kontrollieren können. Überläufe sollten daher durchsichtig und mit Entlüftungsventil ausgestattet sein. Andernfalls muß man einen Luftschlauch in das Überlaufrohr (unter Wasser) einführen, diesen ganz nach oben schieben und die Luft absaugen.

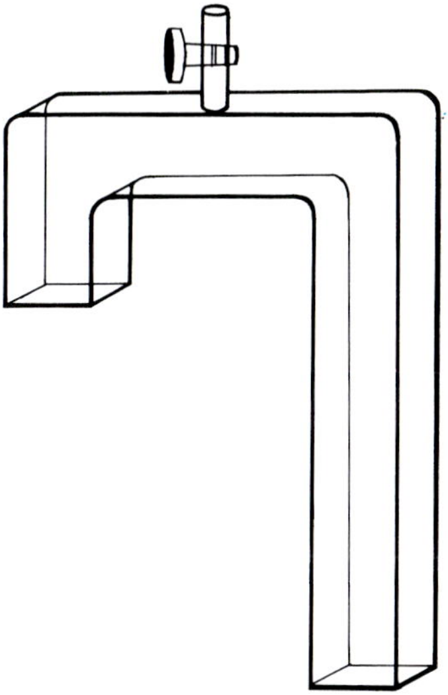

Im Übergangsbereich von Lagune zur Hochsee entstehen durch die Tiden große Strömungsgeschwindigkeiten im Flachwasserbereich; Foto: Exumas, Bahamas (Karibik).

Checkliste

Checkliste für die Pflege

Nachdem die Bedeutung der einzelnen chemisch-physikalischen Meßgrößen und ihre Bestimmung abgehandelt wurden, sollen die Grenzwerte der wichtigsten Parameter für das Meerwasseraquarium noch einmal zusammengefaßt werden:

Meßgröße		Grenzwerte
t	Temperatur	Tropische Meere 24 bis 28°C, eine Absenkung auf 22°C wird kurzfristig verkraftet, über 30°C sind schädlich. Mittelmeer 18°C, Schwankungen zwischen 15 bis 22°C möglich Nordsee 10 bis 15°C, max. 20°C für einige Tiere aus Flachwasserzonen.
t	Beleuchtungsdauer	12 Stunden/Tag, bei starker HQI Beleuchtung: 8 bis 10 Stunden Blaustrahler ständig.
w	Salzgehalt	
	Leitfähigkeit	45 bis 50 mS/cm oder 45.000 - 50.000 µs
w	Dichte	1.022 bis 1.027 (bei 24°C); bester Mittelwert 1.024.
w	pH-Wert	8,2 bis 8,4; bei Regelung mit CO_2 kann dieser bis auf 8,0 absinken.
w	Karbonathärte	8 bis 15°dKH
	Säurekapazität	3 bis 5 mmol/l (vergessen Sie diesen Wert vorläufig!)
B	Sauerstoffgehalt (O_2)	100% Sättigung = 6 bis 8 mg/l
B	Ozon (O_3)	5 bis 10 mg/100 l Wasser/Stunde. Dies sollte als Maximalwert verstanden werden.Dauerbetrieb muß vermieden werden.
t	Redoxspannung	+250 bis +35o mV, bei Ozoneinsatz max. 450 mV im Nitratfilter ./.100 bis ./.300 (Minus)
B	Ammonium (NH_4/NH_3)	0,05 mg/l max.
w	Nitrit (NO_2)	0,05 mg/l; über 0,1 wird es kritisch
w	Nitrat (NO_3)	Wirbellose max. 50 mg/l; besser unter 30 mg/l. Fischbecken max. 200 mg/l; besser unter 50 mg/l.

B	Silizium (Si)	max. 0,2 bis 0,5 mg/l. Darüber wachsen Kieselalgen sehr stark.
B	Phosphat (PO_4)	Aquarien mit Fischen max. 2 bis 3 mg/l. Aquarien mit Wirbellosen (Zooxanthellen) 0,1 max. 0,3; besser 0.
t	Umwälzung	Über den biologischen Filter: 1 mal pro Stunde; Strömungspumpe: Beckeninhalt 4 bis 6 mal pro Stunde umwälzen.
t	Abschäumer	täglich Funktion prüfen und eventuell Topf entleeren und säubern! Alle 3 Monate die Holzausströmer erneuern.
m	Wasserwechsel	mindestens 10% monatlich; besser 10% wöchentlich oder 25% monatlich
w	Wasser nachfüllen	alle 2 bis 3 Tage, mindestens wöchentlich; besser mit Automatik.
m	Filter säubern	je nach Filtertyp, jedoch täglich kontrollieren, ob alles läuft. Kohlefiltermaterial monatlich erneuern und nur für etwa 10 Tage einsetzen; dann 2 bis 3 Wochen ohne Kohle.

t = täglich, m = monatlich, w = wöchentlich, B = bei Bedarf z.B. Atemnot der Fische.

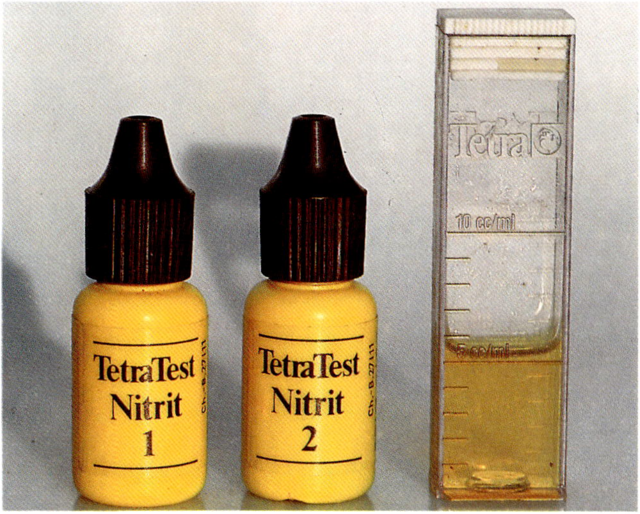

TETRA Nitrit Test, ein wichtiges Schnellindiz für die Wasserqualität.

Ungeliebte Gäste

Die meisten Aquarianer schätzen es, wenn in ihrem Meerwasserbekken eine Unzahl verschiedener Tiere und Pflanzen auch ohne ihr Zutun gedeihen. Eingeschleppt werden diese Bewohner mit den lebenden Steinen oder den Steinen an denen größere Blumentiere festsitzen. Aus diesen Steinen wachsen verschiedene Grün- und Rotalgen, aber auch Schwämme, kleine Kalkröhrenwürmer, Flohkrebse, kleine Polypen, Seescheiden (*Ascidien*) und andere Tiere. Dazu kommt eine Mikroflora und -fauna, die das Riffbecken erst so richtig belebt. Es gibt aber auch eine Reihe **ungeliebter Gäste**, die mit den Steinen oder Wirbellosen eingeschleppt werden und die, oft erst nach Monaten erkannt, große Schäden anrichten. Dabei handelt es sich um Tiere aus den verschiedensten Klassen.

Krebse
Von ihnen werden Vertreter aus drei Gruppen lästig - die Krabben, die Fangschreckenkrebse und Flohkrebse.
Fangschreckenkrebse aus der Ordnung Stomatopoda sind Raubtiere.Sie fangen ihre Beute ähnlich wie die bekannte Fangschrekke, die Gottesanbeterin. Das zweite Beinpaar der Krebse ist zu gewaltigen Werkzeugen umgebildet. Diese messerscharfen Klappscheren werden in der Ruhe angewinkelt getragen. Ist die Beute in Reichweite, z.B. ein kleiner Fisch, schnellen sie nach vorn und erlegen die Beute.
Fangschreckenkrebse sind weltweit verbreitet, aus Kenia kommt *Squilla raphidea* zu uns, der größte Fangschreckenkrebs mit bis zu 33 cm Gesamtlänge. Aus der Karibik stammt dagegen der nur 4 cm große *Gonocactylus* spec., eine wunderschön bunt gefärbte Art.
In einem Artbecken kann man diese Tiere durchaus pflegen (siehe Artbeschreibungen).

Die zweite Gruppe unerwünschter Krebstiere sind verschiedene Arten von Krabben. Sie werden oft als winzige Jungtiere eingeschleppt und können sich in einem halben Jahr zur Fünfmarkstückgröße mausern. Insbesondere die Borstenkrabben richten an Leder- und Weichkorallen großen Schaden an. Sie können auch große Kolonien durch Fraß so schädigen, daß sie absterben.
Die Krebse lassen sich mit einer Reusenfalle, die man sich aus Kunststoffrohr oder Plastikgaze selber bauen kann, leicht einfangen. Als Köder kann *Mysis* oder Muschelfleisch benutzt werden. Die Fallen müssen aber unbedingt regelmäßig kontrolliert werden, weil sich auch Fische vom Duft des Köders angezogen fühlen. Es ist daher vorteilhaft, die Falle nur nachts aufzustellen; die Krebse sind nachtaktiv. Ein Herausfangen mit der Hand oder dem Kescher gestaltet sich meist schwierig bis unmöglich, mit etwas Glück kann man aber die Krabbe mitsamt ihrem Versteck - einem Stein - aus dem Becken entfernen. Ab ins Sonderbecken!

Eine dritte Gruppe von Krebstierchen lebt im Boden. Es sind schwarze, gammarusähnliche flinke Kerlchen, die alles Freßbare was auf den Boden gelangt, anfallen. Jungfische und kranke Tiere werden überfallen und regelrecht ausgehölt. Die Krebschen sind in geringen Mengen relativ ungefährlich. Sobald sie sich stark vermehren und dann infolge Nahrungsmangel sogar gesunde Fische anfallen, werden sie zu einer echten Plage. Selbst mit Fisch- oder Muschelfleisch bekommt man sie nie ganz aus dem Aquarium heraus. Natürliche Feinde gibt es nicht (jedenfalls bisher nicht bekannt). Die menschliche Hand kann empfindlich gezwickt werden. Empfindliche Haut reagiert mit Jucken und Rötung. Es hilft nur ständiges Ködern; sparsam füttern. In Aufzuchtbecken z.B. mit Seepferdchen (da diese langsam sind) hilft nur eine völlige Desinfektion und Neuanfang des Beckens.
Diese Krebse werden mit "lebenden Steinen" aus Fremdbecken eingeschleppt. Tetratips sind ein zuverlässiger Köder. Eventuell Reuse benutzen!

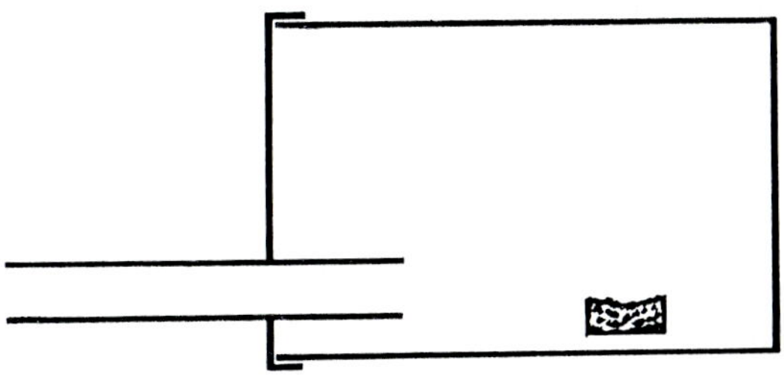

Klarsichtdose mit eingeklebtem Rohr als Reuse

Ungeliebte Gäste

Glasrosen

Auch unter den Blumentieren gibt es ausgesprochene Schädlinge. Die Glasrosen der Gattung *Aiptasia* können sich - über lebende Steine eingeschleppt - in Riffbecken reichlich vermehren. Durch ihr starkes Nesselgift schädigen sie andere Blumentiere. Große Glasrosen können auch kleineren Fischen gefährlich werden. Eine mechanische Bekämpfung dieser Tiere ist praktisch nicht möglich. Zerquetscht man sie, wachsen aus den Überresten zahllose neue Polypen heran. So bleibt lediglich die chemische Keule und die biologische Bekämpfung. Chemisch bekämpfen kann man die Aiptasien durch Injektion einer kleinen Menge Salzsäure in den Polypenkörper mit Hilfe einer Injektionsnadel. Es genügen wenige Tropfen. Bei dieser geringen Menge ist ein Einfluß auf die Pufferkapazität des Aquarienwassers nicht zu befürchten. Die Salzsäure 30% und auch die Einwegspritze sind in Apotheken erhältlich. Diese Bekämpfungsmethode ist jedoch bei starkem Befall mühsam und aufwendig.

Einfacher wäre die biologische Bekämpfung mit Fischen. Es gibt unter den Falterfischen einige Arten, die mit Vorliebe Aiptasien verzehren (z.B. *Chelmon rostratus*, *Chaetodon kleinii* und *Ch. lunula*). Ein *Chaetodon* putzt auf diese Weise selbst ein stark befallenes 500 l Becken in ein bis zwei Wochen glasrosenfrei.

Leider und deshalb steht oben der Konjunktiv, ist der Import dieser Tiere nach Deutschland verboten. Dieses Verfahren der Glasrosenbekämpfung muß daher unseren ausländischen Freunden vorbehalten bleiben - uns bleibt nur die chemische Keule. Sparsame Fütterung mit *Artemia* und *Brachionus*, sobald sich die Glasrosen zu stark vermehren.

Übrigens vermehren sich Glasrosen in schlechtem Wasser (stark nitrat- und phosphathaltig) wesentlich schneller als in "gutem" Wasser. Die richtige Wasserpflege ist auch hier das Heilmittel gegen unerwünschte Schmarotzer.

Aiptasia sp.

Würmer

1. Borstenwürmer (*Polychaeten*)

Aus der großen Klasse der Würmer können sich eine Reihe von Arten in unseren Aquarien unbeliebt machen. *Polychaeten* finden sich nicht selten in lebenden Steinen, einige Arten können sich im Aquarium sogar vermehren. Manche Arten können sehr groß werden, so kann *Mereis* spec. durchaus 30 cm Länge erreichen. Mit ihrer Gefräßigkeit können sie große Schäden an den Blumentieren anrichten. Die Tiere sind nachtaktiv und können mit einer großen Pinzette oder einem anderen Greifwerkzeug (EHEIM) gefangen werden. Ein Anfassen mit der Hand ist sehr schmerzhaft. Die Borsten der Würmer bleiben in der Hand stecken und jucken tagelang wie etwa nach dem Anfassen von Glaswatte oder Opuntien (Kakteen).

Einige Borstenwürmer bewohnen selbstgebaute Gänge, die mit Bodengrund verfestigt werden. Diese enden meist an einem "Opfer" z.B. einer Bäumchenweichkoralle. Tagsüber sitzt der Wurm am anderen Ende dieser Röhre unter einem Stein.

Freßfeinde haben die Borstenwürmer wenige.

Die sehr hübsche Languste *Panulirus versicolor*, hat eine Vorliebe für *Polychaeten*. Leider ist diese Art nur als Jungtier im Riffbecken zu halten. Wenn sie größer wird, macht sie auch Jagd auf Fische.

Es gibt auch kleinere Borstenwürmer, die nur im Boden leben. Sie werden von den großen gern gefressen. Die kleineren sind zur Bodenauflockerung jedoch nützlich.

Der große Borstenwurm *Hermadice carunculata*

2. Planarien (Plattwürmer)
Planarien gehören zum Stamm der *Plathelminthes* (Plattwürmer). Diese Tiere sind einfach gebaut und besitzen, wie die Glasrosen, eine hohe Regenerationsfähigkeit. Im Riffbecken tauchen verschiedene Typen von Planarien auf. Farblose, auf Scheibenanemonen parasitierende Arten und die freilebenden roten Planarien. Die letzteren beherbergen in ihrem Körper Zooxanthellen, ähnlich wie viele Blumentiere. Als diese Tiere zum ersten Mal in unseren Becken auftauchten, ahnte kaum jemand, wen er da vor sich hatte. Viele Aquarianer freuten sich über die interessanten Tiere, die sich in den Becken sogar vermehrten.
Sie vermehren sich jedoch ungeheuer schnell. Zunächst sitzen sie nur an der Dekoration, ballen sich an einigen Stellen zu hübschen roten Klumpen. Dann bedecken sie alle Steine, den Bodengrund, die Blumentiere. Das Aquarium sieht aus wie ein Wald im Herbstlaub. Unter der Planarienmasse ersticken alle anderen Beckenbewohner. Dieser Wurm drohte zur Geißel der Meeresaquarianer zu werden; insbesondere in den mit starken HQI-Lampen beleuchteten Becken richtete er großen Schaden an. Von Fischen werden die Planarien verschmäht. Lediglich der Mandarinfisch (Gattung *Synchiropus*) frißt sie. Einen Massenbefall kann man mit diesen Fischen aber nicht stoppen. Er kann lediglich als Prophylaxe in optisch planarienfreien

Seesterne, Schlangensterne fressen Planarien!

Becken eingesetzt werden.Auch einige Seesterne scheinen die Planarien nicht zu verschmähen.
Mittlerweile macht ein chemisches Präparat, CONCURAT, in Aquarianerkreisen die Runde, daß sicher gegen diese Würmer wirkt. Leider ist es nur über den Tierarzt zu beziehen. In einigen Versuchen erwies es sich als äußerst potentes Planariengift, ohne daß es andere Tiere, selbst keine Röhrenwürmer, schädigte. Für Planarien wirkt es innerhalb von 30 Min. tödlich. Das Präparat stammt aus der Nutztierhaltung und wird gegen Eingeweidewürmer indiziert.
Dosierung: 0,8 g auf 100 l Aquarienwasser, bezogen auf den Wirkstoff.

Bei der Planarienbekämpfung hat sich das CONCURAT nicht 100-%ig bewährt und ist außerdem auch erheblich schwieriger zu dosieren als das in den Zoogeschäften erhältliche Bio-Ex der Firma AB. Bei der Bekämpfung der Convolutriluba (= Rote Planarien) ist jedoch zu bedenken, daß die Planarien und damit auch die freigesetzten Körpersäfte hochgiftig sind und deshalb das Filtermaterial nach der Behandlung oder bei sehr starkem Befall auch während der Behandlung gereinigt werden muß. Sonst kommt es zu schweren Vergiftungserscheinungen bei Wirbellosen, Fische sterben innerhalb von 2 Stunden, wohlgemerkt nicht am Medikament, sondern an den durch die Planarien freigesetzten Giftstoff. (Zitat Dr.Lange)

Schnecken

Von den Schnecken können sowohl Gehäuseschnecken als auch Nacktschnecken in Meerwasseraquarien eingeschleppt werden. Aus beiden Gruppen sind Schädlinge bekannt. Insbesondere verschiedene Nacktschnecken, die mit ihren Körperanhängen Form und Farbe einiger Weich- und Lederkorallen nachahmen, sind üble Freßfeinde dieser Tiere. Sie sind auf ihrem Opfer gut getarnt. Beim Kauf von Weich- und Lederkorallen ist deshalb unbedingt auf diese Schnecken zu achten. Korallenfressende Nacktschnecken sollen aus dem Becken entfernt werden. Es gibt auch algenfressende Nacktschnecken (siehe Das Aquarium 9/90).
Auch unter den Gehäuseschnecken gibt es viele Freßfeinde für Blumentiere. Wenngleich die oft sehr bunten Gehäuse den Aquarianern dazu verleiten, diese Tiere, wenn sie im Becken auftauchen, zu dulden, sollten sie sicherheitshalber entfernt werden.
Lediglich die Napfschnecken der Gattung *Patella* sind gern gesehene Gäste als Algenvertilger. Siehe linke Seite Bildmitte.
Napfschnecken können bei großer Zahl zur Plage werden. Sie vermehren sich schon ab einer Größe von 8 mm Länge. Schaden richten diese überaus zähen Tiere aber kaum an. Sie leben von Algen und verschmähen auch die unbeliebten Schmieralgen nicht. Ein Bekämpfungsmittel ist uns nicht bekannt, muß aber normalerweise auch nicht angewendet werden. Wenn die Frontscheibe gut geputzt ist, halten sich dort auch keine Napfschnecken auf. Und anderswo stören sie selten.

Krankheiten

Fischkrankheiten

In einem gut eingefahrenen Meerwasseraquarium werden Fischkrankheiten kaum auftreten.
Lediglich beim Neuerwerb von Fischen besteht die Gefahr einer Infektion, die vom Neuzugang auch schnell auf den ganzen Bestand übergreifen kann. Nicht immer hat der "Neue" jedoch die Krankheit mitgebracht. Viele Außenparasiten sind in der Natur wie im Aquarium latent vorhanden, ohne daß die Krankheit zum Ausbruch kommt. Neuerworbene Tiere werden durch das Einsetzen in eine fremde Umgebung und die darauffolgende Umstellung an Futter, Wasser und Mitbewohner einem Streß ausgesetzt, der sie körperlich schwächt. Auch der Transport und die Zwischenhälterung beim Händler können zu streßbedingter Schwächung führen. Derart geschwächte Tiere sind ein leichtes Opfer für Parasiten. Auf diesen Tieren können sie sich rapide vermehren, große Mengen an Schwärmern produzieren, die dann auch zu einer Gefahr für den Altbestand werden können.

Erkrankte Tiere in reinen Fischbecken können mit Medikamenten behandelt werden. In einem Riffaquarium mit Wirbellosen und Fischen ist dies bei den meisten (kupferhaltigen) Präparaten nicht möglich. Die erkrankten Tiere müßten herausgefangen und behandelt werden. Wegen der zerklüfteten Dekoration wird auch dies in den meisten Fällen ohne Verluste nicht durchführbar sein. NEOSAL kann dagegen im Riffaquarium angewendet werden. Es hilft gegen *Oodinium* und *Cryptocarion.*
Die beste Vorbeugung gegen eine Infektion mit Außenparasiten ist eine mehrwöchige Quarantänebehandlung. Da jedoch die meisten Aquarianer nicht über ein Quarantänebecken verfügen, wird der Fischkauf zur Vertrauenssache.
Kaufen Sie nur bei qualifizierten Händlern, die über Hälterungssysteme verfügen, die mit den technischen Einrichtungen versehen sind, um gute Wasserqualität zu gewährleisten.
Fragen Sie den Händler:
- ob er die Becken kupfert
- ob der Fisch Futter annimmt.

Tiere aus Aquarien, die ständig mit Kupfersulfat behandelt werden, sollten nicht erworben werden - es sei denn, Sie haben die Möglichkeit in Quarantänebecken die Kondition der Tiere zu verbessern und die Kupferbehandlung abzusetzen.
Vom Erwerb nicht futterfester Fische sollte ebenfalls abgesehen werden. Bestehen Sie im Zweifelsfall auf einer Probefütterung!
Kaufen Sie die Tiere nicht wahllos zusammen. Anfänger sollten sich

vom Fachhändler beraten lassen und nur robuste Tiere erwerben, die auch vom Temperament her zusammen passen. So wird vermieden, daß scheue oder ruhige Fische ständig von ihren agressiven Mitbewohnern unterdrückt werden. Auch dies bedeutet Streß, der die Tiere krankheitsanfällig macht.

Doch selbst wenn man alle diese Ratschläge befolgt, hat man nicht die Gewähr, daß man von den Fischparasiten verschont bleibt. Es ist daher zunächst wichtig, die Fischkrankheiten früh genug und sicher zu erkennen. Für den Anfänger ist dies oft ein großes Problem.
Im folgenden sollen die häufigsten Krankheiten des Meeresfische vorgestellt werden.

Ektoparasiten (Außenparasiten)

Am häufigsten treten bei Korallenfischen Ektoparasiten auf. Die Symptome sind ganz ähnlich wie bei Süßwasserfischen: kleine oder größere weiße Pünktchen, schnelle Atmung, Flossenklemmen und Scheuern. Unter "günstigen" Bedingungen vermehren sich die Erreger sehr schnell und können in kurzer Zeit den ganzen Bestand befallen. Im Meerwasser treten insbesondere *Oodinium* und *Cryptocarion* auf.

Oodinium - Befall bei *Amphiprion sebae*

Oodinium (Korallenfischkrankheit)

Der Erreger dieser häufigsten Krankheit bei Meerwasserfischen ist der Dinoflagellat *Oodinium ocellatum*. Systematisch handelt es sich um eine Dinophyceae aus der Unterklasse der Blastodinophycideae, das heißt eine Alge! Auch aus dem Süßwasser sind Dinoflagellaten als Krankheitserreger bekannt. *Oodinium pillularis* ist der Erreger der Samtkrankheit, die besonders bei Labyrinth- und Karpfenfischen auftreten kann. Bei Neuzukauf von Fischen, die von unbestimmter Quarantäne"qualität" sind, ist ein eigenes Quarantänebecken erforderlich. Sechs Wochen vor einem Urlaub keinen neuen Tiere anschaffen! Sofern man dafür nicht den Platz (und die Mittel) hat, muß man das Risiko eingehen, diese Tiere (möglichst immer nur eine Art) ins Hauptbecken zu setzen.
Beobachten Sie den Neuling und auch die anderen Fische jetzt für einige Tage genau. Sobald sich Pünktchen auf den Flossen (*Cryptocarion*) zeigen, ist eine Behandlung vorzunehmen.

Oodinium ocellatum hat eine Größe von 0,02 bis 0,1 mm. Auf der Haut kann er bei sehr stark befallenen Fischen so dicht stehen, daß sie samtartig überzogen erscheint.
Oodinium befällt Haut und Kiemen der Fische. Hier setzt er sich fest und ernährt sich vom Wirtsgewebe. Nach einigen Tagen löst er sich als Zyste vom Fisch ab und fällt zu Boden. Die Zyste macht eine Reihe von Zellteilungen durch (8 Teilungen). Nach etwa drei Tagen schlüpfen 256 Schwärmer, die Dinosporen. Diese freischwimmenden Flagellaten suchen einen neuen Fisch auf, um sich festzusetzen. Im engen Raum des Aquariums haben sie dabei ein leichtes Spiel.
Das Schwärmerstadium ist die einzige Phase im Lebenszyclus von *Oodinium*, die mit Medikamenten wirksam bekämpft werden kann. Auch eine Verminderung der Schwärmerzahl durch UV-Bestrahlung oder einen Diatomfilter kann die Neuinfektion wirksam vermindern.

Die Schwärmer sind nur etwa 1 bis 2 Tage lebensfähig. Haben sie in dieser Zeit kein neues Opfer gefunden, sterben sie ab. Der gesamte Lebenszyclus von *Oodinium* dauert 7 bis 10 Tage. Der Beginn der Epidemie wird meist nicht bemerkt, die wenigen Parasiten fallen auf der Haut des Fisches kaum auf. Schlüpfen nach der Encystierung die ersten Schwärmer kommt es zum massiven Befall von Haut und Kiemen. Jetzt ist schnelles Handeln erforderlich. Dieses Stadium ist zwar schon kritisch, aber noch heilbar.
Die Wirkung des Parasiten äußert sich nach AMLACHER (1986) im wesentlichen in der Zerstörung des Kiemengewebes. An anderen befallenen Organen treten keine Schäden auf. *Oodinium* dringt in das

Bindegewebe der Kiemen ein. Dies führt zu äußerlich als weiße Knoten sichtbaren Emporwölbungen des Kiemengewebes. Starker Befall führt zur Atemnot und schließlich zum Tod der befallenen Tiere. Achten Sie auf die Atemfrequenz der Fische. Ist die Atmung schneller als man mitzählen kann, so besteht Atemnot infolge geschädigter Kiemen (oder Sauerstoffmangel anderer Ursachen z.B. zu niedriger pH-Wert unter 7,0).

Behandlung
Die Schwärmer lassen sich am sichersten mit Kupfersulfat bekämpfen (0,8 bis 1 mg/l). Dieses Mittel ist für wirbellose Tiere absolut unverträglich und stört auch das biologische Gleichgewicht im Aquarium. Es sollte daher nur in reinen Quarantänebecken angewendet werden, die nach der Behandlung völlig leergeräumt werden können.
Wesentlich milder und auch für Wirbellose verträglich ist Marin-Oomed (TETRA) und Neosal (PREIS). Letzteres Präparat schädigt auch die Mikrofauna (Nitrobacter und Nitrosomonas) nicht. Es ist auf rein pflanzlicher Basis hergestellt.

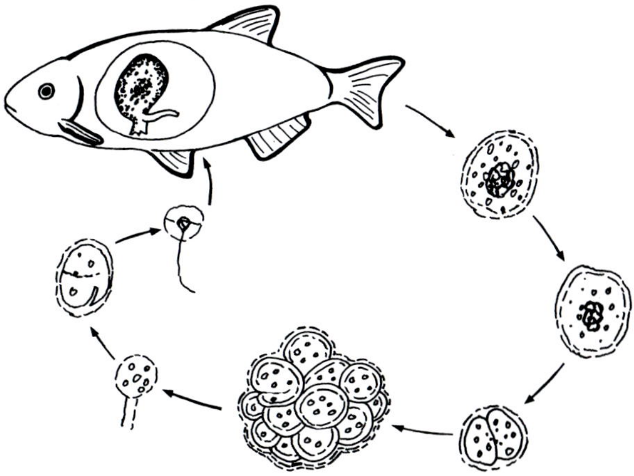

Kreislauf von *Oodinium*

Cryptocarion (Pünktchenseuche)

Der Erreger dieser Seuche, *Cryptocarion irritans*, gehört zu den Wimpertierchen (Ciliaten). Er ähnelt äußerlich sehr dem aus dem Süßwasser bekannten Ichtyo (*Ichthyophthirius multifiliis*). Aus diesem Grund wird *Cryptocarion* manchmal als "Meerwasserichthyo" bezeichnet.

Auch bei einer Infektion mit *Cryptocarion* werden die Fische zunächst von Schwärmern befallen, die sich in der Haut einnisten. Sie sind aber wesentlich größer als *Oodinium* und daher besser zu sehen (stecknadelkopfgroß). Wie bei den meisten Infektionen mit Ektoparasiten scheuern sich die Tiere und zeigen eine erhöhte Atemfrequenz.

Nach einigen Tagen fallen die Parasiten ab und enzystieren sich. Innerhalb der Zyste kommt es zu Zellteilungen. Nach etwa 8 Tagen treten zahlreiche Schwärmer aus der Zyste aus. Auch *Cryptocarion* läßt sich im Schwärmerstadium gut bekämpfen.

Wir empfehlen dafür folgende Schritte vorzunehmen:

1. PREIS Meersalz für einen Teil-Wasserwechsel zubereiten; 24 Stunden durchlüften.
2. 1/2 Beckeninhalt absaugen und verwerfen.
3. Das zubereitete frische Meerwasser (oder gutes Altwasser anderer Salzmarken) ins Becken geben - bis 3/4 des Wasserstandes.
4. Das Becken mit Süßwasser (Leitungswasser oder Osmosewasser), jedenfalls nitratfrei/arm auffüllen, bis das Beckenwasser eine Dichte von 1.017 bis 1.018 aufweist.
5. PREIS Neosal oder TETRA MarinOomed zugeben, wobei ich heute Neosal vorziehen würde, weil es kein Kupfer enthält. Neosal ist auf rein pflanzlicher Basis hergestellt.

Die Absenkung der Dichte wird von den Wirbellosen meist problemlos vertragen. Lediglich Krebstiere wie Garnelen und Hummer sind dagegen empfindlich.

Befall von *Cryptocarion* bei *Forcipiger*

Befall von *Cryptocarion* bei *Chaetodon falcula*

Cryptocarion - Befall bei *Pseudogramma porphyreus*

Cryptocarion ist immer latent im Becken (und im Fisch) enthalten. Bei Streßbedingungen z.B. pH-Wert unter 7,5 bricht es "über Nacht" aus. Korrigiert man den Wasserwert, verschwindet es meist von allein.

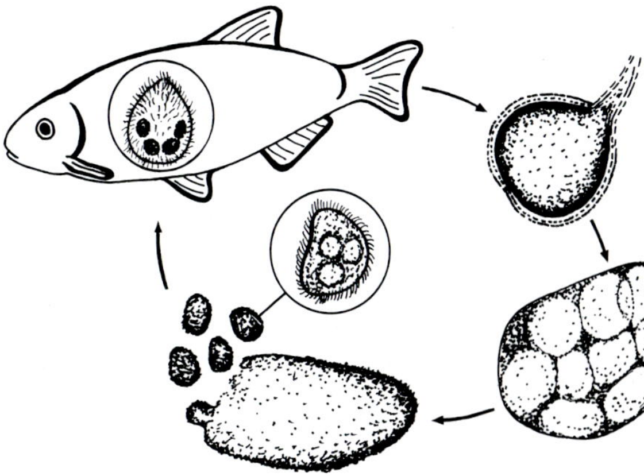

Kreislauf von *Cryptocarion*

Bakterielle Erkrankungen

Bei Meeresfischen sind bakterielle Erkrankungen von Haut und Flossen reine Hälterungskrankheiten, die durch schlechte Wasserqualität hervorgerufen werden.
Bakterielle Flossenfäule (*Bacteriosis pinnarum*) und auch die Fleckenkrankheit (*Vibriosis*) zerstören Flossen und Haut. Bekämpfen lassen sie sich durch Breitbanddesinfektionsmittel z.B. General Tonic (TETRA), Prebac (nicht mit Wirbellosen) (PREIS) oder gezielte Antibiotica (nur vom Tierarzt zu beziehen). Behandlungsdauer 8 Tage im Quarantänebecken.
Wichtiger ist jedoch die Bekämpfung der Entstehungsursachen:
- -Wasserwechsel
- -ist das Aquarium überbesetzt? Ist der Filter überlastet?
- -wird zuviel gefüttert?

Eine UV-Lampe kann die Keimzahl im Wasser und damit die Ansteckungsgefahr spürbar vermindern. Eine Abschäumung mit Ozonierung vermindert die Anzahl dieser Krankheitserreger ebenfalls.

Acanthurus leucosternon, Bakterienbefall mit Hautablösung durch schlechte Wasserbedingungen.

Fischtuberculose

Diese Erkrankung taucht bei Meeresfischen nur sehr selten auf. Der Erreger ist *Mycobacterium marinum*. Fischtuberculose ist auch im Meerwasser kaum heilbar. Eine sichere Diagnose kann nur der Fachmann treffen, im fortgeschrittenen Stadium brechen Geschwüre offen durch die Haut. Die Tiere sind dann abzutöten, um Ansteckung anderer Fische zu vermeiden.

Pilzerkrankungen

Häufig mit der Tuberculose verwechselt wird die Erkrankung durch den Pilz *Ichthyosporidium*. Auch hier brechen nach einiger Zeit Geschwüre durch. Die Krankheit ist ebenfalls unheilbar. Versuchen kann man eine Heilung mit einer Kombination von PREIS Prebac und Cryptan! Behandlungsdauer 8 Tage. Nicht im Becken mit Wirbellosen anwenden.
Weitere Pilzerkrankungen sind watteartige Beläge, die insbesondere an Wunden als Sekundärinfektionen entstehen. Sie können durch verbesserte Aquarienhygiene und Desinfektionsmittel, z.B. Marin-Oomed behandelt werden.

Chaetodon kleini mit *Ichthyosporidium*

Erkrankungen durch Sporentierchen

Erkrankungen durch Sporentierchen (Sporozoen) treten bei Meeresfischen hin und wieder auf. Sie können nur vom Fachmann diagnostiziert werden. *Haemogregarina* ist ein Blutparasit, *Eimeria* lebt im Darm und *Pleistophora* befällt Haut und Muskeln. Einige dieser Parasiten können sich nur über Zwischenwirte fortpflanzen, z.B. Egel. Eine Vermehrung und Ausbreitung der Krankheit im Aquarium ist dann oft unmöglich. Andere wie *Pleistophora* können zu einer großen Gefahr werden.
Auch eine Knötchenkrankheit wird durch Sporozoen hervorgerufen (*Myxobolus*). Mit Medikamenten lassen sich die Sporozoen nicht sicher bekämpfen. Versuchsweise mit Prebac und Cryptan, wie vor, behandeln.

Virusinfektion

Eine weitere Knötchenkrankheit wird durch eine Virusinfektion hervorgerufen (*Lymphocystis*). Beide Knötchenkrankheiten sind im fortgeschrittenen Stadium unheilbar. Im Anfangsstadium kann versucht werden, die befallenen Stellen zu entfernen (mit Knötchen befallene Flossen vorsichtig abschneiden) oder mit Jod bepinseln. PREIS empfiehlt Behandlung mit Kombination von Prebac und Cryptan (nicht für Wirbellose).

Kaiserfisch, Befall mit *Lymphocystis*

Argusfisch mit *Lymphocystis*

Anemonenfischkrankheit (*Brooklynella hostilis*)

Diese Krankheit befällt vorwiegend Anemonenfische sofort nach dem Import. Bis zu 90% der Fische können absterben, wenn sie nicht sogleich richtig behandelt werden. Die Krankheit äußert sich durch grau-weißen Belag auf Haut und Kiemen. Sie wird durch ein einzelliges Wimpertierchen hervorgerufen. Schaukeln der Fische, später Appetitlosigkeit und Schleimabsonderung der Haut sind die ersten Anzeichen. Die Krankheit zeigt sich zuerst wie *Oodinium*, verläuft jedoch schneller. Nach den ersten Anzeichen sterben die befallenen Tiere schon innerhalb von 2 bis 3 Tagen. Das einzige mir bekannte Mittel dagegen ist Brook® (PREIS). Ein Importeur sollte dieses Mittel beim Import einer frischen Sendung *Amphiprion* stets vorrätig haben, sonst riskiert er möglicherweise den Verlust der gesamten Sendung.Nach BASSLEER, 1991 (Fischkrankheiten im Meerwasser-aquarium) solle eine Kombination von Formaldehyd und Malachitgrün helfen. Im AM 1983, Heft 9 findet sich ein ausführlicher Bericht über *Brooklynella*. Es soll nicht unerwähnt bleiben, daß *Amphiprion*, die sofort nach dem Transport zu einer ausreichenden Menge und Größe von Anemonen, in denen die Fische sich verstecken und "baden" können, gesetzt werden, die Krankheit auskurieren können. Der Grund für den häufigen Befall der Anemonenfische ist das Transportwasser. Diesem wird häufig Rivanol oder ähnliche Stoffe zugesetzt, um Bakterienbildung zu verhindern. Die Fische werden jedoch durch die Behandlung im Transportwasser geschwächt, sodaß sie ein leichtes Angriffsziel für die immer im Fischkörper latent vorhandenen Erreger sind. Die prophylaktische Behandlung erfolgt im Quarantänebecken bei halber Salzkonzentration (Dichte 1.011 bis 1.012).

Brooklynella hostilis, ca. 500fache Größe

Kiemenwürmer (meist Kiemenkrebse)

Korallenfische können, wie auch Süßwasserfische, von Kiemenwürmern befallen werden. An Wimpelfischen und Kugelfischen werden häufig *Tetraonchus* gefunden. Starker Kiemenwurmbefall ist durch schnelle Atmung und gespreizte Kiemendeckel zu erkennen. Einige der größeren Kiemenwurmarten können nach vorsichtigem Anheben des Kiemendeckels mit bloßem Auge erkannt werden.
Bekämpfen kann man die Kiemenwürmer im Quarantänebecken mit Formalin oder Masoten. Beide Medikamente sind jedoch nicht ohne Risiko für die Fische (und für Menschen!). Besser ist Gyrotox (ZOOMEDICA [TETRA]) oder PREIS-Coly. Behandlungsdauer 2 bis 3 Tage!
Andere Wurmerkrankungen, die durch Band, Saug- oder Spulwürmer hervorgerufen werden, treten im Aquarium kaum auf. Die Tiere haben einen komplizierten Generationswechsel mit Zwischenwirten. Lediglich frisch importierte Tiere können befallen sein.

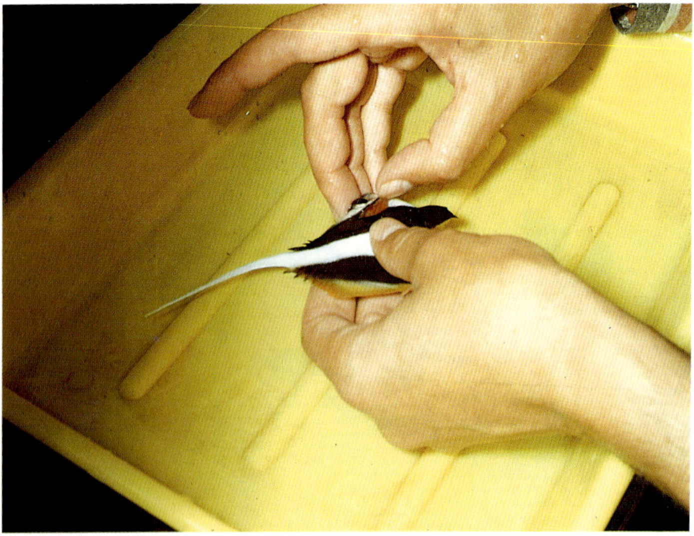

Vorsichtiges Abspreizen eines Kiemendeckels bei *Hemiochus acuminatus*. Die Kontrolle sollte dann durch eine zweite Person mit einer Lupe erfolgen.

Krebse

An parasipären Krebsen können Fischläuse (*Argulus*) und Kiemenkrebse (*Ergasilus*) eingeschleppt werden. So selten diese geschieht, so gefährlich können diese Parasiten für kleinere Fische sein. *Argulus* erkennt man an geröteten Einstichstellen; auch können die Krebse mit bloßem Auge erkannt werden. Kiemenkrebse können nach vorsichtigem Anheben des Kiemendeckels meist mit bloßem Auge entdeckt werden.
Behandlung mit 3-facher Dosis NEOSAL (im Eimer) für 2 bis 4 Minuten. Die Krebse fallen dann ab und der Fisch wird sofort ins Becken zurückgesetzt.

Argulus

Fischassel

Darmwürmer

Diese sind an schleimigem Kot, Abmagerung der Fische, trüben Augen, pelziger Hautstruktur, Knötchen unter der Haut und blassen Farben äußerlich zu erkennen. Behandlung erfolgt im Quarantänebekken z.B. mit PREIS Coly. Wirbellose können im Becken verbleiben. Besonders bei Frischimporten muß eine prophylaktische Behandlung durch den Importeur für 2 bis 3 Tage durchgeführt werden.

Bauchwassersucht/Schuppensträube

Diese wird durch Viren hervorgerufen. Schwere Fälle sind mit der Kombination PREIS Prebac/Cryptan im Quarantänebecken ohne Wirbellose zu behandeln. Leichte Fälle (der Fisch frißt noch) werden mit Prebac allein behandelt, jedoch auch im Quarantänebecken ohne Wirbellose.

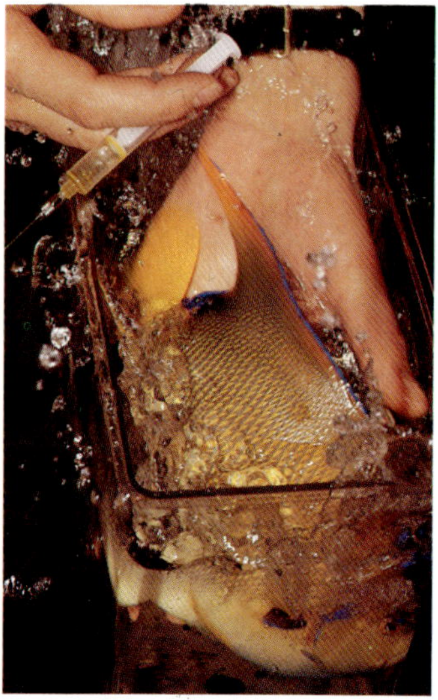

oben links: Durch Bißwunden verletzter *Pomacentrus*. Sekundärer Pilz- und Bakterienbefall sind die Folge. Sofern die Schwanzflosse bis zum Schwanzstiel abgefault ist, kann man den Fisch kaum noch retten.

oben rechts und rechte Seite oben links: Beim injizieren eines Antibiotikums oder einer Vitamin B-Lösung muß man den Fisch ruhig stellen. Eingespritzt wird etwa in der Mitte der Dorsale etwa 2 bis 5 mm unter die Schuppen.

unten links: Glotzaugenkrankheit durch Wurmbefall.

Rechte Seite oben rechts: Die weiße Nase von *Acanthurus leucosternon* zeigt Mangelerscheinungen und Streß an.

Rechte Seite unten: Kiemenwurmdiagnose bei Kaiserfischen: Der stachelbewehrte Kiemendeckel wird mit einem weichen Plastikring angehoben.

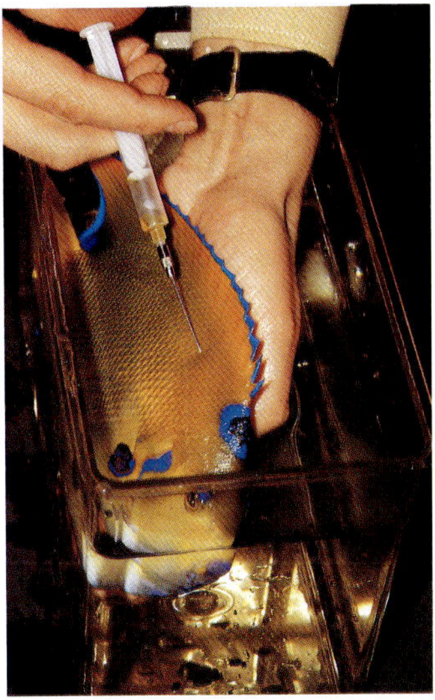

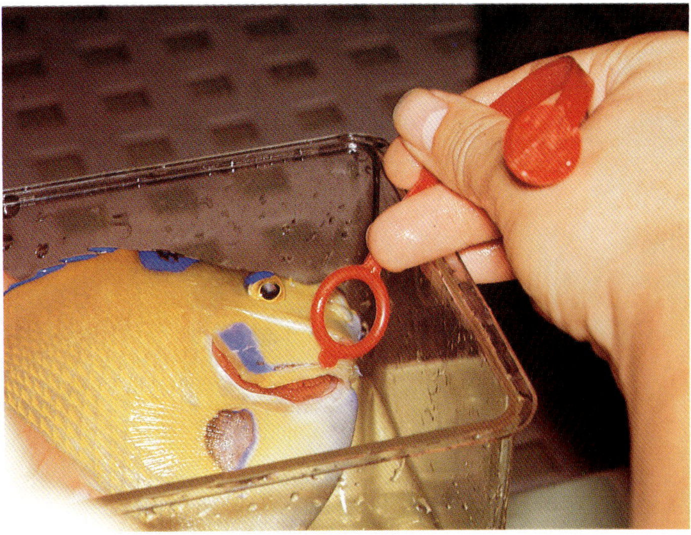

Zeichenerklärungen für die Artbeschreibungen

Fam.:	Familie
Unterfam.:	Unterfamilie
Syn:	Synonym = gleichlautend In diesem Buch haben wir die Synonyme in Ausnahmefällen angeführt, besonders dann, wenn Arten auch in der wissenschatlichen Literatur lange Zeit unter falschem Namen geführt wurden, z.B. *Chromis viridis*; Synonym davon ist *Chromis caerulea*.
Deutsche Namen:	Hier wurden die gebräuchlichsten Handelsnamen verwendet. Vielfach wurden auch neue deutsche Namen vorgeschlagen und häufig wurde auch der deutsche Name ganz weggelassen. Sollten Ihnen in dem einen oder anderen Fall deutsche Namen bekannt sein, so schreiben Sie uns ruhig. Wir fügen diese dann in der nächsten Auflage ein. Neben dem lateinischen Namen steht der Erstbeschreiber mit dem Jahr der Erstbeschreibung Sofern Name und Jahreszahl in Klammern stehen, wurde die Art zunächst mit einer anderen Gattungsbezeichnung beschrieben.
Vork.:	Vorkommen. Hier ist das natürliche Verbreitungsgebiet gemeint.
GU:	Geschlechtsunterschiede. ♂ = Männchen, ♀ = Weibchen.
Soz.Verh./Vgs.:	Sozialverhalten/Vergesellschaftung. Hier wird die Verträglichkeit gegenüber anderen Arten und Tiergruppen dargestellt und wo möglich Hinweise gegeben, mit welchen Arten oder Tiergruppen man sie vergesellschaften kann oder besser nicht vergesellschaften soll.
Hält.B.:	Hälterungsbedingungen. Hier werden die wichtigsten Abweichungen zu den normalen Hälterungsbedingunen aufgeführt. Zusätzliche Informationen erhalten Sie aus der Fußleiste bei jedem Text zu den Tieren. Da Meerwassertiere (außer Rotes Meer) stets bei den gleichen Wasserbedingungen zu pflegen sind, wird hier auf pH oder Redox-Wert oder Karbonathärte nicht noch einmal näher eingegangen.
Licht:	Lichtbedarf. Sonnenlichtzone = 30.000 bis 50.000 Lux; Mittellichtzone = 10.000 bis 20.000 Lux; Dämmerlichtzone = 500 bis 1000 Lux. Diese Werte gelten an der Wasseroberfläche des Aquariums gemessen.

ZU/Verm.:	Zucht oder Vermehrung. Soweit uns bekannt, werden Hinweise für die Zucht einzelner Tierarten gegeben. In den meisten Fällen liegen keine Erfahrungsberichte vor und wir bitten bei etwaigen Zuchterfolgen um Ihre Mitteilung.
FU:	K = Karnivore (Fleisch- und Fischfresser) H = Herbivore (Pflanzenfresser) O = Omnivore (Allesfresser) Bei den einzelnen Tierarten sind nähere Hinweise für die einzelnen Futterarten gegeben. Dabei bedeutet z.B. FD Futterstoffe = gefriergetrocknete Futtermittel FD =Freeze dried
Bes.:	Besonderheiten.Hier werden Punkte angeführt, die nicht in den anderen Rubriken unterzubringen sind.
T:	Temperatur.
L/Ø :	Länge/Durchmesser. Bei den Fischen und Krebstieren wird die Gesamtkörperlänge inklusive Schwanz angegeben. Bei den Blumentieren ist der Durchmesser aufgeführt. Bei diesen Tieren eine Länge anzugeben, hielten wir für falsch.
BL:	Beckenlänge. Da Aquarien in Europa meist nach ihrer Länge gehandelt werden, haben wir uns auf diese Angabe beschränkt. Im Ausland werden Becken meist nach dem Inhalt gehandelt.
WB:	Wasserbewegung. l = leicht, m = mittel, s = stark.
WR:	Wasserregion. u = unten, m = Mitte, o = oben.
BS:	Beschaffbarkeit. 1 = regelmäßig im Handel, 2 = selten im Handel, 3 = kaum im Handel, 4 = nicht im Handel (eventuell geschützte Art).
SG:	Schwierigkeitsgrad, Haltbarkeit. 1= Eine Art für Anfänger.Damit sind Aquarianer gemeint, die ohne Vorkenntnisse in die Meerwasseraquaristik einsteigen. In diese Gruppe haben wir nur Arten eingeordnet, die sehr robust sind und die eigentlich nur sehr eklatante Pflegefehler übel nehmen. 2 = Für Anfänger nach einem halben Jahr Praxis. 3 = Für Fortgeschrittene mit etwa 2 Jahren Praxis in der Meerwasseraquaristik. 4 = Für Fortgeschrittene mit Spezialkenntnissen. Hier sind etwa auch giftige Tiere eingeordnet, die jedoch nicht unbedingt schwierig zu pflegen sein müssen. Meist sind es jedoch Arten, die sehr schwierig zu ernähren sind und extrem gute Wasserbedingungen benötigen, also sollte ein Anfänger von solcher Art gekennzeichneten Tieren zunächst einmal die Hände weglassen.

Algen im Meer und im Aquarium

Das System der Algen

Im Meer- und Süßwasser kommen verschiedene Stämme von Algen vor. Die einzelnen Algengruppen haben sich z.T. unabhängig voneinander entwickelt. Nur die Grünalgen sind als direkte Vorfahren der "höheren" Pflanzen anzusehen.

Stamm/Klasse Familie	wichtige Vertreter
-Cyanophyta (Cyanobacteria)	Blaualgen (blaugrüne, rote und schwarze Schmieralgen)
-Chromophyta	
-Chrysophyceae	Einzeller, Flagellaten z.B. *Isochrysis galbana*
-Xanthopyceae	Grüne Geißelalgen
-Bacillariophyceae	Kieselalgen, Diatomeen (braune Schmieralgen)
-Phaeophyceae	Braunalgen, z.B. Blasentang *(Fucus),* Kelp
-Dinophyceae	viele Planktonalgen Dinoflagellaten Parasiten (*Oodinium*) Zooxanthellen, Goldalgen
-Rhodophyta	Höhere Rotalgen Kalkrotalgen
-Chlorophyta	Grünalgen (Fadenalgen, *Caulerpa*) Kalkgrünalgen

Die vorliegende Einteilung der Algen wurde dem Werk von Bohuslav Fott (Algenkunde, 2.Auflage 1971) entnommen. Andere Autoren, z.B. F.E. Round (Biologie der Algen, 1975) geben den Klassen der Chromophyta den Status von Stämmen (Chrysophyta, Xanthophyta, Bacillariophyta, Phaeophyta und Dinophyta).

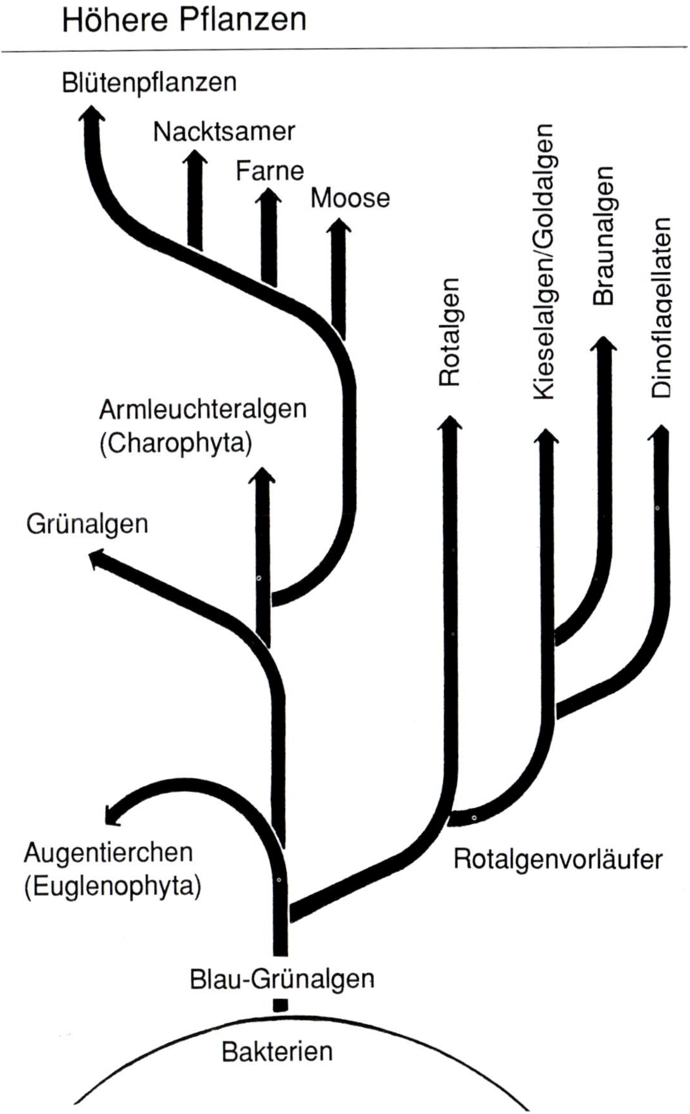

Stammbaum der Algen
(nach SOUTH und WHITTICK (1987)

Algen im Meer und im Aquarium

CYANOPHYTA = CYANOBACTERIA — Blaualgen

Die Blaualgen haben eine unsichere Stellung im botanischen System. Die Mikrobiologen vereinnahmen sie für sich als CYANOBACTERIA, d.h. photosynthetisierende Bakterien, wogegen die Algologen und Botaniker von Cyanophyten, d.h. blaugrünen Pflanzen sprechen. Tatsächlich gibt es mehr Übereinstimmungen mit den Bakterien als mit den übrigen Algen. Blaualgen haben keinen echten Zellkern und keine durch doppelte Membranen abgetrennte Chloroplasten.

Einige Blaualgen, insbesondere Süßwasserformen, besitzen die Fähigkeit Stickstoff aus der Luft zu fixieren. Sie benötigen zum Wachstum dann weder Ammonium noch Nitrat.
Blaualgen können sowohl als Einzeller vorkommen (z.B. *Micrococcus*), als auch fadenförmig wachsen (z.B. *Oscillatoria, Spirulina*).

In Meeresaquarien begegnen uns die Blaualgen in Form der berüchtigten blaugrünen, roten und schwarzen Schmieralgen. Sie bilden auf Steinen und am Boden flächige, teppichähnliche Überzüge, die alles Leben darunter ersticken. Diese Flächen bestehen aus miteinander verwobenen Fäden. Die Ursache für eine Blaualgen-Massenentwicklung ist ein zu hohes Nährstoffangebot , insbesondere Nitrat und Phosphat fördern diese Algen enorm.
Blaualgen sind Indikatoren für schlechte Wasserqualität. Auch in der Natur wachsen sie an stark mit organischen Stoffen belasteten Stellen, z.B. Abwassereinleitungen. In sauberem Wasser mit hohem Sauerstoffgehalt, das heißt auch einem hohen Redoxpotential gedeihen Blaualgen schlecht. Am besten entfernt man sie durch Absaugen und starker Reduzierung des Nährstoffangebotes - weniger füttern! Früher wurden die Blaualgen, besonders die braunen Schmieralgen, Spaltalgen genannt. Dieser Begriff sowie die dazugehörige lateinische Bezeichnung Schizophyta gilt heute als überholt.

CHROMOPHYTA — Flagellaten

Die CHROMOPHYTA gehören zu verschiedenen Algenklassen, die eine gelblich bis braune Färbung gemeinsam haben.

CHRYSOPHYCEAE
Sie sind meist gelbbraune Flagellaten. Diese Einzeller spielen eine wichtige Rolle im marinen Plankton. Der Flagellat *Isochrysis galbana* wird zur Ernährung von Fischbrut, Rädertierchen und Mollusken in Massen kultiviert.
In Aquarien spielen die CHRYSOPHYCEAE eine untergeordnete Rolle.

XANTHOPHYCEAE

Die XANTHOPHYCEAE sind eine Klasse grüner Algen, deren Flagellaten zwei ungleich lange Geißeln tragen. Die meisten Vertreter bleiben sehr klein. Es gibt zwar marine Formen in der Natur; im Aquarium erlangen sie aber keine größere Bedeutung.

BACILLARIOPHYCEAE Diatomeen, Kieselalgen

Die Diatomeen oder Kieselalgen gehören zu einer großen Klasse einzelliger Algen. Sie alle haben einen Panzer aus Siliciumdioxid (SiO_2). Diese Panzer haben eine enorme Formenvielfalt entwickelt, unter dem Mikroskop entpuppen sich viele Kieselalgen als regelrechte Schönheiten. Oft werden sie fälschlich Braunalgen genannt.

Die Panzer der Kieselalgen bestehen aus zwei Schalen, die ineinander rasten. Es gibt eine größere Hälfte, den Boden (Epitheka) und den kleineren Deckel (Hypotheka). Bei der vegetativen Vermehrung durch Zellteilung trennen sich beide Hälften und bilden ein neues Gegenstück. Die alten Panzerhälften werden jedoch immer zum Boden (Epitheka); regeneriert wird immer nur der kleinere Deckel. Da die alte Hypotheka nicht wachsen kann, wird die Diatomeenpopulation immer kleiner (an Größe - nicht an Individiumzahl). Wenn nach einer Reihe von Zellteilungen eine kritische (zu kleine) Größe erreicht ist, kommt es zur Bildung von Geschlechtszellen (Auxosporen). Diese unbegeißelten Sporen verschmelzen zu einer Zygote (=befruchtete Eizelle) und wachsen zu einer bepanzerten Kieselalge heran. So wird dic ursprüngliche Diatomeengröße, die durch Zellteilungen vermindert worden war, wiederhergestellt.

In unseren Aquarien begegnen uns die Kieselalgen als braune Schmieralgen. Betrachten Sie sie einmal durch ein Mikroskop! Die Kieselalgen benötigen zum Wachstum unbedingt freie Kieselsäure im Wasser. Wird das Aquarium mit Leitungswasser gefüllt, das hohe SiO_2-Konzentrationen enthält, wird die Kieselalgenplage kein Ende nehmen. Hier hilft nur eine Entfernung der Kieselsäure über Ionenaustauscher oder noch besser über Umkehrosmose. Bei der Verwendung so entsalzten Wassers verschwinden die Diatomeen nach kurzer Zeit von selbst. Der Si-Gehalt des Ausgangswassers sollte nicht mehr als 1mg/l betragen.
Auch in der Natur spielen die Kieselalgen eine große Rolle. Sie stellen gemeinsam mit den Dinoflagellaten einen Großteil des marinen Planktons. Besonders seien die Gattungen *Sceletonema, Thalassiosira* und *Asterionella* genannt. Diese Algen werden ebenfalls in Massenkulturen zur Ernährung von Zooplankton, Fischbrut und Mollusken gezüchtet.

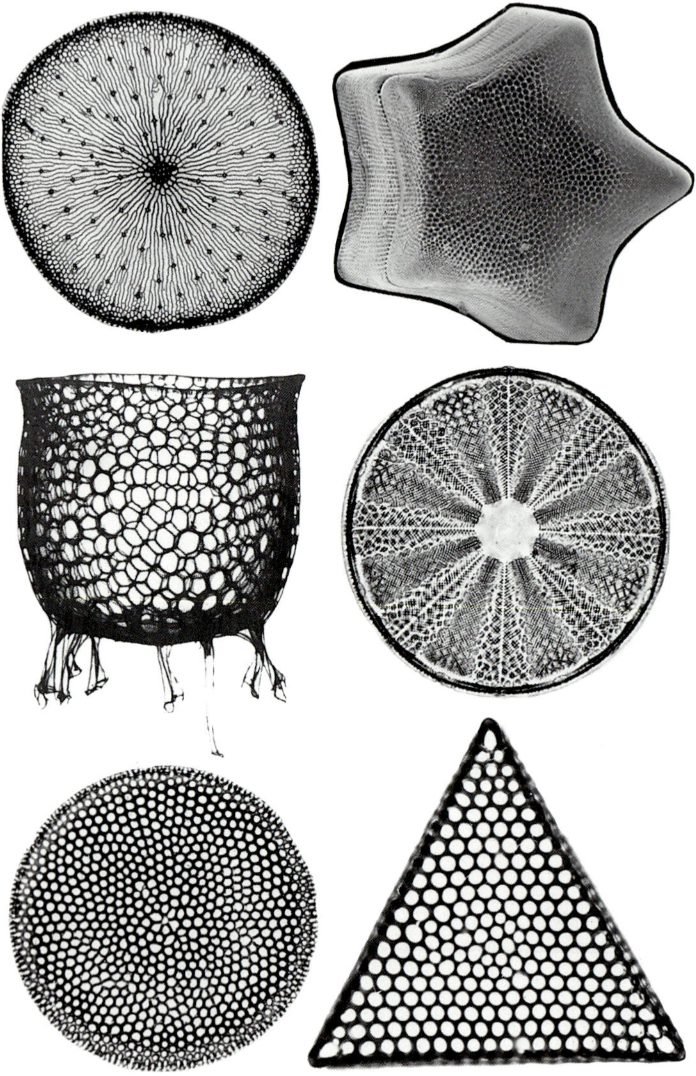

Diatomeen (Kieselalgen). Links von oben: *Coscinodiscus* spec., 500fach; *Stephanopyxis* spec., 700fach; *Coscinodiscus* spec., 280fach; Rechts von oben: *Triceratium pentacrinus*, *Actinoptychus* spec., 400fach; *Triceratium favus*, 500fach.

Die Schalen der Kieselalgen widerstehen der biologischen Zersetzung und haben sich über Millionen von Jahren erhalten. An einigen Stellen haben sich regelrechte Lagerstätten gebildet, die heute wirtschaftlich abgebaut werden. Das hochreine Pulver aus Diatomeenschalen, Kieselgur, wird in der Medizin und Tierernährung genutzt. Kieselgur eignet sich aber auch hervorragend zum Aufbau eines Filterkuchens bei der Filtration sehr kleiner Partikel. In der Getränkeindustrie wird Kieselgur zur Klarfiltration von Wein und Bier benutzt und der Diatomfilter in der Aquaristik enthält auch nichts anderes als die hochgereinigten Schalen fossiler Kieselalgen.

PHAEOPHYCEAE Braunalgen

Braunalgen sind uns als Tange von vielen Meeresküsten bekannt (z.B. *Fucus versiculosus*, der Blasentang). Unter diesen finden sich die größten Algen überhaupt, möglicherweise sogar die größten aller Pflanzen. Die Art *Macrocystis pyrifera*, die an den Küsten der südlichen Halbkugel vorkommt, soll angeblich Längen von mehr als 400 m erreichen. 60 m lange Exemplare werden häufig gefunden.

Braunalgen speichern Jod und werden deshalb auch zu Medikamenten verarbeitet (z.B. Parkelp).Wirtschaftlich erlangen sie vor der westlichen nordamerikanischen Küste große Bedeutung. Hier gibt es große Tangwälder von *Macrosystis* und *Laminaria*-Arten, die abgeerntet werden.
Aus den Algen werden verschiedene Inhaltsstoffe isoliert, wie z.B. Alginsäure. Alginsäure wird in der Kosmetikindustrie, als Emulgator in der Lebensmittelindustrie und bei der Farbherstellung verwendet.

In Aquarien lassen sich Braunalgen kaum kultivieren - wenn man mal von dem bekannten kalifornischen Aquarium in Montery Bay absieht. Dort wird ein ganzer Wald von Kelp-Pflanzen in einem mehrere Millionen Liter Wasser fassenden und 11 m hohen "Aquarium" kultiviert.

DINOPHYCEAE

Von den DINOPHYCEAE begegnen uns im Meer - und somit auch im Meeresaquarium insbesondere die Dinoflagellaten in vielfältigen Formen. Für die Funktion des Meeresaquariums sind sie von überragender Bedeutung - sowohl im Positiven wie im Negativen!

Bau
Die meisten Dinoflagellaten haben eine deutlich gefelderte Haut, die sich bei einigen freilebenden Meeresarten zu einer dicken strukturierten *Pellicula* entwickelt hat. Oft enthält dieser Panzer perforierte Plättchen mit Fortsätzen und Stacheln. Ihre typische Farbe (gelbbraun, aber auch gelb bis dunkelbraun, grün oder blau) wird durch Kombinationen verschiedener Farbpigmente hervorgerufen. Es gibt aber auch farblose Arten, die sich räuberisch ernähren. Sie können verhältnismäßig große Algen oder Einzeller überwältigen und aufnehmen.
Dinoflagellaten können sich mit Hilfe ihrer zwei Geißeln fortbewegen - eine Längsgeißel zur Bewegung nach vorn und eine Quergeißel zur Eigenrotation. Daraus resultiert eine spiralförmige Schwimmbahn.

Vorkommen
Die Dinoflagellaten bilden das eigentliche Plankton. Sie sind wichtige Produzenten organischer Stoffe im Wasser. In den Meeren, wo das Plankton die einzige Quelle für die Ernährung aller Organismen darstellt, sind die Dinoflagellaten zusammen mit den Kieselalgen und Kalkflagellaten der Hauptbestandteil des Planktons. Ein Liter Wasser kann in kalten, nährstoffreichen Meeren bis zu 200000 Dinoflagellaten enthalten - in den Tropen nur etwa 2500.
Ein bekannter Vertreter der Dinoflagellaten ist *Gymnodinium*. Diese Alge vermehrt sich zu bestimmten Jahreszeiten in großen Massen. Durch ihre rötliche Farbe kann sie das Meer rot färben (Red tide). Sie enthält Giftstoffe, die für den Menschen gefährlich sind. Aus diesem Grunde dürfen zu Zeiten der Massenentwicklung von *Gymnodinium* Austern und Muscheln nicht verzehrt werden. Das sind in den nördlichen Breiten die Monate Juli bis September.

Diese planktischen Formen spielen in unseren Aquarien nur eine untergeordnete Rolle - durch die Filtertechnik halten wir das Wasser weitgehend planktonfrei.

Fischparasiten
Einige Dinophyceen leben parasitisch. Das bekannteste Beispiel davon ist *Oodinium*, der Erreger der Korallenfischkrankheit (siehe auch dort). Der Parasit ist nur während seines freischwimmenden Schwärmerstadiums als Dinoflagellat zu erkennen. Wegen der geringen Größe (ca. 0,05 bis 0,1 mm) ist ein Mikroskop mit 300facher Vergrößerung zu benutzen.

Zooxanthellen (manchmal als Goldalgen bezeichnet)
Die den meisten Meeresaquarianern als Zooxanthellen bekannten Algen gehören ebenfalls zu den Dinophyceen. Die Algen leben im Inneren von Schwämmen, Polypen, Aktinien und Korallen sowie in einigen Weichtieren. Man kann sie auch außerhalb ihres Wirts kultivieren. Dann nehmen sie die typische Gestalt von Dinoflagellaten an.
In riffbildenden Korallen leben ungeheure Mengen von Zooxanthellen. In einem Milliliter Korallengewebe leben bis zu 30000 Algenzellen, die bis zu 5% der Korallenbiomasse darstellen! Die Korallenriffe sind daher in Wirklichkeit ein autotrophes Konsortium - und keine reine Tierkolonie. Dieses Konsortium kann etwa 3500 g Kohlenstoff pro Quadratmeter und Jahr binden. Die Zooxanthellen beteiligen sich durch die CO_2-Aufnahme wesentlich an der Kalkausscheidung im Korallenkörper und tragen zum Aufbau der Riffe bei. Dabei entziehen sie dem Meerwasser, das ja nur Hydrogencarbonat enthält, Kohlensäure.

$$Ca(HCO_3)_2 \longrightarrow CO_2 + CaCO_3 + H_2O$$
Calciumhydrogencarbonat—> Kohlendioxid + Calciumcarbonat + Wasser

Das verbleibende Calciumcarbonat ist unlöslich und kann vom Korallenpolypen zum Aufbau seines Skelettes verwendet werden. Ohne Zooxanthellen wäre diese Art der Kalksynthese nicht möglich. Aber nicht nur die Steinkorallen benötigen Kalk, auch Leder- und Weichkorallen lagern ihn in Form von Kristallen und Stütznadeln im Gewebe ab.

RHODOPHYTA — Rotalgen

Die Ordnung umfaßt mehr als 4000 Arten. Der rote Pigmentfarbstoff dieser Algen heißt Phycoerythrin. Die Kalkrotalgen spielen eine große Rolle in manchen Riffen, ja manche machen wegen ihrer Fähigkeit das Riff zu verfestigen, die Riffbildung erst möglich.
"Blätterartige" Rotalgen pflegt man erst seit etwa 10 Jahren in größerem Umfang in Aquarien. Wegen ihres Farbkontrastes zu den grünen Caulerpas und den weißen Dolomitsteinen und dem meist weißen Bodengrund sind sie sehr geschätzt. Die Haltung wurde durch verbesserte Salzmischungen, Abschäumung und Filtertechnik erst möglich. Die Vielfalt ist ungeheuer: Fadenartige, blättrige, büschelähnliche, gitterförmige, perlenschnurförmige, moosähnliche, schwammähnliche, kugel- und ballonförmige (wie *Ventricaria*), tangähnliche usw. Formen bilden einen solchen Artenreichtum, der bei weitem die anderen Algengruppen übertrifft.

Am beliebtesten unter den Rotalgen sind diejenigen mit blatt- und tangartigen Strukturen. Beliebt sind diese jedoch auch bei pflanzenfressenden Tieren, insbesondere den Doktorfischen. Ist ein solcher im Aquarium, so ist mit Rotalgenwachstum nicht zu rechnen. Entfernt man den Doktorfisch, so entwickelt sich bald - bei guten Wasserbedingungen - neues Leben aus den Pflanzenresten, die etwa noch zwischen Steinspalten sitzen.

Die Rotalgen sind ein sehr alter Algenstamm mit nur einer Klasse, den RHODOPHYCEAE. Sie stellen eine eigene Algenreihe dar, die sich parallel zu den anderen Algenstämmen entwickelt hat und mit ihnen verwandtschaftlich nicht näher verbunden ist. Sie wachsen als große, tangähnliche Pflanzen. Ähnlich wie die Braunalgen werden sie wirtschaftlich genutzt. Aus ihrem hohen Pektinanteil wird Agar und Carragen hergestellt, Produkte, die in der Mikrobiologie (Agar Agar) und der Lebensmittelindustrie verwendet werden, z.B. als Gelantine. Rotalgen kommen an allen Küsten vor, an denen die Wassertemperaturen im Jahresmittel nicht starken Schwankungen unterworfen sind, jedoch sowohl in warmen wie in kalten Meeren.

Im Aquarium wachsen Rotalgen häufig auf und aus "Lebenden Steinen". Durch ihre bizarren thallösen Strukturen sind sie sehr beliebt und erwünscht. Leider sind die meisten Arten sehr empfindlich und verschwinden wieder.
Kalkrotalgen der Gattung *Lithothamnion* überziehen krustenartig feste Gegenstände wie Felsen an Meeresküsten. *Lithothamnion* gedeiht auch gut in sauberen Riffaquarien. Es kann nach und nach die gesamte Dekoration und den Bodengrund mit einer rotvioletten Kruste überziehen. Die von *Lithothamnion* besiedelten Flächen bieten keine Möglichkeit mehr zur Ansiedlung von Fadenalgen. Durch und durch mit *Lithothamnion* bewachsene Aquarien bieten ein Höchstmaß an biologischer Stabilität.
Diese Alge ist auch am Aufbau von Korallenriffen beteiligt; sie lagert Calciumcarbonat ein. Im Aquarium muß man bei reichlichem Kalkrotalgenwuchs für ständigen Nachschub an gelöstem Calciumhydrogencarbonat sorgen, weil sonst die Pufferkapazität des Wasser, die Karbonathärte, auf zu niedrige Werte absinken kann (unter KH 7).

CHLOROPHYTA Grünalgen

Die Grünalgen sind eine artenreiche Gruppe von Algen, die sowohl im Meer, als auch im Süßwasser vorkommen. Entwicklungsgeschichtlich leiten sie zu den höheren Landpflanzen über. Von den besprochenen Algenstämmen sind sie als einzige als direkte Verwandte der höheren Pflanzen anzusehen.
Die Formenvielfalt der Grünalgen reicht von den einzelligen Planktonarten bis zu den kompliziert gebauten und bereits an Blütenpflanzen erinnernden Armleuchteralgen (CHARACEAE). Die einzelligen Grünalgen erreichen im Süßwasser ihre größte Artenvielfalt; im Meer finden wir hauptsächlich thallöse Wuchsformen. Grüne Fadenalgen wachsen häufig auch in Meeresaquarien. Vor Jahren waren viele Aquarianer froh, wenn diese Algen in ihren Becken wucherten - sie verdrängten die unerwünschten Blau- und Kieselalgen. Ein reichlicher Fadenalgenwuchs benötigt jedoch eine so hohe Nährstoffkonzentration, die empfindliche Wirbellose kaum gedeihen läßt. Darüberhinaus werden sie von dem Algenrasen erstickt. Viele Blumentiere, z.B. *Xenia* - Arten und verschiedene Röhrenkorallen können nur in Aquarien gepflegt werden, die frei von grünen Fadenalgen sind. Von allen unerwünschten Algenarten sind sie jedoch die robustesten, die sich, einmal festgesetzt, nur noch mechanisch bekämpfen lassen. Niedrige Nitrat- und Phosphatkonzentrationen lassen üppigen Fadenalgenwuchs erst gar nicht aufkommen.
Will man Grüne Fadenalgen als Futter für z.B. Doktorfische züchten, so muß ein separates (kleines) Becken mit viel Licht aufgestellt werden. Thallöse Grünalgen wachsen an fast allen Felsenküsten in großer Vielfalt. Aus dem Atlantik bekannt ist der Meersalat, *Ulva lactuca*, dessen zarte Blättchen sogar gegessen werden können. Meeressalat läßt sich nur im unbeheizten Aquarium über längere Zeit erhalten. Man kann ihn leicht mit einer lebenden Auster (aus dem Delikatessengeschäft) ins Aquarium "einschleppen". Ich habe Austern über mehrere Monate hinweg gepflegt und den damit eingebrachten Meeressalat regelrecht abernten müssen (H.B.).

Für das Aquarium haben die thallösen Grünalgen aus der Familie der CAULERPACEAE große Bedeutung erlangt. Ihnen sei daher ein eigenes ausführliches Kapitel gewidmet.

Rote Blaualge auf Kieselsteinen

Braune "Spaltalge" ; ist eine braune Blaualge

Grüne Blaualge

Fraßspuren an Blaualgen

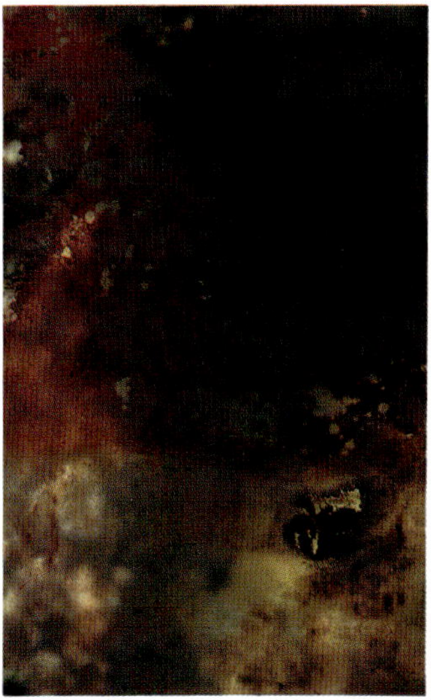

Rote Blaualge

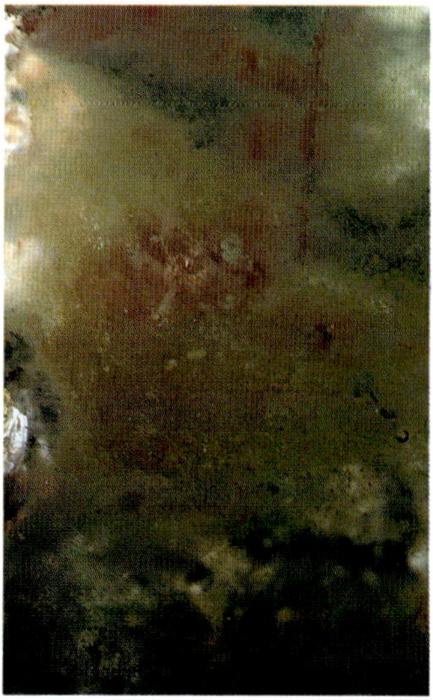

Braune Blaualge (Schmieralge)

Fucus sp., Blasen-Seetang, aus kühlen Breiten

Vork.: Alle Küsten der kalten und gemäßigten Meere in 0 bis 2 m Tiefe, in Gebieten mit höherem Gezeitenhub auch tiefer. Regelmäßig in der Gezeitenzone. Ein Teil der Pflanze muß immer trockenfallen und kann sich selbst stärkster Sonnenbestrahlung oder Frost aussetzen.
Hält.B.: Haltung im Aquarium nur über ein paar Wochen möglich. Seetang wird als Dünger verwendet. Im Meer bietet der Tang vielen Tieren Schutz und Nahrungsplatz.

Foto rechts:
Der Riesenseetang oder Kelp (*Macrocystis pyrifera*) z.B. an den Küsten Kaliforniens im Norden und bis Chile im Süden gehört zu den größten Pflanzen. Kelp wird zur Gelatinegewinnung regelrecht geerntet. Der Tang ist Heimat vom Garibaldi (*Hypsipops rubicundus*), siehe Foto, von Meeresottern, Muscheln, Austern, Garnelen und vielen Fischen. Wer einmal in einem solchen Tangwald getaucht hat, wird dieses Erlebnis nicht mehr vergessen.

Macrocystis pyrifera , Kelp

Sargassum fillipendula, Seetang aus gemäßigten Breiten

Dictyota bartayresii LAMOUROUX
Blauschleier-Braunalge Fam.: Dictyotaceae

Vork.: Tropischer Atlantik von Westafrika bis Karibik. Bis 40 m Wassertiefe (rechtes unteres Foto). Oberes Foto (Aquarium) Herkunft unbekannt.
Hält.B.: Die zarte, leicht hinfällige Braunalge wurde schon in Aquarien gepflegt, wie das obere Foto zeigt. Die Alge entwickelt sich in extrem guten Wasserbedingungen manchmal aus lebenden Steinen. Sie ist kaum anders transportfähig und zerfällt schnell bei Wasserveränderung. Das rechte Foto zeigt diese Alge im Meer bei Lanzarote (Kanarische Inseln) in 20 m Tiefe. Wahrscheinlich handelt es sich bei den Abbildungen um verschiedene Arten. Aber der Typus dürfte gleich sein. Empfohlen wird ein Wirbellosen Becken mit Zooxanthellen-Tieren - keine Fische, keine fleischfressenden Anemonen; um Wasserbelastung zu vermeiden.
Bes.: Typisch und kennzeichnend für die Art (Gattung ?) ist der zauberhafte irisierende und im Blaulicht fluoreszierende Schleier auf den "Blättern".

T: 18-28°C, **L:** 10 cm, **BL**: 60 cm, **WR:** u, **SG**: 3-4

Dictyota bartayresii, Aquariumaufnahme

Dictyota bartayresii, Lanzarote (Kanarische Inseln)

Gracilaria sp.
Gracilaria curtissae (?) AGARDH
Rubinrotalge Fam.: Gracilariaceae

Vork.: Tropische Meere in Tiefen von 4-10 m.
Hält.B.: In Meerwasserbecken, die mit lebenden Steinen "bestückt" wurden, tritt diese Rotalge recht häufig dann auf, wenn ihr die Wasserbedingungen zusagen und kein Pflanzenfresser ihr Wachstum stört. Vorzugsweise in Becken mit Wirbellosen. Die Pflege zusammen mit Caulerpas schätzt sie nicht. Die grünen Algen nehmen ihr offenbar den (geringen) Nährstoffgehalt, den sie selbst zum Wachsen braucht. Höhere Nährstoffkonzentrationen von Nitrat und Phosphat wiederum, die manche *Caulerpa* noch vertragen, hemmt ihr Wachstum.
Die Färbung kann je nach Herkunft strohgelb bis rosa sein. Auch rote und braune Formen werden in der Gattung gefunden.
Bes.: Die Rubinrotalge, welchen wissenschaftlichen Namen sie auch tragen mag, gehört zu den schönsten Pflanzen im Meerwasserbecken. Man sollte (als Pflanzenliebhaber) die Tiergesellschaft nach ihr ausrichten.Einige Fische, die man ihr hinzugesellt, dürfen nur reine Planktonfresser sein. Dazu Garnelen und Anemonen.
Die Größe der Rubinrotalge kann es erforderlich machen, sie zu kürzen. Dabei darf der "Kern" (die Herzblätter) jedoch nicht beschädigt werden - sonst kann die ganze Pflanze eingehen.

T: 20-28°C, **L:** bis 40 cm, **BL:** 100 cm, **WR:** u, **SG:** 3

Halymenia sp. cf. floresia
Tangrotalge
Fam.: Grateloupiaceae

Vork.: Die Blattrotalgen der Gattungen *Grateloupia* und *Halymenia* sind die Lieblinge unter den Pflanzenkennern bei den Meeresaquarianern. Die Unterscheidungsmerkmale sind oft so gering, daß eine Klassifizierung nur dem erfahrenen Algenkundler möglich ist. Die Gattungen kommen in den verschiedenen, vielfältigen Arten zirkumtropical im Indopazifik und in der Karibik vor; meist in Tiefen zwischen 5 und 40 Metern.
Hält.B.: Mittellichtzone. Extrem unbelastetes Wasser. Am besten nur im Wirbellosen-Becken halten. Wenn einige Fische zusammen mit den Wirbellosen gepflegt werden, dann sollte man nur Planktonfresser - die nicht an Algen knabbern - hinzugesellen. Diejenigen Rotalgen, die traubenähnliche Wuchsformen an den *Thalli* tragen, gehören anderen Gattungen an, z.B. *Laurencia*.

T: 22-28°C, **L**: 10-20 cm, **BL**: 120 cm, **WR**: u, **SG**: 2-3

Halymenia sp. ?, *Laurencia* sp. ?

Grateloupia filicina

Halymenia sp. floresia (?)

Wrangelia argus, Rote Büschelalge

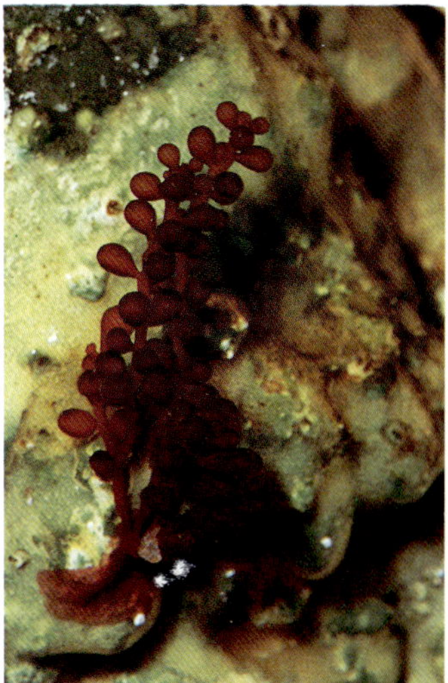

Botryocladia uvaria

Kalkrotalgen-Strand ("Coral Beach") an der Westküste Irlands. Unter dem Einfluß des Golfstromklimas wachsen diese Algen in 5 bis 50 m Tiefe.

Liagora sp. cf. *ceranoides* (eventuell *Polysiphonia* sp.)

Liagora sp. cf. *ceranoides* (eventuell *Polysiphonia* sp.)
Korallenrotalge — Fam.: Helminthocladiaceae

Hält.: Die Bestimmung nach dem Foto ist kaum möglich. Deshalb kann hier nur allgemein über "Korallenstock"-bildende Rotalgen gesprochen werden. Diese Pflanzen ähneln wegen ihrer Kalkablagerungen den echten Korallen oft so sehr, daß beim Volk in den Vorkommensgebieten tatsächlich von Korallen gesprochen wird. Auch der Lateinische Name für die Familie Coralliniceae weist auf die Ähnlichkeit hin. Zwei Beispiele: An der irischen Küste gibt es zwei "Korallensandstrände", zumindest heißen sie dort "Coral Beach". Im Trondheim-Fjord (Norwegen) gibt es Stellen, an denen man Korallen wegen der Temperatur sicher nicht mehr antrifft, jedoch kugel- und ringförmige kalkharte Gebilde, die Korallenstöcken sehr ähnlich sehen. Beim Angeln (Pilkern) hat man solch ein Stück nicht selten am Haken. Diese verästelten Gebilde beherbergen eine Fülle an Krebsen, Schlangensternen und anderen Wirbellosen. Es handelt sich um *Neogoniolithon spectabile* oder ähnliche Arten (früher *Goniolithon*). Über die Haltbarkeit im Aquarium liegen wenig Erfahrungen vor. Diese Kalkrotalgen sind sehr bruchempfindlich und werden daher nicht gesucht und exportiert. Interessant dürfte die Pflege dennoch im Artenbecken sein, jedoch nur für Aquarianer, die direkt an der entsprechenden Küste leben.
Kalkrotalgen der skelletbildenden Arten besiedeln meist Sandböden in starken Gezeitenzonen. Die überzugbildenden Arten kann man in allen Bereichen des Riffs und der Felsküsten finden. Einige Arten findet man auch auf kalkhaltigem Substrat wie abgestorbenen Muschelschalen direkt am Strand z.B. *Titanoderma prototypum* (früher *Lithophyllum prototypum*).

T:5-25°C je nach Herkunft, L: bis 15 cm, BL: 60 cm WR: u bis m, SG: 3

Corallina officinalis , Text siehe rechte Seite unten

Amphiroa hancockii, eine "strandbildende" Kalkrotalge - hervorragend als Filtermaterial und Bodengrund geeignet (Atlantik und Karibikküsten).

Hydrolithon boergesenii FOSLIE
Krustige Kalkrotalge Fam.: Corallinaceae

Syn.: *Goniolithon boergesenii*, *Spongites* sp.,
Vork.: Alle tropischen Meere bis in Tiefen von 30 m.
Hält.B.: Diese Rotalge überzieht Felsen und tote Korallenstücke bis zu einer Dicke von 5 mm. Sie ist im Aquarium erwünscht, da sich auf ihr keine anderen Algen mehr ansiedeln. Wenn sie selbst abstirbt - infolge schlechter Wasserbedingungen - dann wird sie wiederum von Schmieralgen befallen. Man sollte durch Wasserwechsel, Kohlefilterung etc. drastisch die Wasserqualität verbessern und die verkrusteten Steine unter Meerwasser mit einer weichen Bürste reinigen.
Licht: Mittellichtzone.
Bes.: Für das Wirbellosen-Becken auf Dauer unentbehrlich. Die Beschaffung ist mit Lebenden Steinen gesichert. Die Alge ist wegen ihrer Fähigkeit, samtartige Überzüge zu bilden und diese damit über abgestorbene Riffteile wieder zu verfestigen, als Riffbildner sehr nützlich. Eine andere Kalkrotalge ist ganz ähnlich, nur in der Färbung und Struktur unterscheidet sich *Sporolithon episporum*. Diese ist glatter und etwas mehr bräunlich gefärbt
T: 20-30°C, **L**: 0,5 bis 5 mm, **BL**: 40 cm, **WR**: alle, **SG**: 2

Corallina officinalis LINNAEUS
Büschel-Kalkrotalge Fam.: Corallinaceae

Vork.: Tropischer Indopazifik; unter Felsüberhängen in Zonen mit mäßigerWasserbewegung (Innenriffkante).
Hält.B.: Mittellichtzone 3000 bis 5000 Lux. Extrem sauberes und schadstoffarmes Wasser. Nur für Becken mit Wirbellosen (Zooxanthellen-Tieren) geeignet. In gutem Wasser ist die Alge biegsam, bei Nitratgehalt von über 20mg/l werden die Zweige hart und zerbröckeln dann.

T: 22-28°C, **L**: ca. 6 cm, **BL**: 80 cm, **WR**: u-m, **SG**: 3

Chlorophyta

Halimeda opuntia (LINNAEUS) LAMOUROUX
Kaktus-Kalkalge, Pfennigalge Fam.: Halimedaceae

Vork.: Tropischer Indo-Pazifik, Karibik bis 25 m Tiefe.
Es gibt mehrere Arten dieser Gattung, die einander sehr ähnlich sind. *H. opuntia* ist jedoch die häufigste.
Hält.B.: In gut gepflegten Meerwasserbecken entwickelt sie sich bei regelmäßiger Kalkzugabe (Kalkwasser) recht gut. KH 8°- 12°. Auf richtige Phosphat- und Nitratwerte ist zu achten. Ein Becken mit diesen Kalkalgen kann durchaus den Aquarianer als einen Könner ausweisen. Wenn diese Algen wachsen, dann gedeiht auch alles andere. Rigoroses Einkürzen verträgt *Halimeda* nicht!
Licht: Sonnen- bis Mittellichtzone.
Bes.: Diese Alge trägt wesentlich dazu bei Sedimente (Ablagerungen) aufzubauen. Der Kalksandstrand entsteht also nicht nur aus Korallenbruch sondern in manchen tropischen Gebieten aus den kalkigen Resten dieser Alge!
T: 20-28°C, **L**: 10-20 cm, **BL**: 60 cm, **WR**: u, **SG**: 3

Codium repens
oder *Neomeris annulata* Fam.: Codiaceae
Fingeralge

Vork.: *Codium repens* kommt aus der Karibik (bis 10 m Tiefe). *Neomeris annulata* aus dem Indopazifik.
Die beiden Algen sind nach dem Foto kaum zu bestimmen, wenn die Herkunftsangabe nicht gesichert ist. Wahrscheinlich zeigt die Abbildung *Neomerus annulata.*
Hält.B.: Die Alge wächst in der Natur unterhalb der Brandungszone (2 bis 4 m Tiefe) bis in Tiefen von ca. 10 m. Oft unterhalb von Felsüberhängen also in der Mittellichtzone bei 2000 bis 5000 Lux.
Sehr empfindlich gegen Wasserverschmutzung. Am besten nicht in Becken halten, die mit Fischen besetzt sind. Der Durchmesser eines Algenbüschels kann bis zu 40 cm erreichen.
T: 22-28°C. **L**: 8-10 cm. **BL**: 100 cm, **WR**: u, **SG**: 3

Codium repens

Halimeda opuntia , Malediven

Halimeda opuntia im Aquarium

Chlorophyta

Bryopsis plumosa (HUDSON) C. AGARDH
oder *Clorodermis fastigiata*
Büschelalge Fam.: Bryopsidaceae

Vork.: *Bryopsis* kommt in der Karibik vor. Die sehr ähnliche *Chlorodermis* im Indopazifik. Tiefe 1 bis 5 m im Wellenbereich oder in Gezeitentümpeln.
Diese Alge braucht viel Licht. Gegen Dichteschwankungen ist sie unempfindlich. Ebenso verträgt sie höhere Phosphat- und Nitratwerte recht gut.
Hält.B.: Vom Aquarianer ist die Alge jedoch nicht sehr geschätzt, da sie bei ihr zusagenden Bedingungen die gesamte Dekoration im Becken überwächst. Bei zu starkem Wachstum muß die Nährstoffzufuhr und das Licht entzogen werden. Eventuell einen Doktorfisch einsetzen.
Bes.: Diese Alge wird von manchen Meeresschildkröten gern gefressen.

T: 20-30°C, **L**: 5-12 cm, **BL**: 40 cm, **WR**: u, **SG**: 2

Clodaphora profilera (ROTH) KÜTZING
Bürstenalge Fam.: Cladophoraceae

Vork.: Zirkumtropical bis in Tiefen von 10 m. Wächst auf Fels- und Korallengestein auch in teilweise verschmutztem Wasser bis hinauf zur Strandzone. Häufig findet man sie in einigermaßen sauberen Hafenbecken.
Licht: Mittel- bis Sonnenlichtzone.
Hält.B.: Doktorfische gehen an diese Alge nur ungern aber immer noch lieber als an die blättrigen Caulerpas. Pflegt man Doktorfische, sollte man diese Alge mit den Substratsteinen so plazieren, daß dieDoktoren nicht allzu leicht herankommen.
Bes.: Eine recht harte, anspruchslose Alge, die auch im Fischbecken ohne Pflanzenfresser gepflegt werden kann.

T: 20-28°C, **L**: 5 cm, **BL**: 60 cm, **WR**: u, **SG**: 2

Chlorodermis fastigiata

Clodaphora profilera

Chaetomorpha linum (O.F.MÜLLER) KUETZING
Drahtalge, Perlonalge Fam.: Cladophoraceae

Vork.: Zirkumtropical und subtropical (Karibik, Indopazifik).
Hält.B.: Die Alge faßt sich an wie grobe Stahlwolle und sieht aus wie Perlonfasern. Sie wächst bei jedem Licht von 500 bis 2000 Lux. Untere Schichten der Algenmatte erhalten teilweise überhaupt kaum noch Licht (10 Lux!). Als Versteckmöglichkeit für Jungfische und Wirbellosen-Larven eignet sich diese Alge gut. Es werden Teppiche von bis zu 1 x 2 m Fläche gebildet. Diese Alge braucht einen Schattenplatz im Becken. Bei zuviel Licht wird die zunächst gelb und zerfällt dann.
Wird von Doktorfischen etc. nicht gefressen. Ob Seeigel daran gehen, konnte bisher nicht untersucht werden.
Bes.: Die Alge wächst nur bei guten Wasserbedingungen, braucht jedoch wenig Licht. Sie ist deshalb gut für den "Algenfilter" oder für den Rieselfiltersumpf geeignet. Bei Phosphatwerten über 3 mg/l stellt sie das Wachstum ein. Nitrat wird bis ca. 100 mg/l vertragen.

T: 22-28°C, **L**: **BL**: 40 cm, **WR**: u,m, **SG**: 2-3

Grüne Fadenalge

Diese Algen bilden sich in jedem Aquarium mit genügend Licht und nicht zu schlechten Wasserbedingungen. Ideale Alge für den Algenfilter und als pflanzliche Nahrungsquelle von Doktorfischen etc. Im Algenbecken Steine von Faustgröße einbringen und so hat man ständig einen Algenstein für seine Algenfresser. Im Aquarium selbst ist die Alge bei den Aquarianern nicht beliebt, da sie die gesamte Dekoration überwuchert. Bei gnügend Caulerpawachstum gerät das Wachstum der Fadenalge zunehmend ins Stocken. Die Fadenalgen wachsen bei HQL-Licht am besten. HQI-Licht schätzen sie nicht so.
Bes.: Bei viel Licht ist diese Alge ein besonders starker Sauerstoffspender. Siehe Sauerstoffbläschen auf dem Foto.

T: 18-30°C, **L**: bis 25 cm, **WR**: u, **WB**: o-m, **SG**: 1

Chaetomorpha linum

Grüne Fadenalge

Verschiedene Kalkgrünalgen
links: *Neomeris annulata*, Fingerkalkalge
Mitte: *Udotea spinulosa*, Meerjungfrauenfächer
rechts: *Rhipocephalus phoenix*, Pappelkalkalge

Fam.: Halimedaceae

Vork.: Karibik in 1 bis 30 m Tiefe.
Hält.B.: Diese Algen wachsen auf Korallen- und Kalkalgen-Sandböden, oft zwischen Seegraswiesen in der Flachwasserzone. Die Größen liegen bei 5 bis 15 cm, sodaß diese Algen für das Meerwasseraquarium recht geeignet erscheinen. Kalkgrünalgen sind ungeheuer empfindlich gegen Wasserverunreinigungen. In Meeresbuchten, in die (Hotel)abwässer eingeleitet werden, verschwinden sie (meist unbemerkt), während Seegraswiesen noch üppig wuchern. Licht: (20.000 bis 50.000 Lux), Wellenbewegung, Ebbe- und Flutströmung sind Faktoren, die wir im Aquarium nicht bieten können. Einige Wochen oder gar Monate kann man diese hübschen Algen im Aquarium halten. Aber dann kümmern sie doch - besonders schnell, wenn das Becken mit Fischen besetzt ist.
Bes.: Wer am Meer wohnt und ständig Wasserwechsel mit frischem Meerwasser vornimmt, kann mit diesen Algen einen regelrechten UW-Ziergarten anlegen.

T: 18-28°C, **L**: 5-15 cm, **BL**: 60 cm, **WR**: u, **SG**: 3

Ventricaria ventricosa

Ventricaria ventricosa (TAYLOR, 1960)

Blasenalge Fam.: Valoniaceae

Syn.: *Valonia ventricosa.*
Vork.: 1 bis 80 m Tiefe in tropischen und subtropischen Meeren.
Hält.B.: Die Alge sieht wie eine Glasmurmel aus. Je nach dem Lichteinfall kann sie blaugrün (petrolfarbig) oder grasgrün sein. Meist flaschengrün. Bei schlechten Wasserbedingungen verblaßt die Farbe und es bleibt zunächst eine glasklare Hülle übrig, die dann auch zerfällt. Die CO-gefüllte* Blase haftet mit haarfeinen Fäden (Rhizomen) ähnlich *Caulerpa* auf festem Substrat. Zur Haltung ist auf beste Wasserqualität (Meersalzzusammensetzung) zu achten. Phosphat- und nitratfreies Wasser sind Bedingung. Es macht viel Freude, diese Algen in allen Formen und Färbungen wachsen zu sehen.
Bes.: Eines der größten einzelligen Lebewesen dieser Erde.

T: 20-28°C, Ø: bis 5 cm, BL: 40 cm, WR: u,m SG: 3

* CO= Kohlenmonoxid = giftiges Gas

Caulerpaceae

Inhaltsverzeichnis *Caulerpa*

Seit dem im Jahre 1898 erschienenen Handbuch "Monographie der Caulerpes" von Anne Weber-van Bosse, ist kein Überblick mehr über das, was über diese interessante Grünalgengattung bekannt ist, veröffentlich worden.
Für Aquarianer ist dieses Kapitel besonders interessant, weil *Caulerpa* die Pflanzen im Meerwasserbecken schlechthin sind. Das Zusammenleben von Pflanze, Fisch und Wirbellosen Tieren begeistert immer mehr den Aquarianer.

Als Einleitung: Ein kleiner geschichtlicher Rückblick

Fräulein A.van Bosse stammte aus einem Milieu von Wissenschaftlern und studierte Botanik bei Prof.Hugo de Vries in Amsterdam. Nach Abschluß ihres Studiums beteiligte sie sich an der berühmten Siboga Expedition (1899-1900) und heiratete später den Zoologen Prof. Weber.
Für die geheimnisvolle Welt der niederen pflanzlichen Organismen wie Algen und Meeresalgen hatte sie immer ein besonderes Interesse, was schließlich im Jahre 1898 in der Veröffentlichung ihrer Arbeit 'Monographie des Caulerpes' gipfelte. Nach diesem Jahr ist kein einziges, so umfassendes wissenschaftliches Werk über die Gattung *Caulerpa* mehr erschienen.
Sie stützte sich oft auf das wichtige Werk des schwedischen Botanikers C.A. Agardh (1785-1859-Karlstad), dessen zwei Bücher über die Algen "Species algarum rite cognitae" (1820-1828) und "Systema algarum" (1824), den Grundstein für die Algologie legten. Sein Sohn, J.G.Agardh führte die Familientradition fort und wurde gleichfalls Professor der Botanik in Lund auch er studierte vor allem die Meeresalgen. Er schrieb seine Ergebnisse im Werk "Species, genera et ordines algarum" (1848-1876) nieder, das ebenfalls oft von Frau Weber-van Bosse zu Rate gezogen wurde.
Im Reichsherbarium zu Leiden (Niederlande) wird noch ein großer Teil des Briefwechsels aufbewahrt, den Frau Weber-van Bosse mit J.G.Agardh führte und in dem öfters von der Gattung *Caulerpa* die Rede ist.
Man würde in der heitigen Zeit erwarten, daß eine Veröffentlichung wie "Monographie des Caulerpes", aus dem Jahre 1898, von vielen modernen Veröffentlichungen verdrängt worden wäre, aber tatsächlich wird das Werk von Frau Weber-van Bosse noch immer für Vergleichsstudien und Identifizierung der in vielen Meeresgebieten gefundenen Arten verwendet. Die gewissenhaften Beschreibungen, die Gründlichkeit, mit der die Zeichnungen gemacht wurden, der Gebrauch des wohlklingenden Lateins und das mangelhafte Material, das damals zur Verfügung stand - im Vergleich zur heutigen Zeit - rufen Ehrfurcht und großen Respekt für die damaligen Wissenschaftler hervor.

Caulerpaceae

Formbeschreibungen

J.G.Argardh erkannte schon im Jahre 1872, daß Caulerpaceae durch die riesigen Unterschiede, welche in einer Art auftreten und auch wegen Übereinstimmungen zwischen einzelnen, damals bekannten Arten, sich schwer bestimmen lassen.
Zu deren Vereinfachung schlug er eine Gliederung vor, die mehr auf der Form der *Caulerpa*-Arten beruhte, als auf besonderen Merkmalen hinsichtlich ihrer Fortpflanzung.
Diese Einteilung wird immer noch verwendet, ebenso wie das Werk "Monographie des Caulerpes" von Frau Weber-van Bosse. Nachfolgend seine Einteilung, bei der er die bei den höheren Pflanzen allgemein anerkannten Formbeschreibungen benutzte:

Vaucheriodeae = fadenförmig	*Caulerpa filiformis* *Caulerpa fastigiata*
Charoideae = quirlförmig	*Caulerpa murrayi* *Caulerpa pusilla* *Caulerpa verticillata*
Bryoideae = moosförmig	*Caulerpa webbiana* *Caulerpa elongata* *Caulerpa pickeringii*
Phyllantoideae = blattförmig	*Caulerpa prolifera* *Caulerpa brachypus* *Caulerpa parvifolia* *Caulerpa anceps* *Caulerpa stahlii* *Caulerpa biserrulata* *Caulerpa subserrata*
Filicoideae = farnförmig	*Caulerpa remotifolia* *Caulerpa scalpelliformis* *Caulerpa pinnata* *Caulerpa taxifolia* *Caulerpa falcifolia* *Caulerpa ashmeadii* *Caulerpa plumaris* *Caulerpa selago*

Hippuroideae = tannwedelförmig	*Caulerpa alternifolia* *Caulerpa trifaria*
= schachtelhalmförmig	*Caulerpa harveyii* *Caulerpa obscura* *Caulerpa cliftonii*
Lycopodiodeae = bärlappförmig	*Caulerpa lycopodium* *Caulerpa brownii*
Thuyoideae = schuppenförmig	*Caulerpa freycinettii* *Caulerpa bartoniae* *Caulerpa urvilliana* *Caulerpa cupressoides* *Caulerpa lessonii* *Caulerpa distichophylla* *Caulerpa plumifera*
Araucariodeae = nadelförmig	*Caulerpa hypnoides*
Paspaloideae = kammgrasförmig	*Caulerpa paspaloides*
Sedoideae = sedum- oder fettkrautförmig	*Caulerpa racemosa* *Caulerpa peltata*
Vesiculiferae = Bläschenträger	*Caulerpa simpliciuscula*
Pedicellatae = Formen mit kleinen Blättern auf Stielchen	*Caulerpa lentilifera* *Caulerpa agardhii* *Caulerpa papillosa* *Caulerpa ethelae* *Caulerpa okamurai*
Opuntiodae = scheibenkaktusförmig	*Caulerpa sedoides* *Caulerpa ambigua* *Caulerpa fergusonii* *Caulerpa articulata* *Caulerpa holmesiana*

Diese Gliederung ist noch immer wertvoll, aber die Anzahl der Arten innerhalb der Formbeschreibung sollte jetzt beträchtlich erweitert werden, weil seit Agardh's Zeit viele neue Arten gefunden und beschrieben worden sind. Weitaus die meisten Veröffentlichungen über *Caulerpa* finden sich in der ausführlichen Fachliteratur über Meeresalgen und dies macht die Suche nach den Veröffentlichungen, die sich mit *Caulerpa* befassen, schwierig und zeitraubend.
Soweit der Autor feststellen konnte, gibt es bis jetzt 75 anerkannte *Caulerpa*-Arten, von denen aber möglicherweise eine Anzahl miteinander identisch sein mögen. Wie die Veröffentlichungen sind gleichfalls die Fundortangaben über eine gigantische Menge Literatur verbreitet. Der Autor hat sich daher auch hier bemüht, dies und jenes genau zu untersuchen, wodurch außer einem alphabetischen Artenverzeichnis, auch die Fundorte erwähnt werden konnten. Diese Angaben sind vermutlich bei weitem nicht vollständig, denn manchmal liegen die Fundorte in sehr großen Entfernungen auseinander.
In der botanischen Nomenklatur ist es üblich, daß immer wenn ein neuer Name einer Varietät und/oder Form veröffentlicht wird, automatisch auch eine Varietät oder Form desselben Namens wie die Art hinzugefügt wird.
Also z.B. bei *Caulerpa brownii* gibt es auch eine *Caulerpa brownii* var.*brownii*.
Es ist üblich, dieses sogenannte Tautonym (automatisch gebildetes Taxon) voranzustellen, aber weil dies die alphabetische Reihenfolge in der Artenübersicht stören würde, haben wir dies außer Betracht gelassen.

Systematik
Rechnum Planturum = Pflanzenreich

Hauptabteilung: Chlorophyta, Abteilung der Grünalgen, wozu nur eine Klasse, die Chlorophyceae gehört.
Klasse: Chlorophyceae oder Grünalgen, bei denen das Chlorophyll als Pigment dominiert. Manche Vertreter aus dieser Klasse leben im Süßwasser, andere bewohnen die oberen Schichten in den Gezeitenzonen des Meeres und einige leben sogar außerhalb des Wassers auf feuchten Felsen, Baumstämmen u. ä.
Unterklasse : Eusiphoniidae, mit dem Merkmal des Vorhandenseins ergänzender Farbstoffe, wie Karotin und Xantophyll bzw. oranges und gelbes Pigment.
Ordnung: Bryopsidales (Siphonales); Brycon (Gr.) = Moos; Obsis = Gestalt; Siph. (Gr.) = Schlauch; Kladas = Ast; also verzweigten Moosen ähnelnd. Ein derartiger Eindruck wird tatsächlich erweckt, wenn man sie aus einiger Entfernung bei genügend dichter Bewachsung betrachtet. Die Ordnung umfaßt 8 Familien.

Familie: Caulerpaceae

Als Familie ist *Caulerpa* monotypisch und besteht aus nur einer Gattung: *Caulerpa* (LAMOUROUX). Sie unterscheidet sich deutlich von anderen Algenarten durch das Vorhandensein von Trabeculae. Dies sind faserige Verwachsungen der Zellwand, die nach innen wachsen und zur mechanischen Verstärkung der Schläuche dienen. Wie die Udoteaceae sind Caulerpaceae dadurch gekennzeichnet, daß es zwei Typen Plastiden gibt: Chloroplasten (grün) und Amyloplasten, die farblos sind und Stärke enthalten. Chloroplasten kommen nicht in den Rhizoiden vor. Die Struktur der Phylloide (Blätter) und der kriechenden Stolonen zeigt untereinander mikroskopisch eine starke Übereinstimmung (DAWES & RHAMSTINE, 1967). Charakteristisch ist weiterhin das bei Aquarianern so gefürchtete 'glasig/transparent werden' oder das 'leerlaufen' oder 'verblühen' wie dies im Jargon auch wohl genannt wird.

Gattung: *Caulerpa* LAMOUROUX, 1809

Erklärung des Gattungsnamen: Kaulos (griechisch) = Stengel, Stiel oder Ähre und herpein (griechisch) = kriechen. Grüne Blattalgen aus warmen Meeren mit kriechenden Stengeln ohne Gliederung in einzelne Zellen. Der Thallus ähnelt äußerlich einer höheren Pflanze mit Wurzeln, Stengeln und Blättern, ist jedoch nicht auf dieselbe Weise gebaut. Bedeutung des Thallus: Pflanzenkörper, in dem Stengel und Blatt nicht gegliedert sind. In der Systematik wird *Caulerpa* in mehr als 72 Arten gegliedert, die hinsichtlich der Form auch in der freien Natur sehr variabel sind. Dabei werden sie nochmals weiter in 46 Varietäten unterteilt. In der Pflanzenwelt zeigt eine Varietät oft ganz eigene genetische charakteristische Merkmale, die zusammen mit den Unterschieden in geografischer Verbreitung, Kreuzungen innerhalb der Art so gut wie unmöglich machen.

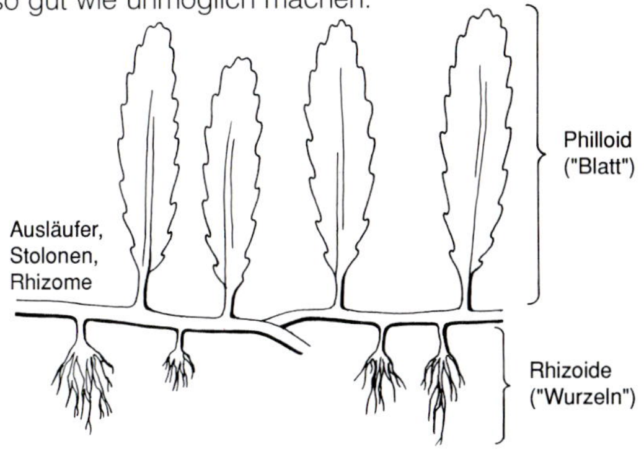

Fam.: Caulerpaceae

GATTUNG *CAULERPA* * LAMOUROUX, 1809

Arten	Varietäten	Formen	Fundorte
1.agardhii	--	--	Ellice Inseln, Australien, Neu seeland
2.alternifolia	--	--	Australien, Neuseeland, Bracebridge
3.ambigua	--	--	West Afrika, Atlantischer Ozean, Bonin Inseln, Ja pan, Honshu, Matsumoto
4.anceps	--	--	Japan, Okamura, Gesellschaft inseln
5.arenicola	--	--	Philippinen, Visayas (Siquijor, Negros Oriental
6 articulata	--	--	Neuseeland, Australien, Tasmanien
7.ashmeadi	--	--	Florida, Mexiko, Brasilien, Jungferninsel (Taylor)
8.bartoniae	--	--	Japan, östl.afrik.Küsten
9.bikinensis	--	--	Bikini Atoll
10.biloba	--	--	Costa Rica, PuertoVargas, ParqueNational Cahuita
11.biserrulata	--	--	Cape York
12.brachypus	--	--	Japan (Janega)
13.brownii	--	--	Pazifik, Neuseeland, Tas manien
"	1 brownii	--	
"	2 minor	--	
14.cactoides	--	--	Neuseeland, Australien, Tasmanien
15.charoides	--	--	Indien, Gujarat, östl.atlant. Ozean
16.clavifera	--	--	Bahamas, Westafrik.atl. Ozean (Mauretanien)
17.cliftonii	--	--	Australien, Tasmanien, Neuseeland
18.crassifolia	--	--	Bahamas, westafrikanischer Atlantik
19.cupressoides	--	--	tropische und subtropische Küstengewässer, Atlantik, östliche amerikanische Küste, Indischer Ozean bei Sri Lanka, Kuba, Key West, Manga Rave Inseln,
"	3.alternifolia	--	
"	4.canariensis	--	
"	5.cupressoides	--	
"	"	1.cupressoides	
"	6.disticha	--	Guadeloupe, Bahia, Barbados, Gesellschaftsinseln, Florida
"	7.elegans	--	
"	8.ericifolia	--	Bermuda, Mount Rouge Bay, Jamaika
"	9.flabellata	--	
"		10.lycopodium	--

* Die folgende Aufstellung ist aus Platzgründen nicht im Sachwortverzeichnis enthalten.

cupressoides	9.flabellata	--	
"	10.lycopodium	--	
	"	2.alterniflora	
"	"	3.amicorum	
"	"	4.anticorum	
"	"	5.disticha	Ind.Ozean, Westl.Atlant. Ozean,Guadeloupe, Australien, Lake Worth (Florida)
"	"	6.elegans	
"	"	7.intermedia	
"	"	8.lycopodium	
"	11.mamillosa	—	
"	"	9.mamillosa	
"	"	10.thyoides	
"	12.serrata	—	
"	13.turneri	—	
20.denticulata	—	--	Westafrikanischer Atlantik
21.distichophyla	—	—	Pazifik, Australien, Neuseeland
22.elongata	—	—	Indischer Ozean,Sulawesi, Indonesien
23.ethelae	—	—	Pazifik, WaterlooBay, Port Philipp
24.falcifolia	—	—	Tanga Tahu, PortDenison, Australien
25.fastigiata	—	—	Bermuda, Bahamas, Florida, Kuba, Hispanola, Barbados,Guadeloupe,
"	14.confervoides	—	Honduras, Panama
"	15.fastigiata	—	Brasilien
26.fergusoni	—	—	Sri Lanka,IndischerOzean
27.filiformis	—	—	Pazifik, Gesellschafts Inseln
28.flagelliformis	—	—	Südl.westafrikan.Atlantik, Natal, Lagune v.Knysna
"	16.deboryana	—	Ägypten, Rotes Meer Port Sudan
"	17.freycinettii	—	
"	"	13.angusta	Guadeloupe, Neu Kaledonien, Malaysia,Sumatra
"	"	14.formulata	
"	"	15.freycinettii	
"	"	16.serrulata	
"	18.integerrima	—	Rotes Meer, Persischer Golf
"	19.pectinata	—	Rotes Meer, Marianen Inseln
31.herveyi	—	—	Neuseeland und Gesellschaftsinseln
32.holmesiana	—	—	Südl.Afrika, Kap der Guten Hoffnung
33.hummii	—	—	Venezuela
34.hypnoides	—	—	Tasmanien, Neuseeland, Australien,Stiller Ozean, Israelite Bay, PortElliot, Georgetown, Port Philipp

Caulerpaceae

hypnoides	20.flexilis	—	
"	"	17.flexilis	
"	"	18.novozelandiae	
"	21.hypnoides	—	
"	"	19.compacta	
"	"	20.hypnoides	
"	"	21.lanceolata	
"	22.lana	—	
"	23.mulleri	—	
"	"	22.densa	
"	"	23.mulleri	
35.juniperoides	—	—	
36.lanuginosa	—	—	
37.lentiliflora	—	—	Rotes Meer, Port Sudan
"	24.killnerii	—	Timor, Atapupu,Flores, Lombok
"	25.lentiliflora	—	
38.lessonii	—	—	Indischer Ozean,Karolinen Inseln,Oualan Inseln
39.longicaulis	—	—	Amerikanischer südlicher Atlantik
40.lycopodium	—	—	Indischer Ozean,südöstliche USA,Florida, Key West
"	26.delicata	—	
"	27.lycopodium	—	
41.mexicana = sertularioides	—	—	Brasilien, Trinidad, Golf von Mexiko,afrikanischer Atlantik, Rotes Meer, Mittelmeer, gleichfalls für die Formen
"	—	24.laxior	
"	—	25.mexicana	
"	—	26.pectinata	
42.microphysa	—	—	
43.murrayi	—	—	Viktoria Banks, Pazifik, Brasilien,westl.Atlantik
44.obscura	—	—	Tasmanien, Neuseeland
45.okamurai	—	—	Japan, Shimane, Ogassawara-jima,Matsumoto
46.olifovilla	—	—	
47.ollivieri	—	—	Golf von Mexiko, Mittelmeer
48.papillosa	—	—	Queenscliff, Port Philipp, Pazifik
49.parvifolia	—	—	Japan, Kiama,Australien
50.paspaloides	—	—	Martinique, Bahamas, Florida,Kalifornien, auch für die Formen
"	28.laxa	—	
"	29.paspaloides	—	
"	"	27.compressa	
"	"	28.flaabellata	
"	"	29.paspaloides	
"	30.wurdemannii	—	Westlicher Atlantik, Florida, Key West,Yuccatan
"	"	30.obovata	
"	"	31.wurdemannii	
"	"	32.zosterifolia	

51.peltata	—	—	Bermuda, Florida, Mexiko, Japan
"	31.exigua	—	Rotes Meer, Indischer Ozean, Kanarische Inseln Indonesien (Udjung Pamdang), Sulawesi, Pulau Seribu,Flores
"	32.macrodisca	—	Durban (Südafrika), Gesellschaftsinseln,Tonga-Tabu
"	33.peltata	—	
"	34.stellata	—	Anambas Archipel,Wataram Udjung Pandang, Fidji Inseln
"	—	33.imbricata	
"	—	34.peltata	
52.pickeringii	—	—	Tuamoto Inseln, Tahiti, Gesellschaftsinseln, Südsee
53.pinnata	—	—	Westafrikanischer Atlantik
"	—	35.mexicana	Mexiko, IndischerOzean, Rotes Meer, Gesellschaftsinseln, Sri Lanka, Gran Canaria
"	—	36.pectinata	Bermuda, Guyana bis in die brasilianische Küstenregion
"	—	37.pinnata	alle tropischen Meere
54.plumaris	—	—	Westafrikanischer Atlantik, Senegal,Indischer Ozean, Sri Lanka, Flores (Indonesien,Florida
"	—	38.farlowii	
"	—	39.flagellata	
"	—	40.plumaris	
55.plumifera	—	—	
56.prolifera	—	—	Florida, Bermuda, Panama, Bahamas, Kuba, Mittelmeer, Tunesien
"	—	41.dichotoma	Kanarische Inseln, Golf von Neapel, Monaco, Italien Frankreich, Indischer Ozean
"	—	42.prolifera	
57.pusilla	—	—	Bermuda, Guadeloupe Barbados, Brasilien, Pernambuco
58.racemosa	—	—	Westl.amerikanischer Atlantik
"	35.chemnitzia	—	
"	"	43.chemnitzia	Puerto Rico, Bahamas, Karibisches Meer, Ind.Ozean,
"	"	44.turbinata	Philippinen, Indonesien, Malaysia, Sri Lanka, östliches Mittelmeer, Ägypten, Zypern, Libanon, Rotes Meer, Persischer Golf, Katar, Malabar, Guadeloupe, Samoa, Indonesien (Pulau Seribu) (Tomey)
"	36.clavifera	—	Rotes Meer, Persischer Golf
"	"	45.clavifer	Ind.Ozean
"	"	46.macrophysa	Indischer Ozean, Djakarta, Pulau, Maribu (Tomey)

racemosa	"	47.microphysa	Indischer Ozean, Sulawesi, Udjung Pandang
"	"	48.reducta	
"	37.corynephora	—	Toud Inseln, Port Denison, Indonesien, Sulawesi
"	"	49.complenata	
"	"	50.corynephora	
"	38.gracilis	—	
"	39.laetivirens	—	
"	"	51.cylindracea	
"	"	52.cylindracea macra	
"	"	53.laetivirens	
"	"	54.laxa	
"	40.lamourouxi	—	
"	"	55.lamourouxi	
"	"	56.requienii	
"	41.macrophysa	—	
"	42.occidentalis	—	
"	43.racemosa	—	
"	"	57.racemosa	
"	44.uvifera	—	
"	"	58.compressa	
"	"	59.condensata	
"	"	60.cylindracea	
"	"	61.intermedia	
"	"	62.uvifera	
"	45.zeyherii	—	Südafrika,Durban, Isipingo
59. remotifolia	-	-	Fidji Inseln
60. reyesii	-	-	Philippinen, Zentral Visayas, Solong-on, Siquijor Inseln
61. scalpelliformis	-	-	Westafrikanischer Atlantik, Pazifik, Japan, Oki Inseln, Australien, Tasmanien (Pazifik), Indischer Ozean, Sri Lanka, Mauritius, Rotes Meer
"	-	63. denticulata	
"	-	64. intermedia	
"	-	65. scalpelliformis	
62. sedoides	-	-	
"	46. crassicaulis	-	Neuseeland, Tasmanien, Australische Küsten
"	47. sedoides	-	
63. selago	-	-	Rotes Meer, Neu Guinea
64. serrulata	-	-	Neu Kaledonien
"	-	66. angusta	Neu Kaledonien
"	-	67. boryana	
"	-	68. lata	
"	-	69. occidentalis	
"	-	70. pectinata	
"	-	71. serrulata	
65. sertularioides	-	-	
"	-	72. brevipes	
"	-	73. corymbosa	Westafrikanischer Atlantik, Karibisches Meer, Bahamas, Jungferninseln, Niederländische Antillen, Venezuela

sertularioides	-	74. farlowii	
"	-	75. longicela	
"	-	76. sertularioides	
66. simpliciuscula	-	-	Westafrikanischer Atlantik
"	48. simpliciuscula	-	
"	49. vesiculifera	-	Solomon Inseln, Australien, Port Phillip, Tasmanien
67. stahlii	-	-	Javasee
68. subserrata	-	-	Japan, Okamura, Bonin Inseln, Ogasawara-jima
69. taxifolia	-	-	Westafrikanischer Atlantik, Senegal, Indischer Ozean, Sri Lanka, Sandwich-Inseln, Flores, Timor
"	50. crassifolia	-	Westafrikanischer Atlantik
"	51. taxifolia	-	
70. trifaria	-	-	Australien, Tasmanien
71. urvilliana	-	-	Detroit de Torres
"	52. urvilliana	-	
"	"	-	
"	"	77. mircrodonta	Gesellschaftsinseln
"	"	78. serrata	Neu Kaledonien
"	"	79. disticha	Neu Kaledonien
"	"	80. urvilliana	Detroit des Torres
"	53. vitiensis	-	Viti Archipel, Neue Hebriden, Australien
72. veravalensis	-	-	Westafrikanischer Atlantik (Angola)
"	-	81. asplenoides	Westafrikanischer Atlantik
"	-	82. veravalensis	
73. verticillata	-	-	Indien, Gujarat, Karibisches Meer, Grenada, Antillen, Martinique, Venezuela, Brasilien, Trinidad, Bahamas, Indonesien
"	-	83. charoides	Indischer Ozean, Sri Lanka, Karibisches Meer (Golf), Kuba, Guadeloupe, Gesellschaftsinseln, Tonga-Tabu
"	-	84. verticillata	
74. vickersiae	-	-	Karibisches Meer, Florida, Jamaika, Jungferninseln, Barbados, Costa Rica, Westafrikanischer Atlantik
"	54. farcifolia	-	
"	55. luxurians	-	
"	56. vickersiae	-	
75. webbiana	-	-	Indischer Ozean, Mauritius, Jamaika, Porto Rico, Jungferninseln, Brasilien, Guadeloupe, Karibische Inseln
"	-	85. disticha	
"	-	86. tomentella	
"	-	87. webbiana	

Insgesamt: 75 Arten - 56 Varietäten - 87 Formen

Caulerpaceae

Wuchsformen und Namensgebung

Durch eine starke Zunahme der Meerwasserliebhaber in unserem eigenen Land und überall in der Welt und deren vermehrten Erfolgen, sind viele marine Blattalgen mehr und mehr ins Interesse von Liebhabern und der Wissenschaft gerückt. Wenn wir uns vergegenwärtigen, daß Algenwuchs vor kaum zehn Jahren im künstlichen Milieu des Meeresaquariums fast unerreichbar schien und wir heute sehen, daß viele Arten so gut gedeihen, daß sie manchmal eimerweise weggeworfen werden, dann muß sich viel geändert haben! Durch das Mißlingen der Kultivierung von anderen schönen *Caulerpa*-Arten, blieb bei den damaligen Pionieren nur *Caulerpa prolifera* am Leben. Auch jetzt noch darf diese Art zum eisernen Bestand vieler Meeresaquarianer gerechnet werden, obwohl sie jetzt spontan von zahlreichen anderen Arten verdrängt wird. Über die Bio- und Ökologie mariner Algen ist innerhalb der Aquaristik nur wenig bekannt; noch weniger über ihren Wert für die Lebensgemeinschaft in einem Aquarium. Dieses Kapitel erhebt nicht den Anspruch dem ein Ende zu machen, sondern will den Liebhabern vor allem etwas mehr Information über die *Caulerpa*-Arten vermitteln. Wie gesagt, gibt es wenige Algenarten, die eine solche starke Beachtung finden, wie die aus der Gattung *Caulerpa*, die nicht nur aquaristisch sondern in manchen Ländern auch wirtschaftlich wichtig ist. Bei Streifzügen über tropische Strände, beim Schnorcheln in Korallenriffen und in Mangroven-Wäldern, oder einfach an die Flutlinien in fernen Gegenden angeschwemmt, überall wird *Caulerpa* angetroffen.
Die meisten Arten wurden von Globetrottern und Liebhabern mitgebracht oder mehr oder weniger zufällig mit lebenden Steinen importiert. *Caulerpa prolifera* wurde und wird noch von Feriengästen aus dem Mittelmeer und der Adria mitgenommen; die tropischen Formen kommen aus dem Pazifik, dem Indischen Ozean und der Karibik, aber auch aus dem Roten Meer, dem Persischen Golf und dem Großen oder Stillen Ozean. Vor allem die Arten, welche spontan aus einem "Überraschungspaket" als "lebende Steine" gewachsen sind, haben den Liebhabern viel Freude bereitet. Die Zeichnungen und Farbillustrationen können die Benennung vielleicht erleichtern, während die Information über das Vorkommen von *Caulerpa* in der freien Natur und im Meeresaquarium möglicherweise zur Kultivierung von *Caulerpa* beitragen kann.
Hinsichtlich der *Caulerpa*-Arten ist die Beschreibung der Varietäten oft sehr umstritten, weil zur Bestimmung oft Teile statt ganzer gesunder Pflanzen verwendet werden, wodurch der Charakter der Pflanzen sich kaum bestimmen läßt und die Bestimmung (Determination) meistens weit vom Fundort entfernt mit nur wenigen Angaben über das Biotop durchgeführt wurde, obwohl diese gerade so wichtig für eine richtige

Artbeschreibung sind. Insbesondere Wuchsform, die Untergrundverankerung und die Länge der Stolonen sind für die Bestimmung der Varietät innerhalb der Art entscheidend.
Es ist bei *Caulerpa*, im Gegensatz zu dem, was bei den höheren Pflanzen der Fall ist, kaum bekannt, welche morphologische Merkmale konstant sind und welche sich unter Einfluß des Milieus verändern. Andere Merkmale, wie die Form der Chloroplasten in den Zellen, das Vorhandensein oder nicht Vorhandensein von Pyrenoiden (Pyronoid= ein in den grünen Chromatophoren bei Algen und Protisten vorkommender, mit Eisenhämatoxylin stark färbbarer Körper, an dem sich Stärke (Amylum) ablagert) - und deren Struktur - sowie auch biochemische Angaben, sind von vielen Arten, Varietäten und Formen noch nicht untersucht worden.
Viele Meerwasseraquarianer glauben ihren Augen und Ohren nicht, wenn sie Form und Aussehen einer von ihnen abgegebenen *Caulerpa* nicht mehr wiedererkennen, wenn sie sich einmal in einem anderen Aquarium angepaßt hat. Wenn sie dann vom neuen Besitzer gesagt bekommen: "Dies ist doch wirklich dieselbe *Caulerpa*, die du mir vor drei Monaten mitgebracht hast!", ist dies ein treffendes Beispiel dafür, wie vielförmig die gleiche *Caulerpa*-Art sich durch Anpassung entwikkeln kann. Als Beispiel wollen wir hier mal *Caulerpa racemosa* nehmen, die - je nach Form der Thalli (Pflanzenkörper ohne Wurzeln, Stengel und Blätter) - unter den folgenden populären Namen bekannt ist:
Trauben-*Caulerpa*, Keulen-*Caulerpa*, Trompeten-*Caulerpa*, Scheiben-*Caulerpa*, geschweige denn die manchmal schön gefundenen halbwissenschaftliche Namen. Die ist wohl ein Hinweis für die großen Formunterschiede. Die wichtigsten Faktoren, die dies auch - auch in der freien Natur - beeinflussen sind:
1) Die Intensität und Qualität des Lichtes, sowie die Beleuchtungsdauer.
2) Die Stärke der Strömung, das Strömungsmuster und der relative Widerstand, den *Caulerpa* dieser Bewegung leistet.
3) Austrocknung, insoweit es Formen betrifft, die ihr periodisch ausgesetzt sind.
4) Die Struktur des Untergrundes, worauf *Caulerpa* sich verankert.
5) Der geografische Standort der Art und damit zusammenhängend die Temperatur des Meerwassers, der Salzgehalt, das zur Verfügungstehen von in Wasser gelösten Nährstoffen usw.
Verschiedene dieser formbestimmenden Faktoren finden sich auch in Meerwasserbecken, in denen die gleiche Art an verschiedenen Stellen z.B. in der Nähe des Filterausströmers, sich an Steinen verankernd und über den Boden kriechend - eine andere Form annehmen kann. Unter diesen Einflüssen entstehen auch im Meer Varianten von anerkannten, bestimmten *Caulerpa* - Formen, die von Dauer sind, so lange sich das

Milieu nicht ändert. Unterschiede in Angebot und Qualität der Nährstoffe können gleichfalls für die Entstehung neuer Formen verantwortlich sein. Man spricht dann von einer ökologischen Rasse. In vielen Fällen ist bei *Caulerpa* die Grenze zwischen Rasse und echter Art unklar. Dies mag wohl ein Grund für die Annahme sein, daß es viel weniger echte Arten gibt, als bisher angenommen wird.
Übrigens ist kein einziges Milieu auf Erden bekannt, das so stabil wie das Meer ist - menschliche Einflüsse außer Acht gelassen. Die Entstehung ökologischer Rassen ist wahrscheinlich eher eine Folge der Verbreitung echter Arten über die Meere als an der örtlichen Anpassung an ein verändertes Milieu. Es ist daher verführerisch, *Caulerpa*-Varianten mit einer gleichen Basisform, wie sie dann auch in der Welt angetroffen werden, als eine einzige Art zu betrachten. Durch das Auftreten dieser - durch das Milieu bestimmten (Ökomorphen) - ist es sehr schwierig den erblichen Charakter, der für die biologische Art bestimmend ist, von Wuchsformen zu unterscheiden, welche das Ergebnis einer Anpassung an das Milieu sind.
Die geografische Verbreitung bietet auch wenig Anhaltspunkte, denn die meistens kurzlebenden Gameten werden trotzdem über beträchtliche Entfernungen verbreitet. Außerdem besitzt *Caulerpa* ein gigantisches Regeneriervermögen, wobei kleine treibende Teile für die Entstehung riesiger Felder verantwortlich sein können, sehr weit vom ursprünglichen Standort entfernt. Durch diesen Komplex an Ursachen scheint es auf der Hand zu liegen, daß die Anzahl der guten Arten kleiner ist, als man bisher angenommen hat. Obwohl eine Anzahl von Arten im Meeresaquarium üppig wächst, kann eine bessere Kenntnis über das natürliche Biotop von *Caulerpa*-Arten, welche dies nicht tun, zur Kultivierung im Meeresaquarium beitragen.
Wenn man sich die in der Literatur angegebenen Standorte ansieht, wird deutlich, daß ein Teil der Arten sich mehr oder weniger auf die Küstengebiete und um Inseln im Pazifik beschränken. Außerdem finden sich von ziemlich allen anderen Arten überall in der Welt Standortvarianten, wobei sehr viele Spezies zwischen dem 10. und 30. Breitengrad angetroffen werden (Tropische bis subtropische Zone). Frau WEBER- V.BOSSE schrieb schon über diese Varianten: 'Toute ces forment livrent continuellement passage de l'une à l'autre', was frei übersetzt so viel heißt wie 'all diese Formen gehen fortwährend ineinander über'.
Dies kann ein Grund dafür sein, viele Varietäten und zahlreiche Formen unter einen einzigen Namen zusammenzufassen. Die durch das Milieu hervorgerufenen Wuchsformen, die aus dem offenen Meer bekannt sind, lassen sich auch in Aquarienkulturen beobachten. Mit Hilfe moderner Kulturtechniken kann man beweisen, daß das Habitat (Form) aller *Caulerpa*-Arten sich stark verändert, je nach den Umweltbedingungen, welchen die Pflanze ausgesetzt ist.

Das Umsetzen von *Caulerpa* in ein anderes Aquarium, in dem nur ein einziger Milieuunterschied vorherrscht, kann unabwendbar eine Anpassung bzw. andere Wuchsformen mit sich bringen, wodurch die Ursprungsform sich in kürzester Zeit nicht wiedererkennbar verändert. In einem Meeresaquarium mit größeren Abmessungen kann dieselbe *Caulerpa*-Art - überall wuchernd - schon auffällige Form- und Wuchsunterschiede entwickeln. Die einzelnen Beschreiben von Varietäten und Formen wie dies in der Literatur üblich ist, scheinen denn auch nur sinnvoll zu sein, um den Habitus von *Caulerpa*-Arten zu kennzeichnen - im Vergleich zum Fundort und sind daher taxonomisch wertlos-.

Viele Varietäts- und/oder Formbezeichnungen führen in Kreisen von Meerwasseraquarianern mit der Zeit Phantasienamen und sind dadurch irreführend. Als Beispiel nenne ich hier *Caulerpa racemosa*, FORSKÅL, 1775, Varietät *clavifera* Form *macrophysa*, wobei die Artbezeichnung *racemosa* oft weggelassen wird und durch einen Varietäts- oder Formnamen ersetzt wird. So entstanden die vielen, aber unter Meeresaquarianern wohl gut eingebürgerten Namen wie *Caulerpa uvifera, C. clavifera, C. macrodisca* usw., denen aber kein taxonomischer Wert beigemessen werden kann.

Caulerpa racemosa var. *peltata*

Die geografische Verbreitung von Caulerpa

Wie schon vorher erwähnt, ist *Caulerpa* verbreitet über die warmen Meere anzutreffen. Die nördliche Grenzlinie sind die Küsten Frankreichs und die Iberische Halbinsel, dort, wo die untere Temperaturgrenze nicht unter 12°C sinkt.

Mittelmeer: 5 Arten:
Caulerpa prolifera, Caulerpa ollivieri - An der Cote d'Azur und der spanischen Küste. Wird in ihrer Existenz durch die Wasserverschmutzung und den touristischen Betrieb bedroht. Golf von Lyon und Genua. *Caulerpa racemosa, Caulerpa sertularioides, Caulerpa scalpelliformis* - Östliches Kreta, Zypern, Golf von Sirte (Ägypten), aber auch von Tauchern an den Küsten der Türkei gefunden.

Atlantik/amerikanische Seite: etwa 20 Arten u.a.:
Caulerpa prolifera - Die amerikanischen Küsten und Karibisches Meer, Golf von Mexiko und die Inseln südlich dieser Linie sind besonders reich an *Caulerpa*-Arten.

Atlantik/afrikanische Seite: möglicherweise 8 Arten:
- Die langezogenen westafrikanischen Küsten mit ihren beweglichen Sandstränden und Sandbänken eignen sich wenig zum *Caulerpa*-Wuchs. In den Gewässern um Teneriffa herum sind *Caulerpa*-Arten von urlaubmachenden Aquarianern angetroffen worden. Weiter gibt es einige Meldungen *Caulerpa*-Wuchs in den Küstengewässern vor Guinea, Nigeria (Pt.Harcourt) und Kamerun. NIEL erwähnt zwei Arten der Kanarischen Inseln und vier von den Kap Verden. (*C. prolifera, C. racemosa, C. taxifolia, C. sertularioides, C. webbiana und C. cupressoides* (Lanzarote).

Indischer Ozean: 15 Arten:
- Weil sehr viele Fische für das Meerwasseraquarium aus dem Indischen Ozean stammen, liegt es auf der Hand, daß durch den Handel und die Liebhaberei auch den pflanzlichen Organismen große Aufmerksamkeit geschenkt wird. Viele *Caulerpa*-Arten werden für den menschlichen Konsum von der Bevölkerung vieler asiatischer Länder gesammelt; auf den Philippinen z.B. wird *Caulerpa racemosa* an der Küste entlang in speziellen marinen Kulturen kultiviert. Caulerpa-Arten sind vor den Küsten von Indien und Pakistan, Birma und Thailand, wie in den Gewässern um die Inseln Madagaskar, die Seychellen, Sri Lanka und die Malediven herum gefunden worden. Weiter südlich sind auch Indonesien, Malaysia und die Philippinen als Standorte verzeichnet.

Sowohl der Atlantik als auch der Indische Ozean bilden eine unermeßliche Oberfläche und von Spezialisten durchgeführte Forschungen auf dem Gebiet der Meeresalgen werden bestimmt noch Überraschungen mit sich bringen, wodurch die Zahl der echten Arten möglicherweise noch etwas zunehmen wird.

Großer/Stiller Ozean: etwa 25 echte Arten und eine große Anzahl von Varietäten:
- Der Pazifik hat die größte Anzahl an Arten; vom Süden Japans bis Tasmanien, von der Landzunge Kaliforniens (USA) bis Panama, während viele Inseln reich an Caulerpa-Arten sind, wie die Karibischen Inseln, Hawaii, Indonesien, die Philippinen, die Marshall- und Carolia Gruppen, Polynesien, usw. Von der amerikanischen Westküste sind 6 Arten bekannt. Durch zukünftige gründliche Forschung scheint es nicht ausgeschlossen, daß gerade im Pazifik noch neue Arten gefunden werden.

Rotes Meer: ca. 10 Arten
-Das Rote Meer ist wegen seiner relativ hohen Wassertemperatur bekannt und des - von Süd nach Nord - steigenden Salzgehaltes z.b. beim Küstenort Massawe (Äthiopien) von 3,6% nach 4,1% um die Spitze der Sinai-Halbinsel herum. Die durchschnittliche Temperatur des Oberflächenwassers liegt zwischen 25°C bis 28°C, im Süden manchmal höher bis 31°C bei Port Sudan (Sudan). Die Temperatur sinkt dann in nördlicher Richtung des Suezkanal bis auf 18°C oder weniger.

Die Anzahl der Arten, welche für die verschiedenen Meere und Ozeane angegeben werden, wird wahrscheinlich noch zunehmen, weil zahlreiche Wissenschaftler sich intensiv mit vielen meeresbiologischen Projekten beschäftigen. Durch die immer verbesserte, perfektioniertere Tauchapparatur ist der Mensch jetzt imstande, sich viel leichter als es jemals der Fall gewesen ist, unter Wasser zu bewegen und Beobachtungen zu machen. Vor kurzem sind noch einige neue Arten, wie *Caulerpa biloba, Caulerpa arenicola* und *Caulerpa reyesi* beschrieben worden.

"Lebende Steine" als "Überraschungspaket" zur Einführung von *Caulerpa*-Arten ins Meerwasseraquarium.

Der populäre Name "Lebende Steine" ist an und für sich schon ein Hinweis für das Leben, das sich auf ihnen oder versteckt in ihnen findet. Es hat den Anschein, daß der riesige Artenreichtum der kleinsten Wirbellosen (Meiofauna), zusammen mit den pflanzlichen Organismen, welche auf ihnen wachsen, einen großen Einfluß auf das Wasser in Meerwasserbecken haben. Sie machen es "lebensfreundlich" und erhalten es in einem gleichbleibenden Qualitätszustand. Vermutlich ist der Anteil dieser geheimnisvollen Lebensgemeinschaften in Lebenden Steinen am Funktionieren des Mediums Meerwasser und an den Wechselbeziehungen zwischem dem Wasser und den darin lebenden sichtbaren Tiergemeinschaften viel größer als angenommen wird. Seit der kommerziellen Einfuhr lebender Steine und deren Benutzung als Dekorationsmaterial für Meerwasserbecken wurde - was anfangs unerreichbar schien - eine biologisch gesund funktionierende Lebensgemeinschaft möglich. Außerdem zeigt sich, das lebende Steine - oft unsichtbar - die Spuren unzähliger pflanzlicher Organismen in sich tragen, wie Rot- und Braunalgen, Goldalgen und Grünalgen, wozu auch die *Caulerpa*-Arten gehören. Nahezu alle *Caulerpa*-Arten und andere Algen, die heutzutage so selbstverständlich im Meerwasserbecken sind, fanden in lebenden Steinen ihren Ursprung, aus denen sie sich zu großer Überraschung der Liebhaber spontan entwickeln. Auch jetzt noch werden von Aquarianern unbekannte Organismen entdeckt. Die Einwirkung dieser Organismen auf den Bodengrund, das Substrat in den Filtern und auf die gesamte Biomasse im Aquarium, hebt z.B. die Agressivität von Meerwasser für Fische auf und fördert das richtige Funktionieren der Abbauprozesse und den Kreislauf vitaler Stoffe, wodurch Blattalgen wie *Caulerpa* ebenso wie Fadenalgen wuchern, jedoch besser unter Kontrolle gehalten werden können.
Sowohl lebende Steine aus dem Indopazifischen Gebiet, wie aus den Karibischen Gewässern können qualitativ gut sein; vieles jedoch ist wohl von der Auslese beim Einsammeln und der Hälterung abhängig. Von mausgrauen, abgestorbenen Steingebilden läßt sich kaum erwarten, daß sie in einem Meerwasserbecken wieder zum Leben erweckt werden können. Nur die lebenden Steine , welche mit kleinen Organismen in Rot, Terracotta, Weinrot, Rosa und blauen Krustenalgen u.ä. überzogen sind, kommen in Betracht und dann nur noch, wenn diese Steine - worauf und worin eine Meiofauna lebt - gut gepflegt worden sind. Das heißt, daß die größeren Steine, welche sehr empfindlich gegen Berührung mit der Luft sind und sehr schnell verderben, schon am "Ernteort" richtig behandelt werden müssen.

Weiter heißt dies auch, daß immer während des Transports vom Fundort zum Exporteur viel Wasser gewechselt werden soll und daß Letzterer eine gute Druckpumpe zur Verfügung haben muß, um die lebenden Steine "druchbrausen" zu lassen. Auf diese Weise werden tote Organismen entfernt und der noch lebenden Meiofauna die Gelegenheit gegeben, wieder zu Kräften zu kommen und sich an die neuen Verhältnisse anzupassen. Dies heißt, daß schon ein beträchtlicher Teil der Meiofauna und pflanzlicher Organismen geschädigt worden ist, aber - bei guter Pflege - wieder schnell zurückkehrt. Nur nie mehr so prächtig wie vorher!

Morphologie der *Caulerpa*

Morphologie ist das Studium der Form lebender Organismen und das Wort ist von morphe (griechisch) = Form und Logos (griechisch) = Lehre, abgeleitet. Man unterscheidet Anatomie = innerer und äußerlicher Bau, Zytologie = Studium der organischen Zellen und Gewebelehre.
Als Art läßt *Caulerpa* sich leicht von anderen grünen Blattalgen unterscheiden. Der Thallus (grüner Laubstengel, Pflanzenkörper ohne eigentlichen Stengel, Wurzel und Blätter) wird in drei Formen unterteilt:
1) schlauchförmige Stengel oder Ausläufer (Stolonen). Die meisten etwas hohlen Stengelteile sind glatt und oft verzweigt, wobei die Verzweigungen in jede willkürliche Richtung gehen können. Weiter entsprießen neue Stengelteile auch an x-beliebigen Stellen an den blattähnlichen Organen. Es zeigt sich, daß sogar winzige Teile davon imstande sind, einen Stengel oder Ausläufer zu produzieren. In der freien Natur entstehen manchmal riesige Felder, dadurch daß sie dicht über das Substrat weiterkriechen. (Daher der Name: Kriechsproßalge).
2) wurzelähnliche Verankerungsorgane (Rhizoide). Die kleinen Wurzelbüscheln ähnlich sehenden Rhizoide bestehen aus Ausläufern, welche die Form von Wurzelhaaren haben und die - obwohl jedesmal andersartig - trotzdem dieselbe Rolle spielen bei Algen, Moosen, Wassercryptogamen und bestimmten Epiphyten. Rhizoide entstehen an der Seite der Stolonen, welche dem Boden am nächsten ist. Wo sie dessen Oberfläche berühren, wachsen sehr dünne, stark verzweigte Filamente, die in das Substrat dringen und sich so kräftig verankern. Rhizoide dienen *Caulerpa* etwa auf dieselbe Art wie Wurzeln den höheren Pflanzen. Sie befestigen die *Caulerpa* und absorbieren vermutlich auch Nährstoffe.
3) Laubgirlanden blattähnlicher Organe. Aus den kriechenden, sich an dem Substrat verankernden Ausläufern entwickeln sich Girlanden mit vielen blattähnlichen Organen, die sich immer wieder fein verzweigen,

wodurch ein manchmal unentwirrbares Knäuel entsteht. Die blattähnlichen Organe unterscheiden sich je nach Art in der Form, aber innerhalb derselben Art und sogar an der gleichen Pflanze können diese Blattstrukturen erstaunliche Unterschiede aufweisen. Dies als Ergebnis der Umwelteinflüsse. Temperatur, Salzgehalt, Strömungen, Untergrund, Licht, Wuchstiefe und Nährstoffangebot bilden zusammen einen formbestimmenden Komplex und es ist dann auch normal, daß man in einer separaten geographischen Zone mit unterschiedlichen Biotoptypen, verschiedene Formen der gleichen Art antrifft. In diesem Zusammenhang verwendet man Begriffe wie: relative Formen flachen Wassers (hohe Toleranz), optimale Formen unter optimalen Lebensbedingungen wachsend und Formen einer niedrigen Toleranz, meistens in größeren Tiefen wachsend. Ein Formvergleich zwischen einzelnen *Caulerpa*-Arten zeigt Übereinstimmung hinsichtlich des Einflusses der Tiefe, in der sie leben und es scheint so, daß diese auch für Korallenkolonien formbestimmend sind.

Zytologie der *Caulerpa*

Das Wort Zytologie leitet sich ab von Kyton (griechisch) = Höhle, Zelle und Logos = Lehre; also die Wissenschaft der Zellen.
Die grünen Algen unterscheiden sich von den höheren Pflanzen durch das Fehlen echter Organe, wie Wurzeln, Blätter, echte Stengel und die Bildung von Blumen und Samen. Richtige Nerven (Querwände) fehlen in den Blattorganen, aber ein Gewebe faseriger Art gibt Stütze wodurch *Caulerpa* dem Wechsel im osmotischen Druck widerstehen kann und ihre Form behält. Eine Oberhaut (Kutikula) und eine Zellwand umschließen das Zytoplasma, das schleimig ist und reich an Zellorganellen, die jede für sich eine spezielle Funktion haben. Es würde an dieser Stelle jedoch zu weit führen, dies weiter zu erörtern. Erwähnenswert ist aber die Anwesenheit von Pyrenoiden, Teilchen mit stark lichtbrechenden Eigenschaften und bei vielen Algen in den Chloroplasten vorkommend. Die Chloroplasten, welche meistens an der Zellwand liegen, erhalten die Lichtenergie und bei Varietäten, die an tiefen Stellen wachsen, ist eine Vergrößerung der Thallusoberfläche (Blattvergrößerung) eine normale Erscheinung wodurch das vorhandene Licht optimal genutzt werden kann.

Geschlechtliche Fortpflanzung bei *Caulerpa*

Wie viele Pflanzen und fast alle Algen besitzen die Grünalgen der Gattungen *Caulerpa* zwei grundverschiedene Möglichkeiten der Vermehrung.
Die vegetative ist uns Aquarianern geläufig. *Caulerpa* bildet Kriechsprosse aus, die weiterwachsen, auch wenn sie von der Mutterpflanze abgetrennt werden (Ablegerbildung).
Auch die sexuelle Vermehrung ist bei *Caulerpa* möglich. Sie findet im Aquarium ab und zu statt und wird von den meisten Aquarianern völlig falsch gedeutet:
Plötzlich, aus unerfindlichem Grund, stirbt ein großer Teil der Algen im Aquarium ab - nur eine zusammengefallene weißliche Haut bleibt zurück. Gleichzeitig kommt es zu einer starken Wassertrübung, die jedoch nach einigen Stunden meist verschwindet. Über die Ursache wird gerätselt - schlechtes Wasser? Überdüngung?

Was ist passiert?
Algen aus der Familie der Caulerpaceae bestehen aus einem schlauchförmigen (siphonalem) Thallus. Beim Wachstum kommt es zu keiner Querwandbildung, so daß die Zellwand die gesamte Plasmamasse mit vielen Zellkernen und Chloroplasten umschließt. Eine solche Pflanze wird Zönozyt genannt. Vor der sexuellen Vermehrung machen die einzelnen Zellkerne die Reifeteilung (Meiose) durch. Dabei werden aus jedem Zellkern vier Geschlechtszellen (Gameten) gebildet, die sich durch einige Zellwände abgrenzen.
Wie auf ein Kommando werden diese Gameten von der ganzen Algenpopulation gleichzeitig ausgestoßen (Sporulation). Zurück bleibt ein leeres totes Gerüst aus Zellwänden. Die Gameten sind einzellige begeißelte Organismen. Sie sehen aus wie einzellige Grünalgen (z.B. *Chlamydomonas* oder *Dunlaniella*). Durch ihre Menge färben sie das Wasser grünlich trüb, wie bei einer Wasserblüte.
Die Gameten kopulieren, setzen sich fest und wachsen zu einer neuen Pflanze heran. Wegen der starken Filtration, insbesondere bei Abschäumung des Wassers, haben die Gameten jedoch keine Überlebenschance im Aquarium. Darüber hinaus stellen sie ein gutes Futter für viele Filtrierer dar - Röhrenwürmer, Muscheln und Blumentiere haben "Ramadan".
Für den Aquarianer ist diese Phänomen trotz des "erfreulichen" Anlasses kein Grund zur Freude. Viele Gameten sterben im Aquarium ab und belasten das Wasser mit Nährstoffen.
Aus diesem Grund dürften die gefiederten Arten *Caulerpa taxifolia* und *C. sertularioides* ihren Verwandten wie *C.prolifera* an Beliebtheit bei den Aquarianern überlegen sein. Sie neigen kaum zur Sporulation, während andere Arten in den Aquarien alle 6 bis 8 Wochen Gameten bilden können.

Kann "Leerlaufen" oder "Bluten" vermieden werden?

Bis vor kurzem gab es keine Methode das Leerlaufen von *Caulerpa* während oder nach der Ernte und dem Kürzen zu vermeiden. DAWES und GODDARD entdeckten jedoch, daß *Caulerpa* imstande war, von Fischen verursachten Freßschäden ausgezeichnet zu widerstehen, indem sie innerhalb einiger Sekunden ein Dichtungsmittel produzierten, womit die Beißwunde gedichtet wird und also das Bluten aufhört. Ihre Entdeckung, der mehrere ausführliche Studien folgten, fand in zwei interessanten Veröffentlichungen seinen Niederschlag (siehe Literaturverzeichnis). Ausgerüstet mit den Kenntnissen aus diesen Veröffentlichungen zeigt sich, daß es nicht schwer ist, Leerlaufen oder Bluten beim Ausdünnen des *Caulerpa*-Bestandes zu vermeiden. Ehe man sie entgültig mit den Nägeln abknickt - wie es gewöhnlich getan wird - drückt man mit den Fingerspitzen einen Augenblick fest in den zu entfernenden Stengel, dann kurz festhalten, so daß die *Caulerpa* den "Woundplug" (abdichtender Wundenpfropf) an der Verletzungsstelle produzieren kann; danach vor ihr abknicken!
Vorausgesetzt, daß die *Caulerpa* sich in einer guten Kondition befindet und gesund ist, wird es Leerbluten bei Anwendung dieses Verfahrens nahezu nicht mehr geben. Beim Abschneiden erscheinen an den

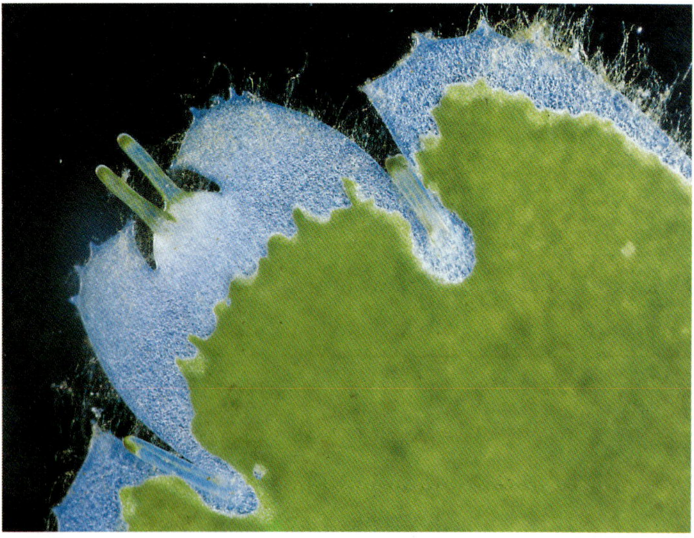

An den Rändern von *Caulerpa* beginnt das "Ausbluten" - die Gameten werden freigelassen.

Schnittstellen nicht selten Bakterienbeläge, die jedoch meistens wieder von sich aus verschwinden. Viele *Caulerpa*-Arten reagieren auf zu häufiges Kürzen - also mit zu kurzen Intervallen -, indem sie Kummerformen mit einer warzenähnlichen Struktur entwickeln. Gibt man dem Bestand jedoch genügend Zeit zu Erholung, dann verschwinden diese häßlichen Auswüchse von selbst wieder und schließlich wird die normale Wuchsform angenommen. Wenn die Kondition der *Caulerpa* geschwächt oder die Verletzung zu schwer ist, wird die Wundabdichtung mangelhaft sein oder ganz unterbleiben. Hierzu möchte ich noch bemerken, daß die stark saftenthaltenen Arten am empfindlichsten auf eine grobe Behandlung reagieren. Wer also auf einen permanenten *Caulerpa*-Bestand Wert legt, soll mit Überlegung auslichten. Übrigens lassen sich die Symptome des "Glasig-Werdens" des Thallus auch bei der geschlechtlichen Fortpflanzung feststellen (siehe Vorseite).

Vegetative Fortpflanzung

Ein einfaches Blatteil genügt oft zur Entstehung eines schönen Bestandes im Aquarium. Daher das große Interesse, daß die Liebhaber an Caulerpas zeigen? Vegetative Vermehrung verjüngt immer aufs neue die Generationen ohne den Materialverlust, der wohl bei geschlechtlicher Fortpflanzung auftritt. Wenn die Milieuverhältnisse in einem Aquarium über einen längeren Zeitraum unverändert bleiben, werden wenig oder kaum Formunterschiede entstehen; falls sie sich jedoch ändern, gibt es oft andere Formvarianten. Im Labor wurden durch die Verwendung verschiedener Beleuchtungstechniken an *Caulerpa racemosa* viele Formvarietäten erzeugt. Das Überschreiten der Beleuchtungsgrenzen (für die verwendete Ausgangsform) scheint das Absterben der Stolonen - bis zu einem gewissen Punkt - zu fördern, wonach der restliche Teil eine neue Pflanze hervorbringen wird mit einer der neuen Situation angepaßten Form. In der freien Natur sind in einem lockeren Untergrund Stolonen oft lang und es stehen die Blattorgane weit auseinander. Auf einem harten Untergrund sind die Stolonen oft kurz und die Blätter stehen sehr dicht zusammengedrängt. Dies läßt sich auch sehr leicht in Aquarien beobachten. Indem man nun - wenn notwendig - vorsichtig ausdünnt und eventuell Änderungen in der Qualität, in der Stärke des Lichtes und der Beleuchtungsdauer allmählich verlaufen läßt, kann ein dekorativer *Caulerpa* - Wuchs ohne weiteres viele Jahre überstehen. Manchmal kann *Caulerpa* - egal welche Art - so schrecklich wuchern, daß rigoroses Auslichten notwendig ist. Der Milieuschock, der sich daraus ergeben kann, ist dann manchmal die Ursache für das Absterben des gesamten *Caulerpa*-Bestandes, so daß man aufs neue anfangen muß. Ein maßvolles Auslichten wird hier empfohlen.

Die Eroberung des Besiedlungssubstrates

Obwohl befruchtete Eizellen (Zygoten) noch nicht beobachtet worden sind, ist es kaum denkbar, daß geschlechtliche Fortpflanzung bei *Caulerpa* ganz ausgeschlossen ist. Wozu würden ja sonst Gameten gebildet werden? Von einigen anderen wirtschaftlich wichtigen Algen ist Zygotenbildung und Verankerung der sich daraus entwickelnden Jungpflanzen gut bekannt. Es gibt keinen Grund zu der Annahme, daß dies bei *Caulerpa* anders verläuft, so daß es sinnvoll erscheint, die Eroberung des Besiedlungssubstrates hier zu erörtern.
Es ist vielen Aquarianern nicht bekannt, daß daß bestimmte Algen sich in erwachsenem Zustand schwer an einem Substrat verankern. *Caulerpa*-Arten bilden von dieser Regel eine günstige Ausnahme, aber manche Rotalgen sind wegen ihrer schwierigen Verankerung berüchtigt.
Wie geht dies jedoch mit einer jungen Pflanze vonstatten, die sich aus einer Zygote entwickelt? Wie wir schon gesehen haben, reagieren sie auf Licht (Phototaxis), wandern mit der Strömung an die gut bestrahlten Oberflächengewässer, wobei sie möglicherweise mit allerhand Substraten in Berührung kommen. Nach einiger Zeit aber, wird die Zygote zunehmend negativ phototaxisch reagieren, wodurch sie sich vom Licht abwendet und sich einem dunklen Boden oder dunkelfarbigen Gegenständen wie Felsen, Muscheln, dunklerem farbigen Sand usw. zuwendet. Während der Wanderungen hat die Zygote ein Kolloid gebildet, wodurch die Keimzelle am neuen Untergrund haften kann. Vorausgesetzt, daß das Substrat und Milieu sich eignen, entwickeln sich gleichzeitit von diesem Augenblick an ein kleines Phylloid und ein Rhizoid, das sich am Substrat verankert und in dieses eindringt, womit eine neue junge Generation von *Caulerpa* auf der Schwelle des Lebens steht.
Die primäre Funktion der Rhizoide, (wurzelähnliche Strukturen, auch als Wurzelfüßchen bezeichnet) liegt hauptsächlich in der schnellen und wirksamen Verankerung. Meeresalgen nehmen ihre Nahrung ja mit ihrer gesamten Oberfläche unmittelbar aus dem Wasser auf. Untgersuchungen mit derselben *Caulerpa* auf unterschiedlichem Substrat, aber im gleichen Milieu und unter der gleichen Beleuchtung, zeigten ein deutlich unterschiedliches Wachstumergebnis, ausgedrückt in Gewicht an trockener Masse, wodurch die Funktion der Rhizoide jetzt ein Diskussionsthema ist. Es hat also den Anschein, daß Rhizoide - im Gegensatz zu der bisher allgemein akzeptierten Annahme - nicht nur als Verankerungsorgane funktionieren. Vielleicht ist es möglich, daß ein wenig Aufnahme gelöster Stoffe aus dem Substrat stattfinden kann.

Wucherung und Pflege eines *Caulerpa*-Bestandes

Die Wüchsigkeit macht dauernde Pflege und das "Ernten" in einem gesunden *Caulerpa*-Bestand unumgänglich und nimmt viel Zeit des Meerwasseraquarianers in Anspruch. Weil von vielen Korallenfischen bekannt ist, daß sie weiche und dadurch sehr verletzliche *Caulerpa*-Arten als Nahrung sehr zu schätzen wissen, versuchten viele begeisterte Meerwasseraquarianer das zeitraubende Kürzen zu "automatisieren", indem sie einen oder mehrere pflanzenfressende Fische ins Aquarium brachten. Die Freßschäden sind dann jedoch innerhalb einiger Wochen meistens so groß, daß der dekorative Wert der *Caulerpa* verlorengeht.
Weil der günstige Einfluß von *Caulerpa* auf das Milieu im Aquarium immer mehr Anerkennung findet, gibt es für diese wunderschönen Algen immer mehr Interesse, aber man schreckt vor der Pflege zurück. Erhaltung des dekorativen Wertes und die Kontrolle über die Wüchsigkeit der *Caulerpa*, kann man nur durch regelmäßige Pflege und selektive "Ernte" mit der Hand erreichen. Wenn man pflanzenfressende Fische einsetzt, erreicht man das nicht. Eher das Gegenteil: wohl kurz, aber nicht schön!

Wuchs und Lebensrhythmus von *Caulerpa* im Meer

Wo *Caulerpa*-Arten in Gebieten mit deutlichen Saisoneinflüssen, wie Sommer und Winter, wachsen, wird auch das Wachstum eine dementsprechende Periodizität aufweisen. Aus den Resten der Überwinterungspopulation entstehen im Frühling neue Sprossen, die 1 bis 10 cm pro Woche wachsen können. Im Wasser mit tropischen Temperaturen verläuft das Wachstum oft noch viel schneller. Mit einem schnellen Wuchs ist jedoch meistens eine schnelle Alterung verbunden, wodurch der älteste Teil einer solchen Kolonie mit dem Weiterkriechen abstirbt. Man könnte sagen, daß das, was vorn anwächst, hinten wieder abstirbt, mit einer Mindestfrist von etwa 6 Wochen und einer Höchstfrist von etwa 14 Wochen. Dies scheint sehr durch die Temperatur und durch das Nährstoffangebot bedingt zu sein und ist bestimmt artabhängig. Beispiel: *Caulerpa webbiana*, als langsam wachsende lederähnliche Art, hat Thalli die viel länger leben als z.B. diejenigen der Trauben-*Caulerpa C. racemosa*.

Die Lebensdauer von *Caulerpa* im Meeresaquarium

Die Lebensdauer von *Caulerpa* kann insofern als unbeschränkt bezeichnet werden daß, - wenn die Kolonien über ausreichend Nährstoffe und Licht verfügen, um diese zu verarbeiten - sie sich immer wieder erneuern. Die dünnhäutigen, "saftigen" Arten jedoch sterben eher ab, als die mehr lederhäutigen, zähen Arten. Ich vermute, daß tropische Formen eine weniger lange Existenz kennen, als zähere Formen aus kühleren Gewässern. In Meerwasserbecken, welche wegen ihres Reichtums an üppig wachsenden *Caulerpa*-Arten bekannt sind, wird manchmal plötzlich eine "Stolonen-Vergilbung" festgestellt, mit der Folge eines schnellen Absterbens der gesamten Kolonie. Es hat den Anschein, daß dessen Ursache weniger in Krankheiten zu suchen ist, als vielmehr in Mineralverknappung des gesamten Milieus, wodurch Hinzufügung von Nährstoffelementen, wie Kobalt, Kupfer, Jodid, Eisen, Mangan, Nitrat, Phosphat, Vanadium, Zink und vielleicht Vitaminen zusammen mit Chelaten notwendig sein kann, das Wachstum wiederherzustellen.

Einige Tropfen Saft, welche man aus frisch gepflückten *Caulerpa* aus einem gesund funktionierenden Bestand gepreßt hat, - vorzugsweise aus einem anderen Aquarium, wie die Praxis lehrt - dienen ausgezeichnet als chelatisierender Auslöser, wodurch Nährstoffpräparate für *Caulerpa* langfristig löslich gemacht und gehalten werden. Mit verschiedenen im Handel erhältlichen Nährstoffpräparaten hat man auf diese Weise schon ausgezeichnete Ergebnisse erzielt.

Der Einfluß abiotischer und biotischer Faktoren auf *Caulerpa*

Von den ökologischen Faktoren ist bekannt, daß sie sowohl auf tierisches wie pflanzliches Leben großen Einfluß haben. Die Verbreitung von *Caulerpa* wird stark durch das Klima des Lebensmilieus und vor allem durch die Klimafaktoren wie Licht, Temperatur, Wasserbewegung, Salzgehalt usw. beeinflußt. Auch der Boden spielt bei dem Vorkommen von *Caulerpa* eine große Rolle. Hierbei unterscheidet man physische oder chemische Faktoren, Textur (Beschaffenheit) des Bodens (z.B. die Größe der Körnung) im Meer, die damit verbundene Rollbewegung des Bodens, also Stabilität. Für *Caulerpa* scheinen folgende chemische Faktoren von Interesse: Kalkgehalt, Salzgehalt, Säuregrad oder pH-Wert (der im Aquarium erheblich weniger stabil als im Meer ist) und der Gehalt an Spurenelementen. *Caulerpa*-Arten wachsen auch am üppigsten an Standorten, deren topographische Merkmale optimal mit ihrer Lebensweise übereinstimmen. Weiter gibt es einen Komplex biotischer Einflüsse, welche von Organismen aus demselben Milieu ausgeübt werden. Sie lassen sich in drei Gruppen einteilen:

1) Einflüsse anderer Pflanzen, der Mikroflora, Krankheitserreger, konkurrierender Arten (kommen oft in Aquarien vor)
2) Einfluß von Tieren, die *Caulerpa* als Nahrung verwenden und möglicherweise als Bindeglied in der Verbreitung dienen.
3) Einflüsse, von dem Menschen verursacht: direkte oder indirekte Exploitation (Nutzbarmachung), über Wasserverschmutzung, Vergiftung usw.
Daß *Caulerpa* auf all diese Faktoren empfindlich reagieren kann, zeigt sich täglich in den Aquarien.

Temperatur im Meer und im Aquarium

Caulerpa-Arten aus gemäßigten Gebieten oder aus Gezeitentümpeln haben als Merkmal eine große Temperaturtoleranz. Hierzu gehören *Caulerpa prolifera* und *Caulerpa ollivieri*, die innerhalb gewisser Temperaturgrenzen permanent gedeihen können. Wenn diese Temperaturgrenzen überschritten werden - im Meer kommen dazu meist noch andere schädliche Einflüsse - verschwinden diese Arten zeitweilig. Durch restliche Stolonen, welche im Substrat zurückbleiben, kehren sie wieder, wenn die Verhältnisse günstig sind. Vor allem *Caulerpa prolifera* ist hart und gehört denn auch zur "eisernen Flora" eines Meerwasserbeckens. Die optimale Temperatur für *Caulerpa*-Arten und andere Algen aus dem Mittelmeer und der Adria ist 23°C, aber sie vertragen auch niedrigere und höhere Temperaturen zwischen 19°C und 30°C.
Die echten tropischen Formen, welche ständig unter Wasser wachsen, erweisen sich meistens als weniger temperaturtolerant und Schwankungen von 5°C erweisen sich für manche Arten schon als fatal. Inwieweit die Kondition der Pflanzen darauf Einfluß hat, ist nicht bekannt. Was die Formen anbelangt, welche in Gezeitengebieten an tropischen Küsten entlang wachsen, erwähnt NIEL die dicht zusammenstehenden Knöllchen von *Caulerpa racemosa* als ein Mittel, übermäßiger Verdunstung entgegenzuwirken, wenn sie beim Austrocknen des Standortes bei Ebbe unvermeidlich der Sonne ausgesetzt ist. Weiterhin setzt er voraus, daß *C. sertularioides* und *C. taxifolia* durch Verbreiterung ihrer Blattzipfel - die normalerweise fein gefiedert sind - auf diese Weise für Schatten sorgen, wodurch Kühlung auftreten soll, während die untenliegendn Pflanzenteile im Schlamm stecken. Die hier genannten Arten zeigen auch im Aquarium eine riesige Variabilität, aber ob dies eine regelrechte Folge der Temperatur allein ist, scheint fraglich. Innerhalb der Variante einer Art (ökologische Rassen) scheinen die Temperaturtoleranzen unterschiedlich zu sein. Möglicherweise hängt dies mit der dem Milieu angepaßten Form zusammen. Welchen Einfluß die thermischen Effekte auf die Assimilation und das Wachstum haben, wird unter-

sucht, weil verschiedene *Caulerpa*-Arten wirtschaftlich interessant sind und in relativ flachen Aquakulturen gezüchtet werden. Mit der Zucht von *Caulerpa* in einem Aquarium, so zeigt sich in der Praxis, kann das beste Ergebnis erwartet werden, wenn die Beleuchtungsintensivität und die Temperatur Hand in Hand gehen. Mit anderen Worten: je kräftiger die Beleuchtung ist ,desto höher muß die Temperatur für eine üppig wachsende, stabile Struktur sein.
Dabei wird dies für Zimmeraquarien keine Probleme mit sich bringen, weil der Raum meistens schon geheizt wird und die Temperatur des Wassers deutlich durch die Wärmeabgabe der Leuchtstoffröhren selbst, der Drosseln und anderer elektrischer Widerstände aufgeheizt wird.
Übrigens hat sich mindestens eine acht Stunden Ruhe - also Lampen in der Nacht aus - als eine unerläßliche Voraussetzung für eine permanente, stabile Kultur erwiesen, wobei automatisch auch die Temperatur etwas zurückgehen kann.

Das Spektrum

Inwieweit einzelne *Caulerpa*-Arten oder dieselben Arten von anderen und/oder vergleichbaren natürlichen Standorten, auf die spektrale Lichtzusammensetzung in der freien Natur reagieren, ist noch kaum bekannt. Je nach Saison (z.B. Sommer und Winter) ändert sich die spektrale Lichtzusammensetzung und überall in der Welt wechselt sie im Laufe des Tages. Dies im Gegensatz zu Meerwasserbekken, in denen zahlreiche *Caulerpa*-Arten ausgezeichnet wachsen, aber im allgemeinen über eine Anzahl von festen Lichtquellen verfügen, die unveränderlich das gleiche Lichtspektrum ausstrahlen. Die spektrale Zusammensetzung kann sich höchstens ändern, indem man bestimmte Typen Röhren ein- oder ausschaltet. Solch eine Lichtveränderung kann gute oder schlechte Folgen haben. Wenn Sie ein gutes *Caulerpa*-Wachstum haben und wünschen, sollten Sie den Lampentyp nicht mehr wechseln.

Tageslänge und Photoperiodizität

Für den Fortbestand der *Caulerpa*-Arten aus gemäßigten Breiten mit kurzen Tagen im Winter und sehr langen Tagen im Sommer, ist die Photoperiodizität von größerer Bedeutung als in den Tropen, in denen eine fast gleichmäßige Beleuchtungsdauer herrscht. Während *Caulerpa prolifera* im Winter im Mittelmeer nahezu verschwindet, bleibt z.B. *Caulerpa racemosa* um Java herum ganzjährig üppig im Wachstum. Der oft aufgegriffene Gedankengang, daß die gesamte Tageslänge in der Natur auch für die gesamte Beleuchtungszeit bestimmend ist, ist unrichtig, weil Sonnenstrahlen bei Sonnenauf- und Untergang so stark reflektiert werden, daß davon wenig Effekt zu erwarten ist. Dazu kommt dann noch eine stark verminderte Nutzleistung, je nachdem ob *Caulerpa* tiefer wächst. Kurz gesagt: Während des Auf- und Untergangs der Sonne ist das Licht nach wie vor für Organismen im Wasser wenig wirkungsvoll. Diese Organismen sind auf Strahlung angewiesen, die so auf die Wasseroberfläche fällt, daß Lichtbrechung und Reflektion beschränkt werden. Dies ist bei einer höher stehenden Sonne der Fall, deren Strahlung am wirkungsvollsten zwischen 50 und 130 Grad durchdringt. Aquarien werden nahezu immer von oben beleuchtet und das Licht wird durch optimale Reflektion des Beleuchtungsgehäuses soviel wie möglich genutzt und eventuell durch eine spezielle Form der Reflektoren gelenkt. In diesem Zusammenhang mag es vielleicht interessant sein, darauf hinzuweisen, daß die oft beachtete Regel: “Tropisches Meerwasseraquarium, also etwa 12 Stunden Licht pro Tag” auf einem unrichtigen Gedankengang beruht und darum die Hälterung eines Meerwasseraquariums nicht nur teuer macht, sondern auf dessen Inhalt eine schädliche Wirkung hat. TAYLOR und TANYKA berichten sogar von einer Blockade der Photosynthese bei Lichtspitzen an verschiedenen Zeitpunkten des Tropentages. Die Verkürzung der effektiven Beleuchtungsdauer bis auf 7 bis 9 Stunden pro Tag ergibt ausgezeichnete Ergebnisse und stimmt außerdem mit den Strahlungseffekten in der freien Natur überein, auch wenn das echte Sonnenlicht unersetzlich ist.

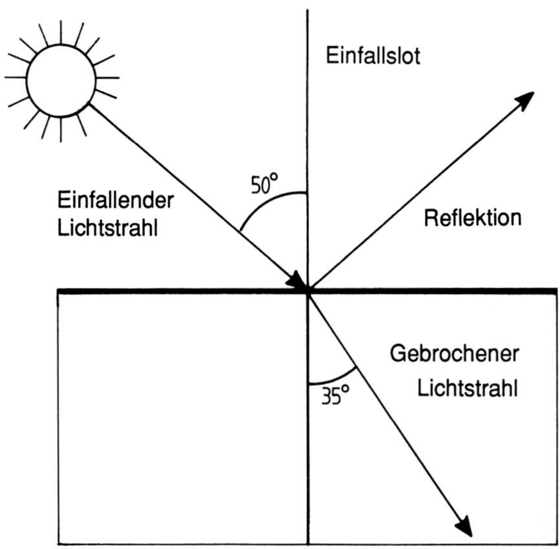

Das Verhältnis von Untergrund und Beleuchtung zu der Form und Entwicklung von *Caulerpa*-Arten

In der Natur leben *Caulerpa*-Arten auf den verschiedensten Untergründen: Steinen, Felsen, körnigem Sand, Schlammböden usw., aber im Aquarium stehen eigentlich nur zwei Substrate zur Verfügung: Ein harter Untergrund in der Form lebender Steine , Dolomitgestein/Blähtongestein oder feinkörniger Dolomitbruch. Auffallend ist, daß, egal welche Form der *Caulerpa* treibend gehalten wird - wie z.B. in Algenfiltern - unter einer kräftigen Beleuchtung die Formen doch lockerer, länger und schlaffer werden, als wenn die Pflanzen auf einem Substrat wachsen. Dies weist darauf hin, daß den Rhizoiden mehr Bedeutung beigemessen werden muß, als nur Verankerungsorgane, sowie dieses bisher wird. Es zeigt sich, daß die Filamente der Rhizoide z.B. sehr tief in poröses Gestein eindringen und imstande sind, Sandkörnchen festzuhalten. Untersuchungen an den Rhizoiden ergaben, daß sie viele Reservestoffe wie z.B. Amidon, ein stärkeähnlicher Stoff, enthalten. Außerdem wird das Substrat selbst auf das Wachsen der *Caulerpa* reagieren und wenn es genügend und porös ist, entstehen in ihm Abbauprozesse, deren Produkte offenbar durch die Rhizoide aufgenommen werden. Form, Länge des Laubes, Internodien, Länge der waagerechten Achse und Festigkeit der ganzen Pflanze werden also vom Untergrund mitbestimmt. Wenn *Caulerpa*-Arten auf einer hochaufgestapelten dekorativen Anzahl von lebenden Steinen wachsen, wodurch sie dicht an der Wasseroberfläche stehen und damit in minimaler Entfernung der Lichtquellen in der Abedeckung, dann sehen wir wie eine kurze, gedrungene Form mit schweren, dicken Achsen und Ausläufern erscheinen (siehe Bilde Seite 277 *Caulerpa racemosa*). Wenn dieselbe Art von hier mittels Ausläufern über die Steine zum Boden kriecht, wodurch die Pflanze bis in den Bodengrund gelangt - also ein anderes Substrat und tiefer und weiter von der Lichtquelle entfernt - dann beobachtet man die Entstehung einer langgezoeneren und lockeren Form mit mehr senkrecht wachsenden "Blättern". Die Rhizoide verändern sich im Sand gleichfalls. Der Ansatz wird kürzer, die Filamentbüschel, mit denen die Sandkörnchen umschlossen und eingepackt werden, werden breiter und stärker verzweigt. Auf diese Weise gelingt es *Caulerpa*, einen geeigneten Standort für sich zu gewinnen; sie benutzt so optimal die Möglichkeiten zu wachsen und sich auszubreiten, verankert sich je nachdem wie die Umstände dies erfordern, sehr effektiv und profitiert optimal von den Ablagerungen und Nährstoffen um die Rhizoide herum.
Manche Arten wachsen sogar gut an schattigen Stellen, die in vielen Meeresaquarien leider noch Mangelware sind. Das ist bedauerlich, weil sich hier höchst interessante Lebensgemeinschaften entwikkeln können, die selbstverständlich mehr oder weniger lichtscheu

sind. Die Rhizoide erzielen also einen maximalen Nutzeffekt aus dem anäroben bakteriellen Stickstoff-Kreislauf, der z.B. durch eine starke umgekehrte Durchströmung des Bodens, wie dies wohl manchmal empfohlen wird, gehemmt wird.

Rhizoide von *C. racemosa*

Empfehlungen

Wenn Form und Länge der Phylloide (Blätter) an neu gebildeten Pflanzen im Aquarium sich nahezu nicht von der Ausgangsform unterscheiden, ist genügend Licht in der erforderlichen Qualität vorhanden. Wenn jedoch langgezogene Formen entstehen, welche deutlich empfindlicher und schlaffer sind, wird entweder mehr oder qualitativ besseres Licht notwendig sein. Dies läßt sich erreichen, indem man alte Röhren durch neue ersetzt, eine Röhre mehr einschaltet oder die Beleuchtungsdauer verlängert. Im allgemeinen ist eine Periode von 9 bis 10 Stunden pro Tag* genügend. In manchen Meerwasseraquarien verringert die Farbe des Wassers den Wirkungsgrad der Beleuchtung. Einen Teil des Meerwassers zu wechseln kann dann eine gute Lösung sein, aber auch die Entfärbung durch Filte-

* bei Leuchtstoffröhren (HQI 7 bis 9 Std.)

rung über Aktivkohle ist in diesem Fall sehr wirksam. Dies und jenes ist eine Sache praktischer Erfahrung mit dem betreffenden Meerwasserbecken.

Beleuchtung von *Caulerpa* und anderen Meeresalgen im Verhältinis zum pH-Wert, der Sauerstoffproduktion und -sättigung des Wassers.

Eine gute, zweckmäßige Beleuchtung hat großen Einfluß, nicht am wenigsten auf die Photosynthese grüner Blattalgen wie *Caulerpa*. Bei diesem Prozeß wird viel Sauerstoff produziert, der manchmal sichtbar als Perlen an den Blättern entweicht; sie können aber auch so feinperlig sein, daß sie sich sofort im Wasser lösen und dadurch unsichtbar bleiben.
Durch eine Reihe chemischer Reaktionen u.a. Dissoziation von CO_2 (die Aufspaltung einer chemischen Verbindung in einfachere Komponenten wie Moleküle, Ionen, Atome), wodurch die Konzentration geringer wird und Bikarbonate sich in Karbonate umwandeln, ist ein steigender pH-Wert des Aquariumwassers unvermeidlich. Bei ungenügender oder ausgeschalteter Beleuchtung verläuft die Photosynthese träge und kommt völlig zum Stillstand, wodurch *Caulerpa* - wie alle anderen grünen Pflanzen - zuerst die O_2-Reserven in ihrem Gewebe für die Atmung angreift, ehe sie sie der Umgebung entzieht. In der Dunkelheit ist Photosynthese und damit die Sauerstoffproduktion (O_2) unmöglich, aber die Atmung geht einfach weiter. Die Pflanzen verbrauchen dann Sauerstoff, wodurch die Reaktionen in umgekehrter Folge verlaufen und der pH-Wert dadurch sinkt. Vor allem beim Vorhandensein gut funktionierender großer *Caulerpa*-Kolonien können starke pH-Schwankungen der tierischen Besetzung sehr schaden. Eine gute, kräftige Wasserbewegung, indem man durch Auströmer an der Wasseroberfläche bzw. für kräftige Belüftung sorgt, hat eine stabilisierende Wirkung, wodurch es nachts keine Probleme geben wird.Tagsüber reguliert man den steigenden pH-Wert vorzugsweise durch CO_2-Zugabe.

HQI - Beleuchtung über *Caulerpa taxifolia*. Die Dekoration wurde aus PREIS rocks (braun), AQUA MEDIC Kalkalgenrocks und lebenden Steinen aufgebaut. Die weiße Kugel ist das Skelett einer Kalkrotalge, "geangelt" im Trondheim-Fjord, Norwegen. Das Schneckenhaus (*Strombus gigas*) stammt aus der Karibik. Mittig im Bild erkennt man noch die grüne Kalkalge *Halimeda opuntia*.

Besiedlung des Untergrundes

Lage und Struktur des Untergrundes oder des Substrates sind in gewisser Hinsicht für den Wuchs und die Entwicklung formbestimmend. Farbe und Struktur eines solchen Untergrundes sind bestimmend und verantwortlich für die Lichtreflektion und damit entscheidend für die Menge und Art des Lichtes, das die *Caulerpa* erhält. Wahrscheinlich ist die chemische Zusammensetzung eines Substrates für *Caulerpa* von geringem Interesse, weil die Nährstoffe unmittelbar aus dem Meereswasser aufgenommen werden. Arten mit einer verlängerten Basis der aufrechten Achse (siehe z.B. *Caulerpa paspaloides*, die über dem unteren Teil kein Blatt trägt) eignen sich besser zur Eroberung eines bewegenden Bodens als kurzstielige Arten. Auf diese Weise wird nämlich verhindert, daß die Pflanzen unter den Sand verschüttet geraten. Unbewegliche, rauhe und harte Flächen sind meistens mit kleineren, kurzbleibenden Formen bewachsen, die ein sehr dichtes Rhizoid-System besitzen. Weiter lassen sich überall in flachen Küstengebieten Anpassungen feststellen, die *Caulerpa* gegen völlige Austrocknung schützen müssen, indem sie z.B. verschlungen mit anderen Algen wachsen, welche durch ihre Wuchsstruktur besser als *Caulerpa* imstande sind, Wasser festzuhalten. In Zentral-Java läßt sich das sehr schön im Küstengebiet von Gunung Kidul und Baron beobachten. Innerhalb der dichten *Caulerpa*-Bestände, im dortigen sehr klaren Wasser, sehen wir, daß in der massiven Struktur von kriechenden Stengeln und Rhizoiden eine Menge Schlamm festgehalten wird, was man in diesem klaren Wassertyp wirklich nicht erwarten würde. Man könnte daraus folgern, daß ein wuchernder *Caulerpa*-Teppich seinen eigenen Nährstoffvorrat aufbaut, indem er ihn langsam aber sicher festhält. Ein auf diese Art gebildetes Substrat eignet sich auch ausgezeichnet zur Ansiedlung von Bodenbakterien, die für *Caulerpa* und andere Algen von großer Wichtigkeit sind.

Substrate, auf denen *Caulerpa* bisher angetroffen wurde

Natürliche Substrate:
Sand/Schlammböden, Korallensand-Böden, Mangrovenwurzeln mit grober Struktur, Krustenstrukturen sowohl tierischen wie pflanzlichen Ursprungs, Gestein mit einer rohen Oberfläche, Kalkablagerungen zwischen Seepocken, an Röhren von Würmern.

Künstliche Substrate:
Schiffswracks, Beton-Pontons, Metallbojen, Fender und Autoreifen, die als Schutz für Schiffe gebraucht werden, Röhren und Leitungen aus Kunststoff, Schiffstaue und Nylonseile, aber auch Aquarienscheiben und deren Wände. Sobald durch die Einwirkung des Kli-

mas, der Strömung und zahlreicher anderer Faktoren ein anfangs glattes Substrat auch nur etwa Halt bietet, können Algen wie *Caulerpa* sich dort ansiedeln.

Epiphytisch:

Verschiedene Beispiele lassen sich von epiphytischen Vorkommen von *Caulerpa* auf anderen Algen geben: Im Küstengebiet zwischen Mombasa und Malindi kommt *Caulerpa sertularioides* auf zerstreut stehenden Kolonien der Kalkalge *Halimeda* vor, die besonders am Fuß stark verkalkt ist. Vor der Küste von Mataram und Lombok fand ich *Caulerpa racemosa* und *Caulerpa sertularioides* derartig miteinander verschlungen, daß es sich als unmöglich herausstellte, festzustellen, welche von den zwei Arten sich als Epiphyt angesiedelt hatte. In den flachen Gewässern von Taman Laut vor der Küste Ambons (Molukkenmeer) findet sich vor allem *Caulerpa racemosa*, am Fuß der weichen Lederkorallen *Sarcophyton trocheiophorum* und *S. ehrenbergi* verankert, welche dort in großen Mengen vorkommen. Diese Weichkorallen siedeln sich offenbar vorzugsweise dort an, wo die harten Korallenriffe von der örtlichen Bevölkerung wegen des Brennens von Kalkmörtel zerstört worden sind.
Auch lebende Schwämme bilden offenbar ein geeignetes Substrat, sowie die sechsstrahligen *Zoantharia*-Arten, die oft mit *Caulerpa racemosa* bewachsen sind und auch *Dendrophyllia gracilis*. Übrigens wachsen *Caulerpa*-Arten im allgemeinen nur an Stellen, die nie oder selten austrocknen. Aber es gibt Ausnahmen wie *C. racemosa*-Varietäten - z.B. in den Küstengebieten Zentral-Javas - wo diese Art bei extremem Niedrigwasser völlig aufs Trockene gelangt.
Ausgedehnte Kolonien gehen dann verloren, aber durch neue Besiedlung erholen sie sich im Laufes des Jahres. In anderen flachen Küstengebieten trocknen manchmal *Caulerpa*-Kolonien auch aus, aber werden dann von einer Gischt Meerwasser besprüht, die entsteht, wenn die kräftigen Wogen sich auf einer zurückliegenden Korallenbank oder eine Gesteinsschwelle zerschlagen. Eine Anzahl von *Caulerpa* besitzen Blätter mit einer besonders weichen Achse, die sich ohne Schaden beim Fallen des Wasserspiegels mitbiegt. Die Blätter legen sich dadurch flach in den letzten Rest des Wassers und richten sich wieder auf, wenn das Niveau steigt und das Wasser wieder tiefer wird. Auch auf diese Weise wird Austrocknung vermieden.

Treibende Kolonien

Manchmal werden *Caulerpa*-Kolonien treibend angetroffen, wobei die Stolonen, Verästelungen, Rhizoide und Sprossen eine kompakte Masse bilden. Vermutlich bekommt das Innere dieser dichten Pflanzenmasse auf diese Art Isolation gegen Austrocknung, wenn so ein Teppich auf dem Strand zurückbleibt bis die nächste Flut ihn wieder mitführt. Übrigens kommt es auch oft vor, daß veraltete Teile einer *Caulerpa*-Kolonie von anderen Algen epiphytisch bewachsen werden wie z.B. Rotalgen, welche Austrocknung vorbeugen.

Caulerpa-Arten als Eroberer abgestorbener Riffe und Riffbasen

Um die indonesischen Inseln Lombok, Sumba, Sumbawa (Mataram-Bucht) herum gibt es ausgedehnte Basen abgestorbener oder zwecks der kleinen einheimischen Kalkbrennereien zerstörte Korallenriffe, die jetzt zwei bis drei Meter unter Wasser stehen. Manche davon sind völlig mit einem dichten Teppich von *Caulerpa racemosa* überzogen, aber nur da, wo genügend Licht durchdringen kann. In dunklen Höhlen und Spalten gibt es keine Spur von *Caulerpa*, wohl aber von Braun- und Rotalgen. Vor allem die geschützte Umgebung von Buchten eignet sich offenbar sehr für *Caulerpa*, so daß sie da oft in großen Mengen vorkommen. Auch die "Windschatten" hinter Riffen sind offenbar geeignete Standorte für *Caulerpa*, wo tote Korallenstücke aber auch Sand überwuchert werden. Innerhalb der dichten Masse lebt eine interessante Lebensgemeinschaft, welche noch nie gut erforscht worden ist und im Rahmen der Aquaristik vielleicht noch besondere Überraschungen mit sich bringen könnte. Die grobe Struktur toter Korallenstöcke eignet sich offenbar zur ersten Ansiedlung von z.B. *Caulerpa racemosa* oder *C. sertularioides* und sie dienen dann gleich als Basis, von der aus diese Arten versuchen, den Boden zu erreichen. Zunächst von der Seite, mit der ein solcher gewaltiger Brocken für eine ruhige Stelle im starken Strömungsmuster sorgt. Die Ausläufer geraten dort an den Sand und besiedeln von daraus den Meeresboden und sind manchmal einige Meter lang mit einer Dicke von vier bis sechs Millimetern. Aber dies ist auch von der Art abhängig. Auch im Meerwasseraquarium läßt sich das gut beobachten. Stengel von kräftigen Ausläufern von *C. racemosa* können 5 bis 7 mm dick sein! Dabei umschließen die Rhizoide mit ihren zähen, sich schnell verankernden Fasern alles, was ihnen am Meeresboden begegnet: Sandkörner, aber auch Muscheln und Teile von Seeigeln und andere Exo-Skelette. Gewicht, Volumen und Form dieser Reste - durch die Rhizoide von Caulerpa "zusammengekittet" - bilden auf diese Art und Weise einen "erschwerten Teppich", so daß dieser Ballast bei einer normalen Bewegung der Strömung einer Entwurzelung im Wege steht. Außerdem siedelt sich in diesem Wirrwar eine überwältigende Lebensgemeinschaft von sehr kleinen Wirbellosen an, die zu der Verankerung beitragen und dazwischen einen gewissen Schutz finden. Ansiedlung auf ziemlich lockeren Substraten, die von der Strömung abhängig sind und mehr oder weniger in Bewegung sind, wird nur durch ein sehr schnelles Wachstum von der Basis an gewährleistet, wobei ein Netzwerk entwickelt wird, das den Bewegungen und Kräften der Strömung widerstehen kann.

Wert und Einfluß von *Caulerpa*-Arten im Milieu eines Meerwasseraquariums

1) Moderne Meeresaquarien sind ohne schönen Bewuchs verschiedener Meeresalgen fast undenkbar, obwohl sich in der Meerwasseraquaristik auch schon der Trend zur Spezialisierung beobachten läßt, wobei in einem sogenannten Riffaquarium *Caulerpa*-Arten eine weniger große Rolle zugeteilt bekommen und man deren ästhetischen und biologischen Wert nicht beachtet.
2) Algen bilden eine günstige Umgebung für die Entwicklung einer festen Mikro-Fauna, die eine große Rolle beim Abbau von Nahrungsteilchen spielt und die Nahrungskette verlängert. Als Beispiel können die Mandarinfische (Synchiropidae) genannt werden, die fast unbemerkbar von diesen Organismen leben.
3) *Caulerpa*-Arten und viele andere Chlorophyten bilden eine wichtige Nährstoffquelle für viele Fische. Außerdem trägt die Entwicklung und das gesunde Wachstum von *Caulerpa* zu einer guten Gesundheit und permanenten Vitalität der ganzen Tiergemeinschaft in einem Meerwasserbecken bei.
4) Diese Blattalgen produzieren organische Säuren, die ans Wasser abgegeben werden, aber auch unentbehrliche Substanzen wie Vitamine und Amino-Säuren. In Aquarien mit einem kräftigen *Caulerpa*-Bestand geht der pH-Wert in der Nacht daher etwas zurück, ohne jedoch ein gefährliches niedriges Niveau im Kreislauf zu erreichen. Aber dies ist selbstverständlich abhängig von der Größe der *Caulerpa*-Kolonie im Verhältnis zum Wasservolumen und von der Wasserbewegung.

5) Gegenüber der Produktion der zum Leben so wichtigen Stoffe steht die Aufnahme von Stickstoffverbindungen und Phosphaten, wodurch ein gesunder und schnell wachsender *Caulerpa*-Bestand in hohem Maße zur Entgiftung des Meerwassers im Aquarium beiträgt. Man könnte dies auch als pflanzliche, biologische Wasserreinigung bezeichnen. Der assimilierte Stickstoff für den Aufbau von Proteinen entsteht hauptsächlich aus Ammoniak (aus der Anfangsphase des Abbauprozesses) und Nitraten, die als Endprodukte der Abbauprozesse zu betrachten sind. Kein Wunder, daß die meisten *Caulerpa*-Arten im biochemischen reichen Milieu des Meerwasseraquariums so großartig üppig wachsen,sodaß große Mengen geerntet und entfernt werden können.
6) Weil nachgewiesen ist, daß Ammonium und Nitrat unmittelbar von *Caulerpa* und anderen Algen aufgenommen werden, verwendet man bei der Pflege von sogenannten Riffaquarien - in denen eine Gemeinschaft von Korallenkolonien, anderen Wirbellosen und verschiedenen (oft pflanzenfressende) Korallen-Riffische gepflegt werden - sogenannte Algenfilter, die hinter oder unter das Aquarium gestellt werden und mit denen die Wasserreinigung in den Algen/Biofilter verlegt wird. Dies macht es den Fischen unmöglich, durch Fraß die Prozesse zu stören. Algenfilter sind jedoch kostspielig im Gebrauch, weil ein gutes Funktionieren der *Caulerpa*-Masse von der Beleuchtung abhängt, die meistens künstlich ist. Während der Beleuchtungsperiode, wenn die *Caulerpa* kräftig assimiliert, entziehen die Algen dem Wasser, das aus dem Meerwasseraquarium zugeführt wird, viel Kohlensäure, wodurch der pH-Wert beträchtlich steigen kann. Deshalb ist die pH-Regulierung über CO_2 oder die Steuerung der Lichtmenge über pH-Wert-Regler und Lichtschaltuhren besonders im Algenfilter wichtig.

Caulerpa-Arten als Nahrung für Fische undWirbellose

Daß pflanzliche Nahrung von großer Wichtigkeit für viele Fische und Wirbellose ist, ist allgemein aus der Zusammensetzung der modernen Fischfutterarten bekannt. Der Bedarf an pflanzlicher Nahrung vieler tropischer Meeres- und Korallenfische zeigt sich deutlich bei der Beobachtung von Meeresaquarien, in denen *Caulerpa*-Arten und andere Organismen so "abgegrast" werden, daß ein erneutes Wachstum sich als unmöglich erweist. Dieser Ausgleich an natürlichen frischen Vitaminen, hält z.B. Kaiserfische und Doktorfische in guter Kondition, wodurch viele Meerwasseraquarianer, die sich mit einem kahlgefressenen Aquarium konfrontiert sehen, eine speziell beleuchtete Filterkammer angefertigt haben, in der *Caulerpa* kultiviert wird. Sie "schlagen dann zwei Fliegen mit einer Klappe", denn ein *Caulerpa*-Filter fördert die Entgiftung und Konditionierung des Meerwassers und ein "Zuviel" wird den Fischen gefüttert, sodaß hier die Rede von einem zweckmäßigen Recycling ist. In den modernen, öffentlichen Schauaquarien wird *Caulerpa* auch wohl wegen ihrer heilkräftigen Qualitäten gezüchtet. Fische, die krank sind, können sich im Wasser, dem etwas frisch ausgepreßter *Caulerpa*-Saft hinzugefügt wird, manchmal sehr schnell erholen. Diese Methode wird z.B. im modernen "Aquarium Hasanal" in Brunei (Indonesien) angewandt.

Produktion von Kolloiden und deren Wichtigkeit

Caulerpa-Arten und auch andere Grünalgen produzieren bei guter Beleuchtung viel Sauerstoff, der die Oxydation von Abfallstoffen beschleunigt, aber auch sogenannte Kolloide, die vor allem für das Leben in einem Meeresaquarium von wesentlicher Bedeutung erscheinen. Kolloide sind nichtkristalline Substanzen mit sehr großen Molekülen und werden im Englischen "seaweedgum" (übersetzt: Seetanggummi) genannt. Ein leimartiger Stoff also, der offenbar sehr wichtig für die Haut von Organismen im Meerwasser ist. Er wird in Wasserpflegemitteln und für den menschlichen Gebrauch in Instantprodukten, medizinischen und pharmazeutischen Präparaten verwendet. Er hat die Eigenschaft Wasser festzuhalten (binden), er hat eine gelierende, emulgierende und stabilisierende Wirkung. Er bildet also einen "coating agent" (übersetzt: Mantelstoff-Schleimüberzug) und kann in vielen Gradierungen angewandt werden. Indem man eine minimale Menge eines Algenkolloids dem Aquariumwasser (Meeres- wie Süßwasser) hinzufügt, entsteht gleichsam eine verdünnte Emulsion, deren Stabilität von der Oberflächenspannung, der daraus resultierenden Adhäsion (Klebekraft) und der elektrischen Ladung der Moleküle abhängig ist. Diese kleinen Teilchen werden Mizellen genannt. Bei molekularen Kolloiden (z.B. aus Organismen wie Meeresalgen stammend), setzen sich die Mizellen aus dem Molekül eines Proteins zusammen, das an seiner Oberfläche eine große Menge Wasser festhalten kann. Die gesamten miteinander verbundenen Mizellen bilden ein Sol (flüssiger Zustand der Kolloide im Gegensatz zu Gel = gelatineartiger Zustand der Kolloide), welches wechselnd in der Farbe und klebrig ist, was den Namen Kolloid (colle = Leim) erklärt. Die molekularen Kolloide aus den Meeresalgen erweisen sich als sehr empfindlich gegenüber Salzen, welche ihr Gleichgewicht im Wasser ändern, wie z.B. Chlor und Chlorverbindungen; sie neigen dazu, sich in mizellulare Kolloide zu verändern oder sie sogar auszuflocken (koagulieren). Organische wie minerale Kolloide sind sehr zahlreich in der Natur und manche werden heutzutage künstlich hergestellt. Kolloide diffundieren leicht in lebende Gewebe und werden darum in Wasserpflegemitteln gebraucht und in Präparaten zur Vorbeugung von Krankheiten und deren Behandlung.

Vorstehende Zeilen unterstreichen die biologische Bedeutung der Kultivierung von *Caulerpa* in einem künstlichen System wie im Aquarium. Es bietet den Fischen einen subtilen aber zweckmäßigen Schutz und macht sie weniger empfindlich gegen Hautreizungen chemischer Art (z.B. beim Wasserwechsel) aber auch gegen Haut- und Kiemenerkrankungen.

Caulerpine, ein toxischer Stoff

Ein anderer Punkt ist die Produktion eines tödlichen Giftes - Caulerpine genannt - das manchmal auf Hawaii und auf den Philippinen festgestellt wird und von dem bekannt ist, daß es in die Nahrungsketten von Mensch und Tier gelangt (D.& A. SANTOS, 1966/1970). Dessen chemische Zusammensetzung ist analysiert worden (SANTONS & DOTY, 1971). Weil *Caulerpa* in vielen Fällen zum Reis gegessen wird, kann *Caulerpa* in den entsprechenden Ländern sogar zeitweise für Menschen giftig sein. Möglicherweise läßt sich so ein plötzlich auftretendes, rätselhaftes Fischsterben in Aquarien erklären. Es ist nicht bekannt, ob das Ausscheiden von Caulerpine jahreszeitlich (wie bei der Roten Tide) bedingt ist.

Antibiotische Substanzen, die von marinen Algen stammen

Es ist schon seit langem bekannt, daß aus den verschiedensten Meeresalgen Medikamente extrahiert werden, unter denen Stoffe, welche eine beträchtliche antibakterielle Wirkung gegen saprophytische (Fäulnisorganismen) und patogene (krankheitserregende) Mikro-Organismen des Meeresbodens und Pilze haben. Diese antibiotischen Substanzen zeigen ein breites Wirkungsspektrum gegen verschiedene krankheitserregende Mikro-Organismen, welche gegen "klassische" Antibiotika resistent sind. Dies ist möglicherweise eine Erklärung dafür, daß in stark mit Algen bewachsenen Meeresaquarien so wenig Krankheiten ausbrechen und das kranke Tiere, welche aus anderen Becken kommen, in Aquarien, die an einem kräftig bewachsenen Algenfilter angeschlossen sind, manchmal spontan geheilt werden, während die Behandlung mit den üblichen Heilmitteln versagte. Nachdem der deutsche Mikrobiologe HARDER im Jahre 1917 auf die bakterienhemmende Wirkung von Substanzen aus Meeresalgen hingewiesen hat, ist oft nach diesen Stoffen geforscht worden. Es wurden Verfahren gefunden, sie aus jeder der drei Gruppen: Rhodophyceae (Rotalgen), Phaeophyceae (Braunalgen) und Chlorophyceae (Grünalgen), wozu auch *Caulerpa* gehört, zu extrahieren.

Der Charakter der antibakteriellen Stoffe und ihre Aktivität

Zunächst muß bemerkt werden, daß viele dieser Stoffe noch nicht identifiziert worden sind; andere jedoch sind wohl bekannt, wie z.B.:
Acrylsäure - eine ungesättigte Säure, durch Oxydierung von Akrolein produziert und sehr gut in Wasser löslich.
Carbonyl - flüssige und flüchtige komplexe Verbindungen, durch Eisen, Nickel oder Kobalt mit Kohlenstoffmonoxyden gebildet.
Terpenen - Kohlenwasserstoffe, die den festen Bestandteil flüchtiger Öle bilden. Es gibt viele Verbindungen mit einer sehr auseinandergehenden chemischen Struktur.
Fettsäuren - verschiedener Art und Struktur.

Der Japaner KATAYAMA war der erste Wissenschaftler (1953), der obengenannte Stoffe aus Meeresalgen isolierte. Sie erwiesen sich als besonders aktiv gegen *Escherichia coli* (Kolibakterien) und *Staphylococcus aureus*, während nur Bruchteile von Carbonyl und Terpenen eine giftige Wirkung auf gewisse Anneliden (Würmer) ausübten. Letzteres ist sehr interessant, weil Meeresaquarianer des öfteren melden, daß Röhrenwürmer halbwegs aus ihrer Röhre kriechen, wonach sie hängen bleiben oder sogar die Röhre ganz verlassen. Im ersten Fall wird wohl mal festgestellt, daß der Wurm in seine Röhre zurückkriecht und am Leben bleibt. Aber öfters wird beobachtet, daß die Bewegungen nachlassen und die Würmer sterben. Oft stellt sich heraus, daß dies Hand in Hand geht mit einem massenhaften "Bluten" eines kräftigen *Caulerpa*-Bestandes oder mit einer spontanen Gametenbildung oder mit einer mechanischen Beschädigung, weil sie kräftig eingeschnürt werden. Es ist verführerisch zu denken, daß es einen Zusammenhang gibt zwischen dem geheimnisvollen und unerwarteten Absterben der Röhrenwürmer und der Ausscheidung der Algensäfte. Acrylsäuren besitzen kräftige antibiotische Eigenschaften mit einer breiten bakteriellen Wirkung, welche in einem mehr sauer reagierenden Milieu noch erhöht wird und eine optimale Wirkung bei einem pH-Wert von 5 bis 6 hat. Ein derartiger niedriger Säuregrad läßt sich in einem natürlichen Meeresmilieu kaum denken, sodaß dessen ökologischer Effekt bis auf die direkte Umgebung der produzierenden Algen beschränkt bleiben wird. Der alkalische pH-Wert der Masse Meereswasser wird die antibakterielle Wirkung mehr nach außen eliminieren, aber andere Fettsäuren und Terpene haben bestimmt Einfluß auf das Wasser in den Ozeanen und möglicherweise wird es auch an die Atmosphäre abgegeben. Algen produzieren flüchtige Verbindungen (Aerosole), Brom und Phenolverbindungen, Kohlenwasserstoffe (Carbohydrate), Proteinverbindungen und Fettsäuren, deren chemischer Charakter derart komplex ist, daß eine Identifizierung noch auf sich warten läßt. Im Hinblick auf die antibiotische Wirkung scheinen die Vorteile eines üppig wachsenden Kulturbestandes von *Caulerpa* und anderen Algen in einem Meeresaquarium die Nachteile aufzuwiegen, wenn ich auch feststellte, daß dessen Pflege sehr zeitraubend ist.

Wachstumhemmende Stoffe, eine Realität?

HEERING, 1969 (Kapstadt, Südafrika) berichtet von der Produktion von Wachstumhemmern (Inhibitoren), welche Meeresalgen ermöglichen, ihr eigenes Wachstum zu kontrollieren und mit dem Nährstoffangebot und Bedarf in Einklang zu bringen, wodurch einer völlig ungezügelten Vermehrung Schranken gesetzt wird. Diese Tatsachen sollen auf Laborversuchen mit bestimmten Mikro-Algen beruhen. Aber ob dies auch für *Caulerpa*-Arten zutrifft, scheint sehr zweifelhaft, bestimmt, in soweit es die Kultivierung in Aquarien betrifft, weil *Caulerpa*-Arten in ihnen unwahrscheinlich schnell wachsen können. Wuchern ist ein besserer Ausdruck. Dies kann von vielen Meeresaquarianern bestätigt werden. Die wachstumhemmenden Substanzen werden Auto-Inhibitoren genannt und sind in großer Verdünnung schon wirksam. In höheren Konzentrationen kann es oft manchmal ein plötzliches Absterben des ganzen Bestandes geben. Obwohl im Widerspruch mit der gewaltigen Wuchskraft von *Caulerpa* im Meeresaquarien, läßt sich nicht leugnen, daß - obwohl selten - trotzdem das plötzliche Absterben des gesamten Bestandes beobachtet wird. Das Merkwürdige dabei ist, daß - egal was man auch versucht - ein neuer Bewuchs mit dem übriggebliebenen Material oder mit Stecklingen, aus einem anderen Aquarium, in dem selben Wasser so gut wie nicht in Gang zu bringen ist. Ein totaler oder teilweiser Wasserwechsel scheint dann oft eine gute Lösung zu sein. Es hat auch den Anschein, daß ungünstige Bedingungen Makro-Algen, wie *Caulerpa*, beim langdauernden Transport in einem zu kleinen Wasservolumen dazu veranlaßt, diese wachstumhemmenden Stoffe zu produzieren, wodurch sie nicht mehr zum Wachsen kommen. Diese Erfahrungen aus der Praxis brachte mit sich, daß Wissenschaftler wie Liebhaber *Caulerpa* nur in "anhängendem Wasser", in aufgeblasenen Plastiktüten oder sogar Thermosflaschen, befördern. Diese Technik schließt automatisch mit ein, daß sie meistens während 24 Stunden der Dunkelheit ausgesetzt werden. Dies läßt sich, zu Hause angekommen, noch gut 48 Stunden fortsetzen, ohne Schaden zu verursachen. Dieser "Dunkelheits-Schock" scheint, wenn die Pflanzen wieder ans Licht kommen, wachstumfördernd zu wirken.
Das plötzliche Absterben von Blattalgen wie *Caulerpa* hat meistens nicht solch eine Auswirkung auf das Milieu im Aquarium, daß die Tier-

bevölkerung in Schwierigkeiten gerät. Dies ist jedoch anders beim Absterben von z.B. Schmieralgen, was öfters eine ernste Vergiftung des Wassers zur Folge haben kann und eventuell der Fauna verhängnisvoll ist.

Von Algengemeinschaften produzierte wachstumfördernde Stoffe

Daß lebende Algen Stoffe produzieren, welche die Wasserzusammensetzung beeinflussen, ist bekannt. Weniger bekannt ist das Verfahren mit Algen-Extrakten höherer Mikro-Algen, das Wasser in einem frisch eingerichteten Meerwasserbecken zu düngen. Das Auspressen eines Büschels *Caulerpa racemosa* z.B. hat wachstumfördernde Effekte auf dieselbe, aber auch oft auf andere Algenarten. HEERING weist darauf hin, daß sich dies nicht verallgemeinern läßt, aber das bestimmte Algen darauf reagieren, während andere dagegen unempfindlich sind.
Durch eine beträchtlich größere Produktion von Polysachariden und Polypeptiden sind blaugrüne und rote Algen industriell gesehen von größerer Bedeutung als Grünalgen. Außerdem erweisen sich die zwei ersten imstande bis zu 60% der in ihrem Gewebe gespeicherten Stoffe dem Wasser zurückzugeben und so wieder in den Kreislauf zu bringen. *Caulerpa* macht dies auch und hat damit wahrscheinlich großen Einfluß auf das Milieu in einem Meerwasserbecken. In diesem Zusammenhang scheint es interessant, darauf hinzuweisen, daß veraltete Bestände weniger produzieren. Ein Grund also den *Caulerpa*-Bestand immer durch Verjüngung zu aktivieren.
Verminderung der Lichtintensität, - also Verringerung der Wattzahl pro Röhre - Verringerung der Anzahl von Röhren oder der Brennstunden fördert eine starke Sekretion. Die Verlängerung der Beleuchtungsdauer oder der Brennstunden verringert die Ausscheidung von Stoffen.
Vermutlich besitzen die ausgeschiedenen Stoffe eine für Metalle chelatisierende Wirkung, wodurch sie in für *Caulerpa* lösliche Form gebracht werden. Weiter scheint es nicht ausgeschlossen, daß viele andere lösliche Stoffe, wie z.B. Phosphate durch die Sektretion zu Nutzen von *Caulerpa* verarbeitet werden. Die von Algen hergestellten Substanzen schäumen gut in Wasser, das belüftet wird. Bei Alterung des *Caulerpa*-Bestandes sieht man eine deutliche Schaumverringerung auftreten im Vergleich zu einem jungen und dadurch aktiven Bestand.

Die Wechselwirkung zwischen *Caulerpa* und Bakterienkulturen

Bakterien beziehen die Energie zu ihrem Wachstum und ihrer Vermehrung aus Stickstoffprodukten, die von Eiweiß herrühren, aber mehr noch aus Kohlenhydraten. Wenn die Energie aus einer Eiweißquelle stammt, - und die Bakterienpopulation ist noch zu einseitig - können die Stoffwechselprodukte giftig sein. Wenn die Energie dagegen aus einem Kohlenhydrat stammt, wird das Stoffwechselprodukt nur aus einer ziemlich harmlosen Säure bestehen. Eiweiß gelangt ins Meerwasserbecken durch die Fütterung der Fische. Kohlenhydrate stammen von den Exkretionen (Ausscheidungen) von Algen. Also in Meerwasserbecken größtenteils von *Caulerpa*. Verschiedene Liebhaber versuchten deshalb bei einem frisch eingerichteten Becken das Wachstum von auf das Meerwasser geimpften Bakterienkolonien zu fördern mit den unterschiedlichsten Formen der Kohlenhydrate, vom einfachen Zucker bis zu verschiedenen Alkoholen. Dessen einziges Ergebnis war, daß tatsächlich eine große Menge verschiedener Bakterien genährt wurden, welches sich schließlich selber in jene Bakterienarten selektierten, die für das Milieu in einem Meerwasserbecken spezifisch sind. Daß *Caulerpa*-Arten so gut in modernen Meerwasserbecken gedeihen, verdankt man nicht nur der verbesserten Technik und den Beleuchtungsmethoden, sondern auch den Endprodukten des bakteriellen Abbaus, wie Nitrat. Die modernen Filter sind in diesem Zusammenhang als eine Wasserreinigungsanlage zu betrachten, die mittels Bakterienkolonien - welche im Substrat leben - die notwendigen Nährstoffe für *Caulerpa* liefern.
Caulerpa-Arten und selbstverständlich alle anderen Meeresalgen sind für das Milieu in einem Meerwasserbecken von großer Wichtigkeit:
a) für die Bindung und Aufnahme schwerer Metalle
b) für die Neustralisierung giftiger Stoffe
c) für die Produktion wachstumfördernder Stoffe
d) als Abschäumungs-Anreiz
e) für das Festhalten und die Ausflockung anorganischer schwebender Teilchen
f) als Lieferant von Stoffen gegen krankheitserregende Bakterien
g) als Puffer gegen das ständige Sinken des pH-Wertes

Dieser Liste lassen sich zweifellos noch eine Anzahl von anderen interessanten Punkten hinzufügen, wie die Schutzwirkung, welche die Ausscheidungsprodukte der Pflanze auf die Haut, Därme und Kiemen der Fische ausüben.

Verursacht *Caulerpa* -Wuchs Mineralmangel?

Durch das üppige Wachsen eines permanenten *Caulerpa*-Bestandes steht die Mineralverknappung des Meerwassers häufig zur Diskussion. Es ist keinem Zweifel unterlegen, daß *Caulerpa* und nahezu alle anderen Algen Mineralien und Spurenelemente verbrauchen. In Mengen jedoch, die so gering sind, daß wirkliche Mineralverarmung so gut wie ausgeschlossen ist. Unvermeidlich wird verdunstetes Meerwasser von Zeit zu Zeit mit Süßwasser nachgefüllt werden müssen. Weiter werden Korallensand, lebende Steine, Austernsplitt und andere natürliche Filtersubstrate und selbstverständlich das Fischfutter genügend Spurenelemente in das Meerwasser bringen, mit denen der Mineralvorrat bestimmt nachgefüllt wird.

Transport aus den Tropen

Heute ist die Ernte und das Mitnehmen von *Caulerpa*-Arten aus warmen Meeren besser möglich geworden. Pflücken Sie *Caulerpa* möglichst kurz vor der Abreise nach Europa, spülen Sie die Stolonen gut sauber und entfernen Sie sessile Tiere und andere Organismen. Verpacken Sie *Caulerpa* mit nicht mehr als "anhängendem Wasser" in Plastiktüten und blasen Sie diese auf, damit die Pflanzen nicht zerdrückt werden können. Verpacken Sie die Tüten in eine Styropor-Schachtel oder Pappschachtel und legen Sie sie zwischen das Gepäck in Ihren Koffer für einen schnellen Flug zum Bestimmungsland. Der an den Fundorten gemessene Salzgehalt (Probe) und die Temperatur geben einen Hinweis für die Überbringung in ein Meerwasserbecken.

Künstliches Meerwasser und die Überbringung von *Caulerpa* in ein anderes Mileu

Der Erfolg mit der Kultivierung von *Caulerpa* in dekorativen Meerwasseraquarien in den Niederlanden beweist schon, daß der größte Teil der *Caulerpa*-Arten sich ausgezeichnet den unterschiedlichsten Zusammensetzungen des Meerwassers anpaßt. Größtenteils wird es auf Basis von Leitungswasser und künstlich zusammengesetzten Meersalz präpariert. Frisch angesetztes künstliches Meerwasser kann sich besonders agressiv auf lebende Organismen auswirken und *Caulerpa* kann dann sehr ungünstig durch eine totale Zersetzung reagieren. Bei der Umsetzung der *Caulerpa* - egal um welche Art es sich handelt - sind die wenigsten Schwierigkeiten zu erwarten, wenn man biologisch "ausgereiftes" Meerwasser zur Verfügung hat.

Salzgehalt und gelöste Stoffe

Ein dem Fundort entsprechender Salzgehalt scheint für den Wuchs und die Entwicklung von *Caulerpa* - innerhalb gewisser Grenzen - von geringer Bedeutung. Die gemessenen Unterschiede im Salzgehalt in Meerwasserbecken sind ziemlich groß, aber *Caulerpa*-Arten wachsen, wenn sie sich erst einmal den Umweltverhältnissen und dem Salzgehalt angepaßt haben, über jede Erwartung. Im allgemeinen neigt das Meerwasser in tropischen Meerwasseraquarien zu einer höheren Dichte, aber verschiedene *Caulerpa*-Arten akzeptieren sogar einen geringeren Salzgehalt, wie *C. racemosa* (Trauben-*Caulerpa*), *C. certularioides* (Feder-*Caulerpa*), *C. verticillata* und *C. scalpelliformis*. Beim Mißlingen einer *Caulerpa*-Kultur denken viele Liebhaber zunächst an Unterschiede im Salzgehalt, im Vergleich zum ursprünglichen "Wachstumwasser". Aber in Wirklichkeit ist dies oft eine Folge von grünalgenfressenden Organismen und Fischen oder auch den unterschiedlichen Konzentrationen der Abfallstoffe. Wenn *Caulerpa* sich einmal einem Niveau mit einer hohen Konzentration der Abfallstoffe und Endprodukte angepaßt hat, kann sie sich bei einer plötzlichen Umsetzung in sauberes - also besseres - Wasser zersetzen, trotz des gleichen Salzgehaltes.

Ist *Berthelina chloris* (DALL, 1918), ein spezialisierter Parasit, für *Caulerpa* fatal?

Etwa vor zwei Jahren erhielt ich von einem Meerwasserliebhaber per Post ein Büschel *Caulerpa prolifera* mit der Bitte, mal untersuchen zu wollen, ob es einen Zusammenhang geben könnte zwischen dem Vorhandensein winziger Schalentierchen und dem Absterben großer Kulturbestände von *Caulerpa*. In einem einzelnen, kleinen Meeresaquarium, in dem schon *Caulerpa* derselben Art üppig wuchs, wurde der gerade erhaltene Büschel umgesetzt. Anfangs wuchs alles gut, aber es zeigte sich, daß die kleinen Schalentierchen sich schnell vermehrten und fast nur auf *Caulerpa* anzutreffen waren. Obwohl das Wachstum mehr als befriedigend war, zeigten die Blattorgane nicht nur Löcher, sondern auch Freßschäden und immer dort, wo die kleinen grünen Schalentierchen saßen. Der Schaden blieb jedoch beschränkt, bis drei *Caulerpa*-Arten innerhalb von einigen Tagen völlig "glasig" wurden, während sich gleichzeitig das Wasser trübte. Als sich zwei Tage später der "Nebel" gelöst hatte und man sich den Schaden ansehen konnte, stellte sich heraus, daß die *Caulerpa* nahezu verschwunden war, abgesehen von einigen wenigen Teilchen, die zu unserem großen Erstaunen mit einer riesigen Menge der kleinen grünen Muscheln überzogen waren, und daß, obwohl vor einigen Monaten ihrer nur etwa zehn anzutreffen waren.

Dies und jenes wies nicht nur auf eine unglaubliche Vermehrung hin, sondern auch auf den gleichzeitigen Abbau des *Caulerpa*-Bestandes. *Berthelina chloris*, DALL, 1918, der *Caulerpa*-Parasit ist vor allem unauffällig, weil diese kleinen, flachen und etwa 8 mm langen Schnecken genau dieselbe Farbe wie die *Caulerpa* haben, von denen sie in dem Moment leben. Auf diese Art sind sie also zwischen dem Wirrwar der Thalli getarnt. Zunächst denkt man an eine zweischalige kleine Muschel, aber heute wissen wir, daß es eine kleine Schnecke ist, welche in der Aquaristik als berüchtigter *Caulerpa*-Parasit bekannt wurde! Sie gehört zu der Familie Juliidae, Unterklasse Opistobranchia oder Achtkiemer und kommt aus dem karibischen Gebiet und den Küsten Mexikos, wo sie sich auf den *Caulerpa*-Beständen findet. Vermutlich haben diese dünnschaligen Schnecken im Meer viele Feinde, wodurch ihre Zahl beschränkt bleibt. Aber in einem Meeresaquarium, in dem viele natürliche Feinde fehlen, können sie sich geradezu explosionsartig vermehren. Die dünnen, transparenten Schälchen sind grünlich gelb und die Farbe wird noch durch das Durchscheinen des Schneckenkörpers verstärkt, der die Farbe der inzwischen gefressenen *Caulerpa* angenommen hat, wodurch sie sich zwischen der *Caulerpa* unauffällig bewegen kann.

Die *Caulerpa*-Schnecke *Berthelina chloris* (DALL, 1918) ein Fraßschädling auf *Caulerpa racemosa*.

Verhängnisvoller Schaden

Sowohl Blattorgane als auch die Stolonen werden durchbohrt, wodurch - wie von *Caulerpa* bekannt - das "Bluten" oder "Leerlaufen" entsteht und *Berthelina chloris* auf diese Weise ohne weiteres imstande ist die Lebenssäfte mühelos aufzusaugen. Von einigen *Caulerpa*-Arten ist bekannt, daß sie bei Beschädigung in einigen Sekunden einen "woundplug" (Wundabdichtung) produzieren, - vorausgesetzt daß sich die Pflanzen in einer guten Kondition befinden - welche die Wunde abschließt und die Pflanze vor dem Leerlaufen schützt. Ob und wenn ja, wie *Berthelina* diesen Mechanismus ausschaltet, ist unbekannt, jedenfalls bis jetzt.

Fortpflanzung der Schnecke

Ausgewachsene, geschlechtsreife Tiere sind nahezu immer als Pärchen zusammen und Kopulation wird regelmäßig beobachtet. *Berthelina chloris* scheint sehr produktiv zu sein; 150 bis 300 Eier in einer weißen transparenten Geleemasse zu entdecken, ist gewiß nichts Seltenes in einem Aquarium und dies ist gleichzeitig eine Erklärung für die große Anzahl dieser winzigen Schnecken, welche erst dann auffallen, wenn die *Caulerpa* nahezu verschwunden ist. Nach dem Schlüpfen werden sie von der Strömung überall verbreitet und durch den klebrigen Schleim, den sie produzieren, bleiben sie überall bei der Suche nach *Caulerpa* festhängen.

Vorbeugung besser als Heilung

Normalerweise wird *Berthelina chloris* nur auf *Caulerpa*, also Grünalgen angetroffen. Aber es gibt auch Hinweise, daß bei Verlust eines *Caulerpa*-Bestandes auch Rotalgen von ihnen aufgesucht werden. Es hat sehr den Anschein, daß Ansteckung eines Meeresaquariums mit *Berthelina chloris* sich nur vermeiden läßt, indem man neuangeschaffte *Caulerpa* zunächst in ein Quarantänebecken bringt, bis man ganz genau weiß, daß es frei von *Berthelina* ist. Auch gibt es Gerüchte, daß dieser kleine *Caulerpa*-Parasit mittels UV-Beleuchtung zu bekämpfen wäre. Dies ist bisher von mir noch nicht kontrolliert worden. Möglicherweise lassen sich auch Fische finden, die Schnecken fressen, wie kleinbleibende Kugel- oder Kofferfische, welche das Aquarium von *Berthelina chloris* befreien. Wenn dieser Parasit erst einmal vorhanden ist, scheint er nicht mehr auszurotten zu sein. Also: Vorbeugen ist auch in diesem Fall besser als Heilen!

Caulerpa brachypus
Mini-Caulerpa

Fam.: Caulerpaceae

Vork.: Japan (Janega).
Hält.B.: Diese *Caulerpa* ähnelt sehr einer Miniausgabe von *Caulerpa prolifera*. Sie wächst nur bei extrem guten Wasserbedingungen. Lichtbedarf 5000 bis 8000 Lux. In Becken mit Pflanzenfressern kann sie nicht gehalten werden, da sie wegen ihrer zarten Blätter z.B. von Doktorfischen als Lieblingsspeise betrachtet wird. Wer diese Alge einmal reichlich zur Vermehrung bringen kann, sollte sie weiter an andere Aquarianer geben. Sie ist in europäischen Meerwasserbecken extrem selten.
Bes.: Die einzelnen *Caulerpa*-Arten ähneln sich alle in den Hälterungsbedingungen. Aber diese Mini-*Caulerpa* ist die zarteste und heikelste von ihnen. PREIS-Meersalz verwenden!

T: 23-28°C, **L:** bis 30 cm, **BL:** 40 cm, **WR:** u,m **SG:** 3

Caulerpa Arten Gern von Fischen gefressen	Nicht gern von Fischen gefressen
C. pinnata *C. scalpelliformis* *C. sertularioides* *C. racemosa* (auch für Menschen) *C. racemosa var. uvifera*	*C. cupressoides* *C. "macrodisca"* *C. urvilliana*

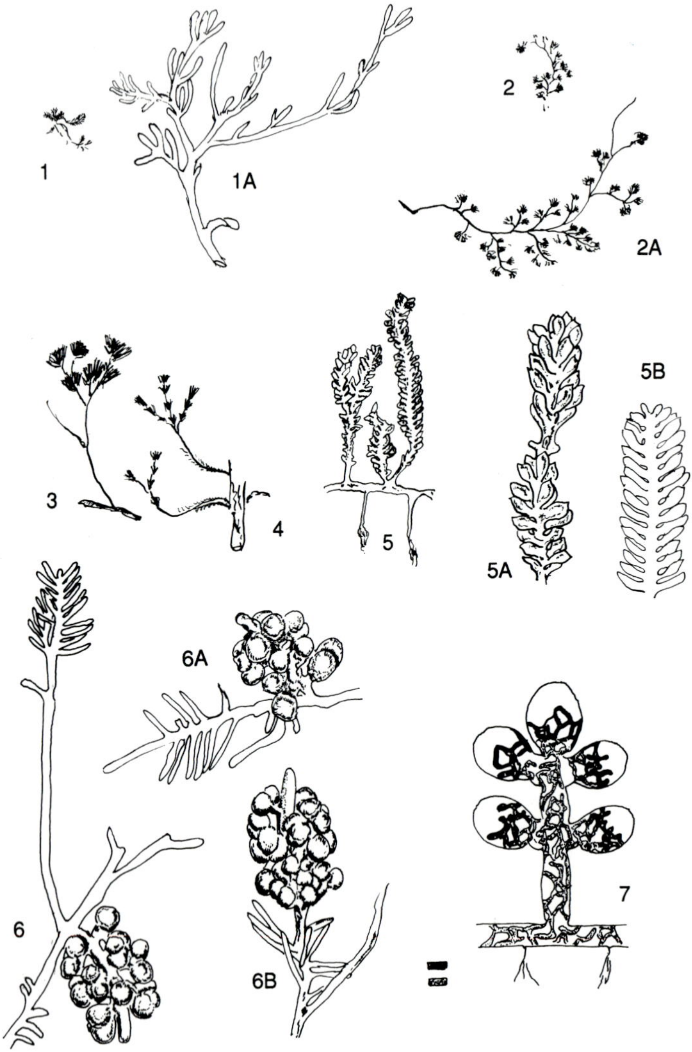
1
1A
2
2A
3
4
5
5A
5B
6
6A
6B
7

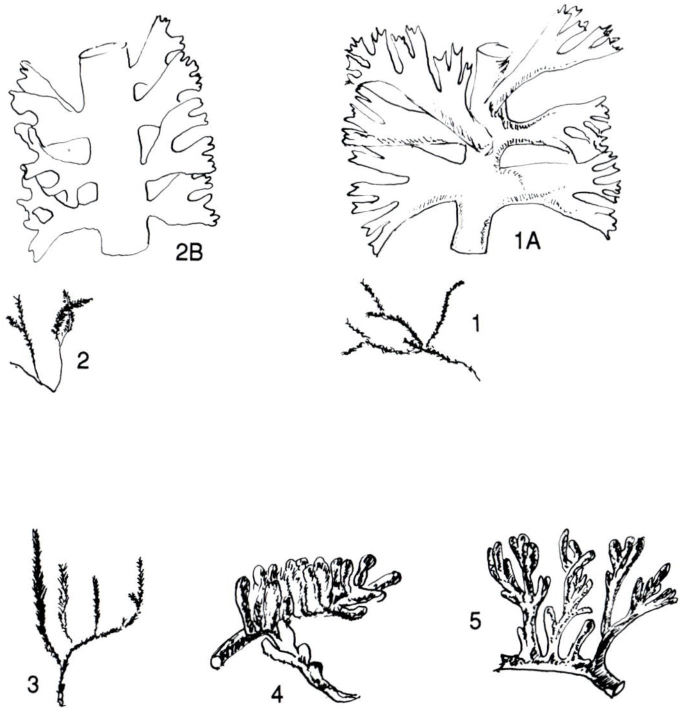

1. *Caulerpa webbiana*; kriechender Stengel - natürliche Größe
1A *Caulerpa webbiana* - sehr stark vergrößert
2. *Caulerpa webbiana*
2A *Caulerpa webbiana* - sehr stark vergrößert
3. *Caulerpa elongata*
4. *Caulerpa pickeringii* von Paumotu - natürliche Größe
5. *Caulerpa pickeringii* von Tahiti - natürliche Größe

---

linke Seite:
1. *Caulerpa fastigiata*
1A *Caulerpa fastigiata* - stark vergrößert
2. *Caulerpa murrayana*
2A *Caulerpa murrayana* - stark vergrößert
3. *Caulerpa verticillata* - natürliche Größe
4. *Caulerpa pusilla* - natürliche Größe
5. (A+B) *Caulerpa reyesi*
6. (A+B) *Caulerpa biloba*
7. Formung von Gameten bei *Caulerpa okamurai;* dunkle Konzentration weiblicher Ga- meten; Lichte Konzentrationen männlicher Gameten.

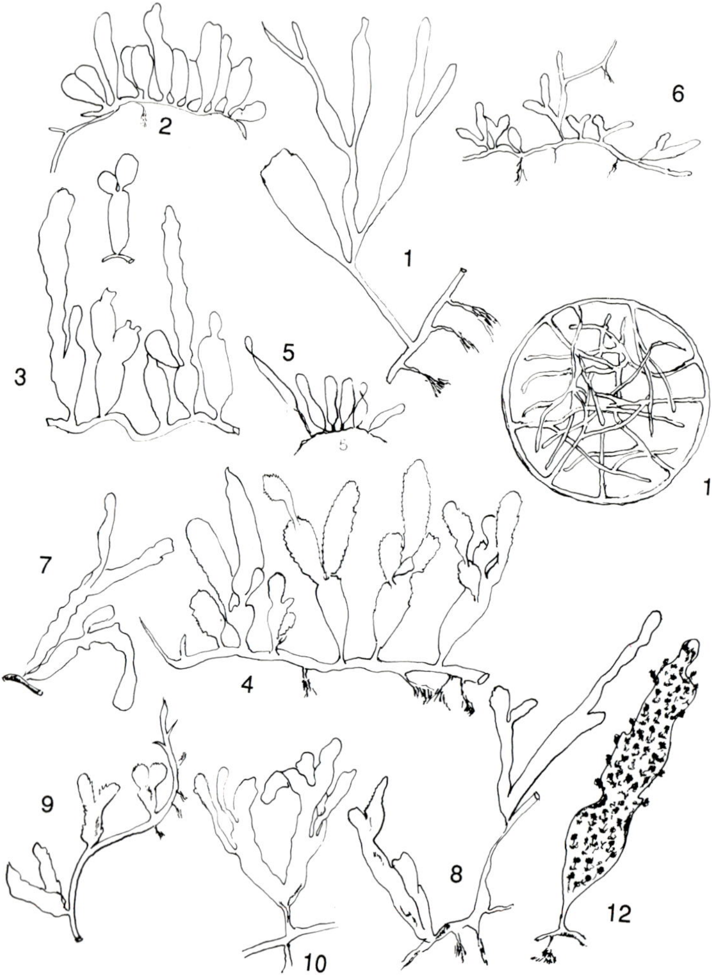
1
2
3
4
5
6
7
8
9
10
11
12

Caulerpa prolifera, die häufigste und weitverbreiteste Grünalge im Meerwasseraquarium

1. *Caulerpa prolifera*
2. *Caulerpa brachypus*
2a *Caulerpa brachypus* - Blatt
3. *Caulerpa stahlii* - natürliche Größe
4. *Caulerpa stahlii*
5. *Caulerpa parvifolia* - natürliche Größe
6. *Caulerpa anceps* - mehrere Formen der Gesellschaftsinseln im Pazifik
7. *Caulerpa anceps*
8. *Caulerpa anceps*
9. *Caulerpa anceps*
10. *Caulerpa anceps* - von Japan
11. Querschnitt eines Stolones, wobei die inneren Verwachsungen der Epidermis (Haut) von Caulerpa - die nach innen (einwärts) gehen - dienen als mechanischer Verstärkung der Zellgemeinschaft. Die Zellen bestehen aus Chloroplasten und Annyloplasten.
12. Ein erwachsenes, ausgereiftes fertiles Fylliod, daß nach Gametonogenesis (Formung von Gameten) im Begriff steht, diese auszustoßen über Papillae, welche auf einem sehr dünnen Stengel stehen. Bei *Caulerpa prolifera* - (im Aquarium) kann man dies regelmäßig beobachten, nur wenige Liebhaber bemerken es jedoch.

1. *Caulerpa scalpelliformis* - mehrere Formen/ 2/3 natürliche Größe
2.- 4. *Caulerpa scalpelliformis*
5.+ 6. *Caulerpa scalpelliformis* - von Sri Lanka
7. *Caulerpa scalpelliformis* - von Mauritius
8.- 10. *Caulerpa scalpelliformis* - vom Roten Meer

Caulerpa scalpelliformis im Aquarium (die gezackten Blattränder wandeln sich häufig in gerade Formen).

Caulerpa sertularioides (Federcaulerpa) und *C. racemosa* (Mitte)

Caulerpa pinnata

Caulerpa plumaris, Südküste Australiens

Caulerpa taxifolia

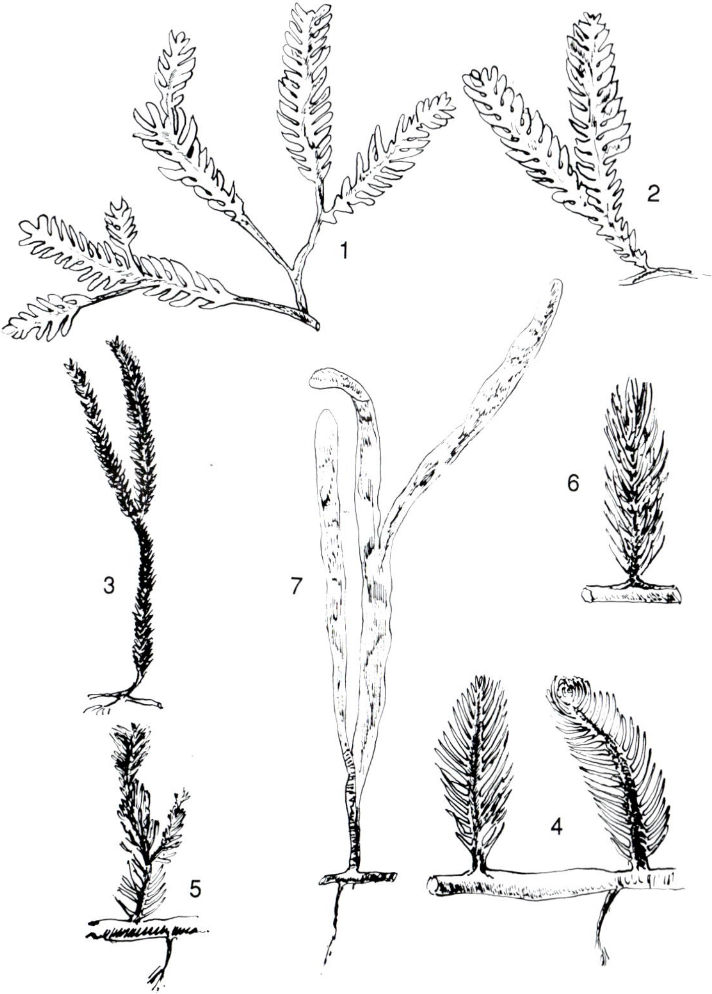

1. *Caulerpa pinnata* - mehrere Formen in 2/3 natürlicher Größe
2. *Caulerpa pinnata* - wovon eine Form bei Mexiko gefunden wurde
3. *Caulerpa pinnata*
4.- 6. *Caulerpa plumaris* - mehrere Formen
7. *Caulerpa flagelliformis*

1. *Caulerpa flagelliformis* - Küsten von Marokko
2. *Caulerpa flagelliformis* - Golf von Cadiz - Südspanien

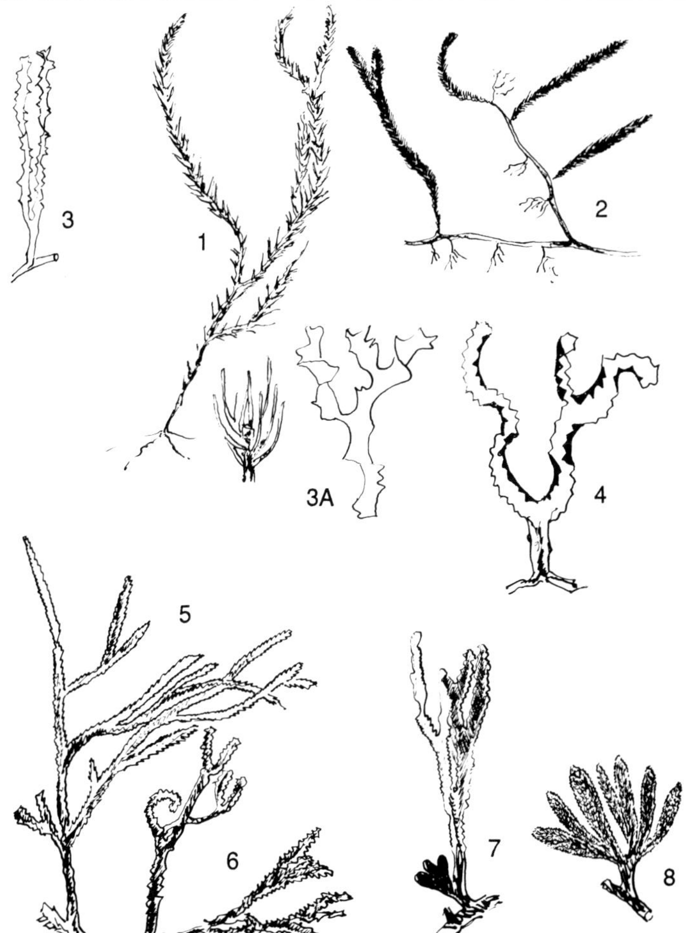

1. *Caulerpa alternifolia*
2. *Caulerpa brownii*
2A *Caulerpa brownii*
3. *Caulerpa freycinetti*
3A *Caulerpa freycinetti*

4. *Caulerpa freycinetti* - mehr gezahnt
5. *Caulerpa freycinetti*
6. *Caulerpa freycinetti* - Rotes Meer
7. *Caulerpa freycinetti* - Rotes Meer und Persischer Golf
8. *Caulerpa freycinetti*

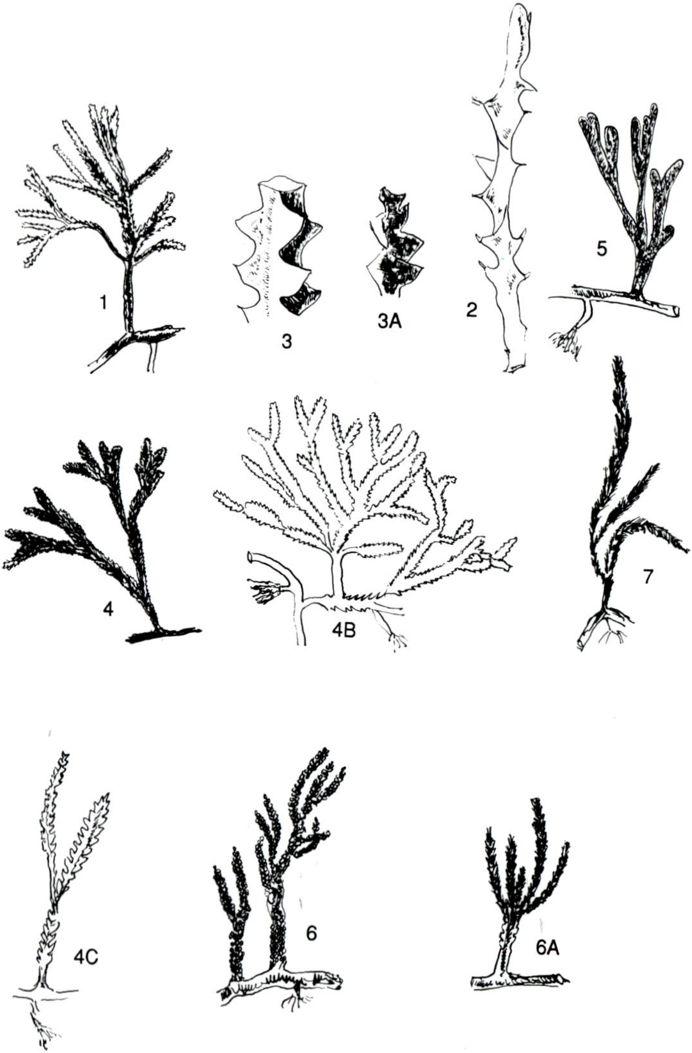
1
3
3A
2
5
4
4B
7
4C
6
6A

Caulerpa urvilliana

Caulerpa cupressoides

1. *Caulerpa urvilliana*
2. *Caulerpa urvilliana* - Spitze einer Verzweigung
3. *Caulerpa urvilliana* - Vergrößerung; siehe Durchschnittsform
4. *Caulerpa freycinetti* - 2/3 Größe
4B *Caulerpa freycinetti*
4C *Caulerpa freycinetti* - öfters vorkommende Aquarienform (siehe Foto oben links)
5. *Caulerpa freycinetti* - glatte Varietät - natürliche Größe (2/3)
6. *Caulerpa cupressoides* - natürliche Größe; Blasenform
6A *Caulerpa cupressoides* - natürliche Größe; mehr stachelige Form
7. *Caulerpa cupressoides* - *var lycopodium* - natürliche Größe (2/3)

1. *Caulerpa hypnoides* - 2/3 natürliche Größe

1. *Caulerpa paspaloides* forma *flabellata*
2. *Caulerpa paspaloides* var. *laxa*
3. *Caulerpa paspaloides* forma *compressa*

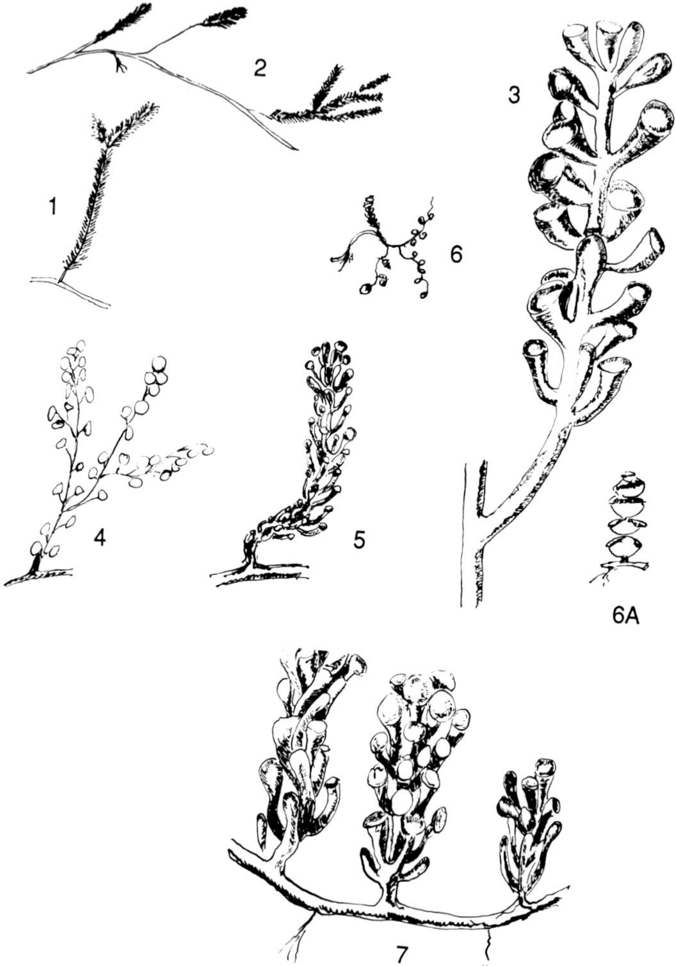

1. *Caulerpa distichophylla* - natürliche Größe
2. *Caulerpa plumifera* - natürliche Größe
3. *Caulerpa racemosa* - etwas vergrößert
4. *Caulerpa peltata* - natürliche Größe
5. *Caulerpa racemosa* - natürliche Größe - var. *chemnitzia* forma *turbinata*
6. *Caulerpa peltata* - kriechende Verzweigung

6A *Caulerpa peltata* - "gestapelte Form"

7. *Caulerpa racemosa* var. *chemnitzia* - natürliche Größe

Caulerpa paspaloides, Küste Floridas

1. *Caulerpa racemosa* - typische Form aus der freien Natur; die besonders glatten
2. *Caulerpa racemosa* - Formen ohne blasenförmige Verdickungen sind in Aquarien-
3. *Caulerpa racemosa* - kulturen bis jetzt wenig bekannt (s. S. 313 oben).
4. *Caulerpa racemosa*
5. *Caulerpa racemosa*
6. *Caulerpa peltata* - Form aus dem freien Meer;
7. *Caulerpa peltata* - Form, die aus Aquarien und Aquakulturen bekannt ist.

Caulerpa racemosa (langwüchsige Form bei Lichtmangel)

Caulerpa racemosa, eine häufige Aquarienform

Caulerpa peltata var. *macrodisca*, Küste Irlands

Caulerpa peltata var. *peltata*, Aquariumform

Caulerpa peltata var. *macrodisca*

Caulerpa peltata var. *macrodisca*

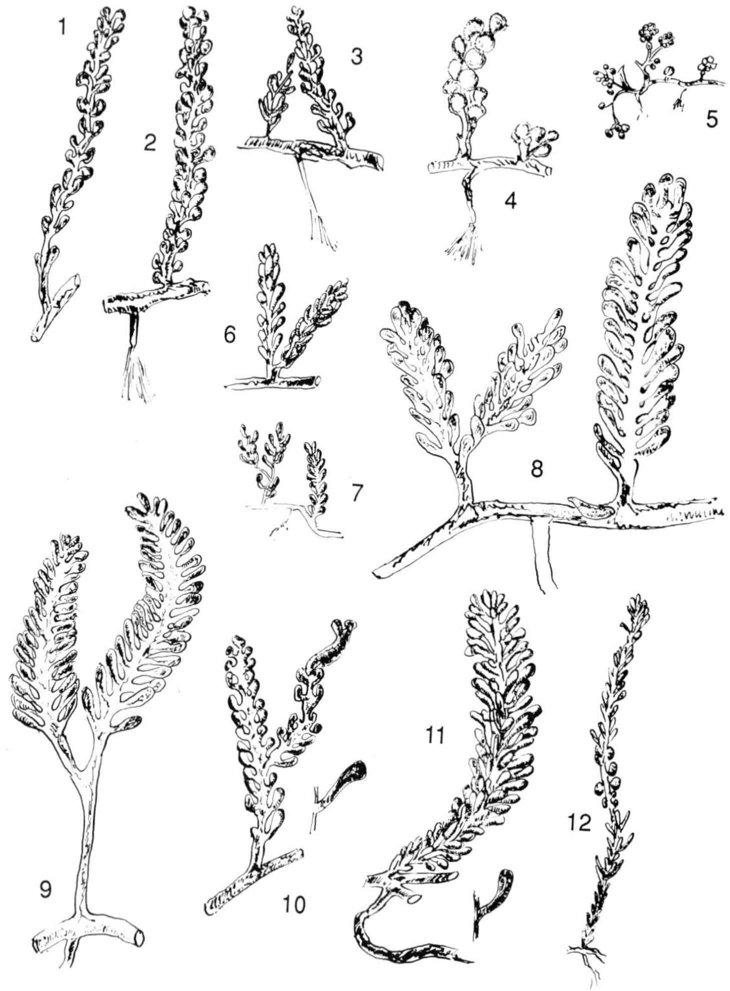

1 - 12*Caulerpa racemosa*-
Die überwältigenden Unterschiede in Form und Gestalt, wie diese sich als Anpassungen in der freien Natur darstellen, werden bestätigt durch die Kultur der *Caulerpa racemosa* im Aquarium. Sowohl Form der Blasen wie auch die Weise wie sie angeordnet sind, sind Reaktionen auf Umweltbedingungen wie: Lichtintensität, Lichteinfall, Lichtreflektion, Untergrund, Nährstoffe, Herkunft, Strömungsmuster usw.

Caulerpa racemosa, natürliche Form, Unterwasseraufnahme von Java

Caulerpa racemosa , Aquariumform

1 - 6 *Caulerpa racemosa* - mehrere Wuchsformen aus der freien Natur

Caulerpa paspaloides , Jungtriebe

Caulerpa racemosa , Aquariumaufnahme

Caulerpa racemosa mit fleischigen Ausläufern als Folge einer kräftigen Beleuchtung, direkt unter der Wasseroberfläche wachsend.

Caulerpa racemosa wächst in den verschiedensten Formen, hier vom natürlichen Standort an der Nordküste der indonesischen Insel Java auf einer steinigen Unterlage.

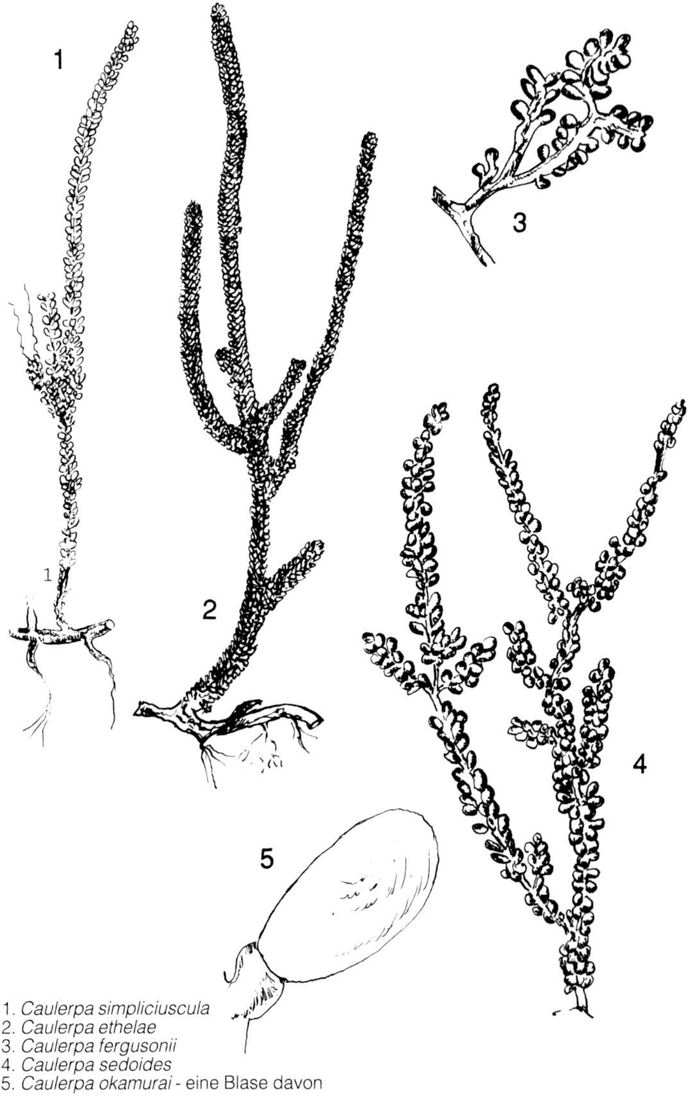

1. *Caulerpa simpliciuscula*
2. *Caulerpa ethelae*
3. *Caulerpa fergusonii*
4. *Caulerpa sedoides*
5. *Caulerpa okamurai* - eine Blase davon

Caulerpaceae

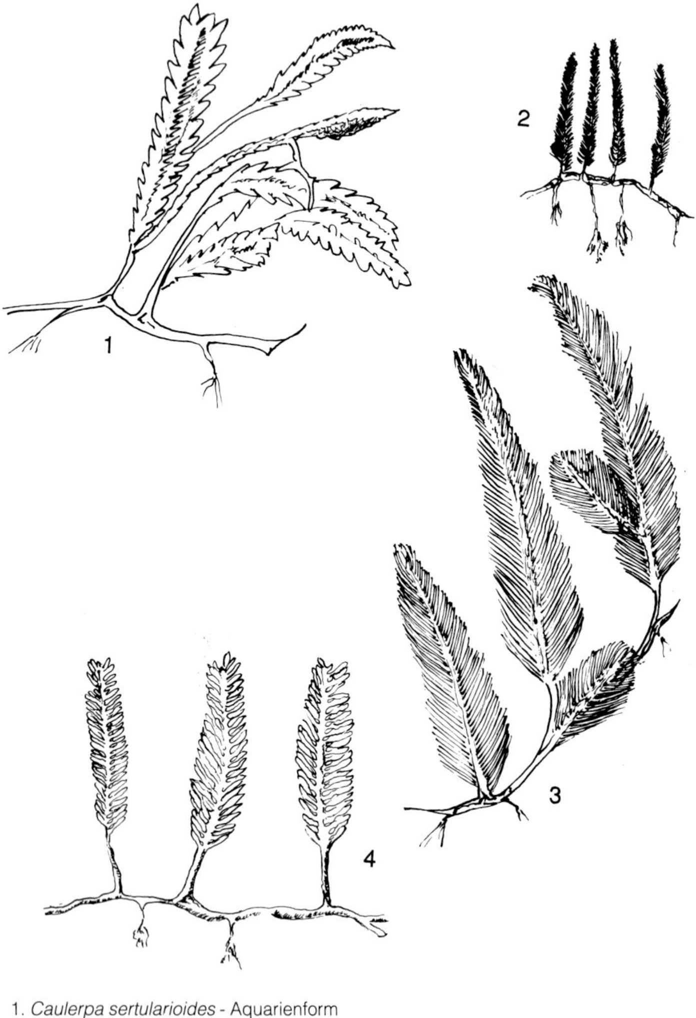

1. *Caulerpa sertularioides* - Aquarienform
2. *Caulerpa mexicana* =*C. sertularioides* (GMELIN) HOWE
3. *Caulerpa taxifolia* AGARDH
4. *Caulerpa floridana* TAYLOR

Caulerpa floridana

Caulerpa sertularioides

Caulerpa mexicana = C. sertularioides

rechts: *Caulerpa nummelaria* (REINKE) - Die kleinen Blattscheiben, die manchmal direkt an dem Stolon entspringen, sind schüsselförmig und zeigen öfter eine gewellte Kante. Eine sehr hübsche Art; links: *Caulerpa verticillata*, Karibische Form.

Entacmaea quadricolor, Aquariumaufnahme. An den Verdickungen der Tentakelenden erkennt man diese Anemone leicht.

Systematik

Stamm: CNIDARIA	Nesseltiere
Klasse: ANTHOZOA	Blumentiere
U.klasse: HEXACORALLIA	Sechsstrahlige Korallen

Ordnung	**Actiniaria**	**Meeresanemonen**
Überfamilie	Endomyaria	
Familie	Actiniidae	GOSSE, 1858
Gattungen	*Actinia*	BROWNE, 1756
	Anemonia	RISSO, 1826
	Condylactis	DUCHASSAING & MICHELOTTI, 1866
	Cribrinopsis	CARLGREN, 1821
	Entacmaea	RÜPELL & LEUCKAART, 1828
	Macrodactyla	HADDON, 1898
	Urticina	VERRILL, 1922
Familie	Actinodendronidae	HADDON, 1898
Gattung	*Actinodendron*	BLAINVILLE, 1930
Familie	Andresiidae	STEPHENSON, 1922
Gattung	*Andresia*	STEPHENSON, 1921
Familie	Phymanthidae	ANDRES, 1883
Gattung	*Phymanthus*	MILNE-EDWARDS, 1857
Familie	Stichodactylidae	ANDRES, 1883
Gattungen	*Heteractis*	MILNE-EDWARDS, 1857
	Stichodactyla	BRANDT, 1835
Familie	Thalassianthidae	MILNE-EDWARDS, 1857
Gattung	*Cryptodendrum*	KLUNZINGER, 1877
Überfamilie	Acontiaria	
Familie	Aiptasiidae	CARLGREN, 1924
Gattungen	*Aiptasia*	GOSSE, 1858
	Bartholomea	DUCHASSAING & MICHELOTTI, 1866
Familie	Metridiidae	CARLGREN, 1893
Gattung	*Metridium*	OKEN, 1815
Familie	Nemanthidae	CARLGREN, 1940
Gattung	*Nemanthus*	CARLGREN, 1940
Familie	Sagartiidae	GOSSE, 1858
Gattungen	*Sagartia*	GOSSE, 1855
	Sagartiogeton	CARLGREN, 1924
Familie	Isophellidae	STEPHENSON, 1935
Gattung	*Telmatactis*	GRAVIER, 1918
Überfamilie	Boloceroidaria	
Familie	Aliciidae	DUERDEN, 1897
Gattungen	*Alicia*	JOHNSON, 1861
	Lebrunia	DUCHASSAING & MICHELOTTI, 1860
	Triactis	KLUNZINGER, 1877
Familie	Boloceroididae	CARLGREN, 1924
Gattung	*Boloceroides*	CARLGREN, 1899

Ordnung	**Ceriantharia**	**Zylinderrosen**
Familie	Cerinathidae	MILNE-EDWARDS & HAIME, 1852
Gattungen	*Cerianthus*	delle CHIAJE, 1832
	Pachycerianthus	ROULE, 1904
Familie	Arachnactidae	McMURRICH, 1910
Gattung	*Arachnanthus*	CARLGREN, 1912
Ordnung	**Corallimorpharia**	**Korallenanemonen**
Familie	Discosomatidae	DUCHASSAIN & MICHE-LOTTI, 1864
Gattungen	*Amplexidiscus*	DUNN & HAMNER, 1980
	Discosoma	RÜPELL & LEUCKART, 1828
	Metarhodactis	CARLGREN, 1860
Familie	Ricordeidae	WATZL, 1922
Gattung	*Ricordea*	DUCHASSAING & MICHE-LOTTI, 1860
Familie	Corallimorphidae	HERTWIG, 1882
Gattungen	*Corynactis*	ALLMAN, 1846
	Pseudocorynactis	den HARTOG, 1981
Ordnung	**Zoantharia**	**Krustenanemonen**
Familie	Zoanthidae	
Gattungen	*Palythoa*	LAMOUROUX, 1816
	Parazoanthus	HADDON & SHACKLE-TON, 1899
	Zoanthus	LAMARCK, 1801
Familie	Epizoanthidae	
Gattungen	*Epizoanthus*	GRAY, 1867

Stamm: Nesseltiere (Cnidaria)
Klasse: Anthozoa

Die Blumentiere bilden gemeinsam mit den Hydrozoen und Quallen den Stamm der Nesseltiere, mit denen gemeinsam sie die Nesselzellen haben. Diese einzelligen Jagd- und Abwehrwaffen reagieren auf Berührung und jagen einen mit widerhakenartigen Borsten versehenen Schlauch in die Haut des Gegners, wo sie gleichzeitig ein stark nesselndes Gift einbringen. Dies schreckt Angreifer ab oder lähmt kleine Beutetiere, die sodann leicht eingefangen werden können. Neben den Nesselzellen gibt es auch solche, die nur kleben oder wickeln und die Beute festhalten, daß sie von den Tentakeln zum Mund geführt werden kann. Es sind bisher etwa 6500 Arten von Blumentieren bekannt, deren Größe zwischen wenigen Millimetern und eineinhalb Metern liegt. Anthozoa sind reine Meeresbewohner und besitzen einen zylinderförmigen Körper, der meist mit einem Fuß auf dem Untergrund festsitzt und oben einen oder mehrere, häufig in konzentrischen Kreisen angeordnete Tentakelkränze besitzt. Der Innenraum ist durch senkrechte Wände (Mesenterien) in keilförmige Sektoren geteilt; in seine Mitte ist ein quer zusammengedrücktes Mundrohr tief eingestülpt. In zumindest einem, meist aber in beiden Mundwinkeln liegen Wimperrinnen, die ständig frisches Wasser einstrudeln, das für die Aufrechterhaltung der Atmung nötig ist. Meist strömt das Wasser durch einen Mundwinkel ein und durch den anderen aus. Die Tiere bestehen nur aus zwei Zellschichten, einer äußeren (Ektoderm) und einer inneren (Entoderm); dazwischen liegt eine von den Zellen ausgeschiedene gallertige Masse (Mesogloea). Die Innenschicht produziert die Innenausgestaltung des Hohlraumes und sorgt für Verdauung, Atmung, Fortpflanzung und erzeugt sogar eine Ringmuskulatur. Die Außenschicht enthält eine Längsmuskulatur, die eine Verkürzung der Tiere bewirken kann und sondert bei vielen Arten ein Außenskelett ab. Sinnesorgane gibt es nicht; beide Zellschichten besitzen jedoch ein Netz von Nervenzellen, das auf Umgebungsreize reagiert. Die Fortpflanzung geschieht auf geschlechtlichem Wege durch Abgabe von Spermien und Eiern ins freie Wasser oder innere Befruchtung und Entlassung von Larven, sowie durch ungeschlechtliche Teilung, die häufig nicht vollkommen ist und dazu führt, daß große zusammenhängende Tierkolonien entstehen. Die Blumentiere umfassen sehr unterschiedliche, dem Aquarianer und Taucher wohlbekannte Formen, die besonders im Seichtwasser tropischer Meere, aber auch in polaren Gewässern besondere Verbreitungsgebiete gefunden haben. Es gibt sie auch in der Tiefsee und einige haben die festsitzende Lebensweise aufgegeben und schweben durchs freie Wasser.
Hier eine kurze Übersicht über die einzelnen Ordnungen:Die Unterklasse der sechsstrahligen Blumentiere (Hexacorallia), deren Tentakelzahl 6 oder ein Vielfaches davon beträgt, umfaßt die Ordnungen der Seeanemonen (Actinaria), Steinkorallen (Madreporaria), Dörnchenkorallen (Antipatharia), Zylinderrosen (Ceriantharia), Korallenanemonen (Corallimorpharia) und Krustenanemonen (Zoantharia).

Heteractis magnifica "aufgeblasen"; in der Natur können die Tiere so ihren Standort mit der Strömung wechseln (beobachtet an der Küste von Kenia). Hier jedoch eine Aquarienaufnahme mit *Premnas biaculeatus*.

Die **Seeanemonen oder Seerosen** leben meist einzeln, werden bis zu 150 cm groß und besitzen keine harten Skeletteile. Es gibt über 1000 Arten, von denen einige in diesem Band vorgestellt werden.
Die **Steinkorallen** hingegen scheiden ein äußeres Kalkskelett ab, das aus feinen Aragonitkristallen besteht und von der äußeren Zellschicht des Fußes gebildet wird. Die Tiere leben selten einzeln, sondern meist in Kolonien, die runde, feste Formen aber auch geweihartig verzweigte Stöcke ausbilden können.Zahlreiche Arten bauen gemeinsam die Korallenriffe tropischer Meere, wo sie unter geeigneten geologischen und klimatischen Voraussetzungen Kalkformationen von mehreren 1000 m Höhe und vielen km Breite zu erzeugen imstande sind. Es gibt ca 2.500 Arten von Steinkorallen.
Die **Dörnchenkorallen**, in Taucherkreisen als Schwarze Korallen bekannt, bauen fächer- bis buschförmige Kolonien. Die zarten Polypen scheiden kein Kalkskelett, sondern eine hornige Substanz ab, die häufig schwarz und mit feinen Dornen versehen ist. Rund um diese Achse sitzen die Polypen in einer dünnen, leicht verletzbaren Schicht. Die dickeren Stämme wurden zur Herstellung von Schmuck verwendet. Heute geschieht das nicht mehr (?), da die Schwarze Koralle unter Schutz steht ! Es gibt über 100 Arten von Dörnchenkorallen.
Die Ordnung der **Zylinderrosen** umfaßt nur etwa 50 Arten. Sie leben einzeln, bilden kein Skelett, bauen aber um ihren bis zu 75 cm lang gestreckten Körper eine Röhre auf, die aus abgeschiedenem Schleim, auf welchem Fremdkörper wie Sand haften bleiben, besteht. Daraus strecken sie nur ihre langen, fadenförmigen Tentakel, um Beute zu fangen. Bei Gefahr ziehen sie sich blitzschnell in die Röhre zurück.
Die **Krustenanemonen** bilden meist umfangreiche krustenförmige Kolonien, die durch Ausläufer des Fußes ständig vergrößert werden. In die gallertige Zwischenschicht bauen sie Fremdmaterial wie Sand und Foraminiferen ein, sodaß eine Art Skelett entsteht. Es gibt etwa 300 Arten und viele von ihnen überziehen andere festsitzende Meerestiere wie Schwämme und abgestorbene Korallenskelette.Die zweite Unterklasse der Blumentiere umfaßt die achtstrahligen Korallen (Octocorallia = Alcyonaria), deren Tentakelzahl 8 oder ein Vielfaches davon beträgt. Viele besitzen ein Skelett aus feinen Kalknadeln (0,01 mm - 10 mm), die entweder einzeln verstreut über den Körper liegen, oder zu Gruppen oder inneren Achsen geordnet sein können. Zu den achtstrahligen Korallen zählen die Lederkorallen, Weichkorallen, Gorgonien, blauen Korallen und Seefedern.Die Weichkorallen (Stolonifera und Alcyonacea) bilden eine fleischige Masse, die flach, gelappt, finger- oder pilzförmig sein kann, auf welcher sich die Polypen erheben. Sie enthalten artspezifische Kalknadeln, die für ihre Bestimmung herangezogen werden.Die Gorgonien (Gorgonacea) umfassen ca. 1200 Arten, die entweder ein aus verkitteten Kalknadeln bestehendes oder aus Kalk und Hornsubstanz gebildetes inneres Achsenskelett

besitzen, worauf die Rindenschicht der lebenden Polypen liegt. Die oft kräftig gefärbten Kolonien der Hornkorallen erreichen 3 m Höhe. Die Blaue Koralle (Heliopora) umfaßt nur eine Art, die ein plattenförmiges Außenskelett aus faserförmigem Aragonit aufbaut. Die Seefedern (Pennatulacea) sind Kolonien von bis zu 2,3 m Höhe und umfassen etwa 300 Arten. Sie sind nicht festgewachsen, sondern stecken lose im Weichboden. Die oft unten zwiebelartig verdickte Hauptachse wird vom Gründungspolypen gebildet und von ihm wachsen seitlich die Tochterpolypen federartig geordnet ab. Die meisten Arten sind nachtaktiv und tagsüber im Sand versteckt. Die Octocorallina und die Steinkorallen sollen im zweiten Band vorgestellt werden.

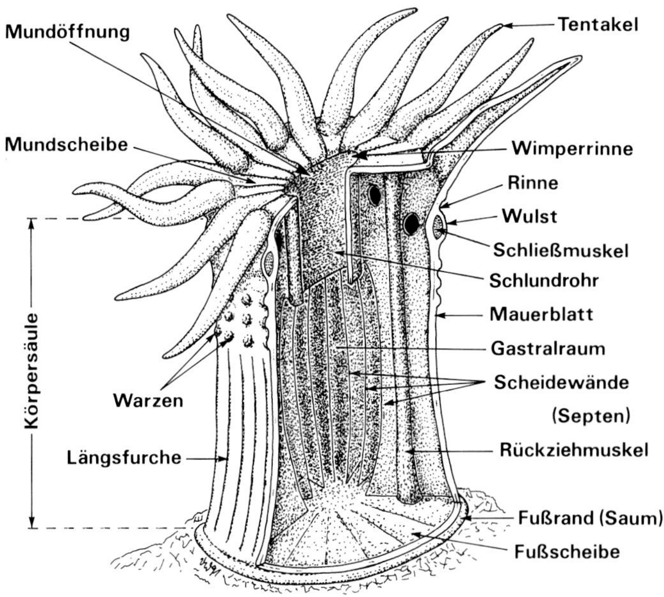

Bauplan einer Meeresanemone

Ordnung: Actiniaria

Der Ordnung Actiniaria gehören nur einzeln lebende (solitäre), nicht skelettbildende Anthozoen an, die Seeanemonen oder Seerosen genannt werden. Sie besitzen einen schlauchartigen "Körper", dessen Außenhaut, das Mauerblatt glatt oder mit Warzen, Blasen oder ähnlichen Strukturen versehen sein kann. Manchmal sind daran verschiedene Regionen festzustellen, die durch eine Furche oder einen Wulst voneinander getrennt sein können. Am unteren Ende des Körpers sitzt der Fuß, der blasenartig ausgebildet sein oder eine flache Fußscheibe tragen kann. Er dient der Befestigung in Sand oder auf festem Grund, wo die Fußscheibe durch Aufwölben in der Mitte einen Unterdruck erzeugt und so einen nahezu unlösbaren Halt erzielt. Am oberen Körperrand sitzen zahlreiche Tentakel, die z.T. zurückziehbar sind und deren Zahl normalerweise ein Vielfasches von 6 beträgt. Sie stehen in einer oder mehreren Reihen; selten wie die Speichen eines Rades auf der Körperoberfläche der Mundscheibe angeordnet (radiär). Die Tentakel sind meist einfach, fingerförmig gebaut, bei manchen Arten sind sie jedoch mit Blasen, Warzen und anderen Strukturen versehen oder sogar verzweigt.

Die Mundscheibe selbst ist meist kreisrund und eben, aber auch trichterförmig oder gewellt. Sie kann durchsichtig sein oder farbig.Oft deutet sie die Innenkonstruktion des Tieres an, denn meist farblich gekennzeichnet, gehen von ihr senkrechte Einteilungen des ansonsten hohlen Innenraumes (Septen) nach unten ab. Auf diese Weise wird nicht nur das Körperinnere wie eine Torte in Sektoren geteilt, sondern auch die Mundscheibe. In ihrer Mitte befindet sich der meist schlitzartig ausgebildete Mund, an welchen sich ins Körperinnere ziehend der Schlund anschließt. An den, den Innenraum teilenden Septen befinden sich auch die Gonaden, welche die Geschlechtsprodukte erzeugen. Die Anthozoen sind größtenteils getrennt geschlechtlich, teils auch Zwitter. Die Befruchtung erfolgt häufig im freien Wasser, wohin die Tiere ihre Eier und Spermien einfach entlassen, teils im Körperinneren, wobei erst die aus den befruchteten Eiern hervorgegangenen bewimperten Larven ins freie Wasser entlassen werden. Dort treiben sie eine Zeit lang umher und setzen sich erst dann am Boden fest, wenn sie eine geeignete Stelle für ihr Anemonendasein gefunden haben. Neben dieser geschlechtlichen Vermehrung gibt es auch eine ungeschlechtliche durch Teilung der Tiere, wie sie z.B. bei Aiptasien besonders im Sommer häufig vorkommt.Als Abwehr- und Jagdwaffen dienen sogenannte Nesselzellen, die besonders in den Tentakeln sitzen, auf Berührung reagieren und wie mit Widerhaken versehene winzige Harpunen wirken, indem sie in die Haut des Opfers bzw. Gegners eindringen und gleichzeitig ein mehr oder weniger stark wirkendes Nesselgift injizieren. Manche Arten erzeugen im Körperinneren fadenförmige Gebilde, sogenannte Akontien, die auch Nesselzellen beinhalten. Bei Gefahr drücken sie diese Fäden durch eigens dafür

vorgesehene Körperöffnungen nach außen, wo sie am Körper des Gegners haften bleiben und Verbrennungen hervorrufen.
Bei starker Störung, schlechten Umweltbedingungen oder wenn sie sich in Ruhezustand befinden, können sich die Anemonen durch mehr oder weniger starke Muskeln zurück- oder zusammenziehen. Manche verschwinden im Untergrund oder in einer Felsspalte, andere stülpen die Tentakel ins Körperinnere und bilden so eine Kuppe oder Halbkugel.
Die Nahrungsaufnahme erfolgt auf verschiedene Weise. Manche Arten, wie die Seenelken, beschränken sich darauf, das feine Geschwebe im Wasser festzuhalten und dieses mit Hilfe von Schleim und Wimperhärchen dem Mund zuzuleiten. Andere Arten, besonders jene mit sehr kräftigen Nesselzellen, sind wahre Raubtiere (wie *Actinia*, *Anemonia*, *Calliactis*, *Stichodactyla*). Sie lähmen mit ihrem Gift an sie stoßende Kleintiere wie Krebse, Weichtiere und auch Fische und führen sie dann mit den Tentakeln dem Mund zu. Alles Unverdauliche wird später wieder durch die Mundöffnung ausgestoßen.
Die Bäumchen-Anemonen, besitzen in ihrem Körperinneren, besonders in den verzweigten Tentakeln, symbiotische Algen, von deren Stoffwechselprodukten sie größtenteils leben und zusätzlich nur noch zu einem geringen Teil tierische Nahrung aufnehmen müssen.

Actinia equina

Fam.: Actiniidae

Gattung *Actinia*
Die Tiere dieser Gattung besitzen einen glatten Körper (Mauerblatt), der deutlich mit einem Wulst und einer daran anschließenden Furche von den Tentakeln der Mundscheibe abgetrennt ist. In der Furche liegen einfache oder auch gelappte "Randbläschen" (Acrophagen), welche auch Nesselzellen enthalten. Die Tentakel sind einfach, fingerförmig und mit einer aus der äußeren Zellschicht gebildeten Längsmuskulatur versehen.

Actinia cari DELLE CHIAJE, 1825
Gürtelrose

Vork.: Mittelmeer; von der Niedrigwasserlinie abwärts bis in 8 m Tiefe.
GU: Keine.
Soz.Verh./Vgs.: Lebt einzeln und bevorzugt im Seichtwasser beschatteter glatter Felsen und Steinaufbauten, in tieferen Zonen auch auf Steinoberseiten.
Hält.B.: Benötigt Felsen mit schattigen Stellen zur Anheftung; hält nicht so fest wie *A. equina* und ist daher empfindlicher gegen Turbulenzen.
Licht: Schattenplatz in der Sonnenlichtzone.
ZU/Verm.: Die Gürtelrose ist getrennt geschlechtlich und entläßt im Sommer ihre Eier ins Wasser (ovipar).
FU: C; rein nachtaktiver Kleintierfänger; frißt Garnelen, Muschel- und Fischfleisch, Frostfutter usw.
Bes.: Die Gürtelrose ist an der bräunlichen bis grünlichen Färbung und schwarzbraunen konzentrischen Linien am Mauerblatt gut erkennbar. Sie ist zusammengezogen ziemlich flach und nicht halbkugelig. Voll entfaltet, kann man 192 Tentakel zählen.

T: 15-20°C, **Ø**: 5 cm, **BL**: ab 30 cm, **WB**: m, **WR**: u, **BS**: 2-3, **SG**: 3

Actinia equina LINNAEUS, 1766
Pferdeaktinie

Vork.: Mittelmeer, Ostatlamtik, N - Schottland. Von der Flutlinie bis in 2 m Tiefe.
GU: Keine.
Soz.Verh./Vgs.: Lebt einzeln oder in Gruppen meist an beschatteten senkrechten Felswänden aber auch in Flut/Restwasserlöchern, die sowohl Regen als auch Sonne und Kälte ausgesetzt sind.
Hält.B.: Ist unempfindlich gegenüber Temperatur- und Salzgehaltsschwankungen; kann auch kurzzeitig trockenfallen. Kommt mit geringer Beleuchtung aus und sammelt sich im Aquarium knapp unter der Wasserlinie.
Licht: Schattenplatz in der Sonnenlichtzone.
ZU/Verm.: Die größere Form ist getrennt geschlechtlich und entläßt ihre Eier ins Wasser (ovipar); die Eier reifen das ganze Jahr über. Die zweite Form befruchtet die Eier im Körperinneren und entläßt erst die Larven ins Wasser (vivipar). Larven bilden sich nur im Juni und Juli.
FU: K; Muschel- und Fischfleisch sowie Frostfutter.
Bes.: Diese Art ist sehr variabel in Form und Farbe und purpur bis bräunlich-rot gefärbt und trägt bläuliche Randbläschen. Es gibt zwei sehr unterschiedliche Formen: Eine besitzt 192 Tentakel, ist purpur gefärbt und wird bis zu 7 cm groß. Die zweite ist braun-rot, besitzt 124 Tentakel und ist bis zu 3 cm groß. Sie sind tagsüber meist zu einer Halbkugel zusammengezogen und öffnen sich erst bei Einbruch der Dunkelheit.

T: 16-20°C, **Ø**: 7 cm, **BL**: ab 30 cm, **WB**: s, **WR**: u, **BS**: 1, **SG**: 2

Actinia cari ; der Anemonenfisch paßt nicht dazu!

Farbvarianten von *Actinia equina* (Aquarienaufnahme)

Fam.: Actiniidae

Gattung *Anemonia*

Die Gattung *Anemonia* umfaßt Seeanemonen mit einem glatten, weichen Mauerblatt. Die Tentakel sind lang, nur wenig zurückziehbar, mit einer aus der äußeren Zellage hervorgegangenen Längsmuskulatur. Die Zahl und Anordnung der Septen ist meist unregelmäßig.

Anemonia sulcata (PENNANT, 1777)
Wachsrose

Vork.: Mittelmeer und Ost-Atlantik von Bergen bis Madeira. Von der Wasserlinie bis in 30 m Tiefe.
GU: Keine.
Soz.Verh./Vgs.: Zumindest jüngere Exemplare sind verträglich gegenüber Artgenossen und können regelrechte Rasen bilden. In Gemeinschaft mit ihr leben zahlreiche Tiere, vor allem Krebse. Da gibt es 3 Arten von *Periclimenes*-Garnelen, die Gespenstkrabbe *Inachus phalangium*, die haarige Krabbe *Pilumnus hirtellus* und die Seespinne *Maja verrucosa*. Die meisten dieser Krebse sind vor den Nesselzellen der Anemone geschützt, nicht hingegen die Schwebegarnele *Leptomysis lingvura*, die nur geschickt zwischen den Tentakeln zu schwimmen versteht. Sogar ein Fisch lebt mit der Wachsrose in Symbiose: die Streifengrundel *Gobius bucchicchii*, die vor den Nesselzellen geschützt ist wie die Anemonenfische in tropischen Meeren und sogar von einer Wachsrose in die nächste schwimmen kann.
Hält.B.: Die Art benötigt Felsgrund mit Spalten zur Befestigung.
Licht: Sonnenlichtzone.
ZU/Verm.: Die Fortpflanzung erfolgt meist auf geschlechtliche Weise (die Tiere sind getrennt geschlechtlich) und sie entlassen ihre Eier ins Wasser (ovipar). Laichzeit ist meist im Sommer. Daneben kommt besonders bei Typ 1 auch eine ungeschlechtliche Fortpflanzung durch Längsteilung vor, was an den Ansammlungen zahlreicher Tiere mit geringer Tentakelzahl leicht feststellbar ist.
FU: K; Kleinkrebse, Muschel- und Fischfleisch, Gefrierfutter.
Bes.: Die Wachsrose kommt in mehreren Typen vor, die von manchen Autoren als eigene Arten geführt werden. Sie variieren nicht nur in der Färbung zwischen grünlich und bräunlich, manchmal mit violetten Tentakelspitzen, sondern auch in der Größe, der Zahl der Tentakel und der Art der Nesselzellen. Die Farben hängen auch von der Belichtung des Standortes und damit der Menge der symbiotischen Algen (Zooxanthellen) in ihren Tentakeln ab. Man kann zumindest 2 Typen (oder Arten) unterscheiden: einen, der im ganz seichten Wasser bis zu 5 m Tiefe vorkommt, meist auf von Seeigeln abgeweideten Felsen und in Gemeinschaft zahlreicher Artgenossen. Seine Tentakelzahl schwankt zwischen 70 und 192 und er ist wesentlich kleiner als Typ 2. Dieser bevorzugt tieferes Wasser, wird wesentlich größer und besitzt häufig 384 Tentakel. Er verträgt es, in höherem Bewuchs zu leben und stößt sogar bis in koralline Böden von ca. 30 m Tiefe vor. Während der seichte Typ durchwegs grüne Tentakelspitzen aufweist, hat Typ 2, die Tiefenform, meist violette.

T: 18-24°C, **Ø**: 25 cm, **BL**: ab 80 cm, **WB**: s, **WR**: u, **BS**: 1, **SG**: 2.

Anemonia sulcata

Anemonia sulcata (Aquariumaufnahme)

Fam.: Actiniidae

Gattung *Cribrinopsis*

Die Seeanemonen der Gattung *Cribrinopsis* besitzen Warzen von sehr unterschiedlicher Zahl auf ihrem Mauerblatt. Die Tentakel sind einfach, kurz, dick und mehr zylindrisch als spitz zusammenlaufend.

Cribrinopsis crassa (ANDRES, 1884)
Dickarmige Anemone

Vork.: Mittelmeer. In 30 bis 50 m Tiefe.
GU: Keine.
Soz.Verh./Vgs.: Lebt einzeln besonders auf sekundären Hartböden.
Hält.B.: *C. crassa* benötigt Felsen mit Löchern und Spalten oder Steine auf Sand, unter die sie selbst eine Wohnhöhle gräbt.
Licht: Mittellichtzone.
ZU/Verm.: *C. crassa* ist getrennt geschlechtlich und pflanzt sich hauptsächlich in Juni und Juli fort, indem sie ihre Eier ins freie Wasser entläßt (ovipar).
FU: K; Krebs-, Muschel- und Fischfleisch, Gefrierfutter.
Bes.: Sie besitzt einen wunderschön gefärbten Körper, der leider meist unseren Blicken entzogen ist. Die Fußscheibe ist orange mit kleinen roten Flecken, das Mauerblatt gelb mit 48 roten Saugwarzenreihen. Die dicken Tentakel tragen lila Spitzen und etwa in der Mitte einen hellen Ring. Da diese Anemone nur in einer relativ begrenzten Tiefenzone vorkommt, gibt es geringe Farbunterschiede. Tiere in klarem Wasser sind meist kräftiger gefärbt als solche in trübem. *Cribrinopsis crassa* sieht der Goldrose *Condylactis aurantiaca* etwas ähnlich, doch jene besiedelt nur Weichböden und hat zumindest in der äußeren Hälfte allmählich spitz zulaufende Tentakel.

T: 18-22°C, **Ø**: 20 cm, **BL**: ab 80 cm, **WB**: m, **WR**: u, **BS**: 3, **SG**: 2.

Cribrinopsis fernaldi SIEBERT & SPAULDING, 1976

Vork.: Westküste USA in 5 bis 20 m Tiefe.
GU: Keine.
Soz.Verh./Vgs.: Einzeln.
Hält.B.: Gräbt sich nicht ein.
Licht: Mittellichtzone.
ZU/Verm.: Getrenntgeschlechtlich.
FU: *Mysis* und *Artemia*.
Bes.: Beliebtes Wirtstier von Partnergarnelen.

T: 12 - 17°C, **Ø**: 15 cm, **BL**: ab 80 cm, **WB**: m, **WR**: u, **BS**: 3, **SG**: 3

Cribrinopsis crassa

Cibrinopsis fernaldi

Fam.: Actiniidae

Gattung *Condylactis*

Seeanemonen dieser Gattung sind durchwegs große Aktinien. Ihr Mauerblatt ist glatt und mit kleinen Warzen an ihrem oberen Teil versehen. Ihr oberster Teil ist deutlich mit einer Furche versehen. Die Tentakel sind dick, lang und ziemlich zylindrisch, laufen jedoch zumindest in ihrer äußeren Hälfte konisch zu stumpfen Enden zusammen.

Condylactis aurantiaca (DELLE CHIAJE, 1825)
Goldrose

Vork.: Mittelmeer; in 3 bis 12 (- 80 m) Tiefe. **GU:** Keine.
Soz.Verh./Vgs.: Lebt einzeln auf sandigen und schlammigen Böden.
Hält.B.: Benötigt mindestens 10 cm tiefen Sandboden; verankert sich darin und benötigt keine feste Unterlage. Licht: Sonnenlichtzone.
ZU/Verm.: Die Goldrose ist getrennt geschlechtlich und entläßt sowohl Eier als auch fertige Larven ins Wasser; ist also ovipar und vivipar und pflanzt sich besonders im Frühling (April bis Juni) fort.
FU: K; frißt Muschel-, Krebs- und Fischfleisch. Gefrierfutter etc.
Bes.: Das im Sand verborgene Mauerblatt ist glatt und orange mit 12 undeutlichen weißlichen Längsstreifen. Das oberste Drittel ist bräunlich bis bläulich mit kleinen, weißen Saugwarzen, die Steinchen und Sand festhalten. Die Mundscheibe ist häufig mit hellen und dunklen radiären Linien versehen. Die Tentakel sind im Gegensatz zu *C. crassa* wesentlich dünner und laufen zumindest in ihrer äußeren Hälfte konisch zu stumpfen, violetten Enden zusammen. Je nach Untergrund kommen hellere und dunklere Exemplare vor. Auch symbiotische Algen in ihren Tentakeln und in der Mundscheibe könne sie je nach Dichte dunkel braungrün, braungrau oder braun färben. In größeren Tiefen tritt die gestreifte Hell-Dunkel-Färbung besser hervor.

T: 18-24°C, Ø: 30 cm, BL: ab 100 cm, WB: s, WR: u, BS: 1, SG: 2.

Condylactis aurantiaca

Condylactis gigantea (WEINLAND, 1861)
Riesen-Goldrose

Vork.: Karibik und West-Atlantik von den Bermudas bis Brasilien; in Tiefen von 0 bis zumindest 30 m.
GU: Keine.
Soz.Verh./Vgs.: Lebt einzeln oder in sehr losen Gruppen, aber niemals in zusammenhängenden "Feldern" in Lagunen und an Vorriffen. In Gemeinschaft von *C. gigantea* leben zahlreiche Garnelen, vor allem *Periclimes pedersoni* und *Thor amboinensis*.
Hält.B.: Sie benötigt Felsspalten oder Löcher, um sich verstecken und festhalten zu können.
Licht: Sonnenlichtzone.
ZU/Verm.: Nicht bekannt.
FU: K; Fische, Muschel-, Krebsfleisch, Garnelen, Gefrierfutter u.v.a.
Bes.: Nur die bis zu 10 cm langen, zahlreichen, oft bunt gefärbten Tentakel überragen den Boden. Sie sind am Grund stark verdickt, verjüngen sich nach außen zu und enden in einer blasenartigen, gerundeten Spitze. Die grünlichen, weißlichen oder bläulichen Tentakel entlang kann man als helle Punkte und angedeutete Querlinien die Nesselbatterien erkennen. Die Spitzen können violett, purpur aber auch leuchtend gelb sein.

T: 20-24°C, Ø: bis 40 cm, BL: ab 50 cm, WB: s, WR: u, BS: 2, SG: 2-3.

Condylactis gigantea, Panama (Karibik)

Condylactis gigantea

Gattung *Entacmaea*

Seeanemonen dieser Gattung besitzen eine gut entwickelte Fußscheibe. Das Mauerblatt ist glatt und ihr oberer Rand deutlich mit einer tiefen Furche, jedoch ohne Randbläschen versehen. Die Tentakel sind typisch für diese Gattung innen länger als außen. Die Tiere können sich sehr stark zusammenziehen.

Entacmaea quadricolor

Entacmaea quadricolor

Fam.: Actiniidae

Entacmaea quadricolor (RÜPPELL & LEUCKART, 1828)
Knubbelanemone

Vork.: Indo-Pazifik, vom Roten Meer bis Samoa an seichten Korallenriffen von der Ebbelinie bis in zumindest 40 m Tiefe.
GU: Keine.
Soz.Verh./Vgs.: Im Seichtwasser ist sie manchmal in dichten Gruppen kleinerer Exemplare zu finden, im tiefen einzeln. Sie wird je nach geografischer Lage von verschiedenen Anemonenfischen bewohnt; im Roten Meer von *Amphiprion bicinctus*, im Indischen Ozean von *A. allardi* und *A. clarkii*, im Pazifik von *A. ephippium, A. frenatus, A. melanopus* u.a. Daneben besiedeln noch *Premnas biaculeata* und *Dascyllus trimaculatus* diese Anemone.
Hält.B.: Benötigt tiefe Löcher und Spalten in Fels als Versteck und Halt.
Licht: Sonnenlichtzone.
ZU/Verm.: Geschlechtlich.
FU: K; Fisch-, Muschel- und Krebsfleisch.
Bes.: Mundscheibe und Tentakel enthalten symbiotische Algen, die auch für die Färbung verantwortlich sind. Die Tentakel selbst sind eine Besonderheit: Sie sind nämlich häufig mit einem blasenförmigen Ende versehen oder auch mit einer kugel- bis birnenförmigen Verdickung knapp innerhalb ihres Endes. Früher glaubte man, daß es eine weitere Art, *Entacmaea helianthus* gäbe, die zwar körperlich gleich sei, aber "normale" Tentakel aufweise. D.F. DUNN hat jedoch 1981 nachgewiesen, daß diese *E. helianthus*, wenn man sie mit Clownfischen vergesellschaftet, oben beschriebene verdickte Tentakelenden bildet und so alleine durch die Anwesenheit der Anemonenfische aus der einen die andere Art wurde.

T: 22-26°C, **Ø**: 50 cm, **BL**: ab 120 cm, **WB**: s, **WR**: u, **BS**: 2, **SG**: 2-3.

Entacmaea quadricolor und *A. melanopus*, Palau

Entacmaea quadricolor

Entacmaea quadricolor

Fam.: Actiniidae

Gattung *Macrodactyla*

Die Gattung *Macrodactyla* umfaßt Seeanemonen mit deutlicher Basis, länglichem Körper, der mit winzigen Punkten versehen ist und der im oberen Drittel Warzen trägt. Die Tentakel sind lang.

Macrodactyla doreensis (QUOY & GAIMARD, 1833)
Korkenzieheranemone, Fadenanemone

Vork.: Indo-Westpazifik; von Mauritius bis Japan; in 1 bis 15 m Tiefe. **GU**: Keine.
Soz.Verh./Vgs.: Lebt einzeln und zieht bei Störung entweder die Tentakel korkenzieherartig zusammen oder verschwindet im Boden. Sie beherbergt zwei Anemonenfischarten: *Amphiprion perideraion* und *A. clarkii*.
Hält.B.: Benötigt, um den Körper zu verbergen, Sand- oder Schuttgrund von gut 10 cm Dicke, auf welchen sie ihre Mundscheibe mit den langen Tentakeln auflegt.
Licht: Sonnenlichtzone. **ZU/Verm.**: Nicht bekannt.
FU: K; kleine Fische, Muschel-, Fischfleisch, Krebse, Tiefkühlfutter.
Bes.: Sie sitzt mit ihrer Fußscheibe auf einer verborgenen festen Unterlage, meist im Sand, zwischen oder vor Korallenriffen. Ihr Körper ist unten orange bis rot; dehnt sich oben trichterförmig aus und ist in diesem Bereich graubraun bis violett-braun mit nicht haftenden weißen Warzen, die in Längsreihen stehen. Die Mundscheibe ist purpur-grau bis -braun und -grün (je nach Menge der symbiotischen Algen). Der Mund ist klein, mit "Lippen" versehen und etwas erhaben. Die etwa gleichförmigen Tentakel sind innen etwas länger als außen. Paarige weiße Striche können vom Mund radiär zu den Tentakeln führen, wobei je einer links und rechts der Tentakel-Ansatzstelle endet.

T: 22-27°C, **Ø**: 50 cm, **BL**: ab 120 cm, **WB**: m, **WR**: u, **BS**: 2-3, **SG**: 3.

Macrodactyla doreensis, Aquariumaufnahme

Gattung *Urticina*

Seeanemonen dieser Gattung (früher *Tealia*) sind ziemlich kompakt. Die größten Arten erreichen 35 cm Durchmesser und sie sind bekannt für ihre Variabilität in der Färbung, die hauptsächlich Gelb-Rot-, Grün- und Brauntöne umfaßt. Einige dieser Farbtöne kommen in jedem Individuum vor, das dann längs- oder quergestreifte Muster oder durch Punkte und Flecken angedeutete Muster aufweist. Es sind daher selten zwei Exemplare einander völlig gleich und dies macht eine Bestimmung besonders schwierig. Es bestehen daher auch Zweifel an der Gültigkeit so mancher Arten.

Urticina felina, Atlantik

Urticina felina (LINNAEUS, 1758)
Seedahlie

Vork.: Seichte, bewegte Zonen des kühlen Nord-Ost-Atlantik, Nord- und Ostsee, in 1 bis 30 m Tiefe.
GU: Keine.
Soz.Verh./Vgs.: Benötigt aufgrund ihrer Nesselfähigkeit viel Platz und muß zumindest 20 cm Abstand von jeder anderen Anemone, ja von allen anderen Hohltieren entfernt angesiedelt werden; sie kann jedoch in Gruppen gehalten werden. Sie ist außerdem gut mit größeren Krebsen wie Schwimm- und Strandkrabben, Einsiedler- und Taschenkrebsen, sofern sie nicht allzu groß sind, zu vergesellschaften. Seesterne und Seeigel passen wie in freier Natur gut in ihre Gesellschaft.
Hält.B.: Sie klebt sich mit ihrem Fuß auf alle festen Unterlagen, sofern sie keinen dichten Algenbewuchs aufweisen.
Licht: Sonnenlichtzone.
ZU/Verm.: Nicht bekannt.
FU: K; *U. felina* ist sehr "gefräßig" und sie ist mit fleischlicher Nahrung wie Muschel- und Krebsfleisch gut zu ernähren, ja sie überwältigt mit Hilfe ihrer Nesselzellen sogar relativ große lebende Krebse, Garnelen und kleine Fische.

Urticina felina

Bes.: Die Säule ist normalerweise niedrig(ca 5 cm), kann aber bis zu 15 cm ausgestreckt werden. Ihre Färbung schwankt zwischen grünlich und rötlich und besitzt rötliche Längslinien und Saugwarzen, die dem Anheften dienen, aber meist Sand, Steinchen und Bruchstücke von Schnecken- und Muschelschalen festhalten. In geschlossenem Zustand ist von der Anemone nur eine halbkugelförmige, warzige Erhebung zu sehen, deren Oberfläche von Fremdkörpern obiger Art bedeckt ist. Die Mundscheibe ist ebenfalls in rötlichen oder grünlichen, aber auch gelblichen Tönen gehalten und oft mit strahlig angeordneten, meist roten Bändern versehen; der Mund selbst ist häufig kräftig gelb. Die Tentakel sind kurz, dick, spitz zusammenlaufend und ähnlich wie die Mundscheibe oder heller gefärbt von rot, grün bis orange und cremig-weiß.Diese Anemone wurde früher als die Varietät *U. felina coriacea* geführt, zum Unterschied von der nächsten Form *U. f.lofotensis*.

T: 15-19°C, **Ø:** 15 cm, **BL:** ab 50 cm, **WB:** m, **WR:** u, **BS:** 1, **SG:** 2.

Urticina lofotensis (DANIELSSEN)
Lofoten-Seedahlie

Vork.: Nord-Ost-Atlantik, in der Nord- und Ostsee sowie im Nord-Ost-Pazifik von Alaska bis Kalifornien. In 0 bis 600 m Tiefe.
GU: Keine.
Soz.Verh./Vgs.: Einzeln oder in größeren Abständen (mindestens 20 cm) zu halten (ähnlich *U. felina*).
Hält.B.: *T. lofotensis* bevorzugt ruhiges, kühleres Wasser und heftet sich an Steine, Felsen, Pfeiler oder Muschelschalen.
Licht: Sonnen-Schwachlichtzone.
ZU/Verm.: Nicht bekannt.
FU: K; Fische, Garnelen, Muschelfleisch, Gefrierfutter.
Bes.: Diese Art wurde früher nur als Unterart der Seedahlie geführt, unterscheidet sich aber durch weniger auffällige Warzen, die auch keinen Sand oder andere Fremdkörper festhalten. Die Körpersäule bleibt also unbedeckt. *U. lofotensis* wird größer, an der Basis etwa 12 cm, ist höher als breit und besitzt mehr Tentakel, die zumindest 6 cm lang sind und in 4 Reihen stehen. Die Färbung ist variabel, doch herrschen helle Rot-Töne vor. Wenn sich diese hauptsächlich nachtaktive Anemone zusammenzieht, so bleibt nur eine meist rote Kugelform mit vertiefter Mitte und von zahlreichen hellen Punkten übersät übrig. Diese Punkte können weiß, bläulich oder rosa sein und stehen meist in Reihen angeordnet.

T: 10-18°C, **Ø**: 15 cm, **BL**: ab 50 cm, **WB**: m, **WR**: u, **BS**: 2, **SG**: 3.

Urticina piscivora (SEBENS & LAAKSO, 1977)
Fischfressende Seedahlie

Vork.: Ostpazifische Küsten Nordamerikas. In 1 bis 30 m Tiefe.
GU: Keine.
Soz.Verh./Vgs.: Diese stark nesselnde Seerose benötigt gehörigen Abstand von anderen Anemonen und Artgenossen und ist am besten alleine zu halten.
Hält.B.: Sie benötigt kühles Wasser und festen Felsboden, um sich anheften zu können.
Licht: Sonnen- bis Schwachlichtzone.
ZU/Verm.: Nicht bekannt.
FU: K; frißt neben Krebsartigen und anderen Wirbellosen auch, wie der Name sagt, Fische.
Bes.: Diese wahrscheinlich größte Art der Gattung *Urticina* besitzt einen breiten Fuß, welcher der Anheftung an Felsen, aber auch an großen Tangen dient und einen sehr breiten, dehnbaren Körper. Die Tentakel stehen weit außen und lassen ein großes Mundfeld frei. Dieses besitzt in der Mitte einen farblich gut abgesetzten Mund und Schlund, von welchem strahlige, sich teilende, meist gelbe Linien zu den Tentakeln abgehen.

T: 10-15°C, **Ø**: 30 cm, **BL**: ab 100 cm, **WB**: m, **WR**: u, **BS**: 2-3, **SG**: 3.

Urticina lofotensis, Kalifornien

Urticina piscivora, Britisch Kolumbien

Fam.: Actinodendridae

Gattung *Actinodendron*

Diese Seeanemonen ähneln eher Kolonien von Weichkorallen als Aktinien. Sie besitzen buschförmig verzweigte lange Tentakel; ihr Fuß und ihr Mauerblatt sind unseren Blicken entzogen, da sie im Sand stecken, in den sie sich ruckartig auch ganz zurückziehen können.

Actinodendron arboreum (Quoy & Gaimard 1833)
Bäumchen-Anemone

Vork.: Indo-Pazifik, nur auf sandigen Böden zwischen Korallenriffen von 1 bis 30 m Tiefe.
GU: Keine.
Soz.Verh./Vgs.: Lebt einzeln; in der Natur in mindestens 1 m Abstand. Zwei krebsartige Tiere nützen ihren Tentakelschutz: Die relativ seltene Krabbe *Lissocarcinus laeve* und die etwas häufigere Garnele *Periclimenes brevicarpalis*. Während sich die zu den Schwimmkrabben zählende *Lissocarcinus* beim Rückzug der Anemone in den Sand auch eingräbt, bleibt die Garnele knapp über dem Grund und schwimmt zur nächsten verfügbaren Anemone weiter, in deren Tentakelschutz sie sich sofort begibt.
Hält.B.: Benötigt Sandboden von mindestens 20 cm Tiefe, in welchen sie sich ganz zurückziehen kann.
Licht: Sonnenlichtzone.
ZU/Verm.: Nicht bekannt.
FU: K; in ihrem der Sonne ausgesetzten, den Sand überragenden Teil des Körpers und in den Tentakeln leben symbiotische Algen (Zooxanthellen), die mit ihren Stoffwechselprodukten für einen Teil der Nahrung aufkommen.
Bes.: Diese Bäumchen-Seeanemone besitzt einen grünlich-braunen, durchscheinenden Körper, der sich im oberen Drittel trichterförmig ausweitet und durch Wasseraufnahme über den Boden erhoben werden kann. Die Haupttentakel haben eine pyramidenartige Form und seitlich abstehende kurze Tentakel. Sie besitzen ein stark wirkendes Nesselgift. Bei Berührung stößt die Anemone das Wasser blitzartig aus und verschwindet binnen einer Sekunde so tief im Sand, daß nichts mehr von ihr zu sehen ist, außer einer kleinen Mulde an ihrem Standort im Sand.

T: 22-26°C, **Ø**: 50 cm, **BL**: ab 120 cm, **WB**: m, **WR**: u, **BS**: 3, **SG**: 3.

Actinodendron plumosum HADDON, 1898
Gefiederte Anemone

Vork.: Indo-Pazifik. In 3 bis 20 m Tiefe.
GU: Keine.
Soz.Verh./Vgs.: Lebt einzeln auf Sandböden und Korallenschutt.
Hält.B.: Sie benötigt mindestens 15 cm Sand oder leichten Korallenschutt, um sich darin verstecken zu können.
Licht: Sonnenlichtzone.
ZU/Verm.: Nicht bekannt.
FU: K; feine, gut zerkleinerte Stücke von Muschel-, Krebs- und Fischfleisch, Kleinkrebse, usw.
Bes.: Der Körper dieser Bäumchen-Anemone weist zahlreiche feine Längsfurchen auf, die das Mauerblatt in Aufwölbungen teilen von denen etwa jede zweite oben direkt in einen Tentakel übergeht. Diese Tentakel sind wesentlich dünner und länger als bei voriger Art und von ihnen zweigen Seitenäste ab, die wiederum fein verästelt sind. Wie vorige Art ist auch diese stark nesselnd und soll sogar Fische fressen. Bei Gefahr zieht sich auch *A. plumosum* tief in den sandigen Boden zurück.

T: 22-26°C, **Ø**: 20 cm, **BL**: ab 80 cm, **WB**: m, **WR**: u, **BS**: 3, **SG**: 3.

Actinodendron arboreum

Actinodendron plumosum, Aquarienaufnahme

Die Gattung *Andresia* umfaßt Anemonen mit rundlichem oder blasenartigem Fuß, der auch nach innen eingestülpt werden kann und der frei im weichen Boden liegt. Das Mauerblatt ist glatt und meist durchscheinend, sodaß man die zahlreichen vollständigen Septen sieht und zur Bestimmung heranziehen kann. Die Tentakel sind lang, wenig zurückziehbar und stehen (natürlich) in 6-zähligen Reihen.

Andresia parthenopea (ANDRES, 1884)
Grabende Anemone

Vork.: Mittelmeer; auf Weichböden besonders zwischen 30 und 60 m Tiefe. **GU**: Keine.
Soz.Verh./Vgs.: Lebt einzeln. Manchmal in Gesellschaft von Gespensterkrabben (*Inachus*), mit kleinem, dreieckigem Körper und langen Beinen und Scheren.
Hält.B.: Benötigt mindestens 20 cm tiefen Sand- oder Schlammgrund, um ihr abgerundetes Fußende darin zu verankern. **Licht**: Sonnen- bis Mittelichtzone.
ZU/Verm.: *Andresia parthenopea* ist getrennt geschlechtlich und pflanzt sich in Juli und August fort (ovipar).
FU: K; Kleinkrebse, Muschel- und Fischfleisch. Neben der abgebildeten Fangstellung findet man in ganz ruhigen, tiefen Lagen Tiere, die alle Tentakel dem Boden aufliegen haben; sie fangen von senkrecht oben fallende Nahrung.
Bes.: Ihre 48 Tentakel entspringen mit rundlichen, farblich gekennzeichneten Verdickungen, der Mundscheibe und sind meist länger als deren Durchmesser. Die Färbung von Mundscheibe und Tentakeln ist helligkeitsabhängig, obwohl symbiotische Algen (Zooxanthellen) fehlen, und schwankt zwischen kräftigen braunen und rötlichbraunen Tönen an stark besonnten Standpunkten und vielfarbigen Formen in tieferen Regionen. Auf reinen Schlammböden kann sie gefleckt, grauweiß oder transparent sein.

T: 16-24°C, **Ø**: 25 cm, **BL**: ab 100 cm, **WB**: m, **WR**: u, **BS**: 2-3, **SG**: 3.

Andresia parthenopea

Seeanemonen der Gattung *Phymanthus* besitzen im oberen Teil des Mauerblattes Saugwarzen, eine undeutlich ausgebildete Fußscheibe und eine große Mundscheibe, auf welcher ein bis zwei Tentakelzyklen bis zur Hälfte eingerückt aufrecht stehen können; die restlichen Tentakel stehen dicht am Rand.

Phymanthus pulcher (ANDRES, 1884)
Scheibenrose

Vork.: Mittelmeer. In 20 bis 50 m (70 m) Tiefe. GU: Keine.
Soz.Verh./Vgs.: Lebt einzeln auf Mischböden von Fels und Sand, speziell auf sekundären Hartböden.
Hält.B.: Die Scheibenrose setzt sich in Löchern und Spalten auf festem Untergrund, der unter Schutt und Grobsand verborgen sein kann, fest. Nur Mundscheibe und Tentakel ragen hervor. Bei Störung zieht sie sich rasch zurück und schließt sich vollkommen. Sie haftet sehr fest. Licht: Sonnen- bis Mittellichtzone.
ZU/Verm.: Die Fortpflanzung der getrennt geschlechtlichen Tiere erfolgt (ovipar) von August bis Oktober.
FU: K; Kleinkrebse, Muschel- und Krebsfleisch, Gefrierfutter.
Bes.: Die innen tentakellose Mundscheibe ist von warzenartigen Erhebungen bedeckt und grauweiß gefleckt. Die 96 kurzen Tentakel besitzen seitlich symmetrisch angeordnete halbkugelige Ausstülpungen, die ihnen ein perlartiges Erscheinungsbild verleihen. Auch ihre Farbe ist grau mit hellen Linien und Querflecken. Zwölf Tentakel entspringen ca. ein Drittel des Radius' hereingerückt und stehen nahezu senkrecht. Die Farbe der Tiere variiert stark und kaum eines gleicht dem anderen. An hellen Standorten überwiegen graugrüne bis graubraune Formen, an dunklen solche mit intensiver mehrfarbiger Musterung.

T: 20-24°C, Ø: 20 cm, BL: ab 80 cm, WB: m, WR: u, BS: 2-3, SG: 3.

Phymanthus pulcher

Wirtsanemonen von Clownfischen

Die Symbiose zwischen Clownfischen und Meeresanemonen fasziniert jeden Beobachter, ob Wissenschaftler, Sporttaucher oder Aquarianer. Jede Anemone stellt das Territorium ihres Clownfisches dar, der sich selten von ihr entfernt und bei Gefahr in die Tentakeln der Anemone flüchtet. Es war für Meeresforscher recht einfach, ihr festsitzendes Objekt in Gestalt der Anemone wiederzufinden und langfristige Studien an Wirtstier und Bewohner durchzuführen. Auch Unterwasserfotografen waren schom immer von der Schönheit beider Partner von völlig verschiedener Herkunft begeistert. Es gibt nur wenige Lebensgemeinschaften im Meer, die dem Laien so geläufig sind. Systematisch gesehen, gilt dies zumindest für die Clownfische, während einige Familien der Meeresanemonen erst in den achtziger Jahren nach neuen Erkenntnissen geordnet wurden.
Die in der Ordnung Actinaria zusammengefaßten Meeresanemonen leben in allen Ozeanen der Erde und sind von den Polen bis zum Äquator und von der Tiefsee bis an die Meeresufer verbreitet. Aber nur zehn von etwa tausend bekannten Anemonenarten beherbergen Clownfische der Gattungen *Amphiprion* und *Premnas*. Diese zehn Symbioseanemonen leben in den Teilen des Indischen und Pazifischen Ozeans, wohin tropisches Wasser durch Strömungen gelangt. Nach Norden immerhin bis zum Breitengrad von Tokyo/Japan und nach Süden bis Sydney/Australien. Im Atlantik kommen sie nicht vor. Weil alle **28 Arten** der Clownfische nur mit **10 Arten** von Meeresanemonen zusammenleben, sind beide immer an den gleichen Plätzen zu finden. Bei einer Art (*Amphiprion omanensis*) ist die Anemone, falls sie eine Anemone aufsucht, unbekannt.
Diese Anemonen existieren nur im Flachwasser bis 50 m Tiefe, also in dem Bereich, der gleichzeitig auch die Grenze der mit Preßluft erreichbaren Tiefe für Sporttaucher sein sollte. Die Tiefenbegrenzung der Wirtsanemone ist eine Notwendigkeit, da eine ihrer Lebensgrundlagen, die in den Tentakeln und der Mundscheibe befindlichen einzelligen Algen, Zooxanthellen genannt, sehr lichtabhängig sind. Diesen Anemonen-"Platz an der Sonne" findet man nicht nur im Korallenriff direkt, sondern auch auf Sandflächen, Seegraswiesen oder schlammigen Böden in Riffnähe.
Wie alle Hohltiere des Stammes Coelenterata fangen und verspeisen auch Meeresanemonen tierische Beute, indem sie ihr Nesselgift einsetzen. Die Nahrung wird nicht gezielt gesucht, vielmehr ist es die Strömung, die den festsitzenden Tieren Plankton, aber auch kleine Fische, Seeigel und verschiedene Krebse zuführt, die schon im Verdauungstrakt von Anemonen gefunden wurden. Obwohl die von der Photosynthese erlangte Energie ausreicht, um zu überleben, brauchen Anemonen tierische Beute, um zu wachsen und sich vermehren

Heteractis magnifica mit *Amphiprion bicinctus*, Rotes Meer

zu können. Es ist noch nicht möglich, eine Altersbestimmung an einer Meeresanemone in ihrem natürlichen Lebensraum vorzunehmen. Es sei denn, man hat sie im Aquarium großgezogen. Eine kleine Anemone muß nicht notwendigerweise jung sein, denn Coelenteraten wachsen nur bei guter Fütterung und schrumpfen bei Hunger. Einzelne Symbioseanemonen sind über mehrere Jahre im Meer vermessen worden, ohne einen Größenunterschied feststellen zu können. Weitere Studien belegen, daß Meeresanemonen Jahrzehnte, wenn nicht Jahrhunderte alt werden: Eine in Neuseeland untersuchte Kaltwasser-Anemone dürfte über 300 Jahre alt sein. Große Riesenanemonen der Familie Stichodactylidae sind sicherlich älter als Menschen. Sie alle sind durch ihr Nesselgift wohlgeschützt vor Freßfeinden und man weiß nicht genau, woran sie eigentlich doch einmal sterben.
Das typische Vermehrungsmuster von Hohltieren gleicht den meisten marinen Tieren: Es werden Eier und Sperma in das Wasser abgegeben, befruchten sich dort und driften als Plankton umher, bis sie ein passendes Siedlungsgebiet gefunden haben. Man weiß nicht genau, ob die 10 Symbioseanemonen diesem Muster folgen. Bei einigen Arten werden die Eier nicht abgegeben, sondern in der Mutter befruchtet. Das Sperma gelangt in diesem Fall beim Pumpen von Frischwasser in den Anemonenkörper. Kleine Anemonen werden dann durch den Mund ausgestoßen. Nur bei im extremen Flachwasser lebenden Symbioseanemonen kommt auch asexuelle Reproduktion vor. Die Knubbelanemone *Entacmaea quadricolor* gehört zu diesen Zellteilern: Eine Anemonenpolype teilt sich im Längsschnitt und somit ist ein neues Tier existenzfähig. Alle Abkömmlinge der Originalanemone formen eine Gemeinschaft von genetisch identischen Individuen. So findet man von der Knubbelanemone große Tentakelfelder in den Riffen, die aber nicht zu einem Tier gehören, doch von einem Clownfisch als solches betrachtet und als Revier verteidigt werden.
Im Gegensatz zu ihren Fischpartnern sind die 10 Symbioseanemonen nicht eng miteinander verwandt. Sie gehören drei Familien innerhalb der Ordnung Actinaria an. Nun ist es nicht so, daß jede Art dieser Familien symbiotisch ist. Die größte Anemonenfamilie, die Seeanemonen Actiniidae, kommt auch in kalten Gewässern vor, wo keine Clownfische leben. Von den ausschließlich tropischen Familien der Riesenanemonen Stichodactylidae und Teppichanemonen Thalassianthidae leben auch nicht alle Arten in Symbiose mit Clownfischen. Alle bisherigen Publikationen zur Identifizierung von Anemonen waren technischer Art. Es ging um Charakterisierungen der Muskeln, um Größe und Verbreitung der Nesselzellen und um den Aufbau der Tentakel im Vergleich zur inneren Anatomie. Ergebnisse wurden nur an toten Anemonen erlangt, denn die Tiere mußten zerlegt werden. Heute ist es möglich, viele Meeresanemonen auch in ihrem natürlichen Lebensraum zu identifizieren, obwohl einige Wissenschaftler weiterhin die Analyse der Nesselzellen für notwendig erachten.

Die Nesselzellen (Nematocysten) bestehen meistens aus langgestreckten Kapseln, aus denen durch "fremdartige" Berührungsweise die "Giftpfeile" abgeschossen werden. Diese Nesselzellen haben nur eine Länge von wenigen µm (Mikrometern). Am Bau der Nesselzellen (Kalknadeln), die mit Widerhaken versehen sind, unterscheidet man (teilweise) auch heute noch die einzelnen Anemonenarten. Die Präparation solcher Kalknadeln unter dem Mikroskop ist schwierig und langwierig. Deshalb hat es wohl auch so lange gedauert, bis die Wissenschaft es fertigbrachte, wenigstens die zehn Arten der Symbioseanemonen zu überarbeiten und endlich dafür korrekte Namen festzulegen.

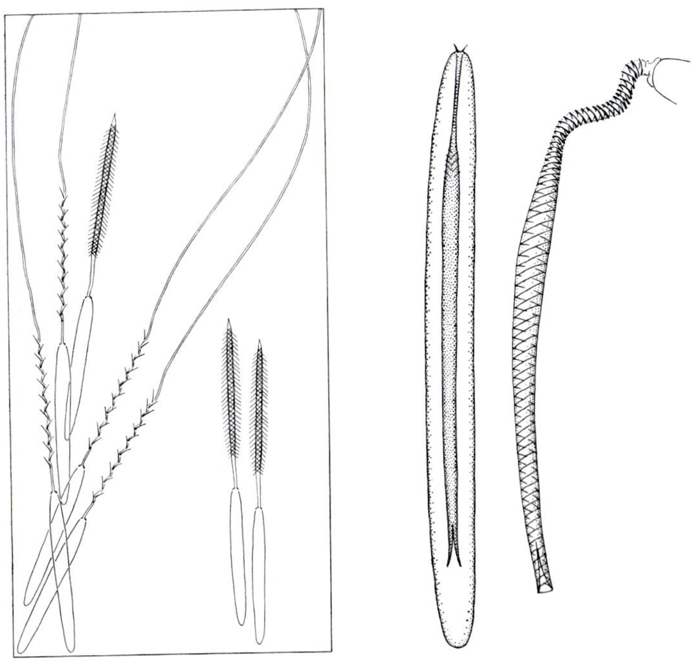

Nesselzellen von verschiedenen Anemonen

Fam.: Stichodactylidae

Die auf der Vorseite stehenden Zeichnungen zeigen Beispiele von "Giftpfeilen" solcher Nesselzellen und geben schon einen Einblick, wie vielseitig diese Nesselzellen konstruiert sind. Bei den mit solchen Häkchen versehenen Giftapparaten braucht man sich nicht zu wundern, daß Fische solche Anemonen meiden und auch die menschliche Haut nicht ungeschoren bei Berührung davonkommt.

Heteractis magnifica mit *Amphiprion perideraion*

Aquarium mit *Heteractis* - und *Stichodactyla*-Anemonen

Amphiprion ocellaris (7 Tage alte Jungtiere) in *Heteractis magnifica*

Fam.: Stichodactylidae

Gattung *Heteractis*

Die Gattung *Heteractis* umfaßt Anemonen mit relativ wenigen, gleichförmigen, mittellangen Tentakeln, die normalerweise fingerförmig sind (aber in einer Art mit Schwellungen darauf). Der Fuß ist gut entwickelt und etwas weiter als die Körpersäule, aber schmaler als die Mundscheibe. Die Länge der Anemone ist etwa gleich groß wie der Mundscheiben-Durchmesser oder gleich groß wie der Fußdurchmesser. Das Mauerblatt ist unten glatt, oben mit Warzen versehen.

Heteractis aurora (QUOY & GAIMARD, 1833)
Glasperlenanemone, Koseir-Symbioseanemone

Vork.: Indo-Pazifik vom Roten Meer bis zum Eniwetok-Atoll von Japan (N) bis Mauritius (S); in 1 bis 5 m Tiefe.
GU: Keine.
Soz.Verh./Vgs.: Lebt einzeln in Felsspalten der Riffterrasse oder auf Sand und beherbergt zahlreiche Clownfischarten sowie *Dascyllus trimaculatus*.
Hält.B.: Benötigt 20 cm tiefen Sandgrund mit festem Grund darunter zur Anheftung. Sie haftet wenig und zieht sich bei Störung ganz in den Boden zurück.
Licht: Sonnenlichtzone.
ZU/Verm.: Nicht bekannt.
FU: K; Muschel-, Fisch- und Krebsfleisch.
Bes.: Sie besitzt ein äußerst vielgestaltiges Erscheinungsbild, sodaß sie unter den verschiedensten Namen beschrieben wurde. Der obere Teil des unten goldgelben Mauerblattes ist grau-grün bis kastanienbraun, abhängig von der Menge an symbiotischen Algen (Zooxanthellae) in ihm. Er trägt Reihen heller Saugwarzen, von denen die obersten die kleinsten sind. Das besondere Kennzeichen sind weiße Flecken auf den 4 bis 6 cm langen Tentakeln. Diese können Punkte oder Muster bilden; immer sind jedoch die weißen Teile etwas erhöht. Größere weiße Flecken bilden also rundliche Kuppen; gehen diese rund um die Tentakel, so wechseln dünne und dicke Stellen einander ab.
Das wichtigste Synonym ist *Bunodes koseirensis*; der Handelsname *Radianthus koseirensis* ist ein "nomen nudum".

T: 22-26°C, **Ø**: 30 cm, **BL**: ab 100 cm, **WB**: m, **WR**: u, **BS**: 2, **SG**: 3.

Heteractis aurora

Heteractis aurora mit *Amphiprion clarkii*

Fam.: Stichodactylidae

Heteractis crispa (EHRENBERG, 1834)
Lederanemone

Vork.: Indo-West-Pazifik vom Roten Meer bis Tuamotu. In 3 bis 40 m Tiefe.
GU: Keine.
Soz.Verh./Vgs.: Lebt einzeln; ist mit verschiedenen *Amphiprion*-Arten, *Dascyllus trimaculatus* und Garnelen, vor allem *Periclimenes* vergesellschaftet.
Hält.B.: Benötigt tiefe Felsspalten oder Korallenblöcke als Versteck für den Körper; nur die Mundscheibe mit den Tentakeln ragt daraus hervor. Exemplare unter 8 cm Ø sollten noch nicht mit Anemonenfischen vergesellschaftet werden. Die Fische bringen zu viel Unruhe (Streß), die Anemone kümmert dann und verweigert die Nahrungsaufnahme.
Licht: Sonnenlichtzone.
ZU/Verm.: Nicht bekannt.
FU: K; Muschel-, Fisch- und Krebsfleisch, Gefrierfutter.
Bes.: Ihr Fuß haftet nicht sehr stark auf einer festen Unterlage und kann daher relativ leicht abgelöst werden. Er ist ebenso wie die untere Körperhälfte weißlich bis cremefarben; selten bräunlich oder mit gelblichen Flecken. Die obere Hälfte ist je nach Gehalt an symbiotischen Algen (Zooxanthellen) grau- bis violett-braun mit Längsreihen von Warzen, an denen Sand und Schlamm kleben bleiben. Die Mundscheibe und die bis zu 15 cm langen, spitz zulaufenden Tentakel können weißlich, violett oder grünlich sein und erinnern irgendwie an die Wachsrose aus dem Mittelmeer. Es kommen sogar Exemplare mit violetten, rosa oder bläulichen Tentakelspitzen vor. Häufig sind die Tentakel von einem weißen Netzwerk wie von Reif überzogen. Sie ist die am häufigsten importierte tropische Anemone und ist für die meisten Clownfische als Symbiose-Anemone geeignet. Viele Aquarianer bevorzugen jedoch artspezifische Anemonen.

T: 22-26°C, **Ø:** 30 cm, **BL:** ab 100 cm, **WB:** m-s, **WR:** u, **BS:** 1-2, **SG:** 2-3.

Heteractis crispa

Heteractis crispa

Heteractis crispa, Aquarienaufnahme

Heteractis crispa, Malediven

Heteractis crispa, Rotes Meer

Heteractis crispa, Rotes Meer

Fam.: Stichodactylidae

Heteractis magnifica (QUOY & GAIMARD, 1833)
Prachtanemone

Vork.: Gesamter Indo-Pazifik; vom Roten Meer bis Samoa in 1 bis 10 m Tiefe.
GU: Keine.
Soz.Verh./Vgs.: Lebt einzeln oder in dichten Gruppen, sodaß ihre Tentakel riesige "Felder" bilden. Sie beherbergt *Dascyllus trimaculatus* und einige Garnelen u.a. *Neopetrolisthes ohshimai* sowie zahlreiche Clownfische. Im Roten Meer wird sie von *Amphiprion bicinctus* besiedelt; im Indischen Ozean von *A. akallopisos, A. nigripes, A. ocellaris*; im Pazifik von *A. akindynos, A. chrysopterus, A. leucokranos, A. percula* und *A. perideraion*. Es ist interessant, daß nicht alle sondern nur immer bestimmte Anemonenfische mit dieser Art in Symbiose leben. Im zentralen Indischen Ozean (Sri Lanka, Malediven) bewohnt z.B. nur *Amphiprion nigripes H. magnifica*, nicht aber der in dem gleichen Gebiet vorkommende *A. clarkii*.
Hält.B.: Benötigt möglichst kahle Felsen am Grund, um sich darauf festheften zu können. Sie bevorzugt im Gegensatz zu den meisten anderen Arten, die sich im Boden oder in Spalten verstecken, erhöhte Standpunkte am Riff, sodaß man häufig auch ihren Körper erkennen kann. Im Aquarium sitzt sie häufig an einer der Scheiben.
Licht: Sonnenlichtzone.
ZU/Verm.: Nicht bekannt.
FU: K; Fische, Muschel- und Krebsfleisch, Gefrierfutter.
Bes.: Der Körper ist immer kräftig gefärbt von avokado-grün und grünlich-braun und weiß bis zu himmelblau und violett. Seine Oberfläche kann glatt oder zu blasenartigen Erhebungen, unterteilt durch Längs- und Querrinnen, aufgeworfen sein. Normalerweise sieht man von der Körpersäule sehr wenig, da ihr oberster Teil über die Unterlage ausgebreitet wird, sodaß die Tentakel ein Feld von 1 Quadratmeter Durchmesser bedecken können. Diese Tentakel sind bis zu 8 cm lang, stumpf und tragen meist ein leuchtend gefärbtes kugeliges Ende, meist in gelblich grüner Farbe. Bei Störung, Gefahr oder wenn sie sich nicht wohlfühlt (etwa in Aquarien mit ungünstigen klimatischen und Wasserqualitäts-Bedingungen) kann sich die Anemone über den Tentakeln schließen, sodaß von ihr nur eine bunte Kugel übrigbleibt, aus welcher vielleicht ein kleines Büschel von Tentakeln hervorragt. Es ist ulkig anzusehen, wie sich die symbiotischen Anemonenfische in die paar verbleibenden Tentakeln kuscheln.
Wurde lange Jahre als *Radianthus ritteri* geführt.

T: 22-27°C, **Ø**: bis 100 cm, **BL**: ab 100 cm, **WB**: s, **WR**: u, **BS**: 1, **SG**: 2-3

Heteractis malu (HADDON & SHACKLETON, 1893)
Hawaii-Anemone

Vork.: Ostpazifik; besonders um die Hawaii-Inseln in 2 bis 20 m Tiefe.
GU: Keine.
Soz.Verh./Vgs.: Lebt einzeln; wird nur von *Amphiprion clarkii* bewohnt. Eine Vergesellschaftung mit kleinen Barschen, Garnelen, Stachelhäutern ist möglich.
Hält.B.: Benötigt mindestens 10 cm tiefen Sand oder Kiesboden, in den sie sich blitzschnell zurückziehen kann.
Licht: Mittellichtzone.
ZU/Verm.: Im Aquarium bisher noch nicht gelungen.
FU: K; Muschel- und Fischfleisch; Frostfutter (aufgetaut).
Bes.: Der Körper besitzt im oberen Drittel Warzen. Die Tentakel sind kurz (max. 4 cm) und unterschiedlich gefärbt: die inneren sind grünbraun, die äußeren hell.

T: 23-27°C, **Ø**: 20 cm, **BL**: ab 80 cm, **WB**: m, **WR**: u, **BS**: 2-3, **SG**: 2-3.

Heteractis magnifica

Heteractis malu, Oahu, Hawaii

Heteractis magnifica

Heteractis magnifica mit *A. clarkii*, Westaustralien

Heteractis magnifica, als Kugel zusammengezogen

Heteractis magnifica

Fam.: Stichodactylidae

Aquarienhälterung

Tropische Anemonen, vor allem Symbioseanemonen der Stichodactylidae sind verhältnismäßig empfindlich und sollen möglichst ihren natürlichen Gewohnheiten entsprechend, zumeist in Felsspalten angesiedelt werden. Sie benötigen Temperaturen zwischen 24 und 28°C, eine Wasserdichte von 1,018 bis 1,023 und Abstand von mindestens 20 cm von der nächsten Anemone; in kleineren Becken sollte man daher am besten nur eine Riesenanemone halten. Eine gezielte Fütterung mit Kleinkrebsen und kleinen Stücken von Muschel- und Krebsfleisch 2 bis 3 mal in der Woche ist völlig ausreichend; so kann man eine Überfütterung vermeiden. Bunte Arten brauchen zur Erhaltung der Farben entsprechend vitaminreiches,natürliches Futter und zur Erhaltung der symbiotischen Algen genügend, wenn möglich auch natürliche Beleuchtung oder HQI-Lampen. Der Besatz mit ein bis zwei Anemonenfischen ist möglich; es sollten möglichst Arten sein, die auch in freier Natur mit ihnen in Gemeinschaft leben. Es sind aber auch Fremdvergesellschaftungen möglich.

Die Anemonen sollten bei Vergesellschaftung mit Clownfischen wenigstens einen Ø von dreimal der Fischlänge haben.

Stichodactyla haddoni (SAVILLE-KENT, 1893)
Haddons Anemone, Teppichanemone

Vork.: Indo-Pazifik, vom Roten Meer bis zu den Fiji-Inseln in 4 bis 40 m Tiefe. **GU**: Keine.
Soz.Verh./Vgs.: Lebt einzeln an Riffen und auf Weichböden; beherbergt zahlreiche Arten von *Amphiprion* (manchmal sogar mehrere Arten gleichzeitig wie *A. sebae* und *A. clarkii* im Indischen Ozean), *Dascyllus trimaculatus* und Krebse wie *Neopetrolisthes ohshimai* und mindestens eine *Periclimenes*-Garnele.
Hält.B.: Besiedelt Felsspalten mit Sand oder Schutt oder reinen Sand von mindestens 20 cm Tiefe.
Licht: Sonnenlichtzone. **ZU/Verm.**: Nicht bekannt.
FU: K; Krebs-, Muschel- und Fischfleisch. Wöchentlich 2 - 3 mal gezielt mit Futterbrocken füttern.
Bes.: Ihr gewelltes Mundfeld ist von winzigen, kugeligen, kurz gestielten Tentakeln übersät, die meist in radialen Gruppen stehen wobei innen nur 1 bis 2 Tentakel pro Gruppe, außen bis zu 5 nebeneinander angeordnet sind. Dabei wechseln häufig helle und dunkle Gruppen einander ab. Die Tentakel sind stark nesselnd, kleben an der Haut und reißen leicht ab. Das Mauerblatt ist durchscheinend weiß, gelb oder lichtgrün. Die Säule ist am oberen Rand weit ausladend. Dieser obere Teil ist rosa, gelblich oder violett und von kleinen Warzen besetzt. Die gewellte Mundscheibe kann dem Boden direkt aufliegen oder etwas darüber erhaben sein. Ihr Durchmesser erreicht 75 cm und ist nur in einem engen Bereich um den Mund frei von Tentakeln. Der den Boden überragende Körperteil enthält symbiotische Algen (Zooxanthellen), die für einen Teil der Ernährung sorgen und die außerordentlichen Ausmaße von bis zu dreiviertel Meter Durchmesser ermöglichen.
Die Anemone nesselt (klebt) stark, ist jedoch nicht schmerzhaft für die menschliche Haut. Die Anemone kann, sofern sie ernsthaft angegriffen wird, eine milchige Flüssigkeit ausstoßen, die das Aquarium sofort in eine undurchsichtige Brühe verwandelt. Dies wurde beobachtet beim Ausgraben des 40 cm langen Fußes beim Umsetzen des Tieres. Ob es sich dabei um das "Auswürgen" des Mageninhaltes (verdauter Fisch) oder um eine spezielle Sekretion zur Abwehr handelt, konnte nicht geklärt werden (H.B.).

T: 22-26°C, **Ø**: 75 cm, **BL**: ab 150 cm, **WB**: m, **WR**: u, **BS**: 1, **SG**: 2.

Stichodactyla haddoni, Aquariumaufnahme

Stichodactyla haddoni

Stichodactyla haddoni, Indonesien

Stichodactyla haddoni, Rotes Meer

Stichodactyla haddoni mit *A. polymnus*, Aquariumaufnahme

Stichodactyla haddoni und *A. ocellaris*, Indonesien

Fam.: Stichodactylidae

Stichodactyla mertensii BRANDT, 1835
Mertens Anemone, Nessellose Riesenanemone

Vork.: Indo-Pazifik; von den Komoren bis zu den Fiji-Inseln in Tiefen von 1 bis 20 m.
GU: Keine.
Soz.Verh./Vgs.: Lebt einzeln. Man erkennt *S. mertensii* in vielen Gebieten anhand der begleitenden Anemonenfische: Diese (*A. clarkii, A. chrysopterus* und *A. tricinctus*) nehmen nämlich in ihr eine dunkle (melanistische) Färbung an, während sie in anderen Anemonen heller erscheinen. Das heißt, der gelbe Farbanteil wird in Beziehung mit *S. mertensii* durch Schwarz überdeckt. Übersiedelt man die Clownfische in eine andere Anemone, so hellen sie auf. Im Roten Meer besiedelt *A. bicinctus* diese Anemone nicht, wohl aber *S. gigantea*. Auch Krebsartige, wie *Neopetrolisthes ohshimai* wurden in ihr gefunden. Im Gegensatz zu *S. gigantea* nesselt diese Art nicht.
Hält.B.: Sie benötigt eine tiefe Felsspalte oder ein senkrechtes Loch für ihren Körper. Nur die tentakelübersäte Mundscheibe überragt den Boden.
Licht: Sonnenlichtzone. **ZU/Verm.**: Nicht bekannt.
FU: K; Fisch-, Krebs- und Muschelfleisch, Gefierfutter.
Bes.: Diese Riesenanemone ist von der Art und Länge der Tentakel her nur sehr schwer von *S. gigantea* zu unterscheiden, denn auch sie besitzt außen etwa 2 cm lange, innen bis zu 5 cm lange gleichartige, stumpfe, fingerförmige Tentakel, die meist einförmig braun gefärbt sind. Manchmal können auch Exemplare vorkommen, die einzelne etwas steifere Tentakel mit gelben Spitzen besitzen. Auch *S. mertensii* kann mit allen Tentakeln gleichzeitig vibrieren. Greift man diese Tentakel an, so wird man den Unterschied zu *S. gigantea* gleich bemerken; sie haften nämlich nicht ; außerdem stehen sie auf einer wesentlich weniger stark gewellten Mundscheibe. In voll entfaltetem Zustand liegt sie dem Boden mehr oder weniger auf und der Rand ist lediglich ein wenig gekräuselt. Wenn zusammengezogen, faltet sich der Rand stark auf. Die Mundfläche ist nur zu sehen, wenn die Tentakel wenig entfaltet sind. Sie ist weiß bis rosa-braun (je nach Zooxanthellengehalt) gefärbt, manchmal gegen den Rand zu dunkler mit einem grünlichen Einschlag. Der zentrale Mund ist länglich und kann etwas konisch über die Mundscheibe erhaben sein; meist ist er aber nicht zu sehen. Der weiße Fuß ist sehr irregulär und dem Substrat, dem er anhaftet, in der Form voll angepaßt. Die Säule ist sehr dehnbar und oben stark auseinanderstrebend; das Mauerblatt dünn und leicht reißend. Der untere Teil ist weiß mit irregulären rot-orangen bis purpurnen Flecken. Der obere Teil wird zusehends grau bis grau-grün (wegen der darin liegenden Zooxanthellen) und besitzt Warzen, die oben 1 - 2 mm, tiefer unten 5 mm Querschnitt erreichen und zum Festhalten an den umliegenden Felsen dienen. Sie halten keinen Sand fest! *S. mertensii* ist die größte aller Anemonen und erreicht 1,5 m Scheibendurchmesser. Die riesigen Ausmaße machen diese Anemone im Freiland leicht erkennbar, wenn auch ihre Tentakel jenen von *S. gigantea* ähneln.
T: 23-27°C, **Ø**: 150 cm, **BL**: ab 250 cm, **WB**: m, **WR**: u, **BS**: 2-3, **SG**: 3.

Stichodactyla mertensii mit einigen *A. clarkii*, Australien

Stichodactyla mertensii von Mauritius

Stichodactyla mertensii von Mauritius

Fam.: Thalassianthidae

Gattung *Cryptodendrum*

Diese Gattung umfaßt nur eine einzige Art, *Cryptodendrum adhaesivum*, und die ist dadurch gekennzeichnet, daß sie verschiedenartige Tentakel besitzt; nämlich verzweigte und runde.

Cryptodendrum adhaesivum mit *Amphiprion clarkii*

Cryptodendrum adhaesivum KLUNZINGER, 1877
Noppenrand-Anemone

Vork.: Indo-Pazifik vom Roten Meer bis zu den Marquesas. Von der Gezeitenzone bis in 5 m Tiefe.
GU: Keine.
Soz.Verh./Vgs.: Lebt einzeln; beherbergt zumindest 2 Arten von Garnelen der Gattung *Thor* und *Periclimenes* und nur im Indischen Ozean einen Clownfisch, nämlich *Amphiprion clarkii*.
Hält.B.: Heftet sich in einer Felsspalte oder unter einem Stein, dem Korallenschutt oder Sand aufliegt, fest.
Licht: Sonnenlichtzone.
ZU/Verm.: Nicht bekannt.
FU: K; sehr stark zerkleinerte Stücke von Muschel-, Fisch- und Krebsfleisch.
Bes.: Diese Anemone ist unverwechselbar durch ihre mit einem wulstigen genoppten Rand versehene Mundscheibe, dessen Inneres einen dichten Belag winziger, meist mehrfach verzweigter Tentakel trägt. Das Mauerblatt trägt in ihrem oberen Teil Reihen von stark klebenden Warzen. Die Färbung ist äußerst unterschiedlich. Da gibt es Formen mit einem unten gelblichen Mauerblatt, das braune Punkte trägt, und dessen oberer Teil rötlich-violett gefärbt ist und gelbe Warzen trägt. Andere wiederum sind ganz weiß mit orangen Flecken und Warzen; andere sind braun oder orange mit Punkten oder sogar Streifen in verschiedenen Farben und grünen oder weißen Warzen. Der Mund ist klein, ca 1 cm im Durchmesser, und die Lippen kontrastieren häufig in kräftigen Farben wie gelb, weiß, grün oder violett.

T: 23-27°C, **Ø:** 30 cm, **BL:** ab 100 cm, **WB:** m-s, **WR:** u, **BS:** 2, **SG:** 3.

Fam.: Thalassianthidae

Gattung *Heterodactyla*

Auch diese Anemonen besitzen verschiedenartige Tentakel, die entweder fein verästelt und fadenförmig sind, oder Pakete von gestielten kugel- bis keulenförmigen Körpern tragen.

Heterodactyla hemprichi EHRENBERG, 1834
Hemprichs Anemone

Vork.: Rotes Meer, Indischer Ozean in 3 bis 20 m Tiefe. **GU**: Keine.
Soz.Verh./Vgs.: Lebt einzeln; in Symbiose mit *Periclimenes brevicarpalis*.
Hält.B.: Ihr Fuß haftet auf festem Untergrund in einer Felsspalte oder unter Korallen; es ist ihr daher ein ähnlicher Ansiedlungsplatz anzubieten.
Licht: Sonnenlichtzone. **ZU/Verm.**: Getrennt geschlechtlich.
FU: K; Fisch-, Krebs- und Muschelfleisch.
Bes.: Hemprichs Anemone ist leicht erkennbar an den verschieden ausgebildeten Tentakeln und der tief gefalteten Mundscheibe. Die gelbliche, unten violett gesprenkelte, oben mit undeutlichen Saugwarzen versehene Körpersäule trägt die stark erweiterte mit starken Aufwölbungen und Falten versehene Mundscheibe. Der Kelchrand ist grau bis gelb; die von den Tentakeln fast verdeckte Scheibe blaugrau, nach außen zu mit Streifen. Die sehr dicht stehenden fadenförmigen Tentakel sind in Wirklichkeit die sichtbaren Enden von stark verzweigten Tentakeln, die 10 und mehr Enden aufweisen. Am Rand der Mundscheibe liegen außerdem, in ziemlich gleichmäßigen Abständen zwischen den Fadententakeln Pakete von 7 - 10 kugelförmigen Gebilden auf meist entsprechend verzeigten Stielen. Sie sind auffallend gefärbt, häufig blau-violett mit grünlich-gelben Vertiefungen an ihren Enden. Sie sind die Abwehrwaffen der Anemone und tragen Batterien von Nesselzellen.

T: 23-27°C, **Ø**: 15 cm, **BL**: ab 80 cm, **WB**: m, **WR**: u, **BS**: 2-3, **SG**: 3.

Heterodactyla hemprichi von den Malediven

Die wichtigsten Kennzeichen dieser Familie sind eine flache Fußscheibe, ein glattes Mauerblatt und verschließbare Öffnungen darin (Cincliden), aus denen feine, nesselnde und klebende Fäden (Akontien) als Abwehrmaßnahme ausgestoßen werden können.

Gattung *Aiptasia*

Diese Gattung umfaßt Anemonen mit zylindrischer bis trompetenförmiger Säule (Mauerblatt). Die Öffnungen für den Akontienausstoß (Cincliden) befinden sich meist etwa in Körpermitte. Die Tentakel sind 6-zählig oder auch unregelmäßig angeordnet. Die Färbung ist vorwiegend durch symbiotische Algen im Gewebe der oberen Säule, in der Mundscheibe und in den Tentakeln bedingt.

Aiptasia mutabilis, Mittelmeer

Fam.: Aiptasiidae

Der Fuß wird bis zu 2 cm im Durchmesser und ist gelappt, graugrünlich und durchsichtig. Das Mauerblatt ist bis zu 4 cm hoch, zylindrisch, unten braungrün, oben heller und grauweiß bis gelbweiß gesprenkelt. Meist stehen nur 1 (oder höchstens 2 Cincliden übereinander) oberhalb der Körpermitte, dafür gibt es häufig zusätzliche Öffnungen knapp über dem Fuß. Vollentwickelte *A. diaphana* besitzen 96 Tentakel, die konisch und zumindest doppelt so lang wie der Mundscheiben-Durchmesser (2cm) sind. Sie können sich aber zu einem Vielfachen davon ausdehnen. Sie sind durchsichtig braungrünlich, auch gesprenkelt und an der Spitze häufig mit einem hellen Punkt. Die Mundscheibe selbst ist glasklar und läßt meist einige Septen wie ein Kreuz in ihrer Mitte erkennen. Das Aussehen von *A. diaphana* ändert sich stark mit den Jahreszeiten und die Färbung ist durchwegs vom Gehalt an symbiotischen Algen abhängig. In der warmen Jahreszeit, von Mai bis Oktober, ist sie grünlich bis gelblich-braun oder rötlich. Ab November wird sie silbergrau-grünlich. Im Dezember, bei Temperaturen unter 12 Grad wirft sie ihre Tentakeln ab; bei 8 - 9°C sterben viele Tiere. Die Tentakelregeneration setzt bei 15°C wieder ein; die Tiere werden im Frühjahr rötlich-gelb bis gelb-braun. Anfang Juni erreichen sie bei ca 20°C wieder ihre Sommerfärbung und besitzen lange, dünne Tentakel. Diese Anemone ist beliebtes Futter für einige Falterfische z.B. *Chaetodon lunula, Ch. kleini, Chelmon rostratus.*

T: 18-24°C, Ø: 2-8 cm, **BL**: ab 40 cm, **WB**: m, **WR**: u, **BS**: 1, **SG**: 1.

Aiptasia sp.
Trompetenanemone

Die unter diesem Namen abgebildete Art entspricht weitgehend obiger Beschreibung und könnte daher *A. diaphana* sein.

Bartholomea annulata, Karibik

Fam.: Aiptasiidae

Gattung *Bartholomea*
Dies ist eine besonders häufige Anemone in der Karibik und sie kommt von den Bermudas bis zu den Küsten Südamerikas vor. Sie ist gut erkennbar an den fast 200 transparenten Tentakeln, deren Nessenzellen als helle, gelblich-grüne bis- braune Kräusel und unkomplette Spiralen gut darauf zu erkennen sind. Die Grundfärbung der Anemone entsteht durch die symbiotischen Algen (Zooxanthellen) in ihrem Gewebe.

Bartholomea annulata (LESIEUR, 1817)
Ringelanemone

Vork.: Karibik und Westatlantik von den Bermudas bis zu den Küsten Süd-Amerikas. In 1 bis 40 m Tiefe.
GU: Keine.
Soz.Verh./Vgs.: Einzeltier; eine große Zahl von Krebsartigen leben mit *B. annulata* in Gemeinschaft, besonders aus den Gattungen *Alpheus (A.armatus), Periclimenes (P.yucatanicus)* und *Mysis (Heteromysis actinae)*. Das Foto zeigt einige Tentakel dieser Anemone aus einer Spalte ragend mit einer symbiotischen *Periclimenes*-Garnele.
Hält.B.: Sie lebt versteckt in Spalten und Löchern von Riffen, felsigen Gebieten oder isolierten festen Substraten in Seegraswiesen. Man braucht daher nicht zu staunen, wenn aus einem großen leeren Schneckenhaus wie *Strombus gigas* diese Anemone hervorguckt. Ist die Anemone ausgestreckt, so überragen die Tentakel den Boden; sie kann sich jedoch oft so weit zurückziehen, daß sie nicht mehr zu sehen ist.
Licht: Sonnenlichtzone.
ZU/Verm.: Geschlechtliche Vermehrung.
FU: K; Fisch-, Muschel- und Krebsfleisch u.v.a.
Bes.: Sie ist gut erkennbar an den fast 200 transparenten Tentakeln, deren Nesselzellen als helle, gelblich-grüne bis -braune Kräusel und unkomplette Spiralen darauf gut zu erkennen sind. Die Grundfärbung der Anemone entsteht durch die symbiotischen Algen (Zooxanthellen) in ihrem Gewebe. *B. annulata* wird ziemlich groß und ihre Mundscheibe samt Tentakeln erreicht bis über 30 cm Durchmesser.

T: 22-26°C, **Ø**: 30 cm, **BL**: ab 100 cm, **WB**: m, **WR**: u, **BS**: 2-3, **SG**: 3.

Bartholomea lucida DUCHASSAING & MICHELOTTI, 1860
Leuchtanemone

Vork.: Nur von den Bahamas und aus der Karibik bekannt. Sie bevorzugt Tiefen von 2 bis zumindest 30m.
GU: Keine.
Soz.Verh./Vgs.: Lebt einzeln und beherbert selten krebsartige Symbionten.
Hält.B.: Sie bevorzugt klares, sauerstoffreiches Wasser und versteckt sich normalerweise in Spalten und Löchern, und nur die genoppten Tentakel ragen daraus hervor. So wie das hier gezeigte Exemplar mit freiem Mauerblatt, kann man die Anemone in freier Natur normalerweise nicht zu Gesicht bekommen.
Licht: Sonnenlichtzone.
ZU/Verm.: Nicht bekannt.
FU: K; Fleisch besonders von Muscheln, Krebsen und Fischen.
Bes.: Diese karibische Art, ist gut erkennbar an den eigenartigen, weißlichen Knöpfen, welche die Tentakel entlang stehen und ganze Batterien von Nesselkapseln darstellen. Ansonsten sind die Tentakel blaßbraun und durchsichtig. Wie obige Art nesselt *B. lucida* nur mild, ist also dem Menschen nicht gefährlich.

T: 20-24°C, **Ø**: 25 cm, **BL**: ab 120 cm, **WB**: m, **WR**: u, **BS**: 2-3, **SG**: 3.

Bartholomea annulata

Bartholomea lucida

Fam.: Metriidae

Gattung *Metridium*

Dieser Gattung gehören Seeanemonen mit breiter, gut haftender Fußscheibe, langer, glatter Säule, die von der Mundscheibe durch eine kragenartige Auffaltung getrennt ist, und mit sehr vielen (bis über 1000) feinen Tentakeln an.

Metridium senile (LINNAEUS, 1761)
Seenelke

Vork.: Kühle bis kalte Meere rund um den Nordpol; im Nord-Atlantik, in Nord- und Ostsee sowie im Nord-Ost-Pazifik. Von der Niedrigwasserlinie bis in 20 m Tiefe.
GU: Keine.
Soz.Verh./Vgs.: Lebt meist in größeren losen bis dichten Gruppen.
Hält.B.: Heftet sich an feste Unterlagen wie Felsen, Steine, Holzpfähle und andere solide Objekte, die man ihnen im Aquarium leicht anbieten kann. Hält viele Jahre.
Licht: Sonnenlichtzone.
ZU/Verm.: Geschlechtlich und vegetativ durch Teilung der Tiere der Länge nach oder sie lassen, wenn sie langsam über den Grund kriechen, kleine Stücke der Fußscheibe zurück, die wiederum in komplette Anemonen auswachsen.
FU: K; frißt hauptsächlich Zooplankton, das mit Hilfe eines schleimartigen Überzugs am gesamten Körper festgehalten und durch Cilienbewegung der Mundöffnung zugeführt wird. Nicht freßbares anorganisches Material wird von den Cilien nach außen befördert und abgeworfen.
Bes.: Trotz der äußerst unterschiedlichen Färbung (weiß, gelb, orange) ist diese Anemone immer deutlich erkennbar an ihrer tief gefalteten Mundscheibe mit den überaus zahlreichen schlanken Tentakeln sowie einem gut entwickelten Kragen. Dieser Kragen ist eine breite, rückenartige Erhebung, die sich unterhalb der Tentakel rund um die Säule zieht und manchmal so von den Tentakeln verdeckt liegt, daß sie den Blicken entzogen ist.

T: 15-19°C, **Ø**: 25 cm, **BL**: ab 60 cm, **WB**: m, **WR**: u, **BS**: 1, **SG**: 2-3.

Metridium senile

Metridium senile

Fam.: Nemanthidae

Gattung *Nemanthus*

Anemonen dieser Gattung sehen auf den ersten Blick gar nicht wie Aktinien aus, da sie korallenähnliche Kolonien bilden. Diese entstehen allerdings nicht durch Teilung der Polypen in der Mundregion, sondern durch Auswüchse der Fußregion.

Nemanthus nitidus WASILIEFF, 1908
Schmuckanemone

Vork.: In den kühlen Gewässern des Nord-Ost-Pazifik, die nordamerikanische Küste entlang von Alaska bis Kalifornien in Tiefen von etwa 10 bis 40 m.
GU: Keine.
Soz.Verh./Vgs.: Koloniebildend.
Hält.B.: Häufig überwuchert sie die Skelette von Korallen, besonders Gorgonien. Eine Übersiedlung ins Aquarium ist nur mit einem Stück Unterlage möglich.
Licht: Sonnen-Mittellichtzone.
ZU/Verm.: Geschlechtlich und durch Abtrennung von Jungtieren aus der unteren Körperregion. Es entstehen Kolonien, die keine eigene Bausymmetrie erkennen lassen und sich vielmehr nach dem Untergrund richten.
FU: K; *N. nitidus* frißt Zooplankton, das sie mit ihrem trichterförmigen Fangapparat aus Mundscheibe und Tentakeln einfängt. Planktonersatz ermöglicht ihre Haltung im Aquarium.
Bes.: Während Mundscheibe und Tentakel meist völlig durchscheinend weiß sind und nur bei Vergrößerung eine radiäre Musterung auf der Mundscheibe und feine helle Punkte und Flecken, hervorgerufen durch die Nesselzellen, auf den Tentakeln erkennen lassen, kann die Körpersäule, das Mauerblatt, unterschiedlichste Farben haben. Manchmal ist sie durchsichtig weiß manchmal aber kräftig goldgelb, ocker, braun oder anders gefärbt. Manche Forscher meinen, die Farbvarietäten wären z.T. eigene Arten oder Unterarten.

T: 15-18°C, **Ø**: 3 cm, **BL**: ab 50 cm, **WB**: m, **WR**: u, **BS**: 3, **SG**: 3.

Nemanthus nitidus

Nemanthus nitidus

Fam.: Sagartiidae

Dieser Familie gehören Anemonen mit flacher Fußscheibe, glattem Mauerblatt mit Klebewarzen oder anderen Auswüchsen und 6-zähligen Tentakelreihen an. Alle besitzen Nesselfäden (Akontien) in ihrem Körperinneren, die durch Öffnungen im Mauerblatt abgegeben werden können.

Sagartia troglodytes (PRICE, 1847)
Kolibrirose

Vork.: Mittelmeer (hier sehr selten), Ost-Atlantik und Nordsee; ist meist eine reine Küstenform in und etwas unterhalb der Gezeitenzone; sie wurde aber auch bis in 50 m Tiefe gefunden.
GU: Keine. **Soz.Verh./Vgs.**: Einzeltier.
Hält.B.: *S. troglodytes* kommt entweder unter Steinen oder auf Muscheln des Seichtwassers, wie etwa der Miesmuschel (*Mylilus galloprovincialis*), aber auch in Groß- und Feinsanden eingegraben vor, sodaß nur die Mundscheibe mit den Tentakeln den Boden überragt. Diese Art ist also gar nicht wählerisch, was ihren Untergrund betrifft, benötigt aber bewegtes, sauerstoffreiches Wasser.
Licht: Sonnenlichtzone. **ZU/Verm.**: Geschlechtlich.
FU: K; Kleinkrebse, stark zerkleinertes Krebs- und Muschelfleisch.
Bes.: Diese Anemone variiert stark in der Färbung und ist anhand ihrer gemusterten bis zu 192 Tentakel von der sehr ähnlichen *S. elegans*, die meist einfärbige Tentakel besitzt, zu unterscheiden. Der Fuß ist stark haftend, die Körpersäule bis zu 4 cm hoch, das Mauerblatt mit zahlreichen Saugwarzen versehen, an denen häufig Steinchen und Muschelbruchstücke haften. Es werden, je nach Färbung der Körpersäule und Musterung der Mundscheibe und der Tentakel, mehrere Varietäten unterschieden, z.B. Var. *decorata* mit gelbem Körper und stark gelb-braun gemusterten Tentakeln, Var. *ornata* mit grünem Körper und hell gemusterten sichtbaren Teilen.

T: 15-20°C, **Ø**: 4 cm, **BL**: ab 30 cm, **WB**: s, **WR**: u, **BS**: 2, **SG**: 3.

Sagartiogeton undulatus (MÜLLER, 1788)
Witwenrose

Vork.: Im Seichtwasser des Mittelmeeres, im Schwarzen Meer, im Ost-Atlantik und in der Nord- und Ostsee in Oberflächennähe. In 1 bis 15 m Tiefe. **GU:** Keine.
Soz.Verh./Vgs.: Lebt meist einzeln.
Hält.B.: Besiedelt im Meer häufig leere Muschelschalen auf feinen sandigen und schlammigen Gründen geschützter Zonen. Das gehäufte Auftreten in Flußmündungen und Lagunen läßt vermuten, daß sie niedrigen Salzgehalt bevorzugt.
Licht: Sonnenlichtzone. **ZU/Verm.:** Geschlechtlich.
FU: K; fängt mit ihren langen Tentakeln Kleinplankton für das man im Aquarium entsprechenden Ersatz finden muß.
Bes.: Diese Schlangenhaar-Seerose besitzt 170 bis 190 durchsichtige, 5 bis 7 cm lange Tentakel. Die gelblich-weiße Mundscheibe trägt gezackte Lippen, die wie der Schlund gelb oder gelb-ocker gefärbt ist. Ihr Mauerblatt ist glatt, gelblich-weiß und rotbraun gesprenkelt oder längs gestreift; die oberen Öffnungen für die Akontien (Cincliniden) sind rötlich-braun umrandet.

T: 16-22°C, **Ø:** 10 cm, **BL:** ab 50 cm, **WB:** m, **WR:** u, **BS:** 2, **SG:** 3.

Sagartiogeton undulatus, Nordsee

Fam.: Isophelliidae

Diese Familie umfaßt Arten mit flacher Fußscheibe, einem Mauerblatt, das selten glatt und meist unterteilbar ist und die Akontien beherbergen.

Gattung *Telmatactis*

Seeanemonen dieser Gattung besitzen eine lange, mehr oder weniger zylindrische Körpersäule; dieses Mauerblatt ist unterteilbar: Der untere Teil, *Scapus* genannt, trägt eine "Rinde" und kleine falsche Tentakel, der obere, der *Scapulus*, ist kurz und glatt. Die Tentakel stehen in Kreisen zu je sechs.

Telmatactis cricoides (DUCHASSAING, 1850)
Rindenanemone, Keulenanemone

Vork.: Südlicher West- und Ostatlantik, von der Karibik bis Westafrika, Kanaren und Madeira.
GU: Keine.
Soz.Verh./Vgs.: Diese Anemone lebt oft in Partnerschaft mit verschiedenen Krebstieren: Garnelen wie *Thor amboinensis* und *Lysmata grabhami* sowie den Gespensterkrabben *Stenorhynchus lanceolatus*.
Hält.B.: Je nach Herkunft muß man der Temperatur Beachtung schenken. Während die ostatlantischen Tiere zwischen 18 - 23°C gehalten werden müssen, so brauchen die Karibischen 20 - 27°C. Fels- und Sandboden. Die Anemonen graben sich gern ein.
Licht: Sonnen- bis Mittellichtzone.
ZU/Verm.: Unbekannt.
FU: Fisch- und Muschelfleischbrocken, *Artemia*.
Bes.: Nesselt nicht stark, die Tentakel haften dennoch an den Fingern. Die oben erwähnten Krebstiere werden scheinbar nicht vernesselt (siehe DAS AQUARIUM 10/1991). Wie die Fotos zeigen, sind die Tiere sehr unterschiedlich in der Färbung.

T: 23-27°C, **Ø**: 15 cm, **BL**: 100 cm, **WB**: m, **WR**: u, **BS**: 3, **SG**: 3.

Telmatactis cricoides, 15 m Tiefe, Lanzarote

Telmatactis cricoides, Bonaire, Karibik

Superfamilie Boloceroidaria

In dieser Überfamilie sind äußerst unterschiedliche Anemonen vereinigt, von denen Vertreter der zwei Familien Aliciidae und Boloceroididae hier vorgestellt werden. Allen gemeinsam sind eine breite Fußscheibe ohne deutliche Muskeln an ihrer Basis, ein glattes Mauerblatt, manchmal in zwei Teile unterteilbar, und Tentakeln die teilweise Nesselbatterien tragen und gegen das Körperinnere zu durch eine "Haut" abgeschlossen werden können.

Familie Aliciidae

Die Anemonen dieser Familie besitzen eine breite Fußscheibe. Die Säule ist deutlich zweigeteilt: der untere Teil (*Scapus*) trägt blasenförmige, teils gestielte oder verzweigte Auswüchse, bepackt mit Nesselzellen; der obere (*Scapulus*) ist glatt, nur die Längsmuskulatur ist in Form von Streifen sichtbar. Die Tentakel sind sehr lang und nur im inneren (proximalen) Teil mit Nesselkapseln versehen.

Alicia mirabilis vom Mittelmeer

Alicia pretiosa (DANA, 1849)
Beeren-Anemone

Vork.: Rotes Meer, ähnelt der Mittelmeer-Art *A. mirabilis*, mit der sie oft verwechselt wird. In 2 bis 30 m Tiefe. **GU:** Keine.
Soz.Verh./Vgs.: Lebt einzeln, nachtaktiv; tagsüber bildet sie nur eine kleine, kuppenförmige Erhebung am Boden bzw. am Aufwuchs. Nachts dehnt sie sich dann zu einer sehr hohen Anemonenform aus.
Hält.B.: Benötigt erhöhte Standpunkte, die sie selbst bezieht. Ihr Fuß trägt eine große mit Cilien (Wimperhärchen) besetzte Fußscheibe, die sich leicht ablöst und es dem Tier ermöglicht, sich fortzubewegen. Dies geschieht meist dadurch, daß sich die Anemone zu Boden beugt und dort mit halb geöffneten Tentakeln festhält, mit der Fußscheibe losläßt und sich in der Umgebung auch auf erhöht gelegenen Punkten wie Steinkorallen oder Gorgonien wieder festhält. Sie läßt manchmal sogar ganz los und sich von Strömungen davontragen, wobei sich der Fuß einfaltet und das Tier eine Kugelgestalt annimmt.
Licht: Schwachlichtzone. **ZU/Verm.:** Geschlechtlich.
FU: K; fängt mit ihren langen in der Strömung flottierenden Tentakeln Zooplankton.
Bes.: Die Säule ist sehr dehnbar, transparent und fast gänzlich dicht mit blasenförmigen Batterien von Nesselzellen bedeckt. Die durchsichtigen Tentakel sind äußerst dehnbar und ziehen sich bei Störung sofort spiralig zu Knäueln zusammen und können auch in den Mundraum gesteckt werden. Die Färbung schwankt zwischen weißlich, bräunlich und grünlich. Jüngere Tiere haben kürzere Tentakel und kleinere Blasen. Diese Anemone ist äußerst lichtempfindlich und kann sich bei Beleuchtung mit einer Lampe oder mit einem Blitzlicht in kürzester Zeit vollständig schließen, wobei auch die Mundscheibe und der obere Teil der Säule so weit eingezogen werden, daß die gesamte Oberfläche von nesselnden Blasen bedeckt ist.

T: 22-26°C, **Ø:** 5 cm, **BL:** ab 50 cm, **WB:** m, **WR:** u, **BS:** 3, **SG:** 3.

Fam.: Aliciidae

Lebrunia danae von der Karibik

Lebrunia danae (DUCHASSAING & MICHELOTTI, 1860)
Danas Anemone

Vork.: Karibik und tropischer West-Atlantik von den Bermudas bis Brasilien in 2 bis 60 m Tiefe.
GU: Keine.
Soz.Verh./Vgs.: Einzeltier; in Symbiose mit ihr lebt besonders im tieferen Bereich ihres Vorkommens die Putzergarnele *Periclimenes pedersoni.*
Hält.B.: Besiedelt Felsspalten oder tiefe Löcher, die ihr anzubieten sind.
Licht: Sonnenlichtzone.
ZU/Verm.: Geschlechtlich.
FU: K; zerkleinertes Krebs-, Muschel- und Fischfleisch.
Bes.: Dies ist eine außergewöhnliche Anemone, die nicht nur ihren Fuß und die Säule tief in einer Felsspalte bzw. im Korallenriff versteckt, sondern auch ihre Mundscheibe und die Tentakel. Die Mundscheibe mit ihren Tentakeln erhebt sich zwar bis ans Umgebungsniveau, doch sie ist nicht sichtbar, weil sie von sogenannten Pseudotentakeln total zugedeckt wird. Diese entspringen knapp unterhalb des Randes der Mundscheibe als Büschel von feinen, verzweigten Fäden aus den für diese Familie typischen ovalen bis runden Randbläschen. Diese sind mit kräftigen Nesselzellen dicht bepackt und können auch dem Menschen unangenehme "Verbrennungen" beifügen. Durch Einfaltungen des Mundscheiben-Randes entsteht ein dichter Rasen von cremefarbenen bis bräunlichen falschen Tentakeln, der den Rest der Anemone total verdeckt.

T: 22-27°C, **Ø:** 30 cm, **BL:** ab 100 cm, **WB:** m, **WR:** u, **BS:** 2-3, **SG:** 3.

Triactis producta mit dem Röhrenwurm *Sabellastarte indica*

Triactis producta KLUNZINGER, 1877
Boxerkrabben-Anemone

Vork.: Tropischer Indo-Pazifik; wurde vom Roten Meer erstmals beschrieben. In 2 bis 20 m Tiefe.
GU: Keine.
Soz.Verh./Vgs.: Wird entweder in den Scheren der Boxerkrabbe *Lybia leptochelis* oder auch frei am Boden lebend gefunden.
Hält.B.: Die Krabbe kommt in einem eng begrenzten Tiefenbereich von der Gezeitenzone bis in 2 m Tiefe unter Korallen und Steinen vor und kann nicht ohne Anemone leben. Diese hingegen hat einen wesentlich weiteren Verbreitungsraum und kann sehr gut auch ohne Krabbe auskommen. Größere Anemonen leben alleine auf den verschiedensten Unterlagen und kommen in beschatteten Felsspalten und Höhlen genauso vor wie am Fuße von Feuerkorallen.
Licht: Sonnenlichtzone.
ZU/Verm.: Neben geschlechtlicher Vermehrung bilden sich durch Knospung seitliche Ausbuchtungen oder Ausstülpungen aus der Mundscheibe, aus welchen neue Anemonen hervorgehen.
FU: K; diese Anemone besitzt äußerst kräftige Nesselzellen und fängt Zooplankton. Kleinkrebse und anderer Planktonersatz dienen der Fütterung.
Bes.: Die in den Scheren der Krabbe lebenden Tiere sind klein und meist rosa gefärbt .Ältere, größere Anemonen sind bräunlich-rot mit rosa Bläschen rund um die Mundscheibe. *T. producta* ist nachtaktiv und wird zumindest 2 cm groß. Untertags zieht sie sich zu einem Klumpen zusammen und kann genauso gut für einen Korallenpolypen gehalten werden.

T: 22-27°C, Ø: 2 cm, BL: ab 40 cm, WB: m, WR: u, BS: 3, SG: 3.

Boloceroides mcmurrichi (KNIETNIEWSKI, 1898)
Schwimmanemone

Vork.: Indo-Pazifik; kommt besonders häufig im äußersten Norden des Roten Meeres bei Aqaba vor. In 1 bis 30 m Tiefe.
GU: Keine.
Soz.Verh./Vgs.: Lebt einzeln oder bildet regelrecht Rasen.
Hält.B.: Lebt im Meer auf der Unterseite von Tischkorallen, zwischen Schwämmen,auf Wurzeln von Mangroven usw. und setzt sich sogar auf die langen Stacheln von Diadem-Seeigeln.
Licht: Sonnenlichtzone.
ZU/Verm.: Sie pflanzt sich neben sexueller Vermehrung hauptsächlich auf ungeschlechtliche Weise durch Teilung fort und bildet regelrechte Rasen. Man findet daher Exemplare mit sehr unterschiedlicher Tentakelzahl.
FU: K; Krebs-, Fisch- und Muschelfleisch, möglichst zerkleinert.
Bes.: Dies ist eine eigenartige, etwas abweichende, aber zu den Boloceroididae zählende Anemone, die bis zu 5 cm groß wird und imstande ist, wie schon der Name sagt, zu schwimmen. Ihre Körpersäule ist nur wenig entwickelt und die Fußscheibe haftet nur wenig an der Unterlage, so daß sie bei stärkerer Strömung oder Bewegung im Wasser, wenn etwa ein großer Fisch oder ein Taucher vorüberschwimmt, losläßt und frei dahinschwebt. Man liest zwar immer wieder, sie schwimme durch ständiges Schlagen der Tentakel umher; das stimmt aber nicht. Meist schwebt sie nur mit weit abgespreizten Tentakeln völlig regungslos dahin.

T: 22-27°C, Ø: 5 cm, BL: ab 50 cm, WB: m, WR: u, BS: 2-3, SG: 3.

Cerianthus membranaceus fuscus, Lanzarote

Arachnanthus sp. cf. *nocturnus*, Lanzarote, 15 m Tiefe

Die Zylinderrosen umfassen weltweit etwa 50 Arten. Bei einigen Prachtexemplaren kann die Länge des Körperschlauches schon mal 70 cm oder mehr erreichen. Beliebte Aquarientiere sind sie, weil sie farbenprächtig und relativ pflegeleicht sind. Zu ihrem Wohlbefinden im Aquarium brauchen sie allerdings einen 8 bis 10 cm hohen grobsandigen Untergrund, in dem sie ihre lange, schleimige Wohnröhre anlegen. Die Zylinderrosen sind in der Lage, langsam an der Bodenoberfläche zu kriechen und sich in den Boden einzugraben. Sonst leben sie ständig in ihrer Wohnröhre, die bei großen Exemplaren tief in den Untergrund reicht. Bei Gefahr zieht sich das Tier blitzschnell vollständig in diese Röhre zurück. Die Zylinderrosen sind Bewohner der oberen Schichten des Meersebodens und leben einzeln in einer Röhre, aus der nur der Oberteil des Körpers mit Mundscheibe und Tentakelkrone herausragt. Dem langgestreckten schlanken Körper fehlt eine Haftscheibe wie bei Anemonen. Der Fuß ist vielmehr zugespitzt, kann aber durch inneren Flüssigkeitsdruck (Turgor) kolbig erweitert werden und dient zum Eingraben und zur Verankerung im Bodengrund. Der spaltförmige Mund ist von einem inneren (oralen) und einem äußeren (marginalen) Kranz von bis zu mehreren hundert Tentakeln umgeben. Diese sind im ausgestreckten Zustand lang und fadenförmig. Die Tentakeln sind so angeordnet, daß jeweils ein oraler und ein marginaler Tentakel zusammen gehören.

Eine ungeschlechtliche (asexuelle) Vermehrung, also eine Teilung, wie bei vielen anderen Blumentieren, tritt nicht auf. Die meisten Arten sind Zwitter (Hermaphroditen), das heißt, daß ein und dasselbe Tier sowohl männliche als auch weibliche Geschlechtsprodukte produziert. Eier und Samenzellen reifen jedoch in einem Tier nicht zum selben Zeitpunkt, sodaß Selbstbefruchtung vermieden wird. Eine Brutpflege ist nicht bekannt. Viele Arten haben eine spezielle tentakeltragende Larvenform entwickelt, die eine lange planktontische Phase durchläuft. Durch Vor- und Zurückschlagen der Tentakel kann sie aktiv schwimmen und Futter erbeuten.

Im Aquarium ist es erforderlich, daß man den Zylinderrosen einen möglichst großen Platz einräumt, damit sie sich ausbreiten können. Steinkorallen, Lederkorallen und Krustenanemonen sollten nicht in ihrer Nähe plaziert sein, da ihr Nesselgift dieselben tötet oder so schädigt, daß sie später eingehen. Mit den meisten Fischen vertragen sie sich nicht gut. Größere und aktive Fische stören die Zylinderrosen, kleinere werden oft genesselt. Keinesfalls sollte man sie mit Seepferdchen oder Seenadeln zusammen bringen, die immer wieder in den gefährlichen Tentakelbereich gelangen. Wenn man diesen Bedingungen der Zylinderrosen Rechnung trägt, wird man viel und lange Freude mit diesen Tieren haben. Es ist bisher unklar, wie alt sie werden. Im Aquarium von Neapel sind noch immer Exemplare am Leben, die bei der Gründung des Institutes vor über 100 Jahren eingesetzt wurden!

Pachycerianthus fimbriatus

Fam.: Arachnactidae, Cerianthidae

Arachnanthus nocturnus DEN HARTOG, 1977
Kariben-Zylinderrose

Vork.: Im Küstenbereich der Karibischen Inseln, auf Sandboden in 5 bis 20 m Tiefe.
GU: Gibt es nicht, da die Tiere Zwitter sind.
Soz.Verh./Vgs.: Einzeltiere, die nicht mit zu kleinen Fischen vergesellschaftet werden sollen, da sie stark nesseln.
Hält B.: Für ihre Wohnröhre benötigen sie Sandgrund, der mindestens 8 cm tief sein soll. Wenn die Tiere selbst keine Röhre bauen, kann man sich mit einem Stück Plexiglasrohr behelfen, das schräg in den Sand eingegraben ist. Dabei ist jedoch darauf zu achten, daß das Rohr am unteren Ende frei ist und keine scharfen Kanten aufweist. Bei guter Wasserqualität und hohem Sauerstoffgehalt sind die Tiere mehrere Jahre haltbar. Strömungen sind zu vermeiden. Die Oberfläche des Bodengrundes sollte man sauber halten, da die Zylinderrosen sonst nicht mehr aus ihrer Röhre kommen.
Licht: Tiere sind nachtaktiv und zeigen sich nur selten bei Licht.
ZU/Verm.: Im Aquarium bisher noch nicht gelungen.
FU: K, FD; sie sind eigentlich Planktonfresser; im Aquarium nehmen sie jedoch gerne kleine Brocken von Gefrierfutter, wie z.B. *Artemia*, Wasserflöhe, gehacktes Muschel- und Garnelenfleisch, aber auch zerkleinerte Futtertabletten (Tetra-Tips). Zwei bis drei Fütterungen pro Woche sind ausreichend.
Bes.: Nachtaktive Tiere, die empfindlich auf plötzliche Beleuchtung reagieren.

T: 22-28°C, **Ø**: 20 cm,**BL**: ab 80 cm,**WB**: I, **WR**: u, **BS**: 2, **SG**:1-2

Cerianthus lloydii GOSSE,1859
Nordsee-Zylinderrose

Vork.: Sie leben in sauberen Küstenabschnitten der Nord- und Ostsee in Tiefen von 20 bis 40 m, stellenweise sogar bis in 700 m Tiefe.
GU: Gibt es nicht, da die Tiere Zwitter sind.
Soz.Verh./Vgs.: Sollte nur in großen Becken zusammen mit Fischen gehalten werden. Sie kann gut mit Exemplaren der gleichen Art vergesellschaftet werden (siehe Foto), jedoch nicht mit anderen Arten.
Hält B.: Aufgrund ihres Vorkommens ist sie nur für das "Kalte Meerwasseraquarium" geeignet. Sie liebt eine hohe Sandschicht (ca. 10 cm) zum Eingraben der Röhre. Strömungen sollten vermieden werden, da die Tiere sonst aus ihrer Wohnröhre gerissen werden können. Dann treiben sie frei im Wasser und finden keinen Bodenkontakt mehr. Sie reagieren empfindlich auf Temperaturschwankungen. Exemplare der gleichen Art sollte man soweit auseinander setzten, daß sich nur deren Tentakelspitzen berühren.
Licht: Dämmerlichtzone
ZU/Verm.: Sie haben ein planktontisches Larvenstadium, das 3 bis 4 Monate dauert. Im Inneren der Larven findet man Nahrungsdotter, der wahrscheinlich dazu dient, die Larve im Schweben zu halten. Es ist bereits mehrmals gelungen, *C. lloydii* aus Larven aufzuziehen, die im Plankton gefangen wurden.
FU: K, FD; gefrorenes Plankton, Wasserflöhe, Mückenlarven und ähnliches. Zur Abwechslung können zerkleinerte Futtertabletten und Flockenfutter gegeben werden.
Bes.: Sie siedeln oft in dichten, rasenartigen Beständen. Früher wurden sie mit *C. borealis* gleichgesetzt, die von Kanada bis Kap Hatteras vorkommt.

T: 10-18°C, **Ø**: 2-3 cm, **BL**: ab 80 cm, **WB**: I, **WR**: u, **BS**: 2,**SG**:2

Arachnanthus nocturnus

Cerianthus lloydii

Fam.: Cerianthidae

Cerianthus membranaceus
Große Mittelmeer-Zylinderrose (SPALLANZANI, 1784)

Vork.: Mittelmeer, auf Fels- und Sandböden ab wenigen Metern Tiefe.
GU: Gibt es nicht, da die Tiere Zwitter sind.
Soz.Verh./Vgs.: Sie stehen in ihrem Lebensraum immer einzeln, können im Aquarium aber auch zu mehreren Exemplaren gehalten werden. Werden durch Fische meist gestört.
Hält B.: Nicht für das tropische Meeresaquarium geeignet. Die Temperatur kann zwar bis 24°C betragen, sollte aber einige Monate im Jahr unter 20°C abgesenkt werden (Winter). Sie braucht wie alle Zylinderrosen einen tiefen Sandgrund und genug Platz für die große Tentakelkrone. Bei guter Haltung ist sie sehr ausdauernd; im Schauaquarium von Neapel haben einige Exemplare schon ein Alter von 100 Jahren (!) überschritten.
Licht: Mittellichtzone.
ZU/Verm.: Eine andere Mittelmeerart, *C. dornii* ist bisher eine der wenigen Arten von Zylinderrosen, die im Aquarium gezüchtet werden konnte.
FU: K, FD; kleine Brocken von Gefrier- und Trockenfutter, die ein bis zweimal pro Woche verabreicht werden.
Bes.: Viele Farbvariationen. Es ist darauf zu achten, daß es im Mittelmeer mindesten 5 Arten gibt, die nicht leicht voneinander zu unterscheiden sind. Eine Neubeschreibung dieser Tiere ist zur Zeit in Arbeit.
T: 15 bis max. 24°C s.oben, **Ø:** 25 cm, **BL:** ab 100 cm, **WB:** l, **WR:** u, **BS:** 1-2, **SG:** 1-2

Cerianthus membranaceus

Cerianthus membranaceus, Aquariumaufnahme

Cerianthus membranaceus

Fam.: Cerianthidae

Cerianthus maua (CARLGREN, 1900)
Gebänderte Zylinderrose

Vork.: Rotes Meer, einzeln verstreut am Sandgrund in Tiefen von 5 bis 30 m.
GU: Gibt es nicht, da die Tiere Zwitter sind.
Soz.Verh./Vgs.: Möglichst nicht mit Fischen vergesellschaften, da kleinere oft genesselt werden und größere die Zylinderrosen stören können.
Hält B.: Etwa 10 cm Sandgrund in den sie ihre Röhre vergraben kann. Es muß genügend Platz zum Ausbreiten der langen Tentakel vorhanden sein. Zylinderrosen der gleichen Art können so zusammen gesetzt werden, daß sich ihre Tentakelspitzen berühren. Strömungen vermeiden. Da die Tiere einen hohen Sauerstoffbedarf haben, empfiehlt RUFFUS (TI 45, 1979, 40f; = DATZ 9/1976, 310ff) jeden zweiten Tag eine vorsichtige Zugabe von 1 bis 2 ml 15%igem Wasserstoffperoxyd auf 100 l Meerwasser. Heute wird man wohl eher einen Sauerstoff-Reaktor einsetzen. Beim Kauf muß darauf geachtet werden, daß die Tiere nicht verletzt sind; stark verschmutzte Wohnröhren sind vor dem Einsetzten zu entfernen.
Licht: Mittellichtzone.
ZU/Verm.: Ist im Aquarium bisher noch nicht gelungen.
FU: K, FD; kleine Brocken von Fisch-, Garnelen- und Muschelfleisch, Gefrierfutter und ab und zu zerkleinerte Futtertabletten (Tetra-Tips), die mit dem Futterrohr gezielt auf die kurzen Mundtentakeln gereicht werden.
Bes.: Nachtaktives Tier, das sich im Aquarium auch manchmal tagsüber zeigt. Bei gleichbleibend guter Wasserqualität sind die Tiere jahrelang zu halten.

T: 22-28°C, **Ø**: 20 cm, **BL**: ab 100 cm, **WB**: I, **WR**: u, **BS**: 3, **SG**: 1-2

Pachycerianthus soletarius (RAPP,1829)
Zwergzylinderrose

Vork.: Mittelmeer, wahrscheinlich endemisch; bereits in seichtem Wasser.
GU: Nicht vorhanden, da die Tiere Zwitter sind.
Soz.Verh./Vgs.: Stehen oft dicht beisammen. Bei ausreichender Beckengröße können sie auch mit Fischen zusammen gehalten werden.
Hält B.: Mindesten 8 cm tiefer Grund aus grobem Sand, Muschel- oder Korallengrus. Beim Einsetzen in das Becken muß eine Strömung vermieden werden, da die Tiere oft vom Boden weggerissen werden und frei im Wasser schweben. Nachdem ihre Röhre gebildet ist, vertragen sie ohne weiteres eine leichte Strömung.
Licht: Dämmerlichtzone.
ZU/Verm.: Ist im Aquarium noch nicht gelungen.
FU: K, FD; Zweimal wöchentlich füttern. Wasserflöhe, *Artemia*, Brocken von Gefrier- und Tablettenfutter. Bei Strömung ist darauf zu achten, daß nicht zu große Futterbrocken (für Fische vorgesehen) in den Tentakelbereich gelangen, da sie nur schlecht verdaut werden. Eventuell die Kreiselpumpe abschalten. Nicht übermäßig füttern!
Bes.: Kleinste Art des Mittelmeeres. Die Färbung ist artcharakteristisch.

T: 15-20°C, **Ø**: 7 cm, **BL**: ab 80 cm, **WB**: I-m (siehe oben), **WR**: u, **BS**: 3, **SG**: 1-2

Cerianthus maua, Rotes Meer

Pachycerianthus soletarius

Fam.: Cerianthidae

Pachycerianthus sp.

Vork.: Singapur, Philippinen, einzeln verstreut in sauberen Küstenbereichen auf Sandgrund in 5 bis 30 m Tiefe.
GU: Nicht vorhanden, da die Tiere Zwitter sind.
Soz.Verh./Vgs.: Möglichst einzeln halten. Sie eignen sich hervorragend für das Wirbellosen-Becken, jedoch weniger zur Vergesellschaftung mit Fischen.
Hält B.: Große Exemplare brauchen einen Sandgrund der mindesten 10 cm tief ist und genügend Platz, um ihre langen Tentakel auszubreiten.
Licht: Am Anfang Dämmerlichtzone (Becken in diesem Bereich abdecken), nach Eingewöhnung dann Mittellichtzone.
ZU/Verm.: Ist im Aquarium noch nicht gelungen.
FU: K, FD; eine zweimalige Fütterung pro Woche reicht vollkommen aus. Alle kleinen Futterbrocken werden gerne angenommen; sowohl Gefrier- als auch Trockenfutter. Zeigen sich die Tiere nur nachts, kann man versuchen, sie tagsüber mit Muschelmilch (Saft zerriebener Muscheln), die mit dem Futterrohr gezielt in die Röhre getropft wird, herauszulocken.
Bes.: Pflegeleichtes Tier, das nachtaktiv ist, sich jedoch auch bei einigem Bemühen immer öfter am Tag zeigen kann. Bei guter Pflege und nicht zu starker Fütterung ist sie jahrelang haltbar.

T: 22-28°C, **Ø**: bis 30 cm, **BL**: ab 100 cm, **WB**: I, **WR**: u, **BS**: 1, **SG**: 1

Die meisten Zylinderrosen sind an äußeren Merkmalen nur bis zur Gattung zu bestimmen. Für die genaue Bestimmung der Art benötigt man meist mikroskopische Präparate ihrer Nesselzellen (Cniden.)

Pachycerianthus sp.

Pachycerianthus sp., Aquariumaufnahme

Klasse Anthozoa
Ordnung: Corallimorpharia

Die zu dieser Gruppe gehörenden Blumentiere werden auch oft als "Falsche Korallen" bezeichnet. Ihrem inneren Aufbau entsprechen sie nämlich eher den skelettbildenden Korallen als den skelettlosen Aktinien oder Anemonen. Ihre systematische Stellung ist nach wie vor umstritten. Erst im Jahre 1937 wurden sie von den echten Anemonen abgetrennt und in eine eigene Ordnung gestellt. Leider wurde diese Gruppe in der Literatur bisher eher stiefmütterlich behandelt. WILKENS (1987) gibt eine brauchbare Zusammenfassung darüber.
In den letzten Jahren wurden die Korallenanemonen in der Meeresaquaristik immer beliebter. Sie haben zwei Vorteile: erstens sehen sie äußerst attraktiv aus und zweitens sind sie relativ einfach zu halten. Sie vertragen sich sowohl mit vielen Wirbellosen, als auch mit einer ganzen Reihe von Fischen. Sie reagieren allerdings empfindlich auf zu hohe Werte von Phosphat und Nitrat. Um dies zu vermeiden, ist man gut beraten, möglichst viele Pflanzen in das Aquarium einzubringen, die diese Stoffe als Nährstoffe dem Wasser entziehen. Hier werden wohl hauptsächlich verschiedene *Caulerpa* - Arten in Frage kommen. Bei der Wahl der Aquarienbeleuchtung ist besonders darauf zu achten, wo die entsprechende Art ihren natürlichen Standort hatte. Zum Beispiel vertragen Arten aus größeren Tiefen kein oder nur kurzzeitiges HQI-Licht, Arten aus dem Flachwasser benötigen jedoch möglichst starke Beleuchtung. Da die Artbestimmung für den Nichtfachmann in den meisten Fällen unmöglich ist, muß man sich für jedes Exemplar beim Händler nach dem Standort im natürlichen Biotop erkundigen. Die Importeure sollten von ihrem Exporteur verlangen, daß er jeden Versandbeutel mit entsprechenden Vermerken versieht. Fang (Sammeltiefe (=depth) und Lichtangabe würden dafür reichen.

Collecting data for Invertebrata:

depth	....m/feet	
light	dark (caves)	☐
	medium	☐
	sunlight	☐

Bitte ankreuzen - please tick !

Importeure: Bitte senden Sie diese Forderung an Ihre Exporteure!

Bei den Korallenanemonen kennt man drei verschiedene Möglichkeiten der Vermehrung. Die erste ist die geschlechtliche Fortpflanzung, bei der Eier und Spermien gebildet werden, die nach der Befruchtung eine freischwimmende Larve bilden, welche zuerst im Plankton schwimmt und sich später festsetzt. Eine zweite Möglichkeit ist die Knospung, die Ausbildung von sogenannten Tochterindividuen, die von der Fußscheibe abgeschnürt werden. Im Prinzip ähnlich verläuft auch die Teilung, bei der sich eine Anemone genau in der Mitte trennt, sodaß zwei Tiere entstehen. Da im Aquarium die freischwimmenden Larven wohl kaum eine Überlebenschance haben, findet dort nur die ungeschlechtliche Knospung oder Teilung erfolgreich statt.

Amplexidiscus fenestrafer, siehe auch Seite 432

Die Elefantenohren der Gattung *Amplexidiscus* sind beliebte und sehr gut haltbare Exemplare der Meerwasseraquaristik. Das hier vorgestellte Foto stammt aus einem Aquarium, in dem sie über vier Jahre gepflegt wurde. In diesem Zeitraum hatte sie ihre Körpergröße mehr als verdoppelt. Sie wurde gezielt mit einer Spritze mit aufgetautem *Artemia* und Krillkrebschen gefüttert.

Metarhodactis sp., vor Mauritius

Scheibenanemonen sind oft Sekundärbesiedler bereits abgestorbener Riffteile. Sie sind oft die ersten Anzeichen von vom Menschen verschmutzten Meeresteilen. Aber auch durch Naturkatastrophen können Riffe geschädigt werden und auch dann bieten solche Riffteile den Korallenanemonen ein willkommenes Siedlungssubstrat. Wegen der Anpassungsfähigkeit an veränderte Umweltbedingungen sind die Scheibenanemonen so geeignete Aquarienbewohner.

Metarhodactis sp.
Vielmundige Scheibenanemone, Gefältetes Elefantenohr

Vork.: Im tropischen Indopazifik.
GU: Sind von außen nicht erkennbar.
Soz.Verh./Vgs.: Sie vertragen sich gut mit vielen Wirbellosen, jedoch nicht mit Garnelen der Gattungen *Saron* und *Rhynchocinetes*. Sie sind auch gut mit den meisten kleinbleibenden Fischen zu vergesellschaften.
Hält.B.: Riff-Aquarium mit mittlerer Strömung. Die meisten Arten vertragen kein direktes HQI-Licht.
Licht: Mittellichtzone.
ZU/Verm.: Ungeschlechtliche Fortpflanzung durch Knospung oder Teilung.
FU: FD; Ersatzplankton, Muschelmilch. Nur mäßig füttern!
Bes.: Bei entsprechend guten Bedingungen können sie sich so stark vermehren, daß sie große Flächen überziehen. Das ist oft nur in reinen Wirbellosen Becken der Fall. Kommen Fische hinzu und damit ständig Futter (Stickstoff), beginnen die Scheibenanemonen zu kümmern.

T: 22-28°C, **Ø**: 5-10 cm, **BL**: ab 100 cm, **WB**: m, **WR**: m-o, **BS**: 2, **SG**: 2

Metarhodactis sp.

Metarhodactis sp.

Fam.: Discosomatidae

Discosoma sp.; Gelbrand-Scheibenanemone

Discosoma sp.
Scheibenanemone, Pilzanemone

Vork.: Im tropischen indopazifischen Bereich.
GU: Sind von außen nicht erkennbar.
Soz.Verh./Vgs.: Sie vertragen sich gut mit Garnelen der Gattungen *Periclimenes*, *Stenopus* und *Lysmata*, jedoch nicht mit *Saron* und *Rhynchocinetes*, die immer an den kurzen Tentakeln zupfen. Bei den kleineren Fischen ist nur von Zwergkaisern abzuraten.
Hält.B.: Riff-Aquarium mit *Caulerpa*-Algen. Fädige Grünalgen sind jedoch unbedingt zu vermeiden. Die Beleuchtung ist vom Standort abhängig: Flachwassertiere brauchen starke Beleuchtung, Tiefenformen eher schwache. Viele Arten floureszieren im Blau-Licht! Solche fluoreszierenden Arten sind meist Tiere der Dämmerlichtzone und sollten daher ihren Standort im Becken entsprechend tief am Boden erhalten. Nicht fluoreszierende Arten setzt man mehr zur Wasseroberfläche hin; sie können mehr Licht gebrauchen.
Licht: Sonnen- bis Mittellichtzone, je nach dem natürlichen Standort (Händler fragen).
ZU/Verm.: Im Aquarium nur durch Knospung oder Teilung.
FU: FD; Ersatzplankton, Muschelmilch. Flachwasserarten müssen aufgrund ihrer Zooxanthellen nicht speziell gefüttert zu werden.
Bes.: Unter günstigen Bedingungen vermehren sich die meisten Arten der Gattung sehr gut.

T: 22-28°C, **Ø**: 3-10 cm, **BL**: ab 100 cm, **WB**: m-s, **WR**: m-o, **BS**: 1-2, **SG**: 2

Discosoma sp. *(malaccensis)*

Discosoma sp., Aquariumaufnahme

Fam.: Discosomatidae

Die Fotos der *Discosoma*-Anemonen sind in deren natürlichem Biotop entstanden. Durch die ungeschlechtliche Teilung oder Knospung können große "Felder" dieser Anemonen entstehen. Obwohl sie im Aquarium ziemlich empfindlich gegenüber Belastungen mit Phosphaten und Nitraten sind, findet man sie vermehrt in Meeresgebieten in der Nähe größerer Ansiedlungen. Beobachtungen über mehrere Jahre haben gezeigt, daß sie sich vor allem dort stark vermehren, wo Steinkorallen bereits den Umweltbelastungen wie Kanaleinleitungen und Industrieabwässern zum Opfer gefallen sind. Scheibenanemonen sind hauptsächlich Bewohner der tropischen Meere wie Indopazifik, Rotes Meer und Karibik. Man findet einzelne Vertreter aber auch in subtropischen Meeresgebieten.

Discosoma nummifere, Rotes Meer (in einer Höhle)

Discosoma sp., Malediven: Sekundärsiedler absterbender Riffteile. Die höher wachsenden (bäumchenartigen) Lederkorallen sollen im zweiten Band vorgestellt werden (*Similaria asterolobata*).

Fam.: Discosomatidae

Discosoma sanctithomae (DUCHASSAING & MICHELOTTI, 1860)
Hellgrüne Scheibenanemone

Vork.: Karibik.
GU: Sind von außen nicht zu erkennen.
Soz.Verh./Vgs.: Diese Art verträgt sich meist gut mit verschiedenen Wirbellosen und kleineren Fischen (siehe auch Seite 440).
Hält.B.: Riff-Aquarium mit eher schwacher Strömung. Nicht dem direkten HQI-Licht aussetzen.
Licht: Mittellichtzone.
ZU/Verm.: Vermehrung durch Zweiteilung in der Mitte der Tiere.
FU: K, FD; gehacktes Gefrierfutter, *Artemia*. Ein Beutefang von Fischen und Krebsen (siehe unten) wurde noch nicht beobachtet.
Bes.: Bei den Elefantenohren der Gattung *Amplexidiscus* konnte man im Aquarium beobachten, daß sie kleinere bis mittelgroße Fische und verschiedene Krebstiere erbeuten, indem sie diese einhüllen und exogastrisch (außerhalb des Magenraumes) verdauen.

T: 22-28°C, Ø: 5 cm, **BL:** ab 100 cm, **WB:** l-m, **WR:** m, **BS:** 2, **SG:** 2

Discosoma sanctithomae

Discosoma sanctithomae, atypische Form

Discosoma neglecta

Discosoma sp., Indonesien

Discosoma sp. (*plumosa*), Teppichelefantenohr

Discosoma sp. (wie oben, vergrößert)

Discosoma sp. (*ferrugatus*)

Discosoma sp. (*marmoratus*)

Discosoma sp. (*striatus*), Pilzanemone, Aquariumaufnahme

Discosoma sp. "*coeroleo-striatus*, Indonesien

Discosoma sp. *(coeruleus)*, Ostafrika

Die hier abgebildete blaugrüne Scheibenanemone wird häufig von der ostafrikanischen Küste, meist aus Kenia, importiert. Da sie dort im Flachwasser vorkommt, stellt sie hohe Ansprüche an die Lichtqualität (HQI - NDL).

Discosoma sp. *(punctatus)*, Indonesien

Diese wunderschöne Scheibenanemone stammt aus Indonesien. Auch sie lebt dort im Flachwasser und ist für Schnorchler leicht zu erreichen. Im Aquarium ist für eine ausreichende Beleuchtung zu sorgen, um die symbiontischen Zooxanthellen am Leben zu erhalten.

Fam.: Discosomatidae

Die Gattung *Amplexidiscus* ist den meisten Schnorchlern und Tauchern der tropischen Gebiete bekannt. Den Elefantenohren, wie sie populär genannt werden, begegnet man im gesamten Indopazifik, vom Flachwasser bis in Tiefen von 20 Metern. Hoch interessant ist die Art ihres Nahrungserwerbes: haben sich Planktonorganismen oder unvorsichtige kleine Fische im Bereich der Tentakel niedergelassen, stülpt die Anemone die Ränder ihres tellerförmigen Körpers darüber, so daß das Opfer nicht mehr entkommen kann. Dieser Vorgang ist auf der gegenüberliegenden Seite dokumentiert. Werden die Anemonen stark belästigt, stoßen sie mesenterische Filamente aus (Foto rechts unten).

Großes Elefantenohr im Aquarium (*Amplexidiscus fenestrafer*)

Amplexidiscus fenestrafer DUNN & HAMNER, 1980
Elefantenohr

Vork.: Indopazifischer Bereich.
GU: Sind von außen nicht zu erkennen.
Soz.Verh./Vgs.: Sie vertragen sich gut mit den meisten Krebstieren und kleineren Fischen (siehe auch Seite 440). Von den größeren sind nur die pflanzenfressenden Doktorfische zu empfehlen, die die fädigen Grünalgen unter Kontrolle halten.
Hält.B.: Riff-Aquarium mit leichter Strömung. Die Wahl der Beleuchtung hängt vom natürlichen Standort ab. Licht: Mittellichtzone.
ZU/Verm.: Meist Querteilung, selten Knospung.
FU: K, FD; Ersatzplankton und kleingehacktes Gefrierfutter mit dem Futterrohr verabreichen.
Bes.: Sind nicht bekannt. Passiver "Räuber"; jedoch nicht alle Exemplare.

T: 22-26°C, Ø: 5-10 cm, BL: ab 100 cm, WB: l, WR: m, BS: 2, SG: 2

Amplexidiscus fenestrafer

Amplexidiscus fenestrafer, mesenterische Filamente, Philippinen

Fam.: Ricordeidae

Ricordea florida DUCHASSAING & MICHELOTTI, 1860
Karibik-Scheibenanemone

Vork.: Karibische Inseln.
GU: Sind von außen nicht erkennbar.
Soz.Verh./Vgs.: Kolonienbildend. Sie sind gut mit den meisten Krebstieren, kleinen Fischen und Doktorfischen zu vergesellschaften (siehe auch Seite 440). Zwergkaiserfische picken ständig an den Tentakeln und sind daher zu meiden.
Hält.B.: Riff-Aquarium mit nicht zu starker Strömung.
Licht: Sonnenlichtzone. Diese Flachwasserform verträgt das starke HQI- Licht sehr gut. Sie öffnet sich nur bei starkem Lichteinfall.
ZU/Verm.: Entweder durch Zweiteilung, die an der Mundöffnung beginnt, oder durch Abschnüren von der Fußscheibe.
FU: K, FD; zweimal wöchentlich mit Ersatzplankton füttern.
Bes.: Sie sind vielleicht etwas empfindlicher als die indopazifischen Arten.

T: 22-27°C, **Ø**: 6 cm, **BL**: ab 100 cm, **WB**: l-m, **WR**: m-o, **BS**: 2, **SG**:2-3

Die Noppenanemonen der Gattung *Ricordea* gehören einer eigenen Familie an. Sie kommen ausschließlich in der Karibik vor.

Ricordea sp., Aquariumaufnahme

Ricordea sp.

Fam.: Corallimorphidae

Die Corallimorphidae, die Korallenanemonen im engeren Sinn, sind eine Familie der Ordnung Corallimorpharia. Die Vertreter dieser Gruppe sehen wie kleine Anemonen aus. Ein Unterschied zu den echten Anemonen ist jedoch, daß diese keine Kolonien bilden. Sie können zwar in Gruppen beisammen stehen, die Einzeltiere haben jedoch keinen Kontakt zueinander. Außerdem entspricht die Anatomie der Corallimorphidae eher derjenigen von Korallenpolypen als der der echten Anemonen. Ein leicht zu erkennendes Merkmal der Corallimorphidae sind die kugelartig verdickten Enden der Tentakeln. Man spricht hiervon "geknöpften" Tentakeln.
Vertreter der Familie sind nicht nur in tropischen Meeren zu finden, sondern auch in subtropischen und gemäßigten Gebieten. Die hier vorgestellten Arten *Corynactis californica* aus dem Golf von Kalifornien und *C. viridis* aus dem Atlantik, bevorzugen Temperaturen unter 20°C.

Corynactis californica CARLGREN, 1936
Kalifornische Korallenanemone

Vork.: Östlicher Pazifik, Golf von Kalifornien.
GU: Sind von außen nicht erkennbar.
Soz.Verh./Vgs.: Kolonienbildend. Gut mit den meisten Wirbellosen und kleinen Fischen zusammen zu halten (siehe auch Seite 440).
Hält.B.: Fels-Aquarium mit mittlerer Strömung. Die Wassertemperatur muß unter 20°C betragen.
Licht: Mittellichtzone.
ZU/Verm.: Bei guten Bedingungen vergrößert sich die Kolonie laufend durch Teilung der Individuen. Mit einem scharfen Schnitt kann eine größere Kolonie geteilt werden.
FU: K, FD; Ersatzplankton oder zerriebene Futtertabletten werden gezielt mit dem Futterrohr gereicht.
Bes.: Nicht für das tropische Meeresaquarium geeignet.

T: bis 18°C, **Ø**: 1 cm, **BL**: ab 80 cm, **WB**: m, **WR**: u-m, **BS**: 3, **SG**: 3 (Kühlaggregat)!

Corynactis californica

Corynactis californica

Corynactis viridis

Corynactis viridis

Corynactis viridis ALLMAN, 1846
Juwelenanemone

Vork.: Vom nordöstlichen Atlantik bis zur südspanischen Küste.
GU: Sind von außen nicht erkennbar.
Soz.Verh./Vgs.: Kolonienbildend. Gut mit Wirbellosen und kleinen Fischen aus dem Mittelmeer zu vergesellschaften. Nicht mit Zylinderrosen zusammenhalten.
Hält.B.: Fels-Aquarium. Die Wassertemperatur sollte 20°C nicht übersteigen und im Winter unter 18°C liegen. Licht: Schattenlichtzone.
ZU/Verm.: Durch Teilung der Einzelindividuen vergrößert sich die Kolonie laufend.
FU: K, FD; die Fütterung erfolgt gezielt mit dem Futterrohr. Es können feingehacktes Gefrierfutter, Ersatzplankton, zerriebene Futtertabletten sowie ab und zu auch Flockenfutter verabreicht werden. Nur mäßig füttern!
Bes.: Große Farbvariationen sind möglich (siehe Fotos). Individuen einer Kolonie sind jedoch immer gleich gefärbt. Nicht für das tropische Meeresaquarium geeignet.

T: bis 20°C, Ø: 1 cm, BL: ab 80 cm, WB: m-s, WR: m-o, BS: 3, SG: 2

Fam.: Corallimorphidae

Pseudocorynactis caribbeorum DEN HARTOG, 1981
Karibische Juwelenanemone

Vork.: Karibische Inseln.
GU: Sind von außen nicht erkennbar.
Soz.Verh./Vgs.: Nicht kolonienbildend. Sie vertragen sich gut mit den meisten Wirbellosen und mit kleinen Fischen (siehe untenstehenden Abschnitt).
Hält.B.: Riff-Aquarium. Die Anemonen werden entweder gleich mit einem Stein eingebracht oder mit einem lockeren Nylonfaden festgebunden. Sie bevorzugen senkrechte Felsbauten.
Licht: Mittellichtzone.
ZU/Verm.: Eine Teilung findet bei dieser Art wesentlich seltener statt als bei den vorher beschriebenen koloniebildenden *Corynactis*-Arten.
FU: K, FD; fein zerhacktes Gefrierfutter, Ersatzplankton, und zerriebene Futtertabletten werden mit dem Futterrohr gegeben.
Bes.: Sind nicht bekannt.

T: 22-26°C, **Ø**: 3 cm, **BL**: ab 80 cm, **WB**: m, **WR**: m, **BS**: 3, **SG**: 2

Vergesellschaftung von Scheiben- und Korallenanemonen mit anderen Tieren im Aquarium.

Die meisten Arten der Ordnung Corallimorpharia sind ausdauernde Pfleglinge im tropischen Meeresaquarium. Sie lassen sich sehr gut mit den meisten Wirbellosen vergesellschaften. Bei Krebstieren hüte man sich allerdings vor den Garnelen der Gattungen *Saron* und *Rhynchocinetes* sowie vor großen Einsiedlern und Krabben. Aber auch mit stark nesselnden Anemonen und Zylinderrosen kann man sie vergesellschaften, wenn man einen entsprechenden Sicherheitsabstand einhält. STEINER (1983) berichtet allerdings, daß sich *Corynactis viridis* bei Vergesellschaftung mit Zylinderrosen nicht vermehrt. Bei den Schnecken gibt es einige Eischnecken und Nacktkiemer, die als Freßfeinde gelten. Besonders gut eignen sich alle Planktonfiltrierer wie Schwämme, Gorgonien, Weichkorallen, Röhrenwürmer, Muscheln, Seescheiden, Garnelen der Gattungen *Periclimenes*, *Lysmata* und *Stenopus*, kleine Einsiedler, Seesterne, algenfressende Seeigel u.a. Bis auf die Zwergkaiserfische vertragen sie sich auch gut mit kleinen bis mittelgroßen Fischen. BROCKMANN (TI, Sept./1982, 26ff) berichtet sogar, daß Falterfische (*Heniochus acuminatus* und *Chaetodon auriga*), die mit Genuß die Glasrosen (*Aiptasia*) verzehren, die Scheibenanemone nicht störten.
Das kann ich bestätigen, *Chaetodon lunula* und *Ch. kleini* belästigen Scheibenanemonen nicht, während beide Aiptasien als erstes, vor jedem anderen Futter des Aufwuchses, fressen. Und das so radikal, daß die Aiptasien nur in unerreichbaren Ecken ein geduldetes Dasein fristen (H.B.)

Pseudocorynactis caribbeorum

Pseudocorynactis caribbeorum

Klasse: Anthozoa
Ordnung: Zoantharia

Diese sechsstrahligen Blumentiere sind für den Aquarianer nicht schwierig zu pflegen. Sie leben in ihren Heimatgewässern sogar in organisch verunreinigten Zonen. Sie siedeln meist koloniebildend auf allen Arten von Hartböden, auch auf Gehäusen von Einsiedlerkrebsen, seltener auf Sandgrund. Es sind kleine Tiere, die kaum mehr als 1 bis 2 cm Durchmesser erreichen. Ihre Färbung variiert von leuchtend rot, zitronengelb, orange, grün bis türkis. Im Aquarium können die Tiere sogar bei direktem HQI-Licht gepflegt werden und pflanzen sich ungeschlechtlich fort. Ein "Mutterpolyp" produziert Tochterindividuen, die nach etwa 6 Monaten die Größe und Farbe der erwachsenen Tiere erreichen. Planktonersatz muß gereicht werden, doch sorgen auch symbiontische Algen für ihre Ernährung (siehe übernächste Seite). Ein großes Problem für die Kolonien der Krustenanemonen im Aquarium sind die lästigen Fadenalgen. Werden diese nicht sofort bekämpft, überwuchern sie die Blumentiere und erstikken sie. Ein Aquarium, in dem Kalkrotalgen wachsen, bietet den Krustenanemonen die besten Lebensbedingungen und eine lange Hälterungsdauer. Eine abwechslungsreiche Strömung sorgt dafür, daß sie immer geöffnet sind und auf Futterfang gehen. In einem gut eingefahrenen Aquarium können Krustenanemonen zusammen mit Stein- und Lederkorallen gepflegt werden. Doch sollte immer ein gewisser Sicherheitsabstand zwischen den einzelnen Polypenkolonien eingehalten werden, damit sie einander nicht nesseln oder sogar töten können. Eine Bestimmung nach äußeren Merkmalen ist meist nur bis zur Gattung möglich.

Hier wachsen zwei Krustenanemonen nebeneinander. Die größeren gehören zur Gattung *Palythoa*, die Kleineren zur Gattung *Zoanthus*.

Fam.: Zoanthidae

Palythoa sp.
Große Krustenanemone

Vork.: Indischer Ozean, in klaren Gewässern.
GU: Sind nicht vorhanden.
Soz.Verh./Vgs.: Kolonienbildend. Nur mit kleinen, friedlichen Korallenfischen, Garnelen und kleinen Einsiedlerkrebsen zu vergesellschaften. Zum Abweiden der für *Palythoa* störenden grünen Fadenalgen wird der Besatz mit kleinen Doktorfischen empfohlen.
Hält B.: Riff-Aquarium. Zumindest zeitweise sollen die Kolonien stark beströmt werden. Für die Tochterpolypen muß genügend Aufwuchsfläche zur Verfügung stehen. Ein starker Besatz mit höheren Algen, wie z.B. *Caulerpa*, muß vermieden werden, da diese den Krustenanemonen wichtige Nährstoffe nehmen. Andere Nesseltiere sind nur in großem Abstand einzusetzen. Eine Kolonie von 20 bis 30 Tieren auf etwa 100 l Wasser.
Licht: Mittellichtzone. Die Tiere vertragen oft kein direktes HQI-Licht. Besser sind Leuchstofflampen Lumilux 11. Blacklight-Leuchstoffröhren lassen die Einzelpolypen geheimnisvoll floureszieren, sollten jedoch nur maximal 3 Stunden pro Tag brennen. Dies steht im Gegensatz zu 24 Stunden Brenndauer der Blaulichtröhren (s. Beleuchtung auf Seite 109).
ZU/Verm.: Die Einzelpolypen sind durch flache Ausläufer miteinender verbunden. Aus diesen bilden sich später die Tochter- oder Sekundärpolypen.
FU: K, FD; reichlich mit nicht zu kleinen Futterpartikeln füttern. Es eignet sich sowohl Gefrier- als auch Trockenfutter, das gezielt mit dem Futterrohr gereicht werden soll. Sehr feines Ersatzfutter und flüssige Suspensionen werden meist nur eingeschleimt und dann abgestoßen. Durch regelmäßige Gabe von frischgeschlüpften *Artemia*-Nauplien wird eine besonders gute Vermehrungsrate erreicht.
Bes.: Gut für tropische Meeresaquarien geeignet.

T: 22-28°C, **Ø**: 2 cm, **BL**: ab 80 cm, **WB**: s, **WR**: m, **BS**: 1, **SG**: 2

Symbiose zwischen Pflanze und Tier
Die bunte Färbung vieler Krustenanemonen stammt meist nicht von körpereigenen Farbstoffen, sondern von einzelligen Algen, den sogenannten **Zooxanthellen.** Sie leben im Gewebe der Anemonen und gehen mit diesen eine echte Symbiose ein, das heißt, daß beide einen Vorteil aus dieser Beziehung haben. Dies geht sogar soweit, daß sie ohne einander nicht lebensfähig sind. Unter dem Einfluß des Lichtes geben die Algen, wie alle Pflanzen, Sauerstoff ab. Der entweicht jedoch nicht ins Wasser, sondern wird von den Anemonen zusammen mit anderen Stoffwechsel"abfällen" aufgenommen. Die Algen wiederum ernähren sich von Stoffwechselprodukten der Anemone (hauptsächlich Phosphor und Stickstoff). Ein perfektes Recycling also! Daraus ergibt sich jedoch, daß diejenigen Krustenanemonen, die Zooxanthellen eingelagert haben, genügend starkes Licht für die Assimilation der Algen brauchen.
Nicht nur Krustenanemonen haben Zooxanthellen als Symbionten. Man kennt dies auch von Schwämmen, Aktinien und vor allem von den riffbildenden (hermatypischen) Steinkorallen. Bei den letzteren fördern sie durch die Übernahme von Kohlenstoff die Skelettbildung.
Becken mit gutem Algenwachstum, insbesondere roten Kalkalgen und wenigen *Caulerpa* sind Grundbedingung für das Wachstum der Zooxanthellenabhängigen Krustenanemonen. Phosphor- und Stickstoffüberdüngung (Nitrat) sind zu vermeiden. Eisen-, Jod- und andere Spurenelement-Zugaben sind in regelmäßigen (geringen) Dosen erforderlich. Zu starkes *Caulerpa*-Wachstum ist jedoch durch Auslichten zu vermeiden.
Rote und braune Schmieralgen bekämpft man (nach WILKENS [1987]) mit Chloramphenicol - 1 Gramm pro 100 Liter Wasser; nach drei Tagen nochmals die halbe Dosis. Aktivkohlefilterung wird während dieser Behandlung abgestellt.

Oberer Teil: *Palythoa* sp.; unterer Teil die gelbe Krustenanemone *Parazoanthus* sp.

Palythoa sp.

Fam.: Zoanthidae

Palythoa sp.
Grüne Krustenanemone

Vork.: Indonesien, Singapur.
GU: Sind nicht vorhanden.
Soz.Verh./Vgs.: Kolonienbildend. Nur mit kleinen friedlichen Korallenfischen und sessilen Wirbellosen vergesellschaften. Der Besatz eines kleinen Doktorfisches oder eines pflanzenfressenden Schleimfisches wird empfohlen, um die grünen Fadenalgen nicht aufkommen zu lassen. Nicht in die Nähe von Aktinien und Zylinderrosen setzen. Höhere Algen wie *Caulerpa* sind höchstens in kleinen Mengen mit *Palythoa* zusammen zu halten, da sie dem Wasser die für die Zooxanthellen wichtigen Nährstoffe entziehen.
Hält B.: Riff-Aquarium mit guter Wasserqualität. Starkes Licht und gute Strömung wird von den Tieren bevorzugt.
Licht: Sonnenlichtzone. Am besten haben sich HQI-Lampen und Blaulicht- Leuchtstoflampen bewährt.
ZU/Verm.: Vermehrt sich bei guter Haltung regelmäßig durch Knospung.
FU: K; die beste Ernährung sind frischgeschlüpfte *Artemia*-Nauplien. Ersatzfutter wird oft nicht angenommen. Versuche mit gefrorenen Wasserflöhen oder Mückenlarven führen manchmal zum Erfolg. Die Tiere sind dann leicht an dieses Futter zu gewöhnen.
Bes.: Sobald man das richtige Futter für sie gefunden hat, sind sie gut zu halten. Nachts ziehen sie wie alle *Palythoa*-Arten ihre Tentakel ein.

T: 24-30°C, **Ø:** 2-3 cm, **BL:** ab 100 cm, **WB:** s, **WR:** m-o, **BS:** 1, **SG:** 2

Verschiedene Krustenanemonen, Aquariumaufnahme; in der Mitte *Goniopora* sp. (Margueriten-Korallen); oben links Gelbrand-Scheibenanemonen; rechts unten eine Lederkoralle (*Sarcophyton* sp.).

Palythoa tuberculosa (ESPER, 1791)
Große Indopazifische Krustenanemone

Vork.: Indopazifik, Rotes Meer.
GU: Sind nicht vorhanden.
Soz.Verh./Vgs.: Kolonienbildend. Nicht mit Aufwuchsfressern und größeren Krebstieren wie Krabben, Hummer und Langusten vergesellschaften. Empfohlen werden kleine Fische (Doktorfische, pflanzenfressende Schleimfische), die die fädigen Grünalgen fressen, da diese die Krustenanemonen stark beeinträchtigen.
Hält B.: Riff-Aquarium mit starker Strömung. Ein Bewuchs von Fadenalgen muß verhindert werden. *Caulerpa*-Algen sind höchstens in kleinen Mengen zu halten. Zu anderen Nesseltieren wie Anemonen und Zylinderrosen muß ein genügend großer Abstand eingehalten werden, damit sich die Kolonie ausdehnen kann. Am besten befestigt man die Kolonie mit einem Nylonfaden an einem senkrechten Felsaufbau, wobei die oberen Individuen direkt dem Licht ausgesetzt und die unteren im Schatten sind. Je nach Lichtanspruch vermehren sich dann die oberen oder die unteren besser.
Licht: Mittellicht- bis Sonnenlichtzone. Nicht dem direkten HQI-Licht aussetzen.
ZU/Verm.: Vermehren sich durch das Abschnüren von kleinen Polypen (=Tochterpolypen) und vergrößern so ständig die Kolonie.
FU: K; Fütterung mit Futterrohr oder Pipette. *Artemia*, Muschelmilch, zerriebene FD-Tabletten; Tetra Invertemin.
Bes.: Gut für tropische Riff-Aquarien geeignet. Geöffnete Polypen und regelmäßige Vermehrung zeigen das Wohlbefinden der Kolonie an. Nach Abschalten des Lichtes schließen sich die Polypen.

T: 22-28°C, **Ø:** 2 cm, **BL:** ab 100 cm, **WB:** s, **WR:** m, **BS:** 3, **SG:** 2

Palythoa sp. in ihren natürlichen Lebensräumen: oben Karibik, unten Rotes Meer

Parazoanthus axinellae mit Kalkgrünalgen

Halimeda opuntia

Parazoanthus axinellae (O. SCHMIDT, 1862)
Gelbe Mittelmeer-Krustenanemone

Vork.: Mittelmeer, gemäßigte Zonen des östlichen Atlantik, auf Hartböden ab wenigen Metern Tiefe. Manchmal besiedeln sie auch die Geweihschwämme *Axinella*.
GU: Nicht vorhanden.
Soz.Verh./Vgs.: Kolonienbildend. Sind gut mit Fischen zu vergesellschaften, jedoch nicht mit Aufwuchsfressern.
Hält B.: Fels-Aquarium mit schattigen Überhängen. Die Wassertemperatur solle zeitweise unter 20°C gesenkt werden (Winter). **Licht:** Dämmerlichtzone.
ZU/Verm.: Vermehren sich ungeschlechtlich durch Knospung. An Überhängen werden oft mehrere Zentimeter lange Auswüchse gebildet, die frei ins Wasser hängen.
FU: K; regelmäßige und gezielte Fütterung ist wichtig. Sind die Polypen tagsüber geschlossen und öffnen sich auch bei Futtergabe nicht, dann nachts füttern. Futter wie bei den *Palythoa*-Arten. Ab und zu kann man ihnen auch *Tubifex* reichen, die mit einer Pinzette direkt auf die geöffneten Polypen gelegt werden.
Bes.: Nicht für das tropische Meerwasser-Aquarium geeignet (Temperatur). Leicht zu halten.

T: 15 bis max. 23°C (siehe oben), **Ø:** 1,5 cm, **BL:** ab 80 cm, **WB:** I-m, **WR:** u, **BS:** 2, **SG:**1

Parazoanthus parasiticus (DUCHASSAING & MICHELOTTI, 1860)
Parasitische Krustenanemone

Vork.: Karibische Inseln, Bahamas, Bermuda-Inseln, in sauberen Gewässern, meist auf Schwämmen.
GU: Gibt es nicht.
Soz.Verh./Vgs.: Einzeln oder in Kolonien. Sie besiedeln regelmäßig die Oberfläche des Bohrschwammes *Cliona delitrix* und anderer Schwämme.
Hält B.: Riff-Aquarium mit guter Wasserqualität. Im Becken werden sie so angebracht, daß sie mit der Kreiselpumpe gut beströmt werden.
Licht: Mittellichtzone.
ZU/Verm.: Sie pflanzen sich im Aquarium nur ungeschlechtlich durch Knospung fort.
FU: K, FD; jeden zweiten Tag abwechselnd zerstoßenes Gefrier- und Trockenfutter gezielt mit dem Futterrohr reichen.
Bes.: In ihrem natürlichen Lebensraum sind sie ausschließlich auf Schwämmen zu finden. Es ist noch nicht gänzlich geklärt, in welcher Beziehung sie zu diesen stehen. Parasitismus (Name) kann jedoch ausgeschlossen werden; man vermutet eher ein Symbioseverhältnis: der Schwamm bietet einen Untergrund, der nicht von Algen bewachsen ist und die Krustenanemonen sondern giftige Sekrete ab, die schwammfressende Fische abwehren. Im Aquarium kann diese Art auch ohne Schwamm gehalten werden.

T: 21-30°C, **Ø:** 1 cm, **BL:** ab 80 cm, **WB:** m, **WR:** m, **BS:** 2, **SG:** 2

Fam.: Zoanthidae

Parazoanthus swiftii (DUCHASSAING & MICHELOTTI, 1860)
Gelbe Karibik-Krustenanemone

Vork.: Karibische Inseln, auf dem Roten und Grünen Fingerschwamm.
GU: Nicht vorhanden.
Soz.Verh./Vgs.: Kolonienbildend. Besiedelt im natürlichen Lebensraum nur den Roten und den Grünen Fingerschwamm. Nur mit kleinbleibenden Fischen (z.B. pflanzenfressenden Schleimfischen) und friedlichen Krebsen vergesellschaften.
Hält B.: Riff-Aquarium. Der lebende Schwamm oder dessen Skelett (siehe unten) auf dem die Krusenanemonen sitzen, wird so postiert, daß er gut beströmt wird.
Licht: Sonnenlicht- bis Mittellichtzone, je nach Standort im natürlichen Lebensraum. Öffnen sich die Polypen nicht im direkten Licht, ist dieser Bereich zu beschatten. Die Abdeckung kann dann stufenweise entfernt werden.
ZU/Verm.: Geschieht ungeschlechtlich durch Knospung. Bei guter Fütterung und entsprechender Wasserqualität entwickeln sich bald Sekundärpolypen, die einige Zeit mit dem Mutterpolyp verbunden bleiben und sich später loslösen.
FU: K, FD; Mikro-Plankton, tiefgefrorenes Plankton, rotes Nordseeplankton oder zerstoßene Futtertabletten (Tetra-Tips) gezielt mit dem Futterrohr verabreichen. Eine Fütterung alle zwei Tage reicht aus.
Bes.: Im Aquarium siedeln sie auf den Horn-Kiesel-Skeletten von abgestorbenen Schwämmen.

T: 2-30°C, **Ø**: 1 cm, **BL**: ab 100 cm, **WB**: l-m, **WR**: o-m, **BS**: 2, **SG**: 3

Parazoanthus sp.
Gelbe Indonesien-Krustenanemone, Balipolyp

Vork.: Indonesien, Javasee.
GU: Sind nicht vorhanden.
Soz.Verh./Vgs.: Kolonienbildend. Vergesellschaftung mit kleinen Riffbarschen, kleinbleibenden Zwergkaiserfischarten und Doktorfischen. Große Kaiserfische fressen mit Vorliebe die Tentakeln.
Hält B.: Riff-Aquarium. Die Polypen besiedeln Felsen, abgestorbene Korallen und sehr gerne porösen gebrannten Ton. Sie bevorzugen starke Strömung. Kann diese nicht geboten werden, sollten sie jeden zweiten Tag mit einem Wasserstrahl von ihren an der Körperoberfläche anhaftenden Stoffwechselprodukten befreit werden. Zu anderen Nesseltieren, speziell zu stark nesselnden Aktinien und Zylinderrosen, ist ein großer Abstand einzuhalten.
Licht: Sonnenlicht- bis Mittellichtzone, je nach Herkunft und Standort.
ZU/Verm.: Ungeschlechtliche Fortpflanzung durch Knospung. Wie bei anderen Krustenanemonen bilden sich an Ausläufern Tochterpolypen, die sich dann abschnüren.
FU: K, FD; Daphnien, *Cyclops*, Bosmiden, zerkleinertes *Mysis*-, Muschel- und Fischfleisch sowie zerriebene Futtertabletten gezielt mit dem Futterrohr verabreichen. Eine tägliche Fütterung ist für eine gute Fortpflanzungsrate unbedingt notwendig.
Bes.: Sie können verschiedene Farbvariationen haben .

T: 22-30°C, **Ø**: 1,5 cm, **BL**: ab 60 cm, **WB**: s (siehe oben), **WR**: o-m, **BS**: 1, **SG**: 1-2

Parazoanthus swiftii

Parazoanthus sp.

Zoanthus sp.

Zoanthus sp.

Zoanthus sp.
Grün-Gelbe Krustenanemone

Vork.: Indonesien, Singapur.
GU: Sind nicht vorhanden.
Soz.Verh./Vgs.: Kolonienbildend. Gut mit kleinen Korallenfischen und Garnelen, jedoch nicht mit größeren Krebstieren und Aufwuchsfressern (z.B. knabbern große Kaiserfische und einige Falterfische gerne an den Tentakeln) zu vergesellschaften. Empfohlen werden kleine Doktorfische oder pflanzenfressende Schleimfische sowie Torpedobarsche, Schwertgrundeln und Zwergbarsche sowie die kleineren Planktonfressenden Riffbarsche.
Hält B.: Riffaquarium. Bei guter Wasserqualität halten sie sich ausgezeichnet, werden jedoch von Fadenalgen gestört. Für die Tochterpolypen muß genügend fester Untergrund vorhanden sein, auf dem sie sich ansieden können. Besonders gerne haben sie porösen, gebrannten Ton.
Licht: Sonnenlichtzone mit HQI-Licht und Blaulicht-Leuchtstoffröhren.
ZU/Verm.: Vermehren sich regelmäßig durch Knospung.
FU: K; sie sind Planktonfresser, die nur schwer an Ersatzfutter gewöhnt werden können. Sie ernähren sich jedoch bei entsprechend gutem Licht hauptsächlich durch symbiontisch Zooxanthellen (siehe Seite 440).
Bes.: Wie alle Krustenanemonen sondern sie außen eine Schleimschicht ab, an der Sandkörner, Foraminiferengehäuse u.ä. festkleben. Diese Schicht wird dann von der Haut überwachsen und so nach innen verlagert. Daher stammt der Name "Krustenanemonen". Manchmal lösen sich einzelne lebende Polypen aus der Kolonie. Man steckt sie in kleine Felsspalten, wo sie sich festsetzen und wieder vermehren.

T: 24-30°C, Ø: 2-3 cm, BL: ab 80 cm, WB: m, WR: o, BS: 1, SG: 2

Fam.: Epizoanthidae

Epizoanthus arenaceus (DELLE CHIAJE, 1836)
Weichboden-Epizoanthus

Vork.: Mittelmeer.
GU: Nicht vorhanden.
Soz.Verh./Vgs.: Kolonienbildend. Nur mit kleinen, friedlichen Fischen und Wirbellosen vergesellschaften.
Hält B.: Fels-Aquarium. Sie stellen mittlere Ansprüche an die Wasserqualität. Erst ihre Vermehrung zeigt an, daß sie sich wohlfühlen. Den neugebildeten Tochterindividuen muß genügend hartes Substrat zur Verfügung stehen, besonders gerne besiedeln sie Schneckenhäuser. Ab und zu muß man den Strahl der Kreiselpumpe auf sie richten oder mit der Hand kräftig über die Kolonie wedeln, um Schmutzpartikel zwischen den Einzelindividuen zu entfernen.
Licht: Mittellichtzone.
ZU/Verm.: Durch ungeschlechtliche Vermehrung (Knospung) werden kleine Tochterpolypen abgeschnürt. Bei guter Wasserqualität geschieht dies laufend.
FU: K, FD; tiefgefrorenes Plankton, frischgeschlüpfte *Artemia*-Nauplien und Muschelmilch werden ebenso gerne angenommen wie Liquifry-Marin und zerriebenes Flocken- oder Tablettenfutter. Meist ist gezielte Fütterung mit dem Futterrohr notwendig.
Bes.: Nur für das Mittelmeeraquarium geeignet.

T: bis 21°C, **Ø**: 1-1,5 cm, **BL**: ab 60 cm, **WB**: m, **WR**: m, **BS**: 2, **SG**: 2-3

Epizoanthus paxii ABEL, 1955
Brauner Epizoanthus

Vork.: Mittelmeer, auf Hartböden, in allen Tiefen.
GU: Nicht vorhanden.
Soz.Verh./Vgs.: Kolonienbildend. Gut mit anderen Bewohnern zu vergesellschaften. Aktivere Fische sollte man jedoch erst dann einsetzen, wenn die Kolonie sich bereits vermehrt hat.
Hält B.: Felsaufbauten. Die Kolonien sitzen gerne an schrägen Flächen unter schattigen Überhängen. Sie stellen keine besonderen Ansprüche an die Wasserqualität, jedoch sollte die Temperatur zeitweise unter 20°C gesenkt werden. Sie haben gerne leichte Strömung.
Licht: Dämmerlichtzone.
ZU/Verm.: Bei guter Fütterung vermehren sie sich regelmäßig durch Knospung. Einzelne Polypen können sich lösen und an anderen Stellen neue Kolonien bilden.
FU: K, FD; Fütterung wie oben. Geschlossene Polypen soll man durch Gabe von kleinen Futtermengen zum Öffnen veranlassen.
Bes.: Aufgrund der Temperaturansprüche ist diese Art nicht für das tropische Meerwasseraquarium geeignet. In Schauaquarien besetzen sie oft große Felsflächen, die nicht mit Algen bewachsen sind.

T: 15-20°C, **Ø**: 1-1,5 cm, **BL**: ab 80 cm, **WB**: m-s, **WR**: u-m, **BS**: 3, **SG**: 2

Epizoanthus arenaceus

Epizoanthus paxii

Systematik

Stamm: ARTHROPODA	Gliederfüßer
U.stamm: BRANCHIATA=DIANTENNATA	Zweiantennentiere
Klasse: CRUSTACEA	Krustentiere (Krebse)
U.klasse: MALACOSTRACA	Höhere Krebse

Ordnung	**Decapoda**	**Zehnfußkrebse**
Unterordnung	Nantantia	Garnelen
Familie	Hippolytidae	Putzer-und Seegrasgarnelen BATE, 1888
Gattungen	*Lysmata*	RISSO, 1816
	Parhippolyte	BORRADAILLE, 1899
	Saron	THALLWITZ, 1891
	Thor	KINGSLEY, 1878
	Tozeuma	SIMPSON, 1860
Familie	Alpheidae	Knallkrebse RAFINESQUE, 1815
Gattungen	*Alpheus*	FABRICIUS, 1798
	Synalpheus	BATE, 1888
Familie	Gnathophyllidae	Harlekingarnelen DANA, 1852
Gattungen	*Gnathophyllum*	LATREILLE, 1819
	Hymenocera	LATREILLE, 1819
Familie	Palaemonidae	Felsen- und Partnergarnelen RAFINESQUE, 1815
Gattungen	*Palaemon*	WEBER, 1795
	Leandrites	HOLTHUIS, 1950
	Periclimenes	COSTA, 1844
	Stegopontonia	NOBILI, 1906
Familie	Pandalidae	Tiefseegarnelen HAWORTH, 1825
Gattungen	*Pandalus*	LEACH, 1814
	Plesionika	BATE, 1888
Familie	Rhynchocinetidae	Tanzgarnelen ORTMANN, 1890
Gattung	*Rhynchocinetes*	H.MILNE-EDWARDS, 1837
Familie	Stenopodidae	Scherengarnelen HUXLEY, 1879
Gattung	*Stenopus*	LATREILLE, 1819
Unterordnung	Reptantia	Panzerkrebse
Familie	Palinuridae	Langusten LATREILLE, 1803
Gattungen	*Palinurus*	WEBER, 1795
	Palinurellus	VON MARTENS, 1878
	Panulirus	WHITE, 1847
Familie	Scyllaridae	Bärenkrebse LATREILLE, 1825
Gattungen	*Arctides*	HOLTHUIS, 1960
	Scyllarides	GILL, 1898
	Scyllarus	FABRICIUS, 1775

Familie	Nephropidae	Hummer DANA, 1852
Gattungen	*Enoplometopus*	A.MILNE-EDWARDS, 1836
	Homarus	WEBER, 1795
	Nephrops	LEACH, 1814
Familie	Diogenidae	Einsiedlerkrebse ORTMANN, 1892
Gattungen	*Aniculus*	DANA, 1852
	Calcinus	DANA, 1851
	Cancellus	H.MILNE-EDWARDS, 1836
	Dardanus	PAULSON, 1875
	Paguristes	DANA, 1852
	Petrochirus	STIMPSON, 1858
	Trizopagurus	FOREST, 1952
Familie	Paguridae	Einsiedlerkrebse LATREILLE, 1803
Gattungen	*Pagurus*	FARBRICIUS, 1775
	Manucomplanus	McLAUGHLIN, 1981
Familie	Galatheidae	Springkrebse SAMOUELLE, 1819
Gattungen	*Allogalathea*	BABA, 1969
	Galathea	FABRICIUS, 1793
Familie	Porcellanidae	Porzellankrebse HAWORTH, 1825
Gattung	*Neopetrolisthes*	MIYAKE, 1937
Familie	Dromiidae	Schwammkrabben DE HAAN, 1833
Gattungen	*Dromidiopsis*	BORRADAILLE, 1900
	Dromia	WEBER, 1795
Familie	Calappidae	Schamkrabben DE HAAN, 1833
Gattung	*Calappa*	WEBER, 1795
Familie	Leucosiidae	Kugelkrabben SAMOUELLE, 1819
Gattung	*Leucosia*	FABRICIUS, 1798
Familie	Majidae	Spinnenkrabben SAMOUELLE, 1819
Gattungen	*Loxorhynchus*	STIMPSON, 1857
	Maja	LAMARCK, 1801
	Stenorhynchus	LAMARCK, 1818
Familie	Portunidae	Schwimmkrabben RAFINESQUE, 1815
Gattungen	*Carcinus*	LEACH, 1814
	Lissocarcinus	ADAMS & WHITE, 1848
Familie	Trapeziidae	Korallenkrabben MIERS, 1886
Gattung	*Trapezia*	LATREILLE, 1825
	Quadrella	DANA, 1851
Familie	Xanthidae	Steinkrabben MACLEAY, 1838

Gattungen	*Atergatis*	DE HAAN, 1835
	Liomera	DANA, 1851
	Lybia	H.MILNE-EDWARDS, 1834
Familie	Pinnotheridae	Muschelwächter DE HAAN, 1833
Gattungen	*Pinnotheres*	BOSC, 1801
	Xanthasia	WHITE, 1846
Familie	Grapsidae	Quadratkrabben MACLEAY, 1838
Gattungen	*Grapsus*	LAMARCK, 1801
	Pachygrapsus	RANDALL, 1839
Familie	Cancridae	Taschenkrebse
Gattung	*Cancer*	
Familie	Ocypodidae	Sandkrabben RAFINESQUE, 1815
Gattungen	*Ocypode*	WEBER, 1795
	Uca	LEACH, 1814
Familie	Mictyridae	Soldatenkrabben BORRADAILLE, 1907
Gattung	*Mictyris*	LATREILLE, 1806
Ordnung	Stomatopoda	Fangschreckenkrebse
Familie	Gonodactylidae	Schmetter-Fangschreckenkrebse
Gattungen	*Gonodactylus*	BERTHOLD, 1827
	Odontodactylus	BIGELOW, 1863
	Hemisquilla	HANSEN, 1895
Familie	Lysiosquillidae	Speer-Fangschreckenkrebse
Gattungen	*Lysiosquilla*	DANA, 1852

Aeger tipularius, Malm, Solnhofen, ca. 160 Mill. Jahre

Die Kardinalsgarnele *Lysmata debelius* in ihrem natürlichen Lebensraum bei den Malediven. Deutlich ist beim Blick von oben erkennbar, daß die weißen Punkte auf dem roten Farbkleid bis zum Abdomen reichen. Die gleiche Art, von den Philippinen und Indonesien importiert, trägt die weißen Punkte nur auf dem Carapax.

Ordnung: Decapoda

Über die Ordnung Decapoda

Die systematische Zusammengehörigkeit der über 30.000 bislang bekannten Krebstierarten beherrschen wohl nur Spezialisten. Etwa zwei Drittel der Arten stellen die höheren Krebse dar, die wieder in 14 Ordnungen unterteilt sind. Eine dieser Ordnungen, die Zehnfußkrebse, werden in diesem Kapitel ausführlich behandelt. Die Gründe sind offensichtlich: Decapoden (Garnelen und Panzerkrebse) leben hauptsächlich in den Riffbereichen, die von Sporttauchern mit Kameras erreicht werden können. Erreichbar sind sie auch in flachen Gewässern, in denen Garnelen und Krabben von Fischern und Fängern aufgestöbert werden und danach in den internationalen Zoohandel gehen. Der Aquarianer bekommt sie erst hier zu Gesicht, ohne viel über ihren natürlichen Lebensraum zu wissen; eine Voraussetzung, die für die erfolgreiche Pflege eines Krustentieres unabdingbar ist. Ein fotografierender Taucher sollte ebenfalls die im Meer entwickelten Eigenarten der Krebstiere kennen, wenn er sie in ihrer ganzen Schönheit auf den Film bannen will. Bevor ich auf die beiden Unterordnungen Natantia (Garnelen) und Reptantia (Panzerkrebse) so ausführlich wie möglich eingehe, zunächst einige allgemeine Anmerkungen zu Krebstieren: Was die Insekten auf dem Land sind, stellen die Crustaceen für den marinen Lebensraum dar. Die Vielfalt der von ihnen besiedelten Lebensräume erstreckt sich vom Strand bis in die Tiefsee, von den Tropen bis in arktische Gewässer. In ihrer Lebensweise reichen sie vom Planktonjäger bis zum räuberischen Großkrebs. Krustentiere stellen neben den Weichtieren nicht nur die artenreichste Tiergruppe im Meer dar; als Abfallbeseitiger, Korallengärtner und Hauptnahrung für Wale und andere Hochseebewohner nehmen sie eine wesentliche Position in der Ökologie der Meere ein.
Bei den meisten höheren Krebsen wird der Kiemenraum vom Brustpanzer, dem Carapax, überdeckt, der die Kiemen schützt, aber auch die Sauerstoffversorgung durch vorbeiströmendes Frischwasser erheblich erschwert. Dafür haben Krebse eine spezielle "Pumpe" entwikkelt, den Scaphognathiten, der wie eine Flosse wedelt und damit für einen konstanten Strom von Atemwasser in der Kiemenhöhle sorgt. Wie die Wirbeltiere haben die Krebse einen sauerstoffbindenden Blutfarbstoff, der das lebenswichtige Element an die Orte des Verbrauchs schafft. Es ist das Hämocyanin, so benannt, weil es in der sauerstoffbeladenen Form hellblau aussieht.
Das Herz der Krebse liegt im Brustpanzer, zum Rücken orientiert, und pumpt das von den Kiemen kommende Blut in zwei Hauptarterien, die die Kopfregion und die Schwanzmuskulatur versorgen. Das Blutkreislaufgefäßsystem der Krebse ist offen, das heißt, ein wesentlicher Teil der Blutflüssigkeit fließt nicht in Adern, sondern muß in den Organzwischenräumen seinen Weg zum Herz zurückfinden. Der offene Kreis-

lauf setzt eine unbeschädigte Körperhülle voraus, da das nicht in Adern fließende Blut bei einer Verletzung des Panzers nach außen gedrückt würde. Für solche Fälle haben die Krebse aber vorgesorgt: Jedes Bein hat eine Sollbruchstelle, die mit einer Scheidewand versehen ist, die in der Mitte eine kleine Öffnung für den Nerv und das Blut aufweist. Bei Verletzung des Beines krümmt der Krebs dieses an der Basis ruckartig durch einen speziellen Muskel und bricht sich damit aktiv das Bein. Die kleine Öffnung an der Scheidewand wird schnell verschlossen, und das Bein beginnt bereits bei der nächsten Häutung nachzuwachsen. Dieser aktive Vorgang des Gliedabwerfens wird AUTOTOMIE genannt und vom Krebs auch dann eingesetzt, wenn er zum Beispiel vom Freßfeind am Bein festgehalten wird.
Höhere Krebse sind getrenntgeschlechtlich und zeigen gelegentlich auffallende äußere Unterschiede, wie zum Beispiel die Ausbildung einer großen Schere bei männlichen Winkerkrabben oder Zwergwuchs bei männlichen Garnelen. Die Entwicklung bei höheren Krebsen verläuft über eine Reihe verschiedener Larvalstadien und Metamorphosen, ähnlich der von Kaulquappen. Die meisten dieser Stadien leben planktonisch; sie nehmen einen gewichtigen Anteil an der Gesamtmasse des Planktons ein. Entsprechend hoch ist die Anzahl der entwicklungsfähigen Eier bei höheren Krebsen.
Wodurch unterscheiden sich die Zehnfußkrebse (Decapoden) von ihren vielfältigen Verwandten? Ähnlich sehen sie sich untereinander nun wirklich nicht, wenn man Garnelen mit Krabben vergleicht oder diese mit Hummern. Das liegt am unterschiedlich gestalteten Vorderkörper (Carapax) des jeweiligen Tieres, der sich gestreckt nach hinten ausdehnt oder erheblich zur Seite verbreitert ist. Das ordnungsspezifische Merkmal dieser Krustentiere ist aber die Tatsache, daß deren Vorderkörper fünf Beinpaare mit zehn Füßen trägt. Jetzt ist der Populärname Zehnfußkrebse schon besser verständlich. Der Laie verzählt sich da manchmal, denn oft ist das erste Beinpaar stärker ausgebildet und in vielen Fällen sogar in eine Schere umgewandelt wie bei den Hummern. Die größte bekannte Art von rund zehntausend Zehnfußkrebsen ist die japanische Seespinne *Macrocheira kempferi* mit einer Spannweite bei gestreckten Beinen von rund drei Metern und einer Panzerlänge von einem halben Meter. Die Mehrzahl aller Decapoden bleibt aber im "handlichen" Format, was den UW-Fotografen mit seinen Nahbereichslinsen sowie den Meeresaquarianer freut, der nur kleingewachsenen Krustentieren eine angemessene Ersatzheimat bieten kann. Insbesondere aus tropischen Meeren kommend sind die kleinen Zehnfußkrebse farblich wesentlich attraktiver als ihre großen Verwandten. Faszinierend sind sie auch zum Teil deshalb, weil sich ihre Lebensformen mit Fähigkeiten auszeichnen, die den Begriff des "Niederen Tieres" ad absurdum führen.

Fam.: Hippolytidae

Die Putzergarnelen
Garnelen aus der Familie Hippolytidae werden wohl am häufigsten für die Meeresaquaristik importiert. Insbesondere die Putzergarnelengattung *Lysmata* ist sehr beliebt, weil ihre Arten nicht nur gut aussehen, sondern auch einem Bedürfnis anderer Mitbewohner nachkommen. Denn was macht ein Fisch, wenn es ihn juckt? Er würde sich gern kratzen, wenn er könnte. Aber diese Möglichkeiten sind bekanntlich gering, und so ist er auf die Mithilfe anderer Meeresbewohner angewiesen, die ihn von lästigen Parasiten befreien. Man weiß, daß sich einige Lippfische darauf spezialisiert haben, größere Fische zu putzen. Jugendformen vieler Korallenfische tun es ebenso.
Man weiß aber auch, daß sich besonders große und stationär lebende Fische wie Zackenbarsche und Muränen von Garnelen putzen lassen. Die klauben nicht nur Hautparasiten ab, sondern spazieren sogar in das geöffnete Maul der Großfische, um Nahrungsreste zwischen den Zähnen herauszuholen. Folgerichtig sind sie unter dem Sammelbegriff "Putzergarnelen" bekannt geworden und als solche sowohl dem Unterwasserfotografen als auch dem Liebhaber von Krustentieren geläufig. Sie stammen aus völlig verschiedenen Garnelenfamilien, reinigen aber ihre putzwilligen Fischkunden gleich gut. Gemeint sind die *Lysmata*-Arten und die Partner- und Scherengarnelen (Gattungen *Leandrites*, *Periclimenes* und *Stenopus*).
Die Arten der Gattung *Lysmata* sind nicht nur in tropischen Meeren sondern auch in temperierten und kalten Gewässern zu finden. Sogar im Mittelmeer sind zwei Arten zu Hause. Fast alle betreiben das Putzergewerbe und werden von ihren Fischkunden auch als solche anerkannt. Was bedeutet, daß ein putzwilliger Fisch sein Beuteverhalten einstellt und den an sich schmackhaften Happen Garnele gewähren läßt. Sogar bis in den Gaumen hinein!
Von der Gattung *Saron*, populär als Marmorgarnelen bezeichnet, ist kein Putzverhalten bekannt. Ihre Arten leben sehr versteckt, oft im Korallengrus oder in dunklen Höhlen und Felsnischen. Ihr glänzender Körper ist farblich oft sehr ansprechend. Arten der Gattung *Thor* sind wie Marmorgarnelen in allen tropischen Meeren zu finden. Als Taucher sollte man sie versteckt bei Wirbellosen Tieren suchen, insbesondere suchen sie Schutz bei Anemonen.

Häutung der Putzergarnele *Lysmata amboinensis.*
Auch bei Garnelen wächst der Krebspanzer nicht mit. Wenn man *Lysmata*-Garnelen pflegt, wird man manchmal Zeuge einer Häutung, da sie sich auch im offenen Teil des Aquariums häuten. Von dem komplizierten Häutungsprozeß kenne wir auch heute noch nicht alle Einzelheiten. Stark vereinfacht, geschieht folgendes: Schon vor der eigentlichen Häutung beginnt der Hautpanzer sich von den darunterliegenden Oberhautzellen zu lösen. Gleichzeitig wird eine Flüssigkeit ausgeschieden, die einen Teil des alten Panzers auflöst. Die dabei freiwerdenden Kalksalze gelangen wieder ins Blut. Auch ein Teil des Chitins wird so aufgelöst und im Blut angelagert. Nun bildet sich unter der alten Haut eine neue. Ist sie völlig fertig, reißt die alte Haut meist über dem oberen Bruststück auf, und das Tier kriecht aus der alten Schale. Nach der Häutung ist der neue Panzer weich und gefaltet. Die Garnele schwillt nun durch Wasseraufnahme stark an, so daß sich das neue Außenskelett bis zu seiner Maximalgröße streckt. Krebstiere wachsen also nur nach der Häutung. Ist die Streckung beendet, beginnt der neue Panzer hart zu werden, teils durch Veränderung der Eiweiße im Außenskelett, teils durch Aufnahme von Kalksalzen aus dem Blut. Die Kalkvorräte im Blut werden nun durch erhöhte Aufnahme von Kalk- und Magnesiumsalzen aus dem Meerwasser ergänzt.

Fam.: Hippolytidae

Lysmata amboinensis (DE MAN, 1888)
Indopazifische Weißband-Putzergarnele, (Grabhami-Garnele)

Vork.: Gesamter Indopazifik, Rotes Meer.
GU: Von außen nicht erkennbar.
Soz.Verh./Vgs.: Kann in kleinen Gruppen gehalten werden und verträgt sich gut mit anderen Aquarientieren.
Hält.B.: Riff-Aquarium mit entsprechenden Versteckmöglichkeiten.
Licht: Dämmerlichtzone.
ZU/Verm.: Ist möglich wenn geeignetes Futter (tierisches Meeresplankton) ausreichend zur Verfügung gestellt wird.
FU.: O, FD; Genügsam. Verschiedenes Gefrier- aber auch Trockenfutter.
Bes.: Diese Art ist die weltweit am häufigsten importierte Putzergarnele. Sie putzt auch im Aquarium gerne verschiedene Fischarten. Im natürlichen Lebensraum sind diese Garnelen fast immer paarweise anzutreffen, manchmal aber auch in Gruppen bis zu hundert Individuen. In älterer Literatur wird diese Art oft als *Hippolysmata grabhami* bezeichnet (siehe unten). Da sie von *L. grabhami* nur schwer zu unterscheiden ist, erkundigt man sich beim Händler, ob der Import aus dem indopazifischen (= *L. amboinensis*) oder aus dem atlantischen (= *L. grabhami*) Bereich stammt.

T: 20-27°C, **L**: 3 cm, **BL**: ab 50 cm, **WB**: I, **WR**: u, **BS**: 1, **SG**: 1-2

Lysmata grabhami (GORDON, 1935)
Atlantische Weißband-Putzergarnele, Grabhami-Garnele

Vork.: Gesamter tropischer und warm gemäßigter Ost- und Westatlantik.
GU: Von außen nicht erkennbar.
Soz.Verh./Vgs.: Kann einzeln, paarweise oder, noch besser, in kleinen Gruppen gehalten werden. Verträgt sich gut mit anderen Krebsen und Fischen.
Hält.B.: Riff- oder Stein-Aquarium mit genügend Verstecken. Leicht zu halten.
Licht: Dämmerlichtzone.
ZU/Verm.: Diese Garnele wird in amerikanischen Zuchtstationen regelmäßig gezüchtet.
FU: O, FD; Sehr genügsam. Frißt praktisch alles und ist ein hervorragender Restvertilger.
Bes.: In der älteren Literatur und von Aquarianern oft als *Hippolysmata grabhami* bezeichnet. Später wurde sie dann zusammen mit *L. amboinensis* als diese bezeichnet. Erst kürzlich erfolgte eine Trennung der beiden Arten. Versuche, sie zu kreuzen, mißlangen, was für die Eigenständigkeit der beiden Arten spricht. Sie putzen Fische auch im Aquarium. Einige konnten über drei Jahre lang gehalten werden. Diese Art erscheint im Gebiet der ostatlantischen Inseln (Kanaren, Kapverden) zierlicher als in der Karibik.

T: 18-26°C, **L**: 3 cm, **BL**: ab 50 cm, **WB**: I, **WR**: u, **BS**: 2, **SG**:1

Deutlich sieht man die äußeren Unterschiede zwischen *Lysmata amboinensis* (links) und *Lysmata grabhami* (rechts).

Lysmata amboinensis

Lysmata amboinensis putzt den Kaiserfisch *A. xanthotis*

Lysmata californica (STIMPSON, 1866)
Kalifornische Putzergarnele

Vork.: Westküste Nordamerikas.
GU: Von außen nicht erkennbar.
Soz.Verh./Vgs.: Kommt im natürlichen Lebensraum in großen Gruppen von mehreren hundert Individuen vor.
Hält.B.: Stein-Aquarium mit dunklen Zonen. Diese Garnelen sollten möglichst in kleineren Gruppen gehalten werden.
Licht: Dämmerlichtzone.
ZU/Verm.: Kann unschwer gezüchtet werden. Am besten in einer Kultur von freischwimmenden Meeres-Rädertieren, da die frischgeschlüpften Larven noch keine *Artemia*-Nauplien nehmen (siehe auch *L. seticaudata*, Seite 476.)
FU: O, FD; Gefrierfutter, *Mysis* und *Artemia*, aber auch Trockenfutter. Wenn Fische das Futter vorher wegschnappen, muß gezielt mit dem Futterrohr gefüttert werden.
Bes.: Eine der weniger Putzergarnelen gemäßigter Meere. An der kalifornischen Küste werden diese Garnelen oft mit Muränen, die geputzt werden, zusammen in Höhlen und Spalten gesehen. Da sie aber auch nicht selten ohne "Putzkunden" gefunden werden, ist mit Sicherheit anzunehmen, daß sie nur fakultativ putzen.

T: 10-20°C, L: 4 cm, BL: ab 50 cm, WB: l, WR: u, BS: 3, SG: 1-2

Foto rechte Seite
In einem Felsspalt an der kalifornischen Küste leben zwei große Muränen und hunderte von der kalifornischen Putzergarnele *Lysmata californica* friedlich miteinander. Die Muränen schützen ihre Gäste vor angriffslustigen Lippfischen, während sie keine Probleme mehr mit Parasiten haben.

Lysmata californica

Lysmata debelius BRUCE, 1983
Kardinals-Putzergarnele, Kaisergarnele

Vork.: Im Indopazifik im Bereich zwischen Gesellschaftsinseln, Japan und Malediven. Auf den Malediven sind die Tiere etwas anders gezeichnet als im indonesischen Raum.
GU: Nicht von außen erkennbar.
Soz.Verh./Vgs.: Wird am besten paarweise gepflegt. Sie verteidigen ihre Reviere, sind aber sonst ausgesprochen friedlich gegenüber Wirbellosen und kleinen Fischen.
Hält.B.: Riff-Aquarium mit Versteckmöglichkeiten. Braucht abgedunkelte Überhänge. Bei der Hälterung mehrerer Tiere zusammen verlieren die Tiere leichter ihre Scheu als bei der Einzelhaltung.
Licht: Dämmerlichtzone.
ZU/Verm.: Nicht bekannt.
FU: O, FD; Flocken-, Lebend- und Gefrierfutter. Aber auch geteilte Futtertabletten (Tetra-Tips) werden gerne genommen. In großen Becken sollte gezielt mit dem Futterrohr gefüttert werden.
Bes.: Die Art wird schon relativ lange importiert, ist der Wissenschaft aber erst seit kurzem bekannt. Als aufmerksamer Aquarianer wollte einer der beiden Buchautoren (H. D.) den wissenschaftlichen Namen wissen und sandte einige Tiere und Fotos an einen Spezialisten. Dieser erkannte sie als neue Art! Im natürlichen Lebenraum kommt sie meist erst unter 20 m Tiefe vor. Im Aquarium ist sie scheuer als *L. amboinensis* und *L. grabhami* und nicht so putzaktiv wie diese.

T: 22-28°C, **L:** 3 cm, **BL:** ab 50 cm, **WB:** I, **WR:** u, **BS:** 1-2, **SG:**2

Es gibt zwei Farbvariationen: Das Foto auf Seite 465 zeigt eine Populationsfärbung von den Malediven.

Lysmata debelius, Kaisergarnele

Lysmata debelius

Fam.: Hippolytidae

Lysmata galapagensis SCHMITT, 1924
Galapagos-Putzergarnele

Vork.: Westküste Südamerikas, Galapagos- Inseln.
GU: Von außen nicht erkennbar.
Soz.Verh./Vgs.: Meist paarweise oder in kleinen Gruppen, selten einzeln.
Hält.B.: Riff- und Steinaquarien mit dunklen Zonen, wo sie sich bevorzugt aufhalten.
Licht: Dämmerlichtzone.
ZU/Verm.: Nicht bekannt.
FU: O, FD; Flocken- und Gefrierfutter.
Bes.: Aquaristisch sind bisher noch kaum Erfahrungen gemacht worden.

T: 15-20°C, **L:** 3 cm, **BL:** ab 50 cm, **WB:** I, **WR:** u, **BS:** 4, **SG:** 2

Lysmata galapagensis

Lysmata kükenthali (DE MAN, 1902)
Kükenthals Putzergarnele

Vork.: Indischer Ozean
GU: Von außen nicht erkennbar.
Soz.Verh./Vgs.: Leben einzeln oder paarweise.
Hält.B.: Riff-Aquarium mit guten Verstecken, die sie (leider) nur selten - meist nachts - verlassen.
Licht: Dämmerlichtzone.
ZU/Verm.: Nicht bekannt.
FU: O, FD; Flocken- und Gefrierfutter, das am besten vor dem Lichtabschalten in kleinen Mengen gereicht wird.
Bes.: Wird nur selten importiert.

T: 21-27°C, **L:** 3-4 cm, **BL:** ab 50 cm, **WB:** I, **WR:** u, **BS:** 3, **SG:** 2

Lysmata kükenthali

Lysmata sp. vor der Südküste Australiens

Fam.: Hippolytidae

Engagierten Aquarianern ist es gelungen, die sich wie andere *Lysmata*-Arten durch Geschlechtsumwandlung vom Männchen zum Weibchen hin auszeichnende *Lysmata seticaudata* im Aquarium zu vermehren. Ihrem Biotop entsprechend, bot man Versteckmöglichkeiten an, hielt die Salzdichte des Fundortes genau ein und wartete ab, bis die Laichzeit in den ersten Sommermonaten einsetzte. Nach der Befruchtung sind die durch Schleimfäden verbundenen Eier zwischen den Schwimmfüßen des Hinterleibes deutlich zu erkennen. Am Ende der Embryonalentwicklung werden Larven entlassen, die sich in der Körperform noch vom erwachsenen Tier unterscheiden. Die Gestalt der Eltern erreichen sie nach 25 bis 35 Tagen. Bei der Aufzucht traten drei grundsätzliche Probleme auf: Die Reinhaltung des Aquarienwassers, die Futterbeschaffung und der Mangel an Nahrung während der Nachtzeit.

Lysmata seticaudata

Lysmata seticaudata (RISSO, 1816)
Mittelmeer-Putzergarnele

Vork.: Mittelmeer und gemäßigter nördlicher Atlantik.
GU: Diese Garnelen machen im Laufe ihres Lebens einen Geschlechtswechsel durch: sie sind zuerst männlich, dann weiblich. Deshalb sind die funktionell weiblichen Tiere immer größer als die funktionell männlichen.
Soz.Verh./Vgs.: Einzelgänger oder paarweise, manchmal aber auch in Gruppen. Vertragen sich gut mit anderen Aquarienbewohnern.
Hält.B.: Steinaufbauten mit tiefen Versteckmöglichkeiten, in die sich (leider) all zu gerne zurückziehen.
Licht: Dämmerlichtzone.
ZU/Verm.: Die Nachzucht ist schon einigen Aquarianern gelungen. Sie wird von BÜSCHER (Aquarien Magaz. 5/1982, 311ff) ausführlich beschrieben. Detailliertere Angaben sind bei COUTURIER-BHAUD (Vie Milieu, 24, 413ff, 1974) nachzulesen. Am ausichtsreichsten ist es, trächtige Weibchen, die ihre Eier unter dem Hinterleib tragen, im Freiland zu fangen. Im Mittelmeer ist der Juli die beste Zeit dazu. Wer allerdings kein ausreichendes Futter für die frisch geschlüpften Larven zur Verfügung stellen kann, sollte es erst gar nicht versuchen.
FU: O, FD; Äußerst genügsam. Fressen Futterreste und müssen meist nicht separat gefüttert werden.
Bes.: Die einzig bisher bekannte Putzergarnele des Mittelmeeres. Sie wurde erst vor wenigen Jahren als solche wissenschaftlich beschrieben (PATZNER: Helgol.Meeresunters. 35/1982, 227ff). Bisher wurden sie meist beim Putzen von Muränen, seltener von Congeraalen und einmal beim Putzen eines Schleimfisches beobachtet. Die Garnelen, die putzen, leben mit ihren Wirten in ständiger Gemeinschaft und locken nicht, wie die meisten tropischen Putzer, ihre Kunden an. Oft sind sie jedoch auch ohne Putzkunden anzutreffen, was wie bei *L. californica* darauf hinweist, daß diese Art nur gelegentlich putzt. Sie kommt sehr häufig vor, ist aber sehr flink und mit dem Handnetz nur schwer zu fangen. Wesentlich besser geht es mit einer kleinen Reuse, die mit einem Stück Leber beködert ist. Der Transport ist nicht schwierig, wenn man gut kühlt, da die Tiere empfindlich auf Sauerstoffmangel reagieren. Beim Umsetzen in das Aquarium ist auf die Wasserdichte zu achten. Die zweite *Lysmata*-Art des Mittelmeeres, *L.nilita*, wurde bisher noch nicht beim Putzen beobachtet.

T: 15-23°C, L: 4 cm, BL: ab 50 cm, WB: I, WR: u, BS: 2, SG: 1-2

Lysmata seticaudata mit der Muräne *Murena helena*

Lysmata debelius, siehe Seite 474

Lysmata rathbunae CHACE, 1970
Rathbuns Putzergarnele

Vork.: Ostküste Nordamerikas, Karibik.
GU: Von außen nicht erkannbar.
Soz.Verh./Vgs.: Leben einzeln oder als Pärchen und sind friedlich gegenüber ihren Mitbewohnern.
Hält.B.: Riff- oder Steinaquarium mit dunklen Versteckplätzen.
Licht: Dämmerlichtzone.
ZU/Verm.: Nicht bekannt.
FU: O, FD; Flocken- und Gefrierfutter.
Bes.: Nicht bekannt.

T: 20-24°C, L: 3 cm, BL: ab 50 cm, WB: l, WR: u, BS: 2-3, SG: 2

Lysmata rathbunae

Lysmata vittata (STIMPSON, 1860)
Australische Putzergarnele

Vork.: Ostküste Australiens.
GU: Von außen nicht erkennbar.
Soz.Verh./Vgs.: Lebt einzeln oder paarweise.
Hält.B.: Riff-Aquarium mit wenigen Verstecken. Dise Art hält sich nämlich auch gerne im direkten Licht auf, sodaß man sie gut im Aquarium beobachten kann.
Licht: Sonnenlicht- bis Mittellichtzone.
ZU/Verm.: Nicht bekannt.
FU: O, FD; Flocken- und Gefrierfutter, das gezielt mit dem Futterrohr gereicht werden muß, wenn es andere Beckenbewohner vorher wegschnappen wollen.
Bes.: Nicht bekannt.

T: 23-28°C, L: 3-4 cm, BL: ab 50 cm, WB: l, WR: u, BS: 3, SG: 2

Lysmata vittata

Lysmata wurdemanni (GIBBES, 1850)
Wurdemanns Putzergarnele

Vork.: Karibik bis Brasilien.
GU: Von außen nicht erkennbar.
Soz.Verh./Vgs.: Einzelgänger oder paarweise. Oft mit Schwämmen vergesellschaftet. Vertragen sich gut mit anderen Garnelen und kleinen Fischen.
Hält.B.: Riff-Aquarium mit Verstecken. Bevorzugt sitzen sie in senkrechten, nach oben offenen röhrenförmigen Höhlen (Röhrenschwämme in der freien Natur), geben sich aber auch mit Spalten und kleineren Löchern zufrieden.
Licht: Dämmerlichtzone.
ZU/Verm.: Wird in den U.S.A. regelmäßig nachgezüchtet. Als Futter für die Larven dienen freischwimmende Meeres-Rädertiere (z.B. *Brachionus*) und später *Artemia*- Nauplien.
FU: O, FD; Flocken- und Gefrierfutter.
Bes.: Wird in den U.S.A. häufig gehalten, jedoch kaum nach Europa importiert. In der Karibik bewohnt sie vorzugsweise die großen Röhrenschwämme. Im Aquarium kommt die Garnele aber auch ohne diese aus.

T: 20-26°C, **L:** 3-4 cm, **BL:** ab 40 cm, **WB:** I, **WR:** u, **BS:** 2, **SG:** 1-2

Lysmata wurdemanni

Fam.: Hippolytidae

Parhippolyte uveae (BORRADAILLE, 1899)
Zuckerrohr-Garnele

Vork.: Gesamter Indopazifischer Bereich.
GU: Von außen nicht erkennbar.
Soz.Verh./Vgs.: Leben einzeln, paarweise oder in kleinen Gruppen.
Hält.B.: Man sollte sich beim Händler erkundigen, von woher die Tiere importiert wurden. Durch ihr natürliches Vorkommen bedingt, suchen nämlich Tiere aus Hawaii lichtgeschützte Verstecke auf, solche aus Ostafrika klettern jedoch auch in stark belichteten Zonen umher.
Licht: Sonnenlicht- beziehungsweise Dämmerlichtzone..
ZU/Verm.: Nicht bekannt.
FU: O, FD; Tabletten-, Flocken- und Gefrierfutter.
Bes.: Die aus Hawaii-Importen stammenden Tiere ziehen zwar, aufgrund ihrer versteckten Lebensweise in der Natur, auch im Aquarium eher versteckte Plätze vor, sind aber kräftiger rot gefärbt, als diejenigen, die als Kenia-Importe aus den Gezeitentümpeln stammen. Dafür stellen sich die letzteren dem Betrachter viel mehr zur Schau. Ihren Trivialnamen haben sie von der Querstreifung, der an die Stämme des Zuckerrohres erinnert.

T: 22-27°C, **L:** 3 cm, **BL:** ab 40 cm, **WB:** I, **WR:** u, **BS:** 2, **SG:** 2-3

Parhippolyte uveae

Saron marmoratus (OLIVIER, 1811)
Gemeine Marmorgarnele

Vork.: Gesamter Indopazifik bis Hawaii, Rotes Meer.
GU: Nur die ausgewachsenen ♂♂ tragen lange Scherenbeine. Die ♀♀ haben auch kräftige Scheren, die jedoch viel kürzer sind. Zusätzlich haben sie große Büschel von Borsten an ihrer Oberseite und ihr Hinterleib ist stärker nach außen gewölbt als der der ♂♂.
Soz.Verh./Vgs.: Sind fast immer paarweise, selten auch einzeln anzutreffen. Nicht gleiche Geschlechter in einem Becken zusammen setzen, da es sonst zu Kämpfen kommt, die meist tödlich enden. Sie verhalten sich im Aquarium jedoch friedlich zu anderen Krebsarten und zu Fischen.
Hält.B.: Riff-Aquarium mit ausreichenden Versteckmöglichkeiten. Grober Korallenschotter, zwischen dem sich die Tiere verstecken können.
Licht: Dämmerlichtzone. **ZU/Verm.:** Nicht bekannt.
FU: O, FD; Gefrierfutter, *Artemia, Mysis*. Die Fütterung muß zumindest am Beginn immer nur nachts erfolgen, nach einer gewissen Eingewöhnungszeit wagen sie sich auch tagsüber aus ihrem Versteck.
Bes.: Diese Art ist die am häufigsten importierte Marmorgarnele. Die Gattung ist an ihren markannten Borstenbüscheln leicht zu erkennen. In ihrem natürlichen Vorkommen findet man sie meist in den etwas geschützten Lagunen der Saumriffe, wo sie sich im groben Schotter abgestorbener Korallen verstecken. Gelegentlich wurden sie auch zwischen den langen Stacheln der Diademseeigel angetroffen. Da diese Garnelen nachtaktiv sind, bekommt man sie auch im Aquarium anfangs nur selten zu Gesicht. Erst nach einer längeren Eingewöhnungsphase kommen sie auch tagsüber heraus. Interessant ist ihr Farbwechsel: Die Tagfärbung ist ein marmoriertes Braun, in der Nacht sind sie kräftig rot gefärbt.

T: 22-28°C, **L:** 4 cm, **BL:** ab 50 cm, **WB:** I, **WR:** u, **BS:** 1, **SG:** 1-2

Parhippolyte uveae

Saron marmoratus

Saron marmoratus ♀, Text siehe Vorseite

Saron rectirostris ♀

Saron rectirostris ♂

Saron rectirostris HAYASHI, 1984
Violettfüßige Marmorgarnele

Vork.: Indo-australischer Raum.
GU: Die ausgewachsenen ♂♂ tragen verlängerte erste Scherenbeine.
Soz.Verh./Vgs.: Kann einzeln oder besser paarweise gehalten werden. Sie verträgt sich mit anderen Garnelen und Fischen, jedoch nicht mit lebenden Korallen.
Hält.B.: Riff-Aquarium mit ausreichenden Verstecken, die sie meist nur nachts verlassen.
Licht: Dämmerlichtzone.
ZU/Verm.: Nicht bekannt.
FU: O, FD; Gefrierfutter, *Artemia*. Die Fütterung sollte erst nach dem Abschalten der Beleuchtung geschehen, da sich die Garnelen erst dann aus ihren Verstecken wagen.
Bes.: Diese Art ist nicht für ein Becken mit lebenden Korallen geeignet. Nachtaktive Tiere.

T: 21-26°C, **L:** 3-4 cm, **BL:** ab 40 cm, **WB:** I, **WR:** u, **BS:** 3, **SG:** 2

Saron inermis ♂

Saron inermis HAYASHI, 1983
Tannenzapfen-Marmorgarnele

Vork.: Indopazifik und tropisches Australien.
GU: Die ♂♂ haben längere Scherenbeine als die ♀♀, und ihr Hinterkörper ist dunkler gefärbt siehe Abbildung
Soz.Verh./Vgs.: Einzeln und paarweise. Wie die Abbildung rechts zeigt, können auch mehrere in einem Becken vergesellschaftet werden. Gute Verträglichkeit mit anderen Krebsen, sogar mit anderen *Saron* - Arten.
Hält.B.: Riffaquarium mit genügend Versteckmöglichkeiten.
Licht: Dämmerlichtzone.
ZU/Verm.: Nicht bekannt.
FU: O, FD; Gefrierkost, *Artemia*, Tabletten. Zeigen sich die Tiere nicht bei Tag, dann nur nach Abschalten der Beleuchtung füttern.
Bes.: Diese Art wurde erst 1984 von K. I. HAYASHI aus Japan beschrieben. Ein deutscher Aquarianer, der die Garnele nicht identifizieren konnte, hatte ihm mehrere Exemplare zugeschickt. Sie unterscheidet sich von den anderen *Saron*-Arten durch ihr Färbungsmuster, ihr kürzeres Rostrum (Stirnfortsatz) und durch die geringere Körpergröße. Die Art trägt weniger Borstenbüschel am Rücken als die meisten anderen *Saron*-Arten.

T: 22-27°C, **L:** 3 cm, **BL:** ab 40 cm, **WB:** I, **WR:** u, **BS:** 2-3, **SG:** 1-2

Saron inermis, ♀♀

Fam.: Hippolytidae

Saron neglectus DE MAN, 1902
Grüne Marmorgarnele

Vork.: Indopazifik.
GU: Die ♂♂ haben wesentlich längere Scherenbeine als die Weibchen.
Soz.Verh./Vgs.: Einzeln oder paarweise, jedoch nie in Gruppen. Sie vertragen sich gut mit anderen Krebs- und Fischarten.
Hält.B.: Riff-Aquarium mit entsprechenden Verstecken.
Licht: Dämmerlichtzone.
ZU/Verm.: Nicht bekannt.
FU: O, FD; Gefrierfutter, *Artemia, Mysis*. Eine gezielte Fütterung mit dem Futterrohr ist dann angebracht, wenn andere Aquarienbewohner den Garnelen das Futter wegschnappen.
Bes.: Auffällig sind die dunklen "Augenflecken" am Hinterkörper und am Schwanzfächer. Ob sie wirklich einem Feind Augen vortäuschen sollen, ist nicht geklärt. Solche Augenflekken sind von einer Reihe anderer Krebstiere und auch von Fischen und Insekten bekannt. Jedoch ist bisher, bis auf wenige Ausnahmen, nicht untersucht, ob sie tatsächlich Augen andeuten oder nur Farbmuster darstellen.

T: 21-27°C, **L:** 3 cm, **BL:** ab 50 cm, **WB:** I, **WR:** u, **BS:** 2-3, **SG:**2

Saron neglectus

Saron sp.
Sternchen-Marmorgarnele

Vork.: Indonesien.
GU: Wie bei allen Arten der Gattung *Saron* sind auch hier die Scherenbeine der ♂♂ länger als bei den ♀♀.
Soz.Verh./Vgs.: Leben einzeln oder paarweise und vertragen sich mit anderen Krebsarten und Fischen gut.
Hält.B.: Riff-Aquarium mit entsprechenden Verstecken.
Licht: Dämmerlichtzone.
ZU/Verm.: Nicht bekannt.
FU: O, FD; Gefrierfutter, *Artemia, Mysis*.
Bes.: Diese Marmorgarnele wurde erst ab 1980 eingeführt. Es sind nachtaktive Tiere, die sich jedoch nach der Eingewöhnung auch tagsüber aus ihren Verstecken wagen.

T: 22-27°C, **L:** 3 cm, **BL:** ab 50 cm, **WB:** I, **WR:** u, **BS:** 3, **SG:** 2

Saron neglectus

Saron sp.

Fam.: Hippolytidae

Thor amboinensis (De MAN, 1888)
Hohlkreuz-Garnele

Vork.: Ist aus dem ganzen tropischen Indopazifik bekannt.
GU: Von außen nicht erkennbar.
Soz.Verh./Vgs.: Tiere verschiedener Größen leben in kleinen Gruppen. Vertragen sich gut mit anderen Krebsen und Fischen. Leben meist mit Aktinien (z.B. *Heteractis*) in Partnerschaft. Manchmal auch zusammen mit Partnergarnelen der Gattung *Periclimenes* (Seite 524) auf einer Aktinie.
Hält.B.: Möglichst nur zusammen mit einer Aktinie halten. Sie bevorzugen flache, scheibenförmige Aktinien, nehmen aber auch andere Arten an, die möglichst horizontal dem Untergrund aufliegen.
Licht: Dämmerlichtzone.
ZU/Verm.: Nicht bekannt.
FU: O, FD; Gefrierfutter, gelegentlich auch Trockenfutter. Braucht nicht speziell gefüttert zu werden, da beim Füttern der Aktinie genug für die Garnelen abfällt.
Bes.: Sie sind Bewohner des Flachwassers, die sich gerne auf oder direkt neben verschiedenen Aktinien und auch Zylinderrosen aufhalten. Bei den letzteren sitzen sie nicht zwischen den Tentakeln sondern an der Außenseite der Röhre. Die Art ist leicht an ihrer Färbung und an der charakteristischen Körperhaltung zu erkennen. Dabei wird der Hinterkörper höher als der Kopf gereckt. Oft führen sie damit wippende Bewegungen aus.

T: 22-27°C, **L**: 2cm, **BL**: ab 40cm, **WB**:l, **WR**: u, **BS**: 1-2, **SG**: 2

Tozeuma sp.
Seenadelfisch-Garnele

Vork.: Südliche Küste von Australien.
GU: Von außen nicht erkennbar.
Soz.Verh./Vgs.: Einzeln oder in kleinen Gruppen. Sie vertragen sich gut mit anderen Arten.
Hält.B.: Riff- oder Steinaquarium. Brauchen kaum Verstecke.
Licht: Mittellichtzone.
ZU/Verm.: Nicht bekannt.
FU: O, FD; Gefrierfutter, *Artemia, Mysis.*
Bes.: Lebt im Algenbewuchs und in Seegraswiesen. Ihre augenartige Zeichnung am Hinterende und die langgestreckte Gestalt erinnern stark an eine Seenadel. Dieser Eindruck wird noch verstärkt, da sich die Garnele häufig rückwärts bewegt. Genauere Untersuchungen über dieses Mimikry-Verhalten sind noch nicht unternommen worden. Man vermutet, daß sie in ihrem natürlichen Lebensraum Fische putzen; dies konnte jedoch bisher nicht bestätigt werden.

T: 16-20°C, **L**: 4 cm, **BL**: ab 60 cm, **WB**: l, **WR**: u, **BS**: 3-4, **SG**: 2-3

Thor amboinensis

Tozeuma sp.

Fam.: Alpheidae

Die Arten der Knallkrebs-Familie sind durch zwei Eigenarten im Körperbau ausgezeichnet: Bei ihnen liegen als einzige Garnelengruppe die Augen unter dem Carapax verborgen, das heißt, sie haben sehr kurze Augenstiele und die Augen sind nie so deutlich erkennbar wie bei anderen Garnelen. Sie wirken immer etwas matt. Weiterhin tragen Alpheiden immer diese einzigartige Knallschere, die zur Erzeugung eines für das menschliche Ohr unter und über Wasser deutlich hörbaren, pistolenschußartigen Geräusches umgebildet wurde (siehe Seite 498).
Knallkrebse sind weit verbreitet. Die meisten Arten leben in tropischen Gewässern der drei Ozeane, wenige im Mittelmeer und nur zwei Arten kommen bis in die Nordsee vor. Ihre vertikale Verbreitung geht vom Flachwasser bis in die Tiefsee, wo sie bisweilen recht groß werden. Die bekanntesten Gattungen der Familie Alpheidae sind *Alpheus, Synalpheus* und *Athanas*, wobei nur die beiden ersten in den Aquarienhandel gelangen. *Athanas*-Arten sind sehr klein und farblich kaum ansprechend.
Bemerkenswert ist das Verhalten von einigen *Alpheus*-Knallkrebsen, die eine dauernde Lebensgemeinschaft (Symbiose) mit Grundeln bilden. Solche Symbiosen haben sich aber nur in wärmeren Meeren entwickelt. Man nimmt an, daß die aus genannten Gründen schlecht sehenden Knallkrebse von ihren Partnerfischen über die Sicherheit vor dem gemeinsamen Höhleneingang informiert werden. Studien in Meeresaquarien haben ergeben, daß die Knallkrebse in ständigem Kontakt mit den Grundeln stehen. Der Vorteil der Fische aus dieser Symbiose ist offensichtlich: Sie benutzen die vom Knallkrebs gebauten Höhlen und sind darin zusammen mit diesem vor herannahenden Freßfeinden geschützt.
Die meisten Knallkrebse aber führen ein "normales" Garnelenleben und sitzen paarweise zu Tausenden in den tropischen Korallenriffen, ohne Kontakt zu anderen Mitbewohnern. Da sie sehr versteckt leben, übersieht man manchmal, daß Knallkrebse die mit Abstand häufigste Garnelengruppe im Riff sind. Wie alle nichträuberischen Meeresbewohner ernähren sie sich auch nach der Regel "Alles Gute kommt von oben", sprich von absinkendem Detritus und Mikroorganismen, die sie vom Boden abfressen.

Synalpheus sp.

Alpheus sp.

Fam.: Alpheidae

Alpheus bisincisu DE HAAN, 1850
Deutscher Name nicht bekannt

Vork.: Indischer Ozean, Rotes Meer, Japan.
GU: Es ist nicht bekannt ob die ♂♂ größere Scheren haben als die ♀♀, wie bei *A. randalli.*
Soz.Verh./Vgs.: Einzeln mit einer oder zwei Grundeln als Partner in einer selbstgegrabenen Höhle. Geht auch im Aquarium Partnerschaften mit Grundeln ein; am Foto mit *Istigobius ornatus.*
Hält.B.: Korallengrus mit Felshöhle. Achtung, die Krebse baggern und können Steinaufbauten zum Einsturz bringen.
Licht: Dämmerlichtzone.
ZU/Verm.: Nicht bekannt.
FU: O, FD; Tabletten-, Trocken- und Gefrierfutter.
Bes.: Die Art ist lichtscheu und gewöhnt sich erst nach längerer Zeit an die Aquarienbeleuchtung. Die Partnerschaft zwischen Knallkrebsen und Grundeln ist eine echte Symbiose, bei der beide Partner einen Vorteil haben: Die Grundel warnt die schlecht sehende Garnele vor Feinden, der Krebs ist ständig damit beschäftigt die Höhle, in der beide wohnen, in Ordnung zu halten. In Japan lebt diese Art jeweils mit einem Paar der Grundel *Apocryptodon bleekeri* in einer Höhle zusammen. Der Mechanismus der Erzeugung des Knallgeräusches wurde von TAKEMURA & MIZUME (Bull.Fac.Fish. Nagasaki, 26, 37ff, 1968) ausführlich beschrieben (siehe Seite 498).

T: 21-260C, **L:** 3 cm, **BL:** ab 60 cm, **WB:** I, **WR:** u, **BS:** 3, **SG:** 2-3

Alpheus djeddensis COUTIERE, 1897
Djibouti-Knallkrebs

Vork.: Gesamter Indopazifik und Rotes Meer.
GU: Es ist nicht bekannt ob die ♂♂ größere Scheren haben als die ♀♀, wie *A. randalli.*
Soz.Verh./Vgs.: Lebt paarweise mit verschiedenen Grundelarten in Höhlen zusammen. Hier mit *Amblyeleotris steinitzi* (unten) und mit *A. wheeleri* (übernächste Seite rechts oben).
Hält.B.: Geröll, Sandboden und Muschelgrus mit Felshöhle, in die sich Krebse und Grundel zurückziehen können. Wird keine ansprechende Höhle zu Verfügung gestellt, beginnen die Garnelen im Sandboden zu graben. Liegt ein flacher Stein auf dem Sandboden, legen sie meist ihre Gänge darunter an. Achtung: Sie können kleine Fische und Garnelen erbeuten.
Licht: Mittellichtzone.
ZU/Verm.: Nicht bekannt.
FU: O, FD; Trocken- und Gefrierfutter, das meist mit einer Pinzette oder mit dem Futterrohr gereicht werden muß. Sie zupfen auch gerne Algen ab.
Bes.: *A. djiboutensis* ist ein Synonym aus DE MAN, 1909. In ihrem natürlichen Lebensraum sind sie oft schon in geringer Tiefe anzutreffen. Durch ihre große Fluchtdistanz sind sie aber nur schwer zu sehen und zu fotografieren. Im Aquarium gewöhnen sie sich jedoch bald an den Betrachter. Das Zusammenleben mit der Grundel gilt als ein Musterbeispiel einer echten Symbiose.

T: 22-270C, **L:** 3 cm, **BL:** ab 60 cm, **WB:** I, **WR:** u, **BS:** 2, **SG:** 2-3

Alpheus bisincisu zusammen mit *Istigobius ornatus*

Alpheus djeddensis

Alpheus sp.

Alpheus djeddensis mit *A. wheeleri*

Alpheus sp.

Alpheus randalli BANNER, 1981
Randalls Knallkrebs

Vork.: Indopazifik.
GU: Die ♂♂ haben meist eine größere Knallschere als die ♀♀.
Soz.Verh./Vgs.: Leben meist in Paaren, zusammen mit einer Grundel in einer Höhle. Am Foto mit einer noch nicht bestimmten Grundel der Gattung *Amblyeleotris*, bei Bali/Indonesien aufgenommen.
Hält.B.: Korallengrus oder grober Sandboden, der in Höhlen übergeht. Sie untergraben gerne Steine, die auf dem Sandboden aufliegen.
Licht: Mittellichtzone.
ZU/Verm.: Nicht bekannt.
FU: O, FD; Flocken- und Gefrierfutter.
Bes.: Lebt zusammen mit verschiedenen Grundelarten der Gattungen *Amblyeleotris* und *Stenogobius*. Obwohl die Krebse als Paar in einer Höhle zusammen wohnen, ist fast immer nur einer der beiden zu sehen. Man darf jedoch nicht annehmen, daß alle *Alpheus*-Arten mit Grundeln symbiotisch zusammen leben. Die meisten Arten, die in tropischen und gemäßigten Meeren zu finden sind, leben einzeln oder paarweise in engen Felshöhlen oder zum Beispiel in den inneren Hohlräumen von Schwämmen. Der karibische *A. armatus* ist ein obligatorischer Symbiont zu der Aktinie *Bartholomea annulata*. Nach Untersuchungen von TAKEMURA & MIZUE (Bull.Fac.Fish. Nagasaki, 26, 37ff, 1968) an verschiedenen japanischen *Alpheus*- Arten sind diese für die ständigen Knackgeräusche im Meer verantwortlich, die besonders in den tropischen Gebieten in den oberen Wasserschichten deutlich zu hören sind. Die Dauer eines Geräusches liegt bei etwa 18 Millisekunden und das Frequenzband erreicht über 7 kc. Die Knallfrequenz bei einem Individuum liegt unter einer Sekunde. Die Entstehung dieser Knackgeräusche ist auf Seite 498 beschrieben.

T: 22-28°C, **L:** 3 cm, **BL:** ab 50 cm, **WB:** I, **WR:** u, **BS:** 3, **SG:** 2

Fam.: Alpheidae

Alpheus strenuus DANA, 1852
Schneeball-Knallkrebs

Vork.: Östlicher Pazifik, Hawaii.
GU: Es ist nicht bekannt ob die ♂♂ größere Scheren haben als die ♀♀ wie *A. randalli*.
Soz.Verh./Vgs.: Einzelgänger.
Hält.B.: Sie brauchen Höhlen und Überhänge als Versteck, jedoch keinen Sandboden.
Licht: Dämmerlichtzone.
ZU/Verm.: Nicht bekannt.
FU: O, FD; Gefrierfutter, Krill, Tabletten.
Bes.: Da die Tiere Einzelgänger sind, sollten sie nicht mit Artgenossen in einem Becken zusammen gehalten werden. Wie die meisten Knallkrebse könne auch sie in der Nacht kleine Garnelen erbeuten.

T: 22-27°C, **L:** 4 cm, **BL:** ab 60 cm, **WB:** I, **WR:** u, **BS:** 3, **SG:** 2-3

Alpheus sp.
Knallkrebs

Vork.: Indo-australischer Raum.
GU: Es ist nicht bekannt ob die ♂♂ größere Scheren haben als die ♀♀, wie manche *Alpeus*-Arten.
Soz.Verh./Vgs.: Lebt paarweise mit Grundeln in Sybiose.
Hält.B.: Sand und Felshöhlen.
Licht: Dämmerlichtzone.
ZU/Verm.: Nicht bekannt.
FU: O, FD; Gefrierfutter, *Artemia*, *Mysis*. Das Futter muß meist gezielt mit dem Futterrohr gereicht werden.
Bes.: Lebt paarweise entweder in Felshöhlen, oder viel häufiger auf Schlickböden in den sie Gänge graben, mit der Grundel *Amblyeleotris gymnocephala* zusammen. Sie ist hauptsächlich nachtaktiv und bekundet ihre Anwesenheit im Aquarium oft nur durch ihre Knallgeräusche. Über die Entstehung dieser Knallgeräusche wird auf dieser Seite unten berichtet.

T: 22-270C, **L:** 3 cm, **BL:** ab 60 cm, **WB:** I, **WR:** u, **BS:** 3-4, **SG:** 2-3

Bei Knallkrebsen, die auch als "Pistolenkrebse" bezeichnet werden, ist gewöhnlich die linke Schere stark vergrößert. Geht diese im Verlauf eines Kampfes verloren, wird sie aufgrund des guten Regenerationsvermögens wieder ersetzt. Da das nur schrittweise, von Häutung zu Häutung, geschehen kann, wird die bereits vorhandene rechte Schere zur Pistolenschere umgebaut und die linke bleibt klein. Mit der großen Schere erzeugen sie das Knallgeräusch, das für diese Familie so typisch ist. Die Scheren der zehnfüßigen Krebse bestehen aus einem feststehenden (Propodus) und einem beweglichen (Dactylus) Teil. Der Dactylus hat einen Fortsatz, der genau in eine Vertiefung des Propodus hineinpaßt. Wenn nun eine plötzlichen Muskelanspannung die Schere schließt, wird ein scharfer Wasserstrahl hinausgeschossen. Dabei entsteht dieses harte Knall- oder Knackgeräusch, das an zerbrechendes Glas erinnert. Schon so manchen Aquarianer ist erschrocken aufgesprungen, weil er glaubte, daß sein Becken zerstört sei. Das gleiche Geräusch entsteht wieder beim Öffnen der Scheren. Das Öffnen und Schließen geschieht abwechseln im Abstand von etwa einer Sekunde. Die Japaner A. TAKEMURA und K. MIZUE (Bull.Fac.Fish. Nagasaki, 26, 37ff, 1968) haben den Vorgang genau beschrieben. Der Wasserstahl dient einerseits zur Verteidigung, andererseits werden auch kleine Fische und Garnelen damit erbeutet.

Alpheus strenuus

Alpheus sp.

Fam.: Alpheidae

Alpheus sp.

Vork.: Indopazifik, sowohl in tropischen, als auch in warm-gemäßigten Gebieten.
GU: Ein Unterschied in der Scherengröße, wie bei einige anderen Knallkrebsen ist nicht bekannt.
Soz.Verh./Vgs.: Einzeln oder in Paaren. Bisher weiß man nicht, ob diese Art auch mit Grundeln zusammen lebt.
Hält.B.: Sandboden und Felsaufbauten mit Verstecken.
Licht: Dämmerlichtzone.
ZU/Verm.: Nicht bekannt.
FU: O, FD; Gefrierfutter, Tabletten und bei Gelegenheit auch Algen. Sie müssen meist nicht speziell gefüttert werden, da sie nachts gerne Futterreste und Detritus aufsammeln.
Bes.: Sehr zurückgezogene Lebensweise. Daher ist über die Biologie dieser Tiere noch kaum etwas zu berichten.

T: 18-22°C, **L:** 3 cm, **BL:** ab 60 cm, **WB:** I, **WR:** u, **BS:** 4, **SG:** 2-3

Alpheus sp.

Alpheus sp.

Alpheus sp.

Fam.: Gnathophyllidae

Die Gnathophylliden zeichnen sich durch einen extrem wuchtigen, kurzen aber recht breiten Körper aus. Das Rostrum ist in der Regel klein und reicht kaum über die Augen hinaus. Die zweite Schere ist deutlich größer als die erste, bei der Gattung *Hymenocera* erreicht sie sogar die doppelte Carapax-Länge.
Die Familie Gnathophyllidae wird in vier Gattungen aufgeteilt, von denen in Aquarianerkreisen aber nur *Gnathophyllum* und *Hymenocera* bekannt sind. Von der Mittelmeer-Art *Gnathophyllum elegans* weiß man etwas über ihre Lebensgewohnheiten: Die braun- bis rotgefärbte Garnele ist ein Hartsubstratbewohner und wurde in kahlen Höhlen oder freien Felsformationen bereits im Flachwasser von nur einem Meter gesehen. Die tropischen Arten, von denen *G. americanum* am bekanntesten ist, leben dagegen in abgestorbenen Korallenstöcken und ernähren sich von Detritus. Sie alle sind Einzelgänger und wurden noch nie in Lebensgemeinschaften mit anderen Krustentieren beobachtet.
Da der Bau der Harlekingarnele der Gattung *Hymenocera* nicht leicht zu durchschauen ist, sei nochmals festgehalten, daß sie wie alle Zehnfußkrebse an ihrem Brustteil fünf Paar Beine tragen, die verschieden gestaltet sind. Das letze Segment des ersten Paares ist als pinzettenförmige Schere ausgebildet, sie wird gewöhnlich vom zweiten Scherenpaar überdeckt und ist nach innen lappenartig verbreitert. Die anschließenden drei Paar Beine dienen ausschließlich der Fortbewegung. Der Kopf aller *Hymenocera*-Garnelen besteht scheinbar aus Anhängen an der Vorderkante der Brust, von denen besonders die ersten Antennen hervortreten: Sie fallen durch ihre fahnenförmigen Verbreiterungen auf dem schaftartigen Grundsegment auf, die sie ständig hin und her schwenken. Die daneben stehenden Augen sitzen auf Stielen und können in alle Richtungen gedreht werden. Fadendünn und durchsichtig liegen die zweiten Antennen an den Seiten des Panzers.
Kaum ein anderer Zehnfußkrebs ist so intensiv von Verhaltensforschern beobachtet worden wie die Harlekingarnele *Hymenocera elegans*, insbesondere in den Aquarien des Max-Planck-Instituts für Verhaltensphysiologie in Seewiesen/Bayern. "Wird eine Garnele das australische Barriere-Riff retten?" Das war nur eine der Schlagzeilen, von denen die Untersuchungen damals ausgelöst wurden. Denn die Beobachtung, daß die Harlekingarnele den Seestern *Acanthaster planci* tötet, sorgte in den betroffenen Gebieten für Aufsehen. Was war geschehen? Der sich von Korallenpolypen ernährende Seestern, populär Dornenkrone genannt, hatte sich an mehreren Stellen des Indopazifiks epedemieartig vermehrt und einige Riffstrecken kahlgefressen. Man befürchtete, der Seestern könne eine Katastrophe erzeugen, indem das tote Riff auch von anderen Lebewesen gemieden und schließlich vom Wellengang zerstört wird. Der einzig potentielle Feind

der Dornenkrone, die große Tritonschnecke, war durch Gehäusesammler stark dezimiert und so hoffte man auf die Fähigkeit der Harlekingarnele, zur Rettung der Korallenriffe beizutragen. Dies gründete sich auf einem Film des Max-Planck-Institutes, der folgendes zeigt:
Ein *Hymenocera*-Weibchen läuft auf einen kleinen *Acanthaster*-Seestern zu, klettert auf ihn hinauf und sucht die Oberfläche mit den winzigen ersten Scheren nach einer Wunde ab. Der Seestern kriecht weiter und klettert auf einen Stein. Nun gesellt sich das Garnelenmännchen dazu, und beide versuchen, den Seestern auf den Rücken zu drehen. Dazu stemmt das auf einem Sternarm sitzende Männchen den Arm und sich selbst hoch, indem es mit den Vorderkanten der großen Scheren gegen den Boden drückt. Die Freßscheren fahren nun in die Ambulakralrinne auf der Unterseite des Seesternarmes, dessen Lauffüßchen sich daraufhin zurückziehen und den Halt am Boden aufgeben. Während die Garnele stemmt, kriecht der Seestern weiter, und die Garnele stelzt Schritt für Schritt immer weiterstemmend, rückwärts auf den großen Scheren mit. Schließlich schafft sie es, die Dornenkrone umzudrehen, die wiederum versucht, ihre Normallage zu finden und dabei die Ambulalkrafüßchen weit herausgestreckt. Aber da packen beide Garnelen zu und ziehen aus einer von ihnen gehebelten Wunde einen langen Eingeweidestrang heraus, führen ihn zum Mund und zerrupfen ihn mit den scharfen Freßscheren. Von dem schon zerfallenen Seestern werden später noch weitere Gewebsfetzen abgesägt und verspeist.
Wirklich eingesetzt wurden die Seesternräuber gegen die *Acanthaster*plage aber nie. Einmal sind sie viel zu selten, und zum anderen ziehen sie andere Seesterne vor, wenn sie hungrig sind. Untersuchungen der australischen Regierung ergaben zudem, daß der Ausbreitungsherd der Dornenkrone örtlich begrenzt und die Gefahr für die befallenen Riffe geringer blieb als ursprünglich befürchtet. Außerdem fand man durch Bohrungen im Barriere-Riff heraus, daß es bereits in früheren erdgeschichtlichen Perioden Massenvermehrungen von *Acanthaster* gegeben haben muß, die das Riff alle überlebt hat. Man sieht, wie vorsichtig der Begriff "Katastrophe" zu verwenden ist, da es sich auch um zyklische natürliche Vorgänge handeln kann.

Fam.: Gnathophyllidae

Gnathophyllum americanum GUERIN, 1857
Gestreifte Harlekingarnele

Vork.: Weitverbreitet im tropischen Indopazifik, bis Japan, Hawaii und Australien.
GU: ♂♂ haben wesentlich längereScherenbeine als die ♀♀.
Soz.Verh./Vgs.: Einzeln oder paarweise. Vertragen sich gut mit anderen Aquarienbewohnern. Oft zusammen mit Stachelhäutern, wie kurzstachelige Seeigel und Seegurken (z.B. *Paracucumaria tricolor*).
Hält.B.: Riff- oder Felsenaquarium mit guten Versteckmöglichkeiten. Ein Wirt kann, aber muß nicht vorhanden sein.
Licht: Dämmerlichtzone.
ZU/Verm.: Nicht bekannt.
FU: K; Verschiedenes Gefrierfutter. Ernähren sich sonst hauptsächlich von Saugfüßchen der Stachelhäuter.
Bes.: An der charakteristischen Streifenfärbung ist diese Art leicht von anderen zu unterscheiden. Sie hat eine große Tiefenverbreitung, man kann sie in der Gezeitenzone genauso finden wie an tiefen Riffen mit Felsblöcken. Dort hat man sie zeitweise in Gemeinschaft mit Seesternen, Seegurken und Seeigeln beobachtet. Man kennt verschiedene Farbvarianten, die durch das Habitat beeinflußt werden, wobei die Tiefenformen meist weniger kräftig gefärbt sind. Im Aquarium sind sie anfänglich scheu und furchtsam, lernen jedoch bald nach dem Futter zu suchen. Diese Art wird relativ häufig in Aquarien gehalten.

T: 21-26°C, **L:** 2-3 cm, **BL:** ab 60 cm, **WB:** l, **WR:** u, **BS:** 1, **SG:** 2-3

Gnathophyllum panamense FAXON, 1893
Panama-Harlekingarnele

Vork.: Karibik.
GU: ♂♂ mit längeren Scherenbeinen als ♀♀.
Soz.Verh./Vgs.: Nicht bekannt.
Hält.B.: Sie bevorzugen Felsaufbauten mit genügend Versteckplätzen.
Licht: Dämmerlichtzone.
ZU/Verm.: Nicht bekannt.
FU: K, (O?); Zerstückeltes Gefrierfutter.
Bes.: Nicht bekannt.

T: 22-26°C, **L:** 2-3 cm, **BL:** ab 50 cm, **WB:** l, **WR:** u, **BS:** 3, **SG:** 2-3

Gnathophyllum americanum

Gnathophyllum panamense

Fam.: Gnathophyllidae

Gnathophyllum sp.

Hymenocera picta DANA, 1852
Östliche Harlekingarnele

Vork.: Zentraler Pazifik.
GU: Die ♂♂ sind kleiner als die ♀♀. Die ♀♀ besitzen auf den Rüschen der ersten Hinterleibssegmente je einen deutlich umrandeten Fleck. Der zweite Lappen beim ♂ ist blaß oder farblos. Die Abdominalbeine der ♀♀ haben blaue Spitzen, die der ♂♂ sind durchsichtig.
Soz.Verh./Vgs.: Leben paarweise und sollen auch nur als Paar gehalten werden. Wie *H. elegans* gibt das ♀ Duftstoffe ab. Sie gehören mit diesen zu den wenigen wirbellosen Tieren, die ihren Lebenspartner individuell erkennen. Nicht mit Stachelhäutern zusammen halten (außer als Futter).
Hält.B.: Riffaquarium mit entsprechenden Unterschlupfmöglichkeiten.
Licht: Mittellichtzone.
ZU/Verm.: Im Rahmen der unten genannten Untersuchungen wurden die Tiere auch gezüchtet. Das Problem liegt wie bei allen Garnelenarten in der Futterbeschaffung für die Larven.
FU: K (Nahrungsspezialisten!); sie ernähren sich ausschließlich von Stachelhäutern, hauptsächlich von Seesternen, aber auch von einigen Seeigelarten. Sie können auch mit Seesternen der Nordsee, *Asterias rubens* und *A. vulgaris* gefüttert werden. Es ist jedoch darauf zu achten, daß diese nach dem Absterben entfernt werden, damit das Wasser nicht verdorben wird.
Bes.: Von *H. elegans* unterscheidet sie sich dadurch, daß sie kräftig rot gefärbt ist. ♂♂ und ♀♀ gehen meist gemeinsam auf Beutefang.

T: 24-29°C, L: 3 cm, BL: ab 60 cm, WB: I, WR: u, BS: ♂, SG: 3-4

Fam.: Gnathophyllidae

Hymenocera elegans HELLER, 1861
Westliche Harlekingarnele

Vork.: Rotes Meer, westlicher Indopazifik bis Indonesien.
GU: Die ♂♂ sind größer als die ♀♀. Weitere Unterschiede siehe *H. picta*.
Soz.Verh./Vgs.: Leben paarweise und sollten auch nur so gehalten werden. Keinesfalls gleichgeschlechtliche zusammen setzen. Die ♀♀ geben einen Sexual-Lockstoff (Pheromon) ab, an dem sie vom ♂ individuell (!) erkannt werden. Nicht mit Seesternen und Seeigeln vergesellschaften.
Hält.B.: Riff-Aquarium mit Verstecken, in die sich beide gemeinsam zurückziehen können.
Licht: Mittellichtzone.
ZU/Verm.: Kann wie *H. picta* gezüchtet werden.
FU: K (Nahrungsspezialisten!); ihre natürliche Nahrung sind Seesterne, im Aquarium nehmen sie kaum anderes Futter an. Man sollte sie nur halten, wenn man ab und zu einen Seestern (z.B. *Asterias rubens*) beschaffen kann.
Bes.: Die Art ist von *H. picta* durch ihre bräunliche Färbung zu unterscheiden. Wie diese ernährt sich sich auch von Stachelhäutern (siehe Seite 504).

T: 22-28°C, **L**: 3 cm, **BL**: ab 60 cm, **WB**: l, **WR**: u, **BS**: 3, **SG**: 3-4

Hymenocera elegans

Hymenocera picta, Text siehe Seite 507

Hymenocera elegans

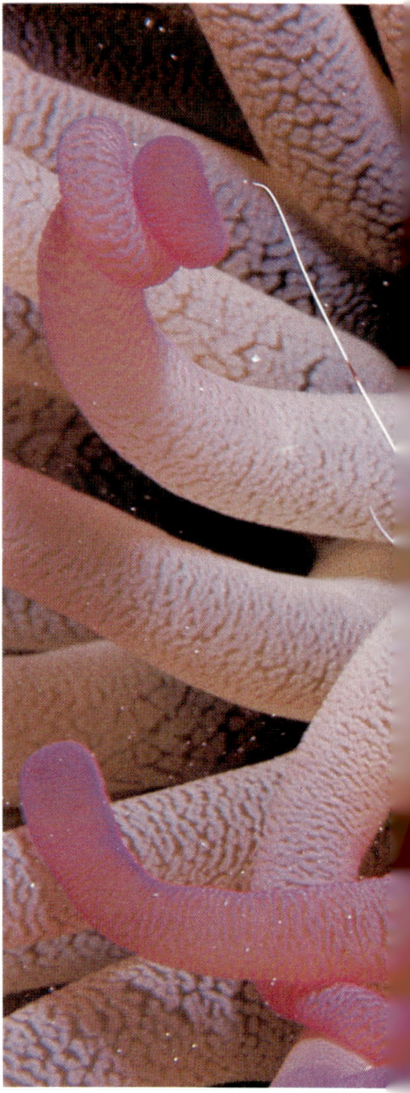

Die Karibische Partnergarnele *Periclimenes yucatanicus* lebt gern zwischen den Tentakeln der Anemone *Condylactis gigantea*.

Fam.: Palaemonidae
Unterfam.: Palaemoninae

Die artenreiche Familie Palaemonidae unterteilt man in zwei Unterfamilien, die Felsengarnelen (Palaemoninae) und die Partnergarnelen (Pontoniinae). Felsengarnelen kennt man hauptsächlich aus temperierten oder kalten Gewässern, während Partnergrundeln überwiegend in tropischen Meeren leben. An allen Felsenküsten bis zur obersten Flachwasserzone des Mittelmeeres sind beim genauen Hinschauen die fast durchsichtigen Felsengarnelen in Scharen zu erkennen. Jungtiere sind den ganzen Tag auf Futtersuche, größere Exemplare aber halten sich während der hellen Tagesstunden meist im Schatten von Felswänden und Höhlen auf. Gut erkennbar sind sie an dem langen, oben- und unterseits sägeartig gezähnten Rostrum (Stirnfortsatz).
Partnergarnelen dagegen sind mit wenigen Ausnahmen, Kommensalen, das heißt, sie leben in ständiger, obligatorischer, nicht parasitischer Gemeinschaft mit anderen Tieren. Kommensalismus ist nicht nur auf Garnelen beschränkt; er findet sich auch bei anderen Krebsen, ist er doch ein Hauptfaktor für die Zunahme der Artenvielfalt in Korallenriffen. Viele seßhafte Wirbellose, neben Aktinien meist andere Coelenteraten, bieten in einer Weise, die man bei Tieren in Gewässern gemäßigter Zonen nicht findet, Nischen für Kommensalen. Um diese Nischen optimal zu nutzen, passen sich besonders Partnergarnelen farblich perfekt ihrem Wirtstier an. Die Farbmuster gleichen denen des Wirtes genau. Sie entstehen durch die Verteilung mehrerer Chromatophorentypen, spezieller Epidermiszellen, die verschiedene Pigmente enthalten. Durch Ausdehnung und Kontraktion können diese Chromatophoren die Intensität der Färbung verlieren und somit ihren Besitzer äußerlich verändern. Ein gern zitiertes Beispiel, das auch ausführlich in diesem Kapitel behandelt wird, ist die Partnergarnele *Periclimenes imperator*, die zum Beispiel auf einer Seegurke als Wirt völlig anders aussieht als auf einem Federstern oder einer Nacktschnecke. Und doch ist es dieselbe Art.

Palaemon elegans RATHKE, 1837
Große Felsgarnele

Vork.: Mittelmeer, östlicher Atlantik.
GU: Von außen nicht erkennbar.
Soz.Verh./Vgs.: Einzeln oder in Gruppen. Können empfindliche Mitbewohner und sogar Fische anknabbern.
Hält.B.: Äußerst genügsam. Stellen keinerlei Anforderungen. Temperatur und Salzgehalt können stark schwanken. Diese Art ist nur bedingt für Korallenbecken geeignet.
Licht: Sonnenlichtzone.
ZU/Verm.: Gelingt meist recht gut; wie bei *P. serratus* (Seite 518) beschrieben. Die Larven sind positiv phototaktisch (schwimmen zum Licht) und fressen auch im Wasser treibendes, fein zerriebenes Trockenfutter. Die Laichzeit in der Adria ist von Mai bis August, im Westmediterran von Juni bis September.
FU: O, FD; Allesfresser, der auch sämtliche Futterreste beseitigt.
Bes.: Vielen noch unter dem Namen *Leander squilla* bekannt. Mehrere ähnliche Arten im gleichen Verbreitungsgebiet des Mittelmeeres. Äußerst robuste Aquarientiere, die deshalb und aufgrund ihrer Durchsichtigkeit gerne als Studienobjekt herangezogen werden. Sie knabbern gerne an Beinen von Badenden und an den Händen der Aquarianer, sie sind jedoch noch nie beim Putzen von Fischen beobachtet worden.

T: 10-23°C, **L:** 5 cm, **BL:** ab 30 cm, **WB:** l, **WR:** u, **BS:** 2, **SG:** 1

Palaemon intermedius (STIMPSON, 1860)
Weißgefleckte Seegras-Garnele

Vork.: Australien.
GU: Von außen nicht erkennbar.
Soz.Verh./Vgs.: Einzeln oder in kleinen Gruppen. Eher scheu, verträgt sich gut mit anderen Aquarienbewohnern.
Hält.B.: Stellen keine besonderen Anforderungen. Sie haben Strömungen ganz gerne.
Licht: Mittellichtzone.
ZU/Verm.: Nicht bekannt.
FU: O, FD; Allesfresser und hervorragender Restevertilger, wenn sie nicht durch zu agressive Mitbewohner in Schach gehalten werden.
Bes.: Leben in seichten Seegraswiesen in Buchten mit relativ starken Gezeitenströmungen. Robustes Aquarientier, das in Australien beliebt ist, jedoch selten nach Europa importiert wird.

T: 18-24°C, **L:** 3-4 cm, **BL:** ab 60 cm, **WB:** m-s, **WR:** u, **BS:** 3, **SG:** 1-2

Palaemon intermedius

Palaemon intermedius

Palaemon intermedius

Palaemon serenus (HELLER, 1862)
Gelbgefleckte Seegras-Garnele

Vork.: Süd-Australien.
GU: Die ♂♂ haben längere Scherenbeine als die ♀♀.
Soz.Verh./Vgs.: Leben einzeln bis zu größeren Gruppen und vertragen sich gut mit anderen kleinen Aquarienbewohnern.
Hält.B.: Stellen keine besonderen Bedingungen, ziehen sich jedoch besonders in der Eingewöhnungsphase für längere Zeit in ihre Verstecke zurück.
Licht: Mittellichtzone.
ZU/Verm.: Nicht bekannt.
FU: O, FD; Allesfresser, die sich hervorragend als Restevertilger eignen.
Bes.: Leben sowohl in Felsbereichen, als auch in Seegraswiesen. Sie werden wie viele Vertreter der Unterfamilie gerne als Restevertilger gehalten. Aufgrund der leichteren Erreichbarkeit anderer *Palaemon*-Arten werden sie jedoch selten nach Europa importiert.

T: 10-24°C, **L:** 4 cm, **BL:** ab 40 cm, **WB:** I, **WR:** u, **BS:** 3, **SG:** 1-2

Palaemon serratus

Palaemon serenus

Fam.: Palaemonidae
Unterfam.: Palaemoninae

Palaemon serratus , siehe auch Seite 520 oben

Palaemon serratus (PENNANT, 1777)
Mittelmeer-Felsgarnele

Vork.: Mittelmeer, gemäßigter Ost-Atlantik, z.B. Küste Irlands.
GU: Von außen nicht erkennbar.
Soz.Verh./Vgs.: Einzeln oder in Gruppen. Können empfindliche Mitbewohner durch ihr andauerndes Suchen und Zupfen stören.
Hält.B.: Stellen keine besonderen Anforderungen. Temperatur und Salzgehalt können sehr variieren. Normal sind 10 bis 25°C, kurzfristig kann dieser Wert wesentlich über- oder unterschritten werden. Sie eignen sich daher auch gut für tropische Becken.
Licht: Sonnenlichtzone.
ZU/Verm.: Ist relativ einfach. Am sichersten gelingt sie mit frisch gefangenen ♀♀, die reife Eier am Hinterleib tragen. Im Mittelmeer haben diese Garnelen meist zwei Laichsaisonen pro Jahr. In der Adria im Mai und Juni sowie August und September, im westl. Mittelmeer Januar bis März bzw. August bis November. Algen aus Gezeitentümpeln werden in stark beleuchteten flachen Wannen angesetzt um Planktonfutter für die Larven zu erlangen. Nach kurzer Zeit kann bereits mit zerriebenem Trockenfutter weiter gefüttert werden. Oft vermehren sich diese Garnelen auch unbemerkt, entweder direkt im Aquarium oder auch im Filtertopf.
FU: O, FD; Sie sind äußerst genügsame Allesfresser und ausgezeichnete Vertilger von Futterresten.
Bes.: Der ältere Name *Leander serratus* ist nicht mehr gültig. Es gibt im Mittelmeer mehrere ähnliche Arten, die anhand ihres Stirnfortsatzes (Rostrum) und der Ausbildung der ersten Scherenbeine unterschieden werden. Da die Tiere gerne Gezeitentümpel bewohnen und auch in stärker verschmutzten Gebieten anzutreffen sind, gehören sie zu den robustesten Aquarientieren überhaupt. Der Transport ist einfach, es genügen sogar feuchte Tücher. Gelegentlich sind im Freiwasser gefangene Tiere von parasitischen Asseln befallen, die jedoch auf keinen anderen Aquarienbewohner übergehen.

T: 10-25°C, **L:** 6 cm, **BL:** ab 30 cm, **WB:** I, **WR:** u, **BS:** 2, **SG:** 1

Palaemon xiphias RISSO, 1816
Glasgarnele

Vork.: Mittelmeer
GU: Von außen nicht erkennbar.
Soz.Verh./Vgs.: Einzeln oder in kleinen Gruppen.
Hält.B.: Robustes Aquarientier, ohne besondere Ansprüche.
Licht: Sonnenlichtzone.
ZU/Verm.: Nicht bekannt, müßte aber ähnlich gut wie bei den anderen Mittelmeerarten *Palaemon elegans* und *P. serratus* funktionieren. Laichzeit in der Adria: Mai und Juni, im westl. Mittelmeer: Juni bis September.
FU: O, FD; Allesfresser.
Bes.: Lebensweise wie *P. elegans.*

T: 10-24°C, **L**: 6 cm, **BL**: ab 40 cm, **WB**: I, **WR**: u, **BS**: 2, **SG**: 1

Palaemon serratus , Text siehe Seite 518

Leandrites cyrtorhynchus FUJINO & MIYAKE, 1869
Putzende Partnergarnele

Vork.: Im gesamten indopazifischen Bereich.
GU: Nicht bekannt.
Soz.Verh./Vgs.: Leben meist gesellig, sind aber auch einzeln zu halten.
Hält.B.: Riff-Aquarium mit Versteckmöglichkeiten. Verträgt sich gut mit anderen Wirbellosen, aber nicht mit großen Fischen.
Licht: Dämmerlichtzone.
ZU/Verm.: Nicht bekannt.
FU: O, FD; Tabletten, Gefrierfutter.
Bes.: Putzt im Freiland auch große Fische, sollte im Aquarium jedoch nicht zusammen mit diesen gehalten werden.

T: 20-27°C, **L**: 3 cm, **BL**: ab 60 cm, **WB**: I, **WR**: u, **BS**: 3, **SG**: 2-3

Leandrites cyrtorhynchus, Malediven

In der Gattung *Leandrites* gibt es außer der bekannten *L. cyrtorhynchus* noch weitere Arten, die aber wissenschaftlich noch nicht bestimmt sind. Sie putzen nicht nur kleinere Korallenfische wie Barsche und Falterfische, sondern auch große Muränen. Scharenweise warten die Garnelen unter Überhängen auf ihre Putzkunden.

Leandrites sp., Thailand

Leandrites cyrtorhynchus

Leandrites sp.

Fam.: Palaemonidae

Unterfam.: Pontoniinae

Periclimenes aesopius (BATE, 1863)
Südliche Partnergarnele

Vork.: Südküste Australiens.
GU: Von außen nicht erkennbar.
Soz.Verh./Vgs.: Einzeln, paarweise oder in kleinen Gruppen auf Aktinien und Seegurken. Die Anzahl der Tiere ist von der Größe des Wirtes abhängig.
Hält.B.: Nur zusammen mit Aktinien oder Seegurken halten.
Licht: Mittellichtzone.
ZU/Verm.: Nicht bekannt.
FU: O, FD; verschiedenstes Gefrierfutter.
Bes.: Diese Art ist wahrscheinlich die am südlichsten vorkommende *Periclimenes*-Art. Es wird vermutet, daß sie auch Fische putzt. Die auf den Aktinien lebenden Tieren besitzen einen Nesselschutz, der immer wieder erneuert werden muß (siehe unteren Text bei Bes.:)

T: 16-22°C, **L**: 1-2 cm, **BL**: ab 60 cm, **WB**: I, **WR**: u, **BS**: 3, **SG**: 2-3

Periclimenes brevicarpalis (SCHENKEL, 1902)
Gedrungene Anemonengarnele

Vork.: Indopazifik, Australien.
GU: ♂♂ kleiner als ♀♀.
Soz.Verh./Vgs.: Leben einzeln oder paarweise zusammen mit verschiedenen Aktinien- (z.B. *Stoichactis*) und Seegurkenarten. Manchmal zusammen mit *Thor amboinensis* auf einer Aktinie.
Hält.B.: Sollen nur zusammen mit einem Wirt (Aktinie oder Seegurke) gehalten werden.
Licht: Mittellichtzone.
ZU/Verm.: Nicht bekannt.
FU: O, FD; Trocken- und Gefrierfutter. Vertilgen auch Futterreste.
Bes.: Diese Art ist die meist importierte *Periclimenes*-Art. Sie läßt sich leicht halten, sollte jedoch nicht mit größeren Fischen zusammengesetzt werden. Ein Wirt, eine Seegurke oder besser eine Aktinie soll vorhanden sein. Sind keine Fische im Aquarium, fühlt sich die Garnele sicher und verläßt ihren Wirt oft auf längere Zeit. Lebt diese Art auf einer Aktinie, so ist sie vor dem gefährlichen Nesselgift geschützt. Dies gilt ebenso für andere *Periclimenes*- und sonstige Krebsarten, die in Partnerschaft mit Aktinien leben. Der Außenpanzer der Krebse wird dabei mit einem Schleim überzogen, den die Aktinie abgibt. Dieser verhindert auf chemischem Weg das Auslösen der Nesselkapseln. Bei der für das Wachstum notwendigen Häutung geht dieser Schutz mit dem alten Panzer (Exuvie) allerdings verloren. Kurz bevor es dazu kommt, ziehen sich die Garnelen von den Aktinien zurück und suchen Verstecke im Felsen auf. Nach dem Aushärten des neuen Panzers eignen sie sich langsam wieder den Nesselschutz an, indem sie zuerst nur ganz leicht mit den Tentaklen der Aktinie in Berührung kommen.

T: 23-28°C, **L**: 2 cm, **BL**: ab 60 cm, **WB**: I, **WR**: u, **BS**: 1, **SG**: 2

Periclimenes aesopius

Periclimenes brevicarpalis

Periclimenes brevicarpalis

Periclimenes brevicarpalis

Periclimenes amethysteus, Mittelmeer

Periclimenes sagittifer, Mittelmeer

Fam.: Palaemonidae
Unterfam.: Pontniinae

Periclimenes imperator BRUCE, 1967
Imperator-Garnele, Verwandlungs-Partnergarnele

Vork.: Gesamter Indopazifik, Rotes Meer.
GU: Von außen nicht erkennbar.
Soz.Verh./Vgs.: Lebt einzeln oder paarweise auf Wirtstieren wie auf der großen Nacktschnecke *Hexabranchus sanguineus*, auf Seegurken wie *Stichopus* und *Synapta* oder auf Federsternen.
Hält.B.: Nach Möglichkeit soll ein Wirt angeboten werden. Dieser wird jedoch oft für längere Zeit verlassen, wenn keine Freßfeinde im Becken sind.
Licht: Mittellichtzone.
ZU/Verm.: Nicht bekannt.
FU: O, FD; die Garnelen ernähren sich hauptsächlich von dem an der schleimigen Hautoberfläche ihrer Wirte anhaftenden Partikeln. Im Aquarium nehmen sie aber auch kleingehacktes Gefrierfutter oder Flockenfutter an.
Bes.: Die Garnele paßt sich ihrem Wirt farblich perfekt an. Daher kann die Färbung auch sehr stark variieren. Beobachtungen in Aquarien haben gezeigt, daß die Assoziation zu *Hexabranchus* besonders groß ist; die Nacktschnecke wird kaum verlassen. Die Bindung zu Federsternen und Seegurken ist wesentlich geringer. Da Attrappen nicht angenommen werden, vermutet man, daß die Garnelen über den Geruchssinn (chemisch) an ihren Wirt gebunden sind. Ausführliche Untersuchungen liegen von SCHUHMACHER (Mar.Biol. 22/1973, 355ff) vor.

T: 22-28°C, **L:** 2 cm, **BL:** ab 60 cm, **WB:** I, **WR:** u, **BS:** 2, **SG:** 2-3

Periclimenes imperator

Periclimenes imperator

Hexabranchus sanguineus, die Riesennacktschnecke (Spanische Tänzerin) ist Wirt der Imperator-Garnele.

Es gibt kaum ein besseres Beispiel in der Crustaceen-Ordnung, das sich wie die Imperator-Garnele so perfekt farblich an ihr Wirtstier anpassen kann, ob sie nun auf einem Federstern, der Riesennacktschnecke *Hexabranchus* oder einer Seegurke lebt.

Periclimenes holthuisi BRUCE, 1969
Holthuis Putzergarnele

Vork.: Indopazifik, Australien.
GU: Von außen nicht erkennbar.
Soz.Verh./Vgs.: Leben meist in Gruppen auf verschiedenen Nesseltieren wie Aktinien (*Dofleinia*), Pilzkorallen *(Fungia)*, anderen Korallenarten (*Goniopora, Catalaphyllia*) und auf der Mangrovenqualle (*Cassiopeia*). Im Freiland manchmal zusammen mit *Amphiprion* an einer Anemone; im Aquarium ist jedoch von einer gemeinsamen Haltung eher abzuraten.
Hält.B.: Nur zusammen mit den entsprechenden Nesseltieren halten.
Licht: Mittellichtzone.
ZU/Verm.: Nicht bekannt.
FU: O, FD; keine gezielte Fütterung notwendig, da sie sich Detritus und Futterreste suchen.
Bes.: Neben *P. brevicarpalis* (Seite 524) ist sie die meist importierte Garnelenart. Putzt im Freiland und auch im Aquarium Fische. Dazu verläßt sie ihre Wirtsaktinie und klettert, manchmal in Gruppen, auf den Wirt, um ihn zu "pflegen". Gegen das Gift der Nesselzellen in den Tentakeln von Aktinien und Korallen sind diese Garnelen speziell geschützt (siehe Seite 524). In den meisten Fällen ist der Nesselschutz artspezifisch, das heißt die Garnelen sind nur gegenüber einer Aktinien- oder Korallenart immun, andere meiden sie, da sie genesselt würden.

T: 23-28°C, **L**: 2 cm, **BL**: ab 50 cm, **WB**: l, **WR**: u, **BS**: 1, **SG**: 2

Periclimenes lucasi CHACE, 1937
Lucas-Partnergarnele

Vork.: Östlicher Pazifik, West-Mexico.
GU: Von außen nicht erkennbar.
Soz.Verh./Vgs.: Einzeln oder paarweise, selten in Gruppen auf verschiedenen Aktinien.
Hält.B.: Nur zusammen mit Aktinien halten.
Licht: Mittellichtzone.
ZU/Verm.: Nicht bekannt.
FU: O, FD; genügsam. Futterreste, kleine Stücke von Gefrier- oder Trockenfutter.
Bes.: Leben auf Aktinien, die sie von Zeit zu Zeit verlassen, um Futter aufzunehmen. Sie besitzen einen Schutz gegenüber dem Nesselgift ihrer Wirtstiere.

T: 21-26°C, **L**: 2 cm, **BL**: ab 60 cm, **WB**: l, **WR**: u, **BS**: 3, **SG**: 2-3

Periclimenes holthuisi auf *Entacmaea quadricolor*

Periclimenes lucasi

Fam.: Palaemonidae
Unterfam.: Pontniinae

Periclimenes pedersoni CHACE, 1958
Pedersons Putzergarnele

Vork.: Westlicher tropischer Atlantik und Karibische Inseln, jedoch nicht auf den Bermudas.
GU: Von außen nicht erkennbar.
Soz.Verh./Vgs.: Meist einzeln oder paarweise, aber auch in kleinen Gruppen bis zu 26 Exemplaren an einer Aktinie. Meist wird *Bartholomea annulata* besetzt, aber auch *Condylactis gigantea*, *Hetreactis lucida* und *Lebrunia danae*. Sie vertragen sich mit der Putzergrundel *Gobiosoma oceanops*, jedoch nicht mit Clownfischen (*Amphiprion*).
Hält.B.: Immer zusammen mit Anemonen halten.
Licht: Mittellichtzone.
ZU/Verm.: Nicht bekannt. Eiertragende ♀♀ wurden auf den Jungfern-Inseln von Februar bis August beobachtet.
FU: O, FD; sie müssen nicht speziell gefüttert werden.
Bes.: Echte Putzergarnele, die Fische mit ihren langen Antennen anlockt und sie beim Putzen besteigt. Dabei können die Garnelen sogar ohne verschluckt zu werden, in das Maul eines Raubfisches eindringen. Gegen das Nesselgift der Aktinien sind sie, wie auch alle anderen *Periclimenes*-Arten, die auf Aktinien leben, immun. Über die Wirkungsweise dieses Schutzes wird bei *P. brevicarpalis* berichtet (Seite 524). Verhaltensbeobachtungen im Freiland haben gezeigt, daß bei Tieren, die gemeinsam eine Anemone bewohnen, eine Hierarchie (Rangordnung) ausgebildet ist.

T: 21-28°C, **L:** 2 cm, **BL:** ab 50 cm, **WB:** I, **WR:** u, **BS:** 2-3, **SG:** 2

Periclimenes pedersoni

Periclimenes pedersoni

Fam.: Palaemonidae
Unterfam.: Pontniinae

Periclimenes yucatanicus (IVES, 1891)
Yucatan-Partnergarnele

Vork.: Westlicher tropischer Atlantik, Karibische Inseln.
GU: Von außen nicht erkennbar.
Soz.Verh./Vgs.: Leben einzeln oder paarweise, selten in kleinen Gruppen in Gemeinschaft mit den Aktinien *Bartholomea annulata*, *Condylactis gigantea*, oder manchmal *Lebrunia danae*. WILLIAMS & WILLIAMS (Crustaceana, 42, 318f, 1982) berichten auch von einer Partnerschaft mit einzelnen Exemplaren von *Discosoma sanctithomae* bei den Jungfern-Inseln (Karibik).
Hält.B.: Riffaquarium mit einer der oben genannten Anemonenarten.
Licht: Mittellichtzone.
ZU/Verm.: Nicht bekannt. In der Karibik tragen die ♀♀ im Juli und August Eier unter ihrem Hinterkörper.
FU: O, FD; Flockenfutter, *Artemia*.
Bes.: Putzen wahrscheinlich Fische, die sie mit ihren beiden auf- und abschwingenden Antennen anlocken. Beim Putzen wird, im Gegensatz zu anderen *Periclimenes*-Arten, fast immer Bodenkontakt behalten. Gegen das für andere Krebse tödliche Nesselgift der Aktinien sind sie speziell geschützt (siehe Seite 524).

Neuere Untersuchungen von BIRKHOLZ (Das Aquarium, 7/1989) stellen den Namen "Partnergarnelen" in Frage, da er an Mittelmeerarten (*P. scriptus* und *P. amethysteus*) feststellen konnte, daß diese ihre Wirtsanemone anknabbern und daher eher als Parasiten bezeichnet werden müßten. Inwieweit dies auch auf *P. yucatanicus* oder die anderen tropischen Arten zutrifft, ist noch nicht untersucht.

T: 20-26°C, **L:** 2 cm, **BL:** ab 50 cm, **WB:** l, **WR:** u, **BS:** 2-3, **SG:** 2

Stegopontonia commensalis NOBILI, 1906
Seeigel-Partnergarnele

Vork.: Indopazifik, Australien.
GU: ♀♀ größer als ♂♂.
Soz.Verh./Vgs.: Lebt einzeln oder paarweise ausschließlich kommensalisch mit Seeigeln der verschiedenen Arten zusammen.
Hält.B.: Nur mit Seeigel-Arten zusammen halten, deren Stacheln länger sind als der Körper der Garnele.
Licht: Mittellichtzone.
ZU/Verm.: Nicht bekannt.
FU: O, FD; genügsam, nehmen Futterreste und Detritus mit ihren dünnen Scheren auf und suchen die Stacheln der Seeigel nach Freßbarem ab. Ob es sich dabei um ein "Putzen" handelt, ist bisher unklar.
Bes.: Diese nur 2 cm lange Garnele ist speziell an das Leben zwischen den Seeigelstacheln angepaßt, sowohl farblich, als auch in ihrer Körperform. Meist ist sie am Diademseeigel *Echinothrix diadema* zu finden, den sie auch nachts nicht verläßt. FRICKE hat im Freiwasser Attrappenversuche durchgeführt und konnte feststellen, daß senkrechte Strukturen gegenüber waagrechten bevorzugt werden und eine größere Anzahl gegenüber einer kleineren. In der Karibik gibt es eine Garnele (*Tuleariocaris neglecta*), die ein ganz ähnliches Verhalten aufweist. Sie wurde erst kürzlich auch im östl. Atlantik, bei Madeira nachgewiesen (WIRTZ et. al., Cour.Forsch.Inst.Senckenb. 105, 169ff, 1988).

T: 22-28°C, **L:** 2 cm, **BL:** ab 60 cm, **WB:** l, **WR:** u, **BS:** 2-3, **SG:** 3

Die Seeigel-Partnergarnele findet man in allen tropischen Meeren. Ihre Tarnung ist auch für das menschliche Auge verblüffend, wenn sie an einem Stachel eines Seeigels klebt. Die weißen Streifen helfen, die Silhouette der Garnele aufzulösen. Diese Art nimmt auch im Aquarium jeden Seeigel als Wirtstier an, sofern seine Stacheln länger als ihr Körper ist.

Die karibische Partnergarnele *Periclimenes yucatanicus* lebt gern zwischen den Tentakeln der Anemone *Condylactis gigantea*.

Stegopontonia commensalis

Fam.: Pandalidae

Für den Laien ist es nicht einfach, die Pandaliden von anderen Garnelenfamilien wie z.B. den Palaemoniden (Felsengarnelen) oder Hippolytiden (Putzergarnelen) zu unterscheiden. Alle drei Familien haben die typische "Garnelenfigur" und ein gut ausgebildetes Rostrum. Den längsten Stirnfortsatz aber besitzen die Pandaliden, speziell die Arten der Gattung *Plesionika*. Will man wirklich sicher sein, eine Tiefseegarnele vor sich zu haben, muß man wissenschaftlich ans Werk gehen. Die Untersuchung des ersten Beinpaares, das gleichzeitig auch das erste Scherenpaar ist, wird notwendig. Diese erste Schere ist, so steht es in den Bestimmungsbüchern, bei der Familie Pandalidae entweder mikroskopisch klein oder gar abwesend. Hat man also eine Garnele mit großen ersten Scheren vor sich, kann es sich niemals um eine Tiefseegarnele handeln. Normalerweise erkennt man sie aber schon am typisch langen Rostrum.
Die Familie Pandalidae setzt sich weltweit aus ca. 15 Gattungen zusammen. In europäischen Meeren leben nur 6 Gattungen, wovon die hier aufgeführten *Pandalus* und *Plesionika* häufig sind und speziell dem Taucher immer wieder begegnen. Vor allem in kalten Gewässern: In Nord- und Ostsee, an den Küsten Großbritanniens, Irlands und Norwegens kommen sie vor und werden in noch kälteren Gewässern sogar kommerziell genutzt. Um Island und Grönland erreichen sie die stattliche Länge von 10 cm und gehen in großen Scharen in Netze. Ihre vertikale Verbreitung geht bis in die Tiefsee. Arten der Gattung *Pandalus* lassen sich gut im Kaltwasseraquarium hältern, allerdings sollten die geselligen Tiere auch in Gruppen zusammen gepflegt werden.
Die Gattung *Plesionika* findet man im Mittelmeer und um die ostatlantischen Inseln häufig, im Roten Meer und dem Indopazifik seltener. Schon im Flachwasser sitzen diese Garnelen zwischen Geröll und Felsen in großen Scharen zusammen und sind fast in jeder Höhle anzutreffen. Der große Antennenwald gleicht oft einer wehenden Fahne. Sie ernähren sich vom Aufwuchs auf Steinen, von Algen und Mikroorganismen, die sich am Boden ablagern.
Ein Zusammenleben mit anderen Organismen wurde bei der Familie Pandalidae nie beobachtet. Andererseits wird sie aber, ähnlich wie andere Garnelen, als Wirtstier der saugenden Bobyriden benutzt. Diese zu den Meerasseln gehörenden Parasiten sitzen im Kiemenraum, und die Tiefseegarnelen werden sie selbst nach einer Häutung nicht mehr los. Es konnte bis heute aber nicht nachgewiesen werden, ob ein Befall auf längere Sicht zum Tode der Garnele führt.

Pandalus montagui, Irland

Pandalus montagui LEACH, 1814
Rote Garnele, Aesop-Garnele

Vork.: Nördlicher Atlantik. Die südlichsten Verbreitungsgrenzen sind die Deutsche Bucht und die englischen Inseln.
GU: ♂♂ kleiner als ♀♀.
Soz.Verh./Vgs.: Meist in großen Scharen.
Hält.B.: Nur schwer in Aquarien zu halten, da große Ansprüche an Salinität (hoch) und Temperatur (niedrig) gestellt werden. Hoher Sauerstoffbedarf.
Licht: Dämmerlichtzone.
ZU/Verm.: Die Aufzucht der Larven wird in wissenschaftlichen Laboratorien immer wieder durchgeführt. Die Eier sind zuerst grün, später grün-violett. Die schlüpfende Larve (Zoea) hat eine Länge von 2,4 bis 3,4 mm. Nach elf Stadien, die einander sehr ähnlich sind, ist die Garnele erwachsen. Die Laichzeit erstreckt sich von Anfang November bis Februar. Die Garnelen machen einen Geschlechtswechsel durch. Zuerst sind sie ♂, dann ♀.
FU: K, FD; Gefrierfutter.
Bes.: Diese Art ist die häufigste Speisegarnele der europäischen Meere. Sie wird in Tiefen von 50 bis 100 m mit Bodenschleppnetzen gefangen. Im Frühjahr ist sie eher in seichtem Wasser zu finden, im Herbst, vor der Laichzeit, geht sie tiefer. Sie erreicht ein Lebensalter von 3 bis 4 Jahren.

T: maximal 18°C, L: 7 cm, BL: ab 100 cm, WB: l, WR: u, BS: 3, SG: 3-4

Fam.: Pandalidae

Pandalus kessleri (CHERNIAVSKY, 1878)

Vork.: Im nördlichen Japan. Wurde versuchsweise von sowjetischen Wissenschaftlern im Schwarzen Meer ausgesetzt.
GU: Sind nicht bekannt
Soz.Verh./Vgs.: Diese Art lebt in lockeren Gruppen.
Hält B.: Großes Becken mit Sandboden.
Licht: Dämmerlichtzone.
ZU/Verm.: Für die kommerzielle Kultur dieser Tiere werden die Larven im Meer gefangen und in Becken aufgezogen.
FU: K, FD; verschiedenes Gefrierfutter.
Bes.: Die Tiere haben in Japan große wirtschaftliche Bedeutung (KURATA, Proc. int. Pandalid shrimp Symp., Kodiak, 1979, 89ff). Für eine Aquarienhaltung sind sie wenig geeignet.

T: 15-21°C, **L**: 6-12 cm, **BL**: ab 150 cm, **WB**: m, **WR**: u, **BS**: 3, **SG**: 2-3

Plesionika narval (FABRICIUS, 1787)
Narval

Vork.: Mittelmeer, gemäßigter und nördlicher Atlantik.
GU: Von außen nicht erkennbar.
Soz.Verh./Vgs.: In großen Gruppen von über 100 Individuen.
Hält B.: Großes Becken mit flachem Sandboden und Felsrückwand. Fühlen sich nur in der Gruppe wohl, deshalb nicht einzeln halten.
Licht: Dämmerlichtzone.
ZU/Verm.: Die verschiedenen Larvenstadien wurden in wissenschaftlichen Instituten aufgezogen, eine richtige Zucht ist jedoch nicht bekannt.
FU: K, FD; Gefrierfutter.
Bes.: Schöne Aquarientiere, die aber nur schwer zu halten sind. Sie leben auf freien Sandböden in mehreren hundert bis fast tausend Meter Tiefe, wo sie mit Bodenschleppnetzen als Speise-Garnelen gefangen werden. In Höhlen sind sie jedoch schon in viel geringeren Tiefen (ab 10 m) zu finden. Sie besiedeln dort in großen Scharen den Boden und die Wände. Nachts verlassen sie ihren Unterschlupf um auf Futtersuche zu gehen. Ihr extrem langes Rostrum (Stirnfortsatz) ist charakteristisch. Synonym: *Parapandalus narval*.

T: 5-21°C, **L**: 5 cm, **BL**: ab 120 cm, **WB**: l, **WR**: u, **BS**: 3-4, **SG**: 3

Pandalus kessleri

Plesionika narval

Fam.: Rhynchocinetidae

Die großen, aufgesteckt wirkenden Augen und der Buckel unterscheidet diese Garnelenfamilie von anderen zehnfüßigen Arten recht deutlich. Neben diesen äußerlich erkennbaren Merkmalen ist ein anderes für die Systematiker wesentlich wichtiger: Tanzgarnelen tragen ein klappbares Rostrum. Unter Rostrum versteht man den bei diesen Arten gezackten Stirnfortsatz. Bei den bisher beschriebenen Garnelen ist er starr, bei den Rhynchocinetidae besitzt er aber ein Gelenk, durch das der Stirnfortsatz heruntergeklappt werden kann. Wie wichtig das für diese Tiere sein kann, zeigen die Häutungsaufnahmen von *Rynchocinetes kuiteri* auf den folgenden Seiten. Hier werden erstmals die einzelnen Stadien der Häutung bei Tanzgarnelen dokumentiert.
Als Aquarianer fallen einem noch die ungewöhnlichen Bewegungen auf, die Tanzgarnelen von anderen Zehnfußkrebsen unterscheiden und die zu ihrem populären Namen geführt haben. Sie stelzen vorsichtig einher und legen nach wenigen Bewegungen eine Pause ein. Das abrupte Stoppen der Bewegung gleicht der eines Tangotänzers, dessen sonstige Aktivität den Tanzgarnelen aber fehlt. Vom Temperament her sind sie also schwerfällig, ohne daß sie beim Betrachten langweilig werden.
Wissenschaftler sind heute davon überzeugt, daß die Arten der Familie Rhynchocinetidae getrenntgeschlechtlich sind: Die Männchen tragen größere Scherenbeine als die weiblichen Tiere. Ansonsten stimmt aber das Farbkleid der beiden Geschlechter überein. Tanzgarnelen sind recht gesellige Krebse, denn in ihrem natürlichen Lebensraum trifft man sie oft in Gruppen bis zu einhundert Tieren an. Nicht selten haben sich in ihrer Nähe auch Partner- und Scherengarnelen angesiedelt, was auf die Verträglichkeit untereinander schließen läßt.
Unverträglich sind Tanzgarnelen aber für andere Wirbellose: Krusten- und Scheibenanemonen, Leder- und Blumenkorallen, beliebte Pfleglinge in den heutigen Meerwasseraquarien, werden von Tanzgarnelen belästigt, indem sie in den Wirbellosen herumzupfen und mit ihren Scheren Polypen abzwicken. Das übersteht auf Dauer kaum einer der empfindlichen Pfleglinge. Zusammen mit nesselnden Anemonen und Blasenkorallen kann man Tanzgarnelen ohne Probleme hältern.

Ein Pärchen wissenschaftlich noch nicht beschriebener Tanzgarnelen aus der Karibik ist gerade dabei, einen Schwamm hinaufzuklettern. Die Färbung der Schwanzpartie und des Buckels zeigt deutlich, daß es sich nicht um die im gesamten Atlantik beheimatete *Rhynchocinetes rigens* handelt.

Rhynchocinetes sp., Karibik

Fam.: Rhynchocinetidae

Rynchocinetes uritai KUBO, 1942
Gemeine Tanzgarnele

Vork.: Gesamter Indopazifik.
GU: ♂♂ tragen verlängerte Scherenbeine.
Soz.Verh./Vgs.: Leben gesellig in Gruppen von 10 und mehr ♀♀ und einem ♂. Sollten auch im Aquarium paarweise oder besser als kleine Gruppe gehalten werden, jedoch mit nur einem ♂. Sie vertragen sich gut mit anderen Garnelen wie *Lysmata-* oder *Palaemon* Arten. Krustenanemonen und Weichkorallen werden von ihnen oft so empfindlich gestört, daß von einem Zusammensetzen abzuraten ist. Stärker nesselnden Aktinien und Blasenkorallen meiden sie allerdings.
Hält B.: Riffaquarium mit schattigen Wänden und Verstecken.
Licht: Dämmerlichtzone.
ZU/Verm.: Nicht bekannt.
FU: O, FD; Gefrierfutter, Tabletten. Die Tiere lernen offenbar sehr schnell. Bei der (gezielten) Fütterung mit TetraTips (1/4) durch ein Plastikrohr/-schlauch erkennen die Tiere den "Eindringling" sehr schnell als Futterspender. Sie kommen direkt auf das Rohrende zugeschwommen und ertasten die Öffnung nach Freßbarem. Andere Garnelen fliehen meist vor dem Rohr.
Bes.: Die einzige Tanzgarnele, die häufig importiert wird. Ihre ruckartigen Bewegungen (Name) sind sehr ungewöhnlich und possierlich. Vorsicht beim Umsetzen, da die Tiere empfindlich auf Unterschiede in der Salinität reagieren. Tagsüber sind sie scheu und meiden die hell erleuchteten Regionen des Aquariums. Sie fühlen sich in kleinen Nischen und Höhlen besonders wohl. Nach einer Eingewöhnungsphase kommen sie dann zur Futtersuche auch tagsüber aus den Verstecken. Die Lebensdauer beträgt etwa zwei Jahre; selten länger.

T: 23-28°C, **L:** 4 cm, **BL:** ab 50 cm, **WB:** I, **WR:** u, **BS:** 1, **SG:** 2

Rynchocinetes uritai

Rynchocinetes uritai

Fam.: Rhynchocinetidae

Rhynchocinetes sp.
Karibische Tanzgarnele

Rhynchocinetes sp.
Rotmeer-Tanzgarnele

Rhynchocinetes sp.
Indonesische Tanzgarnele

Der Wissenschaft bisher unbekannte Tanzgarnelen:
Mit Karl von LINNÉ (1758) begann die heute noch gültige Beschreibung der Tier- und Pflanzenarten. Er führte die "binominale Nomenklatur" ein, das heißt, daß jede Art mit einem Doppelnamen, nämlich einem Gattungs- und einem Artnamen versehen werden muß. Zu seiner Zeit waren genau 4.236 Tierarten bekannt. Bis vor kurzer Zeit schätzte man, daß es weltweit etwas mehr als eine Million Tiere gibt. Nach neuen Erkenntnissen vermutet man jedoch bis zu 30 Millionen! Weit mehr als 90 Prozent davon entfallen allerdings auf Insekten des tropischen Regenwaldes. Regelmäßig werden Tierarten gefunden, die wissenschaftlich noch nicht beschrieben sind. Abgesehen von den tropischen Urwäldern sind die Meere bestimmt die erfolgversprechendsten Fundgruben für neue Arten. Interessant ist, daß eine ganze Reihe von Arten Tauchern und Aquarianern wohl bekannt, aber wissenschaftlich noch nicht beschrieben ist. Als Beispiel die hier abgebildeten *Rhynchocinetes*-Arten. Das kann einerseits daran liegen, daß die Wissenschaftler gar nichts von der Existenz dieser Tiere wissen (und deshalb auf die Hilfe von Aquarianern und Tauchern angewiesen sind) oder, daß diejenigen Spezialisten, und nur solche können eine neue Art beschreiben, einfach überlastet sind.

Rhynchocinetes sp., Karibik (siehe auch Seite 541 !)

Rhynchocinetes sp., Rotes Meer

Rhynchocinetes sp., Indonesien

Fam.: Rhynchocinetidae

In chronologischer Reihenfolge wird hier die Häutung der australischen Tanzgarnele *Rhynchocinetes kuiteri* gezeigt. Deutlich sieht man zu Beginn das abgeklappte Rostrum.

1

2

3

4

5

6

Rhynchocinetes kuiteri TIEFENBACHER, 1983
Kuiters Tanzgarnele

Vork.: Südküste Australiens, Tasmanien.
GU: Die ♂♂ besitzen erheblich größere Scherenbeine als die ♀♀.
Soz.Verh./Vgs.: Einzeln, paarweise oder in kleinen Gruppen. Verträgt sich gut mit anderen Garnelen und nicht zu großen Fischen.
Hält B.: Felsenaquarium mit ausreichenden Versteckplätzen.
Licht: Dämmerlichtzone.
ZU/Verm.: Nicht bekannt.
FU: O, FD; Gefrierfutter, Tabletten.
Bes.: Eine der wenigen Tanzgarnelen aus gemäßigten Meeren.

T: 16-21°C, **L:** 3-4 cm, **BL:** ab 60 cm, **WB:** I, **WR:** u, **BS:** 3, **SG:** 2-3

Fam.: Rhynchocinetidae

Rhynchocinetes rigens GORDON, 1936
Atlantische Tanzgarnele

Vork.: Im gesamten tropischen Atlantik, Karibische Inseln.

Rhynchocinetes australis HALE, 1941
Australische Tanzgarnele

Vork.: In den temperierten Gewässern um Australien und Neuseeland.

Rhynchocinetes rugulosus STIMPSON, 1860
Deutscher Name nicht bekannt

Vork.: Indopazifik, Australien.
GU: Bei den meisten Arten sind beim ♂ die Scheren größer als bei den ♀♀ (Ausnahme: *R. rigens*).
Soz.Verh./Vgs.: Einzeln, paaarweise oder in kleinen Gruppen.
Hält.B.: Riff- oder Felsaquarium mit guten Versteckmöglichkeiten. Können Krustenanemonen und Weichkorallen belästigen.
Licht: Dämmerlichtzone.
ZU/Verm.: Nicht bekannt.
FU: O, FD; Gefrier- und Trockenfutter.
Bes.: Nicht bekannt.

T: 21-26°C, bei *R. australis*: 17-21°C, **L:** 2-4 cm, **BL:** ab 50 cm, **WB:** I, **WR:** u, **BS:** 3-4, **SG:** 2-3

Rhynchocinetes rigens

Rhynchocinetes australis

Rhynchocinetes rugulosus

Fam.: Stenopodidae

Die ersten drei Schreitbeinpaare der Scherengarnelen-Familie tragen kleine Zangen oder Scheren, worauf der Populärname beruht. Überdies erkennt man sie an dem besonders großen dritten Beinpaar, das im allgemeinen wie der Körper der Garnele gefärbt ist und weit ausladend getragen wird. Auffallend in ihrem natürlichen Lebensraum wie auch im Meerwasseraquarium sind die langen weißen Antennen, die aus den jeweiligen Unterschlüpfen herausragen und auf die Bewohner aufmerksam machen. Scherengarnelen leben zwar versteckt, sind aber auch vom Schnorchler ausfindig zu machen, denn an manchen tropischen Küsten wie in Kenia findet man sie sogar direkt unterhalb der Ebbelinie.

Ihren Bekanntheitsgrad verdankt diese Familie der rot-weiß gebänderten Scherengarnele *Stenopus hispidus*. Sie ist eine der wenigen bekannten Garnelen mit pantropischer Verbreitung, das heißt, sie wurde aus allen drei Ozeanen der Erde beschrieben. Sie muß daher vor Schließung des mittelamerikanischen Landschlauches vor etwa zehn Millionen Jahren in den karibischen Teil des Atlantiks gekommen sein, wo sie recht verbreitet ist. Experten halten es für ausgeschlossen, daß Krebse der hier beschriebenen Arten die Reise um die Südspitze der amerikanischen und afrikanischen Kontinente hinein in den Atlantik überleben können. Dazu sind vor allem die Wassertemperaturen dort zu niedrig.

Das Paarverhalten bei Scherengarnelen ist sehr ausgeprägt, denn schon sehr junge Tiere suchen sich einen Geschlechtspartner und wachsen zusammen mit ihm auf. Haben sie erst einmal einen festen Standort gewählt, verlassen sie ihn freiwillig nicht mehr. Nach Möglichkeit bleiben sie im Schatten, hängen also unter der Decke ihrer Höhle sowohl in ihrem natürlichen Lebensraum als auch im nachempfundenen Aquarienriff. Wenn man der Frage nachgeht, ob das Aufspüren der Nahrung eine Angelegenheit beider Partner ist, erlebt man eine der reizvollsten Verhaltensformen im Tierreich. Im Aquarium kann man beobachten, daß sich das Weibchen allgemein auffallend inaktiv verhält: Es läßt sich vom Männchen bedienen! Während der nahrungssuchende Partner unmittelbar nach dem Ergreifen des Futterbrockens eilends dem Weibchen zustrebt, verharrt dieses passiv an seinem Standort und erwartet die Ankunft des futtertragenden Männchens. Erst jetzt bemüht sich das Weibchen, mit seinen Scheren den Brocken zu übernehmen. Es ist hierbei immer erfolgreich, denn es wirkt auf das Männchen als "Auslöser" für die Futterübergabe. Ist aber das Männchen selbst hungrig, dann kann in Ausnahmefällen dieser Auslöswert herabgesetzt werden: Es bietet zwar den Futterbrocken an, hält ihn aber fest und beginnt selbst daran zu fressen. Man spricht dann von "Schwellenerhöhung". Beim hungrigen Männchen sind also die beiden Verhaltenstendenzen (Hunger und Fütterungstrieb) gegenläufig, wobei sich die am stärksten aktivierte Tendenz durchsetzt (Hunger ist größer!).

Stenopus scutellatus

Fam.: Stenopodidae

Scherengarnelen zeigen noch eine weitere ungewöhnliche Verhaltensform, die man auch im Aquarium beobachten kann: Es ist der Hochzeitstanz, den die Männchen um ihre Weibchen aufführen. Beide Partner stehen sich dabei mit geöffneten Scherenbeinen gegenüber. Allmählich beginnt das Männchen mit rhythmischen, seitlichen Schwankungen. Das Weibchen bleibt dabei zunächst regungslos stehen. Nach den ersten seitlichen Tanzschritten beginnt auch das Weibchen die Scherenbeine zu bewegen, als ob es das Männchen umfassen wolle. Nach dem "Ringelreihen" kommt es regelmäßig zur Paarung: Das Männchen steigt dem größeren Weibchen auf den Rücken und preßt den letzten Teil seines Hinterleibes seitlich gegen das Weibchen. Das übertragene Sperma wird vom Weibchen in einer besonderen Tasche gelagert. Es befruchtet damit zunächst die erste Portion Eier, die es bald nach der Kopulation ablegt und an seine Hinterleibsfüße heftet. Der Spermavorrat in der Tasche reicht - wie bei anderen Garnelen - für mehrere Laichabgaben aus. Stirbt also das Männchen aus irgendeinem Grund vor seiner Partnerin, so kann sie noch für begrenzte Zeit befruchtete Eier unter ihrem Hinterleib tragen.

Stenopus cyanoscelis GOY, 1984
Blaubein-Scherengarnele

Vork.: Indopazifik.
GU: Von außen nicht erkennbar.
Soz.Verh./Vgs.: Lebt einzeln oder paarweise.
Hält.B.: Riff-Aquarium mit einer großen Höhle als Versteck. Über die Anforderungen an die Wasserqualität ist nichts bekannt.
Licht: Dämmerlichtzone.
ZU/Verm.: Nicht bekannt.
FU: O, FD; Gefrier- und Tablettenfutter.
Bes.: Die Art wurde erst 1984 wissenschaftlich beschrieben und wird seither immer wieder, wenn auch selten, nach Europa und in die U.S.A. importiert.

T: 21-26°C, **L**: 3 cm, **BL**: ab 50 cm, **WB**: I, **WR**: u, **BS**: 2, **SG**: 2

Stenopus devaneyi GOY & RANDALL, 1984
Devaneys Scherengarnele

Vork.: Im indopazifischen Raum von Hawaii bis zu den Malediven.
GU: Von außen nicht erkennbar, ♂♂ und ♀♀ tragen zwei rote Punkte am Rücken.
Soz.Verh./Vgs.: Zeigen ausgeprägtes Paarverhalten.
Hält.B.: Riff-Aquarium mit entsprechenden Versteckmöglichkeiten. Es ist nicht bekannt, ob sie große Ansprüche an die Wasserqualität stellen.
Licht: Dämmerlichtzone.
ZU/Verm.: Nicht bekannt.
FU: O, FD; Tabletten-, Lebend- und Gefrierfutter.
Bes.: Diese Art wurde erst kürzlich (1984) beschrieben, obwohl sie in Aquarianerkreisen längst bekannt war.

T: 21-27°C, **L**: 3 cm, **BL**: ab 60 cm, **WB**: I, **WR**: u, **BS**: 3, **SG**: 2

Stenopus cyanoscelis

Stenopus devaneyi

Fam.: Stenopodidae

Stenopus hispidus (OLIVIER, 1811)
Rotweiß-gebänderte Scherengarnele

Vork.: Eines der wenigen Krebstiere, die in allen tropischen Meeren zu finden ist.
GU: Die ♀♀ sind größer als die ♂♂, selten ist der Unterschied jedoch so groß wie auf der Abbildung rechts. Außerdem sind die erwachsenen ♂♂ schlanker als die ♀♀ und die Oberseite ihres Rückenpanzers (Carapax) ist mehr bräunlich (siehe auch ZU).
Soz.Verh./Vgs.: Leben immer paarweise, können aber im Aquarium auch alleine gehalten werden. Nie gleichgeschlechtliche Tiere zusammen setzen. Ein Tier wird dann meistens getötet.
Hält.B.: Riff-Aquarium mit großer Höhle an deren Decke sie meist sitzen. Nur einzeln oder als Pärchen halten, da gleichgeschlechtliche Tiere einander töten. Diese Art ist bezüglich Wasserqualität nicht so empfindlich, wie *S. scutellatus* (Seite 556). An einem Pylon (Brückenpfahl einer Hafenmole) habe ich jedoch 25 Tiere in verschiedenen Wasserregionen beobachtet. Von 50 cm Wassertiefe bis 3 m. Jedes Paar hatte offenbar sein Mini-Territorium. Es waren ausgewachsene Tiere (Beobachtung H.B. [Nassau]). Bei großen Exemplaren werden die Antennen extrem lang. Deshalb sollten sie nur in wirklich großen Becken zusammen mit nesselnden Aktinien gehalten werden, da die Antennen sonst Kontakt mit den Aktiniententakeln haben. Aquarianer berichten immer wieder, daß sie kleine Fische mit ihren Scheren fangen und töten. Auch gegenüber kleineren anderen Garnelen-Arten können sie agressiv werden. Während der Häutung sind sie empfindlich. Der KH-Wert des Wassers muß dann über 10 liegen. Licht: Dämmerlichtzone.
ZU/Verm.: Die ♀♀ tragen oft grünlich gefärbte Eier unter ihrem Hinterkörper, aus denen nach etwa sechs Wochen, meist nachts die Larven schlüpfen. Eine Aufzucht der Larven gelingt allerdings nur schwer, nach 10 Tagen verhungern sie meist. Eine gut funktionierende *Brachionus*-Zucht ist daher Bedingung.
FU: O, FD; Gefrierfutter, Muschel- und Garnelenfleisch. Über das interessante Verhalten des "Paarfütterns" berichtet TSCHÖRTNER (TI, März/1981, 32f).

Fortsetzung siehe Seite 556:

Stenopus hispidus

Fortsetzung von *Stenopus hispidus*, Seite 554:

Bes.: Diese große Putzergarnele war eine der ersten Arten, die für tropische Meeresaquarien importiert wurde. Sie ist regelmäßig in allen tropischen Meeren zu finden, wo sie mit ihren langen weißen Antennen ihre Putzkunden anlockt. Beim Putzen behält sie meist Kontakt mit dem Felsen. Im Aquarium häuten sich die Garnelen, abhängig von Wassertemperatur und Ernährung, alle drei bis acht Wochen.

T: 21-28°C, **L:** 6 cm, **BL:** ab 60, bei großen Exempl. 100 cm, **WB:** I, **WR:** u, **BS:** 1, **SG:** 1-2

Stenopus pyrsonotus GOY & DEVANEY, 1980
Geister-Scherengarnele

Vork.: Gesamter indopazifischer Bereich, besonders Hawaii, Neuguinea, Mauritius und afrikanische Ostküste.
GU: Von außen nicht erkennbar.
Soz.Verh./Vgs.: Lebt einzeln oder paarweise.
Hält.B.: Riff- oder Fels-Aquarium mit großen Höhlen. Siehe auch *S. hispidus* (Seite 554).
Licht: Dämmerlichtzone.
ZU/Verm.: Nicht bekannt.
FU: O, FD; Tabletten, *Artemia*, Muschelfleisch.
Bes.: Obwohl sie im Freiland relativ selten ist, wird sie immer wieder importiert. Wie *S. hispidus* wurde auch sie beim Putzen von Fischen beobachtet. Zumindest im Freiland führt sie eine wesentlich verstecktere Lebensweise als andere putzende *Stenopus*-Arten. Auch sie war den Aquarianern früher bekannt als den Wissenschaftlern.

T: 19-26°C, **L:** 3 cm, **BL:** ab 50 cm, **WB:** I, **WR:** u, **BS:** 2, **SG:** 2

Stenopus scutellatus RANKIN, 1898
Karibische Scherengarnele

Vork.: Westlicher Atlantik, Karibische Inseln.
GU: Von außen nicht erkennbar.
Soz.Verh./Vgs.: Lebt paarweise.
Hält.B.: Nur paarweise halten. Riff-Aquarium mit großen Verstecken, in der sich beide gemeinsam zurückziehen können. Die Tiere sind empfindlich gegenüber Salinitätsschwankungen. Ebenso wichtig ist es, den Nitratgehalt niedrig zu halten.
Licht: Dämmerlichtzone.
ZU/Verm.: Wird in den U.S.A. regelmäßig gezüchtet. Kann ausreichend Planktonfutter zur Verfügung gestellt werden, ist die Aufzucht kein Problem.
FU: O, FD; Tabletten- und Gefrierfutter. Um die Tiere genügend mit Jod zu versorgen, soll immer wieder Muschel- und Garnelenfleisch gereicht werden.
Bes.: Diese Art ist von ähnlichen leicht durch die beiden roten Punkte im Mundbereich zu unterscheiden. Sie ist nicht einfach zu halten, da sie empfindlich auf Schwankungen der Salinität und zu hohen Nitratgehalt reagiert. Letzterer ist zusammen mit einem Jodmangel meist dafür verantwortlich, daß sich die Garnelen nicht häuten können. Beim Putzen der Fische verlassen sie kaum ihre Höhle und besteigen niemals ihren Kunden. Diese Art putzt kleinere Fische als *S.hispidus* und verträgt sich gut mit dieser, wenn das Becken genügend groß ist.

T: 21-27°C, **L:** 3-4 cm, **BL:** ab 50 cm, **WB:** I, **WR:** u, **BS:** 2, **SG:** 2-3

Stenopus pyrsonotus

Stenopus scutellatus ♀

Fam.: Stenopodidae

Stenopus tenuirostris DE MAN, 1888
Blaukörper-Scherengarnele

Vork.: Gesamter Indopazifischer Bereich.
GU: Von außen nicht erkennbar.
Soz.Verh./Vgs.: Meist paarweise, selten einzeln. Verträgt sich gut mit anderen Garnelen und kleinen Fischen, verjagt sie aber aus ihrem Höhlenbereich.
Hält.B.: Riff-Aquarium mit großer Höhle und schattigen Überhängen. Diese Art scheint im Gegensatz zu den meisten anderen *Stenopus*- Arten gegenüber plötzlichen Salinitätsschwankungen unempfindlich zu sein. Über besondere Ansprüche hinsichtlich des Nitratgehaltes ist nichts bekannt.
Licht: Dämmerlichtzone.
ZU/Verm.: Nicht bekannt.
FU: O, FD; Tabletten-, Flocken- und Gefrierfutter.
Bes.: Mit 2 cm Länge ist sie eine der kleinsten *Stenopus*-Arten. Sie ist leicht zu halten, am Anfang jedoch sehr scheu. Erst nach Monaten wagt sie sich bis maximal zehn Zentimeter vor ihre Höhle. Die Häutung erfolgt alle vier bis fünf Wochen.

T: 21-27°C, **L**: 2 cm, **BL**: ab 40 cm, **WB**: I, **WR**: u, **BS**: 3, **SG**: 2

Stenopus zanzibaricus BRUCE, 1976
Rotantennen-Scherengarnele

Vork.: Indopazifik, besonders bekannt aus Mikronesien und Kenia.
GU: Von außen nicht erkennbar.
Soz.Verh./Vgs.: Lebt paarweise, selten einzeln.
Hält.B.: Riff-Aquarium mit schattigen Überhängen und Verstecken.
Licht: Dämmerlichtzone.
ZU/Verm.: Nicht bekannt.
FU: O, FD; Gefrierfutter, lebende *Artemia*.
Bes.: Bei juvenilen Tieren ist ein roter Streifen über dem Schwanzfächer vorhanden, der sich bei adulten verliert.

T: 21-27°C, **L**: 3 cm, **BL**: ab 50 cm, **WB**: I, **WR**: u, **BS**: 3, **SG**: 2

Um die Mittelmeer-Scherengarnele *Stenopus spinosus* (Foto übernächste Seite unten) vor die Kamera zu bekommen, muß man in Höhlen und dunklen Verstecken nachsehen. Sehr selten importiert werden die beiden auf der übernächsten Seite rechts abgebildeten tropischen Scherengarnelen *Stenopus earlei* und *Stenopus sp.*, die beide aus dem Inodpazifik stammen. Die kaum 2 cm langen Winzlinge sind in Geröllfeldern und toten Korallenstöcken zuhause.

Stenopus tenuirostris

Stenopus zanzibaricus, adult

Stenopus zanzibaricus , Text siehe Seite 558

Stenopus spinosus

Stenopus earlei

Stenopus sp.

Fam.: Palinuridae

Langusten gehören zu den schönsten und eindruckvollsten Panzerkrebsen. Die Arten der Familie Palinuridae kann man leicht von den ähnlichen Hummern unterscheiden, da sie keine Scheren haben. Das erste Laufbeinpaar, das viele Krebse zu Scheren oder Zangen umgewandelt haben, ist bei den Langusten noch ursprünglich und primitiv. Ganz leicht angedeutet erkennt man beim genaueren Hinsehen den Stachel am vorletzten Beinglied. Wenn man sich diesen vergrößert vorstellt, erinnert er an den unbeweglichen Finger einer Hummerschere. Die Wissenschaft nimmt an, daß die Hummer mit ihren großen Scherenzangen von langustenartigen Krebsen abstammen. Ein eindeutiges Unterscheidungsmerkmal ist die Bedornung zwischen den Augen. Langusten besitzen zwei "Hörner", während Hummer lediglich ein Rostrum (Stirnfortsatz) besitzen. Die erste Antenne (Fühler) ist nicht peitschenförmig wie bei Hummern, sondern nur ganz kurz vor der Spitze gegabelt, wie bei Einsiedlerkrebsen und Krabben. Die zweite Antenne ist lang und hat einen stark entwickelten Basalteil. Durch das Aneinanderreiben der Antennenglieder vermögen Langusten knarrende Geräusche zu erzeugen.
An den europäischen Küsten ist *Palinurus elephas* weit verbreitet. Zu Beginn der Meeresaquaristik wurde sie von Mittelmeerurlaubern heimgebracht, heute sind farblich attraktivere Arten aus tropischen Gebieten im Handel vorzufinden. Wer aber als Taucher seine ersten Tauchgänge im Mittelmeer gemacht hat, wird sich gern an den auffälligen Höhlenbewohner erinnern, sofern er sie noch an weniger verschmutzten Küstenregionen finden konnte. Diese Art kommt noch im benachbarten Atlantik bis zur irischen Westküste vor, wo die Fischer Exemplare von 40 cm Körperlänge mit ihren Reusen fangen. Langusten sind im Gegensatz zu Hummern gesellige Tiere, was kommerziell vielerorts genutzt wird. Einer der Autoren (H.D.) hatte Gelegenheit, an der westaustralischen Küste bei den Abrolhos-Inseln dem staatlich überwachten Fang der dort vorkommenden Art *Panulirus cygnus* zuzuschauen: Nachdem man erforscht hat, daß sie ab dem Monat Juni mit der Reproduktion beginnt, dürfen dort die Langusten nur von November bis Juni gefangen werden. Nach einigem Raubbau in den vierziger Jahren dürfen nur Standard-Fangkäfige benutzt werden, aus denen kleine Exemplare wieder flüchten können. Trotz allem muß bei jeder Languste, die auf die speziell konstruierten Fangboote gehievt wird, der Carapax gemessen werden. Dieser muß mindestens 76 mm lang sein. Kleinere Tiere und Eier tragende Weibchen sind per Gesetz wieder ins Meer zu werfen.

Die europäische Languste *Palinurus elephas* (man beachte den eigenen Gattungsnamen im Unterschied zu den tropischen Gattungen *Panulirus*) in ihrem natürlichen Lebensraum vor der Mittelmeerinsel Elba mit einer Länge von etwa 15 cm. Auf der nächsten Seite die gleiche Art, allerdings im benachbarten Atlantik an der irischen Westküste. Dieser Krebs hat die stolze Länge von 40 cm.

Palinurus elephas, Mittelmeer

Dennoch werden dort wöchentlich mehrere Transportschiffe mit Säkken voller Langusten gefüllt, die zu den Gourmets in aller Welt gelangen.
Im gesamten Indopazifik verbreitet ist *Panulirus versicolor*, die als meist importierte Languste für die Meeresaquaristik gilt. Allerdings nur bis zu einer Länge von max. 10 cm ist eine Vergesellschaftung in einem Aquarium mit Wirbellosen möglich, da sie bei Heranwachsen auch kleine Fische, Röhrenwürmer und Garnelen überfällt.

Palinurus elephas (FABRICIUS, 1787)
Europäische Languste

Vork.: Mittelmeer, nördlicher Atlantik.
GU: Keine sekundären Geschlechtsmerkmale. An der Unterseite des Hinterleibes lassen sich wie bei *Enoplometopus* die äußeren Geschlechtsorgane erkennen (Seite 584).
Soz.Verh./Vgs.: Ist das Becken groß genug, lassen sich auch mehrere Exemplare zusammen halten. Gut mit größeren Fischen, aber nicht mit empfindlichen Wirbellosen zu vergesellschaften.
Hält.B.: Fels-Aquarium mit großen Versteckmöglichkeiten. Es ist zu beachten, daß die Tiere innerhalb relativ kurzen Zeit über 30 cm lang werden können. Zu hohe Nitratwerte verhindern die Häutung (Seite 570), dies bedeutet den Tod der Tiere. Im Winter muß die Temperatur auf unter 18°C gesenkt werden.
Licht: Dämmerlichtzone.
ZU/Verm.: Ist im Aquarium noch nicht gelungen. Im Westmittelmeer laichen sie im September und Oktober.
FU: K, FD; problemloses Füttern mit großen Brocken von Gefrierfutter, aber auch Regenwürmer, mageres Rinderherz und Futtertabletten können gelegentlich gereicht werden.
Bes.: Leicht zu halten, jedoch nicht für das tropische Meeresaquarium geeignet (Temperatur). Große Exemplare werden in Mittelmeerländern in Becken von Restaurants gehalten. Die Art wird in älterer Literatur vielfach als *Palinurus vulgaris* bezeichnet.

T: 16-24°C (siehe oben), **L**: 40 cm, **BL**: ab 100 cm, **WB**: m, **WR**: u, **BS**: 2, **SG**: 1

Palinurus elephas, Irland

Fam.: Palinuridae

Panulirus cygnus GEORGE, 1962
Australische Languste

Vork.: Australischer Teil des Indopazifik.
GU: Keine sekundären Geschlechtsmerkmale. An der Unterseite des Hinterleibes lassen sich wie bei *Enoplometopus* die äußeren Geschlechtsorgane erkennen (Seite 584).
Soz.Verh./Vgs.: Sie können zu mehreren gepflegt werden, wenn das Becken groß genug ist.
Hält.B.: Fels-Aquarium mit ausreichend großen Verstecken.
Licht: Dämmerlichtzone.
ZU/Verm.: Ist im Aquarium nicht gelungen. Im ihrem natürlichen Biotop beginnt die Laichzeit im Juni.
FU: K, FD; größere Brocken von Fisch-, Muschel- und Krebsfleisch.
Bes.: Werden in großen Mengen komerziell gefischt (Foto rechts unten).

T: 20-25°C, **L**: 35 cm, **BL**: ab 100 cm, **WB**: m, **WR**: u, **BS**: 2-3, **SG**: 1

Bei den höheren Krebsen, zu denen unter anderem Garnelen, Krabben, Hummer und Langusten gehören, sind am Hinterleib Extremitäten ausgebildet, die bei den Weibchen die Eier bis zum Schlüpfen festhalten.

Panulirus cygnus

Langustenfänger, Westaustralien

Panulirus inflatus, West Mexiko

Panulirus versicolor

Die in Europa meistimportierte Langustenart heißt *Panulirus versicolor* und ist im Indopazifik weit verbreitet. Sie ist deutlich an den azurblauen Längsstreifen auf ihren Schreitbeinen von anderen Langusten zu unterscheiden. Einmal eingewöhnt, verläßt sie auch tagsüber ihr Versteck im nachgebauten Riff. Nach den Erfahrungen der Autoren kann man sie im Fischgesellschaftsbecken problemlos pflegen.
Ausgenommen sind natürlich größere Räuber und Drückerfische.

Panulirus versicolor (LATREILLE, 1804)
Schmucklanguste

Vork.: Im gesamten tropischen Indopazifischen Bereich.
GU: Keine sekundären Geschlechtsmerkmale. An der Unterseite des Hinterleibes lassen sich wie bei *Enoplometopus* die äußeren Geschlechtsorgane erkennen (Seite 584).
Soz.Verh./Vgs.: In einem entsprechend großem Becken können mehrere Exemplare zusammen gehalten werden. Sie vertragen sich gut mit anderen größeren Krebstieren und kräftigen Fischen. Bei empfindlichen Tieren ist Vorsicht geboten.
Hält.B.: Riff-Aquarium mit großen Versteckmöglichkeiten. Die Tiere ziehen sich tagsüber in diese Verstecke zurück, kommen jedoch beim Füttern hervor. Sie stellen keine besonderen Ansprüche an die Wasserqualität, der Nitratgehalt darf jedoch nicht zu hoch sein, da dies die Häutung verhindert.
Licht: Dämmerlichtzone.
ZU/Verm.: Ist im Aquarium noch nicht gelungen.
FU: K, FD; fressen größere Stücke von Fisch-, Muschel- und Krebsfleisch. Ab und zu kann man ihnen auch Futtertabletten geben.
Bes.: Sie könne zikadenähnliche, sirrende Geräusche erzeugen. In ihrem Vorkommensgebiet werden sie als Delikatesse gegessen.

T: 22-26°C, L: 35 cm, BL: ab 100 cm, WB: m, WR: u, BS: 1, SG:1

Von dem komplizierten Häutungsprozeß kennen wir auch heute noch nicht alle Einzelheiten. Stark vereinfacht geschieht folgendes: Schon vor der eigentlichen Häutung beginnt der Hautpanzer, sich von den darunter liegenden Oberhautzellen zu lösen. Gleichzeitig wird eine Flüssigkeit abgeschieden, die einen Teil des alten Panzers auflöst. Die dabei freiwerdenden Kalksalze gelangen wieder ins Blut. Auch ein Teil des Chitins wird so aufgelöst und im Blut angelagert. Nun bildet sich unter dem Panzer ein neuer. Ist er völlig fertig, reißt der alte Panzer hinter dem oberen Bruststück auf, und das Tier kriecht aus der alten Schale. Nach der Häutung ist der neue Panzer weich, der Körper schwillt durch Wasseraufnahme an, so daß sich das neue Außenskelett bis zu seiner Maximalgröße streckt.

Panulirus regius, Atlantik (Karibik), "Bahamian Lobster"

Panulirus marginatus, Hawaii

Panulirus jenicillatus, Malediven

Fam.: Palinuridae

Palinurella wieneckii DE MAN, 1881
Australische Zwerglanguste

Vork.: Indo-Australischer Bereich.
GU: Keine sekundären Geschlechtsmerkmale. An der Unterseite des Hinterleibes lassen sich wie bei *Enoplometopus* die äußeren Geschlechtsorgane erkennen.
Soz.Verh./Vgs.: Sie lassen sich gut mit den meisten Fischen vergesellschaften. Nicht mit kleinen Garnelen zusammen setzen; gute Erfahrungen wurden jedoch mit der Rot-weißgebänderten Scherengarnele *Stenopus hispidus* gemacht.
Hält.B.: Riff-Aquarium mit Versteckmöglichkeiten. Besser ist zusätzlich ein tiefer Boden aus grobem Sand oder Muschelgrus in dem die Langusten gerne graben.
Licht: Dämmerlichtzone.
ZU/Verm.: Ist im Aquarium noch nicht gelungen.
FU: K, FD; sie sind problemlos zu füttern und nehmen alle Futterreste vom Boden auf; jegliche Art von Gefrier- und Tablettenfutter.
Bes.: Sie sind leicht von anderen Langusten zu unterscheiden. Sie haben kurze Antennen (Fühler) und Scheren an den ersten Beinpaaren. Keine wirtschaftliche Verwertung, da sie zu klein sind.

T: 22-26°C, **L**: 15 cm, **BL**: ab 80 cm, **WB**: m, **WR**: u, **BS**: 1-2, **SG**:1-2

Die Lauterzeugung bei Langusten

Die Erzeugung von Geräuschen bei Langusten wurde von B.E. MULLIGAN & R.B. FISCHER (Crustaceana 32,1977, 185ff) an der Karibischen Languste *Panulirus argus* ausführlich untersucht.
Es werden "Knall-","Flatter-" und Kratzlaute abgegeben. Alle Laute erwiesen sich als Pulsierungen mit apruptem Einsatz und allmählichem, unregelmäßigem Abfall. Verhaltensbeobachtungen zeigten zwar keine Wechselbeziehung zwischen spezifischem Verhalten und Lauttypen; die Laute scheinen jedoch Ausdruck des allgemeinen Erregungsniveaus zu sein. Kratzlaute werden hauptsächlich mit erregtem Verhalten in Verbindung gebracht, Flatterlaute mit ruhigem Verhalten und Knalllaute mit mäßiger Erregung.

Palinurella wieneckii, Aquariumaufnahme

Palinurella wieneckii, Hawaii

Fam.: Scyllaridae

Es gibt schon ungewöhnlich aussehende Vertreter der Zehnfußkrebse, aber den Vogel schießen wohl die Bärenkrebse ab: Ihr urweltliches Aussehen beruht auf einem platt gedrückten Panzer, der sich durch eine scharf abgesetzte Seitenkante, die den oberen und unteren Teil des Bärenkrebses abgrenzt, auszeichnet. Weithin sichtbare Antennen wie die nahe verwandten Langusten besitzen Bärenkrebse überhaupt nicht. Vielmehr ist das zweite Antennenpaar zu schaufelartigen Gebilden umgestaltet worden. Da sie mehr auf Sand- oder Schlickböden leben, können sich Bärenkrebse mit Hilfe dieser eigenartigen Organe rasch und vollständig eingraben. Sie heben damit aber auch loses Geröll und Korallenschotter hoch, um nach Würmern, Muscheln und Schnecken zu wühlen. Mit erstaunlicher Schnelligkeit wird die aufgescheuchte Beute von den mit Krallen bewehrten Schreitbeinen erfaßt, gegen die Unterseite des Kopfbrustpanzers gepreßt und zu den Mundwerkzeugen geführt. Die Schreitbeine sind in ihren einzelnen Gliedern viel kürzer als bei den Langusten, so daß man sie beim Laufen der Tiere oft gar nicht sieht.
Die zumeist nachtaktiven Scyllaridae sind für Aquarianer auch deshalb interessant geworden, weil es farblich sehr attraktive Arten gibt. Es sind weniger die mehr in temperierten Meeren lebenden Arten der Gattungen *Scyllarus* und *Scyllarides* als die aus tropischen Gebieten importierten *Arctides*-Bärenkrebse. Nur langsam gewöhnen sie sich an die eingeschaltete Aquarienbeleuchtung. Selbst Muschelfleisch lockt sie nicht hervor. Sobald das Licht jedoch erlischt, kommen sie aus ihren Verstecken - eingegraben in eine hohe Sandschicht oder aus einer nachgebauten Höhle - hervor. Wie behende Bärenkrebse sein können, zeigen sie in der Dämmerung oder nachts, wenn man ihnen gefrorenen Fisch oder Futtertabletten anbietet. Ihre Mitbewohner greifen sie nie an, auch wenn es zartgebaute Putzer- oder Partnergarnelen sind. Lediglich kurzstachelige Seeigel sind gefährdet, weil diese zur Hauptnahrung in ihrem natürlichen Lebensraum gehören: Mit ihren spitzen Krallen zerfetzen sie diese vom weichen Mundfeld her.

Arctides regalis HOLTHUIS, 1963
Rotband-Bärenkrebs

Vork.: Tropischer Indopazifik.
GU: Äußerlich nicht erkennbar.
Soz.Verh./Vgs.: Sie sind einzeln zu halten, da sie sich nicht mit Artgenossen vertragen. Mit freischwimmenden Fischen sind sie gut zu vergesellschaften. Größere Exemplare nicht mit kleinen Seeigeln zusammen setzen, da sie diese zerdrücken und fressen.
Hält.B.: Fels-Aquarium mit großer Höhle als Versteck. Eine Abdeckung ist ratsam, da die Tiere nachts aus dem Becken springen können.
Licht: Dämmerlichtzone; nachtaktive Krebse.
ZU/Verm.: Ist im Aquarium noch nicht gelungen.
FU: K, FD; Muschelfleisch, Gefrierfutter aus Krebsfleisch. Als Zusatzfutter werden auch gerne Futtertabletten (TetraTips) angenommen.
Bes.: Sie führen eine nächtliche Lebensweise und sind tagsüber meist in ihrem Versteck verborgen.

T: 22-25°C, **L:** 12 cm, **BL:** ab 80 cm, **WB:** I, **WR:** u, **BS:** 2, **SG:**1

Der tropische Bärenkrebs *Arctides regalis* ist ein Höhlenbewohner und meidet Schlick- und Sandböden. Nachts wurde er um Hawaii schon in Gruppen bis zu 10 Tieren beobachtet. Seine rot-orange Färbung ist hier den in seinem Versteck wachsenden *Tubastrea*-Korallen angepaßt.

Fam.: Scyllaridae

Bärenkrebse sind ähnlich wie Langusten recht gesellige Tiere in ihrem Lebensraum. Das zeigen Unterwasserfotos aus den verschiedenen Meeren. Der im Mittelmeer und Ostatlantik beheimatete *Scyllarides latus* trifft sich nachts mit Artgenossen, wobei kein Balz- oder Fortpflanzungsverhalten beobachtet werden konnnte. Aggressionen untereinander wurden auch nicht festgestellt. Ob man bei der gemeinsamen Nahrungssuche den räuberischen Kraken damit begegnen will? Gibt man in ein von Bärenkrebsen oder Langusten bewohntes Aquarium Tintenfischfleisch, insbesondere von Fangarmen der Kraken, eilen die Krebse "sehr nervös" im Becken umher oder ziehen sich in ihre Schlupfwinkel zurück. Größere Exemplare fechten mit den Fangarmen regelrechte Scheingefechte aus, und es dauert eine Weile, bis sie feststellen, daß ihr ärgster Freßfeind selbst tot ist.

Scyllarus arctus (LINNAEUS, 1758)
Kleiner Mittelmeer-Bärenkrebs

Vork.: Mittelmeer, östlicher Atlantik.
GU: Sind von außen nicht zu erkennen.
Soz.Verh./Vgs.: Sie sollen nur einzeln gehalten werden, da es sonst zu Kämpfen kommen kann. Mit den meisten anderen Wirbellosen und vielen Fischen vertragen sie sich jedoch gut.
Hält.B.: Fels-Aquarium mit tiefen dunklen Spalten als Versteck. Die Wassertemperatur sollte einige Zeit im Jahr (Winter) auf unter 20°C gesenkt werden.
Licht: Dämmerlichtzone; nachtaktive Krebse.
ZU/Verm.: Ist im Aquarium nicht gelungen. Reife ♀♀ findet man im Westmittelmeer von Februar bis April und Juli bis September.
FU: K, FD; sie nehmen auch Futtertabletten. Da sie fast nur nachts aktiv sind, sind sie nach Abschalten der Beleuchtung zu füttern.
Bes.: Sie werden manchmal lebend auf Fischmärkten angeboten. Nachtaktive Tiere, die tagsüber kaum zu sehen sind.

T: max. 23°C (siehe oben), L: 10 cm, BL: ab 80 cm, WB: l, WR: u, BS: 2-3, SG: 1

Unbekannter Bärenkrebs von den Malediven

Scyllarus arctus, Mittelmeer

Fam.: Scyllaridae

Scyllarides latus (LATREILLE, 1803)
Großer Mittelmeer-Bärenkrebs

Vork.: Mittelmeer, östlicher Atlantik.
GU: Sind von außen nicht erkennbar.
Soz.Verh./Vgs.: Nur einzeln halten. Das Foto rechts oben entstand im Freiwasser, wo es ganz selten solche Gruppenbildungen gibt. Es kann im Aquarium gelegentlich zu Kämpfen mit anderen größeren Krebstieren, wie z.B. Einsiedlern kommen. Mit großen Fischen sind sie jedoch gut zusammen zu halten.
Hält.B.: Großes Fels-Aquarium mit einer Höhle. Da die kräftigen Tiere mit ihren zu Schaufeln umgeformten Antennen nachts gerne graben, müssen die Aufbauten sehr massiv sein. Eine Glas- oder Gitterabdeckung wird empfohlen. Im Winter sollte die Temperatur unter 20°C abgesenkt werden.
Licht: Dämmerlichtzone; nachtaktive Krebse.
ZU/Verm.: Ist im Aquarium nicht gelungen.
FU: K, FD; Gefrierfutter, aber auch Tabletten- und Flockenfutter wird nachts vom Boden aufgenommen.
Bes.: Da die Tiere über 30 cm Länge erreichen, sind sie nur für sehr große Becken zu empfehlen. Große Exemplare werden manchmal lebend am Fischmarkt angeboten.

T: max. 23°C (siehe oben), **L**: über 30 cm, **BL**: ab 120 cm, **WB**: I, **WR**: u, **BS**: 3, **SG**: 1-2

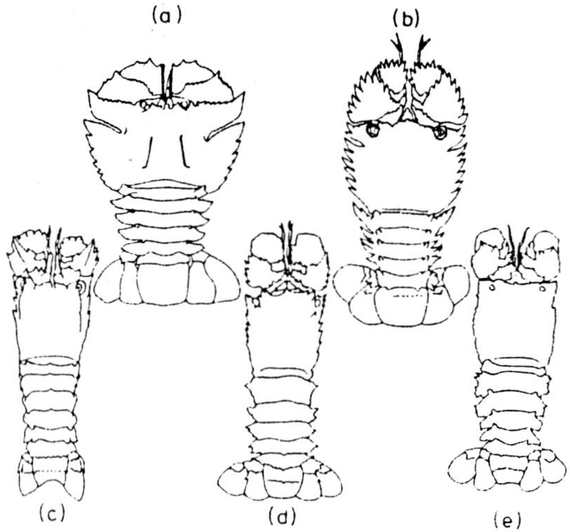

Körperbau von 5 verschiedenen Gattungen der Bärenkrebse (a) *Ibacus*, (b) *Parribarus*, (c) *Scyllarus*, (d) *Scyllarides*, (e) *Arctides*.

Scyllarides latus, Mittelmeer

Scyllarides latus, Ostatlantik

Fam.: Scyllaridae

Scyllarides astori, Golf von Kalifornien

Scyllarides astori HOLTHUIS, 1960
Kalifornischer Bärenkrebs

Vork.: Östlicher Pazifik, Golf von Kalifornien.
GU: Von außen nicht erkennbar.
Soz.Verh./Vgs.: Nicht mit Tieren der gleichen Art und anderen Krebsen zusammen halten. Seeigel werden zerdrückt und gefressen.
Hält.B.: Fels-Aquarium mit guten Versteckmöglichkeiten. Da sie gerne graben, müssen die Aufbauten stabil sein.
Licht: Dämmerlichtzone; nachtaktive Krebse.
ZU/Verm.: Ist im Aquarium nicht gelungen.
FU: K, FD; sie sind einfach mit Fisch- und Muschelfleich zu ernähren, nehmen aber gern auch Flockenfutter an.
Bes.: Nur bedingt für das tropische Aquarium geeignet.

T: 18-22°C, **L**: 25 cm, **BL**: ab 120 cm,
WB: I, **WR**: u, **BS**: 3, **SG**:1

Scyllarides astori

Scyllarides haanii, Hawaii

Weil sie kaum Fluchtversuche unternehmen, sind Bärenkrebse liebstes Anschauungsobjekt von Tauchern. Auf diesen Fotos erkennt man aber auch den Bau dieses ungewöhnlichen Zehnfußkrebses. Oben *Scyllarides haanii* vor Hawaii, linke Seite oben *Scyllarides astori* im Golf von Kalifornien (Mexiko). Dessen umgebildete Schaufel-Antennen sind tief violett.

Fam.: Nephropidae

Knebelia bilobata , ein fossiler Hummer, Fort Peck, Montana, USA, Kreide (80 Mill. Jahre)

Gerade in den letzten zehn Jahren sind viele tropische Hummer entdeckt worden, die einerseits farblich sehr attraktiv sind und andererseits in ihrer Größe und ihren Temperaturbedürfnissen den Bedingungen in Meeresaquarien entsprechen. Die Arten der Gattungen *Homarus* und *Nephrops* sah man zwar auch in Aquarien, aber nur zum Anreiz für den hungrigen Gast in einem Restaurant. Diese Arten ertragen in ihrem natürlichen Lebensraum in den nördlichen Meeren Temperaturen bis minus 1°C und fühlen sich bereits ab 15°C unwohl. Ihnen wird auch nicht wegen ihres Aussehens nachgestellt, sondern wegen des schmackhaften Fleisches, das gleich tonnenweise auf den Weltmärkten gehandelt wird. Bei einer Länge von über 60 cm der beiden größten Arten, des amerikanischen Hummers *Homarus americanus* und des europäischen Hummers *Homarus gammarus*, gut verständlich.
Was ihren nächsten Verwandten, den Langusten und Bärenkrebsen fehlt, und woran man alle Arten der Familie Neophropidae gut erkennt, sind die mächtigen Scheren oder Klauen, in die die ersten Schreitbeine umgewandelt sind. Ihre Finger sind kräftig entwickelt: Bei den Kaltmeer-Riesen dienen sie zum Knacken von Muscheln und bei den tropischen Riffhummern zum Ergreifen und Zuführen anderer Nahrung zu den Freßwerkzeugen. Bei allen Hummer-Arten erreichen die Klauen mehr als ein Drittel der Gesamtkörperlänge.

Enoplometopus debelius

Die selten länger als 15 cm werdenden tropischen Riffhummer der Gattung *Enoplometopus* sind wahre Blickfänger. Vorausgesetzt, man kann die wunderschönen Farben der versteckt lebenden Tiere auch erkennen. Wie aus einer Revision dieser Gattung zu entnehmen ist, waren die ersten tropischen Riffhummer schon im vorigen Jahrhundert der Wissenschaft bekannt. Es war die Art *Enoplometopus occidentalis*, die auch heute noch als verbreitester Riffhummer gilt. Aus Aquarienimporten ist bekannt, daß er meist von Hawaii nach Europa gesandt wird; deshalb hat er den populären Namen "Hawaiihummer" erhalten. Er ist aber im gesamten Indopazifik verbreitet.

Fam.: Nephropidae

Auf den ersten Blick sind äußerlich keine Geschlechtsunterschiede bei den tropischen Riffhummern zu erkennen. Die Geschlechtsunterschiede sind bei genauem Hinsehen jedoch gut erkennbar. Die ersten Hinterbeinpaare des Männchens sind zu sogenannten Ruten umgewandelt, die zur Übertragung von Sperma dienen. Es handelt sich um zwei Halbröhren, die aneinandergelegt ein Übertragunsrohr entwikkeln. Dieses wird aus der Geschlechtsöffnung an der Basis des 5. Beinpaares im Bild als kleiner Zapfen sichtbar. Das Weibchen besitzt eine äußere Samentasche (Spermatheka), die im Bild als längliches Gebilde zwischen den drei letzten Beinpaaren zu sehen ist. Der mediane Längsschlitz dient zur Aufnahme der Ruten des Männchens. Ein kleiner Zapfen der zweiten Hinterleibspaare wird von hinten in das Übertragungsrohr eingeführt und kann dann wie der Kolben in einer Pumpe das Sperma aus der vorderen Öffnung hinausdrücken. Damit ist der Kopulationsakt abgeschlossen und die Hummer trennen sich wieder. Die Befruchtung wird vom Weibchen selbst vollzogen, indem Eier aus der Geschlechtsöffnung an der Basis des 3. Beinpaares an der Samentasche vorbei und dann befruchtet werden. Die Eier gelangen an die Hinterleibsbeine, werden dort angeheftet und bis zum Schlüpfen dort getragen.

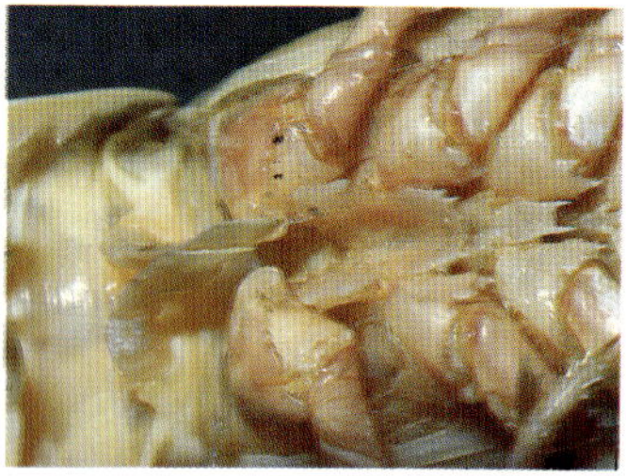

♂

♀

Enoplometopus debelius

Enoplometopus debelius, ♀ mit Eiern

Die Begattung findet nach der Häutung des ♀ statt. Sechs Tage später schlüpfen die Larven in der Nacht.

Fam.: Nephropidae

Enoplometopus antillensis

Enoplometopus antillensis LÜTKEN, 1865
Atlantischer Riffhummer

Vork.: Von der Karibik bis zu den ostatlantischen Inseln.
GU: Keine sekundären Geschlechtsmerkmale.
Soz.Verh./Vgs.: Verträgt sich gut mit den meisten tropischen, aber auch mit Mittelmeerfischen.
Hält.B.: Fels-Aquarium mit tiefen Schlupfwinkeln.
Licht: Dämmerlichtzone.
ZU/Verm.: Ist im Aquarium noch nicht gelungen.
FU: K, FD; wie andere *Enoplometopus*-Arten.
Bes.: Bei Nachttauchgängen sind sie, wie auch die anderen Riffhummer-Arten, leicht zu entdecken.

T: ab 18°C, **L**: 10 cm **BL**: ab 80 cm, **WB**: l-m, **WR**: u, **BS**: 2, **SG**: 1-2

Enoplometopus daumi HOLTHUIS, 1983
Violetter Riffhummer

Vork.: Indoaustralischer Raum, Philippinen, Indonesien.
GU: Keine sekundären Geschlechtsmerkmale. An der Unterseite des Hinterleibes lassen sich die äußeren Geschlechtsorgane erkennen.
Soz.Verh./Vgs.: Ideale Restevertilger in großen Fischaquarien, aber ohne Drückerfische und andere Hartschalenfresser. Mit langsamen Kleinfischen nicht ganz unproblematisch, obwohl wenig negative Erfahrungen vorliegen. Dies gilt auch für kleinere Krebstiere. Mit Langusten und größeren Einsiedlern können sie gut vergesellschaftet werden. Gute Erfahrungen auch mit Zylinderrosen und großen Aktinien. Nicht mit gleichgeschlechtlichen Artgenossen zusammen halten.
Hält.B.: Riff-Aquarium mit tiefen Schlupfwinkeln.
Licht: Dämmerlichtzone.
ZU/Verm.: Ist im Aquarium noch nicht gelungen.
FU: K, FD; nimmt alles tierische Futter und Futtertabletten (TetraTips).
Bes.: Die Art wurde erst kürzlich wissenschaftlich beschrieben.

T: 20-24°C, kurzfristig auch über 30°C, **L**: 11 cm, **BL**: ab 80 cm, **WB**: l-m, **WR**: u, **BS**: 1, **SG**: 1-2

Enoplometopus antillensis

Enoplometopus daumi

Fam.: Nephropidae

Enoplometopus debelius HOLTHUIS, 1983
Debelius Riffhummer

Vork.: Pazifik, von Hawaii bis Indonesien.
GU: Keine sekundären Geschlechtsmerkmale. An der Unterseite des Hinterleibes lassen sich die äußeren Geschlechtsorgane erkennen.
Soz.Verh./Vgs.: Sie lassen sich paarweise halten und vertragen sich gut mit Fischen. Obwohl sie nachts unterwegs sind, vergreifen sie sich nicht an Lippfischen, die im Sand eingegraben sind. Empfindliche Wirbellose werden jedoch manchmal gestört.
Hält.B.: Riff-Aquarium mit guten Versteckmöglichkeiten. Die Höhlen können so angelegt werden, daß man die Krebse auch bei Tag sehen kann.
Licht: Dämmerlichtzone. Bei schwacher Beleuchtung (z.B. 1 kleine Blaulichtröhre) gehen die Tiere auch am Tag auf Futtersuche.
ZU/Verm.: Wie bei den meisten Krebstieren erfolgt die Kopulation nach der Häutung des ♀. Bei der Häutung werden Sexuallockstoffe (Pheromone) abgegeben, die das ♂ anlokken. Solange das ♀ die Eier am Hinterleib trägt, entfernt man das ♂ aus dem Becken. 6 Tage nach der Befruchtung schlüpfen die Larven. Die Aufzucht gelingt nur, wenn lebendes Meeresplankton geboten werden kann.
FU: K, FD; gute Restevertilger, die jegliches Futter vom Boden aufnehmen.
Bes.: Durch die Haltung dieses Riffhummers ist bewiesen, daß diese Tiere älter als 10 Jahre werden können.

T: 20-26°C, **L**: 10 cm, **BL**: ab 80 cm, **WB**: l-m, **WR**: u, **BS**: 1, **SG**: 1

Homarus gammarus, Europäischer Hummer; Text Seite 593.

Enoplometopus debelius, Aquariumaufnahme *Enoplometopus debelius* im Biotop

Enoplometopus debelius bei der Häutung, vorn die leere Hülle

Fam.: Nephropidae

Enoplometopus holthuisi GORDON, 1968
Holthuis Riffhummer

Vork.: Gesamter tropischer Indopazifik, von Hawaii bis Ost-Afrika.
GU: Keine sekundären Geschlechtsmerkmale. An der Unterseite des Hinterleibes lassen sich die äußeren Geschlechtsorgane erkennen.
Soz.Verh./Vgs.: Die Art ist gut mit Fischen, aber schlecht mit anderen Krebsen zu vergesellschaften. Bei gleichgeschlechtlichen Tieren kommt es unweigerlich zu "Beschädigungskämpfen".
Hält.B.: Riff-Aquarium mit tiefen Verstecken. Empfindlich gegenüber hohen Nitratwerten.
Licht: Dämmerlichtzone. Nachtaktive Krebse.
ZU/Verm.: Ist im Aquarium noch nicht gelungen.
FU: K, FD; gute Restevertilger, da sie nachts im Becken umherstreifen und jegliches Futter vom Boden aufnehmen.
Bes.: Diese Art ist schlanker als die meisten *Enoplometopus*-Arten. Durch seine auffällige Zeichnung ist er leicht von anderen Arten zu unterscheiden.

T: 22-27°C, **L**: 12 cm, **BL**: ab 80 cm, **WB**: l-m, **WR**: u, **BS**: 2, **SG**: 1-2

Enoplometopus occidentalis (RANDALL, 1840)
Hawaii-Riffhummer

Vork.: Im gesamten Indopazifischen Bereich.
GU: Keine sekundären Geschlechtsmerkmale. An der Unterseite des Hinterleibes lassen sich die äußeren Geschlechtsorgane erkennen.
Soz.Verh./Vgs.: Der Hummer verträgt sich mit den meisten Fischen gut. Kleinere, langsam schwimmende können jedoch manchmal seine Beute werden. Er darf nicht mit gleichgeschlechtlichen Artgenossen zusammen gehalten werden.
Hält.B.: Riff-Aquarium mit tiefen Schlupfwinkeln. Er reagiert empfindlich auf zu hohe Nitratwerte.
Licht: Dämmerlichtzone. Bei nicht zu starker Beleuchtung wagen sich diese nachtaktiven Tiere auch zur Fütterung am Tag heraus.
ZU/Verm.: Nach Eingewöhnung in das Becken kann das ♀ immer wieder Eier tragen. Eine Aufzucht ist möglich, scheitert jedoch meist an der Futterbeschaffung für die Larven (Meeresplankton).
FU: K, FD; sie nehmen jegliches Gefrier- und Tablettenfutter an. Da sie ausgezeichnete Geruchsorgane haben, stöbern sie jegliche Futterreste auf.
Bes.: Bei guter Pflege häuten sich die Tiere etwa alle 6 Wochen.

T: 20-25°C, **L**: 12 cm, **BL**: ab 80 cm, **WB**: l-m, **WR**: u, **BS**: 2, **SG**: 1-2

Enoplometopus occidentalis

Enoplometopus holthuisi

Enoplometopus occidentalis

Enoplometopus voigtmanni TÜRKAY, 1989
Voigtmann Riffhummer

Vork.: Bisher nur vom Außenriff der Insel Maayafushi, im Ari-Atoll der Malediven und vermutlich von Sri Lanka bekannt.
GU: Keine sekundären Geschlechtsmerkmale. An der Unterseite des Hinterleibes lassen sich die äußeren Geschlechtsorgane erkennen.
Soz.Verh./Vgs.: Sie sind in ihrem Biotop meist paarweise, manchmal auch solitär, anzutreffen.
Hält.B.: Dies Art wurde bisher nicht in Aquarien gehalten. Vermutlich gelten ähnliche Hälterungsbedingungen wie für die anderen *Enoplometopus*-Arten. Die Tiere leben verborgen in Riffhöhlen am Abhang.
Licht: Dämmerlichtzone.
ZU/Verm.: Bisherige Beobachtungen lassen vermuten, daß die Laichzeit auf den Malediven im September beginnt.
FU: K, FD; es ist noch nichts bekannt, man kann jedoch annehmen, daß diese Art ebensoleicht wie die anderen der Gattung zu pflegen sind.
Bes.: Die Art wurde erst Ende 1989 wissenschaftlich beschrieben! Von den anderen Arten unterscheidet sie sich durch ihr charakteristisches Farbmuster.

T: 24-26°C, **L**: 10 cm, **BL**: ab 80 cm, **WB**: I, **WR**: u, **BS**: 4, **SG**: 2

Homarus americanus H. MILNE-EDWARDS, 1837
Amerikanischer Hummer, Maine Lobster

Vork.: Amerikanische Seite des Atlantiks, südlichste Verbreitung sind die Bermuda-Inseln.
GU: Die ♂ werden größer und haben meist kräftigere Scheren als die ♀.
Soz.Verh./Vgs.: Unverträglich gegenüber Artgenossen, anderen Krebsen und Wirbellosen. Am besten einzeln oder mit großen freischwimmenden Fischen halten.
Hält.B.: Massives Fels-Aquarium mit einer großen Höhle als Versteck.
Licht: Dämmerlichtzone.
ZU/Verm.: Ist im Aquarium noch nicht gelungen.
FU: K, FD; Gefrierfutter, Fisch- und Krebsfleisch, Miesmuscheln (auch in der Schale).
Bes.: Manchmal lebend auf Fischmärkten. Nur für große Becken (Schauaquarien) geeignet. Bei "Meeresfrüchten"-Importeuren regelmäßig zu bekommen (außer in der Schonzeit).

T: 10-20°C, **L**: 40 cm, **BL**: ab 120 cm, **WB**: m, **WR**: u, **BS**: 1, **SG**: 1-3 (Kühlung!)

Homarus gammarus (Foto siehe Seite 588) (LINNAEUS, 1758)
Europäischer Hummer

Vork.: Mittelmeer, Atlantik bis Norwegen.
GU: Die ♂♂ haben größere Scheren.
Soz.Verh./Vgs.: Mehrere Tiere werden meist mit zusammengebundenen Scheren gehalten, damit sie sich nicht gegenseitig verletzen.
Hält.B.: Nur in Restaurantaquarien. Steiniger Bodengrund, wenn möglich mit Unterschlupf. Kräftige Filterung mit Sauerstoffzufuhr.
Licht: Dämmerlichtzone bis Mittellicht.

Fortsetzung Seite 594:

Nephrops norvegicus LINNAEUS, 1758
Kaisergranat

Vork.: Mittelmeer und Atlantik bis Norwegen.
GU: Die ♂ haben kräftigere Scheren als die ♀.
Soz.Verh./Vgs.: Nur einzeln mit größeren Fischen zu halten. Wirbellose werden durch die nächtliche Aktivität gestört.
Hält.B.: Sandboden mit aufliegender flacher Steinplatte, unter der man eine Wohnhöhle für das Tier anlegt. Die Wassertemperatur sollte im Winter bei höchstens 18°C liegen.
Licht: Dämmerlichtzone.
ZU/Verm.: Ist im Aquarium noch nicht gelungen. Die Hauptlaichzeit erstreckt sich im Mittelmeer von Juli bis Februar, doch findet man das ganze Jahr über einige ♀ mit Eiern. Die Eier sind anfangs grün, später rötlich gefärbt.
FU: K, FD; sie nehmen jegliches Gefrierfutter sowie Futtertabletten an.
Bes.: Oft auf Fischmärkten der Mittelmeerländer, allerdings selten lebend.

T: 10-22°C (siehe oben), **L**: 15 cm, **BL**: ab 100 cm, **WB**: l, **WR**: u, **BS**: 3, **SG**: 2

Fortsetzung *Homarus gammarus* von Seite 593:

ZU/Verm.: Im Aquarium nicht möglich. In der Natur laichen die Hummer in größeren Tiefen. Die Larven schwimmen einige Wochen pelagisch.
FU: K; Allesfresser, Aas, Fisch, Muscheln, Seeigel. Futtertabletten, Lachs-(Forellenpellets) etc.
Bes.: Geschützte Art!. Sie darf aquaristisch nicht gehandelt werden - wohl aber immer noch zu Speisezwecken. Welch ein Widersinn des Artenschutzes!

T: 5-20°C, **L**: 50 cm, **BL**: 100 cm, **WB**: m, **WR**: u, **BS**: 2, **SG**: 2 (Kühlung!)

Alle Angehörigen der Einsiedlerkrebs-Familie Diogenidae zeichnen sich durch den völlig umgewandelten Hinterleib (Abdomen) aus, der nicht mehr von der für Krebse charakteristischen, mit Kalk durchsetzten Chitinhülle umgeben ist. In einer Welt des Fressens und Gefressenwerdens haben sich die Einsiedlerkrebse einen künstlichen Panzer gesucht. Leere Schneckenschalen oder hohle Korallen-Zweigstücke wurden angenommen, und langsam paßte sich der Hinterleib in Form und Funktion dem körperfremden Schutzverhältnis an. Er nahm eine gekrümmte, den Windungen des Schneckengehäuses folgende Form an.

Die Familie Diogenidae unterscheidet sich von anderen Einsiedlerkrebsfamilien für den Laien vor allem dadurch, daß ihre Arten das größere Scherenbein auf der linken Seite tragen. Alle Einsiedlerkrebse, wie auch die später vorgestelle Familie Paguridae, die ihre große Schere auf der rechten Seite tragen, gehören also nicht zu der bei Aquarianern und Tauchern beliebesten Einsiedlerfamilie. Die in allen Küstenbereichen tropischer und temperierter Meere lebenden Einsiedlerkrebse stellen bei der Auswahl ihrer Gehäuse keine Ansprüche an die Schneckenart, d.h., es werden auch mit den Flüssen angeschwemmte Süßwasserschneckengehäuse angenommen. Die einzige Bedingung, die der Krebs an das Gehäuse stellt, ist das genaue Passen. Zu kleine oder zu große Gehäuse werden ausgetauscht, sobald ein passendes gefunden worden ist. Bekanntlich wachsen Krebse mit ihrer Häutung, so daß es einem Einsiedlerkrebs passieren kann, daß er danach nicht mehr in sein altes Gehäuse paßt. Es ist dann wegen seines schmackhaften ungeschützten Hinterleibes für Freßfeinde besonders interessant.

Bei Untersuchungen haben Wissenschaftler festgestellt, wie sich Einsiedlerkrebse in ihrem Schneckenhaus festhalten. Verantwortlich dafür sind die an den letzten Hinterleibsringen befindlichen stark reduzierten Beine. Ihre Außenkanten haben eine einwärts gebogene Abrundung, die mit einem Borsten- oder Warzenfeld versehen ist. Bei diesem Organ handelt es sich um eine Zone von in mehreren parallelen Reihen geordneten Borsten. Da die letzen Beine aber schräg nach vorn getragen werden, weisen die Borsten kopfwärts, so daß sie sich beim Anlegen an die Innenseite des Gehäuses einem nach der Schalenmündung gerichteten Zug entgegenzustemmen vermögen. Hierdurch wird ein Herausrutschen oder gewaltsames Entfernen des Einsiedlerkrebses verhindert. Versuche, einen Einsiedler aus seinem Gehäuse gewaltsam zu entfernen, sollte man lieber sein lassen: Der Hinterleib reißt garantiert an seiner dünnen Verbindung mit dem Kopfbruststück ab.

Viele Diogenidae sind tagaktiv, man kann sie beim Tauchen aber auch im Aquarium vor dem nachgebauten Riff beobachten. Die Arten dieser Einsiedlerfamilie sind keine Schwarmtiere, vielmehr geht jeder erwachsene Krebs seines eigenen Weges. Jungtiere der Gattung *Dio-*

genes wurden aber in Flachwasser des Mittelmeeres in Massen beobachtet. Merkwürdigerweise trugen sie alle ein Gehäuse der gleichen Schneckenart *Bittium reticulatum*, als sie sich alle Mühe gaben, sich den Zirkulationsbewegungen des Meeres zu widersetzen. Die Arten der Familie Diogenidae sind Allesfresser: Von Algen bis zu jeglicher Art von Aas reicht ihre Futterpalette. Sie streifen große Reviere ab, um "alles Gute, was von oben kam" abzuweiden. Sie sind die Reiniger der Riffe tropischer und temperierter Meere.
In freier Natur haben sie aber - wie andere Krebse auch - eine Vielzahl von Feinden, die in der Lage sind, Einsiedlerkrebse zu erbeuten. Harte bezahnte Räuber wie Igel- und Kugelfische, Fangschreckenkrebse oder eine andere Verwandte, die Schamkrabbe, die dem Einsiedler das Gehäuse mit den wie ein Büchsenöffner funktionierenden Scherenfingern der Windung nach aufknackt. Um seinem Todfeind, dem *Octopus*, widerstehen zu können, hat sich der Einsiedlerkrebs die Nesselkraft von Aktinien zunutze gemacht, indem er die stark nesselnden Anemonen auf seinem Gehäuse herumträgt. Eine Krake haßt nichts mehr als die Nesselwurfspieße, die von den Anemonen bei Berührung losgeschossen werden. Diese Lebensgemeinschaften sind eingehend untersucht worden: Der Vorteil der Anemone ist hierbei, daß sie ständig herumtransportiert wird. Das sessile Tiere erwirbt praktisch sekundär die Laufgeschwindigkeit des Krebses, was sich beim Nahrungsfang nur positiv auswirkt. Der Einsiedler hat die Schutzfunktion der Nesselkraft wohl auch begriffen, denn aktiv beklopft und streichelt er Anemonen an ihrem natürlichen Standort, damit sie sich lösen und von ihm auf das Gehäuse gesetzt werden können. Es scheint der Anemone bewußt zu sein, daß sich beim Beklopfen kein Feind an ihr zu schaffen macht, denn sie schießt keine Nesselzellen gegen ihren zukünftigen "Lebenspartner" ab. Schließlich wurde beobachtet, daß Einsiedlerkrebse beim Wechseln des Gehäuses sogar die vertraute Partnerin auf das neue Gehäuse "umpflanzen".

Dieser Schnappschuß eines ungeschützten Einsiedler-Hinterleibes gelang, als er gerade das Gehäuse wechselte. Es war recht amüsant, wie er blitzschnell das neue Schneckengehäuse ergriff und flugs sein weiches Hinterteil hineinschob.

Diese am Großen Barriere-Riff Australiens fotografierte unbekannte Dardanus-Art wurde bei einem Tauchgang in einem alten, schäbigen Gehäuse, aber auch in einem neuen, glänzenden Schneckenhaus gesehen (kleines Foto).

Fam.: Diogenidae

Aniculus maximus EDMONDSON, 1952
Großer Schuppeneinsiedler

Vork.: Tropischer Indo-Pazifik.
GU: Von außen nicht erkennbar.
Soz.Verh./Vgs.: Aufgrund der Körpergröße und ihres ungestümen Verhaltens sind sie nicht für ein Wirbellosenbecken geeignet. In einem großen Becken kann man sie mit kräftigen Fischen (z.B. Drückerfischen) zusammen halten.
Hält.B.: Massive Felsbauten und Sandgrund. Mehrere größere leere Schneckenschalen sollten stets zur Auswahl bereit liegen.
Licht: Dämmerlichtzone.
ZU/Verm.: Ist im Aquarium nicht gelungen.
FU: K, FD; sie fressen jegliches Gefrierfutter und nehmen auch gerne Futtertabletten (TetraTips) an.
Bes.: Sehr robuste Tiere, die sich jedoch nur mit wenigen anderen Arten vertragen. Selbst freischwimmende Fische können von ihnen gefangen werden.

T: 20-25°C, L: 10 cm, BL: ab 120 cm, WB: m, WR: u, BS: 2-3, SG: 1

Eine augenfällige Färbung haben die *Aniculus*-Einsiedler, die im gesamten Indopazifik vorkommen. Das Foto entstand tagsüber in einem Riff vor Maui, einer Insel der Hawaii-Gruppe.

Aniculus maximus

Aniculus maximus

Fam.: Diogenidae

Calcinus ornatus (ROUX, 1830)
Bunter Einsiedler

Vork.: Mittelmeer, Ostatlantik.
GU: Von außen nicht erkennbar.
Soz.Verh./Vgs.: Die kleinen zarten Tiere eignen sich gut als Restevertilger im Wirbellosen- und Fischbecken. Nicht mit größeren Krebsen, Drücker- und Lippfischen zusammen halten.
Hält.B.: Fels-Aquarium mit oder ohne Sandboden. Stets leere Schneckengehäuse umherliegen lassen.
Licht: Mittellichtzone.
ZU/Verm.: Ist im Aquarium noch nicht gelungen.
FU: K, FD; sie nehmen alle Sorten von Gefrierfutter, Futtertabletten und auch Flockenfutter auf. Da sie stets Futterreste ergattern, müssen sie nicht speziell gefüttert werden.
Bes.: Auch für das tropische Meerwasseraquarium geeignet. Im Mittelmeer ist dies die einzige Art, die man häufig auch in festgewachsenen Schalen von *Vermetus*-Schnecken oder Kalkröhrenwürmern findet, die sie nicht verlassen. Wie diese zu einer größeren Schale gelangen, ist nicht bekannt.

T: 16-24°C, **L:** 2 cm, **BL:** ab 50 cm, **WB:** l-s, **WR:** u-m, **BS:** 3, **SG:** 1

Cancellus sp.
Sandstein-Einsiedler

Vork.: Süd-Australische Küste.
GU: Von außen nicht erkennbar.
Soz.Verh./Vgs.: Man kann sie einzeln oder in kleinen Gruppen halten. Sie sind friedlich und eher scheu. Über die Vergesellschaftung gilt das Gleiche wie bei *Calcinus ornatus*.
Hält.B.: Flacher Sand- oder Kiesboden mit entsprechenden Stücken von Sandstein (siehe Foto).
Licht: Dämmerlichtzone.
ZU/Verm.: Ist im Aquarium noch nicht gelungen.
FU: K, FD; wenn andere Tiere im Aquarium gefüttert werden und Reste liegen bleiben, muß man die Einsiedler nicht separat füttern.
Bes.: Diese Art bohrt Löcher in Sandstein-Kiesel, die sie statt einer Schneckenschale mit sich herumtragen.

T: 18-23°C, **L**: 2 cm, **BL**: ab 50 cm, **WB**: m, **WR**: u, **BS**: 3, **SG**: 1

Fam.: Diogenidae

Dardanus calidus (RISSO, 1827)
Mittelmeer-Dardanus

Vork.: Mittelmeer.
GU: Von außen nicht erkennbar.
Soz.Verh./Vgs.: Aufgrund seiner Größe gilt für ihn ähnliches wie für *Aniculus maximus*.
Hält.B.: Fels-Aquarium mit Sandboden.
Licht: Dämmerlichtzone, nachtaktiv.
ZU/Verm.: Im Aquarium nicht gelungen.
FU: K, FD; problemlose Ernährung mit Gefrier- und Tablettenfutter.
Bes.: Setzt sich wie *D. pedunculatus* Anemonen auf sein Gehäuse **(siehe unten).** Nicht für das tropische Becken geeignet.

T: 16-22°C, **L**: 10 cm, **BL**: ab 120 cm, **WB**: m, **WR**: u, **BS**: 3, **SG**: 1

Dardanus deformis (H.MILNE-EDWARDS, 1836)

Vork.: Im gesamten indopazifischen Raum.
GU: Äußerlich nicht erkennbar.
Soz.Verh./Vgs.: Größere Exemplare nicht mit empfindlichen Wirbellosen zusammen halten.
Hält.B.: Riff-Aquarium mit Sandboden. Aufbauten müssen stabil sein.
Licht: Dämmerlichtzone.
ZU/Verm.: Im Aquarium nicht gelungen.
FU: K, FD; problemlos zu füttern, da sie jegliches Gefrierfutter und Flocken- und Tablettenfutter annehmen. Ab und zu kann auch ein Regenwurm gereicht werden.
Bes.: Die linke Schere ist so groß, daß damit die Öffnung der Schneckenschale völlig verschlossen werden kann. Die Schale ist regelmäßig von der Partneranemone *Calliactis polypus* besetzt. Nachtaktive Krebse, die am Tag nur wenig Bewegung zeigen.

T: 22-28°C, **L**: 10 cm, **BL**: ab 100 cm, **WB**: m, **WR**: u, **BS**: 1, **SG**: 1

Die kräftige linke Schere weist *Dardanus deformis* auch als Mitglied der Diogenidae aus. Beide im Aquarium entstandenen Aufnahmen zeigen, daß auch Einsiedlerkrebse in Aquarien mit vielen Wirbellosen gepflegt werden können. Sie wurden von ihm in Ruhe gelassen, allerdings vergriff er sich ab und zu an den reichlich wachsenden *Caulerpa*-Algen. Dieses Exemplar war mit den Anemonen auf seinem Haus importiert worden, die auch im Aquarium daran haften blieben.

Dardanus calidus

Dardanus deformis

Fam.: Diogenidae

Dardanus lagopodes (FORSKÅL, 1775)

Vork.: Im gesamten indopazifischen Bereich und im Roten Meer.
GU: Sind von außen nicht zu erkennen.
Soz.Verh./Vgs.: Da diese Art nicht so groß wird, wie die anderen, ist sie besser zu vergesellschaften. Gut für ein Fischaquarium geeignet. Empfindliche Wirbellose werden zu sehr gestört.
Hält.B.: Riff-Aquarium mit Flachstellen. Für die heranwachsenden Tiere müssen Schneckenschalen in entsprechender Größe bereit sein.
Licht: Dämmerlichtzone.
ZU/Verm.: Ist im Aquarium noch nicht gelungen.
FU: K, FD; ausgezeichnete Restevertilger, die aber auch ab und zu größere Brocken haben wollen. Sie fressen zusätzlich gerne grüne Fadenalgen.
Bes.: Sind nicht bekannt.

T: 21-28°C, **L**: 6 cm, **BL**: ab 80 cm, **WB**: l-m, **WR**: u, **BS**: 2, **SG**: 1

Dardanus lagopodes wird oft im Aquarienhandel gesichtet und ist an seinen weißen Augenstielen gut von anderen Arten zu unterscheiden. Das ungewöhnliche Schneckenhaus war dreimal länger als der Krebs selbst und wurde von den Malediven mit nach Deutschland gebracht. Der "Poltergeist" kam schließlich in ein reines Fischbecken, da er bei seinem unstillbaren Wanderdrang Scheiben- und Krustenanemonen verletzte. Die Fische profitierten von seiner Freßtechnik, denn Miesmuschelfleisch wurde z.B. mit Beinen und Freßwerkzeugen dermaßen umhergewirbelt, daß sie sich nur noch dazugesellen und zuschnappen mußten.

Dardanus deformis, Aquariumaufnahme

Dardanus lagopodes

Dardanus lagopodes

Fam.: Diogenidae

Dardanus megistos (HERBST, 1789)
Weißflecken-Dardanus, Roter Einsiedlerkrebs

Vork.: Im indopazifischen Bereich.
GU: Sind von außen nicht erkennbar.
Soz.Verh./Vgs.: Nur mit sehr robusten Wirbellosen (z.B. anderen kräftigen Krebsen, wie Krabben, Hummer, Langusten) und Fischen vergesellschaften. Nicht mehrere Exemplare in einem Becken halten, da es sonst zu Kämpfen kommt.
Hält.B.: Riff-Aquarium mit massiven Aufbauten. Eine gute Filterung ist angebracht, da diese Krebse bei der Fütterung viel "Abfall" produzieren.
Licht: Dämmerlichtzone.
ZU/Verm.: Ist im Aquarium noch nicht gelungen.
FU: K, FD; Muschel-, Fisch- und Garnelenfleisch werden in großen Mengen verzehrt. Aber auch Futtertabletten, *Tubifex* und Regenwürmer werden genommen.
Bes.: Besonders nachts sehr aktiv.

T: 21-28°C, **L**: 10 cm, **BL**: ab 120 cm, **WB**: m, **WR**: u, **BS**: 2, **SG**: 1

Dardanus pedunculatus (HERBST, 1804)
Korallen-Einsiedlerkrebs

Vork.: Indopazifischer Bereich.
GU: Von außen nicht erkennbar.
Soz.Verh./Vgs.: Je größer die Exemplare sind, desto schwieriger ist ihre Vergesellschaftung. Sie sind ständig auf Futtersuche und fressen fast alle kleineren Wirbellosen. Größere Tiere hält man am besten einzeln oder mit großen Fischen (auch Drücker- und Lippfische).
Hält.B.: Fels-Aquarium, in dem sie vor allem nachts ständig umherklettern. Große Schneckenschalen für eine Übersiedlung bereit halten.
Licht: Dämmerlichtzone.
ZU/Verm.: Eine Paarung kann man hin und wieder im Aquarium beobachten, eine Aufzucht ist noch nicht geglückt.
FU: K, FD; sie fressen alles tierische Futter, auch Aas und Algen sowie Futtertabletten.
Bes.: Zum Schutz vor ihrem Hauptfeind, dem *Octopus*, setzen sich viele *Dardanus*-Arten nesselnde Aktinien auf ihr Gehäuse. Hochinteressant ist die Übersiedlung in ein größeres Gehäuse, bei der die Aktinien mit übersiedelt werden. Leider geschieht dieser Wechsel fast immer nur nachts.

T: 20-25°C, **L**: 6 cm, **BL**: ab 80 cm, **WB**: m, **WR**: u, **BS**: 3, **SG**: 1

Dardanus megistos

Dardanus pedunculatus

Paguristes cadenati FOREST, 1954
Weinroter Paguristes

Vork.: Karibik und westlicher Atlantik
GU: Sind von außen nicht zu erkennen.
Soz.Verh./Vgs.: Sie vertragen sich gut mit vielen Wirbellosen und fast allen Fischen. In ein größeres Becken können auch mehrere Exemplare eingesetzt werden.
Hält.B.: Riff-Aquarium. Sie stellen keinerlei besondere Ansprüche.
Licht: Dämmerlichtzone.
ZU/Verm.: Ist im Aquarium noch nicht gelungen.
FU: K, FD; problemlos zu füttern, da sie jegliches Futter annehmen. Gute Restevertilger im Fischbecken.
Bes.: Nachtaktive Krebse, die gerne Schneckenschalen besiedeln, welche von inkrustierenden Rotalgen (rote Kalkalgen) überwachsen sind und daher rosa erscheinen.

T: 20-27°C, **L:** 3 cm, **BL:** ab 80 cm, **WB:** l-s, **WR:** u-m, **BS:** 1-2, **SG:** 1

Petrochirus diogenes (LINNAEUS, 1758)
Amerikanischer Petrochirus

Vork.: Karibik und westlicher Atlantik.
GU: Sind von außen nicht zu erkennen.
Soz.Verh./Vgs.: Für dieVergesellschaftung gilt das gleiche wie für die großen *Dardanus*-Arten (ab Seite 602). Vorsicht, kleine Exemplare wachsen rasch heran.
Hält.B.: Riff- und Felsaquarium mit massiven Aufbauten. An die Wasserqualität werden keine besonderen Ansprüche gestellt.
Licht: Dämmerlichtzone.
ZU/Verm.: Ist im Aquarium noch nicht gelungen.
FU: K, FD; Muschel-, Fisch- und Garnelenfleisch werden in großen Brocken verzehrt. Auch Futtertabletten werden gerne genommen.
Bes.: Größter karibischer Einsiedler, der oft in den Gehäusen der Großen Fechterschnekke (Conch) *Strombus gigas* steckt. Die beiden Scheren sind im Gegensatz zu den *Dardanus*-Arten meist gleich groß. Große Ähnlichkeit mit *P. californiensis* aus Kalifornien.

T: 20-27°C, **L**: 12 cm, **BL**: ab 120 cm, **WB**: m-s, **WR**: u, **BS**: 2, **SG**: 1-2

Trizopagurus strigatus (HERBST, 1804)
Streifeneinsiedler

Vork.: Indopazifik und Rotes Meer.
GU: Von außen nicht erkennbar.
Soz.Verh./Vgs.: Mittelgroßer Einsiedler, der nur mit robusten Wirbellosen und Fischen vergesellschaftet werden soll.
Hält.B.: Riff-Aquarium mit Sandboden.
Licht: Dämmerlichtzone.
ZU/Verm.: Ist im Aquarium noch nicht gelungen.
FU: FD;,Sie nehmen jegliches Gefrierfutter und Futtertabletten.
Bes.: Sind nicht bekannt.

T: 22-28°C, **L**: 6 cm, **BL**: ab 80 cm, **WB**: m, **WR**: u, **BS**: 2, **SG**: 1

Die meisten Arten der Einsiedlerkrebs-Familie Paguridae leben in Gewässern mit gemäßigten Temperaturen. Das rechte Bild entstand an der irischen Westküste und zeigt deutlich, daß alle Paguriden "Rechtsträger" sind, also das große Scherenbein rechts tragen. Eine noch lebende Schnecke hat sich auf das Gehäuse des Einsiedlers gesetzt. Das Foto auf Seite 612 oben zeigt die gleiche Art an der holländischen Küste beim "Überprüfen" eines anderen Gehäuses, das leider schon besetzt ist.

Über die Familie Paguridae

Wie die vorherige Familie Diogenidae haben auch sie ein weiches Abdomen, das in einer Schneckenschale steckt. Bei ihnen ist jedoch die rechte Schere deutlich größer als die linke. Eine artenreiche Familie, deren Vertreter jedoch meist kleiner sind als die der Diogenidae.

Pagurus bernhardus (LINNAEUS, 1758)
Gemeiner Einsiedler, Bernhardskrebs

Vork.: Nordatlantik, Nord- und Ostsee.
GU: Von außen nicht erkennbar.
Soz.Verh./Vgs.: Große Exemplare sind einzeln zu halten und nur mit kräftigen Wirbellosen (z.B. Krabben) und freischwimmenden Fischen zu vergesellschaften.
Hält.B.: Sandboden mit Steinen. Die Temperatur sollte 20°C nicht übersteigen.
Licht: Dämmerlichtzone.
ZU/Verm.: Ist im Aquarium noch nicht gelungen.
FU: K, FD; Muschel-, Fisch- und Krebsfleisch aber auch Futtertabletten und Regenwürmer.
Bes.: Nur für das Kaltwasseraquarium geeignet. Sitzt meist in Gehäusen der Wellhornschnecke *Buccinum*.

T: 15-20°C, **L:** 9 cm, **BL:** ab 100 cm, **WB:** m, **WR:** u, **BS:** 2, **SG:** 1

Pagurus bernhardus

Pagurus bernhardus

Pagurus cuanensis

Manucomplanus varians

Manucomplanus varians (BENEDICT, 1892)
Korallenhaus-Einsiedler

Vork.: Pazifik.
GU: Sind von außen nicht zu erkennen.
Soz.Verh./Vgs.: Sie vertragen sich gut mit vielen Wirbellosen und sind geeignete Partner für viele Fische.
Hält.B.: Riff-Aquarium. Sie stellen relativ hohe Ansprüche an die Wasserqualität.
Licht: Dämmerlichtzone.
ZU/Verm.: Ist im Aquarium nicht gelungen.
FU: K, FD; sie nehmen jedes Futter an und sind gute Restevertilger im Fischbecken.
Bes.: Ihr Gehäuse ist von Hydroidkorallen oder von Moostierchen überzogen. Mit ihrer übergroßen rechten Schere schließen sie den Eingang ihres Gehäuses.

T: 22-28°C, **L:** 3 cm, **BL:** ab 80 cm, **WB:** l-m, **WR:** u, **BS:** 3, **SG:** 1

Pagurus cuanensis BELL, 1846
Wollhand-Einsiedler

Vork.: Mittelmeer, Nordsee und Ostatlantik.
GU: Von außen nicht erkennbar.
Soz.Verh./Vgs.: Sie sind mit den meisten Wirbellosen gut zu vergesellschaften. Nur mit besonders empfindlichen Tieren soll man sie nicht zusammen halten. Gute Restevertilger im Fischbecken.
Hält.B.: Fels-Aquarium mit Sandboden. An die Wasserqualität stellen sie wenig Ansprüche. Die Temperatur soll allerdings nicht zu hoch sein.
Licht: Dämmerlichtzone.
ZU/Verm.: Im Aquarium noch nicht gelungen. Im westlichen Mittelmeer liegt die Laichzeit zwischen Juli und September.
FU: K, FD; sie nehmen jegliches Futter an.
Bes.: Bedingt auch für das tropische Meerwasseraquarium geeignet.

T: 16-24°C, **L:** 3 cm, **BL:** ab 80 cm, **WB:** l-m, **WR:** u, **BS:** 2-3, **SG:** 1

Fam.: Galatheidae

Die Galatheiden oder Springkrebse haben eine sehr eigenartige Körperform. Zwei große, lange Scheren, einen Carapax, der sich vom Rostrum bis zur Körpermitte erstreckt, und das darunter geklappte Abdomen: Das Abbild eines Eies mit zwei Scheren ist perfekt. Die Laufbeine sind verhältnismäßig klein und kurz und die dahinter liegenden Beine des Abdomens sind in Ruhestellung überhaupt nicht erkennbar, da sie weggeklappt sind. Zwar sehen die Springkrebse den eigentlichen Krabben ähnlich, doch beim genauen Hinsehen sind die Unterschiede gut erkennbar; Springkrebse haben nach der Schere nur noch drei aktive Laufbeinpaare, während Krabben vier davon haben. Dieses anscheinend fehlende fünfte Beinpaar der Galatheiden befindet sich aber im Kiemenraum der Krebse. Dieses Beinpaar ist so effektiv umgestaltet worden, daß es ständig benutzt werden kann, um die empfindlichen Kiemen vor Schmutz und Fremdkörpern sauber zu halten. Die übergroßen Scheren dienen nur selten dem Beutefang, eher werden sie zur Balz und zur Gefahrabwehr genutzt.
Die Galatheiden teilt man in drei große Gruppen auf: Die Muniden, die Munidopsinen und die Galagheinen. Von den beiden ersten sind nur wenige Arten bekannt, da sie fast ausschließlich in der Tiefsee vorkommen. Erwähnt werden soll aber der kauernde Springkrebs *Munida rugosa* von der europäischen Westküste und der blinde *Munidopsis polymorpha* in der Höhle "Jameos del Aqua" auf der Kanareninsel Lanzarote, als Touristenattraktion bekannt.

Munidopsis polymorpha, Lanzarote

Allogalathea elegans (ADAMS & WHITE, 1848)
Federstern-Springkrebs

Vork.: Im gesamten tropischen Indopazifik.
GU: Sind äußerlich nicht zu erkennen.
Soz.Verh./Vgs.: Sie leben immer mit Federsternen zusammen und werden auch oft mit diesen importiert. Sonst sollte nach Möglichkeit ein Ersatzwirt angeboten werden. Nicht mit räuberischen Krebsen zusammen halten.
Hält.B.: Riff-Aquarium mit Federstern(en). Kleine Felsspalten müssen vorhanden sein, in die sie sich bei Bedarf zurückziehen können.
Licht: Dämmerlichtzone.
ZU/Verm.: Ist im Aquarium noch nicht gelungen.
FU: K, FD; geht an zu Boden gesunkenes Trocken- und Gefrierfutter.
Bes.: Sie passen sich farblich ihrem Wirt, einen Feder- oder Haarstern an, mit dem sie in Karpose (Zusammenleben zum einseitigen Vorteil) leben. Sie sitzen meist an deren Armen und suchen nur bei Gefahr eine Felsspalte auf.

T: 22-27°C, **L:** 2 cm, **BL:** ab 80 cm, **WB:** m-s, **WR:** m, **BS:** 3, **SG:** 2 (Federstern 3-4!)

Fam.: Galatheidae

Galathea strigosa (LINNAEUS, 1767)
Blaugestreifter Springkrebs

Vork.: Mittelmeer, nördlicher Atlantik.
GU: Die Geschlechter sind äußerlich nicht zu unterscheiden.
Soz.Verh./Vgs.: Diese Art kann gut mit vielen Fischen und anderen Krebsarten zusammen gehalten werden. Mehrere der gleichen Art sollte man nicht zusammen setzen, da es meist zu Kämpfen kommt.
Hält.B.: Fels-Aquarium mit einer größeren Höhle, die gut eingesehen werden kann. Die Krebse sind nachtaktiv, verstecken sich unter Tags jedoch nicht vollkommen. Im Winter soll die Temperatur auf unter 20°C abgesenkt werden.
Licht: Dämmerlichtzone.
ZU/Verm.: Ist im Aquarium noch nicht gelungen. Die Laichzeit im Mittelmeer liegt zwischen Dezember und April.
FU: K, FD; sie sind leicht zu füttern, da sie jegliches Gefrierfutter und auch Flockenfutter annehmen.
Bes.: Nicht für das tropische Becken geeignet. Im Verbreitungsgebiet gibt es mehrere verwandte Arten, die jedoch viel kleiner sind. Die ähnlichen Arten der Gattung *Munida* sind an den extrem langen Scherenbeinen zu erkennen.

T: 17-23°C (siehe oben), **L:** 8 cm, **BL:** ab 80 cm, **WB:** l-m, **WR:** u, **BS:** 3, **SG:** 1-2

Allogalathea elegans, Text siehe Vorseite

Galathea strigosa, Mittelmeer

Fam.: Porcellanidae

Diese artenreiche Familie ist Aquarianern deshalb bekannt, weil ihre Vertreter der Gattung *Neopetrolisthes* häufig importiert werden. Im Volksmund "Anemonenkrabben" genannt, sieht sie auch der aufmerksame Taucher in allen tropischen Meeren am Fuß oder in den Tentakeln nesselnder Anemonen. Sie sind es gewohnt, ihr schützendes Plätzchen auch gegen rabiate Anemonenfische der Gattung *Amphiprion* zu verteidigen und behalten ihren Anspruch auch im Meerwasseraquarium bei. Obwohl sie eigentlich Planktonfiltrierer sind, ist ihre Pflege und Fütterung im Aquarium nicht schwierig. Sie werden lediglich bei starker Lichteinstrahlung unansehnlich, weil ihr Krebskörper schnell veralgt. Umso schöner sehen die Anemonenkrabben dann nach ihrer Häutung aus.
Wenn man als Laie den Begriff "Krabbe" verwendet, so sollte man wissen, daß er keine taxonomische Einheit darstellt, sondern einen Bautyp bezeichnet. Als Krabben bezeichnet man diejenigen Zehnfußkrebse, die ihren dünnen Hinterleib nach vorn unten gegen die Unterseite des Kopf-Brust-Stückes (Cephalothorax) geklappt tragen. Betrachtet man ihren Hinterleib genau, erkennt man deutlich die verschiedenen Glieder. Das letzte ist sehr beweglich und kann zum Koten willkürlich abgeklappt werden. Eine Krabbe muß also nicht den gesamten Hinterleib freilegen, wenn sie Exkremente abgeben will. Anders wird es aber, wenn sich die Tiere fortpflanzen wollen. Die anderen Glieder sind dauerhaft mit zwei druckknopfähnlichen Vorrichtungen am unteren Thorax befestigt. Mit der Basismuskulatur streckt das ♂ seinen Hinterleib und kann nunmehr paarungswillige ♀♀ befruchten. Danach haften Knopf und Nut wieder fest! Der Sinn dieser Einrichtung ist erkennbar, denn der Beugemuskel für den Hinterleib wird durch die "Druckknöpfe" wesentlich entlastet. Der Muskel hat sich in seiner Entwicklung soweit reduziert, daß er nur noch den geöffneten Hinterleib anklappen, ihn jedoch nicht mehr festhalten kann.
Bei den Porcellanidae existiert dieser Mechanismus nicht. Hier hält ein starker Beugemuskel den Hinterleib geschützt unter dem gepanzerten Brustteil. Das hat für die Anemonenkrabben oder besser Anemonenkrebse den Vorteil, daß sie bei der Flucht nach hinten kräftig mit dem Hinterleib ausschlagen können. Das verleiht ihnen schnellere Beweglichkeit als den echten Krabben, die ihre Laufbeine bewegen müssen. Grund zur Flucht haben Anemonenkrabben, wie die in diesem Kapitel vorgestellten Porzellankrebse auch weiter populär genannt werden sollen, viel weniger als andere Porcellaniden. Sie leben nämlich ausschließlich in den nesselnden Tentakeln tropischer Meeresanemonen und schützen sich durch die Nesselkraft des Wirtstieres optimal vor Freßfeinden. Die eng verwandten Arten der Gattungen *Petrolisthes* und *Petrocheles* dagegen müssen sich selbst helfen und leben in tieferen Zonen. Während sie sehr

Neopetrolisthes sp.

Bekannt waren bislang drei Arten von Anemonenkrabben der Gattung *Neopetrolisthes*. Hier wird eine weitere vorgestellt, die wissenschaftlich noch nicht beschrieben wurde. Das Foto wurde vor einer Malediven-Insel im Indischen Ozean aufgenommen.

versteckt im Korallengeröll und in Felsspalten dem Nahrungsfiltrieren nachgehen, erlauben sich die Anemonenkrabben, im sonnendurchfluteten Flachwasser von oft nur 50 cm Wassertiefe ihre Filterapparate zu schwenken.
Sie benutzen dazu ihre dritten Kieferfüße, die mit langen feinen Borsten besetzt sind, um damit fächerförmig und ausgebreitet nach Nahrung zu filtern. Beim Einknicken und Zusammenfalten des Netzgitters wird eine beträchtliche Wassermenge durch die Borsten gepreßt. Die im Wasser befindlichen Schwebstoffe bleiben darin hängen. Durch den zweiten Kieferfuß werden diese ausgefiltert, wobei die mundwärts gerichtete Bewegung die Freßpartikel den anderen Mundwerkzeugen zuführt. Es ist aber auch im Aquarium zu beobachten, daß Anemonenkrabben große Nahrungsbrocken wie ein Krillkrebschen vom Untergrund mit den Greifzangen direkt zum Mund führen. Mit ihren zangenbewehrten Laufbeinen am Untergrund festgekrallt, wedeln sie stundenlang vor sich hin oder putzen sich. Das fünfte Laufbeinpaar liegt eng am Körper an und wurzelt etwa dort, wo der Hinterleib einknickt. Dieses Beinpaar wird nur noch zum Putzen benutzt. Abgeklappt erreicht die Anemonenkrabbe mit den mit Scheren versehenen Beinchen ab der Kiemenhöhle fast den gesamten Körper. Abwechselnd fährt eines der gestreckten Putzbeine über Scherenbeine, Rumpf und unter dem Carapax. Und gleichzeitig wird vorn unentwegt in der Strömung nach Nahrung gefiltert!
Anemonenkrabben sind ihrem Wirt zumeist treu, vor allem, wenn sich ein geschlechtsreifes Pärchen eingenistet hat. Bei der Fortpflanzung muß die männliche Anemonenkrabbe bis zur Häutung des Weibchens warten, sonst ist eine Kopulation unmöglich. Der harte Chitinpanzer des Weibchens versperrt nämlich seine Geschlechtsöffnung. Frisch gehäutet ist ihm das Weibchen dann schon eher zugänglich, zumal sie ihren Partner auch während der Häutungszeit durch ins Wasser gegebene Hormone anlockt. Um den bewußten Augenblick nicht zu versäumen, gehen manche Porzellankrebse auf Nummer sicher: Steht die Häutung der Auserwählten bevor, nehmen sie das Weibchen Huckepack und warten solange, bis es das alte Kleid abgestoßen hat.

Neopetrolisthes alobatus (LAURIE, 1925)
Blautupfen-Anemonenkrabbe

Vork.: Westlicher Indopazifik, Mauritius, Madagaskar.
GU: Sind von außen nicht erkennbar.
Soz.Verh./Vgs.: Sie leben meist paarweise in verschiedenen Arten von Aktinien. Nicht mit großen Krebstieren und agressiven Fischen vergesellschaften. Sie sind ideale Partner für Wirbellose.
Hält.B.: Riff-Aquarium mit einer Riffaktinie (z.B. *Heteractis* oder *Stichodactyla*). *Caulerpa*-Algen werden empfohlen.
Licht: Mittellichtzone.
ZU/Verm.: Ist im Aquarium noch nicht gelungen.
FU: K, FD; die Krebse sind Planktonfiltrierer, die mit verschiedenem Planktonersatz (z.B. Muschelmilch), aber auch mit zerriebenem Flocken- oder Tablettenfutter mit dem Futterrohr ernährt werde können (z.B. Tetra-Tips durch ein *Artemia*sieb reiben und den Futterstaub dann aufschwemmen).
Bes.: Seltene Art, die kaum importiert wird.

T: 22-26°C, L: 2 cm, BL: ab 50 cm, WB: m, WR: m, BS: 3-4, SG: 2

Fam.: Porcellanidae

Neopetrolisthes maculatus (MILNE-EDWARDS, 1837)
Punkttupfen-Anemonenkrabbe

Vork.: Gesamter tropischer Indopazifik.
GU: Von außen nicht erkennbar.
Soz.Verh./Vgs.: Sie leben paarweise ausschließlich in Karpose (Zusammenleben zu einseitigem Vorteil) mit großen Riffaktinien der Gattungen *Entacmaea*, *Gyrostoma*, *Stichodactyla*, *Cryptodendrum* und *Heteractis*. Nicht mit Zylinderrosen zusammen setzen, da sie von diesen genesselt werden. Gut geeignet für zarte Wirbellose wie kleine Garnelen, Schlangensterne etc. Mit Clownfischen (*Amphiprion*) vertragen sie sich meist nicht auf der selben Aktinie, obwohl dieses Zusammenleben in ihrem natürlichen Biotop immer wieder beobachtet wird.
Hält.B.: Riff-Aquarium mit einer der oben genannten Aktinien.
Licht: Mittellichtzone. Bei zu hellem Licht verstecken sich die Tiere unter der Aktinie.
ZU/Verm.: Ist im Aquarium noch nicht gelungen.
FU: K, FD; Planktonfresser, die allerlei tierisches Plankton, zerriebenes Flockenfutter aber auch kleine Futterbrocken nehmen, die man gezielt mit der Pinzette reicht. Bis zur Eingewöhnung wird nur nachts gefressen. Daher anfänglich nur nach Abschalten der Hauptbeleuchtung füttern.
Bes.: In der Aquarienliteratur wird diese Art häufig als *N. ohshimai* beschrieben, bei welcher die Punkte am Körper jedoch wesentlich größer sind (siehe Seite 624).

T: 20-24°C, **L**: 2-3 cm, **BL**: ab 50 cm, **WB**: m, **WR**: m, **BS**: 1, **SG**: 1-2

In einem Aquarium hat sich auf dem oberen Foto (rechte Seite) die eine Hälfte des Pärchens *Neopetrolisthes maculatus* gerade gehäutet, während die untere Anemonenkrabbe noch ihr veralgtes Kleid trägt. Ohne die Belästigung durch Anemonenfische streifen die beiden Anemonenkrabben in und außerhalb der Aktinie herum.

Neopetrolisthes maculatus

Neopetrolisthes maculatus

Fam.: Porcellanidae

Neopetrolisthes ohshimai MIYAKE, 1937
Fleckentupfen-Anemonenkrabbe

Vork.: Indo-Australischer Raum und Pazifische Inseln.
GU: Von außen nicht erkennbar.
Soz.Verh./Vgs.: Sie leben fast ausschließlich paarweise und vertragen sich nicht mit Gleichgeschlechtlichen. Sie leben mit verschiedenen Arten von Aktinien zusammen. Meist verkriechen sie sich zwischen den Tentakeln, man kann sie aber auch an der Unterseite der Nesseltiere finden. Sehr gut geeignet für die Haltung zusammen mit zarten Wirbellosen und scheuen Fischen. Von *Amphiprion* werden sie meist aus ihrer Aktinie verjagt. Die Ansiedlung von *Caulerpa*-Algen ist unbedingt zu empfehlen.
Hält.B.: Riff-Aquarium mit einer Wirtsaktinie.
Licht: Sonnenlichtzone.
ZU/Verm.: Ist im Aquarium noch nicht gelungen.
FU: K, FD; wie bei *N. maculatus* (Seite 622). Legt man Futtertabletten (TetraTips) neben die Aktinie, fächern sie sich mit ihren Kieferfüßen die auflösenden Teile zu.
Bes.: Eine Verwechslung mit *N. maculatus* kann man leicht an der Punktierung ausschließen. Die Färbung kann abhängig von geografischen Vorkommen variieren.

T: 20-25°C, **L**: 2-3 cm, **BL**: ab 60 cm, **WB**: m, **WR**: m, **BS**: 2, **SG**: 1-2

Neopetrolisthes ohshimai

Neopetrolisthes ohshimai

Neopetrolisthes ohshimai

Fam.: Dromiidae

Die Dromiiden sind recht einfach am kugeligen Körperbau zu erkennen. Sie haben einen rundum fein behaarten Körper und zumeist kräftige Scheren mit farblich deutlich abgegrenzten Scherenspitzen. Diese sind normalerweise hell, bei der Mittelmeerart *Dromia personata* auffallend rosa gefärbt.
Die Verbreitung der zu den urtümlichsten Krabben gehörenden Dromiiden reicht vom Tropengürtel bis in gemäßigte Breiten. Wie ihr Populärname schon sagt, gehen diese Krabben Lebensgemeinschaften mit Schwämmen ein. Die Schwämme werden von den hintersten, stark verkleinerten Laufbeinpaaren festgehalten und über dem Carapax getragen. Die Form des Schwammes paßt sich der Carapax-Rundung an, sodaß der Eindruck einer Überwachsung entsteht. Die Scheren und Laufbeine werden von dem Schwamm nicht überzogen. Die Krabbe erhofft sich von dem Schwamm in erster Linie eine bessere Tarnung und Schutz vor Freßfeinden. Wenige *Dromia*-Arten tragen anstatt eines Schwammes eine Muschelschale. Vergleiche zum Verhalten von Einsiedlerkrebsen lassen sich ziehen.

Dromia personata (LINNAEUS, 1758)
Wollkrabbe

Vork.: Mittelmeer und gemäßigter östlicher Atlantik.
GU: An der Unterseite zu erkennen: bei den ♂♂ ist der nach unten geschlagene Hinterleib dreieckig, bei den ♀♀ breit und abgerundet.
Soz.Verh./Vgs.: Einzeln halten. Größere Exemplare nur mit robusten Wirbellosen und Fischen zusammen halten.
Hält.B.: Fels-Aquarium. Die Aufbauten müssen massiv sein, da die Krabben sehr kräftig sind. Im Winter muß die Temperatur unter 20°C abgesenkt werden. Sie stellen keine besonderen Ansprüche an die Wasserqualität.
Licht: Dämmerlichtzone.
ZU/Verm.: Im Aquarium nicht bekannt. Im westlichen Mittelmeer laichen die Tiere im Juli und August.
FU: K, FD; gefrorenes oder frisches Muschel-, Fisch- und Garnelenfleisch aber auch Futtertabletten werden genommen.
Bes.: Sie bedecken ihren Carapax stets mit einem Schwamm oder einer Seescheiden-Kolonie, die mit dem letzten Beinpaar festgehalten werden. Nicht für das tropische Meeresaquarium geeignet.

T: 16-22°C (siehe oben), **L**: 8 cm, **BL**: ab 100 cm, **WB**: m, **WR**: u-m, **BS**: 2, **SG**: 1

Dromia sp.

Dromia personata, Aquariumaufnahme

Fam.: Calappidae

In der Aquarienliteratur bislang kaum erwähnt sind Vertreter der Schamkrabben. Zwei Gattungen, *Hepatus* und *Calappa*, werden aber in unregelmäßigen Abständen importiert oder begegnen dem suchenden Taucher im Riff. Schamkrabben verdanken ihren Namen dem Umstand, daß sie ihre großen Scheren "schamhaft" vors Gesicht halten, sodaß nur noch die Augen und eine schmale Rinne, mit der Wasser zum Mund transportiert wird, frei bleiben. Calappiden sind lebhaft gefärbte, manchmal 20 cm Carapaxbreite erreichende Krabben.
Die tagsüber oft im Sand versteckten Schamkrabben kommen nachts aus dem Sediment und suchen nach ihrer Lieblingsnahrung, Schnekken. Beim Öffnen der Schnecke benutzen sie ihre charakteristisch gestaltete große Schere, deren beweglicher Scherenfinger und der unbewegliche ihm gegenüber einen abgeflachten, amboßartigen Zahn besitzt. Die kleine Schere hält die Schnecke an der Gehäusespitze und legt die Mündung auf den Amboß. Die große Schere schließt sich und der lange Zahn bricht dabei ein Stück aus der Mündung heraus. Dann dreht die kleine Schere die Schnecke etwas weiter und der neue Mündungsrand wird abgebrochen. Diese Prozedur wiederholt sich solange, bis die Schamkrabbe entlang der Spiralwindungen der Schnecke zum Weichkörper gelangt, den sie dann verspeist. Man kann also mit Recht sagen, Calappiden seien die "Erfinder des Büchsenöffners"!

Calappa sp.
Schamkrabbe

Vork.: Auf Sandböden von gemäßigten und tropischen Meeren.
GU: An der Unterseite zu erkennen: bei den ♂♂ ist der nach unten geschlagene Hinterleib dreieckig, bei den ♀♀ breit und abgerundet.
Soz.Verh./Vgs.: Einzeln halten. Nicht mit zarten Wirbellosen vergesellschaften. Sie vertragen sich gut mit größeren sandbewohnenden Fischen (z.B. Grundeln).
Hält.B.: Bodengrund aus lockerem, nicht zu feinem Sand von etwa 5 cm Höhe.
Licht: Dämmerlichtzone.
ZU/Verm.: Ist im Aquarium noch nicht gelungen.
FU: K, FD; nehmen jegliches Gefrierfutter sowie Futtertabletten.
Bes.: Nachtaktive Krebse, die sich tagsüber in den Sand eingraben. Das Eingraben geschieht blitzschnell mit den verbreiterten Scheren.

T: 20-28°C, L: 3-8 cm, BL: ab 100 cm, WB: m, WR: u, BS: 2-3, SG: 1

Calappa calappa

Calappa convexa, West Mexiko

Hepatus epheliticus, Vanuatu

Hepatus sp.

Fam.: Leucosiidae

Die Familie Leucosiidae hat immer einen kugeligen oder rhombisch geformten Carapax. Er wird von relativ dünnen Beinchen bewegt; auch die Scheren sind recht schmächtig. Meistens ist der Carapax mit dicht aneinanderstehenden Dornen übersäht, die Gattung *Leucosia* macht davon eine Ausnahme. Im Gegensatz zu den Calappiden sind die Mundwerkzeuge der Kugelkrabben nicht für das Jagen und Zerlegen großer Beutetiere geeignet. Sie siedeln zumeist in größeren Kolonien im Sand vergraben, wobei wiederum eine Rinne zum Wassertransport freibleibt. Nur selten wechseln Leucosiiden ihren Standort, meist im Schutz der Dunkelheit.

Die Verbreitung der Leucosiiden ist fast weltweit, auch in kälteren Meeren leben noch einige wenige Arten. Die schönsten und farbenprächtigsten Formen leben naturgemäß in den Tropen, nicht nur im Korallenriff, sondern auch in den Lagunen mit feinen Sedimenten und nährstoffhaltigem Wasser. Um Kugelkrabben im Meerwasseraquarium zu pflegen, muß man Sandboden vorbereiten und darf sie nicht mit stark bezahnten Fischen vergesellschaften. Sie gewöhnen sich an Ersatzfutter und nehmen alles heruntergefallene bei Durchwühlen des Sandbodens auf.

Leucosia sp.; eventuell *Persephona subovata* , West-Mexiko

Ilia nucleus (LINNAEUS, 1758)
Nußkrabbe

Vork.: Mittelmeer.
GU: An der Unterseite zu erkennen: bei den ♂♂ ist der nach unten geschlagene Hinterleib dreieckig, bei den ♀♀ breit und abgerundet.
Soz.Verh./Vgs.: Gut mit den meisten Wirbellosen und friedfertigen Fischen zu vergesellschaften.
Hält.B.: Sandboden mit Verstecken. Die Temperatur sollte im Winter unter 20°C abgesenkt werden.
Licht: Mittellichtzone.
ZU/Verm.: Ist im Aquarium noch nicht gelungen. Die ♀♀ tragen zur Laichzeit (Mai bis August) eine Vielzahl kleiner, roter Eier.
FU: K, FD; kleine Brocken von Gefrierfutter und Futtertabletten. Da sie relativ langsam sind, ist darauf zu achten, daß ihnen andere Aquarienbewohner nicht alles wegschnappen.
Bes.: Perfekte Tarnungskünstler; diese Krabben lassen sich von Schwämmen, Algen, Moostierchen etc. bewachsen.

T: 16-22°C (siehe oben), **L**: 2 cm, **BL**: ab 80 cm, **WB**: I, **WR**: u, **BS**: 3, **SG**: 1-2

Fam.: Majidae

Für die Meeresaquaristik interessant sind aus dieser Familie lediglich Spinnenkrabben der Gattung *Stenorhynchus*, aber da dieser Atlas auch von den Tauchern zum Bestimmen der Unterwasserwelt benutzt wird, sollen die augenfälligen Seespinnen, ebenfalls Mitglieder dieser Familie, ins rechte Licht gerückt werden. Auch wenn man sie auf Seegraswiesen oder Sandflächen nur einzeln und meist mit Algen getarnt antrifft, so ist *Maja squinado* mit 20 cm doch die größte Krabbe im Mittelmeer und angrenzendem Atlantik. Der dreieckige, vorn zugespitzte Körper ist mit zahlreichen Dornen besetzt, besonders am Rand des Rückenschildes. Die Beine sind verhältnismäßig lang und gelb bis rot gefärbt. Augen und Fühler dieser Seespinne werden vom Kopfpanzer dachartig überdeckt, auf dem neben Algen auch noch Hydrozoen als Tarnung getragen werden. Ihre Nahrung besteht aus Seeigeln und Detritus.
Die kalifornische Schafskrabbe *Loxorhynchus grandis* war bislang auch nur als Einzelgänger bekannt. Aufgrund ihrer kräftigen Beine wirkt diese Art noch größer als *Maja squinado*. Ein Sporttaucher entdeckte ein Verhalten dieser Seespinne, der Wissenschaftlern - sogar der Verfasserin einer Doktorarbeit über *Loxorhynchus grandis* - nicht bekannt war: "Ich sitze fassungslos vor dem Video und kann diesen Berg voller Spinnenkrabben nicht fassen: Etwa 500 seien es, sagt mein Tauchpartner, der sie gestern an einem Nachmittag im April vor der kalifornischen Küste gefilmt hatte. Was ich bislang in den 23 Jahren Taucherfahrung an unseren Lieblingstauchplätzen Südkaliforniens gesehen hatte, waren hin und wieder einzelne Schafskrabben! Alle *Loxorhynchus grandis* zusammengezählt machten nicht mal die Hälfte dieses Krabbenberges aus.
Das Wasser ist hier nicht sehr klar, denn als wir jetzt zusammen nach den Schafskrabben suchen, denken wir, der große Schatten in der Ferne sein ein Riff. Doch als wir uns über ebenem Sandboden in 10 m Tiefe nähern, ist das "Riff" ganz schön lebendig: Übereinander türmt sich Seespinne auf Seespinne. Bald stellen wir fest, daß alle Krabben in dieser Anhäufung weiblichen Geschlechts sind: Dreht man ihren Körper herum, sieht man deutlich die Eier. Männchen haben größere Körper und ihre Zangen sind besser ausgebildet. Einige davon umlaufen den Krabbenberg und ziehen sich vor uns Tauchern zurück. Die Weibchen dagegen reagieren überhaupt nicht auf unsere Anwesenheit.
Beim Zählen kamen wir auf 25 Weibchen pro Krabbenmann. Wir sahen auch einige sich paarende Tiere: Rücken an Rücken mit verschlungenen letzten Schreitbeinpaaren. Wenn wir näher kamen, streckte sich das Männchen uns entgegen und zeigte seine Zangen. Da uns das nicht weiter beeindruckte, lief das Männchen mit dem Weibchen huckepack einfach davon. Etwas weiter weg von der großen Anhäufung sahen wir nochmal etwa 100 Schafskrabben,

Loxorhynchus grandis bei der Paarung

ebenfalls in Formation. Hier waren die Männchen auf der Spitze des Hügels und versuchten sich mit einer passenden Partnerin zu paaren. Auch hier trugen alle Weibchen Eier unter dem Carapax. Bis wir alles fotografiert und dokumentiert hatten, waren wir ziemlich durchgefroren."
Daß die Gattung *Stenorhynchus* ihren populären Namen zu recht trägt, begreift der Laie spätestens beim Betrachten der Fotos: Ihr Körperbau ähnelt in hohem Maße den landbewohnenden Spinnen, die ähnlich lange Stelzenbeine besitzen. Der Körper von Spinnenkrabben erscheint gegenüber den zehn überlangen, staksigen Beinen unverhältnismäßig klein. Die Körperform selbst ist dreieckig bis zwiebelförmig und läuft nach vorn spitz zu. Im hinteren Drittel des Stirnfortsatzes (Rostrum) sitzen links und rechts die Augen, die recht ungeschützt sind und wie aufgesetzt wirken. Vor dem ersten Laufbeinpaar befinden sich zwei lange Scherenarme, die im Verhältnis zu den dünnen Beinen eher kräftig erscheinen. Die Mundöffnung liegt auf der Unterseite des Tieres. Von der Färbung her sehen Spinnenkrabben eher unauffällig aus. Rücken und Beine der Krebse sind rostbraun und tragen feine beige Streifen, zumindest bei den atlantischen Arten. Die Färbung ist ihrem Biotop angepaßt, der aus kaum veralgten Felsen oder blassen Schwämmen und Korallen besteht.
Dem aufmerksamen tauchenden Beobachter von Spinnenkrabben wird nicht entgehen, daß sie häufig in der Nähe nesselnder Aktinien zu finden sind. In der Karibik zum Beispiel bei der Anemone *Bartholomea* und im Golf von Kalifornien bei der Zylinderrose *Pachycerianthus.* Diese starken Nessler haben sich oft auf freien Sandflächen angesiedelt, wo für die Spinnenkrabben sonst kein Schutz vor Freßfeinden besteht. Wenn sie so über den Grund stelzen und mit den Scherenbeinen nach Würmern und Kleingetier im Sand wühlen, und man sich ihnen als Taucher mit der Kamera nähern will, ziehen sie sich langsam in Richtung Aktinie zurück und suchen direkt Schutz in den nesselnden Tentakeln. Was die Schlußfolgerung zuläßt, daß die Arten der Gattung *Stenorhynchus* gegen Nesselgift von Aktinien immun sind. Die Literatur beschäftigt sich bei der gleichen Problematik um die Anemonenfische der Gattung *Amphiprion* und ihren Wirtstieren, aber wenig um Spinnenkrabben. Immerhin hat man eine mediterrane Art, *Inachus phalangium*, beobachtet und untersucht, die gern im Schutz der Aktinie *Anemonia sulcata* lebt. Die *Inachus*-Spinnenkrabbe besitzt keinen ererbten Nesselschutz, sondern übernimmt den Schutzschleim ihres nesselnden Wirtes mit den Scherenfüßen und reibt ihren Körper damit ein, bevor sie sich zwischen den Tentakeln versteckt (siehe Seite 636).

Loxorhynchus grandis STIMPSON, 1857
Kalifornische Schafskrabbe

Vork.: Nordamerikanische Westküste.
GU: An der Unterseite zu erkennen: bei den ♂♂ ist der nach unten geschlagene Hinterleib dreieckig, bei den ♀♀ breit und abgerundet.
Soz.Verh./Vgs.: Einzelgänger, die sich nur ausnahmsweise zu großen Gruppen zusammenschließen. Nur mit wenigen robusten Wirbellosen und freischwimmenden Fischen zusammen halten.
Hält.B.: Fels-Aquarium mit stabilen Aufbauten.
Licht: Dämmerlichtzone.
ZU/Verm.: Ist im Aquarium nicht gelungen.
FU: O, FD; problemlose Allesfresser.
Bes.: Große Exemplare sind nur für Schauaquarien geeignet. Weiteres in nebenstehenden Text.

T: 18-20°C, **L**: bis 20 cm, **BL**: ab 150 cm, **WB**: m, **WR**: u, **BS**: 3, **SG**: 1

Die Partnerschaft der Mittelmeer Gespensterkrabbe mit der Wachsrose.

Gar nicht selten kann man beim Tauchen und Schnorcheln im Mittelmeer diese Partnerschaft beobachten. Leicht sind diese spinnenartigen Krebse jedoch nicht zu sehen, da sie sich ausgezeichnet mit Algen aus ihrer Umgebung tarnen. Besonders interessant ist der Schutz vor den giftigen Nesselkapseln der Wachsrose. Eine von WEINBAUER et al. (Mar. Ecol. 3,1982, 143ff) durchgeführte Untersuchung klärte einige bis dahin ungelöste Rätsel auf. Reinigte man die Oberfläche der Krabben, ging der Nesselschutz verloren. Sie näherten sich dann nach dem ersten Nesseln vorsichtig der Anemone und berührten diese mit den Scheren und ihren langen ersten Schreitbeinen. Erst dann wagten sie sich langsam weiter in den Tentakelbereich vor. In einer weiteren Versuchsreihe mit individuell markierten Tieren stellte sich heraus, daß die *Inachus*-Krabben ortstreu sind, ja sogar aus einiger Entfernung zu ihrer Anemone zurück finden.

Inachus phalangium und *Anemonia sulcata*

Inachus phalangium FABRICIUS, 1775
Mittelmeer-Gespensterkrabbe

Vork.: Mittelmeer, besonders im westlichen Teil und östlicher Atlantik.
GU: Bei erwachsenen Tieren an der Unterseite zu erkennen: bei den ♂♂ ist der nach unten geschlagene Hinterleib dreieckig, bei den ♀♀ breit und abgerundet.
Soz.Verh./Vgs.: Sie leben einzeln, paarweise oder in kleinen Gruppen bis zu 5 Exemplaren mit der Wachsrose *Anemonia sulcata* zusammen. Gut mit anderen Wirbellosen und mit den meisten Mittelmeerfischen gemeinsam zu halten.
Hält.B.: Fels-Aquarium. Nach Möglichkeit sollte eine Wachsrose als Partner angeboten werden. Sie stellen keine besonderen Ansprüche an die Wasserqualität.
Licht: Mittellichtzone.
ZU/Verm.: Ist im Aquarium noch nicht gelungen.
FU: O, FD; problemlose Allesfresser.
Bes.: Sie leben in Partnerschaft mit der Wachsrose *Anemonia sulcata* und zeigen ein interessantes Sozial- und Fortpflanzungsverhalten (WIRTZ & DIESEL: Z. Tierpsychol.62, 1983, 209ff). Für das tropische Meerwasseraquarium sind sie aufgrund ihrerTemperaturansprüche nicht geeignet.

T: 16-22°C, **L**: 2 cm, **BL**: ab 80 cm, **WB**: l, **WR**:u, **BS**:3,**SG**:1

Inachus phalangium und *Anemonia sulcata*

Maja squinado

Maja squinado (HERBST, 1788)
Große Mittelmeerseespinne

Vork.: Mittelmeer und östlicher Atlantik.
GU: An der Unterseite zu erkennen: bei den ♂♂ ist der nach unten geschlagene Hinterleib dreieckig, bei den ♀♀ breit und abgerundet.
Soz.Verh./Vgs.: Sind nur mit großen Fischen zusammen zu halten.
Hält.B.: Fels-Aquarium mit stabilen Aufbauten. Die Temperatur muß im Winter unter 20°C abgesenkt werden.
Licht: Mittellichtzone.
ZU/Verm.: Ist im Aquarium nicht gelungen. Die Laichzeit im Mittelmeer ist im März und April. Dabei wandern sie oft in kleinen Gruppen in seichtere, vegetationsreiche Gebiete.
FU: O, FD; Allesfresser, die auch fädige Grünalgen abzupfen.
Bes.: Oft lebend auf Fischmärkten der Mittelmeerländer. Nur für große Schauaquarien geeignet. Im Gegensatz zur Kleinen Mittelmeerseespinne *M. verrucosa* ist ihr Carapax nicht bewachsen.

T: 16-20°C (siehe oben), L: 20 cm, BL: ab 200 cm, WB: m, WR: u, BS: 3, SG: 1

Die ostatlantische Spinnenkrabbe *Stenorhynchus lanceolatus* schützt sich auch durch Seeigel, indem sie unter dessen Stacheln kriecht. Sieht man mal ein Pärchen in ihrem natürlichen Lebensraum, fällt auf, daß das Weibchen erheblich größer als das Männchen ist.

Stenorhynchus lanceolatus (BRULLE, 1837)
Atlantische Spinnenkrabbe

Vork.: Atlantische Inseln wie Kanaren und Madeira, jedoch nicht auf den Azoren.
GU: An der Unterseite zu erkennen: bei den ♂♂ ist der nach unten geschlagene Hinterleib dreieckig, bei den ♀♀ breit und abgerundet. Die ♀♀ sind meist wesentlich größer als die ♂♂.
Soz.Verh./Vgs.: Werden sie mit größeren Fischen vergesellschaftet, bleiben sie sehr scheu. Nicht mit empfindlichen Wirbellosen zusammen halten.
Hält.B.: Fels-Aquarium mit langstacheligen Seeigeln. Können diese nicht geboten werden, sind andere Versteckmöglichkeiten vorzusehen.
Licht: Mittellichtzone.
ZU/Verm.: Ist im Aquarium noch nicht gelungen.
FU: K, FD; kleine Stücke von Gefrierfutter oder Futtertabletten, aber auch *Tubifex*.
Bes.: Vorsicht vor dem spitzen Rostrum (Stirnfortsatz).

T: 20-24°C, **L**: 2 cm, **BL**: ab 80 cm, **WB**: m, **WR**: u-m, **BS**: 2, **SG**: 1

Fam.: Majidae

Stenorhynchus seticornis (HERBST, 1788)
Karibische Spinnenkrabbe

Vork.: Karibische See.
GU: An der Unterseite zu erkennen: bei den ♂♂ ist der nach unten geschlagene Hinterleib dreieckig, bei den ♀♀ breit und abgerundet.
Soz.Verh./Vgs.: Gut geeignet für Aquarien mit kleineren Fischen (z.B. Riffbarsche), Anemonen und Zylinderrosen. Empfindliche Wirbellose werden oft belästigt und angeknabbert. Weithin unbekannt ist die räuberische Ernährungsweise dieses Krebses. Mit dem Rostrum werden gelegentlich kleine Fische regelrecht aufgespießt! Bisher lagen darüber keine Berichte vor - aber ich (H.B.) habe dies mit eigenen Augen gesehen. Ich hatte mir ein 50 l Aquarium am Ferienort (Nassau/Bahamas) eingerichtet und dieses mit Tieren, die direkt "vor der Haustür" etwa 50 m vom Strand entfernt im flachen Wasser vorkamen, eingerichtet. Neben verschiedenen Riffbarschen setzte ich auch eine kleine Gruppe von 5 Kardinalbarschen ein (*Apogon maculatus*). Die Krabbe saß in einer kleinen Steinhöhle. Plötzlich stieß sie mit dem Rostrum in den Schwarm Kardinalbarsche und durchbohrte ein Tier in der Körpermitte. Der Fisch blieb einen Tag lag auf seinem "Spieß" und wurde von der Krabbe gänzlich verzehrt. Die Rostrumlänge der Krabbe maß über 2,5 cm, der Fisch ca. 3 cm. Der Stich der Krabbe wird von den Einheimischen gefürchtet. Er verursacht eine schmerzende, entzündliche Wunde, die schlecht heilt.
Hält.B.: Riff-Aquarium mit Anemonen (z.B. *Bartolomea*, *Condylactis*).
Licht: Mittellichtzone.
ZU/Verm.: Ist im Aquarium noch nicht gelungen.
FU: K, FD; nimmt alles tierische Futter, aber auch Futtertabletten.
Bes.: Ausgewachsene Spinnenkrabben häuten sich nicht mehr, sodaß verlorengegangene Beine oder Scheren nicht mehr regeneriert werden können. Die ebenfalls mit Anemonen vergesellschaftete *S. debilis* lebt im Golf von Kalifornien (Foto rechts unten).

T: 22-25°C, L: 2 cm (ohne Rostrum), BL: ab 80 cm, WB: l-m, WR: u, BS: 1, SG: 1

Zange des Scherenbeines

Überlanges Rostrum der kalifornischen Spinnenkrabbe

Stenorhynchus seticornis. Im Nahbereich sieht man deutlich die kräftigen Scheren und die unterständigen Mundwerkzeuge.

Die karibische *S. seticornis* vor ihrem Wirtstier, der Anemone *Bartolomea anulata*.

Stenorhynchus seticornis, versteckt sich gern in Schwämmen

Stenorhynchus seticornis

Eine perfekte Tarnung: *Stenorhynchus debilis*, Golf von Kalifornien

Fam.: Portunidae

Zu den schnellsten und wendigsten Krabben gehören die Arten der Schwimmkrabben. Wie ihr populärer Name schon sagt, sind sie fähig, aktiv zu schwimmen, d.h., ganz krabbenuntypisch den sie schützenden Meeresgrund auch zu verlassen. Diese Fähigkeit gibt ihnen der Umbau des 5. Laufbeinpaares. Es wurde im Laufe der Evolution im Bereich des vorletzten und letzten Beingliedes immer flacher, bis bei höherentwickelten Arten ein richtiges Paddel entstand. Durch Drehung der Beinachse im Verhältnis zum Körper verstehen es die Portuniden, das Beinpaar so auszurichten, daß durch eine Auf- und Abbewegung eine relativ hohe Geschwindigkeit beim Schwimmen im freien Wasser erreicht werden kann.
Portuniden haben sich nicht auf einen bestimmten Biotop festgelegt. Sie stellen eher "Randgruppen" dar, besiedeln sowohl steinigen als auch sandigen Untergrund und wechseln ihn auch nach Belieben und Bedarf. Im felsigen Bereich siedeln sich oft Muscheln an, während dicht über Sandflächen Barbenschulen ziehen. Beide sind auch für Schwimmkrabben schmackhaft. Die Taktik des Fischfangs besteht aus Eingraben im Sand und plötzlichem Herausschnellen, um den Fisch mit den scharfen Scheren zu ergreifen. In diesem Zusammenhang seien Schnorchler und im Flachwasser mit ungeschützten Füßen herumlaufende Naturbeobachter gewarnt, denn Portuniden können mit ihren Scheren kräftige Schnitte im Fuß verursachen, die Infektionen zur Folge haben. Schwimmkrabben haben auch die unangenehme Eigenart, nach dem Zupacken erst einmal nicht loszulassen (!).
Diese Krabbe ist bei Netzfischern sehr unbeliebt. Innerhalb von wenigen Stunden können ganze Scharen von ihr den Fang einer Nacht vertilgen.

Carcinus maenas (LINNAEUS, 1758)
Strandkrabbe

Vork.: Nord- und Ostsee, nördlicher Atlantik.
GU: An der Unterseite zu erkennen: bei den ♂♂ ist der nach unten geschlagene Hinterleib dreieckig, bei den ♀♀ breit und abgerundet.
Soz.Verh./Vgs.: Agressiv, rauflustig und sehr aktiv; daher nur mit robusten Tieren zu vergesellschaften. Bei erwachsenen Tieren kommt es oft zu Kämpfen. Die Tiere fangen geschickt selbst größere Tiere als sie selbst es sind. Räuber!
Hält.B.: Sandboden mit Felsrückwand, an der die Tiere das Wasser verlassen können. Eine gute Abdeckung ist unbedingt notwendig. Sie stellen keinerlei Ansprüche an die Wasserqualität.
Licht: Sonnenlichtzone.
ZU/Verm.: Eine Aufzucht der Larven wird in wissenschaftlichen Laboratorien immer wieder durchgeführt.
FU: K, FD; problemlose Allesfresser.
Bes.: Große Ähnlichkeit mit der im Mittelmeer häufigen *C. aestuarii* (*C. mediterraneus*). Beide Arten haben das letzte Glied des 5. Beinpaares nicht als Schwimmbein ausgebildet.

T: 10-22°C, **L**: 6 cm, **BL**: ab 80 cm, **WB**: l-m, **WR**: u-o, **BS**: 2, **SG**: 1

Carcinus maenas

Carcinus maenas, schwimmend

Fam.: Portunidae

Lissocarcinus laevis MIERS, 1886
Zylinderrosen-Schwimmkrabbe

Vork.: Indopazifik.
GU: An der Unterseite zu erkennen: bei den ♂♂ ist der nach unten geschlagene Hinterleib dreieckig, bei den ♀♀ breit und abgerundet.
Soz.Verh./Vgs.: Sie leben meist einzeln im Tentakelbereich von Zylinderrosen oder Aktinien gegen deren Nesselgift sie geschützt sind. Gut mit nicht zu empfindlichen Wirbellosen und kleinen Fischen zu halten.
Hält.B.: Riff-Aquarium mit Zylinderrosen oder Aktinien.
Licht: Mittellichtzone.
ZU/Verm.: Ist im Aquarium nicht gelungen.
FU: K, FD; sie nehmen jegliche tierische Nahrung und Futtertabletten an.
Bes.: Nicht bekannt.

T: 22-28°C, **L**: 3 cm, **BL**: ab 80 cm, **WB**: l-m, **WR**: u, **BS**: 3, **SG**: 1

Lissocarcinus orbicularis DANA, 1852
Seegurken-Schwimmkrabbe

Vork.: Indopazifik, Rotes Meer.
GU: An der Unterseite zu erkennen: bei den ♂♂ ist der nach unten geschlagene Hinterleib dreieckig, bei den ♀♀ breit und abgerundet.
Soz.Verh./Vgs.: Sie leben einzeln oder paarweise meist in Partnerschaft mit Seegurken.
Hält.B.: Riff-Aquarium mit Sandboden und Versteckmöglichkeiten. Eine Partner-Seegurke soll vorhanden sein.
Licht: Mittellichtzone.
ZU/Verm.: Ist im Aquarium noch nicht gelungen.
FU: K, FD; einfach zu ernähren, da sie sehr gefräßig sind; Gefrier- und Tablettenfutter.
Bes.: Sind nicht bekannt.

T: 22-28°C, **L**: 3 cm, **BL**: ab 80 cm, **WB**: m, **WR**: u, **BS**: 2, **SG**: 1

Lissocarcinus orbicularis

Arten der Schwimmkrabbengattung *Lissocarcinus* leben in tropischen Meeren und werden oft in Partnerschaft mit Zylinderrosen, also nesselnden Aktinien, gesehen. Deren Lebensraum sind Sandflächen, wobei aber *Lissocarcinus* sich nicht mehr eingräbt, sondern eng an die Röhre des Wirtes geschmiegt verharrt. Bekanntlich nesseln Zylinderrosen stark, wogegen *Lissocarcinus* immun sind.

Lissocarcinus laevis

Portunus sebae, Echte Schwimmkrabbe, Karibik

Fam.: Trapeziidae

Es ist nicht einfach, Trapeziiden von den nachfolgend aufgeführten Xanthiden zu unterscheiden. Früher waren sie sogar in einer Familie zusammengefaßt. Sie besitzen einen trapezförmigen Körper und statt der für Xanthiden typischen schwarzen Scherenenden vielfarbige. Korallenkrabben sind allgemein prächtig gefärbt, viele Arten sind sogar punktiert, sowohl auf dem Carapax als auch auf den Scheren- und Laufbeinen. Wieder andere sind mit einem Netz überzogen, dessen einzelne Flächen in verschiedenen Farben "ausgemalt" erscheint.
Korallenkrabben haben eine weite Verbreitung auf dem Tropengürtel der Erde. Sie ist praktisch identisch mit der Verbreitung der Korallenriffe. Diesem Lebensraum haben sie sich gut angepaßt, denn er besteht aus vielen interessanten Verstecken. Ob *Acropora* oder *Pocillopora*-Steinkorallen, in ihren Verästelungen findet der suchende Taucher immer wieder Korallenkrabben. Manchmal findet sie dort auch der suchende Schnabellippfisch *Gomphosus*, ein Nahrungsspezialist. Nachts verlassen Korallenkrabben die schützende Umgebung und gehen auf Nahrungssuche, vor allem organischem Material, das sich abgelagert hat. Ob es pflanzlich oder tierisch ist, spielt keine Rolle. Insbesondere Aas wird gefressen.

Trapeziiden neigen im Gegensatz zu den Xanthiden zur Schwarmbildung, d.h., ein geeigneter Korallenstock wird von mehreren Tieren der gleichen Art bevölkert, eine Wohngemeinschaft wird gebildet. Sie hat den Korallenstock fest in "ihren Scheren", denn andersartige Tiere werden nicht geduldet. In kleineren Unterschlupfen findet man die Korallenkrabben aber auch paarweise.

Ein Trapeziide aus Kenia, Afrika

Trapezia sp.
Korallenkrabbe

Vork.: Rotes Meer und gesamter indopazifischer Bereich.
GU: An der Unterseite zu erkennen: bei den ♂♂ ist der nach unten geschlagene Hinterleib dreieckig, bei den ♀♀ breit und abgerundet.
Soz.Verh./Vgs.: Sie leben einzeln oder paarweise in Korallenstöcken. Gut mit anderen Wirbellosen und nicht zu großen Fischen zu vergesellschaften.
Hält.B.: Riff-Aquarium mit Stöcken von *Acropora*- oder *Pocillopora*-Korallen, in denen sie sich verstecken.
Licht: Mittellichtzone.
ZU/Verm.: Ist im Aquarium noch nicht gelungen.
FU: O, FD; Allesfresser, die auch gerne die fädigen Grünalgen vom Dekorationsmaterial abzupfen. Kleine Brocken von Gefrierfutter und Futtertabletten. Bei Bedarf muß man gezielt mit dem Futterrohr füttern.
Bes.: Mehrere Arten, die sich ganz ähnlich verhalten und auch fast gleich aussehen.

T: 23-28°C, **L:** 2 cm, **BL:** ab 80 cm, **WB:** m, **WR:** m, **BS:** 1, **SG:** 1

Fam.: Xanthidae

Wie der deutsche Name schon sagt, sehen die Vertreter der Familie Xanthidae so aus, wie man sich eine richtige Krabbe vorstellt. Ein rundlich-ovaler Körper, zwei harmonisch zu dieser Form passende Scheren und ebensolche Beine. Alle Rundkrabben sind an den dunkelbraunen bis schwarzen Scherenspitzen erkennbar, wie die abgebildeten Arten verschiedener Gattungen deutlich zeigen. Selbst bei relativ farblosen Arten sind die Scherenspitzen immer deutlich abgesetzt.

Nach dem heutigen Stand der Forschung mußten ähnliche Krabbengattungen von den Xanthiden abgetrennt und in andere Familien wie die Pilumniden oder die Trapeziiden eingegliedert werden. Die nunmehr verkleinerte Rundkrabben-Familie umfaßt aber trotzdem heterogene Arten, vergleicht man *Liomera*- oder *Lybia*-Arten. Xanthiden sind die häufigsten Krabben im Korallenriff. Aber selten erreicht ihre Carapaxbreite mehr als 5 cm, sodaß sie vom tauchenden Beobachter kaum gesehen werden. Die oft nur 2 cm großen Rundkrabben leben in abgestorbenen Korallenstücken, in denen dann für hundert Individuen und mehr Platz ist. Die Gattung *Liomera* hält sich zumeist auf Sandgründen vor dem Riff auf, während *Atergatis* auch in Korallenstöcken gefunden wird.

Die interessantesten Arten von Rundkrabben sind in der Gattung *Lybia* zusammengefaßt, populär Boxerkrabben genannt. Ähnlich wie bei den Einsiedlerkrebsen benutzen Boxerkrabben kleine Anemonen zur Abwehr von Freßfeinden. Nur tragen sie diese nicht auf ihrem Körper, sondern in den Zangen ihrer großen Scherenbeine. Woher kommt der Name Boxerkrabbe? Wie jeder unbefangene Aquarianer oder Taucher beobachten kann, hebt *Lybia* ihre mit Anemonen versehenen Scherenbeine in dem Moment gegen ein Objekt, wenn sie annimmt, es wolle sie bedrohen. Dabei schiebt sie einmal das linke und dann das rechte Scherenbein nach vorn, was etwa so aussieht wie die "Links-Rechts-Kombination" eines Boxers. Daß die kleinen Anemonen wie Boxhandschuhe wirken, ist dem Kenner dieser Sportart durchaus verständlich. Wenige Wissenschaftler haben die Benutzung dieser Werkzeuge untersucht, sodaß hier Bezug auf eine um die Jahrhundertwende entstandene Arbeit genommen werden muß:

Darin wurde festgestellt, daß *Lybia*-Arten nicht wählerisch in der Art ihrer Wehranemone sind. Drei verschiedene Aktinien fand man in den Scherenfingern der untersuchten *Lybia tessellata* vor: *Bunodeopsis, Sagartia* und *Triactis.* Interessant ist die Methode, wie Boxerkrabben ihre Anemonen ergreifen. Haben sie eine kleine Aktinie entdeckt, wird sie mit den Scherenfingern betastet, ob sie nicht zu groß ist. Das Loslösen einer Anemone geschieht aber nicht mit den Scheren, die sie später auf Dauer umfassen, sondern mit den ersten Laufbeinen und Kieferfüßen. Geschickt schiebt *Lybia* diese zwischen Untergrund und Fuß der Aktinie, bis sie sich löst. Erst dann ergreift die Boxerkrabbe die Anemone mit den Fingern ihrer Scherenbeine und läßt sie freiwillig nicht mehr los. Versuche zeigten, daß eine *Lybia*-Krabbe die ihr weggenommene Aktinie nicht mehr beachtete, wenn man ihr zur Auswahl eine größere, ihr eher zusagende, anbot. Die dornartigen Zähne der Scherenfinger lassen die Wehranemone aber dann los, wenn die Krabbe sich häutet. Dann werden beide Anemonen seitlich regelrecht abgesetzt und nach der Häutung wieder mit den Scherenbeinen ergriffen. Für Wissenschaftler stellt das Loslösen der Aktinie, ohne sie zu verletzen und ohne die klauenartigen Scheren zu benutzen, eine Phänomen dar. Es wird offengelassen, ob man eine solche Handlung "instinktiv" oder "intelligent" nennen soll.

Lybia edmondsoni

Jeder Kontakt mit einem anderen Wesen löst den Reflex der Schutzhaltung aus, also der Boxerstellung. Die Aktinienpolypen werden in einer defensiven Haltung dem angenommenen Freßfeind entgegengestreckt. So verhalten sich *Lybia*-Arten auch, wenn sie nur eine oder gar keine Anemone in ihren Scherenzangen tragen. Die Scherenfinger bleiben dabei geöffnet, als ob sie eine Anemone tragen würden. Benutzen *Lybia*-Krabben ihre Scherenbeine auch aktiv, etwa zur Nahrungsaufnahme? Es wurde festgestellt, daß sie nur mit den vorderen Laufbeinen Detritus, also am Boden liegendes Futter, zum Mund führen. Das machen sie mit Unterstützung der kleinen Kieferfüße. Die Scherenbeine selbst nehmen nicht aktiv an der Nahrungssuche teil, wie manchmal behauptet wird. Allerdings wurde auch bewiesen, daß Boxerkrabben aus ihren Wehranemonen heraus Futter annehmen. Denn sobald ein schmackhafter Futterbrocken wie ein *Mysis*-Krebs an den Anemonen haftete, langten die Laufbeine in die Anemone hinein und zogen das Futter zum Mund. Die Boxerkrabbe reagierte nicht, wenn sich lediglich ein Muschelschalenstück in einer der Aktinien verfing. Bekam sie aber zu spät mit, daß eine der Anemonen einen schmackhaften Brocken eingefangen und diesen schon halb verschluckt hatte, zog sie mit aller Gewalt ihrem Untermieter den Futterbrocken heraus und verspeiste ihn selbst. Verglichen mit menschlichem Verhalten, raubte die Krabbe ihrem kommensalischem Partner das Fressen! Bei der bewegungsfreudigen *Lybia*-Krabbe kommen die beiden "Boxhandschuhe" keineswegs zu kurz, denn alle kleinen Planktonteilchen überläßt die Krabbe den Anemonen.

Unbekannte Rundkrabbe

Atergatis sp.

Lybia edmondsoni TAKEDA & MIYAKE, 1970
Edmondsons-Boxerkrabbe

Vork.: Pazifik, besonders in Hawaii.
GU: An der Unterseite zu erkennen: bei den ♂♂ ist der nach unten geschlagene Hinterleib dreieckig, bei den ♀♀ breit und abgerundet.
Soz.Verh./Vgs.: Lebt einzeln in Partnerschaft mit verschiedenen Aktinien- Arten. Vergesellschaftung wie *L. tessalata*.
Hält.B.: Riff-Aquarium mit Sandboden und kleinen Versteckmöglichkeiten.
Licht: Mittellichtzone.
ZU/Verm.: Ist im Aquarium noch nicht gelungen.
FU: K, FD; sie nehmen jegliches tierische Futter an, das jedoch meist mit dem Futterrohr gereicht werden muß.
Bes.: Das interessante Partnerschafts-Verhalten mit Aktinien wird auf den Seiten 650 f. beschrieben.

T: 23-28°C, L: 1-2 cm, BL: ab 80 cm, WB: l-m, WR: u, BS: 3-4, SG: 1

Lybia tessalata (LATREILLE, 1812)
Boxerkrabbe

Vork.: Im gesamten indopazifischen Bereich.
GU: An der Unterseite zu erkennen: bei den ♂♂ ist der nach unten geschlagene Hinterleib dreieckig, bei den ♀♀ breit und abgerundet.
Soz.Verh./Vgs.: Sie leben meist einzeln. Gute Partner für Wirbellose und für kleine Fische. In einem stark besetzten Becken bekommt man die Tiere jedoch kaum zu Gesicht.
Hält.B.: Riff-Aquarium mit Sandboden und Versteckmöglichkeiten.
Licht: Mittellichtzone.
ZU/Verm.: Ist im Aquarium noch nicht gelungen.
FU: K, FD; kleine Stücke von Gefrierfutter und Brocken von Futtertabletten. Eventuell muß gezielt mit dem Futterrohr gefüttert werden.
Bes.: Interessante Partnerschaft mit verschiedenen Arten von Aktinien.

T: 22-28°C, **L:** 1-2 cm, **BL:** ab 80 cm, **WB:** l-m, **WR:** u-m, **BS:** 2-3, SG: 1

Lybia tessalata

Lybia tessalata

Liomera sp.
Rote Boxerkrabbe

Vork.: Rotes Meer und gesamter indopazifischer Bereich.
GU: An der Unterseite zu erkennen: bei den ♂♂ ist der nach unten geschlagene Hinterleib dreieckig, bei den ♀♀ breit und abgerundet.
Soz.Verh./Vgs.: Leben meist einzeln. Nur mit robusten Wirbellosen zusammen halten. Am Boden lebende Fische (z.B. Grundeln, Plattfische) werden vor allem nachts gestört.
Hält.B.: Sandboden mit Felsen als Versteck.
Licht: Mittellichtzone.
ZU/Verm.: Ist im Aquarium noch nicht gelungen.
FU: K, FD; nehmen gierig jegliches tierische Futter und Futtertabletten an.
Bes.: Sind nicht bekannt.

T: 22-28°C, **L**: 3-4 cm, **BL**: ab 80 cm, **WB**: m, **WR**: u, **BS**: 2, **SG**: 1

Vertreter dieser Familie leben nicht nur in Muscheln, sondern auch in Seegurken und Seescheiden. Es gehört schon ein gutes Taucherauge dazu, die kleinen Kommensalen bei ihrem Wirtstier zu entdecken. Die Weibchen sind größer als die Männchen und haben einen weichen, nicht ausgehärteten Körper. Sie sitzen oft in den Kiemenräumen von Muscheln, nach der Besiedlung in der Larvalphase sogar für ihr ganzes Leben. Der Körper der Männchen ist eher krebsartig ausgehärtet. Sie wandern umher und besuchen die Weibchen zur Fortpflanzungszeit. Dann geht es von Muschel zu Muschel, um jedes bereitwillige Weibchen zu begatten. Die Familie der Muschelwächter lebt sowohl in tropischen als auch in temperierten Meeren. Während die Weibchen vom Nahrungsangebot des Wirtstieres profitieren, leben die Männchen von Detritus.

Xanthasia murigera in einer Mördermuschel

Pinnotheres pisum, Nordsee

Pinnotheres pisum (LINNAEUS, 1767)
Erbsenkrabbe, Muschelwächter-Krabbe

Vork.: Mittelmeer, östlicher Atlantik.
GU: An der Unterseite zu erkennen: bei den ♂♂ ist der nach unten geschlagene Hinterleib dreieckig, bei den ♀♀ breit und abgerundet. Die ♀♀ haben einen dünneren Panzer als die ♂♂, da sie ihren Wirt nicht verlassen.
Soz.Verh./Vgs.: Sie leben einzeln (♀♀) oder paarweise in Muscheln und Seescheiden. Sie sind fast immer zufällige Gäste im Aquarium.
Hält.B.: Richten sich nach ihren Wirten.
Licht: Mittellichtzone.
ZU/Verm.: Ist im Aquarium nicht gelungen. Laichzeiten im April und Mai sowie Oktober bis Dezember.
FU: K, FD; sie brauchen nicht speziell gefüttert zu werden.
Bes.: Sie wurden sowohl als Parasiten wie auch als Symbionten von Muscheln bezeichnet. Beides dürfte falsch sein. Sie leben mit ihren Wirten in Karpose, d.h. sie genießen den Vorteil des Schutzes, schaden oder nützen ihrem Wirt jedoch nicht. Erfahrungen im tropischen Meeresaquarium sind nicht bekannt.

T: 16-24°C, **L**: 1,5 cm, **BL**: ab 80 cm, **WB**: m, **WR**: u, **BS**: 3-4,**SG**: 1

Die typisch flache, quadratische Körperform ist das Unterscheidungsmerkmal zu anderen semiterrestrischen (halb an Land, halb im Wasser) lebenden Krabben. Grapsiden sind sehr hoch entwickelt und haben sich sehr gut an das Landleben angepaßt, indem sie mehrere Stunden außerhalb des Wassers verbringen können. Viele Arten leben aber weiter nur im Meer, vor allem die kleineren. Diese dauerhafte Bindung zeigt sich dadurch, daß auch die landangepaßten Arten ihre Larven ins Meer abgeben.
Quadratkrabben sind hauptsächlich in den Tropen beheimatet, wenige kommen auch in kalten Gewässern vor, sowohl in Süß- wie in Salzwasser. Die größte Art mit 10 cm Carapaxbreite ist die zur Jahrhundertwende aus China nach Europa gelangte chinesische Wollhandkrabbe *Eriochir sinensis*, heute in Nord- und Ostsee zu finden. Diese Art wurde erforscht und man weiß, daß ihre Fortpflanzung nach strengen Regeln abläuft: Die Männchen treffen sich im Herbst in den Mündungsbereichen der Flüsse und bilden dort große Gruppen. In langen Bahnen aufgereiht warten sie auf die später durckkommenden Weibchen, um sie zu befruchten. Die Weibchen wandern ins Watt, wo die Larven im nächsten Frühjahr schlüpfen.
Die großen, prachtvoll gefärbten *Grapsus*-Arten leben an Felsküsten, wo sie Schutz vor ihren Hauptfeinden, den Vögeln, finden. Diese Quadratkrabben sind so sehr an das Landleben angepaßt, daß sie nur zum Auffüllen der immer feuchten Kiemenräume und zum Absetzen der Larven ins Wasser laufen. Kleinere Arten, die auch gut im Aquarium zu pflegen sind, leben versteckt zwischen Korallenschutt oder auf dem Riffdach. Bekannt sind die *Pachygrapsus*-Arten vom Mittelmeer und Atlantik, wo man sie in rasender Geschwindigkeit selbst unter Wasser herumflitzen sieht. Bei der Pflege von Quadratkrabben sollte man aber eher an ein Terrarium denken, damit die Krebse auch mal an Land bleiben können.

Grapsus sp.

Grapsus sp.

Fam.: Grapsidae

Pachygrapsus marmoratus (FABRICIUS, 1787)
Rennkrabbe

Vork.: Mittelmeer, östlicher Atlantik.
GU: Wie bei anderen Krabben.
Soz.Verh./Vgs.: Nicht mit empfindlichen Wirbellosen.
Hält.B.: Fels-Aquarium in dem sie sich auch außerhalb des Wassers aufhalten können. Gute Abdeckung!
Licht: Sonnenlichtzone.
ZU/Verm.: Nicht bekannt.
FU: O, FD; Allesfresser.
Bes.: Sehr flink und gewandt.

T: 16-24°C, **L**: 3 cm, **BL**: ab 80 cm, **WB**: m, **WR**: o, **BS**: 3, **SG**: 1-3 (Aquaterrarium)

Pachygrapsus marmoratus an der Wasserlinie

Geograpsus sp.

Grapsus grapsus

Grapsus grapsus , Galapagos; ein ausgefärbtes Tier (♂)

Grapsus grapsus, Galapagos; das ♀ ist nicht so bunt gefärbt

Cancer pagurus, Taschenkrebs, Atlantik bis Mittelmeer; Speisekrebs bis 6 kg; 20 - 30 cm breit; kein Aquarientier.

Harpactocarcinus punctulatus, Eozän, Monte Bolca, Italien, ca. 50 Mill. Jahre. Eine fossile "Winkerkrabbe"

Von einigen Ocypodengattungen werden hier nur die zwei bekanntesten angesprochen, *Ocypode* und *Uca*. Die erste Gattung stellt Sand- und Strandbewohner des Tropengürtels in unterschiedlicher Artenzahl. *Ocypode*-Arten leben in feuchteren Bereichen der Strände und bauen unentwegt an ihren unterirdischen Gängen und Höhlen. Die am Roten Meer lebende *Ocypode saratan* baut auch hohe Sandpyramiden. Das dient einerseits dazu, Weibchen anzulocken, andererseits sollen sie konkurrierende Männchen fernhalten. Im allgemeinen sind Reiterkrabben, wie die *Ocypode*-Arten auch genannt werden, gesellige Tiere, die im Laufe der Evolution ein Sozialsystem aufgebaut haben, daß es ihnen ermöglicht, auf engem Raum zusammenzuleben, ohne sich gegenseitig anzugreifen. Der feuchte Strand, Voraussetzung für ihre Befestigungen, ist tatsächlich ein sehr begrenzter Lebensraum. Daraus folgt aber auch, daß die Ocypoden ein Verständigungssystem haben müssen, das nicht nur chemische und optische Reize sendet. Wissenschaftler fanden es auch in Form einer kleinen aus Zähnchen bestehenden Leiste, auch Stridulationsorgan genannt, an der Innenseite der große Schere. Mit Hilfe der kleinen Schere können durch Reibung der Scheren aneinander knackende, knirschende und kratzende Geräusche erzeugt werden. Zu diesem System gehört aber noch beim Empfänger ein "Ohr", daß die Winkerkrabben in den Beinen als sogenanntes Myochordotonalorgan tragen.

Ocypode ceratophthalma

Ocypode ceratophthalma (PALLAS, 1772)
Indopazifische Reiterkrabbe

Vork.: Im gesamten tropischen indopazifischen Bereich.
GU: An der Unterseite zu erkennen: bei den ♂♂ ist der nach unten geschlagene Hinterleib dreieckig, bei den ♀♀ breit und abgerundet.
Soz.Verh./Vgs.: Sie sind nur im Art-Becken einzeln oder paarweise zu halten.
Hält.B.: Terrarium mit mindestens 10 cm tiefem, feinem Sand, in den die Tiere ihre Höhlen graben. Eine kleine Wasserfläche genügt ihnen. Die Luftfeuchtigkeit sollte nicht unter 80% sinken. Becken gut abdecken!
Licht: Sonnenlichtzone.
ZU/Verm.: Ist noch nicht gelungen.
FU: O, FD; Allesfresser, die Gefrierfutter aber auch Tabletten und Flockenfutter annehmen.
Bes.: Äußerst schnelle Strandläufer, die bei Niedrigwasser ihre Wohnhöhlen verlassen. Bei Hochwasser bleiben sie in ihren vom Wasser bedeckten Verstecken. Mit ihren hochgerichteten Augen erreichen sie einen Blickwinkel von 360°!

T: 22-30°C, **L**: 4 cm, **BL**: ab 120 cm, **WB**: nicht notwendig, **WR**: u, **BS**: 3, **SG**: 2

Ocypode gaudichaudii, Galapagos

Ocypode gaudichaudii H. MILNE EDWARDS & LUCAS, 1843
Pazifische Reiterkrabbe

Vork.: Östlicher Pazifik, Galapagos Inseln.
GU: An der Unterseite zu erkennen: bei den ♂♂ ist der nach unten geschlagene Hinterleib dreieckig, bei den ♀♀ breit und abgerundet.
Soz.Verh./Vgs.: Aufgrund ihres natürlichen Lebensraumes sind nicht mit anderen Arten zu vergesellschaften. Nur in großen Anlagen können mehrere Exemplare zusammen gehalten werden.
Hält.B.: Wie bei *O. ceratophthalma.*
Licht: Sonnenlichtzone.
ZU/Verm.: Ist in Gefangenschaft noch nicht gelungen.
FU: O, FD; Allesfresser, die problemlos gefüttert werden können.
Bes.: Wie bei *O. ceratophthalma.*

T: 22-30°C, L: 4 cm, BL: ab 120 cm, WB: nicht notwendig, WR: u, BS: 3, SG: 2

Die Arten der Familie der Sandkrabben sind an folgenden Merkmalen erkennbar: Gut ausgebildete Augenstiele, verdickt oder aufgebläht. Bei einigen Arten setzt sich der Stiel über das Auge fort, was den Krebsen ein gespenstisches Aussehen verleiht. Die Männchen der Gattung *Uca* tragen eine überdimensionale Schere, mit der sie zur Paarungszeit den Weibchen "zuwinken". Daher der Populärname. Ocypoden sind typische Landbewohner in Meeresnähe, die es nur selten zur Auffüllung des Atemwasservorrats in den Kiemenkammern und zur Fortpflanzung aufsuchen müssen.

Fam.: Ocypodidae

Uca anullipes, Malediven

Uca anullipes (H. MILNE EDWARDS, 1837)
Lagunen-Winkerkrabbe

Vork.: In den Lagunen und Mangrovenwäldern des Indopazifiks.
GU: Bei den ♂♂ ist eine Schere extrem groß, die andere sehr klein, bei den ♀♀ sind beide Scheren klein.
Soz.Verh./Vgs.: Wie bei *U. crassipes.*
Hält.B.: Wie bei *U. crassipes.*
Licht: Sonnenlichtzone.
ZU/Verm.: Ist in Gefangenschaft noch nicht gelungen.
FU: O; FD, wie bei *U. crassipes.*
Bes.: Im tropischen indopazifischen und westatlantischen Raum gibt es über 60 ähnliche Arten. In Europa ist im Bereich von Gibraltar und Portugal *U. tangeri* zu finden.

T: 22-3o°C, **L:** 3 cm; **BL:** ab 100 cm, **WB:** I, **WR:** u, **BS:** 2, **SG:** 1-2

Die Arten der Gattung *Uca* bauen ihre Wohnhöhlen noch näher ans Meer als Ocypoden. Deutlich an der übergroßen, meist prachtvoll gefärbten Schere der Männchen erkennbar, siedeln sie auch dort, wo das Meer die Höhlen überspült. Dazu muß der Eingang jedesmal vor der Flut verstopft werden, so daß keine Luft entweichen und kein Wasser eindringen kann.

Uca crassipes (ADAMS & WHITE, 1848)
Mangroven-Winkerkrabbe

Vork.: Im tropischen Indopazifik, speziell im Bereich von Mangrovewäldern.
GU: Bei den ♂♂ ist eine Schere extrem groß, die andere sehr klein, bei den ♀♀ sind beide Scheren klein.
Soz.Verh./Vgs.: Da sie sehr friedlich sind, sind sie mit Fischen des gleichen Lebensraumes (z.B. Schlammspringer *Periophthalmus*) gut zu vergesellschaften. Bis zu einer Beckengröße von einem Meter wird nur 1 ♂ mit 2 ♀ empfohlen.
Hält.B.: Meeres-Aquaterrarium mit einer tiefen Schicht aus feinem Sand. Mindestens die Hälfte der Oberfläche sollte außerhalb des Wassers liegen. Besonders interessant ist die Einrichtung einer Ebbe-Flut-Anlage, bei der jedoch einige flache Steine immer frei von Wasser bleiben sollen. Das Wasser ist zu filtern oder häufig zu wechseln.
Licht: Sonnenlichtzone.
ZU/Verm.: Ist im Aquarium noch nicht gelungen.
FU: O, FD; Allesfresser, die neben dem üblichen Gefrier-, Trocken- und Flockenfutter auch gerne ein Stück Banane annehmen.
Bes.: Sehr interessantes Verhalten zur Paarungszeit.

T: 22-30°C, L: 3 cm, BL: ab 100 cm, WB: l, WR: u, BS: 2, SG: 1-2

Uca sp. ♀

Uca vomerus

Die Mictyriden sind semiterrestische Krabben, die beim ersten Anblick mehr an Spinnen erinnern. Der kugelige Körperbau und die stelzenartigen Beine tragen dazu bei. Dem interessierten Beobachter an asiatischen und australischen Stränden wird weiterhin auffallen, daß Mictyriden nicht - wie bei Krabben üblich - seitwärts, sondern vorwärts laufen.
Soldatenkrabben stehen systematisch den Ocypoden nahe und leben wie diese in selbstgegrabenen Sandhöhlen, die sie während der heißen Tageszeit und bei Flut aufsuchen. Fällt der Wasserstand wieder, kommen sie gemeinsam aus ihren Löchern hervor und bilden riesige Teppiche, die sich geschlossen umherbewegen. Dieses Schwarmverhalten dient der Abschreckung von Freßfeinden aus der Luft, auf die die Krabbenmenge wie ein großes Monster wirkt. Schwarmartig folgen sie dem abfließenden Wasser und suchen den Untergrund nach Mikropartikeln ab, die das Meer zuvor herangespült hatte. Die aufkommende Flut drängt sie wieder in ihre Höhlen zurück.

Mictyris sp.

Mictyris longicarpus LATREILLE, 1806
Grenadierkrabbe

Vork.: In der Gezeitenzone des Indopazifiks.
GU: An der Unterseite zu erkennen: bei den ♂♂ ist der nach unten geschlagene Hinterleib dreieckig, bei den ♀♀ breit und abgerundet.
Soz.Verh./Vgs.: Sie leben meist in großen Gruppen dicht beisammen (Foto oben). Im Aquaterrarium sollten sie nicht zu dicht gehalten werden.
Hält.B.: Wie bei *Uca crassipes* beschrieben (Seite 667).
Licht: Sonnenlichtzone.
ZU/Verm.: Ist im Aquarium noch nicht gelungen.
FU: O, FD; Allesfresser, die neben verschiedener tierischer Kost auch gerne kleine Stückchen Obst nehmen.
Bes.: Sie führen oft gruppenweise Schwenkungen im Verband aus, was ihnen zu ihrem deutschen Namen verholfen hat.

T: 22-30°C, **L:** 3 cm, **BL:** ab 100 cm, **WB:** l, **WR:** u, **BS:** 3, **SG:** 1-2

Ungewöhnlicher Schnappschuß: Vom Taucher überrascht, schiebt der Fangschreckenkrebs *Odontodactylus scyllarus* seinen Schwanzfächer nach vorn und droht mit den imitierten großen Augenflecken. Man beachte auch die insektenähnlichen Facettenaugen.

Über die Ordnung Stomatopoda

Sämtliche bislang vorgestellt Crustacea gehören zur Ordnung der zehnfüßigen Krebse, Decapoda. Interessant für Aquarianer und Taucher gleichermaßen sind Arten einer anderen Ordnung, weil sie sowohl im Handel angeboten werden als auch in ihrem natürlichen Lebensraum zu entdecken sind: Die Fangschreckenkrebse. Im Englischen "Mantis Shrimps" genannt, verdanken sie ihren Populärnamen einer oberflächlichen Ähnlichkeit mit den räuberischen Gottesanbeterinnen (Familie Mantidae), landlebenden Insekten. Gottesanbeterinnen sind Fangheuschrecken, deren beide Vorderbeine zu großen, ausklappbaren Fangbeinen umgewandelt sind, die im blitzschnellen Vorschlagen die Beute greifen.
Ähnlich ist das Fangverhalten der Fangschreckenkrebse der Ordnung Stomatopoda. Ihre ersten fünf Beinpaare sind klauentragende Fangfußpaare, wobei das zweite gegenüber den anderen enorm vergrößert ist. Alle über 300 bekannten Stomatopodenarten leben räuberisch. Je nach ihrem Beutespektrum haben sich zwei Gruppen von Fangschreckenkrebsen gebildet, die "Schmetterer" und die "Speerer".
Fangschreckenkrebse sind Überraschungsjäger, die blitzschnell von ihrer Wohnhöhle aus starten. Blitzartig überfallen die "Schmetterer" gepanzerte Krabben, mit Schneckengehäusen versehene Einsiedlerkrebse und jede Art von Mollusken. Das zur Verteidigung angewandte Eingraben der Krabben hilft diesen wenig: Die zu Hämmern umfunktionierten zweiten Fangbeine schmettern das Gehäuse entzwei und töten das Opfer somit. Für ein Schneckengehäuse reichen im allgemeinen vier bis fünf Schläge aus, um es zu zerbrechen. Diese Waffen werden auch bei Territorialkämpfen eingesetzt: Der angegriffene Höhlenbesitzer ist offensichtlich besser für den Sieg motiviert und kann seinen Konkurrenten bewußtlos schlagen.
Die faustkämpfenden "Schmetterer" schlagen auf alles ein und greifen auch einen zehnmal größeren *Octopus* an, der ihre Höhle einnehmen will. Um die genaue Stärke ihrer Hebel zu messen, verband ein kalifornischer Wissenschaftler das Oszyloskop mit einem Sandsack aus Gummi. Die Ergebnisse waren erstaunlich: Die Kraft eines Schlages ist nur wenig geringer als die einer aufschlagenden Kugel vom Kaliber 22. Faszinierende Slow-Motion-Filmaufnahmen dieses Wissenschaftlers aus einem Aquarium zeigen deutlich, wie einfach es für einen "Schmetter-Fangschreckenkrebs" ist, eine Glasscheibe zu zerschlagen.
Auch bei "Speerern" spielt das zweite Fangbeinpaar die zentrale Rolle beim Beutefang. Beim Vorschnellen klappen diese Fangbeine weit aus und bohren sich mit ihren spitzen Dornen tief in den Körper

des Opfers - meist Fische oder Garnelen. Das Erkennen der Beute erfolgt vor allem optisch. Die hochentwickelten, gestielten Augen ermöglichen den Krebsen ein räumliches Sehen, Voraussetzung für das Eingreifen schwimmender Fische, die ahnungslos in Reichweite der Fangarme gekommen sind. Die großen Facettenaugen stehen auf beweglichen Stielen, die unabhängig voneinander bewegt werden können, und verfolgen die ins Blickfeld geratene Beute, ähnlich schwenkbaren Fernrohren. Man merkt als Pfleger dieser Tiere, wie sie den Bewegungen außerhalb des Aquariums folgen, vorbereitetes Futter wie *Mysis* oder Krillkrebse erkennen und schon zu diesem Zeitpunkt ihre Höhle verlassen, um das ins Wasser gehaltene Futter schnell zu erbeuten.
Interessant ist das Putzverhalten der Fangschreckenkrebse, gleich welcher Gruppe sie angehören. Sind sie nicht auf Beutefang, reinigen sie sich ununterbrochen mit den hinter den Fangbeinen liegenden Schreitbeinen. Diese sind mit kräftigen Borsten besetzt und dienen normalerweise der Fortbewegung. Die Afterfüße fungieren als Ruder. Fangschreckenkrebse können nicht nur im Riff laufen und klettern, sondern sind auch gewandte Schwimmer. Droht Gefahr, schlagen sie den sehr beweglichen Hinterleib ruckartig nach vorn und schießen rückwärts durchs Wasser, wobei der große Schwanzfächer als Antriebsruder dient. Wieso ist gerade die Schwanzgegend

Gonodactylus sp.

bei den meisten Fangschreckenkrebsen so wunderschön gezeichnet? Aus längeren Beobachtungen schließen Wissenschaftler, daß z.B. die häufig vorkommenden Augenflecken dazu dienen, einen Verfolger zu schocken. Unter Anhängen normalerweise verborgen, werden sie blitzartig freigelegt und erzielen so ihre Wirkung.
Fangschreckenkrebse gibt es in vielen Größen: Kleine Arten erreichen kaum fünf Zentimeter Körperlänge, die größten immerhin bis vierzig. Die meisten leben in tropischen Zonen der Meere, doch kommen einige Arten auch in gemäßigten Breiten vor. All diese Fakten sollen deutlich machen, daß eine Vergesellschaftung im Meerwasseraquarium äußerst schwierig ist, denn Fangschreckenkrebse sind allen anderen Krebsen dermaßen überlegen, daß diese im Ernstfall kaum eine Überlebenschance haben. Die Pflege eines Einzeltieres allerdings ist bei entsprechender Glasstärke des Aquariums ein großes Vergnügen, denn die “Kommunikationsfreudigkeit” dieser Krebse übertrifft bei weitem alles, was man von einem Wirbellosen Tier sonst zu erwarten hofft.

Hemisquilla ensigera californensis STEPHENSON, 1959
Kalifornischer Fangschreckenkrebs

Vork.: Im Ost-Pazifik, auf Weich- und Geröllboden in 20 bis 200 m Tiefe.
GU.: Nur schwer an der Unterseite des Abdomens zu erkennen.
Soz. Verh./Vgs.: Sie werden am besten einzeln gehalten, da sie sowohl Wirbellose Tiere, als auch Fische erbeuten.
Hält B.: Kiesboden mit Steinaufbauten, in die sich die Tiere zurückziehen können.
Licht: Dämmerlichtzone
ZU/Verm.: Ist im Aquarium noch nicht gelungen. Die Entwicklung läuft über drei planktonische Larvenstadien ab.
FU: K; nehmen gerne Lebendfutter wie Schnecken und Regenwürmer, aber auch Gefrierfutter (Garnelen, Muscheln). Nach einem kurzen Befühlen des Futters mit den Antennen schlagen sie blitzschnell zu.
Bes.: *H. ensigera californensis* ist eine Unterart von *H. ensigera* OWEN, 1832.

T: 20-22°C, L: 12 cm, BL: ab 50 cm, WB: m, WR: u, BS: 3, SG: 1

Odontodactylus scyllarus (LINNAEUS, 1758)
Bunter Fangschreckenkrebs

Vork.: Im gesamten Indopazifik, auf Sand- und Geröllböden in 2 bis 70 m Tiefe.
GU.: Sind nur schwer an der Ausbildung der Hinterleibsextremitäten zu erkannen. Die Weibchen tragen zur Laichzeit einen Eiballen mit sich.
Soz. Verh./Vgs.: Alle Fangschreckenkrebse sollen einzeln gehalten werden. Aufgrund ihrer räuberischen Lebensweise vertragen sie sich weder mit Fischen, noch mit Wirbellosen. Von Vergesellschaftungen mit größeren Fischen wird allerdings berichtet.
Hält B.: Sandgrund und Höhlenaufbauten mit Verstecken.
Licht: Dämmerlichtzone.
ZU/Verm.: Obwohl die Tiere manchmal Eier tragen, ist eine Aufzucht im Aquarium noch nicht gelungen.
FU: K; hauptsächlich Lebendfutter, Schnecken (mit Schalen), man kann sie auch gut an Gefrierfutter gewöhnen. Bei Fütterung von Hand aus ist Vorsicht angebracht.
Bes.: Die Tiere haben eine sehr guten Gesichtssinn. Ihr Hinterkörper ist extrem biegsam, damit sie sich in ihren engen Höhlen umdrehen können; und um damit zu "schwimmen".

T: 22-26°C, **L**: 14 cm, **BL**: ab 60 cm, **WB**: m, **WR**: u, **BS**: 1, **SG**: 1

Odontotactylus scyllarus, Großes Barriere Riff

Odontotactylus scyllarus, Malediven

Fam.: Lysiosquillidae

Lysiosquilla maculata (FABRICIUS, 1793)
Gepunkteter Fangschreckenkrebs

Vork.: Im Indopazifischen Raum von Japan bis Ostafrika, auf Weich- und Geröllböden zwischen den Korallenriffen in 2 bis 50 m Tiefe.
GU.: Kaum erkennbar.
Soz. Verh./Vgs.: Eine Einzelhaltung wird vor allem bei größeren Exemplaren dringend empfohlen.
Hält B.: Sand- oder Kiesgrund, mit Felsaufbauten, die den Tieren genügend Unterschlupf gewähren.
Licht: Dämmerlichtzone.
ZU/Verm.: Nicht bekannt.
FU: K; Lebend- und Gefrierfutter.
Bes.: Größte Fangschreckenkrebsart.

T: 21-26°C, **L**: bis 40 cm, **BL**: ab 60 cm, **WB**: m, **WR**: u, **BS**: 2, **SG**: 1-4 (Einzelhaltung)

Lysiosquilla maculata

Lysiosquilla sulcirostris mit deutlich sichtbarer Speerwaffe

Lysiosquilla sulcirostris KEMP, 1913
Brauner Speer-Fangschreckenkrebs

Vork.: Im indopazifischen Bereich von Japan bis Madagaskar, auf Weich- und Geröllböden, in 5 bis 50 m Tiefe.
GU.: Sind nur an der Ausbildung der Hinterleibsextremitäten zu erkennen.
Soz. Verh./Vgs.: Nicht für das Gesellschaftsbecken! Sie erbeuten auch Fische und größere Krebse.
Hält B.: Sandgrund mit Felsaufbauten, in die lange Versteckgänge eingebaut sind.
Licht: Dämmerlichtzone.
ZU/Verm.: Ist im Aquarium noch nicht gelungen.
FU: K; sie nehmen gerne Lebendfutter, gewöhnen sich aber schnell an verschiedenes Gefrierfutter. Meist jagen sie vom Eingang ihrer Höhle aus.
Bes.: Große Art, mit sehr gut ausgebildeten Komplexaugen. Meist schreiten sie über den Boden, sie können aber auch frei schwimmen; die Extremitäten des Hinterkörpers dienen dabei als Antrieb.

T: 21-26°C, **L**: bis 33 cm, **BL**: ab 60 cm, **WB**: m, **WR**: u, **BS**: 2, **SG**: 1

Anthias anthias, einer der schönsten Mittelmeerfische

Systematik

Stamm: CHORDATA	Chordatiere
U.stamm: VERTEBRATA	Wirbeltiere
Klasse: OSTEICHTHYES	Knochenfische
U.klasse: ACTINOPTERYGII	Strahlenflosser

Überordnung	Teleostei	Echte Knochenfische
Ordnung	**Perciformes**	**Barschartige**
Familie	Acanthuridae	Doktorfische
Unterfamilie	Acanthurinae	
Gattungen	*Acanthurus*	FORSSKÅL, 1775
	Ctenochaetus	GILL, 1885
	Paracanthurus	BLEEKER, 1863
	Zebrasoma	SWAINSON, 1839
Unterfamilie	Nasinae	
Gattung	*Naso*	LACEPÈDE, 1802
Unterfamilie	Prionurinae	
Gattung	*Prionurus*	LACEPÈDE 1804
Familie	Siganidae	Kaninchenfische
Gattung	*Siganus*	FORSSKÅL, 1775
Familie	Zanclidae	Halfterfische
Gattung	*Zanclus*	CUVIER & VALENCIENNES, 1831
Familie	Labridae	Lippfische
Unterfamilie	Bodianinae	
Gattungen	*Bodianus*	BLOCH, 1790
	Choerodon	BLEEKER, 1847
Unterfamilie	Cheilininae	
Gattungen	*Cheilinus*	LACEPÈDE, 1802
	Novaculichthys	BLEEKER, 1861
	Xyrichthys	CUVIER, 1815
Cirrhilabrus-Gruppe	*Cirrhilabrus*	TEMMINCK & SCHLEGEL , 1845
	Paracheilinus	FOURMANOIR, 1955
	Pseudocheilinus	BLEEKER, 1861
Unterfamilie	Corinae	
Gattungen	*Anampses*	QUOY & GAIMARD, 1824
	Cheilio	LACEPÈDE, 1802
	Coris	LACEPÈDE, 1801
	Gomphosus	LACEPÈDE, 1801
	Halichoeres	RÜPPELL, 1835
	Hemigymnus	GÜNTHER, 1861
	Hologymnosus	LACEPÈDE, 1801
	Macropharyncgodon	BLEEKER, 1861
	Stethojulis	GÜNTHER, 1862
	Thalassoma	SWAINSON, 1839
	Xenojulis	DE BEAUFORT, 1939
Labrichthys-Gruppe	*Diproctacanthus*	BLEEKER, 1862
	Labrichthys	BLEEKER, 1854
	Labroides	BLEEKER, 1851
	Labropsis	SCHMIDT, 1930
	Larabicus	RANDALL & SPRINGER, 1973

Unterfamilie	Pseudodacinae	
Gattung	*Pseudodax*	BLEEKER, 1861
Familie	Scaridae	Papageifische
Gattung	*Cetoscarus*	SMITH, 1956
Familie	Serranidae	Barsche
Unterfamilie	Anthiinae	Fahnenbarsche
Gattungen	*Anthias*	BLOCH, 1792
	Luzonichthys	HERRE, 1936
	Pseudanthias	BLEEKER, 1873
	Serranocirrhitus	WATANABE, 1949
Familie	Pseudochromidae	Zwergbarsche
Gattungen	*Cypho*	MYERS, 1940
	Labracinus	BLEEKER, 1876
	Ogilbyina	FOWLER, 1931
	Pseudochromis	RÜPELL, 1835
	Pseudoplesiops	BLEEKER, 1858
Familie	Grammidae	Feenbarsche
Gattung	*Gramma*	POEY, 1868
Familie	Plesiopidae	Mirakelbarsche
Gattungen	*Assessor*	WHITLEY, 1935
	Calloplesiops	FOWLER & BEAN, 1930
	Paraplesiops	BLEEKER, 1875
	Plesiops	CUVIER, 1816
	Trachinops	GÜNTHER, 1861
Familie	Malacanthidae	Torpedobarsche
Gattungen	*Hoplolatilus*	GÜNTHER, 1887
	Malacanthus	CUVIER, 1829
Familie	Cirrhitidae	Büschelbarsche
Gattungen	*Cirrhitichthys*	BLEEKER, 1856
	Cirrhitus	LACEPÈDE, 1803
	Oxycirrhites	BLEEKER, 1857
	Paracirrhites	BLEEKER, 1875
Familie	Gobiidae	Grundeln
Gattungen	*Amblyeleotris*	BLEEKER, 1874
	Amblygobius	BLEEKER, 1874
	Bryaninops	SMITH, 1959
	Cryptocentrus	VALENCIENNES, 1857
	Ctenogobiops	SMITH, 1959
	Discordipinna	HOESE & FOURMANOIR ,1978
	Eviota	JENKINS, 1903
	Fusigobius	WHITLEY, 1930
	Gnatholepis	BLEEKER, 1874
	Gobiodon	BLEEKER, 1856
	Gobius	LINNAEUS, 1758
	Istigobius	WHITLEY, 1932
	Lotilia	KLAUSEWITZ, 1960
	Lythrypnus	JORDAN & EVERMANN, 1896
	Signigobius	HOESE & ALLEN, 1977
	Stonogobiops	POLUNIN & LUBBOCK, 1977
	Trimma	JORDAN & SEALE, 1906

	Valenciennea	BLEEKER, 1868
	Vanderhorstia	SMITH, 1949
Familie	Microdesmidae	Pfeilgrundeln
Gattungen	*Gunnelichthys*	BLEEKER, 1858
	Nemateleotris	FOWLER, 1938
	Oxymetopon	BLEEKER, 1861
	Ptereleotris	GILL, 1863
Familie	Pholidichthyidae	Aalgrundeln
Gattung	*Pholidichthys*	BLEEKER, 1856
Familie	Callionymidae	Leierfische
Gattungen	*Callionymus*	LINNAEUS, 1758
	Diplogrammus	BLEEKER, 1858
	Synchiropus	GILL, 1859
Familie	Opistognathidae	Kieferfische
Gattung	*Opistognathus*	CUVIER, 1816

Riffdurchbruch, Rotes Meer

Ordnung: Perciformes

Über die Ordnung Perciformes

Alle in diesem Band des Aquarien Atlas behandelten Fische gehören zu den Perciformes (Barschartige Fische).
Keine andere Ordnung der Fische ist von ihrem Körperbau und ihrer Ökologie her so vielgestaltig wie die Barschartigen. Dies verwundert nicht weiter, wenn man bedenkt, daß es sich hierbei um die größte Wirbeltierordnung überhaupt handelt. Sie umfaßt über 20 Unterordnungen, 150 Familien und fast 8000 Arten. Das sind weit mehr als alle Säugetiere zusammengenommen und nahezu so viel wie alle bekannten Vogelarten. Bei einer so großen Gruppe, die sich sicherlich nicht auf einen gemeinsamen Vorfahren zurückführen läßt, ist es kaum erstaunlich, daß die Ansichten der Spezialisten über die Klassifizierung weit auseinandergehen. Bisher ist es nicht gelungen, eindeutige diagnostische Merkmale für alle Barschartigen zu definieren; die Gruppe kann jedoch etwa folgendermaßen umrissen werden: Perciformes besitzen echte Stachelstrahlen in Rücken-, After- und Bauchflossen. Die Rückenflosse ist ursprünglich zweiteilig mit Stachelstrahlen im vorderen und Weichstrahlen im hinteren Abschnitt; oftmals sind die beiden Teile miteinander verschmolzen. Eine Fettflosse fehlt stets. Der Körper ist in der Regel mit Kammschuppen (Ctenoidschuppen) überzogen; einige Familien haben jedoch ihre Schuppen weitgehend reduziert. Der Darm ist meist kurz, kann aber bei einigen Pflanzenfressern recht lang sein. Die Schwimmblase ist geschlossen, d.h. es besteht kein Verbindungsgang zum Darm.

Die ältesten Fossilfunde von Barschartigen stammen aus der Kreide (ca. 100 Mill. Jahre) und in der langen Periode ihrer Existenz gelang es ihnen, die unterschiedlichsten Lebensräume zu besiedeln und dabei ihre Körperform in manigfaltiger Weise abzuwandeln. Meerbarben (Mullidae) mit ihren langen Barteln besiedeln Sandflächen des Flachwassers; Riffbarsche (Pomacentridae) und Falterfische (Chaetodontidae) sind weitgehend an ein Leben im Riff gebunden; Füsiliere (Caesionidae) und Kaninchenfische (Siganidae) besiedeln den riffnahen Freiwasserbereich; Stachelmakrelen (Carangidae) bewohnen die oberen Bereiche der Hochsee, während die Bandfische (Cepolidae) im Tiefenwasser leben. Etwa 3/4 aller Arten bewohnen den flachen, küstennahen Meeresbereich, wobei ihre Vielfalt in tropischen und subtropischen Gebieten am höchsten ist. Die kleinsten Arten erreichen kaum 30 mm Gesamtlänge, während die größten es auf über 3 m bringen.
Ebenso vielfältig wie Körperformen und Lebensräume sind auch die Fortpflanzungsweisen der Perciformes. Nahezu alle Arten sind eierlegend. Dabei werden Eier und Spermien entweder ins Freiwasser abgegeben, wo sie zu Boden sinken oder schweben, ober aber

sie werden an ein Substrat geheftet. Zahlreiche Gruppen betreiben Brutpflege, so sind viele Kardinalfische (Apogonidae) Maulbrüter. Die Brandungsbarsche (Embiotocidae) des Nordpazifiks bringen lebende Junge zur Welt. Während man noch vor kurzem Zwittertum und Geschlechtsumwandlung bei Wirbeltieren für exotische Ausnahmefälle hielt, weisen neuere Untersuchungen nun immer mehr darauf hin, daß dies bei den Barschartigen wohl eher die Regel als die Ausnahme ist. Dabei kann ein Fisch gleichzeitig reife männliche und weibliche Gonaden besitzen (synchroner Hermaphroditismus). In anderen Fällen gehen aus funktionalen Männchen später Weibchen hervor (protandrische Konsekutivzwitter) oder aber funktionale Weibchen wandeln sich zu Männchen (protogyner Konsekutivzwitter). Beispiele hierzu finden sich bei den Beschreibungen der einzelnen Familien.

Acanthonemus subaureus de BLAINVILLE (ca. 14 cm) aus dem mittleren Eozän von Bolca, Italien. Original: British Museum of Natural History, London, GB (P 16201). (Aus Frickhinger, FOSSILIEN ATLAS)

Naseus rectifrons AGASSIZ (ca. 10 cm) aus dem mittleren Eozän von Bolca, Italien. Original: Museo Civico di Storia Naturale, Verona, Italien

Acanthurus ovalis AGASSIZ (ca. 14 cm) aus dem mittleren Eozän von Bolca, Italien. Original: Museo Civico di Storia Naturale, Verona, Italien.

Naso sp., Museum Verona; wurde als *Chaetodon* spec. geführt

Doktorfische gab es schon vor mehr als 50 Millionen Jahren, wie fossile Funde aus dem Tertiär (Eozän) beweisen. Die wohl schönsten Funde stammen aus Monte Bolca, Italien. Die Stücke, die wir hier abbilden, liegen im Museum in Verona. Ein Acanthuriden-Vertreter wurde vor mehr als 100 Jahren als "*Chaetodon*" bezeichnet. Man kann also auch in einer Fossiliensammlung noch "neue" Fischarten entdecken. Heute findet man im Mittelmeerraum keine Doktorfische mehr. Zwei *Siganus*-Arten sind jedoch über den Suezkanal vom Roten Meer ins östliche Mittelmeer eingewandert. Der Autor BAENSCH, Mitverfasser dieses Buches wollte von FRICKHINGER einen fossilen Chaetodonten für den MEERWASSER ATLAS. BAENSCH sah gleich, daß dieser fossile Fund kein Falterfisch aus der Familie der Chaetodontidae sondern ein Fisch aus der Familie der Doktorfische ist. Die Paläanthologen des Museums Verona werden ihr wunderbar erhaltenes Fundstück wohl umbenennen.

Fam.: Acanthuridae

Über die Familie Acanthuridae

Die Mehrzahl aller tropischen Riffische sind Räuber, entweder aktive Fischjäger wie die Zackenbarsche oder Planktonjäger wie Zwerg- oder Torpedobarsche. Allerdings gibt es auch Fischfamilien, die vornehmlich Pflanzenkost zu sich nehmen, indem sie die Riffe von Algen abweiden. Die bekannteste, farbenprächtigste und verbreitet-ste ist die der Doktorfische. Algen wachsen besonders gut auf den sonnendurchfluteten Flachriffen und deshalb kann man nicht nur als Taucher sondern auch als Schnorchler die eleganten und wendigen Schwimmer bewundern. Fischfänger haben es relativ leicht, mit Stellnetzen Doktorfische einzukreisen. So fehlen im Angebot der Zierfischhändler kaum einmal Arten der Doktorfischfamilie. Ihren Populärnamen bekamen Doktorfische von einem Merkmal, das sie deutlich von anderen Fischfamilien unterscheidet: Sie tragen an der Wurzel ihrer Schwanzflosse ein "Skalpell", entweder einen klappbaren Dorn oder feststehende "Klingen" auf beiden Körperseiten. Aufgrund dieser Unterschiede wurde die Familie Acanthuridae auch unterteilt: Die in den zunächst beschriebenen ersten vier Gattungen (Unterfamilie Acanthurinae) tragen zum Teil mit Warnfarben ausgestattete Dorne, die sie bei Gefahr ausklappen und zum Aufschlitzen des Gegners benutzen. Wichtig: Wie Untersuchungen ergeben haben, geschieht das nicht willkürlich, da es keine Muskelverbindungen vom Dorn zum Fischkörper gibt. Der Dorn springt aber bei einer Konvexwendung der Schwanzflosse im Winkel von 80 Grad nach vorn heraus. Diesen Bewegungsablauf kann man gut beobachten, wenn man einen Spiegel ans Aquarium mit einem territorialen Doktorfisch hält. Sobald der den Konkurrenten entdeckt, spreizt er alle Flossen, rast zum Spiegelbild und peitscht mit der Schwanzwurzel auf den vermeintlichen Neuankömmling ein. Wobei der Dorn nur an der konvexen Seite des Hinterkörpers heraustritt. Vorsicht ist beim Umsetzen von Doktorfischen in jedem Fall geboten, denn ihre Dorne können schmerzhafte Fleischwunden erzeugen.
Literaturangaben, daß die Dorne bei einigen Arten giftig seien, konnten bei ausführlichen Untersuchungen nicht bestätigt werden. Die beiden letztbeschriebenen Gattungen (Unterfamilie Nasinae und Prionurinae) benutzen ihre feststehenden Klingen in ähnlicher Weise. Insbesondere bei älteren Tieren sind sie lang, messerscharf und daher sehr wirkungsvoll. Bei umfangreichen Überprüfungen, ob diese Klingen oder das Gewebe darum giftig sind, starben in einer Versuchsreihe alle Fische, die man mit den Klingen eines *Prionurus*-Doktorfisch verletzt hatte.

Algenweidende Schule von Weißkehldoktorfischen (*Acanthurus leucosternon*); Seite 704

Unterschiede zwischen den Geschlechtern gibt es kaum. Lediglich werden allgemein die Männchen größer. In der Gattung *Naso* wächst den Männchen einiger Arten ein größeres Horn als den Weibchen. Farbunterschiede werden nur in der Balzzeit zwischen den Geschlechtern deutlich, sonst sind die Arten gleichgefärbt. Das Ablaichen hängt vom Mondzyklus ab, bei einigen Doktorfischen um den Neumond, bei anderen um den Vollmond herum. Viele Doktorfische laichen zusammen in einer Gruppe ab, andere wiederum strikt paarweise. Das Männchen bedrängt das Weibchen und zeigt durch Verfärbung und Körperzittern an, daß es reproduzieren will. Seite an Seite löst sich das Paar vom Boden, schwimmt gegen die Oberfläche und am höchsten Punkt einer gedachten U-Linie geben beide gleichzeitig Eier und Samen ins freie Wasser. Als Taucher kann man solche Vorgänge durchaus beobachten, vor allem wenn man sich bei Wechsel vom Tag zur Nacht in Riffnähe aufhält.
Geschlechtsreife Doktorfischweibchen können etwa einmal monatlich ablaichen. Nach dem Schlüpfen schwimmen die Larven in der Nähe der Oberfläche und zehren vom Dottersack, der nach zwei Tagen aufgebraucht ist. Nach vier Tagen beginnen die Larven selbst mit Planktonaufnahme. Der Körper wird zusammengedrückt und es entwickeln sich große Dorne in der Rücken- und Bauchflosse. Es wird angenommen, daß diese Dorne giftig sind und die wehrlos dahintreibenden Larven schützen. Bevor sich die Larve im Riff niederläßt, wird das "Acronurus"-Stadium erreicht, wobei man schon den werdenden Doktorfisch erkennen kann. Der Körper ist jetzt oval, die Dornen in den Flossen verschwinden und die Skalpelle an der Schwanzwurzel entwickeln sich. Noch sind die Jungfische bei einer Länge von 25 mm durchsichtig. Das planktonische Umhertreiben dauert etwa 10 Wochen, bevor sich junge Doktorfische im Flachwasser der Riffe ansiedeln. Jungdoktoren sind sehr territorial, während Alttiere oft in großen Schwärmen weite Riffabschnitte überschwimmen. Es dauert dann etwa zwei Jahre bis Doktorfische geschlechtsreif sind. Nachzucht in Gefangenschaft ist von Doktorfischen nicht bekannt geworden, obwohl in großen Schauaquarien manche Arten ablaichen.
Es ist hier das erste Mal der Versuch unternommen worden, die bekannten Doktorfische in **einem** Buch darzustellen. Es sind deshalb auch großwerdende Arten aufgenommen worden, die für den Aquarianer wenig reizvoll sind. Für den Taucher sind sie es jedoch allemal.

Die klappbaren messerscharfen Dorne der Unterfamilie Acanthurinae sind an ihrem rückwärtigen Ende scharnierartig befestigt, können vorne abgespreizt werden und dienen als Waffen, die mit gezielten Schwanzschlägen eingesetzt werden.

Gattung *Acanthurus*, FORSSKÅL, 1775

Mit knapp 40 Arten ist diese Doktorfisch-Gattung die umfangreichste der sechs existierenden. Diese Gattung kommt auch als einzige in allen drei Weltmeeren vor. Auch die einzelnen Arten sind weitverbreitet, was man als Taucher schnell erkennt: Großflächige Riffe werden auch von großen Ansammlungen der *Acanthurus*-Doktoren besiedelt, von deren Existenz es abhängt, ob Korallenriffe im Flachwasserbereich veralgen oder nicht. An einem gesunden Korallenriff, wo Algen kurz gehalten werden, sind immer die geselligen Doktorfische anzutreffen. Fünf *Acanthurus*-Arten haben sich sogar im tropischen Atlantik angesiedelt.
Was bei den Algenabschabern immer wieder fasziniert, ist ihre Schwarmbildung. Das hat seinen guten Grund, denn andere Algenfresser wie Riffbarsche leben ortstreu und verteidigen ihr Algenrevier aufs Heftigste. Gegen ein Pärchen Doktorfische wären sie auch erfolgreich, aber gegen einen Schwarm wie z.B. *Acanthurus leucosternon*, der Weißkehldoktorfisch, sind sie machtlos. Leider ist es im begrenzten Aquarienraum nicht möglich, mehrere *Acanthurus*-Doktoren derselben Art zu pflegen. Sofort brechen revierbedingte Aggressionen untereinander aus, die für den Schwächeren, der nicht fliehen kann, tödlich sein können.

Die Gattung *Acanthurus* unterscheidet sich durch festsitzende Zähne von der ähnlichen Gattung *Ctenochaetus*, die bewegliche Zähne aufweist. Das Bild zeigt den Mund der größten Art, *A. xanthopterus*, die bis zu 50 cm lang wird. Die Reihen kleiner Zähne sind besonders gut zum Abschaben von Algenrasen geeignet.

Es gibt Ausnahmen in der Gattung *Acanthurus*, was das Freßverhalten betrifft: *Acanthurus thompsoni* und *Acanthurus mata* ernähren sich ausschließlich von Zooplankton aus dem freien Wasser über dem Riff. Auch hier im Schutze des Schwarmverhaltens, das sie vor Räubern bewahrt. Einzeln und sehr revierbezogen lebt dagegen eine der schönsten Doktorfische, *Acanthurus lineatus*. Seine mit dem Heranwachsen zunehmende Aggressivität wird von Meeresaquarianern, die auf ihn im Fischgesellschaftsbecken nicht verzichten wollen, sehr gefürchtet.

Acanthurus triostegus, Text siehe Seite 726

Fam.: Acanthuridae

Acanthurus achilles SHAW,1803
Achilles-Doktorfisch
Vork.: Pazifische Platte; bewohnt weite Teile des Pazifischen Ozeans, von den Karolinen und der Torres-Straße bis nach Hawaii und zu den Marquesas; wird jedoch meist nur von Hawaii importiert. In 0 bis 10 m Tiefe.
GU.: Keine.
Soz.Verh./Vgs.: *A. achilles* lebt meist einzeln und bildet Territorien im Seichtwasserbereich von Riffen. Nur in Polynesien, wo er häufiger ist als in anderen Regionen, bildet er auch Gruppen und Schwärme.
Hält.B.: Er ist auch als Einzeltier nur in großen Becken zu halten, da er viel Bewegungsraum und reines, sauerstoffreiches Wasser braucht. Unter guten Bedingungen erweist er sich als äußerst ausdauernder Pflegling.
Licht: Sonnenlichtzone.
ZU/Verm.: Unbekannt.
FU.: H; *A. achilles* bevorzugt pflanzliche Kost. Daneben wird auch tierisches Futter, das für andere Fische eingebracht wird, wie Muschelfleisch, Garnelen, Flockenfutter u.a. aufgenommen. Wenn das Aquarium nicht genügend Algen aufweist, kann man welche auf Steinen unter kräftiger Beleuchtung in eigenen Becken züchten und von Zeit zu Zeit ins Aquarium einbringen.
Bes.: Manchmal kann man Hybriden zwischen *A. nigricans* und *A. achilles* beobachten. Die Jungfische haben noch keinen orangefarbigen Fleck an der Schwanzwurzel.

T: 26-28°C, **L:** 20 cm, **BL:** ab 150 cm, **WB:** m-st, **WR:** u-o, **BS:** 1-2, **SG:** 3.

Die kräftige Orangefärbung von *A. achilles* um das skalpellartige Messer wird als Warnfarbe gedeutet. Dies soll etwaige Angreifer abschrecken und vor dieser furchtbaren Waffe warnen. Würde ein Doktorfisch etwa wie eine Forelle ständig mit schlängelnden Körperbewegungen schwimmen, so klappte einmal das rechte, einmal das linke Messer aus. Damit dies nicht geschieht, schwimmt der Doktorfisch nach Art der Lipp- und Papageifische nur mit Hilfe der Brustflossen. Hierbei ist er zwar sehr wendig, kommt aber nur relativ langsam weiter. Ist Geschwindigkeit nötig, auf der Flucht oder beim Angriff, so erfolgt die Fortbewegung nach typischer Fischart und die Messer klappen automatisch abwechselnd aus und können auch gezielt eingesetzt werden. Fehlen den Opfern entsprechende Flucht- oder Versteckmöglichkeiten, so werden sie durch zahlreiche Stiche so schwer verletzt, daß sie an deren Folgen sterben. Dies kommt im Aquarium wesentlich öfter vor, als in freier Natur.

Acanthurus achilles

Acanthurus achilles

Fam.: Acanthuridae

Acanthurus bahianus CASTELNAU, 1855
Bahia-Doktorfisch

Vork.: Westatlantik, von Massachusetts bis Brasilien.In 2 bis 25mTiefe.
GU.: Keiner.
Soz.Verh/Vgs.: Lebt meist paarweise, seltener in Schwärmen, manchmal auch mit *A. chirurgus* gemeinsam. *A. bahianus* läßt sich relativ gut mit anderen Fischen, besonders wenn sie flinke Schwimmer oder selbst wehrhaft sind, vergesellschaften.
Hält.B.: Er ist relativ friedlich und einzeln gut zu halten. Neben genügend Schwimmraum braucht er einen Unterschlupf aber wie die meisten Doktorfische keinen Sandgrund.
Licht: Sonnenlichtzone.
ZU/Verm.: Nicht bekannt.
FU.: *A. bahianus* ist nicht sehr wählerisch und nimmt pflanzliche wie tierische Kost an.
Bes.: *A. bahianus* ist eher ein Bodenfisch, der mehr zwischen dem Aufwuchs als darüber umherschwimmt. Er ist daher überall zu finden, wo es Riffe, Felsen oder Aufwuchs auf Kalkfelsen gibt. Er besitzt einen kräftigen Muskelmagen, in den er neben niederwüchsigen Algen viel kalkhaltiges Material raspelt. Er kommt in mehreren Farbvarianten vor, von dunkelbraun bis goldbraun, ähnlich den Algen, die er den ganzen Tag frißt. *A. bahianus* ist von den anderen karibischen Arten hauptsächlich durch einen deutlichen weißen rückwärtigen Rand der Schwanzflosse und das Fehlen von Streifen am Körper gut zu unterscheiden.

T: 21-25°C, **L**: 35 cm, **BL**: ab 180 cm, **WB**: l, **WR**: u, **BS**: 2, **SG**: 3.

Acanthurus bariene (LESSON, 1830)
Barienes Doktorfisch

Vork.: Indo-Australische Region, von Ostafrika bis Japan, zum Barriereriff und bis zu den Salomon-Inseln. In 5 bis 35 m Tiefe.
GU.: Keine; nur große ♂♂ bekommen eine konvexe Stirnbeule, die bis über die Schnauzenspitze vorspringt.
Soz.Verh./Vgs.: Lebt einzeln oder paarweise im klaren Wasser von Außenriffen.
Hält.B.: Dieser unverträgliche Einzelgänger braucht sehr reines Wasser, viel Schwimmraum und robuste Mitbewohner.
Licht: Sonnenlichtzone.
ZU/Verm.: Nicht bekannt.
FU.: H; neben Algen und Pflanzenkost frißt *A. bariene* auch Flockenfutter, Garnelen u.v.a.
Bes.: Einige farbliche Besonderheiten unterscheiden *A. bariene* von ähnlich gefärbten Arten: weiße Lippen, ein runder, schwarzer Schulterfleck genau hinter dem Auge, manchmal mit hellblauem Rand; dahinter ein schräg nach unten verlaufendes hellbraunes Band. Die gesamte Basis der Rückenflosse ist blau, das Messer dunkel und das weiße Band am Schwanz erreicht nur als schmaler Streifen die Schwanzflossenspitzen.

T: 23-29°C, **L**: 30 cm, **BL**: ab 180 cm, **WB**: l, **WR**: u,m, **BS**: 3-4, **SG**: 3-4

Acanthurus bahianus

Acanthurus bariene, Indopazifik

Fam.: Acanthuridae

Acanthurus chirurgus (BLOCH, 1787)
Karibischer Doktorfisch

Vork.: Tropische und Subtropische Region des Atlantik, von den USA (Massachusetts) bis Brasilien und an die Westafrikanische Küste. In 2 bis 15 m Tiefe.
GU.: Keine.
Soz.Verh./Vgs.: Lebt einzeln, paarweise, manchmal in Gruppen, auch zusammen mit der Art *A. bahianus*.
Hält.B.: Hält sich einzeln gut und wurde schon mehr als 5 Jahre lang in Aquarien gepflegt. Er liebt Strömungen, sollte aber nicht mit Wirbellosen vergesellschaftet werden.
Licht: Sonnenlichtzone. **ZU/Verm.**: Unbekannt.
FU.: H; obwohl hauptsächlich Pflanzenfresser, geht er nach Eingewöhnung auch an Fisch- und Muschelfleisch und Seegras.
Bes.: *A. chirurgus* ist wahrscheinlich der häufigste Doktorfisch des tropischen Atlantik und gut an den senkrechten dunkelbraunen Bändern erkennbar. Er kann in verschiedenen Farbphasen vorkommen, je nach Stimmung oder Substrat. Tiere von Sandböden sind wesentlich heller als solche von Riffen. Die Jungfische sind braun. Die Art besitzt zwar eine ähnliche Ernährungsweise wie *A. bahianus*, schwimmt aber eher über dem Aufwuchs als versteckt dazwischen. Sie besitzt einen kräftigen Muskelmagen und schabt den Algenbewuchs so ab, daß er große Mengen von kalkhaltigem Material mit aufnimmt.

T: 22-25°C, **L**: 30 cm, **BL**: ab 180 cm, **WB**: m, **WR**: u,m, **BS**: 2, **SG**: 3.

Acanthurus chirurgus, juvenil

Acanthurus coeruleus BLOCH & SCHNEIDER, 1801
Spätblauer Doktorfisch

Vork.: Karibik, von den Bermudas über Florida bis Brasilien. In 2 bis 18 m Tiefe.
GU.: Keine.
Soz.Verh/Vgs.: Lebt paarweise oder in kleinen Gruppen; bildet selten Schulen mit über 10 Exemplaren.
Hält.B.: *A. coeruleus* braucht viel Schwimmraum, daher sind große Aquarien und Einzelhaltung nötig. Er ist ein robuster Pflegling und gut haltbar. Nur in genügend großen Aquarien erreicht er jenes intensiv blaue Erwachsenenstadium, das ihm den Namen gegeben hat.
Licht: Sonnenlichtzone. **ZU/Verm.**: Unbekannt.
FU.: H; geht sehr schnell an Ersatzfutter, besonders Grünalgen, *Mysis* und Enchyträen. Nach Eingewöhnung nimmt er fast jede Futterart von Pflanzen bis zu Flockenfutter (z.B. TetraPhyll Großflocken) an.
Bes.: Er besitzt im Gegensatz zu den beiden anderen westatlantischen Arten einen dünnwandigen Magen und zupft daher nur vorsichtig Algen ab, ohne viel Detritus oder Kalkmaterial aufzunehmen. Die Jugendform ist gelb mit blauen Flossenrändern. Übergangsformen mit blauem Körper und gelben Flossen kommen vor. Nur der Schwanzdorn bleibt immer gelb, im Gegensatz zu den anderen karibischen Arten, die dunkel eingerahmte Dorne besitzen.

T: 24-26°C, **L**: 35 cm, **BL**: ab 200 cm, **WB**: l, **WR**: u,m, **BS**: 2, **SG**: 3.

Acanthurus coeruleus, juvenil

Acanthurus chirurgus, adult

Acanthurus coeruleus, adult

Fam.: Acanthuridae

Acanthurus dussumieri VALENCIENNES, 1835
Weißdorn Doktorfisch

Vork.: Indo-Pazifik, von Ostafrika bis Hawaii- und Line-Inseln, nach Japan (N) und zum Südlichen Barriere Riff und Neu-Caledonien (S); fehlt im zentralen Pazifik. In 9 bis 130 m Tiefe.
GU.: Keine.
Soz.Verh./Vgs.: *A. dussumieri* ist meist ein Einzelgänger, der Außenriffe, normalerweise tiefer als 10 m bevorzugt. Manchmal findet man ihn in kleinen Gruppen an seichten Riffen, aber auch über Sandgrund von Lagunen.
Hält.B.: *A. dussumieri* ist agressiv gegenüber Artgenossen und Neuankömmlingen; daher nur einzeln zu halten. Er benötigt genügend Versteckmöglichkeiten und Strömung; wird ziemlich groß und ist daher für Heimaquarien wenig geeignet.
Licht: Sonnenlichtzone.
ZU/Verm.: Unbekannt; im Meer wurde paarweises Ablaichen beobachtet.
FU.: H; *A. dussumieri* frißt in freier Natur den Oberflächenfilm feiner Grün- und Braunalgen Diatomeen und Detritus, die dem Sand aufliegen; seltener schabt er diesen Belag von Hartböden ab. Im Aquarium bevorzugt er Flocken- und Gefrierfutter und "saugt" den Bodengrund ab.
Bes.: Ein gelbes Band durch das Auge und ein weißer, dunkel umrahmter Dorn sind gute Erkennungsmerkmale. Schwarze Punkte am zentralen Teil der Schwanzflosse und das Fehlen von Gelb am Rande der Brustflosse unterscheiden ihn von den sehr ähnlichen Arten wie *A. mata*, *A.blochii* und *A. xanthopterus*.

Acanthurus dussumieri, juvenil

T: 24-28°C, **L**: 40 cm, **BL**: ab 200 cm, **WB**: m, **WR**: u, **BS**: 2-3, **SG**: 3.

Acanthurus fowleri BEAUFORT, 1951
Fowlers Doktorfisch

Vork.: West_Pazifik; Ostindien, Philippinen. In 2 bis 20 m Tiefe.
Soz.Verh/Vgs.: Unbekannt.
GU.: Keine.
Hält.B.: Unbekannt; wegen seiner Größe wenig für Heimaquarien geeignet.
Licht: Sonnenlichtzone.
ZU.: Nicht bekannt.
FU.: H (?); nicht bekannt.
Bes.: *A. fowleri* ist nur aus einem eng begrenzten Gebiet Ostindiens bekannt und besitzt im Gegensatz zu anderen Arten mit heller Schwanzflossenbasis einen Schulterfleck, der dreieckig bis halbkreisförmig ist und dessen höchster Punkt genau über dem oberen Ende der Kiemenöffnung liegt und der über der Brustflossenachse endet. Der Dorn ist schwarz eingefaßt.

T: 24-28°C, **L**: bis 40 cm, **BL**: ab 200 cm, **WB**: l, **WR**: u,m, **BS**: 3-4, **SG**: 3-4

Acanthurus dussumieri von Hawaii

Acanthurus fowleri, Indonesien

Acanthurus gahhm (FORSSKÅL, 1775)
Gahhms Doktorfisch

Vork.: Arabische Meere, im Roten Meer und zumindest im Golf von Aden. In 5 bis 40 m Tiefe.
GU.: Keine.
Soz.Verh./Vgs.: *A. gahhm* lebt in Gruppen oder losen Schwärmen über Sand- und Schuttböden am Fuße von Lagunen- und Außenriffen.
Hält B.: *A. gahhm* wächst sehr schnell und ist daher für das Heimaquarium ungeeignet.Er benötigt neben entsprechendem Schwimmraumm unempfindliche Mitbewohner, denen gegenüber er zwar ruppig aber nicht agressiv ist.
Licht: Sonnenlichtzone.
ZU/Verm.: Nicht bekannt.
FU: O; *A. gahhm* besitzt einen kräftigen Muskelmagen und frißt im Meer den Detritus- und Algenbelag von Sand- und Schuttböden, erbeutet aber auch Wirbellose Tiere und nimmt dabei auch Sand auf; erfrißt aber auch Zooplankton aus dem freien Wasser. Im Aquarium ist er ein hungriger Allesfresser; unter Wasser reißt er dem Taucher Fleischspeisen aller Art aus der Hand.
Bes.: *A. gahhm* unterscheidet sich vom äußerst ähnlichen aber etwas kleiner bleibenden *A. nigricauda* besonders durch das Fehlen der schwarzen Linie vom Schwanzdorn nach vorne. Die dunkle Zone bleibt nur auf das Messer beschränkt. Das dunkle Schulterband ist bei beiden Arten etwa gleich und fehlt den Jungtieren. Erwachsene Tiere schnappen gerne größeres Zooplankton aus dem freien Wasser auf, getrauen sich aber nur selten aus dem Schutz des Riffs. Vor exponiert liegenden Kaps wie vor Ras Muhammed (Sinai), Shaab Roumi und Sanganeb (Sudan) schließen sie sich den dort kreisenden Herden von Barrakudas an und steigen in deren Schutz viel weiter ins freie Wasser auf als sonst. Dort haben sie auch bessere Chancen, mehr Futter zu erhaschen als knapp vor dem Riff, wo es viel mehr konkurrierende hungrige Mäuler gibt.

T: 25-27°C, L: 50 cm, BL: ab 250 cm, WB: I, WR: u,m, BS: 3, SG: 3

Acanthurus japonicus (SCHMIDT,1930)
Philippinen Doktorfisch

Vork.: Westlicher Pazifischer Ozean, von den Philippinen bis Japan. In 5 bis 15 m Tiefe.
GU.: Nicht bekannt.
Soz.Verh./Vgs.: Lebt einzeln oder in kleinen Gruppen in korallenbestandenen Lagunen und an Außenriffen
Hält.B.: Da er aggressiv und zumindest bissig gegenüber Artgenossen ist, empfiehlt sich die Haltung von Einzeltieren. Er ist aber meist friedlich anderen Fischen gegenüber, jedoch
empfindlich gegenüber *Oodinium*!
Licht: Sonnenlichtzone.
ZU/Verm.: Unbekannt.

FU: H; er geht meist sofort ans Futter, weidet den Algenrasen im Aquarium ab, frißt aber auch Kleinkrebse und fast alles Lebend- und Flockenfutter; Futtertabletten.
Bes.: Er ähnelt *A. nigricans*, von dem ihn besonders ein weißes Band, das vom Auge zur Oberlippe verläuft, unterscheidet.

T: 24-28°C, L: 18 cm, BL: ab 150 cm,
WB: l, WR: u, BS: 2, **SG**: 3.

Acanthurus japonicus

Acanthurus japonicus, Philippinen

Acanthurus leucosternon (BENNETT, 1832)
Weißkehl Doktorfisch

Vork.: Indischer Ozean von Afrika bis Indonesien. In 0 bis 25 m Tiefe.
GU.: Keiner.
Soz.Verh./Vgs.: Lebt meist einzeln und revierbildend im seichten, bewegten Wasser von Riffterrassen und Riffkanten. Er schließt sich manchmal zu Gruppen oder Schwärmen zusammen (siehe Seite 689).
Hält.B.: Agressiver Revierverteidiger, der daher nur als Einzeltier gehalten werden kann. Er benötigt viel Schwimmraum und vor allem bewegtes, sauerstoffreiches Wasser. Er hat sich als robustes Aquarientier erwiesen. Die Vergesellschaftung mit anderen Doktorfischen und/oder anderen größeren blauen Fischen ist nicht ratsam.
Licht: Sonnenlichtzone.
ZU/Verm.: Unbekannt.
FU.: H; *A. leucosternon* frißt im Meer fast ausschließlich pflanzliche Nahrung, nimmt aber im Aquarium neben Algen und Salat auch gerne *Mysis*, Enchyträen, Grindal, Miesmuschel- und Seefischfleisch und Garnelen sowie Flockenfutter.
Bes.: Bildet manchmal, besonders wenn freie, algenbestandene Revierplätze fehlen, riesige Schwärme, um in Reviere anderer Fische (z.B. Riffbarsche), die sich der Übermacht nicht erwehren können, einzudringen und deren Algenrasen abzugrasen. *A. leucosternon* zeigt seinen Gemütszustand wie viele andere Arten auch in Form unterschiedlicher Färbung deutlich an. Ist er blaßblau gefärbt, mit einem grauschwarzen Kopf, so fühlt er sich nicht wohl und läßt seine Mitbewohner in Ruhe. Ist der Kopf tiefschwarz und der Körper dunkelblau, so fühlt er sich wohl; seine Agressivität erwacht und er schwimmt patrouillierend durch das Aquarium. Erscheinen eine helle Querstreifung am Körper und ein heller Vorderkopf, so ist für die anderen Beckeninsassen, insbesondere die Falterfische höchste Gefahr angesagt; sogleich wird er angreifen und nicht davor zurückschrecken, sein Messer einzusetzen.

T: 23-28°C, **L**: 30 cm, **BL**: ab 150 cm, **WB**: m-st, **WR**: u-o, **BS**: 1-2, **SG**: 2-3.

Acanthurus leucocheilus HERRE, 1927
Weißlippen Doktorfisch

Vork.: West-Zentralpazifik: Indonesien, Philippinen, Palau, Mikronesien bis zu den Line-Inseln südlich von Hawaii. In 3 bis 30 m Tiefe.
GU.: Keine; nur große Männchen entwickeln im Alter eine Stirnbeule, die bis über die Schnauzenspitze hinausreicht.
Soz.Verh./Vgs.: *A. leucocheilus* kommt einzeln an steil abfallenden Außenriffen vor; er ist daher auch nur einzeln in einem reinen Fischbecken mit anderen wehrhaften Arten zu vergesellschaften.
Hält.B.: Da der Fisch ziemlich groß wird, ist er für Heimaquarien kaum geeignet. Er braucht sauberes Wasser und viel Schwimmraum.
Licht: Sonnenlichtzone.
ZU/Verm.: Unbekannt.
FU.: Neben Flockenfutter und Kleinkrebsen benötigt *A. leucocheilus* Pflanzenkost und Algen.
Bes.: Er unterscheidet sich von anderen ähnlichen Arten durch rötliche Lippen, die von einer perlweißen Linie umgeben sind, der ein schwarzes Band folgt. Auch die Kehle ist weiß und ebenso der Dorn.

T: 23-27°C, **L**: 30 cm, **BL**: ab 200 cm, **WB**: l, **WR**: u,m, **BS**: 3-4, **SG**: 3-4

Acanthurus leucosternon

Acanthurus leucocheilus, Indonesien

Acanthurus leucopareius, Acanthurus nigrofuscus und *Acanthurus triostegus*

Acanthurus leucopareius (JENKINS, 1903)
Weißhals Doktorfisch

Vork.: Pazifische Inseln; von den Marianen nach Japan und Hawaii (N), nach Neu Caledonien, Rapa, Tuamotu und zu den Osterinseln (S). In 1 bis 85 m Tiefe.
GU.: Keine.
Soz.Verh./Vgs.: *A. leucopareius* lebt in Gruppen und auch großen Schwärmen meist in der Brandungszone, besonders dort, wo steile Basaltklippen vorkommen (Kalkfelsen meidet er). Er kann alleine oder in Gruppen sowie mit zahlreichen anderen Fischen gemeinsam gehalten werden.
Hält.B.: Er fühlt sich in einem Felsaquarium wohl, indem er gute Unterschlupfmöglichkeiten vorfindet. Er braucht zumindenst anfänglich einen dichten Belag an fadenförmigen Algen.
Licht: Sonnen- bis Mittellichtzone.
ZU/Verm.: Nicht bekannt; gruppenweises Ablaichen im freien Wasser wurde beobachtet.
FU: H; frißt hauptsächlich fadenförmige Algen, die im Becken vorhanden sein müssen; geht später an Ersatzfutter, auch Salat und Spinat.
Bes.: Wichtigstes Kennzeichen dieser Art ist neben einer weißen Schwanzwurzel ein weißer, vorn und hinten schwarz eingefaßter Querstreifen am Körper.

T: 24-28°C, L: 20 cm, BL: ab 50 cm, WB: m-s, WR: u-o, BS: 2, SG: 3

An einem Hawaii-Riff mischt sich der Gitter-Doktorfisch (*A. triostegus*) mit Weißhalsdoktoren (*A. leucopareus*) und Braunen Doktorfischen (*A. nigrofuscus*). Er ist der unterste in der Hackordnung der Acanthuriden, weil er verhältnismäßig klein ist und weniger stark ausgeprägte Dorne besitzt. Er ist daher nur selten in der Lage, selbst Reviere zu behaupten und so rottet er sich mit Artgenossen zu einer "Räuberbande" zusammen, die in die Reviere fast aller pflanzenfressenden Revierbesitzer einzudringen vermag. Im Verband mit stärkeren und größeren Doktoren bewältigt er alle territorialen Pflanzenfresser, die ihn sonst wegjagen würden. Die um Hawaii vorkommende Population weicht u.a. in der Färbung etwas ab und besitzt anstelle von einem oder mehreren Punkten unter der Brustflosse einen schrägen Strich. Die Hawaii-Unterart wird daher als *A. triostegus sandwichensis* bezeichnet und für die Exemplare aus dem übrigen Indo-Pazifik müßte man daher den Namen *A. triostegus triostegus* verwenden.

Acanthurus lineatus, adult

Acanthurus lineatus (LINNAEUS, 1758)
Blaustreifen Doktorfisch

Vork.: Indopazifik, von Ostafrika bis zu den Marquesas. In 0 bis 15 m Tiefe.
GU.: Keine; nur die ♂ werden größer als die ♀.
Soz.Verh./Vgs.: *A. lineatus* lebt einzeln oder in kleinen Gruppen, die aus einem großen, territorialen und aggressiven ? und mehreren / bestehen, im bewegten Seichtwasserbereich der Riffkante.
Hält.B.: Er ist agressiv nicht nur gegen Artgenossen, sondern gegen alle Fische, die gleich groß oder größer sind. Er benötigt große Becken, Strömung und ist schwierig in der Futterannahme. Hat er sich jedoch eingewöhnen können, so ist er leicht zu pflegen, wenn man davon absieht, daß er alle Neuankömmlinge und auch den Pfleger angreift.
Licht: Sonnenlichtzone.
ZU/Verm.: Nicht bekannt; im Meer wurde gruppenweises Ablaichen über einer steil abfallenden Riffkante kurz nach Sonnenaufgang bei Neumond beobachtet. Dabei schwammen die Tiere mit großer Geschwindigkeit, sich spiralig drehend der Oberfläche entgegen und entließen knapp unter dieser gemeinsam Eier und Spermien ins freie Wasser.
FU.: H; frißt hauptsächlich Fadenalgen, später auch Flockenfutter und Tabletten.
Bes.: Er unterscheidet sich von der etwas ähnlichen und ebenfalls blau längsgestreiften arabischen Art *A. sohal* durch breite, gelbe Zwischenstreifen.

T: 24-30°C, **L**: 20 cm, **BL**: ab 200 cm, **WB**: m, **WR**: u,m, **BS**: 1-2, **SG**: 3.

Acanthurus lineatus, juvenil

A. lineatus besetzt nur außerhalb der Laichzeit Reviere, die je nach Dichte des Vorkommens 4 bis 12 m² umfassen können. Man nimmt an, daß die Reviergrenzen durch optische Anhaltspunkte abgegrenzt werden. In dem abgesteckten Bereich patrouilliert der Fisch ständig umher, meist auf "eingefahrenen", sich wiederholenden Wegen und so kann man innerhalb einer Stunde der Beobachtung eine genaue Abgrenzung eines Revieres erkunden. Besonders jenes Gebiet, das an das Revier eines Artgenossen grenzt, wird fast ständig im Auge behalten und wenn dieser sich der Grenze nähert, so wird er beobachtet
und schon im Zustand leichter Erregung angeschwommen. Bleibt er, so schwimmt er "erzürnt" auf ihn zu und begleitet ihn parallel (Parallelschwimmen), so als ob sie sich an Größe messen würden. Wenn der Nachbar noch immer nicht abzieht, geht das Paar in ein immer schneller werdendes Kreisen über, wobei die Tiere praktisch Kopf an Schwanz schwimmen. Meist endet dieses gegenseitige Jagen mit dem Sieg des einen und der Flucht des anderen in die Ferne oder in ein nahes Versteck.

Während des Droh- und Kampfverhaltens ändert sich, gewissermaßen als äußerer Spiegel des Innenlebens, auch die Färbung des Tieres. Am auffallendsten ist dies beim zentralen Teil der Schwanzflosse, der sich von Schwarz im Ruhezustand auf Weiß bei Erregung umfärbt. Neben Artgenossen werden auch andere Fische, besonders Pflanzenfresser wie andere Doktor- und Kaninchenfische und manchmal auch Riffbarsche und Falterfische angedroht und wenn möglich vertrieben.

Acanthurus lineatus im Flachwasser (Malediven)

Acanthurus maculipes, Bali

Acanthurus maculipes (AHL, 1924)
Weißpunkt Doktorfisch

Vork.: Tropischer West-Pazifik von der Christmas-Insel im Indischen Ozean über NW-Australien, die Philippinen bis Japan und durch Mikronesien bis Samoa. In 3 bis 15 m Tiefe.
GU.: Keine; sehr große ♂♂ entwickeln jedoch eine konvexe Stirnbeule, die über die Schnauzenspitze hinausreichen kann.
Soz.Verh/Vgs.: Weitgehend unbekannt; er lebt einzeln oder in kleinen Gruppen bevorzugt an korallenbestandenen äußeren Riffterrassen und -abfällen.
Hält.B.: Wenig bekannt; er benötigt ein großes Becken, das ihm den nötigen Freiraum zum Schwimmen läßt und in dem er gut heranwachsen kann.
Licht: Sonnenlichtzone.
ZU.: Unbekannt.
FU.: H; er soll neben pflanzlicher Kost wie Algen und Salat auch Lebend-, Gefrier- und Flockenfutter nehmen.
Bes.: Wurde bisher nur selten beobachtet und ist nur aus wenigen Gebieten bekannt.

T: 24-28°C, L: 35 cm, BL: ab 200 cm, WB: I, WR: u,m, BS: 3-4, SG: 3-4.

Acanthurus mata CUVIER, 1829
Schwarzdorn Doktorfisch

Vork.: Indo-Pazifik; vom Roten Meer und von Ostafrika bis Japan und über ganz Mikronesien bis zu den Marquesas und Tuamotu. In 5 bis 45 m Tiefe.
GU.: Keine.
Soz.Verh/Vgs.: Wird einzeln oder in Schulen über steil abfallenden Korallenriffen oft in stark bewegtem Wasser aber auch über Sandböden von Lagunen gefunden.
Hält.B.: Benötigt viel Platz, Sauerstoff, Licht und Strömung; wird zu groß für das Heimaquarium.
Licht: Sonnenlichtzone.
ZU/Verm.: Nicht bekannt.
FU.: O; *A. mata* frißt im Meer weniger Algen vom Boden, sondern schnappt häufig Zooplankton aus dem freien Wasser. Im Aquarium geht er am ehesten an lebende Kleinkrebse, aber auch Flocken- und Gefrierfutter.
Bes.: *A. mata* unterscheidet sich von den ähnlichen Formen wie *A. dussumieri* und *A. xanthopterus*, die alle eine mondsichelförmig ausgezogene Schwanzflosse haben, besonders durch eine eher gerandete Schwanzflosse ohne Filamente. Der Schwanzdorn ist dunkel; die gelbe Zone um das Auge hat vorne die Form zweier paralleler Bänder.

T: 23-28°C, **L:** 50 cm, **BL:** ab 250 cm, **WB:** m-s, **WR:** u-o, **BS:** 3, **SG:** 3-4.

Acanthurus monroviae STEINDACHNER,1876
Ostatlantischer Doktorfisch

Vork.: Ostatlantik, von Guinea bis zu den Kapverden. In 5 bis 40 m Tiefe.
GU.: Keine.
Soz.Verh/Vgs.: Schwarmfisch; wahrscheinlich gut auch mit Artgenossen zu vergesellschaften.
Hält.B.: Soll nicht sehr empfindlich sein und auch wenig agressiv; braucht ein entsprechend großes Becken.
Licht: Sonnenlichtzone.
ZU/Verm.: Unbekannt.
FU.: H (?); unbekannt.
Bes.: Die Art ist vom ähnlichen *A.bahianus* deutlich zu unterscheiden durch einen gelben Saum um den Dorn. *A. monroviae* ist die einzige Art, die nur den östlichen tropischen Atlantik bewohnt. Obwohl sie die uns Europäern am nächsten gelegene Art von Doktorfischen ist, kennen wir sie am allerwenigsten und über ihre Lebensweise wissen wir fast gar nichts. Taucher berichtet !

T: 20-25°C, **L**: 45 cm, **BL**: ab 200 cm, **WB**: I, **WR**: u, **BS**: 4, **SG**: 3.

Acanthurus nigricauda (DUNKER & MOHR, 1929)
Achselklappen Doktorfisch

Vork.: Indo-Pazifik, von Ostafrika bis nach Japan und über ganz Mikronesien bis nach Tuamotu. In 2 bis 15 m Tiefe.
GU.: Keine; große ♂♂ entwickeln eine Stirnbeule.
Soz.Verh/Vgs.: *A. nigricauda* lebt meist in kleinen Gruppen in klaren Lagunen und an Außenriffen, speziell in der Nähe von Korallenblöcken oder Felsen, die auf Terrassen oder auf Sandgrund liegen. Jungfische leben in Schwärmen in seichten Lagunen und Gezeitentümpeln.
Hält.B.: *A. nigricauda* ist etwas friedfertiger als die territorialen Arten und daher gut mit anderen "Korallenfischen" zu vergesellschaften. Seine Größe macht ihn jedoch für das Heimaquarium weitgehend ungeeignet.
Licht: Sonnenlichtzone.
ZU/Verm.: Unbekannt.
FU.: O; er frißt neben Algen jede Art von "Planktonersatz", da er auch im Meer nicht nur vom Boden frißt, sondern auch aus dem freien Wasser Zooplankton aufschnappt.
Bes.: *A. nigricauda* kann die Färbung zwischen dunkelgrau und hellgrau rasch wechseln, um Stimmungen wie Balz, Drohen oder Putzbereitschaft anzuzeigen. Er ist mit *A. gahhm* aus dem Roten Meer nahe verwandt, der einen ebensolchen dunklen Schulterstreifen , aber keinen nach vorne verlängerten dunklen Strich am Schwanzdorn besitzt. Außerdem wird *A. gahhm* viel größer. Über offenen Flächen submariner Terrassen können erwachsene Tiere in gemischten Schwärmen mit *A. olivaceus* und anderen Doktor- und Papageifischen vorkommen.

T: 23-28°C, **L**: 30 cm, **BL**: ab 180 cm, **WB**: I, **WR**: u,m, **BS**: 2, **SG**: 3.

Acanthurus monroviae

Acanthurus nigricauda, Indonesien

Fam.: Acanthuridae

Acanthurus nigricans (LINNAEUS,1758)
Samt Doktorfisch, Goldrand-Seebader

Vork.: Östlicher Indischer Ozean und gesamter Pazifik, von der Christmas-Insel bis Japan, Hawaii, Galapagos und Mexiko.In 2 bis 67 m Tiefe.
GU.: Keine.
Soz.Verh./Vgs.: *A. nigricans* ist eine territoriale Art, die meist alleine lebt und nur selten Schwärme bildet. Sie bezieht harte Böden am Grunde klarer Lagunen oder von Außenriffen von der Brandungszone abwärts.
Hält.B.: *A. nigricans* ist im Aquarium agressiv und nur als Einzeltier zu halten. Er benötigt viel Schwimmraum und sauerstoffreiches, möglichst wenig belastetes Wasser.
Licht: Sonnenlichtzone.
ZU/Verm.: Nicht bekannt.
FU.: H; *A. nigricans* frißt in der Natur fast nur fadenförmige Algen. Im Aquarium ist er an pflanzlicher und tierischer Nahrung gleichermaßen interessiert: von Algen bis zu Garnelen und Flockenfutter; kann dort als Allesfresser eingestuft werden.
Bes.: Die Art war früher als *A. glaucopareius* bekannt und ähnelt *A. japonicus*, von der sie sich durch zwei weiße Streifen am Kopf, einen waagerechten unter dem Auge und einen senkrechten am Mundrand unterscheidet. Manchmal werden Hybriden mit *A. achilles* gefunden.

T: 21-29°C, **L**: 22 cm, **BL**: ab 150 cm, **WB**: I, **WR**: u, **BS**: 1-2, **SG**: 3.

A. nigricans hat ein enormes Verbreitungsgebiet. Das Foto rechts oben entstand im Ostpazifik vor den Cocos-Inseln; das Foto rechts unten wurde bei der Christmas-Insel im östlichen Indischen Ozean aufgenommen

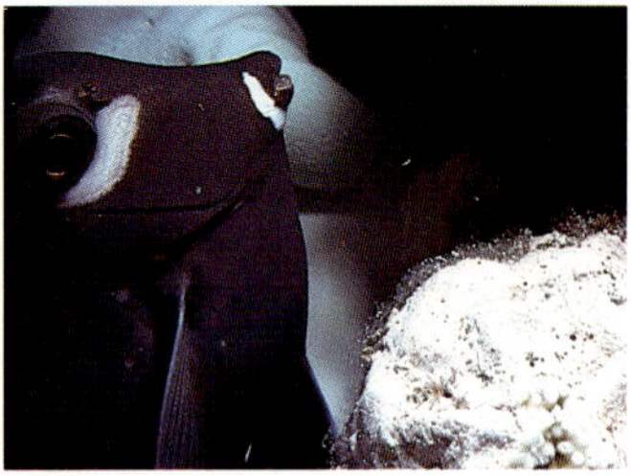

Acanthurus nigricans mit der typischen Kopfzeichnung

Acanthurus nigricans

Acanthurus nigricans

Fam.: Acanthuridae

Acanthurus nigrofuscus (FORSSKÅL, 1775)
Brauner Doktorfisch

Vork.: Indo-Pazifik, vom Roten Meer bis Japan, Neu Caledonien, Hawaii und Tuamotu. In 2 bis 25 m Tiefe.
GU.: Keine.
Soz.Verh./Vgs.: *A. nigrofuscus* lebt selten einzeln oder paarweise, sondern meist in großen umherziehenden Herden hauptsächlich über seichten Hartböden von Lagunen und Außenriffen von der unteren Brandungszone abwärts.
Hält.B.: Dieser verhältnismäßig kleine und leider etwas unscheinbare Acanthuride ist relativ gut verträglich und daher in Heimaquarien, die genügend Schwimmraum aufweisen, gut haltbar.
Licht: Sonnenlichtzone.
ZU/Verm.: Nicht bekannt.
FU.: H; im Meer frißt *A. nigrofuscus* fast nur feine, fadenförmige Algen, die er von festen Gründen abschabt. Im Aquarium schabt er mit Vorliebe den Algenbelag von Scheiben ab, braucht aber auch zusätzliches Tabletten- und Flockenfutter.
Bes.: Orange Punkte am Kopf und schwarze Punkte von etwa Pupillendurchmesser an der rückwärtigen Ecke von Rücken- und Afterflossenbasis machen den Fisch lebend leicht erkennbar. Da diese nach dem Tode verblassen, wurden die Tiere, je nach Frische, als verschiedene Arten beschrieben. *A. nigrofuscus* ist ein kleiner Doktorfisch, der ähnlich *A. triostegus* kaum in der Lage ist, eigene Reviere zu verteidigen. Deshalb schließt er sich zu
oft riesigen Schwärmen, z.T. mit *A. triostegus* zusammen und fällt dann im Schutze der Masse über die Reviere anderer Pflanzenfresser her.

T: 24-28°C, **L**: 20 cm, **BL**: ab 120 cm, **WB**: l, **WR**: u,m, **BS**: 2, **SG**: 3.

Acanthurus nubilus FOWLER & BEAN, 1929
Nadelstreifen Doktorfisch

Vork.: Indo-Pazifik; wahrscheinlich von Ostafrika über Indonesien, Philippinen, Celebes, Mikronesien bis zu den Salomon- und Cook-Inseln. In 5 bis 40 m Tiefe.
GU.: Keine.
Soz.Verh./Vgs.: *A. nubilus* wurde bisher nur in Einzelexemplaren an wenigen, weit voneinander getrennten Stellen gesehen. Über sein Verhalten weiß man so gut wie nichts.
Hält.B.: Unbekannt; da die Tiere einige Meter über dem Boden im freien Wasser schwimmend gesehen wurden, nimmt man an, daß sie dort Zooplankton fangen. Abgesehen davon, daß sie viel Schwimmraum brauchen, kann keine Auskunft gegeben werden.
Licht: Sonnenlichtzone.
ZU/Verm.: Nicht bekannt.
FU.: C; wahrscheinlich kann man *A. nubilus* mit Lebendfutter wie *Mysis* und anderen Kleinkrebsen, *Tubifex* und Flockenfutter, solange dieses im Wasser umhergewirbelt wird, ernähren.
Bes.: Ursprünglich von Celebes beschrieben, wurde diese Art sporadisch im Pazifik gefangen. Ein Fund im Kanal von Mozambique bei Südafrika erweiterte den Bereich auf den gesamten Indischen Ozean. Es steht allerdings noch nicht fest, ob es so bleiben wird, da das afrikanische Tier einige Unterschiede, insbesondere in der Zahl der Rückenflossenstrahlen aufweist. Erst eine größere Zahl von Vergleichsobjekten wird hier eine endgültige Lösung bringen können.

T: 24-28°C, **L**: bis 30 cm, **BL**: ab 180 cm, **WB**: l, **WR**: m,o, **BS**: 4, **SG**: 4.

Acanthurus nigrofuscus

Acanthurus nubilus, Indonesien

Acanthurus olivaceus SCHLOCH & SCHNEIDER, 1801
Orangefleck Doktorfisch

Vork.: Indopazifik, vom östlichen Indischen Ozean (Christmas Insel) bis Japan, Hawaii und zu den Marquesas Inseln.In 4 bis 45 m Tiefe.
GU.: Keine.
Soz.Verh/Vgs.: Lebt einzeln, paarweise, in Gruppen aber auch in großen Schwärmen, z.T gemischt mit anderen Arten.
Hält.B.: Er kann wegen seiner Unverträglichkeit auch als Jungfisch (von 6 cm Länge) nur als Einzeltier gehalten werden. Er ist jedoch robust und leicht zu pflegen. Er wurde bereits mehr als fünf Jahre lang im Aquarium gehalten.
Licht: Sonnenlichtzone.
ZU/Verm.: Nicht bekannt; Jungfische werden einzeln oder in kleinen Gruppen in seichten, geschützen Buchten und Lagunen in weniger als 3 m Tiefe gefunden.
FU.: H; im Meer frißt *A. olivaceus* den Oberflächenfilm an Diatomeen, Detritus und feinen, fadenförmigen Algen, die Sand und blanken Fels bedecken, ab. Im Aquarium frißt er den Algenbewuchs im Becken und "saugt" Detritus vom Boden ab; geht auch an Flockenfutter.
Bes.: *A. olivaceus* ist nahe verwandt mit *A. tennenti*, der den westlichen Indischen Ozean bewohnt und sich fast nur durch die Färbung unterscheidet.

T: 24-28°C, **L**: 30 cm, **BL**: ab 180 cm, **WB**: I, **WR**: u, **BS**: 3, **SG**: 3.

Acanthurus olivaceus, juvenil

Diese Art unterzieht sich dramatischer Farbänderungen: Bis 6 cm Länge ist sie gelb; ansatzmäßig ist der typische Fleck als etwas dunkleres Gelb über der Brustflosse erkennbar. Dieser gelbe Jungfisch kann leicht mit Jungtieren anderer Arten wie A. pyroferus verwechselt werden. Mit 12 cm folgt ein grünliches Braun, wobei die rückwärtige Körperhälfte etwas dunkler erscheint. Mit 25 cm Länge sind die pazifischen Tiere dunkelbraun und der orangefarbene Fleck leuchtet als Kontrast dazu.

Acanthurus olivaceus, subadult

Acanthurus olivaceus, adult

Acanthurus pyroferus KITTLITZ, 1834
Nachahmungs Doktorfisch, Schokoladen Doktorfisch

Vork.:Indopazifik; von den Seychellen bis Japan, zu den Gesellschaftsinseln, den Marquesas und Tuamotu. In 5 bis 40 m Tiefe.
GU.: Keine.
Soz.Verh/Vgs.: Dieser Einzelgänger ist nicht häufig und bevorzugt tiefe Lagunen und Außenriffe. Er ist in Gebieten mit gemischtem Korallenbewuchs aber auch über Korallenschutt und Sand am Fuße von Riffen zu finden.
Hält.B.: *A. pyroferus* macht Eingewöhnungsschwierigkeiten, ist schlecht und höchstens einzeln haltbar; sehr aggressiv.
Licht: Sonnenlichtzone.
ZU/Verm.: Unbekannt.
FU.: O; geht am ehesten an Flockenfutter.
Bes.: Die Jungform lebt im selben Habitat wie die Alttiere, "tarnt" sich jedoch durch andersartige Färbung und z.T. auch Form und ahmt Zwergkaiserfische nach.

T: 26-28°C, **L**: 25 cm, **BL**: ab 150 cm, **WB**: l, **WR**: u, **BS**: 2, **SG**: 3.

Ungewöhnliche Erscheinungsformen von *Acanthurus pyroferus* sind es wert, in diesem Rahmen ausführlich betrachtet zu werden: Im Jugendstadium ahmt er das Farbkleid der jeweils im gleichen Gebiet vorkommenden Art der Zwergkaiserfisch-Gattung *Centropyge* nach. Da diese Jugendformen des Doktorfisches auch oft in den Aquarienhandel gelangen, sollte sich der Käufer eines Zwergkaisers dieses Phänomens bewußt sein. Mit Mimikry bezeichnet die Wissenschaft ein Verhalten, bei dem ein Tier ein anderes äußerlich nachahmt, das keine Freßfeinde hat oder aus anderen Gründen gemieden wird. Es gibt also ein Modell und einen Nachahmer. Will man den Begriff der Mimikry auf *Acanthurus pyroferus* anwenden - denn er ahmt ja die Zwergkaiser nach -, so stellt sich die Frage nach dem Warum. Was zeichnet Modelle *Centropyge eibli, C. flavissimus* oder *C. vroliki* besonders aus, daß ein Fisch einer anderen Familie sie täuschend immitiert? Und zwar so gut, daß auch die bei Doktorfischen normalerweise auslaufenden Enden der Schwanzflosse wie bei den Zwergkaiserfischen abgerundet ist? Sind Zwergkaiser etwa ungenießbar? Die Ursache für diese Nachahmung dürfte in der Wehrhaftigkeit junger Zwergkaiserfische zu suchen sein, die über einen kräftigen Dorn am Kiemendeckel verfügen und sehr aggressiv sind. Solange der eigene Schwanzdorn klein und wenig ausgebildet ist, schützt also die Nachahmung wehrhafter Fische; später ist der Fisch selbst in der Lage, sich zu verteidigen.

Acanthurus pyroferus, juvenil

Acanthurus pyroferus, subadult

Acanthurus pyroferus, adult

Acanthurus pyroferus mimikt den im selben Becken schwimmenden *Centropyge heraldi* (oben). Die beiden Tiere vertragen sich gut!

Acanthurus pyroferus

Acanthurus pyroferus

Mimikry-Farbformen von *Acanthurus pyroferus*
- oben links: *Centropyge flavissimus*
- oben rechts: *Centrropyge eibli*
- unten : *Centropyge vroliki*

Acanthurus pyroferus

Fam.: Acanthuridae

Acanthurus sohal (FORSSKÅL, 1775)
Arabischer Blaustreifen Doktorfisch

Vork.: Arabische Meere, vom Roten Meer bis in den Arabischen Golf. In 0 bis 20 m Tiefe.
GU.: Keine.
Soz.Verh/Vgs.: Er ist normalerweise Einzelgänger und beansprucht ein relativ kleines Revier. Mehrere Einzeltiere bewohnen so recht dicht nebeneinander die Riffplatte nahe der Riffkante. Manchmal schließt er sich auch zu größeren losen Gruppen zusammen.
Hält.B.: Er ist aggressiv gegen andere Doktorfische, aber etwas friedlicher als die meisten anderen Arten und daher einzeln und in großen Becken gut zuhalten.
Licht: Sonnenlichtzone.
ZU/Verm.: Unbekannt.
FU.: H; *A. sohal* ist zwar schwer ans Futter zu bringen, bei Eingewöhnung hält er sich jedoch jahrelang. Er frißt fast nur pflanzliche Kost.
Bes.: Er unterscheidet sich von *A. lineatus* durch schmale hellblaue Längsstreifen, die mit schwarzen abwechseln. *A. sohal* ist ein äußerst geschickter Schwimmer und stellt seine Kunst sogar in freier Natur zur Schau: Bei Wellengang kann man ihn von der Landseite her durch die wie eine Aquarienscheibe wirkende Frontseite der Brecher an der Riffkante hin- und hereilen sehen.

T: 24-30°C, **L:** 40 cm, **BL:** ab 200 cm, **WB:** m-s, **WR:** u-o, **BS:** 2, **SG:** 3-4.

Acanthurus sohal, Aquarienaufnahme

Acanthurus tennenti GÜNTHER, 1861
Kreisdorn Doktorfisch

Vork.: Westlicher Indischer Ozean von Ostafrika bis zu den Malediven und nach Ceylon (Sri Lanca). In 3 bis 25 m Tiefe.
GU.: Keine.
Soz.Verh/Vgs.: *A. tennenti* lebt einzeln oder in kleinen Gruppen und bevorzugt seichte Riffterrassen mit algenbewachsenem Korallenfels, Korallenschutt und Sand.
Hält.B.: Da er rasch wächst und bis zu 45 cm lang wird, ist seine Haltung in Heimaquarien nicht zu empfehlen.
Licht: Sonnenlichtzone.
ZU/Verm.: Unbekannt.
FU.: H; *A. tennenti* frißt in der Natur den feinen Belag an Algen, Detritus und Diatomeen ab und betätigt sich im Aquarium als "Staubsauger", der auch Kleintiere, Flocken- und Tablettenfutter nimmt.
Bes.: *A. tennenti* unterscheidet sich von *A. olivaceus* nur durch die Zahl der Brustflossenstrahlen und die Färbung.

T: 24-28°C, **L:** 45 cm, **BL:** ab 200 cm, **WB:** l, **WR:** u, **BS:** 3, **SG:** 3.

Acanthurus sohal

Acanthurus tennenti

Acanthurus thompsoni (FOWLER, 1923)
Thompsons Doktorfisch

Vork.: Indopazifik; von Ostafrika bis Japan, zum südlichen Barriere-Riff bis Hawaii und zu den Ducie-Inseln östlich von Tuamotu. In 5 bis 70 m Tiefe.
GU.: Keine.
Soz.Verh./Vgs.: *A. thompsoni* lebt im Meer in losen Gruppen im freien Wasser über tiefen Korallenterrassen oder vor Steilabfällen in seichteren Lagen.
Hält.B.: Große Becken mit viel Schwimmraum ermöglichen die Haltung zumindestvon-nicht zu großen Exemplaren.
Licht: Sonnenlichtzone.
ZU/Verm.: Nicht bekannt.
FU.: C; *A. thompsoni* schnappt im Meer Zooplankton auf, besonders große, gallertige Formen aber auch Fischeier und Krebse. Mit *Mysis* und anderen lebenden Kleinkrebsen, aber auch allen anderen Arten von Futter, wenn sie von der Strömung umhergewirbelt werden, kann man ihn gut ans Futter bringen und eingewöhnen.
Bes.: Eines der wichtigsten Erkennungsmerkmale ist ein dunkelbrauner Fleck unter der Brustflossenbasis, denn eine weiße Schwanzflosse können auch junge Doktorfische anderer Arten haben und die Exemplare von Hawaii und Ostafrika sollen überhaupt dunkle
Schwanzflossen aufweisen. *A. thompsoni* ist sehr verwandlungsfähig: er kann seinen Körper schwarz färben, aber innerhalb kürzester Zeit auch lichtblau aufleuchten lassen.

T:24-27°C, L: bis 25 cm, BL: ab 150 cm, WB: l-m, WR: m,o, BS: 3-4, SG: 3.

Acanthurus triostegus (LINNAEUS, 1758)
Gitter Doktorfisch

Vork.: Im gesamten Indopazifik, von Ostafrika bis Mexiko und Panama. In 0 bis 90 m Tiefe.
GU.: Keine.
Soz.Verh.Vgs: Er kommt meist in riesigen Schwärmen von bis zu 1000 Exemplaren, auch gemischt mit anderen pflanzenfressenden Fischen über Hartböden von Lagunen und Außenriffen von der Oberfläche bis in große Tiefen vor.
Hält.B.: *A. triostegus* ist weniger aggressiv und daher besonders als Jungfisch zur Haltung in kleineren Gruppen geeignet. Er ist jedoch nur schwer ans Futter zu bringen und ziemlich
hinfällig, sofern die Wasserbedingungen nicht stimmen.
ZU/Verm.: Unbekannt; im Meer laichen die Tiere in kleinen Gruppen an Riffkanten oder Mündungen von Kanälen ab. Diese Gruppen lösen sich aus großen Schwärmen, steigen über diese in raschen Bewegungen auf und laichen ins freie Wasser ab. Die Larvenphase dauert zweieinhalb Monate, dann werden die Jungfische in der Gezeitenzone von Riffterrassen und Bänken seßhaft.
Licht: Sonnenlichtzone.
FU.: H; ernährt sich im Meer hauptsächlich von fadenförmigen Algen, ist aber auch an *Mysis*, Grindal und Flockenfutter interessiert.
Bes.: Er schließt sich gerne anderen Doktorfischen, aber auch Kaninchen- und Papageifischen an, um in die Reviere von Pflanzenfressern einzudringen und diese wie ein Heuschreckenschwarm leerzufressen.

T: 24-26°C, L: 20 cm, BL: ab 200 cm, WB: l, WR: u,m, BS: 1-2, SG: 3.

Acanthurus thompsoni

Acanthurus triostegus

Fam.: Acanthuridae

Acanthurus xanthopterus VALIENCIENNES, 1835
Gelbflossen Doktorfisch

Vork.: Indopazifik, von Ostafrika bis Mexiko, nach Japan, Hawaii im N und zum Barriereriff und nach Neu Caledonien im S. In 5 bis 90 m Tiefe.
GU.: Keine.
Soz.Verh./Vgs.: Lebt im Meer einzeln oder in losen Trupps in tieferem Wasser von Außenriffen, aber auch in Lagunen und Buchten über Sandböden, weit weg von festen Böden und Korallen. Er ist nur mit entsprechend wehrhaften Fischen wie Kaninchen- und Kaiserfischen zu vergesellschaften.
Hält.B.:Wächst sehr schnell, ist daher bald zu groß für Heimaquarien und deshalb nicht zu empfehlen.
Licht: Sonnenlichtzone.
ZU/Verm.: Unbekannt; im Meer wurde ein Ablaichen zu Neu- und Vollmond beobachtet. Jungfische bewohnen seichte, geschützte Stellen mit kräftiger Wasserbewegung.
FU.: O; im Meer fressen die Tiere den Diatomeen- und Detritusfilm vom Sand aber auch fadenförmige Algen und tierisches Material wie Hydrozoen und sogar Fischstücke. Im Aquarium sind sie Allesfresser, die Algen, Kleinkrebse Flockenfutter, Futtertabletten u.v.a.verzehren.
Bes.: Gelbe Brustflossen, das Fehlen von Schulterflecken und eine weniger helle Schwanzflossenbasis unterscheiden ihn von anderen ähnlichen Arten

.**T**: 24-28°C, **L**: 60 cm, **BL**: ab 250 cm, **WB**: juv. st, adult l, **WR**: u, **BS**: 3-4, **SG**: 3-4

Acanthurus xanthopterus

Gattung *Ctenochaetus* GILL, 1885

Es ist nicht schwierig, die Arten der Gattung *Ctenochaetus* einzuordnen. Ein Blick auf die Mundpartie und die Freßweise zeigt deutlich, was diese Doktorfische von anderen unterscheidet: Ihre beweglichen, borstigen Zähne stülpen sie über veralgte Stellen im Riff oder auch im Aquarium und raspeln sie ab. Der dauergeschürzte Mund ist das besondere Merkmal von *Ctenochaetus*-Doktoren, von denen sie sich auch entwickelt haben. Vergleichende Larvenuntersuchungen kamen zu diesem Ergebnis.
Einige Borstenzähner neigen zur Schwarmbildung, vor allem zur Paarungszeit. Sonst ziehen sie aber paarweise durchs Riff, was man bei ihrer Pflege berücksichtigen sollte. Also Einzeltiere erwerben, da die Geschlechter äußerlich nicht unterscheidbar sind. Die Jugendfärbungen dieser Gattungsarten sind oft prächtig, verschwinden aber mit 7 bis 8 cm Länge. Immerhin bekommen die zumeist einheitlich braun gefärbten adulten *Ctenochaetus*-Doktorfische im Zorn glänzende Seitenstreifen. Wie in ihrem natürlichen Lebensraum nagen sie auch im Aquarium unablässig im nachgebauten Riff an Algen, nehmen aber auch aus dem freien Wasser Flockenfutter, Krillkrebse und *Artemia* an. In kräftiger Strömung fühlen sie sich sehr wohl. Sie sind friedlich zu nicht "doktorhaften" Mitbewohnern.

Die Fische der Gattung *Ctenochaetus* unterscheiden sich von den *Acanthurus*-Arten, die festsitzende, spatelartige Zähne besitzen, hauptsächlich durch wesentlich mehr Zähne, die beweglich im Kiefer sitzen, an der Spitze etwas eingebogen sind und seitlich Zähnchen
aufweisen. Sie sind nicht nur in der Lage, am Boden festgewachsene Algen abzuschaben, sondern können auch den feinen Film von Detritus und einzelligen Algen von der Oberfläche toter Korallen, Felsen, Algen und Seegräser abschöpfen und einsaugen. Wenn dieser Film sehr hohe Konzentrationen an blaugrünen Algen enthält, reichert sich deren Gift (Ciguatoxin) in den Doktorfischen an und dieses kann bei Genuß die Ciguatera-Krankheit hervorrufen.

C. strigosus, Hawaii

Ctenochaetus strigosus von den Malediven

Ctenochaetus binotatus RANDALL, 1955
Zweipunkt-Borstenzahn Doktorfisch

Vork.: Indo-Pazifik; von Ostafrika bis Tuamotu, im Norden bis Japan, im Süden bis zum südlichen Barriere-Riff. In 10 bis 50 m Tiefe.
GU: Nicht bekannt.
Soz.Verh./Vgs.: *C. binotatus* lebt einzeln oder paarweise hauptsächlich über Schutt oder korallenbestandenen Flächen von tiefen Lagunen, aber auch an Außenriffen.
Hält.B.: Benötigt genügend Bewegungsraum, viel Licht, Versteck- und Ruheplätze, sowie eine leichte Strömung.
Licht: Sonnenlichtzone.
ZU/Verm.: Nicht bekannt.
FU: H; er benötigt ein Becken, das einen feinen Algenbelag aufweist; dieser wird besonders von den Glasscheiben unermüdlich abgeweidet. Detritus und Futterreste werden vom Boden aufgesaugt.
Bes.: Als besondere Kennzeichen besitzt *C. binotatus* an der rückwärtigen Basis der Rücken- und Afterflosse je einen schwarzen Punkt, sowie einen blauen Ring um das Auge.

T: 24-26°C, **L**: bis 15 cm, **BL**: ab 120 cm, **WB**: I, **WR**: u,m, **BS**: 2, **SG**: 3.

Ctenochaetus binotatus

Ctenochaetus hawaiiensis RANDALL, 1955
Chevron-Borstenzahn Doktorfisch

Vork.: Zentral-Pazifik, im Gebiet der sogenannten Pazifischen Platte von Australien bis Hawaii und zu den Marquesas. In 5 bis 40 m Tiefe. **GU**: Keine.
Soz.Verh./Vgs.: *C. hawaiiensis* ist selten und wurde bisher fast immer nur einzeln an tiefen Außenriffen gesehen. Lediglich vor Pagan wurden kleine Gruppen über seichten Basaltblöcken in einem etwas geschützten Gebiet gefunden.
Hält.B.: Dieser seltene Einzelgänger ist unverträglich und nur von Hawaii zu bekommen. Er benötigt weniger Korallenriff-Aquarien, sondern eher Felsformationen mit Klüften und Verstecken.
Licht: Sonnenlichtzone. **ZU/Verm.**: Unbekannt.
FU: H; es gibt sehr wenige Erfahrungen mit der Haltung dieses Tieres. Es ernährt sich wie die verwandten Arten hauptsächlich von feinen Algen, die es besonders von den Scheiben und Boden absaugt, geht aber auch an Flockenfutter.
Bes.: Die Jungfische von *C. hawaiiensis* sind sehr verschieden von den Alten: Sie haben nicht nur einen höheren Körper, auch ihr Farbkleid mit dem arttypischen Fischgrätenmuster ist äußerst spektakulär. Die Alttiere erscheinen aus einiger Entfernung einheitlich schwarz; erst aus der Nähe kann man die dunkelgrüne Längsstreifung erkennen.

T:25-27°C, **L**: 25 cm, **BL**: ab 150 cm, **WB**: I, **WR**: u,m, **BS**: 3-4, **SG**: 3-4.

Ctenochaetus hawaiiensis, adult

Ctenochaetus binotatus

Ctenochaetus hawaiiensis, juvenil

Ctenochaetus strigosus im Aquarium

Ctenochaetus strigosus (BENNET, 1828)
Goldring-Borstenzahn Doktorfisch

Vork.: Indo-Pazifik, von Ostafrika (nicht im Roten Meer) bis nach Hawaii. In 10 bis 45 m Tiefe.
GU: Keine bekannt.
Soz.Verh./Vgs.: Lebt einzeln oder paarweise; selten in Gruppen, in tiefen Lagunen und an Außenriffen, im Gegensatz zu *C. binotatus*, stets an Plätzen mit reichlich Korallenbewuchs.
Hält.B.: Bei genügendem Algenaufwuchs ist *C. strigosus* relativ leicht zu halten. Er soll sogar verträglich sein und in kleinen Gruppen gehalten werden können. Manche Aquarianer hingegen bezeichnen ihn als äußerst hinfälligen Pflegling, der schwer ans Futter zu bringen ist.
Licht: Sonnenlichtzone.
ZU/Verm.: Im Gegensatz zu den meisten anderen Doktorfischen, die in Gruppen ablaichen, wurde diese Art beim paarweisen Laichen beobachtet.
FU: H; *C. strigosus* ist, um gesund zubleiben, auf große Mengen feinster Algen angewiesen, geht aber auch an tierische Kost und Flockenfutter.
Bes.: *A. strigosus* ist in seiner Färbung sehr variabel: Nicht nur die Jungform unterscheidet sich durch ein goldgelbes Farbkleid, von dem im Alter nur ein goldener Ring um das Auge übrigbleibt, sondern auch die erwachsenen Tiere weisen große geographische Unterschiede auf. So haben z.B. nur die pazifischen Tiere ausgezogene Schwanzflossen und einen blau längsgestreiften Körper (ähnlich *C. striatus*). Polynesischen Exemplaren wiederum fehlt der gelbe Augenring und die Schwanzflosse ist weiß.

T: 21-27°C, **L**: 18 cm, **BL**: ab 120 cm, **WB**: I, **WR**: u,m, **BS**: 2, **SG**: 3-4.

Ctenochaetus strigosus, juvenil

Ctenochaetus strigosus, adult

Fam.: Acanthuridae

Ctenochaetus striatus (QUOY & GAIMARD, 1824)
Gestreifter Borstenzahn Doktorfisch

Vork.: Indo-Pazifik; vom Roten Meer bis Tuamotu, Japan und zum südlichen Bariere-Riff. In 3 bis 30 m Tiefe.
GU: Keine.
Soz.Verh./Vgs.: *C. striatus* lebt einzeln, in kleinen aber auch großen Gruppen (insbesondere zur Laichzeit), auch gemischt mit anderen Arten über Korallen, Felsen oder Korallenschutt von Riffterrassen, Lagunen und Außenriffen.
Hält.B.: Wenn man ein Becken entsprechender Größe (mindestens 1 m lang) mit Felsriffen und zahlreichen Löchern darin als Versteckmöglichkeiten anbietet, kann diese Art jung auch in kleinen Gruppen gehalten werden. Es besteht allerdings die Gefahr, daß das stärkste Tier nach und nach die Zahl der Artgenossen durch tödliche Dolchstöße dezimiert.
Licht: Sonnenlichtzone.
ZU/Verm.: Die Fortpflanzung im Meer erfolgt in teils riesigen Gruppen besonders dort, wo Strömungen ins freie Meer hinausziehen, wie an den Mündungen von Kanälen aus Lagunen.
FU: H; *C.striatus* saugt den feinen Überzug an Diatomeen und giftigen Blaualgen vom Boden ab und ist daher eine der wenigen pflanzenfressenden Arten, die giftig (ciguatera-toxisch) sein können und ein wichtiges Schlüsselglied in der Ciguatera-Nahrungskette darstellen. Im Aquarium weidet er den feinen Algenbestand ab und geht auch an alle Arten
von Ersatzfutter.
Bes.: Die Jungfische sind wunderschön gefärbt, doch die brillianten Farben verblassen schon nach wenigen Wochen, wenn der Fisch 5 cm Länge erreicht hat. Gelegentlich gibt es rein gelbe (xanthonische), rein weiße (albinistische) oder schwarze (melanistische) Tiere.

T:24-28°C, **L:** 22 cm, **BL:** ab 150 cm, **WB:** I, **WR:** u,m, **BS:** 1, **SG:** 2-3.

Ctenochaetus striatus, Frontansicht

Ctenochaetus striatus, adult

Ctenochaetus striatus, juvenil

Ctenochaetus striatus, subadult

Ctenochaetus tominiensis RANDALL,1955
Tomini-Borstenzahn Doktorfisch

Vork.: Indo-Australischer Archipel, von Bali bis zu den Philippinen, Mikronesien und den Salomon-Inseln. In 3 bis 25 m Tiefe.
GU: Keine.
Soz.Verh./Vgs.: *C. tominiensis* kommt einzeln oder in kleinen Gruppen an steilen, reichlich mit Korallen bestandenen Riffabfällen geschützter Buchten vor.
Hält.B.: Als lebhafter Schwimmer, Einzelgänger und wenig friedlicher Fisch ist *C. tominiensis* als eher schwieriger Aquarieninsasse zu bewerten, der ein großes Becken mit wenig belastetem Wasser und robusten Mitbewohnern benötigt.
Licht: Sonnenlichtzone.
ZU/Verm.: Nicht bekannt.
FU: H; er saugt wie die anderen Ctenochaeten Algen ab, frißt jedoch im Aquariumauch tierische Kost und Flockenfutter.
Bes.: Neben der lebhaften Färbung ist *C. tominiensis* die einzige Art der Gattung *Ctenochaetus*, die spitzwinklige Rücken- und Afterflossen besitzt; bei allen anderen sind diese abgerundet.

T:24-27°C, **L**: 12 cm, **BL**: ab 90 cm,
WB: I, **WR**: u,m, **BS**: 4, **SG**: 3-4.

Ctenochaetus tominiensis, adult

Ctenochaetus tominiensis, juvenil

Gattung *Paracanthurus* BLEEKER, 1863

Sie ist die kleinste Gattung der Doktorfischfamilie, denn sie hat nur eine Art. Trotzdem ist diese Art, *Paracanthurus hepatus*, weit verbreitet, denn sie reicht von Ostafrika bis Japan und Samoa im Pazifik. Der Palettendoktor lebt gern versteckt in Korallenstöcken (*Pocillopora eydouxi*), zwischen deren Ästen er Schutz sucht. Denn er lebt gefährdeter als andere Doktorfische, weil er weit über dem Meeresboden im freien Wasser nach Plankton jagt. Im Aquarium behält diese Art ihre hektische Schwimmweise bei. Sie kann in kleinen Gruppen, sogar bis zu 10 Tieren gepflegt werden, wenn man sie nur gleichzeitig und von gleicher Größe einsetzt. Natürlich sollte das Meerwasserbecken unter diesen Voraussetzungen mindestens 400 l beinhalten.

Paracanthurus hepatus

Fischgesellschafts-Aquarium mit mehreren *Paracanthurus hepatus*.

Paracanthurus hepatus LINNAEUS, 1766
Paletten Doktorfisch

Vork.: Indo-Pazifik, von Ostafrika bis nach Japan, zum südlichen Barriere-Riff und zu den Line-Inseln südlich von Hawaii. In 10 bis 40 m Tiefe.
GU: Keine.
Soz.Verh./Vgs.: *P. hepatus* bewohnt klare, strömungsreiche Außenriff-Terrassen. Jungfische leben bis zur Geschlechtsreife in Gruppen freischwimmend 1 bis 2 m über isolierten Stöcken der Koralle *Pocillopora eydouxi* und fangen dort Zooplankton. Bei Gefahr flüchten sie in den Korallenstock und schmiegen sich eng an dessen Zweige. Adulte Tiere sind Einzelgänger.
Hält.B.: Jungtiere benötigen Verstecke, die zumindest denen in der Koralle *P. eydouxi* ähneln und können dann auch in Gruppen gehalten werden. Sie benötigen viel Licht, sehr sauberes Wasser und etwas Strömung. Sie sind empfindlich gegen Ektoparasiten. Erwachsene Tiere pflegt man besser alleine; sie können jahrelang aushalten, solange man ihnen genügend Algennahrung bietet.
Licht: Sonnenlichtzone. **ZU/Verm.**: Nicht bekannt.
FU: O; die Tiere fressen im Meer Zooplankton, nehmen im Aquarium lebende Kleingarnelen wie *Mysis* , aber auch jedes andere wirbelnde Futter wie Enchyträen, Grindalwürmchen und Flockenfutter an. Daneben werden Algen und Kopfsalat gefressen.
Bes.: *P. hepatus* ist ein relativ seltener Fisch, der nur an wenigen bestimmten Stellen, die seinen Ansprüchen gerecht werden, vorkommt. Da er aber ein farbenprächtiger und in seiner Jugend gut zu haltender Aquarienfisch ist, wird er stark verfolgt. Die Fänger dieses leicht zu erbeutenden Fisches sollten sich darauf beschränken, nicht den gesamten Bestand eines Korallenstockes wegzufangen, sondern stets ein paar Tiere übrig lassen!

T: 24-26°C, **L**: 30 cm, **BL**: ab 80 cm (juv.) 150 cm (adult), **WB**: l,m, **WR**: u-o, **BS**: 2, **SG**:2-3.

Gattung *Zebrasoma* SWAINSON, 1839

Die sieben Arten der Gattung der Segelflossendoktorfische findet man in allen Meeren der Erde ausgenommen den Atlantik. Zweisamkeit ist in ihrem natürlichen Lebensraum angesagt. Sehr selten trifft man sie in kleinen Gruppen bis zu sechs Tieren. Auch sie leben von benthischen (festwachsenden) Algen und zupfen von morgens bis abends, weite Strecken im lichtdurchfluteten Riff zurücklegend. Diese Schwimmfreudigkeit behalten sie auch im Aquarium bei, so daß man *Zebrasoma*-Doktoren geräumige Aquarien nicht unter 300 Liter anbieten sollte. Sie schwimmen eher bedächtig und stellen bei Gefahr die segelartig ausgezogenen Rücken- und Afterflossen auf. Besonders junge Segelflossen-Doktoren wirken mit aufgestellten Flossen doppelt so groß wie sie wirklich sind. Das Maul ist dicklippig und steht im Vergleich zu den anderen Gattungen weit vom Kopfmittelpunkt ab.
Zebrasoma-Doktoren sind für ihre "Härte" bekannt, d.h., sie passen sich auch ungünstigen Aquarienverhältnissen an.

Schule von *Zebrasoma flavescens*

Z. desjardinii unterscheidet sich rein körperlich überhaupt nicht von *Z. veliferum*; seine Färbung ist jedoch, besonders im Alter, völlig anders. Während die Jungtiere beider Arten größtenteils schwarz-weiß quergestreift sind, mit einer wunderschönen Musterung auf den riesigen Rücken- und Afterflossen, verschwindet diese konstrastreiche Zeichnung bei *Z. desjardinii* im Alter und es bleiben auf einem dunkel erscheinenden Körper nur helle Punkte, Punktreihen oder feine Striche übrig. Bei *Z. veliferum* bleibt jedoch die attraktive Querstreifung bis ins Alter erhalten (siehe Seite 748).

Die beiden Bilder dieser Seiten dokumentieren deutlich die Unterschiede zwischen juvenilen und erwachsenen Tieren von *Z. desjardinii*: Die Rücken- und Afterflosse sind bei den Jungtieren im Verhältnis größer als bei den Erwachsenen und weisen ebenso wie der Körper eine attraktive Streifung und Musterung auf. Die erwachsenen Tiere wirken eher dunkel und ihre schöne Zeichnung sieht man erst aus allernächster Nähe. Sie besteht nur noch aus winzigen weißen oder gelblich-braunen Punkten, die besonders an Kopf und Bauch deutlich hervortreten und an der Schnauze und hinter dem Auge sehr dicht stehen und auch eine Streifenform vortäuschen. Am Rücken findet man nur noch sehr feine helle Streifen und die Muster in der Rükken- und Afterflosse beschränken sich auf verschiedene Brauntöne.

Zebrasoma desjardinii, adult, Malediven

Zebrasoma desjardinii, subadult, Rotes Meer

Zebrasoma desjardinii, juvenil

Zebrasoma desjardinii (BENNETT,1835)
Westlicher Segelflossen Doktorfisch

Vork.: Rotes Meer und Westlicher Indischer Ozean. In 2 bis 30 m Tiefe.
GU: Keine.
Soz.Verh./Vgs.: Jungtiere kommen einzeln zwischen Fels und Korallen in geschützten Buchten aber auch an bewegten Stellen vor. Erwachsene ziehen meist paarweise umher.
Hält.B.: *Z. desjardinii* ist ein lebhafter Schwimmer, der ein großes Becken benötigt mit viel Licht, etwas Strömung und möglichst unbelastetem Wasser.
Licht: Sonnenlichtzone.
ZU/Verm.: Nicht bekannt; paarweises Ablaichen wurde beobachtet.
FU: H; *Z. desjardinii* ist in der Natur reiner Pflanzenfresser und entwickelt sich im Aquarium bei Vorhandensein von genügend Grünfutter zu einem richtigen Dauerfresser. Man achte darauf, nur gut genährte Tiere (5-8 cm) zu kaufen, denn nur solche lassen sich gut eingewöhnen und halten dann auch jahrelang. Erwachsene Tiere schaffen die Umstellung
auf die Aquarienhaltung meistens nicht.
Bes.: Diese Art wurde früher zu *Z. veliferum* gezählt, unterscheidet sich jedoch durch die Altersfärbung und eine geringere Zahl von Weichstrahlen der Rücken- und Afterflossen. Je nach Autor gibt es demnach zwei geographische Arten: Eine westliche *Z. desjardinii* und eine östliche *Z. veliferum*. Bei Erregung werden die riesigen Rücken- und Afterflossen, die etwas die gleiche Fläche wie der Körper einnehmen und besonders beim Jungtier wunderschöne Farb- und Musterzeichnungen aufweisen, weit abgespreizt.

T: 24-28°C, **L:** 40 cm, **BL:** ab 150 cm, **WB:** I, **WR:** u,m, **BS:** 2, **SG:** 3.

Zebrasoma flavescens (BENNETT, 1828)
Zitronen-Segelflossen-Doktorfisch

Vork.: Pazifische Platte, nördlich des Äquators von Japan bis Hawaii. In 3 bis 46 m Tiefe.
GU: Keine.
Soz.Verh./Vgs.: *Z. flavescens* lebt einzeln, paarweise, manchmal in losen Gruppen von unterhalb der bewegten Brandungszone bis in etwa 50 m in dichten Korallenbeständen von Lagunen und Außenriffen.
Hält.B.: Wegen seiner Verträglichkeit gegenüber anderen Fischen und Niederen Tieren, seines langsamen Wachstums sowie seiner lebhaften Färbung ist *Z. flavescens* ein beliebter Aquarienfisch geworden, und wahrscheinlich der einzige *Zebrasoma*, der, wenn jung eingesetzt, mit Artgenossen zusammen gehalten werden kann.
Licht: Sonnenlichtzone.
ZU/Verm.: Die Tiere laichen in der Natur meist in Gruppen ab; es wurde aber auch eine Art von paarweisem Ablaichen beobachtet, wobei ein territoriales ♀ vorbeiziehende ♂♂ anbalzt und mit diesen jeweils einzeln ablaicht.
FU: H; *Z. flavescens* benötigt zu seinem Wohlbefinden sehr viel pflanzliche Nahrung, nicht nur in Form von Salat und Spinat, sondern vor allem fadenförmige Algen, die er vom Substrat abschabt. Wenn diese in ausreichendem Ausmaß zur Verfügung stehen, frißt er den ganzen Tag und sein gefüllter Bauch zeigt sein Wohlbefinden an. Ist dieser jedoch dünn wie ein Blatt Papier, so sind sofort Maßnahmen wie ein Umsetzen in ein algenreiches Becken angebracht. Daneben frißt er auch *Mysis*, Garnelen, *Tubifex*, Mückenlarven, Fischfleisch, Rinderherz, Futtertabletten usw.
Bes.: *Z. flavescens* ist **der** Exportfisch von Hawaii. Einer der härtesten (und hübschesten!) Doktoren. Es kann ihn fast nichts umbringen außer schlechten Wasserbedingungen. Wie hart er sein kann, schildert folgendes Erlebnis: Ohne ihn zuvor in ein Quarantänebecken zu tun, setzte ein befreundeter Aquarianer einen *Z. flavescens* in sein Fischgesellschaftsbecken von 800 l. Der Fisch hatte noch kein schützendes Versteck erreicht, als ein Altbewohner, der Weißkehl-Doktorfisch *A. leucosternon*, heranschoß und ihm mit seinem Dorn eine so tiefe Wunde verpaßte, daß aufgeschlitzte Därme aus der Körperseite heraushingen. An ein Herausfangen war nicht zu denken und so wurde der Zitronensegelflosser seinem Schicksal überlassen. 7 Tage fraß er nichts, schwamm aber oft aus seinem Versteck und wich anderen Angriffen aus. Mit der Nahrungsaufnahme begann er dann aus der Wunde heraus zu koten, die noch 3 Monate brauchte, um wieder zuzuwachsen. *Z. flavescens* hat in diesem Aquarium noch 5 weitere Jahre gelebt.

T: 24-28°C, **L**: 18 cm, **BL**: ab 100 cm, **WB**: l, **WR**: u,m, **BS**: 2, **SG**: 2.

Zebrasoma flavescens

Zebrasoma gemmatum (VALENCIENNES, 1835)
Mauritius Segelflossen-Doktorfisch, Punktierter Segelseebader

Vork.: Südwestlicher Indischer Ozean von der südostafrikanischen Küste (Durban, Sodwana Bucht) zu den Mascarenen nach Madagaskar und Mauritius. In 10 bis 60 m Tiefe.
GU: Keine.
Soz.Verh./Vgs.: *Z. gemmatum* ist ein seltener Einzelgänger, der meist Territorien besetzt. Er ist dennoch verträglich und mit Wirbellosen und sogar mit anderen Doktorfischen zu vergesellschaften.
Hält.B.: *Z. gemmatum* benötigt Verstecke und ist empfindlich gegen Krankheiten und Parasiten und daher als schwieriger Pflegling einzustufen.
Licht: Mittellichtzone.
ZU/Verm.: Nicht bekannt.
FU: H; er nimmt neben Algennahrung auch Flocken- und Gefrierfutter.
Bes.: *Z. gemmatum* ist äußerst selten und wird nur aus Mauritius importiert; - deshalb auch sein Name -, wo jährlich kaum mehr als 10 Exemplare gefangen werden. Der stolze Preis und die Rarität sind wohl Ursache dafür, daß keine Erfahrungen über die Haltung gemeinsam mit Artgenossen vorliegen. Sollte nicht importiert werden !

T: 24-28°C, **L**: 15 cm, **BL**: ab 120 cm, **WB**: I, **WR**: u, **BS**: 3, **SG**: 4.

Zebrasoma gemmatum

Zebrasoma rostratum (GÜNTHER, 1873)
Schwarzer Segelflossen-Doktorfisch

Vork.: Zentraler Pazifik, Gesellschafts-Inseln und Tuamotu. In 8 bis 35 m Tiefe.
GU: Keine.
Soz.Verh./Vgs.: Lebt im Meer einzeln oder paarweise an Korallenriffen und ist nur von wenigen Inseln bekannt.
Hält.B.: *Z. rostratum* ist verträglich gegenüber mitbewohnenden Fischen und Wirbellosen und daher für Gemeinschaftsbecken gut geeignet.
Licht: Sonnenlichtzone.
ZU/Verm.: Nicht bekannt.
FU: H; *Z. rostratum* frißt den Algenbelag von den Scheiben ab und zupft ihn mit Hilfe seiner langen Schnauze auch aus versteckten Winkeln, die anderen Fischen unzugänglich sind. Er entwickelt sich im Aquarium, wenn gut eingewöhnt, zum Allesfresser, der auch Lebend- Flocken- und Gefrierfutter annimmt.
Bes.: Die dunkle Färbung und die lang ausgezogene Schnauze machen *Z. rostratum* leicht erkennbar. Gewisse Ähnlichkeiten mit Falter- und Pinzettfischen, die ebenfalls ausgezogene Schnauzen besitzen, ließen auf eine ähnliche Ernährungsweise schließen; doch dem ist zum Glück nicht so. *Z. rostratum* frißt keine Korallenpolypen und Seeanemonen, sondern erweist sich als äußerst friedlicher Pflanzenfresser, der in den Gewohnheiten mit *Z. flavescens* verglichen werden kann. Sein dunkles Kleid läßt ihn nicht mit anderen farbenprächtigen Arten konkurrieren und so wird er weiterhin ein Aschenbrödel-Dasein fristen müssen. Nur wenn er sich wohlfühlt, zeigt er sein satt tiefschwarzes Kleid.

T: 23-28°C, **L**: 25 cm, **BL**: ab 150 cm, **WB**: I, **WR**: u,m, **BS**: 2-3, **SG**: 2-3.

Zebrasoma gemmatum

Zebrasoma rostratum

Zebrasoma scopas, adult

Zebrasoma scopas (CUVIER, 1829)
Weißdorn-Segelflossen-Doktorfisch

Vork.: Indo-Pazifik, von Ostafrika bis Japan und Tuamotu. In 1 bis 60 m Tiefe.
GU: Keine; die ♂ werden größer als die ♀.
Soz.Verh./Vgs.: *Z. scopas* lebt einzeln oder in Gruppen in reichlich mit Korallen bewachsenen Lagunen und an Außenriffen.
Hält.B.: Trotz seiner Ähnlichkeit mit *Z.flavescens* ist diese Art nicht so verträglich. Er besetzt ein Revier, das er, wenn es sein muß, auch mit dem Messer verteidigt. Bei entsprechender Größe des Beckens (ab 80 cm Länge) ist auch eine Vergesellschaftung mit Niederen Tieren und anderen Doktorfischen möglich.
Licht: Sonnenlichtzone.
ZU/Verm.: Nicht bekannt; im Meer erfolgt das Ablaichen in Paaren oder in Gruppen.
FU: H; er benötigt, ebenso wie *Z. flavescens*, neben tierischem, Flocken- und Trockenfutter vor allem pflanzliche Kost, die neben Kopfsalat und Spinat unbedingt fadenförmige Algen enthalten soll.
Bes.: Die Jungfische sind, wie bei den meisten Doktorfischen, bunter als die Erwachsenen. Da ihre Färbung viel Gelb, meist in Form feiner Linien und Punkte enthält, nahm man früher an, sie sei nur eine Farbvariante von *Z. flavescens*. Doch schon CUVIER erkannte vor mehr als 150 Jahren, daß es sich um eine eigene Art handelt, die allerdings in der Körperform *Z. flavescens* täuschend ähnelt. Die Erwachsenen kommen in zwei Farbtönen vor, grau und braun und wurden im Deutschen auch danach benannt. Um Verwechslungen zu vermeiden, sollte der weiße Schwanzdorn als gemeinsames Kennzeichen aller Farbvarianten im Namen verwendet werden.

T: 25-28°C, **L**: 17 cm, **BL**: ab 120 cm, **WB**: I, **WR**: u,m **BS**: 1, **SG**: 3.

Zebrasoma scopas, juvenil, Aquarienaufnahme

Zebrasoma scopas, Gelbe Form

Zebrasoma scopas, Mutation

Zebrasoma veliferum (BLOCH,1797)
Östlicher Segelflossen-Doktorfisch

Vork.: Pazifik, vom indonesisch-australischen Raum bis Japan und nach Hawaii und Tuamotu. In 5 bis 30 m Tiefe.
GU: Keine; aber die ♀ werden größer als die ♂.
Soz.Verh./Vgs.: Dieser Segelflossen-Doktorfisch wird sehr groß und lebt einzeln oder paarweise in Lagunen und an Außenriffen von der unteren Brandungszone abwärts.
Hält.B.: Jungfische sind relativ leicht einzugewöhnen, wachsen aber schnell und sind aggressiv gegenüber Artgenossen und Neuankömmlingen. Sie brauchen viel Bewegungsraum, also ein großes Becken mit Versteckmöglichkeiten und möglichst reines Wasser. Unter guten Bedingungen können sie jahrelang aushalten.
Licht: Sonnenlichtzone.
ZU/Verm.: Nicht bekannt; im Meer wurde paarweises Ablaichen beobachtet.
FU: H; wie *Z. desjardinii* ist auch *Z. veliferum* hauptsächlich Algenfresser, der dauernd an den Beständen im Aquarium herumzupft aber auch Salat, Trockenfutter und auch tierische Nahrung zu sich nimmt.
Bes.: *Z. veliferum* wurde früher häufig gehalten; die Importe kamen hauptsächlich aus Indonesien und von den Philippinen, ist aber derzeit etwas aus der Mode gekommen.Während sich bei *Z. desjardinii* die abwechselnd hell-dunkle Querstreifung mit zunehmendem Alter in helle Punktreihen auf dunklem Grund auflöst und das Tier zusehends unansehnlicher wird, bleibt bei *Z. veliferum* auch im Alter die Querstreifung weitgehend erhalten und macht ihn so zeitlebens zu einem attraktiven Aquarienbewohner.

T: 24-28°C, **L**: 40 cm, **BL**: ab 150 cm, **WB**: I, **WR**: u,m, **BS**: 1, **SG**: 3.

Zebrasoma veliferum intermedium

Zebrasoma veliferum, Kerama (Japan)

Zebrasoma veliferum, Großes Barriere-Riff

Zebrasoma xanthurum im Aquarium

Zebrasoma xanthurum (BLYTH, 1852)
Blauer Segelflossen-Doktorfisch

Vork.: Arabische Meere; ursprünglich nur aus dem Roten Meer bekannt, wurde er in den letzten Jahren rund um die Arabische Halbinsel, vom Roten Meer bis in den Persischen Golf gefunden. In 2 bis 20 m Tiefe.
GU: Keine.
Soz.Verh./Vgs.: Lebt meist einzeln, oft paarweise; rottet sich aber manchmal (wie etwa im südlichen Roten Meer) zu Schwärmen zusammen.
Hält.B.: *Z.xanthurum* macht, da er häufig zu groß importiert wird, Eingewöhnungsschwierigkeiten und ist wegen seiner Aggressivität gegenüber Mitbewohnern ein eher unangenehmer Pflegling und Raufbold. Es gehören schon viel Erfahrung und Fingerspitzengefühl dazu, ihn richtig zu vergesellschaften. Er erweist sich dann als robuster Pflegling, der jahrelang im Aquarium aushält.
Licht: Sonnenlichtzone.
ZU/Verm.: Nicht bekannt.
FU: O; wenn jung genug importiert, ist *Z.xanthurum* leicht einzugewöhnen. Am ehesten nimmt er Lebendfutter wie *Mysis* und kleine Garnelen. Später ist er mit Muschelfleisch, *Tubifex*, Mückenlarven, Enchyträen, aber auch Gefrier-, Flocken- und Trockenfutter gut zu ernähren, wobei pflanzliche Nahrung nur nebenbei aufgenommen wird.
Bes.: Nur wenn er sich wohlfühlt, zeigt *Z. xanthurum* seine dunkelblaue Körperfärbung und den kräftig gelben Schwanz, und erweist sich als flinker Dauerschwimmer, der viel Schwimmraum braucht. Bei Unwohlsein verblaßt der blaue Farbton ins Bräunliche und die Schwanzflosse wird schmutzig gelb-braun und seine Schwimmfreudigkeit läßt nach.Importtiere sollten zwischen 6 bis 10 cm Länge haben.

T: 24-28°C, **L**: 25 cm, **BL**: ab 150 cm, **WB**:**I** **WR**: u-o, **BS**: 2, **SG**: 3-4

Zebrasoma xanthurum im Riff

Zebrasoma xanthurum, Aquariumaufnahme

Zebrasoma xanthurum

Gattung *Naso* LACEPÈDE, 1802

Nur wenige Arten dieser Gattung sind für die Aquaristik geeignet, das in aller Deutlichkeit. Sie werden ganz einfach zu groß, was man auch aus den maximalen Längenangaben ersehen kann. Ihr gemeinsames Unterscheidungsmerkmal von anderen Doktoren sind zwei scharfe Klingen auf beiden Seiten der Schwanzwurzel, die fest im Körper verankert sind. Nur wenige Arten entwickeln ein mehr oder weniger langes Horn auf der Stirn, deshalb halte ich auch den Populärnamen "Einhornfisch" für die gesamte Gattung als wenig sinnvoll. Bei zwei Arten trägt nur das Männchen ein Horn oder eine kräftige Beule am Kopf. *Naso*-Doktoren können über einen Meter lang werden und schwimmen allgemein in großen Schulen, weil sie sich im freien Wasser von Zooplankton ernähren (H.D.).

Schule von *Naso*-Doktoren

Eine Ausnahme macht da die farbenprächtige Art, *Naso lituratus*, die selten im Schwarm, sondern nur paarweise angetroffen wird. Da das seltene Schwarmverhalten faszinierend ist, wird es hier ausführlich dokumentiert. Der Gelbklingen-Nasendoktor wird regelmäßig für den Zierfischhandel importiert. Er hat wie alle *Naso*-Doktoren eine spätlarvale Phase, die man Keris nennt. Sie ist hier abgebildet und zeigt den winzigen, zum Schutz mit Dornen übersähten *Naso lituratus*. Die für die Unterfamilie Acanthurinae zutreffende Acronurus-Phase sieht ähnlich aus. Jungfische der 16 *Naso*-Arten sind schwierig zu identifizieren, da ihre spätere Körperform inclusive Horn und ihre Färbung noch nicht ausgeprägt sind, und sie sich alle sehr ähneln.

Spätlarvale Phase von *Naso lituratus*

Naso lituratus, Hawaii

Naso annulatus (QUOY & GAIMARD, 1825)
Riesennasen Doktorfisch

Vork.: Indo-Pazifik, von Ostafrika nach Japan und zu den Lord Howe Inseln bis Hawaii, Tuamotu und Marquesas. In 25 bis 60m Tiefe.
GU: Keine.
Soz.Verh./Vgs.: Jungfische leben in Gruppen und bevorzugen das Seichtwasser von Lagunen; Erwachsene sind paar- oder gruppenweise selten oberhalb 25 m tief vor Außenriff-Abfällen anzutreffen.
Hält.B.: Nicht bekannt. **Licht**: Sonnenlichtzone.
ZU/Verm.: Unbekannt; vor Palau beobachtete man ein Ablaichen um Neu- und Vollmond am Riffabhang der inneren Ecke des Barriere -Riffs.
FU: C; er frißt hauptsächlich Zooplankton, das er aus dem freien Wasser aufschnappt.
Bes.: *N. annulatus* ähnelt im Jugendstadium *N. brevirostris*; sein Horn setzt aber weiter hinten am flacheren Kopf an. Normalerweise bekommt man nur Exemplare wie das hier abgebildete zu Gesicht, mit einem kurzen Hornansatz, und das noch mit 30 bis 40 cm Länge. Erst später, ab ca. 50 cm Länge, bildet sich ein längeres Horn aus, das schließlich die Schnauze weit überragen kann, ja manchmal mehr als 10 cm vorsteht. Die Zusammengehörigkeit von Jung- und Altform hat man erst nach 1960 herausgefunden, denn bis dahin waren die langnasigen Erwachsenen für eine eigene Art (*N. herrei*) gehalten worden, von der man jedoch nie ein Tier unter einem halben Meter Länge gefunden hatte.

T: 24-28°C, **L**: 100 cm, **BL**: ab 300 cm, **WB**: l, **WR**: u, **BS**: 3-4, **SG**: 4.

Kein Aquariumfisch

Naso brachycentron (VALENCIENNES, 1835)
Buckel-Nasen Doktorfisch

Vork.:Indo-Pazifik; von Ostafrika zum zentralen Pazifik, nach Japan und zu den Marquesas und den Gesellschaftsinseln. In 2 bis 20 m Tiefe.
GU: Männliche und weibliche Tiere sind verschieden. Während die ♂♂ ein großes, die Schnauze überragendes Horn ausbilden, besitzen die ♀♀ keines, bilden jedoch vor dem Auge eine kleine Beule aus; auch ihr Körper ist ein wenig tiefer gebaut.
Soz.Verh./Vgs.: *N.brachycentron* kommt regelmäßig, aber nicht häufig paarweise oder in kleinen Gruppen im Seichtwasser vor Kanten von Lagunenriffen, besonders in der Nähe von großen, pilzartigen Korallenblöcken, die genügend Unterstand bieten, vor.
Hält.B.: Wächst zu schnell und wird zu groß für Heimaquarien.
Licht: Sonnenlichtzone.
ZU/Verm.: Nicht bekannt.
FU: C; frißt Zooplankton aus dem freien Wasser.
Bes.: In manchen Stadien und in der Färbung ähnelt *N. brachycentron* manchmal *N. unicornis*, ist jedoch ab 15 bis 20 cm Länge gut zu unterscheiden, da er ab dieser Größe einen regelrechten Buckel am vorderen Rücken ausbildet. Es sieht so aus, als hätte das Tier eine Rückgratverkrümmung, doch es ist nur ein "Fettpolster", der mit der Geschlechtsreife noch an Größe zunimmt. Gleichzeitig wachsen auch die Enden der Schwanzflossen in lange Filamente aus.

T: 25-28°C, **L**: 90 cm, **BL**: ab 300 cm, **WB**: l, **WR**: m,o, **BS**: 3-4, **SG**: 4.

Kein Aquariumfisch

Naso annulatus

Naso brachycentron ♂

Fam.: Acanthuridae

Naso brevirostris (VALENCIENNES,1835)
Langnasen Doktorfisch

Vork.: Indo-Pazifik; vom Roten Meer nach Japan und zu den Lord Howe Inseln bis Hawaiï und zu den Marquesas und Ducie-Inseln. In 4 bis 46 m Tiefe.
GU: Keine.
Soz.Verh./Vgs.: *N. brevirostris* lebt einzeln oder paarweise, meist aber in losen Gruppen und bevorzugt mittlere Wassertiefen vor steil abfallenden Lagunen- und Außenriffen.
Hält.B.: Um erwachsen werden und ein Horn ausbilden zu können, benötigt *N. brevirostris* sehr viel Schwimmraum, also ein möglichst großes Becken, in dem er bedächtig seine Kreise ziehen kann. Einmal eingewöhnt, kann er sich jahrelang halten, bleibt jedoch auf große Schaubecken beschränkt.
Licht: Sonnenlichtzone.
ZU/Verm.: Nicht bekannt; im Meer wurde paarweises Ablaichen beobachtet.
FU: juv H, adult O; junge und halberwachsene Tiere fressen vom Untergrund hauptsächlich Algen, Erwachsene schnappen im freien Wasser nach Zooplankton. Am ehesten bringt man die heiklen Tiere mit Algen, *Mysis* und Grindalwürmchen zum Fressen; trotzdem bleibt ihre Pflege eine reine Glückssache.
Bes.: Die Jungtiere haben noch kein Horn, dieses wächst erst ab etwa 15 bis 20 cm Länge und diese Ausmaße erreichen in zu kleinen Aquarien gehaltene Tiere kaum. Erst große Tiere von einem halben Meter Länge und mit einem weit über das Maul reichenden Horn sind eine richtige Augenweide.

T: 24-28°C, **L:** 60 cm, **BL:** ab 250 cm, **WB:** l, **WR:** u, **BS:** 3, **SG:** 4

In Schau-Aquarien sieht man manchmal *Naso brevirostris*. Beide Geschlechtspartner tragen das typische Nashorn, sind also äußerlich nicht unterscheidbar. Paarablaichen ist von Kurzschnauzen-Nashornfischen bekannt. (*Naso unicornis*)Im Jugendstadium von ca. 15 cm Länge sieht man nur einen Nasenansatz, das Tier ähnelt dann *N. annulatus*, unterscheidet sich jedoch durch das näher am Mund, direkt darüber ansetzende Horn. Das Horn von *N. annulatus* liegt etwas weiter hinten und läßt einen größeren Zwischenraum zum Mund frei, außerdem ist die Färbung sehr unterschiedlich.

Naso brevirostris im Schauaquarium

Naso brevirostris im Freiwasser

Naso hexacanthus (BLEEKER, 1855)
Blauklingen-Nasendoktorfisch

Vork.: Indo-Pazifik, vom Roten Meer nach Japan und zu den Lord Howe Inseln bis Hawaii, zu den Marquesas und den Ducie-Inseln. In 10 bis 137m Tiefe.
GU: Keine.
Soz.Verh./Vgs.: Lebt meist in Schwärmen vor steil abfallenden Riffen.
Hält.B.: Dieser große, rastlose Schwimmer ist höchstens als Jungfisch für kurze Zeit für die Haltung im Aquarium geeignet.
Licht: Sonnen- und Mittellichtzone.
ZU/Verm.: Nicht bekannt.
FU: O; frißt im Meer größeres Zooplankton mit Krabbenlarven, Pfeilwürmern, Salpen usw. aber auch fadenförmige Algen.
Bes.: Männliche und weibliche Tiere bleiben zeitlebens hornlos. Balzende ♂♂ können einen großen blaßblauen Fleck an Kopf und Nacken "aufleuchten" lassen sowie blaue Striche und Punkte an den Seiten.

T: 25-28°C, **L**: 75 cm, **BL**: ab 250 cm, **WB**: I, **WR**: u,m, **BS**: 3-4, **SG**: 3-4.

Naso hexacanthus

Naso lituratus (BLOCH & SCHNEIDER, 1801)
Gelbklingen-Nasendoktorfisch, Kuhkopffisch

Vork.: Indo-Pazifik, vom Roten Meer bis Japan, Neu-Caledonien, Hawaii, Marquesas und Tuamotu. In 5 bis 90 m Tiefe.
GU: Keine.
Soz.Verh./Vgs.: *N. lituratus* lebt einzeln, paarweise und seltener in Gruppen oder Schwärmen über Korallenfels oder Schutt in Lagunen und an Außenriffen von der unteren Brandungszone abwärts.
Hält.B.: *Naso lituratus* benötigt viel Schwimmraum und einen beschatteten Unterstand wie etwa eine Tischkoralle. Einmal eingewöhnt ist er ziemlich friedfertig und hält jahrelang.
Licht: Sonnenlichtzone.
ZU/Verm.: Nicht bekannt; im Meer wurde paarweises Ablaichen beobachtet.
FU: H; *N. lituratus* frißt im Meer hauptsächlich blättrige Braunalgen wie *Sargassum* und *Dictyota*. Im Aquarium macht er Eingewöhnungsschwierigkeiten und ist am ehesten mit feinem Treibhaussalat ans Futter zu bringen. Später frißt er auch *Mysis*, Mückenlarven, *Tubifex*, Muschelfleisch und gefriergetrocknetes Schwebefutter.
Bes.: *N. lituratus* ist ein auffälliger, schöner Nasendoktorfisch; die leuchtend orangefarbenen Schwanzdorne verraten jedoch seine Zugehörigkeit zu dieser Gattung. Jungtiere werden besonders von Hawaii importiert. Die Population des Pazifischen Ozeans weicht in der Färbung etwas von der des Indischen Ozeans ab. Ihre Rückenflosse ist größtenteils schwarz.

T: 24-26°C, **L**: 50 cm, **BL**: ab 200 cm, **WB**: I, **WR**: u,m, **BS**: 1-2, **SG**: 3-4.

Naso hexacanthus

Naso lituratus

Naso thynnoides (VALENCIENNES, 1835)
Einmesser-Nasendoktorfisch

Vork.: Indo-West-Pazifik; von Ostafrika zu den Philippinen und nach Japan. In 20 bis 100 m Tiefe. **GU:** Keine.
Soz.Verh./Vgs.: *N. thynnoides* lebt in dichten Schwärmen über tieferen Korallenbänken und an Außenriffen und wird nur selten gesehen.
Hält.B.: Nicht bekannt; als Schwarmfisch wäre *N. thynnoides* sicherlich gut zu halten. Er wäre auch von der Größe her der bestgeeignete Nashornfisch, wird aber wegen seiner Seltenheit kaum gefangen.
Licht: Mittellichtzone. **ZU/Verm.:** Unbekannt.
FU: O; er frißt im Meer Algen, festsitzende Bodentiere und Zooplankton.
Bes.: *N. thynnoides* wurde früher einer eigenen Gattung, nämlich *Axinurus* zugezählt, da er im Gegensatz zu allen anderen Arten nur ein einziges Messer an der Schwanzwurzel besitzt, das nicht in eine Spitze endet, sondern nur wenig vorsteht und einen irregulären Kiel bildet. Neben dem einzelnen Messer sind dünne, senkrechte Linien am ganzen Körper und ein dunkler Fleck um das Auge typische Artmerkmale und unterscheiden den Fisch
vom zweiten, noch selteneren und ebenfalls nur mit einem Messer ausgestatteten ungemustert einfarbigen *N. (Axinurus) minor.*

T: 22-24°C, **L:** 35 cm, **BL:** ab 200 cm, **WB:** l, **WR:** u, **BS:** 4, **SG:** 3

Naso unicornis (FORSSKÅL, 1775)
Kurznasen Doktorfisch

Vork.: Indo-Pazifik, vom Roten Meer bis Japan, zu den Rapa-Inseln und nach Hawaii, Tuamotu und den Marquesas. In 5 bis 80 m Tiefe.
GU: Erwachsene ♂♂ haben meist ein besser entwickeltes Horn, stärkere Schwanzstacheln und länger ausgezogene Schwanzflossenfilamente als gleich große ♀♀.
Soz.Verh./Vgs.: *N. unicornis* kommt selten alleine, sondern meist in kleineren oder größeren Schwärmen vor, die an Innen- und Außenriffen sowie in Kanälen in meist seichtem, bewegtem Wasser umherziehen.
Hält.B.: Da er sehr bewegungsfreudig ist, braucht dieser Nashornfisch einen möglichst großen Schwimmraum und einige Unterstände. **Licht:** Sonnenlichtzone.
ZU/Verm.: Nicht bekannt; Ablaichen in Paaren am Rande von fressenden Schwärmen wurde besonders zu Neu- und Vollmond beobachtet.
FU: H; *N. unicornis* frißt im Meer hauptsächlich blättrige Braunalgen; im Aquarium ist er schwer an Ersatzfutter zu bringen, doch wenn dies gelingt, ist er jahrelang haltbar. Am ehesten gewöhnt er sich in ein stark veralgtes Becken ein, in dem er ständig umherziehen und den dichten Bestand an Algen mit seinen Raspelzähnen abschaben kann. Er frißt auch *Mysis*, Garnelen, Mückenlarven, Grindal, Enchyträen, *Tubifex*, Muschelfleisch u.v.a.
Bes.: *N. unicornis* ist erwachsen gut erkennbar an dem weit hinten an der Stirn ansetzenden Horn, das die Schnauzenspitze nicht überragt; es bildet sich ab ca. 15 cm Länge. Bis dahin ähnelt er anderen Arten wie *N. annulatus*.

T: 26-29°C, **L:** bis 60 cm, **BL:** ab 250 cm, **WB:** l, **WR:** u,m, **BS:** 1, **SG:** 3-4.

Naso unicornis

Naso unicornis

Naso thynnoides

Naso unicornis

Naso vlamingii (VALENCIENNES, 1835)
Vlamings Nasendoktorfisch

Vork.: Indo-Pazifik, von Ostafrika nach Japan, zum Großen Barriere Riff und nach Neu Caledonien bis zu den Line-Inseln, Tuamotu und Marquesas. In 1 bis 50 m Tiefe.
GU: Keine.
Soz.Verh./Vgs.: *N. vlamingii* lebt manchmal einzeln oder paarweise, bildet aber tagsüber häufig lose Gruppen und Schwärme vor steil abfallenden Lagunen- und Außenriffen. Er entfernt sich jedoch kaum mehr als 10 bis 20 m von diesen, sodaß er jederzeit in deren Schutz zurückkehren kann.
Hält.B.: Da der Fisch schnell wächst und sehr groß wird, ist er nur in entsprechend großen Becken zu halten und eher für Schau- als für Heimaquarien geeignet.
Licht: Sonnenlichtzone.
ZU/Verm.: Nicht bekannt.
FU: K; in freier Natur ist *N. vlamingii* ein Zooplankton-Fresser, der seine Beute im freien Wasser findet. Im Aquarium geht er relativ leicht an Ersatzfutter wie *Mysis*, Garnelen, Mückenklarven, Muschel- und Fischfleisch u.v.a., das er, wenn es frei im Wasser flottiert, gekonnt aufschnappt.
Bes.: Erwachsene Tiere entwickeln eine konvex gerundete auffällige Schnauze und vergrößerte Rücken- und Afterflossen. Sie haben zahlreiche blaue Streifen und Punkte, die bei balzenden ♂♂ blitzartig blau irisierend aufleuchten können. Dasselbe Verhalten zeigen sie auch wenn sie sich von Putzerfischen bearbeiten lassen. An Tauchbasen, wo Fische gefüttert werden, benimmt sich *N. vlamingii* sehr aufdringlich und kommt oft mit seinen kräftigen Messern gefährlich nahe an die Taucher heran.

T: 24-28°C, **L**: 70 cm, **BL**: ab 250 cm, **WB**: I, **WR**: u-o, **BS**: 3, **SG**: 3.

Die Nasendoktorfische laichen zumeist in Paaren im freien Wasser (pelagisch) ab. Beim Balzspiel färben die Männchen blitzschnell zumindest Teile ihres Körpers hell (z.B. hellblau) ein, so auch *Naso vlamingii*, um dem Weibchen zu imponieren. Dasselbe Farbenspiel zeigen die Tiere auch, wenn sie Konkurrenten anzeigen wollen, daß sie der "Herr im Haus" sind und bei jeder anderen Gelegenheit, die ihnen "Ärger" bereitet. Die Färbung ist also eine Art Stimmungsbarometer und kann blitzschnell wechseln. Diese Farbe der Droh- und Balzgebärde kann plötzlich aufleuchten und im nächsten Augenblick wieder verschwinden. Begibt sich der Fisch zu einer Putzstation, so zeigt er dort seine Putzbereitschaft nicht nur durch entsprechende Körperhaltung und Abspreizen der Flossen an, sondern färbt sich am ganzen Körper hell stahlblau. Findet er den Putzvorgang für beendet oder wird er etwa durch Taucher gestört, so nimmt er wieder Normalfärbung an und schwimmt weg.

Naso vlamingli im Aquarium

Naso vlamingii, Malediven

Gattung *Prionurus* LACEPÈDE, 1804

Diese Gattung ist unter Tauchern und Aquarianern kaum bekannt, gehört aber auch zu den Doktorfischen. Im Unterschied zu den *Naso*-Doktoren haben *Prionurus*-Arten zumeist drei Kiele auf jeder Seite der Schwanzwurzel, manche sogar sechs. Man begegnet ihnen unter Wasser, wenn man den Bereich vom Golf von Kalifornien bis zu den Galapagos betaucht. Auch in den kühleren Gewässern Japans und Australiens leben einige der sechs bekannten Arten. *Prionurus*-Doktoren schwimmen in Gruppen, manchmal auch in großen Schulen zu Hunderten, wie man es bei *Prionurus laticlavius* um die Galapagos-Inseln gut beobachten kann.
Der Autor (H.D.) sah die ersten *Prionurus*-Doktoren in Schauaquarien an der Westküste der USA. Sicherlich stammten die in riesigen Becken friedlich zusammen schwimmenden *Prionurus punctatus* von etwa 30 cm Länge aus dem Golf von Kalifornien. Dieser elegante Doktorfisch wird in amerikanischen Zoohandlungen immer wieder gesehen, kommt aber nur in unregelmäßigen Abständen nach Europa, allerdings in einer brauchbaren Größe von 10 cm Länge. Aber damit sind wohl die *Prionurus*-Arten für den Liebhaber der Doktorfische erschöpft, da sie allgemein an Temperaturen über 22°C nicht zu gewöhnen sind. Dies beruht auf den kühlen Wassermassen, die der Humboldtstrom vom Süden bis Kalifornien heranführt.

Prionurus maculatus adult, Text siehe übernächste Seite

Prionurus laticlavius (VALENCIENNES,1846)
Galapagos Doktorfisch

Vork.: Ost-Pazifik, zwischen den Galapagos-Inseln und der Südamerikanischen Küste. In 3 bis 25 mTiefe.
GU: Keine.
Soz.Verh./Vgs.: *P.laticlavius* tritt meist in großen Herden auf, die besonders dort, wo großes Nahrungsangebot herrscht 200 und mehr Exemplare umfassen können.
Hält.B.: Dieser friedliche Fisch ist rasch einzugewöhnen und lange haltbar; Angaben von mehr als 10 Jahren Lebensdauer im Aquarium liegen vor.
Licht: Sonnenlichtzone.
ZU/Verm.: Nicht bekannt.
FU: K; *P. laticlavius* frißt im Meer Plankton aus dem freien Wasser. Ins Aquarium eingewöhnt ist er nicht wählerisch und frißt jeden Planktonersatz wie *Mysis* u.a. Garnelen, Grindal usw. aber auch wirbelndes Trockenfutter, Muschelfleisch usw.
Bes.: *P. laticlavius* ähnelt der im selben Gebiet vorkommenden Art *P. punctatus*, hat dieselbe Zahl von drei Messern jederseits an der Schwanzwurzel und eine ähnliche gelb gefärbte Schwanzflosse. Er ist jedoch durch das Fehlen von schwarzen Punkten an Kopf und Körper gut zu unterscheiden.

T: 12-15°C, L: 30 cm, BL: ab 200 cm, WB: l, WR: u,m, BS: 3-4, SG: 3.

Prionurus microlepidotus LACEPÈDE, 1804

Vork.: Südost-Australien, vom südlichen Barriere Riff südwärts.
GU: Keine.
Soz.Verh./Vgs.: Nicht bekannt.
Hält.B.: Unbekannt; der Fisch ist zu groß für Heimaquarien.
Licht: Tageslichtzone.
ZU/Verm.: Nicht bekannt.
FU: K; Frißt im Meer Zooplankton, insbesondere Garnelen aus dem freien Wasser; ist also mit entsprechendem Planktonersatz zu ernähren.
Bes.: *P. microlepidotus* besitzt meist je zehn Messer beiderseits des Schwanzstieles. Man liest immer wieder, daß es anfänglich weniger seien und immer mehr jeweils vor den anderen dazukämen; das stimmt aber nicht ganz. Schon an den Jungfischen kann man insgesamt je 10 Platten feststellen, 6 davon sind groß und auffällig und stehen in einer Reihe. Dahinter befinden sich jeweils zwei kleinere Platten schräg oberhalb und schräg unterhalb der Mitte angeordnet. Mit zunehmendem Alter entstehen nicht nur an den 6 Hauptplatten kräftige Messer, sondern die kleinen Dorne verbinden sich zu je einem schrägen Kiel. Ein 7. Hauptmesser (siehe Abb.) kann später noch hinzukommen. Auch die Körperform ändert sich mit dem Alter: der Fisch wird verhältnismäßig immer langgestreckter und über der Schnauze bildet sich eine kleine Beule. Dieser Doktorfisch ist bei uns nicht oder kaum im Handel, wird aber in Sydney angeboten. Jungtiere sind übrigens blau. Manche Autoren zählen diese Art fälschlicherweise zu *P. scalprus*, von der sie jedoch räumlich und durch wesentlich mehr Messer gut abgetrennt ist.

T: 15-20°C, **L**: 45 cm, **BL**: ab 250 cm, **WB**: l, **WR**: m, **BS**: 3-4, **SG**: 3.

Prionurus maculatus (OGILBY,1887)
Gefleckter Doktorfisch

Vork.: Südost-Australien und Lord Howe Inseln.
GU: Keine.
Soz.Verh./Vgs.: Unbekannt.
Hält.B.: Er benötigt viel Schwimmraum aber auch Verstecke wie Löcher und Höhlen, die er als reger Schwimmer elegant auszunützen weiß. Er ist friedlich seinen Mitbewohnern gegenüber.
Licht: Tageslichtzone.
ZU/Verm.: Nicht bekannt.
FU: O; *P. maculatus* frißt im Aquarium so ziemlich alles, was man ihm anbietet, von Krill und Miesmuscheln bis zu Rinderherz und -leber, Fischfleisch, Spinat, Algen und Futtertabletten, Pellets für Karpfen etc.
Bes.: *P. maculatus* entwickelt erst im Alter seine Kontrastfärbung zwischen Orange und Blau und ist dann wohl die attraktivste Art dieser Gattung. Er besitzt je drei, als niedrige Kiele ausgebildete Messer an der Schwanzwurzel, wobei das hintere Messer die größte Platte besitzt.

T: 20-24°C, **L**: 45 cm, **BL**: ab 300 cm, **WB**: l, **WR**: u,m, **BS**: 3-4, **SG**: 3.

Prionurus microlepidotus, Sydney (Australien)

Prionurus maculatus, subadult, Sydney (Australien), adultes Tier siehe Seite 766

Prionurus punctatus (GILL, 1862)
Punktierter Doktorfisch

Vork.: Ost-Pazifik, von Kalifornien bis El Salvador und zu den Revillagigedo-Inseln. In 5 bis 35 m Tiefe.
GU: Keine.
Soz.Verh./Vgs.: *P. punctatus* bildet im Meer lockere Verbände oder große Schwärme über veralgten Böden felsiger Riffe.
Hält.B.: Der Fisch benötigt viel Schwimmraum und algenbewachsene Felsen. Man hält ihn am besten in einem rein mit Fischen besetzten Gesellschaftsbecken.
Licht: Sonnenlichtzone.
ZU/Verm.: Nicht bekannt.
FU: H; *P. punctatus* frißt den Algenbelag vom festen Untergrund und hält so das Becken sauber; er geht aber auch an Ersatzfutter wie Garnelen u.v.a.
Bes.: Im Steinhart-Aquarium in San Francisco kann man diese Art gemeinsammit *P. laticlavus* in den großen Becken schwimmen sehen, wo sie z.T. schon seit mehr als 10 Jahren leben.Kopf und Körper von *P. punctatus* sind von dicht stehenden schwarzen Punkten überzogen, die auf grauem Grund liegen. Dies unterscheidet ihn neben der eher bodenlebenden Schwimmweise vom ähnlichen *P. latisclavius*, der auch eine gelbe Schwanzflosse und je drei Messer besitzt, aber eher im freien Wasser schwimmt. Jungfische können total gelb, ohne Punkte sein und färben sich innerhalb etwa einer Woche in das punktierte Alterskleid um, wobei dieser Wechsel nicht am ganzen Körper gleichzeitig erfolgt, sondern in senkrechten Streifen, sodaß man Übergangsformen mit noch gelben Streifen unterbrochen von grauen mit schwarzen Punkten finden kann.

T: 12-22°C, **L**: 35 cm, **BL**: ab 200 cm, **WB**: I, **WR**: u, **BS**: 3-4, **SG**: 3.

Aquariumaufnahme von *Prionurus punctatus*

Prionurus scalprus (CUVIER & VALENCIENNES, 1835)
Vielmesser Doktorfisch

Vork.: Nordwest-Pazifik zwischen China, Japan und den Philippinen. In 2 bis 20 m Tiefe.
GU: Keine.
Soz.Verh./Vgs.: *P. scalprus* lebt einzeln, in kleinen Gruppen oder Schwärmen an Küstenriffen.
Hält.B.: Das Tier ist zu groß für Heimaquarien und auch wegen seiner Ernährungsweise kaum zu halten.
Licht: Sonnenlichtzone.
ZU/Verm.: Unbekannt; in Japan ist die Laichzeit im Frühling.
FU: H; *P. scalprus* frißt im Meer hauptsächlich Kalkalgen, die man ihm im Aquarium kaum bieten kann. Die Fütterung ist daher äußerst problematisch.
Bes.: *P. scalprus* besitzt an beiden Seiten der Schwanzwurzel zumindest je 4 knöcherne Platten mit Messerkielen. Große Tiere können ein fünftes Messer vor den anderen bekommen. Er ist farblich eher unscheinbar, nur dunkle Punkte entlang der Seitenlinie und schwarze Messerplatten heben sich deutlich vom oliv-blau gefärbten Körper ab. Die deutliche Kennzeichnung der Messer wird als Warnfarbe gedeutet. *P. scalprus* ist bei uns nicht, in Japan manchmal im Handel. Diese Art wird häufig mit *P. microlepidotus* verwechselt, die es nur in Südost-Australien gibt.

T: 24-28°C, **L**: 40 cm, **BL**: ab 200 cm, **WB**: I, **WR**: u, **BS**: 3-4, **SG**: 4 (Kalkalgen).

Prionurus punctatus

Prionurus scalpus

Fam.: Siganidae

Über die Familie Siganidae

Der tropische Indopazifik beherbergt noch eine andere mit den Doktorfischen verwandte Familie, die der Kaninchenfische. Sie beschränkt sich aber auf knapp 30 Arten, die alle zu der Gattung *Siganus* gezählt werden. Kaninchenfische besiedeln den gleichen Lebensraum und ernähren sich auch wie die Doktorfische, indem sie von Flachriffen Algen abnagen oder in größeren Tiefen Manteltiere und Schwämme suchen. Die oft auffallend gelb gefärbten Fische sieht man überwiegend paarweise im Riff. Lediglich Jugendformen kommen in Gruppen, selten in Schwärmen vor. Es wurden auch schon gemischte Schulen von Kaninchen- und Doktorfischen gesehen.

Vier Arten in der Gattung *Siganus* tragen eine verlängerte Schnauze und wurden früher in der Gattung *Lo* zusammengefaßt. Da die sonstigen morphologischen Daten aber nicht zu einer Separierung reichen, bleiben diese beliebten Aquarienfische gemäß der letzten Revision weiterhin der Gattung *Siganus* zugeordnet. Interessant ist ein anderer Streit von Experten, der *Siganus vulpinus* und *Siganus unimaculatus* betrifft. Beide unterscheiden sich nur durch den schwarzen Punkt auf der Flanke der Tiere, stimmen aber morphologisch völlig überein. Konsequenterweise wird in der Revision von zwei guten Arten gesprochen, da sich alle Kaninchenfische morphologisch gleichen und nur andere Färbungen haben. Beide Fuchsgesichter kommen in verschiedenen Gebieten vor, überschneiden sich aber bei den Philippinen. Es soll jetzt untersucht werden, ob diese Arten miteinander ablaichen. Solange ein positives Ergebnis nicht vorliegt, wird der anderen These, daß das Fleckenfuchsgesicht *S. unimaculatus* ein Synonym von *S. vulpinus* sein soll, weiterhin nicht gefolgt.

Kaninchenfische haben Flossenstrahlen, die an ihrer Basis mit Giftdrüsen versehen sind. Das sei zur Warnung von Tauchern und Aquarianern gesagt, die beim Hantieren mit diesen Fischen (Fangen, Umsetzen) besser Arbeitshandschuhe anziehen sollten. Die passiven Stichwunden können extrem schmerzhaft sein und medikamentöse Behandlung erfordern. (Siehe auch Seite 788!)
Geschlechter sind bei Kaninchenfischen farblich nicht auseinander zu halten. Bei wenigen Arten ist das Weibchen etwas größer. Sie folgen ebenfalls dem Mondrhythmus beim Ablaichen und tun das wie die Doktorfische. Manche im Flachwasser zwischen Mongroven, andere wiederum im 20 m Tiefenbereich. Um Palau wurde beobachtet, daß sich alle Kaninchenfische der Art *Siganus canaliculatus* aus dieser Region zum Ablaichen in großen Scharen an einer bestimmten Stelle des Riffs treffen.

Einem Fuchsgesicht im Aquarium zuzusehen macht viel Freude. Leicht an jedes Ersatzfutter gewöhnt, ist er wie alle Kaninchenfische friedlich gegenüber anderen Mitbewohnern. Greift ihn ein anderer Fisch an, stellt er sich mit aufgestellten Rückenflossenstrahlen gegen den Gegner. Kommt der von hinten, beißt ihn das Fuchsgesicht auch mal mit der röhrenförmigen Schnauze, ohne Verletzungen zu verursachen. Meistens raspelt er mit den kleinen Zahnreihen unentwegt an den bei guter Beleuchtung wachsenden Grün- und Rotalgen im Aquarium. Das seit vier Jahren vom Autor (H.D.) gepflegte Tier hat die bisher ungeklärte Angewohnheit, mit der Schnauze aus dem Wasser zu reichen, Luft einzuziehen und diese dann am Bodengrund nach und nach als Luftperlen abzulassen.

Kaninchenfische haben ihren Populärnamen von der ausgesprochen mümmelnden Oberlippe. Sie schwimmen in der Regel paarweise im oberen Riffbereich. Manche Jungfische und einige Arten sind jedoch ausgesprochene Schwarmfische, die besonders im Flachwasser von Lagunen leben.

Siganus corallinus vom Großen Barriere-Riff

Fam.: Siganidae

Siganus vulpinus (SCHLEGEL & MÜLLER, 1844)
Fuchsgesicht

Vork.: Tropischer Südwest-Pazifik von Indonesien zum Südlichen Barriere-Riff bis Neu Caledonien und zu den Karolinen und Marshall Inseln. In 1 bis 30 m Tiefe.
GU: Keine.
Soz.Verh./Vgs.: *S. vulpinus* lebt einzeln oder paarweise an reichlich mit Korallen bewachsenen Lagunen- und Außenriffen. Junge und halberwachsene Tiere können gelegentlich in großen Schwärmen im Schutz von Geweihkorallen (*Acropora*) auftreten.
Hält. B.: Während Jungfische mit sehr wenig Platz auskommen, benötigen Erwachsene viel Schwimmraum sowie Fels- oder Korallenskelettbauten mit entsprechenden Versteckmöglichkeiten. *S. vulpinus* kann mit ähnlich wehrhaften Fischen wie Doktor- oder Nashornfischen vergesellschaftet werden. Da er auch aggressiv gegen Artgenossen wird, sollte er nur einzeln oder im Paar gehalten werden.
Licht: Sonnenlichtzone.
ZU/Verm.: Nicht bekannt.
FU: H,O; im Meer fressen die Jungfische während ihres korallenbezogenen Aufenthaltes hauptsächlich Algen, die sie von den abgestorbenen unteren Teilen der Zweige abweiden. Erwachsene fressen neben Algen auch Zooplankton. Im Aquarium geht *S. vulpinus* an das übliche Lebendfutter wie *Mysis*, Garnelen, Flohkrebse, Mückenlarven, Enchyträen aber auch an pflanzliche Nahrung wie Algen und Salat.
Bes.: Während früher für den gesamten Indopazifischen Raum nur eine einzige, sehr variable Art geführt wurde, spaltete man von dieser etwa vier Arten fast nur aufgrund von Farbunterschieden ab: *S. magnificus* von den Andamanen, *S. uspi* von den Fidji Inseln, eine noch nicht beschriebene Art von Tonga und *S. unimaculatus* aus dem Philippinisch-Japanischen Raum. Alle diese Tiere sind langschnauzig, was ganz unüblich in der Familie der Kaninchenfische ist. Wie alle Kaninchenfische besitzen sie giftige Flossenstacheln und zwar 13 in der Rückenflosse, 4 in der Bauch- und 7 in der Afterflosse. Sie sind also äußerst
wehrhafte Fische, die man nicht mit bloßen Händen anfassen sollte.

T: 26-28°C, L: 25 cm, BL: ab 120 cm, WB: I, WR: u,m, BS: 1, SG: 3.

Siganus unimaculatus (EVERMANN & SEALE, 1907)
Einfleckiges Fuchsgesicht

Vork.: Nordwestlicher Tropischer Pazifik, von den Philippinen bis Japan. In 1 bis 30m Tiefe.
GU: Keine.
Soz.Verh./Vgs.: Wie *S. vulpinus*.
Hält.B.: Wie *S. vulpinus*.
Licht: Tageslichtzone.
ZU/Verm.: Nicht bekannt.
FU: H; er frißt Algen und alle Arten von Lebendfutter.
Bes.: *S. unimaculatus* wird manchmal zu *S. vulpinus* als lokale Rasse gezählt und unterscheidet sich hauptsächlich durch einen großen, dunklen, rundlichen Fleck unterhalb der weichstrahligen Rückenflosse.

T: 26-28°C, L: 20 cm, BL: ab 120 cm, WB: I, WR: u,m, BS: 2, SG: 2-3.

Siganus vulpinus, Indonesien

Siganus unimaculatus, Aquariumaufnahme

Fam.: Siganidae

Siganus uspae (GAWEL & WOODLAND, 1974)
Braungelbes Fuchsgesicht

Vork.: Zentraler Pazifik, insbesondere um die Fiji Inseln. In 3 bis 30 m Tiefe.
GU: Keine.
Soz.Verh./Vgs.: Jungtiere leben meist in Schwärmen, Erwachsene einzeln oder paarweise.
Hält. B.: Siehe bei *S. vulpinus*.
Licht: Sonnenlichtzone.
ZU/Verm.: Nicht bekannt.
FU: H ; fast alle Arten pflanzlicher und tierischer Kost.
Bes.: *S. uspae* wurde früher zu *S. vulpinus* gezählt, jedoch 1974 hauptsächlich wegen seiner dunklen Körperfärbung davon abgetrennt.

T: 24-28°C, L: bis 20 cm, BL: ab 120 cm, WB: I, WR: u,m, BS: 3, SG: 3.

Siganus magnificus (BURGESS, 1977)
Andamanen Fuchsgesicht

Vork.: Östlicher Indischer Ozean, Andamanen, Christmas Island. In Tiefen von 3 bis 30 Metern.
GU: Keine.
Soz.Verh./Vgs.: Wie bei *S. vulpinus*.
Hält. B.: Wie *S. vulpinus*.
Licht: Tageslichtzone.
ZU/Verm.: Nicht bekannt.
FU: H; alle Arten pflanzlicher und tierischer Kost; auch Gefrier-und Flockenfutter.
Bes.: *S. magnificus* wurde früher wie alle vorher behandelten Arten zu *S. vulpinus* gezählt und erst 1977 aufgrund seiner Färbung abgetrennt.

T: 24-28°C, L: 20 cm, BL: ab 120 cm, WB: I, WR: u,m, BS: 3, SG: 3.

Wahrscheinlich kannte man die zumindest 4 Arten von Fuchsgesichtern schon früher,aber sie wurden alle gemeinsam unter dem Namen *S. (Lo) vulpinus* als eine einzige Art geführt. Konservierte Tiere aller Arten unterscheiden sich nämlich praktisch nicht, da ihre markante Färbung verschwindet und nur die zähl- und meßbaren (meristischen) Merkmale übrigbleiben und die sind bei allen gleich. Erst der Vergleich lebender Tiere machte in den Siebziger-Jahren eine Auftrennung der Arten möglich. Normalerweise würde man keine Tierart nur wegen ihrer Färbung alleine abtrennen. Da aber fast alle Kaninchenfische praktisch identisch sind und sich nur durch Färbungen unterscheiden, mußte auch für die Fuchsgesichter diese Unterscheidungsmöglichkeit gelten; außerdem brachte eine Computeranalyse sämtlicher Daten doch geringfügige Unterschiede, zumindest für *S. uspae* zutage. So gibt es jetzt zumindest vier geographische Arten, die bei anderen Fischfamilien höchstens als lokale Rassen oder Unterarten geführt würden. *S. unimaculatus* unterscheidet sich durch einen großen dunklen Fleck am Rücken. *S. uspae* besitzt einen weitgehend dunkel gefärbten Körper, der nur einen weißen Wangenstreifen übrigläßt. Bei *S. magnificus* ist nur die Rückenregion dunkel gefärbt, und diese verblaßt gegen den Bauch zu, bei manchen Tieren höher oben, bei anderen weiter unten.

Siganus uspae

Siganus magnificus

Fam.: Siganidae

Siganus argenteus (QUOY & GAIMARD, 1825)
Gabelschwanz Kaninchenfisch, Silber Kaninchenfisch

Vork.: Indo-Pazifik, vom Roten Meer nach Japan, zum südlichen Barriere-Riff bis zu den Marquesas und Tuamotu. In 1 bis 30 m Tiefe.
GU: Keine.
Soz.Verh./Vgs.: *S. argenteus* lebt meist in großen Schulen in Gebieten mit einem Mischgrund aus Korallen, Fels und Schutt in Lagunen und an Außenriffen.
Hält. B.: Er benötigt sehr viel Schwimmraum, ist aber verträglich und kann auch in kleinen Gruppen gehalten werden. Wegen seiner Größe ist er jedoch nur für Schauaquarien geeignet.
Licht: Sonnenlichtzone.
ZU/Verm.: Im Roten Meer laichen die Tiere paarweise oder in Gruppen um Neumond in den Monaten Juli/August ab. Die Eier und Larven sind frei schwimmend (pelagisch). Auf den Marianen-Inseln beobachtete man, daß das letzte Larvenstadium in großen "Ballen" auf der Riffterrasse erscheint (besonders im letzten Mondviertel des April und Mai) und sich innerhalb von drei Tagen in komplett pigmentierte pflanzenfressende Jungfische umwandelt.
FU: H; frißt aber auch Lebend- und Flockenfutter.
Bes.: *S. argenteus* hat das längste Larvenstadium, die größten Larven werden bis zu 8 cm lang. Die Art hat auch das größte Verbreitungsgebiet.

T: 25-29°C, L: 37 cm, BL: ab 200 cm, WB: I, WR: u-o, BS: 2-3, SG: 3.

Siganus corallinus (SCHLEGEL, 1852)
Korallen Kaninchenfisch

Vork.: Indo-West-Pazifik, von den Seychellen bis Papua-Neuguinea, nach Japan und zum Südlichen Barriere-Riff. In 5 bis 30 m Tiefe.
GU: Keine.
Soz.Verh./Vgs.: Erwachsene Exemplare leben einzeln oder in Paaren in korallenreichen Gebieten von Lagunen- und Außenriffen. Junge können in kleinen Schwärmen zwischen Geweihkorallen (*Acropora*) vorkommen.
Hält. B.: Da *S. corallinus* ständig mümmelnd umherzieht und rasch wächst, benötigt er viel Schwimmraum. Junge, aber auch erwachsene Tiere verstecken sich gerne (in der Natur zwischen den dichtstehenden Ästen von Geweihkorallen) und daher sollte man ihnen solche oder ähnliche Strukturen als Unterschlupf anbieten. Er ist verträglich gegenüber den anderen Beckeninsassen, weiß sich aber gegen Angriffe vorzüglich zu wehren.
Licht: Tageslichtzone.
ZU/Verm.: Nicht bekannt.
FU: H; Jungtiere fressen im Meer besonders den Algenbelag samt festsitzenden Kleintieren von den unteren, abgestorbenen Teilen der Geweih- und Tischkorallen sowie vom Boden ab. Erwachsene nehmen neben dem Bodenbewuchs auch freischwebende Kleinlebewesen auf und sind daher relativ leicht an Ersatzfutter wie Shrimps, *Mysis* aber auch
Gefrier- und Flockenfutter zu gewöhnen; man darf jedoch nie pflanzliche Zukost vergessen.
Bes.: *S. corallinus* ist nahe verwandt mit *S. trilospilos* von Nordwest-Australien, der drei dunkle Flecken oberhalb der Körpermitte besitzt.

T: 24-27°C, L: 25 cm, BL: ab 150 cm, WB: I, WR: u,m, BS: 2, SG: 3.

Bild rechts unten:
S. corallinus unterscheidet sich vom ähnlich gelb gefärbten *S. puelloides* besonders durch den nach oben (und zumeist auch nach unten) verlängerten dunklen Augenfleck und die besonders am Kopf sehr dicht stehenden hell- oder dunkelblauen Tüpfel.

Siganus argenteus

Siganus corallinus im Aquarium

Fam.: Siganidae

Siganus corallinus im Biotop

Siganus guttatus (BLOCH, 1787)
Gefleckter Kaninchenfisch

Vork.: Indopazifischer Raum von Malaysia bis zum Australischen Barriere-Riff, Philippinen; Ryukyu-Inseln (südl. Japan); Mikronesien: Belau und Yap.
GU: Keine sichtbaren.
Soz.Verh./Vgs.: Schwarmfisch, der in großen Schulen um Flußmündungen und Mangrovensümpfen lebt. Friedliche Art; jedoch nicht mit zu kleinen Krebstieren halten.
Hält.B.: Da die Art gern ins Brackwasser geht, ist sie gegen Dichteschwankungen unempfindlich. Ein leistungsstarker Filter wird empfohlen und regelmäßiger Teilwasserwechsel. Viel Schwimmraum bieten!
Licht:
ZU: Wahrscheinlich ist ein Ablaichen im Schwarm im freien Wasser - besonders in Mangrovengebieten.
FU: H, O; Allesfresser, besonders Algen und Aufwuchs. Flockenfutter, *Mysis*, *Artemia*. Außerdem fett- und eiweißarme Kost; ballastreich.
Bes.: Gut haltbare Art für Großbecken. Vergesellschaftung mit Argusfischen. BLOCH nennt ihn im Deutschen: Der gefleckte Kaninchenfisch. Der alte BLOCH Kupferstich ist bei MERGUS als Reproduktion erhältlich!
Siganus guttatus lebt im gleichen geografischen Gebiet und Lebensraum wie *S. lineatus* und zeigt die gleichen Verhaltensweisen, geht aber sogar ins Brackwasser. Beide sind auch farblich gleich, nur *S. lineatus* zeigt linienförmige Muster, *S. guttatus* hauptsächlich Punkte; sogar der gelbe Fleck vor dem Schwanz ist gleich.

T: 24-28°C, L: 33 cm, BL: 200 cm, WB: WR: alle, BS: SG: 2-3.

Siganus guttatus, adult, im Meer

Siganus guttatus, juvenil (oben) und subadult (Nacht- oder Schreckfärbung), im Aquarium

Fam.: Siganidae

Siganus javus (LINNAEUS, 1766)
Silberstreifen Kaninchenfisch, Quallenfresser

Vork.: Indo-West-Pazifik, von Sri Lanca bis nach Tahiti. In 2 bis 20 m Tiefe.
GU: Keine.
Soz.Verh./Vgs.: *S. javus* ist ein Schwarmfisch, der nur selten beobachtet und gefangen wird.
Hält. B.: Nicht bekannt.
Licht: Sonnenlichtzone.
ZU/Verm.: Unbekannt.
FU: C; *S. javus* soll ein Nahrungsspezialist sein, der nur Quallen frißt.
Bes.: *S. javus* lebt in Schwärmen im freien Wasser vor den Riffen. Die Oberseite des Fisches trägt als besonderes Kennzeichen zahlreiche dichtstehende Punkte, während die untere Körperhälfte wellenförmige Längslinien aufweist. Die indischen Exemplare weichen
in der Färbung etwas von den Pazifischen ab und besitzen über die Körpermitte herabreichende Punkte und einen großen zentralen dunklen Fleck in der Schwanzflosse.

T: 25-28°C, **L**: 25 cm, **BL**: ab 150 cm, **WB**: l, **WR**: o, **BS**: 4, **SG**: 4.

Siganus lineatus (VALENCIENNES, 1835)
Linierter Kaninchenfisch

Vork.: Indo-Australische Region, vom östlichen Indischen Ozean (Sri Lanca) zu den Philippinen, zum Südlichen Barriere-Riff und bis Neu Kaledonien. In 0 bis 20 m Tiefe.
GU: Keine.
Soz.Verh./Vgs.: *S. lineatus* bevorzugt seichtes, häufig auch verschmutztes Wasser in Ufernähe speziell in der Nähe von Mangroven.
Hält. B.: *S. lineatus* stellt keine hohen Ansprüche an die Waserqualität, braucht aber viel Sauerstoff und Schwimmraum. Er ist friedlich und gut zu vergesellschaften.
Licht: Tageslichtzone.
ZU/Verm.: In Indonesien beobachtete man, daß sich die Tiere in riesigen Herden unter Mangroven versammeln und dann gemeinsam zur Mündung von Kanälen ziehen, wo sie am 9. oder 10. Tag nach dem Neumond ablaichen. Hauptlaichzeiten sind März bis Juni und November; einige Tiere laichen jedoch das ganze Jahr über ab.
FU: H,O; die Tiere fressen tierische und pflanzliche Kost sowie Flocken- und Gefrierfutter.
Bes.: *S. lineatus* wird häufig mit *S. guttatus* verwechselt.

T: 25-29°C, **L**: 40 cm, **BL**: ab 200 cm, **WB**: m, **WR**: u,m, **BS**: 3 **SG**: 2-3.

Quallenfressender *Siganus javus*

Siganus lineatus

Fam.: Siganidae

Siganus puellus (SCHLEGEL, 1852)
Masken Kaninchenfisch

Vork.: Indo-Australischer Archipel, vom östlichen Indischen Ozean (Kokos-Keeling) und dem südlichen Chinesischen Meer zum Südlichen Barriere-Riff bis Neu Kaledonien. In 2 bis 30 m Tiefe.
GU: Keine.
Soz.Verh./Vgs.: Dieser farbenprächtige Kaninchenfisch bewohnt jung, in Gruppen, Erwachsen meist in Paaren dicht mit Korallen bewachsene Gebiete von Lagunen- und Außenriffen.
Hält. B.: *S. puellus* ist relativ gut verträglich und einzeln oder paarweise zu halten. Er benötigt viel Schwimmraum und am besten etwas Strömung.
Licht: Tageslichtzone.
ZU/Verm.: Nicht bekannt.
FU: H; nimmt alle Arten von Lebendfutter sowie pflanzliche Kost und Flockenfutter.
Bes.: *S. puellus* ist eng verwandt mit *S. puelloides* aus dem östlichen Indischen Ozean.

T: 22-27°C, L: 30 cm, BL: ab 150 cm, WB: m, WR: u,m, BS: 2, SG: 3.

Siganus puelloides aus der Andamanensee und von den Malediven ist sehr nah verwandt mit *S. puellus*, unterscheidet sich jedoch besonders durch das Fehlender deutlichen blau-weißen Linienmusterung und der Augenmaske, von der fast nur ein dunkler Augenfleck übriggeblieben ist. Er ähnelt daher eher *S. corallinus*, der jedoch dunkle (meist blaue) Tüpfel, zumindest am Kopf aufweist und keinen dunklen Augenfleck besitzt.

Siganus puelloides, Malediven

Siganus puellus

Siganus puellus

Fam.: Siganidae

Siganus spinus (LINNAEUS, 1758)
Gemusterter Kaninchenfisch, Stacheliger Kaninchenfisch

Vork.: Indo-West-Pazifik, vom Persischen Golf nach Japan, zum südlichen Barriere-Riff bis zu den Gesellschaftsinseln. In 1 bis 20 m Tiefe.
GU: Keine.
Soz.Verh./Vgs.: *S. spinus* ist in manchen Gebieten der häufigste Kaninchenfisch. Er schwimmt meist in riesigen umherziehenden Schwärmen und bevorzugt Riffterrassen und flache Lagunen mit Mischböden aus Sand, Korallenschutt oder Seegraswiesen.
Hält. B.: Er kann von Jugend an, da er sehr verträglich ist, auch in kleinen Gruppen bis zu fünf Exemplaren gemeinsam gepflegt werden.
Licht: Tageslichtzone.
ZU/Verm.: Nicht bekannt. Im Meer (auf den Marianen-Inseln) beobachtete man, daß sich die aus dem letzten Larvenstadium umgewandelten Jungfische im letzten Mondviertel des April und Mai in Massen auf den Riffterrassen einfinden. Manchmal ist ihre Zahl so groß, daß sie innerhalb kürzester Zeit alle fadenförmigen Algen abgenagt haben und an Hunger sterben müssen.
FU: H; In der Natur ist *S. spinus* durchwegs Pflanzenfresser, der auch Bodentiere mitnimmt; im Aquarium frißt er pflanzliche und tierische Kost.
Bes.: Jungfische, vom postlarvalen Stadium an, sowie erwachsene Tiere sind ein wichtiges traditionelles Nahrungsmittel besonders in Mikronesien. Manche Autoren zählen die Rotmeer-Art *S.rivulatus* (die auch ins Mittelmeer eingewandert ist) zu dieser, obwohl sie nie solche gewundenen Linienmuster aufweist.

T: 24-28°C, L: 23 cm, BL: ab 150 cm, WB: I, WR: u,m, BS: 1-2, SG: 3.

Siganus stellatus (FORSSKÅL, 1775)
Pünktchen Kaninchenfisch, Tüpfel Kaninchenfisch

Vork.: Im Roten Meer und im Indischen Ozean. In 5 bis 30 m Tiefe.
GU: Keine.
Soz.Verh./Vgs.: Lebt durchwegs paarweise.
Hält. B.: *S. stellatus* benötigt viel Schwimmraum, denn er zieht ständig mümmelnd,wenn auch mit bedächtigen Bewegungen, umher und ist wegen seinerGröße höchstens für Schauaquarien geeignet.
Licht: Sonnenlichtzone.
ZU/Verm.: Nicht bekannt.
FU: H; frißt gleichermaßen tierische und pflanzliche Kost.
Bes.: Die Exemplare aus dem Roten Meer weichen in der Färbung ein wenig von der Indischen Form ab und besitzen einen gelbgrünen Fleck vor der Rückenflosse und die rückwärtigen Ränder von Rücken, After- und Schwanzflosse sind gelb (im Gegensatz zu weißen Rändern bei der Indischen Form). *S. stellatus* ist wie die meisten Kaninchenfische in der Lage, seine Farbe rasch zu wechseln und sogar ins Gegenteil umschlagen zu lassen. Wenn er sich zur Ruhe begibt oder versteckt, so werden die dunklen Tüpfel plötzlich weiß und braune Schattierungen und Muster erscheinen am Körper.

T: 24-28°C, L: bis 40 cm, BL: ab 200 cm, WB: I, WR: u,m, BS: 2-3, SG: 3-4.

Siganus spinus

Siganus stellatus, Malediven

Fam.: Zanclidae

Über die Familie Zanclidae

Eng mit den Doktorfischen verwandt, ist die Familie der Halfterfische ebenfalls wie *Paracanthurus* monotypisch. Dafür ist *Zanclus cornutus* einer der weitverbreitesten Fische überhaupt, denn er kommt an allen tropischen Riffen des Indopazifiks vor. Im Atlantik gibt es ihn nicht. Interessant ist auch seine vertikale Verbreitung: bis in Tiefen von 180 m hat man ihn gesehen.
Die Grundfarbe ist gelblich-weiß mit zwei breiten schwarzen Querbändern. Das vordere Band ist breiter und nimmt einen großen Teil des Gesichtes ein, was das Auge auf den ersten Blick unsichtbar macht. Der Halfterfisch hat eine deutlich verlängerte Schnauze, deren Oberseite orangefarben, unten aber schwarz ist. Die Partie von den Augen zur Kinnregion ist gelblich-weiß. Der Schwanzstiel ist an der Basis gelb, die Schwanzflosse selbst ist schwarz, vorn und hinten mit einem weißen Begrenzungsstreifen. Zwischen den Augen entwickeln sich im Laufe des Wachstums zwei kurze, hornartige Gebilde, die dem Jungtier fehlen. Selten einmal ist die Gesamtlänge des Halfterfisches über 17 cm, dafür wirkt er wegen des Wimpels der Rückenflosse erheblich größer.
Als Schnorchler oder Taucher kann man kleine Gruppen oder Paare von Halfterfischen schon als Schnorchler in einem Meter Tiefe, aber auch in 50 m Tiefe beobachten. In allen Tiefen benutzen sie ihre Röhrenschnauze, um zwischen Felsen und Korallen nach Nahrung zu suchen. Als Nahrung bevorzugen die Halfterfische wirbellose Tiere, meist Schwämme.
Über das Fortpflanzungsverhalten weiß man trotz des Bekanntheitsgrades des *Zanclus cornutus* wenig. Man hat schon beobachtet, wie Halfterfischpaare am Außenriff zur Abendstunde in einem langen Bogen zur Oberfläche schwammen und ablaichten. Es werden also pelagische Eier produziert. Die larvale Phase ähnelt der Acronurus-Phase von Doktorfischen sehr. Allerdings haben *Zanclus*-Larven einen verlängerten 3. Rückenflossenstrahl und einen Dorn am Maul, der den Doktorfischen fehlt. Wenn sich die Larve mit etwa 7 cm Länge am Boden niederläßt, verschwindet der Dorn am Maul. Diese postlarvale Phase von *Zanclus cornutus* ist in diesem Buch erstmals abgebildet. Die Merkmale, die Halfterfische mit den Doktorfischen weiterhin gemeinsam haben, sind der tiefe, komprimierte Körper, die gleich großen Rücken- und Analflossen und die Schuppengröße. Was *Zanclus cornutus* allerdings fehlt, ist der Dorn am Ansatz der Schwanzflosse. Als Synonym wurde die Art als *Z. flavescens* beschrieben.

Zanclus cornutus

Fam.: Zanclidae

Zanclus cornutus (LINNAEUS, 1758)
Halfterfisch

Vork.: Indo-Pazifik, von Afrika bis Japan, zu den Lord-Howe Inseln bis Hawaii und Mexiko. In 5 bis 182 m Tiefe.
GU: Keine.
Soz.Verh./Vgs.: *Z. cornutus* lebt meist in kleinen Gruppen von 2 bis 5 Exemplaren überall wo es Hartböden gibt, von inneren Häfen, Lagunen und Riffterrassen bis zu tiefen Außenriffen. Manchmal sieht man Herden von über hundert Exemplaren.
Hält. B.: Trotz seiner Beliebtheit als Aquarientier ist *Z. cornutus* ein empfindlicher Pflegling. Er braucht viel Schwimmraum und einen Unterschlupf. Ansonsten ist er relativ friedlich und in sehr großen Becken auch in Gruppen zu halten, wobei man die Tiere gleichzeitig einsetzen soll. Jedes bezieht einen Unterschlupf, der zu seinem Revierzentrum wird, in welchem es dominant bleibt, auch wenn sich die Tiere zu einem Schwarm zusammengefunden haben.
Licht: Tageslichtzone.
ZU/Verm.: Unbekannt; *Z. cornutus* hat ein sehr langes Larvenstadium und bezieht erst mit 6 und mehr cm Länge einen "festen Sitz" in einem Riff. Dies erklärt auch seine weite Verbreitung.
FU: O; in der Natur frißt *Z. cornutus* hauptsächlich Schwämme, aber auch anderes tierisches und pflanzliches Material. Im Aquarium schabt er den Algen- und Kleintierbelag von den Steinen und nimmt seine Nahrung am liebsten vom Untergrund. Ein "Futterstein", bestrichen mit Miesmuschelfleisch u.a. hat sich zur Eingewöhnung gut bewährt. Erst allmählich gewöhnt er sich an das Aufschnappen von Nahrung aus dem freien Wasser. Er liebt abwechslungsreiche Kost wie Muschelfleisch, tiefgefrorene Artemien, Tuben- und Flockenfutter. Algen!!! Ballastreiche Kost. Schwämme aus dem schwach strömenden Schaumstoff-Filter!
Bes.: *Z. cornutus* ist empfindlicher als die meisten Doktorfische. Er hat, vom Körperbau her so gut wie keine Reserven und wenn er etwas unterernährt ist, kann er sich trotz Nahrungsaufnahme nur mehr in den seltensten Fällen erholen. Man achte daher beim Kauf auf die Bauchkante; zeigt sie vor der Afterflosse eine Stufe, so ist der Fisch hoffnungslos unterernährt.

T: 24-28°C, L: 23 cm, BL: ab 120 cm, (für Gruppen 150 cm) WB: I, WR: u, BS: 1-2, SG: 2-3.

Geschützte Art, darf nach Deutschland nicht importiert werden. Die meisten Exemplare sind Nahrungsspezialisten auf Schwämme, die im Aquarium nicht geboten werden können. Einige Tiere spezialisieren sich jedoch auch auf Algen - diese sind lange Zeit haltbar.

Der Autor (H.B.) hat ein Exemplar fünf Jahre lang im Aquarium gehalten! Das Tier wurde mit Algen und TetraMin ernährt.

Der Halfterfisch wird manchmal für einen Wimpelfisch gehalten, da er einigen von diesen entfernt ähnelt. Er unterscheidet sich jedoch durch die länger ausgezogene, markant gefärbte pinzettartige Schnauze und eine etwa senkrechte Querstreifung und eine dunkle Schwanzflosse. Der rückwärtige Querstreifen ähnlicher Wimpelfische verläuft immer schräg nach hinten, sodaß es so aussieht, als würden die dunklen Streifen von Vorder- und Hinterkörper oben etwa dreieckig zusammenlaufen, was dem ganzen Fisch eine etwa dreieckige Erscheinung gibt. Außerdem ist der Schwanz dieser Wimpelfische hell gefärbt. Die Nachtfärbung des Halfterfisches ist ziemlich konträr zur Tagestracht.

Spätlarvale Phase von *Zanclus cornutus*

Zanclus cornutus, adult

Zanclus cornutus, juvenil

Fam.: Zanclidae

Schwarm von *Zanclus cornutus* im natürlichen Lebensraum

Halichoeres richmondi im Aquarium

Über die Familie Labridae

Lippfische gehören in den Korallenriffen der Erde zu den meist verbreiteten und auffälligsten Fischen. In ihrer Vielfalt werden sie nur noch von der Familie der Grundeln übertroffen. Farbe, Größe, Körperform sind in der Lippfischfamilie oft so unterschiedlich, daß man die direkte Verwandtschaft untereinander kaum glauben will. Einige Zwergarten werden nur wenige Zentimeter lang, andere erreichen Längen von über zwei Meter. Manche sind schlank und hoch gebaut, andere wieder sehr massiv. Die Mehrzahl der Lippfische hat aber "Zigarrenform", ein strömungsgünstiger und kraftstrotzend wirkender Anblick. Bei aller Unterschiedlichkeit gibt es äußere Merkmale, die die Verwandtschaft untereinander offensichtlich machen: Alle Lippfische schwimmen nur mit den Brustflossen, es sei denn, die Schwanzflosse wird blitzartig zu besonders hoher Geschwindigkeit gebraucht. Obwohl die Mundöffnung nie sehr weit ist, tragen sie kräftige Lippen aus denen of recht große Fangzähne hervorragen. Während das Gaumendach zahnlos ist, sind die Schlundzähne zu einer Platte mit runden Zähnen ausgebildet, die der Zerkleinerung fester Nahrung dient.

Jeder tropische Lippfisch ist ein protogyner Zwitter, d.h., die meisten aller Männchen haben sich aus funktionellen Weibchen entwickelt. Obwohl Lippfische - wie alle Vertebraten - zwei normale Geschlechter haben (männlich und weiblich), sind die Muster der Sexualität in dieser Familie so unterschiedlich, daß man präzisieren muß. Der Schlüssel der Entwicklung ist das Männchen: Es gibt "primäre", die als Männchen geboren werden, und es gibt "sekundäre", die als Weibchen geboren werden und als solche "funktionieren", bis sie sich später in Männchen umwandeln. Der Unterschied zwischen beiden Typen wird deutlich in der Gonadenstruktur sichtbar: Die Testes des Primärmännchens ähneln denen unzwittriger Fische, sind zylindrisch, weiß und mit einem Samengang. Die des Sekundärmännchens spiegeln die Herkunft aus Ovarien wieder. Die Ausbildung des benötigten Geschlechts hängt von sozialen Faktoren ab, so z.B. beim Putzerlippfisch *Labroides* von der Dominanz des männlichen Haremsbesitzers. In der Haremshierarchie sind alle anderen Putzerlippfische Weibchen, wird aber das Männchen weggefangen oder gefressen, bildet sich das ranghöchste Weibchen in wenigen Stunden äußerlich zum Männchen um. Es ist stark genug, andere Haremsmännchen-Anwärter, die hier Besitz ergreifen möchten, in die Flucht zu schlagen. Bereits nach zwei Wochen kann es Sperma zur Befruchtung abgeben.
Grundsätzlich ist festzustellen, daß es auffällige Farbunterschiede zwischen den verschiedenen Geschlechts- und Wachstumsphasen gibt. Die dominanten Primärmännchen sind meist sehr farbenprächtig, während die anderen Geschlechtsstufen weniger intensive und andere Farbmuster tragen. Diese streifen auch versteckter als ihr "Anführer" im Riff umher. Die Wissenschaft spricht von 'initialer' und 'terminaler' Entwicklungsphase beim schwierigen Zuordnen der Geschlechter zu einer bestimmten Art. Häufig wurde von Fischexperten erst später erkannt, daß zwei als eigenständige Arten beschriebene Lippfische lediglich die andersgefärbten Geschlechtspartner waren. Ein Beispiel dafür ist die Art *Anampses chrysocephalus* von Hawaii. Der auf Seite 845 unten abgebildete Lippfisch wurde als *Anampses rubrocaudata* beschrieben, bis man erkannte, daß es sich lediglich um das ♀ von *A. crysocephalus* handelte.
Fortpflanzung der Lippfische findet rund ums Jahr statt, wobei die wärmere Jahreszeit auf den jeweiligen Erdhalbkugeln analog ihrem Vorkommen am intensivsten genutzt wird. In Japan oder im Mittelmeer wird also jahresmäßig die Fortpflanzung entgegengesetzt zu den Osterinseln oder Mauritius betrieben.
Auch bei dieser Familie spielen Mondzyklen als Anregung zum Ablaichen eine große Rolle. Viele Arten suchen dazu gezielt Plätze am äußeren Riffabhang auf, vorausgesetzt, die Ebbe hat eingesetzt

und das Wasser fließt ins offene Meer ab. Die Tageszeit spielt dabei keine Rolle. In der Nacht ist ein Ablaichen von Lippfischen ausgeschlossen, weil sie nur tagaktiv sind und nachts im Riff, vielfach im Sand eingegraben, ruhen. Zwei Formen des Lippfisch-Ablaichens sind bekannt:
Die erstere schließt mehrere weibliche und männliche Initialphasen, aber selten die ausgereifte Terminalphasen der jeweiligen Lippfischart ein. Die Gruppenbildung kann von einem Dutzend bis zu mehreren hundert Exemplaren gehen. Es können sich auch wieder Gruppen innerhalb der Schwärme bilden. Die initialen Männchen übertreffen die Weibchen bei weitem dabei. Die Masse der Fische schiebt sich drehend gegen die Oberfläche und stößt dort gemeinsam Eier und Samen aus, die schnell in der Strömung verschwinden. Der "freie Paarungsakt" geht blitzartig vor sich und die Gruppen schießen zurück ins schützende Riff. Man hat vergleichbares Verhalten bei den Gattungen *Thalassoma, Halichoeres* und *Stethojulis* beobachten können.
Die zweite Laichform wird bei allen Lippfischen häufiger benutzt, denn auch in dieser Familie gibt es Paarbindungen, insbesondere zur Laichzeit. Schon das Balzen ist ein faszinierender Anblick, denn das Primärmännchen zeigt beim Aufstellen der Flossen gegenüber dem Weibchen Farben, die man sonst nie sieht. Der Tanz der umeinanderwirbelnden Geschlechter ist schwierig mit der Kamera zu dokumentieren, ist dem Autor (H.D.) aber bei einem Pärchen *Pseudocheilinus octotaenia* im Roten Meer nach knapp einstündigem Versuch geglückt. Nie sah man auf einem Foto diese Art so schön gefärbt! Beim Ablaichen des Paares kommt es zum sogenannten Looping: Eng aneinander geschmiegt schwimmen beide parallel zur Oberfläche und laichen gemeinsam am höchsten Gipfel der Kurve ab. Zur Rückkehr ins schützende Riff vergehen nur Sekunden. Bis die befruchteten pelagischen Lippfischeier schlüpfen, dauert es etwa einen Tag. Die Larven bleiben etwa einen Monat planktonisch. Die kleinsten Jugendformen von Lippfischen, die man im Riff fand, waren nur einen Zentimeter lang und leicht pigmentiert. In dieser Größe sehr gefährdet, leben sie versteckt oder suchen manchmal auch Schutz bei Anemonen, obwohl sie keinen Nesselschutz wie die Clownfische besitzen. Viele juvenile Lippfische putzen größere Riffbewohner von Ektoparasiten frei.
Die Fortpflanzung von Lippfischen in Aquarien ist kaum gelungen, immerhin wird von Ablaichvorgängen berichtet. Das Problem liegt darin, daß im begrenzten Raum des Meerwasseraquariums Lippfische ihre terminale Größe selten entwickeln, in der sie besonders geschlechtsaktiv sind. Abschließend zum Thema Fortpflanzung soll nicht vergessen werden, daß Lippfische aus niedriger temperierten Gewässern wie dem Mittelmeer nicht pelagisch ablaichen, sondern

aus Algen Nester bauen, um die Brut darin zu schützen.
Der Speisezettel von Lippfischen ist recht umfangreich. Einige Arten leben von benthischen (am Boden lebenden) Wirbellosen und Fischen, andere vom Plankton. Einige fressen Korallenpolypen und andere leben von Parasiten an großen, von ihnen geputzten Fischen. Zu den gezielt aus Korallenschotter freigelegten Nährtieren gehören Krebse, Schnecken und Muscheln, Seeigel und Seesterne, Borstenwürmer und korallenartige Wirbellose. Mit ihrer wendigen Schwimmweise jagen und überraschen sie auch andere schutzlose Fische, insbesondere deren Jugendstadien. Einige Lippfische haben sich sogar darauf spezialisiert, die Gelege von Substratlaichern, wie Riffbarschen, zu räubern.
Nicht alle der vorgestellten Lippfische dieses Kapitels sind für die Meeresaquaristik geeignet, was schon durch die Größe der Tiere ausgedrückt wird. Aber auch der Bewegungsdrang der kleineren Arten ist enorm und somit ist ein großes Aquarium mit entsprechendem Schwimmraum erste Voraussetzung zur erfolgreichen Pflege dieser farbenprächtigen Arten. Versteckmöglichkeiten im nachgebauten Riff und eine hohe Sandschicht am Boden, in der viele Lippfische gern ruhen, gehören ebenfalls dazu. Die entscheidende Frage, welche Art man pflegen will, sollte man sich vor dem Kauf der Tiere stellen: Will ich ein reines Fischgesellschaftsbecken oder eine Kombination kleiner Fische mit Wirbellosen? Für letztere verbietet sich die Mehrzahl der hier aufgeführten Lippfischarten, lediglich die Gruppen der Cirrhilabri oder Labrichthyi sind dafür geeignet. Für ein Fischgesellschaftsbecken kann man alle Unterfamilien in Betracht ziehen. Tierische Kost wie Muschelfleisch, *Mysis*, Krill und Salinenkrebse, Mückenlarven, Fischfleisch und Kalbsherz werden gern genommen. Natürlich auch Industrieprodukte wie die Vielzahl schmackhafter, durchmixter Futtertabletten und Flockenfutter. Selbst Nahrungsspezialisten wie der Schnabellippfisch *Gomphosus* oder die Putzerlippfische *Labroides* stellen sich schnell auf Ersatznahrung ein.
Die Wasserqualität ist bei Lippfischen von entscheidender Bedeutung. Ihr Engergiebedarf ist groß, sie fressen gern und viel und das belastet die Wasserqualität. Über die Filterung reiner Fischaquarien wird an anderer Stelle gesprochen. Da die meisten Lippfische in ihrem natürlichen Lebensraum viel mehr Bewegung haben, bilden sich im Aquarim Aggressionen, die sie auch an anderen Beckenbewohnern abreagieren. Eine sorgfältige Auswahl ist angebracht. Von der Hälterung und Pflege mehrerer Lippfische der gleichen Art ist abzuraten.

Labroides dimidiatus putzt eine Süßlippe

Gattung *BODIANUS* BLOCH, 1790

Man kann Lippfische in zwei große Gruppen aufteilen: Solche die graben und andere, die das nicht tun. Alle Gattungen der Unterfamilie Bodianinae graben sich nicht in den Untergrund ein. Aquaristisch bekannt sind nur zwei der neun Gattungen: *Bodianus* mit 30 und *Choerodon* mit 25 Arten. *Bodianus*-Lippfi-sche sind allgemein sehr territorial. Deshalb ist es wichtig, gleich große Tiere gleichzeitig einzusetzen, bevor ein Individuum ein Territorium besetzt. Sie nehmen jede Art von Futter an und lieben Versteckplätze im nachgebauten Riff wie Höhlen, Tunnel und Überhänge.

Bodianus anthioides, adult

Bodianus anthioides (BENNET, 1831)
Lyraschwanz-Lippfisch, Zweifarben-Herzoglippfisch

Vork.: Indo-Pazifik,; vom Roten Meer bis zu den Line-Inseln und Tuamotu, nach Japan(N) und Neu Kaledonien (S). In 6 bis 60 m Tiefe.
GU: Keine.
Soz.Verh./Vgs.: *B. anthioides* lebt einzeln oder in kleinen losen Gruppen und bevorzugt steile Riffe, besonders Außenriffe von 25 m abwärts.
Hält.B.: Er benötigt ein Versteck, in welchem er geschützt ruhen kann, und genügend Schwimmraum, da er fast den ganzen Tag unterwegs auf Nahrungssuche ist. Nur Einzeltiere, gemeinsam mit robusten Mitbewohnern in einem gemischten Fischbecken sind zu empfehlen, aber keine Vergesellschaftung mit Wirbellosen, da er ständig an diesen herumzupft und sie schließlich, wenn er ihrer habhaft wird, verspeist.
Licht: Sonnenlichtzone.
ZU/Verm.: Nicht bekannt.
FU: K; wie alle verwandten *Bodianus*-Arten frißt er Mollusken, krebsartige, manchmal auch Schlangenseesterne.
Bes.: Diese spektakuläre Art hat eine ungewöhnlich große Schwanzflosse mit einer typischen Zeichnung, die hauptsächlich aus 2 dunklen Längsstreifen besteht. Der Lyraschwanz-Lippfisch ändert im Gegensatz zu den meisten Lippfischen seine Farbe im Laufe des Wachstums kaum; die zweigeteilte Körperfärbung wird mit dem Alter deutlicher und schwarz "unterstrichen"; die ehemals weiße Schnauze wird an die Farbe des Vorderkörpers angeglichen.

T: 23-27°C, **L**: 24 cm, **BL**: ab 150 cm, **WB**: I, **WR**: u, **BS**: 2, **SG**: 3.

Bodianus anthioides, juvenil

Bodianus anthioides, subadult

Bodianus axillaris (BENNET, 1831)
Achselpunkt-Lippfisch, Korallen-Schweinsfisch

Vork.: Indo-Pazifik; vom Roten Meer bis zu den Line-Inseln, Marquesas und Pitcairn - Gruppe, nach Japan(N) und zu den Lord Howe und Rapa Inseln (S). In 2 bis 40 m Tiefe.
GU: Junge und geschlechtsreife Tiere besitzen im Indischen Ozean nur die gepunktete Farbtracht. Lediglich aus Weibchen hervorgegangene Sekundärmännchen bekommen die zweigeteilte Körperfärbung, die im Pazifik von allen Tieren bei Geschlechtsreife erreicht wird.
Soz.Verh./Vgs.: Die Tiere leben im Meer einzeln oder in kleinen losen Gruppen an Riffen klarer Lagunen und an Außenriffen mit ruhigem Wasser; im Aquarium können sie nur einzeln mit robusten Fischen vergesellschaftet werden.
Hält.B.: Er liebt sauberes Wasser; ist empfindlich gegen Altwasser und braucht einen entsprechenden Unterschlupf (siehe *B. anthioides*).
Licht: Sonnenlichtzone.
ZU/Verm.:Nicht bekannt.
FU: K; Jungtiere betätigen sich manchmal als Putzer und säubern größere Fische, auch Räuber wie Zackenbarsche von Parasiten. Später fressen sie Schnecken und Muscheln, die sie gegen einen festen Gegenstand (oder die Aquarienscheibe) schlagen, bis die Schalen brechen, Krebstiere aller Art, Schlangesterne und sogar kleine Seeigel, deren Stacheln sie zuerst einzeln ausreißen.
Bes.: *B. axillaris* ändert seine Farbe im Laufe des Wachstums gewaltig, aber die Geschlechter bleiben zumindest im Pazifik gleichfarbig. Jungfische und Erwachsene sehen dort *B. mesothorax* äußerst ähnlich und sind erst auf einen zweiten Blick zu unterscheiden. Jungfische von *B. axillaris* besitzen 4 mal 2 übereinanderliegende weiße Punkte sowie eine weiße Schnauze; die hellen Punkte von *B. mesothorax* sind eher weißlich-gelb oder gelb und ihre Zahl ist am Rücken größer als am Bauch. Ein wichtiges Kennzeichen des zweifarbigen erwachsenen Tieres ist neben einem großen, schwarzen Fleck an der Brustflossenbasis (der ihm den Namen gegeben hat) je ein solcher Fleck in Rücken- und Afterflosse. Bemerkenswert ist auch, daß die Grundfärbung der Jungtiere aus dem Roten Meer schwarz ist, jene der Fische aus dem Indischen Ozean braun.

T: 24-27°C, **L**: 20 cm, **BL**: ab 120 cm, **WB**: l, **WR**: u, **BS**: 1 , **SG**: 3.

Bodianus axillaris, juvenil, Indonesien

Bodianus axillaris, juvenil, Rotes Meer; putzt einen Zackenbarsch

Bodianus axillaris, Indonesien

Bodianus diana (LACEPÈDE, 1801)
Dianas Lippfisch, Gefleckter Schweinsfisch

Vork.: Indo-Pazifik; wahrscheinlich vom Roten Meer bis Samoa, nach Japan (N) und Neu-Caledonien und Tonga (S). In 6 bis 25 m Tiefe.
GU: Keine.
Soz.Verh./Vgs.: Jungfische verstecken sich einzeln oder in kleinen Gruppen häufig im Geäst von Schwarzen Korallen oder Gorgonien. Erwachsene bewohnen einzeln reich mit Korallen bewachsene Küsten- und Außenriffe. Die Art sollte nicht mit Wirbellosen vergesellschaftet werden.
Hält.B.: *B. diana* ist wahrscheinlich der einzige Vertreter dieser Gattung, der zumindest jung auch in kleinen Gruppen gehalten werden kann. Er benötigt entsprechende Verstecke, viel Schwimmraum und sauberes Wasser.
Licht: Sonnenlichtzone.
ZU/Verm.: Nicht bekannt.
FU: K; er ist nicht schwer ans Futter zu bringen und frißt im Aquarium so ziemlich alles, was man ihm anbietet: Muscheln, Schnecken, *Mysis*, Garnelen, Salinenkrebse (Krebse sind wichtig für seine Gesundheit), Regenwurmstücke, Wasserflöhe, *Tubifex*, Enchyträen, Fischfleisch, fein gehacktes Kalbsherz, Kalbsleber, FD-Tabletten (TetraTips) usw.
Bes.: *B. diana* ähnelt entfernt *B. axillaris*, ist aber ganz rötlich gefärbt und nicht zweigeteilt. Große, dunkle Augenflecken befinden sich nur in den unteren Flossen; am Rücken hingegen leuchten 3 bis 4 weiße Punkte. Die Jungfische sind vollkommen weiß gefleckt und ähneln den Eltern nur wenig; lediglich die Augenflecken in den Bauch- und Afterflossen sind annähernd gleich. Im westlichen Indischen Ozean ab etwa Sri Lanca wird *B. diana* durch *B. nielli* ersetzt; im Ostpazifik durch *B. prognathus* (Line Inseln). Junge *B. nielli* besitzen wesentlich weniger und dafür größere weiße Flecken als *B. diana* (siehe *B. nielli*)

T: 24-28°C, **L:** 25 cm, **BL:** ab 120 cm, **WB:** I, **WR:** u, **BS:** 1, **SG:** 3.

Bodianus diana

Bodianus diana, juvenil

Bodianus diana

Bodianus bimaculatus ALLEN, 1973
Zweipunkt-Lippfisch

Vork.: Indo-West-Pazifik; ursprünglich nur aus dem westlichen Pazifik (Japan-Palau-Neu Guinea) bekannt, inzwischen aber auch im westlichen Indischen Ozean (Ostafrika, Madagaskar und Mauritius) gefunden. In 30 bis 60 m Tiefe.
GU: Nicht bekannt.
Soz.Verh./Vgs.: *B. bimaculatus* lebt einzeln an tiefen Außenriffen und wird selten gefunden.
Hält.B.: Wie alle *Bodianus*-Arten.
Licht: Sonnen-Mittellichtzone.
ZU/Verm.: Nicht bekannt.
FU: K; Mollusken, Krabben, kleine Stachelhäuter.
Bes.: Diese ziemlich einfarbige Art ist, wie schon der Name sagt, gekennzeichnet durch zwei braune Augenflecken, einen am Kiemendeckel und einen an der Schwanzwurzel.

T: 22-27°C, **L**: 10 cm, **BL**: ab 50 cm, **WB**: I, **WR**: u, **BS**: 2-3, **SG**: 3.

Bodianus diplotaenia (GILL, 1863)
Mexikanischer Schweinsfisch

Vork.: Ost-Pazifik; von Galapagos bis an die Küsten Nordamerikas und im Golf von Kalifornien. In 5 bis 40 m Tiefe.
GU: Primäre ♂♂ und ♀♀ besitzen ein unscheinbares bräunliches Kleid mit zwei angedeuteten Längsstreifen. Große Sekundärmännchen sind ziemlich einfarbig graubraun mit einem leuchtend gelben Querband in Körpermitte. Fast alle Flossen dieser ♂♂ wachsen in verlängerte Filamente aus und mit zunehmender Größe wächst auch eine Beule auf der Stirn.
Soz.Verh./Vgs.: Einzelgänger, der schnell wächst und bald die Mitinsassen belästigt; nicht empfehlenswert.
Hält.B.: *B. diplotaenia* ist zwar robust und gut einzugewöhnen, wird aber für Heimaquarien viel zu groß.
Licht: Sonnenlichtzone.
ZU/Verm.: Nicht bekannt.
FU: K; frißt alles vorgelegte Futter und entwickelt großen Appetit.
Bes.: Jungfische bis zu 2,5 cm Länge sind vollkommen zitronengelb, dann erscheinen die namensgebenden braunen, wenn auch unterbrochenen Längsstreifen. Männliche Tiere größerer Tiefe (ab 50 m) haben eine rötliche Grundfärbung; der gelbe Querstreifen ist aber auch hier erhalten. Jungfische schlafen häufig in einem Schleimkokkon.

T: 20-22°C, **L**: 80cm, **BL**: ab 250, **WB**: I, **WR**: u, **BS**: 3-4, **SG**: 3.

Kein Aquariumfisch

Bodianus bimaculatus, juvenil

Bodianus diplotaenia ♀

Bodianus diplotaenia ♀

Bodianus izuensis, juvenil

Bodianus loxozonus (SNYDER, 1908)
Schwarzstreifen-Lippfisch, Trotters Herzoglippfisch

Vork.: Indo-Australischer Archipel; von Indonesien bis Japan zu den Marianas und Marshall Inseln. In 3 bis 40 m Tiefe.
GU: Keine.
Soz.Verh./Vgs.: *B. loxozonus* ist ein Einzelgänger, der klare Lagunen- und Außenriffe bevorzugt.
Hält.B.: Als ruppiger, schnell wachsender Einzelgänger ist er höchstens für ein großes Fischaquarium mit robusten Insassen geeignet; er ist nicht empfehlenswert für's Heimaquarium.
Licht: Sonnenlichtzone.
ZU/Verm.: Nicht bekannt.
FU: K; frißt Schnecken- und Muschelfleisch, Krebstiere und ist leicht an Ersatzfutter aller Art (außer Salat) zu gewöhnen.
Bes.: Es gibt zwei Populationen mit einigen Farbunterschieden, sodaß man zwei Unterarten führt: eine westliche, welche die Tiere von Japan bis zu den Marianen und Marshall Inseln umfaßt und *B. loxozonus loxozonus* genannt wird und eine östliche mit den Fischen von Line-Inseln, Marquesas, Gesellschaftsinseln, Tuamotu und Rapa Inseln, die *B. loxozonus trotteri* heißt (deshalb auch der Name Trotters Herzoglippfisch). Die Meldungen von Funden von Süd-,Ost-Afrika und Mauritius dürften auf Fehlbestimmungen beruhen und der Art *B. bilunulatus* angehören. Diese Tiere haben im Jugendkleid einen breiten senkrechten schwarzen Streifen, der auch die Rücken- und Afterflosse umfaßt (als *B. hirsutus* im Handel). Mit dem Wachstum verschwindet dieser Streifen größtenteils und übrig bleibt meist nur ein dunkler Fleck hinter der Rückenflosse.

T: 25-28°C, **L:** 40 (90 ?) cm, **BL:** ab 150 cm, **WB:** I, **WR:** u, **BS:** 2-3, **SG:** 3.

Bodianus izuensis MASUDA,ARAGA & YOSHINO 1973
Gestreifter Schweinsfisch, Izus Lippfisch
Der Izu-Lippfisch (Bodianus izuensis) wurde erst 1977 von Japanern beschrieben; über ihn liegen praktisch keine biologischen Daten vor. **Vork.:** Australien.

Bodianus loxozonus

Fam.: Labridae

Bodianus mesothorax (SCHNEIDER, 1801)
Schwarzgürtel-Lippfisch, Schrägbinden Schweinsfisch

Vork.: Indo-Australischer Archipel; von der Christmas-Insel westl. von Australien nach Indonesien, Japan zum südlichen Barriere-Riff. In 5 bis 20 m Tiefe.
GU: Keine.
Soz.Verh./Vgs.: *B. mesothorax* lebt einzeln an reich mit Korallen bewachsenen Außenriffen, besonders in der Umgebung von Höhlen.
Hält.B.: Besonders Jungfische brauchen einen guten Unterschlupf, am besten eine Höhle mit etwas Sandgrund, auf welchem sie sich zur Ruhe legen können. Tagsüber ist der Fisch ständig auf Nahrungssuche unterwegs; er braucht daher genügend Schwimmraum. Er ist nur einzeln mit Fischen und nicht mit Wirbellosen zu vergesellschaften.
Licht: Sonnenlichtzone.
ZU/Verm.: Nicht bekannt.
FU: C; Freßgier und Futterneid prägen *B. mesothorax* und lassen ihn an fast jedes Futter gehen, das er versucht, den anderen Mitbewohnern wegzuschnappen. Nur an "Grünfutter" ist er nicht interessiert.

Bes.: Junge und erwachsene Tiere ähneln den jeweiligen Gegenstücken von *B. axillaris*, mit denen sie auch oft verwechselt werden. Während die Jungfische (siehe nebenstehendes Foto) ebenso braun mit hellen (eher gelben als weißen) Flecken sind wie jene, besitzen die erwachsenen Tiere den gleichen braunen Vorder- und weißen Hinterkörper; sogar der schwarze Fleck am Brustflossenansatz ist gleich. Nur zwischen dem braunen und dem weißen Teil befindet sich als gutes Unterscheidungsmerkmal ein breiter schwarzer Streifen; außerdem fehlen die Augenflecken in Rücken- und Afterflosse.

T: 24-28°C, **L:** 20 cm, **BL:** ab 120 cm, **WB:** I, **WR:** u, **BS:** 2, **SG:** 3.

Bodianus neilli
Neills Lippfisch

Vork.: Zentraler Indischer Ozean; Sri Lanca, Malediven. In 10 bis 30 m Tiefe.
GU: Keine.
Soz.Verh./Vgs.: Wie *B. diana*.
Hält.B.: Wie *B. diana*.
Licht: Sonnenlichtzone.
ZU/Verm.: Nicht bekannt.
FU: K; alle Arten fleischlicher Nahrung, besonders Muschelfleisch, Krebsartige, zerkleinerstes Fischfilet, Herz, usw.
Bes.: *B. nielli* ist *B. diana* äußerst ähnlich und ersetzt ihn möglicherweise im westlichen Indischen Ozean. Der Jungfisch unterscheidet sich besonders durch wesentlich größere weiße Flecken, deren Zahl geringer ist als bei *B. diana*.

T: 25-28°C, **L:** bis 20 cm, **BL:** ab 100 cm, **WB:** I, **WR:** u, **BS:** 3, **SG:** 3.

Bodianus mesothorax

Bodianus neilli, juvenil

Bodianus pulchellus (POEY, 1860)
Kubanischer Schweinsfisch

Vork.: West-Atlantik, von den Bahamas bis Südamerika. In 20 bis 120 m Tiefe.

B. pulchellus gleicht *B. rufus* und unterscheidet sich nur durch die Färbung. Der wichtigste Unterschied ist ein dunkler oberer Rand der Brustflosse und die Grundfärbung ist rot (im Gegensatz zu pflaumenfarbig bis blau bei *B. rufus*). Jungfische machen große Farbveränderungen durch: Zuerst sind sie gelb; nur die vordere Hälfte der stacheligen Rückenflosse ist schwarz; mit 5 cm werden sie vorne oben grau, unten weiß, und ab 12 cm dehnt sich das Rot vom Rücken her immer weiter aus, bis die Adultfärbung entstanden ist.

T: 24-28°C, **L**: 30 cm, **BL**: 150 cm, **WB**: l-m, **WR**: alle, **BS**: 2-3, **SG**: 3

Bodianus rufus (LINNAEUS, 1758)
Atlantischer Schweinsfisch, Spanischer Schweinsfisch

Vork.: Tropischer Atlantik; vom Golf von Mexiko bis zu den Bermudas, nach Brasilien zu den ostatlantischen Inseln (St. Helena, Ascension). In 3 bis 70 m Tiefe.
GU: Keine.
Soz.Verh./Vgs.: Dieser schnell wachsende Einzelgänger bleibt leider nicht putzig und problemlos, wie er sich als Jungfisch präsentiert, sondern läßt bald das Aquarium zu klein werden; er tyrannisiert mit seinen kräftigen, vorstehenden Zähnen die Mitbewohner und vergreift sich an den Wirbellosen. Er ist daher für's Heimaquarium nicht zu empfehlen.
Hält.B.: Er benötigt ein großes Aquarium mit großen, robusten Mitbewohnern.
Licht: Sonnenlichtzone.
ZU/Verm.: Nicht bekannt.
FU: K; er entwickelt großen Appetit und frißt fleischliche Nahrung aller Art. Jungfische betätigen sich häufig als Putzerfische und fressen Parasiten und lose Hautstücke von anderen Fischen; auch von großen Räubern wie Zackenbarschen.
Bes.: Im Gegensatz zu *B. pulchellus* macht *B. rufus* keine starken Farbveränderungen im Laufe seiner Entwicklung durch. Kleine Exemplare sind vorne dunkel (bläulich oder violett) und hinten gelb. Erwachsene Exemplare tiefer Regionen (ab 30 m) können am Rücken rötlich sein und ähneln dann *B. pulchellus* noch mehr. Das Fleisch dieser Art und anderer Lippfische ist giftig ! und wird deshalb von den Fischern gemieden. Möglicherweise frißt die Art (die Arten?) giftige Quallen und speichert deren Gift (nach Angabe bahamesischer Fischer; H.B.).
Um die Bahamas ist jetzt eine Einmeilen-Schutzzone eingerichtet worden, in der Fische nicht mehr "gespeert" werden dürfen. Die Art kommt dort in den Außenriffen sehr häufig vor.

T: 22-28°C, **L**: 30 (bis 60) cm, **BL**: ab 100 cm, **WB**: l, **WR**: u, **BS**: 1-2, **SG**: 2.

Bodianus pulchellus

Bodianus rufus, juvenil, 5 cm

Bodianus rufus, juvenil, als Putzer an einem Zackenbarsch

Gattung *CHEILINUS* LACEPÈDE, 1802

Nur wenige der 15 *Cheilinus*-Arten sind für die Aquaristik zu empfehlen. Immerhin wird ihr größter Vertreter, *Cheilinus undulatus*, 2.30 m lang und 190 kg schwer! Ihr Lebensraum reicht vom flachen Küstengewässer bis zu tiefen Dropoffs. Sie leben von Krebstieren und anderen Wirbellosen. Die kleineren *Cheilinus*-Arten lassen sich aber gut pflegen und sehen auch farblich ansprechend aus.

Cheilinus celebicus von Indonesien

Cheilinus celebicus (BLEEKER, 1853)
Celebes-Lippfisch

Vork.:West-Zentral-Pazifik; von Indonesien nach Japan zur den Marshall und Salomon-Inseln. In 5 bis 30 m Tiefe.
GU: Keine wesentlichen.
Soz.Verh./Vgs.: Seltener Einzelgänger an reichlich mit Korallen bestandenen Riffen geschützter Lagunen.
Hält.B.: Siehe bei *C. fasciatus*.
Licht: Sonnenlichtzone.
ZU/Verm.: Unbekannt.
FU: K; frißt Gastropoden, Krebsartige u.v.a.
Bes.: Keine.

T: 24-28°C, **L**: 22 cm, **BL**: ab 120 cm, **WB**: I, **WR**: u, **BS**: 3, **SG**: 3.

Fam.: Labridae

Cheilinus fasciatus (BLOCH, 1791)
Rotbrust-Lippfisch, Gestreifter Lippfisch

Vork.: Indo-Pazifik; vom Roten Meer bis Samoa, nach Japan (N), Neu Kaledonien (S). In 4 bis 40 m Tiefe.
GU: Keine.
Soz.Verh./Vgs.: *C. fasciatus* lebt einzeln auf Mischböden von lebenden Korallen und Bruchstücken und Schutt in Lagunen und an Außenriffen. Er ist nicht mit Wirbellosen zu vergesellschaften.
Hält.B.: Er ist ein kräftiger Bursche, der im Aquarium ordentlich "aufräumt", um an eventuell versteckte Tiere heranzukommen. Er braucht ein Versteck, viel Schwimmraum und reines Wasser. Er gehört weniger ins Heim-, besser in ein Schauaquarium.
Licht: Sonnenlichtzone.
ZU/Verm.: Nicht bekannt.
FU: K; Er frißt in der Natur Sand und Schutt bewohnende Kleintiere; im Aquarium alle Arten von Lebendfutter.
Bes.: *C. fasciatus* zieht gerne mit bodenwühlenden Fischen mit, um von diesen aufgewirbelte Tiere aufzuschnappen. Er folgt auch Tauchern in der Hoffnung, daß ihre plumpen Bewegungen Nahrung aufwirbeln oder freilegen, die er sogleich verzehrt.

T: 23-27°C, **L**: 40 cm, **BL**: ab 180 cm, **WB**: I, **WR**: u, **BS**: 2-3, **SG**: 3.

Cheilinus fasciatus ♂

Gattung *CHOERODON* BLEEKER, 1847

Alle 25 Arten dieser Gattung kommen im Indopazifik vor. Sie erreichen z.T. Längen bis 1 m, sind also für die Aquaristik uninteressant. Generell Einzelgänger, leben sie versteckt und knacken auch harte Schneckengehäuse mit ihren Monsterzähnen. *Choerodon fasciatus*, der Harlekin-Lippfisch, wird von den Philippinen und Australien importiert.

Choerodon fasciatus (GÜNTHER, 1867)
Harlekin-Lippfisch

Vork.:West-Pazifik, von Australien bis Japan. In 5 bis 35 m Tiefe.
GU: Keine; im Gegensatz zu den *Bodianus*-Arten wechselt sein Farbkleid nicht wesentlich mit Alter und Geschlecht.
Soz.Verh./Vgs.: Er lebt einzeln über Sand und Korallenschutt und ist nur mit Fischen zu vergesellschaften, die kräftig genug sind, sich von ihm nicht bedrängen zu lassen.
Hält.B.: Er benötigt ein Versteck als Schlafplatz und viel "Auslauf"; er ist oft sehr ruppig gegenüber anderen Beckeninsassen.
Licht: Sonnenlichtzone.
ZU/Verm.: Nicht bekannt.
FU: K; er besitzt ein typisches Fanggebiß mit vier vorstehenden Zähnen im Unterkiefer und zwei im Oberkiefer, die genau in die Lücke zwischen den unteren Zähnen passen. Er frißt die übliche Lippfischkost wie Muschelfleisch, Krebstiere, zerkleinerte Kalmare usw.
Bes.: Wie alle *Choerodon*-Arten ist er auf den Australisch-Japanischen Raum beschränkt und hebt gerne mit seinen kräftigen Zähnen Steine und anderes Bodenmaterial auf, um an darunter befindliche Beute zu kommen.

T: 25-28°C, **L**: 40 cm, **BL**: ab 180 cm,
WB: I, **WR**: u, **BS**: 2, **SG**: 3.

Choerodon fasciatus, juvenil

Choerodon fasciatus, 25 cm lang

Cirrhilabrus cyanopleura (BLEEKER, 1851)
Blauband-Lippfisch, Blaubauch-Lippfisch,

Vork.:Indo-Australischer Archipel; von der Christmas-Insel (Indischer Ozean) bis Neu Guinea. In 5 bis 20 m Tiefe.
GU: Die ♂♂ sind größer und kräftiger gefärbt als die ♀♀, ihre Bauchflossen sind verlängert und die Schwanzflosse zugespitzt. Sie können in der Balz irisierende Farben aufleuchten lassen. Die ♀♀ sind kleiner und besitzen einen schwarzen Punkt an der Schwanzwurzel.
Soz.Verh./Vgs.: *C. cyanopleura* lebt im Meer im Harem, wobei ein Männchen (Sekundärmännchen) zahlreiche Weibchen um sich versammelt. Sie bevorzugen Ränder von Lagunen, Kanälen und Außenriff-Abfällen, wo sie in 1 bis 2 m Höhe über dem Grund stehen und Plankton fangen. Im Aquarium pflegt man sie am besten alleine oder als Pärchen im Fisch- und auch im Wirbellosen-Aquarium.
Hält.B.: Die Tiere benötigen einen Unterschlupf und viel Schwimmraum sowie klares, sauerstoffreiches Wasser.
Licht: Sonnenlichtzone.
ZU/Verm.: Nicht bekannt.
FU: K; ist in der Natur Planktonfänger; frißt im Aquarium alle Arten von Planktonersatz, besonders Gefrier- und Flockenfutter.
Bes.: Wie die meisten Lippfische so hat auch diese Art weniger bunte ♀♀ und aus diesen hervorgegangene Sekundärmännchen (Terminalphase), die größer und wesentlich kräftiger gefärbt sind als die Initialphase.

T: 25-28°C, **L**: 15 cm, **BL**: ab 90 cm, **WB**: l, **WR**: u,m, **BS**:2, **SG**: 3.

Cirrhilabrus lubbocki RANDALL & CARPENTER, 1980
Lubbocks Lippfisch

Vork.: Indo-Australischer Archipel. In 5 bis 30 m Tiefe.
GU: Siehe Fotos; während das ♂ hauptsächlich rot gefärbt ist, zieren das ♀ dunkelweinrote Striche, von denen der erste unter der hartstrahligen Rückenflosse entlangläuft und der zweite in zwei ungleich langen Teilen eine Schuppenbreite unter deren Ende beginnt und bis zum Schwanzstiel läuft.
Soz.Verh./Vgs.: Er ist relativ gut einzeln oder als Pärchen mit Wirbellosen und auch Fischen zu vergesellschaften.
Hält.B.: Er benötigt gute Versteckmöglichkeiten; einen Platz, der seiner Größe entspricht und wo er sich zur Ruhe legen kann und viele überdachte Stellen, unter denen er am liebsten schwimmt.
Licht: Sonnenlichtzone.
ZU/Verm.: Nicht bekannt.
FU: K; er frißt im Meer Plankton und ist im Aquarium mit Kleinkrebsen (*Mysis*, Garnelenteilen), Muschelfleisch, Mückenlarven usw. gut zu ernähren.
Bes.: Wie viele Arten seiner Gattung ist auch diese *Cirrhilabrus*-Art erst spät beschrieben worden und einige Arten warten noch auf ihre Namen.

T: 24-28°C, **L**: 8 cm, **BL**: ab 50 cm, **WB**: l, **WR**: u, **BS**: 3, **SG**: 3.

Cirrhilabrus cyanopleura ♀

Cirrhilabrus lubbocki ♀, ♂ vorige Seite

Cirrhilabrus jordani SNYDER, 1904
Jordan's Lippfisch, Flammen-Lippfisch, Der Rote von Hawaii

Vork.: Nordost-Pazifik; bes. um Hawaii. In 5 bis 30 m Tiefe.
GU: Die Sekundärmännchen sind am Bauch gelb, oben orange und mit einem roten Streifen vom Auge ausgehend den Rücken entlang (siehe Foto). Die ♀♀ sind rot, am Bauch weißlich und ein angedeuteter dunkler Streifen führt vom Auge über den oberen Rücken.
Soz.Verh./Vgs.: *C. jordani* lebt einzeln, meist aber in Gruppen (Harems?) an tieferen Felsriffen. Er ist gut mit Fischen und Wirbellosen zu vergesellschaften.
Hält.B.: Er braucht gute Wasserverhältnisse (häufiger Wasserwechsel, alle 14 Tage etwa ein Fünftel des Beckeninhalts), Höhlen und Unterstände (z.B. Tischkorallen; (ersatzweise könnten wir dieser Art Schieferplatten ins künstliche Riff einbauen!), die ihm eine beschattete Schwimmweise ermöglichen. Auch die Glasfiber-Korallen von INSTANT OCEAN (siehe Seite 46f.) sind dafür geeignet.
Licht: Sonnenlichtzone.
ZU/Verm.: Nicht bekannt.
FU: K; *C. jordani* frißt im Meer hauptsächlich kleine Krebsartige. Im Aquarium geht er an hartschalige Tiere wie Schnecken, Muscheln, Krebse, *Mysis*, *Tubifex*, Mückenlarven, Wassserflöhe, Mehlwürmer, Kalbsherz u.v.a.; er ist also an einer möglichst vielseitigen, abwechslungsreichen Kost interessiert.
Bes.: Dieser kleine Lippfisch stellt für seine Umgebung überhaupt keine Belastung dar und er beachtet diese nicht. Er geht unbeirrt seiner Wege und vergreift sich auch nicht an wirbellosen Tieren.

T: 25-28°C, **L**: 10 cm, **BL**: ab 80 cm, **WB**: I, **WR**: u, **BS**: 2-3, **SG**: 2-3.

Cirrhilabrus melanomarginatus RANDALL & SHEN, 1978
Schwarzflossen-Lippfisch

Vork.:West-Pazifik; Taiwan, Philippinen. In 8 bis 25 m Tiefe.
GU: Nicht genau bekannt; wahrscheinlich ist das abgebildete Tier ein Sekundärmännchen.
Soz.Verh./Vgs.: Nicht bekannt.
Hält.B.: Nicht bekannt; aber wahrscheinlich wie alle anderen *Cirrhilabrus*-Arten.
Licht: Sonnenlichtzone.
ZU/Verm.: Unbekannt.
FU: K; frißt Zooplankton; im Aquarium wahrscheinlich alle Arten von Planktonersatz.
Bes.: Die Art wird manchmal mit *C. temmincki* verwechselt, die jedoch nur ganz feine dunkle Linien am Rande von Rücken- und Afterflosse besitzt.

T: 24-28°C, **L**: 10 cm, **BL**: ab 80 cm, **WB**: I, **WR**: u, **BS**: 3, **SG**: 3.

Cirrhilabrus jordani ♂

Cirrhilabrus melanomarginatus

Cirrhilabrus rubriventralis SPRINGER & RANDALL, 1974
Rotflossen-Lippfisch, Aqaba-Rotbauchflossen-Lippfisch
Sozial-Lippfisch

Vork.: Nördliche Hälfte des Roten Meeres. In 3 bis 43 m Tiefe.
GU: Die ♀♀ sind orange-rot mit einigen blauen Längslinien und einem schwarzen Fleck oben an der Schwanzwurzel. Die ♂♂ (Sekundärmännchen) sind rot, haben die ersten zwei Strahlen der Rückenflosse in langen Fäden ausgezogen, die Schwanzflossen in spitze obere und untere Enden auslaufend (nicht gerundet wie beim ♀) und eine stark verlängerte rote Bauchflosse (daher sein lateinischer Name).
Soz.Verh./Vgs.: *C. rubriventralis* lebt im Meer in Harems von einem ♂ und zahlreichen ♀♀ an Riffen mit Unterständen und Höhlungen über Böden mit Korallenschutt. Er ist mit Fischen und vielen Niederen Tieren (aber keinen kleinen Mollusken und Krebsen) zu vergesellschaften.
Hält.B.: Er braucht viele Versteckmöglichkeiten in denen er völlig verschwinden kann (hier schläft er auch nachts) und überdachte Schwimmräume. Im freien Wasser ist er fast nie zu finden.
Licht: Sonnen- und Mittellichtzone. **ZU/Verm.**: Nicht bekannt.
FU: K; er knackt im Meer kleine hartschalige Tiere wie Schnecken, Muscheln und Krebse und frißt Zooplankton. Im Aquarium geht er an fleischliche zerkleinerte Nahrung wie Muschelfleisch, Garnelen, *Cyclops, Mysis*, Gefrierfutter und ein wenig Algen.
Bes.: Obwohl nur aus dem nördlichen Roten Meer bekannt, werden die Tiere auch aus Sri Lanca importiert. Gibt es die Tiere auch dort, oder gehen die Händlerpfade verschlungene Wege?
T: 24-28°C, **L**: 10 cm, **BL**: ab 180 cm, **WB**: I, **WR**: u,m, **BS**: 2, **SG**: 3

Cirrhilabrus rubriventralis ♀

Cirrhilabrus ryukyukiensis ♀

Cirrhilabrus ryukyukiensis ISHIKAWA, 1904
Ryukyu-Lippfisch

Vork.: West-Pazifik; von den Philippinen bis Hawaii. In 4 bis 15 m Tiefe.
GU: Die ♀♀ bzw. Tiere der Initialphase fallen durch einen gelben Brustfleck und einen darüberliegenden, dunkel-blauvioletten unten schräg abgeschnittenen Fleck auf, der bis auf den Kopf nach vorne reicht. Die Sekundärmännchen sind weniger dekorativ.
Soz.Verh./Vgs.: Lebt im Meer in großen Gruppen besonders im Schutze von Korallen.
Hält.B.: Nicht bekannt; er wird aber wie alle Tiere dieser Gattung einen entsprechenden Unterschlupf, sauerstoffreiches Wasser und genügend Schwimmraum brauchen.
Licht: Sonnenlichtzone. **ZU/Verm.**: Nicht bekannt.
FU: K; frißt im Meer Zooplankton, das er aus dem freien Wasser über den Weichkorallen aufschnappt; geht an variationsreiches Futter, das er im freien Wasser ganz aufschnappt; es muß aber entsprechend zerkleinert sein.
Bes.: Über diesen Lippfisch, dessen Weibchen ! besonders farbenprächtig sind, weiß man bei uns kaum etwas.
T: 23-28°C, **L**: 10 cm, **BL**: ab 90 cm, **WB**: I, **WR**: u-o **BS**: 4, **SG**: 3.

Cirrhilabrus rubriventralis ♂

Cirrhilabrus ryukyukiensis

Fam.: Labridae

Cirrhilabrus temmincki SCHULTZ, 1960
Temminck's Lippfisch, Fadenflossen-Lippfisch

Vork.: West-Pazifik; von Indonesien bis Japan und zum Großen Barriere-Riff. In 5 bis 30 m Tiefe.
GU: Die ♀♀ sind fast ausschließlich orange-rot und blasser als die ♂♂. Diese entwickeln stark verlängerte Bauchflossen und besitzen brilliant blaue Streifen in Rücken- und Afterflosse, die zur Balzzeit "ein- und ausgeschaltet" werden können.
Soz.Verh./Vgs.: Die Tiere leben einzeln oder in kleinen Gruppen (Harems?) an seichten Riffen klarer Lagunen und an Außenriffen. Sie können in Fisch- und Wirbellosen-Aquarien gehalten werden.
Hält.B.: Die Art benötigt gute Versteckplätze und reines Wasser.
Licht: Tageslichtzone.
ZU/Verm.: Nicht bekannt.
FU: K; liebt abwechslungsreiche Kost tierischen Ursprungs und schnappt nach allem, was im Wasser schwebt.
Bes.: Die Tiere ähneln *C. rubriventralis*; der helle Bauch reicht jedoch höher, bis über die Brustflosse hinauf und Rücken- sowie Afterflosse tragen feine blaue Linien.

T: 23-28°C, **L:** 9 cm, **BL:** ab 80 cm, **WB:** I, **WR:** u, **BS:** 2-3, **SG:** 3.

Cirrhilabrus sp.
Weißnasen-Lippfisch, Barriere-Riff-Lippfisch

Vork.: Ost-Australien. In 5 bis 28 m Tiefe.
GU: Nicht bekannt; es dürfte dies das Sekundärmännchen sein.
Soz.Verh./Vgs.: Nicht bekannt.
Hält.B.: Nicht bekannt.
Licht: Sonnenlichtzone.
ZU/Verm.: Nicht bekannt.
FU: K;
Bes.: Wie obige Art wartet auch diese attraktive Art auf eine baldige Beschreibung.

T: 24-28°C, **L:** 10 cm, **BL:** ab 80 cm, **WB:** I, **WR:** u, **BS:** 4, **SG:** 3.

Cirrhilabrus temmincki ♂

Cirrhilabrus sp.

Gattung *PARACHEILINUS* FOURMANOIR, 1955

Diese Gattung ist mit *Cirrhilabrus* eng verwandt und ernährt sich auch von Zooplankton im freien Wasser über dem Riff. In den 80iger Jahren wurden neue Arten im indonesischen Raum entdeckt, die an Farbenpracht nicht zu überbieten sind. Sie wurden allerdings wissenschaftlich noch nicht beschrieben. Männchen tragen im Gegensatz zu den bislang bekannten Arten zwei verlängerte Dorsalstrahlen. Bekannt war bislang, daß *P. mccoskeri* nur im Indik vorkommt. Er ist deutlich an nur einem verlängerten Dorsalstrahl zu erkennen. Inzwischen dürfte er auch in Indonesien nachgewiesen sein. Die im Roten Meer vorkommende Art *P. octotaenia*, für die die Gattung aufgestellt wurde, zeigt dagegen eine völlig andere Silhouette. *Paracheilinus*-Lippfische eignen sich gut für ein Wirbellosen-Meerwasseraquarium mit wenigen Fischen. Sie nehmen das Ersatzfutter - wie aus ihrem natürlichen Biotop gewohnt - gern aus dem freien Wasser im Aquarium, wo es die Umwälzpumpen hinwirbeln.

Paracheilinus carpenteri RANDALL & LUBBOCK, 1979
Carpenter's Lippfisch

Vork.: Indonesien, Philippinen bis Japan. In 27 bis 45 m Tiefe.
GU: Die ♂♂ sind rötlich bis orange und besitzen 2 bis 4 stark verlängerte Weichstrahlen in der Rückenflosse; bei ♀♀ können diese Strahlen auch etwas verlängert sein und sie sind eher gelb-beige gefärbt. Die hellblauen Längsstreifen sind bei beiden Geschlechtern etwa gleich angeordnet. An den ♂♂ fallen auch große blaue, runde Flecken in Rücken- und Afterflosse auf. Die ♀♀ hingegen haben in den Flossen feine weißliche Punkte und Striche.
Soz.Verh./Vgs.: Die Tiere leben in losen Gruppen auf tieferen Mischböden mit Hart- und Weichkorallen sowie Korallenschutt und etwas Sand. Sie kommen nur selten als Beifänge in den Handel und über ihre Vergesellschaftungsmöglichkeiten weiß man wenig. Da sie Plankton fressen, ist ihre Haltung im Wirbellosen-Aquarium möglich.
Hält.B.: *P. carpenteri* benötigt Fels und Sand sowie nicht zu starke Beleuchtung und gleichbleibende Temperaturverhältnisse, da er im Meer praktisch keine Schwankungen erlebt.
Licht: Mittellichtzone.
ZU/Verm.: Nicht bekannt.
FU: K; er frißt im Meer hauptsächlich Plankton. Er ist am ehesten mit Kleinkrebsen, Muschelfleisch und dergleichen ans Futter zu gewöhnen.
Bes.: Dieser seltene Fisch wird nur von den Philippinen importiert und ist an den 2 bis 4 verlängerten Rückenweichstrahlen (1.3.5.7.Strahl) gut zu erkennen.

T: 24-26°C, **L:** 10 cm, **BL:** ab 80 cm, **WB:** l, **WR:** u, **BS:** 3, **SG:** 3.

Paracheilinus carpenteri ♀

Paracheilinus carpenteri ♂

Fam.: Labridae

Paracheilinus filamentosus ALLEN, 1974
Faden-Lippfisch, Filamenten-Lippfisch

Vork.:Indo-Australischer Archipel; von Indonesien bis Neu Guinea und zu den Salomon-Inseln. In 5 bis 35 m Tiefe.
GU: Die ♂♂ besitzen eine ausgezogene, mondsichelförmige Schwanzflosse und 2 bis 6 Weichstrahlen der Rückenflosse können verlängert sein. Die Schwanzflosse der ♀♀ ist nicht so weit ausgezogen und die Rückenstrahlen sind nur ganz wenig verlängert. Die 5 roten bis purpurnen Längsstreifen am Körper unterhalb der Seitenlinie laufen am Kopf zusammen und sind bei ♂♂ und ♀♀ ungefähr gleich.
Soz.Verh./Vgs.: Die Tiere leben in Gruppen auf gemischten Böden mit Korallenbewuchs. Sie sind gut mit Fischen und auch vielen Wirbellosen zu vergesellschaften.
Hält.B.: Die Tiere brauchen Versteckmöglichkeiten und freien Schwimmraum.
Licht: Tageslichtzone. **ZU/Verm.**: Unbekannt.
FU: K; Erwachsene Tiere fangen im freien Wasser Plankton und sind im Aquarium mit "Planktonersatz" und abwechslungsreicher Kost zu ernähren.
Bes.: *P. filamentosus* ist die einzige Art mit ausgezogener Schwanzflosse und daher leicht von den anderen Arten mit gerundeter Schwanzflosse zu unterscheiden. Sie ist auch sehr variabel die ♀♀ von den Philippinen z.B. haben keine leicht verlängerten Weichstrahlen in der Rückenflosse.
T: 24-28°C, **L**: 9 cm, **BL**: ab 80 cm, **WB**: l, **WR**: u, **BS**: 3-4, **SG**: 3.

Paracheilinus filamentosus

Paracheilinus hemitaeniatus RANDALL & HARMELIN-VIVIEN, 1977
Mauritius-Lippfisch, Dickstreifen-Lippfisch

Vork.: Diese von Mauritius und den Mascarenen bekannte Art kommt auch an der Küste Ostafrikas, im Roten Meer und möglicherweise um die Malediven vor. In 10 bis 30 m Tiefe.
GU: Die ♀♀ sind hauptsächlich rosa gefärbt; der Bauch ziemlich weiß, die Brustflossen durchscheinend rosé und rot eingefaßt. Ein dunkelroter unregelmäßiger Fleck zieht von der Rücken- zum Ansatz der Afterflosse. Die Sekundärmännchen haben die hier abgebildete Färbung mit typischen blauen Linien.
Soz.Verh./Vgs.: Einzeln mit Fischen und Wirbellosen zu vergesellschaften.
Hält.B.: Er benötigt Versteckmöglichkeiten und entsprechenden Schwimmraum sowie gute Wasserqualität (häufiger Wasserwechsel !)
Licht: Sonnenlichtzone.
ZU/Verm.: Nicht bekannt.
FU: K; er frißt alle Arten von "Planktonersatz" wie *Mysis*, Garnelen, Mückenlarven aber auch zerkleinertes Fleisch von Muscheln und Tintenfischen usw.
Bes.: Die Art ist zwar aus Mauritius bekannt und wird sogar manchmal von dort importiert, bislang war der Name jedoch nicht bekannt.

T: 23-27°C, **L**: 10 cm, **BL**: ab 80 cm, **WB**: l, **WR**: u,m, **BS**: 2, **SG**: 3.

Paracheilinus filamentosus ♂

Paracheilinus hemitaeniatus

Paracheilinus mccoskeri RANDALL, HARMELIN & VIVIEN, 1977
McCosker's Lippfisch

Vork.:Indischer Ozean von Ostafrika bis Thailand. In 5 bis 40 m Tiefe.
GU: Die ♂♂ besitzen als besonderes Kennzeichen nur einen verlängerten Weichflossenstrahl und eine breite dunkle Zone an der Schwanzflossenbasis. Die jungen und weiblichen Tiere besitzen keine solche dunkle Zone und sind weniger bunt, größtenteils rot und die blauen Streifen am Körper sind sehr schmal und undeutlich.
Soz.Verh./Vgs.: Dieser kleine Lippfisch lebt oft in großen Gruppen über mit Muscheln oder Seegras bedeckten Sandböden, wo die Weibchen eine eher versteckte Lebensweise führen, während die bunten Sekundärmännchen in 0,5 bis 1m Höhe über dem Grund patrouillieren. *P. mccoskeri* kann einzeln, aber auch in kleinen Gruppen gehalten werden.
Hält.B.: Felsen oder andere Versteckmöglichkeiten und Sand oder Schutt bieten die nötigen Voraussetzungen für diesen schönen Lippfisch.
Licht: Sonnen- und Mittellichtzone.
ZU/Verm.: Nicht bekannt.
FU: K; frißt hauptsächlich Plankton, nimmt aber auch Kleintiere vom Boden. Als Ersatzfutter bieten sich *Mysis*, Grindalwürmchen, Garnelen, zerkleinertes Muschelfleisch usw. an.
Bes.: *P. mccoskeri* ist wie die meisten Paracheiliniden äußerst scheu; die Weibchen verstecken sich so, daß man sie kaum einmal sieht; die Männchen lassen den Taucher nur auf einige Meter Entfernung heran. Wer sich allerdings längere Zeit auf die Lauer legt, wird das herrliche Imponiergehabe der ? beobachten können; denn wenn zwei einander begegnen, so spreizen sie alle Flossen von sich und lassen ein wahres Feuerwerk an Farben aufleuchten.

T: 25-28°C, **L**: 9 cm, **BL**: ab 80 cm, **WB**: l, **WR**: u, **BS**: 3, **SG**: 3.

Paracheilinus octotaenia FOURMANOIR, 1955
Achtstreifen-Lippfisch

Vork.: Rotes Meer. In 5 bis 45 m Tiefe.
GU: Beide Geschlechter sind ungefähr gleich orangerot, nur die ♀♀ haben 4 bis 5 blaue Längslinien, die ♂♂ deren acht.
Soz.Verh./Vgs.: Die Art lebt in losen Ansammlungen und großen Gruppen über Korallenschutt oder Bereichen mit lebenden Korallen, meist 1 m über dem Boden schwimmend. Sie kann daher in Gruppen auch mit Wirbellosen gepflegt werden.
Hält.B.: Felsverstecke und viel freier Schwimmraum sind Voraussetzungen für die erfolgreiche Pflege dieser Art, die jedoch kaum eingeführt wird.
Licht: Tageslichtzone.
ZU/Verm.: Nicht bekannt.
FU: K; fängt im Meer Plankton aus dem freien Wasser; geht im Aquarium an alles frei schwebende Kleinfutter.
Bes.: *P. octotaenia* ist gut erkennbar am rundlichen Kopf und den ziemlich gleichmäßig hohen Rücken- und Afterflossen. Da in den Schwärmen wesentlich mehr ♀♀ als ♂♂ vorkommen, nimmt man an, daß alle *Paracheilinus*-Arten in Harems mit je einem großen, bunten Sekundärmännchen und zahlreichen ♀♀ leben.

T: 24-28°C, **L**: 9 cm, **BL**: ab 80 cm, **WB**: l, **WR**: u-o, **BS**: 3-4, **SG**: 3.

Paracheilinus octotaenia

Paracheilinus mccoskeri ♂, Flores (Indonesien)

Paracheilinus octotaenia

Gattung *PSEUDOCHEILINUS* BLEEKER, 1861

Zwar leben die Arten dieser Lippfisch Gattung recht verborgen, aber wie ihre Verbreitungsgebiete zeigen, haben sie sich im gesamten indopazifischen Raum durchgesetzt. Auf den seeseitigen Riffen der tropischen Länder verstecken sie sich zwischen Korallenstöcken, Korallenschotter und Sandflecken. Sie huschen im Bereich von 6 bis 40 m Tiefe ständig umher und sind für den Taucher schon wegen der geringen Größe kaum zu erkennen. Trotzdem sind die *Pseudocheilinus*-Arten farblich sehr ansprechend und gelangen immer wieder in den Zoohandel. Für ihre Friedfertigkeit gegenüber Putzer-, Marmor- und Scherengarnelen bekannt, kann man sie gut mit größeren Krebsen vergesellschaften. Sie lieben es, an lebenden Steinen herumzuzupfen und nehmen auch angebotenes Ersatzfutter an. Sie lösen sich sogar vom Boden, wenn Krillkrebse durch die Umwälzpumpe herangewirbelt werden. Die Erfahrung hat gezeigt, daß zu großer Konkurrenzdruck durch größere Fische sie nicht satt werden läßt. Also sollte man vermeiden, *Pseudocheilinus*-Lippfische mit Fahnen-oder Zwergbarschen zu vergesellschaften, die viel schneller das angebotene Futter annehmen. Korallen- und Krustenanemonen werden durch Lippfische der Cirrhilabrus-Gruppe nicht verletzt oder beschädigt.

Pseudocheilinus hexataenia

Pseudocheilinus evanidus

Pseudocheilinus evanidus JORDAN & EVERMANN, 1903
Weißwangen-Lippfisch

Vork.: Indo-Pazifik; vom Roten Meer bis Hawaii und Tuamotu und Japan (N). In 6 bis 40 m Tiefe (selten seichter als 20 m).
GU: Keine.
Soz.Verh./Vgs.: *P. evanidus* lebt einzeln oder paarweise versteckt auf Felsgründen mit Korallenbruchstücken an Außenriffen. Er ist nicht mit Wirbellosen und auch nicht mit ruppigen größeren Fischen zu vergesellschaften.
Hält.B.: Er benötigt Unterstände und Verstecke und viel beschatteten Schwimmraum, um seine versteckte Lebensweise beibehalten zu können.
Licht: Mittellichtzone.
ZU/Verm.: Nicht bekannt.
FU: K; sucht im Meer zwischen Korallenschutt versteckte Kleinlebewesen. Ist mit Krebs- und Muschelfleisch, in ganz kleinen Stücken angeboten, am ehesten ans Futter zu gewöhnen.
Bes.: Ein besonderes Kennzeichen des ziemlich eintönig rot-orangefarbigen Tieres, an welchem man ganz feine Längsstreifen feststellen kann, ist ein weißer Strich vom Mundwinkel zur Wange.
Wie einige nahe verwandte Fischgattungen (*Cirrhilabrus, Paracheilinus* u.a.) besitzt *Pseudocheilinus* zweigeteilte Pupillen, wahrscheinlich um wie mit einer Lupe Kleintiere besser anpeilen zu können (Adlerauge !).

T: 23-28°C, **L**: 8 cm, **BL**: ab 80 cm, **WB**: I, **WR**: u, **BS**: 2, **SG**: 3.

Pseudocheilinus hexataenia (BLEEKER, 1857)
Sechsstreifen-Lippfisch, Vielstreifen-Lippfisch

Vork.: Indo-Pazifik; vom Roten Meer bis Tuamotu, nach Japan (N) und zu den Lord Howe Inseln (S). In 4 bis 35 m Tiefe.
GU: Keine.
Soz.Verh./Vgs.: Er lebt einzeln, paarweise oder manchmal in kleinen Gruppen an Außenriffen, besonders zwischen Zweigen von lebenden Korallen.
Hält.B.: Er benötigt gute Versteckmöglichkeiten und gedeckte Schwimmräume. Er kann jung auch mit Artgenossen gemeinsam, aber nicht mit robusten Arten und auch nicht mit Wirbellosen gehalten werden.
Licht: Tages- und Mittellichtzone.
ZU/Verm.: Unbekannt.
FU: K; er frißt besonders kleine Bodentiere wie Krebse, Muscheln, Schnecken, Fischeier, Krabbenlarven usw. und kann daher mit abwechslungsreichem Futter aller Art, auch FLockenfutter im Aquarium gehalten werden.Er ist jedoch empfindlich und bei der Eingewöhnung anfällig.
Bes.: *P. hexataenia* ist einer der häufigsten Pseudocheilinae, wird jedoch wegen seiner versteckten Lebensweise unter Wasser selten gesehen. Wichtige Kennzeichen sind zahlreiche Längsstreifen (6 blaue mit 6 gelb-orangen abwechselnd), die bis über die Körpermitte herabreichen und ein schwarzer Augenfleck oben am Schwanzstiel.

T: 24-28°C, **L**: 10 cm, **BL**: ab 100 cm, **WB**: l, **WR**: u, **BS**: 1-2, **SG**: 3:

Pseudocheilinus tetrataenia SCHULTZ, 1960
Vierstreifen-Lippfisch

Vork.:Pazifische Platte; von Indonesien und Australien bis Hawaii und Tuamotu. In 6 bis 44 m Tiefe.
GU: Keine.
Soz.Verh./Vgs.: *P. tetrataenia* führt einzeln oder paarweise eine versteckte Lebensweise zwischen lebenden Korallen und Korallenschutt an Außenriffen. Er ist nur mit nicht zu ruppigen Fischen und nicht mit Wirbellosen zu vergesellschaften.
Hält.B.: Er ist gut haltbar und benötigt ein mit entsprechenden Verstecken ausgestattetes Felsaquarium.
Licht: Tages- bis Mittellichtzone.
ZU/Verm.: Nicht bekannt.
FU: K; frißt im Meer Kleinlebewesen wie Krebse, Eier anderer Tiere, besonders von Fischen, Mollusken, "Würmer" aller Art usw. Er benötigt eine abwechslungsreiche tierische Kost und frißt nach Eingewöhnung so ziemlich alles, was man ihm anbietet.
Bes.: 4 blaue und 4 rote Längsstreifen oberhalb der Körpermitte unterscheiden diese Art vom etwas ähnlichen *P.hexataenia*; die spitze Schnauze dient als Unterscheidungsmerkmal von der rundköpfigen Gattung *Paracheilinus*, die ebenfalls, wenn auch nicht so regelmäßig, längsgestreifte Arten umfaßt.

T: 25-28°C, **L**: 9 cm, **BL**: ab 80 cm, **WB**: l, **WR**: u, **BS**: 2-3, **SG**: 3.

Pseudocheilinus hexataenia

Pseudocheilinus tetrataenia

Gattung *ANAMPSES* QUOY & GAIMARD, 1824

Fische dieser Gattung sind im Indopazifik zuhause. Es gibt 13 Arten, die fast alle einem extremen Farbwechsel vom Jugend- zum Altersstadium unterliegen. *Anampses*-Arten sind von anderen Lippfischen durch je ein Paar unter der Ober- und Unterlippe liegender Zähne zu unterscheiden, die aus dem Maul herausschauen. Damit hacken sie auf Korallen und Felsen ein, um Nahrung zu lösen. Sehr lebendig ziehen sie in kleinen Gruppen durchs Riff, wobei die Jungtiere falsche Augenflecken an den Enden der Dorsal- und Analflossen tragen. Bei der meist ausgeübten "Kopfschwimmweise" erscheint der *Anampses*-Lippfisch als großes Gesicht. Die Arten bleiben klein und sind für die Meeraquaristik zu empfehlen.

Anampses caeruleopunctatus S. 850/851

Anampses chrysocephalus RANDALL, 1958
Rotschwanz-Lippfisch, Rotschwanz-Perllippfisch

Vork.: Pazifik; um Hawaii und die Midway-Inseln. In 15 bis 50 m Tiefe.
GU: Die Initialphase trägt ein hell gepunktetes Kleid; diese Punkte sind an Kopf und Rücken sehr klein und dicht stehend; die Rückenflosse ist hell mit einem kleinen Augenfleck rückwärts. Terminale Männchen besitzen einen roten Kopf und wenige helle Punkte; Rücken und Bauch (samt Flossen) sind dunkel, während die Körpermitte hell erscheint. Die Schwanzflosse ist hinten dunkel.
Soz.Verh./Vgs.: *A. chrysocephalus* lebt meist paarweise über gemischten Böden aus Fels und Sand. Er ist am besten mit friedfertigen Fischen zu vergesellschaften.
Hält.B.: Er benötigt Felsgründe und Sand zum Eingraben sowie entsprechenden Schwimmraum.
Licht: Tageslichtzone. **ZU/Verm.:** Nicht bekannt.
FU: K; er frißt in der Natur sehr unterschiedliche Formen von Kleintieren und geht im Aquarium an fast alle Arten von Ersatzfutter wie Garnelen, Muschel- und Krabbenfleisch sowie Flockenfutter, die möglichst in nicht zu großen Stücken angeboten werden sollten.
Bes.: Die Tiere sind selten im Handel und werden nur aus Hawaii importiert.

T: 24-28°C, **L:** 15 cm, **BL:** ab 120 cm, **WB:** l, **WR:** u, **BS:** 2, **SG:** 3.

Anampses chrysocephalus

Anampses chrysocephalus ♂ und ♀

Anampses chrysocephalus 2 ♀

Anampses femininus RANDALL, 1972
Blauschwanz-Lippfisch, Blauschwanz-Perllippfisch

Vork.: Tropischer Südpazifik. In 10 bis 30 m Tiefe.
GU: Die Initialphase ist vorne gelb-orange mit blauen welligen Längslinien. Die rückwärtigen Flossen sind blau (daher der Name) mit Augenflecken in Rücken- und Afterflosse. Die Terminalphase (Sekundärmännchen) besitzt einen dunklen Kopf, auf welchem die blauen Linien hell aufleuchten (besonders zur Laichzeit). Die hintere Körperhälfte ist gelb, oft mit einem dunklen Schatten, und nur die rückwärtigen Flossen sind blau.
Soz.Verh./Vgs.: Die Tiere leben einzeln oder paarweise über gemischten Sand- und Felsböden. Über Vergesellschaftungsmöglichkeiten ist wenig bekannt.
Hält.B.: Eine Sandschicht zum Eingraben und felsige Aufbauten bieten den Tieren die notwendigen Voraussetzungen.
Licht: Tageslichtzone.
ZU/Verm.: Nicht bekannt.
FU: K; abwechslungsreiches Futter mit kleinen Bissen von Muschel-, Krebs- und Fischfleisch, Krebschen sowie Flocken- und Gefrierfutter werden angenommen.
Bes.: Da die Tiere in einem Gebiet leben, aus welchem kaum Importe kommen und außerdem eine versteckte Lebensweise führen, bekommt man sie höchstens als zufällige Beifänge im Handel. Sie wären lohnende Beobachtungsobjekte, da aquaristische Daten größtenteils fehlen.

T: 24-28°C, **L**: 12 cm, **BL**: ab 100 cm, **WB**: l, **WR**: u, **BS**: 3-4, **SG**: 3.

Anampses lennardi, Seite 850/851

Anampses lineatus RANDALL, 1972
Linien-Lippfisch, Linien-Perllippfisch, Linierter Tamarin

Vork.: Indischer Ozean; vom Roten Meer und von Ostafrika bis Indonesien. In 10 bis 30 m Tiefe.
GU: Gering; die Färbung und Form ändert sich nur unwesentlich mit dem Wachstum und dem Geschlecht. Lediglich die aus ♀♀ der Initialphase hervorgegangenen ♂♂ sind etwas größer.
Soz.Verh./Vgs.: *A. lineatus* lebt einzeln oder paarweise an tieferen Außenriffen.
Hält.B.: Er benötigt neben felsigem Grund mit Versteckmöglichkeiten vor allem einen Sandboden von zumindest 3 cm Tiefe, worin er sich bei Gefahr und nachts zum Schlafe verstecken kann. Auch wenn er sich nicht wohlfühlt oder wenn er frisch eingesetzt wird,vergräbt er sich.
Licht: Tageslichtzone.
ZU/Verm.: Nicht bekannt.
FU: K; sucht im Meer Kleintiere am Boden, die er mit seinen vorstehenden Zähnen packt. Er geht im Aquarium an das übliche gemischte Lippfisch-Futter wie *Mysis*, Krill und andere Garnelen, Mückenlarven, Wasserflöhe, Muschel-, Krabben- und Fischfleisch, Flockenfutter usw.
Bes.: Die Tiere besitzen pro Schuppe einen hellblauen Fleck, der sich mit dem Wachstum zu einem Streifen durch die Schuppe ausweitet und schließlich zu Längslinien ordnet. Der Schwanz ist vorne weiß, hinten schwarz.

T: 23-28°C, **L**: 10 cm, **BL**: ab 100 cm, **WB**: l, **WR**: u, **BS**: 2, **SG**: 3.

Anampses femininus

Anampses femininus ♀

Anampses meleagrides, juvenil, S. 848

Anampses lineatus

Anampses twisti, Text Seite 850

Anampses melanurus (BLEEKER, 1857)
Schwarzschwanz-Perllippfisch

Vork.: West-Pazifik; von Indonesien durch Mikronesien und nach Japan. In 15 bis 40 m Tiefe.
GU: Form und Farbe der Tiere ändern sich mit Wachstum und Geschlecht nur wenig.die Sekundärmännchen sind etwas größer.
Soz.Verh./Vgs.: Die Tiere leben einzeln oder paarweise an Außenriffen mit Sandeinlagerungen und sind relativ selten. Sie sind für reine Fischaquarien geeignet.
Hält.B.: Steinformationen und eine Sandschicht zum Eingraben werden benötigt.
Licht: Sonnenlichtzone.
ZU/Verm.: Nicht bekannt.
FU: K; frißt abwechslungsreich dargebote tierische Nahrung von Garnelen und Gastropoden bis zu Flockenfutter.
Bes.: Die Art ist sehr nahe verwandt mit *A. lineatus*, die aber auf den Indischen Ozean beschränkt ist und erst 1983 von RANDALL als pazifische Art ganz abgetrennt wurde. Früher wurden beide als Unterarten (*A.melanurus lineatus* und *A. melanurus melanurus*) geführt. Im Gegensatz zu *A. lineatus* bleiben die hellblauen Punkte auf die Schuppenmitte beschränkt und bilden so nur Punktreihen und keine Längslinien. Die Schwanzflosse ist am Grunde gelblich (und nicht weiß), hinten schwarz.

T: 23-28°C, **L**: 10 cm, **BL**: ab 80 cm, **WB**: I, **WR**: u, **BS**: 2, **SG**: 3.

Anampses meleagrides VALENCIENNES, 1839
Gelbschwanz-Perllippfisch, Gelbschwanz-Lippfisch

Vork.: Indo-Pazifik; vom Roten Meer bis Tuamotu und nach Japan (N). In 5 bis 50 m Tiefe.
GU: Form und Farbe ändern sich nur geringfügig mit Alter und Geschlecht. Jungtiere haben eine abgerundete Schwanzflosse, erwachsene eine abgestutzte bis ausgerandete. Die Initialphase besitzt eine rötlich-braune Schnauze und kleine runde, weiße Punkte pro Schuppe. Die Schwanzflosse ist gelb. Sekundärmännchen sind dunkel-orange-braun und die blauen Punkte sind vertikal verlängert. Rücken- und Afterflosse sind stumpf orange mit blauen Streifen. Die Schwanzflosse ist orange mit runden blauen Flecken und einem typischen blauen V vor einer blaß durchscheinenden dreieckigen Mitte.
Soz.Verh./Vgs.: Die Tiere leben einzeln oder paarweise an Riffen mit gemischtem Korallenwuchs aber auch Schutt, Kalkstein und Sand an Außenriffen. Sie sind mit nicht zu ruppigen Fischen gut zu halten.
Hält.B.: *A. meleagrides* paßt in ein Riffaquarium mit entsprechendem Sandgrund.
Licht: Tageslichtzone.
ZU/Verm.: Nicht bekannt.
FU: K; Die Art frißt *Mysis*, Krill u.a. Garnelen, Wasserflöhe, Muschel- und Krabbenfleisch u.v.a.
Bes.: Ein gutes Unterscheidungsmerkmal der Weibchen ist die ganz gelbe Schwanzflosse.

T: 24-28°C, **L**: 17 cm, **BL**: ab 150 cm, **WB**: I, **WR**: u, **BS**: 2, **SG**: 3.

Anampses melanurus ♂

Anampses meleagrides ♀

Anampses neoguinaicus , Montague Insel, Neusüdwales

Der Neu-Guinea-Perllippfisch (*A.neoguinaicus*, BLEEKER,1878) bewohnt den Indo-Australischen Archipel und wird 8 cm lang. Das Foto ist etwas überstrahlt; der Fisch ist oben braun, sonst weiß mit weißen Punkten und Stricheln.
Der Gelbbrust-Perllippfisch (*A. twisti*, BLEEKER, 1856) kommt vom Roten Meer bis Tuamotu und Japan vor und bevorzugt geschützte Riffe (Foto Seite 847).
Lennards Perllippfisch (*A. lennardi*, SCOTT, 1959) lebt um West-Australien und wird 25 cm lang. Er trägt ein eher untypisches Kleid für diese Gattung, bestehend aus orangen und blauen unregelmäßigen Linien.
Der Diamanten- oder Blaupunkt-Perllippfisch (*A. caeruleopunctatus*, RÜPPELL, 1828) weist starke Unterschiede im Farbkleid der Initial- und Terminalphase auf und kommt vom Roten Meer bis zu den Osterinseln vor. Die Sekundärmännchen sind tief blaugrün gefärbt mit ebensolchen senkrechten Linien auf den Schuppen und horizontalen Streifen auf den Flossen. Die Initialphase (siehe Bild) trägt jene namensgebenden leuchtend blauen Punkte auf jeder Schuppe.

Anampses lennardi

Anampses caeruleopunctatus

Gattung *CHEILIO* LACEPÈDE, 1802

Diese monotypische Gattung kennt nur die eine Art, den Zigarren-Lippfisch *Cheilio inermis*. Da er aber weit verbreitet ist - er schwimmt sowohl im Roten Meer als auch an den Osterinseln im Ostpazifik -, wird er immer wieder gefangen und importiert. Der extreme zylindrische Körper dieses Lippfisches wird bis zu 50 cm lang! Im Jugendstadium trägt er Längsstreifen, die im Alter verschwinden. Augenfällige rote, gelbe oder vielfarbige Flecken hinter den Brustflossen machen dann auf ihn aufmerksam. Während Jungtiere gern in kleinen Gruppen schwimmen, sieht man ausgewachsene Zigarren-Lippfische nur einzeln. Man findet sie in Tiefen bis 30 m über Seegrasfeldern oder algenbedeckten Riffen. Sie ernähren sich von Seeigeln, Schnecken und Krebstieren.

Cheilio inermis (FORSSKÅL, 1775)
Zigarren-Lippfisch

Vork.: Indo-Pazifik; vom Roten Meer bis Hawaii und zu den Osterinseln, nach Japan (N) und den Lord Howe Inseln (S). In 2 bis 30 m Tiefe.
GU: Keine; große ♂♂ können einen leuchtend gelben, orangen, schwarzen, weißen oder vielfarbigen Fleck hinter der Brustflosse entwickeln.
Soz.Verh./Vgs.: *Ch. inermis* lebt einzeln über Seegraswiesen oder dicht mit Algen bedeckten Flächen; geht aber auch an Lagunen- und Außenriffe. Nur ganz junge Tiere sind mit robusten Fischen zu vergesellschaften.
Hält.B.: Da er schnell wächst, sehr groß wird und außerdem Niedere Tiere frißt, ist er nicht gut für das Heimaquarium geeignet. Er paßt vielleicht in große Fisch-Schauaquarien aber keinesfalls in solche mit Wirbellosen. Er benötigt viel Schwimmraum.
Licht: Tageslichtzone.
ZU/Verm.: Nicht bekannt.
FU: K; frißt in der Natur Bodentiere wie Krebse, Schnecken, Muscheln, Seeigel u.v.a. und geht im Aquarium nach Eingewöhnung an fast alle Arten von Ersatzfutter.
Bes.: Jungtiere haben meist ein braun- oder grün-geflecktes Farbkleid, das sie in Seegras und Algenbewuchs gut tarnt. Manchmal findet man Tiere mit einem breiten mittleren Längsband (siehe Abb.), oder solche, die ganz gelb sind.

T: 24-27°C, L: 50 cm, BL: ab 200 cm, WB: I, WR: u, BS: 2-3, SG: 3.

Cheilio inermis

Gattung *CORIS* LACEPÈDE, 1801

Es gibt etwa zwanzig Arten in dieser Gattung, eine davon sogar im Mittelmeer. Erhebliche Größenunterschiede zeichnen die Arten untereinander aus. Die kleinste wird 10 cm lang, die größte über einen Meter. Juvenile *Coris*- Lippfische sind im Aquarienhandel sehr gefragt. Tagsüber schwimmen die kräftig gefärbten Arten unentwegt herum, graben sich aber zum Schlafen in den Bodengrund ein. Auch wenn sie erschreckt werden, flüchten sie in den Sandgrund, der wegen dieser Eigenarten etwas höher als üblich im Aquarium eingebracht werden sollte. Sie fressen in der Natur beschalte Mollusken, Seeigel und versuchen auch, Einsiedlerkrebse aus ihrem Gehäuse herauszureißen. Vorstehende Fangzähne werden von erwachsenen *Coris*-Arten dazu benutzt, um Schotter und Steine nach Nahrung umzudrehen.

Coris aygula (LACEPÈDE, 1801)
Spiegelfleck-Lippfisch

Vork.: Indo-Pazifik; vom Roten Meer bis zu den Line und Ducie-Inseln, nach Japan (N) und Lord Howe und Rapa Inseln (S). In 2 bis 30 m Tiefe.
GU: Neben einer unglaublichen Farbveränderung im Laufe des Wachstums ist die Initialphase grünlich gefärbt; Kopf und Vorderkörper sind etwas blasser mit roten Flecken. Sekundärmännchen sind dunkel grün bis blaugrün (von weitem schwarz) mit 1 oder 2 blaßgrünen Querstreifen in Körpermitte. Sie bekommen eine große Beule auf der Stirn, einen verlängerten ersten Rückenflossenstrahl und einen besenartig ausgefransten Schwanz.
Soz.Verh./Vgs.: *C. aygula* lebt einzeln an Riffen mit Korallenschutt und Sand in Lagunen und an Außenriff-Abfällen.
Hält.B.: Er liebt versteckreiche Felsformationen und braucht zumindest eine 5 - 10 cm dicke Sandschicht, um sich darin eingraben zu können.
Licht: Tageslichtzone.
ZU/Verm.: Nicht bekannt.
FU: K; er frißt in freier Natur hartschalige Wirbellose wie Mollusken, Krebse, Seeigel und benutzt seine vorspringenden Zähne um damit Steine und Korallenbruchstücke umzudrehen und so an die darunter verborgenen Kleintiere heranzukommen. Im Aquarium ist er bald ein arger Fresser, der alles, von Kleinfischen bis zu Herz, Flocken- und Tablettenfutter annimmt.
Bes.: *C. aygula* ist jung ein beliebter Aquarienfisch, der hier aber aus Raummangel nicht jene große, mit einer Kopfbeule ausgestattete Riesenform erreicht. Man sollte auf diese Art als Aquariumfisch verzichten!

T: 24-28°C, **L:** 120 cm, **BL:** ab 250 cm, **WB:** I, **WR:** u, **BS:** 1, **SG:** 3.

Coris aygula, juvenil, 5 cm

Coris aygula, adultes ♂

Coris aygula, juvenil, ca. 10 cm

Coris aygula, adult

Fam.: Labridae

Coris frerei (früher *C. formosa*) (GÜNTHER, 1866)
Brauner Clown-Lippfisch, Bijouteriefisch

Vork.: Indischer Ozean; von Süd- und Ostafrika bis Australien. In 2 bis 50 m Tiefe.
GU: Aus den roten Jungtieren mit den weißen Flecken entstehen ♂♂ und ♀♀ der Initialphase, die grau oder graubraun sind mit kleinen, schwarzen Punkten. Der Kopf ist gelblich mit blauen Streifen, die durch das Auge gehen; die Schwanzflosse ist innen kräftig rot, außen weiß. Sekundärmännchen (aus weiblichen Tieren der Initialphase entstanden), sind am Körper rötlich, die Schwanzflosse ist mit zahlreichen kleinen dunkelrandigen blaugrünen Punkten verziert bis auf den licht orange-roten Hinterrand.
Soz.Verh./Vgs.: *C. frerei* lebt einzeln; jung auch manchmal in Gruppen auf Mischböden aus Fels, Korallen und Sand.
Hält.B.: *C. frerei* benötigt Felsen mit Öffnungen zum Durchschwimmen und einen Sandboden (mindestens 3-4 cm tief) als Versteck. Eine innere Uhr veranlaßt ihn täglich dazu, um die gleiche Zeit zum Schlafe im Sand zu verschwinden und morgens wieder daraus hervorzukommen; völlig unabhängig von der Beleuchtung im Aquarium.
Licht: Tageslichtzone.
ZU/Verm.: Nicht bekannt.
FU: K; die Art frißt kleine, hartschalige Tiere, die er mit seinen kräftigen Zähnen faßt und ist im Aquarium mit Krebsfleisch, Muscheln, Schnecken, Fleischstücken usw. zu ernähren.
Bes.: *C. frerei* ähnelt besonders in der Jugendphase *C. gaimard*; ein weit hinter das Auge herabreichender breit schwarz eingerahmter weißer Querstreifen und ein großer Augenfleck in der Mitte der Rückenflosse unterscheiden ihn jedoch deutlich.

T: 24-27°C, **L:** 50 cm, **BL:** ab 100 cm, **WB:** l, **WR:** u, **BS:** 1, **SG:** 3.

Coris frerei

Coris frerei

Coris frerei

Fam.: Labridae

Coris gaimard (QUOY & GAIMARD, 1824)
Roter Clown-Lippfisch, Roter Clown-Junker

Vork.: Indo-Pazifik; vom Roten Meer bis Hawaii, Tuamotu und Marquesas, nach Japan (N) und Neu-Kaledonien (S). In 1 bis 50 m Tiefe.
GU: Neben dramatischer Farbänderungen während des Wachstums entwickeln große ♂♂ einen lichtgrünen Streifen am Körper oberhalb der Afterflosse.
Soz.Verh./Vgs.: Die Tiere leben einzeln; jung auch in kleinen Gruppen auf Mischböden mit Korallen, Schutt und Sand von äußeren exponierten Riffterrassen bis zu Lagunen- und Außenriffen. Sie sind nur mit robusten Fischen zu vergesellschaften.
Hält.B.: Er benötigt vor allem etwas Sand: jung 3 cm, später 5 cm und mehr, um sich, wenn erschreckt oder zur Nachtruhe, eingraben zu können.
Licht: Tageslichtzone.
ZU/Verm.: Nicht bekannt.
FU: K; Die Art frißt im Meer hauptsächlich hartschalige Wirbellose wie Mollusken, Einsiedlerkrebse, Krabben, Seeigel, manchmal auch Tunikaten und Foraminiferen. Im Aquarium geht er bald an alle Arten von Ersatzfutter.
Bes.: *C. gaimard* ähnelt besoders im Jugendkleid *C. frerei* (früher *C. formosa* genannt), doch sein erster weißer Querstreifen reicht nur bis zum Auge herab und in der Mitte der Rückenflosse befindet sich kein Augenfleck. Die Art wird vielfach in 2 Unterarten geteilt: eine pazifische, *C. g. gaimard*, die wesentlich kräftiger gefärbte Alttiere mit brilliant blauen Flecken am Körper und einer leuchtend gelben Schwanzflosse besitzt, und eine indische *C. g. africana*, der diese Attribute fehlen.

T: 24-28°C, **L**: 40 cm, **BL**: ab 150 cm, **WB**: I, **WR**: u, **BS**: 1, **SG**: 3.

Coris gaimard

Coris gaimard

Coris gaimard

Coris gaimard

Fam.: Labridae

Coris julis (LINNAEUS, 1758)
Meerjunker

Vork.: Ostatlantik, vom Golf von Biskaya bis Guinea, Mittelmeer. In 0-120 m Tiefe.
GU: Primäre Tiere (Jungfische, ♀♀ und ♂♂) sind unscheinbar bräunlich mit hellen und dunklen Längsstreifen. Nur Sekundärmännchen besitzen ein oranges Längsband in Körpermitte und ein dunkles Zickzackband.
Soz.Verh./Vgs.: Der Meerjunker lebt gesellig an allen Arten von Böden. Er ist mit den meisten anderen Fischen gut zu vergesellschaften.
Hält.B.: Er benötigt als überaus schneller Dauerschwimmer ein großes Becken mit durchlöcherten Felsen, die seine Schwimmkünste herausfordern und einige Zentimeter Sandgrund, um sich eingraben zu können.
Licht: Sonnenlichtzone.
ZU/Verm.: Bereitet Schwierigkeiten, da er seine Eier ins freie Wasser ablegt und diese dort einige Zeit pelagisch treiben; ebenso wie die Larven.
FU: C; er frißt im Meer eine Vielfalt an Wirbellosen von Schwämmen und Würmern bis zu Krebsen, Schnecken usw. Er ist überhaupt nicht wählerisch und gut an alle Arten von Ersatzfutter zu gewöhnen.
Bes.: Jungfische betätigen sich häufig als Putzer, die Artgenossen aber auch Andersartige von Parasiten reinigen.
Sekundärmännchen aus dem Atlantik und westlichsten Mittelmeer sind in der rückwärtigen Körperhälfte dunkel.

T: 18-22°C, **L**: 25 cm, **BL**: ab 120 cm, **WB**: m, **WR**: u-o, **BS**: 1, **SG**: 2-3 (Kühlung).

Coris caudimacula (QUOY & GAIMARD, 1834)
Schwanzfleck-Junker

Vork.: Indischer Ozean, vom Roten Meer bis Indonesien, nach Mauritius und in die Südafrikanische Kapprovinz.In 3-25 m Tiefe.
GU: Nicht wesentlich; die Muster bleiben immer ziemlich gleich; nur die primäre Phase macht einen rot-orangen Gesamtendruck; Sekundärmännchen wirken meist blau-violett, manchmal auch gelblich-grün.
Soz.Verh./Vgs.: *C. caudimacula* lebt einzeln oder in Gruppen auf Mischböden von Felsen, Riffen und Sand. Er ist lebthaft und mit nicht zu empfindlichen Fischen aller Arten zu vergesellschaften.
Hält.B.: Er benötigt viel Schwimmraum, Sand, um sich bei Gefahr und zur Ruhe eingraben zu können und Felsen mit zahlreichen Durchschlupf-Möglichkeiten.
Licht: Sonnenlichtzone.
ZU/Verm.: Nicht bekannt.
FU: C; frißt eine Vielzahl kleiner Wirbelloser, besonders Krebsartige, Muscheln, Schnekken, Borstenwürmer usw.; geht im Aquarium an ziemlich alles, was man ihm anbietet, auch Flocken- und Gefrierfutter.
Bes.: Namensgebend für diese Art ist ein großer, nicht deutlich abgegrenzter Fleck an der Schwanzflossenbasis; ein weiteres wichtiges Kennzeichen ist ein kleiner dunkler Fleck am Beginn der Rückenflosse.

T: 24-28°C, **L**: 20 cm, **BL**: ab 120 cm, **WB**: m, **WR**: u-o, **BS**: 2-3, **SG**: 3.

Coris julis

Coris caudimacula

Fam.: Labridae

Coris variegata (RÜPPELL, 1835)
Fleckenjunker

Vork.: Indo-Pazifik, vom Roten Meer bis zu den Marshall Inseln. In 2-15 m Tiefe.
GU: Im Gegensatz zu den meisten anderen Arten hat dieser Meerjunker kaum nennenswerte Geschlechtsunterschiede.
Soz.Verh./Vgs.: *C. variegata* lebt einzeln, jung auch in Gruppen an Lagunen-und Außenriffen. Er ist nicht agressiv und mit den meisten Fischen zu vergesellschaften.
Hält.B.: Als schneller Dauerschwimmere benötigt er ein großes Becken, das einige Versteck- und Durchschwimm-Möglichkeiten bietet sowie Sandgrund zum Eingraben aufweist.
Licht: Sonnenlichtzone.
ZU/Verm.: Nicht bekannt.
FU: C; frißt im Meer hauptsächlich kleine Krabben und Schnecken; geht im Aquarium bald an jede Art von Ersatzfutter, auch Trocken- und Gefrierfutter.
Bes.: *C. variegata* ist im australischen Bereich relativ dunkel braun mit wenigen schmalen hellen Querstreifen; im Indischen Ozean, z.B. auf den Malediven ist er hell, oft fast ganz weiß.

T: 24-28°C, **L**: 20 cm, **BL**: ab 150 cm, **WB**: m, **WR**: u-o, **BS**: 2, **SG**: 3.

Coris picta (SCHNEIDER,1801)
Kamm-Lippfisch

Vork.: Australischer Archipel; in den Meeren um Australien und Neuseeland.In 3-25 m Tiefe.
GU: Gering; die primäre Phase ist weiß mit breitem, dunklem Längsband. Die Sekundärmännchen ersetzen einen Großteil der direkt an das schwarze Band anschließenden weißen Flächen durch Violett, sodaß ein violetter Streifen den Rücken entlangzieht und einer in Seitenmitte mit nach unten gerichteten linienförmigen Fortsätzen. Oft ist auch den Bauch entlang ein rot-violetter Strich.
Soz.Verh./Vgs.: *C. picta* lebt meist gesellig an Küsten mit Felsen oder Riffen und Sand. Er ist friedfertig und mit verschiedensten Fischen zu vergesellschaften.
Hält.B.: Seinen natürlichen Gegebenheiten entsprechend ist Sandboden von einigen Zentimetern Dicke zum Eingraben nötig sowie Fels mit vielen Durchschwimm-Möglichkeiten.
Licht: Sonnenlichtzone.
ZU/Verm.: Nicht bekannt.
FU: C; frißt wie die anderen *Coris*-Arten allerlei Wirbellose, besonders Borstenwürmer, Krebsartige, Schnecken, Muscheln, Stachelhäuter usw.. Er gewöhnt sich relativ rasch an Ersatzfutter wie Garnelen, *Mysis*, Grindal, Mückenlarven, Muschel-,Krebs-,Fischfleisch, Würmer u.v.a., auch Gefrier und Trockenfutter.

T: 20-26°C, **L**: 25 cm, **BL**: ab 150 cm, **WB**: m, **WR**: u-o, **BS**: 2-3, **SG**: 3.

Coris variegata

Coris picta

Gattung *GOMPHOSUS* LACEPÈDE, 1801

Die beiden bekannten Arten von Schnabel-Lippfischen haben zweifellos eine der ungewöhnlichsten Körperformen dieser Fischfamilie. Die lange Schnauze weist sie als Nahrungsspezialisten aus, denn mit ihr gelangen sie zwischen die Zweige von Korallenstöcken, wo ihre Lieblingsbeute, Krebse, Haarsterne und Mollusken, lebt. Wobei aber festzustellen ist, daß die Jugendformen dieser Gattung noch keinen Schnabel tragen. Beide Arten, *G. varius* und *G. caeruleus*, sehen sich sehr ähnlich. Die erste lebt vom östlichen Indik bis zu den Marquesas im Pazifik, während die letztere aus dem Roten Meer und dem westlichen Indik bekannt ist.

Gomphosus varius LACEPÈDE, 1801
Vogel-Lippfisch, Schnabel-Lippfisch

Vork.: Vom Indischen Ozean bis Hawaii. In 2 bis 30 m Tiefe.
GU: Nur die Sekundärmännchen erreichen die dunkelblaue Färbung.
Soz.Verh./Vgs.: Als unermüdlicher Schwimmer ist er ein reiner Einzelgänger, der durch seine Unrast anderen Fischen manchmal auf die Nerven geht. Ist das Becken zu klein, so rempelt er alles an, was ihm in die Quere kommt, läßt die anderen Fische nicht in Ruhe und erzeugt bei diesen bald Streßzustände.
Hält.B.: *G. varius* benötigt sauberes Wasser (oftmaliger Wasserwechsel ist angebracht), viel Schwimmraum und Felsaufbauten mit vielen Löchern und Durchgängen.
Licht: Sonnenlichtzone.
ZU/Verm.: Nicht bekannt.
FU: O; *G. varius* frißt in der Natur in Ritzen und Spalten versteckte Nahrung. Im Aquarium muß er erst lernen, das Futter aus dem freien Wasser aufzunehmen. Diese Umstellung ist oft schwierig und mühselig und man muß ihm stets mundgerechte Stücke, die möglichst zu Boden sinken, anbieten. Um keine Mangelerscheinungen aufkommen zu lassen, ist auf pflanzliche Beikost zu achten. In gut veralgten Aquarien gibt es keine diesbezüglichen Schwierigkeiten.
Bes.: Die vogelschnabelartige Schnauze wächst erst ab etwa 8 bis 10 cm Länge. Im Indischen Ozean schwimmt eine eigene, sehr ähnliche Art : *G. caeruleus caeruleus* von dem das Rote Meer die Unterart *G. c. klunzingeri* beherbergt.

T: 24-28°C, **L:** 30 cm, **BL:** ab 150 cm, **WB:** I, **WR:** u-o, **BS:** 1-2, **SG:** 3.

Gomphosus caeruleus klunzingeri ♂

Gomphosus caeruleus klunzingeri ♀

Gomphosus varius oben ♂, unten ♀

Gomphosus varius ♀

Fam.: Labridae

Gattung *HALICHOERES* RÜPPELL, 1835

Hier wird die umfangreichste Lippfischgattung vorgestellt, die über 60 Arten aufweist, wobei immer noch neue entdeckt werden wie das Paar *Halichoeres* sp. auf der gegenüberliegenden Seite. Wissenschaftler hatten schon immer Probleme, die Geschlechtspartner einander zuzuorden, weil dramatische Farbwechsel beim Heranwachsen stattfinden. Die *Halichoeres*-Arten bleiben meist unter 20 cm lang und sind in allen Weltmeeren zuhause.
Für die artgerechte Pflege dieser Lippfische ist eine hohe Sandschicht Grundvoraussetzung, weil *Halichoeres*-Arten sich eingraben, um im Sand zu schlafen. Man kann mehrere Arten dieser Gattung im selben Aquarium pflegen, selbst anderen Lippfischen gegenüber verhalten sie sich friedlich. Gewarnt sei aber davor, sie mit Wirbellosen Tieren wie Röhrenwürmern und Garnelen zu vergesellschaften. Diese gehören zu ihrer Lieblingsbeute und werden auch im Aquarium attackiert.
Vergleicht man das Farbkleid der jugendlichen Fische mit dem der erwachsenen *Halichoeres*, so fallen einem die Augenflecke auf, die sie und initiale Männchen in der Rückenflosse zeigen. Stellt nun der Lippfisch seine Flossen auf, wird dem Freßfeind vorgegaukelt, unter den "Augen" habe er ein großes Maul vor sich. Fühlen sich junge *Halichoeres*-Lippfische bedroht, ändern sie sofort ihr Schwimmverhalten, indem sie einen Verfolger zunächst mit wippenden Bewegungen irritieren und dann plötzlich davonschießen. Der Autor (H.D.) hat juvenile *H. chrysus* beobachtet, die zusammen mit Clownfischen in einer Anemone schwammen, obwohl bislang nicht bekannt war, daß sie Nesselschutz besitzen.

Halichoeres chrysus schwimmt wie ein Anemonenfisch in der Anemone *S. mertensii*

Halichoeres sp. ♂

Halichoeres sp. ♀

Halichoeres biocellatus SCHULTZ, 1960
Zweifleck-Lippfisch, Zweifleck-Junker

Vork.: West-Pazifik; von den Philippinen bis zu den Fiji-Inseln, nach Japan (N) und zum Großen Barriere-Riff. In 7 bis 35 m Tiefe.
GU: Außer dem Verlust der Augenflecken mit dem Wachstum sind die Farbunterschiede zwischen Jugend- und geschlechtsabhängigem Erwachsenenkleid minimal.
Soz.Verh./Vgs.: *H. biocellatus* lebt einzeln oder paarweise an Mischgründen von Korallen, Felsen und Sand besonders an Außenriffen. Er ist ein angenehmer Beckeninsasse und kümmert sich nicht um seine mitbewohnenden Fische; für Wirbellosen-Becken ist er wie alle *Halichoeres*-Arten nicht geeignet.
Hält.B.: Er benötigt versteckreiche Felsformationen und Sand als Unterschlupf.
Licht: Sonnenlichtzone.
ZU/Verm.: Nicht bekannt.
FU: K; er ernährt sich im Meer von Kleintieren, die den Boden bewohnen und liebt im Aquarium eine abwechslungsreiche Kost (siehe *H. hortulanus*).
Bes.: Charakteristisch für *H. biocellatus* sind 2 Augenflecken in der Rückenflosse der Jungfische.

T: 25-28°C, **L**: 10 cm, **BL**: ab 80 cm,
WB: l, **WR**: u, **BS**: 2, **SG**: 3.

Halichoeres biocellatus, adult

Halichoeres hortulanus (LACEPÈDE, 1801)
Schachbrett-Lippfisch, Schachbrett-Junker

Vork.: Indpo-Pazifik; vom Roten Meer bis zu den Line-Inseln, Tuamotu und Marquesas, nach Japan (N) und zum südlichen Barriere-Riff (S). In 1 bis 30 m Tiefe.
GU: *H. hortulanus* macht mit dem Wachstum erstaunliche Farbveränderungen durch, bis er das schachbrettartige Erwachsenenkleid anlegt.
Soz.Verh./Vgs.: Er lebt einzeln, meist territorial auf seichten Riffterrassen und an Lagunen- und Außenriffen.
Hält.B.: Während die Jungtiere Korallenbruch oder Spalten und Höhlungen in Felsen nahe Sandgründen bevorzugen, lieben erwachsene Tiere ausgedehntere Sandflächen. Sie brauchen daher entsprechende Sand-,Schutt- und Felsgründe.
Licht: Sonnenlichtzone.
ZU/Verm.: Nicht bekannt.
FU: K; *H. hortulanbus* frißt in der Natur kleine Sandbewohner wie Schnecken, Muscheln, Einsiedlerkrebse, Borstenwürmer und Fische. Er liebt im Aquarium ein abwechslungsreiches Menü aus Muschelfleisch, Garnelen, Mückenlarven, Algen und Futtertabletten.
Bes.: Jungfische ähneln entfernt jenen von *H. biocellatus*, besitzen aber nur einen Augenfleck in der Rückenflosse.

T: 24-28°C, **L**: 35 cm, **BL**: ab 200 cm,
WB: m, **WR**: u-o, **BS**: 1-2, **SG**: 3.

Halichoeres hortulanus, adult

Halichoeres biocellatus

Halichoeres hortulans

Halichoeres chrysus RANDALL, 1980
Kanarien-Lippfisch, Kanarien-Junker

Vork.: West-Zentral-Pazifik von der Christmas Insel im Indischen Ozean bis zu den Salomon- und Marshall-Inseln, nach Japan (N) und zu den Rowley Shoals (S). In 15 bis 60 m Tiefe.
GU: Fast keine; Sekundärmännchen verlieren den Augenfleck in der Mitte der Rückenflosse.
Soz.Verh./Vgs.: *H. chrysus* lebt einzeln oder paarweise territorial an tieferen isolierten Korallenblöcken umgeben von Sandböden. Ihr Schlafplatz ist zugleich das Zentrum ihres Reviers, aus welchem sie Artgenossen vertreiben; andere Arten existieren für sie nicht.
Hält.B.: Der Fisch benötigt eine abwechslungsreiche "Landschaft" mit Felsbauten, Unter- und Durchschlupfmöglichkeiten sowie Sand, um sich darin zur Ruhe zu legen.
Licht: Sonnenlichtzone.
ZU/Verm.: Nicht bekannt.
FU: K; wie die meisten *Halichoeres*-Arten frißt *H. chrysus* im Meer Kleinlebewesen, die er unter Korallenbruchstücken und aus dem Sand hervorholt. Im Aquarium frißt er alle Arten von Ersatzfutter, sobald er sich von der bodenbezogenen Ernährungsweise gelöst hat.
Bes.: Es bestehen praktisch keine körperlichen Unterschiede zwischen dieser Art und *H. leucoxanthus*, der lediglich ein anderes Farbkleid ausweist.

T: 24-27°C, **L**: 10 cm, **BL**: ab 80 cm, **WB**: l, **WR**: u, **BS**: 3, **SG**: 3.

Halichoeres leucoxanthus RANDALL& SMITH, 1982
Indischer Kanarien-Lippfisch, Indischer Kanarien-Junker

Vork.: Zentraler und Östlicher Indischer Ozean von den Malediven bis Java. In 15 bis 50 m Tiefe.
GU: *H. leucoxanthus* durchläuft keine großen von Wachstum und Geschlecht abhängigen Farbveränderungen. Terminale ♂♂ verlieren nicht wie *H. chrysus* die dunklen Punkte in der Rückenflosse.
Soz.Verh./Vgs.: Diese Art lebt einzeln oder paarweise an kleinen, isolierten Riffen und Korallenblöcken auf offenen Sandböden von Lagunen. Sie ist nur mit friedlichen Fischen zu vergesellschaften.
Hält.B.: *H. leucoxanthus* führt eine ziemlich scheue Lebensweise (auch der Taucher kommt selten nahe genug heran, um sie bildfüllend fotografieren zu können) und braucht neben felsigen Sichtverstecken vor allem Sandgrund zum Eingraben bei Gefahr und zum Schlaf.
Licht: Sonnenlichtzone.
ZU/Verm.: Nicht bekannt.
FU: K; *H. leucoxanthus* frißt im Meer Kleintiere, die er aus Sand und Verstecken holt; im Aquarium bevorzugt er eine abwechslungsreiche Ersatznahrung.
Bes.: Wären diese und die vorige Art geographisch getrennt, würde man sie als eine Art mit Unterarten betrachten; da sich ihre Verbreitungsgebiete jedoch in Indonesien überlappen, sind sie als 2 gesonderte Arten zu betrachten. Der Name *leucoxanthus* (=weiß-gelb) wurde von der farblichen Zweiteilung abgeleitet.

T: 25-28°C, **L**: 12 cm, **BL**: ab 100 cm, **WB**: l, **WR**: u, **BS**: 3, **SG**: 3.

Halichoeres chrysus, adult

Halichoeres leucoxanthus, adult

Halichoeres chrysus, juvenil

Halichoeres leucoxanthus, juvenil

Halichoeres garnoti (CUVIER & VALENCIENNES, 1839)
Gelbkopf-Lippfisch, Gelbkopf-Junker

Vork.: Karibik und West-Atlantik. In 4 bis 60 m Tiefe.
GU: Nicht nur zwischen Jungfischen und Erwachsenen gibt es kräftige Farbunterschiede, sondern auch die Geschlechter unterscheiden sich auffällig. Jungfische sind gelb und tragen ein dunkel eingefaßtes blaues Längsband in Körpermitte. Die Initialphase verliert den Längsstreifen, entwickelt wellige schräge Linien hinter dem Auge und ist oben gelblich-braun und unten heller. Die ♂♂ der Terminalphase zeigen das typische Farbkleid mit schwarzem Querbalken in Körpermitte, der sich über den Rücken fortsetzt (im rechten Bild zwei solche ♀ beim "Maulkampf").
Soz.Verh./Vgs.: Die territorialen Tiere sind unverträglich gegenüber Artgenossen, anderen Arten begegnen sie, als ob diese nicht vorhanden wären, weshalb ihre Haltung in Fischbecken gut gelingt.
Hält.B.: *H. garnoti* benötigt sauberes Wasser mit etwas Bewegung, abwechslungsreiche Gestaltung mit viel Schwimmraum und Sand als Versteck für Ruhepausen.
Licht: Sonnenlichtzone.
ZU/Verm.: Nicht bekannt.
FU: K; *H. garnoti* sucht im Meer Wirbellose im und am Boden, muß daher an die Aufnahme von Nahrung aus dem freien Wasser gewöhnt werden. Am besten geht dies mit Futter, das zum Boden absinkt und zuerst nur von dort genommen wird.
Bes.: Keine.

T: 23-27°C, **L:** 15 cm, **BL:** ab 100 cm, **WB:** m, **WR:** u-o, **BS:** 2, **SG:** 3.

Halichoeres garnoti, juvenil

Halichoeres radiatus (LINNAEUS, 1758)
Gelbstreifen-Lippfisch, Gelbstreifen-Junker

Vork.: Karibik und Westlicher Atlantik; von den Bermudas bis Brasilien. In 5 bis 45 m Tiefe.
GU: Während die Jungtiere neben den weißen Querbalken am Rücken dort einen großen Augenfleck und Längsstreifen aufweisen, fehlen diese den erwachsenen ♂♂. Die Initialphase ist bunt und zeigt das abgebildete Farbkleid auf nebenstehender Seite. Die Terminal-♂ sind hauptsächlich blau oder grün, oft mit lichtblauen Streifen, Strichen oder Punkten und einem kleinen schwarzen Punkt an der Basis der Brustflosse (rechtes Bild).
Soz.Verh./Vgs.: Die Tiere leben einzeln oder paarweise territorial auf Mischböden von Sand und Riffen. Sie sind gut mit Fischen, aber nicht mit Wirbellosen zu vergesellschaften.
Hält.B.: *H. radiatus* braucht reines Wasser (Wasserwechsel zu einem Viertel alle drei Wochen), ein reich mit Spalten und Löchern ausgestattetes Felsriff und Sand zum Eingraben. **Licht:** Sonnenlichtzone.
ZU/Verm.: Nicht bekannt.
FU: K; er frißt in der Natur kleine bodenlebend Wirbellose Tiere, besonders Krebse und Gastropoden und benötigt im Aquarium eine abwechslungsreiche Mischkost.
Bes.: Die dunklen Flecken am Rücken erscheinen nach und nach mit dem Wachstum. Junge Exemplare haben nur den Augenfleck in der Rückenflosse. Als nächstes erscheint der Fleck an der Schwanzflossenbasis. 1 bis 2 weitere erscheinen mit 7 bis 10 cm Länge unter der weichstrahligen Rückenflosse. Die Tiere können eine enorme Größe erreichen und das Aquarium "sprengen".

Halichoeres radiatus , juvenil

T: 23-27°C, **L:** 45 cm, **BL:** ab 200 cm, **WB:** l, **WR:** u, **BS:** 2, **SG:** 3.

Halichoeres garnoti

Halichoeres radiatus, adult

Der Grün-Braune Meerjunker, *Halichoeres chloropterus*, (BLOCH, 1791) wird 12 cm lang und bewohnt geschützte Lagunenriffe mit Sand, Korallen, Fels und Algen im Indo Australischen Archipel. Die Initialphase besitzt noch keinen dunklen Fleck hinter der Brustflosse und sehr große terminale ?? werden dunkelgrün.
Der Blau- oder Schwarzohren-Junker *H. melanopomus*, RANDALL, 1980, wird 20 cm lang und besiedelt Mischböden von Korallen, Sand und Schutt an tieferen Außenriffen des West-und Zentral-Pazifik. Die Färbung dieser Art ändert sich nicht sehr mit dem Wachstum. Die Jungen verlieren 3 Augenflecken in ihrer Rückenflosse und große ?? werden etwas bunter als die Initialphase.
Der Brustfleck-Junker *H. melanochir*, FOWLER & BEAN, 1928 erreicht 15 cm Länge und bewohnt den West-Pazifik zwischen Japan und den Philippinen. Er kommt in Tiefen bis zu 30 m vor.
Alle drei Arten werden selten importiert und benötigen neben sauberem Wasser und optischen Verstecken Sandgrund, in welchem sie sich verbergen können. Sie fressen Kleintiere wie Krebse, Schnecken, Muscheln und Würmer vom Boden und sind nach Gewöhnung an eine Fütterung "von oben" gut zu halten. Sie betrachten das Aquarium als ihr Revier, aus welchem sie Artgenossen vertreiben, bzw. sie so lange attakkieren, bis sich diese nicht mehr aus dem Sandgrund hervorgetrauen. Anderen Fischen gegenüber sind sie völlig gleichgültig, ja sie beachten sie nicht einmal.

Halichoeres chloropterus, Aquariumaufnahme

Halichoeres melanopomus

Halichoeres melanochir

Gattung *HEMIGYMNUS* GÜNTHER, 1861

Regelmäßig importiert sind Jungfische der einen von zwei *Hemigymnus*-Arten, *H. melapterus*. Ihr Vorderkörper ist weiß, der Hinterkörper schwarz, scharf getrennt. Da diese Art weit verbreitet ist, soll die dicklippige adulte Form auch gezeigt werden, die im Riff dadurch auffällt, daß sie wie Papageifische Korallengrus mit dem Maul durchsiebt und ihn durch die Kiemen wieder ausstößt.

Hemigymnus melapterus

Hemigymnus melapterus

Hemigymnus melapterus (BLOCH, 1791)
Halbundhalb-Lippfisch, Zweifarbiger Lippfisch

Vork.: Indo-Pazifik; vom Roten Meer bis zu den Gesellschafts-Inseln, nach Japan (N) und zu den Lord Howe Inseln (S). In 5 bis 30 m Tiefe.
GU: Zwischen Jung- und Altfischen gibt es ziemlich große Farbunterschiede; die Geschlechter unterscheiden sich jedoch wenig.
Soz.Verh./Vgs.: *H. melapterus* ist ein Einzelgänger, der Mischböden von Sand, Schutt und Korallen bevorzugt. Jungfische kommen in Gruppen zwischen den Ästen verzweigter Korallen vor.
Hält.B.: Jungtiere benötigen Versteckmöglichkeiten, die denen verzweigter Korallen ähneln. Erwachsene brauchen große Becken und sind nicht für Heimaquarien geeignet.
Licht: Sonnenlichtzone.
ZU/Verm.: Nicht bekannt.
FU: K; mit dem Wachstum ändert sich auch der Futterplan der Tiere. Jung fressen sie planktonische Krebse aus dem bodennahen Wasser; später suchen sie hartschalige Wirbellose, insbesondere Krebse, Borstenwürmer, Schlangensterne, Seeigel, Mollusken und Foraminiferen am Grund. Jungfischen ist daher entsprechender "Planktonersatz" zu bieten; später kann auf einen gemischten Speiseplan mit Muschel- und Krebsfleisch, *Mysis*, Flockenfutter usw. umgestellt werden. Im Meer nehmen die Fische große Bissen aus dem sandigen Boden, erheben sich ein Stück und spucken den Sand wieder aus. Die Nahrung wird also im Maul sortiert und nur das Freßbare behalten.
Bes.: Die Tiere werden sehr groß und sind an ihren dicken Lippen gut zu erkennen. Jungffische sind vorne weiß, hinten dunkel und haben einen gelben Schwanz, dessen Farbe allmählich verschwindet. Die rosa und blauen Striche um die Augen dehnen sich mit dem Wachstum aus und bedecken fast den ganzen Kopf der Erwachsenen.

T: 24-28°C, **L:** 90 cm, **BL:** ab 250 cm, **WB:** l, **WR:** u, **BS:** 1, **SG:** 4 (Größe)

Hologymnosus annulatus (Fotos s. nächste Seite) (LACEPÈDE,1801)
Ring-Lippfisch

Vork.: Indo-Pazifik; vom Roten Meer bis zu den Gesellschafts-Inseln, nach Japan (N) und SO-Australien. In 3 bis 25 m Tiefe.
GU: Neben Farbveränderungen im Laufe des Wachstums weisen die Erwachsenen folgende Unterschiede auf: Die Initialphase ist oliv-braun mit dunklen Querstreifen am Körper und einem weißen Rand rückwärts an der Schwanzflosse. Terminale ♂♂ sind blaugrün mit purpurnen Querstreifen auf den Körperseiten und ihre Schwanzflosse ist weit ausgezogen.
Soz.Verh./Vgs.: *H. annulatus* lebt einzeln auf Sandböden mit Fels und Schutt.
Hält.B.: Der Fisch ist nicht mit kleineren Fischen zusammen zu halten, da er diese frißt. Er benötigt viel Schwimmraum und ist nur bedingt für's Heimaquarium geeignet.
Licht: Sonnenlichtzone.
ZU/Verm.: Nicht bekannt.
FU: K; im Meer frißt *H. annulatus* hauptsächlich Fische und erst in zweiter Linie Krebstiere. Er ist daher mit Kleinfischen, später auch mit Ersatznahrung wie Krebs- und Muschelfleisch zu ernähren.
Bes.: Jungfische ähneln jungen *Malacanthus latovittatus*, der ebenfalls auf Sandböden vorkommt. Man nimmt an. daß es sich um Mimikry handelt. Sie sind am Rücken gelb mit einer rötlichen Linie; die Unterseite trägt einen sehr breiten braunen Längsstreifen.

T: 25-28°C, **L:** 25 cm, **BL:** ab 150 cm, **WB:** l, **WR:** u, **BS:** 2, **SG:** 3-4 (Räuber!)

Hologymnosus annulatus

Gattung *HOLOGYMNOSUS* LACEPÈDE, 1801

Das typische Merkmal dieser Lippfischgattung ist ihr langer, gestreckter Körper, der von einer kräftigen Schwanzflosse zu blitzartigen Attacken auf andere Fische angetrieben wird. Alle vier bekannten Arten, von denen zwei hier gezeigt werden, sind über 30 cm lang und tragen in ihrer Entwicklung völlig andere Farbkleider. Aufgrund ihrer weiten Verbreitung im gesamten Indopazifik kommen sie auch regelmäßig in die Zierfischhandlungen. *Hologymnosus*-Lippfische sollte man aber nur mit gleich großen Fischen in Aquarien über 500 Liter pflegen, nicht mit Wirbellosen.

Hologymnosus annulatus, Pflegetext siehe Seite 877

Hologymnosus doliatus, juvenil; adult siehe nächste Seite

Hologymnosus doliatus (LACEPÈDE, 1801)

Langnasen-Lippfisch

Vork.: Indo-Pazifik; von Ostafrika bis Samoa und zu den Line-Inseln; nach Japan (N) und SO-Australien. In 5 bis 30 m Tiefe.
GU: Nicht nur die längsgestreiften Jungfische unterscheiden sich stark von den quergestreiften Erwachsenen, sondern auch diese sind unterschiedlich gefärbt. Die geschlechtsreifen Tiere der Initialphase sind hell grünlich, bläulich oder rosa gefärbt mit 20 - 23 dunklen, bräunlich-orangen Querstreifen und ohne weißen Rand an der Schwanzflosse. Terminale ♂♂ sind licht-blaugrün bis lichtrot mit bläulichen Querstreifen und einer breiten blassen Zone in der Brustflossenregion, die purpur gerandet ist. Der Kopf ist blau bis blau-grün mit irregulären rosa-orangen Bändern.
Soz.Verh./Vgs.: Jungfische schwimmen in eng zusammengedrängten Gruppen knapp über dem Grund. Erwachsene leben einzeln oder in losen Gruppen und erheben sich 1 - 2 m über den Boden. Jungfische können in Gruppen gehalten werden, erwachsene höchstens einzeln.
Hält.B.: *H. doliatus* bevorzugt im Meer Kanäle und Mulden mit Sandgrund an klaren Lagunen- und Außenriffen von der unteren Brandungszone abwärts. Wegen seines schnellen Wachstums und seiner zu erwartenden Größe kann er nicht für's Heimaquarium empfohlen werden.
Licht: Sonnenlichtzone.
ZU/Verm.: Nicht bekannt.
FU: K; *H. doliatus* frißt hauptsächlich Fische und Krebstiere aber auch Schlangensterne und Borstenwürmer. Nach Eingewöhnung ist er mit Fisch-, Muschel-, Krebsfleisch, Garnelen u.v.a. gut zu ernähren.
Bes.: Die Jungfische sind weiß mit drei schmalen orangen Längsstreifen.

T: 25-28°C, **L:** 50 cm, **BL:** ab 200 cm, **WB:** I, **WR:** u, **BS:** 2, **SG:** 3.

Hologymnosus doliatus, adult

Macropharyngodon bipartitus ♀, Text Seite 882

Gattung *MACROPHARYNGODON* BLEEKER, 1861

Es gibt zehn Arten in dieser Lippfisch-Gattung. Sie bleiben alle recht klein, immer unter 15 cm und sind außerordentlich farbenprächtig, also ideale Aquarienbewohner. Der Gattungsname bezieht sich auf die großen Zähne auf jeder Seite des Oberkiefers, die besonders bei den Männchen aus den Mundwinkeln herausragen. Hauptsächlich scheinen sie der Verteidigung zu dienen, denn diese Lippfische sind überhaupt nicht aggressiv, abgesehen von gelegentlichen Revierkämpfen.
Zunächst sind auch bei diesen Lippfischen alle Tiere Weibchen. Nur einige Exemplare wandeln sich zu Männchen um. Meist leben sie in haremartigen Gruppen, seltener in Paaren. Eier und Larven sind pelagisch, aber mit einer Länge von 1 cm besiedeln Jung-"Macros" schon ihren späteren Lebensraum, Korallenschotter und Sandflekken im 20 m Bereich des Korallenriffs. Sie lieben also das flache Wasser. Jungtiere des meistverbreiteten *M. meleagris* leben oft in Brandungszonen, wo sie sich in Bodennähe kopfunter wie Seegrasstücke treiben lassen. Erwachsene Tiere leben etwas tiefer in den Lagunen und auf den oberen Riffhängen mit ihren Sandflächen, in die sie sich nachts eingraben.
Das Haremsverhalten kann man nutzen, um mehrere "Macros" in Aquarium zu pflegen, vorausgesetzt, es ist nur ein Männchen darunter. Fehlt ein männliches Tier, wandelt sich schon bald das dominante Weibchen um. *Macropharyngodon*-Arten sind gute Fresser und kümmern sich auch nicht um andere Fische in ihrer Nähe. Sie eignen sich sogar zur Pflege mit Wirbellosen Tieren. Viel Sand als Substrat ist auch hier die Norm. Und wie immer sollten die Tiere so klein wie möglich sein, dann gewöhnen sie sich an die Aquarienverhältnisse am besten. Es ist interessant, die Farbwechsel zu beobachten, denn schon innerhalb eines Jahres sind die" Macros" erwachsen. Sie wurden bis zu 7 Jahren in Meerwasseraquarien gepflegt.

M. meleagris, juvenil

M. meleagris zeigt die Zähne

Macropharyngodon bipartitus SMITH, 1957
Zweigeteilter Lippfisch, Großzahn-Lippfisch

Vork.: Westlicher Indischer Ozean; In 2 bis 25 m Tiefe.
GU: Die Farbe der durchwegs nur ♀♀ umfassenden Initialphase ist orange mit weißen Flecken, mit einer dunklen Fläche auf der hinteren Körperhälfte, die ein Netzwerk von leuchtend blauen Punkten und Linien enthält. Die terminalen ♂♂ besitzen grüne Bänder am Kopf und vorne am Körper und einen großen U-förmigen schwarzen Fleck in der Schwanzflosse.
Soz.Verh./Vgs.: *M. bipartitus* lebt einzeln, manchmal paarweise über Mischböden aus Korallen, Fels und Schutt.Er ist daher nur als Einzeltier mit anderen Fischen zu vergesellschaften.
Hält.B.: Felsformationen mit Durchschlupfmöglichkeiten, etwas Sand und sauberes Wasser sind Grundvoraussetzungen für die erfolgreiche Haltung dieses Fisches.
Licht: Sonnenlichtzone.
ZU/Verm.: Nicht bekannt.
FU: K; wie die anderen Vertreter dieser Gattung frißt *H. bipartitus* bevorzugt hartschalige Tiere und ist daher gut mit Shrimps u.a. Garnelen, Muschelfleisch u.v.a. zu ernähren.
Bes.: Die Farbe der Rot-Meer-Bewohner weicht etwas von dieser ab und sie wird daher als eigene Unterart: *H. b. marisrubri* geführt.

T: 24-28°C, L: 11 cm, BL: ab 80 cm, WB: l, WR: u, BS: 1-2, SG: 3

Macropharyngodon bipartitus ♀

Macropharyngodon choati RANDALL, 1978
Choat's Lippfisch

Vork.: Ost-Australien; vom Großen Barriere Riff bis zur Südostküste Australiens. In 0,5 bis 30 m Tiefe.
GU: Während zwischen Jung- und Altfischen einige Farbveränderungen auftreten, bestehen zwischen den Geschlechtern keine wesentlichen Unterschiede.
Soz.Verh./Vgs.: *M. choati* lebt meist einzeln, manchmal paarweise auf Mischgründen von Korallen, Felsen und Sand.
Hält.B.: Dieser Fisch ist bei uns nicht im Handel und es liegen keine Erfahrungen über die Hälterung vor.
Licht: Sonnenlichtzone.
FU: K; *M. choati* frißt im Meer kleine hartschalige Wirbellose, müßte daher im Aquarium mit Muschel-, Krebsfleisch, Garnelen usw. zu ernähren sein.
Bes.: *M. choati* ist eine Art, die farblich etwas von den anderen abweicht und auf sehr viel silbrig weißem Grund, besonders in der Jugend, relativ wenige hauptsächlich orange Flecken ausbildet. Die jungen Tiere haben, wie das kleine Foto zeigt, schwarze Punkte am Kopf und an den Rändern von Rücken-, Bauch- und Schwanzflossenbasis. Erwachsene hingegen besitzen einen schwarzen Fleck am Kiemendeckel.

T: 23-26°C, L: 10 cm, BL: ab 80 cm, WB: l, WR: u, BS: 3 - 4, SG: 3

Macropharyngodon choati ♀

Macropharyngodon bipartitus ♂

Macropharyngodon choati ♂

Macropharyngodon kuiteri RANDALL, 1978
Kuiter's Lippfisch

Vork.: Ost-Australien; vom Großen Barriere Riff bis Sydney und Neu Kaledonien. In 10 bis 55 m Tiefe.
GU: Die ♀♀ der Initialphase ähneln z.T. den Jungtieren. Sie sind orange gefärbt und besitzen einen bläulich-weißen Fleck auf jeder Schuppe. Der schwarze Fleck am Kiemendeckel ist blau umrahmt. Dicht hinter dem Auge sitzt ein kleiner schwarzer Punkt und auch vor dem Auge liegt ein solcher, blau umrandet. Rücken- und Afterflosse enthalten 3 - 4 Reihen dunkel eingefaßter bläulicher Punkte. Die terminalen ♂♂ besitzen keine blauen Flecken, sondern viel Orange und ihr schwarzer Fleck am Kiemendeckel ist orange und grün eingefaßt (siehe rechtes Bild).
Soz.Verh./Vgs.: *M. kuiteri* lebt einzeln meist in größeren Tiefen.
Hält.B.: Nicht bekannt. **Licht**: Sonnenlichtzone
ZU/Verm.: Nicht bekannt.
FU: C (?); die von den anderen *Macropharyngodon*-Arten total abweichende Bezahnung läßt auf einen anderen Speiseplan schließen.
Bes.: Diese ostaustralische Art weicht wie die vorige stark von den anderen ab. Kleine Jungfische sind dumpf orange mit bläulich-weißen Flecken, die z.T. irreguläre Bänder ausbilden können. Rücken- und Afterflosse enthalten je zwei Augenflecken (siehe kleines Foto), die mit dem Wachstum nacheinander verschwinden.

T: 24-26°C, **L**: 12 cm, **BL**: ab 60 cm, **WB**: l, **WR**: u, **BS**: 4, **SG**: 3

Macropharyngodon kuiteri ♀

Macropharyngodon meleagris (VALENCIENNES, 1839)
Leoparden-Lippfisch

Vork.: West-Zentral-Pazifik von Kokos-Keeling im Indischen Ozean (nicht in Indonesien) bis zu den Line Inseln und Marquesas, nach Japan und zu den Lord Howe Inseln (S). In 0,5 bis 30 m Tiefe.
GU: Während die Initialphase nur weibliche Tiere umfaßt und weißlich mit zahlreichen unregelmäßigen schwarzen Flecken gefärbt ist, sind die ♂♂ der Terminalphase orangerot mit einem grünen Fleck auf jeder Schuppe. Sie besitzen auch einen schwarzen Fleck an der Schulter, der einige kleine gelbe Flecken enthält, und grüne Bänder am Kopf.
Soz.Verh./Vgs.: *M. meleagris* lebt einzeln, selten paarweise in Gebieten mit gemischten Korallen-, Sand- und Schottergründen vor etwas geschützten Riffen und Riffterrassen.
Hält.B.: Er benötigt Felsen mit Verstecken aber auch Schutt- und Sandgrund, sauberes, sauerstoffreiches Wasser und etwas Strömung.
Licht: Sonnenlichtzone.
ZU/Verm.: Nicht bekannt.
FU: K; *M. meleagris* frißt im Meer kleine hartschalige bodenbewohnende Wirbellose und Foraminiferen. Er ist daher am besten mit Shrimps, Muschelfleisch und anderem Ersatzfutter zu ernähren.
Bes.: Die Primärphase wurde früher unter dem Namen *M. pardalis* als eigene Art geführt.

T: 24-28°C, **L**: 14 cm, **BL**: ab 100 cm, **WB**: s, **WR**: u, **BS**: 1-2, **SG**: 3

Macropharyngodon kuiteri ♂

Macropharyngodon meleagris ♀ , ♂ siehe nächste Seite

Macropharyngodon meleagris ♂

Macropharyngodon negrosensis ♀

Macropharyngodon negrosensis ♂

Macropharyngodon negrosensis HERRE, 1932
Negros Lippfisch

Vork.: West-Zentral-Pazifik; von den Philippinen bis Samoa, nach Japan (N) und zum Großen Barriere Riff. In 8 bis 32 m Tiefe.
GU: *M. negrosensis* ist sehr variabel und Tiere von verschiedenen Gebieten weichen häufig farblich voneinander ab. Im Wesentlichen gleichen Jungtiere und ♀♀ der Initialphase einander sehr (siehe kleines Foto). Die terminalen ♂♂ sind hauptsächlich schwarz mit blaugrünen Rändern an den Schuppen und lichtgelben Bändern an Kopf und Rücken (siehe großes Foto). Bauch- und Afterflosse von ♂♂ und ♀♀ sind schwarz; die Schwanzflosse beider blaß durchsichtig; nur die der ♂♂ trägt schwärzliche Ränder.
Soz.Verh./Vgs.: *M. negrosensis* lebt einzeln über Mischböden von lebenden Korallen und Fels.
Hält.B.: Nicht bekannt.
Licht: Sonnen- und Mittellichtzone.
ZU/Verm.: Nicht bekannt.
FU: K; nicht bekannt; wahrscheinlich jedoch wie die verwandten Arten.
Bes.: Diese seltene Art wird normalerweise nur unterhalb von 15 m angetroffen.

T: 24-28°C, L: 12 cm, BL: ab 100 cm, WB: I, WR: u, BS: 3-4, SG: 3

Gattung *STETHOJULIS* GÜNTHER, 1862

Eine weitere indopazifische Gattung mit acht Arten. Männchen tragen allgemein gattungstypische blaue Farbstreifen am Körper. Die Arten werde nicht größer als 15 cm und kommen in kleinen Gruppen auf dem Riffdach vor.

Stethojulis albovittata

Stethojulis strigriventer

Der Weißbauch-Lippfisch (*Stethojulis albovittata*, BONATERRE, 1755) wird 15 cm lang, bewohnt den Westlichen Indischen Ozean und das Rote Meer und ist an der dunklen Körperfärbung und dem namensgebenden hellen Bauch gut von den anderen Arten zu unterscheiden. Alle Arten dieser Gattung benötigen Sandgrund, um sich darin vergraben und ausruhen zu können und eine abwechslungsreiche Kost.

Der Dreistreifen-Lippfisch (*S. strigriventer*, BENNETT, 1832) wird 15 cm lang und bewohnt den Indo-Pazifik, von Ostafrika bis Samoa. Sein Kennzeichen ist eine durchgehende blaue, dunkel eingerahmte Linie.

Der Dreilinien-Lippfisch (*S. trilineata* BLOCH & SCHNEIDER, 1802) aus dem Indo Australischen Archipel bleibt mit 12 cm etwas kleiner und besitzt 3 durchgehende weißblaue ungefähr parallele Linien.

Der Rotbrust-Lippfisch (*S. bandanensis*, BLEEKER, 1851) bewohnt den West- und Zentral-Pazifik von der Christmas-Insel im Indischen Ozean bis zu den Marquesas und frißt kleine, bodennahe planktische Krebse und Wirbellose vom Grund. Er wird 15 cm lang und unterscheidet sich durch besonders in der Kopf- und Brustregion stark gebogene blaue Linien.

Stethojulis trilineata

Stethojulis bandanensis

Gattung *THALASSOMA* SWAINSON, 1839

Die 22 Arten dieser Gattung sind in allen Meeren der Erde beheimatet. Jugend- und Altersformen ziehen in Scharen besonders über tropische Flachriffe und begeistern in ihren flinken Bewegungen Taucher und Schnorchler. Selbst im Mittelmeer, wo *Thalassoma pavo* zuhause ist, sieht man dieses Verhalten. Das gegenüberliegende Foto zeigt auch die verschiedenen Farbstadien des Pfauen-Lippfisches. Primärmännchen wachen argwöhnig über Jungtiere und große Weibchen, damit keine Konkurrenz heranwächst. Auch in dieser Gattung gibt es das Phänomen, daß Jungtiere Schutz in nesselnden Anemonen suchen. Beispielhaft seien *T. bifasciatum* aus der Karibik und *T. amblycephalum* aus dem Indopazifik genannt. Untersuchungen ergaben, daß sie wie Pomacentriden den Schleim der Anemone übernehmen und somit unempfindlich gegen die Nesselgeschosse werden. Viele *Thalassoma*-Arten picken Nahrungspartikel ab, die sich am Körper von Aktinien befinden.

Auch wenn sie schwarmgebunden leben, sind Einzeltiere pflegeleicht für die Meeresaquaristik. Zwar schwimmen Arten wie *T. lunare* und *T. bifasciatum* in Gruppen beim Zierfischgroßhandel und zeigen in den übergroßen Hälterungsbecken auch keine Aggressivität untereinander, aber in den kleineren Liebhaberaquarien sollte man besser Einzeltiere pflegen.

Thalassoma Arten lieben hohen Sandboden, ruhen aber auch im nachgebauten Riff. Da sie im natürlichen Lebensraum nicht nur benthische Nahrung suchen, sondern auch Zooplankton aus dem freien Wasser über dem Riff schnappen, wirbeln sie dementsprechend, wenn Flockenfutter oder gefrorene *Mysis/Artemia*-Krebse an der Oberfläche schwimmen. Mit Röhrenwürmern, Haarsternen, Krustenanemonen, Krebsen und Schnekken sollte man sie aber nicht zusammenhalten.

Thalassoma pavo, alle Stadien

Thalassoma amblycephalum (BLEEKER, 1856)
Zweiton-Lippfisch

Vork.: Indo-Pazifik; von Ostafrika bis zu den Marquesas und Tuamotu, nach Japan (N) und Lord Howe Island (S). In 1 bis 15 m Tiefe.
GU: Die Initialphase umfaßt ♂♂ und ♀♀ gleicher Färbung und hat fast die gleiche Färbung wie die Jungfische, nämlich weiß mit einem braun-schwarzen ausgezackten Längsstreifen. Die Sekundärmännchen der Terminalphase sind aus ehemaligen ♀♀ durch Geschlechtsumwandlung hervorgegangen und äußerst bunt mit blauem Kopf, gelbem Schulterbereich und rotem Körper.
Soz.Verh./Vgs.: Jungfische und Initialphase leben in Gruppen über den "Gipfeln" von isolierten Korallenblöcken aber auch an Riffkanten. Sekundärmännchen besetzen große Reviere, leben einzeln und sind agressiv. Jungtiere können daher auch in kleinen Gruppen gehalten werden; man sollte sich jedoch schon vorher überlegen, was man dann mit den Erwachsenen tut. Sie fühlen sich im zu kleinen Aquarium nicht wohl und ziehen rastlos umher. Im Gegensatz zu den meisten anderen Fischen ist ihr Freiheitsdrang so groß, daß auf eine Aquarienhaltung verzichtet werden muß.
Hält.B.: Die meisten *Thalassoma*-Arten schlafen in Felsverstecken und nicht im Sand. Sie sind sehr schnelle Schwimmer und brauchen viel Raum. Man muß ihnen daher Felsformationen mit vielen Versteckmöglichkeiten anbieten und unbekannten Formen auch etwas Sand, falls sie sich eingraben sollten.
Licht: Sonnenlichtzone.
ZU/Verm.: Primäre ♂♂ und ♀♀ laichen im Meer in Gruppen gemeinsam ab; territoriale ♂♂ laichen paarweise.
FU: K; *Th. amblycephalum* frißt im Meer hauptsächlich krebsartiges Zooplankton wie Garnelen, Krabbenlarven, *Mysis*, Copepoden u.a. Er ist daher am ehesten mit derartigen Krebsen zu ernähren.
Bes.: Keine.

T: 24-28°C, L: 14 cm, BL: ab 100 cm, WB:m, WR: u,m, BS: 1-2, SG: 3.

Thalassoma amblycephalum

Thalassoma commersoni (VALENCIENNES, 1839)
Commerson's Lippfisch

Vork.: Mauritius
Bes.: *Th. commersoni* lebt im gleichen Gebiet von Mauritius bis Ostafrika wie *Th. genivittatum* und wird von manchen Autoren mit jener gemeinsam als nur eine Art geführt. Siehe Seite 898.

T: °C, L: cm, BL: ab cm, WB: l, WR: u, BS: , SG: 3.

Thalassoma amblycephalum ♂

Thalassoma commersoni

Fam.: Labridae

Thalassoma bifasciatum (BLOCH, 1781)
Blaukopf-Lippfisch, Blaukopf-Junker

Vork.: Karibische See und Tropischer Atlantik. In 3 bis 30 m Tiefe.
GU: Die ♂♂ und ♀♀ der Initialphase behalten im Wesentlichen die gelbe Färbung der Jungfische bei; nur der kräftige schwarze Längsstreifen löst sich auf und bleibt höchstens als Schattierung erhalten. Die durch geschlechtliche Umwandlung aus ♀♀ entstandenen Sekundär-♂♂ machen eine dramatische Farbveränderung durch und werden hauptsächlich blau mit zwei schwarzen Querbändern in der Schulterregion.
Soz.Verh./Vgs.: Jungfische und Initialphase leben gerne in dichten Gruppen beisammen über Riffen mit Felsen und lebenden Korallen. Sekundärmännchen sind territorial. Jungtiere können daher in Gruppen gehalten werden, gemeinsam mit verschiedensten Fischen aber keinen Wirbellosen.
Hält.B.: *Th. bifasciatum* ist empfindlich gegenüber Wasserverunreinigungen und es empfiehlt sich häufiger Teil-Wasserwechsel. Felsaufbauten mit Verstecken und genügend Schwimmraum sind Grundvoraussetzungen für eine Haltung dieser Tiere.
Licht: Sonnenlichtzone.
ZU/Verm.: Primärfische laichen in Gruppen ab, terminale im Paar.
FU: K; Jungfische betätigen sich gerne als Putzer und können sich alleine von dieser Beschäftigung im Aquarium nicht ernähren, wohl aber an manchen Riffen. Mit abwechslungsreicher Kost, die vor allem Kleinkrebse enthalten soll, sind sie und auch die erwachsenen Fische gut zu halten. *Artemia* ! Fischrogen und Seeigeleier werden mit Vorliebe verspeist.
Bes.: Keine.

T: 23-26°C, **L:** 15 cm, **BL:** ab 100 cm, **WB:** m, **WR:** u-o, **BS:** 1, **SG:** 3.

Thalassoma bifasciatum ♂

Thalassoma bifasciatum, juvenil; in der Mitte ein ♀

Thalassoma duperreyi (QUOY & GAIMARD, 1834)
Duperrey's Lippfisch, Duperrey's Junker

Vork.: Hawaii. In 5 bis 25 m Tiefe.
GU: Jungfische sind oben einfarbig dunkel, unten hell. Mit 6 cm erscheint das Erwachsenenkleid der Initialphase mit blauem Kopf, dahinter einem breiten rötlich-gelben Bereich und grünem Hinterkörper. Sekundärmännchen sind ziemlich einheitlich dunkel blau-grün (kleines Bild mit Putzerfisch).
Soz.Verh./Vgs.: Tiere der Initialphase leben einzeln oder in Gruppen an Korallen- und Felsriffen. Sekundärmännchen sind territoriale Einzeltiere. Da die Tiere ziemlich groß werden, sollte man sie nur einzeln mit anderen Fischen, aber nicht mit Wirbellosen halten.
Hält.B.: Die Fische benötigen wie alle *Thalassoma*-Arten sauberes Wasser, viel Schwimmraum und Felsen mit zahlreichen Versteckmöglichkeiten.
Licht: Sonnenlichtzone.
ZU/Verm.: Im Meer laichen die Fische der Intitialphase in teils recht großen Gruppen ab; terminale ♂♂ laichen in Paaren.
FU: K; abwechslungsreiche Kost läßt die Tiere zu starken Fressern heranwachsen, die groß und ruppig gegen die Mitbewohner werden können.
Bes.: An Tauchbasen, wo gefüttert wird, verfolgen oft Scharen von *Th. duperreyi* den Taucher, um sich um mitgebrachtes Futter zu raufen. *Th. duperreyi* ist der häufigste Meerjunker um die Inseln Hawaiis.

T: 22-26°C, L: 30 cm, BL: ab 150 cm, WB: I, WR: u-o, BS: 2-3, SG: 3.

Thalassoma duperreyi

Thalassoma duperreyi

Thalassoma duperreyi

Thalassoma genivittatum (VALENCIENNES, 1839)

Vork.: Indischer Ozean, von Mauritius bis Südafrika. In 4 bis 25 m Tiefe.
GU: Die Initialphase ist oben dunkelbraun, gegen die Schwanzwurzel zu gelblich und am Bauch grünlich mit einer roten senkrechten Linie auf jeder Schuppe. Der Kopf ist dunkelrot, auf den Wangen gelblich mit einer breiten rötlichen Binde unterhalb der Schnauze. Die Sekundärmännchen der Terminalphase tragen das rechts abgebildete Kleid.
Soz.Verh./Vgs.: *Th. genivittatum* lebt meist einzeln über Korallenriffen.
Hält.B.: *Th. genivittatum* verhält sich friedlich gegenüber mitbewohnenden Fischen.
Licht: Sonnenlichtzone.
ZU/Verm.: Nicht bekannt.
FU: K; Er frißt hartschalige Wirbellose und geht daher an entsprechendes Ersatzfutter, auch Gefrierfutter.
Bes.: Diese Art wird und wurde manchmal mit *Th. commersoni* verwechselt oder mit dieser gemeinsam als eine Art geführt.

T: 21-24°C, L: 20 cm, BL: ab 100 cm, WB: l, WR: u-m, BS: 2-3, SG: 3.

Thalassoma hardwickii (BENNETT, 1828)
Hardwick's Lippfisch

Vork.: Indo-Pazifik; von Ostafrika bis Tuamotu, nach Japan (N) und den Australischen Inseln (S). In 0,5 bis 15 m Tiefe.
GU: Es bestehen keine großen Farbunterschiede zwischen jungen und erwachsenen Fischen. Lediglich die Sekundärmännchen sind etwas bunter.
Soz.Verh./Vgs.: *Th. hardwickii* besiedelt in der Jugend gruppenweise, erwachsen einzeln oder in losen Gruppen seichte Lagunen- und Außenriffe.
Hält.B.: Er bevorzugt klares, etwas bewegtes Wasser und Mischböden mit Korallen, Schutt und Sand wie sie am oberen Rand von geschützten Riffen vorkommen. Diese Bedingungen sollte man ihm nach Möglichkeit im Aquarium bieten.
Licht: Sonnenlichtzone.
ZU/Verm.: Die Initialphase laicht in Gruppen, Sekundärmännchen meist in Paaren.
FU: K; *Th. hardwickii* frißt die verschiedensten Arten von bodenlebenden und planktonischen Krebsen, kleine Fische und Foraminiferen. Er ist sehr gefräßig und leicht an Ersatzfutter, das möglichst abwechlungsreich dargeboten werden soll zu gewöhnen und ein harter Pflegling.
Bes.: An Tauchbasen, wo Fische gefüttert werden, geben selbst Sekundärmännchen ihre Reviertreue auf und umschwärmen in großen Gruppen den Taucher und Schnorchler, dem sie jede Art fleischlicher Kost regelrecht aus den Händen reißen; und wenn er nichts anzubieten hat, so zwicken sie ihn in die Finger oder in die Beine.

T: 24-28°C, L: 20 cm, BL: ab 110 cm, WB: m-s, WR: u-o, BS: 1-2, SG: 3.

Thalassoma hardwickii

Thalassoma genivittatum

Thalassoma hardwickii

Thalassoma hebraicum (LACEPÈDE, 1801)
Gelbband-Junker, Gelbband-Lippfisch

Vork.: Westlicher Indischer Ozean bis Südafrika. In 3 bis 30 m Tiefe.
GU: Die Primärphase trägt ein ähnliches Kleid wie die hier abgebildete Terminalphase, ist aber unscheinbarer dunkel, da die schmalen senkrechten Linien nur schwarz auf grau (und nicht blau) sind. Dafür erscheinen zwei Längsstreifen aus diffusen gelblichen Punkten. Der gelbe Querstreifen ist bei beiden etwa gleich. Terminale ♂♂ haben oft mehr Gelb am Kopf und rückwärts in der Schwanzflosse als hier gezeigt.
Soz.Verh./Vgs.: Die Tiere leben meist einzeln an Riffen und über Felsgründen.
Hält.B.: *Th. hebraicum* benötigt Felsformationen mit Versteckmöglichkeiten, sauberes Wasser und viel Schwimmraum.
Licht: Sonnenlichtzone.
ZU/Verm.: Nicht bekannt.
FU: K; *Th. hebraicum* frißt im Meer wirbellose Bodentiere und ist im Aquarium mit einer breiten Palette von handelsüblichen Futtermitteln zu ernähren.
Bes.: Keine.

T: 22-26°C, **L**: 23 cm, **BL**: ab 150 cm, **WB**: l, **WR**: u-o, **BS**: 3-4, **SG**: 3.

Thalassoma janseni (BLEEKER, 1856)
Jansen's Lippfisch, Jansen's Junker

Vork.: Indo-Pazifik, von den Malediven bis zu den Fiji-Inseln, nach Japan (N) und den Lord Howe Inseln (S). In 1 bis 15 m Tiefe.
GU: In allen Altersstufen und Geschlechtern weist *Th. janseni* etwa die gleiche Farbgebung auf. Die Sekundärmännchen sind natürlich etwas kräftiger gefärbt.
Soz.Verh./Vgs.: *Th. janseni* ist ziemlich selten und lebt meist einzeln an den Rändern von exponierten Lagunen- und Außenriffen.
Hält.B.: Dieser Fisch braucht sehr klares, sauerstoffreiches Wasser mit Bewegung, Felsbauten mit guten Versteckmöglichkeiten und viel Schwimmraum.
Licht: Sonnenlichtzone.
ZU/Verm.: Nicht bekannt.
FU: K; *Th. janseni* bevorzugt krebsartige Kost, die ihm in verschiedenen Formen abgeboten werden sollte.
Bes.: Keine.

T: 24-28°C, **L**: 17 cm, **BL**: ab 120 cm, **WB**: s, **WR**: u-o, **BS**: 2-3, **SG**: 3.

Thalassoma janseni, juvenil

Thalassoma hebraicum

Thalassoma janseni,

Thalassoma klunzingeri FOWLER & STEINITZ, 1956
Klunzinger's Lippfisch

Vork.: Rotes Meer. In 1 bis 30 m Tiefe.
GU: Jungfische, Initial- und Terminalphase gleichen einander farblich ziemlich; nur die Sekundärmännchen bekommen dunkle Ränder an den Flossen.
Soz.Verh./Vgs.: *Th. klunzingeri* lebt einzeln, jung manchmal auch in losen Gruppen über Korallenriffen. Der Fisch eignet sich gut für ein reines Fischaquarium.
Hält.B.: Sauberes Wasser, etwas Strömung und viel Schwimmraum sowie einige Versteckmöglichkeiten werden für die erfolgreiche Haltung dieses Fisches benötigt.
Licht: Sonnenlichtzone.
ZU/Verm.: Nicht bekannt.
FU: K; im Meer frißt *Th. klunzingeri* eine abwechslungreiche Palette an Wirbellosen. Im Aquarium biete man ihm möglichst verschiedenartiges Futter, das vor allem Krebsartige enthalten soll.
Bes.: Sekundärmännchen bilden Reviere, aus denen sie große Artgenossen verjagen sie schwimmen sogar den Taucher an. An Tauchbasen, wo gefüttert wird, legen sie teilweise ihre Territorialität ab und umringen den Futterspender in Scharen.

T: 24-28°C, L: 25 cm, BL: ab 150 cm, WB: m, WR: u-o, BS: 2-3, SG: 3.

Thalassoma klunzingeri

Thalassoma lucasanum (GILL, 1863)
Cortez-Lippfisch

Vork.: Ostpazifik, Golf von Kalifornien. In 3 bis 25 m Tiefe.
GU: Jungfische und initiale Tiere sind etwa gleich gefärbt, nämlich gelb mit einem breiten schwarzen Längsstreifen in Körpermitte und einem ebensolchen von der Stirn den Rücken entlang. Der Zwischenraum am Kopf ist blau; der Bauch ist weiß. Mit zunehmendem Alter verblaßt das Gelb und der seitliche Körperstreifen wird breiter und ausgefranst. Nur die Sekundärmännchen bekommen das farbenprächtige Kleid, das hier abgebildet ist.
Soz.Verh./Vgs.: ♂♂ und ♀♀ der Initialphase leben oft in kleinen, aber auch großen Gruppen über Felsböden. Sekundärmännchen leben solitär. Eine Vergesellschaftung mit Fischen ist gut möglich, nicht aber eine solche mit Wirbellosen.
Hält.B.: *Th. lucasanum* benötigt ein Felsaquarium mit vielen Versteckmöglichkeiten und viel Schwimmraum.
Licht: Sonnenlichtzone.
ZU/Verm.: Im Meer laichen die Tiere der Primärphase in großen Gruppen von 50 und mehr Exemplaren ab. Die Supermännchen suchen individuell ♀♀ aus und laichen mit diesen jeweils paarweise ab.
FU: K; Jungfische agieren zeitweise als Putzer und säubern andere Fische von Parasiten. Im Aquarium sind sie mit abwechslungsreichem Futter, das vor allem Krebsartige bzw. Krebsfleisch enthält, zu ernähren.
Bes.: Dieser im Golf von Kalifornien häufige Fisch wird bei uns praktisch nicht importiert.

T: 20-24°C, L: 18 cm, BL: ab 120 cm, WB: l, WR: u-o, BS: 4, SG: 3.

Thalassoma klunzingeri

Thalassoma lucasanum

Thalassoma lunare (LINNAEUS, 1758)
Mondsichel-Lippfisch, Mondsichel-Junker

Vork.: Indo-Pazifik; vom Roten Meer bis zu den Line Inseln, nach Japan (N) und zu den Lord Howe Inseln (S). In 1 bis 20 m Tiefe.
GU: Obwohl dieser Fisch von Jugend an wesentliche Elemente seiner Färbung beibehält, so ist doch die Farbenpracht der Sekundärmännchen überwältigend.
Soz.Verh./Vgs.: *Th. lunare* lebt meist in Gruppen, die aus einem territorialen ♂♂ und einigen bis vielen Tieren der Initialphase bestehen, an seichten Teilen von Lagunen-, Küsten- und Außenriffen.
Hält.B.: *Th. lunare* bevorzugt klares, sauerstoffreiches Wasser mit Bewegung und braucht viel Schwimmraum. Er ist sehr gut haltbar und unempfindlich und friedfertig; lediglich große, territoriale Sekundärmännchen können ruppig werden.
Licht: Sonnenlichtzone.
ZU/Verm.: Im Meer kommt gruppenweises Ablaichen vor.
FU: K; *Th. lunare* frißt im Meer hauptsächlich kleine, bodenlebende Wirbellose, speziell Krebsartige, Fischeier, Schneckeneier usw.
Bes.: *Th. lunare* ist wegen seiner Farbenpracht und Schwimmfähigkeit ein beliebter Aquarienfisch, der häufig importiert wird.

T: 24-28°C, L: 20 cm, BL: ab 110 cm, WB: s, WR: u-o, BS: 1, SG: 3.

Thalassoma lunare ♂

Thalassoma lutescens (LAY & BENNETT, 1839)
Gelber Lippfisch

Vork.: Indopazifik; von Sri Lanka bis Panama, nach Japan und Hawaii (N), Lord Howe, Ducie und Rapa Inseln (S). In 1 bis 30 m Tiefe.
GU: Während die Jungtiere total gelb sein können, weist die Initialphase meist orange Farbtöne und linienförmige Muster am Kopf auf. Nur die Sekundärmännchen entwickeln jene Farbenpracht, wie sie das große Bild rechts zeigt.
Soz.Verh./Vgs.: Die Tiere leben meist einzeln über Sandgrund und Schutt genauso wie über dichtem Korallenwuchs an seichten, exponierten Innen- und Außenriffen.
Hält.B.: *Th. lutescens* liebt ein abwechlungsreich gestaltetes Becken mit Felsen, Löchern, Steinen und Sand, viel Schwimmraum und Wasserbewegung.
Licht: Sonnenlichtzone.
ZU/Verm.: Nicht bekannt.
FU: K; *Th. lutescens* frißt im Meer eine Vielzahl an bodenlebenden hartschaligen Wirbellosen wie Krabben, Garnelen, Schnecken, Muscheln, Schlangensterne, Seeigel, Fischeier u.a. Im Aquarium sollte man ihm daher ein möglichst abwechslungsreiches Menü anbieten.
Bes.: Keine.

T: 24-28°C, L: 22 cm, BL: ab 100 cm, WB: s, WR: u-o, BS: 1-2, SG: 3.

Thalassoma lutescens, juvenil

Thalassoma lunare

Thalassoma lutescens ♂

Thalassoma pavo (VALENCIENNES, 1758)
Pfauen-Junker

Vork.: Mittelmeer und Ost-Atlantik. In 1 bis 15 m Tiefe.
GU: Die Grundfärbung der Jungfische und Primärphase ist gelb mit zahlreichen feinen Querstreifen. Der Körper der Jungen ist durch breite bläuliche Streifen in etwa 6 Teile geteilt. Von diesen bleibt in der Initialphase ein breiter Schulterstreifen übrig. Sekundärmännchen sind größtenteils blau gefärbt und besitzen lang ausgezogene Schwanzflossen.
Soz.Verh./Vgs.: Jungfische leben einzeln oder in losen Gruppen; Sekundärmännchen besetzen große Reviere, in denen sich Jungfische und solche der Initialphase aufhalten.
Hält.B.: Die Fische lieben Felsformationen mit reichlichem Algenbewuchs und Sand von einigen Zentimetern Tiefe, da sie sich im Gegensatz zu den meisten *Thalassoma*-Arten zur Ruhe eingraben.
Licht: Sonnenlichtzone.
ZU/Verm.: Die Tiere laichen im Meer im Sommer ab. Die Eier schweben im Wasser.
FU: K; *Th. pavo* frißt eine Vielzahl von kleinen Wirbellosen, die er zwischen dem Aufwuchs sucht. Er ist mit abwechslungsreicher fleischlicher Kost gut und leicht zu ernähren.
Bes.: *Th. pavo* kann bei wesentlich tieferen Temperaturen als seine Verwandten aus den tropischen Meeren gehalten werden und ist auch weniger empfindlich.

T: 18-22°C, L: 25 cm, BL: ab 100 cm, WB: l-m, WR: u-o, BS: 1, SG: 3.

Xenojulis margaritaceus

Gattung *XENOJULIS* DE BEAUFORT, 1939

Eng verwandt mit der Gattung *Macropharyngodon*, ist *Xenojulis* monospezifisch, d.h., es gibt nur eine Art, *Xenojulis margaritaceus*. Sie lebt in flachen Gewässern, über Korallenschotter wie auch in Seegras. Es ist erstaunlich, daß sie so selten importiert wird.

Xenojulis margaritaceus (MACLEAY, 1884)
Perlen-Lippfisch, Perlen-Junker

Vork.: West-Pazifik, von den Philippinen bis Neu Guinea. In 2 bis 10 m Tiefe.
GU.: Keine (?).
Soz.Verh./Vgs.: Lebt einzeln oder paarweise; ist für's Fischaquarium geeignet.
Hält.B.: Er benötigt sauberes Wasser und ein Felsaquarium mit vielen Schlupfwinkeln.
Licht: Sonnenlichtzone.
ZU/Verm.: Nicht bekannt.
FU: K; frißt kleine Wirbellose und geht an abwechslungsreich gegebens Futter aller Art.
Bes.: Typisch für *X. margaritaceus* sind unregelmäßige, manchmal annähernd in Reihen angeordnete perlartig silbrige Flecken die Seiten entlang. Auf diesem Bild nicht gut sichtbar sind etwa fünf undeutliche dunkle Querbänder am Körper, ein schwarzer Fleck vorne in der stacheligen Rückenflosse und ein weiterer hinten in deren weichstrahligem Teil.

T: 24-28°C, L: 10 cm, BL: ab 70 cm, WB: I, WR: u, BS: 3-4, SG: 3.

LABRICHTHYS-Gruppe

Aus der Unterfamilie Corinae ist diese Gruppe deshalb abzugrenzen, weil ihre Arten zumindest Teilzeitputzer sind, zumeist aber lebenslang ihre Hauptnahrung vom Reinigen größerer Fische aus dem Korallenriff beziehen. Einige bilden feste Putzerstationen, zu denen die Kunden heranschwimmen, andere reisen selbst im Riff herum und bieten ihren Service territorialen Fischen in deren Gebiet an. Letztere ernähren sich auch von Korallenpolypen, was von Lippfischen sonst unbekannt ist. Der Mund ist endständig und die Lippen sind röhrenhaft nach vorn geschürzt, analog einem "Kußmäulchen". Der Putzernachahmer *Aspidontus taeniatus* aus der Familie der Säbelzahnschleimfische, der das Farbkleid von *Labroides*-Putzerfischen perfekt imitiert, kann jedoch leicht an seinem unterständigen Maul identifiziert werden.

Gattung *LABRICHTHYS* BLEEKER, 1854

Auch diese Lippfisch-Gattung hat nur eine Art, die aber recht weit verbreitet ist: Von Ostafrika bis Samoa im Pazifik findet man *Labrichthys unilineatus* in Tiefen zwischen 50 cm und 20 m. Die Art bekam ihren Namen von der Jugendfärbung, die sich bis zur Endgröße des Fisches von 15 cm deutlich verändert. Auch hier haben wir es mit einem Teilzeitputzer zu tun, der sonst gern in Geweihkorallen deren Polypen frißt. Er ist mit friedlichen Fischen wie Grundeln und Fahnenbarschen zu vergesellschaften. Sofern keine Steinkorallen gepflegt werden, ist er ein gern gesehener Gast im Wirbellosen-Aquarium.

Labrichthys unilineata, juvenil

Labrichthys unilineata ♂

Labrichthys unilineata ♀

Wirbellosenaquarium mit Lederkoralle und "Mördermuschel" - eine Vorschau auf Band 2

Gattung *DIPROCTACANTHUS* BLEEKER, 1862

Es gibt nur eine Art in dieser Gattung, *Diproctacanthus xanthurus.* Sie lebt im indoaustralischen Archipel und wird nicht größer als 6 cm. Im Gegensatz zu den Arten der Gattung *Labroides* zieht *D. xanthurus* über weite Strecken des Korallenriffs und bietet seine Putzdienste ortsgebundenen Riffbarschen und anderen Fischen an. Nicht so hingebungsvoll wie Labroides, mehr so "im Vorübergehen". Mageninhaltsuntersuchungen haben Korallenpolypen festgestellt.

Diproctacanthus xanthurus (BLEEKER, 1856)
Wandernder Putzer-Lippfisch

Vork.: Indo-Australien, von Java bis zu den Philippinen und nach Neu Guinea. In 2 bis 20 m Tiefe.
GU: Während die Jungfische schwarz sind mit zwei weißen Längsstreifen, die bis zur Schwanzwurzel reichen (die Schwanzflosse ist größtenteils schwarz), nehmen die Erwachsenen die hier gezeigte Färbung an. Die schwarzen Striche werden aber noch heller braun und das Gelb verblaßt.
Soz.Verh./Vgs.: *D. xanthurus* lebt einzeln und streift in relativ großen Gebieten umher. Er ist mit Fischen, aber keinesfalls mit lebenden Korallen zu vergesellschaften.
Hält.B.: Er benötigt ein großes, abwechslungsreich gestaltetes Becken mit einem Besatz an nicht zu großen Fischen, am besten einigen Pomacentriden.
Licht: Sonnenlichtzone.
ZU/Verm.: Nicht bekannt.
FU: K; *D. xanthurus* arbeitet in der Natur hauptsächlich als Putzerfisch, frißt aber auch Korallenpolypen. Da er im Aquarium vom Putzgewerbe nicht leben kann, muß man ihm entsprechend mundgerechtes Ersatzfutter, besonders in Form kleiner Krebsartiger anbieten. Die Umstellung gestaltet sich oft schwierig. Lebendes *Artemia* jeder Größe, nach Gewöhnung auch tiefgefroren wird zu seiner Hauptnahrung im Aquarium.
Bes.: Im Gegensatz zu den meisten anderen Putzerfischen, die regelrechte Stationen betreiben, zieht *D. xanthurus* in weiten Teilen des Riffs umher und "bedient" dort hauptsächlich die territorialen Arten von Riffbarschen (Pomacentriden).

T: 24-28°C, L: 6 cm, BL: ab 80 cm, WB: l, WR: u-m, BS: 3, SG: 3.

Gattung *LABROIDES* BLEEKER, 1851

Die eigentlichen Putzerlippfische betreiben feste Putzstationen, d.h., Fische anderer Herkunft kommen in deren Territorium und ersuchen durch ein besonderes Verhalten, von Schmarotzern befreit zu werden. Es haben sich Putzsymbiosen gebildet, wobei beide Partner einen Vorteil haben. Der eine wird von lästigen Parasiten befreit, dem anderen dienen die Parasiten als Nahrung. Es gibt aber nicht nur den Putzerlippfisch *L. dimidiatus*, sondern 5 Arten in dieser Gattung, die alle im tropischen Indopazifik leben. Sie betreiben das Putzergeschäft im Gegensatz zu den anderen *Labrichthys* sehr intensiv, schwimmen dabei sogar hinter die Kiemendeckel oder ins Maul des Putzerkunden! Der Putzerfisch weiß, daß der Jagdinstinkt beim erheblich größeren Kunden abgestellt ist und er nicht als kleiner Leckerbissen verschlungen wird. Beim Putzvorgang selbst fallen die Kunden in eine Art Trance, ihre Atmung ist dabei unregelmäßig und langsamer als normal. Ihr Körper "steht" oft vertikal im Wasser, wobei sie Maul und Kiemendeckel aufsperren. Sie verändern auch z.T. ihre Farbe, um dem Putzer das Erkennen der schmarotzenden Ektoparasiten zu erleichtern.
Labroides-Arten sind für den Kunden deutlich an den Längsstreifen erkennbar. Darüberhinaus zeigen sie charakteristische Verhaltensweisen, um Putzkunden anzulocken. So führen sie einen charakteristischen Wipptanz auf, der bei Jungputzern besonders stark ausgeprägt ist. Dabei schwimmt der Putzerfisch langsam vorwärts, schwingt unaufhörlich den Hinterkörper mit gespreizter Schwanzflosse nach oben und läßt ihn dann wieder sinken. Bei Bereitschaft des Kunden schwimmt der Putzerlippfisch auf ihn zu und betrillert ihn mit den Bauchflossen. Dann macht er sich "an die Arbeit" und untersucht die ihm angebotenen Körperpartien des Kunden. Hat dieser genug vom Putzen, zeigt er es mit ruckartigen Bewegungen an, und der Putzer läßt von ihm ab. In Meerwasseraquarien behalten *Labroides* Arten ihren Putzerinstinkt bei, was sie unter Aquarianern beliebt macht. Im Riff lebt meist ein kleiner Harem von einem dominierenden Männchen mit mehreren kleineren Weibchen. Oft sieht man aber auch einzelne Paare zusammen putzen. Im Aquarium bleibt Paarbindung erhalten, sofern getrennte Geschlechter eingesetzt werden. Da das äußerlich schwierig zu erkennen ist, sollte man unterschiedlich große Putzerfische einkaufen, um Streitigkeiten untereinander zu vermeiden. Lediglich bei *L. bicolor* ist das über 10 cm groß werdende Männchen an einem kräftigen hellen Fleck am Hinterkörper zu unterscheiden, der das Linienmuster der Weibchen auflöst. Alle *Labroides*-Arten nehmen auch Ersatzfutter wie *Mysis* und Krill an.

Labroides dimidiatus, Balz im Aquarium

Labroides dimidiatus an einem großen *Naso*

Labroides bicolor

Labroides bicolor, Fidjiform

Labroides dimidiatus

Labroides dimidiatus

Labroides bicolor (FOWLER & BEAN, 1828)
Zweifarben-Putzerfisch

Vork.: Indo-Pazifik; von Ostafrik bis zu den Line-, Marquesas- und Gesellschaft-Inseln; nach Japan (N) und Lord-Howe Inseln (S). In 2 bis 20 m Tiefe.
GU: Es kommen zwar einige Farbvarianten vor, doch die Grundfärbung ist bei jungen und erwachsenen Fischen ungefähr gleich: der Hinterkörper, der Schwanzstiel und der größte Teil der Schwanzflosse sind gelblich oder weiß. Knapp vor dem Rand der Schwanzflosse kann ein dunkles Band sein. Bei ausgewachsenen Tieren fließen die dunklen Streifen in der Körpermitte so zusammen, daß sie eine einheitliche schwarze Fläche bilden, der sich halbrund gegen den gelben oder weißlichen rückwärtigen Teil abgrenzt. Ein schwarzes Band vor dem Rand der Schwanzflosse schließt diesen hellen Teil rückwärts ab.
Soz.Verh./Vgs.: Junge Tiere leben einzeln; erwachsene auch paarweise. Sie sind mit Fischen aller Art zu vergesellschaften.
Hält.B.: Felsen mit Unterschlupf-Möglichkeiten sowie freier und verdeckter Schwimmraum werden benötigt. Licht: Sonnenlichtzone.
ZU/Verm.: Nicht bekannt.
FU: K; dieser Putzerfisch sucht auch im Aquarium seine Mitbewohner nach Parasiten und losen Hautstücken und Schleim ab, kann sich davon jedoch nicht ernähren und muß daher auf Ersatzkost umgestellt werden, was nicht immer leicht ist. *Artemia* jeder Größe und auch Flockenfutter werden bald akzeptiert.
Bes.: Junge und halberwachsene Tiere erhalten normalerweise Putzstationen, meistens an großen Überhängen oder unterhöhlten Felsen oder Korallenblöcken in der Nähe der Riffkante. Erwachsene sind eher umherziehende Putzerfische, die alleine oder paarweise größere Gebiete abschwimmen und bei Putzbedarf "einschreiten" oder selbst dazu auffordern.

T: 24-28°C, L: 14 cm, BL: ab 100 cm, WB: l, WR: u, BS: 2, SG: 3.

Labroides dimidiatus (VALENCIENNES, 1839)
Gemeiner Putzerfisch

Vork.: Indo-Pazifik; vom Roten Meer bis zu den Line-, Marquesas- und Ducie-Inseln, nach Japan (N) und den Lord-Howe- und Rapa-Inseln (S). In 1 bis 30 m Tiefe.
GU.: Keine.
Soz.Verh./Vgs.: *L. dimidiatus* lebt einzeln, paarweise oder in Harems an auffälligen Stellen im Riff. Er sollte nur einzeln oder höchstens im Paar im Fischaquarium gehalten werden.
Hält.B.: Die Fische schlafen nachts in kleinen, dem Körper entsprechenden Löchern in Fels und Riff. Solche muß man ihnen neben sauberem Wasser und viel Schwimmraum bieten.
Licht: Sonnenlichtzone. Dieser Putzer springt gelegentlich aus dem Aquarium (Schreckreaktion ?). Vorsichtshalber ist das Becken abzudecken oder der Wasserstand so niedrig zu halten, das ein Herausspringen verhindert wird. Letztlich gilt das natürlich für alle schwimmaktiven, springenden Fische !
ZU/Verm.: Nicht bekannt.
FU: K; Im Gegensatz zu vielen anderen Putzerfischen, die nur schwer an Ersatzfutter zu gewöhnen sind, läßt sich *L. dimidiatus* relativ gut zur Annahme der verschiedensten Arten von Ersatzfutter umerziehen. Er geht natürlich auch im Aquarium seinem Putzgewerbe nach, kann aber davon nicht leben. *Artemia*, Flockenfutter, FD-Futtermittel werden gerne genommen.
Bes.: *L. dimidiatus* ist der bekannteste und weitest verbreitete Putzerfisch und an ihm wurde auch das Putzverhalten als erstes studiert und genauer beschrieben. Er bewohnt alle Riffzonen von inneren Lagunen zu Riffterrassen und Außenriffen von der Oberfläche bis in größere Tiefen.

T: 24-28°C, L: 10 cm, BL: ab 80 cm, WB: I, WR: u-o, BS: 1, SG: 2.

Bild links:
L. dimidiatus betreibt regelrechte Putzstationen an welchen sich Fische, die nach Parasiten oder losen Hautstücken abgesucht werden wollen, selbst einfinden. Sie begeben sich dort in eine völlig unnatürliche Körperhaltung, häufig den Kopf nach oben oder unten oder in eine andere Schräglage, spreizen die Flossen weit ab oder reißen das Maul oder den Kiemendeckel auf, um ihre Putzbereitschaft und den Ort des Unbehagens anzuzeigen. *L. dimidiatus* putzt nicht nur kleine Fische, sondern auch Räuber und andere Großfische wie Barsche, Muränen, aber auch Adlerrochen und Mantas und schwimmt diesen auch ins Maul, ohne verzehrt zu werden. Diese Möglichkeit, sich anderen Fischen unbeschadet nähern zu können nützt ein Schleimfisch, *Aspidontus taeniatus* heimtückisch aus. Er hat im Laufe seiner Entwicklung "gelernt", den Putzerfisch in Form und Farbe, z.T. auch in der Bewegung so nachzuahmen, daß er zumindest von den Fischen nicht mehr unterschieden werden kann. Ein genauer Blick auf den Kopf läßt jedoch deutlich ein unterständiges Maul erkennen, in welchem sich säbelartig ausgebildete Zähne befinden. Unerkannt nähert er sich den Putzkunden, oft sogar ganz in der Nähe von Putzstationen, und anstatt diesen Erlösung von den Plagegeistern zu bescheren, stößt er blitzschnell zu und beißt ihnen Stücke aus den Flossen oder aus der Haut. Die Nachahmung eines Putzerfisches bietet diesem Schleimfisch also eine Möglichkeit, ohne große Schwierigkeiten und ohne irgendwelche Gegenleistungen zu erbringen an Nahrung zu kommen. Eine Schmarotzerversion des Mimikry!

Aspidontus taeniatus, eine verpönte Art. Im Wirbellosen-Aquarium ohne andere Fische ist sie jedoch recht gut haltbar.

Labroides phtirophagus

Die drei Putzerfische dieser Seiten sind einander sehr ähnlich; bei genauerem Hinsehen kann man jedoch die wesentlichen Unterschiede gut erkennen. Der Hawaii-Putzerfisch (*Labroides phtirophagus*, RANDALL, 1958) unterscheidet sich von den beiden anderen Arten durch eine klare, durchgehende schwarze Linie und das Fehlen eines Brustflecks oder einer Brustlinie. Ober- und Unterrand der Schwanzflosse sind rötlich-blau bis weinrot. Dieser Putzerfisch wird 10 cm lang und kommt nur um Hawaii vor. Das wichtigste Kennzeichen des Brustflecken- Putzerfisches (*L. pectoralis*, RANDALL & SPRINGER, 1975) ist ein schwarzer Fleck unten am Ansatz der Brustflosse. Er kommt in mehreren Farbvariationen vor; in einer zweifarbigen Phase, mit hellem Vorderkörper (weißlich oder gelb) und einem schwärzlichen Hinterkörper einschließlich der Schwanzflosse. Der schwarze Streifen vorne fehlt. Die längsgestreifte Phase hingegen (siehe Bild) besitzt ein schwarzes Band durch Kopf- und Brustregion, das sich rückwärts stark verbreitert. *L. pectoralis* wird nur 7 cm lang und bewohnt den westlichen Pazifik. Er betreibt normalerweise in Paaren gut ausgeprägte Putzstationen.
Der Rotlippen-Putzerfisch (*L. rubrolabiatus*, RANDALL, 1958) vom zentralen Pazifik ist zwar *L. pectoralis* ähnlich, doch fehlt ihm der rundliche schwarze Brustfleck. Statt dessen besitzt er einen schmalen, schwarzen Längsstreifen auf der unteren Seite des Kopfes. Der schwarze Streifen in Körpermitte kann auf den Flanken sehr wenig ausgeprägt sein oder bei größeren Tieren sogar fehlen (siehe Abb.)
Im Meer kann man die drei Arten nicht verwechseln, da sie räumlich voneinander getrennt in verschiedenen Meeresteilen vorkommen. Bei importierten Tieren bedarf es jedoch einer genaueren Betrachtung besonders der Brustregion, um die Artzugehörigkeit feststellen zu können.
Haltung und Pflege wie bei *Labroides bicolor*.

Labroides rubrolabiatus

Labroides pectoralis

Gattung *LABROPSIS* SCHMIDT, 1930

Noch mehr Arten als von *Labroides* sind von der Gattung *Labropsis* bekannt. Alle 6 haben das bekannte Dicklippenmäulchen und betätigen sich als Gelegenheitsputzer, insbesondere, wenn sie jung sind. Ausgewachsene Tiere ernähren sich wiederum von Korallenpolypen. Nur eine Art, *Labropsis xanthonota*,ist im Indischen Ozean anzutreffen. Die anderen Arten im Indoaustralischen Archipel. Deutliche Farbunterschiede zwischen den Geschlechtern sind ebenfalls festzustellen.

Labropsis manabei (SCHMIDT, 1930)
Manabes Lippfisch

Vork.: West-Pazifik, von Japan bis zu den Philippinen. In 5 bis 20 m Tiefe.
GU: Jungfische sind schwarz-weiß längsgestreift (siehe Abb.). Erwachsene beiderlei Geschlechts sind annähernd gleich ziemlich einheitlich dunkel gefärbt.
Soz.Verh./Vgs.: Die Fische leben einzeln oder paarweise im Schutze ästiger Korallen.
Hält.B.: Die Tiere bevorzugen sauberes Wasser, zumindest verzweigten Korallen ähnelnde Felsformationen oder Plastikkorallen und genügend Schwimmraum.
Licht: Sonnenlichtzone.
ZU/Verm.: Nicht bekannt.
FU: K; *L. manabei* betätigt sich im Meer als Putzerfisch und bedient hauptsächlich kleinere Fische wie Korallenbarsche. Er ist nicht leicht an Ersatzfutter zu gewöhnen. *Artemia*.
Bes.: Während die Jungfische nur ungern den Schutz ästiger Korallen verlassen, entfernen sich die Erwachsenen bis zu 1 m und mehr vom schützenden Boden, um ihrem Putzgewerbe nachzugehen.

T: 24-27°C, **L**: 9 cm, **BL**: ab 80 cm, **WB**: l, **WR**: u, **BS**: 2-3, **SG**: 3.

Labropsis xanthonota RANDALL, 1981
Gelbrücken-Lippfisch

Vork.: Indo-Pazifik; von Ostafrika bis Samoa, nach Japan (N) und zum Großen Barriere-Riff (S). In 7 bis 55 m Tiefe.
GU: Jungtiere sind, wie hier abgebildet, schwarz, mit feinen weißen Streifen. Weibliche Tiere werden am Rücken gelblich und Sekundärmännchen entwickeln Schuppen mit goldenen Zentren, blaue Linien am Kopf und einen keilförmigen weißen Fleck in der Mitte der Schwanzflosse.
Soz.Verh./Vgs.: *L. xanthonota* ist ein seltener Einzelbewohner von reichlich mit Korallen bewachsenen äußeren Lagunen- und Außenriffen.
Hält.B.: Neben besonderen Ansprüchen an die Wasserqualität ist dieser Fisch aufgrund seiner Ernährungsweise nicht fürs Aquarium zu empfehlen.
Licht: Sonnenlichtzone.
ZU/Verm.: Nicht bekannt.
FU: K; Jungfische arbeiten als Putzer, Erwachsene hingegen fressen hauptsächlich Korallenpolypen und sind nur schwer an Ersatzfutter zu gewöhnen.
Bes.: Keine.

T: 24-27°C, **L**: 12 cm, **BL**: ab 80 cm, **WB**: l, **WR**: u-o, **BS**: 3, **SG**: 3.

Labropsis manabei ♀

Labropsis xanthonota ♀

Labropsis alleni säubert *Cirrhilabrus lubbocki*, Flores

Labropsis alleni ♀

Larabicus quadrilineatus

Gattung *LARABICUS* RANDALL & SPRINGER, 1973

Diese monospezifische Gattung gibt es nur im Roten Meer. Sie zeigt ähnliches Verhalten wie die anderen der Labrichtys-Gruppe.

Der Vierstreifen- oder Rotmeer-Putzerfisch (*Larabicus quadrilineatus*, RANDALL & SPRINGER, 1973) bewohnt das Rote Meer und den Golf von Aden und ist gut an seiner rein schwarz-blau längsgestreiften Färbung zu erkennen. Allerdings sind nur Jungtiere und solche der Initialphase so gefärbt, Sekundärmännchen verlieren die blauen Bänder und bekommen ein gekurvtes blaues Band unter dem Auge. Er wird 12 cm lang und ist nur in seiner Jugendzeit Putzerfisch; erwachsen ernährt er sich hauptsächlich von Korallenpolypen. Er wird nur gelegentlich importiert.

Allen's Putzerfisch (*Labropsis alleni*, RANDALL, 1981) besitzt in seiner Jugendzeit eine typische längsgestreifte Putztracht und geht während dieser Phase auch dem Putzgewerbe nach. Erwachsen färbt er sich um und geht größtenteils zur Nahrungsaufnahme vom Boden über. Er lebt in 4 bis 52 m Tiefe und bevorzugt Lagunen- und Außenriffe.

Gattung *PSEUDODAX* BLEEKER, 1861

Wegen der einzigartigen Bezahnung innerhalb der Lippfischfamilie wurde die Gattung *Pseudodax* in eine eigene Unterfamilie gestellt: Pseudodacinae. Der Populärname der einzigen Art dieser Gattung weist auch daraufhin, denn *Pseudodax moluccanus* wird Meißelzahnlippfisch genannt. Zwar erinnert die Jugendform mit den beiden blauen Längsstreifen an das Putzerkleid der Labrichthys, doch ist ein Putzverhalten nicht bekannt. Der Meißelzahnlippfisch mit seinen monsterartigen Zähnen ist vom Roten Meer bis nach Japan verbreitet. Er ist nur für Fischgesellschaftsbecken zu empfehlen, da Wirbellose aller Art zu seiner Hauptnahrung gehören.

Pseudodax moluccanus, subadult

Pseudodax moluccanus, adult

Pseudodax moluccanus , juvenil

Pseudodax moluccanus (VALENCIENNES, 1939)
Meißelzahn-Lippfisch

Vork.: Indo-West-Pazifik; vom Roten Meer und von Ost-Afrika bis nach Japan. In 4 bis 40 m Tiefe.
GU: Während die Jungfische ein den Putzerfischen ähnelndes Kleid tragen, sind ♂♂ und ♀♀ der Initial- und Terminalphase ungefähr gleich gefärbt mit einem dunklen Strich auf jeder Schuppe und einer weiß-schwarzen Schwanzflosse.
Soz.Verh./Vgs.: *P. moluccans* lebt einzeln oder paarweise an Riffen mit klarem Wasser. Er ist gut mit Fischen, aber nicht mit Wirbellosen zu vergesellschaften.
Hält.B.: Wenig bekannt. Er benötigt Felsformationen mit entsprechenden Unterschlupf-Möglichkeiten und viel Schwimmraum.
Licht: Sonnenlichtzone.
ZU/Verm.: Nicht bekannt.
FU: K; Jungfische ahmen nicht nur die Farbtracht von Putzerfischen nach, sondern sie betätigen sich auch als solche. Erwachsene fressen hartschalige Bodentiere und sind mit einem Vielerlei an Ersatzkost zu ernähren. Die Zähne sind zu beachten. Werden diese zu lang, so ist hartschalige Kost anzubieten: Garnelen mit Schale und kleine, ganze Miesmuscheln.
Bes.: Keine.

T: 24-28°C, L: 25 cm, BL: ab 150 cm, WB: l, WR: u, BS: 3, SG: 3.

Fam:. Scaridae

Über die Familie SCARIDAE PAPAGEIENFISCHE

Dieses Kapitel ist bewußt so kurz gefaßt, da es sich bei Papageifischen um Nahrungsspezialisten handelt, die für die Meeresaquaristik allgemein nicht zu empfehlen sind. Eine Art, *Cetoscarus bicolor*, kommt aber immer wieder in den Handel und an ihr soll stellvertretend gezeigt werden, um welch interessante Fischfamilie es sich trotzdem handelt, zumal sie eng verwandt mit den Lippfischen ist.
Tropische Korallenriffe aller drei Ozeane sind auch von Papageifischen bevölkert. Nicht selten schwimmen sie in großen Schulen und benagen flächenweise das Riff. Bei den meisten Arten dieser Familie sind die Zähne zu einem papageiähnlichen Schnabel zusammengewachsen. Außerdem sind die Schlundzähne zu Reibeplatten verschmolzen. Mit diesem festen Gebiß trennen sie Stücke lebender oder toter Korallen ab und zermahlen sie zu feinem Brei. Einige Arten beißen oder schaben auch Kalkalgen ab, die in großer Zahl im Riff vorhanden sind. Zusatznahrung bilden noch Krebse, Moostierchen und Borstenwürmer.
Geschlechtsleben und Fortpflanzung ist analog zu den Lippfischen. Aus den initialen Phasen des Weibchens oder Männchens entwickeln sich terminale Männchen, die auch das attraktivste Farbkleid tragen. Sie laichen paarweise ab, wobei das Balzen sehr amüsant zu beobachten ist: Wange an Wange drehen die Partner kleine Kreise im freien Wasser! Wohlgemerkt in ihrem natürlichen Lebensraum.
Dramatische Farbwechsel macht *Cetoscarus bicolor* mit, dessen zweifarbige Jugendform jedem Aquarianer bekannt sein dürfte. Korallen beißt er im Aquarium nicht ab, ist aber wie Lippfische den ganzen Tag in Bewegung,manchmal am Boden, dann wieder in der Nähe des Wasserspiegels, eher bedächtig schwimmend. Nur wenn Gefrier- oder Flockenfutter in die Strömung der Umwälzpumpe gehalten wird, schwimmt er mit den anderen Aquarienfischen um die Wette. Der zweifarbige Papageifisch bleibt scheuer als z.B. der *Thalassoma lunare*, mag auch keine aggressiven Mitbewohner wie Drückerfische. Die Hälterung in alteingerichteten Aquarien ist bei dieser Art in jedem Fall vorteilhaft.
Papageifische haben die Fähigkeit entwickelt, sich bei Dunkelheit ein "Nachthemd" anzuziehen. Sie scheiden dabei eine schleimige Hülle aus, die während der Nacht lose den Körper umgibt. Diese besteht aus verfestigtem Schleim, der unter heftigen Atembewegungen in der Kiemenregion erzeugt wird. Die den Kokon erzeugende Drüse befindet sich als morchelartiges Gewebe am oberen Rand der Kiemenhöhle. Am Morgen schlüpft der Papageifisch mit kräftigen Schwanzschlägen aus seiner Hülle hinaus. Diese soll ihn nachts vor Freßfeinden schützen.

Kokon eines Papageienfisches ..

.. beim Nachttauchen fotographiert

Cetoscarus bicolor ♂

Cetoscarus bicolor ♀

Cetoscarus bicolor, juvenil

Cetoscarus bicolor (RÜPPELL, 1829)
Clown-Papageifisch, Zweifarben-Papageifisch

Vork.: Indo-Pazifik; vom Roten Meer bis Tuamotu; nach Japan (N) und zum südlichen Barriere-Riff. In 1 bis 30 m Tiefe.
GU: Nicht nur die Jungfische mit ihrer auffälligen weißen Färbung und dem breiten rotbraunen Band auf der rückwärtigen Kopfhälfte unterscheiden sich stark von den Erwachsenen, sondern auch diese sind recht unterschiedlich gefärbt. Die Initialphase ist dunkelrötlich-schwarz mit gelblichem Rücken und Schuppen, die schwarz umrandet und gefleckt sind. Die ♂♂ der Terminalphase sind blau-grün mit orange gerandeten Schuppen und orangen Punkten an Kopf und Vorderkörper (siehe Foto).
Soz.Verh./Vgs.: Schon die Jungfische leben einzeln, ebenso die Erwachsenen, wobei die Sekundärmännchen große Reviere und Harems mit mehreren / beanspruchen können.
Hält.B.: Die Tiere leben an klaren Lagunen- und Außenriffen und brauchen viel Schwimmraum. Sie wachsen relativ schnell und sprengen bald den Rahmen eines Heimaquariums. Felsformationen mit guten Versteckmöglichkeiten werden benötigt, da die Tiere nachts in Felsnischen schlafen.
Licht: Sonnenlichtzone. **ZU/Verm.:** Nicht bekannt.
FU: O; die Tiere fressen im Meer lebende und veralgte Korallenstöcke, die sie mit ihrem Schnabel abschaben oder abbrechen und zermalmen. Sogar spitzästige Formen wie *Seriatopora* werden nicht verschmäht und samt dem Kalkanteil verschlungen. Im Aquarium kann man ihnen grobe, hartschalige Kost, wie man sie etwa Drückerfischen anbietet, z.B. tiefgekühlte Shrimps (-5 cm l), gefriergetrocknetes Futter, Muschelfleisch, Rinderherz u.a.geben.
Bes.: So attraktiv er auch als Jungfisch ist, ein Aquariumfisch ist es nicht. Da das auch für die anderen Papageienfische zutrifft, wurden sie insgesamt aus diesem Buch fortgelassen. Auch der Angler mag diese Fischfamilie nicht. Ihr Fleisch ist wabbelig und fast nicht genießbar. Einige Arten sind sogar giftig! Für Taucher sind die Papageienfische jedoch allemal interessant.

T: 24-28°C, L: 80 cm, BL: ab 200 cm, WB: l, WR: u, BS: 1-2, SG: 3.

Fam.: Serranidae
Unterfam.: Anthiinae

Über die Familie Serranidae

Um aus der großen Barschfamilie die bekanntesten und beliebtesten Mitglieder herauszufinden, braucht man Aquarianer, Sporttaucher und Ichthyologen nicht lange zu befragen: Es sind die Fahnenbarsche der Unterfamilie Anthiinae. Im Gegensatz zu anderen Unterfamilien wie Serraninae (Sägebarsche) oder Epinephelinae (Zackenbarsche) leben sie weniger bodengebunden und sind in den tropischen Korallenriffen in riesigen Schwärmen zu bestaunen. Da alle Fahnenbarsche nicht länger als 15 cm werden und ihr schlanker Körper oft sehr farbenprächtig ist, sind die reinen Planktonjäger im Gegensatz zu den räuberischen Zackenbarschen von Meeresaquarianern sehr begehrt. Unterwasserfotografen können alle verfügbaren Objektive im Zusammenhang mit Fahnenbarschen einsetzen, denn ein Weitwinkel kann nicht weit genug sein, um z.B. im Roten Meer einen Schwarm *Pseudanthias squamipinnis* im freien Wasser vor dem Dropoff abzulichten. Allerdings wird auch schon mancher UW-Fotograf an der Wendigkeit der nach Plankton umherflitzenden Fahnenbarsche verzweifelt sein, die man kaum einmal mit einem Normal- oder Teleobjektiv scharf erwischt!
Im Golf von Aqaba ist *P. squamipinnis* die verbreiteste Art, denn nirgendwo sieht man solche Unmengen an Fahnenbarschen wie an der Küste der Sinai-Halbinsel. Jede Höhle und jeder Überhang ist von ihr gefüllt, ja sie bevölkert sogar unterhalb des Riffes noch in 35 m Tiefe alleinstehende Korallenblöcke. Innerhalb der mehrere hundert Fische umfassenden Gruppen von *P. squamipinnis* sieht man drei typische Formen. Die kleinen, geschlechtsreifen ♀♀ machen 90 Prozent der Gruppe aus. Sie sind rötlich orange mit einer violetten Iris und werden nicht länger als 7 cm. Das mit 12 cm größere ♂♂ erkennt man an seiner Färbung: Sein Körper ist violett gefärbt, und auf seinen Brustflossen befindet sich ein deutlich sichtbarer violetter Farbklecks. Außerdem sind die ersten Strahlen der Rückenflosse verlängert. Die dritte Form zeigt *P. squamipinnis* zwischen 6 und 9 cm Länge, wenn er das Geschlecht gerade wechselt. Hier kann die Weibchenfärbung noch vorherrschen, aber die für das männliche Geschlecht typischen langen Rückenflossenstrahlen sind schon sichtbar.
Im Schwarm gibt es einen engen Zusammenhang zwischen der Anzahl der ♀♀ und der der ♂♂. In Gruppen unter 10 Fahnenbarschen wurde kein ♂ gefunden. Dagegen beobachtete man einzelne ♂♂ regelmäßig mit einem Harem von mehr als 10 ♀♀. Je größer die Anzahl der ♀♀, desto mehr ♂♂ teilen sich ihre Betreuung. Ausgewachsene ♂♂ dulden "Umwandler", verscheuchen sie aber beim Beginn der Balz. Das ausgeprägte Haremsverhalten der Fahnenbarsche ist im gesamten Indopazifik zu beobachten. so z.B. bei *Pseudanthias cooperi* um Mauritius oder *Pseudanthias dispar* in Mikronesien.

Pseudanthias squamipinnis

Fam.: Serranidae
Unterfam.: Anthiinae

Wissenschaftler haben den Geschlechtsdimorphismus bei Fahnenbarschen genauer untersucht und sind zu folgenden Ergebnissen gekommen: Geschlechtswechsel findet außerhalb der jährlichen Laichzeit statt. Nimmt man einem Harem das ♂ weg, wechselt das größte ♀ innerhalb von 2 Tagen das Geschlecht. Nimmt man aus größeren Gruppen mehrere ♂♂ weg, bilden sich kurzfristig genauso viele ♀♀ um.
Das Balz- und Laichverhalten hat man bislang nur bei wenigen Fahnenbarsch-Arten untersucht. *P. squamipinnis* als wohl meistverbreiteste Art dieser Unterfamilie (vom Roten Meer bis Japan und den Salomon-Inseln) gehört dazu: Die Balz beginnt in der Dämmerung, indem territoriale ♂♂, also die Wächter ihres Harems, weit oberhalb ihrer Weibchenansammlung ins freie Wasser schwimmen. Einer U-Linie gleich tauchen sie zum Boden hinab und spreizen dabei alle Flossen bis sie wieder im freien Wasser angelangt sind. Dieses zickzack-Schwimmen kann einige Minuten dauern, bis sich ein ♀ praktisch am Bogen des U's dazugesellt und eng an das ♂ mit nach oben schwimmt. Dabei werden die Geschlechtsprodukte entlassen. Die ♀♀ laichen nur einmal bevor es dunkel wird, während die ♂♂ mehrere ♀♀ hintereinander anbalzen und mehrfach ablaichen.

Die Häufigkeit von Fahnenbarschen wird im Roten Meer von keiner anderen Familie übertroffen. Der Haremsfahnenbarsch *Pseudanthias squamipinnis* bevölkert zu Tausenden die Riffabhänge.

Fam.: Serranidae
Unterfam.: Anthiinae

Oft ist es der spontane Entschluß, der den Meeresaquarianern beim Anblick farbenprächtiger Fische im Zoofachhandel zur Kaufentscheidung "zwingt". Das mag bei pflegeleichten Fischen noch angehen, aber Fahnenbarsche sind nicht pflegeleicht! Um Arten dieser Familie erfolgreich, d.h. über Monate hinaus, pflegen zu können, sollte das Aquarium nicht unter 500 Liter fassen. Eine starke Wasserbewegung, konstant hoher Sauerstoffanteil des Wassers und minimale Nitratwerte sind Grundvoraussetzung dafür, daß die verschmutzungsempfindlichen Fische sich wohlfühlen. Ein nachgebautes Riff soll viele Schutzmöglichkeiten enthalten und dominante, größere Fische sollten sich nicht im gleichen Aquarium befinden. Am besten ist es, eine Gruppe von Fahnenbarschen (etwa 8 bis 12) mit max. zwei Männchen allein zu hältern. Der meeresaquaristische Liebhaber ist einmal mehr gefragt, denn es reicht nicht, nur allabendlich Fahnenbarsche zu füttern. Sie brauchen - analog ihrem Dauerplanktonjagen im Meer - mehrfach täglich Nahrung in kleinen Mengen. Manche Arten sind dermaßen empfindlich, daß sie nur Kleinkrebse, möglichst lebend, annehmen. Da bietet sich eine *Artemia*-Zucht an, die aber noch mit Vitaminen zu versehen ist, oder frischgefangene Wasserflöhe und Mückenlarven. Tiefgefrorenes Krill, *Mysis* oder Herzmuschelfleisch wird aber auch aus der Pumpenströmung angenommen.
Deutlich sei nochmal gesagt, daß impulsives Kaufen von Fahnenbarschen zur Pflege im Meerwasseraquarium falsch ist. Es schadet nicht nur den Fischen, sondern auch dem Ruf der Meeresaquaristik allgemein, wenn sich der Aquarianer nicht vor dem Erwerb von Tieren Gedanken macht, ob er diesen die Voraussetzungen für eine ihren Bedürfnissen angepaßte Pflege ermöglichen kann.

Anthias anthias (LINNAEUS, 1758)
Fahnenbarsch

Vork.: Mittelmeer, Nordost-Atlantik nördl. bis Biskaya, an Felswänden in 30 bis 50 m Tiefe.
GU: Bei den ♂♂ ist die Rückenflosse verlängert.
Soz.Verh./Vgs.: In Gruppen, können aber auch einzeln oder paarweise gehalten werden.
Hält.B.: Fels-Aquarium mit schattigen Stellen.
Licht: Mittellichtzone.
ZU/Verm.: Ist im Aquarium noch nicht gelungen.
FU: K, FD; Planktonfresser, die sich nur schwer an Ersatzfutter gewöhnen.
Bes.: Nicht für das tropische Meerwasseraquarium geeignet.

T: 16-22°C, **L:** 15 cm, **BL:** ab 100 cm, **WB:** m, **WR:** m, **BS:** 3, **SG:** 3

Anthias anthias, siehe auch Seite 680

Anthias anthias

Luzonichthys waitei (FOWLER, 1931)
Neonfahnenbarsch

Vork.: Indo-Australischer Archipel, Ost- Afrika bis Mikronesien, an steilen äußeren Riffabhängen in 10 bis 55 m Tiefe.
GU: Sind nicht bekannt.
Soz.Verh./Vgs.: Sie kommen immer in großen Gruppen vor, und sollten auch nicht einzeln gehalten werden. Sie vertragen sich gut mit fast allen Wirbellosen.
Hält.B.: Riffaquarium mit senkrechten Felswänden.
Licht: Mittellichtzone.
ZU/Verm.: Ist im Aquarium noch nicht gelungen.
FU: K, FD; Planktonfresser, die sich nur schwer an Ersatzfutter, wie gefrorene *Artemia* gewöhnen.
Bes.: Sind nicht bekannt.

T: 22-28°C, **L**: 5 cm, **BL**: ab 100 cm, **WB**: m, **WR**: m, **BS**: 2-3, **SG**: 3

Pseudanthias bicolor (RANDALL, 1979)
Roter Fahnenbarsch

Vork.: Indopazifik, Ryukyu-Inseln, Hawaii, an Lagunensaumriffen und äußeren Riffabfällen in 5 bis 50 m Tiefe.
GU: Sind nicht bekannt.
Soz.Verh./Vgs.: Kommt in kleinen Gruppen vor. Sie vertragen sich gut mit Wirbellosen. Nur in größeren Becken sollte man sie mit anderen freischwimmenden Fischen zusammen halten.
Hält.B.: Riff-Aquarium mit steilen Felswänden.
Licht: Mittellichtzone.
ZU/Verm.: Ist im Aquarium noch nicht gelungen.
FU: K, FD; Planktonfresser, die an Ersatzfutter gewöhnt werden können.
Bes.: Sind nicht bekannt.

T: 22-27°C, **L**: 9 cm, **BL**: ab 120 cm, **WB**: m, **WR**: m, **BS**: 2, **SG**: 3

Pseudanthias bicolor, Flores in 30 m Tiefe

Luzonichthys waitei, Flores

Pseudanthias bicolor, Mauritius

Fam.: Serranidae
Unterfam.: Anthiinae

Pseudanthias cooperi (REGAN, 1902)
Coopers Fahnenbarsch

Vork.: Ost-Afrika, Indischer Ozean, Japan und Ostküste Australiens im Bereich von Felswänden in 10 bis 60 m Tiefe.
GU: Die ♂♂ haben einen kräftig rot gefärbten kurzen Querstreifen an der Seite (kleines Foto).
Soz.Verh./Vgs.: Sie leben in kleinen lockeren Ansammlungen. Können auch einzeln oder paarweise gehalten werden. Gute Partner für das Wirbellosenbecken.
Hält.B.: Riff-Aquarium.
Licht: Mittellichtzone.
ZU/Verm.: Ist im Aquarium noch nicht gelungen.
FU: K, FD; Planktonfresser, die ersatzweise kleingehacktes Gefrierfutter annehmen.
Bes.: Sind nicht bekannt.

T: 22-27°C, **L**: 11 cm, **BL**: ab 120 cm, **WB**: m,
WR: m, **BS**: 2-3, **SG**: 3

Ein Harem von *Pseudanthias cooperi*

Pseudanthias cooperi ♂

Pseudanthias dispar (HERRE, 1955)
Sichelfahnenbarsch

Vork.: Indo-Australischer Archipel, Französisch Polynesien im Flachwasserbereich von Korallenriffen in 1 bis 15 m Tiefe.
GU: Die ♂♂ haben eine scharlachrote Rückenflosse und eine verlängerte Oberlippe. Sie verbringen einen Großteil ihrer Zeit mit der Balz.
Soz.Verh./Vgs.: In ihrem natürlichen Biotop leben sie in großen Gruppen. Im Aquarium hält man sie als Kleingruppe bis zu 10 Individuen. Nicht zusammen mit größeren freischwimmenden Arten halten. Mit Wirbellosen vertragen sie sich sehr gut.
Hält.B.: Riff-Aquarium.
Licht: Sonnenlichtzone. 250-Watt-HQI-Brenner kombiniert mit Blaulichtröhren bringen die intensiven Farben der Fische zum Leuchten.
ZU/Verm.: Ist im Aquarium noch nicht gelungen. In ihrem natürlichen Biotop laichen sie am Nachmittag; dabei werden bei raschen Auf- und Abschwimmen Spermien und Eier ins freie Wasser abgegeben.
FU: K, FD; Planktonfresser, die sich relativ gut an Ersatzfutter, manchmal sogar an Trockenfutter, gewöhnen.
Bes.: Häufigste Art des Flachwassers. Aus der Unterfam. der Fahnenbarsche wahrscheinlich die einzige Art die relativ leicht zu pflegen ist.

T: 22-28°C, **L**: 10 cm, **BL**: ab 120 cm, **WB**: m, **WR**: m-o, **BS**: 2, **SG**: 2

Pseudanthias cooperi ♂

Pseudanthias dispar ♂

Pseudanthias dispar ♀

Pseudanthias dispar ♀

Pseudanthias evansi (SMITH, 1954)
Evan's Fahnenbarsch

Vork.: Indischer Ozean, Ost-Afrika und Indonesien, an äußeren Riffabhängen in 10 bis 35 m Tiefe.
GU: Sind nicht bekannt.
Soz.Verh./Vgs.: Sie kommen immer in großen Gruppen vor und sollten auch nicht einzeln gehalten werden. Sie vertragen sich gut mit fast allen Wirbellosen.
Hält.B.: Riff-Aquarium mit senkrechten Felswänden.
Licht: Mittellichtzone.
ZU/Verm.: Ist im Aquarium noch nicht gelungen.
FU: K, FD; Planktonfresser, die sich nur schwer an Ersatzfutter, wie gefrorene *Artemia* gewöhnen. Die Fütterung sollte mindestens zweimal pro Tag erfolgen.
Bes.: Sind nicht bekannt.

T: 22-28°C, **L:** 10 cm, **BL:** ab 100 cm, **WB:** m, **WR:** m, **BS:** 2, **SG:** 3

Pseudanthias heemstrai SCHUHMACHER, KRUPP & RANDALL, 1989
Heemstras Fahnenbarsch

Vork.: Rotes Meer, an Felswänden in 15 bis 40 m Tiefe.
GU: Rückenflosse beim ♂ verlängert.
Soz.Verh./Vgs.: Leben in Gruppen. Über die Aquarienhaltung ist nicht bekannt.
Hält.B.: Riff-Aquarium. **Licht**: Mittellichtzone.
ZU/Verm.: Ist im Aquarium noch nicht gelungen.
FU: K, FD; Planktonfresser.
Bes.: Erst im Jahr 1989 als dritte Art des Roten Meeres beschrieben.

T: 22-27°C, **L**: 12 cm, **BL**: ab 120 cm, **WB**: m, **WR**: m, **BS**: 4, **SG**: 3?

Pseudanthias huchtii (BLEEKER, 1856)
Huchts Fahnenbarsch

Vork.: Indischer Ozean, Indonesien, Indo- Australischer Archipel, Philippinen und Mikronesien, im Bereich von Felsenriffen in 5 bis 30 m Tiefe.
GU: Bei den ♂♂ ist der 3. Strahl der Rückenflosse stark verlängert. Den ♀♀ fehlt das rote Längsband am Kopf.
Soz.Verh./Vgs.: Einzeln oder paarweise; nur selten in kleinen Gruppen. Sie vertragen sich gut mit anderen kleinen freischwimmenden Fischen und mit Wirbellosen.
Hält.B.: Riff-Aquarium. **Licht**: Sonnenlichtzone.
ZU/Verm.: Ist im Aquarium noch nicht gelungen.
FU: K, FD; Planktonfresser, die sich nur schwer an Ersatzfutter gewöhnen.
Bes.: Sind nicht bekannt.

T: 22-28°C, **L**: 12 cm, **BL**: ab 100 cm, **WB**: m-s, **WR**: m, **BS**: 2-3, **SG**: 3

Pseudanthias evansi ♀ im Aquarium

Pseudanthias heemstrai

***P**seudanthias huchtii* ♂

Pseudanthias hypselosoma (BLEEKER, 1878)
Gedrungener Fahnenbarsch

Vork.: Im Indo-Australischen Archipel an Felsriffen in 10 bis 45 m Tiefe.
GU: Die ? haben keine verlängerten Rückenflossenstrahlen.
Soz.Verh./Vgs.: Leben in kleinen Gruppen. Sie vertragen sich gut mit fast allen Wirbellosen. Mit anderen freischwimmenden Fischen sollten sie nur in größeren Becken zusammen gehalten werden.
Hält.B.: Riff-Aquarium mit steilen Felswänden. **Licht**: Mittellichtzone.
ZU/Verm.: Ist im Aquarium noch nicht gelungen.
FU: K, FD; Planktonfresser, die sich nur schwer an Ersatzfutter gewöhnen.
Bes.: Sind nicht bekannt

T: 22-27°C, **L**: 12 cm, **BL**: ab 120 cm, **WB**: m, **WR**: m, **BS**: 3, **SG**: 3

Pseudanthias ignitus (RANDALL & LUBBOCK, 1981)
Flammenschwanz-Fahnenbarsch

Vork.: Bei den Malediven und Andamanen an steilen Felsabfällen in etwa 30 m Tiefe.
GU: ♂♂ weißliche Kopfunterseite, ♀♀ verlängerte Bauchflossen. Die ♀♀ sind einheitlich orangerot gefärbt.
Soz.Verh./Vgs.: Leben in kleinen Gruppen.
Hält.B.: Riff-Aquarium. **Licht**: Mittellichtzone.
ZU/Verm.: Ist im Aquarium noch nicht gelungen.
FU: K, FD; Planktonfresser.
Bes.: Sind nicht bekannt.

T: 22-27°C. **L**; 6 cm, **BL**: ab 100 cm, **WB**: m. **WR**: m, **BS**: 3, **SG**: 3

Pseudanthias ignitus ♀

Pseudanthias hypselosoma ♂

Pseudanthias ignitus ♂

Pseudanthias lori (LUBBOCK & RANDALL, 1976)
Loris Fahnenbarsch

Vork.: Indonesien, Indo-Australischer Archipel und westlicher Pazifik in der Nähe von Höhlen und an äußeren Riffabhängen in 20 bis 70 m Tiefe.
GU: Die ♂♂ haben eine leicht vorstehende Oberlippe.
Soz.Verh./Vgs.: Sie leben in kleinen Gruppen.
Hält.B.: Riff-Aquarium.
Licht: Mittellichtzone.
ZU/Verm.: Ist im Aquarium noch nicht gelungen.
FU: K, FD; Planktonfresser.
Bes.: Sind nicht bekannt.

T: 22-27°C, L: 7 cm, BL: ab 100 cm, WB: m, WR: m, BS: 3, SG: 3

Pseudanthias pleurotaenia ♂

Pseudanthias luzonensis (KATAYAMA & MASUDA, 1983)
Luzons Fahnenbarsch

Vork.: Philippinen, Indonesien und im nördlichen Teil des großen Barriere-Riffes, an Steilabfällen in 25 bis 45 m Tiefe.
GU: Sind nicht bekannt.
Soz.Verh./Vgs.: Sie leben in kleinen Gruppen vor. Im Aquarium vertragen sie sich gut mit Wirbellosen. Nur in größeren Becken kann man sie mit anderen freischwimmenden Fischen zusammen halten.
Hält.B.: Riff-Aquarium mit steilen Felswänden. **Licht**: Mittellichtzone.
ZU/Verm.: Ist im Aquarium noch nicht gelungen.
FU: K, FD; Planktonfresser, die an Ersatzfutter gewöhnt werden können.
Bes.: Sind nicht bekannt.

T: 22-27°C, **L**: 12 cm, **BL**: ab 120 cm, **WB**: m, **WR**: m, **BS**: 3-4, **SG**: 3

Pseudanthias pleurotaenia (BLEEKER, 1857)
Seitenstreifenfahnenbarsch

Vork.: Indo-Australischer Archipel und westlicher Pazifik, im Bereich von Felswänden in 15 bis 180 m, gebietsweise nur unter 30 m Tiefe.
GU: Die ♂♂ sind rot gefärbt und haben einen kräftig purpur gefärbten Fleck an der Seite, die ♀♀ haben eine gelbe Grundfarbe mit feinen roten Zeichnungen.
Soz.Verh./Vgs.: Sie leben in kleinen lockeren Ansammlungen von 6 bis 30 Individuen. Jungtiere schwimmen einzeln und halten sich in der Nähe ihrer Verstecke auf. Gute Partner für das Wirbellosenbecken.
Hält.B.: Riff-Aquarium. **Licht**: Mittellichtzone.
ZU/Verm.: Ist im Aquarium noch nicht gelungen.
FU: K, FD; Planktonfresser, die ersatzweise kleingehacktes Gefrierfutter annehmen.
Bes.: Teure und selten im Handel befindliche Aquarienfische. Der Grund liegt in der Schwierigkeit, sie sicher aus der Tiefe an die Wasseroberfläche zu bringen.

T: 22-27°C, **L**: 10 cm, **BL**: ab 120 cm, **WB**: m, **WR**: m, **BS**: 3, **SG**: 3

Pseudanthias pleurotaenia ♂

Pseudanthias luzonensis ♂

Pseudanthias pleurotaenia ♀

Pseudanthias pictilis (RANDALL & ALLEN, 1978)
Schwanzfleck-Fahnenbarsch

Vork.: Südliches Großes Barriere Riff, Lord Howe Insel und Neukaledonien im Bereich von Korallen und Felsen in 20 bis 30 m Tiefe.
GU: Die ♀♀ sind einfärbig orangerot. Die ♂♂ haben im Bereich der Afterflosse einen hellen Querstreifen und am Beginn der Schwanzflosse einen großen weißen Fleck.
Soz.Verh./Vgs.: Sie leben in großen Ansammlungen. Gute Partner für Wirbellose und bodenlebende Fische.
Hält.B.: Riff-Aquarium.
Licht: Mittellichtzone.
ZU/Verm.: Ist im Aquarium noch nicht gelungen.
FU: K, FD; Planktonfresser, die nicht leicht an Ersatzfutter (gehacktes Gefrierfutter) gewöhnt werden können.
Bes.: Sind nicht bekannt.

T: 22-27°C, **L:** 14 cm, **BL:** ab 120 cm, **WB:** m, **WR:** m, **BS:** 3, **SG:** 3

Pseudanthias randalli (LUBBOCK & ALLEN, 1978)
Randalls Fahnenbarsch

Vork.: Im westlichen Pazifik von den Philippinen zu den Marschall-Inseln in der Nähe von Höhlen und im Bereich von strömungsreichen Steilabfällen in 15 bis 70 m Tiefe.
GU: Die ♂♂ haben eine leicht vorstehende Oberlippe, die ♀♀ sind wie die Jungtiere einheitlich gelb- bis rotorange gefärbt und haben gelbe äußere Schwanzflossenstrahlen.
Soz.Verh./Vgs.: Sie leben in kleinen Gruppen. Gute Partner für das Wirbellosenbecken.
Hält.B.: Riff-Aquarium mit stärkerer Strömung.
Licht: Mittellichtzone.
ZU/Verm.: Ist im Aquarium noch nicht gelungen.
FU: K, FD; Planktonfresser. Lebendes *Artemia* aber auch kleingehacktes gefrorenes Futter werden ersatzweise angenommen.
Bes.: Sind nicht bekannt.

T: 22-27°C, **L:** 7 cm, **BL:** ab 100 cm, **WB:** m-s, **WR:** m-o, **BS:** 2-3, **SG:** 3

Pseudanthias pictilis ♂

Pseudanthias randalli, Flores

Pseudanthias smithvanizi (RANDALL & LUBBOCK, 1981)
Smith-Vaniz Fahnenbarsch

Vork.: In Indonesien, Philippinen Cocos-Keling Inseln und im westlichen Pazifik an steilen äußeren Riffabhängen in 6 bis 70 m Tiefe.
GU: Bei den ♂♂ sind der 3. Strahl der Rückenflosse und die äußeren Strahlen der Schwanzflosse verlängert.
Soz.Verh./Vgs.: Sie leben meist in kleinen Gruppen unter 20 Individuen. Gut als Partner für Wirbellose.
Hält.B.: Riff-Aquarium mit Steilwänden.
Licht: Mittellichtzone.
ZU/Verm.: Ist im Aquarium noch nicht gelungen.
FU: K, FD; Planktonfresser, die nur schwer an Ersatzfutter gewöhnt werden können.
Bes.: Sind nicht bekannt.

T: 22-27°C, **L:** 8 cm, **BL:** ab 100 cm, **WB:** m, **WR:** m, **BS:** 2-3, **SG:** 3

Pseudanthias smithvanizi

Pseudanthias squamipinnis (PETERS, 1855)
Juwelenfahnenbarsch

Vork.: Rotes Meer und gesamter tropischer Indopazifik bis Süd-Japan und Barriere-Riff, in Tiefen von 5 bis 35 m.
GU: Die ♂♂ haben den 3. Strahl der Rückenflosse lang ausgezogen, die Färbung ist violett. Die ♀♀ sind rötlich orange gefärbt.
Soz.Verh./Vgs.: In ihrem natürlichen Biotop leben sie in großen Gruppen, die hauptsächlich aus ♀♀ bestehen (siehe Seite 1043). Im Aquarium hält man sie als Kleingruppe bis zu 10 Individuen. Nicht zusammen mit größeren freischwimmenden Arten halten. Mit Wirbellosen vertragen sie sich sehr gut.
Hält.B.: Riff-Aquarium.
Licht: Sonnenlicht- bis Mittellichtzone.
ZU/Verm.: Ist im Aquarium noch nicht gelungen. Im Roten Meer laichen sie im Winter, im Bereich von Japan und dem Barriere-Riff dagegen im Sommer.
FU: K, FD; Planktonfresser, die sich relativ gut an Ersatzfutter, manchmal sogar an Trockenfutter, gewöhnen.
Bes.: Häufigste Art des Roten Meeres.

T: 22-28°C, **L:** 16 cm, **BL:** ab 120 cm, **WB:** m, **WR:** m-o, **BS:** 1, **SG:** 2-3

Pseudanthias smithvanizi ♂

Pseudanthias squamipinnis

Pseudanthias taeniatus (KLUNZINGER, 1855)
Streifen Fahnenbarsch

Vork.: Rotes Meer, an Felsabhängen in 20 bis 40 m Tiefe.
GU: ♀♀ einfarbig orangerot, ♂♂ rot-weiße Längsstreifen (Foto).
Soz.Verh./Vgs.: Leben in großen Ansammlungen. Lassen sich paarweise oder in kleinen Gruppen halten.
Hält.B.: Riff-Aquarium.
Licht: Mittellichtzone.
ZU/Verm.: Ist im Aquarium noch nicht gelungen.
FU: K, FD; Planktonfresser.
Bes.: Manchmal zusammen mit *P. squamipinnis* in großen Ansammlungen.

T: 22-27°C, **L:** 13 cm, **BL:** ab 120 cm, **WB:** m, **WR:** m, **BS:** 2-3, **SG:** 3

Pseudanthias tuka (HERRE & MONTALBAN, 1927)
Purpur Fahnenbarsch

Vork.: Indo-Australischer Archipel und im Pazifik, an Steilabfällen in 10 bis 35 m Tiefe.
GU: Bei den ♂♂ ist die Oberlippe verlängert, ihre Kehle ist gelb. Die ♀♀ haben ein gelbes Längsband am Rücken.
Soz.Verh./Vgs.: Sie schwimmen in kleinen Gruppen und vertragen sich gut mit anderen kleinen freischwimmenden Fischen und mit Wirbellosen.
Hält.B.: Riff-Aquarium.
Licht: Mittellichtzone.
ZU/Verm.: Ist im Aquarium noch nicht gelungen.
FU: K, FD; Planktonfresser, die sich nur schwer an Ersatzfutter gewöhnen.
Bes.: Sind nicht bekannt.

T: 22-28°C, **L:** 12 cm, **BL:** ab 100 cm,
WB: m-s, **WR:** m, **BS:** 2-3, **SG:** 3

Pseudanthias tuka ♀

Pseudanthias taeniatus ♂

Pseudanthias tuka

Fam.: Serranidae
Unterfam.: Anthiinae

Serranocirrhitus latus WATANABE, 1949
Hochrücken Fahnenbarsch

Vork.: Im Großen Barriere Riff, in Indonesien und im westlichen Pazifik, in der Nähe von Höhlen und bei Steilabfällen in 15 bis 70 m Tiefe.
GU: Sind nicht bekannt.
Soz.Verh./Vgs.: Sie leben in kleinen Gruppen. Man kann sie aber auch einzeln oder paarweise halten. Sie vertragen sich sehr gut mit fast allen Wirbellosen. Nicht mit anderen aktiven Fischen zusammen halten.
Hält.B.: Riff-Aquarium. **Licht**: Mittellichtzone.
ZU/Verm.: Ist im Aquarium noch nicht gelungen.
FU: K, FD; Planktonfresser, die sich aber meist an Ersatzfutter wie gefrorene *Artemia* oder kleingehacktes Gefrierfutter gewöhnen lassen.
Bes.: Sind nicht bekannt.

T: 22-27°C, **L**: 9 cm, **BL**: ab 100 cm, **WB**: m, **WR**: m, **BS**: 3, **SG**: 3

Pseudanthias tuka

Serranocirrhitus latus

Pseudanthias tuka ♂

Fam.: Pseudochromidae

Über die Familie Pseudochromidae

Wie wichtig die Verhaltensforschung letztendlich für die systematische Einteilung von Fischen ist, zeigt dieses Kapitel. Neben der Morphologie der Zwergbarsche ist es die Art der Fortpflanzung, die diese Familie eindeutig von den Zackenbarschen (Serranidae mit ihren Unterfamilien) abgrenzt. Während Zackenbarsche alle pelagische Laicher sind, d.h., Samen und Eier im offenen Wasser entlassen, produzieren Zwergbarsche und weitere in den nächsten Kapiteln zu behandelnde verwandte Barsche demersale Eier. Diese sind schwerer als Wasser und sinken konsequenterweise zum Boden, nachdem sie befruchtet wurden. Sie haben darüberhinaus die Fähigkeit, sich anzuheften, wodurch man Zwergbarschgelege als Eiklumpen erkennt, die wiederum in Höhlen oder Felsspalten kleben. Die Erkenntnis, daß Zwergbarsche auch dazu neigen, Maulbrutpflege zu betreiben, ist ein weiteres Trennungsmerkmal von Zackenbarschen. Der oft in der Literatur verwendete Populärname "Zwergzakkenbarsch" für Arten der Familie Pseudochromidae ist deshalb falsch, weil der diese praktisch nur durch Zwergenwuchs von den größeren räuberischen Verwandten der Gattungen *Epinephelus* und *Cephalopholis* unterscheiden will. Da elterliche Pflege sehr selten bei Fischen ist, ist das Maulbrüten eingehend studiert worden. Es ist sehr wahrscheinlich, daß sich dieses Brutverhalten unabhängig voneinander in den Familien Pseudochromidae, Grammidae oder Plesiopidae entwickelt hat, womit die enge Verwandtschaft dieser Familien eindeutig belegt ist. Systematiker sind nunmehr auch bereit, die Familie der Kieferfische (Opistognathidae) in diese Gruppe zu stellen, deren Arten ausschließlich maulbrüten.
Die meisten Arten der hier ausführlich vorgestellten Zwergbarsch-Gattungen sind sehr farbenprächtig. Wieso man aufgrund des Farbkleides bei einigen Arten die Geschlechter unterscheiden kann und bei anderen nicht, ist noch nicht geklärt. Zwergbarsche sind aber allesamt Hermaphroditen, d.h., ein Einzeltier ist von der Anlage her dazu in der Lage, beide Geschlechter anzunehmen. Findet man ein Zwergbarschpaar, so ist der <u>größere</u> Partner das Männchen, wenn beide die gleiche Färbung tragen. Das steht im Gegensatz zu den Anemonenfischen! Bei unterschiedlich gefärbten Geschlechtspartner sind die Männchen noch farbenprächtiger als die Weibchen.
Einige *Pseudochromis*-Arten wurden schon in Aquarien nachgezüchtet. Dagegen gelang die Nachzucht der etwa 15 cm lang werdenden Art *Labracinus cyclophthalmus* bislang nur dem Zoo-Aquarium Berlin, dessen Aufzeichnungen für den Meerwasseraquarianer von großem Wert sind:
Um die angeborene Aggressivität auch dieser Zwergbarsche zu mindern, wurden fünf erworbene *L. cyclophthalmus* in ein großes

Pseudochromis diadema, Text Seite 970

Labracinus cyclophthalmus (MÜLLER & TROSCHEL, 1849)
Augenring-Zwergbarsch

Vork.:West-Zentral-Pazifik, von Indonesien zu den Philippinen, nach Japan und bis Neu Guinea.In 10-15 m Tiefe.
GU: Das ♀ ist eher unscheinbar grau gefärbt mit in Linien angeordneten kleinen Punkten; es kann aber auch rötlich sein mit dunklen, kommaartigen Strichen in der Rückenflosse. Das ♂ weist eine kräftige Rotfärbung auf, mit dunklem Kopf und dunklen, oft blauen Flossenrändern; auch ein schwarzer Fleck mitten in der Rückenflosse kommt vor.
Soz.Verh./Vgs.: *L. cyclophthalmus* lebt einzeln, ist territorial und agressiv gegenüber Artgenossen; ist aber gut mit anderen Fischen und niederen Tieren zu halten.
Hält.B.: Er benötigt seiner Größe entsprechende Verstecke und gute Wasserqualität.
Licht: Sonnen-, Mittellichtzone.
ZU/Verm.: Die Tiere laichen paarweise im Unterschlupf des Männchens ab. Die äußerst schwierige Aufzucht ist bisher nur im Zoo-Aquarium Berlin geglückt (siehe allgemeiner Text am Anfang dieser Gattung).
FU: C; Jungfische fressen Zooplankton, das mit der Größe der Tiere wechselt. Erwachsene ernähren sich von Kleinkrebsen und nehmen im Aquarium *Mysis*, Salinenkrebse, Muschelfleisch und auch Tiefgefrierfutter.
Bes.:Das ♂ kann als Schreckfärbung eine helle Querstreifen-Musterung annehmen. ♂♂ und ♀♀ tragen als Artmerkmal einen blauen bis blauschwarzen Ring um die Augen.

T: 22-26-°C, **L**: 20 cm, **BL**: ab 120 cm, **WB**: I, **WR**: u, **BS**: 2, **SG**: 3

Labracinus lineatus ♀, Text übernächste Seite

Labracinus cyclophthalmus ♂, Flores, Indonesien

Labracinus cyclophthalmus ♂, Japan

Labracinus lineatus ♂

Labracinus lineatus (CASTELNAU, 1875)
Streifen-Zwergbarsch

Vork.: Östlicher Indischer Ozean; tropisches und subtropisches westliches Australien. In 5-15 m Tiefe.
GU: Das ♂ weist am ganzen Körper in Linien angeordnete blaue Punkte auf; beim ♀ sind diese größtenteils braun. Die blauen Punkte und Striche am Kopf sind bei beiden Geschlechtern gleich.
Soz.Verh./Vgs.: *L. lineatus* ist gar nicht selten und lebt einzeln im Schutze von Höhlen und Spalten, die er immer wieder verläßt, um für kurze Zeit im Freien zu schwimmen.
Hält.B.: Er ist gut für ein Fisch-Gemeinschaftsbecken geeignet mit körpergerechten Verstecken und beschatteten "Aufenthaltsräumen".
Licht: Sonnen-Mittellichtzone.
ZU/Verm.: Das Paar laicht im Versteck des ♂ ab; dieses bewacht den Laich.
FU: C; er frißt Kleinkrebse aber auch Polychaeten und kleine Fische; geht auch an Muschelfleisch und Tiefgefrierfutter.
Bes.: Die Art ist gar nicht so ängstlich wie die meisten seiner Verwandten und läßt auch den Taucher nahe an sich herankommen.

T: 20-24°C, L: 25 cm, BL: ab 150 cm, WB: I, WR: u, BS: 3, SG: 3

Ogilbyina velifera (LUBBOCK, 1980)
Spitzschwanz-Zwergbarsch

Vork.: Südwest-Pazifik; am Großen Barriere Riff. In 12-35 m Tiefe.
GU: Die ♂ sind an Kopf und vorderem Rücken sowie in der Rückenflosse größtenteils blau; die ♀♀ hingegen gelb- orange.
Soz.Verh./Vgs.: *O. velifera* besetzt einzeln Reviere, ist unverträglich gegenüber Artgenossen und z.T. andere Korallenbarsche, aber gut mit Korallen und Anemonen zu vergesellschaften.
Hält.B.: Er benötigt ein mit guten Verstecken ausgestattetes Fels- oder Korallenaquarium.
Licht: Sonnenlichtzone.
ZU/Verm.: Die Art laicht paarweise im Versteck des ♂ ab.
FU: C; er hascht im freien Waser nach vorbeiziehendem Zooplankton, ist daher mit in den Strom der Kreiselpumpe gegebenen Krebsartigen wie *Mysis*, Krill, *Artemia* (auch tiefgefrorenen) gut zu ernähren.
Bes.: Es ist dies eine der wenigen Arten von Zwergbarschen, die eine paddelartige, hinten zugespitzte Schwanzflosse besitzen.

T: 24-26°C, L: 9 cm, BL: ab 80 cm, WB: l, WR: u, BS: 3 , SG: 3

Ogilbyina velifera ♀

Fam.: Pseudochromidae

Pseudochromis aldabrensis BOUCHOT & BOUTIN, 1958
Aldabra-Zwergbarsch

Vork.:Arabischer Golf, Golf v. Oman bis Pakistan und zu den Aldabra-Inseln. In 1-20 m Tiefe.
GU: Keine bekannt. Siehe bei Bes.
Soz.Verh./Vgs.: *P. aldabrensis* lebt einzeln in der Größe entsprechenden Löchern und Spalten.
Hält.B.: Er benötigt ein Korallen oder Fels-Aquarium mit genügend Versteckmöglichkeiten, damit er sich die optimale Wohnhöhle aussuchen kann.
Licht: Sonnenlichtzone.
ZU/Verm.: Nicht bekannt.
FU: C; er frißt vor allem Kleinkrebse und geht auch an Gefrierfutter, zerkleinerte Muscheln usw.
Bes.: *P. aldabrensis* ähnelt stark *P.springeri*, doch seine Grundfärbung ist wesentlich heller rötlich-orange, die blauen Striche an Kopf und Rücken sind etwa gleich. Der Fisch wird am Persischen Golf gezielt gesammelt und von dort importiert. Die Art ist mit *P. ditoiti* wahrscheinlich identisch!
P. ditoiti ist das ♂ und *P. aldabrensis* das ♀. *P. ditoiti* muß als Synonym gelten. Die Farbunterschiede der Geschlechter: Das ♂ ist wesentlich prächtiger gefärbt. Mehr blau an Kopf und Flossenrändern.

T: 24-28°C, **L**: **8** cm, **BL**: ab 80 cm, **WB**: I, **WR**: u, **BS**: 2, **SG**: 3

Pseudochromis cyanotaenia BLEEKER, 1857
Blaustreifen-Zwergbarsch

Vork.: Östlicher Indischer Ozean und West-Pazifik; von den Lakkadiven bis zu den Fiji und Gilbert-Inseln, nach Japan (N) und zum südlichen Barriere-Riff. In 0-20 m Tiefe.
GU: Nur die ♂♂ besitzen jene blauen Querstreifen, die den Tieren den Namen eingetragen haben und ihre unpaaren Flossen können blau sein. Die ♀♀ hingegen sind an Kopf und Körperunterseite gelbgrau bis weiß, am Rücken dunkel und ihre unpaaren Flossen sind größtenteils gelb.
Soz.Verh./Vgs.: *P. cyanotaenia* lebt meist einzeln und lauert an günstigen Punkten im Riff auf vorbeiziehende Beute. Im Aquarium sitzt er gerne auf irgendeiner Dekoration herum.
Hält.B.: Er benötigt Fels- oder Korallenaquarien mit Verstecken darin oder darunter am Boden.
Licht: Sonnenlichtzone.
ZU/Verm.: Nicht bekannt; paarweises Ablaichen in der vom ♂ bewohnten Höhle wird angenommen.
FU: C; er frißt hauptsächlich Kleinkrebse; nach Eingewöhnung auch gefriergetrocknetes Futter.
Bes.: Neben den meist geschlechtsspezifischen Färbungen gibt es auch besonders unter den ♂♂ total gelbrote oder rotorange Exemplare mit dunklen Flossen.

T: 24-26°C, **L**: 6 cm, **BL**: ab 60 cm, **WB**: I, **WR**: u, **BS**: 2-3, **SG**: 3

Pseudochromis cyanotaenia ♀

Pseudochromis aldabrensis ♀

Pseudochromis cyanotaenia ♂

Pseudochromis diadema LUBBOCK & RANDALL, 1978
Diadem-, Hauben-Zwergbarsch

Vork.: West-Pazifik, von der Malayischen Halbinsel bis zu den Philippinen. In 5-25 m Tiefe.
GU: Keine bekannt.
Soz.Verh./Vgs.: *P. diadema* lebt einzeln, bildet ein Revier und ist sehr agressiv gegenüber Artgenossen und auch anderen Riffbarschen bzw. Beckeninsassen gegenüber. In manchen Aquarien entwickelt er sich zu einem echten "Giftzwerg", der nicht einmal vor den Putzergarnelen halt macht.
Hält.B.: *P. diadema* benötigt ein Fels- oder Korallenaquarium mit genügend Unterschlupf- und Versteckmöglichkeiten.
Licht: Sonnenlichtzone.
ZU/Verm.: Nicht bekannt.
FU: C; er frißt vor allem Kleinkrebse vom Boden und aus dem freien Wasser und geht auch an Tiefgefrierfutter.
Bes.: *P. diadema* ist unverkennbar durch seine gelbe Färbung und den blauen bis purpurnen Streifen vom Kopf über den Rücken bis zur Schwanzflosse. Für nähere Details siehe auch das Foto auf Seite 959 dieses Kapitels.

T: 24-26°C, **L:** 6 cm, **BL:** ab 80 cm, **WB:** I, **WR:** u, **BS:** 3 , **SG:** 3

Pseudochromis dixurus LUBBOCK, 1975
Gabelschwanz-Zwergbarsch

Vork.: Rotes Meer. In 5-60 m Tiefe.
GU: Keine bekannt.
Soz.Verh./Vgs.: *P. dixurus* lebt einzeln in Höhlen und in der Umgebung von mit Schlamm bedeckten Felsen, unter denen er in teils selbst gebauten Löchern wohnt.
Hält.B.: Er benötigt Felsaquarien mit entsprechenden Unterschlupfmöglichkeiten; er bezieht auch Höhlungen unter großen Muschelschalen u.a. auf Weichböden liegenden flachen harten Gegenständen.
Licht: Sonnenlichtzone.
ZU/Verm.: Nicht bekannt.
FU: C; er frißt hauptsächlich Krebsartige, die er aus dem freien Wasser oder vom Boden aufschnappt.
Bes.: *P. dixurus* besitzt eine halbmondförmige Schwanzflosse mit ausgezogenen Enden. Seine Grundfärbung ist sehr variabel und schwankt von oliv zu gelblich oder weißlich. Meist besitzt er zwei bräunlich-gelbe Längsstreifen, die vom Kopf bis zu den Schwanzflossenspitzen reichen und dort den sichelförmigen Effekt noch verstärken.

T: 24-26°C, **L:** 9 cm, **BL:** ab 100 cm, **WB:** I, **WR:** u, **BS:** 2-3, **SG:** 3

Pseudochromis diadema (oben)

Pseudochromis dixurus

Fam.: Pseudochromidae

Pseudochromis flavivertex RÜPPELL, 1835
Gelbrücken-Zwergbarsch

Vork.: Rotes Meer und Golf von Aden. In 2-30 m Tiefe.
GU: Typische ♂♂ -Tiere besitzen einen gelben Streifen von der Schnauze über den gesamten Rücken bis zur oberen Schwanzflossenspitze; der Rest des Körpers ist größtenteils blau bzw unten heller. Die ♀♀ sind am Rücken graublau und am Bauch weiß mit dunklen Punkten auf den Schuppen; die Schwanzflosse ist gelb.
Soz.Verh./Vgs.: *P. flavivertex* lebt einzeln rund um die Basis von Felsen oder Korallenstöcken auf sandigen Böden. Er ist nicht sehr agressiv und gut mit Grundeln und Schleimfischen sowie Korallen und Anemonen zu vergesellschaften. Große, kräftige Fische wie Doktor- und Kaiserfische verschrecken ihn und er bleibt immer scheu und zurückgezogen.
Hält.B.: Er benötigt eine versteckreiche Felseinrichtung; wenn keine größeren Fische im Aquarium sind, steht er dann gerne davor im freien Wasser.
Licht: Sonnenlichtzone.
ZU/Verm.: Die Tiere scheinen einen 14-tägigen Halbmond-Fortpflanzungs-Zyklus einzuhalten und laichen paarweise in der Höhle des ♂ ab.
FU: C; er jagt Zooplankton und kleine Krebse, geht aber auch an Gefrierfutter.
Bes.: Neben der blau-gelben Normalfärbung der ♂♂ gibt es Tiere mit einem zweiten gelben Streifen, die Bauchseite entlang. Diese beiden gelben Streifen können sich so ausweiten, daß sie fast den ganzen Körper einnehmen und nur noch in der Augenregion einen blauen Strich übriglassen (xanthide Form).

T: 24-28°C, **L**: 8 cm, **BL**: ab 80 cm, **WB**: I, **WR**: u, **BS**: 2-3, **SG**: 3

Pseudochromis flavivertex ♂ und ♀

P. flavivertex, xanthide Form

Pseudochromis flavivertex ♂

Pseudochromis flavivertex ♀

Fam.: Pseudochromidae

Pseudochromis fridmani KLAUSEWITZ, 1968
Fridmans Zwergbarsch, König-Salomon-Fischchen

Vork.: Rotes Meer. In 1-60 m Tiefe.
GU: Keine wesentlichen; das ♂ wird etwas größer als das ♀ und der untere Lappen der Schwanzflosse des ♂ ist etwas stärker ausgezogen.
Soz.Verh./Vgs.: *P. fridmani* lebt einzeln, manchmal aber in relativ großer Dichte an senkrechten Felsabhängen oder unter Überhängen, wo er Schutz in kleinen Löchern sucht.
Hält.B.: Er benötigt seiner Größe entsprechende Unterschlupfmöglichkeiten sowie beschattete Überhänge und Unterstände, die Schutz vor direkter Sonneneinstrahlung bieten.
Licht: Mittellichtzone.
ZU/Verm.: Die Nachzucht ist bisher nicht gelungen; die Tiere laichen in Felslöchern ab und die ♂ bewachen das Gelege.
FU: C; er frißt vor allem freischwimmende oder bodenlebende Krebsartige; geht im Aquarium aber auch an Garnelen und Tiefgefrierfutter, *Artemia* und Flockenfutter.
Bes.: Die auffällige purpur-violette Färbung läßt einen diesen schönen Fisch auch unter Wasser schon von weitem erkennen. Weitere Erkennungsmerkmale sind eine dunkler Strich von der Schnauze durch das Auge zum oberen Ende des Kiemendeckels und ein kleiner dunkler Punkt am Kiemendeckel.

T: 24-26°C, **L**: 7 cm, **BL**: ab 80 cm, **WB**: l, **WR**: u, **BS**: 2, **SG**: 2

Pseudochromis fuscus MÜLLER & TROSCHEL, 1849
Düsterer Zwergbarsch

Vork.: Indo-West-Pazifik, von Sri Lanca bis Palau, zum nördl. Barriere-Riff und in die südl. China-See. In 3-25 m Tiefe.
GU: Die ♂♂ sind meist dunkel gefärbt mit einer vorne gelben Rückenflosse und einer weißlich-durchsichtigen Schwanzflosse. Die ♀♀ sind häufig hellgrau bis gelblich-grün mit einem dunklen Punkt auf jeder Schuppe.
Soz.Verh./Vgs.: *P. fuscus* lebt einzeln versteckt in Löchern von Felsen, Korallen oder unter Korallen, wenn Schutt oder Sand vorhanden sind. Er ist für Korallenaquarien besonders geeignet.
Hält.B.: Wenn er keinen geeigneten Unterschlupf findet und genügend Schutt oder Sand am Fuße von Felsen oder Korallen vorhanden ist, so hebt er auch selbst Wohnlöcher aus.
Licht: Sonnenlichtzone.
ZU/Verm.: *P. fuscus* laicht paarweise in den Löchern der ♂ ab, wo die Eimasse flach an den Felsen geklebt wird. Das ♂ bewacht den Laich bis zum Schlüpfen der Jungfische.
FU: C; er frißt Kleinkrebse u.a. niedere Tiere, die er aus dem freien Wasser oder vom Boden aufschnappt. Er geht auch an Gefrierfutter.
Bes.: Neben den meist geschlechtsspezifischen Färbungen gibt es besonders unter den ♂ auch total gelborange bis rotorange Exemplare mit dunklen Flossen.

T: 24-26°C, **L**: 10 cm, **BL**: ab 60 cm, **WB**: l, **WR**: u, **BS**: 2, **SG**: 3

Pseudochromis fuscus

Pseudochromis fridmani

Pseudochromis fuscus ♂

Fam.: Pseudochromidae

Pseudochromis olivaceus RÜPPELL, 1835
Olivefarbener Zwergbarsch

Vork.: Arabische Meere, vom Roten Meer bis zum Arabischen Golf. In 1-20 m Tiefe.
GU: Keine wesentlichen.
Soz.Verh./Vgs.: *P. olivaceus* ist eine häufige Seichtwasserart und lebt territorial im Geäst von lebenden Korallen aber auch unter ausgehöhlten harten Gegenständen.
Hält.B.: Er benötigt verästelten Korallen ähnliche Strukturen oder feste Gegenstände auf Sandböden unter denen er sein Versteck aushöhlen kann und die Zentrum seines Reviers werden.
Licht: Sonnenlichtzone.
ZU/Verm.: Das ♂ führt das ♀ nach mehrmaligem Anschwimmen zum Loch, wo es sich an das ♀ preßt und dieses zur Ablage des Laichs veranlaßt. Dies dauert zumindest 2 Stunden, bis ein 2-3 cm großer Eiballen, der vorerst an der Genitalpapille haftet, entstanden ist und hierauf zu Boden fällt und dort festklebt. Jetzt verjagt das ♂ das ♀ und beginnt mit der Brutpflege, die bis zum Schlüpfen der Jungfische anhält.
FU: C; *P. olivaceus* ernährt sich hauptsächlich von Krebsartigen, die er vom Boden und aus dem freien Wasser aufschnappt.
Bes.: *P. olivaceus* ist eine der wenigen altbekannten Arten von Zwergbarschen und besitzt als besondere Kennzeichen wenig ausgezogene Enden der Schwanzflosse und einen rundlichen, vorne abgeplatteten und rückwärts golden gerandeten dunkelblauen Fleck am Kiemendeckel.

T: 24-28°C, **L**: 10 cm, **BL**: ab 60 cm, **WB**: l, **WR**: u, **BS**: 2, **SG**: 3

Pseudochromis paccagnellae AXELROD, 1973
Paccagnellas Zwergbarsch

Vork.: Zentraler West-Pazifik: von Indonesien bis zu den Salomonen, zu den Philippinen, zum Großen Barriere-Riff und nach Neu Kaledonien. In 1-10 m Tiefe.
GU: Keine wesentlichen.
Soz.Verh./Vgs.: *P. paccagnellae* lebt einzeln und versteckt sich vorwiegend in dem Körper entsprechenden Löchern in Felsen oder Korallen, die er nicht verläßt, auch wenn man sein Versteck als Ganzes aus dem Wasser nimmt. Man muß den Wohnfelsen schon ordentlich schütteln, um ihn herauszubekommen. Er ist territorial und sehr agressiv.
Hält.B.: Wenn man ihm gute Verstecke in Fels- oder Korallenaquarien anbietet, erweist er sich als robuster, recht gut haltbarer Fisch.
Licht: Sonnenlichtzone.
ZU/Verm.: Nicht genau bekannt. Laicht in der Höhle des ♂ ab.
FU: C; er ernährt sich von Kleinkrebsen; nimmt im Aquarium auch Tiefgefrierfutter und Muschelfleisch.
Bes.: Es ist interessant, daß dieser sehr auffällige Fisch der Wissenschaft so lange entgehen konnte, obwohl er relativ weit verbreitet ist und in seichten Zonen lebt. Vielleicht liegt dies auch an seiner Ähnlichkeit mit *Gramma loreto*, von dem er sich hauptsächlich dadurch unterscheidet, daß seine Flossen nicht mit der jeweiligen Körperpartie mitgefärbt sind, sondern durchscheinend farblos. Manchmal trennt ein feiner weißer Strich den gelben vom violetten Körperteil ab.

T: 24-26°C, **L**: 7 cm, **BL**: ab 80 cm, **WB**: l, **WR**: u, **BS**: 3, **SG**: 2-3

Pseudochromis olivaceus ♂

Pseudochromis paccagnellae

Fam.: Pseudochromidae

Pseudochromis pesi LUBBOCK, 1975
Bleicher Zwergbarsch

Vork.: Rotes Meer und Südafrika (Sodwana Bay). In 10-45 m Tiefe.
GU: Keine wesentlichen.
Soz.Verh./Vgs.: *P. pesi* lebt einzeln und manchmal in Paaren in isolierten Felsen oder Korallenstöcken auf Sandböden.
Hält.B.: Er benötigt, um sich wohlzufühlen, Felsen mit entsprechenden Löchern und Verstecken.
Licht: Sonnen-Mittellichtzone.
ZU/Verm.: Er laicht paarweise in der Höhle des ♂ ab; dieses bewacht den Laich bis zum Schlüpfen der Jungfische.
FU: C; er jagt Zooplankton, besonders Kleinkrebse, die er aus dem freien Wasser aufschnappt. Als Ersatzfutter eignen sich gefriergetrocknete Garnelen, *Mysis* usw., in den Strom der Kreiselpumpe gegeben.
Bes.: Die Färbung ist oft wesentlich kontrastreicher als im Bild rechts: die Unterseite strahlend weiß mit ein wenig hellblau, der Rücken schwarz mit blauen Rändern. Bemerkenswert ist ein dunkelbrauner, gelb gerandeter Fleck am Kiemendeckel.

T: 24-26°C, **L**: 10 cm, **BL**: ab 100 cm, **WB**: l, **WR**: u, **BS**: 2-3, **SG**: 3

Pseudochromis persicus MURRAY, 1887
Blaupunkt-Zwergbarsch

Vork.: Persischer Golf bis Pakistan. In 1-25 m Tiefe.
GU: Keine wesentlichen.
Soz.Verh./Vgs.: *P. persicus* lebt einzeln in Fels- oder Korallenverstecken.
Hält.B.: Er benötigt ein Fels- oder Korallen-Aquarium mit entsprechenden Unterschlupf-Möglichkeiten.
Licht: Sonnenlichtzone.
ZU/Verm.: Nicht bekannt.
FU: C; er frißt wie fast alle anderen *Pseudochromis*-Arten auch vorwiegend Kleinkrebse, die er hauptsächlich am Boden oder in dessen Nähe sucht.
Bes.: *P. persicus* lebt etwa in demselben Gebiet wie die nächste Art mit ähnlichen Ansprüchen und ähnlicher Färbung. Das Rot ist allerdings auf Kopf- und Brustregion beschränkt; ansonsten ist er dunkler braun mit unregelmäßigen über den ganzen Körper verstreuten blauen Punkten und größtenteils blauen oder zumindest blau gesäumten unpaaren Flossen; die paarigen Flossen sind hingegen rötlich. Diese seltene Art ist kaum im Handel.

T: 24-28°C, **L**: 12 cm, **BL**: ab 100 cm, **WB**: l, **WR**: u, **BS**: 3-4, **SG**: 3

Pseudochromis pesi

Pseudochromis persicus

Fam.: Pseudochromidae

Pseudochromis porphyreus LUBBOCK & GOLDMANN, 1974
Porphyr-Zwergbarsch

Vork.: Zentraler West-Pazifik, von den Philippinen bis Samoa, nach Japan (N) und zu den Molukken. In 6-65 m Tiefe.
GU: Keine bekannt.
Soz.Verh./Vgs.: *P. porphyreus* lebt einzeln, bildet um seine Wohnhöhle ein Revier und ist agressiv gegenüber Artgenossen und z.T. auch Riffbarschen.
Hält.B.: Er benötigt gute Unterschlupf- und Versteckmöglichkeiten und ist für Fisch-Gemeinschafts- und Korallenaquarien geeignet.
Licht: Sonnenlichtzone.
ZU/Verm.: Nicht bekannt; laicht paarweise in der Höhle des Männchens ab.
FU: C; er erjagt bodenbewohnende Kleinkrebse aber auch Zooplankton. Er geht im Aquarium auch an Gefrierfutter, wenn man dieses in den Pumpenstrom gibt und herumwirbeln läßt.
Bes.: *P. porphyreus* erinnert wegen seiner purpur-blauvioletten Färbung stark an *P. fridmani*, unterscheidet sich jedoch besonders durch das Fehlen eines schwarzen Striches von der Schnauze durch das Auge zum Kiemendeckel. In freier Natur kann man sie nicht verwechseln, da sie in ganz unterschiedlichen Gebieten vorkommen. *P. porphyreus* lauert nicht am Grund liegend seiner Beute auf, sondern einige Zentimeter darüber schwebend.

T: 24-26°C, **L:** 5 cm, **BL:** ab 50 cm, **WB:** I, **WR:** u, **BS:** 3, **SG:** 2

Zum Vergleich: *P. fridmani* links und *P. porphyreus* rechts

Pseudochromis sankeyi LUBBOCK, 1975
Sankeyis Zwergbarsch

Vork.: Südliches Rotes Meer und Golf von Aden. In 2-10 m Tiefe.
GU: Keine wesentlichen.
Soz.Verh./Vgs.: *P. sankeyi* lebt einzeln oder in ganzen Kolonien in Höhlen oder vor Felsverstecken oder Korallenbänken. Er müßte daher auch in Gruppen gehalten werden können.
Hält.B.: Er benötigt ein versteckreiches Fels- oder Korallenaquarium.
Licht: Sonnenlichtzone.
ZU/Verm.: Nicht bekannt.
FU: C; er frißt Kleinkrebse u.a. Wirbellose; im Aquarium geht er an Gefrierfutter und verschiedene zerkleinerte Wirbellose.
Bes.: *P. sankeyi* weist eine ausgesprochene Schwarz-Weiß-Zeichnung auf und besitzt auf schwarzem Grund zwei weiße Längsstreifen. Die Rückenflosse ist durchscheinend. Abgesehen von total andersartiger Färbung und Lebensweise ist dieser Fisch praktisch identisch mit *P. fridmani* wenn man nur seine Form und Flossenstrahlen in Betracht zieht.

T: 24-27°C, **L:** 8 cm, **BL:** ab 80 cm, **WB:** I, **WR:** u, **BS:** 2-3, **SG:** 3

Pseudochromis porphyreus

Pseudochromis sankeyi

Pseudochromis springeri LUBBOCK, 1975
Springers Zwergbarsch

Vork.: Rotes Meer. In 2-60 m Tiefe.
GU: Keine wesentlichen.
Soz.Verh./Vgs.: *P. springeri* lebt einzeln in enger Verbindung mit Korallen, deren Schutz er nur auf geringe Entfernung verläßt. Er scheint auch außerhalb der Laichzeit manchmal in Paaren vorzukommen.
Hält.B.: Er benötigt Korallen oder korallenähnliche Strukturen mit guten, der Natur entsprechenden Versteckmöglichkeiten.
Licht: Sonnen-Mittellichtzone.
ZU/Verm.: Nicht bekannt.
FU: C; er frißt vorwiegend Kleinkrebse; geht im Aquarium auch an *Mysis* u.a. Garnelen, auch an gefriergetrocknetes Futter, *Artemia*.
Bes.: Diese sehr kleine Art ist gut erkennbar an der grauen bis schwarzen Färbung mit zwei brilliant blauen Streifen an Kopf und Vorderkörper.

T: 24-27°C, **L**: 6 cm, **BL**: ab 80 cm, **WB**: I, **WR**: u, **BS**: 3, **SG**: 3

Pseudoplesiops multisquamatus ALLEN, 1987
Vielschuppiger Zwergbarsch

Vork.: Östlicher Indischer Ozean (Christmas Insel, Cocos-Keeling) und Zentral-Pazifik (Indonesien bis zu den Salomonen und Fiji-Inseln). In 15-65 m Tiefe.
GU: Keine bekannt.
Soz.Verh./Vgs.: *P. multisquamatus* lebt einzeln in Felsverstecken. Er ist für Korallen- und Anemonen-Aquarien besonders geeignet.
Hält.B.: Er benötigt unterschlupfreiche Fels- oder Korallenformationen.
Licht: Mittellichtzone.
ZU/Verm.: Nicht bekannt.
FU: C; er frißt Zooplankton und nimmt Planktonersatz in Form tiefgekühlter Shrimps, *Mysis*, lebendes *Artemia*.
Bes.: Keine.

T: 24-26°C, L: 5 cm, BL: ab 60 cm, WB: l, WR: u., BS: 2-3, SG: 3

Pseudoplesiops typus BLEEKER, 1858
Rosafarbener Zwergbarsch

Vork.: Zentraler West-Pazifik, von Indonesien bis zu den Salomon-Inseln nach Nordwest-Australien und Queensland. In 15-65 m Tiefe.
GU: Keine wesentlichen.
Soz.Verh./Vgs.: *P. typus* lebt einzeln und versteckt in Korallenköpfen.
Hält.B.: Er benötigt eine versteckreiche Korallen- oder Felslandschaft.
Licht: Mittellichtzone.
ZU/Verm.: Nicht bekannt.
FU: C; er lauert Zooplankton, über markanten Punkten am Riff stehend, auf. Er geht im Aquarium auch an lebendes oder tiefgefrorenes krebsartiges Futter.
Bes.: Keine.

T: 24-26°C, L: 5 cm, BL: ab 60 cm, WB: l, WR: u, BS: 3, SG: 3

Gramma melacara

Fam.: Grammidae

Über die Familie Grammidae

Eine eigene Familie stellen die den Zwergbarschen ähnlich sehenden Grammidae dar. Zwar eng miteinander verwandt, sind sie zunächst geografisch voneinander getrennt, da Feenbarsche nur im Atlantik vorkommen. In den warmen Gewässern der Karibik leben die häufigsten Vertreter, *Gramma melacara* und *Gramma loreto*, in für Taucher erreichbaren Tiefen, während der dritte im Bunde, *Gramma linki*, eine tieflebende Art, nur unter 40 Meter zu finden ist. Auch Feenbarsche erhalten ihre Auffälligkeit durch ihre Färbung und sind deshalb seit vielen Jahren begehrte Pfleglinge der Meeresaquarianer.
Einer der Autoren (H.D.) hatte vor Jahren die Gelegenheit, einem in Miami ansässigen Fischfänger beim Fang von Feenbarschen um die Bahama-Inseln zuzusehen. Dieser war ganz versessen darauf, den Schwarzkappen-Feenbarsch zu fangen, da diese Art ihm den zehnfachen Preis im Vergleich zum Königs-Feenbarsch einbrachte. An den Riffen von Bimini wurde dann deutlich, weshalb *Gramma melacara* seinen höheren Preis erzielte: Während schon im 10m-Bereich aus jeder Spalte und kleinen Höhlen ein *Gramma loreto* herausschaute, war die Schwarzkappe nicht zu sehen. Der Fänger mußte bis 30 m tief tauchen, was mit seinem System (Direktatmung durch lange Luftschläuche vom Kompressor an Bord) ziemlich umständlich war. Hatte er mal einen *Gramma melacara* überlistet und in einen seiner Plastikbehälter verstaut, war noch lange nicht sicher, daß der gefangene Fisch auch gesund an der Wasseroberfläche ankam. Denn wie der Mensch muß auch ein Fisch mit Schwimmblase einen langsamen Druckausgleich durchführen, wenn er so erhebliche Tiefenunterschiede überwinden will. Auch Zeit ist für Fischfänger Geld, denn es dauerte mehrere Stunden, bis die wenigen *Gramma melacara* dann ohne Schaden an Bord gehievt werden konnten.

Die Hälterung im Meerwasseraquarium ist für alle importierte Feenbarsche recht einfach. Sie sind kaum krankheitsanfällig, wenn die Wasserqualität stimmt, und fühlen sich in nachgebauten Höhlen relativ schnell zuhause. Sind Zwergbarsche oder ähnlich kleine Fische im gleichen Aquarium, kommt es zu gelegentlichem Drohen, aber sonst sind sie friedfertig. Die Substratlaicher der Feenbarschfamilie waren die ersten Meeresfische, die in den USA nachgezüchtet wurden, insbesondere *Gramma loreto* war in den sechziger Jahren einer der Pionierfische überhaupt, die neben *Amphiprion*-Barschen unter Aquarienbedingungen über mehrere Generationen heranwuchsen.

Gramma loreto

Gramma loreto im natürlichen Lebensraum

Gramma loreto ♂♂

Gramma loreto POEY, 1868
Königs-Feenbarsch

Vork.: Karibische Inseln, Bahamas bis zu den Bermuda-Inseln in 1 bis 40 m Tiefe.
GU: Die Geschlechter sind äußerlich nicht zu unterscheiden.
Soz.Verh./Vgs.: In ihrem natürlichen Biotop leben sie manchmal in Gruppen bis zu 100 Individuen. Einzeln oder paarweise zu halten. Sie sind friedfertig, zusammen mit Zwergbarschen und ähnlichen kleinen Fischen kommt es gelegentlich zum Drohen. *Caulerpa*-Algen werden empfohlen (siehe unten).
Hält.B.: Riff-Aquarium mit vielen Spalten oder Höhlen, in denen die Fische den Großteil ihrer Zeit verbringen. Eine Abdeckung ist anzuraten, da sie gelegentlich aus dem Wasser springen.
Licht: Sonnen- bis Mittellichtzone.
ZU/Verm.: *G. loreto* ist eine der wenigen Arten von Meeresfischen, die, speziell in den U.S.A., kommerziell nachgezüchtet werden. Auch im Aquarium kommt es immer wieder zum Ablaichen. Dazu reinigt das Pärchen die Höhle von Steinen und Korallenbruch mit dem Maul. Dann werden *Caulerpa*-Algen in die Höhle als Untergrund für die Eier gebreitet. Vor dem Loch wird ein Steinwall errichtet, sodaß nur eine kleine Öffnung freibleibt. In dieser Zeit sind sie sehr agressiv gegenüber anderen Fischen. Nach dem Ablegen der Eier auf die *Caulerpa* werden diese sofort vom ♂ besamt. Probleme treten durch das Verpilzen der Eier und bei der Futterbeschaffung (Plankton) für die Larven auf.
FU: K, FD; am Anfang wählerisch, später leicht mit jeglichem Gefrierfutter zu versorgen. Sie nehmen dann auch gelegentlich Futtertabletten und immer wieder Algen.
Bes.: Sehr gut als "Anfängerfisch" geeignet. Es wird darauf hingewiesen, daß er, wie auch die anderen *Gramma*-Arten, nur mit west-atlantischen, karibischen Arten zusammen gehalten werden sollte. Die Fische schwimmen häufig "Kopfüber" mit dem Bauch zur Höhlendecke.

T: 22-27°C, **L:** 10 cm, **BL:** ab 80 cm, **WB:** m, **WR:** m, **BS:** 1, **SG:** 1

Gramma linki STARCK & COLIN, 1978
Halfter-Feenbarsch

Vork.: Karibische Inseln und Bahamas in Tiefen unter 40 m.
GU: Sind nicht bekannt.
Soz.Verh./Vgs.: Ähnlich wie *G. melacara*. Sie sind jedoch etwas scheuer als diese. Sie sind ausgezeichnete Partner für Wirbellose.
Hält.B.: Riff-Aquarium mit mehreren Versteckmöglichkeiten. Eine Abdeckung wird empfohlen, da die Tiere gelegentlich springen.
Licht: Mittellichtzone.
ZU/Verm.: Wie *G. loreto*, allerdings sind Nachzuchten im größeren Stil leider noch nicht gelungen.
FU: K, FD; gefrorene *Artemia* und *Mysis*, sowie gehacktes Fisch- und Muschelfleisch. Zusätzlich können zerteilte Futtertabletten gegeben werden.
Bes.: Sie stehen manchmal mit der Bauchseite nach oben in ihrer Höhle.

T: 22-26°C, L: 8 cm, BL: ab 80 cm, WB: m, WR: m, BS: 2-3, SG: 2

Gramma melacara BÖHLKE & RANDALL, 1963
Schwarzkappen-Feenbarsch

Vork.: Karibische Inseln, Bahamas, in 20 bis 60 m Tiefe.
GU: Nicht bekannt.
Soz.Verh./Vgs.: Einzeln oder paarweise vertragen sie sich sehr gut mit fast allen anderen Aquarienbewohnern.
Hält.B.: Riff-Aquarium mit mehreren Höhlen als Versteckmöglichkeiten.
Licht: Mittellichtzone.
ZU/Verm.: Das ♀ legt zusammen mit dem ♂ in einer Höhle von Zeit zu Zeit Eier ab. Nachzuchten gelingen immer wieder. Probleme sind dabei das Verpilzen der Eier und die Fütterung der Larven.
FU: K, FD; gefrorene *Artemia* und *Mysis* und zerhacktes Muschelfleisch werden gerne angenommen.
Bes.: Sind nicht bekannt.

T: 22-27°C, **L**: 10 cm, **BL**: ab 80 cm, **WB**: m, **WR**: m, **BS**: 2, **SG**: 1-2

Plesiops caeruleolineatus, Text siehe Seite 1008

Fam.: Plesiopidae

Über die Familie Plesiopidae

Die Arten dieser Familie leben versteckt in tropischen und temperierten Riffen des Indopazifiks. Zum Teil äußerst farbenprächtig, sind sie begehrte Pfleglinge für die Meeresaquaristik, aber auch beliebt beim Sporttaucher, vorausgesetzt er hat das Auge, sie in ihrem natürlichen Lebensraum auch zu entdecken. Um Mirakelbarsche darüberhinaus noch gut ablichten zu können, bedarf es einiger Geduld, denn *Assessor*-Arten z.B. schwimmen oft kopfüber in weit angelegten Höhlen, während die wunderschönen *Calloplesiops*-Arten partout ihren Unterschlupf nicht verlassen wollen. Es ist damit schwer, daß der gesamte Fischkörper mit den ungewöhnlich großen und faszinierend gefärbten Rücken-, Schwanz- und Afterflossen fotografiert werden kann. Die kaum weniger attraktiven *Plesiops*-Arten verhalten sich nicht anders.
Entdeckt wurden die Arten der Gattung *Assessor* am australischen Großen Barriere-Riff und dort kann man sie auch in Schulen bis zu hundert Einzeltieren in Tiefen um 15 Meter beobachten. Der blaugefärbte *A. macneilli* ist allerdings ein Höhlenbewohner, liebt also kein grelles Licht. Oft schwimmt er unter der Höhlendecke und meidet den hellen Sandboden seiner Umgebung. *A. flavissimus* lebt ähnlich, ist aber meist paarweise oder in kleinen Gruppen zu finden.

Assessor macneilli

Wie die Arten der Kieferfischfamilie sind *Assessor*-Mirakelbarsche ebenfalls Maulbrüter. Aquarienbeobachtungen zeigten, daß das Männchen den befruchteten Eiballen ins Maul nimmt und ihn dort etwa 15 Tage lang schützt, bevor die Larven schlüpfen.
Die enge Verwandtschaft der Mirakelbarsche zu den Zwergbarschen der Familie Pseudochromidae wurde bereits dort ausgeführt. Das Brutverhalten und die elterliche Pflege der Nachkommen gleichen sich sehr, soweit Wissenschaftler und Aquarianer dies erforschen konnten. Denn einem holländischen Aquarianer gelang es erstmals Mitte der achtziger Jahre, den attraktivsten aller Mirakelbarsche, *Calloplesiops altivelis*, in seinen Aquarien nachzuzüchten. Diese außerordentliche Leistung soll hier ausführlich gewürdigt werden:
Calloplesiops altivelis produzieren einen mehr oder weniger runden Eierklumpen mit einem Durchmesser von ungefähr 2,5 cm, den sie an die Höhlenwand heften. Im Durchschnitt messen die einzelnen Eier etwa einen Millimeter und besitzen Klebfäden, die das Gelege zu einer stabilen Einheit machen und an der Unterlage festheften. Ein solches Gelege besteht aus bis zu 500 Eiern. Bei 26°C dauert die Entwicklung fünf bis sechs Tage. Am späten Abend, nach Eintritt der Dunkelheit im Aquarium, schlüpfen dann Hunderte von Larven. Sie sind stark pigmentiert, ca. drei Millimeter lang und besitzen einen Flossensaum, der sich um den Schwanz und einen Teil des Körpers zieht, sowie Brustflossen, gut entwickelte Augen und ein großes Maul. Sie schwimmen ruckartig. Man sieht keine Reste eines Dottersackes, deshalb ernähren sich die Larven wahrscheinlich auch sofort oder schnell nach dem Schlupf selbständig.
Einige Tage alte Mirakelbarsch-Larven sind ausgezeichnete Schwimmer, die sich zielgerichtet durch das Aufzuchtbecken bewegen. Deshalb kann man die Futtertierdichte ziemlich klein halten, wodurch sich die Gefahr der Wasserverschmutzung deutlich verringert. Junge Larven zeigen eine Vorliebe für leicht strömendes Wasser, denn ein großer Teil von ihnen befindet sich stets nahe des Ausströmersteins. Während der ersten 14 Tage verdoppelt sich die Länge der Mirakelbarsch-Larven, und auch der Umfang nimmt deutlich zu. Um den 16. Tag kommt es sowohl in der Zeichnung als auch im Verhalten zu frappanten Veränderungen: Die bis jetzt eigentümlich schwarzen Larven bekommen von diesem Tage an einen immer heller werdenden Fleck auf den Flanken. Bei konservierten Larven sieht man, daß die schwarzen Pigmentzellen an dieser Stelle langsam verschwinden. Diese Entwicklung setzt sich fort bis die Flanken vollkommen weiß sind und einen starken Kontrast zum Rest des schwarzen Körpers bilden.
Noch auffälliger ist aber die mit der Zeichnungsveränderung einhergehende Verhaltensänderung. Die zunächst freischwimmenden Larven verdrückten sich vom 16. Tag an in die Ecken des Aquariums,

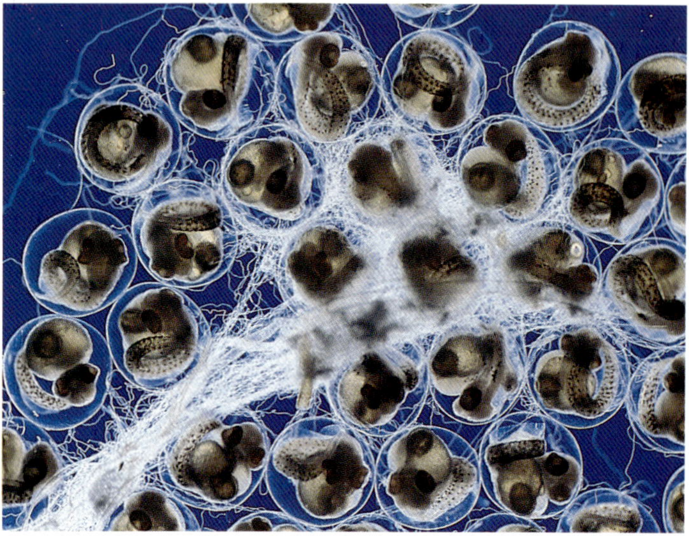

Larven von *Calloplesiops altivelis* in der Eihülle

2. Monat

3. Monat

4./5. Monat

deutlich ein Versuch, sich zu verstecken. Nachdem zwei halbierte PVC-Rohre hinein gegeben wurden, verschwanden alle Mirakelbarsche darunter und das unruhige Umherschwimmen hörte schlagartig auf. Es ist daraus zu schließen, daß hier der Übergang zur Lebensweise der erwachsenen Tiere erfolgte, die an Versteckplätze gebunden ist. Auch weiterhin blieben die Jungfische tagsüber unter den Röhren im Aufzuchtbecken, während sie abends auf Futtersuche gingen.
Ein ganz langsam verlaufender Prozeß ist das Anlegen der Erwachsenenzeichnung. Bis ungefähr fünf Monate blieben die weißen Flanken erhalten. Etwa vom zweiten Monat an wird aber eine weiße Fleckenzeichnung auf dem bis dahin völlig schwarzen Kopf sichtbar. Sind die Jungen fünf Monate alt, haben Rücken-, Schwanz- und Afterflossen die charakteristische Mirakelbarschform angenommen. Außerdem hat sich der typische Augenfleck gebildet. Von diesem Zeitpunkt an verblaßt das Weiß auf den Flanken nach und nach, weil an der Grenze zwischen Schwarz und Weiß schwarzes Pigment angelagert wird. Mit sieben Monaten sind *Calloplesiops altivelis* voll ausgefärbt und ungefähr drei Zentimeter lang. Zu diesem Zeitpunkt sind noch keine Aggressionen untereinander festzustellen, denn sie gehen abends gemeinsam auf Futtersuche, haben aber nach Umsetzung in ein Riffaquarium schon einige Schlupfwinkel angenommen.

Calloplesiops altivelis, subadult, 22 Monate alt; Aquariennachzucht

Das Elternpaar ist äußerlich nicht zu unterscheiden. Weder an Größe noch an der Färbung können Männchen und Weibchen erkannt werden. Die Eiablage spielt sich im Verborgenen ab und bei der Paarung muß es rauh zugehen, da die Flossen beider Tiere ziemlich beschädigt wurden. Das Gelege wird in einer Höhle abgesetzt und wird ständig von einem Elternteil bewacht. Ob es das Männchen ist, kann nur vermutet werden, da es bei den verwandten Zwergbarschen üblich ist, daß diese die Brutpflege übernehmen. Man sieht diesen Mirakelbarsch manchmal in der Höhlenöffnung, während das Männchen den Eiballen mit gespreizter Schwanzflosse abschirmt. Solange sich die Embryonen entwickeln (fünf bis sechs Tage bei 26°C), wird das Nest bewacht. Der Wächter nimmt während dieser Zeit kein Futter an und verjagt seinen Partner. Wenn dann nachts die Larven geschlüpft sind, zeigte sich das hungrige Elterntier wieder zur Fütterungszeit. Ein regelmäßiges Ablaichen, wie es *Amphiprion*-Barsche auch im Meerwasseraquarium tun, ist bei Mirakelbarschen nicht zu erkennen. Es können Wochen vergehen, bis ein neues Gelege entsteht.
Während die beiden *Calloplesiops*-Arten tropische Wassertemperaturen bevorzugen, gibt es in der Familie Plesiopidae auch zwei Gattungen, die sich in kälteren Gewässern wohlfühlen. *Paraplesiops* und *Trachinops* sind ausschließlich in den temperierten Gewässern Australiens südlich des 30sten Breitengrades zu finden, wo die Wassertemperaturen meist unter 20°C bleiben. Die zumeist blaufarbenen *Paraplesiops*-Arten werden ziemlich groß, manche bis zu 25 Zentimeter. Sie leben ähnlich versteckt wie *Plesiops*- und *Calloplesiops*-Barsche, allerdings sind ihre Wohnbereiche keine Korallenformationen, sondern veralgte Felshöhlen und -überhänge. Die Lebensweise der populär genannten Hulafische der Gattung *Trachinops* ist dagegen völlig verschieden. Ähnlich wie Fahnenbarsche fressen sie im freien Wasser Plankton und formieren sich dabei zu großen Schulen. Beide Kaltwasser-Mirakelbarsch-Gruppen leben etwa fünf Jahre lang und heften ihre Eier wie die tropischen Verwandten in ihren Unterschlüpfen fest.

Assessor flavissimus ALLEN & KUITER, 1976
Gelber Mirakelbarsch

Vork.: Ostaustralien. In 5-20 m Tiefe.
GU: Keine
Soz.Verh./Vgs.: *A. flavissimus* lebt im Meer einzeln, paarweise oder in kleinen Gruppen in Löchern und Höhlen versteckt. Er ist im Aquarium am besten alleine zu halten, da die Geschlechter völlig gleich aussehen und man beim Kauf daher meist nicht weiß, ob man wirklich ein Paar erworben hat; besonders dann, wenn man sie jung einkauft.
Hält.B.: Er benötigt ein mit Felsen (Korallen) und Algen bewachsenes Aquarium und ist besonders für Fisch- Gesellschaftsbecken geeignet.
Licht: Mittellichtzone.
ZU/Verm.: *A. flavissimus* ist ein Maulbrüter; wahrscheinlich nimmt das ♂ den befruchteten Laichballen auf und beschützt ihn so bis zum Schlüpfen der Fischlarven.
FU: C; frißt Wirbellose, vor allem Kleinkrebse und kann nach Umgewöhnung auch mit Gefrier- bzw. Gefriertrockenfutter ernährt werden.
Bes.: Der eher seltene Fisch ist erst seit 1976 bekannt und kommt wegen seiner geringen Verbreitung und versteckten Lebensweise in Höhlen kaum in den Handel.

T: 24-26°C, L: 6 cm, BL: ab 60 cm, WB: l, WR: u, BS: 3-4 , SG: 3-4.

Assessor macneilli WHITLEY, 1935
Mac Neills Mirakelbarsch

Vork.: Südwest-Pazifik, vom Barriere Riff Australiens bis Neu Kaledonien. In 2-15 m Tiefe.
GU: Keine
Soz.Verh./Vgs.: *A. macneilli* lebt in Schwärmen in Höhlen; seine Haltung ist daher einzeln oder in Gruppen möglich.
Hält.B.: *A. macneilli* benötigt viel beschatteten Raum in Form von Unterständen und Verstecken, die ihn vor direkter Lichteinstrahlung schützen.
Licht: Mittel- Schwachlichtzone.
ZU/Verm.: *A. macneilli* ist ein Maulbrüter, der auch im Aquarium bei der Brutpflege beobachtet werden konnte. Das ♂ nimmt den befruchteten Eiballen ins Maul auf und beschützt ihn, ohne dazwischen Nahrung aufzunehmen, ca 14 Tage lang, bis die Larven schlüpfen.
FU: C; er frißt Wirbellose und geht auch an gefriergetrocknetes Ersatzfutter.
Bes.: Keine.

T: 24-26°C, L: 6 cm, BL: ab 50 cm, WB: l, WR: u, BS: 2-3, **SG.:** 3

Calloplesiops altivelis, Malediven

Calloplesiops altivelis (STEINDACHNER,1903)
Echter Mirakelbarsch

Vork.: Indo-Pazifik, vom Roten Meer bis zu den Line Inseln, nach Japan (N) und zum südlichen Barriere-Riff. In 3-45 m Tiefe.
GU: Keine.
Soz.Verh./Vgs.: *C. altivelis* lebt meist einzeln in Felsverstecken von Riffabhängen und sollte am besten alleine mit anderen, nicht zu kleinen Fischarten gehalten werden.
Hält.B.: Er benötigt ein Korallen- bzw. Felsaquarium mit zahlreichen Unterschlupfmöglichkeiten.
Licht: Mittellichtzone.
ZU/Verm.: siehe Seite 996/997.
FU: C; er frißt Kleinkrebse und auch kleine Fische, die er von seinem Unterstand heraus aufschnappt, und geht nach Eingewöhnung auch an gefrorenes und gefriergetrocknetes Futter.
Bes.: Die Tiere leben tagsüber meist versteckt in ihrem Unterschlupf und kommen erst gegen Sonnenuntergang hervor. Bei Gefahr stellen sie sich den Kopf voran in Löcher, sodaß nur noch das Hinterende hervorragt und das ähnelt verblüffend dem Kopf einer Muräne (*Gymnothorax meleagris*).

T: 24-26°C, L: 16 cm, BL: ab 100 cm, WB: I, WR: u, BS: 2 , SG: 3

Calloplesiops altivelis

Calloplesiops argus

Calloplesiops argus FOWLER & BEAN, 1930
Phantom Mirakelbarsch

Vork.: Westlicher Pazifik, besonders um die Philippinen. In 3-50 m Tiefe.
GU: Keine.
Soz.Verh./Vgs.: *C. argus* lebt einzeln, tagsüber meist in Felsverstecken. Er ist friedfertig gegenüber anderen (nicht allzu kleinen) Fischen.
Hält.B.: Er benötigt eine Felslandschaft mit mehreren Versteckmöglichkeiten die etwa seiner Größe entsprechen.
Licht: Mittellichtzone.
ZU/Verm.: *C. argus* laicht paarweise in einer Höhle ab und eines der Elterntiere (wahrscheinlich das ♂) übernimmt die Brutpflege bzw. Bewachung der am Fels befestigten Eier bis die Embryonen nach knapp einer Woche geschlüpft sind. Im Gegensatz zur vorigen Art wurde diese noch nicht im Aquarium nachgezüchtet.
FU: C; er frißt Kleinkrebse und kleine Fische bzw. Fischlarven, wenn er ihrer habhaft wird; denn er ist ein plumper Schwimmer, der gegenüber den Mitbewohnern stets zu kurz kommt, dafür aber auch Nahrungsreste vom Boden aufnimmt.
Bes.: *C. argus* ähnelt zwar *C. altivelis*, doch besitzt er wesentlich mehr und viel kleinere helle Punkte, seine Flossen sind etwas größer und an seiner Schwanzspitze befindet sich ein heller Fleck.

T: 24-26°C, L: 16 cm, BL: ab 120 cm, WB: I, WR: u, BS: 2-3, SG: 3

Fam.: Plesiopidae

Paraplesiops alisonae HOESE & KUITER, 1984
Alisons Mirakelbarsch

Vork.: Südwest-Pazifik, Südaustralien. In 5 - 20 m Tiefe.
GU: Keine.
Soz.Verh./Vgs.: *P. alisonae* lebt meist einzeln in Felsverstecken und ist daher am ehesten in Fisch-Gemeinschaftsbecken zu halten.
Hält.B.: Er benötigt entsprechende Felsformationen, die Unterstand und Versteckmöglichkeiten beinhalten.
Licht: Mittellichtzone.
ZU/Verm.: Nicht bekannt.
FU: C; frißt Krebse und kleine Fische, kann auch an Gefrierkost gewöhnt werden.
Bes.: *P. alisonae* ähnelt zwar *P. poweri*, doch seine blauen Flecken am Kopf sind deutlicher und größer und die meisten Flossen sind nicht nur blau gerandet, sondern haben weiter innen, durch schwarz abgetrennt, ein zweites blaues Band.

T: 16-20°C, L: 12 cm, BL: ab 60 cm, WB: I, WR: u, BS: 3-4, SG: 3

Paraplesiops bleekeri (GÜNTHER, 1861)
Bleekers Mirakelbarsch

Vork.: Südwest-Pazifik, Ostaustralien. In 5-15 m Tiefe.
GU: Keine.
Soz.Verh./Vgs.: *P. bleekeri* lebt einzeln in der Größe entsprechenden Felshöhlen und Löchern.
Hält.B.: Er benötigt daher ein mit genügend Unterschlupfmöglichkeiten ausgestattetes Felsaquarium.
Licht: Mittellichtzone.
ZU/Verm.: Nicht bekannt.
FU: C; er frißt Kleintiere, vor allem Krebsartige und kleine Fische.
Bes.: *P. bleekeri* ist mit seiner auffallenden Querstreifung noch bunter gefärbt, als die bekanntere Art. *P. meleagris*; wegen seines begrenzten Vorkommens aber bei uns praktisch nicht im Handel.

T: 18-22°C, L: 23 cm, BL: ab 150 cm, WB: I, WR: u, BS: 4, SG:3

Paraplesiops alisonae

Paraplesiops bleekeri, Bowen Insel, Neusüdwales

Fam.: Plesiopidae

Paraplesiops meleagris (PETERS, 1869)
Blaupunkt Mirakelbarsch

Vork.: Südost-Indik, um West- und Südaustralien. In 15-25 m Tiefe. **GU**: Keine.
Soz.Verh./Vgs.: *P. meleagris* lebt einzeln und in Höhlen und Löchern versteckt.
Hält.B.: Er benötigt ein Felsaquarium mit der jeweiligen Größe entsprechenden Unterschlupfmöglichkeiten. Er wächst nämlich relativ schnell und wird ziemlich groß.
Licht: Mittellichtzone. **ZU/Verm.**: Nicht bekannt.
FU: C; er frißt Krebsartige und kleine Fische aber auch Gefrierfutter.
Bes.: Neben *C. altivelis* zählt dieser Mirakelbarsch zu den schönsten seiner Familie. Besonders in seiner Jugendfärbung mit den kontrastreichen blauen Punkten am Kopf und den schwarzen Flecken besonders an den rückwärtigen Rändern der unpaarigen Flossen ist er sehr eindrucksvoll.

T: 18-22°C, **L**: 40 cm, **BL**: ab 120 cm, **WB**: I, **WR**: u, **BS**: 3-4, **SG**: 3

Paraplesiops poweri OGILBY, 1908
Powers Mirakelbarsch

Vork.: Südwest-Pazifik, Ostaustralien. In 10-20 m Tiefe. **GU**: Keine.
Soz.Verh./Vgs.: *P. poweri* lebt einzeln meist in Höhlen und Löchern; ist mit anderen Fischen gut zu vergesellschaften.
Hält.B.: Er benötigt genügend Versteck- und Unterstandsmöglichkeiten.
Licht: Mittellichtzone. **ZU/Verm.**: Nicht bekannt.
FU: C; er frißt kleine Fische und allerlei Krebsartige, geht auch an Gefrierfutter.
Bes.: *P. poweri* ist in seiner Grundfärbung etwas variabel, die zwischen rötlich und bräunlich schwankt. Deutlich erkennbar und gleichbleibend sind jedoch immer der blaue Augenfleck am Kiemendeckel, die blauen Punkte am Kopf und die blauen Flossenränder.

T: 20-26°C, **L**: 20 cm, **BL**: ab 120 cm, **WB**: I, **WR**: u, **BS**: 3-4, **SG**: 3

Paraplesiops poweri

Paraplesiops meleagris

Paraplesiops meleagris, juvenil

Fam.: Plesiopidae

Plesiops caeruleolineatus RÜPPELL, 1835
Blauflossen Mirakelbarsch

Vork.: Indo-Pazifik, vom Roten Meer bis Samoa, nach Japan (N) und zum Großen Barriere Riff (S). In 3-23 m Tiefe.
GU: Keine.
Soz.Verh./Vgs.: *P. caeruleolineatus* lebt einzeln versteckt an äußeren Riffterrassen und Riffabhängen; er eignet sich für Fisch- und Korallenaquarien.
Hält.B.: Leider hält sich der Fisch tagsüber stets verborgen auf; man muß ihm daher tiefe Verstecke und Plätze mit Überdachung bieten, die er erst zur Dämmerung zur Nahrungssuche verläßt.
Licht: Mittellichtzone.
ZU/Verm.: Nicht bekannt.
FU: C; er frißt Kleinkrebse, Fische und Schnecken ; den Freßgewohnheiten entsprechend sollte man erst in den Abendstunden füttern.
Bes.: Dieser dunbkelbraune bis schwarze Fisch kann von allen anderen Plesiopiden durch seine Rückenflosse unterschieden werden, die orange bis hellrote Spitzen trägt und darunter das namensgebende blaue Längsband.

T: 24-26°C, **L:** 8 cm, **BL:** ab 80 cm, **WB:** I, **WR:** u, **BS:** 2-3, **SG:** 3

Plesiops corallicola BLEEKER, 1853
Blaukiemen Mirakelbarsch

Vork.: Indo-Pazifik, von Madagaskar bis zu den Line Inseln, nach Japan (N) und zum südlichen Barriere Riff (S). In 1-10 m Tiefe.
GU: Keine.
Soz.Verh./Vgs.: *P. corallicola* lebt einzeln auf Riffterrassen, wo er am Boden von Spalten und unter Steinen auf vorbeiziehende Beute lauert.
Hält.B.: Er benötigt ein Felsaquarium mit entsprechenden Unterständen und Versteckmöglichkeiten.
Licht: Mittellichtzone.
ZU/Verm.: Nicht bekannt.
FU: C; er frißt kleine Fische und Krebsartige, denen er von seinen Verstecken aus auflauert.
Bes.: Die Färbung von *P. corallicola* ist sehr variabel und reicht von blaßgrau mit schwarzen Flecken und blauen Punkten bis zu fast einheitlich schwarz. Allen gemeinsam ist jedoch der blaue Augenfleck am Rand des Kiemendeckels.

T: 24-26°C, **L:** 15 cm, **BL:** ab 120 cm, **WB:** I, **WR:** u, **BS:** 2-3, **SG:** 3

Plesiops nigricans (RÜPPELL, 1828)
Schwarzer Mirakelbarsch

Vork.: Rotes Meer. In 5-30 m Tiefe.
GU: Keine.
Soz.Verh./Vgs.: *P. nigricans* lebt einzeln und versteckt unter Steinen, Korallen und in Felsspalten.
Hält.B.: Er benötigt ein Fels- oder Korallenaquarium mit entsprechenden Versteckmöglichkeiten.
Licht: Mittellichtzone.
ZU/Verm.: Nicht bekannt.
FU: C; er frißt Kleinkrebse und Fischlarven bzw. kleine Fische.
Bes.: Keine.

T: 24-28°C, **L:** 9 cm, **BL:** ab 100 cm, **WB:** I, **WR:** u, **BS:** 3, **SG:** 3

Plesiops corallicola

Die Fische der Gattung *Plesiops* unterscheiden sich von den anderen Plesiopiden hauptsächlich durch den etwas längeren, gestreckten Körper, dessen Höhe geringer ist als die Kopflänge und die kürzere Schwanzflosse, die ebenfalls die Kopflänge nicht überragt. Außerdem ist die Flossenhaut des hartstrahligen Teiles der Rückenflosse stark eingezogen, sodaß die Flossenstrahlen, z.T. mit Hautfähnchen versehen, getrennt stehen. Dies ist allerdings nur bei etwas abgespreizter Rückenflosse zu erkennen. Die Bauchflossen sind sehr lang. Dies ist ein gemeinsames Merkmal fast aller Plesiopiden, doch bei den großflossigen vorher beschriebenen Arten fällt dies lange nicht so auf, wie bei diesen kleinflossigen Tieren. Sie benutzen die Bauchflossen wie zwei Beine eines Stativs, um sich darauf zu stützen. Als drittes Standbein dient die Afterflosse. So lauern die Fische am Grund, meist gut getarnt in ihrem Versteck. Am Abend kommen sie auch aus ihren Unterständen hervor und gehen nachts auf Nahrungssuche. Sie fressen hauptsächlich kleine Krebsartige, Fische und manchmal Schnecken.

Plesiops caeruleolineatus

Plesiops nigricans

Trachinops taeniatus

Die Fische der Gattung *Trachinops* sind im Gegensatz zu den meisten anderen Mirakelbarschen klein und sehr langgestreckt gebaut und besitzen eine in der Mitte zu einer Spitze ausgezogene Schwanzflosse. Alle drei hier vorgestellten Arten kommen in den gemäßigten Zonen Südaustraliens vor, werden dort Hulafische genannt und sind bei uns praktisch nicht im Handel. Sie leben im Gegensatz zu ihren Verwandten nicht einzeln in Löchern versteckt, sondern ähnlich den Fahnenbarschen in Schwärmen über dem Grund und fangen Plankton. Der Östliche Hulafisch (*Trachinops taeniatus*, GÜNTHER, 1861) lebt in Südost-Australien, ist bis zu 10 cm lang und wunderschön gefärbt und bevorzugt Tiefen von 20 - 30 m. Der Südliche Hulafisch (*T. caudimaculatus*, MCCOY, 1890) bewohnt den Raum von Südost-Australien bis Tasmanien, wird ebenso etwa 10 cm lang und bevorzugt tieferes Wasser um die 30 m. Er ist an seinem dunklen Fleck in der Schwanzflosse gut erkennbar. Der Gelbkopf-Hulafisch (*T. noarlungae*, GLOVER, 1974) lebt in Süd- und West-Australien, wird etwa gleich groß und lebt in ähnlich Tiefen wie die beiden anderen Arten.
Über die Haltung im Aquarium ist uns nichts bekannt.

Trachinops caudimaculatus

Trachinops noarlungae

Fam.: Malacanthidae

Über die Familie Malacanthidae

In den fünfziger und sechziger Jahren kaum geschätzt, haben Torpedobarsche mit der sich immer weiter ausbreitenden Pflege von wirbellosen Tieren in der Meeresaquaristik nunmehr an Bedeutung gewonnen. Erst in den siebziger Jahren wurden die *Hoplolatilus*-Arten entdeckt, die sehr farbenprächtig sind und den Aquarianer schon aus diesem Grund reizen. Und immer neue Arten kommen hinzu, wie die Entdeckung des *Hoplolatilus luteus* 1989 zeigt. Zur Familie der Torpedobarsche gehört auch die Gattung *Malacanthus*, deren drei bekannte Arten neben den *Hoplolatilus* ebenfalls für die Meeresaquaristik importiert werden, allerdings wesentlich unregelmäßiger. Sie werden bis zu 40 cm lang, während die *Hoplolatilus*-Arten selten länger als 15 cm wachsen.
Den Erfahrungen zufolge sind und bleiben Torpedobarsche im Aquarium sehr scheu. Man sollte sie auf keinen Fall mit agressiven Mitbewohnern wie Drücker- oder Doktorfischen vergesellschaften. Sie sind es gewohnt, ihre Nahrung aus dem freien Wasser zu nehmen, die in ihrem natürlichen Lebensraum aus Plankton (Fisch- und Krebslarven) besteht. Vor der Kreiselpumpe herangewirbelte gefrorene und lebende *Artemia* oder *Mysis* wird gern als Ersatzfutter angenommen. Hier wird erkennbar, woher der Populärname der Familie kommt: Wie ein Blitz schießen die wendigen Fische mit ihrem torpedoförmigen Körper und der gegabelten Schwanzflosse bei der Fütterung durchs Aquarium, zielsicher ihre Nahrung aufschnappend. Hoher Bodengrund aus Sand, auf den man als Schutz nach oben noch einen ausgehöhlten Korallenblock legt, entspricht den Bedürfnissen der scheuen Fische für die Nachtruhe.
Im philippinischen-indonesischen Raum leben zweifellos die farbenprächtigsten Arten wie *H. purpureus, H. marcosi* oder *H. luteus*. Der Chamäleon-Torpedobarsch *H. chlupatyi* ist sogar in der Lage, seine Körperfarbe zu wechseln: Von gelbgrün bis blauviolett sind innerhalb von Sekunden alle Variationen möglich. Sie alle haben eine enge Bindung zu einem Korallenversteck, über dem sie tagsüber im freien Wasser "stehen", um nach Plankton zu schnappen. Aus dieser Position erkennen die rundköpfigen Torpedobarsche einen möglichen Freßfeind - zu denen vermeintlich auch ein Taucher zählt - sehr früh und schießen bei der Unterschreitung eines Sicherheitsabstandes mit vehementer Geschwindigkeit in ihre Höhle. Als UW-Fotograf hat man es bei dieser Familie nicht leicht, um zu guten Schüssen zu gelangen. Da hilft nur ein Makro-Tele.

Paarbindung bei Torpedobarschen ist auf Dauer angelegt, aber äußere Geschlechtsunterschiede sind nicht erkennbar. Balz und Ablaichen geschehen im freien Wasser, wo pelagische (freischwimmende) Eier abgegeben werden.

Im Bereich von weniger als 20 Meter Tiefe sind Torpedobarsche kaum anzutreffen, obwohl sie im gesamten tropischen und subtropischen Bereich der drei Ozeane vorkommen. Paarweise stehen sie über ihren Verstecken im Korallenschotter oder Sandabhängen. Der rein atlantische *Malacanthus plumieri* ist den Verhaltensforschern dadurch aufgefallen, daß er - wie der kürzlich im Roten Meer in über hundert Meter Tiefe entdeckte *Hoplolatilus geo* - aus Korallenästen, Molluskenschalen und festen Algen mit dem Maul kleine Hügel zusammenträgt, in denen er wie in einem Nest lebt.

Hoplolatilus starcki

Fam.: Malacanthidae

Hoplolatilus chlupatyi KLAUSEWITZ, McCOSKER, RANDALL & ZETZSCHE, 1978
Chamäleon Torpedobarsch

Vork.: Im Bereich der Philippinen auf Sand- und Kiesgründen der Vorriffe in etwa 30 m Tiefe.
GU: Sind von außen nicht erkennbar.
Soz.Verh./Vgs.: Sie leben paarweise und sollten auch nur so gehalten werden. Da sie sehr scheu sind, sollte man sie möglichst nicht mit anderen Fischen zusammen halten.
Hält.B.: Riff-Aquarium mit Sandboden auf dem man aus Steinen oder Korallentrümmern mehrere Höhlen aufbaut.
Licht: Mittellichtzone.
ZU/Verm.: Ist im Aquarium noch nicht gelungen.
FU: K, FD; Planktonfresser, die leicht ersatzweise mit kleingehacktem Gefrierfutter gefüttert werden können. Das Futter soll in derStrömung an ihnen vorbeitreiben.
Bes.: Kann die Körperfärbung blitzschnell von gelbgrün bis blauviolett wechseln (deutscher Name).

T: 22-27°C, **L**: 11 cm, **BL**: ab 80 cm, **WB**: m, **WR**: m, **BS**: 2, **SG**: 1-2

Hoplolatilus chlupatyi

Hoplolatilus cuniculus RANDALL & DOOLEY, 1974
Grauer Torpedobarsch

Vork.: Von Mauritius bis Mikronesien auf Sandböden außerhalb der Korallenriffe in 30 bis 115 m Tiefe.
GU: Sind von außen nicht erkennbar
Soz.Verh./Vgs.: Sie leben paarweise oder in Gruppen. Nicht mit lebhaften Fischen zusammen halten. Sehr friedlich, daher gut mit fast allen Wirbellosen zu vergesellschaften.
Hält.B.: Riff-Aquarium mit Sandboden. Es sollen sowohl Verstecke im Felsen als auch am Sandboden angeboten werden. Unter flach auf dem Sand aufliegenden Steinen werden oft Wohnhöhlen gegraben.
Licht: Mittellichtzone.
ZU/Verm.: Nach der Befruchtung treiben die Eier einige Zeit im Plankton. Die Larven bzw. die Jungfische bis zu einer Länge von etwa 6 cm schwimmen ebenfalls frei. Erst dann gehen sie zum bodennahen Leben über und beginnen mit dem Graben einer Wohnhöhle. Eine Zucht ist im Aquarium noch nicht gelungen.
FU: K, FD; gefrorene oder lebende *Artemia* und *Mysis*, sowie zerkleinertes Muschel- und Garnelenfleisch wird so verabreicht, daß es an den frei im Wasser stehenden Fischen vorbeitreibt.
Bes.: Die Färbung kann variieren. In ihrem natürlichen Biotop schweben sie in Gruppen über riesigen Hügeln aus Sand (bis zu 5,5 m lang, 3 m breit und über 1 m hoch), die sie wahrscheinlich selber aufgetürmt haben.

T: 22-27°C, **L**: 11 cm, **BL**: ab 80 cm, **WB**: m-s, **WR**: m, **BS**: 2,**SG**: 1-2

Hoplolatilus chlupatyi

Hoplolatilus cuniculus

Fam.: Malacanthidae

Hoplolatilus fourmanoiri SMITH, 1983
Fourmanoirs Torpedobarsch

Vork.: Vietnam, Philippinen und Salomon- Inseln auf Sand- und Kiesböden der Korallenriffe in etwa 50 m Tiefe.
GU: Sind von außen nicht erkennbar.
Soz.Verh./Vgs.: Sie leben meist als Paar. Scheu, daher nicht mit größeren Fischen zusammen halten.
Hält.B.: Riff-Aquarium mit Boden aus lockerem Sand. Steinhöhlen oder halbierte Blumentöpfe als Verstecke.
Licht: Mittellichtzone.
ZU/Verm.: Ist im Aquarium noch nicht gelungen.
FU: K, FD; vorbeischwebende kleine Futterbrocken werden blitzschnell aufgeschnappt.
Bes.: Durch einen schwarzen Fleck am Kiemendeckel und an der Schwanzflosse, die in der Mitte schwarz ist, sind sie leicht zu erkennen.

T: 22-28°C, **L:** 15 cm, **BL:** ab 100 cm, **WB:** m, **WR:** m, **BS:** 2, **SG:** 1-2

Hoplolatilus fourmanoiri

Hoplolatilus luteus ALLEN & KUITER, 1989
Goldener Torpedobarsch

Vork.: In Indonesien auf Sand- und Geröllböden in 15 bis 50 m Tiefe.
GU: Sind von außen nicht erkennbar.
Soz.Verh./Vgs.: Sehr scheu, daher nur in großen Becken zusammen mit anderen Fischen halten.
Hält.B.: Riff-Aquarium mit Sandboden, auf dem man mehrere kleine Verstecke anlegt.
Licht: Mittellichtzone.
ZU/Verm.: Über diese Art ist noch nichts näheres bekannt.
FU: K, FD; kleingehacktes Gefrierfutter oder Lebendfutter wird nur dann angenommen, wenn es in der Nähe der Fische im Wasser schwebt.
Bes.: Diese Art wurde erst im Jahr 1989 wissenschaftlich beschrieben.

T: 23-27°C, **L:** **14** cm, **BL:** ab 100 cm, **WB:** m, **WR:** u-m, **BS:** 3, **SG:** 1-2

Hoplolatilus fourmanoiri

Hoplolatilus luteus

Fam.: Malacanthidae

Hoplolatilus marcosi BURGESS, 1978
Marcos' Torpedobarsch

Vork.: Von den Philippinen bis zu den Salomon-Inseln auf Sand- und Kiesböden der Korallenriffe in 30 bis 80 m Tiefe.
GU: Sind von außen nicht zu erkennen.
Soz.Verh./Vgs.: Sie leben paarweise in Höhlen, die sie unter Steine graben. Sehr gute Partner für Wirbellose. Nicht mit lebhaften Fischen vergesellschaften.
Hält.B.: Riff-Aquarium mit Boden aus Sand und Muschelgrus, auf dem flache Steine für den Höhlenbau liegen.
Licht: Mittellichtzone.
ZU/Verm.: Ist im Aquarium noch nicht gelungen.
FU: K, FD; wie *H. luteus.*
Bes.: Die Art ist leicht an der kurzen Schnauzenspitze und dem roten Längsstreifen zu erkennen.

T: 22-28°C, **L**: 8-12 cm, **BL**: ab 100 cm, **WB**: m, **WR**: u-m, **BS**: 2, **SG**: 1-2

Hoplolatilus purpureus BURGESS, 1978
Purpur Torpedobarsch

Vork.: Von den Philippinen bis zu den Salomon-Inseln auf Sand und Geröll in 35 bis 70 m Tiefe.
GU: Sind von außen nicht zu erkennen.
Soz.Verh./Vgs.: Da die Fische sehr scheu sind, sollte man sie nur mit ganz friedlichen Fischen und Wirbellosen vergesellschaften.
Hält.B.: Riff-Aquarium mit Sandboden. Verstecke im Felsenbereich und am Sand (halbierter Blumentopf etc.) sollen angeboten werden.
Licht: Mittellichtzone.
ZU/Verm.: Ist im Aquarium noch nicht gelungen.
FU: K, FD; Planktonfresser, die jedoch gierig nach jedem vorbeitreibenden Futter schnappen. Verschiedenes Gefrierfutter und auch Stückchen von Futtertabletten.
Bes.: Sind nicht bekannt.

T: 22-28°C, **L**: 15 cm, **BL**: 120 cm, **WB**: m, **WR**: u-m, **BS**: 3, **SG**: 3

Hoplolatilus marcosi

Hoplolatilus purpureus

Fam.: Malacanthidae

Hoplolatilus starcki RANDALL & DOOLEY, 1974
Starcks Torpedobarsch

Vork.: Zentraler und westlicher Pazifik auf Sandböden an äußeren Riffabhängen in 20 bis 50 m Tiefe.
GU: Sind von außen nicht zu erkennen.
Soz.Verh./Vgs.: Leben paarweise und sollten möglicht auch so gehalten werden. Gute Partner für das Wirbellosenbecken.
Hält.B.: Wie *H. purpureus* (vorige Seite).
Licht: Mittellichtzone.
ZU/Verm.: Nachzucht nicht gelungen.
FU: K, FD; wie *H. purpureus*.
Bes.: Flüchten bei Gefahr blitzschnell kopfüber in ihre Höhle.

T: 21-26°C, **L:** **9** cm, **BL:** ab 80 cm, **WB:** m, **WR:** u-m, **BS:** 2, **SG:** 1-2

Malacanthus brevirostris (GUICHENOT, 1848)
Gestreifter Torpedobarsch

Vork.: Rotes Meer, Indonesien, Ost-Pazifik bis Hawaii in selbstgegrabenen Höhlen im Sand und in Korallenriffen.
GU: Sind von außen nicht zu erkennen.
Soz.Verh./Vgs.: Sie leben paarweise in Höhlen im Sand. Jungfische eignen sich gut als Partner für Wirbellose.
Hält.B.: Riff-Aquarium mit Sandboden. Verstecke aus Steinen oder Korallentrümmern.
Licht: Mittellichtzone.
ZU/Verm.: Im Aquarium noch nicht gelungen.
FU: K, FD; Planktonfresser, die leicht ersatzweise mit gehacktem Gefrierfutter gefüttert werden können. Das Futter soll in der Strömung an ihnen vorbeitreiben.
Bes.: Die Gattung ist im Querschnitt mehr rundlich als *Hoplolatilus*. Die Art ist an der Schwanzflosse mit 2 schwarzen Streifen zu erkennen.

T: 22-28°C, **L:** bis über 30 cm, **BL:** ab 120 cm, **WB:** m-s, **WR:** u-m, **BS:** 2-3, **SG:** 1-2

Malacanthus brevirostris

Hoplolatilus starcki

Malacanthus brevirostris

Malacanthus latovittatus, juvenil, 10 cm

Malacanthus latovittatus, subadult, 20 cm

Malacanthus latovittatus (LACEPÈDE, 1798)
Sand Torpedobarsch

Vork.: Rotes Meer, Indonesien, gesamter Pazifik, Hawaii bis Japan und Südafrika auf Sandböden zwischen Korallenriffen und auf Felsriffen in 20 bis 65 m Tiefe.
GU: Sind von außen nicht zu erkennen.
Soz.Verh./Vgs.: Sie leben einzeln und sind als Jungfische gut in Aquarien zu halten. Nicht mit agressiven Fischen und größeren Krebsen zusammen halten.
Hält.B.: Riff-Aquarium mit mehreren Versteckmöglichkeiten.
Licht: Mittellichtzone.
ZU/Verm.: Ist im Aquarium noch nicht gelungen.
FU: K, FD; Planktonfresser, die leicht an Gefrierfutter gewöhnt werden. Sie nehmen fast ausnahmslos nur im Wasser schwebendes Futter an. Auf dem Boden liegendes wird meist nicht mehr beachtet.
Bes.: Auffallend lange Schnauze. Bei Gefahr flüchten sie meist nicht in ihre Höhle sondern in das freie Wasser. Jungfische haben ein ähnliches Farbmuster wie der Putzerlippfisch *Labroides dimidiatus*. Man vermutet sogar, daß sie den Putzer nachahmen (Mimikry). Größere Exemplare werden gegessen.

T: 22-28°C, **L**: bis über 40 cm!, **BL**: ab 120 cm, **WB**: m-s, **WR**: m, **BS**: 2-3, **SG**: 1-2

Fam.: Cirrhitidae

Über die Familie Cirrhitidae

Büschelbarsche sind allgemein kleine, farbige Fische, die man im Riff auf emporragenden Korallenblöcken oder -zweigen findet. Wenn sie reglos auf Beute lauern und sich dabei mit den Brustflossen seitlich abstützen, sind sie Teil des Riffs und nutzen den Effekt des Überraschungsjägers: Schwimmen Kleinkrebse oder Jungfische vorbei, schnellen Büschelbarsche - wie der Pfeil von der Sehne geschossen - nach vorn und schlagen das überrumpelte Opfer. Ausgewachsene Arten der Cirrhitidae gibt es in nur 10 cm aber auch von knapp einem Meter Länge. Robust und mit einem großen Kopf versehen, sind sie leicht von anderen benthischen Fischfamilien wie z.B. den Schleimfischen zu unterscheiden. Neben ihrem barschhaften, gedrungenen Körper haben alle Büschelbarsche ein charakteristisches Merkmal gemeinsam: Die Enden der Rückenflossenstrahlen sind - je nach Art mehr oder weniger gut sichtbar - mit einen Haarbüscheln, den "Cirrhi" besetzt. Bis auf zwei Arten aus dem tropischen Atlantik kommen alle Büschelbarsche im Indopazifik einschließlich des Roten Meeres und des Golf von Kalifornien vor. Die etwa 35 Arten der zehn Gattungen in dieser Familie findet man nur in ausgeprägten Korallenriffen.

Ein geschlechtsbedingter Farbunterschied innerhalb der Art ist grundsätzlich nicht vorhanden. Bei dem Langschnauzenbüschelbarsch, *Oxycirrhites typus*, wird angenommen, daß das Männchen zusätzlich einen schwarzen Rand an Bauch- und Schwanzflosse trägt. Auch *Cirrhitichthys oxycephalus* hat zwei Farbphasen, die aber nichts mit dem Geschlecht, sondern mit der Anpassung an die jeweilige Umgebung zu tun haben. Wissenschaftler haben erforscht, daß Büschelbarsche allgemein im Harem leben und dabei das Männchen das größte Tier ist. Man spricht von protogynem Hermaphrodisismus, daß also ein Geschlechtswechsel vom Weibchen zum Männchen erfolgt, wenn es die Ordnung in der jeweiligen Büschelbarschgruppe erfordert. Bei Lippfischen oder Kaiserfischen ist das nicht anders.

Balz und Ablaichen ist in dieser Familie in der Abenddämmerung beobachtet worden. Das dominierende Männchen bewacht ein gewisses Territorium, auf dessen Größe es ankommt, ob der Harem nur zwei oder auch bis zu sieben Weibchen hat. Während das Männchen während des Tages die Weibchen mehr oder weniger ignoriert, wird sein Interesse plötzlich mit Beginn der Dämmerung geweckt. Am Beispiel des *C. oxycephalus* wurde beobachtet, wie das Männchen von einem Weibchen zum anderen schwamm, um sich auf deren Korallenblock jeweils etwa eine Minute aufzuhalten. Es wird angenommen, daß es dabei die laichbereiten Weibchen erkundet. Kurz vor der kompletten Dunkelheit setzen sich die reifen

Weibchen auf das äußerste Ende eines Korallenzweiges, warten bis das Männchen wiederkommt und schwimmen mit diesem einen gemeinsamen Bogen nach oben, um am höchsten Punkt zusammen Eier und Sperma abzugeben. Das Weibchen verläßt dann den herausragenden Korallenzweig, um im Riff zu ruhen, während das Männchen noch weitere laichbereite Partnerinnen aufsucht, bis es stockdunkel ist. Über die pelagischen Eier und Larven von Büschelbarschen weiß man noch wenig, nimmt aber nach dem Fund von 4 cm langen Larven des karibischen *Amblycirrhites pinos* an, daß es Wochen dauert, bis die pelagische Phase beendet ist. Dafür spricht auch die weite Verbreitung verschiedener Arten, denn nur so können die bodengebundenen und reviertreuen Büschelbarsche sich verbreitet haben.
Im Meerwasseraquarium gelang bisher keine Nachzucht von Büschelbarschen. Sie werden im Handel auch kaum paarweise angeboten, obwohl anzunehmen ist, daß sich das größte Tier zum Männchen umwandelt, wenn man mehrere Büschelbarsche derselben Art in ein geräumiges Becken setzt. Die farbenprächtigen Arten werden kaum über 15 cm lang und verhalten sich im Fischgesellschaftsbecken wie in ihrem natürlichen Lebensraum: Auf vorgelagerten Plätzen im nachgebauten Riff harren sie auf vorbeidriftendes Futter in Form von Krillkrebschen oder *Artemia*. Der beliebte Lang-

Cirrhitichthys falco

schnauzenbüschelbarsch ist ein friedlicher Bewohner, während man bei der Haltung von den bulligen *C. fasciatus* oder *P. forsteri* keine kleineren Fische oder Garnelen vergesellschaften sollte, da ihr Jagdinstinkt immer mal durchbricht und kleine Zwergbarsche sowie Putzergarnelen verschlungen werden.

Cirrhitichthys aprinus

Der gefleckte Büschelbarsch (*C. aprinus*) ist in seiner Färbung sehr variabel und es kommen Tiere mit hellgrauer, weißlicher, grünlicher, rötlicher und bräunlicher Grundfärbung vor, auf welcher mehr oder weniger deutliche Querbänder liegen. Besonders die Tiere mit heller Grundfärbung weisen kontrastreiche dunkle Querbänder auf, von denen zumindest 4 sehr breit sind und vom Rücken bis zur unteren Körperhälfte herabreichen. Besonders interessant ist der 5. Streifen, der meist ein längliches, augenfleckartiges Muster bildet. Meist liegen an der Schwanzwurzel noch 1-2 weitere Querstreifen. Weitere Kennzeichen sind ein runder Augenfleck hinter dem Auge und gleich darüber ein weiterer runder Fleck, die beide in das erste Querband eingebunden sein können. Die Fische sitzen gerne an vorspringenden Punkten im Korallenriff und lauern kleinen Fischen und Krebsen auf, die sie mit einem kräftigen Satz erbeuten.

Cirrhitichthys aprinus (CUVIER, 1829)
Gefleckter Büschelbarsch

Vork.: West-Pazifik, Philippinen und Indonesien. In 12-20 m Tiefe.
GU: Keine; die ♂♂ sind am größten und durch Geschlechtsumwandlung aus ♀♀ hervorgegangen.
Soz.Verh./Vgs.: *C. aprinus* ist ein Einzelgänger. ♂♂ beziehen Reviere verschiedener Größe, in welchen sich einige ♀♀ aufhalten. Die Tiere sitzen stets alleine lauernd auf vorspringenden Punkten.
Hält.B.: *C. aprinus* ist ein robuster Pflegling, der zumindest mit größeren Fischen gemeinsam gehalten werden kann.
Licht: Sonnenlichtzone.
ZU/Verm.: Laicht im Meer paarweise ab. Haremsbesitzende ♂♂ suchen dazu in der Abenddämmerung der Reihe nach ihre ♀♀ auf und schwimmen mit diesen jeweils bogenförmig nach oben, wobei am höchsten Punkt Eier und Spermien ins freie Wasser abgegeben werden. Die Eier bzw. Larven schweben lange Zeit im Meer und sorgen so für eine weite Verbreitung.
FU: C; *C. aprinus* lauert im Meer vorbeiziehenden Fischen und Krebsen auf; frißt im Aquarium Garnelen u.a. Krebse, kleine mitbewohnende Fische; ist aber gut an Ersatzfutter wie Fisch- und Krebsfleisch sowie gefriergetrocknetes Futter zu gewöhnen.
Bes.: *C. aprinus* ist am besten an einem dunklen, meist hell umrahmten Augenfleck genau hinter dem Auge und einem zweiten, etwas größeren dunklen Fleck gleich darüber, der in die Querbänderung einbezogen sein kann, zu erkennen.

T: 24-27°C, **L:** 11 cm, **BL:** ab 50 cm, **WB:** I, **WR:** u, **BS:**2 , **SG:** 3

Cirrhitichthys falco RANDALL, 1963
Falks Büschelbarsch

Vork.: West-Pazifik; Philippinen bis Japan und Samoa, zum Barriere-Riff und nach Neu Caledonien. In 10-20 m Tiefe.
GU: Keine
Soz.Verh./Vgs.: *C. falco* lebt einzeln an wenig oder reichlich mit Korallen bewachsenen Außenriffen. ♀♀ leben in Harems von etwas größeren ♂♂. Er sitzt meist am Fuße von Korallenblöcken (nicht oben auf den höchsten Erhebungen).
Hält.B.: Er ist ein gut haltbarer Fisch, der Unterschlupf und klares Wasser braucht.
Licht: Sonnenlichtzone.
ZU/Verm.: Er laicht paarweise nachts ab. Die Nachzucht ist im Aquarium bisher nicht gelungen.
FU: C; ist mit Krebs- und Fischfleisch sowie Flockenfutter zu ernähren.
Bes.:Er ist gut an den leuchtend gelben Büscheln an den Rückenflossenstacheln sowie zwei typischen bräunlichen Strichen vom Auge schräg nach unten zu erkennen.

T: 24-28°C, L: 6 cm, BL: ab 40 cm, WB: I, WR: u, BS: 1-2 , SG: 3

Cirrhitichthys oxycephalus (BLEEKER, 1855)
Gefleckter Gold-Büschelbarsch

Vork.: Indo-Pazifik, vom Roten Meer bis Panama. In 10-25 m Tiefe.
GU: Keine.
Soz.Verh./Vgs.: *C. oxycephalus* lebt einzeln an reich mit Korallen bewachsenen Lagunen- und Außenriffen mit klarem Wasser. Die ♂♂ sind territorial und besitzen Harems.
Hält.B.: *C. oxycephalus* benötigt nicht sehr viel Schwimmraum, da er meist auf Korallenästen lauernd sitzt.
Licht: Sonnenlichtzone.
ZU/Verm.: Die ♂♂ laichen paarweise mit ihren ♀♀ zur Dämmerung ab.
FU: C; er frißt Krebse und Fische, die er im freien Waser erbeutet. Er ist gut an tie rische Kost aller Art und Gefrierfutter zu gewöhnen.
Bes.: *C. oxycephalus* ist von ähnlichen verwandten Arten durch die rote Körperfärbung mit großen runden roten bis orange-farbigen Flecken zu unterscheiden.

T: 24-28°C, L: 10 cm, BL: ab 50 cm, WB: l, WR: u, BS: 2 , SG: 3

Cirrhitus rivulatus

Der Riesen Büschelbarsch (*Cirrhitus rivulatus*, VALENCIENNES, 1855) wird 60 cm lang und bewohnt den Ost-Pazifik von Galapagos bis Kolumbien und zum Golf von Kalifornien. Er ist wegen seiner Größe und räuberischen Lebensweise nicht für's Heimaquarium geeignet. Der Schwalben- oder Gabelschwanz Büschelbarsch (*Cyprinocirrhites polyactis*, BLEEKER, 1875) besiedelt den tropischen Indo-West-Pazifik von Ostafrika bis Australien, wird 10 cm lang und bevorzugt tiefere Regionen von 30 - 120 m Tiefe. Er ist an seiner orange-braunen Färbung und seiner ausgezogenen Schwanzflosse gut erkennbar und frißt Zooplankton, das er im freien Wasser aufschnappt. Der Flammen Büschelbarsch (*Neocirrhites armatus*, CASTELNAU, 1873) bewohnt den West-Pazifik von Japan bis Australien und bevorzugt Korallenblöcke von *Pocillopora* und *Stylopora*. Er ist sehr scheu und versteckt sich gleich in den tiefsten Hohlräumen. Obwohl er ein sehr schöner und teurer Aquarienfisch ist, kann er sich nur schwer eingewöhnen, braucht sauerstoffreiches, bewegtes Wasser und ist äußerst hinfällig. Man sollte daher von Fang und Haltung im Aquarium Abstand nehmen.

Cyprinocirrhites polyactis

Neocirrhites armatus

Fam.: Cirrhitidae

Oxycirrhites typus mit Beute

Oxycirrhites typus (BLEEKER, 1857)
Langschnauzen Büschelbarsch

Vork.: Indo-Pazifik; vom Roten Meer bis Panama, nach Japan und Hawaii (N) und bis Neu Caledonien (S). In 10-100 m Tiefe.
GU: Gering; die ♂♂ sollen einen schwarzen Rand an Bauch- und Schwanzflosse haben.
Soz.Verh./Vgs.: *O. typus* lebt einzeln im Geäst von großen Gorgonien, Schwarzen Korallen und Tubastraea besonders an exponierten tieferen Standorten mit z. T. starker Strömung.
Hält.B.: Er benötigt klares, sauerstoffreiches, bewegtes Wasser und gorgonienähnliches Geäst als Versteck und Lebensraum.
Licht: Sonnen- bis Mittel-Lichtzone.
ZU/Verm.: Nicht bekannt.
FU: C; er frißt im Meer kleine Fische sowie bodenbewohnende und planktonische Kleinkrebse und ist im Aquarium mit "Planktonersatz" wie *Mysis* u.a. Krebsartigen zu ernähren. Er nimmt auch gefriergetrocknete Nahrung.
Bes.: Die lange Schnauze ist das besondere Kennzeichen dieser unverwechselbaren Art.

T: 24-26 °C, **L:** 13 cm, **BL:** ab 50 cm, **WB:** st, **WR:** u, **BS:** 2-3, **SG:** 3

Oxycirrhites typus

Oxycirrhites typus

Fam.: Cirrhitidae

Paracirrhites arcatus (CUVIER, 1829)
Augenbogen Büschelbarsch

Vork.: Indo-Pazifik, von Ostafrika bis Hawaii, Japan (N) und Neu Caledonien (S). In 1-33 m Tiefe.
GU: Keine.
Soz.Verh./Vgs.: *P. arcatus* kommt einzeln besonders auf kleinen Korallenstöcken wie Pocillopora, Acropora und Stylopora vor, wo er die äußersten Äste als Beobachtungsposten bevorzugt.
Hält.B.: *P. arcatus* benötigt "seinen" Korallen ähnliche Strukturen, um sich wohlzufühlen und sauberes Wasser.
Licht: Sonnenlichtzone.
ZU/Verm.: Nicht bekannt.
FU: C; *P. arcatus* frißt im Meer Kleinkrebse und Fische; ist gut an Ersatzfutter wie Garnelen, Krebsfleisch aber auch Fischfleisch zu gewöhnen.
Bes.: Dieser Büschelbarsch ist sehr häufig und kommt in mehreren Farbvarianten vor, aber alle besitzen den typischen Bogen hinter dem Auge, der ihnen den Namen gegeben hat. Die häufigste Form ist die abgebildete mit dem weißen Streifen in der rückwärtigen Körperhälfte. Anderen Tieren kann der weiße Streifen fehlen oder die Grundfärbung kann grünlich-oliv oder fast weiß sein.

T: 25-27°C, **L**: 14 cm, **BL**: ab 50 cm, **WB**: I, **WR**: u, **BS**: 2 , **SG**: 3

Paracirrhites im Aquarium; die helle Färbung auf hellem Bodengrund zeigt sein Unbehagen an.

Paracirrhites arcatus

Paracirrhites arcatus in einer *Acropora* - Steinkoralle

Fam.: Cirrhitidae

Paracirrhites forsteri (BLOCH & SCHNEIDER, 1801)
Forsters Büschelbarsch

Vork.: Indo-Pazifik, vom Roten Meer bis Hawaii und zu den Marquesas und Ducie- Inseln, nach Japan (N) und Neu Kaledonien (S). In 5-35 m Tiefe.
GU: Die Färbung von *P. forsteri* variiert stark nach Alter und Vorkommen, doch die unterschiedlichen Farben scheinen nicht geschlechtsspezifisch zu sein.
Soz.Verh./Vgs.: *P. forsteri* lebt einzeln; ♂♂ besitzen Harems mit mehreren ♀♀ in ihrem Revier, doch jedes geht tagsüber einzeln der Nahrungssuche nach.
Hält.B.: *P. forsteri* bevorzugt im Meer exponierte Punkte wie die äußersten Äste von *Acropora*- und *Pocillopora*- sowie Feuerkorallen von wo aus er der Beute auflauert. Im Aquarium sollte man ihm derartige Korallenskelette oder ähnliche Bauten und Strukturen anbieten. Aufgrund seiner räuberischen Ernährungsweise darf er nicht mit Krebsen und kleinen Fischen zusammen gehalten werden.
Licht: Sonnenlichtzone.
ZU/Verm.: Nicht bekannt. ♂♂ laichen mit ihren Harems ♀♀ paarweise in den Abendstunden ab.
FU: C; frißt im Meer Krebse und Fische und kann im Aquarium mit Garnelen, Fischfleisch und Gefrierfutter ernährt werden.
Bes.: Trotz der vielen Farbvarianten ist der Fisch gut an seiner bulligen Gestalt, der exponierten Art zu lauern und an den unregelmäßigen schwarzen Punkten am Kopf gut erkennbar.

T: 24-27°C, **L**: 20 cm, **BL**: ab 100 cm, **WB**: l-m, **WR**: u, **BS**: 1-2 , **SG**: 3

Im Roten Meer kommt Forsters Büschelbarsch meist in dunkel oder rötlich brauner Grundfärbung vor mit dunkelbraunem Rücken, einem hellen Streifen in der Rückenmitte, der auch die Rückenflosse mit einbezieht und einem weiterem hellen Streifen in Körpermitte. Besonders typisch sind die dunklen, meist schwärzlich-braunen aber auch roten Punkte auf Kopf und Vorderkörper. Jungfische können rein rot mit dunkler unterer Körperhälfte sein. Die Tiere sind räuberische Sprinter, die vom Stand aus auf kurze Strecken große Geschwindigkeiten erzielen können und so vorüberziehende Krebsartige und Fische erbeuten. Meist liegen sie auf vorspringenden Korallenstökken, den Kopf ins freie Wasser ragend, auf der Lauer und beobachten mit ihren großen Augen aufmerksam die Umgebung.

Paracirrhites forsteri juvenil,Rotes Meer

Paracirrhites forsteri

Paracirrhites forsteri, Malediven

Paracirrhites xanthus, Tahiti

Paracirrhites xanthus RANDALL, 1963
Gelber Büschelbarsch

Vork.: Zentraler Pazifik, Gesellschafts- Inseln, Tuamotu, Carolinen. In 2-10 m Tiefe.
GU: Keine.
Soz.Verh./Vgs.: *P. xanthus* lebt einzeln auf vorspringenden Korallen aber auch versteckt an beschatteten Stellen.
Hält.B.: *P. xanthus* benötigt klares, sauerstoffreiches Wasser und Felsgrund mit entsprechenden Versteck- und Ausguckmöglichkeiten. Er ist gut mit größeren Fischen zu vergesellschaften.
Licht: Sonnen- und Mittel-Lichtzone.
ZU/Verm.: Nicht bekannt.
FU: C; er frißt Wirbellose, besonders Krebse und Kleinfische und geht im Aquarium an verschiedene Garnelen und Gefrierfutter.
Bes.: Der meist knallgelbe, aber auch rötlich-orange Fisch ist gut an seiner auffälligen Färbung zu erkennen. Als weiteres Kennzeichen dient ein kurzer blauer Strich vom Auge nach rückwärts oben.

T: 24-26°C, **L**: 10 cm, **BL**: ab 80 cm,
WB: I, **WR**: u, **BS**: 2, **SG**: 3

Paracirrhites xanthus

Gobiodon histrio, Text siehe Seite 1078

Gobiosoma macrodon, Karibik

Fam.: Gobiidae

Über die Familie Gobiidae
Um dieser Familie gerecht zu werden, würde ein Buch dieses Umfangs nicht ausreichen. Mehr als 200 Gattungen mit fast 2000 Grundel-Arten (auch in anderen Familien) sind der Wissenschaft bekannt und immer neue kommen hinzu. Grundeln haben eine große Vielfalt von Substraten erobert: Man sieht sie über Schlamm- und Sandböden, in felsigem Biotop oder zwischen Korallen. Sogar an oder in anderen marinen Organismen wie Gorgonien und Schwämmen leben sie. Grundeln passen sich auch allen Meerestemperaturen an, denn am Polarkreis sind sie genauso zu finden wie am Äquator.
Es gibt farblich weniger ansprechende Gattungen der Gobiidae, aber auch sehr augenfällige. Grundsätzlich leben Grundeln bodengebunden und sind recht scheu. Kaum einmal wird der zigarrenförmig gestreckte Körper einer Grundel länger als 10 cm, was es ihr ermöglicht, gut versteckt und somit vor Freßfeinden geschützt zu leben. Bemerkenswert ist die Tatsache, daß das kleinste bekannte Wirbeltier zur Familie Gobiidae gehört: *Trimmatom nanus* vom Chagos Archipel im Indik wird nicht größer als 8 mm! Die meisten Grundeln besitzen keine Schwimmblase, die bei ihrer Lebensweise auch überflüssig wäre. Sie haben ihre Bauchflossen zu einer Art Saugscheibe entwickelt, insbesondere die bodengebundenen Arten. Bei Gattungen wie *Eviota* oder *Valenciennea*, die meist über dem Boden schwimmen, sind diese Flossen geteilt. Um Grundeln von ähnlich aussehenden Riffbewohnern wie Schleimfischen unterscheiden zu können, schaue man auf die Rückenflosse: Bei Grundeln ist sie immer zweigeteilt, bei Schleimfischen sind die Flossenstrahlen durchgehend aneinandergereiht.
Die meisten der in diesem Kapitel gezeigten Grundelarten sind tropisch und riffgebunden. Äußerlich und insbesondere farblich sind bei ihnen die Geschlechter nicht zu unterscheiden. Von Grundeln temperierter Gewässer weiß man aber, daß es dauerhaft unterschiedliche Farbkleider gibt. Immerhin sind auch tropische Grundeln mit Beginn der Balz an den kräftigeren Farben des männlichen Farbkleides gut zu unterscheiden. Kurz vor dem Ablaichen erkennt man das Weibchen an dem mit Eiern gefüllten Bauch.
Der Verlauf der Geschlechtlichkeit von Grundeln ist mit dem Ergebnis untersucht worden, daß bei den meisten Arten das Geschlecht von Anfang an vorgegeben ist. Bei harembildenden Arten wie *Gobiodon* und *Paragobiodon* ist das größte Tier ein Männchen und das nachfolgende ein funktionierendes Weibchen. Fängt man das Männchen weg, wechselt das Weibchen das Geschlecht, um den Harem zu übernehmen. Die Laichaktivitäten sind unterschiedlich: Bei *Gobiosoma* in der Karibik von Januar bis Mai, also den kältesten Monaten, bei *Lythrypus* im Golf von Kalifornien von Mai bis September, wo sich das Wasser am meisten erwärmt.

Grundeln produzieren charakteristischerweise Eigelege, die am Boden haften, sei es unter der Decke einer Höhle, in einer leeren Muschelschale oder nur auf einem Fels- oder Korallenschotterstück. Balz- und Ablaichverhalten ähneln sich bei allen Grundeln: Mit dem Anschwellen der weiblichen Ventralregion beginnt das Männchen mit den Nestvorbereitungen. Es wird ein Laichplatz gereinigt, den das Männchen dann verteidigt, indem es sich mit seiner Haftscheibe dort niederläßt. Abgelaicht wird meist früh morgens: Das Männchen lockt das Weibchen zum Nest, indem es dazwischen hin und her schwimmt. Dabei stupst er sie mit der Schnauze am Hinterleib und spreizt alle Flossen vor ihr ab. Wenn das Weibchen eingestimmt ist, kommt es zu einer Art Tanz. Männchen können dabei "Grunzer" ausstoßen, auf die das Weibchen reagiert, indem sie eine Flüssigkeit aus den Ovarien abgibt, die wiederum das Männchen stimuliert. Etwa eine halbe bis eine ganze Stunde dauert das Balzen, bis das Weibchen zum Nest folgt und die Eier auf einmal ausstößt. Im selben Moment besamt das Männchen, wobei beide Partner heftig zittern. Die Anzahl der Eier kann von 10 bis 100.000 reichen, was von der Größe der Grundelart abhängt. 300 bis 500 Eier sind normal für ein Grundelgelege. Grundeln können 2 bis 3mal in der Woche ablaichen, von *Gobiosoma oceanops* ist bekannt, daß sie 9mal in 2 Wochen ablaichte. Die Bewachung des Nestes übernimmt das Grundelmännchen, auch wenn das Weibchen in der Nähe bleibt. Die klebrigen Eier sind mit dem bloßen Auge kaum erkennbar, sind oft durchsichtig bis gelb, was vom Dottersack abhängt. Die Larven schlüpfen etwa nach 5 bis 6 Tagen und schon nach 12 Stunden beginnen sie zu fressen. Die Dauer als planktonische Larve ist nur von wenigen Grundelarten bekannt. Bei *Paragobiodon* ist sie 6 Wochen, bei *Gobiosoma* nur 3 Wochen. Die Lebensdauer von *Gobiosoma*-Arten wird auf 1 Jahr, max. aber zwei Jahre geschätzt. Grundeln sind schon häufig in Gefangenschaft nachgezüchtet worden, nicht nur von engagierten Aquarianern, sondern in den USA sogar von kommerziellen Fischzüchtern.
Die Gattungen in diesem Buch sind aus systematischen Gründen alphabetisch geordnet. Deshalb können höchst interessante Arten nicht zusammen gezeigt werden, denn man findet sie nur unter den Gattungsnamen *Amblyeleotris, Cryptocentrus, Ctenogobiops, Lotilia, Stonogobiops* und *Vanderhorstia*. Warum sollte sich jeder Aquarianer und Taucher diese Grundeln näher ansehen? Unter den zahllosen Wechselbeziehungen, die jedes Tier und jede Pflanze mit allen übrigen Objekten ihres natürlichen Lebensraumes verknüpfen, ist eine der interessantesten Erscheinungen der Zusammenschluß zweier systematisch verschiedener Organismen zu einer Lebensgemeinschaft, einer Symbiose. Im Gegensatz zur Karpose, bei der sich der eine Partner einseitig zu seinen Gunsten auf Kosten des

anderen Partners Vorteile verschafft, versteht man unter einer Symbiose einen Zusammenschluß, bei dem beide Partner wechselseitig aus der Gegenwart des anderen Nutzen ziehen. Die bekanntesten Beispiele aus der Meeresbiologie dürften die Symbiosen zwischen Einsiedlerkrebsen und Aktinien und zwischen Clownfischen und Aktinien sein.

Während in den vorgenannten Beispielen der Nesselschutz der wichtigste Faktor dieser Beziehungen ist, profitieren die zuvor genannten Grundeln von ganz anderen Fähigkeiten ihrer Partner. Man kennt sie schon lange unter dem Populärnamen **Partnergrundeln**, und zwar deshalb, weil ihre Beziehung zur Krebsfamilie der Alpheiden, besser als Pistolen- oder Knallkrebse bekannt, schon seit einigen Jahren erforscht wurde. Da man dieser Meeressymbiose häufig begegnet und Grundel mit Garnele auch im Aquarium zusammen harmonieren, kann jeder die eigentümlichen Beziehungen beobachten und einmal mehr über ungewöhnliche Verhaltensformen im Unterwasserbereich staunen (siehe auch Seite 519 bis 533).

Im Golf von Aqaba, dem immer noch von Europäern meistbesuchten Teil des nördlichen Roten Meeres, gleitet der Sandstrand oft langsam abfallend bis in Tiefen um 10 m, wo erst der Korallenwuchs beginnt. Manchmal ist die Sandfläche mit Seegras überdeckt. Man findet jedoch auch völlig kahle Stellen, die auf den ersten Blick öde und leer erscheinen. Aber beim Schnorcheln entdeckte einer der Autoren (H.D.) an diesen Stellen farblich ihrer Umgebung angepaßte Grundeln, die mit erhobenem Kopf vor einer Höhle saßen. Beim genauen Hinsehen war direkt am Höhleneingang eine Garnele zu sehen, die wie ein Bagger Sand aus der Höhle schob. Beide Tiere verschwanden blitzschnell in ihrem Versteck, wenn man zu ihnen hinabtauchte. Obwohl ohne große Bewegungen herangepirscht, flüchteten sie in dem Moment, als der Sicherheitsabstand vom Schnorchler zur Grundel unterschritten wurde. Es war noch zu erkennen, wie Sand und Schlick in die Höhlen rutschten und sie praktisch verschlossen. Doch spätestens nach einer Viertelstunde schaute zuerst die Grundel heraus und sicherte, worauf dann die Garnele wieder unentwegt ihrer Wühlarbeit nachging. Erst seit Ende der fünfziger Jahre sind Fälle enger Vergesellschaftung zwischen Pistolenkrebsen und Meeresgrundeln aus dem Litoral warmer Meere bekannt geworden. Wissenschaftler, die dieses Phänomen aus allen tropischen Meeren kennen, sind sich darin einig, daß es sich um eine echte Symbiose handelt.

Die Wohnröhren von Knallkrebsen finden sich überall am Grunde der Sand- und Lagunenzone, aber mindestens 1 m unter dem Wasserspiegel, sodaß auf dem Sand keine Rippeln durch Wellenbewegungen entstehen können. Ganz offensichtlich meiden die Garnelen solche Stellen, an deren Oberfläche Sedimente durch Was-

serbewegung verlagert werden. Oft wird die Röhre von zwei Garnelen bewohnt, selten von einer. Die bis 6 cm langen Partner sind immer gleich groß. Alle Wohngänge verlaufen parallel zur Bodenoberfläche, und zwar 10 cm unter ihr. Die Länge beträgt etwa 70 cm, Gabelungen nicht mitgerechnet. Weitverzweigte Gangsysteme gibt es aber nicht, weil *Alpheus*-Garnelen Weidegräber sind. Ihre Wohn- und Freßgänge können deshalb nicht stationär sein.
Symbiose-Knallkrebse sind tagaktiv und nur dann außerhalb ihrer Röhre zu sehen. Sie verbringen die Nacht in den Gängen, deren Eingangsöffnung während dieser Zeit durch nachrutschendes Sediment verschüttet wird. Kurz nach Sonnenaufgang erscheinen die Krebse nacheinander und schieben gleich eine Portion Sand mit den nach vorn gestreckten Scheren vor sich her. Dabei werden die Scherenaußenkanten aufwärts gewinkelt, sodaß beide Scheren eine V-förmige Rinne bilden. Herausgetragenes Material wird in einer Entfernung von etwa einer Körperlänge vor dem Höhleneingang abgelegt. Beide Garnelenpartner arbeiten abwechseln, d.h. während der eine draußen ablädt, gräbt der andere im Inneren. Muschelschalen oder andere Hindernisse, auf die die Krebse bei Graben in der Röhre stoßen, packen sie mit einer Schere und tragen sie einzeln nach außen.

Bryaninops amplus, Gorgonengrundel

Amblyeleotris aurora (POLUNIN & LUBBOCK, 1977)
Rosastreifen Partnergrundel

Vork.: Sie ist nur von Inseln im westlichen Indopazifik bekannt. Von den Malediven südwärts und nördlich von Natal, auf Sandböden in 5 bis 10 m Tiefe.
GU: ♂♂ und ♀♀ unterscheiden sich farblich nicht. Der einzige äußere Geschlechtsunterschied ist die Form der Genitalpapille (Seite 1074). Dies ist jedoch nur an betäubten oder toten Tieren zu erkennen.
Soz.Verh./Vgs.: In ihrem natürlichen Lebensraum sind sie immer mit Garnelen der Gattung *Alpheus* vergesellschaftet. Sie vertragen sich gut mit freischwimmenden Fischen, die nicht aggressiv sind.
Hält.B.: Sandboden mit flachen Steinen, unter denen sie ihre Höhlen anlegen.
Licht: Sonnenlicht- bis Mittellichtzone.
ZU/Verm.: Ist bisher im Aquarium nicht gelungen.
FU: K, FD; nehmen größere Brocken von verschiedenem Gefrierfutter, aber auch Stücke von Futtertabletten. Wenn freischwimmende Fische das Futter wegschnappen, müssen die Grundeln gezielt gefüttert werden.
Bes.: Leben mit *Alpheus*-Knallkrebsen in echter Symbiose (siehe auch Seite 1042). *A. aurora* ist tagaktiv und zieht sich nachts in die Wohnhöhle zurück.

T: 21-28°C, **L:** 7,5 cm, **BL:** ab 80 cm, **WB:** l, **WR:** u, **BS:** 2-3, **SG:** 1-2

Amblyeleotris guttata (FOWLER, 1938)
Gepunktete Partnergrundel

Vork.: Westlicher und zentraler Pazifik, auf Sandböden und in Seegraswiesen in 10 bis 40 m Tiefe.
GU: Unterscheiden sich durch die Form der Genitalpapille (Seite 1074). In Laichbereitschaft sind die ♀♀ an ihrem dicken Bauch zu erkennen.
Soz.Verh./Vgs.: Sie leben in Symbiose mit verschiedenen Arten von Knallkrebsen der Gattung *Alpheus*. Nur einzeln oder als Pärchen halten, da sie aggressiv gegen Gleichgeschlechtliche reagieren.
Hält.B.: Möglichst große Fläche aus grobem Sand oder Muschelgrus. Sie ziehen sich gerne in halbierte Blumentöpfe zurück, die so in den Sand eingegraben sind, daß nur ein schmaler Eingangsschlitz offen bleibt.
Licht: Sonnenlicht- bis Mittellichtzone.
ZU/Verm.: Ist im Aquarium noch nicht gelungen, obzwar die ♀♀ bei guter Fütterung immer wieder Eier ablegen.
FU: K, FD; sie nehmen jegliches Gefrierfutter, sind jedoch auch an Futtertabletten (Tetra-Tips) zu gewöhnen. Die Fütterung sollte jedoch nicht zu einseitig sein.
Bes.: Durch ihre gepunktete Körperzeichnung (Name) sind sie leicht von anderen Symbiose-Grundeln zu unterscheiden. Im natürlichen Biotop sind sie häufig anzutreffen.

T: 22-28°C, **L:** 7 cm, **BL:** ab 80 cm, **WB:** l, **WR:** u, **BS:** 1, **SG:** 1

Amblyeleotris aurora, Villingili, Malediven

Amblyeleotris guttata

Amblyeleotris gymnocephala

Amblyeleotris latifasciata

Amblyeleotris ogasawarensis

In einem Aquarium legten Wissenschaftler eine künstliche Wohnröhre an, die eine offene Seite zur vorderen Glasscheibe hatte. So konnten sie Verhalten und Schwimmtechnik der Garnelen verfolgen und beobachten, wie Knallkrebse auch nährstoffreichen Schlick in die Höhle hineintrugen. Hier kauten sie den Sand durch. Als Folge davon verlagerte sich der Höhleneingang, der immer wieder einstürzte, of rasch zurück. Aber die Wohnröhre verkürzte sich dadurch nicht etwa, da die Krebse den Gang nämlich an einer anderen Stelle wieder verlängerten. Alle Freß-, Grab- und Transportaktivitäten außerhalb der Röhre enden abends etwa 20 Minuten nach Sonnenuntergang. Danach kommen die Knallkrebse nicht mehr hervor. Sie lassen sich auch nicht durch sedimentfressende Tiere, wie Seewalzen und Seeigel stören, die oft ihre Wohnröhre beschädigen.

Bei fast jeder *Alpheus*-Garnele findet man eine Grundel, die nicht nur im Mitbesitz der Höhle ist, sondern auch mit den Krebsen in wechselseitigen Verhaltenskontakten steht. Kommt der Fisch morgens aus der gemeinsamen Höhle hervor, schaut er zunächst mit dem Kopf aus dem Höhleneingang, bleibt so einige Minuten liegen und schiebt sich dann weiter vor, bis er einen freien Ausblick über die Umgebung hat. Seine Schwanzflosse bleibt immer in der Nähe des Eingangs. Die Nahrung der Grundel besteht vorwiegend aus lebenden Kleintieren, die sich auf der Sedimentoberfläche aufhalten und hier in schnellen Vorstößen erbeutet werden. Nach einem solchen Vorstoß schwimmt die Grundel sofort zurück und nimmt mit der Schwanzflosse am Höhleneingang die frühere Position wieder ein. Bei plötzlichen Gefahren flüchten die Fische schnell mit dem Kopf voran in die Höhle. Auf vorüberschwimmende Raubfische oder Gruppen von Meerbarben, die die Grundel kommen sieht, reagiert sie, indem sie langsam und unauffällig mit dem Schwanz voran in den Röhreneingang zurückweicht.

Amblyeleotris periophthalmus (BLEEKER, 1853)
Dickaugen Partnergrundel

Vork.: Indopazifik, Rotes Meer, auf Sandböden in 10 bis 20 m Tiefe
GU: Kein farblicher Unterschied zwischen den Geschlechtern. Sie sind an der Form der Genitalpapille zu unterscheiden (Seite 1074).
Soz.Verh./Vgs.: Leben meist paarweise mit verschiedenen Knallkrebsen der Gattung *Alpheus* zusammen. Sie halten sich aber auch alleine recht gut im Aquarium.
Hält.B.: Sandboden mit Versteckmöglichkeiten wie flache Steinbauten mit Höhlen oder halbierte Blumentöpfe. Am Höhlenboden soll immer Sand sein.
Licht: Sonnenlicht- bis Mittellichtzone.
ZU/Verm.: Ist im Aquarium noch nicht gelungen.
FU: K, FD; Sie nehmen gerne kleine Stücke von gefrorenen *Mysis*, *Artemia* und Muscheln, aber auch zerkleinerte Futtertabletten (TetraTips). Sind andere Fische im Becken, muß meist gezielt mit dem Rohr gefüttert werden.
Bes.: In ihrem natürlichen Lebenraum bewohnen manche Individuen gleichzeitig zwei Höhlen, die sie gegen Feinde verteidigen. Ein anderer Teil der Population besitzt hingegen keine Höhle und streift frei umher. Diese "Freischwimmer" werden von den Höhlenbesitzern aggressiv vertrieben.

T: 22-28°C, **L**: 7,5 cm, **BL**: ab 80 cm, **WB**: l, **WR**: u, **BS**: 2, **SG**: 1-2

Amblyeleotris periophthalmus

Amblyeleotris periophthalmus von Bali

Amblyeleotris randalli HOESE & STEENE, 1978
Randalls Partnergrundel

Vork.: Im gesamten indopazifischen Bereich und in Nord- und Ost-Australien, auf Sandböden in 25 bis 50 m Tiefe.
GU: Die ♂♂ haben eine schmale, kegelförmige Genitalpapille, die ♀♀ eine breite. Keine Unterschiede in der Färbung.
Soz.Verh./Vgs.: Die Grundel lebt einzeln oder als Paar in Symbiose mit Knallkrebsen; meist mit *Alpheus rapicida*. Sie kann im Aquarium jedoch auch ohne Symbiosepartner gehalten werden. Verträgt sich gut mit freischwimmenden Fischen und verschiedenen Krebstieren.
Hält.B.: Grober Sand oder Muschelgrus als Boden. Sie bevorzugen flache Höhlen mit Sandboden. Sie stellen etwas höhere Ansprüche an die Wasserqualität als die meisten anderen *Ambyeleotris*-Arten.
Licht: Mittellichtzone.
ZU/Verm.: Ist im Aquarium noch nicht gelungen. Fühlen sich die Tiere wohl, kommt es immer wieder zur Eiablage. Engagierten Aquarianern müßte eine Zucht gelingen.
FU: K, FD; sie sind leicht zu füttern und nehmen jegliches Gefrierfutter aber auch Futtertabletten. Manche Individuen gewöhnen sich auch an Flockenfutter, dies sollte jedoch nur abwechselnd mit Gefrier- oder Lebendfutter gereicht werden. Optimal sind mehrmals täglich kleine Mengen.
Bes.: Durch die schmalen Querstreifen und den markanten Augenfleck an der ersten Rückenflosse sind sie gut von anderen *Amblyeleotris*-Arten zu unterscheiden.

T: 22-25°C, **L**: 7,5 cm, **BL**: ab 80 cm, **WB**: I, **WR**: u, **BS**: 2, **SG**: 2

Amblyeleotris wheeleri (POLUNIN & LUBBOCK, 1977)
Wheelers Partnergrundel

Vork.: Im westlichen Indopazifik bis Sodwana Bay, auf Sandböden der Rifflagunen in 5 bis 15 m Tiefe.
GU: Wie fast alle Grundeln sind auch sie nur an der Form ihrer Genitalpapille zu erkennen (Seite 1074).
Soz.Verh./Vgs.: Lebt einzeln oder paarweise mit verschiedenen Knallkrebsarten (*Alpheus*) zusammen in Höhlen. Sie sind gut mit Wirbellosen und friedlichen, freischwimmenden Fischen zu vergesellschaften.
Hält.B.: Große Bodenfläche mit grobem Kalk-, Foraminiferen- oder Korallensand. Unter einer flachen Steinplatte legt man eine Höhle an, die meist sofort angenommen wird. Sie stellen keine besonderen Ansprüche an die Wasserqualität
Licht: Sonnenlichtzone.
ZU/Verm.: Diese Grundeln zeigen ein interessantes Balz- und Brutverhalten, das man auch im Aquarium immer wieder beobachten kann. Der Japaner YANAGISAWA beschreibt dieses Verhalten an *A. japonica* ausführlich (Jap.J.Ichthyol. 28, 1982, 406ff).
FU: K, FD; Freilanduntersuchungen von YANAGISAWA (siehe oben) an *A. japonica* haben ergeben, daß sie sich hauptsächlich von bodenlebenden Kleinkrebsen (z.B. Amphipoden) aber auch von größeren Planktonorganismen ernähren. Verschiedene Entwicklungsstadien lebender Artemien entsprechen am ehesten ihrem natürlichen Futter. Sie nehmen jedoch auch gerne Gefrier- und Tablettenfutter.
Bes.: Sie zeigen große Ähnlichkeit mit *A. fasciata*, haben aber breitere Querstreifen und einen roten Punkt an der zweiten Rückenflosse.

T: 21-30°C, **L**: 6,5 cm, **BL**: ab 80 cm, **WB**: I, **WR**: u, **BS**: 2, **SG**: 1

Amblyeleotris randalli

Amblyeleotris wheeleri

Von besonderem Interesse sind nun die Verhaltensweisen der so verschiedenartigen Partner, die dieses Zusammenleben zur Symbiose machen. Die Grundel gräbt keine Höhle, wenn ein Pistolenkrebs in der Nähe bereits eine bewohnt, sondern sucht den Kontakt zu den Garnelen. Die Arten der zuvor genannten Grundelgattungen sind immer bemüht, ihren Ruheplatz so einzurichten, daß sie mit der Schwanzflosse Kontakt zur Garnele halten. Wie Wissenschaftler in einer künstlichen Wohnröhre gut beobachten konnten, betasten die Garnelen ständig die Grundeln mit ihren Antennen. Infolge dieses Kontaktes mit dem Fisch sind die Garnelen die meiste Zeit über dessen Bewegungen informiert. Bestimmte Bewegungsweisen der Flossen können daher direkt oder indirekt über Wasserströmungen als Ausdruck bestimmter Verhaltensweisen des Fisches für die Garnele eine Bedeutung als warnende oder beruhigende Information gewinnen. Alle für die normale Lauerstellung des Fisches typischen Bewegungen dienen als Signal für die Garnele, außerhalb der Röhre gefahrlos baggern zu können. Sie verschwindet aber blitzschnell in der Höhle, wenn der Fisch auf Beute zuschießt oder sich bei Gefahr langsam zurückzieht.
Bei dieser Symbiose bekommt die Grundel auf den offenen Weichböden in Gestalt der Krebs-Wohnröhre eine ihre Lage langsam wechselnde Versteck- und Schlafhöhle, die sie nicht selbst ausgraben und instandhalten muß. Dafür gewinnt die schlecht sehende Garnele mit dem Fisch ein zuverlässiges optisches Warnsystem und damit die Möglichkeit, ihren unterirdischen Lebensraum zeitweise verlassen zu können. Das ungewöhnliche Wechselspiel weicht in den verschiedenen Meeren auch ab: Oft hat die Grundel ein größeres Revier als den Höhleneingang, und oft leben die Garnelen auch in Korallenschutt oder Lavagrus und passen sich farblich dieser Umgebung an.

Diese farbenprächtige Grundel der Gattung *Amblyeleotris* ist bisher noch nicht wissenschaftlich beschrieben. Sie wurde im Norden der indonesischen Insel Bali in wenigen Metern Wassertiefe gefunden. Der schwarze Sand ist vulkanischen Ursprungs. Aquaristisch ist über diese Art noch nichts bekannt.

Amblyeleotris n.sp. mit *Alpheus randalli*

Amblyeleotris n.sp.

Amblygobius albimaculatus (RÜPPEL, 1830)
Schmetterlings Grundel, Schwarzpunkt Grundel, Grüne Grundel

Vork.: Rotes Meer, Indischer Ozean, Ost- Afrika bis Durban, im Seichtwasser von Rifflagunen auf Sandboden.
GU: ♂♂ und ♀♀ sind am besten an der Form der Genitalpapille zu unterscheiden. Die ♂♂ haben drei schwarze Punkte an der Basis der 2. Rückenflosse, die ♀♀ zeigen ein bräunliches Band vom Ende der Oberlippe zum Kiemendeckel.
Soz.Verh./Vgs.: Sie leben paarweise und sind gut mit anderen Fischen und Wirbellosen zu vergesellschaften.
Hält.B.: Bodenfläche mit grobem Sand oder Muschelgrus, darauf flache Steinplatten für Höhlen. Sie stellen keine besonderen Ansprüche an die Wasserqualität.
Licht: Sonnenlichtzone.
ZU/Verm.: Ist im Aquaruim noch nicht gelungen.
FU: K, FD; Leicht zu füttern mit kleinen Brocken von gefrorenen *Artemia*, *Mysis* und Krill, aber auch mit zerkleinerten Futtertabletten (TetraTips).
Bes.: In ihrem natürlichen Biotop bewohnen sie paarweise Höhlen im Korallensand, die sie selbst mit ihrem Maul ausheben. Eine zweite Farbvariante, die aus Mozambique und den Seychellen bekannt ist, hat den Fleck an der Schwanzflosse weiter hinten, schmalere Querstreifen und einige andere kleinere Farbunterschiede. Möglicherweise handelt es sich um eine andere Art (*A. semicinctus*) oder um eine Kreuzungsform von *A. albimaculatus* und *A. phalaena*.

T: 22-30°C, **L:** 18 cm, **BL:** ab 100 cm, **WB:** l, **WR:** u, **BS:** 2, **SG:** 1

Bild rechts oben und unten:
Amblygobius buanensis und *A. bynoensis* stellen ähnliche Anforderungen an die Hälterungsbedingungen wie *A. albimaculatus*. Sie reagieren allerdings empfindlicher auf schlechtere Wasserqualität.

Amblygobius buanensis

Amblygobius bynoensis

Amblygobius decussatus (BLEEKER, 1855)
Querstreifen Grundel

Vork.: Westlicher und zentraler Pazifik, auf Sand- und Korallenkiesböden in 3 bis 25 m Tiefe.
GU: An der Form der Genitalpapille sind die Geschlechter zu unterscheiden. Dies gelingt jedoch meist nur an betäubten oder toten Tieren mit einer Lupe.
Soz.Verh./Vgs.: Einzeln oder paarweise. Gut mit anderen Fischen und Wirbellosen zu vergesellschaften.
Hält.B.: An einer Stelle mit einer tiefen Schicht von grobem Sand oder Korallenkies wird senkrecht eine etwa 10 cm lange Plexiglasröhre eingegraben. Feinerer Sand wird bei der Futtersuche aufgenommen und durchgekaut.
Licht: Sonnenlicht- bis Mittellichtzone, je nach Herkunft. Bei lichtscheuen Tieren sollte der Höhleneingang beschattet werden. Die Abdeckung kann dann stufenweise entfernt werden.
ZU/Verm.: Ist im Aquarium noch nicht gelungen.
FU: K, FD; sie nehmen gerne Reste von Gefrier- und Tablettenfutter vom Boden auf. Dabei wird oft Sand mit aufgenommen und durchgekaut.
Bes.: Sie leben in senkrechten Höhlen, die von Krebsen einer noch nicht identifizierten Art gegraben werden. Sie stehen jedoch nicht in Symbiose mit diesen Krebsen.

T: 22-30°C, **L**: 5,5 cm, **BL**: ab 80 cm, **WB**: l, **WR**: u, **BS**: 2, **SG**: 1-2

Amblygobius hectori (SMITH, 1957)
Hectors Grundel

Vork.: Rotes Meer, Ostafrika bis westlicher Pazifik, in 5 bis 20 m Tiefe.
GU: An der Form der Genitalpapille zu erkennen.
Soz.Verh./Vgs.: Einzeln halten. Vertragen sich gut mit Wirbellosen und anderen Fischen.
Hält.B.: Riff-Aquarium mit Sandboden und flachen Felsplatten.
Licht: Sonnenlichtzone.
ZU/Verm.: Ist im Aquarium noch nicht gelungen. Das Hauptproblem ist die Fütterung der frischgeschlüpften Larven. Mit lebendem Meeresplankton (*Euplotes* und *Brachionus*) und *Artemia*-Nauplien müßte die Aufzucht gelingen.
FU: K, FD; sie schnappen gierig nach kleinen Brocken von Gefrier- und Trockenfutter, die in der leichten Strömung treiben. Ab und zu sollten lebende Mückenlarven oder späte Stadien von *Artemia* gereicht werden.
Bes.: Sie schwimmen meist knapp über dem Boden. Ihr Aussehen ist ähnlich wie *A. rainfordi* (Seite 1060), sie sind aber eher dunkelblau statt grün gefärbt.

T: 22-30°C, **L**: 5 cm, **BL**: ab 80 cm, **WB**: l-m, **WR**: u-m, **BS**: 2, **SG**: 1-2

Amblygobius decussatus

Amblygobius hectori

Fam.: Gobiidae

Amblygobius phalaena (VALENCIENNES, 1837)
Braunstreifen Grundel

Vork.: Pazifik, Ryukyu-Inseln, Philippinen, Bali, auf Sand und Korallenschotter in Rifflagunen von 2 bis 20 m Tiefe.
GU: ♂♂ und ♀♀ sind gleich gefärbt. Der Geschlechtsunterschied an der Form der Genitalpapille ist nur schwer zu erkennen.
Soz.Verh./Vgs.: Leben einzeln oder paarweise und vertragen sich gut mit anderen Fischen und Krebstieren.
Hält.B.: Boden aus grobem Sand oder Muschelgrus mit flachen Steinplatten unter denen sie ihre Wohnhöhlen anlegen. Stellen keine besonderen Ansprüche an die Qualität des Wassers.
Licht: Sonnenlichtzone.
ZU/Verm.: Ist noch nicht beschrieben, müßte aber unschwer zu bewerkstelligen sein. Eine Eiablage findet immer wieder im Aquarium statt. Dabei werden die länglich ovalen Eier mit Haftfäden an der Höhlendecke verankert.
FU: O, FD; sie sind sehr genügsam und fressen neben Gefrier- und Trockenfutter auch Algen und Detritus. In einem gut geführten Becken muß man sie nicht extra füttern.
Bes.: Sie graben sich mit ihrem Maul flache Wohnhöhlen im Sand unter Steinen. Diese Grundelart ist leicht zu halten, ist jedoch anfänglich eher scheu und flüchtet bei Annäherung an das Aquarium in seine Wohnhöhle. Empfindliche Wirbellose, wie Röhrenwürmer, Krustenanemonen etc. sollte man nicht in die Nähe ihres Höhleneingangs setzten, da sie bei der (dauernden) Grabtätigkeit mit Sand bedeckt werden können.

T: 22-30°C, **L:** 12 cm, **BL:** ab 80 cm, **WB:** l-m, **WR:** u, **BS:** 1, **SG:** 1

Amblygobius phalaena, Großes Barriere Riff

Amblygobius phalaena, Philippinen

Amblygobius phalaena, Bali

Fam.: Gobiidae

Amblygobius nocturnus (HERRE, 1945)
Nachtgrundel (Bild unten)

Amblygobius rainfordi (WHITLEY, 1940)
Rainfords Grundel (Bild rechts oben)

Vork.: Beide Arten kommen im Indopazifik in Tiefen zwischen 3 und 30 m auf feinem Sand und Schlamm vor.
GU: Wie bei den meisten Grundeln sind die Geschlechter nur an der Form der Genitalpapille zu unterscheiden.
Soz.Verh./Vgs.: Leben einzeln oder als Paar. Vertragen sich gut mit anderen kleinen Fischen, wenn das Becken groß genug ist.
Hält.B.: Sandboden. Bei *A. nocturnus* flache Steine auflegen, unter die sie ihre Wohnhöhle graben können. *A. rainfordi* graben nur selten. An die Wasserqualität stellen beide keine besonderen Ansprüche.
Licht: Sonnenlichtzone.
ZU/Verm.: Ist im Aquarium noch nicht beschrieben worden.
FU: O, FD; da sie den Sand laufend nach Futter absuchen, sind sie gute Verwerter von Futterresten und brauchen nicht speziell gefüttert zu werden. Sie gedeihen jedoch besonders gut, wenn ab und zu Lebendfutter (Mückenlarven, *Artemia*) gereicht wird.
Bes.: Beide Arten sind gut für das tropische Meerwasseraquarium geeignet.

T: 22-30°C, **L:** 4 bzw. 5 cm, **BL:** ab 80 cm, **WB:** l-m, **WR:** u, **BS:** 2, **SG:** 1

Amblygobius semicinctus (Bild rechte Seite unten) ist ebensogut mit anderen Fischen und Wirbellosen zu vergesellschaften wie die anderen *Amblygobius*-Arten.

Amblygobius nocturnus

Amblygobius rainfordi

Amblygobius semicinctus, Aquariumaufnahme

Bryaninops amplus LARSON, 1985
Gorgonengrundel

Vork.: Indopazifik, Hawaii, Japan und Großes Barriere Riff, in 5 bis 20 m Tiefe auf Gorgonien.
GU: Nicht bekannt.
Soz.Verh./Vgs.: Einzeln, paarweise oder in kleinen Gruppen. Sehr friedlich.
Hält.B. und **Licht**: Wie *B. youngei* (unten).
ZU/Verm.: Bauen Nester an lebenden Gorgonien, wobei die Eier in einem kreisförmigen Band abgelegt werden. Die planktontischen Larven lassen sich mit 10 mm Länge auf einer Gorgonie nieder. Nach 6 Monaten sind sie ausgewachsen.
FU: K, FD; wie *B. youngei* (unten).
Bes.: Meist auf Gorgonien *Juncella fragilis* und *J. juncea*, aber auch auf Peitschenkorallen und manchen *Acropora* -Korallen.

T: 22-26°C, **L**: 5 cm, **BL**: ab 80 cm, **WB**: m, **WR**: m, **BS**: 3, **SG**: 2

Bryaninops youngei (DAVID & COHEN, 1969)
Peitschenkorallengrundel

Vork.: Rotes Meer, Indopazifik, Hawaii, Ryukyu-Inseln, Großes Barriere Riff, auf Steilwänden und Abbrüchen; nur auf Peitschenkorallen.
GU: Nicht bekannt. Sie führen einen Geschlechtswechsel durch; zuerst weiblich, dann männlich.
Soz.Verh./Vgs.: Sie leben paarweise auf den Peitschenkorallen. Sie sind äußerst friedlich und eignen sich daher besonders für ein Wirbellosenbecken.
Hält.B.: Riff-Aquarium. Kann man ihnen keine Peitschenkorallen bieten, genügen auch andere senkrechte oder schräg nach oben gerichtete Stukturen bis zu Bleistiftdicke. Sie haben Strömungen gerne.
Licht: Dämmerlichtzone.
ZU/Verm.: Sie bauen ein 2 bis 3 cm langes Nest, etwa 15 bis 25 cm von der Spitze der Koralle entfernt. Vor der Eiablage entfernen sie das Gewebe der Peitschenkoralle.
FU: K, D; sie schnappen nach kleinen Partikeln, die in der Strömung vorbeitreiben. Ab und zu sollten sie mit frischgeschlüpften *Artemia*-Nauplien gefüttert werden. Dabei ist die Kreiselpumpe abzuschalten.
Bes.: Ihr natürlicher Lebensraum sind ausschließlich die Peitschenkorallen *Cirripathes anguina*. Sie werden jedoch ab und zu auch an Bojenleinen beobachtet. Ob sie dort auch ablaichen, ist nicht bekannt.

T: 22-26°C, **L**: 3 cm, **BL**: ab 89 cm, **WB**: m-s, **WR**: m, **BS**: 3, **SG**: 2

Bryaninops amplus

Bryaninops youngei

Cryptocentrus caeruleopunctatus (RÜPPEL, 1830)
Augenfleck-Symbiosegrundel

Vork.: Lebt hauptsächlich im Roten Meer, dringt jedoch manchmal bis Kenia vor. Auf Sandflächen in 2 bis 15 m Tiefe.
GU: Die ♂♂ haben dunklere Flossen als die ♀♀. Die Schwanzflosse der ♂♂ hat einen dunklen Saum.
Soz.Verh./Vgs.: Sie sind einzeln oder paarweise immer mit einem Knallkrebs assoziiert. Gleichgeschlechtliche vertragen sich jedoch nicht. Nur mit kleinen freischwimmenden, nicht mit anderen bodenlebenden Fischen vergesellschaften.
Hält.B.: Grober Sand, Korallenschutt oder Muschelgrus. Flache Steinplatten auf den Bodengrund erleichtern den Bau der Höhle. Möglichst nur in Gemeinschaft mit Knallkrebsen halten.
Licht: Mittellichtzone.
ZU/Verm.: Ist im Aquarium noch nicht gelungen.
FU: K, FD; in der freien Natur ernähren sie sich hauptsächlich von bodenlebenden Kleinkrebsen. Im Aquarium gewöhnen sie sich jedoch rasch an Gefrierfutter und nehmen auch kleine Brocken von Futtertabletten an.
Bes.: Sie leben nur mit Knallkrebsen, und zwar hauptsächlich mit *Alpheus djiboutensis* zusammen in Höhlen am Sandboden. Diese Art ist durch besonders kleine Schuppen charakterisiert.

T: 22-28°C, **L**: 12 cm, **BL**: ab 100 cm, **WB**: l-m, **WR**: u, **BS**: 1, **SG**: 1-2

Cryptocentrus cinctus (HERRE, 1936)
Gebänderte Symbiosegrundel oder Gelbe Symbiosegrundel (je nach Farbvariante (siehe unten)

Vork.: West Pazifik bis Großes Barriere Riff, in 1 bis 10 m in Lagunen auf Sandböden.
GU: Nur an der Form der Genitalpapille zu erkennen (siehe Seite 1074). Die beiden Tiere auf nebenstehendem Foto sind offenbar ein Paar. Geschlechtsunterschiede wären also eindeutig Größe und Färbung. Aber wer ist wer? Meines Erachtens ist das Tier mit dem dickeren Bauch (oben) das ♀.
Soz.Verh./Vgs.: Sie leben paarweise mit verschiedenen Arten der Gattung *Alpheus* in Symbiose. Nicht mit anderen bodenlebenden Fischen und größeren Krebsen vergesellschaften.
Hält.B.: Boden aus grobem Sand mit flach aufgelegten Steinplatten, unter die sie ihre Wohnhöhle graben. Sie sollten nicht ohne Knallkrebse gehalten werden.
Licht: Sonnenlichtzone.
ZU/Verm.: Ist im Aquarium noch nicht gelungen.
FU: K, FD; sie gewöhnen sich sehr schnell an Gefrier- und Trockenfutter. Nehmen auch Futterreste vom Boden. Nicht aufgenommenes Futter muß rasch entfernt werden.
Bes.: Von *C. cinctus* gibt es zwei Farbvarianten. Die eine ist hell-dunkel quergestreift, die andere einfarbig gelb. Sie leben mit 2 Arten von *Alpheus* in Symbiose.

T: 22-28°C, **L**: 6 cm, **BL**: ab 80 cm, **WB**: l, **WR**: u, **BS**: 2, **SG**: 1-2

Cryptocentrus caeruleopunctatus

Cryptocentrus cinctus

Fam.: Gobiidae

Cryptocentrus ssp.
Symbiosegrundeln

Vork.: In tropischen Bereichen des Indopazifik, auf flachen Sandböden in Lagunen oder Mangrovewäldern.
GU: Nur bei wenigen Arten ausgeprägt.
Soz.Verh./Vgs.: Sie leben meist paarweise, immer zusammen mit verschiedenen Knallkrebsen der Gattung *Alpheus*. Im Aquarium werden sie leicht gestört und sind deshalb nicht mit agressiven Fischen und Krebsen zu vergesellschaften. Nach Möglichkeit sollte immer ein Knallkrebs vorhanden sein; nur dann fühlen sich die Fische wohl.
Hält.B.: Bodengrund aus Grobsand, Korallenschotter oder Muschelgrus. Flach daraufgelegte Steinplatten erleichtern den Krebsen die Anlage der Wohnhöhle.
Licht: Sonnenlichtzone.
ZU/Verm.: Ist im Aquarium noch nicht gelungen.
FU: K, FD; sie sind sehr genügsam. Manche Arten haben jedoch Schwierigkeiten, sich an das leblose Futter zu gewöhnen. Von Zeit zu Zeit sollte Lebendfutter gereicht werden (*Artemia* in verschiedenen Stadien, große Daphnien, Mückenlarven).
Bes.: Die Gattung *Cryptocentrus* kann relativ leicht mit *Amblyeleotris* (Seite 1044ff.) und *Vanderhorstia* (Seite 1112ff.) verwechselt werden. Diese sind jedoch schlanker und haben eine breitere Kiemenöffnung. Es werden immer wieder neue Arten entdeckt (Foto rechts unten). Sie sind interessante Objekte für Verhaltensstudien.

T: 22-28°C, L: 6-12 cm, BL: ab 80 cm, WB: I, WR: u, BS: 2-4, SG: 1-2

Cryptocentrus fasciatus, Aquariumaufnahme

Cryptocentrus leonis

Cryptocentrus sp.

Ctenogobiops maculosus (FOURMANOIR, 1955)
Helle Symbiosegrundel

Vork.: Rotes Meer, zentraler und westlicher Indopazifik, auf Sandboden in 1 bis 5 m Tiefe.
GU: Sie sind nur an der Form der Genitalpapille zu unterscheiden (Seite 1074), die man jedoch schwer am lebenden Tier erkennen kann.
Soz.Verh./Vgs.: Sie leben in Symbiose mit Knallkrebsen der Gattung Alpheus, die für sie eine Wohnhöhle schaufeln. Gleichgeschlechtliche vertragen sich nicht und führen oft erbitterte Kämpfe aus.
Hält.B.: Boden aus lockerem, nicht zu feinem Sand. Sie legen ihre Wohnhöhlen gerne unter flachen Steinen oder eingegrabenen halbierten Blumentöpfen an.
Licht: Sonnenlichtzone.
ZU/Verm.: Ist im Aquarium noch nicht gelungen.
FU: K, FD; Sie gewöhnen sich meist rasch an Ersatzfutter und nehmen auch kleine Brocken von Futtertabletten.
Bes.: Die Gattung hat Ctenoidschuppen (Name); der Art fehlen die Schuppen am Kopf.

T: 22-28°C, **L**: 7 cm, **BL**: ab 80 cm, **WB**: l, **WR**: u, **BS**: 3, **SG**: 1-2

Ctenogobiops tangaroai LUBBOCK & POLUNIN, 1977
Tangaroa Symbiosegrundel

Vork.: West Pazifik, Ryukyu-Inseln, auf feinen Sandböden in 4 bis 40 m Tiefe. In Mikronesien nur unter 12 m.
GU: Sind nicht bekannt.
Soz.Verh./Vgs.: Sie sind mit Knallkrebsen (*Alpheus*) vergesellschaftet. Es handlet sich dabei um eine echte Symbiose, bei der beide Partner einen Vorteil haben. Nicht mit bodenlebenden Fischen und Krebsen vergesellschaften.
Hält.B.: Mittelgrober bis feiner Sandboden. Man macht unter einer flachen Steinplatte einen Gang in den Sand, der dann von den Tieren erweitert wird. Der Eingang der Höhle sollte im Schatten liegen.
Licht: Mittellichtzone.
ZU/Verm.: Ist im Aquarium noch nicht gelungen.
FU: K, FD; sie sind leicht mit Gefrier- und Trockenfutter zu verpflegen. Ab und zu Lebendfutter. Es können auch ganz geringe Mengen von *Tubifex* gereicht werden, jedoch müssen nicht gefressene Würmer unmittelbar abgesaugt werden.
Bes.: Wie die meisten Symbiosegrundeln werden auch sie oft ohne Knallkrebs im Handel angeboten. Doch nur mit diesem fühlt sich die Grundel wohl und zeigt ihr interessantes Verhalten.

T: 22-25°C, **L**: 6 cm, **BL**: ab 80 cm, **WB**: l, **WR**: u, **BS**: 2-3, **SG**: 1-2

Ctenogobiops maculosus

Ctenogobiops tangaroai

Discordipinna griessingeri HOESE & FOURMANOIR, 1978
Griessingers Grundel

Vork.: Im gesamten Indopazifik, Cocos-Inseln, Tahiti. Der Holotyp stammt aus dem Golf von Aqaba. Sie leben auf Sandboden in 2 bis 15 m Tiefe.
GU: Die Geschlechter sind nur an der Form der Genitalpapille zu unterscheiden.
Soz.Verh./Vgs.: Einzeln oder paarweise halten. Gute Partner für viele Wirbellose und friedliche Fische.
Hält.B.: Boden aus grobem Sand oder Muschelgrus. Verstecke aus halbierten Blumentöpfen oder Aufbauten aus Steinplatten.
Licht: Mittel- bis Sonnenlichtzone.
ZU/Verm.: Ist im Aquarium noch nicht gelungen.
FU: K, FD; leicht mit jeglichem Gefrierfutter und Futtertabletten zu pflegen.
Bes.: Besonders auffallend ist die weit nach vorne gerichtete erste Rückenflosse.

T: 23-27°C, **L**: 5 cm, **BL**: ab 80 cm, **WB**: l-m, **WR**: u, **BS**: 3, **SG**: 1-2

Eviota pellucida LARSON, 1976
Pygmäengrundel

Vork.: Westlicher und zentraler Pazifik bis Indonesien, in 3 bis 15 m Tiefe.
GU: Nur an der Form der Genitalpapille zu erkennen.
Soz.Verh./Vgs.: Einzeln oder paarweise mit friedlichen Fischen, aber nicht mit größeren Krebsen vergesellschaften.
Hält.B.: Riff-Aquarium mit Überhängen und kleinen Versteckmöglichkeiten.
Licht: Mittellicht- bis Dämmerlichtzone.
ZU/Verm.: Ist im Aquarium noch nicht gelungen.
FU: K, FD; sie nehmen leicht Gefrier- und Tablettenfutter (zerkleinert) an. Sind andere Fische im Becken, muß meist gezielt mit dem Futterrohr gefüttert werden.
Bes.: Man kennt über 60 Arten der Gattung *Eviota*, die alle sehr klein sind. Die Unterscheidung der Arten geschieht meist nicht nach meristischen Merkmalen, sondern nach der Lage der Sinnespapillen am Kopf und nach der Körperfärbung.
Die Art sieht den Kardinalbarschen auf den ersten Blick ähnlich, ist jedoch am Stand der Augen und der Schwimmweise leicht zu identifizieren.

T: 22-25°C, **L**: 3 cm, **BL**: ab 80 cm, **WB**: l, **WR**: m, **BS**: 2, **SG**: 2

Discordipinna griessingeri

Eviota pellucida, Flores

Fusigobius neophytus (GÜNTHER, 1877)
Schmelzgrundel

Vork.: Indopazifik bis Hawaii, in seichten Lagunen in 1 bis 5 m und in Gezeitentümpeln, häufig.
GU: Es sind keine Farbunterschiede zwischen ♂♂ und ♀♀ bekannt.
Soz.Verh./Vgs.: In Becken mit großer Bodenfläche können mehrere Exemplare gehalten werden. Nicht mit anderen sandbodenbewohnenden Fischen und Krebsen zusammen halten. Sie vertragen sich gut mit freischwimmenden Fischen, wie z.B. Riffbarschen und Doktorfischen.
Hält.B.: Fläche mit grobem Sand oder Korallenkies. Halbierte Röhren aus PVC, die teilweise in den Bodengrund eingegraben sind, werden gerne als Wohnhöhlen angenommen. Sie stellen keine besonderen Ansprüche an die Wasserqualität.
Licht: Sonnenlichtzone.
ZU/Verm.: Ist im Aquarium noch nicht gelungen, obwohl die Fische immer wieder ablaichen. Das Hauptproblem liegt in der geringen Größe der Larven, beziehungsweise in der Futterbeschaffung für diese.
FU: K, FD; sie nehmen Gefrier- und Trockenfutter. Da sie anfänglich oft das zu Boden gesunkene Futter nicht beachten, ist es rasch zu entfernen.
Bes.: An einem kleinen schwarzen Punkt zwischen dem 1. und 2. Strahl der Rückenflosse ist diese Art zu erkennen. An der ostafrikanischen Küste wurde 1959 von J.L.B. SMITH eine neue Unterart beschrieben: *F. n. africanus*. Sie kommt im Roten Meer und im westlichen Indopazifik vor.

T: 21-30°C, **L**: 8 cm, **BL**: ab 80 cm, **WB**: l-m, **WR**: u, **BS**: 1, **SG**: 1

Fusigobius signipinnis HOESE & OPIKA, 1988
Signalflossengrundel

Vork.: Zentraler Pazifik, Samoa, Cook-Inseln, auf Sandböden in 5 bis 25 m Tiefe.
GU: Es ist nicht bekannt, ob zwischen den Geschlechtern äußere morphologische oder farbliche Unterschiede bestehen.
Soz.Verh./Vgs.: Wie *F. neophytus*.
Hält.B.: Wie *F. neophytus*.
Licht: Mittellichtzone.
ZU/Verm.: Ist im Aquarium noch nicht gelungen.
FU: K, FD; kleine Brocken von Gefrierfutter und Futtertabletten.
Bes.: Die Gattung wird oft mit *Favonigobius* verwechselt. Die Art *F. signipinnis* wurde erst 1988 wissenschaftlich beschrieben.

T: 23-27°C, **L**: 7 cm, **BL**: ab 80 cm, **WB**: m, **WR**: u, **BS**: 3, **SG**: 1-2

Fusigobius neophytus, Malediven

Fusigobius signipinnis, Tonga

Zur Fortpflanzungsbiologie der Grundeln

Da die Grundeln die artenreichste Familie der Fische darstellen, ist die Variationsbreite ihrer Reproduktiosbiologie entsprechend groß. Überwiegend sind sie getrennt geschlechtlich, es gibt aber auch eine Reihe von konsekutiven Zwittern. Diese machen im Laufe ihres Lebens einen Geschlechtswechsel durch, sind also zuerst ♂♂ dann ♀♀, beziehungsweise umgekehrt. Nur bei wenigen Arten lassen sich die Geschlechter an äußeren Merkmalen, wie unterschiedliche Färbung, verlängerte Flossenstrahlen oder ähnlichem unterscheiden. Meist kann man nur an Form ihrer Genitalpapille unterscheiden ob sie ♂♂ oder ♀♀ sind. Die Abbildung zeigt einige Beispiele.

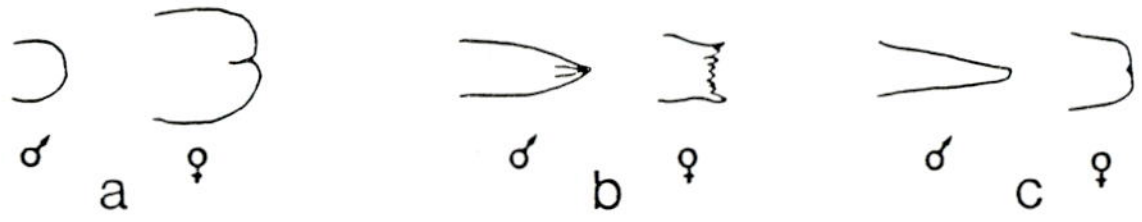

Genitalpapillen von a) *Amblyeleotris*, b) *Eviota* und c) *Gobius*

Eine Besonderheit stellen die männlichen Genitalorgane dar. Neben dem Hoden findet man große "Samenblasen", die ein klebriges Sekret von bisher unbekannter Funktion beinhalten. Bei einigen Arten liegt dem Hoden eine "Hodendrüse" an, die Hormone produziert, welche als Sexuallockstoffe (Pheromone) die Aufgabe haben, weibliche Tiere anzulocken. In den meisten Fällen sucht oder baut das ♂ eine Höhle, in welche dann das ♀ die Eier ablegt. Die Eier der Grundeln sind fast bei allen Arten oval und haben an einem Ende Haftfäden, mit denen sie an der Höhlendecke fixiert werden. Das Gelege wird meist vom ♂ bewacht, bei einigen Arten vom ♀ oder manchmal von beiden. Nach dem Schlüpfen verbringen die Larven einige Zeit im Plankton; dann lassen sie sich am Boden nieder.

Ei einer Grundel

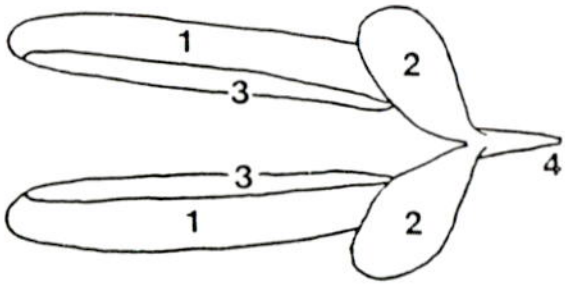

Genitalorgane einer männl. Grundel
1 Hoden, 2 Samenblase, 3 Hodendrüse, 4 Genitalpapille

Gnatholepis scapulostigma HERRE, 1933
Schulterpunktgrundel

Vork.: Indopazifik, Ryukyu-Inseln, Malediven auf feinem Sand in 2 bis 20 m Tiefe.
GU: Unterschiedliche Färbungen sind nicht bekannt.
Soz.Verh./Vgs.: Lebt meist einzeln. Nur mit kleinen Fischen und friedlichen Wirbellosen zusammen halten.
Hält.B.: Sandboden mit Steinen. Als Wohnröhre dient eine halbierte PVC-Röhre, die zum Teil in den (nicht zu groben) Sand eingegraben wird.
Licht: Sonnenlichtzone, der Eingang der Wohnhöhle soll jedoch nicht in direktem Licht liegen.
ZU/Verm.: Im Aquarium bisher nicht gelungen.
FU: K, FD; zerkleinertes Gefrier- und Trockenfutter wird gezielt mit dem Futterrohr vor die Höhle gereicht. Ab und zu sollte kleines Lebendfutter gegeben werden.
Bes.: Die Gattung ist leicht mit *Istiogobius* zu verwechseln. Innerhalb der Gattung *Gnatholepis* bestehen verschiedene Unsicherheiten; es ist notwendig, sie neu zu bearbeiten.

T: 22-26°C, **L:** 4 cm, **BL:** ab 80 cm, **WB:** l, **WR:** u, **BS:** 3, **SG:** 1-2

Gobiodon citrinus (RÜPPEL, 1838)
Zitronengrundel

Vork.: Rotes Meer, Indopazifik, westlicher Pazifik bis Süd-Japan, Großes Barriere Riff, in Korallenstöcken in 2 bis 20 m Tiefe.
GU: Äußerliche Geschlechtsunterschiede sind nicht bekannt. Die Form der Genitalpapille ist meist nur an toten Exemplaren zu erkennen (siehe Seite 1074).
Soz.Verh./Vgs.: Nicht mit schnellfressenden Fischen, z.B.Riffbarschen vergesellschaften. Sie sind ideale Partner für sessile Wirbellose wie Röhrenwürmer, Steinkorallen, Scheiben- und Krustenanemonen, vertragen sich aber auch mit Seenadeln und Zwergbarschen.
Hält.B.: Riff-Aquarium mit Ästen von *Acropora*-Korallen. Sie nehmen auch andere, leicht nesselnde Tiere wie Weichkorallen, Scheiben- und Krustenanemonen als Ruheplatz an. Da sie sich mit ihrem, aus den Bauchflossen gebildeten Saugnapf anheften, vertragen sie auch stärkere Strömungen.
Licht: Mittellichtzone.
ZU/Verm.: Sie sind konsekutive Zwitter, das heißt, sie machen in Verlauf ihres Lebens einen Geschlechtswechsel durch. Die ♀♀ laichen regelmäßig im Aquarium ab, eine Aufzucht ist nicht bekannt. Sie scheitert wahrscheinlich an der Kleinheit der Larven.
FU: K, FD; frisch importierte Exemplare nehmen meist nur Lebendfutter. Sie gewöhnen sich jedoch bald an Gefrier- und Trockenfutter. Manche Individuen verschmähen jedoch Flockenfutter.
Bes.: Sie sind wenig aktiv und liegen oft stundenlang zwischen den Korallenzweigen. Die Art hat 2 bis 4 Vertikalstreifen am Kopf, jedoch keine am Körper. Zur Gattung gehören viele Arten, von denen einige wissenschaftlich noch nicht beschrieben sind (Foto rechts unten).

T: 22-27°C, **L**: 6 cm, **BL**: ab 80 cm, **WB**: m, **WR**: m, **BS**: 1, **SG**: 1-2

Gobiodon citrinus

Gobiodon citrinus

Gobiodon sp.

Fam.: Gobiidae

Gobiodon histrio (VALENCIENNES, 1837)
Blaupunkt Korallengrundel

Vork.: Indopazifik, Melanesien, Polynesien, in Korallenriffen. Meist bewegungslos zwischen den Ästen von *Acropora*-Korallen in 2 bis 15 m Tiefe.
GU: Sind nicht bekannt.
Soz.Verh./Vgs.: Nur mit friedlichen, langsam schwimmenden Fischen, kleinen Krebstieren und Wirbellosen vergesellschaften.
Hält.B.: Riff-Aquarium mit Ästen von (auch abgestorbenen) *Acropora*-Korallen, in die sich die Fische gerne zurückziehen. Wenn sie sich im Becken sicher fühlen, besetzen sie erhöhte Standorte, wo sie sich mit ihrem Bauchsaugnapf anheften.
Licht: Mittellichtzone.
ZU/Verm.: Im Aquarium nicht gelungen.
FU: K, FD; nach kurzer Gewöhnungszeit nehmen sie kleine Stücke von Gefrier- und Trockenfutter. Eventuell gezielt mit dem Futterrohr füttern.
Bes.: Wie alle Arten der Gattung produzieren sie einen giftigen Schleim in ihrer Haut. Dieser hat einen bitteren Geschmack, der die Räuber abschreckt. Die Art ist durch zwei Vertikalstreifen an der Basis der Brustflossen charakterisiert. Es gibt mehrere Farbmuster wie z.B. die *Erythrospilus*-Variante (Foto unten).

T: 22-28°C, **L**: 8 cm, **BL**: 80 cm, **WB**: l-m, **WR**: u, **BS**: 2-3, **SG**: 2

Gobiodon histrio var. *erythrospilus*

Gobiodon histrio

Gobiodon histrio und Korallenwächter

Gobiodon okinawae SAWADA, ARAI & ABE, 1973
Gelbe Korallengrundel

Vork.: Süd-Japan, Großes Barriere Riff, Mikronesien, in Korallenriffen, meist im Geäst von *Acropora*-Steinkorallen in 2 bis 15 m Tiefe.
GU: Es sind keinerlei Farbunterschiede zwischen ♂♂ und ♀♀ bekannt.
Soz.Verh./Vgs.: Sie leben meist einzeln zwischen den Ästen von *Acropora*-Korallen. Sie sind ideale Fische für ein Wirbellosenbecken, vertragen sich aber nicht mit schnellschwimmenden Fischen und sehr aktiven Krebstieren.
Hält.B.: Riff-Aquarium mit *Acropora*-Korallen, die auch abgestorben sein können. Sie lassen sich aber auch in Weichkorallen, Krustenanemonen und anderen leicht nesselnden Tieren nieder (Foto).
Licht: Mittellichtzone.
ZU/Verm.: Ist im Aquarium bisher nicht gelungen.
FU: K, FD; nehmen kleine Stücke von Gefrierfutter und zerbröselte Futtertabletten meist problemlos an. Flockenfutter wird fast immer abgelehnt.
Bes.: Diese Art führt eine versteckte Lebensweise und ist deshalb und aufgrund der geringen Größe nur selten zu sehen.

T: 20-25°C, **L**: 3 cm, **BL**: ab 50 cm, **WB**: m, **WR**: m, **BS**: 3, **SG**: 2

Die Korallengrundeln der Gattung *Gobiodon*

Die Fische dieser Gattung sehen zwar wunderschön aus, genießen aber bei vielen Aquarianern keine besondere Beliebtheit. Genauso wie im Freiland führen sie auch im Aquarium meist eine versteckte Lebensweise und zeigen nur wenig Aktivitäten. Sie erzeugen einen giftigen, bitter schmeckenden Schleim auf ihrer Epidermis (Außenhaut), der Räuber abschreckt. Deshalb fühlen sie sich vor Feinden sicher und beziehen manchmal auch erhöhte Standpunkte im Korallenriff. Werden sie zusammen mit schnell schwimmenden und schnell fressenden Fischen gehalten, kommen sie kaum ans Futter. In einem Becken mit Weichkorallen, Krusten- und Scheibenanemonen in dem nur wenige kleine Krebse leben, fühlen sie sich am wohlsten.

Gobiodon okinawae

Gobiodon unicolor

Die Zucht der Neongrundeln der Gattung Gobiosoma

Die Neongrundeln sind alle im tropischen Bereich des West- Atlantiks beheimatet. Im wesentlichen unterscheidet man zwischen den Putzergrundeln und den nicht putzenden. Die letzteren sind fast alle mit großen Röhrenschwämmen assoziiert. Hier wollen wir uns aber nur mit den Putzergrundeln beschäftigen, da sie für Aquarianer und Taucher interessanter sind als die anderen. Auffallend ist die große Übereinstimmung in der Färbung mit den indopazifischen Putzerfischen der Gattung *Labroides*, die jedoch zur Familie der Lippfische gehören.

Das Ablaichen geschieht immer paarweise, wobei eine Laichperiode meist einige Monate dauert. In dieser Zeit laichen die ♀♀ mehrmals ab. Als Laichhöhle bietet man ihnen am besten ein PVC-Rohr mit einem Durchmesser von etwa 2 cm. Man befestigt das Rohr entweder in den Felsaufbauten oder gräbt es leicht schräg in den Bodengrund ein. Die Öffnung soll dabei nicht im vollen Licht liegen. Ausführliche Beschreibung des Repoduktionsverhaltens und der Entwicklung findet man bei FEDDERN (Bull.Mar.Sci. 17/1967, 367ff) und bei VALENTI (Copeia 3/1972, 477ff). Etwa eine Woche nach dem Ablaichen schlüpfen die Larven aus den ovalen Eiern. Die Aufzucht wird bei COLIN (1975, siehe Literaturverz.) folgendermaßen beschrieben: In ein 120 l Glasaquarium wurde unter Dauerlicht mit einer Grolux-Leuchte die Laichhöhle (PVC-Röhre) mit dem ♂ eingebracht. Gefüttert wurde alle 8 bis 12 Stunden mit Zooplankton von 56 bis 200 µm Größe (es empfehlen sich hier die leicht zu züchtenden Einzeller *Euplotes* und die Rädertiere *Brachionus*). Das gut belüftete Wasser hatte eine Salinität von 32 Promille und eine Temperatur von 24°C. 14 Tage nach dem Schlüpfen der Larven wurden frisch geschlüpfte *Artemia*-Nauplien dem Planktonfutter zugegeben. 26 Tage nach dem Schlüpfen waren die Grundeln fertig entwickelt.

Gobiosoma evelynae

Gobiosoma evelynae auf einer Hirnkoralle

Gobiosoma evelynae BÖHLKE & ROBBINS, 1968
Hainasengrundel

Vork.: Bahamas und Karibik, in Korallenriffen von 1 bis 50 m Tiefe.
GU: Äußerlich nicht erkennbar.
Soz.Verh./Vgs.: Sie leben einzeln, paarweise oder in Gruppen bis zu 20 Individuen und vertragen sich auch gut mit anderen *Gobiosoma*-Arten. Man kann sie ohne weiteres mit größeren Fischen zusammenhalten, sollte diese jedoch erst einsetzten wenn sich die Grundeln eingewöhnt haben.
Hält.B.: Riff-Aquarium mit Verstecken, in die sie sich nachts zurückziehen können. Zum Ablaichen eignen sich PVC-Rohre mit ca. 2 cm im Durchmesser besonders gut.
Licht: Sonnenlichtzone.
ZU/Verm.: Sie laichen im Aquarium regelmäßig in PVC-Rohren oder unter Steinen ab. Die Zucht ist nicht besonders schwierig (siehe nebenan). Man hybridisierte (kreuzte) sie sogar mit *G. genie* und *G. oceanops*.
FU: K, FD; diese Art ist die einzige der Gattung *Gobiosoma*, über die ausführliche Futteranalysen aus dem Freiwasser vorliegen. Man fand nur parasitierende Krebse, das heißt sie ernähren sich nur als Putzer. Im Aquarium nehmen sie aber auch Gefrierfutter an. Hauptnahrung im Aquarium ist lebendes *Artemia*.
Bes.: Sie putzen Fische und werden dabei auch von Raubfischen nicht gefressen. Man kennt 3 verschiedene Färbungen: die "gelbe", die "gelbblaue" und die "weiße" Farbvariation.

T: 22-27°C, **L**: 3 cm, **BL**: ab 80 cm, **WB**: m, **WR**: o, **BS**: 1, **SG**: 1

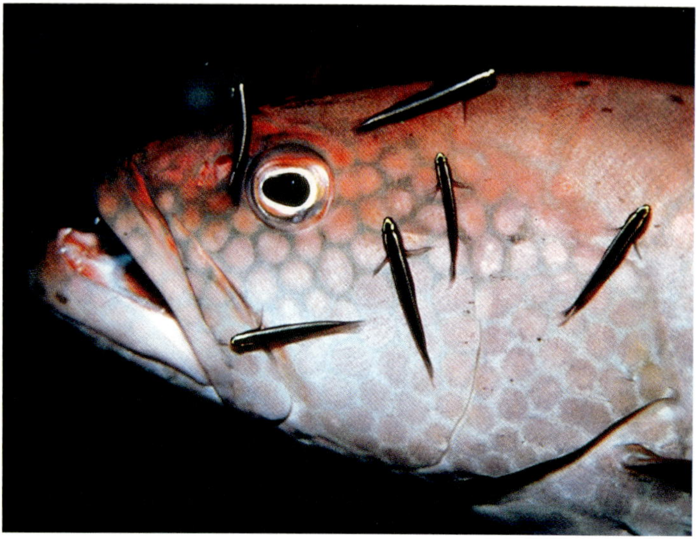

Gobiosoma genie BÖHLKE & ROBBINS, 1968
Putzergrundel

Vork.: Bahamas und Cayman-Inseln, in Korallenriffen von 1 bis 30 m Tiefe.
GU: Sind äußerlich nicht feststellbar.
Soz.Verh./Vgs.: Sie leben einzeln, paarweise oder in Gruppen und vertragen sich gut mit anderen Fischen und Krebsen. Man hat beobachtet, daß sie zusammen mit *G. evelyne* einen Fisch putzten.
Hält.B.: Riff-Aquarium mit Versteckmöglichkeiten
Licht: Sonnenlichtzone.
ZU/Verm.: Bei guter Haltung laichen sie immer wieder im Aquarium, bevorzugt in PVC-Röhren, ab. Die Aufzucht gelingt relativ leicht (siehe Seite 1082).
FU: K, FD; da es keine Untersuchungen gibt, kann man nur vermuten, daß sie sich wie *G. evelynae* ausschließlich von Parasiten ihrer "Kunden" ernähren. Im Aquarium gewöhnen sie sich jedoch schnell an Gefrier- und Tablettenfutter.
Bes.: Sie putzen Fische, manchmal einzeln, manchmal in Gruppen (Foto). Als einzige Art der Gattung haben sie eine gut entwickelte Schwimmblase.

T: 23-28°C, **L**: 4 cm, **BL**: ab 80 cm, **WB**: m, **WR**: o, **BS**: 2, **SG**: 1

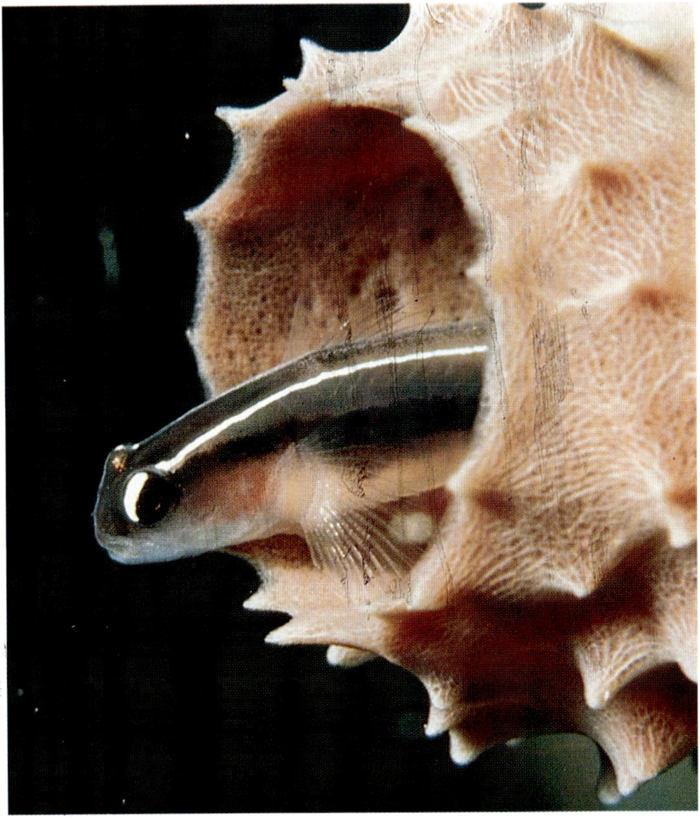

Gobiosoma illecebrosum BÖHLKE & ROBBINS, 1968

Vork.: In Korallenriffen der ganzen Karibik, in Tiefen von 2 bis 45 m.
GU: Sind von außen nicht erkennbar.
Soz.Verh./Vgs.: Sie besiedeln einzeln, paar oder gruppenweise flache Korallenstöcke und Felsen. Sie sind gut mit anderen Fischen und Krebsen gemeinsam zu halten.
Hält.B.: Riff-Aquarium mit Verstecken für die Nacht.
Licht: Sonnenlicht- bis Mittellichtzone.
ZU/Verm.: Ist im Aquarium noch nicht gelungen. Es gibt auch keine Beobachtungen über das Laichverhalten in der freien Natur. Zur Laichzeit im Herbst haben die ♀♀ besonders dicke Bäuche und man kann sogar die Eier erkennen.
Fortsetzung nächste Seite

Fortsetzung von *Gobiosoma illecebrosum* :

FU: K, FD; sie ernähren sich ausschließlich von parasitischen Krebsen, die sie von anderen Fischen abpicken. Im Aquarium nehmen sie meist sogleich jegliches Ersatzfutter an.
Bes.: Die Färbung kann unterschiedlich sein, es gibt eine "gelbe", eine "blaue" und eine "weiße" Farbvariante. Man findet sie auf flachen Korallen und Felsen, an und in großen Schwämmen (Fotos) sowie an Mangrovewurzeln.

T: 22-28°C, **L:** 3,5 cm, **BL:** ab 80 cm, **WB:** m, **WR:** o, **BS:** 1-2, **SG:** 1

Gobiosoma oceanops

Gobiosoma oceanops (JORDAN, 1904)
Neongrundel

Vork.: In Korallenriffen von Florida, Bahamas und der Karibik, in 1 bis 40 m Tiefe.
GU: Sind von außen nicht erkennbar.
Soz.Verh./Vgs.: Einzeln, paarweise oder in Gruppen bis zu mehr als 30 Individuen. Sie vertragen sich gut mit anderen *Gobiosoma*-Arten und größeren Fischen, die sie gelegentlich putzen.
Hält.B.: Riff-Aquarium mit erhöhten flachen Standorten, wo die Grundeln meist den ganzen Tag verbringen.
Licht: Sonnenlichtzone.
ZU/Verm.: Sie laichen regelmäßig im Aquarium ab und sind relativ leicht aufzuziehen (siehe Seite 1082). Das Laichverhalten und die einzelnen Entwicklungsstadien sind an dieser Art am besten untersucht.
FU: K, FD; sie ernähren sich ausschließlich von parasitischen Krebsen ihrer "Kunden", die sie putzen. Im Aquarium nehmen sie aber auch Gefrierfutter und kleine Brocken von Futtertabletten.
Bes.: Oft werden sie noch unter ihrem früheren Namen *Elacatinus oceanops* geführt. Sie nächtigen in Korallenstöcken, wobei die ausgestreckten Tentakeln die Grundeln völlig umhüllen. Diese Art wird am häufigsten importiert.

T: 21-28°C, **L:** 3,5 cm, **BL:** ab 80 cm, **WB:** m, **WR:** o, **BS:** 1, **SG:** 1

Gobiosoma randalli BÖHLKE & ROBBINS, 1968
Gelbnasengrundel

Vork.: In den Korallenriffen der Karibischen Inseln, in 1 bis 50 m Tiefe.
GU: Sind äußerlich nicht erkennbar. Von den Beschreibern dieser Art wird angegeben, daß die ♂♂ eine dunkle Schnauze haben; dies dürfte jedoch nicht stimmen.
Soz.Verh./Vgs.: Einzeln, paarweise oder in kleinen Gruppen. Sie vertragen sich gut mit anderen Arten der Gattung und größeren Fischen, die sie gelegentlich putzen.
Hält.B.: Riff-Aquarium mit erhöhten, abgeflachten Standorten.
Licht: Mittellicht- bis Sonnenlichtzone.
ZU/Verm.: Sie laichen im Aquarium nicht ab und wurden auch im Freiwasser nie beim Laichen beobachtet.
FU: K, FD; bisher ist nicht untersucht, ob sie sich im Meer ausschließlich von Ektoparasiten der Fische ernähren. Im Aquarium nehmen sie jedenfalls leicht Ersatzfutter an.
Bes.: Sie putzen Fische und vertragen sich dabei auch mit anderen Arten der Gattung *Gobiosoma*.

T: 22-27°C, **L**: 3,5 cm, **BL**: ab 80 cm, **WB**: m, **WR**: o, **BS**: 2, **SG**: 1

Gobius auratus RISSO, 1810
Goldgrundel

Vork.: Mittelmeer, Ost- und Nordküste der iberischen Halbinsel, Kanarische Inseln, Südküste Irlands und Englands auf Felsböden in 5 bis 30 m Tiefe.
GU: Sind nur an der Form der Genitalpapille zu erkennen. Zur Laichzeit ist der Bauch der ♀♀ wesentlich dicker.
Soz.Verh./Vgs.: Sie leben einzeln oder in losen Gruppen. Sie vertragen sich sehr gut mit anderen Fischen und Krebsen, die nicht aggressiv sind.
Hält.B.: Fels-Aquarium mit Verstecken. Sehr gerne werden PVC-Röhren als Wohnhöhle angenommen. Die Wassertemperatur soll im Winter unter 18°C liegen.
Licht: Mittellicht- bis Dämmerlichtzone.
ZU/Verm.: Im Mittelmeeraquarium, in dem im Winter die Temparatur niedrig und die Photoperiode kurz ist, kann man sie im Frühjahr zum Ablaichen bringen. Zu dieser Zeit zeigen sie eine wunderschöne Laichfärbung (Foto). Eine Aufzucht ist noch nicht gelungen.
FU: K, FD; sie nehmen gerne gehacktes Gefrierfutter und manchmal auch Tabletten. Will man sie zum Ablaichen bringen, muß man zusätzlich Lebendfutter reichen, besonders gerne fressen sie Rote Mückenlarven.
Bes.: Die Art ist nicht für das tropische Meerwasseraquarium geeignet. Auffallend schön ist die goldgelbe Laichfärbung.

T: 15-20°C, **L**: 7 cm, **BL**: ab 80 cm, **WB**: m, **WR**: u-m, **BS**: 3, **SG**: 1-2

Gobiosoma randalli

Gobius auratus in Laichfärbung

Fam.: Gobiidae

Gobius bucchichii STEINDACHNER, 1870
Anemonengrundel

Vork.: Mittelmeer, auf Felsböden in 1 bis 30 m Tiefe.
GU: Sind nur an der Form der Genitalpapille zu erkennen (Seite 1074).
Soz.Verh./Vgs.: Sie leben einzeln oder paarweise meist im Tentakelbereich der Wachsrose *Anemonia sulcata*. Sie vertragen sich gut mit anderen Fischen und Wirbellosen.
Hält.B.: Fels-Aquarium mit Versteckmöglichkeiten. Nach Möglichkeit sollte man sie zusammen mit einer Wachsrose halten. Die Vergesellschaftung ist zwar nicht obligat, ihr Verhaltensrepertoir wird jedoch erweitert. Sehr gerne halten sie sich am Übergang vom Sandboden zum Fels auf. Im Winter sollte die Temperatur unter 20°C liegen.
Licht: Mittellicht- bis Dämmerlichtzone.
ZU/Verm.: Bei guter Haltung können sie ablaichen, eine Aufzucht der nur 2,2 mm langen Larven ist noch nicht gelungen.
FU: K, FD; sie schnappen gierig nach größeren Futterbrocken. An Flockenfutter sind sie kaum zu gewöhnen.
Bes.: Diese Art ist der einzige "Anemonenfisch" des Mittelmeeres. Wie bei den Clownfischen ist ihre Haut vom Nesselgift geschützt. Verbleibt diese einige Tage ohne Anemone, geht der Nesselschutz verloren. Genauere Untersuchungen über ihr Verhalten hat ABEL (Vie Milieu, 11/1960, 517ff) durchgeführt.

T: 15-24°C, L: 8 cm, **BL**: ab 80 cm, **WB**: m-s, **WR**: u-m, **BS**: 3, **SG**: 1

Gobius vittatus VINCIGUERRA, 1883
Längsbandgrundel

Vork.: Mittelmeer, auf Felsböden in 15 bis 50 m Tiefe.
GU: Die Geschlechter sind nur an der Form der Genitalpapille zu unterscheiden.
Soz.Verh./Vgs.: Sie leben einzeln, es können jedoch mehrere Exemplare in einem Becken gehalten werden. Sie vertragen sich ausgezeichnet mit anderen Fischen und Wirbellosen.
Hält.B.: Fels-Aquarium mit Kiesboden und kleinen Verstecken. Im Winter sollte die Temperatur unter 18°C abgesenkt werden.
Licht: Dämmerlicht- bis Mittellichtzone.
ZU/Verm.: Ist im Aquarium noch nicht gelungen.
FU: K, FD; sie nehmen problemlos Gefrier- und Tablettenfutter und gewöhnen sich sogar an Flockenfutter, das jedoch nicht ausschließlich gereicht werden darf.
Bes.: Sie haben eine frappierende Ähnlichkeit mit dem Streifenschleimfisch *Parablennius rouxi*, der im selben Biotop zu finden ist (HEYMER & ZANDER: Z.zool.Syst.Evol. 16/1978, 132ff). Bisher konnte noch nicht geklärt werden, ob es sich dabei um Mimikry (zweckbestimmtes Nachahmen) handelt. Dies wäre eine Aufgabe für engagierte Aquarianer!

T: 16-20°C, L: 4 cm, **BL**: ab 80 cm, **WB**: l, **WR**: u-m, **BS**: 3, **SG**: 1

Gobius bucchichii

Gobius vittatus

Istigobius decoratus (HERRE, 1927)
Dekorgrundel

Vork.: Rotes Meer, Ost-Afrika bis Duban, Indopazifik bis Samoa, auf Sandgrund in seichten Buchten von 1 bis 18 m Tiefe.
GU: Unterschiede in der Länge der Genitalpapille. Die ♂♂ sind meist dunkler gefärbt und haben eine höhere zweite Rückenflosse.
Soz.Verh./Vgs.: Sie sind immer nur als Einzelgänger beobachtet worden. Im Aquarium vertragen sie sich nicht mit gleichgeschlechtlichen, jedoch mit vielen andern Fischen und Krebsen.
Hält.B.: Bodengrund aus grobem Sand mit aufgelegten Steinplatten, unter die sie ihre Wohnhöhlen anlegen.
Licht: Sonnenlichtzone.
ZU/Verm.: Ist im Aquarium noch nicht gelungen.
FU: K, FD; sie nehmen Gefrierfutter wie *Mysis* und *Artemia*, aber auch größere Brocken von Futtertabletten.
Bes.: Die Färbung kann stark variieren, einige Exemplare sind bleich, andere dunkel. Alle Tiere eines Fanggebietes sind jedoch gleich gefärbt. Werden sie in ihrem natürlichen Biotop gejagt, flüchten sie nur selten in ihre Wohnhöhlen. Sie werden oft mit *I. ornatus* (Seite 1094) verwechselt.

T: 23-29°C, **L**: 10 cm, **BL**: ab 80 cm, **WB**: l-m, **WR**: u, **BS**: 2, **SG**: 1

Istigobius hoesei MURDY & MCEACHRAN, 1982
Hoeses Grundel

Vork.: Westlicher Süd-Pazifik von Sydney bis zu den Salomon-Inseln, auf feinem Sand in der Nähe von Felsen in 5 bis 7 m Tiefe.
GU: Die zweite Rückenflosse der ♂♂ ist etwas höher als die der ♀♀. Sonst sind sie nur an der Gestalt der Genitalpapille zu unterscheiden.
Soz.Verh./Vgs.: Leben wahrscheinlich einzeln. Im Aquarium vertragen sie sich gut mit anderen Fischen.
Hält.B.: Boden mit nicht zu grobem Sand. Unter darauf plazierten Steinen legen sie ihre Wohnhölen an.
Licht: Mittellichtzone.
ZU/Verm.: Ist im Aquarium nicht versucht worden.
FU: K, FD; fressen jegliches Gefrierfutter und auch kleine Stücke von Futtertabletten. Flockenfutter lehnen sie meist ab. Ab und zu sollte Lebendfutter, z.B. Rote Mückenlarven, gereicht werden.
Bes.: Sind nicht bekannt, da die Tiere erst kürzlich wissenschaftlich beschrieben wurden.

T: 22-27°C, **L**: 6 cm, **BL**: ab 80 cm, **WB**: l-m, **WR**: u, **BS**: 4, **SG**: 1

Istigobius decoratus

Istigobius hoesei

Istigobius ornatus (RÜPPEL, 1830)
Schmuckgrundel

Vork.: Rotes Meer, Indopazifik bis Japan, auf Sand- und Schlammböden sowie in Mangrovewäldern oft in nur wenigen Zentimetern Tiefe.
GU: Die Brust- und Analflossen der ♂♂ sind dunkler als die der ♀♀.
Soz.Verh./Vgs.: Leben einzeln, auf einem kleinen Gebiet können jedoch viele Exemplare zu finden sein. Im Aquarium sollen sie besser einzeln gehalten werden. Mit anderen Fischen vertragen sie sich gut.
Hält.B.: Bodengrund mit feinem Sand. Teilweise in den Grund eingegrabene halbierte Blumentöpfe oder PVC-Röhren werden gerne als Unterschlupf angenommen.
Licht: Sonnenlichtzone.
ZU/Verm.: Ist im Aquarium noch nicht durchgeführt worden.
FU: K, FD; Gefrier- und Trockenfutter wird genommen.
Bes.: Diese Art wird relativ leicht mit *I. decoratus* (Seite 1093) verwechselt. Sie hat 7 bis 8 schwarze Punkte in einer horizontalen Reihe und als einzige *Istogobius*-Art 3 bis 4 freie obere Brustflossenstrahlen.

T: 21-29°C, **L:** 9 cm, **BL:** ab 80 cm, **WB:** l, **WR:** u, **BS:** 2-3, **SG:** 1

Lotilia graciliosa KLAUSEWITZ, 1960
Graziöse Symbiosegrundel, Weißkäppchen-Garnelengrundel

Vork.: Rotes Meer, Indopazifik, Ryukyu-Inseln, bis 20 m Tiefe auf Sandgrund.
GU: Sind nicht bekannt.
Soz.Verh./Vgs.: Lebt in Gemeinschaft mit verschiedenen Arten von Knallkrebsen (*Alpheus*)(siehe Seite 1042 und 519 ff.). Da sie relativ scheu ist, sollte sie nur mit wenigen friedlichen oder besser ohne andere Fische gehalten werden.
Hält.B.: Bodengrund aus grobem Sand. Aufliegende flache Steine erleichter das Anlegen einer Wohnröhre.
Licht: Mittellichtzone. Der Eingang zur Wohnhöhle sollte beschattet sein.
ZU/Verm.: Ist im Aquarium nicht gelungen.
FU: K, FD; sobald sie sich an den Menschen gewöhnt haben schnappen sie gierig nach Futterbrocken (Gefrier- und Tablettenfutter) die zu Boden sinken.
Bes.: Alle Arten der Gattung leben zusammen mit *Alpheus*-Garnelen und sollten auch nur mit diesen zusammen gehalten werden. Sie haben große fächerartige Brust- und Afterflossen.

T: 22-26°C, **L:** 3,5 cm, **BL:** ab 80 cm, **WB:** l, **WR:** u, **BS:** 3, **SG:** 1-2

Istigobius ornatus

Lotilia graciliosa

Fam.: Gobiidae

Lythrypnus dalli (GILBERT, 1891)
Blaustreifengrundel

Vork.: Ost-Pazifik, Golf von Kalifornien, in Blockfeldern und auf Felsen bis über 60 m Tiefe.
GU: Die ♂♂ haben eine längere erste Rückenflosse. Manchmal treten bei der Aquarienhaltung Farbunterschiede zwischen ♂♂ und ♀♀ auf.
Soz.Verh./Vgs.: Einzeln oder paarweise halten. Ideale Partner für sessile Wirbellose, kleine Garnelen, z.B. *Periclimenes*, und ruhige Fische wie Seenadeln.
Hält.B.: Fels-Aquarium mit Boden aus grobem Sand auf dem größere Muschelschalen oder halbierte PVC-Röhren als Wohnhöhlen liegen. Die Temperatur sollte nicht mehr als 22°C betragen.
Licht: Dämmerlichtzone.
ZU/Verm.: Sie laichen im Aquarium immer wieder ab, eine Aufzucht ist jedoch bisher nicht gelungen. BAUER & BAUER (Octopus 1(8)/1974, 6ff) beschreiben das Laichverhalten und die Entwicklung der Larven, die nur 2,5 mm lang werden. Die Laichzeit liegt in den Sommermonaten.
FU: K, FD; sie schnappen mit ihrem großen Maul gierig nach verhältnismäßig "riesigen" Brocken von Gefrier- und Tablettenfutter.
Bes.: Sehr schöne und lebhafte Grundel, die jedoch nicht in tropischen Becken gehalten werden kann. Die Zahl der Vertikalstreifen am Körper kann von 2 bis 6 variieren.

T: 18-22°C, **L:** 5 cm, **BL:** ab 80 cm, **WB:** l-m, **WR:** u-m, **BS:** 2, **SG:** 1

Oplopomus oplopomus EHRENBERG, 1837
Stachelwangengrundel, Blaugefleckte Lochgrundel

Vork.: Rotes Meer, westlicher Indopazifik, Sri Lanka, auf feinem Sand in Lagunen in 1 bis 20 m Tiefe.
GU: Die Rückenflosse der ♂♂ ist höher. Außerdem sind bei den ♂♂ die Flecken am Kopf und and den Flossen markanter.
Soz.Verh./Vgs.: Sie leben einzeln oder paarweise. Mit nicht zu großen freischwimmenden Fischen und kleinen Krebsen sind sie gut zu vergesellschaften.
Hält.B.: Bodengrund aus nicht zu grobem Sand in den Plexiglasröhren schräg eingegraben sind.
Licht: Sonnenlichtzone.
ZU/Verm.: Ist im Aquarium noch nicht gelungen.
FU: K, FD; da sie einen relativ kleinen Mund haben, können sie keine große Brocken annehmen. Gefrier- und Trockenfutter.
Bes.: Die Gattung trägt Stacheln am Kiemendeckel (Name). Sie haben hauptsächlich Ctenoidschuppen. Sie graben ihre Höhlen nicht selber sondern ziehen sich in Bauten von Wirbellosen zurück. In der Jugend fehlen die blauen und gelben Tupfen, sie haben schwarze Punkte.

T: 22-29°C, **L:** 8 cm, **BL:** ab 80 cm, **WB:** l, **WR:** u, **BS:** 2, **SG:** 1

Lythrypnus dalli

Oplopomus oplopomus

Fam.: Gobiidae

Signigobius biocellatus HOESE & ALLEN, 1977
Krabbenaugengrundel

Vork.: Indopazifik, Australien, Philippinen, Großes Barriere Riff, in Lagunen und Sandbuchten in 2 bis 30 m Tiefe.
GU: Ist nicht bekannt.
Soz.Verh./Vgs.: In der Jugend einzeln, sonst paarweise. Nicht mit anderen bodenbewohnenden Fischen und größeren Krebstieren zusammen halten.
Hält.B.: Grober Sand, Korallenkies oder Muschelgrus. Halbierte Blumentöpfe, die etwas in den Boden eingegraben sind werden gerne als Wohn- und Laichhöhlen angenommen.
Licht: Mittellichtzone.
ZU/Verm.: Das Fortpflanzungsverhalten dieser Art ist einmalig unter Fischen (HUDSON: Z.Tierpsychol. 43/1977, 214ff). Das Paar gräbt eine Laichhöhle und das ♀ legt die Eier hinein. Dann wird das ♂ in der Laichhöhle eingeschlossen. Während der Inkubationszeit wird die Höhle ab und zu geöffnet, beide Partner reinigen die Höhle und dann wird das ♂ wieder eingeschlossen. Nach 4 oder 5 Tagen verläßt dann das ♂ die Höhle und läßt die Eier einige Zeit alleine. Die Eier und Larven entwickeln sich dann in der Höhle weiter. Sie ernähren sich dabei von "Futterreserven, von ihrer Umgebung und vielleicht durch Kanibalismus". Wenn die Eltern die Bruthöhle wieder öffnen ist nur ein einziges Jungtier übrig, das bereits zum Bodenleben übergegangen ist. Sie konnten auch im Aquarium gezüchtet werden. Es ist aber nicht bekannt, ob die Beobachtungen von HUDSON bestätigt werden konnten.
FU: K, FD; sie ernähren sich von Kleinkrebsen, die sie beim Durchkauen des Bodens finden. Im Aquarium nehmen sie kleingehacktes Gefrierfutter und auch zerteilte Futtertabletten an.
Bes.: Sie ist die bisher einzig bekannte Art der Gattung. Den populären Namen "Krabbenaugengrundeln" erhielten sie von ihren charakteristischen Augenflecken auf den Rückenflossen und ihrem Verhalten beiden gegenüber. Die Flossen werden aufgestellt und sehen in Verbindung mit den schwarzen Bauch- und Afterflossen wie Augen einer Krabbe aus. Das Dahingleiten am Boden sieht dann wie das seitliche Laufen einer Krabbe aus. Eine Art von Mimikry (zweckbestimmtes Nachahmen), das sonst nur von Insekten bekannt ist. Von ihrem Verhalten her ist sie sicher eine der interessantesten Grundelarten, die relativ leicht im Aquarium gehalten werden kann.

T: 22-27°C, **L**: 7,5 cm, **BL**: ab 80 cm, **WB**: l, **WR**: u, **BS**: 3, **SG**: 1-2

Die Gattung *Stonogobiops* wurde erst 1977 von POLUNIN & LUBBOCK wissenschaftlich beschrieben. Wie das Foto zeigt, gibt es immer noch bisher unbeschriebene Arten. Sie gehören zu einer Reihe von Gattungen, die mit verschiedenen Arten der Knallkrebse *Alpheus* in einer echten Symbiose leben. Dieses Verhalten ist noch von *Amblyeleotris*, *Cryptocentrus*, *Lotilia* und *Vanderhorstia* (siehe dort) bekannt.

Signigobius biocellatus

Stonogobiops n.sp.

Fam.: Gobiidae

Stonogobiops nematodes HOESE & RANDALL, 1982
Fadengrundel

Vork.: Mittlerer Indopazifik, Phillippinen, auf Sandböden in 15 bis 25 m Tiefe.
GU: Sind äußerlich nicht erkennbar. Beide Partner haben lang ausgezogene erste Rückenflossen.
Soz.Verh./Vgs.: Leben immer paarweise in Symbiose mit einem Knallkrebs, *Alpheus randalli*. Nur zusammen mit diesem halten. Am besten nicht mit anderen Fischen vergesellschaften.
Hält.B.: Grober Sand, Korallenkies oder Muschelgrus als Boden. Flache Steine die auf dem Sand aufliegen erleichtern den Krebsen das Anlegen einer Wohnhöhle.
Licht: Mittellichtzone.
ZU/Verm.: Ist im Aquarium noch nicht gelungen.
FU: K, FD; sie schnappen nach kleinen Brocken von Gefrierfutter und Tabletten, die in der Strömung vorbeitreiben.
Bes.: Sind nicht bekannt, da die Tiere sehr selten sind.

T: 22-25°C, **L**: 4 cm, **BL**: ab 80 cm, **WB**: m-s, **WR**: u, **BS**: 3-4, **SG**: 1-2

Stonogobiops nematodes

Stonogobiops nematodes

Fam.: Gobiidae

Stonogobiops xanthorhinica HOESE & RANDALL, 1982
Gelbschnauzengrundel

Vork.: Indopazifik, Süd-Japan, auf Sandböden von 3 bis 45 m Tiefe.
GU: Die ♂♂ haben eine etaws länger ausgezogene erste Rückenflosse als die ♀♀ (Foto).
Soz.Verh./Vgs.: Sie leben paarweise mit Knallkrebsen der Gattung *Alpheus* zusammen. Im südlichen Japan wurden sie nur zusammen mit *A. bellulus* beobachtet. Da die meisten Fische das Symbioseverhalten stören, sollte man sie ohne andere Fischarten halten.
Hält.B.: Als Bodengrund eignet sich grober Sand, Korallenkies oder Muschelgrus.
Licht: Mittellichtzone.
ZU/Verm.: Ist im Aquarium noch nicht gelungen.
FU: K, FD; nehmen kleine Stücke von Gefrier- und Tablettenfutter. Ab und zu sollte man Rote Mückenlarven reichen.
Bes.: Sie schweben meist 1 bis 4 cm über dem Eingang ihrer Höhle. Individuen aus den etwas kälteren Gewässern von Süd-Japan werden größer.

T: 21-27°C, **L**: 3,5 cm, **BL**: ab 80 cm, **WB**: m, **WR**: u, **BS**: 3, **SG**: 1-2

Trimma naudei SMITH, 1956
Naudes Höhlengrundel

Vork.: Indopazifik, Seychellen, Ryukyu-Inseln, Mikronesien, in Korallenriffen und Lagunen in 3 bis 30 m Tiefe.
GU: Sind von außen nicht zu erkennen.
Soz.Verh./Vgs.: Sie leben einzeln oder paarweise. Aufgrund ihrer Kleinheit sollte man sie nur mit anderen kleinen oder sehr friedlichen Fischen (z.B. Seenadeln) zusammen halten. Sie sind ideale Partner für sessile Wirbellose.
Hält.B.: Riff-Aquarium mit Sandboden, auf dem Versteckmöglichkeiten wie flache Steine oder Muschelschalen liegen.
Licht: Mittellichtzone.
ZU/Verm.: Ist im Aquarium nicht gelungen.
FU: K, FD; sie ernähren sich von Copepoden, Ostracoden (Kleinkrebse) und Radiolarien, die sie aus dem Sand picken. Im Aquarium gibt man ihnen sehr kleine Stücke von Gefrierfutter und Tabletten. Ab und zu reicht man frisch geschlüpfte *Artemia* mit dem Futterrohr.
Bes.: Die Gattung ist dadurch charakterisiert, daß sich ihre Kiemenöffnung bis zum Auge zieht. Sie haben reduzierte Sinnespapillen und Ctenoidschuppen. Sie schweben meist einige Zentimeter über ihrer Wohnhöhle im freien Wasser. Die Art hat eine große Ähnlichkeit mit *T. caesiura* und *T. okinawae*.

T:22-26 °C, **L**: 3 cm, **BL**: ab 80 cm, **WB**: l-m, **WR**: u, **BS**: 3, **SG**: 1-2

Stonogobiops xanthorhinica

Trimma naudei, Malediven

Trimma tevegae COHEN & PAVIS, 1969
Tevegas Höhlengrundel

Vork.: Tropischer West-Pazifik, Ryukyu-Inseln, Mikronesien, auf Felsen an Abbrüchen in 10 bis 40 m Tiefe.
GU: Sind äußerlich nicht erkennbar.
Soz.Verh./Vgs.: Sie leben einzeln in lockeren Ansammlungen. Sie sind ziemlich scheu und zeigen sich nur wenn keine anderen Fische in ihre Nähe kommen.
Hält.B.: Riff-Aquarium mit Versteckmöglichkeiten.
Licht: Dämmerlichtzone.
ZU/Verm.: Ist im Aquarium noch nicht gelungen.
FU: K, FD; sie ernähren sich von Copepoden (Kleinkrebsen), im Aquarium nehmen sie aber auch kleingehacktes Gefrierfutter und kleine Stücke von Futtertabletten an. Hin und wieder reicht man *Artemia*-Nauplien mit dem Futterrohr.
Bes.: Sie schweben meist mit dem Kopf nach oben im freien Wasser. Die Gattung ist leicht mit *Priolepis* zu verwechseln.

T: 22-26°C, **L:** 4 cm, **BL:** ab 80 cm, **WB:** l, **WR:** u-m, **BS:** 3, **SG:** 2

Valenciennea helsdingenii (BLEEKER, 1858)
Helsdingenis Schläfergrundel

Vork.: Weite Verbreitung im tropischen Indopazifik, in Korallenriffen und kleinen Häfen in 1 bis 30 m Tiefe.
GU: Die ♂♂ haben lange Filamente an den ersten Strahlen der Rückenflosse.
Soz.Verh./Vgs.: Sie leben immer paarweise und sollten auch nur so gehalten werden. Einzelindividuen bleiben nicht lange am Leben. In einem großen Becken kann man sie mit vielen anderen Fischen zusammen halten. Interessanter ist jedoch ein Artbecken, in dem sie ihr Verhalten ausgeprägter zeigen.
Hält.B.: Lockerer Boden aus grobem Sand und Muschelgrus, der über 5 cm tief sein soll. Unter flach darauf liegenden Steinen wird die Wohnhöhle gegraben.
Licht: Sonnenlichtzone.
ZU/Verm.: Die Tiere laichen immer wieder ab und sind im Artbecken auch nicht allzu schwierig aufzuziehen. Monatlich produziert ein ♀ etwa 2000 Eier, die an die Höhlendekke geheftet werden. Im Gegensatz zu vielen anderen Grundeln übernimmt hier das ♀ die Brutpflege.
FU: K, FD; sie durchwühlen laufend den Sand auf der Suche nach Freßbarem. Sie sind leicht mit Gefrierfutter und Brocken von Futtertabletten zu ernähren.
Bes.: Die Schläfergundeln wurden früher in eine eigene Familie, Eleotridae, gestellt. Die Gattung *Valenciennea* wird zur Zeit von HOESE überarbeitet.

T: 22-27°C, **L:** 16 cm, **BL:** ab 100 cm, **WB:** l-m, **WR:** u, **BS:** 2,**SG:** 1

Trimma tevegae

Valenciennea helsdingenii

Valenciennea immaculata (NI, 1981)
und
Valenciennae longipinnis (LAY & BENNET, 1839)
Schläfergrundeln

Vork.: Im gesamten tropischen Indopazifik, auf Sandböden von 2 bis 30 m Tiefe.
GU: Bei den ♂♂ sind die ersten Strahlen der Rückenflosse verlängert.
Soz.Verh./Vgs.: Sie sind immer nur paarweise anzutreffen und auch nur so zu halten. Nicht mit agressiven Fischen vergesellschaften.
Hält.B.: 6 bis 8 cm tiefer Bodengrund aus grobem Sand, Korallenkies oder Muschelgrus. Höhlen aus flachen Steinen oder halbierten Blumentöpfen die eingegraben werden.
Licht: Mittellicht- bis Sonnenlichtzone.
ZU/Verm.: *V. immaculata* wird regelmäßig in Aquarien nachgezogen. Die Larven müssen allerdings mit lebendem Meeresplankton aufgezogen werden.
FU: K, FD; sie fressen jegliches Gefrierfutter, nehmen aber auch Futtertabletten an. Will man die Grundeln züchten, muß auch Lebendfutter gereicht werden.
Bes.: Sie sind ständig damit beschäftigt, mit ihrem Maul bis zu kopfgroße Sand- und Kiesbrocken herumzuschleppen. Sie sind sehr munter und daher interessant zu beobachten.

T: 22-27°C, **L**: 13 cm, **BL**: ab 100 cm, **WB**: I, **WR**: u, **BS**: 1-2, **SG**: 1

Valenciennea immaculata

Valenciennea immaculata

Valenciennea longipinnis

Valenciennea puellaris (TOMIYAMA, 1965)
Maiden Schläfergrundel

Vork.: Rotes Meer, Indopazifik, Japan und Großes Barriere Riff, in Korallenriffen in 5 bis 20 m Tiefe.
GU: Die ♂♂ haben fadenförmig verlängerte Strahlen der ersten Rückenflosse.
Soz.Verh./Vgs.: Sie leben paarweise und sollten auch nur so gehalten werden. Sie können über 5 Jahre im Aquarium zusammen leben. Stirbt der eine Partner, lebt auch der andere nicht mehr lange. Nur in großen Becken sollten sie mit anderen Fischen zusammen gehalten werden.
Hält.B.: Riff-Aquarium mit hoher Schicht aus grobem Sand oder Korallenkies. Aus flachen Steinplatten wird eine Höhle gebaut. Achtung, da die Tiere ständig graben, bringen sie oft Steinaufbauten zum Einsturz.
Licht: Dämmerlicht- bis Mittellichtzone.
ZU/Verm.: Das ♀ heftet monatlich über 1000 Eier an die Decke der Wohnhöhle und bewacht sie drei Wochen lang. Das ♂ bleibt in dieser Zeit außerhalb der Höhle. Am Tag des Schlüpfens schließt das ♂ das ♀ in der Höhle ein. Am Abend wird dann der Eingang wieder freigelegt und ♂ und ♀ jagen gemeinsam die inzwischen geschlüpften Larven in das freie Wasser.
FU: K, FD; sie sind leicht mit größeren Brocken von Gefrierfutter und Tabletten zu ernähren. Die Fütterung sollte jedoch nicht zu einseitig sein.
Bes.: Ein einmal gebildetes Paar bleibt das ganze Leben zusammen.

T: 22-26°C, **L:** 13 cm, **BL:** ab 100 cm, **WB:** I, **WR:** u, **BS:** 2, **SG:** 1

Valenciennea puellaris, Rotes Meer

Valenciennea puellaris, ♂ und ♀

Fam.: Gobiidae

Valenciennea sexguttata (VALENCIENNES, 1839)
Sechspunkt Schläfergrundel
und
Valenciennea strigata (BROUSSONET, 1782)
Wimpersegler Schläfergrundel

Vork.: Im ganzen Indopazifik, *V. sexguttata* auch im Roten Meer, auf Sandgebieten zwischen Korallenriffen in 1 bis 20 m Tiefe.
GU: Die ersten Rückenflossenstrahlen der ♂♂ sind verlängert.
Soz.Verh./Vgs.: Sie leben nur paarweise und sollen auch nur so gehalten werden. Einzelgänger haben kaum Überlebenschancen. Nur in großen Becken mit anderen Fischen zusammen halten.
Hält.B.: Ein großes Becken richtet man halb als Riff-Aquarium ein, die andere Hälfte mit einer hohen Schicht aus grobem Sand oder Korallenkies, vermischt mit Muschelgrus. Unter flachen Steinplatten legen die Grundeln meist sehr bald ihre Wohnhöhlen an.
Licht: Mittellicht- bis Sonnenlichtzone.
ZU/Verm.: Gelingt im Aquarium, wenn entsprechendes Futter für die Larven gestellt werden kann (Einzeller, Rädertiere und später *Artemia*-Nauplien).
FU: K, FD; sie schnappen nach Brocken von Gefrier- und Tablettenfutter, suchen aber auch den Sand nach Freßbarem ab.
Bes.: *V. strigata* (= *strigatus*) ist die meist importierte Schläfergrundel. Man sollte sie jedoch nur als Paar nehmen.

T: 22-28°C, L: 13/18 cm, BL: ab 100 cm, WB: l-m, WR: u, BS: 1-2, SG: 1

Valenciennea sexguttata

Valenciennea strigata

Valenciennea strigata

Valenciennea wardi (PLAYFAIR & GÜNTHER, 1866)
Wards Schläfergrundel

Vork.: Im Indopazifik, Malediven, Mauritius, auf Sandböden zwischen Korallenriffen in 5 bis 20 m Tiefe.
GU: Bei den ♂♂ sind die ersten Strahlen der Rückenflosse verlängert.
Soz.Verh./Vgs.: Sie leben immer paarweise und sollten auch als Paar gehalten werden. Nur in größeren Becken mit anderen Fischen vergesellschaften. Sandbewohnende Krebstiere sind zu vermeiden.
Hält.B.: Hoher Bodengrund aus grobem Material. Unter eine große flache Steinplatte schaufeln sich die Grundeln mit ihrem Maul eine Wohnhöhle.
Licht: Mittellicht- bis Sonnenlichtzone.
ZU/Verm.: Ist bei dieser Art noch nicht beschrieben worden, läßt sich aber wahrscheinlich genauso gut durchführen wie bei anderen *Valenciennea*-Arten (auf den Seiten vorher).
FU: K, FD; sie sind problemlos mit Gefrierfutter und geviertelten Futtertabletten zu ernähren. Ab und zu soll man lebende *Artemia* und Rote Mückenlarven reichen.
Bes.: Durch ihre Grabtätigkeit können sie Felsaufbauten zum Einsturz bringen.

T: 22-27°C, **L**: 11 cm, **BL**: ab 100 cm, **WB**: l-m, **WR**: u, **BS**: 2, **SG**: 1

Vanderhorstia ambonoro (FOURMANOIR, 1957)
Ambonoro Symbiosegrundel

Vork.: Pazifik, Neubritanien, auf Sandgrund in wenigen Metern Tiefe.
GU: Sind äußerlich nicht zu erkennen.
Soz.Verh./Vgs.: Sie leben in Symbiose mit verschiedenen Arten von Knallkrebsen *Alpheus*. Nach Möglichkeit sollten sie auch nur zusammen mit diesen im Becken gehalten werden. Nur in großen Aquarien mit anderen Fischen vergesellschaften.
Hält.B.: Hoher Sandboden mit Versteckmöglichkeiten wie flache Steinbauten mit Höhlen oder halbierte Blumentöpfe. Am Höhlenboden soll immer Sand sein.
Licht: Sonnenlichtzone.
ZU/Verm.: Ist im Aquarium nicht gelungen.
FU: K, FD; sie schnappen gerne nach flottierenden Stücken von Gefrierfutter, die in einer leichten Stömung vorbeitreiben. Sie nehmen aber auch zerkleinerte Futtertabletten vom Boden auf.
Bes.: Sie leben in Symbiose mit *Alpheus*- Krebsen und werden deshalb oft mit den Gattungen *Amblyeleotris* oder *Cryptocentrus* verwechselt.

T: 22-27°C, **L**: 8 cm, **BL**: ab 80 cm, **WB**: m, **WR**: u, **BS**: 3, **SG**: 1-2

Valenciennea wardi

Vanderhorstia ambonoro

Vanderhorstia mertensi KLAUSEWITZ, 1974
Mertens Symbiosegrundel

Vork.: Im Roten Meer, vereinzelt aber auch im Indopazifik bis Papua-Neuguinea, wo dieses Foto entstanden ist. Auf Sandböden zwischen Korallenriffen in 2 bis 10 m Tiefe.
GU: Sind von außen nicht erkennbar.
Soz.Verh./Vgs.: Sie leben in Symbiose mit verschiedenen Arten von Knallkrebsen der Gattung *Alpheus*. Nur einzeln oder als Pärchen halten, da sie aggressiv gegen Gleichgeschlechtliche reagieren.
Hält.B.: Möglichst große Fläche aus grobem Sand oder Muschelgrus. Sie ziehen sich gerne in halbierte Blumentöpfe zurück, die so in den Sand eingegraben sind, daß nur ein schmaler Eingangsschlitz offen bleibt.
Licht: Sonnenlicht- bis Mittellichtzone.
ZU/Verm.: Ist im Aquarium noch nicht gelungen, obzwar die ♀♀ bei guter Fütterung immer wieder Eier ablegen.
FU: K, FD; sie nehmen jegliches Gefrierfutter, sind jedoch auch an Futtertabletten (Tetra-Tips) zu gewöhnen. Die Fütterung sollte jedoch nicht zu einseitig sein.
Bes.: Sie leben in Symbiose mit Knallkrebsen, meist ist es *Alpheus djiboutensis*. Sie zeigen mit diesen zusammen ein interessantes Verhalten. Ein wichtiges Erkennungsmerkmal ist, daß ihre erste Rückenflosse wesentlich höher als die zweite ist.

T: 20-26°C, **L**: 7 cm, **BL**: ab 80 cm, **WB**: l-m, **WR**: u, **BS**: 3, **SG**: 1-2

Vanderhorstia ornatissima SMITH, 1959
Schmuck-Symbiosegrundel

Vork.: Rotes Meer, westlicher Indopazifik, Malediven, auf Sandböden im Bereich von Korallenriffen in wenigen Metern Tiefe.
GU: ♂♂ und ♀♀ unterscheiden sich farblich nicht. Der einzige äußere Geschlechtsunterschied ist die Form der Genitalpapille (Seite 1074). Dies ist jedoch nur an betäubten oder toten Tieren zu erkennen.
Soz.Verh./Vgs.: In ihrem natürlichen Lebensraum sind sie immer mit Garnelen der Gattung *Alpheus* vergesellschaftet. Vertragen sich in großen Becken gut mit kleinen freischwimmenden Fischen, die nicht aggressiv sind.
Hält.B.: Sandboden mit flachen Steinen, unter denen sie ihre Höhlen anlegen.
Licht: Sonnenlichtzone.
ZU/Verm.: Ist bisher im Aquarium nicht gelungen.
FU: K, FD; nehmen größere Brocken von verschiedenem Gefrierfutter, aber auch Stücke von Futtertabletten. Sollten freischwimmende Fische das Futter wegschnappen, müssen Grundeln und Garnelen gezielt gefüttert werden.
Bes.: Leben mit *Alpheus*-Knallkrebsen in einer echten Symbiose, wie die Grundel-Gattungen *Amblyeleotris*, *Cryptocentrus*, *Lotilia* und *Stonogobiops* (siehe dort). Die Art ist *V. delagoae* sehr ähnlich, hat jedoch kleinere Schuppen.

T: 21-27°C, **L**: 6 cm, **BL**: ab 80 cm, **WB**: l-m, **WR**: u, **BS**: 2, **SG**: 1-2

Vanderhorstia mertensi

Vanderhorstia ornatissima, Rotes Meer

Fam.: Microdesmidae

Über die Familie Microdesmidae
Ganz typisch für diese Familie ist ihr langer, dünner Körper und die Tatsache, daß diese Grundeln nicht bodengebunden leben, sondern weit über ihren Höhlen im freien Wasser nach Zooplankton jagen. Pfeilartig schießen sie umher, auch immer darauf bedacht, einem Freßfeind zu entkommen. Daher der deutsche Populärname für diese Familie. Man unterscheidet zwei Unterfamilien, die Microdesminae und die Ptereleotrinae.

Zur ersten gehört die Gattung *Gunnelichthys*. Wenn man ihren dünnen, wurmartigen Körper und die schlängelden Bewegungen beobachtet, versteht man gut den Namen Wurmgrundeln. Sie unterscheiden sich auch von den anderen Gattungen dieser Familie, indem sie nur eine durchgezogene Rückenflosse tragen. Wurmgrundeln leben in Tiefen von 5 bis 50 m meist über offenen Sandböden und in kleinen Kolonien. Ihre undulierenden Körper stehen etwa 20 bis 100 cm über dem Boden und picken in der Strömung nach planktonischen Krebs- und Fischlarven. Bei Gefahr tauchen sie kopfüber in ihr höhlenartiges Versteck im Bodengrund ab. Die Information eines Fischfängers von Mauritius, Wurmgrundeln wie die dort vorkommende Art *G. curiosus* seien bissig und würden andere Aquarienbewohner verletzen, haben die Autoren bislang nicht bestätigt bekommen.

Zur Unterfamilie Ptereleotrinae gehören die restlichen hier aufgezählten Pfeilgrundel-Gattungen, mit zweifellos den begehrtesten Arten in der Meeresaquaristik. Schwertgrundeln der Gattung *Nemateleotris* begeistern seit Jahren sowohl Meeresaquarianer als auch Unterwasserfotografen. Ihren Populärnamen erhielten sie wegen des schwertartigen Fortsatzes an der ersten Rückenflosse, den Schwertgrundeln zumeist abgestreckt vom röhrenförmigen Körper tragen. *Nemateleotris magnifica*, die verbreitetste Art der Schwertgrundeln, hat ein längeres Schwert als die beiden anderen bekannten Arten *N. decora* und *N. helfrichi*. Sie ist die "dienstälteste" der drei Schwertgrundeln im Zoofachhandel und für sie zahlt man auch den niedrigsten Preis. Ihr häufiger Import ist darauf zurückzuführen, daß sie im gesamten Indopazifik zuhause ist. Befreundete Unterwasserfotografen nahmen sie bei Tahiti und den Malediven auf, während der Autor (H.D.) sie am australischen Barriere Riff und vor der Küste Kenias beobachtete. Man schließe nun nicht aus der Tatsache, daß man die Prachtschwertgrundel *N. magnifica* im natürlichen Lebensraum manchmal in kleinen Gruppen sieht, man könne im begrenzten Raum des Aquariums diese Art ebenfalls im Schwarm pflegen. Dazu sind sie untereinander zu unverträglich, sie jagen sich heftig. Erschöpfte Tiere werden von Konkurrenten gebissen und so schwer verletzt, daß sie schließlich eingehen. Die Pflege von Einzeltieren oder Pärchen ist zu empfehlen. Vorausgesetzt man hat das Glück, im Handel ein solches zu erlangen. Denn äußerlich kann man die Geschlechter nicht unterscheiden.

Sehr nahe verwandt mit den Schwertgrundeln sind die Torpedogrundeln der Gattung *Ptereleotris*. Beide haben den langgestreckten Körper und die Bauchflossen sind voneinander getrennt. Ihre Schwimmblase befähigt sie, ohne große Anstrengung im freien Wasser zu manövrieren. Manche Arten sieht man in ihrem natürlichen Biotop oft in kleinen Schwärmen über dem Riff mit seinen vielen Verstecken im freien Wasser "stehen", andere sind dagegen paargebunden und vertreiben Artgenossen aus der unmittelbaren Nähe ihres Felsenversteckes. Auch Torpedogrundeln graben ihre Höhlen nicht selbst, sondern suchen sich bis in 70 m Tiefe passende Brüche oder Spalten im Korallenriff. Es wird in diesem Buch dokumentiert, daß eine Torpedogrundel zusammen mit einer Partnergrundel der Gattung *Amblyeleotris* in einer Höhle lebte, in der auch ein Knallkrebs *Alpheus* nicht fehlte (Seite 1132).

Ptereleotris zebra

Fam.: Microdesmidae

Gunnelichthys curiosus DAWSON, 1968
Kuriose Wurmgrundel

Vork.: Im Indopazifik, Indonesien und Mauritius, auf Sandboden in 10 bis 60 m Tiefe.
GU: Sind nicht bekannt.
Soz.Verh./Vgs.: Einzeln oder paarweise halten.
Hält.B.: Riff-Aquarium mit großer Sandfläche in die man schräg ein Plexiglasrohr als Wohnhöhle eingräbt.
Licht: Mittellichtzone.
ZU/Verm.: Ist noch nicht gelungen.
FU: K, FD; sie ernähren sich von benthischen und freischwimmenden Krebstieren, nehmen aber im Aquarium kleingehacktes Gefrierfutter und Stücke von Futtertabletten, die in der Strömung vorbeiziehen.
Bes.: Sind nicht bekannt.

T: 22-27°C, **L**: 8 cm, **BL**: ab 100 cm, **WB**: m, **WR**: u, **BS**: 3, **SG**: 1-2

Gunnelichthys monostigma SMITH, 1958
Einpunkt Wurmgrundel

Vork.: Indopazifik, Ost-Afrika, Ryukyu- Inseln, Großes Barriere Riff, auf Sandböden und in Lagunen in 6 bis 20 m Tiefe.
GU: Sind nicht bekannt.
Soz.Verh./Vgs.: In der freien Natur leben sie in Gruppen, im Aquarium vertragen sich die ♂♂ nicht untereinander. Nur alleine oder mit kleinen Fischen zusammen halten.
Hält.B.: Wie *G. curiosus*.
Licht: Mittellichtzone.
ZU/Verm.: Ist im Aquarium nicht gelungen. Ein ♀ hat etwa 2.000 runde Eier von 0,2 mm im Durchmesser.
FU: K, FD; wie *G. curiosus*.
Bes.: Sie schweben meist einige Zentimeter über dem Sandgrund in einer leichten Strömung. Bei Gefahr flüchten sie blitzschnell mit dem Kopf voran in ihre Wohnhöhle.

T: 23-27°C, **L**: 8 cm, **BL**: ab 100 cm, **WB**: m, **WR**: u, **BS**: 3, **SG**: 1-2

Gunnelichthys curiosus

Gunnelichthys monostigma

Fam.: Microdesmidae

Gunnelichthys pleurotaenia BLEEKER, 1858
Einstreifen Wurmgrundel

Vork.: Westlicher und zentraler Pazifik, Java, Philippinen, großes Barriere Riff, auf seichten Sandböden meist in weniger als 3 m Tiefe. Ab und zu gehen sie jedoch auch über 10 m Tiefe.
GU: Sind nicht bekannt.
Soz.Verh./Vgs.: Sie leben einzeln, paarweise oder in Gruppen. Im Aquarium vertragen sich gleichgeschlechtliche jedoch meist nicht. Nach Möglichkeit ohne andere Fische, oder nur mit sehr kleinen, friedlichen zusammen halten, da die Grundeln sonst kaum aus ihren Höhlen herauskommen.
Hält.B.: Boden aus grobem Sand oder Muschelgrus. Aus flachen Steinen baut man eine schmale, lange Wohnhöhle.
Licht: Sonnenlichtzone.
ZU/Verm.: Ist im Aquarium noch nicht bekannt geworden.
FU: K, FD; sie sind sehr genügsam und fressen gehacktes Gefrierfutter, *Artemia* und *Tubifex* sowie Brocken von Futtertabletten.
Bes.: Sie haben eine große Ähnlichkeit mit *G. copleyi* aus dem westlichen Indopazifik.

T: 22-27°C, **L**: 8 cm, **BL**: ab 80 cm, **WB**: m, **WR**: u, **BS**: 3, **SG**: 1-2

Nemateleotris decora RANDALL & ALLEN, 1973
Dekor Schwertgrundel

Vork.: Westlicher Pazifik, Ryukyu-Inseln, Großes Barriere Riff, auf Kies- und Felsböden in 25 bis 70 m Tiefe.
GU: Keine Geschlechtsunterschiede.
Soz.Verh./Vgs.: Sie kommen fast immer nur paarweise vor und sollten auch im Aquarium so gehalten werden. In sehr großen Becken lassen sich auch mehrere Individuen pflegen. Sie sind sehr verträglich gegenüber kleinen Fischen und gute Partner für Wirbellose.
Hält.B.: Riff-Aquarium mit beschatteten Bereichen, in denen auch ihre Wohnhöhle anzulegen ist.
Licht: Dämmerlichtzone.
ZU/Verm.: Ist im Aquarium noch nicht gelungen.
FU: K, FD; sie fressen Zooplankton, schnappen aber nach jeglichem Futter, das in der Strömung an ihnen vorbeitreibt. Gefrierfutter aber auch Tabletten- und Flockenfutter wird genommen.
Bes.: Diese Art ist meist weniger scheu als *N. magnifica*. Wie im Korallenriff stehen sie auch im Aquarium in der Strömung über ihrem Schlupfloch, in das sie bei Gefahr kopfüber flüchten. Wie die Fotos zeigen, ist die Art in der Färbung sehr variabel.

T: 23-27°C, **L**: 7 cm, **BL**: ab 100 cm, **WB**: m-s, **WR**: m, **BS**: 2, **SG**: 1-2

Nemateleotris decora

Gunnelichthys pleurotaenia

Nemateleotris decora

Nemateleotris decora

Nemateleotris helfrichi

Nemateleotris helfrichi, Aquariumaufnahme

Nemateleotris helfrichi RANDALL & ALLEN, 1973
Helfrichs Schwertgrundel

Vork.: Westlicher Pazifik, Samoa, Marschall-Inseln in 25 bis 70 m über kleinen Sandflächen oder Felsboden.
GU: Sind nicht ausgebildet.
Soz.Verh./Vgs.: Sie sind fast nur paarweise anzutreffen und auch so zu halten. Sie vertragen sich nur mit kleinen, wenig aktiven Fischen, jedoch gut mit den meisten Wirbellosen.
Hält.B.: Riff-Aquarium mit Versteckmöglichkeiten. Sie vertragen eine kräftige Strömung, in der sie gerne "stehen".
Licht: Mittel- bis Dämmerlichtzone.
ZU/Verm.: Ist im Aquarium noch nicht gelungen.
FU: K, FD; sie nehmen fast jegliches Futter ohne Eingewöhnungszeit an. Es muß nur in der Strömung an ihnen vorbeitreiben. Selbst Lebendfutter wird nicht vom Boden aufgenommen.
Bes.: Anfänglich sind sie etwas empfindlich gegen zu helle Beleuchtung. Am besten beschattet man den Teil des Beckens, in dem ihr Versteck liegt, für die Dauer der Eingewöhnung.

Fam.: Microdesmidae

Nemateleotris magnifica FOWLER, 1938
Pracht Schwertgrundel, Feuer Schwertgrundel

Vork.: Gesamter Indopazifik, Hawaii, Ryukyu-Inseln Großes Barriere Riff, im äußeren Bereich von Korallenriffen in 10 bis 70 m Tiefe.
GU: Sind nicht vorhanden.
Soz.Verh./Vgs.: Jungtiere leben in Gruppen und bewohnen die gleiche Höhle. Adulte leben fast immer als Paar. Sie zeigen ihr normales Verhalten nur wenn sie nicht mit aktiven und großen Fischen zusammen im Becken sind. Ideale Partner für fast alle Wirbellose.
Hält.B.: Riffaquarium mit tiefen Versteckmöglichkeiten. Sie stellen keine besonderen Ansprüche an die Wasserqualität, bevorzugen jedoch eine mittlere bis starke Strömung, in der sie je nach Beckengröße bis zu einem halben Meter über ihrem Verteck schweben.
Licht: Mittellichtzone.
ZU/Verm.: Ist im Aquarium noch nicht gelungen.
FU: K, FD; in der freien Natur ernähren sie sich von planktonischen Krebstieren. Im Aquarium nehmen sie jegliches Futter bis zur Größe von *Mysis* begierig an, sobald es an ihnen vorbeitreibt. Jede Woche zweimal lebendes *Artemia*!
Bes.: Sie hat die längste erste Rückenflosse innerhalb der Gattung *Nemateleotris*. Ein beliebtes Aquarientier, das zwar anfänglich scheu ist, bald aber den Pfleger erkennt und nicht mehr kopfüber in das Versteck flieht. Durch ihre Färbung und die Zuckbewegung der langen Rückenflosse sind sie meist die attraktivsten Bewohner im Korallenbecken.

T: 22-28°C, **L**: 8 cm, **BL**: ab 80 cm, **WB**: m-s, **WR**: m, **BS**: 1, **SG**: 2

Nemateleotris magnifica

Nemateleotris magnifica

Nemateleotris magnifica

Oxymetropon cyanoctenosum KLAUSEWITZ, 1981
Blaustreifen Torpedogrundel

Vork.: Im Indo-Australischen Archipel, im Bereich von Korallenriffen in 10 bis 35 m Tiefe.
GU: Sind äußerlich nicht erkennbar.
Soz.Verh./Vgs.: Sie sollten paarweise gehalten werden. Sie verhalten sich friedlich gegenüber kleinen Fischen und Wirbellosen.
Hält.B.: Riff-Aquarium mit ausreichenden Versteckmöglichkeiten.
Licht: Mittellichtzone.
ZU/Verm.: Ist im Aquarium noch nicht gelungen.
FU: K, FD; sie schnappen nach jeglichem Futter tierischer Herkunft, das an ihnen in der Strömung vorüber treibt.
Bes.: Sind nicht bekannt.

T: 24-27°C, **L:** 10 cm, **BL:** ab 100 cm, **WB:** m-s, **WR:** u, **BS:** 3-4, **SG:** 3

Oxymetropon cyanoctenosum

Ptereleotris evides

Fam.: Microdesmidae

Ptereleotris evides (JORDAN & HUBBS, 1925)
Scherenschwanz Torpedogrundel

Vork.: Rotes Meer, Indopazifik, Japan, westlicher Pazifik, an äußeren Riffabhängen, manchmal auch in Buchten und Lagunen in 2 bis 15 m Tiefe.
GU: Das Geschlecht kann nur an der Form der Genitalpapille unterschieden werden.
Soz.Verh./Vgs.: Die Jungtiere leben in Gruppen, die Erwachsenen meist parweise. In sehr großen Becken kann man auch mehrere Exemplare halten. Sie lassen sich vor allem mit Wirbellosen gut vergesellschaften, vertragen sich aber auch mit vielen anderen Fischen, die nicht zu groß sind.
Hält.B.: Riff-Aquarium mit Sandboden. Am Übergang vom Sand zum Fels richtet man mehrere Wohnhöhlen ein.
Licht: Mittellichtzone.
ZU/Verm.: Eine Aufzucht ist nicht gelungen. Bei guter Pflege laichen die Grundel jedoch regelmäßig ab.
FU: K, FD; sie sind problemlos zu füttern und nehmen neben verschiedenem Gefrierfutter auch Tabletten- und Flockenfutter an. Es ist jedoch für Abwechslung im Speiseplan zu sorgen.
Bes.: Im natürlichen Biotop flüchtet diese Art oft nicht in die Wohnhöhle sondern verläßt ihr Revier. Die Jungfische erkennt man an einem ovalen Punkt an der Schwanzbasis.

T: 21-27°C, **L**: 12 cm, **BL**: ab 100 cm, **WB**: m, **WR**: m, **BS**: 1, **SG**: 1-2

Ptereleotris grammica RANDALL & LUBBOCK, 1982
Mauritius Torpedogrundel

Vork.: Südlicher Indopazifik, auf Kies- und Sandböden an der Außenseite von Riffen in 30 bis 50 m Tiefe.
GU: Sind nur an der Form der Genitalpapille zu erkennen.
Soz.Verh./Vgs.: Da sie in ihrem Lebensraum immer paarweise anzutreffen sind, sollten sie auch im Aquarium so gehalten werden. Sie sind ideale Partner für Wirbellose, sind aber zu scheu für größere Fische.
Hält.B.: Riff-Aquarium mit einem Sandboden, auf dem aus flachen Steinen ein Versteck gebaut wird.
Licht: Mittellichtzone.
ZU/Verm.: Ist im Aquarium noch nicht gelungen.
FU: K, FD; sie nehmen fast jedes Futter, das frei im Wasser schwebt. Von der Wasseroberfläche oder vom Boden nehmen sie kaum etwas auf.
Bes.: Es gibt zwei Unterarten, die sich durch ihre Färbung unterscheiden: *P. g. grammica* lebt im östlichen Teil des Verbreitungsgebietes hat einen dunkelbraunen Längsstreifen, der von *P. g. melanota* von Mauritius ist schwarz.

T: 22-27°C, L: 8 cm, BL: ab 80 cm, WB: m, WR: m, BS: 3, SG: 1-2

Fam.: Microdesmidae

Ptereleotris hannae (JORDAN & SNYDER, 1901)
Blumen Torpedogrundel

Vork.: Westlicher und zentraler Pazifik, Japan, Korea, Philippinen, Indonesien, Australien, auf Kies- und Sändboden in Riffnähe in 3 bis 50 m Tiefe.
GU: Sind nur an der Form der Genitalpapille zu erkennen.
Soz.Verh./Vgs.: Sie leben meist paarweise, können aber im Aquarium auch einzeln gehalten werden. Sie vertragen sich gut mit kleinen bodenlebenden Fischen wie Grundeln und Schleimfischen. Mit allen Wirbellosen kann man sie gut vergesellschaften.
Hält.B.: Riff-Aquarium mit grobem Sand, in den man eine Plexiglasröhre als Wohnhöhle schräg eingräbt. Sie nehmen aber auch Verstecke im Felsen an.
Licht: Mittellichtzone.
ZU/Verm.: Eine Aufzucht wird im Aquarium wegen der Kleinheit der Larven nur sehr schwer gelingen. Das Balzverhalten und das Ablaichen kann man jedoch immer wieder beobachten.
FU: K, FD; sie sind sehr genügsam und schnappen nach jeglichem Futter, das in ihrer Nähe frei im Wasser treibt. Sie sind leicht an Flockenfutter zu gewöhnen, sollen jedoch nicht außschließlich damit gefüttert werden.
Bes.: Diese Art wird immer wieder zusammen mit *Alpheus*-Knallkrebsen in einer Höhle gesehen. Sie geht aber keine Symbiose mit dieser Garnele ein. Sie ist nur schwer von *P. arabica* zu unterscheiden, hat jedoch noch längere Fäden an der Schwanzflosse als diese.

T: 21-27°C, **L:** 11 cm, **BL:** ab 100 cm, **WB:** m, **WR:** m, **BS:** 2-3, **SG:** 1-2

Ptereleotris heteroptera (BLEEKER, 1855)
Schwarzschwanz Torpedogrundel

Vork.: Rotes Meer, Indopazifik, Ryukyu-Inseln, Pazifik, Hawaii, in Lagunen und seeseitigen Riffen, sowohl über Hartboden als auch über Sand in 5 bis 5 m Tiefe.
GU: Sind nur an der Form der Genitalpapille zu erkennen.
Soz.Verh./Vgs.: In ihrer Jugend bilden sie kleine Gruppen, als Erwachsene sind sie in Paaren zu finden, die meist eng nebeneinander schwimmen. In einem sehr großen Becken kann man auch mehrere Paare einsetzen. Da sie relativ scheu sind, sollte man sie möglichst nur mit Wirbellosen vergesellschaften.
Hält.B.: Riff-Aquarium mit Sandboden. Im Felsen in Bodennähe bietet man ihnen mehrere Spalten und Löcher als Versteck an.
Licht: Mittellichtzone.
ZU/Verm.: Fühlen sich die Fische wohl, laichen sie immer wieder ab. Von einer Aufzucht ist jedoch noch nichts bekannt geworden. Die Larven gehen erst mit einer Länge von über 3 cm zum bodennahen Leben über.
FU: K, FD; sie ernähren sich von Zooplankton, im Aquarium nehmen sie nur Futterpartikel an, die frei im Wasser schweben. Gefrierfutter (*Artemia*, *Mysis*) wird ebenso gefressen wie zerkleinerte Futtertabletten.
Bes.: In ihrem natürlichen Lebensraum schweben sie oft bis 3 m über dem Boden. Bei Gefahr flüchten sie jedoch blitzschnell in ihre Höhle. Die Art ist ähnlich wie *P. evides*, hat jedoch einen schwarzen Fleck an der Schwanzflosse. Manchmal lebt sie mit einer Grundel und einer Garnele in einer Höhle (Foto übernächste Seite).

T: 22-27°C, **L:** 10 cm, **BL:** ab 80 cm, **WB:** m, **WR:** m, **BS:** 1-2, **SG:** 1-2

Ptereleotris hannae

Ptereleotris heteroptera

Ptereleotris heteroptera rechts in ungewöhnlicher Lebensgemeinschaft mit einer Partner-grundel.

Pterois volitans, Rotfeuerfisch - einer der größten Feinde der Grundeln

Ptereleotris microlepis (BLEEKER, 1856)
Zarte Torpedogrundel

Vork.: Rotes Meer, Ost-Afrika, Seychellen, Indopazifik bis Melanesien, auf Sand und Korallenkies in Buchten und Lagunen in weniger als 1 bis 50 m Tiefe.
GU: Sind nur an der Form der Genitalpapille zu erkennen.
Soz.Verh./Vgs.: Sie können paarweise und in kleinen Gruppen von mehreren Paaren gehalten werden (Foto). Da diese Art besonders scheu ist, sollte man sie nur mit Wirbellosen vergesellschaften.
Hält.B.: Riff-Aquarium mit Sandboden und Verstecken, die groß genug sind, um auch mehrere Individuen aufzunehmen. Werden sie erschreckt, springen sie manchmal aus dem Wasser; daher ist eine Abdeckung des Beckens zu empfehlen. Die Strömung sollte nicht zu stark sein.
Licht: Sonnenlicht- bis Mittellichtzone.
ZU/Verm.: Ist im Aquarium noch nicht gelungen
FU: K, FD; sie nehmen fast jedes Futter an, das im Wasser flottiert. Zu Boden gesunkenes Futter beachten sie nicht. Es ist daher gleich zu entfernen.
Bes.: Sie sind scheuer als die meisten anderen *Ptereleotris*-Arten.

T: 22-27°C, **L**: 12 cm, **BL**: ab 100 cm, **WB**: l-m, **WR**: m, **BS**: 2, **SG**: 2

Fam.: Microdesmidae

Ptereleotris monoptera RANDALL & HOESE, 1985
Kein deutscher Name bekannt

Vork.: Süd-Japan, Taiwan, Indonesien, Großes Barriere Riff und Seychellen, auf Sand- und Felsboden in 6 bis 15 m Tiefe.
GU: Sind nur an der Form der Genitalpapille zu erkennen. Die ♂♂ haben manchmal, jedoch nicht immer, längere Fäden an der Schwanzflosse als die ♀♀.
Soz.Verh./Vgs.: Sie leben paarweise, bilden aber oft lockere Gruppen. Nur mit kleinen, friedlichen Fischen und Wirbellosen vergesellschaften.
Hält.B.: Sandboden mit kleinen Felsaufbauten in denen sie sich verstecken können.
Licht: Mittellichtzone.
ZU/Verm.: Ist im Aquarium noch nicht gelungen.
FU: K, FD; sie schnappen blitzschnell nach Futter, das in der Strömung treibt oder zu Boden sinkt. Am Boden liegendes Futter beachten sie jedoch nicht mehr.
Bes.: Sind bei dieser Art nicht bekannt.

T: 22-27°C, **L**: 11 cm, **BL**: ab 100 cm, **WB**: l-m, **WR**: m, **BS**: 3, **SG**: 2

Ptereleotris uroditaenia RANDALL & HOESE, 1985
Pazifische Torpedogrundel

Vork.: Westlicher Süd-Pazifik, Großes Barriere Riff, in Korallenriffen in etwa 20 m Tiefe.
GU: Sind nur an der Form der Genitalpapille zu erkennen.
Soz.Verh./Vgs.: Sie leben meist paarweise und sollten auch nur so gehalten werden, da sich gleichgeschlechtliche in vielen Fällen nicht vertragen. Sie sind ideal für das Wirbellosenbecken, jedoch schlecht mit anderen Fischen zu vergesellschaften, da sie dann ihr Versteck kaum verlassen.
Hält.B.: Riff-Aquarium mit vielfältigen Versteckmöglichkeiten.
Licht: Mittellichtzone.
ZU/Verm.: Ist im Aquarium noch nicht versucht worden.
FU: K, FD; sie nehmen kleingehacktes Gefrierfutter und zerbröckelte Futtertabletten nur auf, wenn sie im Wasser treiben. Ab und zu sollte man Lebendfutter (z.B. Rote Mückenlarven) reichen.
Bes.: Die Art ist leicht an den zwei dunklen Streifen auf der Schwanzfloße zu erkennen. Über die Biologie ist sogut wie nichts bekannt, da die Tiere sehr selten sind. Zum Zeitpunkt der Beschreibung, im Jahr 1985, hatte man nur ein Exemplar gefangen und zwei weitere fotografiert.

T: 23-27°C, **L**: 8 cm, **BL**: ab 80 cm, **WB**: l-m, **WR**: m, **BS**: 3-4, **SG**: 2

Ptereleotris monoptera

Ptereleotris uroditaenia

Fam.: Microdesmidae

Ptereleotris zebra (FOWLER, 1938)
Zebra Torpedogrundel

Vork.: Rotes Meer, Indopazifik, Ryukyu- Inseln, Großes Barreire Riff in Korallenriffen in 2 bis 4 m, manchmal aber auch in über 30 m Tiefe.
GU: ♂♂ und ♀♀ sind äußerlich nur an der Form der Genitalpapille zu unterscheiden (siehe Seite 1074).
Soz.Verh./Vgs.: Nach bisherigen Beobachtungen ist sie die einzige Art der Familie, die auch in kleinen Gruppen gut im Aquarium zu halten ist. Allerdings geht dies nur solange gut, bis die Grundeln geschlechtsreif sind. In ihrem natürlichen Biotop bilden sie auch oft kleine Gruppen, die sogar eine gemeinsame Höhle bewohnen. Sie sind mit Wirbellosen und friedlichen Fischen zu vergesellschaften. Sie vertragen sich z.B. gut mit einem *Amphiprion*-Pärchen.
Hält.B.: Riff-Aquarium mit genügend Versteckmöglichkeiten. Eine Abdeckung wird empfohlen, da erschreckte Tiere manchmal aus dem Wasser springen.
Licht: Sonnenlicht- bis Mittellichtzone.
ZU/Verm.: Bei der Balz, die man immer wieder beobachten kann, schwimmt das ♂ das ♀ schräg von oben an, taucht unter dem Bauch durch und berührt mit dem Maul die Körperflanke; dann schwimmen sie zeitweise ganz parallel zueinander. Die grau gefärbten Eier werden vom ♀ in der Höhle bewacht. Das ♂ wird zwar auch in der Höhle geduldet, beteiligt sich jedoch offenbar nicht an der Brutpflege (JANDE: Aqu.Magaz. 3/1980, 118ff). Da die frischgeschlüpften Eier sehr winzig sind, wird eine Aufzucht nur schwer gelingen.
FU: K, FD; sie schnappen gierig nach fast jedem Futter, das im Wasser treibt und nehmen sowohl Gefrierfutter, als auch Tabletten und Futterflocken. *Tubifex* verschmähen allerdings die meisten.
Bes.: Die unpaaren Kinnbarteln werden beim Drohen steil nach unten gerichtet. Aufgrund ihrer markanten Querstreifung (Name) sind sie leicht von anderen *Pereleotris*-Arten zu unterscheiden.

T: 22-28°C, **L**: 10 cm, **BL**: ab 80 cm, **WB**: m, **WR**: m, **BS**: 1, **SG**: 1

Ptereleotris zebra

Über die Familie Pholidichthyidae

Es gibt nur einen Vertreter dieser Familie, der aber regelmäßig von den Philippinen und Indonesien importiert wird: *Pholidichthys leucotaenia*, populär als Weißstreifen-Aalgrundel bekannt. Der langgestreckte Körper ist praktisch von einer durchgehenden Flosse umgeben, Rücken- und Afterflosse sind also mit der Schwanzflosse verschmolzen. Die lange Rückenflosse beginnt dicht hinter dem Kopf und hat 60 Strahlen, die kürzere Afterflosse nur 40. Die geteilte Rückenflosse ist eigentlich ein wichtiges Unterscheidungsmerkmal zwischen Grundeln und Schleimfischen, folglich müßte die Weißstreifengrundel der Unterordnung Blennioidei zugeordnet sein. Trotzdem überwiegen andere Merkmale, die Wissenschaftler veranlassen, sie zur Unterordnung Gobioidei zu stellen. Bevor in weiteren Untersuchungen die tatsächliche Zugehörigkeit nicht endgültig geklärt ist, behält diese Familie ihren populären deutschen Namen Aalgrundel.

Wissenschaftliche Forschungen an den Larven von *P. leucotaenia* sind interessant genug, hier veröffentlicht zu werden: Nachzuchten der Weißstreifengrundel gelangen in siebenmonatigen Abständen. Anders als sonst bei Korallenfischen die Regel, sind weder Eier noch Larven planktonisch. Die Elterntiere lebten in den Institutsaquarien in einem ausgedehnten System von Tunneln im Substrat und Höhlen im nachgebauten Riff. Die scheuen Fische schauten nur mit den Köpfen aus den Höhleneingängen hervor. Jedes Lebendfutter wie Wasserflöhe, Muschel- und Fischfleisch wurde angenommen. Ein Paarungsverhalten wurde nicht beobachtet, erst als etwa 400 bis 500 Larven aus den Höhlen auftauchten und nahe bei den Eltern blieben, war die Fortpflanzung erkennbar. Deutlich war das unterschiedliche Farbmuster der Jungtiere zu erkennen, aber nur im Rasterelektronenmikroskop konnte man vier Klebedrüsen zwischen den Augen der Aalgrundellarven entdecken. Daraus quillt nachts ein Schleimfaden, womit sie sich am Untergrund oder an Algen in Elternnähe festheften.

Beide Eltern verteidigten die schulenden Larven und griffen andere Fische im Aquarium an, sobald sie Junge hatten, aber nicht vorher. Offensichtlich gehört es zum Normalverhalten der Art, daß die Jungfische bei den Eltern bleiben und von ihnen verteidigt werden. Daraus kann man schließen, daß erwachsene Aalgrundeln auch in ihrem natürlichen Lebensraum in Paaren leben, wie es viele Grundeln tun, aber keine bekannte Schleimfischart. Im Alter von zwei Monaten und mit einer Länge von zwei Zentimetern waren die larvalen Klebedrüsen völlig zurückgebildet. Pro Monat legten die jungen Aalgrundeln mit *Artemia* und *Cyclops* als Hauptnahrung einen Zentimeter Länge zu und nach einem Jahr wechselten sie die Längsstreifen in das quergestreifte Erwachsenenkleid. Bei einer Größe von 15 Zentimetern wurden die Aalgrundeln räuberisch und griffen andere kleine Fische an. Im Aquarium werden sie selten länger als 20 Zentimeter, in der Literatur wird die größte Aalgrundel mit 33 Zentimeter erwähnt.

Bild rechts oben:

Die Jungtiere der Aalgrundel *Pholidichthys leucotaenia* sind vollkommen anders gefärbt als die Erwachsenen. Sie sind schwarz und haben seitlich ein weißes Längsband, das vom Auge bis zur Basis der Schwanzfloße verläuft. Die Körperunterseite ist hell. Beim Heranwachsen löst sich die Längszeichnung auf und bildet eine Querstreifung. Die Jungtiere bilden meist dichte knäuelartige Schwärme über dem Grund. Sie erinnern dabei stark an die Korallenwelse, die in ihrer Jugend auch ähnlich gefärbt sind. Da die Korallenwelse sehr giftig sind, werden sie von Räubern gemieden. Durch die Ähnlichkeit im Verhalten und im Aussehen sind damit auch die jungen Aalgrundeln geschützt. Man spricht von Mimikry (Vergleiche Foto Seite 23!).

Pholidichthys leucotaenia BLEEKER, 1856
Weißstreifen Aalgrundel

Vork.: Westlicher Pazifik im Bereich der Philippinen, Indonesien und Salomon-Inseln, in Korallenriffen in 10 bis 20 m Tiefe.
GU: Sind nicht bekannt.
Soz.Verh./Vgs.: In einem größeren Becken können mehrere Exemplare gehalten werden, von denen jedes einen Unterschlupf braucht. Sie vertragen sich auch gut mit vielen anderen Fischen und Wirbellosen. Sehr kleine Fische und Garnelen sind allerdings gefährdet.
Hält.B.: Riff-Aquarium mit einem Boden aus grobem Sand. Am Übergang vom Sand zum Felsen legt man ihre Verstecke an, an denen laufend gearbeitet wird. Sie baggern ständig Sand und türmen ihn zu kleinen Häufchen auf.
Licht: Mittellichtzone.
ZU/Verm.: Ist im Aquarium ganz selten gelungen. Die frisch geschlüpften Larven sind nicht freischwimmend, wie die von Grundeln und Schleimfischen, sondern sind benthisch (bodenlebend) und besitzen Klebedrüsen am Kopf.
FU: K, FD; sie nehmen Flockenfutter, TetraTips- und TabiMin-Tabletten, *Artemia*, *Mysis*, Muschelfleisch, *Tubifex*, Daphnien, Rote und Weiße Mückenlarven und Enchytraen. Algen und Salat werden nicht genommen.
Bes.: Ihre Stellung im System der Fische ist nach wie vor noch ungeklärt (siehe Seite 1037). Die Jungtiere sind völlig anders gefärbt und zeigen ein sehr interessantes Verhalten.

T: 22-28°C, **L**: 20 cm, **BL**: ab 100 cm, **WB**: m-s, **WR**: u-m, **BS**: 3, **SG**: 2

Pholidichthys leucotaenia, juvenil

Pholidichthys leucotaenia, adult

Fam.: Callionymidae

Über die Familie Callionymidae

Einer der Pionierfische in der Meeresaquaristik entstammt der Familie Callionymidae: Schon vor dem zweiten Weltkrieg wurde *Callionymus lyra* aus dem nordöstlichen Atlantik in Aquarien gehältert und laichte dort auch schon ab. Die Familie der Leierfische ist eine Gruppe bodengebundener mariner Bewohner der Kontinentalschelfe, Kontinentalabhänge und Meereskuppen bis in max. 900 m Tiefe. Einige Arten dringen ins Süßwasser der Flußmündungen vor. Die beiden umfangreichsten Gattungen *Callionymus* und *Synchiropus* leben nahezu circumtropical, vor allem in warmen und temperierten Meeren. Die meisten Callionymidae werden auf Sand- und Schlammböden, einige Arten aber auch im Korallenriff und zwischen Seegras gefunden.
Die verschiedenen Leierfischgattungen ähneln sich in ihrer äußeren Gestalt, die Färbung der Arten ist jedoch unterschiedlich. Es sind verhältnismäßig kleine Fische, die kaum länger als sechs Zentimeter werden. Sie besitzen einen großen Kopf mit hochsitzenden Augen, mit denen sie ständig ihre Umgebung beobachten. Das Maul ist klein und spitz, und die Kiefer können weit vorgestreckt werden. Die Freßbewegungen gleichen dem Picken eines Vogels. Ihre Haut ist nackt, also ohne Schuppen, wird aber durch eine dicke Schleimschicht geschützt. Schleim wird besonders stark abgesondert, wenn sich Leierfische bedroht fühlen. Man vermutet, daß diese Absonderung giftig ist. Die meisten Leierfische tragen am Vorderkiemendeckel einen Dorn, mit dem sie sich zusätzlich gegen Freßfeinde verteidigen. Beim Streit unter Artgenossen spielt diese Waffe nur eine indirekte Rolle: Die Kontrahenten schüchtern sich gegenseitig ein, indem sie die Kiemendeckel weit abspreizen. Die dabei weit ausladenden Dorne sollen den Gegner erschrecken.
Die Geschlechter sind bei Leierfischen meist gut zu unterscheiden: Beide tragen zwar zwei Rückenflossen, aber bei den Männchen ist die erste entweder stark ausgezogen oder stellt einen Schirm dar. Das aber nur, wenn die Strahlen der vorderen Rückenflosse aufgerichtet sind. Der Populärname Leierfisch beruht auf den Fähigkeiten der Männchen, die erste Rückenflosse schirmartig aufzustellen, die dann wie das Musikinstrument aussieht. Aufgestellt ist diese "Leier" bei manchen Arten größer als der ganze Fisch! Beim Balzen und beim Drohen richten die Männchen die Rückenflossen auf und imponieren damit nicht nur dem Partner oder Gegner, sondern auch ihrem Pfleger vor der Aquarienscheibe.
Leierfische und insbesondere die Mandarinfische der Gattung *Synchiropus* können paarweise gepflegt werden. Fühlen sich die Tiere wohl, setzt das Weibchen schon bald Laich an. Darauf reagiert das Männchen, indem es in die Nähe des Weibchens hopst und imponierend die Rückenflosse aufstellt. Noch während die Aquari-

enbeleuchtung eingeschaltet ist, suchen beide das freie Wasser auf, indem sie nach oben schwimmen, das Männchen immer dem Weibchen folgend. Zurück am Boden zittert es am ganzen Körper und stülpt das Mäulchen vor. Nach einigen Scheinpaarungen ist in der Regel nach Abschaltung des Lichtes die echte Paarung zu erwarten:
Bauch an Bauch schwimmen beide zur Oberfläche und laichen an dem obersten Punkt einer gedachten U-Linie ab. Das dauert etwa 15 Sekunden. Auffallend ist dabei die gespreizte Afterflosse des Männchens. Hat das Weibchen die Eier entlassen, gehen beide auseinander und graben sich wie gewohnt in den sandigen Bodengrund ein.
Alle Arten der Callionymidae steigen zum Ablaichen paarweise vertikal vom Meeresgrund aufwärts und laichen Bauch an Bauch an dem obersten Punkt des Aufstiegs ab. Die Entfernung vom Bodengrund kann über zwei Meter betragen. Damit wird die Verbreitung der befruchteten Eier mit Strömungen erleichtert. Einige Arten unternehmen lokale Wanderungen in Gebiete, in denen starke, bodennahe Strömungen herrschen. Die Folge dieses Verhaltens ist eine bessere Verbreitung der planktonischen Eier. Solche und ähnliche 'passiven Dispersionsmechanismen' kommen bei bodengebundenen Fischen häufig vor.
Über die Entwicklungsdauer der verschiedenen Leierfischarten ist wenig bekannt. Bei einigen Arten verläuft die Entwicklung schnell (7 bis 10 Tage von der Eiablage zur Metamorphose bei *Synchiropus*-Arten), bei anderen wie den atlantischen *Chalinops*-Arten kann sie über 40 Tage dauern, bis die Larven aus dem Plankton zu Boden sinken. Neben der passiven Verbreitung durch pelagische Entwicklungsstadien gibt es bei Leierfischen in seltenen Fällen aktives Wandern von ausgewachsenen Tieren. So ist von der Art *Callionymus filamentosus* aus dem nördlichen Roten Meer bekannt, daß sie den Suezkanal in Richtung östliches Mittelmeer durchquert hat. Von der Leierfischart *Eleutherochir opercularis* weiß man, daß sie regelmäßig Wanderungen aus dem Meer in Flußmündungen hinein und zurück unternimmt.

Für den Sporttaucher stellt es eine außerordentliche Genugtuung dar, Leierfische in ihrem natürlichen Lebensraum beobachten zu können. Denn sie leben versteckt und sind ihrem Lebensraum farblich perfekt angepaßt. Kaum sieht man mal das Portrait eines Leierfisches in der Sammlung eines Unterwasserfotografen. Für die Pflege in Meeresaquarien eignen sich die unermüdlichen Hopser schon deshalb, weil sie nur ein kleines Territorium beanspruchen, was man ihnen schon mit einem 100-Liter Becken anbieten kann. Lebende Steine mit ihren Kleinstlebewesen sind die ideale Voraussetzung zur Pflege insbesondere der tropischen Leierfische. Mit kleinen, langsamen Sprüngen bewegen sie sich voran, wobei sie durch die Brustflossen angetrieben werden. Die Bauchflossen haben ständig Kontakt zum Aquarienboden, so daß ihre Schwimmweise mehr einem Hopsen gleicht. Jeder Winkel des Aquariums wird erkundet und gezielt sucht das spitze Mäulchen nach Kleinstkrebsen im Bodengrund oder im nachgebauten Riff. Durch die Umwälzpumpe herangetriebenes Gefrierfutter wie *Mysis* und *Artemia* wird gern angenommen, sofern der Brocken nicht zu groß für das Spitzmaul ist.

Callionymus delicatulus FRICKE, 1982
Lagunen Leierfisch

Vork.: Indo-Pazifik, vom Roten Meer bis zu den Salomonen-Inseln. In 1 bis 20 m Tiefe.
GU: Die größeren ♂♂ besitzen zwei sehr stark fadenförmig verlängerte Strahlen der ersten Rückenflosse und die untere Hälfte der Schwanzflosse ist stark nach rückwärts verlängert. Dem ♀ fehlen die langen Rückenflossenstrahlen, und die untere Schwanzflossenhälfte ist nur wenig länger als die obere.
Soz.Verh./Vgs.: *C. delicatulus* kommt einzeln oder paarweise auf seichten Sand- und Schlammböden besonders von Lagunenriffen vor.
Hält.B.: *C. delicatulus* benötigt einige Zentimenter Sand, um sich eingraben zu können. Er ist anspruchslos und friedfertig gegenüber anderen Fischen und Wirbellosen.
Licht: Sonnenlichtzone.
ZU/Verm.: Paarweises Ablaichen in den Abendstunden wird angenommen; eine Aufzucht ist bisher nicht gelungen.
FU: C; er frißt bodenbewohnende Kleinkrebse und geht auch an Artemien, *Mysis*, Gefrierfutter usw.
Bes.: Besonderes Kennzeichen dieser Art ist ein langer, spitzer Dorn am vorderen Kiemendeckel, der oben fein gezähnt und unten mit einem starken Widerhaken versehen ist.
T: 24-26°C, **L**: ♂ 6 cm, ♀ 4 cm, **BL**: ab 60 cm, **WB**: I, **WR**: u, **BS**: 2, **SG**: 3.

Callionymus lyra LINNAEUS, 1758
Gewöhnlicher Leierfisch

Vork.: Ost-Atlantik und Mittelmeer, von Norwegen bis Nordwest-Afrika und zu den Azoren. In 5 bis 30 m Tiefe.
GU: Die ♂♂ sind wesentlich größer als die ♀♀. Die gesamte erste Rückenflosse der ♂♂ ist sichelartig verlängert, wobei der erste Strahl am längsten ist. Ihr Laichkleid ist auffällig orange-gelb mit grünen, blauen und violetten Längsstreifen. Die ♀♀ sind sandfarben und ohne verlängerte erste Rückenflossenstrahlen.
Soz.Verh./Vgs.: *C. lyra* lebt einzel oder paarweise auf sandigen und schlammigen Böden, ist ziemlich ortsgebunden und unverträglich gegenüber Artgenossen; anderen Fischen und den meisten Wirbellosen gegenüber friedlich.
Hält.B.: *C. lyra* benötigt eine Sandschicht, zumindest einige Zentimeter tief, um sich eingraben zu können; ansonsten stellt er keine großen Anforderungn an Becken und Wasserqualität.
Licht: Sonnen-, Mittellichtzone.
ZU/Verm.: *C. lyra* wurde bereits vor dem 2.Weltkrieg in Aquarien beim Ablaichen beobachtet. Die Tiere steigen paarweise am Abend Bauch an Bauch schwimmend senkrecht ins freie Wasser auf und stoßen am höchsten Punkt ihres geschwommenen Bogens gleichzeitig Eier und Spermien aus. Die Befruchtung erfolgt im freien Wasser. Die Eier und Larven schweben mit den Strömungen und sorgen so für weite Verbreitung. Eine Aufzucht der Jungen ist im Aquarium noch nicht gelungen.
FU: C; er frißt hauptsächlich Kleinkrebse, die er vom Boden aufnimmt. Ab und zu nimmt er Ersatzfutter wie *Mysis*, Artemien u.v.a., Garnelen sowie Gefrierfutter auf.
Bes.: *C. lyra* war einer der ersten Fische, die erfolgreich in Aquarien gepflegt wurden. Er ist die am wenigsten anspruchsvolle Art dieser Familie. Im Sommer und in stark geheizten Räumen muß das Aquarium gekühlt werden.
T: 16-20°C, **L**: ♂ 30 cm, ♀ 20 cm, **BL**: ab 120 cm, **WB**: I, **WR**: u, **BS**: 2, **SG**: 3.

Callionymus delicatulus, Taba, Sinai

Callionymus lyra

Fam.: Callionymidae

Callionymus pleurostictus SMITH, 1963
Blaupunkt Leierfisch

Vork.: West-Pazifik, von Vietnam bis zu den Salomon-Inseln in 1 bis 20 m Tiefe.
GU: Nicht bekannt.
Soz.Verh./Vgs.: *C. pleurostictus* lebt einzeln oder paarweise auf Korallensand in Lagunen und ist gut mit nicht zu großen anderen Fischen und auch mit Wirbellosen zu halten.
Hält.B.: *C. pleurostictus* benötigt zumindest einige Zentimeter Sandschichtstärke, um sich bei Gefahr und zur Ruhe eingraben zu können.
Licht: Sonnenlichtzone.
ZU/Verm.: Er laicht paarweise in den Abendstunden im freien Wasser ab. Eine erfolgreiche Aufzucht wurde bisher nicht gemeldet.
FU: C; *C. pleurostictus* sucht im Meer am Grund nach versteckten Kleintieren, besonders Krebsen und nimmt im Aquarium auch Kleinkrebse wie *Mysis, Artemia*, zerkleinerte Garnelen u.a. Gefrierfutter an.
Bes.: Keine.

T: 24-26°C, **L**: 5 cm, **BL**: ab 60 cm, **WB**: I, **WR**: u, **BS**: 2, **SG**: 3.

Diplogrammus infulatus SHAW, 1963
Grüner Leierfisch

Vork.: Westlicher Indischer Ozean, vom Roten Meer bis Südafrika und nach Mauritius. In 1 bis 10 m Tiefe.
GU: Gering; das ♂ ist nur wenig größer als das ♀; der erste Rückenflossenstrahl der ♂♂ ist stark verlängert. Die Farbunterschiede sind wesentlich größer, so ist das ♂ am Rücken goldfarben mit silbrigen Sprenkeln und dunklen Flecken und seitlich mit dunkelblauen Flecken. Die ♀♀ sind hingegen unscheinbar lederfarben.
Soz.Verh./Vgs.: *D. infulatus* lebt einzeln oder paarweise besonders in Gezeitentümpeln und in mit Seegras bewachsenen Lagunen.
Hält.B.: Ein alteingerichtetes Becken mit entsprechendem Algenbewuchs und Bestand an Kleintieren ist Grundvoraussetzung für die erfolgreiche Haltung dieser Tiere.
Licht: Sonnenlichtzone.
ZU/Verm.: *D. infulatus* laicht in der Abenddämmerung paarweise im freien Wasser ab; eine Aufzucht im Aquarium ist bisher nicht gelungen.
FU: C; die Tiere suchen den Pflanzenbestand nach Kleintieren ab und finden in alteingerichteten Aquarien genug, um ihren Nahrungsbedarf zum größten Teil zu stillen. Daneben nehmen sie Kleinkrebse, auch gefriergetrocknete an.
Bes.: Der Dorn am vorderen Kiemendeckel ist besonders lang (bis zu 10 mm), ist am Ende aufgebogen, hat 5 bis 9 nach hinten umgebogene Stachel und am inneren Ende zwei etwas nach vorne gerichtete Zähne.

T: 24-26°C, **L**: 12 cm, **BL**: ab 100 cm, **WB**: I, **WR**: u, **BS**: 2, **SG**: 3.

Callionymus pleurostictus, Bali

Diplogrammus infulatus

Diplogrammus randalli FRICKE, 1983
Randall's Leierfisch

Vork.: Rotes Meer, Golf von Aqaba in 1 bis 10 m Tiefe.
GU: Nicht bekannt.
Soz.Verh./Vgs.: Lebt einzeln oder paarweise.
Hält.B.: Höhere Dichte beachten; Rotes Meer: 1,028; 48 µs!
Licht: Sonnenlichtzone.
ZU/Verm.: Nicht bekannt.
FU: C;
Bes.: Beide Arten der Gattung Diplogrammus besitzen im Gegensatz zu allen anderen Leierfischen keine freien Hautlappen auf dem rückwärtigen Kiemendeckel. Ihr Dorn am vorderen Kiemendeckel ist relativ groß und weist an der Oberseite zahlreiche gebogene Zähnchen auf.

T: 24-28°C, **L**: 7 cm, **BL**: ab 80 cm, **WB**: I, **WR**: u, **BS**: 3, **SG**: 3.

Synchiropus picturatus ♀
Synchiropus picturatus (PETERS, 1876)
LSD-Mandarinfisch

Vork.: Philippinen und Melanesien in 0 bis 20 m Tiefe.
GU: Die ♂♂ und ♀♀ sind fast gleich in Form und Farbe. Die ♂♂ sind jedoch etwas größer, etwas kräftiger gefärbt und ihre Rücken- und Schwanzflossen sind etwas stärker ausgebildet.
Soz.Verh./Vgs.: Die Tiere leben einzeln oder in Paaren versteckt in Korallenriffen; können daher in Paaren gehalten werden, aber nicht mit ♂♂ gemeinsam oder mit ♂♂ anderer *Synchiropus*-Arten, denn die bekämpfen sich heftig, manchmal bis zum Tode eines der Kontrahenten.
Hält.B.: *S. picturatus* benötigt ein alteingerichtetes Becken mit Wirbellosen Tieren besetzt und mit vielen Versteckmöglichkeiten.
ZU/Verm.: Die paarweise gehaltenen Tiere laichen auch im Aquarium in der Abenddämmerung, zur Oberfläche aufsteigend, ab. Die Aufzucht ist bisher allerdings noch nicht gelungen.
FU: C; *S. picturatus* frißt mit Vorliebe im Algenaufwuchs, wobei er es weniger auf die Algen, als auf die dazwischen lebenden Kleintiere abgesehen hat. Es kann natürlich auch vorkommen, daß er sich z.B. an einigen Krustenanemonen vergreift, aber ansonsten läßt er die Wirbellosen in Ruhe.
Bes.: Wegen ihrer versteckten Lebensweise wird diese, wie die meisten verwandten Arten nur selten angeboten, kostet meist einen stolzen Preis und ist wegen ihrer nicht einfachen Haltung nur erfahrenen Aquarianern zu empfehlen.

T: 24-26°C, L: 5 cm, BL: ab 60 cm, WB: l, WR: u, BS: 2-3, SG: 3.

Fam.: Callionymidae

Synchiropus splendidus, Palau

Synchiropus splendidus (HERRE, 1927)
Glänzender Mandarinfisch

Vork.: West-Pazifik, von Java bis Japan zum südlichen Barriere-Riff und zu den Karolinen. In 1 bis 18 m Tiefe.
GU: Die ♂♂ sind etwas größer als die ♀♀, ihre Flossen ebenfalls größer und der erste Strahl der ersten Rückenflosse ist etwa um das zweifache verlängert.
Soz.Verh./Vgs.: *S. splendidus* lebt einzeln oder paarweise versteckt auf Korallengrund oder auf Überresten von Blättern am Grund vor Felsküsten. Ein ♂ kann gemeinsam mit einem oder mehreren ♀♀ gehalten werden, aber nicht mit anderen ♂♂, auch nicht von verwandten Arten, denn diese bekriegen sich bis zu tödlichen Verletzungen.
Hält.B.: *S. splendidus* benötigt ein abwechslungsreich gestaltetes Korallenaquarium, besonders mit lebenden Wirbellosen und mit kleinen Löchern und Nischen, in denen die Tiere sich verstecken können.
Licht: Sonnen-, Mittellichtzone.
ZU/Verm.: Nach Art der Leierfische bilden die Tiere Paare, die zum Ablaichen in der Dämmerung sich drehend der Oberfläche zustreben, dort eine Weile zur Abgabe der Geschlechtsprodukte verweilen und dann wieder zum Boden zurückkehren.
FU: C; der Mandarinfisch hat ein kleines Maul und ernährt sich im Meer von winzigen Krebsartigen, die er im Aufwuchs aufstöbert. Im Aquarium nimmt er zwar *Artemia, Tubifex* u.a. als Ersatzfutter, kann aber auf Dauer davon nicht leben. Er benötigt daher ein alteingefahrenes Becken, um selbst allerlei Kleinlebewesen vom Boden aufpicken zu können.
Bes.: Dieser beliebte, aber teure Aquarienfisch wird von den Philippinen exportiert; manchmal findet man Tiere mit hellroter Grundfärbung.

T: 24-26°C, **L**: 10 cm, **BL**: ab 80 cm, **WB**: l, **WR**: u, **BS**: 2, **SG**: 3.

Synchiropus splendidus ♀, Aquariumaufnahme

Synchiropus splendidus ♀

Fam.: Callionymidae

Synchiropus ocellatus (PALLAS, 1770)
Augenfleck Mandarinfisch

Vork.: West-Zentral-Pazifik, von Vietnam bis zu den Karolinen und Marshall-Inseln sowie zum südlichen Barriere-Riff. In 1 bis 30 m Tiefe.
GU: Die ♂♂ sind wesentlich größer als die ♀♀ (bis doppelt so groß) und besitzen vor allem eine gewaltige erste Rückenflosse, die vier sehr lange Strahlen aufweist, zwischen denen sich die Flossenhaut mit den namensgebenden (vier) Augenflecken, die nur zum Imponieren hergezeigt werden, befindet.
Soz.Verh./Vgs.: *S. ocellatus* bewohnt einzeln oder paarweise hauptsächlich sandige oder felsige Gebiete von Lagunen und Außenriffen.
Hält.B.: *S. ocellatus* benötigt ein alteingerichtetes Becken mit gutem Algenwuchs, in welchem er sich versteckt und die nötige Nahrung findet.
Licht: Sonnenlichtzone.
ZU/Verm.: Die Aufzucht von *S. ocellatus* ist bisher nicht gelungen, wohl aber wurde das paarweise Ablaichen in den Abendstunden beobachtet.
FU: C; er benötigt wie alle Zwergleierfische als Nahrungsgrundlage die Kleinlebewesen im Dickicht eines alteingefahrenen Aquariums, dazu werden noch Artemien, *Mysis* u.a. Krebsartige, die in kleinen Bissen angeboten werden müssen, angenommen.
Bes.: Die Tiere sind an sich unscheinbar gefärbt, um eine gute Tarnung zu genießen. Das auffällige Signal der ♂♂ sind die Augenflecken in der Rückenflosse, die nur bei "Bedarf" aufgestellt und abgespreizt wird.

T: 24-26°C, **L:** 7 cm, **BL:** ab 80 cm, **WB:** l, **WR:** u, **BS:** 2, **SG:** 3.

Synchiropus izimae ♀, Text übernächste Seite

Synchiropus ocellatus ♂

Synchiropus ocellatus ♀

Fam.: Callionymidae

Synchiropus izimae JORDAN & THOMPSON, 1914
Fächerflossen Mandarinfisch

Vork.: West-Pazifik, um Süd-Japan. In 10 bis 20 m Tiefe.
GU: Nicht bekannt.
Soz.Verh./Vgs.: *S. izimae* kann einzeln oder paarweise gehalten werden und versteckt sich mit Vorliebe zwischen Algen oder in Felslöchern.
Hält.B.: Er kann nur in alteingefahrenen Aquarien mit entsprechenden Verstecken sowie gutem Algenbewuchs gehalten werden.
Licht: Sonnen-, Mittellichtzone.
ZU/Verm.: Laicht paarweise in den Abendstunden im freien Wasser ab. Eine Aufzucht im Aquarium ist bisher nicht geglückt.
FU: C; er ernährt sich in erster Linie von winzigen Bodenbewohnern im Algendickicht und nimmt nebenbei Kleinkrebse u.a. tierisches Futter, wenn es klein genug ist und zu Boden sinkt und von dort aufgenommen werden kann, an.
Bes.: Dieser nur aus Japan bekannte Leierfisch lebt dort auch auf Felsgründen, da z.T. entsprechende Korallenriffe fehlen.

T: 18-22°C, **L**: 9 cm, **BL**: ab 80 cm, **WB**: I, **WR**: u, **BS**: 2-3, **SG**: 3.

Synchiropus morrisoni SCHULTZ, 1960
Morrisons Mandarinfisch

Vork.: West-Zentral-Pazifik; von NW Australien und Japan bis Samoa. In 12 bis 33 m Tiefe.
GU: Die ♂♂ und ♀♀ sind etwa gleich groß; die ♂♂ besitzen eine sehr hohe, oben abgestutzte, kronenartige erste Rückenflosse mit dunklen, welligen senkrechten Streifen. Die erste Rückenflosse der ♀♀ ist sehr niedrig und erreicht nicht einmal die Höhe der zweiten Rückenflosse.
Soz.Verh./Vgs.: *S. morrisoni* lebt einzeln oder paarweise im tieferen Algendickicht von Außenriffen.
Hält.B.: Er benötigt ein alteingerichtetes Becken mit viel Algenbewuchs, in dem er sich am liebsten versteckt aufhält und wo ihn die grünlich-rote Färbung vorzüglich tarnt.
Licht: Sonnen-, Mittellichtzone.
ZU/Verm.: Die Fische laichen paarweise im freien Wasser ab; eine Aufzucht ist noch nicht gelungen.
FU: C; er frißt hauptsächlich den Besatz an Kleinstlebewesen im Algenaufwuchs, nimmt aber zusätzlich auch *Mysis, Tubifex* und Kleinkrebse vom Boden auf.
Bes.: Die auffällige Rückenflosse wird nur zum Imponieren vor ♀♀ oder vor rivalisierenden anderen ♂♂ wie ein Fächer aufgespannt.

T: 24-26°C, **L**: 8 cm, **BL**: ab 80 cm, **WB**: I, **WR**: u, **BS**: 3, **SG**: 3.

Synchiropus izimae ♂, ♀ Seite 1150

Synchiropus morrisoni, Toko Toko Rock, Komodo

Fam.: Callionymidae

Synchiropus stellatus SMITH, 1963
Stern Mandarinfisch

Vork.: Westlicher Indischer Ozean von Ostafrika bis Sri Lanka. In 10 bis 20 m Tiefe.
GU: Die erste Rückenflosse der ♂♂ besitzt stark verlängerte Strahlen, die weit über den Flossensaum hinausreichen. Die Flossenhaut zieren innen halbkreisförmige Linien, außen kleine Augenflecken. Die ♀♀ besitzen eine wesentlich kleinere erste Rückenflosse, die schwarz gerandet ist und auch etwas über die Flossenhaut hinaus verlängerte Strahlen besitzt.
Soz.Verh./Vgs.: Die Tiere leben einzeln oder paarweise auf Korallenriffen und zwischen Seegräsern in seichtem Wasser. Sie können daher auch paarweise, jedoch nicht gemeinsam mit anderen Leierfischen gehalten werden.
Hält.B.: Sie benötigen alteingerichtete Becken, wo sie sich im Dickicht des Untergrundes niederlassen und aufgrund ihrer rötlich-braun gefleckten Färbung gut getarnt sind.
Licht: Sonnen-, Mittellichtzone.
ZU/Verm.: Die Tiere laichen paarweise in der Abenddämmerung ab; eine Aufzucht ist noch nicht gelungen.
FU: C; *S. stellatus* lebt von bodenbewohnenden Kleintieren, denen er im Aquarium ständig nachspürt. Außerdem geht er an Kleinkrebse wie *Mysis* und Salinenkrebse, aber auch an Daphnien, Mückenlarven usw.
Bes.: Am Rücken von ♂♂ und ♀♀ kann man häufig sternartige braune Fleckenzeichnungen erkennen, die den Tieren den Namen gegeben haben.

T: 24-26°C, **L**: 6 cm, **BL**: ab 60 cm, **WB**: I, **WR**: u, **BS**: 3, **SG**: 3.

Synchiropus stellatus ♂, Mauritius

Synchiropus stellatus ♂, Aquariumaufnahme

Synchiropus stellatus ♀, Malediven

Synchiropus picturatus beim Ablaichen

Das Ablaichen der Mandarinfische ist besonders faszinierend. Die Paare umschwimmen sich hierbei schon lange Zeit, bevor sie zum eigentlichen Ablaichvorgang schreiten. Das ♂ läßt hierbei ein wahres Feuerwerk an Farben aufleuchten, um dem ♀ entsprechend zu imponieren. Haben sich die beiden füreinander entschieden, so steigen sie, je nach Art, Bauch an Bauch oder Bauch an Rücken oder einander umschwimmend senkrecht nach oben, bis sie im freien Wasser eine Höhe von einigen Metern über dem Grund erreicht haben. Im Aquarium steigen sie in Ermangelung tieferen Wassers bis zur Oberfläche auf. Meist wird dieses Hochschwimmen einige Male geübt, bis es richtig funktioniert. Dann schreitet man zum eigentlichen Ablaichvorgang, der damit endet, daß beide Partner am höchsten Punkt ihres Schwimmbogens - im Aquarium an der Wasseroberfläche - ihre Geschlechtsprodukte ins freie Wasser entlassen und meist erschöpft zum Grund zurückkehren. Das Ablaichen erfolgt häufig erst bei Dunkelheit bzw. im Aquarium wenn das Licht ausgeschaltet wurde. Die befruchteten Eier schweben lange Zeit im freien Wasser, genau so die daraus schlüpfenden Fischlarven, die von Strömungen weit getragen werden und so immer neue Räume besiedeln können, wenn sie nicht den vielen räuberischen Tieren unterwegs zum Opfer gefallen sind. Im Bild ist gerade ein Pärchen des LSD-Mandarinfisches beim Ablaichen zu sehen.

Opistognathus sp. (Australien). Hier fing der Fotograf gerade das Sandspucken ein!

Fam.: Opistognathidae

Über die Familie Opistognathidae

Die systematische Zugehörigkeit dieser Fischfamilie war lange umstritten. Als man schließlich das Brutverhalten von Kieferfischen erforschte, zeigte es sich, daß sie eng verwandt mit den Zwerg- und Feenbarschen (Pseudochromidae und Grammidae) sind. Gemeinsame Merkmale sind die unterbrochene Seitenlinie, die in der Höhe der Brustflossen sitzenden Bauchflossen, ihr Drang zum Höhlenbauen und die Pflege der Brut im Maul. Im Gegensatz zu den Zwergbarschen lieben es die Kieferfische, flache Sandformationen zu besiedeln, die - bis auf die selbstgebauten Höhlen in den Untergrund hinein - keinen weiteren Schutz vor Angreifern bieten.
Farblich kann man die Geschlechter kaum voneinander unterscheiden, zumindest nicht außerhalb der Fortpflanzungsperiode. Erst bei Beobachtungen im natürlichen Lebensraum des blaugepunkteten *Opistognathus rosenblatti* aus dem Golf von Kalifornien erfuhr man darüber mehr: Im Zwanzigmeter-Tiefenbereich lebten in Abständen von etwa einem Meter zueinander mehrere Brunnenbauer, die in typischer Kieferfischmanier aus ihren Höhlen oder Brunnen hervorlugten. Plötzlich erhob sich einer der Kieferfische bis etwa einen Meter oberhalb seiner Höhle, spreizte alle Flossen und stand etwa vier Sekunden wie eingefroren im freien Wasser. Blitzartig verschwand er dann in seinem Versteck. Das wiederholte sich in wenigen Minuten und es war deutlich erkennbar, daß die vordere Hälfte des Fisches weiß verfärbt war. Auf den Beobachter wirkte das Eintauchen wie ein Blitz, verursacht durch die Drehung des Körpers, mit der der Kieferfisch kopfüber verschwand. Schon bald reagierte ein normal gefärbter Nachbar auf dieses Gebaren und verschwand ebenfalls in der Höhle des "Blitzers". Inzwischen weiß man, daß der umgefärbte Brunnenbauer das balzende Männchen war, das nach "Zuzug" des Weibchens ihre Eier befruchtete und diese danach ins Maul nahm. Der beobachtende Wissenschaftler konnte diesen Vorgang zwar nicht sehen, als er aber das Männchen mit einem Netz fing, spuckte es erschreckt die gerade genommenen Eier aus. Noch am selben Tag, nach Übersiedlung in ein Aquarium, nahm derselbe Fisch die Eier wieder ins Maul und pflegte sie noch eine Woche, bevor er sie endgültig entließ.
Der am meisten erforschte Kieferfisch ist der karibische *Opistognathus aurifrons* mit seinem goldgelben Kopf. Er pflanzt sich vor Florida vom Frühjahr bis in den Herbst hinein fort. Er lebt territorial und verläßt das einmal gebaute Heim nicht mehr. Die Art lebt in kleinen Kolonien, und die einzelnen Tiere haben Sichtkontakt zueinander, da keine Felsen oder Korallen auf den üblichen Siedlungsgebieten, weiten Sandflächen, zu finden sind. Da Brunnenbauer ihr Futter im freien Wasser suchen, ist es nicht ungewöhnlich, daß sie dort auch

balzen. Der Goldkopfkieferfisch nähert sich dabei einem im freien Wasser schwimmenden Weibchen, spannt sich wie ein Bogen und spreizt alle Flossen ab. Das große Maul ist dabei weit aufgerissen. Auf der Kopfunterseite bilden sich schwarze Flecken. Das Weibchen folgt dem balzenden Partner dann in seine Höhle, oder beide tauchen in eine neutrale Höhle ein, um abzulaichen. Das geschieht zumeist im Morgengrauen oder während der Dämmerung. Bewacht werden die Eier vom Männchen. Auch im Aquarium reißt es sein Maul soweit auf, daß der Eiklumpen darin gut sichtbar ist. Die Eier haben einen Durchmesser von 0,8 mm, und die Jungfische schlüpfen nach sieben bis neun Tagen bei Temperaturen von etwa 25°C. Die Larven haben bei einer Länge von vier Millimetern pigmentierte Augen, bereits entwickelte Kiefer und Ansätze von Brust- und Schwanzflossen. Der Dottersack ist sehr klein.
Die Entwicklung der jungen Brunnenbauer geht aber schnell voran: Am neunten Tag sind die Flossen voll ausgeformt, und schon jetzt erkennt man die Kontur der Kieferfische. Nach fünfzehn Tagen bereits suchen sie sich ein freies Plätzchen im Sand und beginnen zu graben. Nun sind die Goldkopfkieferfische schon eineinhalb Zentimeter lang und wachsen innerhalb eines Jahres auf die üblichen 8 bis 10 Zentimeter Gesamtlänge heran. Aus dem vorbeitreibenden Plankton fischen sie besonders gern Krebsartige heraus, die auch im Meerwasseraquarium ihr Lieblingsfutter darstellen. Im Aquarium sollte man Kieferfischen, ihren Bedürfnissen entsprechend, eine hohe Schicht aus Korallengrus und Sand anbieten, worin sie sofort mit dem Bau ihrer Höhle beginnen. Es ist selbstverständlich, daß man die von Haus aus schreckhaften Höhlenbewohner nicht mit großen, schnell schwimmenden Fischen vergesellschaftet. Gezieltes Füttern oberhalb ihrer Höhle erscheint ratsam, indem man etwa gefrorene Krillkrebschen auftaut und sie mit Hilfe einer großvolumigen Injektionsspritze direkt dort plaziert. Treibt nämlich das Futter durch die normale Aquarienströmung nicht in die Nähe des Kieferfisches oder fressen es andere Fische zuvor auf, bleibt der territoriale Brunnenbauer standhaft in seinem engen Revier und harrt vergeblich auf Nahrung.

Opistognathus sp.

Opistognathus scops (JENKINS & EVERMANN, 1888)
Bullaugen-Kieferfisch

Vork.: Tropischer und kühler Ostpazifik, Baja Kalifornia, Galapagos in ca. 20 m Tiefe.
GU: Während der Laichzeit ist das ♂ kräftiger gefärbt; sonst sieht man kaum Unterschiede.
Soz.Verh./Vgs.: Jedes ♂ hat seinen eigenen "Brunnen" und läßt ein ♀ nur zur Eiablage hinein. Nicht mit kleinen Fischen und Krebstieren zusammen halten!
Hält.B.: Mindestens 10 cm Sandbodengrund mit einigen kleinen Kieseln oder Schnekkenhäusern zum Befestigen der Höhle.
Licht: Mittellichtzone.
ZU/Verm.: Maulbrüter; das (♂) pflegt die Eier etwa eine Woche im Maul. Siehe Zuchtangaben S. 1159.
FU: K; die Tiere müssen gezielt mit dem Futterrohr gefüttert werden, da sie ihre Wohnhöhle kaum verlassen. Ausgewachsene Artemien, Muschelfleischbrocken, roher Fisch etc.; manche nehmen auch herabfallende Teile von Futtertabletten.
Bes.: Wegen der Größe ist die Art im Aquarium wenig verbreitet. Es gibt jedoch noch größere Brunnenbauer z. B. den 50 cm langen *O. rhomaleus* aus dem gleichen Verbreitungsgebiet.

T: 18-24°C, **L**: 15 cm, **BL**: 120 cm, **WB**: m, **WR**: u, **BS**: 3, **SG**: 2

Opistognathus sp.

Opistognathus rosenblatti, ALLEN & ROBERTSON, 1991 (Balzverhalten); Ostpazifik. Normalfärbung siehe Seite 1171.

Fam.: Opistognathidae

Opistognathus aurifrons (JORDAN & THOMPSON, 1905)
Goldstirn Kieferfisch, Brunnenbauer

Vork.: Karibische Inseln, Florida, und Bahamas in 3 bis 40 m Tiefe auf Sandgrund.
GU: Außerhalb der Laichzeit sind keine Geschlechtsunterschiede bekannt. Bei der Balz bilden sich beim ♂ an der Kopfunterseite schwarze Flecken.
Soz.Verh./Vgs.: Sie sollten nur in größeren Becken mit freischwimmenden Fischen zusammen gehalten werden. Da sie sich nur wenig aus dem Bereich ihrer Wohnhöhle entfernen sind sie gut mit Wirbellosen zu vergesellschaften.
Hält.B.: Mindestens 10 cm tiefer Boden aus einer Mischung von Sand, Muschelgrus und Korallenkies.
Licht: Sonnenlichtzone.
ZU/Verm.: Maulbrüter (siehe Seite 1159). Wird in den U.S.A. kommerziell gezüchtet.
FU: K, FD; zerhacktes Gefrierfutter und Artemien werden gezielt mit dem Futterrohr gereicht.
Bes.: Während des Tages schweben sie meist einige Zentimeter über dem Eingang zu ihrer Wohnhöhle, in die sie sich bei Gefahr blitzschnell zurückziehen.

T: 22-28°C, **L**: 10 cm, **BL**: ab 80 cm, **WB**: m, **WR**: u, **BS**: 1, **SG**: 1

Opistognathus aurifrons, ♂ in Balzfärbung

Opistognathus aurifrons

Opistognathus aurifrons

Fam.: Opistognathidae

Opistognathus jacksiensis (MACLEAY, 1881)
Marmorkieferfisch

Vork.: Großes Barriere Riff, Neu Guinea, auf Geröll- und Felsboden in 30 bis 50 m Tiefe.
GU: Sind nicht bekannt.
Soz.Verh./Vgs.: Einzeln oder paarweise zu halten, wobei das Problem der Gechlechtserkennung besteht. In kleineren Becken sollte man sie nicht mit anderen Fischen zusammen halten. Gut für das Wirbellosenbecken geeignet.
Hält.B.: Tiefer Boden aus grobem Sand, in dem die Fische ihre Wohnhöhle anlegen. Notfalls ist auch eine entsprechend schmale und lange Felshöhle dafür geeignet.
Licht: Mittellichtzone.
ZU/Verm.: Maulbrüter. Eine Aufzucht der Larven ist im Aquarium noch nicht gelungen.
FU: K, FD; sie nehmen jegliches tierische Futter, das entweder in der Strömung an ihnen vorbeitreibt oder gezielt mit dem Futterrohr verabreicht wird.
Bes.: Sind nicht bekannt.

T: 22-28°C, **L:** bis 25 cm, **BL:** ab 100 cm, **WB:** m, **WR:** u, **BS:** 3, **SG:** 1-2

Opistognathus latitabunda WHITLEY, 1944
Gepunkteter Kieferfisch, Gepunkteter Brunnenbauer

Vork.: Australien, Großes Barrierériff und Nord Queensland, auf Sand- und Geröllböden, außerhalb der Korallenriffe in 20 bis 50 m Tiefe.
GU: Sind nicht bekannt.
Soz.Verh./Vgs.: Einzeln oder paarweise. Da die Tiere sehr scheu sind, ist es besser sie nur mit Wirbellosen zu vergesellschaften.
Hält.B.: Tiefe Sand- oder Kiesböden worin sich die Fische iher Höhlen graben. Mit einem eingegrabenen Plexiglasrohr mit etwa 3 cm im Durchmesser kann man ihnen entgegenkommen.
Licht: Mittellichtzone.
ZU/Verm.: Sie betreiben Brutpflege. Eine Vermehrung im Aquarium ist nicht bekannt geworden.
FU: K, FD; Gefrierfutter wie Krill, *Artemia* und gehacktes Garnelenfleisch wird aus der Strömung aufgeschnappt.
Bes.: Sind nicht bekannt.

T: 22-27°C, **L:** bis 40 cm, **BL:** ab 100 cm, **WB:** m-s, **WR:** u, **BS:** 3, **SG:** 1-2

Opistognathus jacksiensis

Opistognathus latitabunda

Fam.: Opistognathidae

Opistognathus muscatensis BOULENGER, 1887
Robuster Kieferfisch, Robuster Brunnenbauer

Vork.: Rotes Meer, Persischer Golf Seychellen und Ostafrika bis Durban auf Sand- und Geröllboden in 30 bis 50 m Tiefe.
GU: Außerhalb der Laichzeit kann man die Geschlechter nicht unterscheiden. Es ist nicht bekannt, ob bei den ♂♂ eine spezielle Balzfärbung entwickelt wird.
Soz.Verh./Vgs.: Einzeln oder paarweise. Die Fische sind scheu und ziehen sich oft bei Anwesenheit anderer freischwimmender Fische ständig in ihre Wohnhöhlen zurück. Sie sind gut mit fast allen Wirbellosen zu vergesellschaften.
Hält.B.: Riff-Aquarium mit langen schmalen Felshöhlen oder tiefer Boden aus lockerem Sand vermischt mit Muschelgrus.
Licht: Mittellichtzone.
ZU/Verm.: Brutpflege im Maul. Eine Aufzucht im Aquarium ist noch nicht gelungen.
FU: K, FD; sie schnappen gierig nach jeglichem tierischen Futter, das in der Strömung an ihnen vorbei treibt.
Bes.: Drei schwarze Flecken an der Rückenfloße: der erste ist rund und beschränkt sich nur auf die Floße, die beiden anderen setzen sich am Körper fort.

T: 22-28°C, **L**: bis 45 cm (!), **BL**: ab 100 cm, **WB**: m, **WR**: u, **BS**: 3, **SG**: 1-2

Opistognathus punctatus PETERS, 1869
Feingepunkteter Kieferfisch

Vork.: Amerikanische Pazifikküste bis südlich von Pananma, auf Sand- und Geröllboden in 50 bis 90 m Tiefe.
GU: Sind nicht bekannt.
Soz.Verh./Vgs.: Einzeln oder paarweise. Sie vertragen sich gut mit fast allen Wirbellosen, vor freischwimmenden Fischen flüchten sie meist in ihre Wohnhöhlen.
Hält.B.: Tiefer Boden aus lockerem Sand vermischt mit Korallenbrocken und Muschelgrus. Darin legen sich die Tiere ihre Wohnhöhlen an.
Licht: Mittellichtzone.
ZU/Verm.: Ist im Aquarium noch nicht gelungen. Interessantes Balzverhalten.
FU: K, FD; problemlos mit tierischem Gefrierfutter zu füttern, treibt die Strömung nicht an ihnen vorbei, sind sie gezielt zu füttern, da sie sich nicht aus dem unmittelbaren Bereich ihrer Wohnhöle entfernen.
Bes.: Eine von wahrscheinlich 8 Arten, die im Golf von Kalifornien vorkommt. 4 davon sind noch nicht wissenschaftlich beschrieben.

T: 18-24°C, **L**: bis 40 cm, **BL**: ab 100 cm, **WB**: m, **WR**: u, **BS**: 3, **SG**: 1-2

Opistognathus muscatensis

Opistognathus punctatus

Literaturverzeichnis

Allen G.R. (1978): Die Anemonenfische. Arten der Welt. Haltung, Pflege, Zucht. Mergus Verlag, Melle, BRD.

Allen G.R. (1979): Falter- und Kaiserfische. Bd. 2. Mergus Verlag, Melle, BRD.

Allen G.R. (1991): Riffbarsche der Welt. Mergus Verlag, Melle, BRD.

Allen G.R. & Steene, R. C. (1988): Fishes of Christmas Island. Christmas Island Natural History Association, Australien.

Allen G.R. & Steene, R. C. (1987): Reef Fishes of the Indian Ocean, T.F.H. , Neptune City, N. J., USA.

Amesbury S.S. & Myers R. F. (1982): Guide to the coastal resources of Guam 1: The Fishes. University of Guam Press, Guam, USA.

Baensch, H. A. (1987): Neue Meerwasserpraxis 5. Auflg., Tetra Verlag, Melle, BRD.

Baensch, H. A., Loiselle, P.V. (1991): Marine Aquarist's Manual, Tetra Press, Morris Plains N. J. , USA.

Baumeister, W. (1990): Meeresaquaristik, Ulmer Verlag, Stuttgart, BRD.

Boehlke J.E. & Chaplin C. C. G. (1968): Fishes of the Bahamas. Livingston Publishers, Wynnewood, Philadelphia, USA.

Burgess W.E. & Axelrod H. R. (1972-1987): Pacific Marine Fishes Bd. 1 - 10. T.F.H. Publications, Neptune City, USA.

Burgess's Atlas Marine tropical fishes (1988): T.F.H. Publications, Neptune City, USA.

Carcasson, R.H. (1977): A field guide to the coral reef fishes of the Indian and West Pacific Oceans. Collins, London, UK.

Chlupaty, P. : Meine Erfahrungen mit Korallenfischen im Aquarium.

Colin, P. (1975): Neon gobies. T.F.H. Publications, Neptune City, USA.

Colin, P. (1978): Caribbean reef invertebrates and plants. T.F.H. Publications,Neptune City, USA.

Couet G., Moosleitner H. & Naglschmid F. (1981): Gefährliche Meerestiere. Jahr Verlag, Hamburg, BRD.

Debelius, H. (1983): Gepanzerte Meeresritter. Kernen Verlag, Essen, BRD.

Debelius, H. (1986): Fischpartner niederer Tiere. Kernen Verlag, Essen, BRD.

Debelius, H. (1987): Unterwasserführer Rotes Meer. Fische. Naglschmid Verlag, Stuttgart, BRD.

de Graaf, F. (1988): Tropische Zierfische im Meeresaquarium.

de Graaf, F. (1988): Das tropische Meeresaquarium.

Deuvletian, R. (1987): Red Sea fish guide. Nubar Printing, Ägypten.

Dunn D.F. (1981): The clownfish sea anemones. American Philosophical Society, Philadelphia, USA.

Literaturverzeichnis

Emmens, C. W. (1990): Handbuch der Meeresaquaristik, bede Verlag, Kollnburg, BRD.

Erwin D. & Picton B. (1987): Guide to Inshore Marine Life. IMMEL Publishing, London, GB.

Fosså, S. A., Nilsen, A. J. (1988): Korallrevs-Akvariet Band 1 - 3, Göteborgs Papper & Reklam AB, Göteborg, Schweden.

Fricke, H.W. (1972): Korallenmeer. Verhaltensforschung am tropischen Riff. Belser Verlag, Stuttgart, BRD.

Frickhinger, K. A. (1991): Fossilien Atlas -Fische-, Mergus Verlag, Melle, BRD.

Friese, U.E.: Sea anemones. T.F.H. Publications, Neptune City, USA.

Geiss, G. (1990): Weichtiere, Krebse, Stachelhäuter des Mittelmeeres, Natur Verlag, Augsburg, BRD.

George, D. & George J. : Marine life. An illustrated encyclopedia of invertebrates in the sea. Harrap, London, UK.

Gosliner T. (1987): Nudibranchs of Southern Africa. E.J.Brill, Leiden, Niederlande.

Gotshall, D.W. (1981): Pacific coast inshore fishes. Challenger, Monterey, USA.

Hargreaves, V. B. (1978): The Tropical Marine Aquarium, McGraw-Hill Book Company, New York, USA.

Hoese H.D. & Moore R. H. (1977): Fishes of the Gulf of Mexico. Texas A & M University Press, Texas, USA.

Kipper, H.E. (1986): Das optimale Meerwasser Aquarium. Aquadocumenta Verlag, Bielefeld, BRD.

Klausewitz, W. & Wilkens P. (1979): Handbuch der Meeresaquaristik. Seewasserfische und Wirbellose. 3 Bände. Pfriem Verlag, Wuppertal, BRD.

Lange, J. (1986): Korallenfische. Ulmer Verlag, Stuttgart, BRD

Lange, J., Kaiser, R. (1991): Niedere Tiere tropischer und kalter Meere. Ulmer Verlag, Stuttgart, BRD

McConnaughey B.H. & McConnaughey E. (1988): The Audubon Society Nature Guide: Pacific Coast. A.Knopf, New York, USA.

Marcuse, G. & Markuse F. : Giftige und gefährliche Tiere der Meere.

Masuda, H., C. Araga & T. Yoshino (1975): Coastal fishes of southern Japan. Tokai Univ. Press, Tokio, Japan.

Matthes, D. (1978): Tiersymbiosen und ähnliche Formen der Vergesellschaftung. G. Fischer Verlag, Stuttgart, BRD.

Mayland, H.J. (1979): Niedere Tiere im Aquarium. Philler Verlag, Minden, BRD.

Morton, B. (1989): Partnerships in the sea. Univ. Press. HongKong.

Myers, R. F. (1989): Micronesian Reef Fishes, Coral Graphics, Guam, Barrigada, USA.

Literaturverzeichnis

Nordsieck F. (1972): Die europäischen Meeresschnecken. G.Fischer Verlag, Stuttgart, BRD.

Patzner, R.A. (1989): Meeresbiologie. Anleitungen zu praktischen Arbeiten.Naglschmid Verlag, Stuttgart, BRD.

Patzner, R.A. & Debelius H.(1984): Partnerschaft im Meer. Pfriem Verlag, Wuppertal, BRD.

Probst, K. & Lange J. (1975): Das große Buch der Meeres-Aquaristik. Ulmer Verlag, Stuttgart, BRD.

Randall, J.E.: Indo-Pacific fishes. Publikationsreihe. Bishop Museum, Honolulu, Hawaii.

Randall, J.E. (1983): Red Sea reef fishes. Immel, London, UK.

Randall, J. E. & Myers, F. (1983): Guide to the Coastal Resources of Guam: Vol.2 The corals, University of Guam Press, Guam, USA.

Reader's Digest (1987): Book of the Great Barrier Reef. Reader's Digest, Sydney, Australien.

Riedl, R. (Hrsg.)(1983): Fauna und Flora des Mittelmeeres. Parey Verlag, Hamburg-Berlin, BRD.

Schmekel, L. & Portmann A. (1982): Opisthobranchia des Mittelmeeres. Springer Verlag, Berlin, Heidelberg, New York.

Schmid, P. & Paschke D. (1987): Unterwasserführer Rotes Meer. Niedere Tiere. Naglschmid Verlag, Stuttgart, BRD.

Sefton, N:. & Webster S. K. (1986): Caribbean reef invertebrates. Challengers, Monterey, USA.

Selze, H. & Lemkemeyer J. (1986): Moderne Meerwasseraquaristik. 2. Aufl. Selze Labortechnik, Taufkirchen, BRD.

Shirai, S. (1986): Ecological encyclopedia of the marine animals of the Indo-Pacific. Vol. 1. Vertebrata. Tosho, Tokio, Japan.

Smith J.B. & Smith M. (1963): The fishes of Seychelles. Dep. of Ichthyology, Rhodes University, Grahamstown, South Africa.

Smith, M.M. & Heemstra P. C. (Hrsg.)(1986): Smith's sea fishes. Springer Verlag, Berlin-Heidelberg-New York.

Spies, G. (1989): Praxis Meerwasseraquarium.

Spotte, S. (1973): Marine Aquarium Keeping, John Wiley & Sons, New York, USA.

Steene, R.C. (1977): Falter- und Kaiserfische. Bd. 1. Mergus Verlag, Melle, BRD.

Steiner, H. (1983): Beobachtungen an Niederen Tieren des Mittermeeres. Landbuch-Verlag, Hannover, BRD

Stephenson, T. A. (1928): The British sea anemones, Ray Society, London, England.

Thresher, R.E. (1984): Reproduction in reef fishes. T.F.H. Publications, Neptune City, USA.

Vine, P. (1986): Red Sea invertebrates. Immel, London, UK.

Walls, J. G. (1974): Starting with marine invertebrates, T.F.H. Publications, Neptune City, USA.

Walls, J.G. (Hrsg.)(1982): Encyclopedia of marine invertebrates: T.F.H. Publications, Neptune City, USA.

Weigel, W. (1969): Aquarianer fangen Meerestiere. Geräte, Hälterung, Transport. Kosmos Verlag, Stuttgart, BRD.

Wickler, W. (1970): Das Meeresaquarium. Kosmos Verlag, Stuttgart, BRD.

Wilkens, P. & Birkholz J. (1986): Niedere Tiere. Röhren-, Leder- und Hornkorallen. Pfriem Verlag, Wuppertal BRD.

Wilkens, P. (1987a): Niedere Tiere im tropischen Seewasseraquarium, I. 2. Aufl. Pfriem Verlag, Wuppertal, BRD.

Wilkens, P. (1987b): Niedere Tiere im tropischen Seewasseraquarium, II. 2. Aufl. Pfriem Verlag, Wuppertal, BRD.

Wilkens, P. (1987c): Niedere Tiere. Steinkorallen, Scheiben- und Krustenanemonen. Pfriem Verlag, Wuppertal, BRD.

Zann, L.P. (1980): Living together in the sea. T.F.H. Publications, Neptune City, USA.

Opistognathus rosenblatti, siehe Seite 1158 und 1161

Literaturverzeichnis - Algen -

Amir, A.P. (1979): Schouwburg der dieren en wieren

Amir, A.P. (1981): Over wieren gesproken, Het Zeeaquarium 29/9 pag. 15 ev - 31/5/27

Arasaki, S. & Nozowa, K. (1950): On the sexual reproduction of *Caulerpa* Bot.Mag.Tokyo (3) 1950/223

Aubert, M. , Aubert J. & Gauthier, M. (1979): Marine Algae in Pharmaceutical Science (C) Walter de Gruyter-Berlin-New York 1979

Basson, Ph.W., Buchard, J.E. & Hardy, J.T. (1976): Biotopes of the Western Arabian Gulf-Aramco, 1976

Bold, H.C. & Wynne, M.J. (1977): Introduction to the algae, structure and reproduction

Bold, H.C. & Wynne, M.J. (1978): Introduction to the algae, structure and reproduction (706 pag. Prentice Hall, Englewood Cliffs, New Jersey

Brons, R. (1982): *Caulerpa* paspaloides, Het Zeeaquarium 82-32/5-141 ev

Calvert, H.E. & Borowitzska, M.A. (1976): Phytogenetic relationships of *Caulerpa* (Chlorophyta) based on comparative chloroplast ultrastructure, Journ. Phycol. 12(2) 149-162

Calvert, H.E. & Dawes, C.J. (1976): Ontogenetic transitions in plastids of the coenocytic algae *Caulerpa* (Chlorophyceae) - Phycologia 15(1) 37-40

Chen, J.W.C. & Jacob, W.D. (1968): The initiation of rhizoid clusters in *Caulerpa prolifera*, Am.Journ. Bot. 55/12-19

Coppejans, E. (1984): Planten in het Zeeaquarium, Aquariumwereld 37/4, 1984 pag. 80-87

Dawes, C.J. & Goddard, R.H. (1978): Chemical composition of the woundplug and entire plants for species of the coenocytic green algae *Caulerpa*, J.exp.mar.biol.ecol. vol.35pp 259-263

Deacon, Charnock, Nierenberg (1979): De Oceanen, Zomer en Keuning, Ede

Dostal, R. (1929): Caulerpa allivieri n.sp.; la seconde espèce europèene des Caulerpes, Bull,Inst.Oc.Monaco532 (1929) 1-12

Eubank, L.L. (1946): Hawaiian representatives of the genus *Caulerpa*, Un.Calif.Publ.Bot. 18-409/432

Eubank, L.L. (1969): An analysis of the siphonous Chlorophycophyta, Un.Calif.Publ.Bot. 25-5 pp 325-454

Ferreira, Correia, M., Pinheiro Vieira, F. (1969): Estudos taxonômicos sôbre o gênero *Caulerpa* lamouroux, no nord este Brasileiro (Chlorophyta) Caulerpaceae, Arg.Cienc.Mar. 9pp 147-161

Gilbert, W.J. (1941): Notes on *Caulerpa* from Java and the Philippines, Pap.Mich.Acad.Sci. Arts and Letters 27pp 7-26

Goddard, R.H., Dawes, C.J. (1979): An ultrastructural and histichemical study of the woundresponse of *Caulerpa ashmeadi* (Caulerpales), Journ. Phycol. 15 suppl. 17

Goldstein, M. & Morrall, G. (1970): Gametogenesis and fertilization in *Caulerpa*, Ann.New York Acad.Sci. 175 (2) 660-672

Hamel, G. (1930): Les Caulerpes Mediterranéennes, Rev.Algol. V 1930-229

Hering, W. (1969/1974): Die Wunderwelt der Meeresalgen, DATZ 1 t/m 34 von 1969-1974

Ishiwara, J., Hirose, H., Enomoto, S. (1981): The life history of *Caulerpa okamurai* (WEBER VAN BOSSE), Proc.Eight Intern Seaweed Symposium 1974/1981

Iyengar, M.O.P. (1940): On the formation of gametes in *Caulerpa*, Journ.Ind.Botan.Soc. 18pp 191-194

Kamperman, Th.C.M., Stegenga, H. (1983): A new *Caulerpa* species (Caulerpaceae, Chlorophyta) from the Caribean side of Costa Rica C.A., Acta.Bot.Neerl. 32(4), Aug.'83, pag.271-275

Lamouroux, J.V.J. (1809): Memoires sur les Caulerpes, nouveau genre de la famille des algues marines, J.Bot.(Paris) 2: pp 136-146 - pls 2-3

Leuring, Hoppe, Schmid (1979): Marine Algae, p.390 ev

Mann-Borgese, E. (1980): Seafarm part. 11 - meadows and fields

Meinesz, A. & Denizot, M. (1981): Distribution of the algae belonging to the genus *Caulerpa* in French Polynesia (Atoll.of Takapoto and Island of Moorea), 4th. Int.Coral Reef Symposium Manila - Nachdruck

Meñez, A. & Denizot, M. (1981): The Genus *Caulerpa* from Central Visayas, Philippines, Smithsonian Contributions to the Marine Sciences 17, pag. 1-22

Michanek, G. (1975): Seaweed resources of the Ocean FIRST 138, Marine Botanical Institute, Göteborg/ Sweden

Mishra, A.K. (1969): Fine structure of the growing point of the Coenocytic algae *Caulerpa sertularioides*, Can.Journ.Bot. 47 -1599-1603

Muller, W.H. (1966): Botany, a fuctional approach

Niel, A. (1983): Biologie et Ecologie des Caulerpes, Aquarama 17e Année nr. 71-3,72-4/ 73-5

Nizamuddin, M. (1964): Studies on the genus *Caulerpa* from Karachi, Bot.Marine 6 3/4 (1964) 204-222

Peterson, R.D. (1972): Effects of light intensity on the morphology and productivity of *Caulerpa racemosa* (FORSSKÅL) J. Agardh, Micronesica 8 (1-2) pp 63-86

Rabanal, H.R. & Trono, G.C. (1983): Seaweeds in Asia, a resource waiting for development (Infofish no.4)

Ricard, M. & Meinesz, A. (1980): Contribution a l'etude des Caulerpes (Chlorophyta) avec une mention particulière aux espèces de la Mediterranée occidentale, These de doctorat s'etat en Sciences, Unix. de Nice 262 p. manuscript Cryptog. Alg. 1(3) 260-261

Round, F.E. (1971): The taxonomy of the Chlorophyta, 11 British Phycological journal 6 (2) pp 235-264

Sartoni, G. (1964): Ricerche sulla flora algala della Somalic centro meridionale 1 il genera *Caulerpa*, Webbia 32(2) 397-416

Scedelius, N. (1906): Ecological and systematic studies of the Ceylon species of *Caulerpa*, Ceylon Mar.Biol.Rept. 1(4), pp 81-144

Literaturverzeichnis - Algen -

Scullion Littler, Diane, Littler, Mark M., Bucher, Katina E., Norris, James N. (1989): Marine Plants of the Caribbean, Airlife Publishing Ltd., Strewsbury/England with the permission of the Smithsonian Institution

Taylor, W.R. (1950): Plants of Bikini and other northern Marshall-Islands, Univ.Mich.Press. Ann. Arbor. 227 pp

Taylor, W.R. (1960): Marine algae of the Eastern Tropical and Subtropical Coast of the America's, part. Caulerpaceae

La Violette, P. & Frontena, T.R. (1967): Temperature, salinity and density of the world's seas, US Naval Oceanographic Off.Wash.DC report no. 67 p. 49

v. d. Vlugt, P.J. (1980): *Caulerpa racemosa*- knikkerwier, Het Zeeaquarium no. 30/9 p.47

Weber van Bosse, A. (1898): Monograhie des Caulerpes, Ann.Journ.Bot.Buitenzorg 15, 241-401

A

B

Sachwortverzeichnis

D

G

H

I

J

K

L

P

Q

R

T

U

V

W

X

Z

Index

Kursiv **= Lateinische Namen der Gattungen und Arten**

normal = Deutsche Namen

VERSALIEN = Familien oder Ordnungen

Die Algen sind im Sachwortverzeichnis zu finden.

A

B

C

D

E

F

G

H

I

J

Index

M

N

O

T

U

V

W

Fotoverzeichnis

Gerald R. Allen: 209 r., 689, 715 u., 733 o., 809 o., 837 u., 857 u., 875 o., 901 o., 922 u., 937 u., 944, 945 u., 949 o., 1000, 1011 u., 1045 o., 1121 u., 1122 u., 1154, 1211.
David Allison: 880 u., 1057 u., 1128.
Hans A. Baensch: 9, 22, 25, 30/31, 37, 43, 45 (5), 46, 58, 65, 70, 80, 81 o.l.+o.r, u.l.+ u.r., 103, 155, 157, 159, 177 (2), 181, 188, 189, 194, 196, 199, 202 (2), 203, 204, 205, 208, 210 (3), 211 (3), 224 o., 225 (4), 226, 233 u.l., 234, 236 u., 237, 241 u., 243 (2), 244, 245, 279, 295, 302 u., 313 o., 314 u., 329, 375 u., 420, 471 o., 479 u., 517 o., 520, 645 o., 661 (2), 722, 815 u., 895 u.
Patrick Baker: 567 o.
Werner Baumeister: 527 (2), 636.
Fred Bavendam: 339 u., 351 u.
Robert Brons: 163, 172, 311, 319 o., 996 (5), 997.
Robert Brylla: 592.
Heinz Gert de Couet: 607 o.
Helmut Debelius: 11, 14, 15, 175, 224 u., 227, 231, 232 u., 233 o.+u.r., 235, 239 o., 261, 299, 301 (2), 302 o.(2), 314 o., 315 (2), 317 u., 323 u., 333, 335 u., 337 o., 339 o., 343 (2), 345 (2), 346, 353 u., 357, 361 o., 363 (2), 364, 366 o., 367 u., 369 o., 370 u., 371 u., 373 o., 376 (2), 377 (2), 378, 379 (2), 380, 381, 383, 385, 386, 399, 405, 409 u., 415, 416/417, 419 (2), 421 (2), 422, 423, 426 u., 427 (2), 428 (2), 429 (2), 432, 433 u., 434, 435 (2), 437 o., 444/445, 447 (2), 448, 449, 450, 452/453, 457 u., 458 (2), 459, 469, 470 (2), 471 u., 474, 475 u., 477 o., 478, 480 o., 483 u., 484 (2), 386, 488, 491 o., 495 (2), 508, 509 u., 518, 523 u., 525 u., 532, 535 u., 537, 543 (2), 545 (2), 551, 553 (2), 554, 557 u., 559 (2), 560 (2), 561 u., 567 u., 568 u., 571 o., 573 o., 577 u., 580 (2), 584 (3), 585 (2), 589 o.l.+ u., 596, 603 (2), 604, 605 u., 610, 611, 612 o., 623 o., 625 u.l.+ u.r., 627 u., 629 u.r., 643 u., 645 u., 648, 649, 651, 652 (2), 654, 671, 692, 694, 698 u., 699 (2), 702, 705 o., 709 u., 713 o., 714, 717 o., 718, 719 (2), 720, 723 o.l., 724, 727 o., 729 (2), 730 (2), 731 o., 733 u., 734 (2), 735 o., 736 o., 738, 740 u., 740/741, 742, 743, 744, 745 o., 746, 747 u.r., 751 (3), 752 u.l., 755, 757 o., 759 (2), 760, 761 o., 762 u.r., 764, 766, 770, 771 o., 773, 775 o., 780, 785 u., 789 (2), 802, 806, 811, 813 o., 830 l., 831 (2), 838, 839 u., 840 (2), 841, 845 o., 847 m.r.+u.l.+r., 854 (2), 856, 864 (2), 865 o., 866, 868 u., 870 u.r., 871 u., 876 o., 878 u., 883 o., 888 o.l., 890/891, 892, 894, 902, 903 o., 904 o., 905 o., 923 u., 924 u., 925, 927 u., 928 (2), 929, 932/933, 935 (2), 938 l., 941, 943 o., 948, 953 u., 955 o., 956, 964, 968, 969 o., 971 o., 972 (2), 973 (2), 975 o., 979 (2), 980 l., 981 u., 982 (2), 984, 989 (2), 993, 1001, 1002 (2), 1003, 1011 o., 1014, 1015 o., 1019 o., 1020, 1021 o., 1031 u., 1035 u., 1036, 1037 u., 1053 u., 1054, 1055 u., 1059 o., 1067 (2), 1075, 1076, 1077 o., 1079 u., 1081 o., 1086, 1091 o., 1095 o., 1108, 1109 (2), 1111 u., 1113 o., 1115 u., 1117, 1122 o., 1124, 1125 u., 1127 u., 1129, 1136, 1139 (2), 1149 (2), 1151 (2), 1155 o., 1163 u.
Georgette Douwma: 401, 1032.
Harry Erhardt: 387, 418, 577 o., 588, 631, 637 u., 647 u., 662 o., 680, 683, 748, 1132 u.

Wolfgang Fiedler: 528, 615, 703 u., 861 o., 927 o.
Herbert Frei: 571 u., 659 (2), 660 u.l.
Ronald Fricke: 1150, 1153 o.
Karl A. Frickhinger: 209 l., 582, 662 u., 685, 686 (2), 687.
Andrea Ghisotti: 617.
Anthony Gill: 966 (2), 1009 u.r.
Helmut Göthel: 824 u.
Otto Gremblewski-Strate: 342, 397 u., 407 o., 426 o., 441 (2), 455, 457 o., 535 o., 643 o.
Werner Grüter: 424, 425 o., 715 o., 725 u., 1083.
Howard Hall: 344, 351 o., 365, 412, 437 u., 541, 544, 597, 608, 609, 635, 810 o., 819 u., 1029, 1038 o., 1097 o.
Eric Hanauer: 633.
Klaus Hilgert: 805 o., 1033 u., 1065 o.
Douglas Hoese: 1071 o.
Tony Holm: 594, 647 o., 1028, 1143 u.
Reimund Hübner: 479 o., 539 u., 548, 638.
Paul Humann: 400, 425 u., 451 o., 481, 816, 873 o., 987, 990, 991, 1084, 1085.
Scott Johnson: 561 o., 653.
Rodney Jonklaas: 783 o.
Burkhard Kahl: 206 (2), 542.
Alex Kerstitch: 472, 476, 496 u., 499 o., 505 u., 507, 531 u., 568 o., 569, 589 o.r., 629 m+ u.l., 630, 660 u.r., 673, 675, 793 u.r., 844, 857 o., 859 o., 883 u., 954, 959, 1147, 1167 u.
Alexander Kochetov: 539 o.
K. V. Kowallik: 218 (6).
Gerhard Krämer: 229 u., 397 o., 403 (2), 614.
Friedhelm Krupp: 367 o.
Rudie Kuiter: 477 u., 480 u., 489 o., 491 u., 493 u., 497, 505 o., 506, 514, 515 (2), 516, 517 u., 523 o., 525 o., 526 o., 529 (2), 546 (6), 547, 549 (2), 555, 601, 646, 655 (2), 670, 697 u., 701 u., 705 u., 708, 709 o., 710, 711, 713 u., 717 u., 721 u., 728, 737, 739, 747 u.l., 749 (2), 769 (2), 771 u., 779 o., 781 o., 783 u., 804, 805 u., 807 u., 810 u., 812, 818, 819 o., 820, 821, 824 o., 825, 833 u., 835 (2), 836, 839 o., 843 o., 847 o.+ m.l., 849 (2), 850, 851 (2), 855 o., 858 (2), 863 (2), 865 u., 867 (2), 868 o., 869 o., 870 u.l., 879, 880 o., 881 u.r., 882 u., 884, 885 (2), 886 (2), 887, 888 o.r., 889 u., 893 o., 898, 899 u., 900, 901 u., 904 u., 905 u., 908, 909 (2), 911, 917, 921 (2), 922 o., 936, 937 o., 938 r., 939 (2), 940 (2), 943 u., 945 o., 946, 947, 949 u., 951 u., 953 o., 957 (2), 961, 963 (2), 965 u., 975 u., 980 r., 983, 985, 994, 999, 1005 (2), 1007 (2), 1010, 1017 u., 1026, 1037 o., 1046 u., 1049 u., 1051 o., 1053 o., 1057 o., 1059 u., 1060, 1066, 1069 u., 1071 u., 1077 u., 1093 (2), 1097 u., 1099 (2), 1100, 1101, 1103 o., 1106, 1110, 1111 o., 1113 u., 1119 (2), 1121 o., 1127 o., 1131 u., 1135 (2), 1157, 1159, 1165 o.
August v. d. Lehr: 348, 391 (2), 438 u., 439, 565.

Fotoverzeichnis

Roger Lubbock: 952, 965 o., 967 u., 971 u., 1165 u.
Ricardo Mandojana: 809 u., 915.
Horst Moosleitner: 353 o., 354, 355, 402, 411 o., 757 u., 763 o.
Peter Nahke: 521, 522, 566, 642 u., 664, 665, 666, 667, 669, 677 u., 914 o.
John Neuschwander: 366 u., 394, 395, 407 u., 593, 663, 906, 913 u., 931, 1125 o, 1215.
Chris Newbert: 360, 496 o.r., 557 o., 575, 591 o., 598, 607 u., 616, 624, 641, 1063 (2).
Paul Newman: 533 u.
Arend van den Nieuwenhuizen: 375 o., 409 o., 430, 431, 475 o., 483 o., 485, 487, 499 u., 500, 501 (2), 583, 587 u., 591 u., 621, 668 o., 676, 747 o., 781 u., 796/797, 803 u., 813 u., 815 o., 817, 827 o., 829 o., 830 r., 837 o., 845 u., 859 u., 861 u., 869 u., 875 u., 889 o., 907, 942, 955 u., 986, 1017 o., 1033 o., 1061 u.
Aaron Norman: 13, 23 (2), 26 o., 526 u., 613, 625 o., 656, 678, 697 o., 698 o., 703 o., 721 o., 723 o.r. + u., 727 u., 731 u., 735 u., 736 u., 745 u., 750, 761 u., 762 u.l., 775 u., 777 (2), 779 u., 787 o., 823 o., 827 u., 829 u., 833 o., 843 u., 872 (2), 893 u., 895 o., 897 o., 914 u.l. + m., 923 o., 924 o., 951 o., 962, 969 u., 977 o., 1006, 1009 o., 1015 u., 1016, 1019 u., 1022 (2), 1025, 1031 o., 1034, 1038 u., 1039 (2), 1079 o., 1081 u., 1087, 1105 u., 1107 o., 1126, 1131 o., 1160, 1171.
Robert A. Patzner: 637 o., 660 o., 1089 u., 1091 u.
Jan Cees Post: 623 u., 679, 725 o., 823 u., 882 o., 1027, 1132 o., 1145 u., 1162.
Klaus Georg Preis: 361 u.
Norbert Probst: 389 u., 752/753, 763 u., 803 o., 855 u.
Richard Pyle: 1123.
Maurice Rakowicz: 169.
Jack Randall: 784, 787 u., 873 u., 876 u., 919 o., 960, 1069 o., 1073 (2), 1089 o., 1095 u., 1103 u., 1105 o., 1143 o., 1145 o., 1146, 1148, 1153 u., 1163 o., 1167 o.
Arthur Reed: 369 u.
Peter Reiserer: 340, 347, 408, 579 o.
Hans Joachim Richter: 874.
Rüdiger Riehl: 79, 82 (2), 83 (2), 84 (2), 85.
Roberto Rinaldi: 398.
Ed Robinson: 370 o., 371 o., 373 u., 482, 509 o., 573 u., 581, 590, 599, 627 o., 695 (2), 701 o., 706, 793 u.l., 794/795, 896, 897 u., 918.
Arnd Rödiger: 195, 341, 451 u., 454, 785 o., 981 o.
Manfred Schlüter: 51, 81 m.(4).
Rolf Schmidt: 393 (2), 767.
Marty Snyderman: 473, 693, 1030.
Günther Spies: 913 o., 1156.
Roger Steene: 489 u., 493 o., 496 o.l., 531 o., 533 o., 629 o., 657, 881 u.l., 899 o., 903 u., 914 u.r., 919 u., 1009 u.l., 1035 o., 1045 u., 1046 o., 1055 o., 1065 u., 1078, 1107 u., 1115 o., 1161 (2).
Helmut Steiner: 335 o., 337 u., 384, 411 u., 438 o., 461 (2).
Denis Terver: 732, 1013, 1021 u., 1023.
Tetra-Archiv: 176.

Mike Thielle: 1174.
W. A. Tomey: 18, 19, 20, 21, 24, 26, 27, 28, 29, 32/33, 119, 123, 174, 228, 229 o., 230, 232 o., 236 o., 238, 239 u., 241 o., 277, 307 (2), 313 u., 317 o., 319 u., 323 o. (2), 325, 389 u., 413, 442/443, 871 o., 910.
Michael Türkay: 513, 519, 600, 612 u., 658, 668 u.
Herwarth Voigtmann: 382, 433 o., 465, 563, 619, 642 o., 765, 791, 916, 1051 u., 1120, 1155 u.
Achim Weber, City Zoo, Siegburg: 700.
Uwe Werner: 853, 878 o.
Horst Wiendl: 605 o., 640 (2), 691 (2).
Peter Wirtz: 510/511, 570, 579 u., 586, 587 o., 639, 1082.
Bill Wood: 677 o., 801, 807 o., 967 o., 977 u., 1043, 1047, 1049 o., 1058, 1061 o., 1133.
Norbert Wu: 754, 793 o.
Horst Zetzsche: 992, 1009 u.r.

Zeichnungen:
Robert A. Patzner, Seite 1074
Gerd Schleid
W. A. Tomey (Caulerpas)
Volker Walldorf, Seite 331

Dr. Rüdiger Riehl
Hans A. Baensch
AQUARIEN ATLAS
MERGUS
Hans A. Baensch
Dr. Rüdiger Riehl
AQUARIEN ATLAS
Band 2
MERGUS
Dr. Rüdiger Riehl
Hans A. Baensch
AQUARIEN ATLAS
Band 3
MERGUS
Hans A. Baensch
Kurt Paffrath
GARTENTEICH ATLAS
MERGUS
Hans A. Baensch
Helmut Debelius
MEERWASSER ATLAS
MERGUS
Frickhinger
FOSSILIEN ATLAS
Fische
Fische
MERGUS

Gramma loreto

Neoselebastes pandus, ein Schleimfisch von Westaustralien. Den Schleimfischen soll ein großes Kapitel in Band 2 gewidmet werden.

FRICKHINGER
FOSSILIEN ATLAS
Fische

Gerade für den Meerwasser- Aquarianer ist dieser ATLAS eine einmalige, kostbare Ergänzung.

1088 Seiten, Kunstleder, 1000 Farbfotos auch von noch lebenden Fischen.

ISBN 3-88244-018-X

Rhamphosus aculeatus

Pygaeus gazolei

Acanthurus ovalis

Heliobatis radians

EUTELEOSTEI (vollendete Knochenfische)

ORDNUNG: **Perciformes**
UNTERORDUNG: Percoidei

FAMILIE: **Carangidae**
Stachelmakrelen

Ceratoichthys pinnatiformis de BLAINVILLE (ca. 50 cm) aus dem mittleren Eozän von Bolca, Italien. Original: Museo Civico di Storia Naturale, Verona, Italien.

Amphiprion bicinctus (Rotes Meer), oben herrliche Weichkorallen, unten *Heteractis magnifica*.

Dr. Gerald R. Allen - RIFFBARSCHE DER WELT

Alle 330 Arten der Welt in Farbe. Die blauen Demoisellen, Schwalbenschwänzchen, Anemonenfische und viele andere Lieblinge der Meeresaquarianer und Taucher.
Zucht von Anemonenfischen; 16 Neubeschreibungen, eine Liste aller Synonyma und der gültigen Namen. Allein die 20-seitige Tabelle ist eine Fundgrube!

272 Seiten, Kunstleder, 550 Farbfotos, Format 21,5 x 27,5 cm
ISBN 3-88244-007-4